NEW 마스터 소방기술사

VOLUME 2 제3판

편저
소방기술사 **홍운성**

 예문사  Ma**ster Fire**
홍운성의 소방마스터

머리말 PREFACE

소방기술사 시험은 소방 분야의 설계, 감리와 종합엔지니어링 전문가를 배출하기 위한 과정으로, 출제되는 문제들 속에는 최신 소방 이슈와 소방기술 분야의 중요한 내용들이 집약되어 있습니다. 따라서 소방기술사 시험문제를 공부하는 것은 소방기술사 자격시험의 준비뿐만 아니라, 합격 이후 실무에서 기술사로서의 역량을 발휘하는 데도 큰 도움을 줄 것입니다.

『New 마스터 소방기술사』교재가 지난 2007년에 처음 출간된 이후, 2009년, 2016년, 2019년에 이어 이번에 전면 개정판으로 새로 출간되었습니다. 이번 개정에서는 중복 사항은 과감하게 통합하고, 기출문제 중 소방기술사 수험생에게 꼭 필요한 다시 출제될 가능성이 높은 내용들을 엄선하여 추가하였습니다. 각 Chapter는 이론정리, 문제풀이, Note의 3가지 형태로 구성되어 있으며, 이는 모두 소방기술사 시험과 직접적으로 관련된 중요한 내용들입니다. 이 교재를 통해 소방실무 수행에도 도움이 되는 전문 소방기술을 갖출 수 있고, 정답에 가까운 상세한 해설을 통해 실무가 다소 부족한 수험생들도 소방기술사 공부과정을 통해 이론 및 실무능력을 동시에 갖출 수 있을 것입니다.

필자는 공부하고자 하는 내용이 가지고 있는 수험서에 아예 없거나 틀린 해설로 되어 있는 것이 소방기술사 수험과정을 가장 어렵게 한다는 것을 잘 알고 있습니다. 그래서 『New 마스터 소방기술사』교재는 기출 문제와 수많은 국내외 자료에 대한 철저한 분석을 바탕으로 소방기술사 수험서 중 가장 많은 기출문제에 대한 정확하고 상세한 해설을 수록하여 수험과정에서 너무 많은 참고 도서를 함께 공부해야 하는 번거로움을 줄여드리고자 하였습니다.

또한 수험생 여러분은 동영상 마스터 종합반 · 심화반의 저자 직강을 통해 『New 마스터 소방기술사』교재의 내용을 좀 더 쉽고 빠르게 자신의 지식으로 만들 수 있습니다. 많은 분들이 동영상 마스터 강의를 통해 소방기술사에 합격하고 있으며, 『홍운성의 소방마스터(https://www.masterfire.co.kr)』사이트에서 수강하실 수 있습니다. 마스터 소방기술사 과정은 유일하게 수험과정의 시작부터 합격까지 하나의 교재만으로 끝낼 수 있는 유일한 과정입니다.

소방 관계법령은 빈번하게 제 · 개정되므로 본 교재와 강의를 통해 정리한 상태에서 법제처 사이트 등을 통해 항상 최신 개정법령으로 알아두셔야 합니다. 교재의 오타 혹은 부족하거나 아쉬운 부분은 지속적으로 개선해 가겠습니다.

출간을 위해 애써주신 예문사와 늘 용기를 주는 가장 소중한 가족에게 고마움을 전합니다.

 **클래스의 압도적 차이!**

『New 마스터 소방기술사』교재의 연계 강좌인 마스터 종합반/마스터 심화반을 통해 좀
더 쉽고 빠르게 소방기술사 합격의 기쁨을 누리시길 바랍니다.

▌마스터 종합반

〈마스터 종합반이란?〉

• 소방기술사 수험서의 바이블인 NEW 마스디소방기술사 저자 직강
• NEW 마스터소방기술사의 모든 필수 이론을 빠짐없이 상세히 강의하는 과정
• 소방기술사 입문 과정에서의 완벽한 이론 이해 및 정리 과정

〈완벽한 강의 구성〉

• 막힘이 없는 완벽한 개념 완성
• 빈틈없는 설명과 해설
• 체계적 판서 강의를 통한 이론의 전개과정 이해

▌마스터 심화반

〈마스터 심화반이란?〉

• 소방기술사 수험서의 바이블인 NEW 마스터소방기술사 저자 직강
• NEW 마스터소방기술사의 핵심이론 정리와 최신 이슈를 학습하는 과정
• 평가시험과 꼼꼼한 첨삭지도를 통한 실전 답안작성 능력 향상

〈완벽한 시험 대비〉

• 일목요연한 단원별 핵심 정리 / 단원별 기출문제 공략
• 평가시험과 리뷰강의를 통한 실전에서의 답안 전개 요령 습득
• 비교 불가능한 꼼꼼한 첨삭을 통한 학습 보완

시험정보 INDEX

▌개요

건축물 등의 화재위험으로부터 인간의 생명과 재산을 보호하기 위하여 소방안전에 대한 규제대책과 제반시설의 검사 등 산업안전관리를 담당할 전문인력을 양성하고자 자격 제도 제정

▌수행직무

소방설비 종목에 관한 고도의 전문지식과 실무경험에 입각한 계획, 연구, 설계, 분석, 시험, 운영, 시공, 평가, 또는 이에 관한 지도, 감리 등의 기술업무 수행

▌소방기술사 종목 검정현황

연도	필기			실기		
	응시	합격	합격률(%)	응시	합격	합격률(%)
2021	2,078	36	1.7%	92	48	52.2%
2020	1,689	48	2.8%	97	45	46.4%
2019	1,799	44	2.4%	89	39	43.8%
2018	1,598	46	2.9%	111	49	44.1%
2017	1,335	32	2.4%	75	31	41.3%
2016	1,136	53	4.7%	100	46	46.0%
2015	1,104	23	2.1%	54	25	46.3%
2014	1,109	30	2.7%	100	47	47.0%
2013	1,138	51	4.5%	98	36	36.7%
2012	1,587	29	1.8%	80	32	40.0%
2011	1,693	40	2.4%	143	58	40.6%
2001~2010	14,687	522	3.6%	1,180	487	47.7%
1977~2000	3,266	178	5.5%	285	165	57.9%
소계	34,219	1,132	3.3%	2,504	1,108	44.2%

소방기술사 공부방법 PLAN

▌ 합격까지의 마스터 플랜

학습단계	이해 정리	마스터 종합반	• 소방기술사 전범위 이론학습을 통한 실력 향상 • 노트 필기자료를 정리하고 복습하며 논리구조 파악
	암기 연습	마스터 심화반 반복수강	• 단원별 예상문제, 기출문제 이론 총정리 • 평가시험을 통한 지식의 답안화 연습 • 답안 첨삭지도를 통한 답안 향상 및 오류 개선
	고득점 화	마스터 실전반	• 최신 기출문제 학습을 통한 예상문제 학습 • 최신 경향 파악 및 적중 문제의 고득점화
	총 정 리	마스터 종합반 재수강	• 평균 55점 내외의 정체기의 최종 정리 • 높은 실력을 갖춘 상태에서의 이론 재정립

▌ 매주 공부하는 방법 : 계획 → 실행 → 점검

1단계) 계획
- 계획은 도전 욕구 자극!!!
- 주간 계획표 작성 : 매주 마지막 날에 작성 + 평일 하루는 미달성 목표 채우는 날로 비움
- 계획표 작성 시에는 플랜B도 작성(4주 분량의 6주 학습 계획)
- 계획된 시간의 성취도 기재 + 시간보다 분량 중심의 계획표 작성

2단계) 실행
- 이론 공부[INPUT, 학(學)] + 연습[OUTPUT, 습(習)] ⇨ 1 : 4의 비율로!
- 이론 공부(學) : 책 정독(예습) + 강의 수강 + 정리(복습)
- 연습(習) : 암기 + 지식의 활용(써보거나 연상해보기 및 모의고사)

3단계) 점검
- 실행 외에 계획도 많이 세우지만, 점검하는 경우는 드물다. 그러나 가장 중요한 단계!
- 매일 3시간 공부하고 나면 마무리하기 전 15분 정도 머리 속에 정리되었는지 확인

▌소방기술사 교재

주교재 **마스터 소방기술사 1, 2권**

- 소방기술사 필기시험에서는 쉬운 문제들만 출제되는 것이 아니라, 고난도 문제들이 다수 포함되어 있고 교재 외의 부분에서 새로운 내용이 출제되기도 합니다.
- 그러나 주교재를 공부 단계마다 바꾸면서 쉬운 책부터 공부하겠다는 전략을 세우면 단계별 교재도 거의 없으며, 교재를 변경하면 그 스타일이 달라 처음부터 다시 학습 해야 하는 어려움이 생깁니다.
- 따라서 주교재는 가장 정확한 내용으로 가장 많은 기출문제의 내용을 정확한 해설 과 함께 담고 있는 마스터 소방기술사로 정하고, 공부 과정에서 보충교재를 참고하 여 부족한 부분만 보완하는 방법이 가장 좋습니다.

부교재 **마스터 소방기술사 기출문제 풀이**

- 최근 필기시험 문제에 대한 정확하고 실전 분량에 적합한 내용으로 향후 출제 예상 문제를 파악하고 기출문제의 재출제 시 고득점하도록 도와주는 필수 교재

보충교재 **소방공학 기본서**

심화 학습이 필요한 부분은 다음 소방공학 기본서의 해당 내용을 발췌독하며 보완할 수 있습니다.

- 화재공학원론
- 화재공학개론
- 화재공학&방화응용
- 소방시설의 설계 및 시공
- 건축법 해설
- 화재안전기준 해설서
- 방화공학실무핸드북
- SPFE 방화공학 핸드북
- 화재보험협회 자료
- 소방안전원 자료
- 한국화재소방학회 논문
- 소방방재신문 기사

▌학습 준비물

- 교재
  - 마스터소방기술사 1, 2권
  - 마스터소방기술사 기출문제 풀이
- 기술사 답안지 : 필기노트, 서브노트, 요약노트
- D링 바인더(필기노트, 서브노트, 각종 자료 스크랩)
- 필기구(고시용 펜)
- 암기장(수첩형태로 휴대성 높은 것)
- 공학용계산기, 필기구, 수정액, 색인지, 20 cm 자

차례 CONTENTS

연기 및 제연설비

소방전기설비

CHAPTER 17 | 화재경보설비 • 138

CHAPTER 18 | **소방전기설비 · 290**

CHAPTER 19 | 비상전원, 일반전기 및 전기화재 • 350

위험물

건축방재

CHAPTER 21 | 실내화재의 성상 • 576

CHAPTER 22 | 건축방화 • 636

CHAPTER 23 | 건축피난 • 748

PBD 및 소방실무

PART 05

FIRE PROTECTION PROFESSIONAL ENGINEER

연기 및 제연설비

CHAPTER 15 | 연기의 특성

▣ 단원 개요

화재 시 인명피해의 주된 원인이 되는 연기의 구성, 유해성 및 유동 특성에 대하여 공학적 원리에 입각하여 학습한다. 특히, 연기의 유동 원리는 제연설비 설계와 연계되므로 매우 중요하다.

▣ 단원 구성

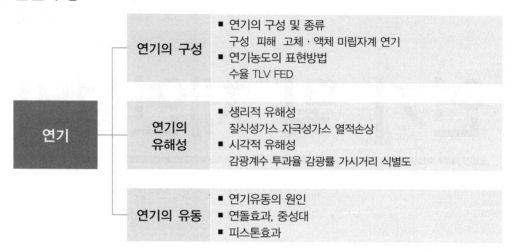

▣ 단원 학습방법

가연물 종류와 연소조건에 따라 연기를 구성하는 유해가스의 양이 다른데, 이와 관련된 수율(Yield)은 성능위주설계에서 매우 중요한 개념이므로 잘 이해해 두어야 한다. 이와 함께 연기농도를 정량적으로 표현하기 위한 방법인 TLV는 가끔 출제되고 있다.

연기에 의한 피해는 열적 손상(열응력, 화상 및 호흡기 손상)과 비열적 손상(생리적 유해성, 시각적 유해성, 심리적 유해성)으로 구분되는데, 각 유해성의 개념과 정량적 표현방법에 대해 구분하여 공부해야 한다.

연기의 유동은 압력차에 의해 발생하는데, 압력차를 발생시키는 여러 원인들을 파악해두어야 한다. 특히 연돌효과는 필기시험 빈출문제이므로 출제되는 전체적인 내용들을 모두 학습해두고, 실전에서 요구하는 사항들에 대해 정확하게 답할 수 있어야 한다.

연기 단원의 경우 예전에 출간되었던 PSM(Principles of Smoke Management) 핸드북이나 최신 해외 자료인 Handbook of Smoke Control Engineering 등의 내용도 출제되고 있으므로, 마스터 종합반 강의에서 다루고 있는 해당 책의 주요 사항을 학습하는 것도 중요하다.

CHAPTER 15 | 연기의 특성

연기의 특성

1 연기의 구성 및 영향

1. 연기의 구성

- 가시성의 휘발생성물
- 고온 가스(수증기, CO_2 등)
- 불완전 연소생성물 } → 연기 확산으로 인해 인명피해 증대
- 작은 타르 입자
- Plume에 흡입된 공기

2. 화재에 의한 피해

1) 인명 피해

(1) 연기 및 연소생성물의 독성

(2) 연기에 의한 가시도 저하

(3) 고온 및 복사열에 의한 열적 손상

2) 건물 부재, 전자기기 및 전자기록물

(1) 부식

(2) 고온에 의한 강도 저하

(3) 미립자

2 연기의 종류

1. 고체미립자계 연기

1) 화염을 통과 → 탈수소 및 중합 과정 → 일부 탄소가 산화되지 않고 배출된다.

2) 불꽃 화재에서 발생하는 연기

3) 흑색, 회색 연기로 공통적인 성질을 가진다.

4) 연기 입자 크기가 상대적으로 작다.

5) 일반적인 화재는 대부분 불완전연소가 이루어지므로, 탄소가 모두 산화되지 못하고 화염 밖으로 유리되어 배출된다.

2. 액체미립자계 연기

1) 화염통과 없음 → 열분해 생성물이 그대로 배출 → ┌ 고비점 : 액체
                                                 └ 저비점 : 공기에 의해 냉각(액적화)

2) 훈소, 무염연소 등에서 발생하는 연기

3) 백색 연기 또는 다양한 색상을 가지며, 연료에 따라 다양한 특성을 가진다.

4) 연기 입자 크기가 상대적으로 크다.

❸ 연소조건별 연소생성물

1. 양론조성

CO_2, H_2O, N_2, Cl_2, F_2, Br_2 등

2. 공기과잉($\phi < 1$)

CO_2, H_2O와 소량의 CO, NO_x, SO_2, HCl, HF 등

3. 공기부족($\phi > 1$)

CO가 많이 발생하며, NO_x나 SO_2보다 HCN, H_2S 비율이 높아진다.

NOTE

수율(Yield)

1. 연료의 단위질량당 생성되는 각 연소생성물의 양

2. CO의 수율

$$y_{co} = \frac{m_{co}}{m} = \frac{\dot{m}_{co}}{\dot{m}}$$

    여기서, m : 연소된 연료의 질량 $\dot{m}$: 질량연소속도

             m_{co} : 생성된 CO의 질량 $\dot{m}_{co}$: CO의 질량생성속도

3. 공기 부족 시 수율이 변하며, 공기과잉의 경우에는 수율이 거의 일정하다.

    1) $\phi < 1$: y_{co} → 거의 일정(공기과잉 : CO 발생량 거의 일정하다.)

    2) $\phi > 1$: y_{co} → 증가(공기부족 : CO 발생량 증가)

4. 성능위주설계에서는 일반적으로 가시도 저하로 인해 거주가능조건을 초과하게 되는데, 이러한 가시도 저하에 가장 큰 영향을 주는 요소는 Soot(그을음)의 수율(Y_{soot})이다.

4 연기의 유해성

1. 생리적 유해성

1) 영향

(1) 산소농도 감소에 따른 유해성 : 단순질식가스

(2) 마비, 정신 착란 등의 유해성 : 화학질식가스

(3) CO_2 농도 증가에 따른 인체 내 CO_2 배출저하로 인한 사망, 호흡속도 증가로 인한 유독가스 흡입

2) 유해가스의 종류

(1) 마취성 가스(질식성 가스) : 흡입량(W)에 따른 영향 결정

① 단순질식가스 : CO_2, CH_4, N_2 등(산소농도 감소)

② 화학질식가스 : H_2S, HCN, CO 등(의식상실 등)

(2) 자극성 가스

① 감각기관 자극 : 노출시간보다는 농도(C)에 영향

② 폐의 부종, 염증 유발 : 흡입량(W)에 영향

2. 시각적 유해성

1) 문제점

(1) 연기에 의한 가시도 저하로 인해 피난에 악영향을 미친다.

(2) 연기 중의 검댕(Soot)이나 타르성 응축성분에 의해 빛의 감쇠가 발생된다.

2) 가시도 저하의 원인

(1) 연기입자의 방해 때문에 눈에 도달하는 유도등과 같은 표시판에서의 광선속의 강도가 감소된다.

(2) 연기로 인해 산란된 광선속이 중첩되어 가시도를 저하시킨다.

(3) 자극성가스의 눈 자극으로 인해 가시도를 저하시킨다.

3) 가시거리

(1) 피난 시 식별할 수 있는 거리 : 짧을수록 피난이 어려워진다.

(2) 계산식

① 일반 연기에서의 가시거리

$$L_v = \frac{K}{C_s} \ \text{또는} \ C_s \times L_v = K$$

여기서, K : 물체 조명도에 따라 결정되는 계수

② 자극성 연기에서의 가시거리

자극성 연기 중에서는 눈 깜빡임이 심해져 가시거리가 더 짧아진다.

$$L_v = \frac{K}{C_s}(0.133 - 1.47\log C_s)$$

3. 심리적 유해성

1) 연기에 의해 피난인원이 무력화되어 피난이 지연되는 이유
    (1) 시력 손상
    (2) 기도 통증 및 호흡곤란
    (3) 질식, 착란 및 의식상실
    (4) 호흡기관 손상, 고열 및 화상

2) 독성을 발생시키는 요소
    (1) 개별 독성가스
    (2) 화재 중에 발생하는 독성 생성물 혼합기체
    (3) 열분해에 의해 발생되는 독성 생성물 혼합기체

3) 연기 독성을 발생시키는 주요 요소
    (1) 무력화(감각기관 자극)를 유발하는 자극성 가스의 농도(C)
    (2) 무력화(착란, 의식상실)를 유발하는 질식성 가스의 노출흡입량(W)
    (3) 폐의 부종, 염증을 유발하는 자극성 가스의 노출흡입량(W)

5 질식성 연소생성물의 영향

1. 일산화탄소(CO)

1) 헤모글로빈과 결합하여 신체조직(특히, 뇌)으로의 산소공급량 감소

2) CO의 유해성이 중요한 이유
    (1) 화재 중에 항상 발생하며, 많이 발생하기 때문이다.
    (2) 환각 및 의식 상실을 유발한다.
    (3) 은근히 중독되므로, 피해가 커진다.
    (4) 피난활동 중에 의식을 잃을 가능성이 높다.

3) CO의 특징
    (1) 최대 허용농도 : 100 [ppm] (독성가스 : 허용농도 200 [ppm] 이하)
    (2) 독성은 큰 편이 아니지만, 화재 시 다량 발생하고 거의 모든 화재에서 발생한다.
    (3) 불완전연소에 의해 탄소성분이 CO로 배출된다.
        (훈소에서는 발생량이 CO_2보다도 많다.)
    (4) 주요 유해성 : 혈액 내의 헤모글로빈(Hb)과 결합되어 산소결핍을 유발시킨다.
        ① 정상적인 산소호흡
            • 폐 : $Hb + O_2 \rightarrow O_2Hb$(옥시 헤모글로빈)

- 조직 : $O_2Hb \rightarrow Hb + O_2$

→ 즉, Hb는 폐에서 조직으로 산소를 운반한다.

② CO의 작용

- $Hb + CO \rightarrow COHb$(카르복시 헤모글로빈)
- $O_2Hb + CO \rightarrow COHb + O_2$

→ CO는 Hb에 대한 결합력이 O_2보다 210배 정도 강하며, COHb는 잘 분해되지 않는다. 즉 CO는 혈중 산소농도 저하로 산소결핍을 유발시킨다.

(5) 혈중 COHb 농도 : 50~70 [%]가 되면 사망한다.

$$COHb\,[\%] = 0.33 \times RMV \times X_{CO} \times t$$

여기서, X_{CO} : CO 농도 [%], t : 노출시간 [min], RMV : 분당 호흡량 [lpm]

2. 시안화수소(HCN)

1) 허용농도 : 10 [ppm]
2) 질소 함유 물질(울, 실크, 나일론 등)의 연소 시에 발생된다.
3) CO에 비해 초기 작용이 빠르고 현저하게 나타난다.
4) 인체 내 세포조직에서의 산소 사용을 방해한다.

3. 산소농도 감소

┃ SFPE 핸드북에서의 저산소증 영향 ┃

산소농도 [%]	단계 명칭	주요 현상
14.5 ~ 21	무작용 단계	시각적 암순응과 운동 내성에 경미한 영향을 미친다.
12 ~ 14.5	보상 단계	• 호흡량, 심장박동수가 약간 증가한다. • 운동기능과 기억력이 약간 감소한다.
10 ~ 12	명백한 저산소증	• 주요 판단력과 의지를 상실 • 감각 둔화 • 호흡활동이 현저히 증가함
8 ~ 10	심각한 저산소증	• 의식을 상실함 • 호흡이 중단되고 사망하게 된다.

4. 이산화탄소(CO_2)

1) 주된 영향

허용농도 5,000 [ppm]으로 생리적 비독성가스로 분류되지만,

(1) 화재 시 다량 발생하여 산소농도를 저하시킨다.
(2) 화재 시 호흡속도(RMV)를 증대시켜 유해가스 흡입률을 증가시킨다.

(3) 공기 중 CO_2 농도가 증가되면 폐에서의 CO_2 배출 비율은 감소되고, 혈액과 조직 내 CO_2 농도가 높아지게 된다.

2) CO_2 농도에 따른 인체 영향(NFPA 12 기준)

농도(%)	노출시간	영향	농도(%)	노출시간	영향
2	수 시간	두통, 일상적 호흡곤란		수 분	의식상실 근접
3	1시간	뇌 혈액 증가, 호흡속도 증가	7~10	1.5분~ 1시간	두통, 심장박동 증가, 급격한 호흡
4~5	수 분 이내	두통, 발한 휴식 중 호흡곤란	10~15	1분 이상	나른함, 심한 근육경련, 의식상실
6	1~2분	청력, 시력 장애	17~30	1분 미만	행동제어 불가, 경기, 코마상태, 사망
	16분 미만	두통, 호흡곤란			
	수 시간	떨림			

6 자극성 연소생성물의 영향

1. 영향

1) 감각기관 자극
2) 폐까지 침투
→ 각 가스의 종류 및 농도에 따라 1) 또는 2)의 영향을 발생시킨다.

2. 감각기관 자극

1) 노출과 동시에 발생한다.
2) 노출지속시간보다는 그 농도에 따라 인체에 대한 영향이 결정된다.
   → 노출이 지속되면 자극이 감소되지만, 노출농도가 높아지면 사망할 수 있다.
3) 모든 화재는 고도의 자극성 가스를 포함하고 있을 가능성이 높다.
4) 저농도 : 눈자극, 기도에 영향(거동 장애를 유발)
5) 고농도 : 시력, 호흡에 영향(피난능력의 심각한 저하를 유발)

3. 폐의 부종, 염증

1) 화재 노출 이후, 수 시간 뒤에 발생한다.
2) 흡입량에 비례하여 영향을 미친다. ($W = C \times t$)
3) 보통 LCt_{50} (50 [%]가 사망하는 농도×시간)으로 표현한다.

독성에 관한 하버(Haber, F.)의 법칙에 대하여 설명하시오.

1. 정의

1) 독성은 축적 복용량에 따라 달라지며, 노출시간(t)과 유해물질 농도(C)의 곱은 일정하다.

2) $W = C \times t$

여기서, W (mg · min/liter) : 어떤 효과에 대해 일정하게 유지되는 복용량

3) LC_{50}에 해당하는 효과

   (1) 대상 동물 50 [%]가 사망하는 양

   (2) 계산식 : $W = LC \times t_{50}$

4) CO 등 일부 휘발성 물질의 경우 폐에서 흡입과 배출이 동시에 발생하므로 다음과 같은 지수적 흡입량으로 표시된다.

$$W = C \times (1 - e^{-tk})$$

2. 활용

1) 질식성 가스에 의한 영향 또는 자극성 가스에 의한 폐의 부종, 수종 발생은 하버의 법칙에 의한 흡입량(W)이 결정한다.

2) 이에 비해 자극성 가스에 의한 감각기관 자극은 흡입량보다는 노출 농도(C)에 영향을 받게 된다.

3) 따라서 연기에 노출된 사람이 어떤 영향을 받게 될지 예측하려면 농도, 시간과 효과의 관계를 고려해야 한다.

참고

유독가스 농도와 노출시간

노출에 대한 영향은 가스농도와 노출시간에 비례하므로,

$$W = C \times t$$

여기서, W : 노출한계 [ppm · min]

     → 노출한계는 일정값

    C : 유독가스의 농도 [ppm]

    t : 노출시간 [min]

→ 즉 농도를 낮추거나 노출시간을 줄이면 그 영향이 줄어든다.

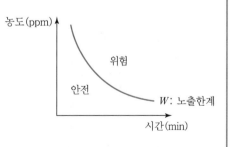

NOTE

TLV(Threshold Limit Values) : 허용한계농도

1. 정의

①독성물질 흡입량과 ②그에 의한 인체의 반응 정도의 관계에서 손상을 입지 않는 농도의 최대값

2. 표시방법 3가지

1) TLV−TWA(Time Weighted Average)

(1) 매일 일하는 근로자가 주 40시간, 1일 8시간씩 노출되어도 가능한 최대 평균농도

(2) $TWA = \dfrac{C_1 T_1 + C_2 T_2 + \cdots + C_n T_n}{8}$

여기서, C : 유해요인 측정농도 [ppm], T : 노출시간 [hour]

2) TLV−STEL(Short Time Exposure Limit)

(1) 15분간 노출되어도 유해한 증상이 나타나지 않는 농도

(2) 이는 노출시간 사이에 최소 60분 휴식으로 1일 휴식횟수는 4회 미만

3) TLV−C(Ceiling Limit) : 최고허용한계농도

(1) 순간적으로 노출되면 안 되는 농도

(2) 표시방법

- LD_{50} : 쥐에 대한 경구투입시험에 의해 쥐의 50 [%]를 사망시킬 수 있는 농도
- LC_{50} : 쥐에 대한 4시간 호흡기 흡입시험에 의해 쥐의 50 [%]를 사망시킬 수 있는 농도

[참고]

L : Lethal, 치명적인

D : Dose, 복용량

C : Concentration(흡입) 농도

FED(Fractional Effective Dose, 유효 복용 비율)

1. 개념

1) 설계 화재에서 예상되는 독성물질 위험성을 추정할 때, 화재 노출 중 어떤 시점에서 희생자가 특정 독성 복용량($C \times t$)을 흡입하게 될지 예측할 필요가 있다.

2) 이러한 계산을 수행하는 실질적인 방식이 FED 개념이다.

화재 발생 중 단기간 동안의 $C \times t$ 복용량을 해당 독성 영향을 유발시키는 $C \times t$ 복용량으로 나눈다. 해당 분율이 1에 도달할 때(특정 독성효과가 발생하리라 예측되는 시점)까지 화재 노출중에 이 FED 값을 합산한다.

3) LCt_{50}은 치사농도 LC_{50}과 노출시간 t의 곱이다.

FED 동물 시험은 공기중으로 이동되는 연소 생성물의 특정시간동안 노출된 동물의 50 [%]에 치명적인 농도를 결정한다. 그래서 이 치명적인 농도는 LC_{50}이라 부른다. 특정 시간은 일반적으로 30분이다.

2. FED의 계산식

1) 농도가 일정한 경우

$$FED = \frac{\dot{m_f} \times t}{LCt_{50}}$$

2) 농도가 일정하지 않은 경우

$$FED = \frac{\sum_{i=1}^{n} C_i \Delta t_i}{LCt_{50}}$$

여기서, FED : Fractional Effective Dose
C_i 또는 $\dot{m_f}$: 시간 간격 i 동안 가연물의 연소율 [g/m³]
Δt_i : 시간 간격 i [min]
LCt_{50} : 시험 데이터에 따른 치사 노출 흡입량 [g/m³ · min]
n : 시간 간격의 수

3. 주요 수치

1) FED = 1 이상 : 치명적인 농도에 도달한다.
(FED = 1이 되면 LC_{50}인 농도에 도달한 것임)

2) FED = 0.8 : 거의 모든 사람이 생존 가능한 수치

3) FED = 0.3 : 무능화 단계

실내화재의 성장단계별 연소생성물의 조성

1. 초기 비화염 열분해 및 훈소 단계

$$\frac{CO_2}{CO} \approx 1$$

2. 성장기

1) 초기 성장기 : $\frac{CO_2}{CO} \approx 500 \sim 1,000$(격렬한 연소)

2) 플래시오버 부근 : $\frac{CO_2}{CO} \approx 50 \sim 100$(산소 감소로 인해 불완전연소 증가)

3. 최성기

$$\frac{CO_2}{CO} < 10(환기지배형 화재에서 공기 부족으로 CO 비율이 증가)$$

고분자물질인 플라스틱의 연소생성물

플라스틱	생성가스
모든 플라스틱	CO, CO_2
질소 함유 플라스틱(폴리우레탄, 나일론, ABS 등)	HCN, NO, NO_2, NH_3
황 함유 플라스틱	SO_2, H_2S, COS, CS_2
PVC, PTTE, 할로겐 계통의 연소 억제제 함유 플라스틱	HCl, HF, HBr
폴리올레핀, 대부분의 유기 고분자	알칸, 알켄
폴리스티렌, PVC, 폴리에스테르	벤젠
페놀수지	페놀, 알데히드
폴리아세틸	포름알데히드
셀룰로오스계 물질	초산, 개미산

건축재료는 목질계, 합성수지계, 천연섬유계(실크 · 양털류 등)로 대별된다. 이러한 건축재료가 연소될 때 발생되는 연소생성가스의 종류에 대하여 기술하시오.

1. 개요

1) 일반적으로 연소반응에 의한 생성물로는 CO_2와 H_2O가 잘 알려져 있다. 이것은 탄화수소계 가연물이 완전연소할 때 발생되는 연소생성물이다.

2) 실제 화재에서는 불완전연소 또는 복잡한 성분을 가진 연료가 연소되는 경우가 많아 다양한 종류의 연소생성물이 발생된다.

3) 이러한 연소생성물들은 연료나 연소조건에 따라 발생량이 다르며, 그 허용농도도 모두 다르므로 이에 대한 적절한 분석이 요구된다.

2. 연소생성물의 종류

1) 목질류의 연소생성물

(1) 목재의 구성성분

목재의 주요 구성성분은 탄소, 수소, 산소이며, 상당량의 수분도 포함되어 있다.

(2) 주요 연소생성물

CO_2, CO, H_2O 및 소량의 HCN(연료가 공기 중의 질소와 반응해서 발생되는 경우가 있음), 그을음(Soot) 등이 발생된다.

2) 합성수지계의 연소생성물

(1) 합성수지계 건축재료는 그 종류가 매우 다양하며, 이에 따라 많은 종류의 연소생성물이 발생된다.

(2) 주요 연소생성물

① CO, CO_2 : 탄소를 포함한 대부분의 가연물

② H_2O : 수소를 포함하는 대부분의 가연물

③ NO_x : 질소를 함유한 합성수지의 완전연소 시 발생

④ H_2S, SO_2 : 유황을 포함한 합성수지류의 연소

⑤ 할로겐가스(HF, HCl, HBr, 포스겐) : 불소 등의 할로겐물질이 포함되어 있는 PVC나 방염용 합성수지류 등

3) 천연섬유계의 연소생성물

   (1) 식물성 천연섬유

      면과 같은 식물성 섬유는 주성분이 셀룰로오스이며, 주요 부산물로 CO, CO_2 및 수증기가 생성된다.

   (2) 동물성 천연섬유

      주성분이 단백질 계통이어서 CO, CO_2 및 수증기 외에도 식물성과는 다른 연소생성물이 발생된다.

      ① HCN : 질소를 포함하는 양털, 실크 등의 불완전연소

      ② H_2S, SO_2 : 유황을 포함한 천연섬유류의 연소

문제

화재가 인체에 미치는 열적 손상에 대하여 설명하시오.

1. 개요

화재에 의한 열적 손상에는 다음과 같은 것이 있다.

1) 열응력

2) 화상

3) 고온가스 흡입

2. 열응력

1) 고온에 장시간 노출되어 인체 내에 열이 축적되는 것으로 이러한 열응력 상태가 지속되면 의식을 잃고 사망하게 된다.

2) 인체 내 축적 에너지량

   [신진대사 에너지 발생량＋복사 및 전도 에너지량]－[발한 증발량＋호흡손실량]

3) 체온이 41 [℃] 이상으로 상승하면 열 흡수량이 방열량을 초과하여 열응력이 발생되기 시작한다.

4) 상대습도와 인내한계시간
  (1) 121 [℃] 초과
     피부 통증(화상) 발생
  (2) 121 [℃] 미만
     고열(Heat Stroke)만 발생
  (3) 노출한계시간
     건조 공기에 비해 습한 공기
     중에서 짧아진다.
  (4) 열응력 조건에서의 인내한계 시간

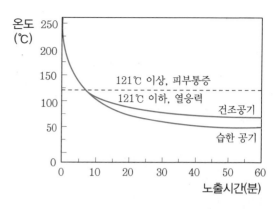

노출온도(℃)	상대습도(%)	한계시간
49	10	~10일
49	50	~2시간
49	100	~10분
100	0~100	~10분

3. 복사열에 의한 화상

1) 피부에 대한 복사열 영향 평가는 피부에 수포 화상이 발생되는 때까지의 시간으로 표현된다.
2) 비교적 단시간 내의 화상 : 4 [kW/m²] 이상(30분 이상 노출 시 수포가 발생되는 열류)일 때 발생한다.
3) 6 [kW/m²] 이상의 복사열류에서는 약 20분 만에 수포가 발생한다.
4) 태양열과 같은 1 [kW/m²] 이하의 열류에서는 비교적 장시간 노출에도 약한 화상만 발생한다.
5) 피부는 45 [℃]에 도달하면 통증을 느끼게 되며, 이러한 통증을 일으키는 주위 온도는 200 [℃] 이상이 된다.

4. 고온가스 흡입

고온 가스를 흡입할 경우 호흡기 손상을 일으킨다.

NOTE

감광율, 투과율, 감광계수의 정의

1. 투과율

1) 연기 중에서 투과되는 빛의 세기 비율

2) 연기가 없을 때 투과되는 빛의 세기(I_0)와 연기가 있을 때 투과되는 빛의 크기(I)의 비율을 %로 나타낸 것

$$투과율(\%) = \frac{I}{I_0} \times 100$$

2. 감광률(Percent Obscuration, O)

1) 연기에 의해 감소되는 빛의 세기 비율

2) 100 [%]에서 투과율의 수치를 뺀 것

$$O = 100 - \frac{I}{I_0} \times 100 = 100\left(1 - \frac{I}{I_0}\right)$$

3. 투과율, 감광률의 한계

투과율 및 감광률은 표시방법이 간단하지만 빛 투과에만 중점을 두어 다음과 같은 단점이 있다.

1) 투과거리가 같지 않으면 비교 불가능하다.

2) 연기 농도를 정확히 표현할 수 없다.

4. 감광계수(C_s)

1) 연기층 두께당 빛이 연기를 통과하면서 그 광도가 감소하는 비율

$$C_s = \frac{1}{l} \ln\left(\frac{I_0}{I}\right)$$

2) 감광계수에는 연기층 두께가 포함되어 있으므로 연기농도 자체를 표현하는 데 적합하다.

화재 시 발생되는 연기의 특성과 감광계수에 대하여 설명하시오.

1. 개요

화재 시 인명사고의 대부분은 연기로 인해 발생되는데, 그 이유는 연기 내에 포함된 유독가스와 연기에 의한 가시도 저하로 인한 것이다.

2. 연기의 특성

1) 연기는 가시도를 저하시킨다.

   연기는 검댕이나 타르성 응축성분에 의해 빛을 감쇠시켜 피난에 악영향을 미친다.

2) 연기에는 많은 유독가스가 함유되어 있다.

   연소로 인해 발생되는 마취성, 자극성 가스를 함유하여 질식이나 중독 등을 일으킨다.

3) 연기는 고온이다.

   연기는 화염으로부터의 고온기류를 포함하여 인체에 열적 손상을 유발시킬 수 있다.

4) 연기는 확산이 빠르다.

   굴뚝효과, 부력, 열팽창, 공기기류 등에 영향을 받아 빠르게 확산되어 많은 피해를 일으킨다.

3. 감광계수

1) Lambert – Beer 법칙

   연기농도(감광계수, C_s)와 빛의 투과율 $\left(\dfrac{I}{I_0}\right)$ 사이의 관계를 나타낸 법칙

   $$I = I_0 \, e^{-C_s \cdot l}$$

   여기서, I : 연기가 있을 때, 빛의 세기 [lx] I_0 : 연기가 없을 때, 빛의 세기 [lx]
   C_s : 감광계수 [m^{-1}] l : 연기층의 두께 [m]

   $$\therefore \ C_s = \frac{1}{l} \ln\left(\frac{I_0}{I}\right)$$

2) 감광계수의 정의

   연기층 두께당 빛이 연기를 통과하면서 그 광도가 감소하는 비율

3) 감광계수와 가시거리의 관계

가시거리(L_v)는 감광계수와 반비례

(1) 일반 연기에서의 가시거리

$$L_v = \frac{K}{C_s}$$

(2) 자극성 연기에서의 가시거리

$$L_v = \frac{K}{C_s}(0.133 - 1.47 \log C_s)$$

여기서, K : 물체 조명도에 따라 결정되는 계수

4) 감광계수의 주요 수치

감광계수(m^{-1})	가시거리(m)	농도상황
0.1	$20 \sim 30$	연기감지기의 작동
0.3	5	내부에 익숙한 사람이 피난에 불편
0.5	3	어두침침함을 느낄 정도
1.0	2	앞이 거의 보이지 않음
10	$0.2 \sim 0.3$	최성기의 연기농도로 유도등 보이지 않음
30	−	화재실에서 연기가 분출될 시점

4. 결론

화재 시 발생되는 연기의 유해성 중 가장 큰 것이 시각적 유해성이며, 이러한 연기의 시각적 농도는 감광계수와 가시거리에 의해 표현한다.

NOTE

식별도 계수(K)에 영향을 주는 인자

1. 색상
   1) 가시도 향상에 큰 영향을 준다.
   2) 밝은 장소에서는 적색광의 가시도가 더 잘 보이지만, 어두운 장소에서는 녹색광의 식
      별도가 더 높다.

2. 휘도
   1) 색상에 의한 영향은 수십 [%] 정도인 데 비해, 휘도의 경우 가시도를 2배로 증가시키
      기 위해서는 휘도를 크게 증가시켜야 한다.
   2) 그러나 휘도가 너무 높을 경우 너무 밝아 눈으로 쳐다볼 수 없게 된다.
   3) 즉, 고휘도 유도등을 이용한 가시도 향상에는 한계가 있다.

3. 주목성
   1) 가시도 외에도 주목성이 피난에 큰 영향을 미친다.
   2) 유도등의 크기, 점멸방식의 유도등 적용

광학밀도

1. 연기를 통과하는 광선의 희석 정도로서, 연기층 두께는 고려하지 않는다.
2. 계산식

   광학밀도 $D = \log_{10} \dfrac{I}{T}$

   여기서, I : 입사광량 [lx]
   T : 연기를 투과한 광량 [lx]

연기의 유동

1 연기유동의 원인

1. 연돌효과(Stack Effect, 굴뚝효과)

1) 수직공간(계단실, 피트 등) 내부와 외부의 온도차로 인해 압력차가 발생하며, 그로 인해 수직공간 내부에는 상승 또는 하강하는 기류가 형성되는데, 이를 연돌효과라 한다.

   (1) 실내 온도가 높은 경우 : 상승기류 형성(Normal Stack Effect)

   (2) 실내 온도가 낮은 경우 : 하강기류 형성(Reverse Stack Effect)

2) 수직공간 내 · 외부의 압력차

$$\Delta P[Pa] = 3,460 \left(\frac{1}{T_o} - \frac{1}{T_i} \right) \times h$$

     여기서, T_o : 수직공간 외부의 온도 [K]

             T_i : 수직공간 내부의 온도 [K]

             h : 중성대로부터의 높이 [m]

3) 다양한 높이와 온도의 수직 개구부들이 다수 설치되어 있는 건물에는 위 공식을 적용할 수 없고, CONTAM 프로그램에 의해 연돌효과 영향을 해석해야 한다.

4) NFPA 92에 따르면 연돌효과는 해당 건물이 위치한 지역의 기후에 영향(추운 지역에서 연돌효과 커짐)을 많이 받게 되므로, 제연설비 설계 시에 별도로 연돌효과를 고려해야 한다.

2. 고온가스에 의한 부력

1) 화재실에서 부력에 의해 형성된 Ceiling Jet에 의해 연기가 외부로 배출된다.

2) 부력에 의한 압력차

$$\Delta P[Pa] = 3,460 \left(\frac{1}{T_o} - \frac{1}{T_i} \right) \times h$$

     여기서, T_o : 화재실 외부의 온도 [K]

             T_i : 화재실 내부의 온도 [K]

             h : 중성대로부터의 높이 [m]

3) NFPA 92에 따른 제연설비의 차압 기준은 이러한 화재 시의 부력을 고려하여 산출된 것이다.

3. 연소가스의 팽창

1) 고온에 의해 연소가스의 부피가 팽창하여 연기를 유동시킨다.

2) 이러한 열팽창은 시간에 따라 계속 변해 거실제연설비의 급·배기 균형을 맞추기 어려워지게 하므로, 자연급기가 권장된다.

3) 계산식

$$\frac{V_{out}}{V_{in}} = \frac{T_{out}}{T_{in}}$$

여기서, V : 유량 [m³/s]
T : 온도 [K]
in : 화재실로 유입되는 공기
out : 화재실에서 배출되는 연기

4. 바람

1) 화재실 내 열려 있는 창문이나, 파손된 유리창 등에서 유입되는 바람에 의해서 연기가 유동될 수 있다. 이러한 바람은 그 방향에 따라 미치는 영향이 달라진다.

2) 계산식

$$P_w = \frac{1}{2} C_w \rho_0 U_H^2$$

여기서, P_w : 바람이 벽에 가하는 압력 [Pa]
C_w : 압력계수
ρ_0 : 외부 공기밀도 [kg/m³]
U_H : 높이 H에서의 풍속 [m/s]

3) 높이에 따른 풍속은 도시 지역에서는 변화가 적고, 개활지에서는 변화가 크다. 즉, 바람 효과는 지형에 영향을 많이 받게 되므로 NFPA 92에서는 제연설비의 차압 설계 시 지형에 따라 설계자가 추가로 바람의 영향을 고려하도록 규정하고 있다.

4) 제연설비의 외기취입구 및 배출구는 바람의 영향이 없도록 수평구조로 설치하고, 빗물 유입방지 장치를 적용함이 바람직하다.

5. 공조설비

1) 초기화재에서는 연기가 전달되어 조기 감지효과도 가져올 수 있지만, 일반적으로 덕트를 통한 연기의 전파는 매우 위험하다.

2) 특히, VAV(가변풍량)시스템은 온도가 상승하면 실내의 냉방을 위해 송풍량을 증대시키게 된다. 따라서 화재의 경우에는 연기확산을 촉진하므로, 화재 감지기를 설치하여 공조설비가 정지할 수 있도록 해야 한다.

3) HVAC 시스템은 화재에 견딜 수 있는 재질로 하고, 화재시 Shut-down되거나 제연 모드로 전환될 수 있게 해야 한다.

4) 화장실 배기의 경우 용량이 매우 작으므로, 화재 시 연동할 필요는 없지만 방화댐퍼 설치는 고려해야 한다.

6. 승강기에 의한 피스톤 효과

1) 엘리베이터가 승강로를 통해 이동하면, 엘리베이터가 이동하는 방향의 승강로는 가압되어 압력이 상승하고, 반대 부분의 승강로는 팽창하여 압력이 저하된다.

2) 이러한 엘리베이터에 의한 승강로의 압력변화를 피스톤 효과라 한다.

3) 승강기 속도가 빠를수록, 승강기 대수가 적을수록 피스톤 효과가 증대된다.

② 연기유동의 기본방정식

1. 기본 방정식

1) 베르누이 방정식

$$\frac{p_1}{\gamma} + \frac{v_1^2}{2g} + z_1 = \frac{p_2}{\gamma} + \frac{v_2^2}{2g} + z_2$$

① 지점 : 가압공간 내 ② 지점과 같은 높이의 지점

② 지점 : 가압공간과 외부 사이의 출입문이나 창문 틈새 누설부

2) 베르누이 방정식 정리

(1) 베르누이 방정식의 ①, ② 지점에 대한 조건으로부터

$$z_1 = z_2$$

(2) ① 지점은 출입문으로부터 충분히 멀리 떨어져 있으므로, 기류의 이동이 거의 없다.

$$\therefore \ v_1 \approx 0$$

(3) 따라서 베르누이 방정식을 유속 v_2에 대한 식으로 정리하면 다음과 같다.

$$\frac{p_1}{\gamma} = \frac{p_2}{\gamma} + \frac{v_2^2}{2g}$$

$$v_2 = \sqrt{2g\left(\frac{p_1 - p_2}{\gamma}\right)} = \sqrt{\frac{2\Delta p}{\rho}}$$

(4) 공기밀도 대입

$20\,[℃]$의 공기밀도는 $\rho = \dfrac{353}{(273+20)} = 1.21\,[\mathrm{kg/m^3}]$이므로,

$$v_2 = 1.29\sqrt{\Delta p}$$

2. 연기 유동의 원인

1) 위 공식에 따르면, 압력차에 비례하여 속도가 증가한다.

2) 상기 연돌효과, 부력 등의 원인에 따라 발생하는 압력차(ΔP)로 인해 연기는 유동하게 된다.

3 연돌효과

1. 개념

1) 정의

(1) 수직공간 내·외부 온도차가 있을 경우 압력차가 발생되는데, 이러한 압력차는 수직공간 높이에 비례하여 증가한다.

(2) 외부 온도가 실내 온도보다 낮은 경우, 수직공간의 상부에서는 실내 압력이 더 높아 공기가 실외로 배출된다. 이에 따라 수직공간 하부에서는 공기가 유입되며 수직공간 내에서는 상승기류가 형성되는데, 이러한 효과를 연돌효과라 한다.

2) 연돌효과에 의한 압력차 공식

(1) 중성대로부터 h만큼 상부 지점에서의 압력차

$$\Delta P = (\rho_o - \rho_i)gh \ [\text{Pa}]$$

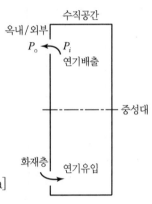

(2) 여기에서, 연기와 공기의 분자량은 거의 같다.

$$\rho = \frac{PM}{RT} = \frac{1 \times 28.96}{0.082 \times T} = \frac{353}{T} \ [\text{kg/m}^3]$$

(3) 중력가속도 $g = 9.8 \ [\text{m/s}^2]$이므로,

$$\Delta P = \left(\frac{353}{T_o} - \frac{353}{T_i}\right) \times 9.8 \times h = 3,460\left(\frac{1}{T_o} - \frac{1}{T_i}\right)h \ [\text{Pa}]$$

→ 수직공간 내·외부의 온도차로 인해 발생되는 압력차로 인한 연돌효과로 연기가 확산된다.

2. 연돌효과의 종류

1) Normal Stack Effect(연돌효과)

(1) 겨울철과 같이 외기온도가 낮은 경우에 건물 내의 수직관통부에서 발생하는 공기의 상승기류

(2) 기류는 그림과 같이 중성대 아래의 건물 내부에서 공기가 유입되어 수직관통부를 통해 상승하며, 중성대 윗부분의 건물을 통해 외부로 배출된다.

2) Reverse Stack Effect(역 연돌효과)

(1) 여름철과 같이 외기온도가 높은 경우에 건물 내의 수직관통부에서 발생하는 공기의 하강기류

(2) 기류는 그림과 같이 Normal Stack Effect와 반대 방향으로 형성된다.

(3) 여름철의 실내·외 온도차는 적은 편이라, 역 연돌효과의 영향은 연돌효과에 비해 크지 않다.

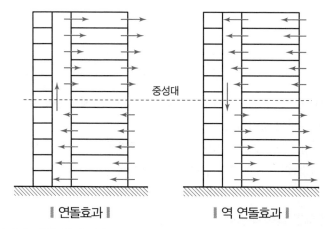

‖ 연돌효과 ‖　　　　‖ 역 연돌효과 ‖

3) 화재 발생 위치에 따른 연기흐름

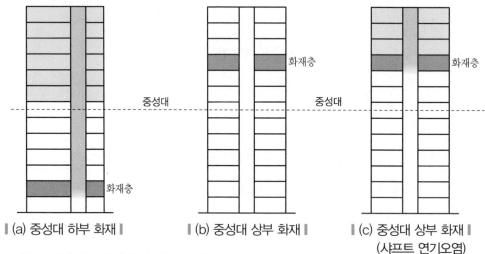

‖ (a) 중성대 하부 화재 ‖　　‖ (b) 중성대 상부 화재 ‖　　‖ (c) 중성대 상부 화재 ‖
(샤프트 연기오염)

(1) 중성대 하부에서의 화재(그림 a)

① 연기는 샤프트 내부로 인입되어 상승하게 된다.

② 샤프트 내의 상승기류에 의해 중성대 상부에서 연기는 건물 내부로 확산된다.

(2) 중성대 상부에서의 화재

① 화재의 규모가 작은 경우(그림 b)

• 화재 발생층의 상층 바닥의 균열부 또는 틈새를 통해 연기가 확산될 수 있다.

• 연돌효과에 의한 압력은 그림에서와 같이 연기가 샤프트 내부로 유입되는 것을 방해하게 된다.

• 층 바닥면의 방화구획이 잘 유지된 경우에는 연기가 화재층 내에서 확산되지 않을 것이다.

② 화재의 규모가 큰 경우(그림 c)

• 중성대 상부에서의 화재로부터 발생된 연기가 연돌효과를 이겨내고 샤프트 내부로 유입될 수 있을 정도로 큰 부력을 갖게 되면 연기확산 양상이 달라질 수 있다.

• 그림 c와 같이 연기는 샤프트 내부에서 상승하고 화재층 위의 바닥면을 통해 확산될 것이다.

3. 중성대

1) 개념

실내외의 압력차가 0이 되는 높이의 위치

(1) 중성대 상부

실내압력 > 실외압력이어서 연기가 화재실 밖으로 유출된다.

(2) 중성대 하부

실내압력 < 실외압력이어서 공기가 화재실로 유입된다.

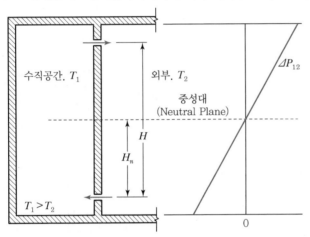

2) 중성대 높이 계산식의 유도

(1) 계산식 유도

① 유출량(샤프트 → 외부)

㉠ 차압

$$\Delta p = (\rho_o - \rho_i)gh = (\rho_o - \rho_i)g(H - H_n)$$

㉡ 유출속도

$$v_o = \sqrt{2gh} = \sqrt{2g\frac{\Delta p}{\gamma_i}} = \sqrt{\frac{2\Delta p}{\rho_i}} = \sqrt{\frac{(\rho_o - \rho_i)}{\rho_i}2g(H - H_n)}$$

㉢ 유출량

$$\dot{m}_{out} = C \times \rho A V = C \times \rho_i A_a \times \sqrt{\frac{(\rho_o - \rho_i)}{\rho_i}2g(H - H_n)} \quad \cdots\cdots \text{①식}$$

② 유입량(외부 → 샤프트)

   ⊙ 차압

$$\Delta p = (\rho_o - \rho_i)gh = (\rho_o - \rho_i)g\,H_n$$

   ⓒ 유입속도

$$v_i = \sqrt{2gh} = \sqrt{2g\frac{\Delta p}{\gamma_o}} = \sqrt{\frac{2\Delta p}{\rho_o}} = \sqrt{\frac{(\rho_o - \rho_i)}{\rho_o}2g\,H_n}$$

   ⓒ 유입량

$$\dot{m}_{in} = C \times \rho A V = C \times \rho_o A_b \times \sqrt{\frac{(\rho_o - \rho_i)}{\rho_o}2g\,H_n} \qquad \cdots\cdots\cdots ②식$$

③ 중성대 위치

   ⊙ 중성대에서는 "유입량＝유출량"이므로,

$$C \times \rho_i A_a \times \sqrt{\frac{(\rho_o - \rho_i)}{\rho_i}2g\,(H - H_n)} = C \times \rho_o A_b \times \sqrt{\frac{(\rho_o - \rho_i)}{\rho_o}2g\,H_n}$$

$$\rho_i A_a \times \sqrt{\frac{(H - H_n)}{\rho_i}} = \rho_o A_b \times \sqrt{\frac{H_n}{\rho_o}}$$

   ⓒ 양변을 제곱하여 H_n에 관한 식으로 정리한다.

$$\rho_i \times (A_a)^2 \times (H - H_n) = \rho_o \times (A_b)^2 \times H_n$$

$$\frac{H - H_n}{H_n} = \left(\frac{A_b}{A_a}\right)^2 \times \frac{\rho_o}{\rho_i}$$

   ⓒ 밀도와 절대 온도는 반비례하므로,

$$\frac{H}{H_n} - 1 = \left(\frac{A_b}{A_a}\right)^2 \times \frac{T_s}{T_o}$$

$$\therefore\ H_n = \frac{H}{1 + \left(\dfrac{T_s}{T_o}\right)\left(\dfrac{A_b}{A_a}\right)^2}$$

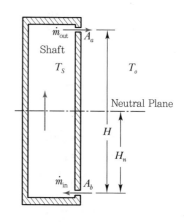

(2) 중성대 높이에 따른 영향

  ① 중성대 위치가 낮을수록 고층부에서의 수직공간 내·외부 압력차가 커진다.

  ② 즉, 중성대 위치가 낮을수록 연돌효과가 증대된다.

4. 연돌효과에 대한 영향인자

1) 수직공간 내·외부의 온도차

  온도차가 클수록 연기확산이 촉진된다.

2) 건물의 높이

초고층일수록 h(중성대~상부)가 커져 압력차가 커진다.

3) 수직공간의 누설면적

하부 누설면적이 클수록 중성대 위치가 낮아져 연돌효과에 의한 압력차가 커진다.

4) 건물 상부의 공기기류

상부에서 수직공간으로의 기류가 강하면, 연돌효과는 줄어든다.

5. 연돌효과의 문제점

1) 에너지 손실과 출입문 개폐 장애

(1) 연돌효과에 따른 기류를 통한 냉·난방 에너지 손실이 발생한다.

(2) 연돌효과에 의한 압력차로 계단실, 승강기 등의 출입문 개폐에 장애가 생긴다.

2) 화재 시 연기확산

수직공간 내로 유입된 연기가 상승기류에 의해 건물의 최상층 부근으로 확산되어 인명피해가 증가한다.

3) 제연설비 성능에 대한 영향

(1) 차압 제연설비는 연돌차압보다 높은 압력으로 제연구역을 가압해야 한다.

(2) 또한 제연설비와 연돌효과에 의한 차압의 합이 계단실 문을 개방하는 데 영향을 주지 않아야 하는데, 연돌효과에 의한 압력차가 커지면 이러한 차압 제연의 성능을 유지하기 어려워진다.

6. 연돌효과에 대한 대책

1) 소방 측면

(1) 연기온도 상승 억제

① 수직공간 내외부 온도차를 줄여 연돌효과를 감소시킬 수 있다.

② 스프링클러에 의한 냉각 및 거실제연설비에 의한 고온 연기 배출을 적용한다.

(2) 급기가압 제연설비 적용

① 수직공간(계단실, 승강장 등)에 대한 차압 제연을 통해 연기유입을 방지한다.

② 이러한 급기가압 제연설비의 적용 시에는 연돌효과를 함께 고려해야 한다.

2) 건축계획 측면

(1) 중성대 위치를 높게 조치

① 1층에 방풍실을 두는 등 개구부를 직렬 배치시켜 하부 개구부 면적을 작게 한다.

② 1층 계단실 출입문에 자동폐쇄장치를 설치하여 개구부를 작게 유지한다.

(2) 수직공간의 분할

① 계단실을 피난안전구역 중심으로 분할하여 수직공간의 높이를 제한한다.

② 승강로도 분할할 수 있도록 승강로를 단일구조로 규정하고 있는 건축법령의 개정이 필요하다.

3) 기계설비 측면

(1) 1층에 위치한 승강기 출입문을 폐쇄상태로 유지한다.

(2) 승용승강기 승강장을 구획하여 중성대 높이가 높아지지 않도록 한다.

(3) 승강로 겸용 제한

승강기별 승강로를 겸용할 경우 중성대 하부에서 출입문이 개방된 상태인 승강기가 존재하기 쉽다. 이러한 경우 중성대 위치가 높아져 고층부 승강기 문이 개방되지 않을 수 있다.

(4) PS, AD, EPS, TPS 등의 관통부에 대한 방화구획을 철저히 하고, 관통부에 대한 내화채움 구조를 적용해야 한다.

(5) 수직공간 상부에 Smoke Hatch를 적용하여 연기 배출 및 중성대 위치를 높게 한다.

> **문제**
>
> ## 연기의 단층(Stratification)에 대하여 설명하시오.

1. 개요

1) 천장 부근의 공기층 온도가 상승하는 연기의 온도보다 높은 경우, 천장에 설치된 소방시설 작동이 지연될 수 있다.

2) 연기층이 따뜻한 공기층 하부에 층화되어 천장에 도달하지 못하는 이러한 현상을 연기의 단층이라 한다.

2. 단층현상의 발생

1) 발생원인

천장 부근 온도가 높거나, 천장이 높아 연기층 온도가 저하되어 발생한다.

(1) 천장에 유리창을 설치한 아트리움의 경우에는 태양열로 인해 바닥과 천장의 온도차가 50[℃]에 이른다.

(2) 바닥에서 천장까지의 온도분포

① 따뜻한 공기층에 이를 때까지 온도가 일정하게 유지되는 경우

천장이 높고, 공간이 넓어서 아트리움 내 공기가 공기조화를 거치지 않고 방치되어 발생된다.

② 바닥에서 천장까지 일정한 온도변화율을 가지는 경우

이러한 경우는 단층 현상의 발생 가능성이 낮다.(연기층 냉각에 의해서만 발생)

2) 발생 메커니즘

(1) 연기층의 온도는 상승에 따라 점차 저하된다.(공기의 유입 등)

(2) 천장부에는 따뜻한 공기층이 형성되어 있다.

(3) 이에 따라 천장 부근의 공기층 온도보다 상승하는 연기층 온도가 높지 않아 공기층 하부에 연기층을 이루게 된다.

3) 단층현상의 발생 여부 확인(온도분포별 추정방법)

(1) 불연속 온도분포 : 플룸의 온도를 산출하여 상부공기층의 온도보다 낮아지는 지점을 확인한다.

(2) 연속적인 온도분포 : 플룸의 최대상승높이 계산식으로부터, 아트리움 천장까지 연기를 도달시킬 수 있는 최소 화재 크기를 검토한다.

$$\dot{Q_c} = 0.352 \times H^{\frac{5}{2}} \times \Delta T_s^{\frac{3}{2}}$$

여기서, $\dot{Q_c}$: 화재에 의한 열방출속도 [W]

H : 연료면에서 천장까지의 거리 [m]

ΔT_s : 연료에서 천장 사이의 주변가스의 온도차 [℃]

3. 단층현상에 대한 대책

1) 천장부착형 감지기 이외에 광전식 분리형 감지기를 설치한다.

2) 광전식 분리형 감지기가 작동되면, 천장의 따뜻한 공기층을 배출할 수 있도록 제연설비를 설치한다.

문제

엘리베이터의 Piston Effect에 대하여 설명하시오.

1. 개념

1) 엘리베이터가 승강로를 통해 이동하면, 엘리베이터가 이동하는 방향의 승강로는 가압되어 압력이 상승하고, 반대 부분의 승강로는 팽창하여 압력이 저하된다.

2) 이러한 엘리베이터에 의한 승강로의 압력변화를 피스톤 효과라 한다.

3) 피스톤 효과는 급기가압된 비상용 승강기의 승강장, 승강로 등으로 연기가 유입되게 할 우려가 있다.

2. 피스톤 효과의 발생

1) 엘리베이터가 하강 중이라 가정하면 승강로 내부는 다음과 같은 상태가 된다.

   (1) 하층부

      ① 엘리베이터 하강으로 인해 승강로 내부 공기가 압축된다.

      ② 이에 따라 승강로 내부의 공기는 승강로 밖으로 밀려나가게 된다.

   (2) 상층부

      ① 엘리베이터 하강으로 인해 승강로 공기가 팽창된다.

      ② 이에 따라 승강로 내부로 공기가 유입된다.

2) 승강로 압력의 거의 일정하게 유지되므로, 위와 같은 현상에 의한 공기 유입량과 유출량은 같다.

3) 피스톤 효과에 의한 압력차

$$\Delta P = \frac{\rho}{2}\left[\frac{A_s \times A_e \times U}{A_a \times A_{ir} \times C_c}\right]^2$$

    여기서, A_s : 승강로 단면적 A_e : 유효면적 U : 승강기 속도

           A_a : 승강기 주위 틈 면적 A_{ir} : 승강로와 실내 사이 누설면적 C_c : 유동계수

3. 피스톤 효과에 대한 대책

1) 그림에서와 같이 승강로 내의 승강기 대수가 적을수록 피스톤효과가 커진다. 그러나 승강로를 겸용하면 연돌효과는 증대될 위험이 있다.

2) 또한 승강기 속도가 빠를수록 피스톤효과가 커진다.

3) 따라서 화재 시 승강기 속도를 제한하여 피스톤효과를 완화시킬 필요가 있다.

4) 또한 승강장 및 승강로에 급기가압제연설비를 적용하여 연기 유입을 방지해야 한다.

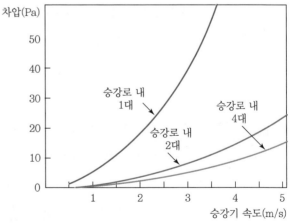

CHAPTER 16 | 제연설비

▣ 단원 개요

제연의 원리와 국내에서 주로 이용하는 제연방식인 배연(거실제연설비)과 차연(급기가압 제연설비)에 대하여 구분하여 설명하고 있다. 각 제연설비 별로 국내 설치기준뿐만 아니라, 공학적 원리, NFPA 92 기준 및 실무적 사항들도 다룬다.

▣ 단원 구성

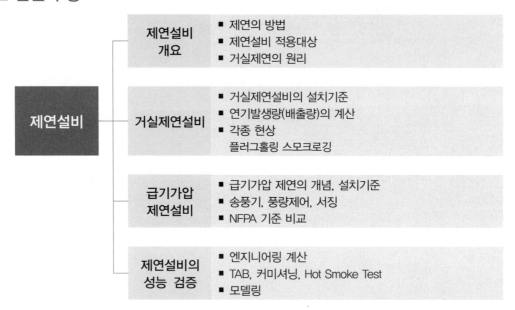

제연설비	제연설비 개요	■ 제연의 방법 ■ 제연설비 적용대상 ■ 거실제연의 원리
	거실제연설비	■ 거실제연설비의 설치기준 ■ 연기발생량(배출량)의 계산 ■ 각종 현상 플러그홀링 스모크로깅
	급기가압 제연설비	■ 급기가압 제연의 개념, 설치기준 ■ 송풍기, 풍량제어, 서징 ■ NFPA 기준 비교
	제연설비의 성능 검증	■ 엔지니어링 계산 ■ TAB, 커미셔닝, Hot Smoke Test ■ 모델링

▣ 단원 학습방법

제연설비 단원은 최근 가장 출제 빈도가 높은 단원으로 설치기준으로부터 공학적 · 실무적 수준의 내용까지 광범위하게 학습해야 한다.

거실제연에서는 제연의 개념, 배출량 계산, 각종 현상 및 주요시설의 기준 등이 출제되고 있다. 급기 가압제연은 엔지니어링 계산(덕트 종횡비, 시스템 효과 등)과 그 개념, 차압 · 방연풍속 · 과압배출 · 유입공기배출 등과 같은 주요 설계 개념에 대한 공학적 이론까지 출제된다. 송풍기 선정과 관련한 서징의 개념 및 대책, 가변풍량제어 등과 같은 실무적인 사항들도 출제되므로 공부해 두어야 하며, 각종 성능검증 방안들도 학습해야 한다.

전반적으로 고난도의 문제들이 많고 소방기술사 시험의 당락을 좌우할 수 있는 중요한 단원이다. 따라서 어려운 내용들도 관련 강의와 참고도서 등을 통해 확실하게 이해하고 정리해 두어야 한다.

CHAPTER 16 제연설비

거실제연의 개념

1 제연(Smoke Control)의 개념

1. 제연의 개념

제연이란, 연기의 제거가 아니라 연기의 제어라는 의미이다.

2. 연기의 유동원인(NFPA 92)

1) 연돌효과
2) 화재에 의한 온도상승(부력, 열팽창)
3) 기후조건(바람, 외기온도)
4) 공조설비의 영향
5) 피스톤 효과

→ NFPA 92의 차압기준은 부력을 고려한 것이며, 설계 시 건물의 지형, 지역을 감안한 연돌효과와 바람 영향을 추가로 고려해야 한다.

3. 연기의 제어방법

1) 희석

    (1) 피난 및 소화활동에 지장이 없는 수준으로 연기농도를 낮추는 제연방식
        → 자연적으로 연기가 확산될 때, 공기와 혼합시키는 방식
    (2) 화재실로 공기를 공급하여 공기와 연기 혼합기체를 배출시키거나 연기를 밀어낸다.
        → 현재 기술로는 한계가 있어 적용에 주의해야 한다.

2) 배연

    (1) 연기를 실외로 배출하여 연기층의 강하나 확산을 방지하고, 연기농도를 저하시키는 방식
    (2) 효과적인 배연을 위해서는 충분한 깊이의 연기층(Smoke Layer)이 형성되어야 한다.
        → 그렇지 않을 경우, 하부 공기를 흡입, 배출시켜서 효과가 줄어든다.
    (3) 연기의 배출구는 공간의 최상부에 설치하는 것이 바람직하다.

3) 차연

(1) 청정공기의 급기로 피난 시의 안전구획을 가압하여 연기침입을 방지하는 방식

(2) 연기층의 유동원인인 압력차 이상으로 가압하여 연기유입을 방지한다.

4) 축연

(1) 대공간의 장소에서 천장에 연기를 가둬 거주지역까지의 연기강하를 지연시키는 방식

(2) 일반적인 실의 경우에는 축연 용량이 부족하므로, 축연과 배연을 함께 실시한다.

5) 방연

(1) 출입문, 창문 등만 닫아도 연기 확산이 급격히 감소한다.

(2) 칸막이 구획

① 불연재료

② 차연 효과가 있는 유리스크린

③ 내화구조의 벽, 방화문

④ 안전구획의 차수가 높을수록 방연성능을 높게 설계해야 한다.

6) 연기층의 강하 방지

(1) 배연구를 최상부에 설치하고, 급기구를 하부에 설치하여 연기층의 강하를 방지한다.

(2) 축연방식의 상부에 Smoke Hatch 설치

2 거실 제연의 개념

1. 거실제연의 개념

화재발생장소의 연기를 거실이나 통로에서 배출시키고, 거실의 하부나 인접실에서 신선한 공기를 공급하여 청정공간(Clear Layer)을 유지하여 피난 및 소화활동을 원활하게 하는 것이다.

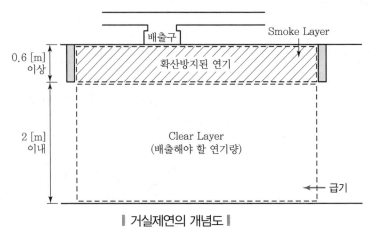

‖ 거실제연의 개념도 ‖

2. 거실제연설비의 용어

1) Smoke Layer

(1) 배출구에서의 원활한 연기 배출을 위한 연기층의 형성 공간

(2) 배출량 산정에 포함되지 않는다.

2) Clear Layer

(1) 피난 및 소화활동을 위해 필요한 청정 공간

(2) 이 부분으로 연기층이 강하되지 않도록 연기를 배출하는 것

3) 배기

원활한 연기배출을 위해 실의 천장부에 배기구를 설치한다.

4) 급기

(1) 배기만 하게 되면 Clear Layer에 산소부족이 발생할 수도 있고, 배기가 잘되지 않으므로 급기를 함께 실시해야 한다.

(2) 화세가 촉진되지 않도록 하부에서 저속으로 급기한다.(5 [m/s] 이하)

(3) Layer가 잘 형성될 수 있도록 인접실에서 급기하는 것이 바람직하다.

5) 제연구역

제연경계에 의해 구획된 건물 내의 공간

6) 예상제연구역

화재발생 시 연기의 제어가 요구되는 제연구역

7) 제연경계의 폭

천장 또는 반자로부터 제연경계의 수직하단까지의 거리

8) 수직거리

제연경계의 하단에서 바닥까지의 거리

9) 공동예상제연구역

2개 이상의 예상제연구역

10) 방화문

건축법에 의한 방화문으로서 언제나 닫힌 상태를 유지하거나, 화재로 인한 연기의 발생 또는 온도의 상승에 따라 자동적으로 닫히는 구조인 것

거실제연설비의 설치기준

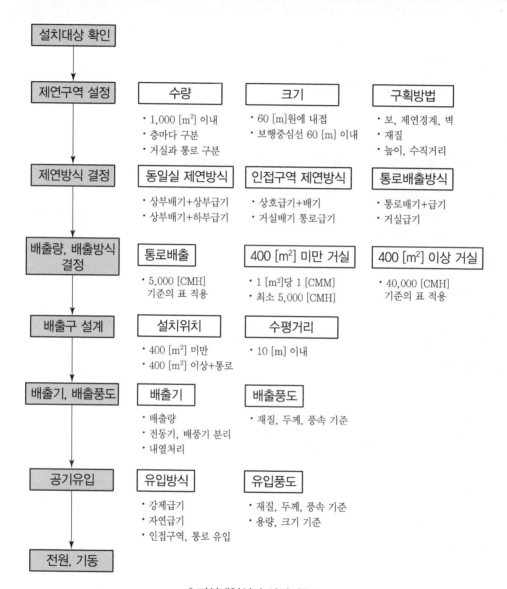

설치대상 확인

제연구역 설정

수량
- 1,000 [m²] 이내
- 층마다 구분
- 거실과 통로 구분

크기
- 60 [m]원에 내접
- 보행중심선 60 [m] 이내

구획방법
- 보, 제연경계, 벽
- 재질
- 높이, 수직거리

제연방식 결정

동일실 제연방식
- 상부배기+상부급기
- 상부배기+하부급기

인접구역 제연방식
- 상호급기+배기
- 거실배기 통로급기

통로배출방식
- 통로배기+급기
- 거실급기

배출량, 배출방식 결정

통로배출
- 5,000 [CMH] 기준의 표 적용

400 [m²] 미만 거실
- 1 [m²]당 1 [CMM]
- 최소 5,000 [CMH]

400 [m²] 이상 거실
- 40,000 [CMH] 기준의 표 적용

배출구 설계

설치위치
- 400 [m²] 미만
- 400 [m²] 이상+통로

수평거리
- 10 [m] 이내

배출기, 배출풍도

배출기
- 배출량
- 전동기, 배풍기 분리
- 내열처리

배출풍도
- 재질, 두께, 풍속 기준

공기유입

유입방식
- 강제급기
- 자연급기
- 인접구역, 통로 유입

유입풍도
- 재질, 두께, 풍속 기준
- 용량, 크기 기준

전원, 기동

‖ 거실제연설비 설치기준 ‖

1 제연설비의 설치대상

1. 문화집회, 종교시설 및 운동시설

   1) 무대부 바닥면적 : 200 [m²] 이상 → 해당 무대부

   2) 영화상영관 : 수용인원 100명 이상 → 해당 영화상영관

2. 지하층이나 무창층에서 설치된 근린생활시설, 판매시설, 운수시설, 숙박시설, 위락시설 또는
   창고시설(물류터미널만 해당) :
   해당 용도로 사용되는 바닥면적의 합계가 1,000 [m²] 이상인 경우 해당 부분

3. 시외버스 정류장, 철도 및 도시철도시설, 공항시설, 항만시설의 대기실 또는 휴게시설 :
   지하층, 무창층의 바닥면적이 1,000 [m²] 이상인 경우 모든 층

4. 지하가(터널 제외) :
   연면적 1,000 [m²] 이상

5. 지하가 중 예상 교통량, 경사도 등 터널의 특성을 고려하여 행정안전부령으로 정하는 위험등
   급 이상에 해당되는 터널 :
   1등급 및 2등급이 해당됨

6. 특정소방대상물(갓복도형 아파트 제외)에 부설된 특별피난계단 또는 비상용승강기의 승강장
   또는 피난용승강기의 승강장

② 제연구역

1. 제연구역의 수

1) 하나의 제연구역 면적 : 1,000 [m²] 이내
2) 하나의 제연구역은 2개 이상의 층에 미치지 않
   을 것(단, 층의 구분이 불분명할 경우에는 그
   부분을 다른 부분과 별도로 제연구획할 것)
3) 거실과 통로(복도를 포함)는 상호 제연구획할 것

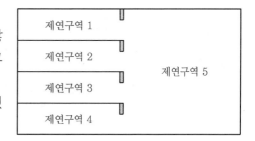

2. 제연구역의 크기

1) 하나의 제연구역은 직경 60 [m]의 원 내에 들어갈 수 있을 것
2) 통로상의 제연구역은 보행중심선의 길이가 60 [m]를 초과하지 않을 것

3. 제연구역의 구획

1) 제연구역은 제연경계(보, 제연경계벽) 및 벽으로 구획할 것
   (벽 : 화재 시 자동으로 구획되는 가동벽, 셔터, 방화문을 포함)
2) 재질
   (1) 내화재료, 불연재료 또는 제연경계벽으로 성능을 인정받은 것
   (2) 화재 시 쉽게 변형, 파괴되지 않고 연기가 누설되지 않는 기밀성있는 재료로 할 것
      → 제연경계벽으로 망입유리 등을 사용할 수 있다.
3) 제연경계의 높이 : 0.6 [m] 이상일 것
4) 제연경계 수직거리 : 2 [m] 이내로 하되, 구조상 불가피한 경우에는 2 [m]를 초과할 수 있다.

5) 제연경계벽

(1) 배연 시 기류에 의해 그 하단이 쉽게 흔들리지 않을 것

(2) 가동식은 급속히 하강하여 인명에 위해를 주지 않는 구조일 것

4. 설치 제외

화장실, 목욕실, 주차장, 발코니를 설치한 숙박시설(가족호텔 및 휴양콘도미니엄에 한함)의 객실, 사람이 상주하지 않는 기계실, 전기실, 공조실, 50 [m²] 미만의 창고 등으로 사용되는 부분 → 배출구, 공기유입구의 설치 및 배출량 산정에서 제외

❸ 제연방식

1. 거실제연의 방법

1) 예상제연구역에는 화재 시 연기를 배출하고 공기가 유입될 수 있도록 해야 한다.

2) 배출구역이 거실인 경우 : 통로에도 동시에 공기가 유입될 수 있도록 해야 한다.

2. 제연방식

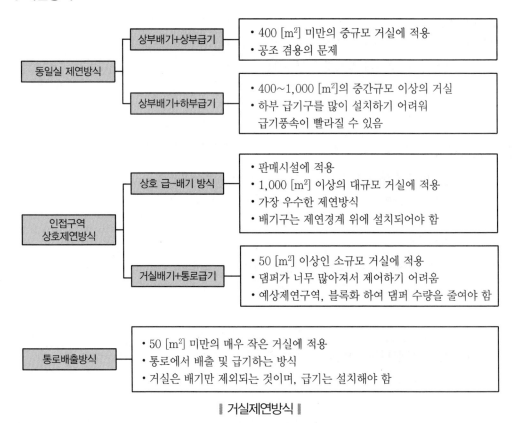

동일실 제연방식

상부배기+상부급기
• 400 [m²] 미만의 중규모 거실에 적용
• 공조 겸용의 문제

상부배기+하부급기
• 400~1,000 [m²]의 중간규모 이상의 거실
• 하부 급기구를 많이 설치하기 어려워 급기풍속이 빨라질 수 있음

인접구역 상호제연방식

상호 급-배기 방식
• 판매시설에 적용
• 1,000 [m²] 이상의 대규모 거실에 적용
• 가장 우수한 제연방식
• 배기구는 제연경계 위에 설치되어야 함

거실배기+통로급기
• 50 [m²] 이상인 소규모 거실에 적용
• 댐퍼가 너무 많아져서 제어하기 어려움
• 예상제연구역, 블록화 하여 댐퍼 수량을 줄여야 함

통로배출방식
• 50 [m²] 미만의 매우 작은 거실에 적용
• 통로에서 배출 및 급기하는 방식
• 거실은 배기만 제외되는 것이며, 급기는 설치해야 함

‖ 거실제연방식 ‖

3. 통로의 예상제연구역 제외

1) 주요구조부 : 내화구조
2) 마감 : 불연 또는 난연재료
3) 가연성 내용물이 없을 것
4) 화재 발생 시 연기의 유입이 우려되는 통로는 제외 불가능하다.

4 배출량 기준

1. 바닥면적 400 [m²] 미만의 거실

1) 배출량 산정 : 거실 바닥면적 1 [m²]당 1 [m³/min] 이상
2) 최소 배출량 : 5,000 [CMH]

2. 바닥면적 50 [m²] 미만의 거실

다음 표에 의해 배출량을 산출한다.

예상 제연구역	제연경계 수직거리	배출량 (CMH)	예상 제연구역	제연경계 수직거리	배출량 (CMH)
통로 길이 40 [m] 이하	2 [m] 이하	25,000	통로길이 40~60 [m] 이하	2 [m] 이하	30,000
	2~2.5 [m]	30,000		2~2.5 [m]	35,000
	2.5~3 [m]	35,000		2.5~3 [m]	45,000
	3 [m] 초과	45,000		3 [m] 초과	50,000

3. 바닥면적 400 [m²] 이상의 거실

다음 표에 의해 배출량을 산출한다.

예상 제연구역	제연경계 수직거리	배출량 (CMH)	예상 제연구역	제연경계 수직거리	배출량 (CMH)
직경 40 [m] 이하	2 [m] 이하	40,000	직경 40 [m] 초과	2 [m] 이하	45,000
	2~2.5 [m]	45,000		2~2.5 [m]	50,000
	2.5~3 [m]	50,000		2.5~3 [m]	55,000
	3 [m] 초과	60,000		3 [m] 초과	65,000

4. 예상제연구역이 통로인 경우

1) 배출량 : 45,000 [m³/hr] 이상
2) 예상제연구역이 제연경계로 구획된 경우 : 상기 대규모 거실(400 [m²] 이상) 배출량 표의 우측 부분(직경 40 [m] 초과)에 따라 산출

5. 공동예상제연구역 동시배출의 경우

1) 벽으로 구획된 경우

(1) 각 예상제연구역의 배출량을 합한 것 이상

(2) 예상제연구역의 바닥면적이 400 [m²] 미만인 경우

: 바닥면적 1 [m²]당 1 [m³/min] 이상으로 할 것(최소 5,000 [m³/hr] 이상)

2) 제연경계로 구획된 경우

(1) 각 예상제연구역의 배출량 중 최대의 것으로 한다.

(2) 공동예상제연구역의 크기

① 거실인 경우 : 바닥면적 1,000 [m²] 이하, 직경 40 [m] 원 안에 들어갈 것

② 통로인 경우 : 보행중심선의 길이를 40 [m] 이하로 할 것

3) 제연경계의 수직거리가 다른 경우

수직거리가 가장 긴 것을 기준으로 한다.

5 배출구

예상제연구역	배출구
공통기준	예상제연구역의 각 부분에서 1개 배출구까지의 수평거리 : 10 [m] 이내
바닥면적 400 [m²] 미만의 거실	1. 벽으로 구획된 경우 바닥에서 천장 사이의 중간 윗부분에 설치 2. 제연경계로 구획된 경우 천장, 반자, 가까운 벽에 설치 (벽에 설치 시 배출구 하단이 가장 짧은 제연경계 하단보다 높게 위치)
바닥면적 400 [m²] 이상의 거실	1. 벽으로 구획된 경우 천장, 반자, 가까운 벽에 설치 (벽에 설치 시 배출구 하단에서 바닥까지 최단거리 2 [m] 이상)
통로	2. 제연경계로 구획된 경우 천장, 반자, 가까운 벽에 설치 (벽에 설치 시 배출구 하단이 가장 짧은 제연경계 하단보다 높게 위치)

6 공기유입구

예상제연구역	공기유입구
공통기준	1. 유입방식 　1) 강제유입 　2) 자연유입방식 　3) 인접 제연구역 또는 통로에 유입된 공기가 유입되는 방식 2. 인접 제연구역, 통로에서의 공기유입방식에서 해당 구역의 공기유입구가 제연경계 하단보다 높은 경우 　인접구역 또는 통로에서의 화재 시 그 유입구는 다음 중 하나에 적합 　1) 각 유입구는 자동 폐쇄될 것 　2) 해당구역 내 설치된 유입풍도가 해당 제연구획 부분을 지나는 부분에 설치된 댐퍼는 자동폐쇄될 것 3. 공기 유입되는 순간의 풍속 : 5 [m/s] 이하 4. 유입구의 구조 　1) 공기를 상향으로 분출하지 않도록 설치할 것 　2) 유입구가 바닥에 설치되는 경우에는 상향분출이 가능하며, 이때 풍속은 1 [m/s] 이하가 되도록 할 것 5. 공기유입구 크기 : 예상제연구역 배출량 1 [m³/min]당 35 [cm²] 이상 6. 공기유입량 : 배출량의 배출에 지장이 없는 양
바닥면적 400 [m²] 미만의 거실	1. 배출구와 공기유입구 간 직선거리 5 [m] 이상 또는 구획실 장변의 1/2 이상 2. 공연장, 집회장, 위락시설 용도의 바닥면적 200 [m²] 초과하는 경우는 아래 통로 등의 기준에 따름
바닥면적 400 [m²] 이상의 거실	1. 바닥에서 1.5 [m] 이하 2. 급기구 주변은 공기유입에 장애가 없도록 할 것
통로	1. 벽에 설치할 경우 　400 [m²] 이상 거실 기준에 따름 2. 벽 외에 설치할 경우 　1) 유입구 상단이 바닥~천장ㆍ반자 사이의 중간 아랫부분보다 낮게 위치 　2) 수직거리가 가장 짧은 제연경계 하단보다 낮게 되도록 설치
공동예상제연구역	1. 벽으로 구획된 경우 　400 [m²] 이상 거실 기준에 따름 2. 제연경계로 구획된 경우 　1개 이상의 장소에 통로의 기준에 따른 공기유입구 설치

7 배출기

1. 배출능력 : 산출된 배출량 이상
2. 배출기와 배출풍도의 접속부분에 사용하는 캔버스 : 내열성(석면재료 제외)이 있는 것
3. 배출기의 전동기 부분과 배풍기 부분은 분리하여 설치할 것
4. 배풍기 부분은 유효한 내열처리를 할 것

8 배출풍도 및 유입풍도

1. 배출풍도

1) 재질

(1) 아연도금강판 또는 이와 동등 이상의 내식성 · 내열성이 있는 것으로 할 것
(2) 건축법에 따른 불연재료(석면 제외)인 단열재로 풍도 외부에 유효한 단열처리할 것

2) 배출풍속

(1) 흡입 측 풍속 : 15 [m/s] 이하
(2) 배출 측 풍속 : 20 [m/s] 이하

2. 유입풍도

유입풍도 내의 풍속 : 20 [m/s] 이하

3. 공통 기준

1) 강판의 두께

풍도 단면의 긴 변 또는 직경의 크기	450 [mm] 이하	450 [mm] 초과 750 [mm] 이하	750 [mm] 초과 1,500 [mm] 이하	1,500 [mm] 초과 2,250 [mm] 이하	2,250 [mm] 초과
강판두께	0.5 [mm]	0.6 [mm]	0.8 [mm]	1.0 [mm]	1.2 [mm]

2) 옥외에 면하는 경우

(1) 비 또는 눈 등이 들어가지 않도록 할 것
(2) 배출된 연기가 공기유입구로 순환 유입되지 않도록 할 것

9 전원 및 기동

1. 비상전원 설치기준

1) 비상전원 공급방식

(1) 자가발전설비, 축전지설비 또는 전기저장장치
(2) 설치 제외

　　　　① 2 이상의 변전소에서 전력을 동시에 공급받을 수 있거나,

　　　　② 1개의 변전소로부터 전력 공급이 중단된 경우 다른 변전소로부터 전원이 공급되도록 상용전원을 설치한 경우

2) 비상전원 설치기준

(1) 점검에 편리하고, 화재 · 침수 등의 재해로 인한 피해 우려가 없는 곳에 설치

(2) 제연설비를 20분 이상 작동할 수 있을 것

(3) 상용전원 공급 중단 시, 자동으로 비상전원으로부터 전력을 공급받을 것

(4) 비상전원 설치장소는 방화구획할 것

(5) 실내에 설치한 경우, 비상조명등을 설치할 것

2. 제연설비의 기동

1) 대상

가동식의 벽, 제연경계벽, 댐퍼 및 배출기의 작동

2) 기동방법

화재감지기와 연동 또는 예상제연구역(또는 인접장소) 및 제어반에서 수동기동될 것

문제

거실제연설비의 공기유입 및 유입량 관련 화재안전기준을 NFPA 92와 비교하여 차이를 설명하시오.

1. 화재안전기준

1) 유입방식 : 다음 3가지 방식을 적용 가능

  (1) 강제유입 방식

  (2) 자연유입 방식

  (3) 인접 제연구역 또는 통로를 통한 공기유입 방식

2) 유입량 기준

  산출된 배출량 이상이 되어야 한다.

  (행정예고 : "배출량의 배출에 지장이 없는 양"으로 개정 예정)

3) 공기유입구 설치기준

바닥면적 400 [m²] 미만의 거실	바닥면적 400 [m²] 이상의 거실

• 바닥 외의 장소에 설치
  (행정예고 : 삭제 예정)
• 배출구와 5 [m] 이상 이격하여 설치
  (행정예고 : 또는 구획실 장변의 1/2 이상 이격 추가 예정)
	• 바닥에서 1.5 [m] 이하
	• 공기유입구 2 [m] 이내에 가연성 내용물이 없도록 할 것
	  (행정예고 : 공기유입구 주변은 공기 유입에 장애가 없도록 조치할 것으로 변경 예정)

4) 유입풍속

  (1) 유입풍도 : 20 [m/s] 이하

  (2) 유입 순간의 풍속 : 5 [m/s] 이하

2. NFPA 92

1) 유입방식

  (1) 강제 유입방식

  (2) 자연 유입방식 : 개방된 출입문, 창문, 통풍구 등 이용

    (자연배기를 할 경우, 유입공기도 자연급기에 의할 것)

2) 유입량 기준

  (1) 배출량을 이동시킬 수 있고, 출입문 개방력 기준을 초과하지 않도록 급기할 것

(2) 급기는 배기의 85~95 [%]로 설계함이 바람직하다.

　　→ 경험적으로 잔여 5~15 [%]의 공기는 작은 경로를 통해 유입되기 때문

(3) 배출량보다 적은 공기를 유입시키는 이유는 화재 공간을 가압하지 않기 위함이다.

3) 공기유입구 기준

설치위치 : 연기층 아래에 위치해야 한다.

4) 유입풍속

화재플룸과 접촉할 수 있는 장소에서는 1.02 [m/s]를 초과하지 않을 것

→ 플룸이 연기층 경계부에서 기울어지거나 분리되는 것을 방지하기 위함이다.

3. 결론

1) 차이점

구분	화재안전기준	NFPA 92
유입량	배출량 이상 (행정예고 : 배출량의 배출에 지장이 없는 양)	배출량의 85~95 [%]
유입구 위치	소규모 거실의 경우 연기층 내에 설치 가능	연기층 아래
유입풍속	5 [m/s] 이하	1.02 [m/s] 이하

2) 개선 의견

(1) 최근 화재안전기준 행정예고에 따른 개정 예정사항은 주로 공기유입구 설치위치에 관련된 내용이며, 유입량 기준은 일부 개정될 것으로 예상된다.

(2) 유입구가 연기층 내부에 설치되거나 높은 풍속일 경우 연기층을 교란하여 피해가 우려되고, 이는 제연설비 본래의 목적을 상실하는 것이므로 이에 대한 추가적인 개정이 필요하다.

문제

거실제연설비의 배출량 기준이 되는 Hinkley 공식을 유도하시오.

1. 개요

Hinkley 공식은 실내 화재 시 연기의 강하시간을 해석한 식으로서, 제연설비의 배출량 산정의 기준이 된다.

2. Hinkley 공식의 유도

1) 토마스의 실험식($\dot{M}$)

$$\frac{dM}{dt} = \dot{M} = 0.096 P \cdot \rho_0 \, y^{\frac{3}{2}} \, g^{\frac{1}{2}} \left(\frac{T_o}{T}\right)^{\frac{1}{2}} \quad \cdots\cdots\cdots \text{①식}$$

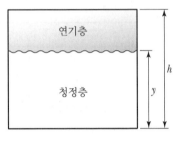

여기서, $\dot{M}$: 연기생성량 P : 화염 둘레길이

  ρ_0 : 주위 공기밀도 y : Clear Layer 높이

  T_o : 주위온도 T : 화염온도

2) 수학적인 연기 발생량($\dot{M}$)

$$\frac{dM}{dt} = \dot{M} = \frac{d}{dt}\left[\rho_s \cdot A(h-y)\right]$$

$$= \frac{d}{dt}(\rho_s A h)^{\nearrow 0} - \frac{d}{dt}(\rho_s A y)$$

$$\therefore \; \frac{dM}{dt} = \dot{M} = -\rho_s A \frac{dy}{dt} \quad\quad \cdots\cdots\cdots \text{②식}$$

여기서, ρ_s : 연기의 밀도, A : 바닥면적

3) ①식=②식이므로 dt 에 대한 식으로 정리

$$0.096 P \rho_0 \, y^{\frac{3}{2}} g^{\frac{1}{2}} \left(\frac{T_o}{T}\right)^{\frac{1}{2}} = -\rho_s A \frac{dy}{dt}$$

여기서, $0.096 \rho_0 \, g^{\frac{1}{2}} \left(\frac{T_o}{T}\right)^{\frac{1}{2}} = K$ 로 치환하면,

$$K P y^{\frac{3}{2}} = -\rho_s A \frac{dy}{dt}$$

$$\therefore \; dt = \frac{-\rho_s A}{KP} \cdot \frac{dy}{y^{3/2}}$$

4) 양변을 적분하여 경계조건을 대입하면($t = 0$일 때, $y = h$)

$$t = -\frac{\rho_s A}{KP} \int y^{-\frac{3}{2}} dy = \frac{2\rho_s A}{KP} y^{-\frac{1}{2}} + C$$

(경계조건에 의해)

$$C = -\frac{2\rho_s A}{KP} h^{-\frac{1}{2}}$$

$$\therefore \ t = \frac{2\rho_s A}{KP}\left(\frac{1}{\sqrt{y}} - \frac{1}{\sqrt{h}}\right)$$

5) K를 다시 대입하고, 특정 조건을 대입하면

(1) $T_0 = 290K$ $T = 1,100K$

17 [℃](= 290 [K])에서의

$$\rho_0 = \frac{353}{(273 + 17)} = 1.22$$

$$\rho_s = \frac{290}{573} \times 1.22 = 0.617 (T_s \ \text{연기온도} \rightarrow 300 \ [℃])$$

(2) 모두 대입하면,

$$t = \frac{2\rho_s A}{0.096 \rho_0 \, g^{\frac{1}{2}} \left(\dfrac{T_0}{T}\right)^{\frac{1}{2}} P}\left(\frac{1}{\sqrt{y}} - \frac{1}{\sqrt{h}}\right)$$

$$= \frac{2 \times 0.617}{0.096 \times 1.22 \times \left(\dfrac{290}{1,100}\right)^{\frac{1}{2}}} \times \frac{A}{P\sqrt{g}}\left(\frac{1}{\sqrt{y}} - \frac{1}{\sqrt{h}}\right)$$

(3) $t = \dfrac{20A}{P\sqrt{g}}\left(\dfrac{1}{\sqrt{y}} - \dfrac{1}{\sqrt{h}}\right)$

Hinkley 공식으로부터 연기배출량 계산식을 유도하시오.

1. 개요

Hinkley 공식

$$t = \frac{20A}{P\sqrt{g}}\left(\frac{1}{\sqrt{y}} - \frac{1}{\sqrt{h}}\right)$$

2. 식의 유도

1) Hinkley 식을 y에 대한 식으로 변환

$$\frac{1}{\sqrt{y}} = \left(\frac{P\sqrt{g}}{20A}\right)\cdot t + \frac{1}{\sqrt{h}}$$

2) 양변을 미분하여 dy의 식으로 변환

$$-\frac{1}{2}y^{-\frac{3}{2}}dy = \frac{P\sqrt{g}}{20A}dt$$

$$dy = \frac{P\sqrt{g}}{20A}\times(-2y^{\frac{3}{2}})dt$$

3) 배출량 $\left(A\times\dfrac{dy}{dt}\right)$에 대한 식으로 정리

$$\therefore\ A\frac{dy}{dt} = \frac{dV}{dt} = -\frac{P\sqrt{g}}{10}y^{\frac{3}{2}}$$

3. 결론

배출량은 바닥면적 등과 무관한 제연경계의 수직높이의 함수임을 알 수 있다.

문제

제연설비의 화재안전기준(NFSC 501)에서 제연경계의 수직거리가 2 [m] 이하일 경우 최소 배출풍량이 40,000 [m³/hr] 이상으로 규정된 이유를 Hinkley 공식을 이용하여 설명하시오.
(단, 실의 높이(h) : 3 [m], 중력가속도(g) : 9.8 [m/s²], 화염의 둘레길이 : 12 [m])

1. 연기배출량 공식 유도

1) Hinkley 식을 y에 대한 식으로 변환

$$\frac{1}{\sqrt{y}} = \left(\frac{P\sqrt{g}}{20A}\right) \cdot t + \frac{1}{\sqrt{h}}$$

2) 양변을 미분하여 dy의 식으로 변환

$$-\frac{1}{2}y^{-3/2}dy = \frac{P\sqrt{g}}{20A}dt$$

$$dy = \frac{P\sqrt{g}}{20A} \times (-2y^{3/2})dt$$

3) 배출량 $\left(A \times \dfrac{dy}{dt}\right)$에 대한 식으로 정리

$$\therefore \ A\frac{dy}{dt} = \frac{dV}{dt} = -\frac{P\sqrt{g}}{10}y^{\frac{3}{2}}$$

2. 최소배출풍량 계산

$$\frac{dV}{dt} = \frac{-12\sqrt{g}}{10} \times 2^{\frac{3}{2}} = 10.62 \ [\text{m}^3/\text{s}]$$

$$= 10.62 \times 3{,}600 \ [\text{CMH}]$$

$$= 38{,}250 \ [\text{CMH}]$$

$$\fallingdotseq 40{,}000 \ [\text{CMH}]$$

참고

P(화염의 둘레길이)
- 12 [m] : 대형
- 6 [m] : 중형
- 4 [m] : 소형

문제

어떤 구획실의 면적이 24 [m²]이고, 높이 3 [m]일 때 구획실 내부에서 화원 둘레가 6 [m]인 화재가 발생하였다. 이때 화재 초기의 연기 발생량(kg/s)을 구하고 바닥에서 1.5 [m] 높이까지 연기층이 강하하는 데 걸리는 시간(s)과 연기 배출량(m³/s)을 계산하시오.(단, 연기의 밀도 $\rho_s = 0.4$ [kg/m³]이고, 기타 조건은 무시한다.)

1. 연기 발생량

1) 계산식

토머스의 실험식

$$\dot{m}_s = 0.096\, P \rho_o\, y^{\frac{3}{2}}\, g^{\frac{1}{2}} \left(\frac{T_o}{T}\right)^{\frac{1}{2}} \text{에서}$$

외기온도 $T_0 = 290$ [K], 화염온도 $T = 1,100$ [K],

$\rho_o = 1.22$ [kg/m³], $g = 9.81$ [m/s²]을 대입하면

$$\dot{m}_s = 0.188\, P\, y^{\frac{3}{2}}$$

2) 연기 발생량

$$\dot{m}_s = 0.188\, P\, y^{\frac{3}{2}} = 0.188 \times (6) \times (1.5)^{\frac{3}{2}} = 2.07 \; [\text{kg/s}]$$

2. 연기 하강시간

$$t = \frac{20A}{P\sqrt{g}}\left(\frac{1}{\sqrt{y}} - \frac{1}{\sqrt{h}}\right) = \frac{20 \times (24)}{(6)\sqrt{9.8}}\left(\frac{1}{\sqrt{1.5}} - \frac{1}{\sqrt{3}}\right) = 6.11\,[\text{s}]$$

3. 연기 배출량

$$Q = \frac{\dot{m}_s}{\rho_s} = \frac{2.07}{0.4} = 5.18 \; [\text{m}^3/\text{s}]$$

연기 발생량의 계산방법

1. 토머스 실험식

$$\dot{m}_s = 0.096\, P \rho_o y^{\frac{3}{2}} g^{\frac{1}{2}} \left(\frac{T_o}{T} \right)^{\frac{1}{2}}$$

여기서, 외기온도 $T_0 = 290\,[\mathrm{K}]$, 화염온도 $T = 1{,}100\,[\mathrm{K}]$,

$\rho_o = 1.22\,[\mathrm{kg/m^3}]$ 을 적용하면

$$\dot{m}_s = 0.188\, P\, y^{\frac{3}{2}}$$

2. Hinkley 공식 미분에 의한 계산식

$$t = \frac{20A}{P\sqrt{g}} \left(\frac{1}{\sqrt{y}} - \frac{1}{\sqrt{h}} \right)$$

$$A\frac{dy}{dt} = \frac{-P\sqrt{g}}{10} y^{\frac{3}{2}} = 0.31\, P\, y^{\frac{3}{2}}$$

3. 공간 형태에 따른 연기 발생량 공식

$$\dot{m}_s = C_e \times P\, y^{\frac{3}{2}}$$

1) $C_e = 0.19$

   강당, 경기장, 넓게 개방된 사무실, 아트리움 등과 같이 천장이 높은 공간

2) $C_e = 0.21$

   넓게 개방된 사무실 공간처럼 천장이 높지는 않은 공간 ($h < 3\sqrt{A_f}$ 인 경우)

3) $C_e = 0.34$

   소규모 상점, 소형 사무실, 호텔 객실 등과 같은 작은 공간으로서, 한쪽 벽면에 창문이 있는 공간

> **문제**
>
> 플러그 홀링(Plug – holing) 현상에 대하여 설명하시오.

1. 개요

연기제어설비의 설계와 관련하여 고려해야 할 사항으로서, 연기의 단층현상, Confined Flow, Plug – holing, 보충급기 등이 있다.

2. 플러그 홀링의 정의

1) 배기용량이 너무 커 Smoke Layer의 연기와 함께 그 하부에 있는 Clear Layer의 공기까지 빼내는 현상을 말한다.
2) 이러한 플러그 홀링이 발생되면, 배기설비에 의해 배출되는 연기의 양이 줄어들고, 이로 인해 연기층(Smoke Layer)의 깊이가 증대된다.

3. 플러그 홀링 현상의 발생

1) 플러그 홀링 현상은 그림에서의 h_{DEP}가 Smoke Layer의 깊이인 h 이상이 될 경우에 발생된다.
2) 플러그 홀링은 Froude 수와 h를 통해 발생 여부를 추정할 수 있다.
3) Froude 수

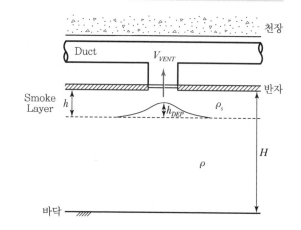

$$Fr = \frac{(V_{VENT}) \times (A_{VENT})}{\left(\left(\frac{g(\rho - \rho_s)}{\rho} \right)^{\frac{1}{2}} \times h^{\frac{5}{2}} \right)}$$

여기서, 임계 프루우드 수 : $Fr_{cr} = 1.6$

4) 여기에서 산출된 Fr가 임계 프루우드 수 이상이 될 경우에 $h_{DEP} > h$가 되어 플러그 홀링 현상이 발생된다.

4. 플러그 홀링의 방지대책

1) 배기구를 분할하여 배출구별 최대배출용량을 제한한다.

(1) 배출용량계산(SFPE 4 – 305)

$$\dot{m} = 1.5 \left(g(H-z)^5 \times \left(\frac{T_s - T_o}{T_s} \right) \times \left(\frac{T_o}{T_s} \right) \right)^{\frac{1}{2}}$$

(2) 배출구기준(NFPA 92)

① 배출구 수량 : 플러그 홀링 없이 배출 가능한 수량으로 할 것

② 배출구 최소 수량보다 많은 개수로 분할 설치가 가능하다.

2) 배출구의 크기를 제한한다.

(1) 최대 배출구면적 계산식(SFPE 3 – 229)

$$A_{VENT} < 0.4 \times \frac{h^2}{\left(\dfrac{\rho}{\rho_s} \right)^{\frac{1}{2}}}$$

(2) 배출구의 크기 및 배치기준(NFPA 204)

① 배출구의 규격 및 배치는 플러그 홀링이 없도록 해야 한다.

② 배출구 하나의 크기

• Smoke layer의 깊이가 a라 하면,

• $2a^2$을 초과하지 않아야 한다.

③ 배출구의 장변길이(L)가 단변길이(W)의 두 배를 넘는 경우

단변의 길이(폭, W)는 설계 연기층 깊이(h)보다 길지 않아야 한다.

급기가압 제연의 기본 개념

▮1 급기가압 제연의 대상

1. 특별피난계단의 계단실, 부속실
2. 비상용승강기 승강장
3. 피난용승강기 승강장

▮2 제연구역의 선정

1. 계단실 및 부속실 동시 제연
2. 부속실 단독제연
3. 계단실 단독제연
4. 비상용 승강기의 승강장 단독제연

▮3 급기가압 제연의 개념

1. 차연

화재 시 제연구역(계단실, 부속실, 승강장 등)에 대해 급기하여 제연구역의 압력을 인접 화재실보다 높여(차압 형성) 연기유입을 차단하는 것

2. 급기

1) 급기량의 기준

(1) 급기량 : 누설량＋보충량
(2) 누설량(기본풍량) : 차압 유지를 위해 필요한 풍량이며, 누설 틈새로 흘러나가는 공기량만큼 공급
(3) 보충량 : 출입문이 개방되었을 때, 부속실로 연기가 유입되지 않도록 거실 측으로 방연풍속을 형성하기 위해 필요한 풍량

2) 차압 유지

(1) 국내 기준에서의 차압은 평상시 거실과 급기가압 시의 부속실 간의 압력차 이다.
(2) 차압이 너무 낮으면 연기가 부속실로 유입되며, 너무 높으면 출입문 개방이 불가능해져 피난에 장애가 된다.
(3) 최소 차압 : 40 [Pa](거실에 스프링클러 설치 시, 12.5 [Pa])
→ 40 [Pa]은 BS Code의 50 [Pa]±20 [%]에 의한 규정

(4) 최대 차압 : 제연설비 가동 시 출입문 개방에 필요한 힘은 110 [N] 이하일 것

① 과거에는 60 [Pa] 이하로 규정되었으나, 출입문의 크기에 따라 개방에 필요한 힘이 달라질 수 있으므로 개정한 것이다.

② NFPA 기준은 133 [N](30 [lbf]) 이하로 되어 있으며, 동양인의 체격 등을 감안하여 싱가포르의 기준을 따른 것이다.

③ 133 [N](30 [lbf]) 수치의 근거(NFPA 101 : 7.2.1.4.5)

- 빗장을 여는 데 필요한 힘 : 67 [N]
- 문을 움직이는 데 필요한 힘 : 133 [N]
- 피난에 필요한 폭까지 문을 개방하는 데 필요한 힘 : 67 [N]

④ SFPE Handbook(4−281)에서의 최대차압 산출식

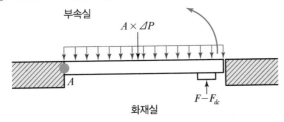

- A점에서의 모멘트 평형을 고려하면,

$$\sum M_A = (F - F_{dc}) \times (W - d) - (A \times \Delta P) \times \frac{W}{2} \times K_d = 0$$

$$\therefore \ F = F_{dc} + \frac{K_d \ A \ \Delta P \ W}{2(W - d)}$$

⑤ 다른 층의 출입문이 개방된 경우, 출입문이 개방되지 않은 층의 차압은 최소차압의 70 [%] 이상일 것

⑥ 계단실, 부속실 동시 제연방식에서의 부속실 압력은 계단실과 같거나, 계단실보다 낮게 할 경우 압력 차이는 5 [Pa] 이하가 될 것

3) 방연 풍속

(1) 제연구역 출입문이 일시적으로 개방된 경우 연기유입을 막는 방연풍속을 유지하기 위해 추가로 공급하는 급기량을 말한다.

(2) 방연풍속이란 피난을 위해 출입문을 개방하면 부속실 차압이 순간적으로 0이 되므로, 연기유입을 방지하기 위해 부속실로부터 거실로 불어주는 기류의 속도를 의미한다.

(3) NFPA 92에서는 화원에 공기를 공급할 우려가 있어서 방연풍속 적용을 권장하지 않고 있다.

4 과압 방지

1. 개념

1) 피난 시 거실에서 부속실 측으로의 출입문 개방 시 필요한 힘이 110 [N]을 초과할 경우 노약자가 방화문을 쉽게 개방하기 어려우므로, 과압을 배출시켜야 한다.

2) 과압의 발생 원인

(1) 현행 방화문의 차연성능 규정에 의하면 누설량만으로도 과압형성의 우려가 있다.

(2) 또한 출입문이 폐쇄된 상태에서도 보충량이 함께 공급되고 있으므로, 과압이 형성될 수 있다.

2. 과압방지 조치 방법

1) 송풍기 회전수 제어에 의한 급기 풍량 조절

2) 복합댐퍼에 의한 풍량 조절

3) 플랩댐퍼를 이용한 과풍량 배출

5 유입공기 배출

1. 개념

1) 급기가압 제연을 할 경우 제연구역에서 옥내로 일부 공기가 유입된다.

2) 이러한 유입공기를 배출하지 않을 경우, 차압 형성 및 방연풍속 기류 형성에 방해가 될 수 있다.

2. 적용방법

1) 각 제연구역 외부에 별도의 배출기, 배출풍도 및 배출댐퍼를 설치하고, 화재가 발생하여 제연설비가 기동할 경우 화재층의 배출댐퍼가 개방되어 유입공기를 배출한다.

2) 비화재층에 설치된 배출댐퍼가 닫힌 상태에서 과도한 누설이 발생되지 않는 것이 중요하다.

부속실 제연에서의 기본풍량

① 기본 풍량의 개념

차압을 유지하기 위하여 공급하는 공기의 양으로서, 부속실 등의 누설틈새를 통한 누설량 이상이
어야 한다.

② 누설량(차압유지를 위한 풍량)의 계산식

$$Q = 0.827 \times A \times P^{\frac{1}{n}} \times N \times 1.25$$

여기서, Q : 공급해야 할 누설량(기본 풍량) [m³/sec]

            A : 제연구역의 누설면적 [m²]

            P : 차압 [Pa]

            n : 출입문(= 2), 창문(= 1.6)

            N : 해당 건물 내 부속실이 있는 층 수

        1.25 : 25 [%]의 여유율

→ 누설량 계산에서는 누설면적(A)과 차압(P)이 계산 결과에 많은 영향을 미친다.

③ 누설면적의 산정

1. 개별 누설면적

1) 출입문

  (1) 누설면적 : $A = \dfrac{L}{l} \times A_d$

      여기서, A : 출입문의 누설틈새 [m²]

           L : 출입문 틈새의 길이 [m](l 보다 작은 경우, l로 할 것)

  (2) A_d 및 l의 산정기준

출입문 형태		A_d	l
외여닫이문	제연구역 측으로 개방	0.01 [m²]	5.6 [m]
	거실 측으로 개방	0.02 [m²]	
쌍여닫이문		0.03 [m²]	9.2 [m]
승강기 출입문		0.06 [m²]	8.0 [m]

2) 창문

(1) 여닫이식 창문(창문에 방수패킹이 없는 경우)

누설면적 A [m^2] $= (2.55 \times 10^{-4}) \times$ 틈새의 길이(m)

(2) 여닫이식 창문(창문에 방수패킹이 있는 경우)

누설면적 A [m^2] $= (3.61 \times 10^{-5}) \times$ 틈새의 길이(m)

(3) 미닫이식 창문

누설면적 A [m^2] $= (1.00 \times 10^{-4}) \times$ 틈새의 길이(m)

3) 승강로의 누설면적

승강로 상부의 환기구 면적(기계실 바닥과 승강로 사이의 개구부 면적)으로 한다.

2. 누설경로의 계산(누설부의 직렬, 병렬)

1) 병렬경로

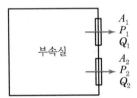

(1) $Q = Q_1 + Q_2$이며, P는 같다.

(2) 따라서 총 누설면적은

$$0.827 A_T P^{\frac{1}{n}} = 0.827 A_1 P^{\frac{1}{n}} + 0.827 A_2 P^{\frac{1}{n}}$$

$$\therefore A_T = A_1 + A_2$$

2) 직렬경로

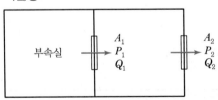

(1) $Q = Q_1 = Q_2$, $P = P_1 + P_2 \cdots$이다.

(2) $P = P_1 + P_2$ 이므로

$$\left(\frac{Q}{K}\right)^n \left(\frac{1}{A_t}\right)^n = \left(\frac{Q}{K}\right)^n \left(\frac{1}{A_1}\right)^n + \left(\frac{Q}{K}\right)^n \left(\frac{1}{A_2}\right)^n + \cdots$$

$$\therefore \frac{1}{A_t^n} = \frac{1}{A_1^n} + \frac{1}{A_2^n}$$

3. 엔지니어링 기법에 의한 누설량 계산

1) KS 기준

(1) KS F 2846 (방화문의 차연 시험방법)에 따른 방화문 누설량을 적용한다.

(2) 문 양면에서의 차압 25 [Pa]에서 방화문 1 [m²]당 0.9 [m³/min] 이하일 것

2) 적용 관계식

(1) 단위 변환

$$0.9 \, [\text{m}^3/\text{min} \cdot \text{m}^2] = 0.9 \frac{[\text{m}^3]}{[\text{min}] \cdot [\text{m}^2]} \times \frac{1\,[\text{min}]}{60\,[\text{s}]} = \frac{0.9}{60} \, [\text{m}^3/\text{s} \cdot \text{m}^2]$$

(2) 차압 조정

① 환산식

$Q = K\sqrt{p}$ 로부터

$$Q_1 : Q_2 = \sqrt{p_1} : \sqrt{p_2}$$

$$Q_2 = Q_1 \times \sqrt{\frac{p_2}{p_1}}$$

② 차압 50 [Pa]의 경우

$$Q = \frac{0.9}{60} \times \sqrt{\frac{50}{25}} = 0.0212 \, [\text{m}^3/\text{s} \cdot \text{m}^2]$$

(3) 누설량 계산

출입문 면적 × 0.0212 [m³/s · m²] (50 [Pa] 기준)

문제

제연설비의 차압유지를 위한 누설량 산정공식인 $Q = 0.827 \times A \sqrt{P}$ 를 유도하시오.

1. 베르누이 방정식

$$\frac{p_1}{\gamma} + \frac{v_1^2}{2g} + z_1 = \frac{p_2}{\gamma} + \frac{v_2^2}{2g} + z_2$$

① 지점 : 제연구역(부속실, 계단실 등) 내의 누설부분와 동일 높이의 지점
② 지점 : 제연구역과 비제연구역 사이의 출입문이나 창문 틈새 누설부

2. 베르누이 방정식 정리

1) 베르누이 방정식의 ①, ② 지점에 대한 조건으로부터

$$z_1 = z_2$$

2) ① 지점은 출입문으로부터 충분히 멀리 떨어져 있으므로, 기류의 이동이 거의 없다.

$$\therefore v_1 \approx 0$$

3) 따라서 베르누이 방정식을 유속 v_2에 대한 식으로 정리하면 다음과 같다.

$$\frac{p_1}{\gamma} = \frac{p_2}{\gamma} + \frac{v_2^2}{2g}$$

$$v_2 = \sqrt{2g\left(\frac{p_1 - p_2}{\gamma}\right)} = \sqrt{\frac{2\Delta p}{\rho}}$$

4) 공기밀도 대입

20 [℃]의 공기밀도는 $\rho = \dfrac{353}{(273+20)} = 1.21 [\mathrm{kg/m^3}]$ 이므로,

$$v_2 = 1.29 \sqrt{\Delta p}$$

3. 급기량 공식 산출

1) 유량 공식

$$Q = CAV$$
$$= CA_2 V_2 = CA \times 1.29 \sqrt{\Delta p}$$

여기서, A : 누설틈새

2) 유량 계수 적용

(1) C는 유량 계수로서 보통 층류에서는 0.7, 난류에서는 0.6을 적용하는데, 국내기준의 공식에는 $C=0.641$을 적용한다.

(2) 급기량 공식

$$\therefore Q = 0.641 \times 1.29 \times A \sqrt{p} = 0.827\, A \sqrt{p}$$

제연
설비

> **문제**
>
> 다음 그림의 문을 밀어서 개방하는 데 필요한 힘은 110 [N]이다. Door Check, 힌지 등에서의 손실이 30 [N]이고 문 손잡이에서 문 끝까지 거리가 0.1 [m]일 때, 실내 · 외의 차압을 구하시오.(단, 출입문의 크기는 1×2 [m]이다.)
>
>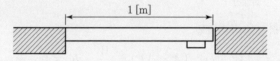

1. 공식 유도

$$(F - F_{dc})(w - d) = (\Delta P \cdot A) \times \frac{w}{2}$$

$$\therefore \ \Delta P = \frac{2(F - F_{dc})(w - d)}{A \cdot w}$$

2. 계산

$$\Delta P = \frac{2(110 - 30)(1 - 0.1)}{(1 \times 2) \times 1} = 72 \ [\text{Pa}]$$

> **문제**
>
> 특별피난계단의 급기가압제연 중인 부속실의 문을 열려고 한다. 얼마의 힘 [N]이 필요한
> 지 식으로 설명하고 계산하시오.(단, 문의 크기는 높이 1.8 [m]×폭 1.2 [m], 차압 50
> [Pa], 경첩과 자동폐쇄장치 등에 적용되는 힘은 40 [N]이고 문손잡이와 출입문 끝단 사
> 이의 거리는 10 [cm]이다. [SI 단위])

1. 계산식 유도

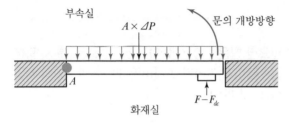

A점에서의 모멘트 평형을 고려하면,

$$\sum M_A = (F - F_{dc}) \times (W - d) - (A \times \Delta P) \times \frac{W}{2} \times K_d = 0$$

$$\therefore \ F = F_{dc} + \frac{K_d \, A \, \Delta P \, W}{2\,(W - d)}$$

2. 출입문 개방력의 계산

$$F = 40\,[\text{N}] + \frac{(1.8 \times 1.2) \times 50\,[\text{Pa}] \times 1.2\,[\text{m}]}{2 \times (1.2\,[\text{m}] - 0.1\,[\text{m}])} = 98.9\,[\text{N}]$$

> **문제**
>
> 특별피난계단의 부속실에 제연설비가 작동되었을 경우 출입문 개방에 필요한 힘(N)을
> 아래의 조건을 이용하여 산출하고, 국가화재안전기준에 적합 여부를 판단하시오.
>
> 〈조건〉
> ① 출입문 규격 : 폭 0.9 [m], 높이 2.1 [m]
> ② 제연구역과 옥내 사이에 유지하는 차압 : 50 [Pa]
> ③ 문의 끝부분에서 문의 손잡이까지의 거리 : 80 [mm]
> ④ 자동폐쇄장치(Door closer)의 저항 : 30 [N]

1. 계산식의 유도

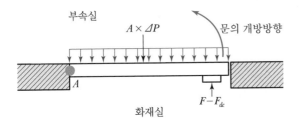

A점에서의 모멘트 평형을 고려하면,

$$\sum M_A = (F - F_{dc}) \times (W - d) - (A \times \Delta P) \times \frac{W}{2} \times K_d = 0$$

$$\therefore \ F = F_{dc} + \frac{K_d \ A \ \Delta P \ W}{2(W - d)}$$

2. 출입문 개방력의 계산

$$F = 30[\mathrm{N}] + \frac{(0.9 \times 2.1) \times 50[\mathrm{Pa}] \times 0.9[\mathrm{m}]}{2 \times (0.9[\mathrm{m}] - 0.08[\mathrm{m}])} = 81.9[\mathrm{N}]$$

3. 국가화재안전기준 적합 여부

화재안전기준에서 요구하는 출입문 개방력 110 [N] 이하를 만족하므로 적합하다.

> **문제**
>
> 다음 그림에서의 전체 유효누설면적을 계산하고, 40 [Pa]의
> 차압을 유지하기 위한 급기량을 계산하시오.
>
> 〈조건〉
>
> A_1 : 0.03 [m²]
>
> A_2, A_3 : 0.02 [m²]
>
> A_4, A_5, A_6 : 0.01 [m²]

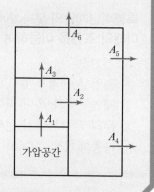

1. 병렬구간의 합

1) A_2, A_3는 병렬

$$A' = A_2 + A_3 = 0.04 \ [\text{m}^2]$$

2) A_4, A_5, A_6는 병렬

$$A'' = A_4 + A_5 + A_6 = 0.03 \ [\text{m}^2]$$

2. 직렬부 계산

$$\frac{1}{A_t^2} = \frac{1}{A_1^2} + \frac{1}{A'^2} + \frac{1}{A''^2}$$

$$\therefore \ A_t = \frac{1}{\sqrt{\left(\dfrac{1}{0.03^2} + \dfrac{1}{0.04^2} + \dfrac{1}{0.03^2}\right)}} = 0.0187 \ [\text{m}^2]$$

3. 급기량

$$Q = 0.827 \times A_t \times \sqrt{P} \times 1.25 = 0.12 \ [\text{m}^3/\text{s}] = 440 \ [\text{CMH}]$$

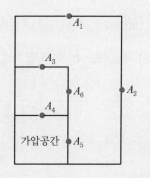

문제

다음 그림의 조건에서 유효누설면적(A_T)을 구하시오.

〈조건〉

$A_1 = A_3 = A_4 = A_6 = 0.02\,[\text{m}^2]$이고,

$A_2 = A_5 = 0.03\,[\text{m}^2]$이다.

1. 계산의 단순화

다음 그림과 같이 누설면적을 단순화할 수 있다.

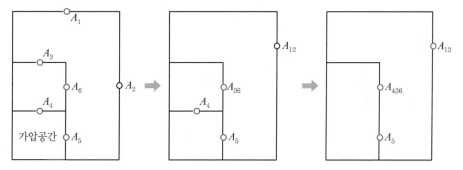

2. 총 누설면적 계산

1) A_1, A_2의 병렬 누설면적

$$A_{12} = A_1 + A_2 = 0.02 + 0.03 = 0.05\,[\text{m}^2]$$

2) A_3, A_6의 병렬 누설면적

$$A_{36} = A_3 + A_6 = 0.02 + 0.02 = 0.04\,[\text{m}^2]$$

3) A_4와 A_{36}의 직렬 누설면적

$$\frac{1}{A_{436}^2} = \frac{1}{A_4^2} + \frac{1}{A_{36}^2} = \frac{1}{0.02^2} + \frac{1}{0.04^2} = 3,125$$

$$A_{436} = 0.0179\,[\text{m}^2]$$

제연
설비

4) A_{436}과 A_5의 병렬 누설면적

$$A_{4365} = A_{436} + A_5 = 0.0179 + 0.03 = 0.0479 \, [\text{m}^2]$$

5) A_{4365}와 A_{12}의 직렬 누설면적

$$\frac{1}{A_T{}^2} = \frac{1}{A_{4365}{}^2} + \frac{1}{A_{12}{}^2} = \frac{1}{0.0479^2} + \frac{1}{0.05^2}$$

$$\therefore \ A_T = 0.0346 \, [\text{m}^2]$$

문제

다음 그림에서 A, B실 사이 및 A실과 외부와의 차압을 계산하시오.

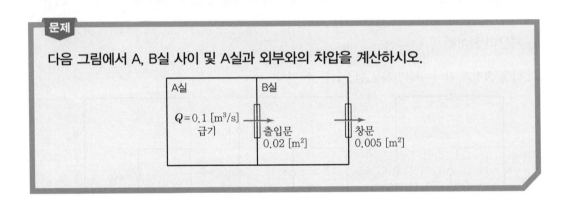

1. 개요

직렬구조에서는 $Q_1 = Q_2$, $P_T = P_1 + P_2$

2. 계산

1) $Q = 0.827 A_1 (P_1 - P_2)^{\frac{1}{2}} = 0.827 A_2 (P_2 - P_3)^{\frac{1}{1.6}}$

2) $Q = 0.1 \, [\text{m}^3/\text{s}]$이므로,

$$\begin{aligned} P_1 - P_2 &= \ 36.55 \, [\text{Pa}] \\ +) \underline{P_2 - P_3} &= 163.55 \, [\text{Pa}] \\ P_1 - P_3 &= 200.1 \ \ [\text{Pa}] \end{aligned}$$

3. 답

1) A · B실 차압 : 36.55 [Pa]

2) A실과 외부 차압 : 200.1 [Pa]

특정소방대상물에 스프링클러가 설치되지 않는 경우, NFSC 501A에 의한 부속실 제연설비의 최소 차압은 40 [Pa] 이상으로 정하고 있으나, NFPA 92의 경우에는 천장 높이에 따라 최소(설계)차압의 기준이 다르게 적용된다. 천장 높이가 4.6 [m]일 때를 기준으로 하여 NFPA 92에 따른 차압 선정의 이론적 배경을 설명하시오.

1. NFPA 92의 최소설계차압 기준

구분	반자 높이	차압 기준
스프링클러 설치	N/A	12.5 [Pa] 이상
스프링클러 미설치	2.7 [m]	25 [Pa] 이상
	4.6 [m]	35 [Pa] 이상
	6.4 [m]	45 [Pa] 이상

1) 국내 기준(평상시 측정 : 40 [Pa] 이상)에 비해 낮은 차압기준이지만, NFPA 기준의 차압은 거실 내 가스온도가 1,700 [℉](927 [℃])인 부력이 작용하는 상태에서 만족해야 하는 차압이다.
2) 연돌효과, 바람 등의 설계조건에서도 최소차압을 유지해야 한다.

2. 천장 높이에 따른 부력 영향

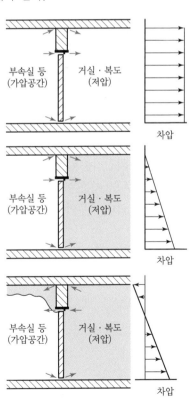

1) 평상시

급기가압 제연설비를 작동시키면 그림과 같이 경계면 높이 전체에 걸쳐 균일한 차압이 발생된다.

2) 화재 발생에 따른 부력 영향

(1) 화재 발생 시 고온 연기가 천장부에 축적되나 충분히 큰 설계차압이 유지된다면, 그림과 같이 천장부에서의 차압이 감소되지만 연기유입을 차단할 수 있다.

(2) 설계차압이 너무 낮을 경우, 급기가압에 실패하여 연기가 부속실로 유입될 수 있다.

(3) 따라서 NFPA 92에 따라 제연설비를 설계할 경우에는 화재에 따른 부력 영향을 고려해야 한다.

3. 천장 높이가 4.6 [m]일 경우의 이론적 배경

1) 부력에 따른 압력차

$$\Delta P = 3,460 \left(\frac{1}{T_o} - \frac{1}{T_i} \right) h$$

2) 부력을 고려한 최소설계차압

$$\Delta P_{\min} = \Delta P_{SF} + 3460 \left(\frac{1}{T_o} - \frac{1}{T_i} \right) h$$

여기서, ΔP_{SF} : 안전율(바람, 송풍기, 기압 변화 등 고려)

3) 천장높이가 4.6 [m]일 경우 최소설계차압

(1) 조건

- T_i : $927 [℃] + 273 = 1,200 [K]$
- T_o : $20 [℃] + 273 = 293 [K]$
- 중성대 : 부속실 높이의 1/3 지점(임의의 선택)
- ΔP_{SF} : $7.5 [Pa]$

(2) 최소설계차압

$$\Delta P_{\min} = \Delta P_{SF} + 3,460 \left(\frac{1}{T_o} - \frac{1}{T_i} \right) h$$

$$= 7.5 + 3,460 \times \left(\frac{1}{293} - \frac{1}{1,200} \right) \times 3.07$$

$$= 7.5 + 27.4 = 35 [Pa]$$

4. 결론

1) 국내 차압기준은 영국의 BS EN 기준을 준용한 것으로 평상시 기준으로 측정하는 차압이다.
2) NFPA 92 기준은 화재 시를 기준으로 한 것이며, 실제 부력, 연돌효과, 바람 등을 고려해 계산하면 국내 기준의 급기량보다 크다.

부속실 제연에서의 보충 풍량

1 보충량의 개념

1. 제연구역 출입문이 일시적으로 개방된 경우 연기유입을 막는 방연풍속을 유지하기 위해 추가로 공급하는 급기량을 말한다.
2. 방연풍속이란 피난을 위해 출입문을 개방하면 부속실 차압이 순간적으로 0이 되므로, 연기 유입을 방지하기 위해 부속실로부터 거실로 불어주는 기류의 속도를 의미한다.

2 방연풍속 기준

제연구역		방연풍속
• 계단실 및 부속실 동시제연 • 계단실 단독제연		0.5 [m/s] 이상
• 부속실 단독제연 • 승강장 단독제연	제연구역과 면한 옥내 : 거실	0.7 [m/s] 이상
	제연구역과 면한 옥내 : 복도 (방화구조 또는 내화 30분 이상)	0.5 [m/s] 이상

3 보충량의 계산

1. 출입문 개방 기준(k)

1) 부속실(또는 승강장)의 수 20 이하 : 1개층 이상의 보충량
2) 부속실(또는 승강장)의 수 20 초과 : 2개층 이상의 보충량
3) 성능위주설계 표준 가이드라인 :
   법적기준 출입문(1개층 또는 2개층) + 1층 또는 피난층의 출입문(1개소)이 개방된 것을 기준으로 산정

2. 보충량 계산식

1) 예전에 사용하던 계산식

$$q\,[\text{m}^3/\text{sec}] = Q - Q_0 = k\left(\frac{S \times V}{0.6}\right) - Q_0$$

여기서, q : 보충량
Q : 방연풍량(방연풍속을 가하기 위한 풍량)
Q_0 : 거실유입풍량(역류 누설량, 제연구역에서 옥내로 유입되는 풍량)

2) 현재 사용하는 보충량 계산식

$q\,[\mathrm{m^3/sec}] = k(S \times V)$

3) 거실유입풍량(역류 누설량)을 무시하는 이유

　(1) KS 인증된 방화문은 틈새가 적어 기존 계산식이 맞지 않으므로 계산을 간략화하여 적용하
　　　고 있다.(방화문 누설틈새가 적어 부속실에서 계단실로의 누설풍량이 적다.)

　(2) 거실유입풍량은 계단실과 부속실 출입문이 동시에 개방되어야만 유입 가능하다.

　　　① 부속실이 넓은 공동주택에서는 불가능한 상황이며,

　　　② 업무시설 등에서도 부속실 문을 연 상태에서 계단실 문을 개방할 때까지의 시간 동안에
　　　　는 방연풍속이 부족해진다.

　(3) 피난층 출입문이 닫혀 있어야만 거실 유입풍량이 해당 층에서 나올 수 있다.

문제

**연돌효과를 고려한 계단실 급기가압 제연설비 설계 시 최소 설계차압 적용 위치(층)와
보충량 계산을 위한 문 개방 조건 적용 위치(층)에 대하여 설명하시오.**

1. 연돌효과에 따른 차압분포

1) 연돌효과에 의한 차압 계산식

$\Delta p = 3460 \left(\dfrac{1}{T_o} - \dfrac{1}{T_i} \right) h$

2) 혹한기 Normal Stack Effect에 따른 차압 분포

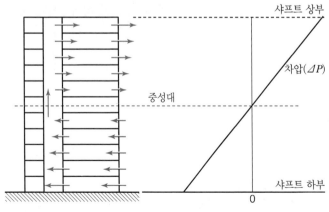

| 연돌효과에 따른 기류 방향 | 　 | 연돌효과로 인한 차압 |

(1) 그림에서와 같이 고층부에서는 샤프트 내부 압력이 외부 압력보다 높기 때문에 샤프트에서 거실 방향으로의 기류가 형성된다.

(2) 저층부에서는 샤프트 내부 압력이 낮아 샤프트 내부를 향한 기류가 형성되어 연기 유입의 가능성이 높다.

2. 최소 설계 차압 및 문 개방 적용 층 선정

1) 최소 설계차압 적용 위치(층)

(1) 저층부에서는 샤프트 측으로의 기류가 형성되며 샤프트 내부의 압력이 낮다.

(2) 따라서, 차압 적용위치는 샤프트에 연결된 최저층으로 선정해야 한다.

(3) 최상층의 경우에는 최대 차압을 초과하는지 여부를 고려해야 한다.

> **참고**
>
> 혹한기 온도차에 비해 여름철의 실내 · 외 온도차는 적은 편이므로, 역 연돌효과(Reverse Stack Effect)는 고려하지 않아도 된다.

2) 보충량 계산을 위한 문 개방 적용 층

(1) 송풍기 정압이 보수적으로 계산될 수 있도록 송풍기에서 가장 먼 위치의 층을 화재층(출입문 개방)으로 적용하는 것이 바람직하다.

(2) 또한, 피난층은 화재시에는 자주 개방될 것이므로 문 개방층으로 간주해야 한다.

3. 결론

1) 최소 설계 차압 적용 : 최저층
2) 문 개방 적용 : 피난층 및 최상층(화재층)

과압방지조치 및 유입공기 배출

1 과압방지조치(NFSC 501A 제11조)

1. 과압방지의 필요성

1) 피난 시 거실에서 부속실 측으로의 출입문 개방에 필요한 힘이 110 [N]을 초과할 경우 노약자가 방화문을 쉽게 개방하기 어려우므로, 과압을 배출시켜야 한다.

2) 과압의 발생 원인

  (1) 현행 방화문의 차연성능 규정에 의하면 누설량만으로도 과압형성의 우려가 있다.

  (2) 또한 출입문이 폐쇄된 상태에서도 보충량이 함께 공급되고 있으므로, 과압이 형성될 수 있다.

2. 과압방지 조치

1) 송풍기 회전수 제어 시스템에 의한 풍량 조절

2) 복합댐퍼에 의한 풍량 조절

3) 플랩댐퍼를 이용한 풍량 조절

2 유입공기 배출

1. 유입공기 배출의 개념

1) 제연구역으로 부터 옥내로 유입되는 공기

  (1) 누설공기량(차압유지용 기본풍량 유입)

  (2) 방연 풍량(출입문 개방시 방연풍속 보충량 유입)

  (3) 과압배출량(과압방지용 플랩댐퍼를 통한 과압 공기량 유입)

2) 유입공기 배출의 필요성

  (1) 차압 유지

    화재시 비제연구역의 압력을 대기압 수준으로 유지시켜

    ⇒ 최소차압을 안정적으로 유지함

  (2) 방연풍속 확보에 도움

    비제연구역 내 공기의 흐름을 외부로 향하게 유지시킨다.

2. 배출장치 제외

1) 직통계단식 공동주택에는 배출장치 제외가 가능하다.

〈유입공기 배출장치 제외의 이유〉

(1) 방화문 개방 횟수가 적다.

1세대 거주인원이 적어 화재시 1~2회의 방화문 개방으로 피난이 종료된다.

(2) 비제연구역에 복도가 없는 구조이다.

① 세대 출입문에서 계단실까지의 이동거리가 매우 짧아 피난 소요시간이 길지 않다.

② 1개 세대에서 화재가 발생하며, 그 세대는 방화문으로 구획되어 있다.

2) 현행 기준에서는 유입공기 배출장치가 제외될 수 없지만, 제외 검토가 필요한 장소

(1) 복도나 거실이 직접 외기와 접하는 장소

① 배연창이 설치된 복도 등

② 편복도식 구조

③ 외기에 직접 통하는 대형 주차장

(2) 대규모 시설

아트리움

3. 유입공기의 배출방식

다음 기준의 배출방식 중 1 이상의 방식으로 할 것

1) 수직풍도에 따른 배출

옥상으로 직통하는 전용의 배출용 수직풍도를 설치하여 배출하는 것

(1) 자연배출식 : 굴뚝효과에 의해 배출하는 것

(소요 풍도단면적이 커진다.)

(2) 기계배출식 : 수직풍도의 상부에 전용 배출용 송풍기를 설치하여 강제로 배출하는 것

(단, 지하층만 제연하는 경우 배출용 송풍기의 설치위치는 배출된 공기로 인해 피난 및 소화활동에 지장을 주지 않는 곳에 설치 가능)

2) 배출구에 따른 배출

건물의 옥내와 면하는 외벽마다 옥외와 통하는 배출구를 설치하여 배출하는 방식

→ 화재 시 감지기와 연동하여 개방되는 방식으로 배출구를 설치하는 것인데, 옥외의 풍압에 따라 자동으로 닫히는 구조로 하기 어려워 실제 현장에서는 거의 적용되지 않는다.

3) 제연설비에 따른 배출

거실제연설비의 배출량에 합하여 배출하는 방식

4. 수직풍도에 의한 기계배출식의 설계 기준

1) 덕트 내부 단면적

풍속 15 [m/s] 이하로 할 것

2) 배출풍도 구조

   (1) 내화구조(건축법령의 외벽기준 두께 적용)

   (2) 내부 면 : 0.5 [mm]의 아연도금강판(동등 이상의 내식성, 내열성)

   (3) 마감하는 접합부 : 통기성이 없도록 조치

3) 배출댐퍼 기준

   (1) 두께 : 1.5 [mm] 이상의 강판(동등 이상의 성능)

   (2) 비내식성 재료 : 부식방지조치

   (3) 평상시 닫힌 구조로 기밀상태를 유지할 것

     ⇒ 누설등급 Class Ⅱ 이상의 Air Tight Damper를 적용해야 하며, 설계 시 누기량을 반영
해야 한다.

   (4) 개폐여부를 당해 장치 및 제어반에서 확인할 수 있는 감지장치를 내장할 것

     ⇒ 중계기 회로수 : 2/1 → 3/2(5회로)

> (입력) 2 : 배기 수동스위치 + 배출댐퍼 개방 확인(댐퍼 개방여부)
>
> (출력) 1 : 배기댐퍼 기동(댐퍼 개방신호)
>
> +(입력 추가) : 배출댐퍼 복구(댐퍼 폐쇄 확인)
>
> +(출력 추가) : 복구(댐퍼의 폐쇄 : 현재 불가능)
>
>   ⇒ 배출댐퍼에는 기동 및 복구 2개의 접점이 필요함

   (5) 구동부의 작동상태와 닫혀 있을 때의 기밀상태를 수시로 점검할 수 있는 구조일 것

     ⇒ 댐퍼 인근 덕트 부분에 점검구 설치해야 한다.

   (6) 풍도의 내부마감 상태에 대한 점검 및 댐퍼의 정비가 가능한 이탈착 구조로 할 것

   (7) 화재층의 옥내에 설치된 화재감지기의 동작에 따라 당해 층의 댐퍼가 개방될 것

     ⇒ 화재층의 배출댐퍼만 개방된다.

   (8) 개방 시의 실제 개구부(개구율을 감안한 것)의 크기는 수직풍도의 내부 단면적과 같도록
할 것

     ⇒ 유효면적을 고려하여 배출댐퍼의 단면적을 결정해야 한다.

   (9) 댐퍼는 풍도 내의 공기 흐름에 지장을 주지 않도록 수직풍도의 내부로 돌출되지 않게 설치
할 것

4) 배출기 기준

   (1) 열기류에 노출되는 송풍기 및 그 부품들은 250 [℃]의 온도에서 1시간 이상 가동상태를 유
지할 것

   (2) 송풍기의 풍량은 제4호가목의 기준에 따른 Q_N에 여유량을 더한 양을 기준으로 할 것

- 제4호가목 기준에 따른 Q_N

  $Q_N(m^3/s)$: 수직풍도가 담당하는 1개층 제연구역의 출입문(옥내와 면하는 출입문을 말한다) 1개의 면적(m^2)과 방연풍속(m/s)을 곱한 값($S \times V$)

- 여유량

  비 화재층의 폐쇄상태인 배출댐퍼를 통한 누설량을 합산해야 함

(3) 송풍기는 옥내의 화재감지기의 동작에 따라 연동하도록 할 것

문제

최근 제연설비 배출댐퍼의 누설로 인한 배출량 부족이 문제로 대두되고 있다. 이와 관련하여 UL기준의 배출댐퍼 누기율 등급에 대하여 설명하고, 배출량 부족에 대한 대책을 설명하시오.

---

1. 문제점

1) 배출댐퍼를 통한 누설

(1) 화재시 : 화재층의 배출댐퍼는 개방되며, 나머지 층은 댐퍼가 닫힌 상태로 유지된다.

(2) 비화재층의 닫힌 배출댐퍼가 완벽한 기밀상태를 유지하지 못하고, 과도한 누설을 발생시키는 제품이 많다.

(3) 이에 따라 화재층에서는 필요한 설계 배출풍량을 배출하지 못하게 된다.

2) 배출댐퍼의 개폐여부 미확인

대부분의 제품에서 기동(열림상태)에 대한 접점만 제공하여 복구(완전 닫힘)에 대한 정확한 확인은 불가능

2. 개선 조치 사항

1) 배출풍량 계산

(1) 배출풍량 계산에 배출댐퍼 누설량을 가산한다.

① 누설량이 적은 UL-555S 기준에 따른 Class I, II 또는 III 댐퍼 적용(에어타이트 댐퍼)

‖ UL 555S의 방연댐퍼의 누설 등급 ‖

누설등급	UL 555S의 방연댐퍼의 누설 등급 [m³/s · m²]		
	1.1 [kPa] (112 [mmAq])	2.1 [kPa] (214 [mmAq])	3.1 [kPa] (316 [mmAq])
Class Ⅰ	0.041	0.056	0.071
Class Ⅱ	0.102	0.142	0.178
Class Ⅲ	0.406	0.569	0.711

② 계산식

배출풍량 = Q_N + 여유량

= (S×V) + (비화재 층수×배출댐퍼 면적×해당 압력에서의 누기율)

③ 배출풍량이 너무 크게 계산될 경우, 부속실과의 차압유지에 악영향이 발생할 수 있으므로 최대한 댐퍼 누기율을 낮게 설정해야 한다.

(2) 설계도서 반영

상기 배출풍량 계산 및 적용된 누기율을 설계도서에 반영한다.

① 상기 계산식에 의한 값에 여유량을 반영하여 배출팬 용량 및 덕트 사이즈를 산정한다.

② 도면(Note) 및 시방서에 누기율 기준을 만족하는 배출댐퍼를 적용하도록 명시한다.

2) 제연 댐퍼 폐쇄 접점

(1) 복구상태에 대한 접점을 추가한 제품을 적용하고, 복구 출력 및 확인에 대한 중계기 회로수를 추가 반영한다.(제연댐퍼 1대당 회로수 5개)

(2) 설계도서에 기동 및 복구 2개의 접점이 있는 댐퍼를 적용하도록 명시한다.

부속실 제연설비에 대하여 다음 사항을 설명하시오.

1) 국내 화재안전기준(NFSC 501A)과 NFPA 92A 기준 비교
2) 부속실 제연설비의 문제점 및 개선방안

1. 기준 비교

1) 기준

항목	화재안전기준	NFPA 92
최소차압	• 12.5 [Pa] 이상(스프링클러 설치 시) • 40 [Pa] 이상	• 반자높이 2.7 [m] 이하 : 25 [Pa] 이상 • 반자높이 4.6 [m] 이하 : 35 [Pa] 이상 • 반자높이 6.4 [m] 이하 : 45 [Pa] 이상 • 스프링클러 설치 시 : 12.5 [Pa] 이상
출입문 개방 시 차압	출입문 개방 시 다른 제연구역은 기준 차압의 70 [%] 이상 유지할 것	출입문 개방 시에도 최소차압 기준을 유지할 것
방연풍속	• 0.5 [m/s] 이상 　① 계단실/부속실 동시제연 　② 계단실 단독제연 　③ 부속실 단독제연 중 옥내가 복도로서 방화구조인 것 • 0.7 [m/s] 이상 　부속실 단독제연 중 옥내가 거실인 경우	미적용

2) 차이점

(1) 최소 차압

　① 국내 기준
　　• 평상시의 차압 기준으로 BS EN을 준용한 것
　　• 연돌효과 및 바람 영향에 대한 언급 없음
　② NFPA 기준
　　• 부력이 작용하는 화재 시 기준
　　• 실제 설계에서는 외기온도에 따른 연돌효과와 바람 영향을 추가로 고려해야 한다.

(2) 방연풍속

　NFPA 기준에서는 화재실로의 급기로 인해 화세 확대될 우려가 커서 권장하지 않는다.

2. 문제점 및 개선방안

1) 연돌효과를 고려하지 않은 설계

(1) 200 [m] 높이인 건물의 겨울철 연돌효과에 의한 차압

(외기 -10 [℃], 옥내 20 [℃] 가정)

$$\Delta P = 3,460 \times \left(\frac{1}{263} - \frac{1}{293} \right) \times 100 = 135 \, [\text{Pa}]$$

(2) 위와 같이 연돌효과를 고려하지 않으면 층별 차압이 매우 크게 달라질 것이므로, 이에 대한 고려가 필요하다.

2) 시스템 효과의 미고려

(1) 송풍기실 공간 부족 등으로 인해 시스템 효과가 크게 발생한다.

(2) 송풍기 흡입·토출 측에 충분한 직관길이를 확보하고, 불가피한 시스템 효과에 의한 손실은 정압계산에 반영해야 한다.

3) 덕트에 대한 엔지니어링 계산

(1) 덕트 종횡비, 사각엘보의 손실 등을 고려하지 않은 계산으로 인해 송풍기의 정압부족 현상이 발생한다.

(2) 종횡비 및 SMACNA 손실계수 등을 고려하여 정압 계산을 수행해야 한다.

4) 적절한 과압방지조치 미흡

(1) 급기댐퍼의 경우 제연구역의 과압 조절이 불가능하다.

(2) 송풍기 회전수 제어, 플랩댐퍼 등을 적용하여 과압 해소

5) 유입공기 배출댐퍼 누기율

(1) 배출댐퍼의 폐쇄 시 큰 누기율로 인한 배출량 부족

(2) Class I 또는 II 등급의 누기율이 낮은 철재 에어타이트 댐퍼 적용

6) 누설량 과다 설계

(1) 누설이 적은 KS 규격 방화문을 설치하면서 화재안전기준의 큰 누설틈새 기준으로 설계하여 급기량이 과다 적용된다.

(2) KS 규격 방화문의 누설량을 고려한 엔지니어링 계산으로 급기량 산정

급기가압제연의 급기, 출입문, 수동기동장치 및 제어반 설치기준

① 급기

1. **부속실 단독제연**
   동일 수직선 상 모든 부속실은 하나의 전용 수직풍도에 의해 동시에 급기할 것
   (단, 동일 수직선 상에 2대 이상의 급기송풍기가 설치되는 경우 수직풍도를 분리하여 설치 가능)
2. **계단실, 부속실 동시 제연**
   계단실에 대해서는 그 부속실의 수직풍도에 의해 급기 가능(덕트를 겸용 가능)
3. **계단실 단독제연**
   전용 수직풍도를 설치하거나 계단실에 급기풍도 또는 급기송풍기를 직접 연결하여 급기하는 방식
4. **하나의 수직풍도마다 전용의 송풍기에서 급기할 것**
5. **비상용 승강기의 승강장을 제연하는 경우**
   비상용 승강기의 승강로를 급기풍도로 사용 가능

② 급기구

1. 설치위치

1) 급기용 수직풍도와 직접 면하는 벽체 또는 천장(수직풍도~천장 급기구 사이의 풍도 포함)에 고정
2) 옥내와 면하는 출입문에서 가능한 한 먼 위치에 설치할 것
   (급기되는 기류 흐름이 출입문으로 인하여 차단되거나 방해받지 않도록 하기 위함)

2. 설치간격

1) 대상

   계단실 · 부속실 동시 제연 또는 계단실 단독제연의 경우

2) 설치간격

   (1) 계단실 매 3개 층 이하의 높이마다 설치할 것
   (2) 계단실 높이가 31 [m] 이하로서 계단실 단독제연방식은 하나의 계단실에만 급기구 설치 가능

3) 급기댐퍼의 설치기준

   두께 1.5 [mm] 이상의 강판 또는 동등 이상의 강도가 있는 것으로 설치
   (1) 비내식성 재료
       부식 방지조치

(2) 자동차압급기댐퍼의 요구기능

① 차압범위 설정 : 차압범위의 수동설정기능

② 개구율 자동조절 : 차압이 유지되도록 하기 위한 개구율의 자동조절기능

③ 과압 방지 : 옥내에 면하는 개방된 출입문이 완전히 닫히기 전에 개구율을 자동감소시켜 과압을 방지하는 기능

④ 구조 : 주위 온도 및 습도 변화에 기능이 영향을 받지 않는 구조일 것

⑤ 자동차압급기댐퍼의 성능인증 및 제품검사의 기술기준에 적합하는 것으로 설치할 것

(3) 자동차압급기댐퍼가 아닌 댐퍼

개구율을 수동 조절할 수 있는 구조

(4) 작동

① 옥내에 설치된 화재감지기에 의해 모든 제연구역의 댐퍼가 개방될 것

② 2 이상의 특정소방대상물이 지하주차장으로 연결된 경우

주차장에서 하나의 특정소방대상물의 제연구역으로 들어가는 입구에 설치된 제연용 연기감지기의 작동에 따라 특정소방대상물의 해당 수직 풍도에 연결된 모든 제연구역의 댐퍼가 개방되도록 할 것

(5) 댐퍼의 작동기준

① 전기적 방식

• 평상시 닫힌 구조로 기밀상태를 유지할 것

• 개폐 여부를 당해 장치 및 제어반에서 확인 가능한 감지기능 내장

• 구동부의 작동상태+폐쇄 시의 기밀상태를 수시 점검할 수 있는 구조일 것

• 풍도 내부마감상태 점검 및 댐퍼 정비가 가능한 이·탈착 구조로 할 것

② 기계적 방식

• 개폐 여부를 당해 장치 및 제어반에서 확인 가능한 감지기능 내장

• 구동부의 작동상태+폐쇄시의 기밀상태를 수시 점검할 수 있는 구조일 것

• 풍도 내부마감상태 점검 및 댐퍼 정비가 가능한 이·탈착 구조로 할 것

(6) 기타 설치기준

앞의 배출댐퍼 설치기준을 준용할 것

❸ 급기풍도

1. 수직풍도

1) 수직풍도 : 내화구조

2) 수직풍도 내부면

(1) 두께 0.5 [mm] 이상의 아연도금강판 또는 동등 이상의 내식성·내열성이 있는 것

(2) 마감되는 접합부 : 통기성이 없도록 조치할 것

2. 수직풍도 이외의 풍도

1) 재질

(1) 아연도금강판 또는 이와 동등 이상의 내식성ㆍ내열성이 있는 것으로 할 것
(2) 불연재료(석면재료 제외)인 단열재로 유효한 단열 처리할 것(단, 방화구획되는 전용실에 급기송풍기와 연결되는 덕트 : 단열처리 필요 없음)

2) 강판의 두께

풍도단면의 긴 변 또는 직경의 크기	450 [mm] 이하	450 [mm] 초과 750 [mm] 이하	750 [mm] 초과 1,500 [mm] 이하	1,500 [mm] 초과 2,250 [mm] 이하	2,250 [mm] 초과
강판 두께	0.5 [mm]	0.6 [mm]	0.8 [mm]	1.0 [mm]	1.2 [mm]

3) 누설량

급기량의 10 [%]를 초과하지 않을 것

3. 구조

풍도는 정기적으로 내부를 청소할 수 있는 구조로 설치할 것

4 급기송풍기

1. 송풍능력

제연구역에 대한 급기량의 1.15배 이상일 것
→ 풍도에서의 누설 실측 및 조정을 하는 경우 제외

2. 송풍기

1) 풍량조절댐퍼 : 송풍기에 설치하여 풍량을 조절할 것
2) 풍량을 실측할 수 있는 유효한 조치를 할 것
3) 설치장소 : 인접장소의 화재로부터 영향을 받지 않고, 접근이 용이한 곳에 설치할 것
4) 작동 : 옥내의 화재감지기의 동작에 의해 작동될 것
5) 송풍기와 연결되는 캔버스 : 내열성이 있는 것으로 할 것(석면재료 제외)

5 외기취입구

1. 옥외로부터 외기를 취입하는 경우

1) 외기 취입구는 연기 또는 공해물질 등으로 오염된 공기를 취입하지 않는 위치에 설치할 것

2) 타 배기구로부터 수평거리 5 [m] 이상, 수직거리 1 [m] 이상의 낮은 위치에 설치할 것
2. 외기 취입구를 옥상에 설치하는 경우
   옥상 외곽면으로부터 수평거리 5 [m] 이상, 외곽면의 상단에서 하부로 수직거리 1 [m] 이하의 위치에 설치할 것
3. 외기 취입구는 빗물과 이물질이 유입되지 않은 구조로 할 것
4. 취입공기가 옥외의 풍속·풍향에 따라 영향을 받지 않는 구조로 할 것

6 제연구역의 출입문

1. 출입문(창문 포함)

1) 항상 닫힌 상태 유지 또는 자동폐쇄장치에 의해 자동으로 닫히는 구조로 할 것
2) 아파트의 제연구역~계단실 사이의 출입문은 무조건 자동폐쇄장치에 의해 자동으로 닫히는 구조로 할 것

2. 자동폐쇄장치

1) 정의 : 제연구역의 출입문 등에 설치하는 것으로서 화재 발생 시 옥내에 설치된 감지기 작동과 연동하여 출입문을 자동적으로 닫게 하는 장치
2) 제연구역의 기압에도 불구하고 출입문을 용이하게 닫을 수 있는 충분한 폐쇄력이 있을 것
3) 자동폐쇄장치의 성능인증 및 제품검사의 기술기준에 적합한 것으로 설치할 것

7 옥내의 출입문

1. 출입문

항상 닫힌 상태 유지 또는 자동폐쇄장치에 의해 자동으로 닫히는 구조

2. 거실 측으로 개방되는 출입문에 자동폐쇄장치 설치하는 경우

출입문 개방 시의 유입공기 압력에도 불구하고 출입문을 용이하게 닫을 수 있는 충분한 폐쇄력이 있을 것

8 수동기동장치

1. 설치위치

1) 배출댐퍼 및 개폐기 직근과 제연구역에 전용 수동기동장치 설치
2) 계단실, 부속실을 동시 제연하는 방식에서는 부속실에만 설치 가능

2. 수동기동장치의 기능

1) 전 층 제연구역에 설치된 급기댐퍼의 개방
2) 당해 층의 배출댐퍼 또는 개폐기의 개방
3) 급기 송풍기 및 배출 송풍기(유입공기 배출용)의 작동
4) 일시적으로 개방·고정된 제연구역과 옥내 사이의 모든 출입문의 해정장치 해정
   → 이 기능들은 옥내에 설치된 수동발신기의 조작에 의해서도 작동될 수 있을 것

9 제어반

1. 비상용 축전지 내장

1) 제어반에는 1시간 이상 제어반의 기능을 유지할 수 있는 용량의 비상용 축전지를 내장할 것
2) 단, 제연설비 제어반이 종합방재 제어반에 함께 설치되어 종합방재 제어반으로부터 이 기준에 따른 용량(1시간 이상)의 전원을 공급받을 수 있는 경우 제외함

2. 제어반의 기능

1) 급기용 댐퍼 개폐 : 감시 및 원격조작 기능
2) 배출 댐퍼 또는 개폐기 : 작동 여부 감시 및 원격조작 기능
3) 송풍기(급·배기용) : 작동 여부 감시 및 원격조작 기능
4) 제연구역 출입문 : 일시적 고정개방 및 해정 감시, 원격조작 기능
5) 수동기동장치 : 작동 여부 감시 기능
6) 급기구 개구율 자동조절장치 : 작동 여부 감시 기능

   [제외조건]

차압표시계를 고정 부착한 자동차압·과압조절형 댐퍼 설치	+	제어반에 차압표시계 설치

7) 감시선로 : 단선에 대한 감시 기능
8) 예비전원이 확보되고 예비전원의 적합 여부를 시험할 수 있어야 할 것

송풍기 기본개념

❶ 송풍기 개요

1. 용도에 따라 급기용은 송풍기, 배출용은 배출기라고 한다.
2. 송풍기의 용량은
    1) 덕트를 통해 목표한 지점(제연구역)으로 보낼 풍량과
    2) 공기의 유동저항을 감당할 수 있는 정압으로 결정한다.
3. 송풍기의 토출압력
    1) 전압(P_t) = 정압(P_s) + 동압(P_v)
    2) 정압과 동압은 덕트의 구성과 유량에 따라 구간마다 달라진다.
4. 송풍기의 주문 조건
    1) 동압은 기류속도의 함수이며,
    2) 송풍기의 풍량은 유속이 동압으로 환산되므로, 풍량이 결정되면 정압이 결정된다.
       (제조사가 결정)
    3) 따라서 덕트 설계자가 송풍기 제조사에 요구할 사항은 유량과 정압이다.

❷ 송풍기의 특성

1. 동일한 송풍기에서 풍량증가에 따라 필요한 소요 동력이 증가하므로, 예상 최대 풍량에서의 동력을 검토하여 모터의 전력 용량을 요구할 필요가 있다.
2. 시로코(Sirocco)형 송풍기
    1) 동일 크기에서 풍량이 가장 크고, 가장 저렴하다.(소형)
    2) 정상운전 범위가 좁고, 유량 증가에 따라 소요동력이 급격히 커진다.
    3) 따라서 사용하는 유량의 변동이 큰 제연설비에는 부적합한 타입이다.
3. 일반적으로 효율이 높고 운전성능도 좋은 송풍기는 후곡형(익형)이며, 필요에 따라 역회전 운전도 가능한 것은 축류형 송풍기이다.
4. 서징현상 방지
    1) 송풍기에서는 공기의 압축성으로 인해 서징 현상이 흔히 발생한다.
    2) 송풍기의 특성곡선을 확인해서 서징범위에 들어가지 않는 운전방식을 검토한다.
    3) 덕트 댐퍼가 닫혀서 풍량이 매우 작아질 경우 서징영역 진입 가능성이 있으며, 이는 다음과 같이 제어할 수 있다.
       (1) 인버터 제어를 이용하여 송풍기의 회전수를 줄여주거나
       (2) 설계풍량 전체를 배출가능한 대형 배출구를 덕트계통에 설치하여 외부로 풍량을 배출할 수 있도록 한다.

❸ 송풍기의 풍량에 따른 영역

1. 송풍기 풍량에 따른 영역

풍량에 따라 서징영역, 운전영역 및 오버로드 영역이 있다.

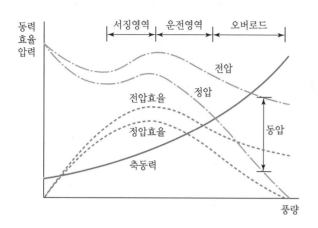

2. 송풍기 종류별 운전영역

1) 100 [%] 운전점 : 모두 서징 영역 밖에서 운전된다.

2) 익형 송풍기 : 익형은 풍량이 30 [%]까지 낮아져도 서징이 발생되지 않는다.

3) 다익형 송풍기(시로코 팬) : 시로코는 풍량이 80 [%]로 낮아져도 서징 범위에 포함된다.

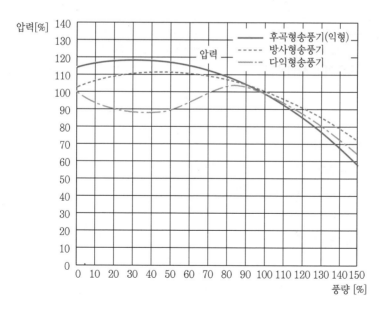

4 송풍기의 직병렬 운전

1. 송풍기의 직렬운전

1) 특성이 동일한 송풍기의 직렬운전

(1) 정압을 높이고 싶은 경우에 직렬 운전

(2) 단독 운전점(C)에서 직렬운전점(C')으로 변경 시 2배의 정압이 얻어지지 않는다.

(3) 시스템 저항곡선이 완만해질수록 직렬운전의 효과는 낮다.

2) 특성이 다른 송풍기의 직렬운전

(1) 송풍기별 정압의 차이가 클 경우 다른 송풍기에 영향이 커지므로 주의를 요한다.

(2) 상류에 설치하는 송풍기의 정압이 더 커야 한다.

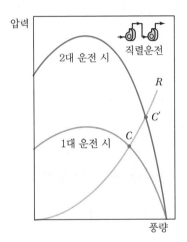

‖ 특성이 동일한 송풍기의 직렬운전 ‖

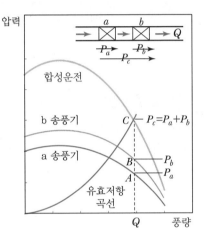

‖ 특성이 다른 송풍기의 직렬운전 ‖

2. 송풍기의 병렬운전

1) 특성이 같은 송풍기의 병렬운전

(1) 풍량이 부족한 경우 2대 이상의 송풍기를 병렬로 운전

(2) 실제 풍량은 단독 운전 시의 2배의 풍량이 되지 않는다.

(3) 우상향구배가 있는 경우 서징영역이 크게 증가한다.

2) 특성이 다른 송풍기의 병렬운전

(1) 병렬운전은 반드시 특성이 동일한 송풍기로 하는 것을 원칙으로 한다.

(2) 특성이 다른 펌프의 병렬운전은 1대의 송풍기를 정지시킬 수도 있어서 적용이 제한된다.

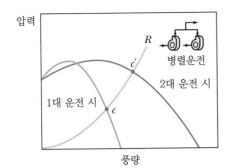

┃ 특성이 같은 송풍기 병렬운전 ┃

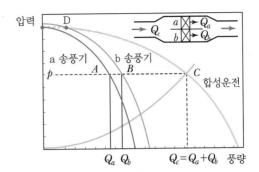

┃ 특성이 다른 송풍기의 병렬운전 ┃

> **문제**
>
> **송풍기 종류 및 효율에 대하여 설명하시오.**

1. 개요

송풍기는 기체에 기계적 에너지를 가하여 기체의 압력, 운동에너지를 변화시켜 필요한 풍압 및 풍량을 내는 장치로서, 소방에서는 제연설비에 주로 사용된다.

2. 송풍기의 종류

1) 토출압력에 따른 분류

   (1) Fan : 토출압력이 0.1 [kgf/cm²] 미만인 것

     → 제연설비에서의 송풍기는 대부분 Fan이다.

   (2) Blower : 토출압력이 0.1~1.0 [kgf/cm²] 미만인 것

   (3) Compressor : 토출압력이 1.0 [kgf/cm²] 이상인 것

2) Fan의 종류

   (1) 원심식 Fan

    반지름 방향으로 공기가 유동되며, 원심력으로 에너지를 얻는다.

    ① 다익 팬(시로코 팬) : 제연설비에서 일반적으로 사용되는 송풍기(효율은 40~60 [%] 정도)

    ② 터보 팬 : 다량의 가스나 공기를 취급할 경우에 사용하는 송풍기(효율은 60~80 [%] 정도)

시로코 팬	터보 팬	래디얼 팬
• 깃이 회전방향으로 기울어짐 • 효율이 낮음 • 크기가 작다.	• 회전방향의 뒤쪽으로 깃이 기울어짐 • 효율이 가장 우수 • 크기가 크다.	• 반지름 방향의 깃을 가짐 • 효율은 우수함 • 크기는 중간

(2) 축류식 팬

① 축방향으로 공기가 유동하며, 날개의 양력에 의해 에너지를 얻는다.

② Vane형, 프로펠러형 등이 있다.

③ 효율은 40~85 [%] 정도이며, 최대 효율은 비교적 저풍량인 부근에서 형성된다.

문제

송풍기를 날개방향에 따라 분류하고 설명하시오.

1. 송풍기의 분류

2. 송풍기별 날개방향

1) 원심식 송풍기

(1) 다익 송풍기

① 깃이 회전방향으로 기울어진 형태

② 타 송풍기에 비해 저속 운전되며, 저압에서
많은 공기량이 요구될 때 이용
→ 급기가압제연설비에서의 배출 송풍기로
적절하다.

③ 제작가격이 저렴하고, 설치공간을 최소화
할 수 있어 건물의 공조 및 환기용으로 많이 이용된다.

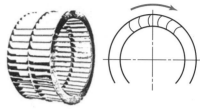

(2) 레이디얼 송풍기

① 반지름 방향의 깃 형태를 가진 송풍기

② 타 송풍기에 비해 임펠러 폭이 좁아 용량 대비
임펠러 직경이 커서 제작단가가 높으며, 임펠
러 직경이 커서 공조용으로 거의 사용되지 않
는다.

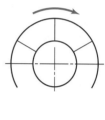

(3) 후곡형 송풍기

① 회전방향 뒤로 기울어진 형태의 깃을 가
진 임펠러로 구성된 송풍기

② 다익송풍기에 비해 운전속도가 2배 정
도 빠르고, 40~85 [%] 정도 더 넓은 공
기량 범위에서 운전된다.

③ 고효율, 과부하 특성이 없음, 강한 구조
로 보일러의 공기 압입 등 여러 용도에
널리 사용된다.

(4) 익형 송풍기

① 후곡형 송풍기와 같이 회전방향 뒤로 기
울어진 구조이면서, 깃의 단면이 익형
(Airfoil)으로 된 송풍기

② 정압효율이 원심식 송풍기 중 가장 높음

③ 운전 시 소음이 작다.

④ 급기가압제연설비의 급기용 송풍기 및
거실제연용 송풍기로 적절하다.

제연
설비

2) 축류식 송풍기

   (1) 공기를 임펠러의 축방향과 같은 방향으로
     이송시키는 송풍기

   (2) 일반적으로 공기환기, 냉각탑 등에 쓰이며,
     제연용도로는 잘 쓰이지 않는다.

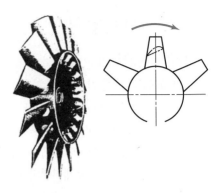

문제

제연설비에 이용되는 제연용 송풍기의 풍량제어방법과 특징에 대하여 성능곡선을 이용하여 설명하시오.

1. 회전수 제어

1) 풍량은 회전수에 비례하는 것을 이용

2) 장점

   (1) 소용량에서 대용량까지 적용범위가 광범위하다.

   (2) 일반 범용 전동기에 적용 가능

   (3) 송풍기 운전이 안정적이다.

   (4) 에너지 절약효과가 우수하고, 자동제어가 용
     이하다.

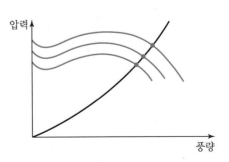

3) 단점

   (1) 설비비가 고가이다.

   (2) VVVF 사용 시 전자 노이즈 장애가 우려된다.

2. 가변피치제어

1) 블레이드의 각도를 변화시켜 풍량을 조절하는
   방법
2) 축류송풍기에 이용
3) 회전수 제어방식과 겸하면 경제적이다.
4) 장점
   (1) 에너지 절약 특성이 우수하다.
   (2) VVVF 방식에 비해 저렴하다.
5) 단점
   (1) 감음장치가 필요하다.
   (2) 날개조종용 Actuator에 많은 동력이 필요하다.

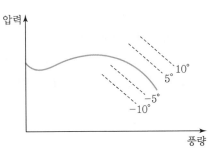

3. 흡입베인 제어

1) 송풍기 흡입측에 가동 흡입베인을 부착하여
   Vane의 각도를 조절하여 토출압력을 조절한다.
2) 원심식 송풍기에 적용
3) 풍량조절효과는 풍량의 70 [%] 이상에서는 우
   수한 편이다.
4) 장점
   (1) 흡입댐퍼제어와 유사하나, 동력은 더 절감된다.
   (2) 작은 마찰저항으로도 풍량조절이 가능하다.
5) 단점
   (1) Vane의 정밀성이 요구된다.
   (2) 고가이다.

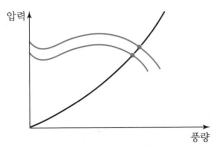

4. 흡입댐퍼 제어

1) 흡입측 댐퍼 조절로 토출압력을 저하시켜 풍량
   을 조절하는 방식
2) 장점 : 공사가 간단하고 투자비가 저렴하다.
3) 단점 : 토출댐퍼 제어방식보다는 덜 하지만, 서
   징 발생 가능성이 있다.

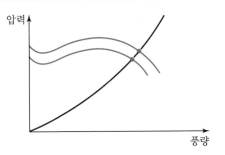

5. 토출댐퍼 제어

1) 토출측 댐퍼 제어로 저항곡선의 위치를 변동시켜 풍량을 조절하는 방식

2) 다익형 송풍기, 소형 송풍기에 적용

3) 풍량 감소할 경우, 압력은 증가한다.

4) 장점

저렴하고 설치가 간단하다.

5) 단점

(1) 서징 발생 가능성이 있다.

(2) 효율 불량

(3) 소음 발생

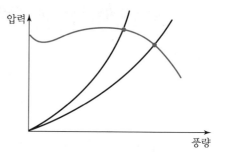

문제

제연용 송풍기에 가변풍량 제어가 필요한 이유를 설명하시오. 또한 댐퍼제어방식과 회전수제어방식의 특징을 성능곡선으로 비교하고, 각 방식의 장ㆍ단점 및 적용대상에 대하여 설명하시오.

1. 가변풍량 제어가 필요한 이유

1) 과압방지조치의 필요성

(1) 급기가압 시 제연구역의 압력이 최대차압보다 높아지면 출입문 개방이 어려워진다.

(2) 따라서 과압이 발생되지 않도록 풍량을 조절하거나, 과풍량을 배출하여 제연구역 출입이 용이하게 해야 한다.

2) 과압방지 방법

(1) 송풍기 회전수 제어시스템에 의한 풍량 조절

(2) 복합댐퍼에 의한 풍량 조절

(3) 플랩댐퍼 설치에 의해 옥내로 과압을 배출하는 방법

3) 복합댐퍼에 의한 풍량 조절

(1) 복합댐퍼는 댐퍼를 2개 부분으로 분리하여 하나는 수동조절에 의한 볼륨댐퍼, 다른 부분은 자동차압댐퍼로 구성

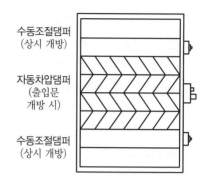

(2) 복합댐퍼 센서는 송풍기 설치층에서 3개층 떨어진 지점에 설치되며, 이 센서가 제연구역의 차압이 낮아지는 것을 감지하여 자동조절댐퍼 부분을 개방시킨다.

(3) 복합댐퍼는 비교적 저렴하지만, 제연구역 출입문이 개방되거나 누설량이 많은 경우에는 제어기능을 상실하게 되어 과압을 방지할 수 없게 되는 단점이 있다.

4) 플랩댐퍼에 의한 과압 배출

(1) 제연구역마다 플랩댐퍼를 설치하여 제연구역에 과압 발생 시 플랩댐퍼의 개방에 의해 옥내로 가압공기를 배출하여 과압을 방지하는 구조

(2) 플랩댐퍼는 설정압 초과 시 과압 풍량에 따라 0~90°까지 개방되는데, 300×110 [mm] 플랩댐퍼의 경우 300 [CMH] 이상의 풍량을 배출해야 한다면 2개 이상 설치해야 한다.

(3) 플랩댐퍼는 콘크리트 타설과정에서 슬리브를 미리 설치해야 하며, 작동성능을 보장하기 위해 수평으로 설치해야 하므로 현장 여건에 따라 설치가 어려울 수도 있다.

5) 가변풍량 제어시스템이 필요한 이유

위와 같이 복합댐퍼의 과압 제어 기능의 한계, 플랩댐퍼의 시공상 한계 등으로 과압방지를 위해 송풍기 회전수 제어시스템인 가변풍량 제어시스템을 적용한다.

2. 회전수 제어와 댐퍼 제어방식

1) 회전수 제어

(1) 인버터 제어방식이라고도 하며, 송풍기 성능곡선 자체를 변화시키는 방식

(2) 인버터의 제어를 통해 송풍기 크기를 변화시키는 것과 같은 효과를 얻을 수 있어 풍량조절의 폭이 가장 크고 안정적이다.

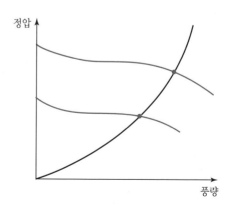

2) 토출댐퍼 제어

    (1) 제연설비의 풍량조절 방법으로 가장 많이 이용되며, 시스템 저항곡선을 변화시켜 풍량을 조절한다.

    (2) 비교적 공사비가 저렴하며 간단히 설치가 가능하지만, 가능한 풍량조절 범위가 작고 서징 발생 가능성이 높다.

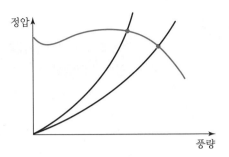

3) 흡입댐퍼 제어

    (1) 토출댐퍼방식과 같이 공사비가 낮고 설치가 간단하며, 송풍기 성능곡선의 일부가 변화되는 방식

    (2) 서징 발생 가능성은 낮지만 풍량의 조절 범위가 크지 않다.

    (3) 흡입덕트에 댐퍼를 설치해야 하므로, 팬룸에 설치공간이 확보되어야 적용 가능하다.

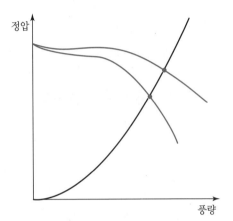

문제

급기가압제연설비에 적용되는 송풍기의 인버터 제어방식에 대하여 설명하시오.

---

1. 송풍기 풍량 제어의 필요성

    1) 제연설비에서 급기 송풍기는 방화문 개폐 정도에 따라 송풍기의 다양한 운전점 별로 풍량 제어가 필요하게 된다.

        (1) 전층 방화문 폐쇄상태

        (2) 1개층 개방상태에서의 운전(20층 이하)

        (3) 2개층 개방상태에서의 운전(21층 이상)

        (4) 3개층 개방상태에서의 운전(성능위주설계)

    2) 상기와 같이 다양한 조합에서 필요로 하는 풍량이 달라 급기송풍기는 몇 개의 운전점을 갖게 된다.

2. 일반적인 풍량제어방식 및 문제점

1) 토출측 볼륨댐퍼

설치 단계에서 각도조절핸들 조작에 의해 일정 수준 개방된 상태로 세팅되며, 그 이후에는 풍량을 조절할 수 없다.

2) 복합댐퍼

(1) 상시 개방상태로 유지되는 수동조절댐퍼 부분(50~70 [%])과 출입문 개방시에만 개방되는 자동조절댐퍼 부분(30~50 [%])으로 구성하는 방식이다.

(2) 자동조절댐퍼의 동작을 위한 차압신호는 각 층 급기댐퍼로부터의 신호선 또는 차압 호스로 전달된다.

(3) 1개층 개방은 제어가 가능하겠지만, 2개층 이상의 출입문 개방이 가능한 경우에는 풍량을 제어할 수 없게 된다.

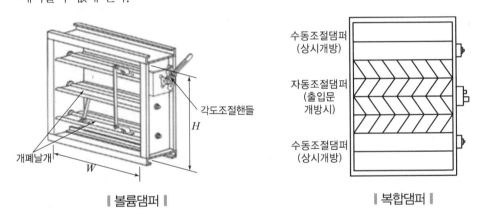

∥ 볼륨댐퍼 ∥   ∥ 복합댐퍼 ∥

3. 인버터 제어방식

1) 주요 구성요소

(1) 가변풍량 제어장치(Main Controller)

① 차압 트랜스미터로부터 차압 변동에 대한 신호를 받아 풍량을 제어

② 송풍기의 회전수 제어방식을 이용

(2) 차압 트랜스미터(DPT)

① 부속실의 차압을 감지하는 장치

② 최소 5개층에 설치

③ 초당 1회 이상 가변풍량 제어장치 메인 콘트롤러에 차압을 통보

2) 구성

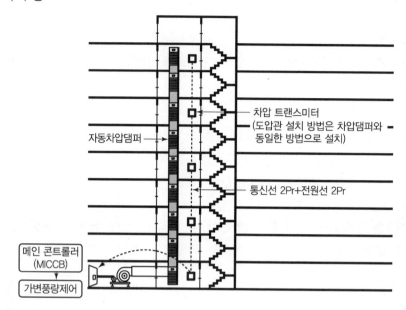

3) 작동원리

    (1) 차압 트랜스미터에서 차압 변동을 메인 콘트롤러로 전송

    (2) 메인 콘트롤러가 회전수 제어에 의해 송풍기 풍량을 조절

    (3) 부속실의 차압을 균등하게 유지

4. 결론

인버터 제어 방식을 적용할 경우, 준공 이후에도 인버터 제어 시스템의 작동 신뢰성이 유지될 수 있도록 주기적인 점검이 이루어질 수 있도록 제도적 보완이 필요하다.

문제

송풍기의 서징 현상에 대하여 설명하시오.

1. 개요

1) 공기의 압축성으로 인해 송풍기에서는 서징 현상이 자주 발생한다.

2) 따라서 송풍기의 특성곡선을 확인하여 서징영역에서 운전되지 않는 운전방식을 적용해야 한다.

   (1) 송풍기의 회전수제어(인버터 방식, 가변풍량 제어방식)

   (2) 방풍

2. 정의

1) 송풍기 운전 중에 풍압이 맥동하며 풍량이 변동되어 주기적(주파수 : 1/10 ~ 10 [Hz])으로 토출과 역류가 반복되는 현상

2) 서징영역(풍량-정압 곡선에서의 우상향 구배)에서 송풍기가 운전될 경우 발생되며, 보통 제연설비 작동 중 일부 댐퍼가 닫혀 풍량이 감소되면 서징영역으로 진입할 수 있다.

3. 서징 발생 시 문제점

1) 일단 발생되면 서징 상태가 지속되어 제연 성능을 유지할 수 없게 된다.

2) 소음, 진동이 발생하며 설비 파손의 우려가 있다.

4. 서징 발생조건

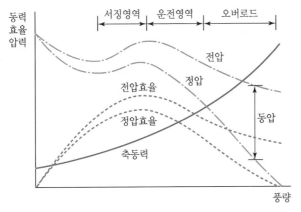

1) 성능곡선상에 서징영역 존재

   (1) 서징영역 내의 풍량 구간에서 운전될 때, 서징이 발생된다.

   (2) 서징영역은 임펠러의 설계방식, 풍압의 크기, 송풍기의 형식, 송풍기의 흡입구 등에 따라 달라진다.

     → 시로코 팬은 서징 범위가 넓다.

2) 서징영역 내 송풍기 운전

   (1) 그림에서 풍량 100 [%]인 운전점에서는 문제가 없다.

   (2) 익형 송풍기는 풍량이 30 [%] 정도까지 낮아져도 서징 영역으로 운전되지 않지만,

(3) 시로코 팬은 풍량이 80 [%] 정도로만 낮아져도 서징 범위에 포함된다.

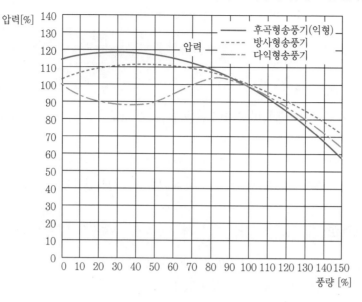

5. 서징 방지대책

1) 적절한 송풍기 선정

(1) 거실제연설비의 급기, 배기 및 급기가압제연설비의 급기 송풍기는 요구 풍량이 다양하므로, 익형 송풍기(Air-foil Fan)를 적용해야 한다.

(2) 익형 송풍기의 경우 필요한 송풍기실 면적이 다익형에 비해 크므로, 설계 초기에 이를 고려해야 한다.

2) 송풍기의 회전수 제어방식 적용

(1) 풍량이 변동할 경우 송풍기 성능곡선 자체가 변하는 효과를 내어 서징영역으로 운전되지 않도록 하는 방법이다.

(2) 인버터 제어방식 또는 가변풍량제어방식이라고도 한다.

3) 방풍

(1) 설계풍량 전체를 배출 가능한 대형 배출구를 덕트 계통에 설치하는 방법이다.

(2) 요구 풍량이 감소할 경우 이를 대형 배출구로 배출하여 송풍기가 서징영역에서 운전되지 않도록 한다.

제연설비의 엔지니어링 계산

■ 국내 설계현황 및 대책

1. 국내 제연설비 설계 현황

대부분의 설계업체에서 제연설비 설계 시 정압법 등으로 덕트 사이즈를 결정하고, 화재안전기준에 따른 풍량을 적용하고 있다.

1) 송풍기 풍량의 과다 산정

화재안전기준에 따른 누설틈새를 적용한 누설량을 적용하고 있는데, 이는 KS 규격에 따른 방화문의 방연성능을 고려하지 않은 것이어서 과다한 풍량으로 계산될 수 있다.

2) 송풍기 정압 산정의 부정확성

설계 풍량이 제대로 급기되려면 송풍기의 정압을 실제에 맞게 계산해야 하는데, 이를 구체적으로 계산하지 않고 있다.

(1) 덕트 손실 계산

① 직관 부분은 비교적 구체적으로 계산하는 편이지만

② 엘보, 댐퍼 등 부속류의 정압손실은 계산하지 않고 비율적으로만 고려하는 실정이다.
- 거실제연설비 : 직관 덕트의 50 [%]로 적용
- 급기가압제연설비 : 직관 덕트의 30~50 [%]로 적용

③ 덕트 경로에 따른 엘보 수량이나 형태에 따라 부속류 손실이 크게 달라지는데, 이를 정확하게 계산하지 않아 정압 부족이 발생할 수 있다.

(2) 송풍기 흡입, 토출 측의 시스템 효과(System Effect) 미반영

송풍기실 면적 부족에 따른 흡입 측, 토출 측에 유효직관길이를 확보하지 못하는 경우가 대부분인데, 이에 따른 정압손실인 시스템 효과를 고려하지 않고 있다.

(3) 흡입루버, 급기댐퍼, 디퓨저 등의 부속류

① 정압 계산에 반영하지 않고 있다.

② 국내 제조업체에서도 설계에 필요한 제품의 손실 등을 제공하지 않고 있다.

3) 배출댐퍼의 누기율 미고려

비화재층의 닫힌 상태로 유지되는 배출댐퍼의 누기율이 크고, 이를 제연설비 설계에 고려하지 않아 실제 화재층의 유입공기를 100 [%] 배출할 수 없는 실정이다.

2. 대책

1) KS 규격 방화문의 차연성능에 따른 풍량 계산

2) 엔지니어링 기법에 입각한 정압손실 계산으로 적절한 송풍기 정압 산정

3) 배출댐퍼를 Air-tight Damper로 적용하고, 누기율을 배출풍량 계산에 반영

2 송풍기 정압의 엔지니어링 계산 방법

1. 개요

송풍기의 정압은 한없이 높게 적용할 수 없는데, 그 이유는 다음과 같다.

1) 화재안전기준에 따른 풍도 두께를 적용할 경우 약 1,500 [Pa](약 150 [mmAq]) 이상의 압력에 서는 덕트의 배부름 현상 또는 찌그러짐 현상이 발생할 수 있다.

2) 체절운전을 고려하면 송풍기의 정압은 약 120 [mmAq] 이하로 산정해야 한다.

3) 따라서 엔지니어링 방법에 따른 정압손실 계산을 통해 송풍기에 필요한 정압을 산정하되, 너무 높은 경우 덕트 사이즈 개선, 시스템 효과 완화 등에 의해 정압손실을 낮게 설계해야 한다.

2. 정압손실 반영 항목

1) 흡입루버 손실

2) 송풍기의 시스템 효과

    (1) 흡입 측 시스템 효과

    (2) 토출 측 시스템 효과

3) 수평덕트에서의 손실

    (1) 직관부 손실

    (2) 부속류 손실

4) 수직덕트에서의 손실

5) 급기댐퍼에서의 손실

3 흡입루버 손실 계산

1. 국내 흡입루버의 경우 정압손실 데이터가 없으므로, AMCA 표준형 루버의 데이터와 비교하여 간접적으로 산출한다.

2. AMCA 표준형 루버의 정압 손실

시험체의 조건	흡입루버	배출루버
자유면적비(%) (1,220×1,220 [mm] 시험단면 기준)	45	45
최대 압력강하(Pa)	35	60

3. 정압손실 계산

$$A_1 \sqrt{p_1} = A_2 \sqrt{p_2}$$

여기서, A : 유효면적, p : 정압손실

4 송풍기의 시스템 효과

1. 개념

1) 제조공정에서는 흡입 측은 덕트 없이 대기에 개방하고 토출 측은 직관 덕트에 접속하므로, 시스템 구성에 따른 정압손실이 나타나지 않는다.

2) 그러나 현장 적용 시에는 팬룸의 공간부족 등으로 인해 송풍기 흡입 및 토출 측에 일정 길이 이상의 덕트 직관부가 확보하지 못하는 경우가 있다.

3) 이에 따라 발생하는 정압손실을 시스템 효과(System Effect)라 한다.

2. 시스템 효과에 따른 정압 손실

1) 토출 측 시스템 효과

(1) 송풍기 토출구보다 큰 덕트가 연결된 경우에는 송풍구역에서 높은 풍속의 일부가 정압으로 변환되어 정압 재취득이 생긴다.

(2) 따라서 송풍기 토출 측에는 정압 회복이 100 [%] 이루어진 후에 부속류나 댐퍼를 설치하는 것이 바람직하다.

구분	직관부 없음	12 [%] 유효덕트	25 [%] 유효덕트	50 [%] 유효덕트	100 [%] 유효덕트
정압회복률 [%]	0	50	80	90	100

(3) 유효덕트길이 계산식

① $V_0 > 13 [\text{m/s}]$인 경우

$$L_e = \frac{V_0 \sqrt{A_0}}{4,500}$$

② $V_0 \leq 13 [\text{m/s}]$인 경우

$$L_e = \frac{\sqrt{A_0}}{350}$$

여기서, V_0 : 덕트풍속 [m/s]

L_e : 유효 덕트길이 [m]

A_0 : 덕트면적 [mm^2]

(4) 만약 100 [%] 유효덕트길이(Effective Duct Length)보다 짧은 위치에 엘보 등 부속류가 설치되는 경우

① 토출 측 시스템 효과에 대한 정압 손실량의 계산이 필요하다.

② 왜냐하면 직관길이가 짧은 경우 압력손실이 증가하고 덕트 내의 불규칙한 공기흐름으로 인해 엘보 하류측으로 송풍량을 설계값 대로 전달할 수 없기 때문이다.

2) 흡입 측 시스템 효과

(1) 송풍기 흡입 측의 불균일한 유동도 송풍기의 성능에 악영향을 주므로, 송풍기 흡입구로 균일한 유동이 유입될 수 있도록 입구 측에 충분한 직관부를 연결하는 것이 바람직하다.

(2) 송풍기 흡입구에서의 불균일 유동

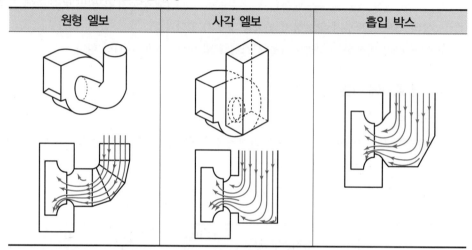

원형 엘보	사각 엘보	흡입 박스

① 시스템 효과에 의한 손실의 크기는 사각엘보 > 원형엘보 > 흡입박스의 순이다.
   (공장에서 설계되는 흡입박스를 사용하면 시스템 효과를 상당히 줄일 수 있다.)

② 현장에서는 공간 부족 및 시공 편의를 위해 사각 엘보로 많이 시공하는데, 약 45 [%]의 높은 정압손실을 발생시켜 정압부족으로 풍량이 부족하게 될 수 있다.

3. 대책

1) 충분한 직관길이 확보

(1) 토출 측 : 정압 회복이 100 [%] 이루어지는 유효덕트길이 이상

(2) 흡입 측 : 덕트 직경의 약 5배 이상(최소한 덕트 직경의 3배 이상은 확보)

2) 시스템 효과가 적게 나타나는 덕트 연결방식 적용

(1) 흡입 측 엘보 형태 개선

(2) 토출 측 엘보 연결방향 개선

3) 정압 손실 반영

(1) 시스템 효과가 발생할 경우 풍속, 직관길이 등에 따라 정압손실 선도에서 정압손실 값을 산출할 수 있다.

(2) 이러한 시스템 효과에 의한 정압손실을 송풍기 정압 계산에 반영한다.

5 덕트 손실 계산

1. 상당지름(Equivalent Diameter)과 종횡비(Aspect Ratio)

1) 상당지름

(1) 장방향 덕트와 동일한 저항을 가진 원형덕트의 직경

→ 장방형 덕트의 단면적을 원형 덕트로 환산하는 데 이용

(2) 계산식

$$d_e = 1.3 \times \left[\frac{(ab)^5}{(a+b)^2} \right]^{1/8}$$

여기서, d_e : 상당직경, a : 장방형 덕트의 장변 길이, b : 장방형 덕트의 단변 길이

2) 종횡비

(1) 장방형 덕트의 단면에서의 장변과 단변의 비율

(2) 원칙적으로 종횡비는 4 : 1 이하로 제한함(최대 8 : 1까지 허용)

(3) 제연설비에서는 2 : 1 이하로 하되, 최대 4 : 1까지 허용

2. 종횡비를 제한하는 이유

1) 상당지름 비교

(1) 500×400 장방형 덕트의 상당직경

① 단면적 : $0.5 \times 0.4 = 0.2 \, [\text{m}^2]$

② 상당직경

500×400

$$d_e = 1.3 \times \left[\frac{(0.5 \times 0.4)^5}{(0.5+0.4)^2} \right]^{1/8} = 0.488 \, [\text{m}]$$

(2) 800×250 장방형 덕트의 상당직경

① 단면적 : $0.8 \times 0.25 = 0.2 \, [\text{m}^2]$

② 상당직경

800×250

$$d_e = 1.3 \times \left[\frac{(0.8 \times 0.25)^5}{(0.8+0.25)^2} \right]^{1/8} = 0.4696 \, [\text{m}]$$

(3) 위 2가지 덕트의 단면적 크기는 같지만, 원형 덕트로 환산하면 종횡비가 클수록 상당직경
이 작아진다.

2) 종횡비를 제한하는 이유

(1) 종횡비가 큰 장방형 덕트는 동일한 상당직경이 되게 하려면 단면적이 더 커져야 한다.

(2) 동일한 저항을 갖도록 설계하려면 종횡비가 작은 덕트에 비해 덕트 단면적이 증가하므로
덕트 재료를 줄이기 위해 종횡비를 제한하는 것이다.

(3) 만약 단면적 크기는 같지만 종횡비가 큰 덕트를 적용하면 상당지름이 커져 마찰손실이 증
가한다.

3. 덕트 면적 산정

1) 이송할 공기의 풍량이 결정된 상태에서 풍속 제한에 근거하여 필요한 덕트 면적을 산출하게 되
며, 그 면적에 따라 상당지름을 구할 수 있다.

$$V = \frac{Q}{\frac{\pi}{4} \times d_{eq}^2}$$

2) 풍속은 다음과 같이 화재안전기준에 제한하고 있다.

분류	배출풍도의 풍속(m/s)	유입 또는 급기풍도의 풍속(m/s)
거실제연설비	15 이하	20 이하
급기가압제연설비	15 이하	—

3) 실무적으로는 다음과 같은 이유로 화재안전기준보다 최대 풍속을 더 낮게 제한하게 된다.
   (1) 제연 덕트
   ① 저속 덕트는 풍속 15 [m/s] 이하 및 정압 50 [mmAq] 미만인 것으로 규정하는데, 대부
   분의 제연덕트 내의 정압은 이 기준을 초과한다.
   ② 고속 덕트의 경우는 강도 확보를 위해 원형 덕트로 적용하는 데 비해, 제연덕트는 사각
   덕트를 이용하므로 화재안전기준보다 낮은 풍속을 적용함이 바람직하다.
   (2) 권장 풍속 기준

분류	배출풍도의 풍속(m/s)	유입 또는 급기풍도의 풍속(m/s)
거실제연설비	10 이하	15 이하
급기가압제연설비	10~15 이하	—

4. 덕트 직관부 손실의 계산방법

다음과 같은 3가지 방법 중에 1가지에 의해 산출한다.

1) 덕트선도를 이용하는 방법

다음과 같은 SMACNA의 덕트선도를 이용하여 손실을 계산하며, 회색 범위가 적절한 범위이다.

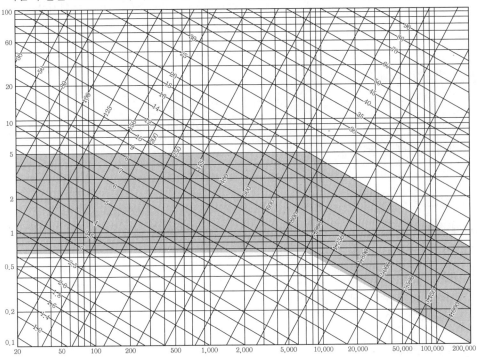

2) 덕트메져를 이용하는 방법

휴대용 측정 · 계산 기기를 이용하여 손실을 산출할 수 있다.

3) 계산식에 의해 구하는 방법

$$\Delta P(\text{mmAq}) = 0.00119 \frac{l\,V^{1.9}}{d_e^{1.22}}$$

여기서, ΔP : 마찰손실 [mmAq] l : 덕트길이 [m]
d_e : 상당직경 [m] V : 풍속 [m/s]

5. 부속류 손실의 계산방법

1) 계산식

$$\Delta p = C \times \frac{\rho\,V^2}{2}$$

여기서, C : SMACNA 손실계수

2) SMACNA 손실계수

　(1) 엘보, 댐퍼 등 부속류의 경우 SMACNA Duct Design Handbook에 따라 손실계수를 결정할 수 있다.

　(2) 엘보의 경우 그 형상에 따라 손실계수 값이 크게 달라지며, 사각덕트의 손실계수 값은 매우 크다. 따라서 사각 덕트의 경우에는 Turning Vane 또는 Split Vane을 설치하는 것이 바람직하다.

⑥ 급기댐퍼 손실 계산

1. 제조사에서 제시하는 압력곡선을 이용하여 정압손실을 구할 수 있다.
2. 댐퍼의 단면적과 풍량에 따라 정압손실을 구할 수 있는데, 풍량 값은 방연풍속을 포함한 최대 풍량을 적용해야 한다.

⑦ 정압손실 저감 대책

산출된 정압손실 값이 너무 큰 경우, 다음과 같은 개선 대책을 통해 적절한 범위로 정압손실을 줄여야 한다.

1. 설계풍량의 감소

정압손실은 풍량에 비례하므로, 누설량을 KS 규격의 방화문 기준으로 산정하여 설계풍량 자체를 줄여서 정압손실을 저감할 수 있다.

2. 흡입루버를 크게 적용

흡입 풍속이 5 [m/s] 이하가 되도록 흡입루버를 크게 적용하며, 이때 개구율에 따른 유효면적으로 고려해야 한다.

3. 시스템 효과의 저감

송풍기 흡입 및 토출 측 직관길이를 충분히 확보한다.

4. 덕트 손실 저감

　1) 종횡비가 낮은 덕트 형태를 적용한다.
　2) 장방형 엘보 사용을 지양하고, 불가피한 경우 터닝 베인 또는 스플릿 베인을 적용한다.

⑧ 제연설비 계산서에 대한 기술검토 항목

1. 풍량 산정을 위한 누설량 및 누설면적의 적정성 확인
2. 누설면적 계산의 승강기 환기구 면적의 적정성 확인
3. 보충량 계산을 위한 방연풍속 산정의 적정성 확인
4. 송풍기 풍량 결정 시 여유율을 반영하였는지 확인

5. 부속류 저항 계산 시의 SMANCA 손실계수 값의 적정성 확인
6. 시스템 효과의 반영 여부 및 그 값의 적정성 확인
7. 직관 손실 계산 시의 덕트 선도 값 선정의 적정성 확인
8. 댐퍼 및 루버 손실의 반영 여부 확인
9. 계산결과에 따른 송풍기 규격 검토 : 타입, 풍량, 정압, 소요동력 등

문제

아래 조건과 같은 특정소방대상물의 비상전원 용량산정 방법과 제연설비의 송풍기 수동 조작스위치를 송풍기별로 설치하여야 하는 이유에 대하여 설명하시오.

〈조건〉
- 5개의 특정소방대상물이 지하에 설치된 주차장으로 연결되어 있다.
- 주차장에서 하나의 특정소방대상물의 제연구역으로 들어가는 입구에는 제연용 연기감지기가 설치되어 있다.
- 제연용 연기감지기의 작동에 따라 특정소방대상물의 해당 수직풍도에 연결된 송풍기와 댐퍼가 작동한다.

---

1. 비상전원 용량산정 방법

1) 관련 기준 – NFSC 501A 제17조 제3호 사목(급기구의 댐퍼 설치기준)

사. 옥내에 설치된 화재감지기에 따라 모든 제연구역의 댐퍼가 개방되도록 할 것. 다만, 둘 이상의 특정소방대상물이 지하에 설치된 주차장으로 연결되어 있는 경우에는 주차장에서 하나의 특정소방대상물의 제연구역으로 들어가는 입구에 설치된 제연용 연기감지기의 작동에 따라 특정소방대상물의 해당 수직풍도에 연결된 모든 제연구역의 댐퍼가 개방되도록 할 것〈개정 2013.9.3.〉

2) 비상전원 용량산정

(1) 상기 기준과 문제 조건에 의해 1개의 특정소방대상물의 제연설비가 작동하는 것으로 제연설비 비상전원 용량을 산정할 수 있다.

(2) 그러나 만약 지하주차장 내의 화재로 인해 2~3개 동 입구로 연기가 확산되어 제연용 연기감지기가 작동될 위험이 있다.

(3) 그러한 경우 여러 동의 제연설비가 동시에 작동되어 정전 시 비상전원 용량 부족이 우려되므로, 지하주차장의 스프링클러설비 방호구역 범위 내에 계단실이 포함되는 특정소방대상물에서 제연설비가 동시에 작동되는 것으로 간주하여 비상전원 용량을 산정해야 한다.

2. 송풍기별로 수동조작 스위치를 설치해야 하는 이유

1) 현 R형 수신기 설치 시의 문제점

(1) 많은 현장에서 R형 수신기에 1개의 송풍기 수동조작 스위치만 설치하는 경우가 있는데, 이러한 경우 수동기동 시 전체 동의 제연설비가 동시에 작동되므로 비상전원 용량이 부족해질 수 있다.

(2) 만약 감지기 작동 지연 또는 감지기 고장 등의 이유로 수동방식으로 송풍기를 기동시킬 경우, 5개 동 전체에서 제연설비가 작동된다.

(3) 1~3개 동의 제연설비만으로 비상전원 용량을 산정하였으므로, 비상전원 용량이 부족하게 된다.

2) 대책

(1) 소방전기 도면 범례 또는 시방서에 반드시 각 동별로 제연 송풍기 수동조작스위치를 별도 설치하도록 해야 한다.

(2) 또한, 비상전원 용량 산정 시 소방기계의 스프링클러 설계 결과에 따른 동시 작동 수량을 비상발전기 설계에 반영할 수 있도록 해야 한다.

> **문제**
>
> 최근 고층 건축물이 많아지면서 내부 화재 시 연기에 대한 재해도 증가 추세이다. 소방 감리자가 건축물의 준공을 앞두고 확인해야 할 사항 중 특별피난계단의 계단실 및 부속실 제연설비의 기능과 성능을 시험하고 조정하여 균형이 이루어지도록 하는 과정에 대하여 설명하시오.

1. 제연 TAB 절차도

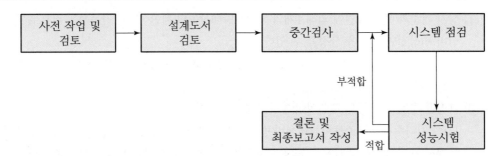

2. TAB 업무절차

1) 사전 작업 및 검토

(1) 자료 수집 : 건축도면, 설비도면, 제연 설계도서, 기기 자료 등

(2) 각 제연시스템의 계통도 작성을 통한 특이사항 파악

2) 설계도서 검토

다음과 같은 검토를 통한 문제점 도출 및 개선

(1) 도면 검토

(2) 엔지니어링 계산 수행

(3) CONTAM 시뮬레이션 수행

3) 중간검사

(1) 덕트 누설시험

(2) 제연댐퍼의 누설량 검사

(3) 방화문의 누설량 검사

4) 시스템 점검

TAB 수행 전 시스템이 정상 운전 가능한지 여부를 확인

5) 시스템 성능시험

화재안전기준에 따른 단계별 TAB(측정, 조정, 균형) 수행

(1) 출입문 : 크기, 개방방향, 틈새, 개방력에 대한 TAB

(2) 제연설비 작동 및 TAB 수행

① 차압 측정 및 조정

② 방연풍속의 측정 및 조정

③ 출입문 개방력의 측정 및 조정

④ 출입문이 개방되지 않은 층의 차압 측정 및 조정

(3) 소방기술사회 인증 TAB 전문업체에 의뢰하여 수행하며, 감리원은 이를 참관

6) 종합보고서 작성

(1) TAB 결과와 화재안전기준의 비교

(2) TAB 수행 순서, 진행과정 및 결과 등을 기술

> 문제
>
> **급기가압제연설비에서의 TAB에 대하여 설명하시오.**

1. 개요

1) TAB(Testing Adjusting Balancing)는 확인, 측정, 조정 등을 말하는 것으로, 제연설비 기능과 성능에 중요한 성능 시험이다.

2) TAB는 급기가압식 제연설비에는 필수적이라 할 수 있으며, 이는 설계도면과 현장시공이 정확하게 완성되었더라도 제연설비 등 시설물의 현장설치 및 시공 과정에서 반드시 오차가 있게 마련이므로 TAB로 보완하는 것이다.

3) 이에 대한 규정은 NFSC 501A 제25조에 명시되어 있다.

2. 화재안전기준에서의 TAB 방법

1) 시기

   (1) 설계목적에 적합한지 사전 검토할 것

   (2) 건물의 모든 부분(건축설비를 포함)을 완성하는 시점부터 시험등(확인, 측정 및 조정을 포함한다)을 수행할 것

2) 출입문 시공상태 확인

   (1) 출입문 크기와 개방방향

   ① 제연구역의 모든 출입문등의 크기와 열리는 방향이 설계 시와 동일한지 여부 확인

   ② 동일하지 아니한 경우 급기량과 보충량 등을 다시 산출하여 조정 가능 여부 또는 재설계 개수의 여부를 결정할 것

   (2) 출입문등의 틈새

   ① 출입문마다 그 바닥 사이의 틈새가 평균적으로 균일한지 여부를 확인

   ② 큰 편차가 있는 출입문등에 대하여는 그 바닥의 마감을 재시공하거나, 출입문등에 불연재료를 사용하여 틈새를 조정할 것

3) 출입문 폐쇄력 측정(제연설비 미작동)

   제연구역의 출입문 및 복도와 거실(옥내가 복도와 거실로 되어 있는 경우에 한함) 사이의 출입문마다 제연설비가 작동하고 있지 아니한 상태에서 그 폐쇄력을 측정

4) 제연설비 작동 여부 확인

   (1) 옥내의 층별로 화재감지기(수동기동장치를 포함한다)를 동작시켜 제연설비가 작동하는지 여부를 확인할 것

(2) 둘 이상의 특정소방대상물이 지하에 설치된 주차장으로 연결되어 있는 경우 주차장에서 하나의 특정소방대상물의 제연구역으로 들어가는 입구에 설치된 제연용 연기감지기의 작동에 따라 특정소방대상물의 해당 수직풍도에 연결된 모든 제연구역의 댐퍼가 개방되도록 하고 비상전원을 작동시켜 급기 및 배기용 송풍기의 성능이 정상인지 확인할 것

5) 제연설비 작동 중 시험등

(1) 방연풍속

① 부속실과 면하는 옥내 및 계단실의 출입문을 동시에 개방할 경우, 유입공기의 풍속이 제10조의 규정에 따른 방연풍속에 적합한지 여부를 확인

② 적합하지 아니한 경우에는 급기구의 개구율과 송풍기의 풍량조절댐퍼 등을 조정하여 적합하게 할 것

③ 이 경우 유입공기의 풍속은 출입문의 개방에 따른 개구부를 대칭적으로 균등 분할하는 10 이상의 지점에서 측정하는 풍속의 평균치로 할 것

(2) 차압

방연풍속 시험등의 과정에서 출입문을 개방하지 아니하는 제연구역의 실제 차압이 기준에 적합한지 여부를 출입문 등에 차압측정공을 설치하고 이를 통하여 차압측정기구로 실측하여 확인, 조정할 것

(3) 출입문 개방에 필요한 힘 측정

① 제연구역의 출입문이 모두 닫혀 있는 상태에서 제연설비를 가동시킨 후 출입문의 개방에 필요한 힘을 측정하여 규정에 따른 개방력에 적합한지 여부를 확인

② 적합하지 아니한 경우에는 급기구의 개구율 조정 및 플랩댐퍼(설치하는 경우에 한함)와 풍량조절용댐퍼 등의 조정에 따라 적합하도록 조치할 것

(4) 출입문의 닫힘 확인

① 방연풍속 시험 등의 과정에서 부속실의 개방된 출입문이 자동으로 완전히 닫히는지 여부를 확인

② 닫힌 상태를 유지할 수 있도록 조정할 것

NOTE

제연설비의 커미셔닝(Commissioning) 절차

1. 설계도서 검토
    1) 설계 목표치 검토
        (1) 발주처 설계 목표의 적정성 검토
        (2) 관련 법령에 따른 제연 시스템의 적정성 검토
    2) 설계도서 검토
        (1) 제연 System 구성의 적정성 검토
            ① 급·배기 송풍기 종류, 위치 및 설치 적정성 검토
            ② 시방서의 적정성 검토
            ③ 차압댐퍼, Actuator 및 설비 구성의 적정성 검토
            ④ 겹부속실 등의 특수 조건에 대한 적정성 검토
            ⑤ 덕트 유속에 따른 압력 분포 및 정압 적정성 검토
        (2) 수계산을 통한 기본 성능 확인
        (3) Multi-Zone 방식의 Air Flow Simulation 수행(CONTAM 활용)
        (4) 성능 및 경제성을 고려한 제연 System 개선안 수립·제안

2. 제연 시뮬레이션의 적용 조건(CONTAM)
    1) 주요 적용 대상
        (1) 연돌 효과 분석을 통한 제연성능 확인
        (2) 덕트, 송풍기, 댐퍼, 기구류의 적정성 판정 및 개선안 도출
        (3) 시스템 적정 차압(비개방층 차압) 형성 및 방연풍속 검증
    2) 적용조건 및 분석
        (1) 열관류율 등을 이용한 각 실 온도 조건 부여
        (2) 수계산을 통한 입력조건 검증 실시
        (3) 덕트기구류, 송풍기 및 건축 누설경로 조건 부여
        (4) 적정성 분석
            ① 덕트 크기·경로의 적정성 및 차압댐퍼 크기의 적정성
            ② 체절압에 의한 기구류 파손 우려 검토
            ③ 선정 송풍기 및 제어방법의 적정성
        (5) 화재안전기준 및 설계 목표치의 부합성 검토
    3) 주의사항
        (1) 건물 개구부 반영 시 다양한 조건으로 검토 필요
        (2) 적절한 덕트 Factor 입력

(3) 덕트 터미널 등은 카탈로그 등의 자료를 참고하여 환산 입력

(4) 시스템의 경향을 판단할 수 있도록 다양한 Factor로 분석하여 실패 확률을 줄여
야 한다.(최소 10가지 이상)

(5) 부적절한 Factor 사용 시 결과값을 전혀 신뢰할 수 없다.

3. 중간 검사

1) 현장도서 검토

(1) 제안도서와 Shop Drawing 비교

(2) 허용범위 이상의 현장 오차 발생 예상구역에 대한 수정안 제시

(3) Shop Drawing 적정성 여부 판단

2) 덕트 누설 시험

(1) 작업자 작업능력 파악 및 시공상태 점검을 위해 실시

(2) 입상덕트 1/3 정도 설치 시 샘플 시험하여 문제점 도출

3) 리스크 집중 관리

(1) 풍량 저하 방지를 위한 수평덕트 시공방법 제시 및 상태 관리

(2) 댐퍼 축의 미끌림, 댐퍼 날개의 휨 등의 하자요인을 방지하기 위한 댐퍼 선정 및
반입자재 점검

(3) 자동차압댐퍼의 품질을 위해 필요시 댐퍼 누기시험 실시

(4) 방화문의 설치상태 및 개방방향 관리

(5) 과압우려 시 과압제어를 위한 추가 장치 검토

4) 성능시험 전 현장 점검 실시

(1) 시험 가능 여부 판단

(2) 보완 공사 필요 부분 제시

4. 성능 시험

1) 부속실 차압 시험

(1) 전 층 제연구역과 옥내 사이의 차압 측정

(2) 제연구역과 옥내 사이는 40 [Pa] 이상의 차압을 유지할 것

2) 방화문 개방력 시험

(1) 전 층 제연구역 출입문 개방에 필요한 개방력 측정

(2) 제연구역의 출입문을 개방하는 데 필요한 힘은 110 [N] 이하

3) 방연풍속 측정

(1) 송풍기에서 가장 먼 층 방화문을 개방하고 방연풍속 측정

(2) 20층 이하는 1개소, 20층 초과는 2개소의 방화문을 개방하고 측정(32점 이상
원칙)

　　4) 비개방층 차압 측정

　　　(1) 방연풍속 구현 상태에서 방화문 미개방층의 차압 측정

　　　(2) 5개 층마다 비개방 상태의 차압 측정

　　5) 송풍기 풍량 측정

　　　(1) 방연풍속 구현 상태에서 방화문 미개방층의 차압 측정

　　　(2) 5개 층마다 비개방 상태의 차압 측정

　　6) 최종 보고서 작성

문제

소방시설의 품질 향상을 위하여 확대 적용하고자 하는 경우 TAB(Testing, Adjusting, Balancing)의 정의, 적용대상, 절차 및 내용, 기대효과에 대하여 설명하시오.

1. TAB의 정의

1) TAB(Testing Adjusting Balancing)란 도면에 의해 현장에 시공된 시설물에 대한 성능을 시험 (Test)하고, 조정(Adjusting, Balancing)하여 요구성능을 만족시키도록 하는 과정을 말한다.

2) 일반적으로 도면대로 시공하더라도 현장여건이나 주위 시설물 등과의 간섭 등으로 인해 오차 가 발생하게 되므로, TAB를 통해 이를 보완하는 것이다.

3) 소방법령에서는 급기가압제연설비에만 국한하여 TAB를 명시하고 있지만, 소방시설의 품질 향상을 위해 이를 확대적용할 필요가 있다.

2. 확대 적용대상

1) 거실 제연설비

　거실 제연설비의 경우에도 현장 여건에 따라 성능이 달라지므로, 이에 대한 TAB가 필요하다.

2) 가스계 소화설비 방호구역의 기밀도

　(1) 방호구역의 누설틈새는 현장 여건에 따라 크게 달라지므로, 방호구역의 기밀성은 설계나 시공과정에서 예측하기 어렵다.

　(2) 전역방출방식의 가스계 소화설비의 경우, 방호구역의 기밀성 유지가 소화에 큰 영향을 미 치게 되므로 이에 대한 TAB가 요구된다.

3) 경보설비

(1) 비상방송과 자탐설비의 연동 및 화재가 발생할 경우 올바른 비상방송이 송출되는지 확인

(2) 소방대상물의 밀폐, 격리된 지역에서도 충분한 음량의 경보가 되는지 확인

3. 거실제연설비

1) 절차 및 내용

(1) 제연구역별 화재감지기 작동

(2) 이에 따른 송풍기 및 제어댐퍼의 연동 확인

(3) 제연스크린의 작동 여부 확인

(4) 제연덕트 내 공기 유속을 측정을 통한 적합성 확인

(5) 급기 및 배출량의 적절성 확인

(6) 시험결과 분석에 따른 조치 후 재시험

2) 기대효과

(1) 거실제연설비의 제연구역별 연동성능 확보

(2) 거실제연설비의 작동신뢰성 향상

4. 가스계 소화설비의 Room Integrity Test

1) 절차 및 내용

(1) Door Fan을 설치하여 감가압을 통해 방호구역의 Retention Time 유지 여부를 확인

(2) Retention Time을 유지할 수 없는 경우, 방호구역 내 일부 개구부를 폐쇄 조치

(3) Door Fan Test와 개구부 폐쇄를 반복하면서 Retention Time을 유지할 수 있도록 조치함

2) 기대효과

(1) Pressure Vent를 포함한 개구부를 통한 가스약제 누설을 최소화

(2) Retention Time을 유지할 수 있도록 하여 가스계 소화설비의 소화신뢰성 확보

5. 경보설비

1) 절차 및 내용

(1) 각 층별 화재감지기 작동 등에 의해 경보설비의 작동 여부 확인

(2) 비상방송의 방송내용 적합성 확인

(3) 소방대상물의 각 부분에서 90 [dBA] 이상의 음량이 확보되는지 측정

(4) 시험결과에 대한 조정 및 재시험

2) 기대효과

    (1) 화재 시 경보설비의 정상적인 작동 확인 가능

    (2) 충분한 음량 확보로 거주인의 조기피난 가능

문제

특별피난계단의 급기가압제연방식에 있어서 부속실의 방연풍속 측정방법에 대하여 다음을 설명하시오.

1) 측정 전 조치사항
2) 방연풍속의 측정방법(예시도 포함)
3) 판정방법
4) 방연풍속의 부족원인

---

1. 측정 전 조치사항

1) 방연풍속 측정점의 결정

    (1) 화재안전기준에서는 개구부를 대칭적으로 균등 분할하는 10 이상의 지점에서 측정하도록 요구한다.

    (2) 실무적으로는 방연풍속 분포의 정확한 확인을 위해 최소 32지점(4×8)에서의 측정을 권장한다.

    (3) 따라서 측정지점을 쉽게 확인할 수 있는 프레임을 미리 제작한다.

2) 열선풍속계의 검교정 확인

    TAB에 사용되는 계측기기의 성능에 문제가 없는지 확인해야 한다.

2. 방연풍속의 측정방법

1) 송풍기에서 가장 먼 제연구역의 출입문 개방

    (20개 층 미만 : 1개 층 개방, 20개 층 이상 : 2개 층 개방)

2) 연막발생기 등을 이용하여 방연풍속에 의해 기류가 제연구역 밖으로 배출되는지 확인한다.

3) 방연풍속 측정

    (1) 세분화된 측정지점에서 방연풍속을 측정한다.

    (2) 다음 그림은 10지점 및 32지점 측정 위치의 예시도이다.

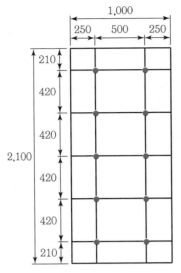
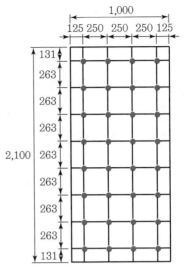

(3) 제연구역으로 유입되는 기류의 경우 : 그 속도를 (−)로 계산함

(4) 제연구역에서 배출되는 기류의 경우 : 그 속도를 (+)로 계산함

3. 판정방법

1) 각 측정지점에서의 평균 방연풍속을 계산한다.

2) 화재안전기준의 요구기준과 비교하여 적합 여부를 판정한다.

제연구역		방연풍속
계단실 및 부속실 동시제연 / 계단실 단독제연		0.5 [m/s] 이상
부속실/비상용승강기의 승강장 단독제연	면하는 옥내가 거실	0.7 [m/s] 이상
	면하는 옥내가 복도로서 방화구조 (내화시간 30분 이상을 포함)인 것	0.5 [m/s] 이상

4. 방연풍속의 부족원인

1) 보충량 미반영

(1) 화재안전기준에 따라 거실유입풍량을 고려하면 보충량이 (−)로 계산되어 보충량이 반영되지 않는다.

(2) 이러한 거실유입풍량이 실제 현장에서 발생하는 경우는 거의 없으므로, 이를 설계에 반영하지 않는 것이 바람직하다.

→ 화재안전기준 개정에 따라 보충량 계산식 삭제되었음

2) 급기댐퍼 날개의 개방방향

　(1) 급기댐퍼 개방 시에 제연구역의 바닥 측을 향해 급기될 경우 방연풍속이 제대로 나오지 못하는 경우가 많다.

　(2) 따라서 급기가 천장 측을 향하도록 급기댐퍼의 날개 개방방향을 설계해야 한다.

3) 급기댐퍼의 설치위치

　(1) 급기댐퍼가 출입문 개방되는 위치 근처에 설치되어 출입문에 가려져서 제대로 방연풍속이 나오지 않는 경우도 있다.

　(2) 따라서 급기댐퍼는 가급적 출입문과 충분히 이격된 위치에 설치해야 한다.

문제

소방 준공검사를 위한 특별피난계단의 계단실 및 부속실 제연설비의 송풍기 풍량 측정방법에 대하여 설명하시오. (단, 측정위치를 포함하여 도표로 표기)

---

1. 일반사항

1) 풍량측정점

　(1) 풍량측정점은 덕트 내의 풍속, 시공상태, 현장 여건 등을 고려하여 송풍기의 흡입 측 또는 토출 측 덕트에서 정상류가 형성되는 위치로 선정한다.

　(2) 일반적으로 엘보 등 방향전환 지점 기준 하류 쪽은 덕트직경(장방형 덕트의 경우 상당지름)의 7.5배 이상, 상류 쪽은 2.5배 이상 지점에서 측정하여야 하며, 직관길이가 이에 미달하는 경우 최적위치에서 측정하고 측정기록지에 그 위치를 기록한다.

2) 피토관 측정 시 풍속 계산

$$V = 1.29\sqrt{P_v}$$

　　여기서, V : 풍속 [m/s], P_v : 동압 [Pa]

3) 풍량 계산

　풍량 계산은 아래 공식으로 계산한다.

$$Q = 3,600\,VA$$

　　여기서, Q : 풍량 [m³/h], V : 평균풍속 [m/s], A : 덕트의 단면적 [m²]

2. 측정 위치

측정자가 쉽게 접근할 수 있고 안전하게 측정할 수 있도록 조치하여야 한다.

송풍기 풍량 측정 기록지										
제연구역 및 송풍기 : 회 측정의 평균풍속 : m/s										
풍량(m³/h)=속도(m/s)×단면적(m²)×3,600 : m³/h 풍도크기 :										
세로＼가로	1	2	3	4	5	6	7	8	9	10
1										
2										
3										
4										
5										
6										
7										
8										
9										
10										

3. 측정 지점 : 동일면적 분할법

원형덕트 또는 송풍기 흡입구 피토관 이송 측정점 (동일면적 분할법)	장방형 덕트 피토관 이송 측정점 (동일면적 분할법)

원형덕트 또는 송풍기 흡입구 피토관 이송 측정점 (동일면적 분할법)

직경

1 2 3 4 5

5 4 3 2 1

- 300 [mm] 이상인 경우 총 20개 지점 측정
- 측정점 위치

측정점1	측정점2	측정점3	측정점4	측정점5
0.0257D	0.0817D	0.1465D	0.2262D	0.3419D

주) D : 원형 덕트의 직경

장방형 덕트 피토관 이송 측정점 (동일면적 분할법)

L

$a/2$ a a a $a/2$

$b/2$ b H b b $b/2$

- 최소 16점이며 64점 이상을 넘지 않도록 한다.
- 64점 이하 측정시 a, b의 간격은 150 [mm] 이하일 것
- $L=1,100$일 경우

  $1,100/150=7.33$, 측정점은 8개소

  $a=1,100/8=137.5$ [mm]

문제

제연설비 성능평가 시험방법인 Hot Smoke Test에 대해 기술하시오.

1. 개요

1) 화재로 발생되는 연기는 독성, 부식성 가스 및 검댕을 포함하고 있기 때문에 실제 연기로 제연
설비 성능평가를 수행하는 데에는 많은 어려움과 비용이 발생하게 된다.

2) 이러한 연기에 의한 실험의 문제점 없이 고온인 연기의 특성을 분석하기 위해 이용되는 시험방
법이 Hot Smoke Test이다.

2. 시험의 요구조건

1) 연기 발생용 가스

(1) 이미 Plume 특성이 연구되어 있는 부양성 가스를 이용한다.

(2) 해당 시험용 가스는 실제 화재의 연기와 유동 특성이 유사한 것을 사용함이 바람직하다.

(3) 일반적으로 프로판가스가 이용된다.

2) Tracer

(1) 시각적으로 Hot Smoke를 쉽게 식별할 수 있도록 눈에 보이는 에어로졸(Tracer Smoke)을
투명한 부양성 Plume에 첨가한다.

(2) Tracer는 액체 증발로 발생되는 미세한 액체 에어로졸이다.

3) 시험장치

(1) 비상차단장치로 열방출률을 조절할 수 있을 것

(2) 고온가스의 최고온도는 벽 마감재나 내부시설물 등이 손상을 입지 않는 범위여야 하며, 스
프링클러 작동온도보다 낮아야 함

(3) 가스와 Tracer는 유해하지 않고, 잔류물이 남거나 부식을 발생시키지 않을 것

(4) 시험장치는 쉽게 설치할 수 있고, 조작이 쉬울 것

4) 연기층의 경계면 결정에 따라 시험결과가 매우 상이하게 나타나므로, 경계면 측정은 객관적인
기준을 적용해야 한다.

5) 동일한 열방출률에서 실제 화재에 비해 시험장치는 Plume의 유동률이 더 높고, 온도는 더 낮
게 된다.

3. Hot Smoke Test의 활용

1) Ceiling Jet Flow의 온도분포

    (1) 화재플룸은 고온에 의한 부력으로 상승하다가 천장에 부딪혀 천장면을 따라 유동하는 Ceiling Jet Flow를 형성하게 된다.

    (2) 이러한 Ceiling Jet Flow는 감지기, 스프링클러 및 제연설비의 작동에 큰 영향을 미치게 된다.

    (3) Hot Smoke Test를 통해 이러한 Ceiling Jet Flow의 온도분포를 추정할 수 있다.

2) 연기충만과정 및 누출시간 조사

    (1) 천장 부근에 고온연기층이 축적되면 시간에 따라 개구부 상단까지 하강하고 개구부 상단을 통해 외부로 확산된다.

    (2) Hot Smoke Test는 이러한 고온 연기층의 두께, 외부로의 누출시간을 측정하는 데 이용할 수 있다.

4. 결론

1) Hot Smoke Test는 제연시스템이 설계대로 운영되는지 확인하는 시험으로써, 컨벤션홀, 전시장 등 다양한 건물의 제연설비 성능평가방법으로 활용될 수 있다.

2) 또한, 이 시험을 통해 감지기, 스프링클러 등의 작동시간 예측과 이에 따른 적절한 배치 등을 가능하게 하여 성능위주설계를 하는 데 도움을 줄 수 있다.

> **문제**
>
> 제연설비의 성능평가 방법 중 Hot Smoke Test의 목적 및 절차, 방법에 대하여 설명하시오.

1. 개요

1) 화재로 발생되는 연기는 독성, 부식성 및 검댕을 포함하고 있기 때문에 실제 연기를 이용하여 제연설비 성능평가를 수행하는 데에는 많은 어려움(건물 손상이나 독성가스 중독 등)과 비용이 발생하게 된다.

2) 이러한 연기에 의한 실험의 문제점 없이 고온인 연기의 특성을 분석하기 위해 이용되는 시험방법이 Hot Smoke Test이다.

2. Hot Smoke Test의 목적

1) Hot Smoke 발생장치를 이용하여 화재 시의 열, 연기 축적 환경을 조성하여 시험영역 내에 설치된 감지기의 작동시간 측정
2) 시험영역의 제연설비 작동 여부를 확인하고, 해당 건축물에 시공된 제연설비의 성능 확인 및 신뢰성 확보

3. Hot Smoke Test의 절차

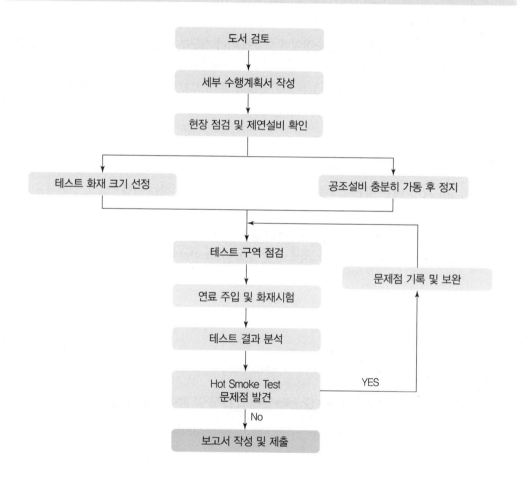

4. Hot Smoke Test의 방법

1) 수행 시점

(1) 완공 전의 신축 건축물의 제연설비 및 공조설비 설치 및 검사 완료된 시점에 수행
(2) 완공 후 제연설비가 작동될 환경과 유사한 조건에서 Hot Smoke Test를 하는 것이 바람직

2) 시험의 최소기준

(1) 제연설비가 설계 요구사항에 따라 작동되어야 함

(2) 제연설비의 성능은 미시공 또는 결점에 많은 영향을 받지 않아야 함

(3) 제연설비의 모든 구성요소에서 고장 흔적이 없을 것

3) 시험 전 준비

(1) Hot Smoke Test 전에 건축물의 공조설비는 설계조건에서 최소 4시간 이상 작동

(2) 제연설비와 각 소방시설 간의 연동시험 완료

(3) 방화구획 및 제연구역에 대한 건축 마감공사 완료

4) 시험용 화재의 크기

(1) 시험용 화재의 크기는 천장 최대온도가 과도하게 상승하지 않을 규모일 것(천장온도가 헤드 및 감지기의 작동온도 또는 천장마감재가 변형되는 온도보다 최소 10 [℃] 이상 낮아야 함)

(2) 주차장 대공간의 경우 60 [℃] 이하로 선정

5) 시험 장소

(1) 시험용 화재의 위치는 수직벽체 또는 장애물 등 건축물 구성요소가 Plume의 이동을 주지 않는 부분이어야 한다.

(2) 시험장소는 현장 조건에 따라 선정한다.

> **문제**
>
> 연기제어를 위한 급배기 덕트 설계 시 외기온도나 바람 등의 영향을 고려하여야 한다. 이때 기류를 평가하는 CONTAM Program을 수행절차 중심으로 설명하시오.

---

1. CONTAM 프로그램 개요

1) CONTAM 프로그램

(1) 옥내의 공기품질 분석에 적용하기 위해 개발되었으나, 급기가압 제연설비 분석을 위해 가장 많이 사용되는 컴퓨터 소프트웨어이다.

(2) 건물 내의 공기유동을 분석할 수 있고, 구획부의 유동을 시뮬레이션할 수 있다.

(3) NIST에서 무료로 다운로드하여 사용 가능하며, 정교한 그래픽 인터페이스를 가지고 있어서 데이터 입력이 쉽다.

2) CONTAM 프로그램의 적용 목적

    (1) 어떤 건물 내에 적용되는 제연설비가 설계 의도와 같이 작동하고, 균형을 맞출 능력이 있는지를 미리 판단하기 위해 사용된다.

    (2) 급·배기 팬, 배기구 등의 시스템 구성요소의 크기를 결정하는 데 참고할 만한 정보를 제공할 수 있다.

3) 적용대상

    (1) 고층건축물 : 연돌효과 분석을 통해 제연설비의 성능을 확인

    (2) 제연성능 미비한 현장 : 덕트, 송풍기, 댐퍼 및 기구류의 적정성 판정 및 개선대책 도출

    (3) 설계 검증 : 시스템 적정 차압 및 방연풍속 검증

2. CONTAM 프로그램에 의한 시뮬레이션 수행절차

1) 설계도서 검토

    (1) 제연설비의 설계도면 검토

    (2) 건축도면의 출입문 크기, 방향 등 검토

2) 열관류율 등을 이용한 각 실의 온도조건 부여

3) 수계산을 통한 입력조건(설계 결과값) 검증
    엔지니어링 계산법을 이용한 정압손실 계산

4) 덕트류, 송풍기 및 건축물 누설경로조건 입력

5) 적정성 분석

    (1) 덕트 크기 및 경로의 적정성 분석

    (2) 차압댐퍼 크기의 적정성

    (3) 체절압에 따른 기구류의 파손 우려 검토

    (4) 선정된 송풍기 및 풍량제어방식의 적정성

    (5) 화재안전기준 및 설계 목표치에 대한 충족 여부 검토

3. CONTAM 수행 시의 주의사항

1) 건물의 개구부 반영 시 다양한 조건으로 검토해야 한다.

2) 적절한 덕트 Factor 입력

3) 덕트 터미널 등은 카탈로그 등의 자료를 이용하여 환산값 입력

4) 시스템의 경향을 판단할 수 있도록 다양한 Factor로 분석하여 실패 확률을 줄여야 한다.(최소 10가지 이상)

5) 부적절한 Factor를 적용할 경우, 결과값을 신뢰할 수 없음에 주의해야 한다.

4. 결론

1) CONTAM 프로그램은 제연설비의 적정성을 예측할 수 있는 프로그램으로 실무에서 널리 사용 중이다.

2) 다른 프로그램들과 마찬가지로 CONTAM도 적절한 입력과 다양한 Factor 분석이 이루어져야 그 결과를 신뢰할 수 있다.

문제

연기유동에 대한 Network 모델의 유형에 대하여 설명하시오.

---

1. 일반적인 연기이동 모델링의 종류

1) 존 모델

연기층과 공기층으로 구분하며, 화재실 내에 1개 이상의 제어량을 분석한다.

2) 필드 모델

화재실을 수많은 격자(Field)로 분할하며, 무수히 많은 제어량을 분석한다.

3) 네트워크 모델

(1) 화재실마다 1개의 제어량을 이용한다.

(2) 많은 실을 연결하여 화재실로부터 멀리 떨어진 공간의 상태를 예측할 수 있다.

(3) 연기유동에 대한 Network 모델로 CONTAM이 주로 사용된다.

(4) 고층건축물의 연기유동 해석에 적합하다.

　　(존 모델과 필드 모델은 아트리움, 쇼핑몰 등 대형공간의 연기해석에 이용)

2. 네트워크 모델의 유형

1) 특징

(1) 건물을 여러 개의 구획(Node, 실)과 수직공간(계단실, 기타 샤프트)으로 나누고 각 Node 는 균일한 압력과 온도를 가진 것으로 가정한다.

(2) 각 Node는 누설경로(틈새)와 수직 샤프트를 통해 연결된다.(네트워크)

(3) 각 Node 사이의 압력차로 누설경로를 통해 연기가 흐르며, 이는 압력차의 함수이다.

(4) 화재는 시간에 따른 함수로서 온도와 연기의 이동특성이 표현된다.

2) 네트워크 모델의 실례

(1) BRI 모델(일본) 및 BRE 모델(영국)

① 구획된 건물에서의 연기이동에 대한 정상상태 모델과 전이모델

② 정상상태 모델

- Full-Scale 화재시험으로 검증한 모델
- 정상상태에서 공기흐름과 압력을 예측
- 연기농도는 시간의 함수로 예측
- 화재실의 온도, 연기밀도가 결과값으로 도출

③ 전이 모델

- 정상상태 모델에 동적 효과가 부가된 것
- 건물 내 모든 Node에 대하여 시간에 따른 공기 유동, 압력, 연기농도 및 온도를 예측
- 연기농도 및 온도 예측을 위해 편미분 방정식을 사용

(2) NIST 모델(미국)

① 가장 많이 사용하는 CONTAM이 이에 해당된다.

② 제연 시뮬레이션 프로그램 중 유일하게 FDS(전산 유체동역학) 모델과 함께 사용 가능

③ 제연설비의 가압 및 배기 분석이 가능(제연설비 분석에 활용)

④ 구획 간의 연기유동을 예측할 수 있으므로, 거주가능조건을 계산할 수 있다.

(3) NRCC의 IRC 모델

① 정상상태의 공기 유동과 압력을 예측

② 연기농도는 시간의 함수로 예측

③ 개방된 공간을 가진 건물에서 계단실과 승강장에 인접한 전실에 주로 적용

(4) TNO 모델(네덜란드)

① 연기이동에 대한 동역학 모델

② 전이공기의 흐름, 압력, 온도 및 연기농도 예측

③ 온도변화에 따른 유동방정식의 유동계수를 연속적으로 변화시켜 화재성장에 의한 유동량 변화를 반영한다.

3) 네트워크 모델의 동향

(1) NRCC의 공기유동 프로그램 개발(1973년)

(2) ASCOS (1982년) : 1980~90년대 제연설계용으로 사용

(3) AIRNET : 1990년 왓슨에 의해 개발

ASHRAE의 조사 결과 제연 분석에 적절한 알고리즘을 가지고 있는 것으로 판명

(4) CONTAM 개발

① AIRNET 알고리즘의 업그레이드 버전으로 개발

② 정교한 그래픽으로 데이터 입력이 용이하다.

대규모 건축물의 지하주차장 화재 시 공간특성 및 환기설비를 이용한 연기제어 방안과
연기특성을 고려한 성능평가 시험에 대하여 설명하시오.

1. 지하주차장 공간특성

1) 밀폐공간

(1) 열축적이 용이하여 연쇄 차량화재로 확산위험이 높다.

(2) 방화구획 완화로 대형화재의 발생 위험이 크다.

(3) 제연설비 제외로 화재 시 다량의 열, 연기가 체류할 위험이 높다.

2) 차량화재

(1) 차량 화재 발생으로 인한 고강도화재가 발생된다.

(2) 전기차 충전장치 설치로 인해 화재위험이 높다.

3) 불완전한 소방시설

(1) 준비작동식 스프링클러의 낮은 작동 신뢰성

(2) 차동식 열감지기의 감지 지연

2. 환기설비를 이용한 연기제어 방안

성능위주설계 심의 등에서 매연 배출을 위한 환기설비를 화재 시에 제연모드로 사용하는 방안이
제시되고 있다.

1) 급, 배기팬의 위치 및 용량

(1) 원활한 연기배출을 위해 급, 배기팬의 위치를 상호 반대방향에 배치해야 한다.

(2) 일반적으로 시간당 6회의 배출용량으로 적용하고 있다.
(NFPA 88A : 1 [m³] 당 300 [lpm] 이상의 용량)

2) 유인팬의 사용 제한

(1) 간혹 급, 배기팬을 반대방향에 위치시키지 않고 유인팬을 적용하는 경우가 있다.

(2) 유인팬은 연기층을 교란시켜 오히려 연기확산을 유발하므로 이러한 방식은 적용하지 않아
야 한다.

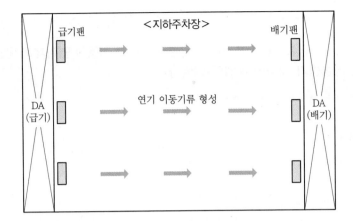

3) 대규모 공간인 경우 중간 배출시설 적용

대규모 주차장인 경우 연기 기류가 배기팬 위치까지 유지되기 어려우므로, 다음과 같이 중간 배출구의 설치가 바람직하다.

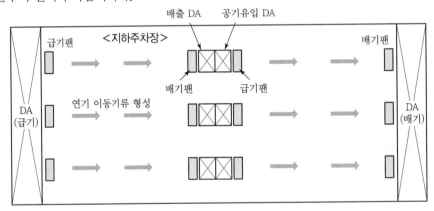

3. 연기특성을 고려한 성능평가시험

1) 실제 연기는 독성, 부식성, 검댕을 포함하고 있어 건물 손상이나 독성가스에 의한 인명피해 우려가 있으므로 Hot Smoke Test로 성능평가를 수행해야 한다.

2) 성능평가시험

   (1) 시험 전 환기설비의 정상가동 유지

   (2) 시험용 Hot Smoke를 발생시켜 감지기 작동

   (3) 자동화재탐지설비와 환기설비의 연동으로 환기설비가 제연모드로 작동되는지 확인

   (4) 시간에 따른 연기의 유동상황을 분석

Zoned Smoke Control(구역제연, 일명 샌드위치 가압방식)

1. 구역(Zone)의 구분

  1) Smoke Zone(연기 체류 구역)

    (1) 화재가 발생한 구역(구역 : 보통 하나의 층이며, 경우에 따라 층의 일부분)

    (2) 보통 1개 층으로 설정하며, 3개 층(화재층 및 직상 · 직하층)으로 설정할 수도 있다.

    (3) Smoke Zone의 제연 방법

      다음 4가지 방법 중 1가지를 적용하며, ③과 ④의 방법은 잘 적용하지 않는다.

      ① 기계식 배연

      ② 수동식 방연(제연경계 등)

      ③ 벽 배출구

      ④ 연기 배출용 샤프트

  2) Surrounding Zone(인접 구역)

    (1) Smoke Zone의 위, 아래 층 부분으로 여러 개 층으로 설정할 수도 있다.

    (2) Surrounding Zone의 제연방법

      ① 기계식 배연

      ② 수동식 방연(제연경계 등)

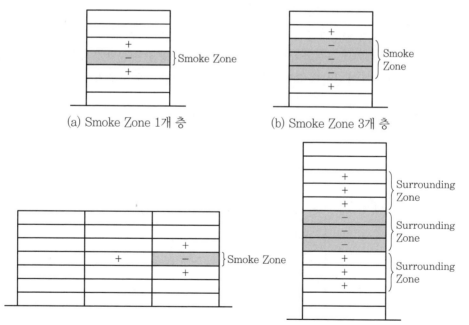

(a) Smoke Zone 1개 층   (b) Smoke Zone 3개 층

(a) Smoke Zone 층의 일부   (d) Smoke Zone과 Surrounding Zone이 각각 3개 층

∥ 제연 구역의 배치 ∥

2. 계단실 급기가압 제연설비의 영향

  1) "급기＋배기" 방식의 Zoned Smoke Control

   (1) Smoke Zone : 배기하므로, 계단실과의 차압 증가

   (2) Surrounding Zone : 급기하므로, 계단실과의 차압 감소

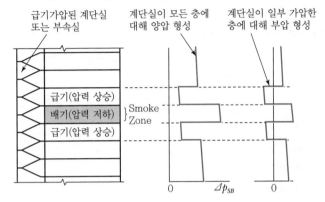

   (3) 그림과 같이 계단실 차압 기준이 높지 않은 경우 Surrounding Zone(주변 구역)에 대해 부압이 형성될 수 있다.

  2) 계단실로의 연기유입 우려

   (1) 실제 화재 시에 다음과 같은 원인 등으로 화재층을 잘못 인식할 수 있다.

    ① 직상층으로 연기 유입

    ② 화재층 감지기 고장

    ③ 감지기 주소설정 오류 등에 따라 잘못 확인된 작동 감지기의 위치

   (2) 급기＋배기로 구성한 구역제연 방식의 경우 위와 같은 문제가 발생한다면 화재층의 연기가 계단실로 유입될 위험이 있다. 그러한 경우 고층건물에서는 피난에 큰 문제를 발생시키게 된다.

  3) 대책

   다음과 같이 3개 층을 Smoke Zone으로 구성하고, 인접구역(Surrounding Zone)은 수동식 방연을 적용한다면 전 층에 대해 계단실은 양압을 유지할 수 있다.

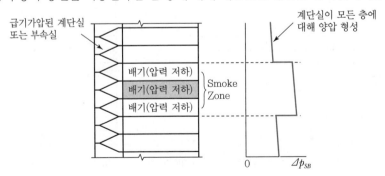

건축법상의 거실 배연설비의 설치대상과 설치기준에 대하여 설명하시오.

1. 개요

건축법에서 규정하는 거실 배연설비는 열, 연기 감지기에 의해 자동으로 개방 및 수동으로도 개방할 수 있는 구조의 자연배기방식의 배연창이나 기계식 배연설비를 말한다.

2. 설치대상

1) 6층 이상의 건축물로서 다음 용도인 것
   (1) 공연장, 종교집회장, PC방으로서 해당 용도 바닥면적의 합계가 300 [m²] 이상
   (2) 다중생활시설
   (3) 문화 및 집회시설, 종교시설, 판매시설, 운수시설, 의료시설
   (4) 연구소, 아동관련시설, 노인복지시설, 유스호스텔
   (5) 운동시설, 업무시설, 숙박시설, 위락시설, 관광휴게시설, 장례시설

2) 다음 용도로 쓰는 건축물
   (1) 요양병원 및 정신병원
   (2) 노인요양시설, 장애인 거주시설 및 장애인 의료재활시설
   (3) 산후조리원

3) 설치위치
   피난층을 제외한 위 해당 용도의 거실에 설치한다.

3. 설치기준

1) 배연창의 위치
   (1) 건축물에 방화구획이 설치된 경우
      ① 그 구획마다 1개소 이상의 배연창을 설치하되, 배연창의 상변과 천장 또는 반자로부터 수직거리가 0.9 [m] 이내일 것
      ② 다만, 반자높이가 3 [m] 이상인 경우 배연창의 하변이 바닥으로부터 2.1 [m] 이상의 위치에 놓이도록 설치할 것

2) 배연창의 유효면적
   (1) 배연창 면적이 1 [m²] 이상으로서 그 면적의 합계가 당해 건축물의 바닥면적의 1/100 이상일 것(방화구획이 설치된 경우, 구획부분의 바닥면적을 말함)

　(2) 바닥면적 산정 시에는 거실 바닥면적의 1/20 이상으로서 환기창을 설치한 거실면적은 제
　　외함

3) 배연구의 구조

　(1) 배연구는 연기 또는 열감지기에 의해 자동적으로 열 수 있는 구조로 하되, 손으로도 열고
　　닫을 수 있도록 할 것

　(2) 배연구는 예비전원에 의하여 열 수 있도록 할 것

4) 기계식 배연설비를 설치할 경우에는 소방관계법령의 규정에 적합하도록 할 것

4. 배연창의 유효면적 산정기준

1) 미서기창

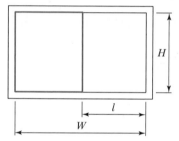

유효면적 $= H \times l$

- l : 미서기창의 유효폭
- H : 창의 유효높이
- W : 창문의 폭

2) Pivot 종축창

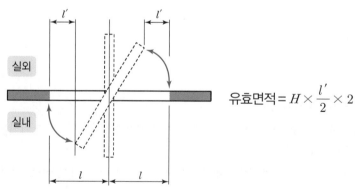

유효면적 $= H \times \dfrac{l'}{2} \times 2$

- H : 창의 유효높이
- l : 90° 회전 시 창호와 직각방향으로 개방된 수평거리
- l' : 90° 미만 0° 초과 시 창호와 직각방향으로 개방된 수평거리

3) Pivot 횡축창

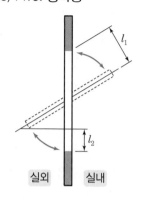

유효면적 $= (w \times l_1) + (w \times l_2)$

- W : 창의 폭
- l_1 : 실내 측으로 열린 상부창호의 길이 방향으로 평행하게 개방된 순거리
- l_2 : 실외 측으로 열린 하부창호로서 창틀과 평행하게 개방된 순수수평투영거리

4) 들창

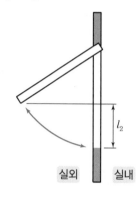

유효면적 $= w \times l_2$

- W : 창의 폭
- l_2 : 창틀과 평행하게 개방된 순수 수평투영 면적

5) 미들창

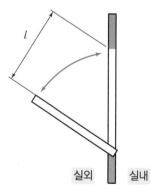
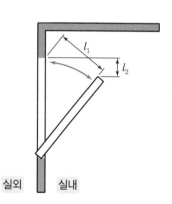

(1) 창이 실외 측으로 열리는 경우 : $W \times l$

(2) 창이 실내 측으로 열리는 경우 : $W \times l_1$

    (단, 창이 천장(반자)에 근접하는 경우 : $W \times l_2$)

- W : 창의 폭
- l : 실외 측으로 열린 상부창호의 길이방향으로 평행하게 개방된 순거리
- l_1 : 실내 측으로 열린 상호창호의 길이방향으로 개방된 순거리
- l_2 : 창틀과 평행하게 개방된 순수 수평투영 면적

※ 창이 천장(또는 반자)에 근접된 경우 창의 상단에서 천장면까지의 거리 $\leq l_1$

5. 결론

1) 건축법상의 배연설비는 화재 시 발생되는 열, 연기를 외부로 배출시키는 역할을 하는 방화설비 이지만, 고온의 열기류 배출로 인한 상층으로의 연소확대 등의 문제점을 내포하고 있다.
2) 따라서 가급적 소방법상의 거실 제연설비를 설치하여 연기를 제어하는 방식이 바람직하다.

비상용승강기의 승강장에 설치하는 배연설비의 구조에 대해 설명하시오.

1. 비상용승강기 승강장의 배연설비 구조

1) 배연구 및 배연풍도

(1) 불연재료로 할 것

(2) 화재 시 원활하게 배연시킬 수 있는 규모일 것

(3) 외기 또는 평상시에 사용하지 않는 굴뚝에 연결할 것

2) 배연구의 수동개방장치 및 자동개방장치

(1) 자동개방장치 : 열 또는 연기감지기에 의한 것

(2) 수동개방장치 : 손으로도 열고 닫을 수 있도록 설치할 것

3) 배연구 설치기준

(1) 평상시 닫힌 상태 유지

(2) 개방 시 배연에 의한 기류로 인해 닫히지 않도록 할 것

4) 배연기 설치기준

(1) 배연구가 외기에 접하지 않은 경우 : 배연기를 설치할 것

(2) 배연구 개방에 의해 자동적으로 작동하고, 충분한 공기배출 또는 가압능력이 있을 것

(3) 배연기에는 예비전원을 설치

5) 공기유입방식 : 급기가압방식 또는 급·배기방식인 경우

소방관계법령의 규정에 적합하도록 할 것

2. 개선이 필요한 사항

1) 건축법에서는 배연방식, 소방법에서는 차연방식의 제연설비로 규정하고 있다.

2) 건축법상의 배연설비는 소방법에 관련 규정을 위임하도록 개선해야 한다.

PART 06

FIRE PROTECTION PROFESSIONAL ENGINEER

소방전기설비

CHAPTER 17 | 화재경보설비

▣ 단원 개요

화재경보설비(자동화재탐지설비)의 구성요소인 수신기, 감지기, 발신기, 중계기, 경보장치 및 배선 등에 대한 종류, 특징, 설계 방법 등에 대해 다루고 있다.

▣ 단원 구성

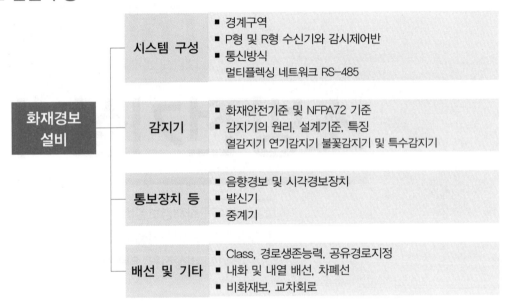

▣ 단원 학습방법

화재안전기준 외에 시스템 구성과 관련한 화재경보설비의 통신방법(멀티플렉싱 및 차폐선), 네트워크 구성 및 무선식 시스템의 개발 동향 등을 학습해야 한다. 배선과 관련한 Class, Pathway Survivability 등의 NFPA 72에서의 개념과 내화·내열배선이나 차폐선 시공 방법과 같은 실무적 내용들도 중요하다.

열감지기는 주로 제벡효과, 라만 역산란광, 서미스터 등 감지원리와 관련한 내용들이 많이 출제되고 있으며, 연기감지기는 전체적으로 고르게 출제된다. 불꽃감지기는 감지기 중 출제비율이 가장 높으며, 감지원리, 설계고려사항, 특징 등 전체적으로 충실한 준비가 필요하다. 최근에는 실무적 관점에서 감지기별 유지·관리 시 고려사항을 묻는 유형도 출제되었으므로 제조사 시방서 등을 통해 이에 대비해야 한다.

경보장치, 발신기, 감지기의 설치기준에 대하여 국내와 NFPA 72 기준을 비교하는 문제들도 자주 출제되고 있으므로, 이에 대해 비교표 형태 등으로 만들어 학습하는 것이 효율적이다.

CHAPTER 17 화재경보설비

전기 기본 용어

1. 전류(Current)

- 임의로 양전하가 움직이는 방향으로 정해진 전하의 움직임
- 전자가 (−)에서 (+)로 흐르는 것이 실체이지만, 전류는 (+)에서 (−)로 흐른다고 정한 약속을 사용

2. 전하(Charge)

- 전자의 축적 또는 결핍
- 1 쿨롱의 전기가 1초간에 어떠한 단면을 통과했을 때 전류를 1 암페어라 하는데, 여기에서 1 쿨롱의 전기를 전하라고 한다.
- 관계 : 전류＝전하/시간 $(I = Q/t)$

3. 교류(Alternating current, AC)

- 크기와 방향이 시간에 따라 변하는 전류
- 교류 기전력(크기와 방향이 시간에 따라 변하는 전압), 교류저항(도체의 효율, 고유저항으로 표면효과와 방사손실요소를 포함) 등

4. 직류(Direct current, DC)

- 교차되지 않는 단방향 전류
- 시간에 따라 방향과 크기가 모두 변하지 않는 전류

5. 전위(Electric potential)

- 단위 전하를 다른 지점으로 움직이는 데 필요한 일의 양
- 전기적인 Level로서, 고전위와 저전위의 차이를 전위차라고 한다.

화재
경보
설비

6. 전압

전위차를 전압(V)이라고도 하며, 전위차가 크면 전류가 커진다.

7. 기전력

- 도체에서 전하를 움직이게 하는 힘(일반적으로 전압)
- 전류를 흐르게 하는 원동력(단위 : [V])

8. 역기전력

회로 자체에서 전류의 변화에 따라 전기회로에 발생하는 기전력

9. 저항(Resistance)

- 저항은 전류가 흐르기 어려운 정도를 나타내는 값(저항은 도체의 길이에 비례하고 단면적에 반비례한다.)
- 저항은 온도에 따라 변하는데, 일반적으로 금속의 경우 온도가 상승하면 저항이 증가한다.

10. 저항(Resistor)

- 회로에 전기저항을 만드는 장치
- 저항기도 저항값도 모두 저항이라고 부른다.

11. 옴의 법칙

$$I = \frac{V}{R}$$ (I : 전류 V : 전압 R : 저항)

12. 저항률

- 자유전자가 흐르기 어려움을 나타내는 것으로 온도에 따라 변한다.
- 계산식

$$R = \rho \times \frac{L}{A}$$ (R : 저항 ρ : 저항률 L : 도체의 길이 A : 도선의 단면적)

13. 저항의 직렬연결

$$R = R_1 + R_2 + R_3$$

→ 저항을 직렬로 접속하면 합성저항이 커지고 전류가 흐르기 어려워진다.

14. 저항의 직렬연결

$$\frac{1}{R} = \frac{1}{R_1} + \frac{1}{R_2} + \frac{1}{R_3}$$

→ 저항을 병렬로 접속하면 합성저항은 접속된 어떤 저항보다도 작아져 전류가 흐르기 쉬워진다.

15. 컨덕턴스(G, Conductance)

- 전류가 흐르기 쉬운 정도를 나타낸 것으로서 저항 R의 역수
- 교류 전류를 통과시키는 저항의 능력(단위 : [S] 지멘스)
- 도전율 : $\sigma = \dfrac{1}{\rho}$ (저항률의 역수)

16. 부하(Load)

에너지원에 연결된 소자

17. 인덕턴스(L, Inductance)

- 회로 내 전류의 방향이 바뀌는 것을 방해하는 성질
- 회로에 인덕턴스를 발생시키는 소자

18. 커패시턴스(C, Capacitance)

- 회로에 걸리는 전압의 변화를 방해하려는 전기회로의 성질(단위 : [F])
- 커패시터 : 절연체로 분리된 두 도체로 만들어지며, 전기 에너지를 저장할 수 있는 소자

19. 임피던스(Z, Impedance)

교류 흐름을 방해하는 모든 요소

20. 전압강하(Voltage drop)

- 전류의 흐름과 연관된 자유전자가 소비하는 에너지(전류가 흐르면서 전압이 내려가는 것)
- 수동 요소의 두 단자 간의 전압차

21. 전력(Power)

- 일이 행해지거나 에너지가 다른 형태로 변하는 비율
- 기호 : P
- 단위 : W
- 계산식 : $P[\mathrm{W}] = V \times I$

22. 전력량

전력과 시간의 곱($W[\mathrm{Wh}] = (V \times I) \times t = I^2 Rt$)

23. 무효전력(Reactive Power)

에너지가 저장되어지는 비율, 즉 인덕터나 커패시터와 같은 리액티브 성분에 의해 소스로 되는 비율

24. 유효전력(Real Power)

단순히 전력(P)이라고 부르는 것

25. 피상전력(Apparent power)

- 회로에서 전체 rms 전압과 전류의 곱 [VA]
- 기호 S로 표현하며, 유효전력과 무효전력의 곱

26. 역률(Power factor)

전기적인 시스템에서 피상전력에 대한 액티브 전력비

27. 절연체(Insulator)

- 불량한 도체로, 원자에 전자들이 단단하게 구속된 구조를 가지는 물질
- 전기를 전달하지 못하는 물질

28. 절연파괴(Breakdown)

- 전류가 절연체에서 흐르는 시작점
- 절연체에 외부에서 상당히 큰 힘을 가하면, 원자핵에 연결되어 있던 전자가 자유전자가 되어 이동하게 되는 현상

29. 절연내력(Dielectric strength)

절연파괴가 발생하는 단위 두께당 전압

30. 접지(Ground)

회로와 지면 간 또는 회로와 지면에 닿아 있는 금속 물체 간의 전기적 연결

31. 반도체

저항률이 도체와 절연체의 중간인 물질

32. 정공(Hole)

반도체에 존재하는 양전하

33. 발광 다이오드(Light – emitting diode)

전류가 흐를 때 빛의 형태로 에너지를 방출하는 다이오드

34. 서미스터(Thermistor)
- 온도에 따라 변하는 저항값을 가지는 것
- 측온저항체 : 온도에 따라 저항이 변하는 물질로서, 보통 백금, 구리 니켈 등의 금속선이나 서미스터를 보관함에 넣어서 사용한다.

35. 릴레이(Relay)
하나 또는 그 이상의 전기접점을 개폐하는 전자기적 장치

36. 휘트스톤 브리지(Wheatstone bridge)
- 매우 높은 정확도를 지니고, 고유저항을 측정하는 전자 장치
- 정류기 및 계측기를 포함한 광범위한 분야에서 사용된다.

37. 2차 전지
방전 후, 재충전되도록 설계된 전지

38. 변압기(Transformer)
회로의 에너지를 자기 유도에 의해 변환시키는 장치

39. IEEE
미국전기전자통신학회

40. AWG
American Wire Gauge(미국 전선 규격)

41. 전리전류변화율
전리전류 : 기체를 방사선으로 이온화하여 만들어지는 이온이 발생시킨 전류

수신기의 설치기준

1 자동화재탐지설비

1. 자동화재탐지설비의 목적

화재발생 초기단계에 발생되는 열, 연기 및 불꽃 등 연소 시의 특성을 검출하여 소방대상물의 관계인 및 거주자에게 음향장치 등을 통해 화재 사실을 통보하여 초기 소화 및 조속한 피난을 돕는 설비이다.

2. 자동화재탐지설비의 구성

- 발신기(수동)
- 감지기(자동)

- 음향장치
- 시각경보기
- 소화설비 기동 릴레이

2 경계구역

1. 경계구역

특정소방대상물 중 화재신호를 발신하고, 그 신호를 수신 및 유효하게 제어할 수 있는 구역

2. 하나의 경계구역

1) 2개 이상의 건축물에 미치지 않을 것
2) 2개 이상의 층에 미치지 않을 것
   (예외 : 500 [m^2] 이하의 범위 내에서는 2개 층까지 가능)

3. 수평기준

1) 원칙 : 600 [m^2] 이하＋한 변 50 [m] 이하
2) 예외
   (1) 주된 출입구에 내부 전체가 보이는 것 : 한 변의 길이 50 [m] 범위 내에서 1,000 [m^2] 이하
   (2) 형식 승인 시 별도 인정(광전식 분리형의 경우 100 [m]까지)

4. 수직기준

1) 계단, 경사로(에스컬레이터 경사로 포함), 엘리베이터 권상기실, 린넨슈트, 파이프 피트 및 덕트 : 별도 경계구역으로 할 것

(계단은 직통계단 외의 것에 있어서는 떨어져 있는 상하계단 상호 간의 수평거리가 5 [m] 이하로서 서로 간에 구획되지 아니한 것에 한함)

2) 하나의 경계구역 : 높이 45 [m] 이하

3) 지하층의 계단 및 경사로 : 별도의 경계구역으로 함(지하층 층수 1개인 경우 제외)

5. 도로터널의 경계구역

1개 경계구역의 길이는 100 [m] 이하로 할 것

<!--화재
경보
설비-->

6. 위험물제조소등의 경계구역 기준

1) 경계구역의 범위

경계구역은 건축물, 그 밖의 공작물의 2 이상의 층에 걸치지 아니하도록 할 것
[예외]
(1) 1개 경계구역의 면적이 500 [m²] 이하이면서 당해 경계구역이 2개의 층에 걸치는 경우
(2) 계단 · 경사로 · 승강기의 승강로 그 밖에 이와 유사한 장소에 연기감지기를 설치하는 경우

2) 경계구역의 크기

(1) 하나의 경계구역의 면적 : 600 [m²] 이하
〈완화기준〉
당해 건축물 그 밖의 공작물의 주요한 출입구에서 그 내부의 전체를 볼 수 있는 경우
 : 그 면적을 1,000 [m²] 이하로 할 수 있음

(2) 한 변의 길이 : 50 [m](광전식 분리형 감지기를 설치할 경우에는 100 [m]) 이하

> **참고**
>
> **한 변의 길이**
>
> 1. 원형, 타원형 형태의 지역 : 지름 또는 장축의 길이
>
> 2. 삼각형 형태의 지역 : 가장 긴 변의 길이
>
> 3. 다각형 형태의 지역 : 가장 긴 대각선의 길이
>
> 4. 원형 공간의 내 · 외부에 실이 있는 경우 : 그림과 같이 통로의
>   바깥쪽 둘레 길이의 1/2을 한 변의 길이로 한다.

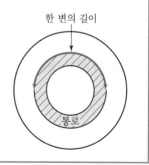

한 변의 길이

통로

7. 기타 기준

1) 외기개방기준 : 외기에 면하여 상시 개방된 부분이 있는 차고, 주차장, 창고 등
   → 외기 면하는 각 부분에서 5 [m] 미만 범위는 제외

2) 화장실 등 감지기 제외장소의 면적은 경계구역의 면적 산정에 포함

3) 자동식 소화설비의 방호구역 및 제연설비의 제연구역 : 해당 방사구역 또는 제연구역과 동일하게 경계구역 설정 가능

3 신호처리방식

화재신호 및 상태신호 등(이하 "화재신호 등"이라 한다)을 송수신하는 방식은 다음과 같다.

1. 유선식 : 화재신호 등을 배선으로 송ㆍ수신하는 방식
2. 무선식 : 화재신호 등을 전파에 의해 송ㆍ수신하는 방식
3. 유ㆍ무선식 : 유선식과 무선식을 겸용으로 사용하는 방식

4 수신기 설치기준

1. 수신기의 선정

1) 경계구역 회선수 이상
2) 가스누설탐지설비가 설치된 경우 : 가스누설신호를 수신하여, 경보할 수 있는 수신기를 설치할 것(가스누설탐지설비의 수신부를 별도로 설치한 경우는 제외함)

2. 축적형 수신기 설치대상

1) 지하층, 무창층 등으로서, 환기가 잘 되지 않거나 실내면적 40 [m²] 미만인 장소
2) 감지기 부착면과 실내바닥 간의 거리가 2.3 [m] 이하인 장소로서, 일시적으로 발생한 열ㆍ연기ㆍ먼지로 인해 감지기가 오작동할 우려가 있는 장소
   → 축적기능이 있는 수신기(축적형 감지기가 설치된 장소에는 감지기 회로의 감시 전류를 단속적으로 차단시켜 화재를 판단하는 방식 외의 것)를 설치할 것
   (예외 : "축복다광 불감분아"의 감지기를 설치한 경우)

3. 수신기 설치기준

1) 수위실 등 상시 근무 장소에 설치
   상시 근무장소가 없는 경우 관계인이 쉽게 접근 가능하고, 관리가 용이한 장소에 설치 가능
2) 설치장소에 경계구역 일람도 비치
   (모든 수신기와 연결되어 각 수신기의 상황을 감시, 제어할 수 있는 주수신기를 설치한 경우, 주수신기를 제외한 수신기에는 경계구역 일람도 제외 가능)
3) 수신기의 음향기구의 음향, 음색 : 다른 기기의 소음과 명확히 구별될 것
4) 수신기는 감지기, 중계기, 발신기가 작동하는 경계구역 표시 가능할 것
5) 화재, 가스, 전기 등에 대한 종합방재반 설치 시
   해당 조작반에 수신기 작동과 연동하여 감지기, 중계기, 발신기가 작동하는 경계구역을 표시

할 수 있는 것으로 할 것

6) 경계구역 표시 : 하나의 표시등 또는 하나의 문자로 표시될 것

7) 조작스위치 : 바닥에서 0.8~1.5 [m]

8) 2 이상의 수신기 설치 시 : 수신기 상호연동

→ 화재발생상황을 각 수신기마다 확인할 수 있도록 할 것

9) 화재로 인해 하나의 층의 지구음향장치 또는 배선이 단락되어도 다른 층의 화재통보에 지장이 없도록 각 층 배선상 유효한 조치를 할 것

5 감시제어반 설치기준

1. 감시제어반의 기능

1) 각 펌프의 작동 여부를 확인할 수 있는 표시등+음향경보 기능이 있을 것

2) 각 펌프를 자동 및 수동으로 작동 및 중단시킬 수 있을 것

3) 수조 또는 물올림탱크에 대한 저수위 감시용 표시등+음향경보 기능

4) 비상전원을 설치한 경우 상용전원 및 비상전원의 공급 여부를 확인할 수 있을 것

5) 예비전원이 확보되고 예비전원의 적합 여부를 시험할 수 있을 것

2. 감시제어반의 설치기준

• 화재, 침수 우려가 없는 장소에 설치

• 해당 소화설비 전용으로 할 것(제어에 지장이 없을 경우 겸용 가능)

1) 다음 기준의 전용실에 설치할 것

[전용실의 설치기준]
(1) 다른 부분과 방화구획
   설치 가능한 창문 : 기계실 또는 전기실 등의 감시목적으로
   ① 두께 7 [mm] 이상의 망입유리
   ② 두께 16.3 [mm] 이상의 접합유리
   ③ 두께 28 [m] 이상의 복층유리로 된 4 [m²] 미만의 붙박이창 설치 가능
(2) 피난층 또는 지하 1층에 설치할 것
   [예외] 지상 2층 또는 지하 2층 이상에 설치 가능한 경우
   ① 특별피난계단이 설치되고, 그 부속실 출입구에서 보행거리 5 [m] 이내에 전용실 출입구가 있는 경우
   ② 아파트 관리동(관리동 없는 경우 경비실)에 설치하는 경우
(3) 비상조명등 및 급배기설비 설치
(4) 무선통신보조설비의 화재안전기준에 따라 유효하게 통신이 가능할 것(무선통신보조설비가 설치된 건물에 한함)
(5) 바닥면적 : 감시제어반 설치에 필요한 면적 외에 그 감시제어반의 조작에 필요한 최소면적 이상으로 할 것

[전용실 설치의 예외]

(1) 아래 기준에 해당되지 않는 경우

① 층수가 7층 이상＋연면적 2,000 [m²] 이상

② 지하층 바닥면적 합계 : 3,000 [m²] 이상

(2) 내연기관에 따른 가압송수장치를 사용하는 소화설비

(3) 고가수조에 따른 가압송수장치를 사용하는 소화설비

(4) 가압수조에 따른 가압송수장치를 사용하는 소화설비

(5) 공장, 발전소 등에서 설비를 집중 제어 운전할 목적으로 중앙 제어실에 감시제어반을 설치한 경우

2) 전용실에는 특정소방대상물의 기계, 기구, 시설의 제어 및 감시설비가 아닌 것은 두지 않을 것

3) 각 유수검지장치 또는 일제개방밸브의 작동여부를 확인할 수 있는 표시 및 경보기능이 있도록 할 것

4) 일제개방밸브를 개방시킬 수 있는 수동조작스위치를 설치할 것

5) 일제개방밸브를 사용하는 설비의 화재감지는 각 경계회로별로 화재표시가 되도록 할 것

6) 감시제어반과 수신기를 별도 장소에 설치하는 경우 이들 상호간에 동시 통화가 가능할 것

7) 다음의 각 확인회로마다 도통시험 및 작동시험 가능할 것

(1) 기동용수압개폐장치의 압력스위치회로

(2) 수조 또는 물올림탱크의 저수위감시회로

(3) 유수검지장치 또는 일제개방밸브의 압력스위치회로

(4) 일제개방밸브를 사용하는 설비의 화재감지기회로

(5) 개폐밸브의 폐쇄상태 확인회로(탬퍼스위치 회로)

(6) 기타 이와 비슷한 회로

8) 감시제어반과 자탐설비의 수신기를 별도의 장소에 설치하는 경우

수신기와 감시제어반 상호 간에 서로 연동하여

(1) 화재 발생의 확인

(2) 펌프의 작동 여부 표시 및 음향경보의 기능 확인

(3) 상용 및 비상전원 공급여부 확인

(4) 수조 및 물올림탱크의 저수위로 될 때의 표시등 및 음향경보의 기능을 확인할 수 있도록 할 것

수신기의 종류

1. 국내기준에서의 수신기

국내 및 일본기준의 수신기 구분방법은 주로 신호의 송신방법에 따른다.

P형(Proprietary Type)	• 수신기와 각 Local기기 사이를 직접 연결하는 방식 • 개별 신호선에 의한 공통신호방식
R형(Record Type)	• 수신기와 각 Local기기 사이를 중계기로 연결하는 방식 • 공통 신호선에 의한 개별신호방식
GP형 (Gas-Proprietary Type)	• G형이란 검지기로부터의 가스누설신호를 통보하는 기능을 말함 • GP형은 G형과 P형의 기능을 함께 갖춘 것
GR형(Gas-Record Type)	• GR형은 G형과 R형의 기능을 함께 갖춘 것
M형(Municipal Type)	• M형 발신기로부터의 화재신호를 소방서 내의 수신기에서 수신하는 방식 • 자탐설비와 속보설비의 기능을 겸한 것 • 개별신호선에 의한 고유신호방식

2. NFPA 기준에서의 수신기

NFPA 기준에서는 신호 송신방법이 아닌 설비의 운용방법에 따라 구분한다.

1. Local protective signaling Sys. (지역경보설비)	• 화재경보를 건물 자체에서 처리하는 방식 (소방서에는 별도 신고해야 한다.) • 건물 내의 거주인에게 피난경보를 제공함이 목적이다.
2. Auxiliary protective signaling Sys. (보조경보설비)	• 거리의 공공발신기를 통해 직접 소방서로 화재경보 신호가 전달되는 방식 • M형 수신기 방식과 거의 유사하다.
3. Remote station protective signaling Sys. (원격통제소 경보설비)	도시 전체의 방호대상물의 경보설비를 전문 용역회사가 처리하여 소방서로 신고하는 방식
4. Central station protective signaling Sys. (중앙통제소 경보설비)	• 인접된 여러 방호대상물을 공동관리하는 중앙통제소 설비방식 • 용역회사가 모든 설비의 유지보수까지 담당한다.
5. Proprietary protective signaling Sys. (전용경보설비)	• 대규모 공장 등에서 자체 소방대를 두고 자체에서 화재경보를 처리하는 독립방식 • 중앙통제소와 유사하지만, 경보설비와 방호대상물의 소유권이 같다.
6. Emergency voice/ alarm communication Sys. (비상 음성/경보 설비)	• 위의 설비에 비상방송 및 경보설비를 포함시킨 설비 • 즉 비상방송설비를 포함한 것

> **문제**
>
> 자동화재탐지설비의 전용수신기와 소화설비 감시제어반 겸용의 복합형 수신기에 대한
> 설치위치에 관한 기준을 각각 설명하시오.

1. 자동화재탐지설비 전용 수신기의 설치위치 기준

  1) 수위실 등 상시 사람이 근무하는 장소에 설치할 것

   다만, 사람이 상시 근무하는 장소가 없는 경우에는 관계인이 쉽게 접근할 수 있고 관리가 용이
   한 장소에 설치할 수 있다.

  2) 수신기의 조작 스위치는 바닥으로부터의 높이가 0.8 [m] 이상 1.5 [m] 이하인 장소에 설치할 것

2. 감시제어반 겸용 복합형 수신기의 설치위치 기준

 위의 전용수신기 기준 외에도 소화설비 감시제어반의 기준도 만족해야 한다.

 1) 화재 및 침수 등의 재해로 인한 피해를 받을 우려가 없는 곳에 설치할 것

 2) 감시제어반은 다음 각목의 기준에 따른 전용실 안에 설치할 것

  (1) 다른 부분과 방화구획을 할 것

   이 경우 전용실의 벽에는 기계실 또는 전기실 등의 감시를 위하여 두께 7 [mm] 이상의 망
   입유리(두께 16.3 [mm] 이상의 접합유리 또는 두께 28 [mm] 이상의 복층유리를 포함한
   다)로 된 4 [m²] 미만의 붙박이창을 설치 가능하다.

  (2) 피난층 또는 지하 1층에 설치할 것

   다만, 다음의 1에 해당하는 경우에는 지상 2층에 설치하거나 지하 1층 외의 지하층에 설치
   할 수 있다.

   ① 특별피난계단(부속실을 포함한다) 출입구로부터 보행거리 5 [m] 이내에 전용실의 출입
    구가 있는 경우

   ② 아파트의 관리동(관리동이 없는 경우에는 경비실)에 설치하는 경우

  (3) 비상조명등 및 급 · 배기설비를 설치할 것

  (4) 무선통신보조설비의 화재안전기준에 따라 유효하게 통신이 가능할 것

  (5) 바닥면적은 감시제어반의 설치에 필요한 면적 외에 화재 시 소방대원이 그 감시제어반의
   조작에 필요한 최소면적 이상으로 할 것

  (6) 전용실에는 특정소방대상물의 기계 · 기구 또는 시설 등의 제어 및 감시설비가 아닌 것을
   두지 않을 것

3. 결론

일반적으로 수신기는 소화설비 감시제어반 겸용으로 설치되는데, 이러한 경우에는 감시제어반의 설치기준도 만족할 수 있도록 해야 한다.

문제

P형 수신기에 대하여 설명하시오.

---

1. 개요

1) P형(Proprietary Type) 수신기는 각 경계구역별로 개별 신호선에 의해 송·수신하는 전 회로 공통신호 방식의 수신기이다.
2) 성능에 따라 P형 1급 및 2급 수신기로 구분하며, 수신기와 감지기, 발신기, 경종 등을 전선으로 직결한다.

2. P형 수신기의 구성

1) 표시장치
   (1) 화재표시등
      ① 화재발생을 표시하는 적색등
      ② 경계구역의 구분 없이 지구표시등과 함께 점등된다.
   (2) 지구표시등
      ① 신호가 발생된 각 경계구역을 표시하는 것으로 경계구역의 회로수와 같은 수가 필요하다.
      ② 방식
         • 경계구역별 표시창이 있는 창구식
         • 건물의 단면도와 전면도를 표시하여 경계구역별로 LED를 설치하는 지도식
   (3) 전원표시등
      상용전원의 공급상태를 나타내는 표시등(상시 점등)
   (4) 예비전원등
      예비전원이 공급될 때, 점등되는 표시등
   (5) 기타
      ① 예비전원 감시등 : 축전지의 충전상태 표시

② 발신기 등 : 화재신호가 어떤 발신기에 의한 것인지, 감지기에 의한 것인지를 식별하기 위한 장치

③ 스위치주의등 : 스위치 정상 여부를 나타내는 표시장치

④ 지구경보등 : 지구경종 작동 시 점등되는 표시장치

2) 스위치류

(1) 비상경보 스위치 : 지구경종을 모두 작동시킬 때 사용하는 스위치로서, 이를 조작하면 발화층, 직상층 우선경보방식에서도 전층에 경보가 울리게 된다.

(2) 예비전원시험 스위치 : 예비전원의 정상 여부를 시험할 때, 사용하는 스위치

(3) 주경종 스위치 : 주경종의 경보를 제어하기 위한 스위치

(4) 지구경종 스위치 : 지구경종의 경보를 제어하기 위한 스위치

(5) 도통시험 스위치 : 각 회로의 도통상태(단선 여부)를 시험하기 위한 스위치

(6) 작동시험 스위치 : 화재 시 작동 여부를 확인하기 위한 스위치

(7) 회로선택 스위치, 자동복구 스위치, 복구 스위치 등

3) 기타

(1) 전압계 : 도통시험 및 예비전원시험 시의 계측을 위한 것

(2) 전화잭 : 휴대용 전화기 잭을 끼우기 위한 것

(3) 취급 설명서

3. P형 수신기의 종류

항목	P형 1급	P형 2급	P형 3급
접속회선수	제한없음	5회선 이하	1회선
전화통화장치	○	×	×
도통시험장치	○	×	×
발신기응답표시	○	×	×
예비전원/화재표시 유지/지구표시등	○	○	×
일반적 화재표시	창구식 · 지도식	창구식	
발신기	P형 1급	P형 2급	×
음향 장치의 음압	90 [dB] 이상	90 [dB] 이상	70 [dB] 이상
장점	소규모 건물에 경제적	1급에 비해 단순	기능 · 구조 간단
단점	대규모 건물에 적용 어려움	4층 미만, 5회선 이하로 제한	국내 도입되지 않음

4. P형 수신기의 문제점

1) 선로의 전압강하

   (1) 수신기에서 멀리 있는 경계구역의 경우, 수신기와 말단회로간 긴 거리에서의 전압 강하로
       인해 경종 등의 Local 장치가 미작동될 수 있다.

   (2) 기준

     ① 종단감지기 전압은 정격 전압의 80 [%] 이상일 것

       → 정격정압이 24 [V]이므로, 4.8 [V]까지의 전압강하까지만 허용한다.

     ② 전압강하 계산식(단상 2선식)

$$e \, [\text{V}] = \frac{0.0356 \times L \times I}{S}$$

       여기서, L : 전선길이 [m], I : 소요전류 [A], S : 전선단면적 [mm²]

2) 간선수의 증가

   (1) 수신기에서 각종 Local 장치까지의 모든 입·출력선을 실선으로 배선하므로, 대형 건물에
      서는 입선되는 배선수가 많아져서 전선관 크기, 설치 공간, 유지보수 등에 문제가 발생된다.

   (2) P형은 회로별로 7개선이 필요하다.

     ① 입·출력 신호(회로선, 회로공통선, 경종선)

       → 회로별 간선수 증가

        • 회로선 : 경계구역 수(회로별 1)

        • 회로공통선 : 경계구역수(회로선)÷7＝정수(7회로당 1선)

        • 경종선 : 지상층별 1선(층별 별도)＋지하 1선(지하는 동시작동)

     ② 비 입·출력 신호(표시등, 경종표시등 공통, 응답램프, 전화선)

       → 회로수에 따라 간선수가 증가하지 않는다.

5. 결론

P형 수신기는 R형에 비해 소규모 지역에서는 경제적이지만, 대규모 건물에서는 전압강하, 간선
수 증가로 인해 적용이 바람직하지 않다.
(통상 100회로 기준으로 그 이하에 P형 적용)

NOTE

발신기 세트함의 명칭 및 기능

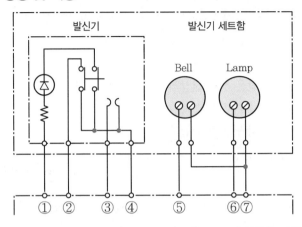

① 응답	발신기의 누름 버튼을 눌렀을 때 수신기가 동작하면 발신기의 응답표시등을 점등시키는 선로
② 회로	• 감지기 및 발신기로 구성된 화재감지선로의 2가닥 중 1개의 선 • 화재 발생한 구역을 확인할 수 있도록 각 회로당 1선으로 구성
③ 전화	휴대용 전화기를 잭에 끼우면 수신기에 호출음이 울리고, 수신기의 송화기를 들면 호출음이 꺼지고 상호 통화가 되는 선로
④ 회로공통	• 감지기 및 발신기로 구성된 화재감지선로의 2가닥 중 1개의 선 • 7개 회로마다 1선으로 구성
⑤ 경종	화재 감지 시 발신기 세트함 내부에 설치된 경종을 작동시키는 선로 2가닥 중 1개
⑥ 표시등	평상시 발신기의 위치를 표시하기 위한 표시등을 점등시키는 선로 2가닥 중 1개
⑦ 경종·표시등 공통	경종 및 표시등 작동을 위한 공통선

문제

R형 수신기를 사용한 자동화재탐지설비의 다중통신방법(변조방식, 전송방식, Polling Address)을 설명하시오.

1. 개요

1) 다중전송방식(멀티플렉싱)이란, 1개의 전송선로 또는 통신채널을 통해 여러 개의 정보를 동시에 전송하는 통신방식을 말한다.

2) R형 수신기는 각 Local 기기와의 멀티플렉싱 신호전송을 통해 간선수를 줄이고 전압강하의 문제점을 해결한 것이다.

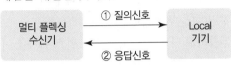

2. 변조방식

Pulse Code Modulation(펄스부호 변조)

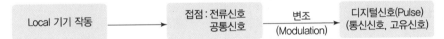

1) 변조

(1) Local에서의 동작신호(접점신호)를 디지털 신호로 바꾸어주는 것을 의미한다.

(2) 디지털 신호로 변조되어야 2가닥의 신호선을 이용하여 많은 정보를 전송할 수 있다.

2) 펄스변조

(1) R형 설비에서는 전류신호를 Pulse로 변조하여 전송한다.

(2) 펄스변조방식에는 진폭, 주파수, 부호 등으로 변조할 수 있지만, 일반적으로 R형 설비는 펄스부호변조방식(PCM 방식)을 채택하고 있다.

(3) 모든 정보(작동위치, 구역, 설비 등)를 0과 1의 디지털 신호로 변환하여 8비트의 펄스로 변환시켜 통신선로를 이용해서 송수신하는 방식이다.

(4) PCM방식은 경제성이 우수하고, 노이즈를 최소화할 수 있다.

3) PCM 처리 과정

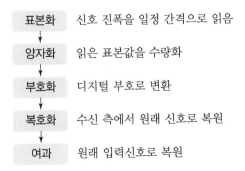

표본화　신호 진폭을 일정 간격으로 읽음

양자화　읽은 표본값을 수량화

부호화　디지털 부호로 변환

복호화　수신 측에서 원래 신호로 복원

여과　원래 입력신호로 복원

3. 전송방식

Time Division Multiplexing(시분할 전송방식)

1) 수신기는 많은 Local의 기기(중계기, 주소형 기기 등)와 데이터를 송수신해야 하므로, 신호를 중복 없이 전송시켜야 한다.

2) 중복을 피하기 위한 전송방식에는 TDM(시분할), FDM(주파수 분할) 방식 등이 있으며, PCM 방식으로 변조하는 경우에는 대부분 시분할 방식을 적용한다.

3) 시분할 방식은 좁은 시간간격으로 펄스를 분할하고 다시 각 중계기별로 펄스 위치를 어긋나게 하여 분할된 펄스를 각 중계기별로 혼선 없이 송수신하는 것이다.

4) 시분할은 각 펄스별 시간이 매우 짧아 시간 지연을 느낄 수 없다.

4. 신호제어방식

Polling Address

1) 신호제어방식은 송수신하려는 데이터를 PCM 변조하여 시분할방식으로 전송할 때, 수신기가 수많은 주소형 기기 중에서 정보를 주고받을 기기를 어떻게 선택할지를 결정하는 것이다.

2) 특징

   (1) Polling

   ① 수신기에서 특정 주소형 기기를 지정하여 정보를 송수신하는 절차로서, 수신기가 주소형 기기들을 하나씩 선택하여 정보 송신요구의 유무를 확인하는 방식이다.

   → 즉 수신기에서 기기들을 하나씩 Scanning하면서 전송할 데이터의 유무를 묻고 전송할 데이터가 있으면 전송하고, 없으면 다음 중계기로 넘어가는 방식이다.

   ② Polling은 프로그램의 제어를 받아 이루어지며, 기기마다 고유한 주소를 가지고 있어서 이 주소코드를 지닌 폴링에 대해서만 기기가 응답한다.

   → 즉 자신의 주소가 아니면 데이터를 Pass하고, Polling Message에 자기 주소가 있는 경우에는 데이터를 수신하고 이에 응답한다.

   ③ Polling을 행하는 순서는 폴링 목록에서의 주소의 순서와 빈도수에 따라 결정되며, 이러한 순서와 빈도는 프로그램 수정에 의해 변동시킬 수 있다.

   (2) Address

   ① 번지를 지정한다는 의미

   ② 즉 Polling Address는 번지를 지정하면서 Polling한다는 의미

   (3) R형 설비에서의 신호방식

   수신기와 수많은 주소형 기기 간의 통신에서 데이터 중복을 피하고, 해당되는 기기들만 호출하여 데이터를 주고받는 Polling Address 방식을 이용한다.

회로의 배선방식 : Class

1 회로의 구분

1. IDC(입력장치회로, Initiating Device Circuit)

1) 화재 여부를 수신기에 알려주는 장치(입력장치)의 회로

2) 중계기와 (비주소형 감지기/수동발신장치) 사이의 회로

2. NAC(통보장치회로, Notification Appliance Circuit)

1) 수신기로부터 신호를 받아 화재경보를 하는 장치(통보장치)의 회로

2) 중계기와 (벨/사이렌/시각경보기) 사이의 회로

3. SLC(신호선로회로, Signaling Line Circuit)

1) 상호 통신선(신호선)으로 연결된 회로

2) 수신기 사이, 수신기~중계기, 수신기~주소형 기기 사이의 회로

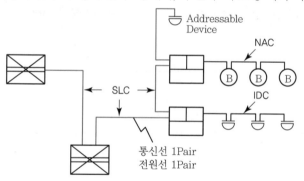

2 Class 배선방식

1. Class A

1) Loop 배선방식

2) 단선, 지락의 단일 고장에서 통신이 가능하다.

2. Class B

1) Dead-end 배선방식

2) 단선 단일고장에도 통신이 불가능하다.

3 IDC(입력장치)의 회로구성

1. Class B 배선방식

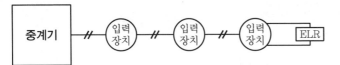

고장형태	수신반에 고장표시 여부	작동능력 유지 여부
단선	가능	불가능
지락	가능	가능

2. Class A 배선방식

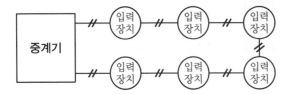

고장형태	수신반에 고장표시 여부	작동능력 유지 여부
단선	가능	가능
지락	가능	가능

※ IDC에서는

(1) Class A 배선은 Loop이므로, 단선 시에도 화재감시능력의 유지 가능

(2) 단락의 경우에는 입력장치의 작동과 같게 인식되므로, 곧바로 화재 경보됨

4 NAC(통보장치)의 회로구성

1. Class B 배선방식

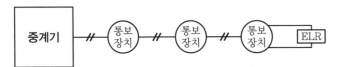

고장형태	수신반에 고장표시 여부	작동능력 유지 여부
단선	가능	불가능
지락	가능	가능
단락	가능	불가능

2. Class A 배선방식

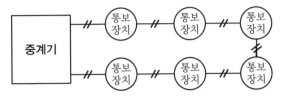

고장형태	수신반에 고장표시 여부	작동능력 유지 여부
단선	가능	가능
지락	가능	가능
단락	가능	불가능

※ NAC에서는
   (1) Class A 배선은 Loop이므로, 단선 시에도 화재감시능력의 유지 가능
   (2) 단락의 경우에는 입력장치가 아니므로, 화재경보가 발령되지 않고 고장신호가 수신반에 표시됨

> **참고**
>
> **기존 규정에서의 Style 구분법 삭제**
> - 기존의 NFPA 기준에서는 IDC, NAC에서 Class 외에 Style 구분법까지도 함께 사용되었다.
> - 그러나 실제로 IDC는 Style B와 D, NAC에서는 Style Y와 Z만을 사용하므로 Style 구분의 의미가 없어졌다.
> - SLC(신호선로회로)에서는 Style 7을 Class X로 명칭을 변경하였다.
> - 따라서 Style 구분 없이 Class로만 구분한다.

5 SLC(신호선로)의 회로구성

1. Class B 배선방식(Style 4)

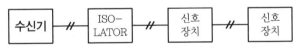

1) Dead-End 방식으로 신호선로를 구성한다.
2) Isolator(회로분리기)를 이용(수신기 내부에 내장한다.)
3) 중계기간 또는 중계기와 주소형 기기 사이에서만 주로 이용된다.

2. Class A 배선방식(Style 6)

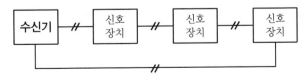

1) Loop 방식으로 신호선로를 구성한다.

2) Class A 배선방식에서는 각 신호장치마다 Isolator(회로분리기)를 적용하지는 않지만, 단락 시 전체 기기 작동불능을 방지하기 위해 SLC Zone(약 50개 기기)마다 Isolator를 적용한다.

3) 수신기~중계기 또는 주소형 기기 사이의 배선은 Class A 방식이 선호된다.

3. Class X 배선방식(Style 7)

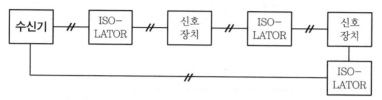

1) Loop 방식으로 신호선로를 구성한다.

2) Class X 배선방식에서는 신호기기 사이에 Isolator(회로분리기)가 있는 것이 특징이다.

   → Class X 배선은 Loop배선과 회로분리기로 단락 시에도 정상적인 통신이 가능하다.

3) 수신기~중계기는 Class A 방식, 수신기 사이는 Class X 배선방식이 선호된다.

배선법	기능	단선	지락	단락	단선+지락	단선+단락	지락+단락
Class B	고장표시	O	O	O	O	O	O
	고장 중 작동능력		R				
Class A	고장표시	O	O	O	O	O	O
	고장 중 작동능력	R	R				
Class X	고장표시	O	O	O	O	O	O
	고장 중 작동능력	R	R	R	R		

6 각 회로별 성능

1. 기동장치 회로(IDCs)의 성능

비정상(고장)상태에서의 성능을 기준으로 Class A 또는 Class B 경로의 요건을 따라 설계되어야 한다.

2. 통보장치 회로(NACs)의 성능

비정상(고장)상태에서의 성능을 기준으로 Class A, Class B 또는 Class X 경로의 요건을 따라 설계되어야 한다.

3. 신호선로 회로(SLCs)의 성능

비정상(고장)상태에서의 성능을 기준으로 Class A, Class B 또는 Class X 경로의 요건을 따라 설계되어야 한다.

NOTE

SLC Zone

1. 구 NFPA 72 기준에서는 주소형 기기에 접속된 경로의 단일 고장은 50개를 초과한 주소형 기기의 상실을 유발하지 않도록 규정하였다.

   [방법]
   - 회로당 50개 이하의 주소형 기기로 SLC 구성
   - SLC를 Isolator에 의해 50개 이하의 주소형 기기마다 분리
   - Class B에서 각 T-탭 이후 첫 번째 장치에 Isolator Module을 설치하는 방사형 (Star) 방식 구성

2. NFPA 72 제8판에서는 주소형 기기에 접속된 경로의 단일고장은 1개 이상의 Zone에 설치되는 장치의 상실을 유발하지 않아야 하는 것으로 변경되었다.

   [1개의 Zone]
   - 1개 층 범위
   - 최대 면적 범위(예 22,500 [ft^2] 이내)
   - 방화구획 범위
   - 최대 길이 범위(예 300 [ft])

> **문제**
>
> NFPA 72의 배선 경로(Pathway)의 Class별 성능요건을 각각 설명하시오.

1. 개요

1) 경로(Pathway) : 2개소 이상의 위치에 있는 장치들을 연결하는 수단
2) 회로(Circuit) : 전원을 공급하는 수단 또는 장치 사이의 접속 경로
     (회로는 경로의 범위 내에 포함됨)
3) Class 배선 요건
   (1) 비정상 상태에서도 계속 작동할 수 있는 경로의 능력에 따른 분류 기준
   (2) Class A, Class B, Class C, Class D, Class E, Class N, Class X로 구분된다.

2. Class A

1) 별도의 경로(Redundant Path)를 포함한다.
2) 단선 이후에도 작동성능이 유지되며, 단선 고장 발생에 대한 고장신호를 생성해야 한다.
3) 경로 상에서의 화재 감지 또는 경보와 같은 의도된 작동에 영향을 미치는 상태는 고장신호로
   표시된다.
4) 지락사고 중에도 작동성능이 유지된다.
5) 지락사고 발생에 대한 고장신호가 표시되어야 한다.

* 광섬유나 무선 경로는 지락이나 단락에 의해 손상되지 않는 Class A의 대표적인 예로서, 그러
  한 상황에 대해 고장표시를 하지 않는다.

3. Class B

1) 별도의 경로가 포함되지 않는다.
2) 단선된 지점 이후에는 정상적으로 작동하지 않는다.
3) 경로의 의도된 작동에 영향을 미치는 상태는 고장신호로 표시된다.
4) 지락사고 중에 작동성능이 유지된다.
5) 지락사고 발생에 대한 고장신호가 표시되어야 한다.

4. Class X

1) 별도의 경로를 포함한다.
2) 단선된 지점 이후에도 정상적으로 작동하며, 단선 고장 발생에 대한 고장신호를 생성해야 한다.
3) 단락된 지점 이후에도 정상적으로 작동하며, 단락 고장 발생에 대한 고장신호를 생성해야 한다.

4) 단선과 지락사고가 동시에 발생하여도 정상적으로 작동한다.

5) 경로의 의도된 작동에 영향을 미치는 상태는 고장신호로 표시된다.

6) 지락사고 중에 작동성능이 유지된다.

7) 지락 상태는 고장신호로 표시되어야 한다.

5. Class C

1) 종단간 통신을 통해 작동성능이 검증되는 1개 이상의 경로를 포함하지만 개별경로의 건전성은 감시되지 않는다.

2) 종단간 통신의 손실은 표시된다.

6. Class D

1) 고장 발생시 고장이 표시되지는 않지만, 의도된 작동이 수행되는 Fail-safe 작동기능을 가진 경로

2) 감시되지는 않지만, 접속이 끊어진 경우 의도된 기능을 수행하는 Fail-safe 작동기능을 가진 경로로서 다음과 같은 것들이 있다.
   예 • 전원 차단시, 자동으로 출입문을 닫는 도어 홀더(Door Holders)의 전원
   • 개방 회로 또는 화재경보 작동 시 자동으로 해제되는 잠금장치의 전원

7. Class E

1) 건전성이 감시되지 않는 경로

2) 감시가 요구되지 않는 경로에 대한 기준   **예** 통보장치회로의 장애 표시 등

8. Class N

가장 일반적인 네트워크 기반시설인 이더넷과 같은 최신 네트워크 기반시설에 대한 기준

1) 첫 번째 경로의 작동 능력과 각 장치로의 추가(Redundant) 경로가 말단으로부터 말단까지의 통신을 통해 검증되어야 하는 경우 2개 이상의 경로를 포함한다.

2) 말단 지점 사이의 의도된 통신의 손실은 고장신호로서 통보되어야 한다.

3) 하나의 배선경로(Pathway) 상에서의 단일 고장인 단선, 지락, 단락 또는 고장의 조합은 어떤 다른 배선경로에 영향을 주지 않아야 한다.

4) 시스템의 최소 작동 요구기준을 충족하지 못하는 경우 첫 번째 배선경로와 추가(Redundant) 경로의 작동에 영향을 주는 상태는 하나의 고장신호로서 통보되어야 한다.

5) 첫 번째 및 추가 배선경로는 같은 물리적인 부분에 걸친 통신(Traffic)을 나누도록 허용되어서는 안 된다.

NFPA 72에 따른 경로 생존능력(Pathway Survivability)에 대하여 설명하시오.

1. 경로 생존능력(Pathway Survivability)의 정의

1) 화재경보설비 및 비상방송설비의 경로(Pathway)에 화재에 의한 영향 발생시 작동상태를 유지할 수 있는 생존능력

2) Level 0~4로 분류하며, Level은 다음 과정에 따라 결정된다.
   (1) 전관 피난 또는 일부층 피난 방식인지 여부
   (2) 건물이 Type 1인지 또는 Type 2인지 여부
   (3) 설계자의 위험도 분석

2. 단계별 분류기준

1) Level 0

생존능력에 관한 어떤 조건도 요구되지 않는 경로

2) Level 1

   (1) 상호접속 도체, 케이블 또는 기타 물리적 경로는 금속 배선관 내에 설치된 경로
   (2) 자동식 스프링클러설비에 의해 방호되는 건물 내에 설치

3) Level 2

다음 중 하나 이상으로 구성되는 경로
   (1) 2시간 내화 CI(Circuit Integrity) 케이블 또는 내화(Fire-resistive) 케이블
   (2) 2시간 내화 케이블 시스템(전기회로 보호 시스템)
   (3) 2시간 내화구조로 구획된 지역
   (4) 관할 기관에 의해 승인된 2시간 내화성능의 대체설비

4) Level 3

자동식 스프링클러설비에 의해 완전히 방호되는 건물 내의 경로로서, 다음 중 하나 이상으로 구성되는 경로
   (1) 2시간 내화 CI(Circuit Integrity) 케이블 또는 내화(Fire-resistive) 케이블
   (2) 2시간 내화 케이블 시스템(전기회로 보호 시스템)
   (3) 2시간 내화구조로 구획된 지역
   (4) 관할 기관에 의해 승인된 2시간 내화성능의 대체설비

5) Level 4

다음 중 하나 이상으로 구성되는 회로

(1) 1시간 내화 CI(Circuit Integrity) 케이블 또는 내화(Fire-resistive) 케이블

(2) 1시간 내화 케이블 시스템(전기회로 보호 시스템)

(3) 1시간 내화구조로 구획된 지역

(4) 관할 기관에 의해 승인된 1시간 내화성능의 대체설비

NOTE

공유 경로 명칭(Shared Pathway Designations)

1. 개념

1) 신호전송회로가 인명안전 및 비인명안전 용도 모두에 이용될 경우의 회로 분류기준

   예 비상방송설비와 일반방송설비의 회로

2) 우선순위와 분리방법에 따라 구분한다.

   (1) Prioritize(우선순위)

   인명안전 데이터에 높은 우선순위가 부여되고 비인명안전 데이터에 앞서 처리되는 것

   (2) Segregate(분리)

   인명안전 데이터와 비인명안전 데이터가 섞이지 않도록 데이터를 분리한 것

   (3) Dedicated(전용)

   인명안전 데이터 처리를 위한 전용 경로를 구성하는 것

2. 단계별 분류기준

1) Shared Patheway Level 0

   (1) Level 0 경로는 비인명안전 데이터에 대한 인명안전 데이터의 우선순위나 분리가 요구되지 않는다.

   (2) 공유경로 Level 0의 경우, 인명안전과 비인명안전 경로를 구축하기 위해 공용장치가 사용될 수 있다.

2) Shared Pathway Level 1

   (1) 인명안전 데이터와 비인명안전 데이터를 분리할 필요는 없지만 모든 인명안전 데이터가 비인명안전 데이터에 우선해야 한다.

   (2) 인명안전과 비인명안전 경로를 구축하기 위해 공용장치가 사용될 수 있다.

3) Shared Pathway Level 2

   (1) 모든 인명안전 데이터를 비인명안전 데이터와 분리해야 한다.

   (2) 인명안전과 비인명안전 경로를 구축하기 위해 공용장치가 사용될 수 있다.

4) Shared Pathway Level 3

   (1) 인명안전설비 전용장치를 사용해야 한다.

   (2) 인명안전설비는 비인명안전설비의 장치와 공유되지 않는다.

수신기의 네트워크 방식

대형 복합단지에서는 여러 대의 수신기를 연결하며, 이러한 통신 네트워크 방식은 다음과 같은 방법으로 구성할 수 있다.

1 Star형

1. 그림과 같이 주 수신기와 Local 수신기를 일대일 전용 통신선로로 연결하는 방식이다.
2. 특징

   1) 중앙 방재센터의 주 수신기를 Master로 하고, 각 동의 수신기를 Slave로 하는 Master-Slave 방식의 통신네트워크 방식이다.

   2) 중앙 방재센터의 주 수신기가 고장 나면 시스템 전체가 부동작하므로, 고성능의 주 수신기 허브나 교환기가 필요하다.

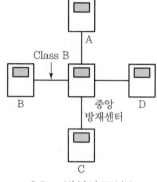

‖ Star 방식의 구성 ‖

   3) 수신기의 증설이나 보수가 용이하다.

   4) 하나의 통신선로에서 고장이 발생해도 다른 수신기와의 통신에는 영향이 없다.

   5) Class B 배선방식을 적용하므로, 단선이나 단락 등의 고장 시에는 통신이 이루어지지 않는다.

2 Tree형

1. 주 수신기에서 계층적 형태로 구성된 방식이다.
2. 특징

   1) Star형에 비해 통신 회선을 줄일 수 있다.

   2) 상위 네트워크에 문제가 발생하면 하위 네트워크에도 영향을 미치므로, 최악의 경우에는 통신이 아예 불가능해질 수 있다.

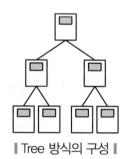

‖ Tree 방식의 구성 ‖

3 Ring형

1. 통신 케이블을 고리(Loop) 형태로 배선하고, 이 고리에 수신기를 연결하는 방식이다.
2. 통신원리
   1) 평상시 : Loop 선로를 Token이 자유롭게 회전하는 상태를 유지(Free Token)
   2) 정보의 교환
      (1) 정보를 보내려는 수신기가 Token이 접근하면 Token을 취득한다.
      (2) 해당 수신기는 Token에 필요한 데이터를 붙여 중앙방재센터로 송신한다.
         (송신 중인 Token을 Busy Token이라 한다.)
      (3) 중앙방재센터는 해당 데이터를 수신하여 필요한 정보를 다시 Token에 실어 해당 수신기로 보낸다.
      (4) 해당 수신기는 필요한 정보를 수신하고, Token은 다시 Free Token 상태로 환원된다.
3. 특징
   1) 부하 증가에 따른 영향이 적다.
   2) Peer to Peer 및 Stand Alone 방식이어서, 통신이 두절된 상태에서도 해당 동별로 독립적인 기능수행이 가능하다. 또한, 중앙방재센터의 수신기가 고장 나더라도 동별 수신기는 정상 작동된다.
   3) Loop 배선방식이므로 단선 시에도 정상적인 통신이 가능하며, 통신선로를 Class X 배선방식으로 할 경우에는 단락 시에도 통신할 수 있다.
   4) Bus 방식에 비해 많은 양의 통신 케이블이 필요하므로 설치비용이 많이 든다.

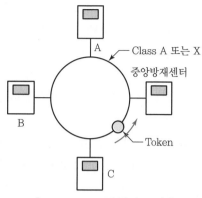

┃ Token Ring 방식의 구성 ┃

4 Mesh형

1. 각각의 수신기가 2개 이상의 통신 경로로 네트워크 상의 타 수신기와 연결되는 방식이다.
2. 특징
   1) 통신 목표 지점까지 여러 개의 경로가 존재하므로 고장에 가장 강하고, 여러 경로 중에서 가장 빠른 경로를 이용할 수 있어 효율성이 우수하다.
   2) 통신 네트워크 방식 중 가장 설치비용이 많이 들고, 규모가 큰 네트워크의 경우 관리 포인트가 너무 많아 관리가 매우 어렵다.

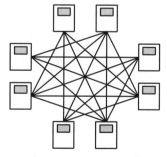

┃ Mesh 방식의 구성 ┃

5 Bus형

1. 다수의 수신기가 Tap을 통해 연결되고, Class B 또는 X 배선방식으로 구성하는 방식으로 1개 수신기에 송신한 데이터를 Bus상의 모든 수신기에 전달할 수 있다.

2. 통신원리

   1) 데이터 전송을 요하는 수신기는 통신 네트워크상에 신호(Carrier)가 있는지 확인(Sense)한다.

   2) 만일 네트워크 상에 신호가 없다면, 어떤 수신기든 접속해서(Multiple Access) 데이터를 송신할 수 있다.

   3) 만일 2개의 수신기가 동시에 데이터를 송신하여 충돌이 발생할 경우, 이러한 충돌을 검출(Collision Detection)해서 데이터를 재전송하게 된다.

3. 특징

   1) Tapping을 위해 광섬유 케이블을 사용해야 한다.

   2) 신뢰도가 우수하고, 시스템의 확장이 용이하다.

   3) Ring형과 달리 토큰을 기다릴 필요가 없이 곧바로 데이터를 전송하므로, 적은 부하에서는 통신속도가 빠르다.

   4) Peer to Peer 및 Stand Alone 방식이어서, 통신이 두절된 상태에서도 해당 동별로 독립적인 기능수행이 가능하다. 또한, 중앙방재센터의 수신기가 고장 나더라도 동별 수신기는 정상 작동된다.

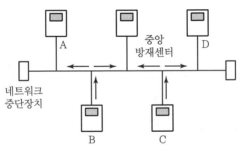

‖ CSMA/CD(Bus) 방식의 구성 ‖

6 Hub형

1. Bus형과 Ring형을 조합한 네트워크 방식이다.

2. Hub는 교환 기능이 없고, 재전송하는 중계 기능만을 수행한다.

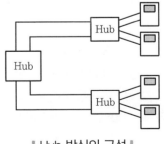

‖ Hub 방식의 구성 ‖

문제

자동화재탐지설비의 R형 수신기와 중계기 사이의 일반적인 통신방식으로 이용되는 RS-485 통신방식의 특징을 설명하시오.

1. Rs-485 통신

1) RS-485 통신은 컴퓨터와 컴퓨터를 연결하는 오래된 통신망 중의 하나이다.

2) RS 통신망 계열의 통신 프로토콜에는 다음과 같은 것이 있다.

   (1) RS-232C

     근거리용 통신기술

   (2) RS-400계열

     ① 원거리이면서 야외현장에서도 운영되는 통신기술

     ② RS-423, 422, 485 등

     ③ RS-485는 통신 전달거리가 1.2 [km]에 이르고 전송속도도 충분히 빠르며 연결 회로도 잘 알려져 있어 많이 사용된다.

3) 통신 방식

   (1) [컴퓨터]-[컨버터]-[인버터 #1, #2, #3] 등으로 연결

   (2) 마스터 : 컴퓨터 측(수신기)

   (3) 슬래이브 : 인버터에 연결된 Device(중계기 또는 주소형 기기)

   (4) 통신은 마스터가 주도하고, 마스터의 요구 패킷에 따라 슬래이브가 응답 패킷을 답신하는 구조

   (5) 마스터가 명령어 패킷을 보낼 때, 주소를 지정해서 보내는데 공통버스에 연결된 슬래이브들은 자신의 주소와 매치되는 패킷만을 받아들이는 방식으로 동작된다.

   (6) 즉 버스에 연결된 전체 기기를 전부 감시하려면, 마스터는 차례로 명령어 패킷을 보내고 슬래이브들이 응답하는 방식을 쓴다.

     예 "1계통 252회선의 스캔시간이 0.25초이다." → R형 설비의 문구

4) RS-485의 특징

   (1) 반이중(Half Duplex) 방식 : 전송 권한이 한 번에 1개 장치에만 부여된다.

     (동시 전송 불가능함)

   (2) 노이즈에 강하여 원격자동화에 많이 이용된다.

   (3) 각 입출력장치가 2개의 선을 통해 병렬로 연결되며, 말단에는 종단저항 설치해야 한다.

   (4) 4 Wires로 LOOP 회로 구성이 가능하다.

   (5) 다수의 송수신장치를 설치 가능하고, 각 장치는 고유주소를 가진다.

   (6) Master-Slave 방식이다.

2. 이더넷

1) Master-Slave 방식이 아닌 분산제어방식
2) 통신 소프트웨어로 TCP/IP라는 프로토콜을 사용
3) R형 수신기 사이에는 이더넷 통신기술 적용
4) LAN이라는 컴퓨터 통신망의 근간이 되는 통신기술이다.

문제

NFPA 72에 규정된 화재경보시스템에서의 신호(Signal)의 종류를 설명하시오.

---

1. 신호의 정의

신호(Signal)란, 해당 부분의 상태를 전기적이나 기타 다른 수단에 의해 표시하는 것이다.

2. 입력장치 신호의 종류

1) Alarm Signal(경보신호)

   화재를 나타내는 신호와 같이 즉각적인 조치(Action)를 요구하는 긴급사항을 나타내는 신호

2) Delinquency Signal(방범신호)

   경비원이나 설비 담당자들의 감시활동과 연계된 조치의 필요성을 나타내는 신호

3) Evacuation Signal(대피신호)

   거주자에게 건물에서의 대피를 요구하는 신호로서, 이를 인식시키기 위해 구분된 신호

4) Fire Alarm Signal(화재경보신호)

   화재발생 또는 화재 징후를 나타내는 수동조작함, 화재감지기, 압력스위치 등 화재경보 입력
   장치에 의해 표시되는 신호

5) Guard's Tour Supervisory Signal(경비순찰신호)

   경비순찰 행위를 모니터링하는 감시신호

6) Supervisory Signal(감시신호)

   경비순찰, 화재진압설비나 장치 또는 이와 관련된 설비의 유지관리와 연계된 조치의 필요성을
   표시하는 신호

7) Trouble Signal(고장 신호)

모니터링되는 회로나 구성품의 결함을 표시하는 신호로서, 화재경보설비나 장치에 의해 표시되는 신호

> **문제**
>
> **IoT 무선통신 화재감지시스템의 개념을 설명하고, 무선통신 감지기의 구현에 필요한 항목에 대하여 설명하시오.**

1. 개념

1) IoT(사물인터넷, Internet of Things)

사물에 센서를 부착하여 인터넷을 통해 실시간으로 데이터를 주고 받는 기술 또는 환경

2) IoT 화재감지시스템

소방시스템이 화재감지, 경보, 연동 성능을 발휘할 수 있도록 평상시 정상 상태를 유지하고 있는지를 원격에서 24시간 감시하고 관리하는 시스템을 말한다.

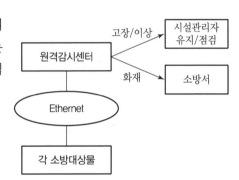

(1) 평상 : 소방시설 정상상태 감시

(2) 고장신호 : 점검업체 통보

(3) 화재신호 : 소방서 통보

2. 무선통신 감지기의 구현에 필요한 항목

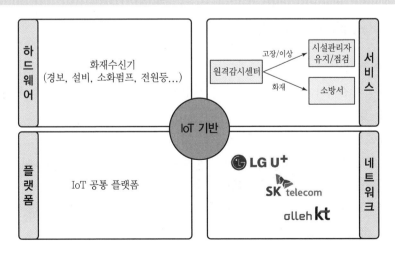

3. 기대효과

1) 사회적 안전망 구축

(1) 화재경보설비에 대한 상시 감시체계

(2) 자동으로 화재를 통보하여 대응시간을 단축

(3) 실제적인 감시를 통해 관리기능 향상

2) 소방산업 활성화

(1) 비화재보 및 실보 가능성이 낮은 우수제품 개발

(2) 신규 고용 창출(수리 기술인력, 제조사 제품투자)

3) 소방 신뢰성 확보

(1) 즉각적인 수리를 통한 고장 공백 최소화

(2) 상시 점검으로 개선

(3) 감시자, 관리자, 점검업체의 동시 대응 가능

(4) 소방서 오인 출동 감소

> **문제**
>
> 최근 전통시장에는 IoT기반의 무선통신 화재감지기를 많이 설치하고 있다. 무선통신 화재감지시스템의 구성요소와 이를 실현하기 위한 필수기술(또는 필수요소)에 대하여 설명하시오.

1. 무선통신 화재감지시스템의 구성요소

1) 무선식 수신기

(1) 무선식 감지기·중계기를 화재감시 정상상태로 전환시킬 수 있는 수동 복귀스위치를 설치할 것

(2) 신호발신 개시로부터 200초 이내에 표시등 및 음향으로 경보될 것

(3) 통신점검 개시로부터 발신된 확인신호를 수신하는 소요시간은 200초 이내이어야 하며, 수신 소요시간을 초과할 경우 표시등 및 음향으로 경보할 것

(4) 통신점검시험 중에도 다른 회선의 감지기, 발신기, 중계기로부터 화재신호를 수신하는 경우 화재 표시될 것

2) 무선식 감지기

(1) 작동한 감지기

① 화재신호를 수신기/중계기에 60초 이내의 주기로 발신

② 수동복귀 신호를 수신하면 정상상태 복귀

(2) 무선통신 점검신호 수신 : 자동으로 확인신호

(3) 건전지 주전원 : 리튬전지 동등 이상

① 용량산정

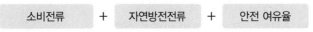

· 감시상태
· 수동/자동
· 통신점검
· 교체표시
· 부가장치 작동

② 건전지 교체 필요 시 : 표시등으로 수신부에 72시간 이상 표시

3) 무선식 중계기 및 발신기

4) LPWA(Low Power Wide Area) 무선통신

(1) 저전력으로 장거리 통신이 가능하도록 하는 저주파수 대역의 통신기능 구현

(2) 소방주파수 : 447 [MHz]

(3) 많은 수량의 장치와 수신기 간의 양방향 다중통신에 적합

5) 무선게이트웨이

클라우드 서버로 Event 정보를 수신한 후, 이를 관리자, 시설관리업체, 소방서 등과 공유

2. 이를 실현하기 위한 필수기술(또는 필수요소)

1) 예비전원의 효율적 사용

(1) 감시방식

30초 이내에 공칭값 이상의 연기 발생을 감지하기 위해 10초에 한 번씩 감시펄스 발생

(2) MCU 전원의 최소화

① Sleep 모드 유지

② 10초에 한 번씩 Wake 모드로 깨어나 감시

③ 나머지 시간에는 전류를 소모하지 않도록 제어

2) 비화재보 저감기술 개발

(1) 빗살무늬 구조 미적용

먼지 침투가 용이하여 비화재보가 발생하기 쉽다.

　　(2) 이중 격벽의 암실 사용

　　　　연기만 쉽게 들어가고 먼지는 아래로 가라앉으며 암실 내부로 들어간 먼지도 침착되지 않

　　　　도록 적절한 유속을 유지한다.

　　(3) 환경오염 자동보정 알고리즘 구현

　　　　암실구조 개선으로도 유입되는 먼지에 의한 비화재보를 감소시킬 수 있다.

3) 헬리컬 안테나 설계 기술

　　(1) 원하는 주파수에서 최적 공진이 될 수 있는 설계

　　(2) 시제품 제작 전에 충분한 시뮬레이션 및 디버깅 수행

문제

자동화재탐지설비에서 사용되는 중계기에 대하여 설명하시오.

---

1. 개요

　1) 감지기 · 발신기 또는 전기적인 접점 등의 작동에 따른 신호를 받아 이를 수신기에 전송하는 장치

　2) 입력(장치 → 수신기)과 출력(수신기 → 장치) 중계기로 구분된다.

2. 중계기의 종류

1) P형 중계기

　　(1) 연기감지기 및 가스누설 경보기의 탐지부 등의 특수한 감지기에 사용된다.

　　(2) 주요 기능

　　　　① 연기감지, 가스누설 탐지 등의 신호에 대한 증폭

　　　　② 기동회로로의 신호송출이나 기동회로용의 전원 공급

　　　　③ 발신 신호의 수신기로의 중계

2) R형 중계기

　　(1) 고유의 신호를 가진 중계기

　　(2) 접속되는 감지기나 P형 발신기의 신호를 수신기로 중계한다.

3. 중계기의 설치방법

1) 설치기준

  (1) 수신기에서 직접 감지회로의 도통시험을 행하지 않는 것에 있어서는 수신기와 감지기 사이에 설치할 것

  (2) 조작 및 점검에 편리하고 화재 및 침수 등의 재해로 인한 피해를 받을 우려가 없는 장소에 설치할 것

  (3) 수신기에 의하여 감시되지 않는 배선을 통하여 전력을 공급받는 중계기는 전원 입력 측 배선에 과전류 차단기를 설치하고, 당해 전원의 정전이 즉시 수신기에 표시되는 것으로 하며, 상용 및 예비 전원의 시험을 할 수 있도록 할 것

2) 중계기의 설치장소

  (1) 집합형 중계기 : 보통 EPS실 내에 설치한다.

  (2) 분산형 중계기

    ① 소화전 상부 또는 단독형인 발신기 함의 내부

    ② 수동 조작함 내부 및 조작 스위치함 내부

    ③ 스프링클러, 가스소화설비 등의 Supervisory Panel 내부

    ④ 셔터, 배연창 등의 연동제어기 내부

화재
경보
설비

NOTE

중계기의 입 · 출력 회로수

설비	회로		입력(감시)	출력(제어)	중계기 위치
자동화재 탐지설비	발신기		1		발신기함
	경종			1	
	시각경보기			1	
스프링 클러 설비	습식 밸브	압력 S/W	1		중계기함
		탬퍼 S/W	1		
		사이렌		1	
	준비작동식/ 일제살수식 밸브	감지기 A	1		수동조작함
		감지기 B	1		
		압력 S/W	1		
		탬퍼 S/W	1		
		솔레노이드		1	
		사이렌		1	
가스계 소화설비	전역방출방식 (수동잠금밸브와 시각경보장치는 이산화탄소 소화설비에 한함)	감지기 A	1		수동조작함
		감지기 B	1		
		압력 S/W	1		
		지연 S/W	1		
		솔레노이드		1	
		사이렌		1	
		방출표시등		1	
		수동잠금밸브	1		
		시각경보장치		1	
제연설비	댐퍼	감지기	1		중계기함
		기동		1	
		확인	1		
	제연스크린	감지기	1		중계기함
		기동		1	
		확인	1		
건축방화 설비	방화셔터	감지기(열/연기)	2		중계기함
		기동(2단)		2	
		확인	2		

설비	회로		입력(감시)	출력(제어)	중계기 위치
	방화문	감지기	1		중계기함
		기동		1	
		확인	1		
	배연창	감지기	1		중계기함
		기동		1	
		확인	1		
기타	제연송풍기	기동		1	중계기함
		확인	1		
	소화펌프	기동		1	
		확인	1		
		탬퍼 S/W	1		
		압력 S/W	1		
	수조	저수위 감시	1		
	비상발전기	기동확인	1		
	MCC	전원감시	1		

1. 아날로그 감지기는 중계기가 필요 없으며, 시각경보기는 별도 회로로 하는 것이 바람직하다.
2. 수동조작 스위치
   (1) 일부의 제품에서는 준비작동식, 일제살수식 스프링클러나 가스계 소화설비의 경우에 수동조작 회로(입력 1)가 추가되는 경우도 있다.
   (2) 이는 일반적인 경우와 달리, 수동조작스위치를 별도로 설치하는 것이다.
   (3) 이 경우에도 수동조작스위치를 주소형으로 사용할 경우, 중계기가 필요없다.
3. 사이렌과 방출표시등은 하나의 회로로 할 수도 있다.

> **문제**
>
> R형 자동화재탐지설비에서 다음 각 설비의 입력과 출력 회로수를 산정하는 방법에 대하여 설명하시오.
>
> 1) 자동화재탐지설비　　　　　　2) 준비작동식 스프링클러 설비
> 3) 할론 소화설비　　　　　　　　4) 제연설비
> 5) 방화셔터 설비

1. R형 수신기에서 입·출력 회로의 개념

1) 입력 회로

(1) 각 설비로부터 수신기로 화재감지 등의 신호를 주는 회로

(2) 즉 수신기에서의 Local 기기(감지기, 발신기 등)에 대한 감시회로

2) 출력 회로

(1) 수신기에서 각 설비로 작동 등의 신호를 주는 회로

(2) 수신기에서 Local 기기(사이렌, 경종 등)를 기동시키는 회로

2. 입·출력 회로수의 산정방법

1) 자동화재 탐지설비

(1) 입력

① 발신기의 회로 : 발신기에 연결된 일반감지기, 발신기 등

② 아날로그 감지기(중계기와 별도 회로임)

(2) 출력

① 경종

② 시각경보기

(3) 중계기는 보통 발신기함에 설치함

2) 준비작동식 스프링클러 설비

(1) 입력

① 감지기 A 및 B 회로 : 교차회로인 감지기

② 압력 스위치 : 압력 스위치 신호의 감시

③ 탬퍼 스위치 : 밸브 개폐 여부의 감시

(수동 조작을 별도의 회로로 설정하는 제품도 있음)

(2) 출력

① 솔레노이드 밸브 : 감지기 작동에 따른 설비 작동

② 사이렌 : 사이렌 기동

3) 할론소화설비

(1) 입력
① 감지기 A 및 B 회로 : 교차회로
② 압력스위치 : 압력스위치 감시
③ 방출지연스위치(Abort S/W) : 할론 방출의 지연 감시
(수동조작을 별도의 회로로 설정하는 제품도 있음)

(2) 출력
① 솔레노이드 밸브 : 설비의 작동
② 사이렌 : 사이렌 기동
③ 방출표시등 : 방출표시등의 점등

4) 제연설비(2/1)

(1) 입력
① 감지기 : 제연용 감지기의 감시
② 댐퍼 확인 : 댐퍼 작동 여부의 감시
③ 송풍기의 기동

(2) 출력
① 댐퍼 기동 : 댐퍼 기동
② 송풍기의 기동 확인

5) 방화셔터 설비(4/2)

(1) 입력
① 연기 및 열감지기 회로 : 2단 동작되는 셔터의 감지기 감시
② 셔터 기동 확인 1 : 셔터의 동작상태 감시(연기감지기 의한 1단 기동)
③ 셔터 기동 확인 2 : 셔터의 동작상태 감시(열감지기 의한 기동)

(2) 출력
① 셔터 기동 1 : 연기 감지기에 의한 1단 작동
② 셔터 기동 2 : 열 감지기에 의한 완전폐쇄 작동

감지기의 분류

1 감지원리에 따른 분류

감지원리		감지범위	종류	감도	감지방식
열 감지기	차동식	스포트형	공 기 식	1, 2종	다이어프램
			전 기 식	1, 2종	열반도체/열기전력
		분포형	공기관식	1, 2, 3종	공 기 관
			열전대식	1, 2, 3종	열 전 대
			열반도체식	1, 2, 3종	
	정온식	스포트형		특, 1, 2종	바이메탈, 반도체 등
		감지선형		특, 1, 2종	가용절연물
	보상식	스포트형		1, 2종	다이어프램, 바이메탈
연기 감지기	이온화식	스포트형	비축적형	1, 2, 3종	Americium 원소
			축 적 형	1, 2, 3종	Americium 원소
	광전식	스포트형	비축적형	1, 2, 3종	발광 다이오드
			축 적 형	1, 2, 3종	발광 다이오드
		분리형		1, 2종	
	공기흡입형				
복합형 감지기	열복합형		(복합형 감지기의 개념) 2가지 성능의 감지기능이 함께 작동될 때, 화재신호를 발신하거나 2개의 화재신호를 각각 발신하는 것		차동+정온식
	연복합형				이온화+광전식
	열연복합형				(차동 또는 정온) +(이온화 또는 광전식)
불꽃 감지기	UV감지기				
	IR감지기				
	불꽃복합형				
화재가스 감지기					

② 발신방법에 따른 분류

1. 단신호식 감지기

2. 다신호식 감지기

감지기 내에 서로 다른 종별 또는 감도 등을 갖추고, 각각 다른 2개 이상의 화재신호를 발신하는 감지기(복합형 감지기와의 차이점은 감지원리는 1가지로 되어 있다는 것이다.)

3. 아날로그식 감지기

주위의 온도 또는 연기량의 변화에 따라 각각 다른 전류치 또는 전압치 등의 출력을 발하는 감지기

4. 단독경보형 감지기

감지기 내에 경보장치를 내장한 것

③ 연기축적 여부에 따른 분류

1. 축적형 감지기

일정농도 이상의 연기가 일정시간 연속하는 것을 검출하여 발신하는 감지기
(단순히 작동시간만을 지연시키는 것은 제외됨)

2. 비축적형 감지기

④ 기타 분류기준

1. 방수 여부 : 방수형, 비방수형
2. 내식 여부 : 내산형, 내알칼리형, 보통형
3. 방폭 여부 : 방폭형, 비방폭형

> 참고
>
> **방폭형 감지기**
> 폭발성 가스가 용기 내부에서 폭발 시, 폭발 압력을 그 용기가 견디거나 외부의 폭발성 가스에 인화될 우려가 없도록 만들어진 감지기

감지기의 설치기준

① 비화재보 우려가 있는 장소에 설치하는 감지기

1. 비화재보 우려 장소
   1) 지하층, 무창층 등으로서, 환기가 잘되지 않거나 실내면적이 40 [m²] 미만인 장소
   2) 감지기의 부착면과 실내바닥과의 거리가 2.3 [m] 이하인 곳으로서 일시적으로 발생한 열ㆍ연기 또는 먼지 등으로 인하여 화재신호를 발신할 우려가 있는 장소

2. 설치 가능한 감지기
   축적형, **복**합형, **다**신호식, **광**전식 분리형 감지기
   불꽃, 정온식 **감**지선형, **분**포형, **아**날로그형 감지기

3. 위 규정에도 불구하고 일시적으로 발생한 열ㆍ연기 또는 먼지 등으로 인하여 화재신호를 발신할 우려가 있는 장소에는 별표 1 및 별표 2에 따라 그 장소에 적응성 있는 감지기를 설치할 수 있으며, 연기감지기를 설치할 수 없는 장소에는 별표 1을 적용하여 설치할 수 있다.

② 축적형 감지기를 설치할 수 없는 경우

1. 교차회로방식에 사용되는 감지기
2. 급속한 연소확대가 우려되는 장소에 사용되는 감지기
3. 축적기능이 있는 수신기에 연결하여 사용하는 감지기

③ 열감지기

1. 스포트형 감지기 설치기준

1) 감지기는 실내의 공기 **유**입구로부터 1.5 [m] 이상 떨어진 위치에 설치할 것
   (차동식 분포형 제외)
2) 감지기는 천장 또는 반자의 옥내에 **면**하는 부분에 설치할 것
3) 보상식 스포트형 감지기는 정온점이 주위의 평상시 **최**고 주위온도보다 20 [℃] 이상 높은 것으로 설치할 것
4) 정온식 감지기는 주방ㆍ보일러실 등으로서 다량의 화기를 취급하는 장소에 설치하되, 공칭작동온도가 **최**고주위온도보다 20 [℃] 이상 높은 것으로 설치할 것
5) 차동식, 보상식, 정온식 스포트형 감지기는 다음 표의 바닥면적마다 1개 이**상**을 설치할 것

(단위 : [m²])

부착높이 및 주요구조부의 구조		감지기의 종류						
		차동식		보상식		정온식		
		1종	2종	1종	2종	특종	1종	2종
4[m] 미만	내화구조	90	70	90	70	70	60	20
	기타구조	50	40	50	40	40	30	15
4[m] 이상 8[m] 미만	내화구조	45	35	45	35	35	30	–
	기타구조	30	25	30	25	25	15	–

6) 스포트형 감지기는 45° 이상 **경**사되지 않게 부착할 것

2. 차동식 분포형 감지기 설치기준

1) 공기관식 감지기 설치기준

(1) 공기관 **노**출부분은 감지구역마다 20 [m] 이상이 되도록 할 것

(2) 공기관과 감지구역의 각 변과의 **수**평거리는 1.5 [m] 이하가 되도록 하고, 공기관 **상**호 간의 거리는 6 [m](주요구조부가 내화구조 : 9 [m]) 이하가 되도록 할 것

(3) 공기관은 도중에 분기하지 말 것

(4) 하나의 검출부분에 접속하는 공기관의 **길**이는 100 [m] 이하가 되도록 할 것

(5) 검출부

① 5° 이상 경사되지 않게 부착할 것

② 바닥에서 0.8~1.5 [m] 이하 높이에 설치

2) 열전대식 감지기 설치기준

(1) 감지구역의 바닥면적 18 [m²](주요구조부가 내화구조인 경우, 22 [m²])마다 1개 이상으로 할 것

(2) 단, 바닥면적 72 [m²](주요구조부가 내화구조인 경우 : 88 [m²]) 이하인 경우, 4개 이상으로 할 것 → 최소 4개 이상 설치하라는 의미임

(3) 하나의 검출부에 접속하는 열전대부는 (4개 이상) ~ 20개 이하로 할 것
(단, 주소형은 형식승인 받은 성능인정범위 내의 수량으로 설치할 수 있음)

3) 열반도체식 감지기 설치기준

(1) 감지부는 그 부착높이 및 소방대상물의 주요구조부의 구조에 따른 아래의 표의 바닥면적마다 1개 이상 설치할 것
단, 다음 표에 따른 바닥면적의 2배 이하인 경우 : 2개 이상으로 할 것
(부착높이가 8 [m] 미만이고, 바닥면적이 다음 표의 면적 이하 : 1개 이상)

(단위 : [m²])

부착높이 및 주요구조부		감지기의 종류	
		1종	2종
8[m] 미만	내화구조	65	36
	기타구조	40	23
8[m] 이상 15[m] 미만	내화구조	50	36
	기타구조	30	23

(2) 검출부 하나에 접속하는 감지부 : 2~15개

(단, 주소형은 형식승인 받은 성능인정범위 내의 수량으로 설치할 수 있음)

3. 정온식 감지선형 감지기 설치기준

1) 보조선이나 고정 금구를 사용하여 감지선이 **늘**어지지 않도록 할 것

2) 단자부와 마감 고정금구와의 설치 **간**격은 10[cm] 이내

3) 감지선형 감지기의 굴곡 **반**경은 5[cm] 이상

4) 감지기와 감지구역 각 부분과의 수평**거**리

구분	내화구조	기타 구조
1종	4.5[m] 이하	3[m] 이하
2종	3[m] 이하	1[m] 이하

5) **케**이블 트레이에 설치 시에는 케이블 트레이 받침대에 마감금구를 사용하여 설치할 것

6) 창고의 천장 등에 지지물이 적당하지 않은 장소에서는 **보**조선을 설치하고 그 보조선에 설치할 것

7) 분전반 내부에 설치할 경우에는 **접**착제를 이용하여 돌기를 바닥에 고정시키고 그곳에 감지기를 설치할 것

8) 그 밖의 설치기준은 형식승인 내용에 따르며, 형식승인 사항이 아닌 것은 제조사의 시방에 따를 것

❹ 연기감지기 설치기준

1. 설치장소

1) 계단 · 경사로 및 에스컬레이터 경사로

2) 복도(30[m] 미만은 제외)

3) 엘리베이터 승강로(권상기실이 있는 경우에는 권상기실) · 린넨슈트 · 파이프 피트 및 덕트 기타 이와 유사한 장소

4) 천장 또는 반자의 높이가 15[m] 이상 20[m] 미만의 장소

5) 다음 중 하나에 해당하는 특정소방대상물의 취침·숙박·입원 등 이와 유사한 용도로 사용되는 거실
    (1) 공동주택·오피스텔·숙박시설·노유자시설·수련시설
    (2) 교육연구시설 중 합숙소
    (3) 의료시설, 근린생활시설 중 입원실이 있는 의원, 조산원
    (4) 교정 및 군사시설
    (5) 근린생활시설 중 고시원

2. 설치기준

1) 설치수량 : 아래 표의 바닥면적당 1개 이상

설치높이	1종 및 2종	3종
4[m] 미만	150[m²]	50[m²]
4~20[m] 미만	75[m²]	–

2) 설치간격
    (1) 복도·통로 : 보행거리 30[m] 이내(3종 : 20[m])
    (2) 계단·경사로 : 수직거리 15[m] 이내(3종 : 10[m])
3) 천장 또는 반자가 낮은 실내 또는 좁은 실내 : 출입구 가까운 부분에 설치
4) 천장 또는 반자 부근에 배기구가 있는 경우 : 그 부근에 설치
5) 벽이나 보로부터 0.6[m] 이상 떨어진 곳에 설치할 것

5 광전식 분리형 감지기 설치기준

1. 감지기의 수광면은 햇빛을 직접 받지 않도록 설치할 것
2. 광축(송광면과 수광면의 중심을 연결한 선)은 나란한 벽으로부터 0.6[m] 이상 이격하여 설치할 것
3. 감지기의 송광부와 수광부는 설치된 뒷벽으로부터 1[m] 이내에 설치
4. 광축의 높이는 천장 등(천장의 실내의 면한 부분 또는 상층의 바닥 하부면을 의미함)의 높이의 80[%] 이상일 것
5. 광축의 길이는 공칭 감시거리의 범위 이내일 것
6. 그 밖의 설치기준은 형식승인 내용에 따르며, 형식승인 사항이 아닌 것은 제조사의 시방에 따를 것
7. 다음 장소에는 광전식분리형 감지기를 설치할 수 있음 : 화학공장, 격납고, 제련소 등

6 불꽃감지기 설치기준

1. 공칭 감시거리 및 공칭 시야각은 형식승인 내용을 따를 것

2. 감지기는 공칭 감시거리와 공칭 시야각을 기준으로 감시구역이 모두 포용될 수 있도록 설치할 것

3. 감지기는 화재 감지를 유효하게 할 수 있는 모서리 또는 벽 등에 설치할 것

4. 감지기를 천장에 설치할 경우에는 감지기는 바닥을 향하여 설치할 것

5. 수분이 많이 발생할 우려가 있는 장소에는 방수형을 설치할 것

6. 그 밖의 설치기준은 형식승인 내용에 따르며, 형식승인 사항이 아닌 것은 제조사의 시방에 따를 것

7. 다음 장소에는 불꽃 감지기를 설치할 수 있음

   화학공장, 격납고, 제련소 등 : 설치장소의 공칭감시거리 및 공칭시야각 등 감지기 성능을 고려할 것(전산실 또는 반도체 공장등 : 광전식 공기흡입형 감지기를 설치할 수 있음)

☑ 아날로그 및 다신호 방식의 감지기 설치기준

1. 아날로그 감지기

공칭감지온도 범위 및 공칭감지농도 범위에 적합한 장소에 설치할 것

2. 다신호식 감지기

화재신호를 발신하는 감도에 적합한 장소에 설치할 것

☑ 감지기 제외 장소

1. 부식성 가스가 체류하고 있는 장소

2. 목욕실, 욕조나 샤워시설이 있는 화장실 기타 이와 유사한 장소

3. 천장 또는 반자의 높이가 20 [m] 이상인 장소(단, 부착높이별 기준에서의 20 [m] 이상에 설치되는 감지기가 적응성 있는 장소는 제외함)

4. 고온도 또는 저온도로서 감지기 기능이 정지되기 쉽거나, 유지관리가 어려운 장소

5. 파이프 덕트 등으로 2개 층마다 방화구획되어 있거나, 수평 단면적이 5 [m²] 이하인 장소

6. 헛간 등 외부와 기류가 통하는 장소로서, 감지기가 유효하게 감지하기 어려운 장소

7. 먼지, 가루 또는 수증기가 다량 체류하거나 평시에 연기가 다량으로 발생하는 장소(연기감지기에 한한다.)

8. 프레스공장, 주조공장 등 기타 화재발생 위험이 적은 장소로서, 감지기 유지관리가 어려운 장소

☑ 부착높이별 감지기

• 4 [m] 미만	: 차보정	이광	열연복	불	
• 4~8 [m]	: 차보정(특1)	이광(12)	열연복	불	
• 8~15 [m]	: 차분	이광(12)	연복	불	(불광역(연) 2분)
• 15~20 [m]	:	이광(1)	연복	불	(불광이)
• 20 [m] 초과	:	광(분, 공→아날)		불	(불광)

부착높이	감지기의 종류	비고
4[m] 미만	• 차동식(스포트형, 분포형) • 보상식 스포트형 • 정온식(스포트형, 감지선형) • 이온화식 또는 광전식(스포트형, 분리형, 공기흡입형) • 열복합형 • 연기복합형 • 열연기복합형 • 불꽃감지기	차보정 / 이광 열연복 / 불
4[m] 이상 8[m] 미만	• 차동식(스포트형, 분포형) • 보상식 스포트형 • 정온식(스포트형, 감지선형) 특종 또는 1종 • 이온화식 1종 또는 2종 • 광전식(스포트형, 분리형, 공기흡입형) 1종 또는 2종 • 열복합형 • 연기복합형 • 열연기복합형 • 불꽃감지기	차보정(특1) 이광(12) 열연복 / 불
8[m] 이상 15[m] 미만	• 차동식 분포형 • 이온화식 1종 또는 2종 • 광전식(스포트형, 분리형, 공기흡입형) 1종 또는 2종 • 연기복합형 • 불꽃감지기	불/광이 / 연분
15[m] 이상 20[m] 미만	• 이온화식 1종 • 광전식(스포트형, 분리형, 공기흡입형) 1종 • 연기복합형 • 불꽃감지기	불/광이(1)/연
20[m] 이상	• 불꽃감지기 • 광전식(분리형, 공기흡입형)중 아날로그 방식	불광

1. 감지기별 부착 높이 등에 대하여 별도로 형식 승인을 받은 경우에는 그 성능 인정범위 내에서 사용할 수 있음
2. 부착높이 20[m] 이상에 설치되는 광전식 중 아날로그방식의 감지기는 공칭감지농도 하한값이 감광률 5[%/m] 미만인 것으로 함

NOTE

공칭감지농도 하한값 5 [%/m] 미만의 의미

1. 단위길이당 감광률(O_u)과 감광계수(C_s)의 관계

   1) 단위길이당 감광률

   $$O_u = 100\left[1 - \left(\frac{I}{I_0}\right)^{1/l}\right]$$

   2) 관계식 정리

   $$\frac{O_u}{100} = 1 - \left(\frac{I}{I_0}\right)^{1/l}$$

   $$1 - \frac{O_u}{100} = \left(\frac{I}{I_0}\right)^{1/l}$$

   양변에 자연로그를 취하면

   $$\ln\left[1 - \frac{O_u}{100}\right] = \frac{1}{l}\ln\left(\frac{I}{I_0}\right)$$

   $$\frac{1}{l}\ln\left(\frac{I_0}{I}\right) = -\ln\left[\frac{100 - O_u}{100}\right]$$

   $$C_s = \ln\left(\frac{100}{100 - O_u}\right)$$

2. 단위길이당 감광률 5 [%/m]의 의미

   1) 상기 관계식에 대입하면

   $$C_s = \ln\left(\frac{100}{100 - 5}\right) = 0.05 \, [\text{m}^{-1}]$$

   2) 즉, 감광계수 $0.05 \, [\text{m}^{-1}]$ 미만의 연기농도에서도 화재를 감지할 수 있도록 요구하는 것이다.

차동식 스포트형 열감지기의 종류 3가지를 나열하고, 각 감지기의 구조 중 차동식의 기능을 실행하는 부분(구조) 및 그 부분에 대한 동작원리를 각각 설명하시오.

1. 개요

차동식 스포트형 감지기는 일국소의 주위 온도가 일정한 온도상승률 이상으로 상승될 때 이를 화재로 감지하는 것으로서, 그 종류에는 공기팽창식, 열기전력식, 반도체식 등이 있다.

2. 종류별 작동원리

1) 공기 팽창식

(1) 구조

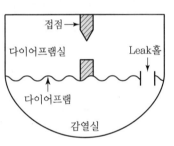

① 열을 유효하게 받을 수 있는 감열실

② 신축성이 있는 금속판인 다이어프램판

③ 완만한 온도상승 시 압력을 조절하는 Leak 구멍

④ 접점과 배선

(2) 동작원리

① 일정한 온도상승률 이상으로 온도가 올라가면, 얇은 다이어프램판이 온도 상승에 따른 공기팽창에 의해 접점을 형성하여 화재를 검출

② 완만한 온도상승은 Leak 구멍으로 공기가 배출되어 오보를 방지

→ 즉 일정 온도상승률 이상에서 작동된다.

2) 열기전력식

(1) 구조

① 반도체 열전대 : 반도체의 P와 N이 결합되어 열기전력을 발생시킨다.

② 미터 릴레이

③ 알루미늄판으로 열을 유효하게 받을 수 있는 챔버

(2) 동작원리

① 화재 발생 시(급격한 온도상승)

• 급격한 온도상승으로 감열실 내의 반도체 열전대(냉접점과 온접점으로 구성)로 열이 전달되어 열기전력이 발생된다.

• 이 열기전력이 일정값 이상이 되면 고감도 릴레이인 미터릴레이가 접점을 닫아 화재 신호를 발신한다.

② 완만한 온도 상승 시

반도체 열전대의 냉접점에서의 역 열기전력에 의해 온접점 측의 열기전력이 상쇄되어 릴레이가 작동되지 못하게 한다.

3) 반도체식

(1) 감지기 내 · 외부에 설치된 Thermistor에 도달하는 온도 상승의 시간차를 검출한다.

(2) NTC 서미스터

① 부온도 특성(Negative Temperature Coefficient)의 서미스터를 이용함

(온도가 상승하면 전기저항이 감소하는 특성을 가진 서미스터)

② 광범위한 온도범위에서 저항이 변화함

(3) 동작원리 : 화재로 인한 급격한 온도 상승 시 서미스터의 저항이 감소하며 이를 검출한다.

참고

차동식 스포트형 감지기의 작동기준

온도 상승	계단적 온도상승			직선적 온도상승	
수치	K	V	N	T	M
1종	20	70	30	10	4.5
2종	30	85		15	

1. 계단 상승

실온보다 K [℃] 높은 온도이고, 풍속이 V [cm/s]인 수직기류에 투입시 N초 이내에 작동될 것

2. 직선 상승

분당 T [℃] 온도 상승 시(T [℃/min]) M분 이내에 작동될 것

정온식 스포트형 감지기에 대하여 설명하시오.

1. 개요

정온식 스포트형 감지기는 일국소의 온도가 일정온도(공칭작동온도) 이상이 되면, 화재신호를 발하는 방식의 감지기이다.

2. 종류

1) 바이메탈 방식

(1) 선팽창계수가 서로 다른 금속을 붙여둔 상태에서 온도가 상승하면 접합금속은 서서히 구부러지며, 일정 온도 이상이 되면 접점을 형성하여 화재신호를 발하는 방식이다.

(2) 일반적으로 감지기에 사용되는 바이메탈의 재질은
    ① 고팽창금속 : 황동
    ② 저팽창금속 : 철+니켈
    ③ 접점 : PGS 합금

2) 반도체 방식

(1) 1개 Thermistor의 정온점 도달 시 저항변화를 검출한다.
    (차동식과 구분을 위해 적색으로 칠함)

(2) 서미스터로는 NTC를 이용한다.

3) 금속의 팽창계수 이용방식

(1) 팽창계수가 큰 금속으로 된 외부 원통과 그 내부에 접점이 있는 팽창계수가 작은 금속으로 이루어져 있다.

(2) 온도 상승에 따른 외부 원통의 팽창으로 일정 온도가 되면, 내·외부의 금속 간의 접점이 형성되어 화재신호를 발하는 방식이다.

3. 설치기준

1) 감지구역의 공기 유입구로부터 1.5 [m] 이상 이격하여 설치

2) 천장 또는 반자의 옥내에 면하는 부분에 설치

3) 주방·보일러실 등으로서 다량의 화기를 취급하는 장소에 설치하되, 공칭작동온도가 최고 주위 온도보다 20 [℃] 이상 높은 것으로 설치할 것

4) 45° 이상 경사지지 않도록 설치할 것

5) 다음 바닥면적당 1개 이상 설치할 것

(단위 : [m²])

부착높이 4 [m] 미만	특종	1종	2종	부착높이 4~8 [m]	특종	1종	2종
내화구조	70	60	20	내화구조	35	30	−
기타구조	40	30	15	기타구조	25	15	−

4. 차동식 스포트형과의 비교

1) 차동식에 비해 화재에 대한 감도가 낮다.(화재 후, 일정 온도까지 상승되어야 작동)
2) 차동식에 비해 비화재보의 우려 크다.(여름철 등의 경우, 천장부 온도 상승으로 오작동)
3) 훈소 화재에 사용 가능하다.

문제

화재감지기의 감지소자인 서미스터(Thermistor)의 종류별 특성을 설명하고, 이를 이용한 감지기를 쓰시오.

---

1. 개요

1) 서미스터는 Thermally Sensitive Resistor의 합성어로서, 반도체 등 천이산화 금속산화물을 소결하여 만든 것이다.
2) 서미스터는 온도변화에 대한 민감성이 커서 온도에 따른 저항변화율이 매우 크다. 즉 미소온도 변화의 측정에 유리하다.

2. 서미스터의 종류별 특성

1) NTC 서미스터

   (1) 부온도 특성(Negative Temperature Coefficient)의 서미스터
   (2) 즉 온도가 상승하면 전기저항이 감소하는 특성을 가진 서미스터
   (3) 감지기에 주로 사용되는 서미스터

2) PTC 서미스터

(1) 정온도 특성(Positive Temperature Coefficient) 서미스터

(2) 즉 온도가 상승하면 전기저항이 증가하는 특성을 가진 서미스터

3) CTR 서미스터

어떤 온도범위에서 전기저항이 급격히 감소하는 특성을 가진 서미스터

4) 서미스터의 온도-저항변화의 특성

(1) 그림에서와 같이, CTR이나 PTC는 일정 온도범위에서만 저항이 크게 변화한다.

(2) 이와 달리, NTC의 경우에는 전체 온도범위에서의 저항변화가 거의 일정하다.

  ① 이러한 특성으로 인해 NTC가 감지기의 서미스터로 사용된다.

  ② CTR이나 PTC는 정온식에는 가능하지만, 차동식으로는 부적합하다.

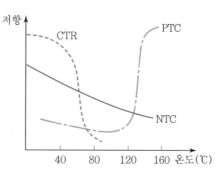

3. 서미스터를 이용한 감지기

1) 차동식 스포트형 감지기

(1) 서미스터를 감지기 외부 및 내부에 각각 설치하여 열이 2개의 서미스터에 전달되는 시간차를 가진 온도변화율을 검출하여 화재신호로 출력한다.

(2) 넓은 온도범위에서의 온도변화율을 검출하므로, NTC를 사용한다.

2) 정온식 스포트형 감지기

(1) 서미스터를 외부에 1개 설치하여 일정한 온도(공칭작동온도)에 도달할 경우, 정해진 저항값을 검출하는 감지기이다.

(2) NTC를 이용한다.

문제

보상식 스포트형 감지기에 대하여 설명하시오.

---

1. 개요

보상식 스포트형 감지기는 저온도에서는 차동식으로 작동되지만, 주위 공기 온도가 공칭작동온도에 도달되면 온도상승률에 상관없이 정온식의 방법으로 작동되는 감지기이다.

2. 보상식 감지기의 필요성

1) 차동식의 단점 : 심부화재, 훈소에 둔감하다.

2) 정온식의 단점 : 공칭작동온도까지의 시간 지연된다.

3) 보상식 : 2가지 중 1가지 조건만 만족해도 동작하는 열감지기(OR 회로)

4) 목적 : 실보 방지

5) 적응장소

(1) 심부성 화재가 우려되는 장소

(2) 연기가 다량으로 유입되는 장소

(3) 배기가스 · 부식성 가스 또는 결로가 다량으로 체류하는 장소

3. 결론

보상식 스포트형 감지기는 차동식과 정온식의 감지원리를 모두 가지고 있으며, 화재 시 감지기가 작동되지 않는 실보나 지연작동을 방지하기 위하여 사용되는 것이다.

NOTE

열복합형 감지기

1. 차동식과 정온식의 AND 또는 OR 회로

2. 목적 : 비화재보 방지

3. 적응장소(←비화재보 우려 장소)

1) 지하층 · 무창층으로서 환기가 잘 되지 않는 장소

2) 실내면적인 40 [m²] 미만인 장소

3) 감지기 부착면과 실내 바닥과의 거리가 2.3 [m] 이하인 장소

4. 보상식과 복합형 감지기의 차이점

1) 보상식과 열복합형 감지기는 차동식 및 정온식의 2가지 감지원리를 모두 가지고 있다는 점은 같다.

2) 그러나 보상식은 2가지 원리 중 1가지만 작동해도 화재를 발신하며, 복합형은 2가지 원리 모두 작동해야 화재를 발신하거나 2가지에 대해 각각 다른 신호를 발신한다는 것이 다르다.

문제

열식 Spot형 감지기(차동식, 보상식, 정온식)를 다음 사항에 대하여 비교하시오.

1) 감도
2) 훈소화재 적응성
3) 오보 확률

1. 감지기의 감도

1) 보상식 ≥ 차동식 > 정온식
2) 정온식은 화재 발생 후, 공칭작동온도까지 상승해야 동작한다.

2. 훈소화재 적응성

1) 정온식 · 보상식 > 차동식
2) 훈소화재는 서서히 화재가 진행되므로, 온도 변화율을 감지하는 차동식은 둔감하다.

3. 오보 확률

1) 보상식 > 정온식 > 차동식
2) 보상식은 2가지 방식 중 1가지만 만족하면 화재 신호가 발령된다.
   (즉 2가지 오보 환경에 모두 비화재보 발령)
3) 정온식은 온도가 더워지는 여름철 등에 오보가 많다.
4) 차동식은 온도가 급격히 상승되어야 작동되므로, 상대적으로는 오보가 적다.

문제

차동식 분포형 감지기 중 공기관식에 대하여 설명하시오.

1. 개요

공기관식 분포형 감지기는 주위 온도가 일정 이상의 온도상승률로 급격히 상승될 경우, 주위 열에 의한 공기관 내부의 공기팽창으로 접점을 형성하여 화재를 검출하는 방식의 감지기이다.

2. 구조 및 작동원리

1) 구조

공기관식 감지기는 그림과 같이 공기관 및 검출부로 구성되며, 검출부에는 다음과 같은 부분이 있다.

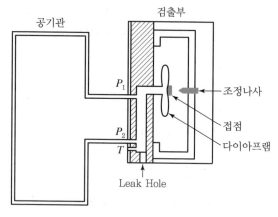

(1) 다이어프램 : 공기관 팽창에 의해 접점을 붙이는 기능

(2) Leak Hole : 낮은 온도상승률에 의한 공기팽창을 누설시켜 오보를 방지

(3) T(시험구멍) : 공기관 감지기의 시험에 이용

2) 작동원리

(1) 평상시의 완만한 온도상승

① 공기관 내에서의 팽창된 공기량이 검출부의 Leak hole을 통해 배출되어 다이어프램이 접점을 붙이지 않는다.

② 일정기준 이내의 공기팽창은 조정나사를 조절하여 접점이 붙지 않도록 하여 화재신호 를 발신하지 못하게 되어 있다.

(2) 화재에 의한 급격한 온도상승

① 공기관 내의 공기가 급격히 팽창되어 다이어프램을 밀어 올려서 접점을 형성한다.

② 이때에도 리크 구멍으로 공기가 일부 누설되지만, 온도상승률이 높아 다이어프램을 밀어올리게 된다.

3. 설치기준

1) 공기관 노출부분은 감지구역마다 20 [m] 이상이 되도록 할 것
2) 공기관과 감지구역의 각 변과의 수평거리는 1.5 [m] 이하가 되도록 하고, 공기관 상호 간의 거리는 6 [m](주요구조부가 내화구조인 경우, 9 [m]) 이하가 되도록 할 것
3) 공기관은 도중에 분기하지 말 것
4) 하나의 검출부분에 접속하는 공기관의 길이는 100 [m] 이하가 되도록 할 것
5) 검출부
   (1) 5° 이상 경사되지 않게 부착할 것
   (2) 바닥에서 0.8~1.5 [m] 이하의 높이에 설치

4. 공기관식 감지기의 시험

1) 화재동작 시험

   (1) 검출부의 T(시험구멍)에 테스트 펌프가 접속된 튜브를 접속시켜 공기를 주입
   (2) 그림의 P_2 전단에 설치된 시험밸브를 개방하여 공기관 길이에 따른 일정 공기량을 주입
   (3) 검출부에 명시되어 있는 작동시간과 공기 주입 후의 작동시간을 비교하여 적정성을 검토
      ① 시간 내에 경보 : 정상
      ② 경보시간을 초과 : 공기관 내 또는 리크구멍에서의 누설이 큰 상태임

2) 작동지속시간 시험

   (1) 수신기가 자동복구로 되어 있는 상태에서 감지기가 작동된 후부터 리크 구멍으로 공기가 누설되어 경보가 정지될 때까지의 시간을 체크하는 시험
   (2) 판정기준
      ① 경보지속시간이 너무 짧은 경우
        공기가 너무 빨리 누설되므로, 리크 구멍으로의 누설이 많다.
      ② 경보지속시간이 너무 긴 경우
        리크 구멍이 너무 작아서 오보의 우려가 있다.

3) 유통시험

   (1) 공기관 접속부인 P_1에 마노미터를 접속
   (2) T를 통하여 테스트펌프로 공기를 마노미터의 높이가 약 100 [mm] 정도 상승될 때까지 주입
   (3) 공기 주입을 중단하고, 수위가 정지하는지 여부를 확인
      (만일, 수위가 낮아진다면, 공기관에서 누설이 되고 있는 것임)

(4) 검출부에 있는 송기구를 개방하여 공기를 제거하여 마노미터의 수위를 1/2 정도로 저하시킨다.

(5) 이때까지의 시간을 측정하여 공기관 유통곡선에서 공기관 길이를 산출

→ 기준 : 이 공기관 길이가 100 [m] 이하이면 합격이며, 만일 이를 초과할 경우에는 공기관 내에 막히거나 찌그러진 부분이 있다는 것을 의미한다.

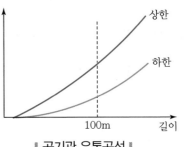

┃ 공기관 유통곡선 ┃

4) 다이어프램 시험

(1) 공기관 접속부인 P_1에 마노미터를 접속한 펌프를 연결시켜 다이어프램에 공기를 주입시켜 접점을 폐쇄시킨다.

(2) 이때의 마노미터의 수위(접점 수고값)를 확인하여 검출기에 표시된 값의 범위 내인지 확인한다.

(3) 판정기준

① 기준범위 초과 : 다이어프램이 둔감하여 실보의 우려가 있다.

② 기준범위 미만 : 다이어프램이 과민하여 오보의 우려가 있다.

5) 리크시험

(1) 리크 구멍은 합성수지재의 흡습성이 낮은 면을 사용하여 서서히 공기가 누설되도록 되어 있다.

(2) 이러한 리크 구멍의 저항이 너무 작으면, 공기가 너무 많이 누설되어 실보의 원인이 된다. 저항이 너무 크면, 온도변화에 민감해져 오보의 원인이 된다.

(3) P_2 구멍을 통해 리크 구멍으로 공기를 주입시켜 리크구멍의 저항이 적정한지 여부를 확인한다.

열전대식 차동식 분포형 감지기에 대하여 설명하시오.

1. 개요

열전대식 차동식 분포형 감지기는 See-beck 효과에 의해 발생되는 열기전력에 의해 화재를 검출하는 방식의 감지기이다.

2. See-beck 효과

1) See-beck 효과

    (1) 2종류의 금속을 접합하여 그 접합점에 열용량이 차이가 발생되도록 하면, 이 열용량의 차이에 의하여 열기전력이 발생된다.

    (2) See-beck효과란, 온도 상승에 의한 열용량 차 발생으로 인하여 열기전력이 발생되는 것을 말한다.

2) 열전대의 구조

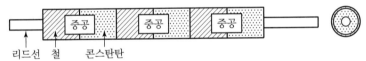

리드선 철 콘스탄탄

    (1) 그림과 같이 리드선에 철(Fe)과 콘스탄탄(Cu 55 [%] + Ni 45 [%]의 합금)을 접합시켜 See-beck 효과를 이용하는 것이 열전대이다.

    (2) 콘스탄탄은 열전대 효과가 큰 합금이다.

3. 열전대식 감지기의 구조 및 작동원리

1) 열전대식 감지기의 구조

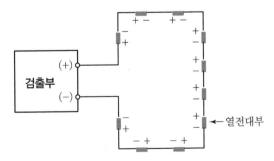

검출부 (+) (−) 열전대부

2) 동작원리

(1) 화재가 발생되면 급격히 온도가 상승하여 열전대부에 열이 전달된다.

(2) 이종 금속 간의 See-beck 효과에 의해 열기전력이 큰 것은 (+)방향으로 흐르며, 열기전력이 작은 열전대는 온도상승에 따르지 않고 (−)방향으로 흐른다.

(3) 따라서 (+), (−)의 양방향으로 흐르는 열기전력 차이의 누적에 따른 전위차로 릴레이에 전류가 흐르게 된다.

(4) 이러한 전류를 검출하여 화재신호를 발신한다.

(5) 난방 등으로 인한 완만한 온도상승에는 양 접합부 사이의 온도 상승에 대한 열용량 차이가 거의 없으므로, 화재신호가 발생되지 않는다.

4. 열전대식 차동식 분포형 감지기

1) 감지구역의 바닥면적 18 [m²](주요구조부가 내화구조인 경우, 22 [m²])마다 1개 이상으로 할 것
2) 하나의 검출부에 접속하는 열전대부는(4개 이상)~20개 이하로 할 것
   (단, 주소형은 형식승인받은 성능인정범위 내의 수량으로 설치할 수 있음)

5. 결론

열전대식 감지기는 See-beck 효과를 이용하여 넓은 지역의 온도상승률을 검출하는 방식의 차동식 분포형 감지기이다.

문제

실온에서 휘스톤 브리지회로의 릴레이 R은 동작하지 않는다고 한다. R_1, R_2, R_3는 고정 저항이며, R_{th}는 열전대이다. 열전대의 원리를 설명하고 화재 발생 시 릴레이 R 이 동작하는 과정을 설명하시오.

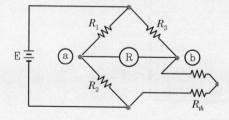

1. 열전대의 원리

1) 열전대는 See-beck 효과에 의해 화재를 검출하는 방식이다.
2) See-beck 효과
   (1) 2종류의 금속을 접합하여 그 접합점에 열용량 차이가 발생되도록 하면, 이 열용량의 차이에 의하여 열기전력이 발생된다.
   (2) See-beck효과란, 온도 상승에 의한 열용량 차 발생으로 인하여 열기전력이 발생되는 것을 말한다.
3) 열기전력
   (1) 열기전력이 큰 것 : (+)방향으로 흐르게 됨
   (2) 열기전력이 작은 것 : (−)방향으로 흐르게 됨
   → 열전대는 (+), (−)로 흐르는 열기전력 차이의 누적에 따른 전위차를 발생시켜 릴레이로 전류가 흐르게 하여 화재를 검출하게 된다.
4) 열전대의 구조
   (1) 그림과 같이 리드선에 철(Fe)과 콘스탄탄(Cu 55 [%] + Ni 45 [%]의 합금)을 접합시켜 See-beck 효과를 이용하는 것이 열전대이다.
   (2) 콘스탄탄은 열전대 효과가 큰 합금이다.

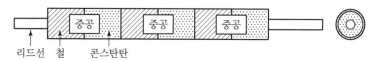

리드선 철   콘스탄탄

2. 화재 발생 시 릴레이 R이 동작하는 과정

1) 평상시
   (1) 휘트스톤 브릿지 회로의 특성에 의해, $R_1 \cdot R_{th} = R_2 \cdot R_3$이 성립한다.
   (2) 즉, a와 b의 전위차가 없어서 릴레이 R은 동작되지 않는다.

2) 화재 시
   (1) 화재로 인해 온도가 상승하면, 열전대에 See-beck 효과로 열기전력 차이가 발생된다.
   (2) 이에 따라 $R_1 \cdot R_{th} \neq R_2 \cdot R_3$으로 되어 a와 b 사이에 전위차가 발생되어 릴레이로 전류가 흐르게 된다.
   (3) 이에 따라 릴레이 R이 동작되어 화재를 검출하게 된다.

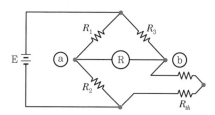

NOTE

열전 현상

1. 제벡효과

1) 개념

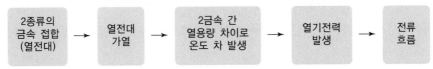

| 2종류의
금속 접합
(열전대) | → | 열전대
가열 | → | 2금속 간
열용량 차이로
온도 차 발생 | → | 열기전력
발생 | → | 전류
흐름 |

2) 활용 : 열전대식 차동식 분포형 감지기

2. 펠티에효과

1) 개념

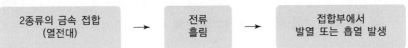

| 2종류의 금속 접합
(열전대) | → | 전류
흐름 | → | 접합부에서
발열 또는 흡열 발생 |

2) 활용 : 냉동기 또는 항온조 제작

3. 톰슨효과

1) 개념

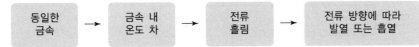

| 동일한
금속 | → | 금속 내
온도 차 | → | 전류
흐름 | → | 전류 방향에 따라
발열 또는 흡열 |

2) 종류

　(1) 부(−) 톰슨효과 : 저온에서 고온부로 전류 흐름 → 흡열

　(2) 정(+) 톰슨효과 : 고온에서 저온부로 전류 흐름 → 발열

정온식 감지선형 감지기에 대하여 설명하시오.

화재
경보
설비

1. 개요

1) 정온식 감지선형 감지기는 전선 형태로 설치하여 화재로 인해 주위 온도가 일정기준 이상 상승되면 가용 절연물이 용융하는 방식의 대표적 비재용형 감지기이다.
2) 또한 차동식 분포형과는 달리 일국소의 화재를 검출한다.

2. 감지기의 구조 및 시스템의 구성

1) 감지선의 구조

(1) 강철선 : Actuator

(2) 가용절연물(Heat Sensitive Material) : 감지부(에틸셀룰로오스)

(3) 내피(Protective Tape) : 강철선과 감지부 보호

(4) 외피(Outer Covering)

: 방수 및 내용물 보호기능의 외피

→ 공칭작동온도 : 외피 색상에 의해 구분

- 적색 : 68 [℃], 백색 : 88 [℃]
- 회색 : 105 [℃], 청색 : 138 [℃]
- 하늘색 또는 녹색 : 180 [℃]
- 국내 제품 : 70 [℃], 90 [℃] 및 140 [℃]
  (70/90 [℃] 다신호식도 있음)

2) 감지시스템의 구성

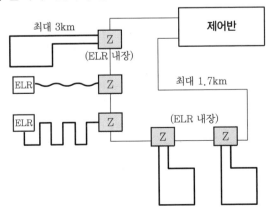

3. 작동원리

1) 서로 꼬여 있는 강철선의 원래대로 돌아가고자 하는 비틀림 힘을 이용한다.
2) 감지부는 내열성이 매우 낮고(열에 녹기 쉬움) 전기적으로 절연인 재료(에틸셀룰로오스)로서, 강철선을 피복하여 새끼처럼 꼬아둔 상태로 있다.
3) 화재 시 열에 의해 감지부가 녹으면 꼬여 있는 강철선이 붙어 단락이 발생하여 전류가 흘러 선형 감지기의 DC 24 [V] 전압이 감소된다.
4) 이에 따라 수신기에서는 화재경보를 발하며, 몇 미터 지점에서 화재가 발생했는지도 알 수 있다.

4. 정온식 감지선형 감지기의 특성

1) 감지기가 설치되어 있는 모든 지점에서 감지가 동일하게 잘 된다.
2) 같은 회로 내에서도 온도 조건이 다른 선형 감지기간 연결이 가능하다.
3) 부식·화학물질·먼지·습기 등이 잘 견딘다.
4) 어떠한 시설에서도 설치·철거가 쉽고, 위험 장소에서도 사용이 가능하다.
5) 하나의 회로로 비교적 먼 거리까지 포설이 가능하다.
6) 일부분이 훼손되면 그 부분만 잘라내어 교체하면 된다.
   (1실에 1개 이상의 접속단자를 이용하여 접속하기 때문)
7) 분포형이지만, 어느 부분에서 동작하더라도 회로구성이 되므로 일국소의 열을 감지한다.
8) 전용 수신반을 설치하면, 발화지점의 표시도 가능하다.
9) 사용온도의 폭이 비교적 넓다.

5. 주요 적용 장소에 대한 설계방법

1) 평평한 천장
   (1) 설치간격
       ① 감지기 사이 : S 이하
       ② 벽과의 거리 : 0.5S 이하
       ③ 모서리와의 거리 : 0.7S 이하
   (2) 인증된 설치간격(S, Spacing)
       ① UL : 15.2 [m] 제품
       ② FM : 4.6, 7.6, 9.1 [m]의
          3가지 제품

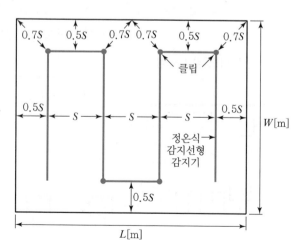

2) 경사 천장

그림과 같이 바닥에 투영된 면적을 기준으로 평평한 천장과 동일하게 설계한다.

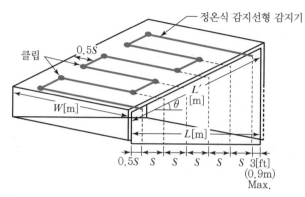

3) Floating Roof Tank

(1) 설치방법

① 그림과 같이 Roof의 원주를 따라 배치한다.

② Foam Dam(굽도리판)과 Secondary Weather Seal 사이에서 번갈아 고정한다.

(2) Loop 형태로 배치되므로, Zone & ELR Box를 적용한다.

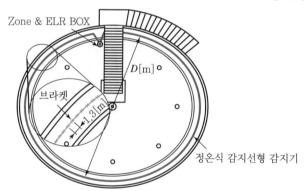

4) 케이블 트레이

(1) 설치방법

① 그림과 같이 클립을 이용하여 Sine 곡선형으로 설치한다.

② 1주기는 1.8 [m]로 한다.

(2) 항상 모든 Tray 위에 설치해야 한다.

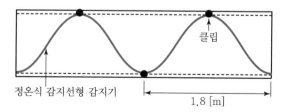

5) 컨베이어 벨트

   (1) 설치방법

      ① 그림과 같이 벨트 양 측면에 선형으로 배치하는 방법

      ② 컨베이어 벨트 설치공간 천장에 직선형으로 배치하는 방법

   (2) 벨트 위에 석탄이나 황 등과 같은 가연물이 쌓이므로, 케이블 트레이 방식은 적용할 수 없다.

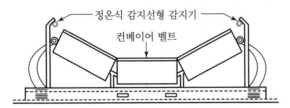

6. 설치기준 및 주의사항

1) 설치기준

   (1) 보조선이나 고정 금구를 사용하여 감지선이 늘어지지 않도록 할 것

   (2) 단자부와 마감 고정금구와의 설치 간격은 10 [cm] 이내일 것

   (3) 감지선형 감지기의 굴곡 반경은 5 [cm] 이상일 것

   (4) 감지기와 감지구역 각 부분과의 수평거리

구분	내화구조	기타구조
1종	4.5 [m] 이하	3 [m] 이하
2종	3 [m] 이하	1 [m] 이하

   (5) 케이블 트레이에 설치 시에는 케이블 트레이 받침대에 마감금구를 사용하여 설치할 것

   (6) 창고의 천장 등에 지지물이 적당하지 않은 장소에서는 보조선을 설치하고 그 보조선에 설치할 것

   (7) 분전반 내부에 설치할 경우에는 접착제를 이용하여 돌기를 바닥에 고정시키고 그 곳에 감지기를 설치할 것

   (8) 그 밖의 설치 기준은 형식승인 내용에 따르며, 형식승인 사항이 아닌 것은 제조사의 시방에 따를 것

2) 설치 시 주의사항

   (1) 수신반 설치 : 높이 1.8 [m] 이하

   (2) 공구를 사용하지 말고 손으로 부드럽게 구부려 사용한다.

   (3) 외피에 손상이 갈 정도로 잡아당기지 않는다.

   (4) 보관·설치 시 열 발생부를 피한다.

   (5) 각 Zone 및 말단 부위에는 각각 Zone Box 및 ELR Box를 설치하여 연결한다.

(6) 외부에 페인트 등이 묻지 않도록 해야 한다.

7. 결론

정온식 감지선형 감지기는 주로 기하학적으로 길이가 긴 형태의 대상에 적합하며, 저렴한 가격과 제품에 대한 지속적 품질개선이 이루어지고 있다.

> **문제**
>
> **차동식분포형 공기관식 감지기와 정온식감지선형 감지기의 적용기준을 터널과 터널 외의 장소로 구분하여 설명하시오.**

거리	감지기 종류	도로터널(NFSC 603)	터널 외(NFSC 203)
벽과의 수평거리	차동식 분포형	6.5 [m] 이하	• 1.5 [m] 이하
	정온식 감지선형		• 내화 : 1종(4.5 [m]) 2종(3 [m]) 이하
			• 비내화 : 1종 (3 [m]) 2종(1 [m]) 이하
감지기간 이격거리	차동식 분포형	10 [m] 이하	• 내화 : 9 [m] 이하
			• 비내화 : 6 [m] 이하
	정온식 감지선형		• 기준 없음

1. 도로터널의 경우, 감지기와 벽 사이의 거리 및 감지기 상호 간의 이격거리를 터널 외의 용도보다 완화하여 적용한다.
2. 그 이유는 도로터널 화재 시 좁은 폭의 길고 천장이 비교적 높은 터널 구조로 인해 열이 상부로 상승하여 터널 천장에 모이게 되므로, 터널 상부에서 주로 감지되기 때문이다.
3. 따라서 천장이 아치형인 경우 터널 천장 상부의 중앙에 감지기를 설치한다.

광섬유 케이블 감지기에 대하여 설명하시오.

1. 개요

1) 광섬유란, 빛 입자를 광속으로 보내는 일종의 광관(Light Pipe)이라 할 수 있다. 이 빛 입자를 포튼(Photon)이라 하는데, 광섬유의 전달능력은 손실 없이 전송되는 포튼의 수에 의해 결정된다.

2) 이러한 광섬유는 통신용으로 많이 이용되고 있으며, 여러 가지 장점으로 인해 의학 또는 광학 센서 등으로도 활용된다.

3) 광섬유를 이용한 광섬유케이블 감지기는 거리별 온도표시, 동작온도 설정, 경계구역 변경, 감지거리 확장 등 화재감시에 매우 효과적이다.

2. 광섬유의 구조

1) 구성

    (1) 코어 : 빛이 통과하는 부분

    (2) 클래드 : 빛이 외부로 누출되는 것을 막는 부분

    (3) 버퍼층 : 외부 충격을 방지

2) 종류

    (1) 멀티모드 광섬유

        코어의 구경이 넓은 단거리 통신용(광섬유 감지기에는 이것을 적용함)

    (2) 싱글모드 광섬유

        코어의 구경이 좁은 장거리 통신용

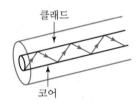

▎광섬유의 구조 ▎

3. 광센서 감지선형 감지기의 작동원리

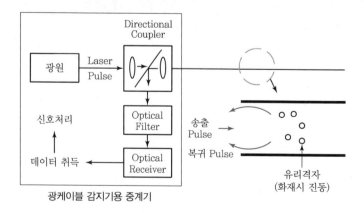

광케이블 감지기용 중계기

1) 광센서 중계기에 설치된 광원에서 Laser Pulse를 송출한다.

2) 화재를 온도가 상승된 지역에서는 밀도변화로 인해 광섬유 내 유리격자가 진동한다.
   (온도에 따라 진동 정도가 다름)

3) 송출된 Laser Pulse가 진동 중인 유리격자에 부딪혀 산란한다.

4) 산란된 Laser Pulse의 일부가 중계기로 복귀된다.

5) 중계기에서는 다음과 같은 과정을 통해 광섬유 전체의 주변온도를 거리별로 측정한다.

   (1) 분광필터에 의해 Stokes광과 Anti-stokes광으로 분리

   (2) 검출소자(Photo Detector)를 통해 전기신호로 변환

   (3) 증폭기를 통해 신호를 증폭

   (4) A/D(Analogue to Digital) 변환기를 통해 디지털 신호로 되어 메모리에 저장된다.

4. 광섬유의 온도측정 원리(Raman 역산란광)

1) 산란광의 종류

   (1) 광섬유에 Laser Pulse(레이저 펄스) 형태의 고출력 광을 입사하면, 광섬유 내의 유리격자들에 부딪혀 산란과 흡수가 발생한다.

   (2) 산란광에는 다음과 같은 2가지 산란광이 존재한다.

   ① Rayleigh 산란광 : 입사광과 동일한 파장 성분의 산란광

   ② Raman 산란광 : 입사광과 다른 파장 성분의 산란광

2) Raman 산란광의 특징

   (1) 이러한 Raman 산란광이 온도에 반응하는 광신호이며, 2가지의 파장성분을 가진다.

   (2) Raman 산란광의 파장 성분

   ① Stokes 광(λ_s) : 입사광이 유리격자에 흡수된 후, 재발광하면서 광에너지를 잃으면 발생되는 장파장의 광

   ② Anti-stokes 광(λ_a) : 입사광이 유리격자에 흡수된 후, 재발광하면서 광에너지를 얻으면 발생되는 입사광보다 단파장의 광

3) 화원의 위치를 산출하는 원리

   (1) 산란광의 위치는 광섬유 내에서 빛의 속도가 일정하다는 것을 이용하여 레이저 펄스가 입사된 시점을 기준으로 되돌아오는 시간을 측정하여 계산한다.

   (2) 일정거리 x만큼 떨어진 곳에서 반사된 Raman 산란광의 위치 계산식

   $$x = V \times \frac{t}{2}$$

   여기서, V : 광섬유 내에서 빛의 전송속도(2×10^8 [m/s])
   t : 산란광이 되돌아오는 데 걸린 시간

4) 화재온도를 측정하는 원리

(1) 화재의 온도는 Stokes광과 Anti-stokes광의 역산란광 비를 측정하면 빛의 강도, 입사조건, 광섬유의 구조 또는 재질 등과 무관하게 절대온도를 측정할 수 있다.

(2) 산란광 강도비 계산식

$$R(T) = \left(\frac{\lambda_s}{\lambda_a}\right)^4 \times e^{\left(-\frac{hc\nu}{kT}\right)}$$

여기서, $R(T)$: Stokes광과 Anti-stokes광의 강도 비
  h : Planck 상수
  k : Boltzmann 상수
  c : 진공 중에서 빛의 속도
  ν : 입사광의 주파수
  T : 산란광을 수신한 광섬유 주위의 절대온도

5. 광케이블 선형 감지기의 특성

1) 우수한 시공성 및 수명

(1) 스테인리스강 튜브 내에 광센서를 내장하여 튼튼하고 열에 민감하며, 경량이고 유연성이 우수하다.

(2) 수명이 최장 30년 정도로 길다.

2) 아날로그 감지기로서의 정밀감지기능

(1) 방호구역의 온도분포 및 화재상황을 실시간 감시가 가능하다.

(2) 종별은 정온식 감지선형, 형식은 아날로그 감지기이며, 부가적으로 차동식 감지기능도 가진다.

(3) 화재지점을 1 [m] 이내, 온도를 0.1 [℃]까지 판별할 수 있다.

3) DTS(Distributed Temperature Sensing) 기능

각 지점의 온도를 실시간으로 측정할 수 있으므로 화재를 사전 예방할 수 있다.

4) 장거리 감시기능

단선으로 최대 6 [km] 이상 설치할 수 있으며, Loop Back 방식으로 설치할 경우 단선사고에도 전 구간 정상 감시가 가능하다.

5) 환경조건에 영향이 거의 없이 사용가능

(1) Laser를 사용하므로 전자파 영향이 없어 클린룸, 위험 장소에도 사용 가능하다.

(2) 방폭, 분진, 극저온, 다습 지역에서도 내구성을 발휘한다.

6) 네트워크 기능, Peer to Peer 기능 및 Stand alone 기능

    (1) R형 수신기로 약 60여 개의 중계반을 네트워크로 연결하여 최대 18,000여 회로를 감시, 제어할 수 있다.

    (2) 각 중계반은 주종관계(Master/Slave)가 아닌 대등관계(Peer to Peer)로 감시 및 제어신호를 주고 받을 수 있다.

    (3) 수신기 및 중계기 상호 간의 통신이 두절되어도 독립적(Stand Alone)으로 작동한다.

6. 주요 적용장소

1) 도로터널

    (1) 도로터널은 매우 길고 밀폐된 공간이어서 화재 시 조기에 발화지점을 파악하는 것이 필요하다.

    (2) 그러나 일반적인 감지기는 터널 내의 매우 빠른 기류로 인하여 최대 100 [m] 이상 발화위치의 오차가 발생된다.

    (3) 광센서 감지기는 대류열뿐만 아니라, 복사열 감지능력도 가지고 있어서 정확한 위치의 조기경보가 가능하다.

        → 터널 내의 풍속이 10 [m/s]를 초과해도 발화위치를 최소 4 [m]의 오차 범위 내에서 확인 가능하다.

2) 옥외, 방폭지역

    (1) 화재 시 발화위치 및 진화방향을 파악하기 어렵고, 화염이 급속히 확대될 우려가 있는 컨베이어벨트 등의 장소에 적합하다.

    (2) 또한 원자력 발전소 등이나 방폭지역과 같은 악조건의 환경에 대해서도 적절한 감지기이다.

7. 시공방법

1) 천장면에 설치할 경우 : 클립 등을 이용하여 케이블에 압력이 가해지지 않도록 설치한다.

2) 천장면이 고르지 않은 경우 : 메신저 와이어를 사용하고, 케이블 타이로 고정하여 설치한다.

3) 주위 배관에 설치하는 경우 : 케이블 타이를 이용하여 압력이 가해지지 않도록 설치한다.

4) 케이블 트레이에 설치 시 : 약 1.8 [m] 간격으로 지그재그 배선 후, 케이블 타이 등으로 고정한다.

8. 결론

광케이블 감지선형 감지기는 아날로그 방식의 감지기로서, 여러 가지 장점을 가지고 있으며 특히 터널 등과 같은 장소에 적합한 감지기이다.

NOTE

지하구의 감지기 설치기준

1. 먼지 · 습기 등의 영향을 받지 않고 발화지점(1 [m] 단위)과 온도를 확인할 수 있는 것을 설치할 것

2. 지하구 천장 중심부에 설치하되, 감지기와 천장 중심부 하단과의 수직거리는 30 [cm] 이내로 할 것. 다만, 형식승인 내용에 설치방법이 규정되어 있거나, 중앙기술심의위원회의 심의를 거쳐 제조사 시방서에 따른 설치방법이 지하구 화재에 적합하다고 인정되는 경우에는 형식승인 내용 또는 심의결과에 의한 제조사 시방서에 따라 설치할 수 있다.

3. 발화지점이 지하구의 실제거리와 일치하도록 수신기 등에 표시할 것

4. 공동구 내부에 상수도 · 냉난방용 설비만 존재할 경우 감지기 설치 제외 가능

화재 시 발생되는 연기의 특성과 이를 감지하는 연기감지기의 특징을 설명하고, 연기감지기의 설치기준을 기술하시오.

1. 개요

1) 화재로 인한 인명피해는 대부분 연기로 인해 발생된다. 이것은 많은 건물에서 가연성 내장재를 사용하는데, 이러한 가연물의 열분해 속도는 빠르고 공기의 공급은 충분하지 않아 충분한 산화반응이 일어나지 못해 연기가 많이 발생되기 때문이다.

2) 또한 화재시의 연기는 그 이동속도가 빨라 피해를 증대시키게 되며, 반대로 이야기하면 연기의 이동속도가 빠르므로 연기감지기를 설치 시 화재를 조기에 발견할 수 있다.

2. 연기의 특성

1) 연기란 연소생성물, 미연소 열분해 물질, 공기 등이 혼합되어 이동하는 것을 말하며, 그 크기는 연소물질에 따라 다르지만 보통 0.1~10 [μm] 정도이다. 이러한 연기의 특성은 연소되는 가연물의 종류나 실의 환기 정도 등에 따라 달라진다.

2) 가연물이나 실의 형태에 따라 달라지는 연기의 특성
   (1) 연기 내에 포함된 독성가스의 종류
   (2) 연기의 색상
   (3) 연기 입자의 크기
→ 따라서 연기감지기는 설치장소의 특성에 따라 그 종류를 올바르게 결정해야 할 필요가 있다.

3. 연기감지기의 특징

1) 연기감지기의 환경적 영향(NFPA72 : Table A.17.7.1.8)

감지기 종류	풍속 >300 [ft/min]	해발 >3,000 [ft]	상대습도 ≥93 [%]	온도(0 [℃] 이하 또는 37.8 [℃] 이상)	연기의 색상
이온화식	×	×	×	×	
광전식 Spot형			×	×	×
광전식 분리형			×	×	
공기 흡입형			×	×	

• 표에서의 ×표시 : 영향이 있다는 의미

(1) 풍속의 영향

　이온화식 감지기는 풍속에 영향을 받게 되며, 나머지는 큰 영향이 없다.

(2) 고도의 영향

　해발 3,000 [ft]가 넘는 고지대에서 이온화식 감지기는 영향을 받는다.

(3) 고온, 저온 또는 다습한 환경

　모든 연기감지기가 감도에 영향을 받는다.

(4) 연기의 색상

　① 광전식 Spot형은 빛의 산란을 이용하므로, 연기의 색상에 영향을 받는다.

　　(회색 연기가 검은 연기보다 감지에 용이함)

　② 반면, 이온화식 감지기는 이온에 연기입자가 부착되는 것이므로, 연기 색상의 영향이 적다.

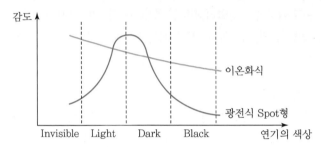

2) 연기입자 크기와 감도

(1) 이온화식 감지기

　① 작은 연기입자(0.1~0.3 [μm])에 대해 광전식 Spot형보다 감도가 우수하다.

　② 따라서 연기입자가 작은 불꽃화재에 대한 적응성이 높다.

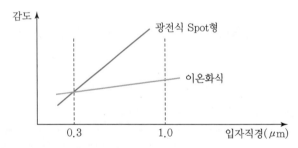

(2) 광전식 Spot형 감지기

　① 빛이 연기입자에 의해 산란되는 것을 이용한 것이므로, 연기입자가 클수록 감도가 우수해진다. (0.3~1.0 [μm])

　② 큰 연기입자가 발생되는 훈소 등에 적합하며, 입자가 작은 불꽃화재에는 적응성이 낮은 편이다.

4. 연기감지기를 설치해야 할 장소

아래 장소에는 연기감지기를 설치해야 한다.

1) 계단·경사로 및 에스컬레이터 경사로

2) 복도(30 [m] 미만은 제외)

3) 엘리베이터 승강로(권상기실이 있는 경우에는 권상기실)·린넨슈트·파이프 피트 및 덕트 기타 이와 유사한 장소

4) 천장 또는 반자의 높이가 15 [m] 이상 20 [m] 미만의 장소

5) 다음 중 하나에 해당하는 특정소방대상물의 취침·숙박·입원 등 이와 유사한 용도로 사용되는 거실

    (1) 공동주택·오피스텔·숙박시설·노유자시설·수련시설

    (2) 교육연구시설 중 합숙소

    (3) 의료시설, 근린생활시설 중 입원실이 있는 의원, 조산원

    (4) 교정 및 군사시설

    (5) 근린생활시설 중 고시원

[예외] 교차회로방식의 감지기 설치장소, 비화재보 방지 감지기 설치장소

5. 연기감지기의 설치기준

1) 설치수량 : 아래 표의 바닥면적당 1개 이상

설치높이	1·2종	3종
4 [m] 미만	150 [m²]	50 [m²]
4~20 [m] 미만	75 [m²]	−

2) 설치간격

    (1) 복도·통로 : 보행거리 30 [m] 이내(3종 : 20 [m])

    (2) 계단·경사로 : 수직거리 15 [m] 이내(3종 : 10 [m])

    (3) 천장 또는 반자가 낮은 실내 또는 좁은 실내 : 출입구 부근에 설치

    (4) 천장 또는 반자 부근에 배기구가 있는 경우 : 그 부근에 설치

    (5) 벽이나 보로부터 0.6 [m] 이상 떨어진 곳에 설치할 것

6. 결론

연기감지기는 열감지기에 비해 감도가 높아 화재의 조기 감지가 가능하다. 따라서 인명의 피난이 중시되는 장소 등에서는 연기감지기를 설치해야 한다.

> **문제**
>
> 이온화식 연기감지기에 대하여 설명하시오.

1. 개요

이온화식 감지기는 주위의 공기가 일정한 농도의 연기를 포함하게 되는 경우에 작동하는 감지기로서, 일국소의 연기에 의하여 이온전류가 변화하여 작동하는 것을 말한다.

2. 이온화식 감지기의 구성 및 감지원리

1) 이온실의 구성

(1) 내부 이온실과 외부 이온실에는 각각 소량의 방사능물질이 있는데, 보통 α 선원인 Americium -241이다.

(2) 이러한 α 선은 공기분자를 $(+)$이온과 $(-)$이온으로 분리시키게 되며, 이러한 이온들이 전기장 내로 들어오면 전류(감시전류)를 흐르게 한다.

(3) 방사선원은 $(+)$ 측에 치우쳐 배치되어 있는데, 발생된 $(-)$이온이 $(+)$전극 측으로 이동하여 발생 이온 간의 재결합을 방지하게 된다.

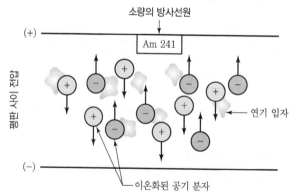

2) 감지원리

(1) 평상시

발생한 이온에 의한 감시전류가 내·외부 이온실에 동일하게 흐른다.

(2) 연기 유입 시

① 연기 입자가 외부 이온실에 유입되어 이온화된 공기분자에 응착되며 전류치가 감소한다.

② 또한 α 선의 이온화작용을 방해하여 전류치 감소를 촉진한다.

③ 이에 따라 외부 이온실에서는 전류특성 곡선이 A에서 B로 이동되며, 평상시에 비해 ΔV만큼 전압이 상승하게 된다. (감도전압)

④ 내부 이온실은 연기유입이 없어 특성이 변하지 않으므로 전압변동이 없다.

⑤ 이러한 내·외부 이온실의 전압차가 설정값을 초과하면 화재신호를 발신하게 된다.

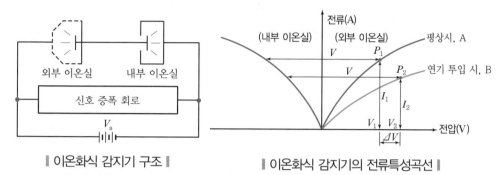

∥ 이온화식 감지기 구조 ∥ 　　∥ 이온화식 감지기의 전류특성곡선 ∥

3. 이온화식 감지기의 종류

1) α선원의 배치에 따라

　(1) Unipolar Chamber 감지기

　　① α선원을 (+)전극에 근접 설치하는 방식

　　② 발생 이온의 재결합을 방지하므로 현재 이 방식을 적용한다.

　(2) Bipolar Chamber 감지기

　　① 전체 Chamber 공간이 이온화 영향을 받도록 α선원이 Chamber 중앙에 위치하도록 한 것

　　② 발생된 반대극성 이온의 재결합·중성화로 감도가 낮다.

2) Chamber 수에 따라

　(1) 단일 이온실(Single Ionization Chamber) 감지기

　　연기에 의한 방해전류를 측정하여 이를 기준 회로와 비교하는 방식이다.

　(2) 내·외부 이온실(Double Ionization Chamber) 감지기

　　① 2개의 Chamber에서 이온화 현상을 발생시킨다.

　　② 외부 이온실은 대기에 노출, 내부 이온실은 연기 침투가 불가능한 기밀실로 구성되어 있다.

　　③ 즉, 대기에 노출된 Chamber의 전류치 감소를 기밀 챔버와 비교한다.

　　→ 내·외부 이온실 감지기가 온도, 압력, 습도 변화에 대한 영향이 적다.

　　　(현재는 이 방식을 적용함)

4. 이온화식 감지기의 특징

1) 입자가 작을수록 이온에 잘 흡착되므로, 감지에 유리하다.(표면화재에 적합)

2) 감도가 연기 색상에 무관하므로, 연소 시 연기가 잘 보이지 않는 컴퓨터실, 알코올 저장소에 적합하다.

3) 감도가 기류(풍속)에 영향 받으므로, 클린룸 등에 부적합하다.

4) 침실, 사무실 등 초기 화재강도가 크고 깨끗하며 인명피해 우려가 높은 장소에 적합하다.

5) 오물, 분진, 습도, 압력 등에 영향을 많이 받는 편이다.

문제

광전식 Spot형 감지기에 대하여 설명하시오.

---

1. 개요

1) 광전식 연기감지기(Photo-electronic Smoke Detector)란, 외부의 빛에 의해 영향을 받지 않는 암실 형태의 챔버 속에 광원과 수광소자를 설치하여 둔 것이다.

2) 감지기 주위의 공기에 일정농도 이상의 연기를 포함할 때, 광전소자에 접하는 광량의 변화에 의해 작동하는 것으로서 산란광식과 감광식으로 구분된다.

3) 광전식 Spot형 감지기는 일반적으로 산란광식의 감지방식을 채택하고 있다.

참고

연기감지기의 감도 구분
- 1종 : 연기농도 5 [%] 감지
- 2종 : 연기농도 10 [%]
- 3종 : 연기농도 15 [%]

---

2. 광전식 Spot형 감지기의 구조 및 동작원리

1) 구조

(1) 광원

① 적외선 LED를 사용한다.
- 미생물의 유도침입을 방지하기 위하여 가시광이 아닌 적외선을 이용
- 3.5 [MW], 0.95 [μm]

② 발광다이오드를 사용하여 3~5초당 1회씩의 주기적인 발광을 한다.

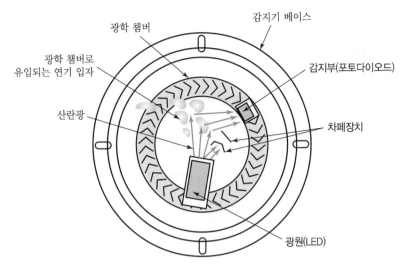

광학 챔버
감지기 베이스
광학 챔버로
유입되는 연기 입자
감지부(포토다이오드)
산란광
차폐장치
광원(LED)

　　(2) 수광부

　　　　① 연기에 의해 산란되는 빛을 받아 수광 증폭회로에 전기적 신호를 보내는 부분

　　　　② 신뢰성 향상을 위해 발광부에서의 주기적인 펄스신호와 수광부에서의 펄스신호를 동기
　　　　　　화시키는 방식을 사용한다.

　　　　③ 파장감도 및 수광소자의 응답성을 고려하여 Photo Cell 등을 이용한다.

　2) 동작 원리

　　(1) 화재 시 연기가 감지기 내로 유입된다.

　　(2) 연기로 인해 적외선 Pulse가 난반사되며 산란된다.

　　(3) 수광부의 수광량이 증가되어 화재 검출한다.

3. 광전식 Spot형 감지기의 특징

　1) 산란광 방식임(광전식 분리형 : 감광식)

　2) 송광부에서 수광부로 직접 광선이 전달되지 않도록 한다.

　3) 큰 연기입자에 유리하여 훈소화재에 적합하다.(Mie 법칙에 의해 산란촉진)

　4) 연기 색상에 따른 감도가 달라, 회색 연기에 더 민감하다.

　5) 주요 적응화재

　　(1) 지하상가

　　(2) 주방 부근

　　(3) 훈소화재가 예상되는 창고 등

　　(4) 용접지역, 지게차 등이 있는 지역

> **문제**
>
> 축적형 감지기에 대하여 설명하고, 이에 대한 설치대상 및 설치할 수 없는 장소에 대하여 기술하시오.

1. 개요

1) 축적형 감지기란, 일정농도 이상의 연기가 일정시간 연속하는 것을 검출하여 발신하는 감지기로서 단순히 작동시간만을 지연시키는 것은 제외한다.

2) 이러한 축적형 감지기에는 이온화식과 광전식 Spot형이 있으며, 일과성 비화재보의 방지를 위해 사용된다.

2. 축적형 감지기의 작동원리

1) 일반적인 비축적형 감지기

일정농도 이상의 연기가 감지기에 유입되면 이를 감지하여 즉시 화재신호를 발신한다.

2) 축적형 감지기

(1) 일정농도 이상의 연기를 감지하면 즉시 화재신호를 발신하지 않고, 일정시간 동안 감시를 계속한 후 연기의 지속을 재확인하여 화재신호를 발신한다.

(2) 단순히 작동시간만을 지연시키는 것은 제외하는데, 이는 축적시간 후의 연기농도 재확인 기능이 없는 감지기를 말한다.

(3) 축적시간

① 화재 인식으로 정해진 농도 이상의 연기를 감지하고 나서 화재신호를 발하기까지의 시간을 말한다.

② 10초 이상으로 60초 이내이어야 한다.

③ 공칭축적시간 : 10, 20, 30, 40, 50, 60초의 6가지가 있으며, 감지기에 표시되어 있다.

(4) 축적형의 작동방법

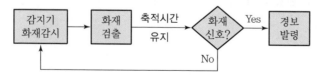

3. 축적형 감지기의 설치장소

1) 지하층, 무창층으로서

① 환기가 잘 되지 않거나

② 실내면적이 40 [m²] 미만인 장소

2) 감지기의 부착면과 실내바닥과의 거리가 2.3 [m] 이하인 곳으로서 일시적으로 발생한 열, 연기 또는 먼지 등으로 인하여 화재신호를 발신할 우려가 있는 장소
(축적형 수신기를 설치한 장소는 제외함)

→ 즉, 주위 환경변화로 인해 일과성 비화재보가 발생할 우려가 높은 장소에 설치한다.

4. 축적형 감지기를 사용할 수 없는 경우

1) 교차회로 방식에 사용되는 감지기
   (1) 교차회로는 2개의 회로로 구성되어 각각의 회로 내의 감지기가 1개 이상씩 작동해야 해당 소화설비를 작동시키는 방식이다.
   (2) 따라서 교차회로 자체에 비화재보를 방지하는 기능을 가졌다고 볼 수 있으며, 축적형 감지기를 사용할 경우 감지시간 지연에 따른 연소 확대가 우려된다.

2) 급격한 연소 확대가 우려되는 장소에 사용되는 감지기
   (1) 화재 시 화재 가혹도가 큰 위험물 등을 저장·취급하는 장소에 축적형 감지기를 사용할 경우에는 감지기 동작시간이 늦어져 소화 실패 또는 피난이 불가능해질 우려가 크다.
   (2) 따라서 Fast 또는 Ultra-fast 화재 위험이 있는 장소에는 비축적형을 사용한다.

3) 축적 기능이 있는 수신기에 연결되어 사용되는 감지기
   (1) 축적기능이 있는 수신기는 감지기의 동작 신호를 수신하면 즉각 경보하지 않고, 일정시간 이상 지속되어야 경보를 발한다.
   (2) 따라서 수신기에 이미 비화재보의 기능이 존재하므로 축적형 감지기를 사용하면 축적시간이 매우 길어져 화재가 확대될 수 있다.

5. 결론

1) 연기감지기는 그 감지특성상 열감지기에 비해 감도가 높아 화재 시 조기작동의 효과를 얻을 수 있다.

2) 반면 감지기의 오동작 우려가 높으므로, 비화재보가 발생될 우려가 높은 장소에서는 이를 축적형으로 설치해야 할 필요가 있는지 검토하여 반영해야 한다.

3) 하지만 축적형 감지기를 사용해서는 안 되는 경우가 있으므로 이에 대해서도 검토해야 한다.

문제

광전식 분리형 감지기에 대하여 설명하시오.

1. 개요

광전식 분리형 감지기는 발광부(광원)와 수광부를 분리하여 설치하는 것으로서, 광범위한 연기 누적에 의한 광전소자의 수광량 변화에 의해 작동되는 것이다.

2. 광전식 분리형 감지기의 구조 및 동작원리

1) 그림과 같이 송광부와 수광부를 분리하여 설치하며, 송광부에서 수광부로 항상 빛을 보내고 있 는 상태이다.

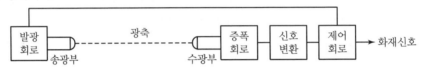

2) 송광부

발광 다이오드에 의해 변조된 신호펄스가 렌즈에 의해 집광되어 선의 형태로 빛을 수광부로 방 사한다.

3) 수광부

송광부로부터 받은 신호광을 렌즈로 수광소자에 모아 그 광량을 전기적 신호로 변환시켜 화재 여부를 검출한다.

4) 동작원리

(1) 화재가 발생되어 확산, 상승되는 연기가 광축상에서 빛의 통과를 방해한다.

(2) 이에 따라 수광량이 감소되어 이 광량 변화가 일정기준을 초과하면 화재로 인식하여 신호 를 발신하게 된다.

3. 광전식 분리형 감지기의 특징

1) 국소적인 연기체류나 일시적인 연기의 통과에는 동작하지 않으므로, 비화재보가 방지된다.

2) 감지농도를 Spot형에 비해 높게 설정해도 화재감지기능은 저하되지 않는다.

3) 감시가능한 거리가 길어서 대공간인 체육관, 공항 등에 적합하다.

4) 적외선 Pulse의 Invisible Beam을 발사하여 연기에 의한 Energy 감소를 분석하므로, 연기 색 상에 대한 영향이 없다.

5) 아날로그 방식은 20 [m] 이상의 높이에도 적용이 가능하다.

4. 광전식 분리형 감지기의 구성요소

1) 감지기(Detector)

(1) 송광부(Transmitter)

송광부는 렌즈를 통해 눈에 보이지 않는 적외선 펄스(IR Pulse)를 방출한다.

(2) 수광부(Receiver)

수광부 렌즈는 실리콘 포토다이오드를 통해 반사된 IR Pulse를 받아 전자장치에 의해 화재 여부를 평가한다.

2) 반사판(Reflector)

감지기의 반대 부분에 설치하여 IR Pulse의 방향을 바꿔 수광부로 보낸다.

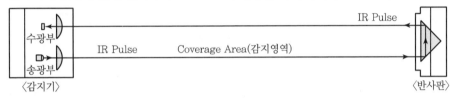

5. 광전식 분리형 감지기의 설치

1) 설치기준

(1) 감지기의 수광면은 햇빛을 직접 받지 않도록 설치할 것

(2) 광축(송광면과 수광면의 중심을 연결한 선)은 나란한 벽으로부터 0.6 [m] 이상 이격하여 설치할 것

(3) 감지기의 송광부와 수광부는 설치된 뒷벽으로부터 1 [m] 이내에 설치

(4) 광축의 높이는 천장 등의 높이의 80 [%] 이상일 것

(층고 15 [m] 이상 시 → 2단으로 80 [%] 및 50 [%] 이상인 위치에 설치함)

(5) 광축의 길이는 공칭감시거리의 범위 이내일 것

→ 100 [m] 이내로 공칭감시거리는 5~100 [m] 범위에서 5 [m] 간격으로 규정됨

(6) 그 밖의 설치기준은 형식승인 내용에 따르며, 형식승인 사항이 아닌 것은 제조사의 시방에 따를 것

2) 광전식 분리형 감지기의 사양

(1) 공칭감시거리

① 제품마다 상이하며, 국내에는 5~100 [m]로서, 5 [m] 간격으로 규정함

② End to End 방식 : 120 [m]까지 개발됨

③ Reflector 방식 : 100 [m]까지 개발됨

(2) 감지기 사이의 거리(광축 사이의 거리)

제품마다 상이하며, 설치 높이에 따라 그 간격이 달라짐

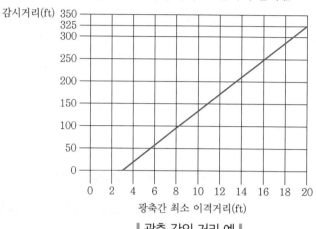

┃ 광축 간의 거리 예 ┃

3) 광축 배치의 주의 필요

(1) 시스템은 아래 그림의 Effective Region(유효영역)에 송광부와 수광부 및 반사판이 배치
되어야 한다.

(2) 시스템을 오동작시킬 수 있는 영역인 Core Region에는 장애물이 없어야 한다.

(3) 이러한 Core Region은 제품마다 상이하며, 보통 그 지름이 5 [ft](1.5 [m]) 이상이 된다.

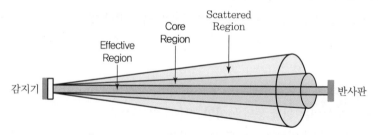

6. 결론

1) 광전식 분리형 감지기는 비화재보를 방지할 수 있으며, 대공간의 화재감시에 적합하므로 공항
이나 경기장, 지하공동구, 비행기 격납고 등에 설치할 수 있는 감지기이다.

2) 그러나 광전식 분리형 감지기는 Core Region 내의 장애물 간섭에 대한 고려가 필요하므로 설
계 시에 주의가 필요하다.

문제

공기흡입형 감지기(Air Sampling Detector)에 대하여 설명하시오.

1. 개요

공기흡입형 감지기는 연기나 열이 감지기까지 도달할 때까지 기다리는 방식의 기존 감지기와 달리, 능동적으로 실내공기를 직접 채취하여 분석함으로써 조기에 화재를 감지하는 방식의 감지기이다.

2. 공기흡입형 감지기의 구조

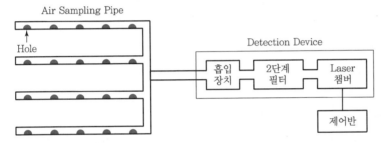

1) 공기 흡입부(Air Sampling Pipe)

　(1) 개념

　　　방호지역의 공기를 채취하는 2 ~ 5 [mm] 내외의 Hole이 설치된 Pipe이다.

　(2) 기준

　　　① 하나의 감지부에 접속하는 Air Sampling Pipe의 합계길이는 400 [m] 이내

　　　② 흡입구(hole)의 간격 : 제조사 시방, 환기시스템 및 지붕 구조 등에 의해 산출

　　　③ 각 50~100 [m] 내외의 길이를 가진 4개의 Pipe로 구성

　　　④ 배관 재질 : 설치되는 환경에 적합할 것

　　　⑤ 배관 연결부분은 Solvent Cement 등을 이용하여 밀착시켜 접속해야 함

　　　　 (설치 후, 배관 이탈 등의 문제방지)

　　　⑥ 흡입구 1개가 연기감지기 1개의 역할을 수행함

　(3) 배치방법

　　　① 주 흡입방식 : 지역 내의 강제환기장치를 이용하는 것으로, 연기에 대한 매우 빠른 반응이 가능하다.

　　　② 보조흡입방식

　　　　• 기류의 이동이 없거나 적은 지역에 보편적으로 이용되는 방식이다.

　　　　• Spot형 감지기처럼 배치되며, 공기 흡입구를 가진 배관망으로 구성된다.

③ 국소방식 : 감지된 연기가 어떤 지역에서의 것인지 식별가능한 방식이다.

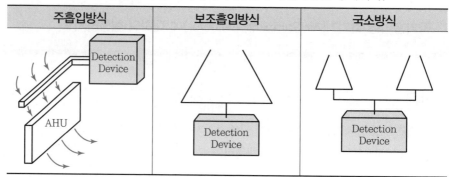

주흡입방식	보조흡입방식	국소방식

(4) 공기흡입기준

① 연기가 공기흡입구로부터 유입되어 감지기까지 도달하는 데 걸리는 시간은 120초 이내일 것

② Balance % : 60 [%] 이상

③ Share % : 70 [%] 이상

2) 감지부(Detection Device)

(1) 이중 필터

공기흡입구에서 흡입된 공기 중에서의 먼지 입자 등을 제거함 (오보 방지)

① 1차 필터 : 흡입된 공기를 여과하여 정확한 감지가 가능하도록 한다.

② 2차 필터 : 0.3 [μm] 정도까지 공기를 여과시켜 광학렌즈를 청소한다.
   (최적의 감도를 유지하고 광학렌즈의 수명을 연장시키기 위한 목적)

(2) Laser 챔버

① 연기입자를 검출하여 화재 여부를 확인하는 부분

② 검출방식에 따라 Cloud Chamber, Xenon Lamp, Laser Beam Type으로 구분되지만, 현재는 레이저 빔 방식만을 적용한다.

(3) 흡입기

① 방호구역의 공기를 빨아들이기 위한 흡입장치

② 공기흡입배관 200 [m] 이내의 부분으로부터 120초 이내에 감지할 수 있는 성능을 가져야 한다.

(4) 제어반 및 컨버터

① 제어반 : 3~4단계의 경보단계를 가지고 있어서 오작동을 방지할 것

② 컨버터 : 감지기와 PC를 연결하여 모니터 상에서 실시간으로 확인이 가능하도록 하는 장치

(5) 적용기준

① 벽에 매입 또는 노출 설치가 가능할 것

② 필터는 쉽게 교체가 가능할 것

③ 다단계의 경보기능을 가지고 있을 것

3. ASD의 특성

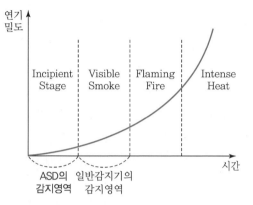

1) 연기검출단계

    (1) 일반감지기로는 감지가 불가능한 초미립자(0.02 $[\mu m]$ 이하)인 열분해 생성물을 감지한다.

    (2) 화재 초기단계에서 감지하므로, 화열 이외의 연기 등에 의한 피해도 미리 방지할 수 있다.

2) 공기를 능동적으로 흡입하는 방식이므로, 기류나 습도 등의 영향이 적다.

3) 연기가 축적되기 어려운 클린룸 등에서도 감지가 가능하다.

4) 주요 적용장소

    (1) 화재를 조기 발견해야 하는 장소 : 전화설비, 전산서버룸, 방송국 등

    (2) 기류 등으로 인해 연기감지가 어려운 장소 : 클린룸, 의약품 제조소 등

    (3) 높은 천장을 가진 장소 : 비행기 격납고, 공연장, 교회 등

    (4) 고가의 자료 등의 보관장소 : 박물관 · 미술관 등

4. ASD의 설계 기준

1) 흡입배관 최말단의 흡입구로 유입된 연기를 2분 이내에 이송하여 경보가 발생되도록 할 것

2) 흡입배관별로 유입되는 공기의 양이 균등하도록 설계할 것

    (4개 Sampling Pipe인 경우, 각 Pipe별로 25 [%])

3) Balance(60 [%] 이상)와 Share(70 [%] 이상)를 고려한 설계프로그램 결과에 의해 흡입구의 직경을 2~5 [mm]로 가공할 것

    (1) Balance

        ① 동일한 Sampling Pipe에서 첫 번째 흡입구에서의 공기흡입량과 마지막 흡입구에서의 공기흡입량의 비율

        ② 이론적으로는 100 [%]가 유지되어야 하지만, 설계 · 시공 및 유지관리 상태를 감안하여

최소 60 [%] 이상은 유지해야 한다.

(2) Share

① Sampling Hole 전체의 공기흡입량과 End Cap Hole의 공기흡입량의 비율

② 감지기의 공기흡입구를 통해 흡입되는 공기량이 전체 흡입량의 70 [%] 이상을 유지해야 한다.

$$\text{Share(\%)} = \frac{(\text{Sampling Hole 흡입량})}{(\text{Sampling Hole 흡입량} + \text{ECH 흡입량})} \times 100$$

③ End Cap Hole

- 공기흡입배관 말단에 위치한 흡입구
- 공기흡입배관 내에 유입된 공기를 감지부 내로 이동시키는 과정에서 기본 유동장(Guide Stream)으로 작용하며, 공기유속에 큰 영향을 미친다.
- End Cap Hole이 없거나 너무 작은 경우 : 흡입되는 공기의 각 흡입구에 대한 Balance에 큰 영향을 주며, 공기의 이동속도에 시간지연을 초래한다.
- End Cap Hole이 너무 큰 경우 : Sampling Hole로의 공기흡입률이 떨어지거나, 아예 흡입되지 못하는 경우가 발생한다.
- 계산식

$$ECHD = \sqrt{X \cdot N}$$

여기서, $ECHD$: ECH(End Cap Hole)의 직경(Diameter)
X : Sampling Hole의 직경(평균치)
N : Sampling Pipe에 제작될 흡입구의 수

4) 공기흡입형 감지기의 응답특성에 영향을 주는 요소

(1) Sampling Hole의 직경

(2) Sampling Hole의 총 개수

(3) Sampling Hole 사이의 Sampling Pipe의 길이

(4) Sampling Pipe의 총 길이

(5) Sampling Pipe의 내경

5. ASD 설치 및 유지관리 시 고려할 사항

1) 공기흡입배관

(1) 4개의 배관(각 50 [m] 이내)으로 구성

(2) 배관의 재질은 설치되는 환경에 적합하고, 연결부분은 Solvent Cement 등을 이용하여 밀착 접속시킬 것

(3) 말단 부분에는 Cap을 설치하고, 흡입구는 설계에 의해 계산된 크기, 간격으로 설치해야 한다.

2) 공기흡입 기준

    (1) 연기가 공기흡입구로 유입되어 감지기에 도달하기까지의 시간은 120초 이내가 되도록 할 것

    (2) Balance % : 60 [%] 이상

    (3) Share % : 70 [%] 이상

3) 감지부 및 제어반

    (1) 벽에 매입 또는 노출 설치 가능할 것

    (2) 필터는 쉽게 교체가 가능할 것

    (3) 다단계의 경보기능이 있을 것

4) 유지관리 시 고려사항

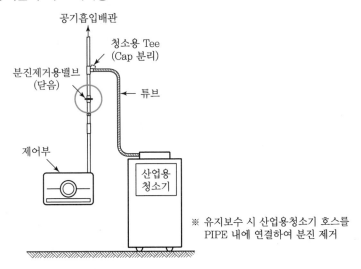

    (1) 필터의 주기적 교체 고려

        ① 감지기의 자가진단 기능으로 필터 막힘에 따른 공기흡입량 감소 시 신호 발생

        ② In-Line 필터(외장형 필터)를 적용하면 교체가 용이하다.

    (2) 흡입배관 먼지 제거 고려

        ① 분진제거용 밸브 잠금

        ② 청소용 Tee에 산업용 청소기를 연결

        ③ 먼지 배출

불꽃감지기에 대하여 설명하시오.

1. 개요

1) 불꽃 감지기는 화재 시 발생되는 화염(불꽃)에서 발산되는 적외선(IR) 또는 자외선(UV) 또는 이들이 결합된 것을 감지한다.

2) NFPA 72에서는 불꽃 감지기를 화재 예상 장소까지 장애물이 없고, 주위 조명이 일반적인 대규모 개방공간에 적용하도록 규정하고 있다.

2. 불꽃감지기의 작동원리

1) 화염에서의 특정 파장을 전기적 에너지로 변환시켜 이를 검출하는 것으로 광전효과를 이용한다.

2) 광전효과

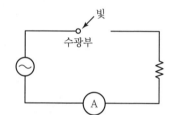

(1) 물질이 빛을 흡수하면 광전자를 방출하여 기전력이 발생되는 현상이다.

(2) 그림과 같은 회로에 빛이 흡수되면 전류가 흐르게 되며, 이는 빛이 파동과 입자로 구성되었기 때문이다.

3. 불꽃감지기의 종류 및 특징

1) UV감지기(자외선 감지기)

(1) 감지방식

(최근에는 아래 3가지 방법 중에서 광전자 방출효과가 주로 이용됨)

① 광도전 효과

• 반도체에 빛이 닿으면 자유전자와 정공이 증가하고, 광량에 비례한 전류증가, 즉 반도체의 저항변화가 일어나는 현상을 이용한다.

• 검출소자로 PbS, PbSe 등이 사용된다.

정공(正孔)

1. 절연체나 반도체의 원자 간을 결합하고 있는 전자가 밖에서 에너지를 받아 보다 높은 상태로 이동하면서 그 뒤에 남은 결합이 빠져나간 구멍

2. 마치 양의 전하를 가진 자유 입자와 같이 동작한다.

② 광전자 방출효과
- 빛이 광전음극(Photodiode, 포토다이오드)에 입사하면 광전음극에서는 2차 전자가 방출된다. 이 2차 전자는 다음 음극에서 증가되어 양극에 도달할 때까지 약 10^5배 이상까지도 증폭이 이루어진다.
- 이와 같이 빛을 받으면, 고체 내의 전자가 진공 중으로 방출되는 현상을 이용한다.

③ 광기전력 효과
- PN 접합 반도체에 빛이 가해지면 전극 간에 기전력이 발생되는 현상을 이용한다.
- 인가전압을 필요로 하지 않아 사용법이 간단하다.
- 검출소자로는 광 다이오드가 대표적이다.

(2) UV감지기의 동작방법
① 화재 시 불꽃에서는 약 $0.18 \sim 0.26\,[\mu\mathrm{m}]$의 자외선 파장영역에서 강한 에너지가 방출된다.
② 이 파장을 수광 소자인 UV Tron이 흡수하면, 포토다이오드에서 광전자를 방출하여 기전력이 발생된다.(광전효과, Photoelectric Effect)
③ 이러한 광전효과를 이용하여 해당 파장을 검출하여 화재 신호를 낸다.

(3) UV감지기의 장 · 단점
① 감도가 매우 높아 조기 경보에 적합하다.
② UV를 사용하므로, 감도에 대한 신뢰도가 낮다.
  (UV는 연기에 의한 감도 저하가 크다.)
③ 용접작업 등에 의해서도 감지되므로 오보가 많다.
④ 투과창의 검사 · 유지 보수를 자주 해야 한다.

(4) UV감지기의 적용 장소
가연성 · 폭발성 물질 저장 · 취급 장소(주로 옥외)

2) IR감지기(적외선 감지기)
(1) 감지 방식
(최근에는 아래 4가지 방법 중에서 CO_2 공명방사 방식이 주로 이용됨)

① CO_2 공명방사 방식
- 연소 시 화열에 의해 발생되는 CO_2의 파장은 대략 $4.35\,[\mu\mathrm{m}]$ 정도의 적외선 파장 영역에서 높은 에너지 강도를 가진다.
- 이는 물체의 연소열에 의해 열을 받은 탄산가스 특유의 분광특성인데, 이 공명선만을 검출하기 위하여 장파장 영역에도 검출감도를 가지는 셀렌화납(PbSe)를 이용하고, 광학필터는 $3.5 \sim 5.5\,[\mu\mathrm{m}]$의 적외 Band Pass Filter가 사용된다.

② 반짝임(Flicker)식 단파장역 검출방식
- 연소하는 화염에는 산란이나 반짝임 성분이 포함되어 있다.

즉, 불꽃이 연소상태에서 주위의 산소를 흡수하여 호흡작용을 하므로, 일정주기를 가지고 가물거리게 된다.

- 또한 실험에 의하면, 가솔린 연소화염에는 정 방사량의 약 6.5 [%]의 반짝임 성분이 포함되며 그 반짝임의 주파수는 2~50 [Hz] 정도이다.
- 이러한 종류의 감지기는 화염의 반짝임 성분을 검출한다.

③ 2파장 검출방식
- 연소화염의 온도는 1,100~1,600 [K] 정도로 조명이나 태양광의 온도에 비해 높다.
- 따라서 화염의 스펙트럼 분포는 조명·자연채광과 다르며, 단파장 측보다 장파장 측이 조명·햇빛에 비해 크다.
- 2파장 검출형은 이러한 2개의 파장 간의 에너지 비를 검출하는 것이다.

④ 정방사 검출방식
- 조명광의 영향을 방지하기 위해 0.72 [μm] 이하의 가시광선을 적외선 필터에 의해 차단한다.
- 검출소자로 실리콘 포토 다이오드나 포토 트랜지스터 등을 사용한다.
- 검출소자의 특성상 너무 긴 파장을 차단할 수 있는 적외선 필터를 사용하기 곤란하여 밝은 장소에는 사용되지 않는다.

→ 최근 사용하는 IR 감지기는 CO_2 공명방사 방식을 주로 이용하며, IR^3 감지기 등은 4.35 [μm]의 파장 영역을 감지하는 센서와 함께 주변의 특정 파장영역을 감지하는 센서를 함께 설치한 것이다.

(2) IR 감지기의 장·단점
① 파장이 길어 UV형과 달리 감도저하가 없다.
② 투과창이 더러워져도 감도 저하가 적다.
③ 고가이며, 햇빛이나 반짝임에 간섭을 받는다.

(3) IR감지기의 적용 장소
은폐장소나 지하금고 등 폐쇄 공간(옥내용)

3) 기타
(1) UV/IR 감지기
① UV와 IR의 센서를 모두 가진 AND 회로로 오보를 줄인 것
② 투과창 오손에 약하며, 비화재보의 가능성은 여전히 가지게 된다.

(2) IR^3 감지기
① UV/IR 감지기가 연기 등에 의해 감도가 저하되는 단점 등이 있어서 도입
② 1개의 IR 센서는 CO_2 공명방사의 파장영역을 감지하고, 다른 2개의 IR 센서는 주변의 특정 파장대역을 감지한다.
③ 주위 비화재보 원인들에 의한 오동작을 최소화한다.

4. 불꽃감지기의 설치기준

1) NFSC의 설치기준

(1) 공칭 감시거리 및 공칭 시야각은 형식승인 내용을 따를 것

(2) 감지기는 공칭 감시거리와 공칭 시야각을 기준으로 감시구역이 모두 포용될 수 있도록 설치할 것

(3) 감지기는 화재 감지를 유효하게 할 수 있는 모서리 또는 벽 등에 설치할 것

(4) 감지기를 천장에 설치할 경우에는 감지기는 바닥을 향하여 설치할 것

(5) 수분이 많이 발생할 우려가 있는 장소에는 방수형을 설치할 것

(6) 그 밖의 설치기준은 형식승인 내용에 따르며, 형식승인 사항이 아닌 것은 제조사의 시방에 따를 것

2) 기타 설치방법

(1) 천장이 낮은 공간

① 1개의 불꽃감지기로 넓은 공간을 감지하도록 모서리에 설치하는 것이 좋다.

② 감지되는 바닥과 천장면의 감지면적이 다르므로, 좁은 바닥면적을 기준으로 설치면적을 결정해야 한다.

③ 모서리에 설치된 불꽃감지기의 감지면적의 형태는 부채꼴 형태이지만, 감지면적의 중첩 등의 안전성 고려를 위해 사각형 형태로 결정한다.

(2) 천장이 높은 공간

① 천장면에서 수직으로 바닥면을 향하도록 배치한다.

② 불꽃감지기는 부채꼴 형태의 감지범위를 가지므로, 천장과 바닥 사이의 거리에 따라 바닥의 감지면적이 증가하지만, 특정 거리를 지나면 오히려 감소하게 된다.

③ 따라서 바닥의 감지영역 형태는 원형이지만, 위의 이유로 사각형 형태로 설계면적을 결정한다.

3) NFPA 기준에 의한 불꽃감지기의 위치와 간격 결정 시 고려사항

(1) 감지되는 화재의 크기

(2) 포함된 연료의 종류

(3) 감지기의 감도

(4) 감지기의 공칭시야각

(5) 감지기의 공칭감시거리

(6) 복사에너지의 대기투과율

(7) 외부 복사방출원의 존재 여부

(8) 감지설비의 설치목적

(9) 요구 응답시간

불꽃감지기(Flame Detector)의 일반적인 종류 및 설치기준에 대하여 설명하시오.

1. 개요

1) 가연물 연소에 따른 스펙트럼

그림과 같은 A급 가연물과 B급 가연물의 연소시의 에너지 방출 정도를 살펴보면 다음과 같은 특징이 나타난다.

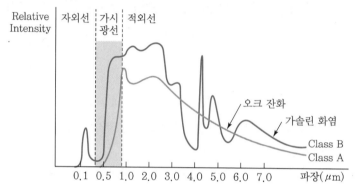

(1) 자외선 영역 : 0.18~0.26 [μm]의 파장에서 강한 에너지가 방출된다.

(2) 적외선 영역 : 4.3~4.5 [μm]의 파장에서 최대 에너지 강도를 가진다.

(3) 오크 잔화 : 0.5~2.0 [μm]의 파장에서 높은 에너지가 방출된다.

2) 복사에너지 감지기의 화재 감지

(1) 불꽃 감지기는 대부분의 가연물 화재에서 강한 에너지가 방출되는 특정 파장영역대의 복사 에너지를 감지한다.

(2) Spark-ember 감지기의 경우에는 0.5~2.0 [μm] 파장영역을 감지한다.

2. 불꽃감지기의 일반적인 종류

1) 자외선 불꽃감지기(UV Detector)

(1) 가연물이 연소할 때, 자외선파장영역 중 0.18~0.26 [μm]의 파장에서 강한 에너지가 방출되는데, 이 파장을 감지기가 흡수하여

(2) 광전자를 방출하여 기전력이 발생되는 효과(광전효과, Photoelectric Effect)를 이용하여 해당 파장을 검출하여 화재신호를 내는 방식이다.

(3) 검출소자로 UV Tron을 사용한다.

2) 적외선 불꽃감지기(IR Detector)

(1) CO_2 공명방사

탄화수소 물질의 연소과정에서 발생하는 CO_2가 열을 받아 생기는 특유의 파장 중에서 $4.3 \sim 4.5 \, [\mu m]$의 파장에서 최대 에너지 강도를 가지는 것

(2) 즉, 화재 시의 CO_2 공명방사 특성에 따라 적외선의 특정 파장영역의 에너지를 검출하여 이를 화재신호로 발신한다.

(3) 태양광이나 인공적인 빛에는 해당 파장을 방출하지 못하거나, 해당 파장에서 높은 에너지 강도를 가지지 못하므로, 오동작이 적은 편이다.

3) 자외선/적외선 복합형 감지기(UV/IR Detector)

(1) UV 감지기의 특성

파장이 짧으므로, 연기나 공기 중의 먼지 등에 의해 감도에 대한 신뢰성이 저하되고 아크용접의 불꽃 등에 의해 비화재보가 발생할 수 있다.

(2) IR 감지기의 특성

자외선 감지기에 비해 신뢰성이 우수한 편이지만, 이 역시 주위 조건에 따라 비화재보를 발생시키기도 한다.

(3) UV/IR 감지기

UV와 IR 감지소자가 모두 화재를 검출할 경우에만 화재로 판단하여 비화재보를 줄이는 감지기

4) 다중 적외선 불꽃감지기(IR³ 감지기)

(1) UV/IR 감지기는 연기 등에 의해 감도가 저하되는 단점 등이 있어서 도입된 감지기

(2) 1개의 IR Sensor는 CO_2 공명방사의 특정 파장 영역을 감지하고, 다른 2개의 IR Sensor는 주변의 특정 파장대역을 감지한다.

(3) 이를 통해 주위의 비화재보 원인들로부터 오동작을 최소화한다.

3. 불꽃감지기의 설치방법

1) NFSC에서 규정하는 설치기준

(1) 공칭감시거리 및 공칭시야각은 형식승인 내용을 따를 것

(2) 감지기는 화재를 유효하게 감지할 수 있는 모서리 또는 벽 등에 설치할 것

(3) 감지기를 천장에 설치할 경우, 감지기는 바닥을 향하여 설치할 것

(4) 수분이 많이 발생할 우려가 있는 장소에는 방수형으로 설치할 것

(5) 그 밖의 설치기준은 형식승인 내용에 따르며 형식승인 사항이 아닌 것은 제조사의 시방에 따라 설치할 것

2) 기타 설치방법

(1) 천장이 낮은 공간

① 1개의 불꽃감지기로 넓은 공간을 감지하도록 모서리에 설치하는 것이 좋다.

② 감지되는 바닥과 천장면의 감지면적이 다르므로, 좁은 바닥면적을 기준으로 설치면적을 결정해야 한다.

③ 모서리에 설치된 불꽃감지기의 감지면적의 형태는 부채꼴 형태이지만, 감지면적의 중첩 등의 안전성 고려를 위해 사각형 형태로 결정한다.

(2) 천장이 높은 공간

① 천장면에서 수직으로 바닥면을 향하도록 배치한다.

② 불꽃감지기는 부채꼴 형태의 감지범위를 가지므로, 천장과 바닥 사이의 거리에 따라 바닥의 감지면적이 증가하지만, 특정 거리를 지나면 오히려 감소한다.

③ 따라서 바닥의 감지영역 형태는 원형이지만, 위의 이유로 사각형 형태로 설계면적을 결정한다.

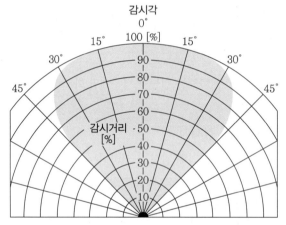

‖ 불꽃감지기의 감시거리에 따른 감시각 변화 ‖

불꽃 감지기의 설치 및 유지관리 시 고려사항

1. 설치 시 고려사항

1) 감지면적

감지 면적은 원형 또는 부채꼴 형태이지만, 감지면적을 중첩시키고 거리에 따른 감지 범위 감소를 고려하기 위해 그 원에 내접하는 사각형 형태로 설정하게 된다.

2) 설치장소 선정

(1) 화재발생 예상지점을 중심으로 설치한다.

(2) 직사광선 및 전자파 간섭이 심한 곳을 피하여 설치한다.

(3) 점검, 보수가 용이한 위치에 설치한다.

2. 유지관리 시 고려사항

1) 일반적 유지관리

(1) 정상동작을 위해 정기적인 감도 확인과 감시창 세척을 통해 깨끗한 상태를 유지해야 한다.

(2) 감지기 투과창은 깨지기 쉽고, 이물질 부착 시 감도가 저하되므로 주의해야 한다.

(3) 알코올을 묻힌 브러시나 천을 이용해 닦고 손으로 만지지 않아야 한다.

2) 감지기 점검

(1) 라이터, 토치램프 또는 실제 화원을 이용하는 경우도 있지만, 안전상 좋지 않은 방법이다.

(2) 전용 테스터기를 이용한 시험이 권장된다.

> **문제**
>
> 건축물 실내 천장면에 설치된 불꽃감지기의 부착높이가 8.66 [m], 불꽃감지기의 공칭감시거리 10 [m], 공칭시야각은 60°이다. 불꽃감지기가 바닥면까지 원뿔형의 형태로 감지할 경우 다음 각 물음에 답하시오.
>
> 가. 감지기 1개가 감지하는 바닥면의 원 면적 [m²]은?
>
> 나. 설계 적용 시 불꽃감지기의 1개당 실제 감지면적을 바닥면의 원에 내접한 정사각형으로 적용할 경우 정사각형의 면적 [m²]은?

1. 천장면에 설치한 경우

1) $H < H_0$인 경우

$$\tan\left(\frac{\theta}{2}\right) = \frac{L/2}{H} = \frac{L}{2H} \text{ 이므로,}$$

$$L = 2H \times \tan\left(\frac{\theta}{2}\right)$$

따라서 한 변의 길이 $X = L\cos 45° = 2H \times \dfrac{\sqrt{2}}{2} = \sqrt{2}\,H$

> 여기서, R : 불꽃감지기의 공칭감시거리 　　　 2θ : 불꽃감지기의 공칭시야각
>
> 　　　　 H_0 : 불꽃감지기에 의한 방호 높이 　　　 H : 실의 높이
>
> 　　　　 L : 감지기의 바닥면에서의 감지범위 직경

> **참고**
>
> **감지면적 설정**
>
> 실제 감지면적은 원형이지만, 실무에서는 내접하는 정사각형(한 변의 길이 X)으로 적용한다.
>
> [이유]
>
> 불꽃감지기의 감지면적은 어느 정도 거리까지는 감지기와 바닥면까지의 거리에 따라 증가하지면 특정거리를 지나면 오히려 감소하는 특성을 가지므로 설계의 여유율을 높이기 위함

2) $H > H_0$인 경우

$$\cos\alpha = \frac{H}{R} \text{ 이고, } \sin\alpha = \frac{L/2}{R} \text{ 이므로}$$

$$\alpha = \cos^{-1}\left(\frac{H}{R}\right),\ L = 2R\sin\alpha \text{ 가 된다.}$$

따라서 한 변의 길이 : $X = L\cos 45° = L/\sqrt{2} = \sqrt{2}\,R\sin\left[\cos^{-1}\left(\frac{H}{R}\right)\right]$

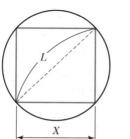
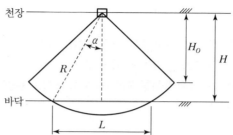

여기서, R : 불꽃감지기의 공칭감시거리

H_0 : 불꽃감지기에 의한 방호 높이

H : 실의 높이

L : 감지기의 바닥면에서의 감지범위 직경

2. 계산

1) 바닥면의 원 면적

위의 계산방식 중에서 2)의 "$H > H_0$인 경우"에 해당하므로,

$$\cos\alpha = \frac{H}{R} = \frac{8.66}{10} \qquad \therefore \ \alpha = 30°$$

(1) 원의 직경

$$\tan 30° = \frac{L/2}{H} = \frac{L}{2H}$$

$$L = 2H \times \tan 30° = 2 \times 8.66 \times \frac{1}{\sqrt{3}} = 10\,[\mathrm{m}]$$

(2) 바닥 원의 면적

$$S = \frac{\pi}{4} \times L^2 = \frac{\pi}{4} \times 10^2 = 78.54\,[\mathrm{m}^2]$$

2) 정사각형의 면적

(1) 정사각형 한 변의 길이

$$X = L \times \cos 45° = 10 \times \frac{1}{\sqrt{2}} = 7.07\,[\mathrm{m}]$$

(2) 정사각형의 면적

$$X^2 = 50\,[\mathrm{m}^2]$$

> **문제**
>
> 공칭시야각 90°, 공칭감시거리 20 [m]인 불꽃감지기를 다음 조건과 같은 실내의 천장
> 면에서 바닥면을 향하여 균등하게 배치하여 화재를 감시하고자 한다. 불꽃감지기 1개
> 가 방호하는 감지면적을 계산하여 최소설치수량을 산출하시오.(단, 기타의 조건은 무
> 시한다.)
>
> ⟨조건⟩
> 1) 바닥면적 $392\,[\mathrm{m}^2](14\,[\mathrm{m}]\times28\,[\mathrm{m}])$
> 2) 천장높이 5 [m]

1. 천장높이와 불꽃감지기의 방호높이 비교

1) 불꽃감지기의 방호높이

$$H_0 = R\cos\theta = 20\,[\mathrm{m}]\times\cos45° = 14.1\,[\mathrm{m}]$$

2) 따라서 $H < H_0$인 관계가 성립한다.

2. 불꽃감지기 1개가 방호하는 감지면적

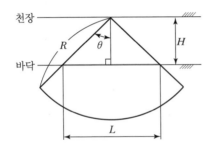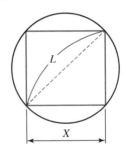

1) 그림으로부터

$$\tan\left(\frac{90°}{2}\right) = \frac{L}{2H} \quad\Rightarrow L = 2H\times\tan45° = (2\times5)\times1 = 10\,[\mathrm{m}]$$

2) 위의 오른쪽 그림에 내접하는 정사각형의 한 변의 길이 X는 다음과 같다.

한 변의 길이 $X = L\cos45° = 10\times\cos45° = 7.07\,[\mathrm{m}]$

3) 감지면적

$$S = X^2 = 50\,[\mathrm{m}^2]$$

3. 감지기의 최소 수량

1) 방호구역의 가로길이

$$\frac{14\,\mathrm{m}}{7.07} = 1.98 ≒ 2개$$

2) 방호구역의 세로길이

$$\frac{28\mathrm{m}}{7.07} = 3.96 ≒ 4개$$

3) 따라서 불꽃감지기의 최소수량은 $2 \times 4 = 8$개이다.

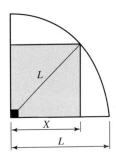

> **참고**
>
> **불꽃감지기를 모서리에 설치한 경우의 감지면적 계산**
>
> 1. 불꽃감지기 설치 개략도
>
>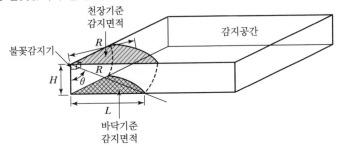
>
> 2. 바닥의 감지면적은 그림과 같이 반지름 L을 가진 부채꼴이지만, 한 변의 길이가 X인 내접하는 정사각형의 면적을 기준으로 설계한다.
>   1) 오른쪽 그림에서 다음 식이 성립한다.
>
> $$L = R\sin\theta$$
> $$\cos\theta = \frac{H}{R} \rightarrow \theta = \cos^{-1}\left(\frac{H}{R}\right)$$
>
>   2) 한 변의 길이 X는 다음과 같다.
>
> $$X = L\cos 45° = R\sin\theta \times \frac{1}{\sqrt{2}}$$
> $$= \frac{1}{\sqrt{2}}R \times \left\{ \sin\left[\cos^{-1}\left(\frac{H}{R}\right)\right]\right\}$$
>
>   3) 따라서 감지면적은 다음과 같다.
>
> $$S = X^2 = \frac{1}{2}R^2 \times \left[\sin\left\{\cos^{-1}\left(\frac{H}{R}\right)\right\}\right]^2$$

Spark–Ember 감지기에 대하여 설명하시오.

1. 정의

1) 스파크(Spark)

표면의 온도 또는 연소과정으로 인해 복사에너지를 방출하는 이동 중인 고체물질의 입자

2) 잔화(Ember)

표면의 온도 또는 연소과정으로 인해 복사에너지를 방출하는 고체물질의 입자

2. Spark–Ember 감지기

스파크나 잔화 또는 2가지 모두를 감지하도록 설계된 복사에너지 감지기로서, 일반적으로 어두운 환경 및 적외선 스펙트럼에서 작동한다.

1) Spark 감지

고체 가연물을 이송하는 컨베이어에서 화재 시 연소생성물의 이동성 파편인 스파크를 감지할 수 있다.

2) Ember 감지

고체 가연물의 불꽃이 없는 작열연소(Glowing Combustion)의 복사에너지 스펙트럼 구간을 감지할 수 있다.

문제

MIE의 분산법칙을 설명하고, 이를 응용한 감지기를 열거하시오.

1. Mie의 분산 법칙

1) 공기 중에 부유하는 미립자의 직경이 미립자에 비친 빛의 파장의 길이보다 커야 빛이 반사된다는 것이 Mie의 분산법칙이다.
2) 즉 파장이 연기 등과 부딪히면 반사되는데, 이를 산란이라 하며 이러한 빛의 산란을 이용한 감지기는 여러 가지가 있다.

2. 연기의 입자크기와 감지기 파장의 관계

1) 입자의 크기≒파장의 길이 : 감도가 최대
2) 입자의 크기>파장의 길이 : 파장을 흡수(일부 반사됨)
3) 입자의 크기<파장의 길이 : 파장이 연기 입자를 통과

3. 파장의 길이

1) 긴 파장

　가시광선 중 적색광

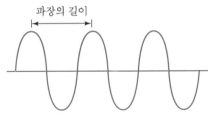

2) 짧은 파장

　가시광선 중 청색광, 보라색광

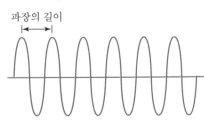

4. Mie의 분산법칙을 이용한 감지기

산란광 방식으로 화재를 검출하는 감지기
1) 광전식 Spot형 감지기
2) 광케이블 선형 감지기
3) 공기흡입식 감지기

> 문제
>
> ## 화재가스 감지기에 대하여 설명하시오.

1. 개요

1) 화재가스 감지기는 화재 이전에는 존재하지 않던 가스의 농도 증가를 검출하여 화재 신호를 발신하는 감지기이다.

2) 즉 화재 시 대기는 많은 변화가 생기게 되는데, 화재 시에는 H_2O, CO, CO_2, HCl, HCN, H_2S, NH_3 가스 등이 다량 생성된다. 이들 가스는 H_2O, CO_2를 제외하고 연소 특성을 가지며 매우 소량이다.

3) 화재가스 감지기는 반도체 소자 또는 촉매 소자를 이용하여 가스를 검출하고, 이를 증폭시켜 화재 신호를 보낸다.

2. 감지방식에 따른 종류

1) 감지방식의 분류

화재가스 감지기는 반도체나 촉매소자 중 하나에 의해 동작하게 한다.

(1) 반도체 소자 : 반도체의 전기적 변화에 따라 산화물이나 가스의 변화량을 감지하고, 이러한 반도체의 전도성 변화를 검출한다.

(2) 촉매 소자 : 가연성 가스의 연소를 촉진하는 물질(촉매)에 의한 온도의 변화로 그 소자의 저항이 변하는 것을 검출한다.

2) 반도체식

(1) 구조

① N형 반도체인 크리스털 주위에 히터 코일 2개가 마주보고 있다.

② 입력 측에는 반도체를 350 [℃] 정도로 유지하기 위해 DC 5 [V]의 전압을 유지한다.

③ 출력 측은 전원 없이 전극 역할만을 수행한다.

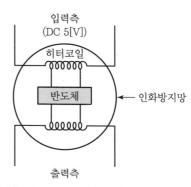

> 참고
>
> ### 350 [℃]의 온도 유지 이유
> • 자유 반송파를 많이 보내기 위함
> • 오염된 가스를 태워버리기 위함

(2) 동작원리

① 평상시 : 산화주석으로 코팅된 크리스털인 반도체에 산소가 흡수되어 그에 따른 일정한 출력치를 가지고 있다.

② 화재 시 : 연소에 의해 발생된 가연성 가스가 반도체 표면에 흡착되어 반도체 자체의 저항값이 변화하여 전도성이 증가된다. 이 전도성이 일정 기준 이상 증가하면 경보를 발하게 된다.

(3) 특성

① 비교적 저농도에도 민감한 편이다.

② 수명이 길다.

③ 여러 가스에 동작되며, 비화재보를 일으키기 쉽다.

④ 온 · 습도에 영향을 받는다.

3) 접촉연소식(촉매소자형)

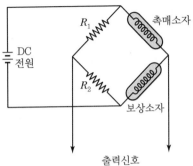

(1) 구조

① 촉매소자는 백금선으로 만든 코일에 알루미늄 촉매를 도포한 것으로서, 감지소자이다.

② 보상소자는 촉매가 없어서 가스와 충분히 반응하지 않는다.

(2) 동작원리

① 가연성 가스가 이 소자에 접촉되면 연소현상이 발생되어 온도가 상승하고, 이에 따라 저항이 감소되는 현상을 이용한 것이다.

② 촉매소자는 촉매로 코팅된 상태이므로 연소가 활발해져 온도상승이 비교적 크고, 보상소자는 촉매가 없어서 충분한 반응이 이루어지지 못하여 온도상승이 적다.

③ 따라서 이러한 연소에 의한 두 소자의 저항 차이를 검출하여 출력을 주게 된다.

(3) 특성

① 온 · 습도나 전원의 파동 등에 의해 오동작하지 않는다.(보상소자)

② 촉매에 따라 특정한 가스만을 검출할 수 있다.

③ 특정 가연성 가스에만 동작하므로, 비화재보를 예방할 수 있다.

4) 열전도식

접촉연소식과 달리, 백금선 코일에 반도체를 도포한 것으로 반도체의 가스에 대한 열전도 차이를 검출하는 방식이다.

3. 결론

화재가스 감지기는 특정 가연물을 사용하는 장소에 설치할 경우, 그 가연물의 연소 시에만 발생되는 특정 가스를 검지하는 방식을 채택하여 비화재보를 줄일 수 있다.

> 문제
>
> 화재폭발방지용으로 설치되는 가연성 가스검지기의 대표적인 검지방식을 구분하여 설명하고, 검출부의 설치기준을 건축물 내부 및 외부로 구분하여 설명하시오.

1. 개요

1) 가연성 가스검지기(Gas Detectors)는 발화될 경우 Flash Fire나 폭발을 일으킬 수 있는 증기운을 형성하는 가연성 가스의 누출을 감지하기 위해 설치된다.
2) 검지방식은 접촉연소식, 격막갈바닉전지방식, 반도체식, 그 밖의 방식으로 검지 엘리먼트의 변화를 전기적 신호에 따라 이미 설정해 둔 가스농도에서 자동적으로 작동하는 방식 등이 있다.
3) 가연성 가스검지기는 담배연기 등에 의해 경보하지 않는 것으로 해야 한다.

2. 가연성 가스검지기의 대표적인 검지방식

1) 접촉연소식(촉매소자형, Catalytic Bead Detector)

   (1) 구조

   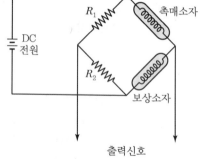

   ① 촉매소자는 백금선으로 만든 코일에 알루미늄 촉매를 도포한 것으로서, 감지소자이다.

   ② 보상소자는 촉매가 없어서 가스와 충분히 반응하지 않는다.

   (2) 동작원리

   ① 가연성 가스가 이 소자에 접촉되면 연소현상이 발생되어 온도가 상승하고, 이에 따라 저항이 감소되는 현상을 이용한 것이다.

   ② 촉매소자는 촉매로 코팅된 상태이므로 연소가 활발해져 온도상승이 비교적 크고, 보상소자는 촉매가 없어서 충분한 반응이 이루어지지 못하여 온도상승이 적다.

   ③ 따라서 이러한 연소에 의한 두 소자의 저항 차이를 검출하여 출력을 주게 된다.

   (3) 특성

   ① 온 · 습도나 전원의 파동 등에 의해 오동작하지 않는다.(보상소자)

   ② 촉매에 따라 특정한 가스만을 검출할 수 있다.

   ③ 특정 가연성 가스에만 동작하므로, 비화재보를 예방할 수 있다.

2) 격막 갈바닉 전지방식

   (1) 귀금속(주로 금)을 음극으로, 비금속(주로 아연)을 양극으로 하여 전해액이 있는 용기에 밀봉한 구조로 되어 있고, 기체 투과막에 의해 외부와 격리된 격막 갈바닉 전지를 이용하는 방식

(2) 격막을 투과한 가스가 음극에 도달하면, 전극상에서 환원되어 가스농도에 비례한 전류가 발생되며, 이 전류를 증폭하여 가스를 검지하는 방식

3) 반도체식

(1) 구조

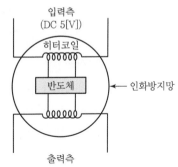

① N형 반도체인 크리스털 주위에 히터 코일이 2개가 마주보고 있다.

② 입력 측에는 반도체를 350 [℃] 정도로 유지하기 위해 DC 5 [V]의 전압을 유지한다.

③ 출력 측은 전원 없이 전극 역할만을 수행한다.

참고

350 [℃]의 온도 유지 이유
- 자유 반송파를 많이 보내기 위함
- 오염된 가스를 태워버리기 위함

(2) 동작원리

① 평상시 : 산화주석으로 코팅된 크리스털인 반도체에 산소가 흡수되어 그에 따른 일정한 출력치를 가지고 있다.

② 화재 시 : 연소에 의해 발생된 가연성 가스에 반도체 표면에 흡착되어 반도체 자체의 저항값이 변화하여 전도성이 증가된다. 이 전도성이 일정 기준 이상 증가하면 경보를 발하게 된다.

(3) 특성

① 비교적 저농도에도 민감한 편이다.

② 수명이 길다.

③ 여러 가스에 동작되며, 비화재보를 일으키기 쉽다.

④ 온ㆍ습도에 영향을 받는다.

3. 검출부의 설치기준

1) 건물 내부

건축물 안에 설치되어 있는 압축기, 펌프, 반응설비, 저장탱크 등 가스가 누출되기 쉬운 고압가스설비가 설치된 장소의 주위에는 누출된 가스가 체류하기 쉬운 곳에 이 설비군의 바닥면 둘레 10 [m]마다 1개 이상의 비율로 검출부를 설치할 것

2) 건물 외부

건축물 밖에 설치되어 있는 압축기, 펌프, 반응설비, 저장탱크 등 가스가 누출되기 쉬운 고압가스설비가 다음과 같은 장소에 설치된 경우에 그 설비군의 바닥면 둘레 20 [m] 마다 1개 이상의

비율로 검출부를 설치할 것

(1) 다른 고압가스설비, 벽이나 그 밖의 구조물에 인접해 설치된 경우

(2) 피트 등의 내부에 설치되어 있는 경우

(3) 누출한 가스가 체류할 우려가 있는 장소에 설치된 경우

3) 기타 설치기준

(1) 특수반응설비가 누출한 가스가 체류하기 쉬운 장소에 설치되는 경우 : 그 장소 바닥면 둘레 10 [m]마다 1개 이상의 비율로 설치

(2) 가열로 등 발화원이 있는 제조설비가 누출한 가스가 체류하기 쉬운 장소에 설치되는 경우 : 그 장소의 바닥면 둘레 20 [m]마다 1개 이상의 비율로 설치

(3) 계기실 내부 : 1개 이상

(4) 방유제 안에 설치된 저장탱크 : 해당 저장탱크마다 1개 이상

문제

복합형 감지기에 대하여 설명하시오.

1. 개요

1) 복합형 감지기란 하나의 감지기 내에 2가지의 감지원리를 조합시켜 화재를 감지하는 것으로 2가지 감지기능이 모두 작동될 때 화재신호를 발신하거나, 두 개의 화재신호를 각각 발신하는 것이다.

2) 이러한 복합형 감지기는 비화재보의 방지나 해당 장소의 화재 특성이 불명확할 경우에 적용할 수 있다.

2. 복합형 감지기의 종류

1) 열복합형 감지기

차동식 스포트형 + 정온식 스포트형의 성능이 있는 것

2) 연기복합형 감지기

이온화식 + 광전식 스포트형의 성능이 있는 것

3) 열, 연기복합형 감지기

(차동식 또는 정온식) + (이온화식 또는 광전식 스포트형)의 성능이 있는 것

다신호식 감지기에 대하여 설명하시오.

1. 개요

1) 다신호식 감지기란, 감지원리는 동일하지만 감지기가 가지고 있는 감도, 종별 등을 서로 다른 2개 이상 가지고 있어서 각각의 감도에 따라 각각의 화재 신호를 발신하는 감지기이다.
2) 다신호식 감지기는 비화재보의 방지를 위해 사용된다.

2. 특징

1) 다신호식 감지기는 1개의 화재 신호에는 수신기에만 경보를 발령시키며, 2개 이상의 화재 신호가 접수되어야 지구 경종을 발령한다.
2) 다신호식 감지기는 일반 수신기에는 적용이 되지 않고, 2신호식 수신기에만 적용이 가능하다.
3) 이는 비화재보 방지를 위해 사용된다.
4) 다신호식 감지기의 예
   (1) 공칭작동온도가 2가지 이상인 정온식 감지기(70 [℃]/90 [℃] 정온식 감지선형 감지기)
   (2) 비축적형과 축적형의 조합으로 된 이온화식 감지기

NOTE

NFPA 72에 따른 복합형, 다기준 감지기 개념

감지기 종류	특성
Combination (복합형)	• 여러 개의 감지 센서 내장 • 수학적인 분석이 되지 않음 • 단순히 OR 회로로 작동하는 방식 • 열-연기 조합이나 차동식-정온식 조합형
Multi-criteria (다기준)	• 여러 개의 감지 센서 내장 • 수학적인 분석 수행 • 단지 하나의 경보만 하게 됨
Multi-sensor (다센서)	• 여러 개의 감지 센서 내장 • 수학적인 분석 수행 • 여러 번의 점진적인 경보를 함

Multi-criteria 및 Multi-sensor 감지기의 원리

1 입자별 특성

화재	연기입자 크기	연기 색상
훈소	크다(1.0 [μm] 정도)	백색, 회색
불꽃화재(일반)	작다(0.1~0.4 [μm] 정도)	흑색
불꽃화재(알코올 등)	작음	무색
비화재보 입자(먼지, 증기 등)	매우 크다(훈소입자보다 큼)	다양

2 기존 연기감지기의 문제점

1. 기존 광전식 연기감지기의 문제점

1) 적색 LED의 큰 파장

(1) 파장의 길이가 길어 크기가 작은 불꽃화재 연기입자에 적응성이 낮다.

(2) 훈소화재와 비화재보 입자의 구분이 불가능하므로 비화재보가 빈번하다.

2) 산란광 방식의 문제점

(1) 눈에 보이지 않는(Invisible) 연기는 산란되지 아니함

(2) 흑색연기는 빛을 흡수하므로, 적응성 없음

(즉, 기존 광전식 연기감지기는 연기색상에 영향을 받으며, 백색/회색연기에만 적응성이 있음)

2. 기존 이온화식 연기감지기의 문제점

1) 광전식 연기감지기와 달리, 연기입자 크기나 색상에 별다른 영향을 받지 않는 장점이 있지만,

2) 방사선물질을 사용하여 선진국에서는 이에 대한 대체 감지기 개발을 하게 됨

3 연기입자의 크기와 색상에 관한 문제점 해소를 위한 이론

1. 연기입자 크기 : 청색 LED

파장의 길이가 짧은 청색 LED 도입 → 작은 불꽃화재입자에 대해 산란 가능함

2. 연기의 색상 : Two-angle 원리

1) 송광부와 수광부 사이의 산란각에 따라 감지 가능한 연기색상이 다르다.

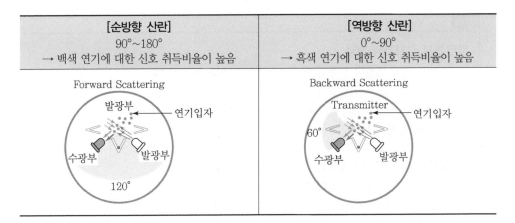

[순방향 산란] 90°~180° → 백색 연기에 대한 신호 취득비율이 높음	[역방향 산란] 0°~90° → 흑색 연기에 대한 신호 취득비율이 높음

2) 하나의 광전식 감지기 내에 2개의 발광부(송광부)를 설치하여 연기색상에 무관하게 감지할 수 있도록 조치가 가능하다.

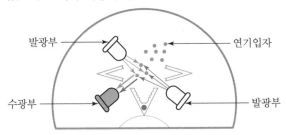

4 멀티센서 감지기의 도입

1. 멀티센서 감지기의 필요성

1) 기존 감지기의 경우, 일과성 비화재보 또는 실보의 빈도가 높은 편이다.
2) 따라서 여러 가지의 화재감지센서를 내장하여 상호 단점을 보완함으로써, 비화재보를 방지하고, 화재 시에 조기감지할 수 있는 감지기를 개발하게 되었다.(4세대 감지기)

2. 멀티센서 감지기 개발에서의 주요 개념

1) 열감지기(T) : 비화재보 확률은 낮음 / 감도가 연기감지기보다 낮음
2) 이온화식 감지기(I) : 연기특성의 영향 없음 / 방사선물질을 사용
3) 광전식 연기감지기(O) : 감도가 우수 / 연기특성에 영향 / 잦은 비화재보
4) CO감지기(G) : 화재 시의 응답이 가장 빠름
5) O^2 감지방식 : 2개의 발광부를 설치하여 연기색상 문제를 해소한 광전식 감지방식
6) Blue 감지방식 : 청색 LED를 적용하여 입자크기 문제를 해소한 광전식 감지방식

> 참고
>
> **멀티센서 감지기의 개념**
> - 비화재보 방지 특성이 우수한 열감지방식(T)을 기본으로 하여
> - 조기 감지성능을 가진 광전식(O), 가스(G) 감지방식을 추가함
> - 이에 따라 조기감지방식으로 화재를 확인하면, 열감지 방식이 평소보다 민감하게 화재 여부를 확인하여 화재 시 경보함
>
> **멀티센서 감지기의 작동원리**
> - 평상시 : 여러 개의 센서가 둔감한 상태로 유지(비화재보 방지)
> - 1가지 센서의 화재감지 : 다른 센서들의 감도가 민감하게 조정(조기 감지 가능)
> - 민감해진 센서들이 모두 화재를 감지할 경우, 화재경보 발령(비화재보를 방지하고, 조기 작동됨)

3. 멀티센서 감지기의 종류

1) OT 감지기(열 – 광전식 복합형)

(1) 광전식 채택 : 연기색상과 크기에 따라 응답특성이 낮아질 수 있다.

(2) 증기에 의한 온도상승 등과 같은 경우에는 비화재보가 발생될 수 있다.

2) OTI 감지기(열 – 광전식 – 이온화식)

(1) 광전식의 단점을 이온화식으로 보완하여 응답특성을 향상시킨다.

(2) 그러나 증기에 의한 온도상승과 같은 경우에는 비화재보 발생 우려

(3) 또한 이온화식의 방사선물질로 인하여 사용이 제한됨(유럽)

3) OT^{blue} 감지기(열 – 청색 광전식 복합형)

(1) 청색 LED로 연기입자 크기 문제를 해소한다.

(2) OT감지기에 비하여 화염확산이 빠른 불꽃화재에 대한 조기경보가 가능하므로, 빠르게 성장하는 화재가 예상되는 장소에 적합하다.

4) O^{2}T 감지기(열 – 2중 광전식 복합형)

(1) Two-angle 원리를 이용하여 2개의 발광부를 설치해서 연기입자 색상에 무관

(2) 심한 비화재보입자인 증기, 먼지가 있는 환경에서도 화재검출이 가능하다.
(화재 시에는 백색, 흑색 연기가 복합적으로 발생되는 경우가 많음)

(3) 빠른 응답특성을 보이지는 않고, 대부분의 화재에 대해 중간 정도의 응답특성을 보일 수 있다.

5) OTG 감지기(열 – 광전식 – 가스 복합형)

(1) CO감지방식을 채택하여 불꽃화재를 제외한 화재들에서 우수한 응답특성 가진다.
(완전연소에 가까운 경우, CO 발생이 적음)

(2) 응답이 매우 빠른 편이다.

(3) 훈소가 예상되는 침실, 어린이집, 사무실 등과 같은 인명안전 우선 장소에 적용

6) 이중 파장 연기감지기

(1) 청색 및 적색 LED를 모두 내장한 비화재보 방지용 광전식 연기감지기

(2) 비화재보 방지의 원리

　① 불꽃화재(작은 연기입자)

　　→ 청색광과 적색광의 산란비율이 다르다.(청색광이 더 많이 산란)

　② 훈소화재(중간 크기의 입자)

　　→ 불꽃화재보다는 차이가 덜하지만, 청색광과 적색광의 산란비율이 다르다.(청색광이 더 많이 산란)

　③ 비화재보 입자(매우 큰 입자)

　　→ 입자가 매우 커서, 청색광과 적색광 모두 대부분 산란되므로 2가지 빛의 산란 비율이 거의 유사하다.

(3) 즉 청색광과 적색광의 산란비율을 비교하여 일정 수준 이상의 차이가 있을 경우에만 화재로 인식하게 된다.

4. 다기준(Multi-Criteria) 감지기의 종류

1) 광전식 연기센서와 서미스터 열감지기

2) 이온화식 연기센서와 서미스터 열감지기

3) 이온화식 및 광전식 연기센서와 서미스터 열센서를 포함한 감지기

→ 주로 1)의 감지기가 많이 사용되고 있다.

공기덕트에 설치하는 연기감지기에 대하여 설명하시오.

1. 개요

공기덕트용 연기감지기는 공조설비나 배기설비에 의한 연기의 확산을 방지하기 위하여 덕트 내부에 설치하는 감지기이다.

2. 설치 목적

1) 화재 시 공조, 환기 시스템의 정지(연기확산 방지)
2) 경보설비의 작동
3) 연기제어댐퍼의 기동
4) 제연설비와의 연동

3. 설치위치(NFPA)

1) 급기덕트

급기용량 2,000 [ft³/min](944 [lpm]) 초과 시 다음 부분에 설치
(1) 공기필터 2차 측 부분
(2) 분기덕트로의 분기부 전단
⇒ 화재에 의한 연기가 필터 이후에 유입되어 확산되는 것을 방지

2) 리턴덕트

(1) 각 층에서 공통 리턴부로의 연결지점 이전
(2) 15,000 [ft³/min]을 초과하고, 1개 층 이상에 연결된 Air Return System의 경우 다음 부분에 설치
① 재순환 이전
② 신선한 공기 유입부 이전
⇒ 오염 공기의 Return 방지 및 신선한 공기 오염 방지

4. 설치상 고려사항

1) 덕트 내 유속, 온 · 습도에 감도가 영향받지 않아야 한다.
(덕트감지기는 작동풍속 범위와 온 · 습도 범위가 인증되어 명시되므로, 이를 확인해야 함)

2) 기류의 대표 공기샘플을 검출할 수 있는 방식으로 설치해야 한다.
   (1) 덕트 내부의 기류가 단면상에서 균일하지 않기 때문
   (2) 층화 또는 정체 공간을 피해서 설치
3) 점검 및 청소가 용이하도록 감지기 부근에 Access Door 또는 Panel을 설치할 것
4) 감지기의 덕트 내부 관통부는 밀실하게 마감하여 외부 공기가 유입되지 않도록 할 것

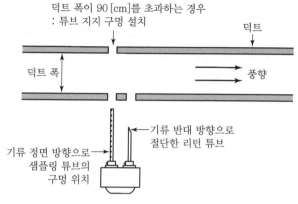

▌ 덕트 내 샘플링 튜브 설치방법 ▌

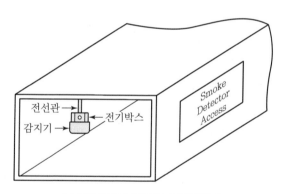

▌ 덕트감지기 점검구 설치방법 ▌

문제

아날로그 방식의 감지기에 대하여 설명하시오.

1. 개요

아날로그 감지기는 화재와 비화재를 구분하기 위한 자기 판단능력, 제어능력, 신뢰성을 검색하여 화재와 유사한 환경을 구별하는 감지기이며, 단지 ON-OFF 상태만을 표시하는 기존 감지기와 달리 다양한 상태 정도를 표시하는 신호를 전송할 수 있다.

2. 기존 감지기의 감지특성

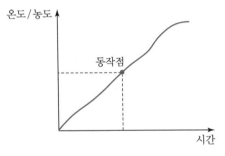

1) 기존 감지기는 주위의 열이나 연기가 기준을 초과 하면 화재로 감지한다.

2) 즉, 화재 및 비화재의 2가지의 경우로만 감지하게 된다.

3) 이러한 방식은 실제 화재가 아닌 유사 환경조건에 서도 화재경보를 발하는 Nuisance Alarm을 유 발할 수 있다.

4) 이러한 비화재보 방지를 위하여

   (1) 축적형 감지기를 사용하는 것은 감지기 주위 환경이 공칭축적시간 이상의 시간 동안 변화 되어 있는 경우에 비화재보를 방지할 수 없고, 감지기 작동 지연으로 인한 화세 확산 우려 가 크다.

   (2) 또한, 다른 비화재보 방지를 위한 감지기(감지선형 감지기, 복합형 등)는 감지기의 경년에 따른 성능저하로 비화재보를 일으킬 수도 있다.

   → 아날로그 감지기는 이러한 문제점을 해결하기 위해 환경변화에 따라 여러 단계의 신호표시 가 가능하도록 한 감지기이다.

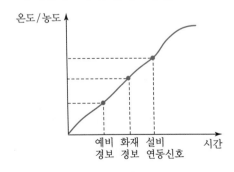

3. 아날로그 감지기의 특성

1) 아날로그 감지기의 개념

조정을 통한 다단계 감시 및 출력 기능

2) 아날로그 감지기의 주요 기능

(1) 자기진단기능

    ① 오염 : 장애 신호

    ② 탈락 : 이상 경보 신호

    ③ 고장 : 고장 신호

(2) 온도, 연기농도의 다단계 표시기능

(3) 주소표시기능(Address 감지기 → 중계기 필요 없음)

(4) 감지기 감도의 원격 조정 가능(감도조정기능)

3) 배선

(1) 결선은 중계기를 거치지 않고, 수신기에 직결한다.

(2) 일반전선이 아닌 차폐선(Shield Wire)을 사용해야 한다.

(3) 종단 저항은 설치하지 않는다.(설치 시 단락표시됨)

(4) 전류가 아닌 Digital Data를 수신한다.(주파수 분할 방식)

4. 자기보상기능의 알고리즘

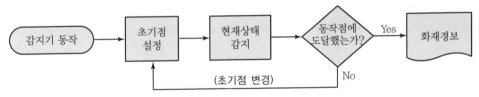

→ 즉 현재 상태 값을 초기상태로 재설정하여 주위 환경의 점진적 변화나 감지기의 성능 저하 등을 자기 보상한다.

5. 결론

아날로그 감지기는 유사환경에 대한 대응이 가능하고, 교차회로 방식이 필요하지 않으므로 비화재보 우려장소에 매우 적합한 감지기라 판단된다.

NOTE

일반 감지기와 아날로그 감지기 비교

구분	일반스포트형 감지기	아날로그식 감지기
상태확인	• 고장, 착탈 상태 확인 불가능	• 지속적인 정보 수신기에 전송 ※감지기상태, 고장 및 이상유무 확인
화재위치	• 경계구역별 확인 ※구역당 감지기수 : 약 20개	• 감지기별 고유 주소가 있어 감지기별 확인 가능
감도조정	• 감도조정 불가 • 감지기 오염 정도 확인 불가	• 열 · 연기 감도조정 가능 • 감지기 오염 정도 확인 가능

감지기의 발전

1) 1세대 감지기 : 일반 감지기(Conventional Detector)
   감지기 작동 시 해당 감지기가 포함된 경계구역을 화재구역으로 수신기에 표시

2) 2세대 감지기 : 주소형 감지기(Addressable Detector)
   화재 발생 시 감지한 감지기를 수신기에 표시

3) 3세대 감지기 : 아날로그 감지기(Analogue Detector)
   주소형 기능 외에 아날로그 기능을 갖춘 감지기

4) 4세대 감지기 : 인텔리전트 감지기(Intelligent Detector)
   아날로그 기능 외에 상황을 분석하여 화재 여부를 판단할 수 있는 감지기

문제

주소형 경보설비(Addressable Device)에 대하여 설명하시오.

1. 개요

1) 기존의 비주소형 설비 방식은 감지기 등의 Local 장치가 아닌, 회로(경계구역)를 감시하는 방식이므로 어떠한 기기가 동작되었는지 알 수가 없어서 신속한 대처가 어렵다는 단점이 있다.

2) 주소형 설비는 이러한 문제점을 개선하기 위해 각 기기의 상태를 개별적으로 식별하거나, 제어할 수 있도록 Local 장치에 주소(ID)를 부여한 것이다.

2. 주소형 설비의 신호전송방법

Polling Address(특정 기기를 지정하여 어떤 신호에 대한 응답을 받는 것) 방식에 의해 통신한다.

1) 수신기에서 일정 주기마다 해당 주소를 부를 때까지 주소형 기기는 대기 상태로 있다가 경보나 정상상태를 디지털 신호로 응답한다. 만일 아무런 응답이 없다면 수신반에 고장(Trouble) 상태로 표시된다.

2) 신호가 화재경보인지 판단하는 것은 수신반에서 결정하게 되며, 주소형 기기는 신호에 대한 응답만 하게 된다.

→ 이에 따라 수신기에 개별 감지기 등의 상황이 표시되고, 동작된 기기를 쉽게 확인할 수 있다. 또한, 각 기기의 탈락, 오염 등의 경우도 표시되므로, 신속한 보수가 가능하다.

3. 기존 설비와의 비교

항 목	비주소형 기기	주소형 기기
작동된 감지기의 표시	회로만 표시됨	층, 위치, 종류, 번호 표시
감지기의 고장표시	불가능	층, 위치, 종류, 번호 표시
회로 합선 시의 표시	화재경보	합선구간 표시됨
회로 단선 시의 표시	고장표시	단선구간 표시됨
감지기의 오염 표시	불가능	가능
일부 감지기 기능정지	불가능	가능
종단저항의 설치	설치해야 함	설치하지 않음
원격제어(감도조정 등)	불가능	가능

4. 주소형 기기에 대한 주소 부여 방법

1) Dip 스위치 조정
2) Rotary 스위치 조정
3) 별도 중계기를 함께 설치한다.

문제

비화재보에 대하여 설명하시오.

---

1. 개요

1) 비화재보(Unwanted Alarm)의 종류

   (1) 악의에 의한 비화재보(Malicious Alarm)

   (2) 일과성 비화재보(Nuisance Alarm)

   (3) 오조작 등에 의한 비화재보(Unintentional Alarm)

   (4) 원인을 알 수 없는 비화재보(Unknown Alarm)

2) 일과성 비화재보(Nuisance Alarm)

   (1) 기계적 고장, 기능불량, 부적절한 설치, 유지관리 불량이나 기타 알 수 없는 원인에 의해 발생되는 경보

   (2) 즉 실제 화재에서의 현상이 아닌 다른 요인에 의하여 설비가 작동되어 화재경보가 발신되는 현상을 말한다.

3) 경보(Alarm)의 종류

   (1) 정상경보 : 화재 현상에 의해 발생되는 경보

   (2) 비화재보

   (3) 원인을 알 수 없는 경보

2. 비화재보 발생의 문제점

1) 거주자들의 피난

   거주자의 부분적 또는 전체적인 피난으로 인해 공장 등에서 생산성 감소, 제품불량 등의 비용 손실을 일으킨다.

2) 거주자의 경보에 대한 반응시간 연장

잦은 비화재보는 거주인의 실제 화재경보에 대하여 무시하는 경향을 만들어 반응시간이 길어지겨 RSET(실제 피난소요시간)이 길어지게 한다.

3) 화재경보설비의 정지

일과성 비화재보로 인해 화재경보설비를 정지시켜 두거나, 경보 발령 시 관리자가 곧바로 경보 발령을 정지시키는 등의 실보를 발생시킬 위험이 있다.

참고

실보
화재가 발생했음에도 설비의 고장, 전원차단, 부적절한 기기 설치 등으로 인해 경보가 발령되지 않는 것

4) 관리인, 작업자의 업무 중단

(1) 건물관리부서 직원들이 정상적인 업무를 제쳐두고 경보상황에 대처하게 된다.
(2) 화재경보지역에서의 작업자(용접 등)의 작업 중단

3. 비화재보의 주요 원인

1) 인위적인 요인

(1) 연기감지기 설치구역에서의 흡연, 사전 통지 없이 행해지는 작업(용접, 페인트 등) 등에 의한 비화재보
(2) 일반적으로 화재경보설비에 대한 이해 부족으로 인해 발생되는 현상으로서, 비화재보 발생원인의 거의 대부분을 차지한다.

2) 기능상의 요인

회로불량, 부품불량, 결로현상 등에 의해 발생되는 화재경보설비의 기능 이상에 의한 비화재보

3) 유지관리상의 요인

(1) 감지기 등의 청소불량
(2) 노후화된 배관에서의 누수 등과 같은 문제

4) 설치상 요인

(1) 설계 시에 설치장소에 부적합한 감지기로 선정
(2) 감지기 설치 이후, 설치장소의 환경조건 변화
(3) 배선접속 불량, 기기부착 불량 등과 같은 부실 시공

참고

비화재보 발생비율

인위적 요인(40.6 [%]) > 습기, 관리부실 요인(31.4 [%]) > 설치상 요인(28 [%])

4. 비화재보의 방지대책

1) 철저한 원인조사

(1) 비화재보가 발생된 경우, 그 원인을 철저하게 분석하여 문제점을 제거해야 한다.

(2) 국내에서의 비화재보 원인 중에서 원인미상이 높은 비중을 차지하는데, 이는 비화재보 원인조사가 철저하게 이루어질 경우 줄어들게 될 것이다.

2) 인위적 요인의 제거

(1) 비화재보 원인의 대부분을 차지하는 인위적 요인은 화재경보설비 작동에 대한 작업자나 거주인에 대한 교육, 훈련, 지침 등을 통해 개선 가능하다.

(2) 즉 거주인에 대한 흡연장소 지정, 용접 등과 같은 작업 시 사전교육 및 협의를 통해 인위적 요인을 제거해야 한다.

3) 설치상 요인 제거

(1) 일과성 비화재보에 대하여 감지기 기종 변경, 부착위치 변동 등을 통해 설치상의 문제점을 제거해야 한다.

> 예 • 이온화식 감지기 : 습도가 높거나 기류가 빠른 장소에 부적합
> • 광전식 Spot형 감지기 : 먼지, 증기 등이 많이 발생되는 장소에 부적합

(2) 아날로그 감지기나 멀티센서 감지기 등의 도입을 통해 비화재보를 줄이고 화재경보설비의 신뢰성을 향상시켜야 한다.

① NFSC상의 비화재보 방지 감지기

축적형 감지기, 복합형 감지기, 다신호식 감지기, 광전식 분리형 감지기, 불꽃감지기, 정온식 감지선형 감지기, 차동식 분포형 감지기, 아날로그 감지기

② 멀티센서 감지기

다양한 화재감지센서를 설치하여 1가지의 비화재보 요인에 동작하지 않아 비화재보를 방지할 수 있다.

③ 2중파장 연기감지기

청색/적색 LED를 모두 채택하여 산란율 비교에 의해 연기입자에 비해 크기가 큰 비화재보입자(증기, 먼지 등)를 검출 가능하다.

4) 유지관리상 요인 제거

(1) 감지기 등에 대한 정기적인 청소 실시

(2) 정기적 소방점검 시 발견된 문제점에 대한 철저한 보수

5. 결론

1) 잦은 비화재보는 경보 설비의 신뢰성을 떨어뜨려 거주자가 실제 화재경보에도 반응하지 않거나, 관리자가 음향 정지·전원 차단을 시켜 실보를 발생시키기 쉽다. 이는 실제 화재에서의 인명피해, 재산피해를 크게 증가시키는 요인이 된다.
2) 따라서 적극적인 원인조사와 우수한 감지기 설치 시의 보험요율 할인 등의 인센티브를 범국가적인 차원에서 지원하여 비화재보를 획기적으로 감소시킬 수 있도록 노력해야 한다고 판단된다.

문제

교차회로 방식에 대하여 설명하시오.

1. 개요

1) 교차회로 방식은 감지기와 연동시키는 소화설비의 오작동을 방지하기 위해 적용하는 감지기 설계방식으로서,
2) 2개 이상의 회로를 교차되도록 설치하여 각 회로가 모두 화재를 감지했을 때 소화설비가 작동되도록 하는 방식이다.

2. 교차회로 방식의 구성

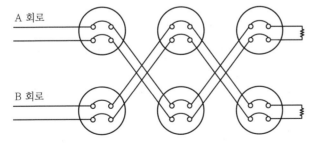

1) 그림과 같이 A, B 2회로를 구성하여 1개 회로만이 동작된 경우에는 소방설비가 연동하여 작동되지 않는다.
2) 감지기가 회로별로 1개 이상 동작되어야 소방설비가 동작된다.

3. 교차회로에서의 감지기 수량

교차회로로 구성할 경우에는 설치기준상 필요한 감지기 수량의 2배가 설치되어야 하며, 그 이유는 아래와 같다.

1) 교차회로 방식에서는 1개의 감지기가 담당하는 감지구역 내에 A, B의 2회로 감지기가 모두 설치되어야 한다.

2) 만일 그렇지 않은 경우에는 화재가 발생하여 1개 회로의 감지기가 작동되어도 멀리 떨어져 있는 타 회로의 감지기 동작 시까지 많은 시간이 소요되어 화재가 확대된다.

4. 교차회로 방식의 문제점

1) 주차장 등의 준비작동식 스프링클러

   (1) 교차회로별 각각의 감지기(총 2개)는 서로 일정거리 이상 이격되어 설치되어 있는 경우가 많음

   (2) 특히, 주차장 등의 준비작동식 설비에서의 경우에서 그림과 같이 2회로의 감지기가 작동되는 데 걸리는 시간이 상당히 지연된다. 이에 따라 소화설비 작동 이전에 화재가 크게 확대되어 소화불능 사태를 초래할 우려가 크다.

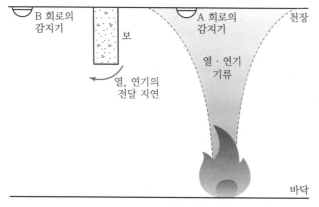

   → 그림에서와 같은 경우 A회로의 감지기는 단시간 내에 동작될 수 있지만, 이때에는 소화설비가 작동되지 않는다. 열이나 연기가 천장에서부터 축적되어 보의 길이 이상으로 쌓여야 B회로의 감지기가 작동될 것이다.

2) 할로겐화합물 및 불활성기체 소화설비

   (1) 열감지기 회로 설치

   ① 교차회로 중에서 1개의 회로라도 작동지연이 되면 소화설비는 미작동된다.

   ② 따라서 할로겐화합물 및 불활성기체 소화설비의 감지기회로에는 반드시 연기감지기만을 적용해야 한다.

③ 할로겐화합물 및 불활성기체 소화설비는 불꽃화재의 초기에 작동하여 소화하는 장치이므로, 열감지기 회로를 포함할 경우 상당한 작동 지연으로 인해 소화할 수 없을 가능성이 높다.

(2) 교차회로의 필요성

NFPA 2001에서는 할로겐화합물 및 불활성기체 소화설비의 오작동에 대한 대책이 다수 있기 때문에 교차회로 감지기 적용을 요구하지 않고 있다.

3) 소화설비 작동 신뢰성 저하

교차회로 중에서 1개의 회로만이라도 불량이 된다면 소화 설비는 작동되지 않는다.

5. 교차회로 방식으로 하지 않아도 되는 감지기

1) 축적형 감지기
2) 불꽃 감지기
3) 복합형 감지기
4) 정온식 감지선형 감지기
5) 다신호 방식 감지기
6) 차동식 분포형 감지기
7) 광전식 분리형 감지기
8) 아날로그 방식의 감지기

6. 결론

1) 교차회로 방식은 감지구역 내에 2개의 회로로 감지기를 설치하여 소화설비의 오동작을 방지할 수 있지만, 화세 확대나 소화설비의 미작동 등의 우려가 크다.

2) 따라서 교차회로로 하지 않아도 되는 감지기(최근 국제적으로는 Multi-criteria 감지기 등을 많이 적용함)를 설치하거나, 교차회로의 각 회로별 감지기를 근접 설치하여 소화설비의 작동 지연을 방지해야 한다고 판단된다.

발신기, 음향장치 및 시각경보장치의 설치기준

1 발신기 설치기준

1. 설치위치

1) 조작이 쉬운 장소에 설치하고, 스위치는 0.8~1.5 [m] 높이에 설치할 것
2) 층마다 설치
3) 해당 특정소방대상물 각 부분에서 1개 발신기까지의 수평거리 : 25 [m] 이하
   (복도 또는 별도 구획된 거실로서 보행거리 40 [m] 이상일 경우 추가 설치)
4) 기둥 또는 벽이 설치되지 않은 대형공간 : 3)의 규정에도 불구하고 가장 가까운 장소의 벽 또는 기둥 등에 설치할 것

2. 위치표시등

1) 함의 상부에 설치＋적색등
2) 부착면에서 15° 이상의 범위 내에서 부착지점으로부터 10 [m] 이내에서 쉽게 식별 가능할 것

2 음향장치 설치기준

1. 설치위치

1) 주 음향장치 : 수신기의 내부 또는 직근에 설치
2) 지구 음향장치
   (1) 층마다 설치
   (2) 수평거리 25 [m] 이하＋층의 각 부분에 유효하게 경보
   (3) 비상방송설비를 자탐 감지기와 연동 작동 설치 시 : 지구음향장치 제외 가능
   (4) 수평거리 기준을 초과하게 되는 기둥 또는 벽이 설치되지 않는 대형공간의 경우, 설치대상 장소의 가장 가까운 장소의 벽 또는 기둥 등에 설치할 것

2. 음향장치의 성능

1) 정격전압의 80 [%]에서 음향을 발할 수 있을 것
2) 음량은 부착된 음향장치의 중심으로부터 1 [m] 떨어진 위치에서 90 [dB] 이상일 것
3) 감지기 또는 발신기의 작동과 연동하여 작동할 것

3. 경보의 방식

1) 직상층 · 발화층 우선 경보방식
   (1) 층수가 11층(공동주택의 경우 16층) 이상인 특정소방대상물

(2) 경보방법

화재가 발생한 층		화재감지시 즉시 경보되는 층	비고
2층 이상의 층		발화층 및 그 직상 4개층	
1층		1층(발화층), 직상 4개층, 지하 전층	음향장치가 최대작동되는 경우임
지하층	지하 1층	지하 전층 및 1층(직상층)	
	기타 지하층	지하 전층	

2) 전층 경보방식

　　1)에 해당하지 않는 경우

3) 고층건축물

　　(1) 2층 이상의 층에서 발화한 경우 : 발화층 및 그 직상 4개층에 경보

　　(2) 1층에서 발화한 경우 : 발화층 · 그 직상 4개층 및 지하층에 경보

　　(3) 지하층에서 발화한 경우 : 발화층 · 그 직상층 및 기타의 지하층에 경보

3 시각경보장치 설치기준

1. 대상

　　1) 근린생활시설, 문화 및 집회시설, 종교시설, 판매시설, 운수시설, 운동시설, 위락시설, 창고시설 중 물류터미널

　　2) 의료시설, 노유자시설, 업무시설, 숙박시설, 발전시설 및 장례시설

　　3) 교육연구시설 중 도서관, 방송통신시설 중 방송국

　　4) 지하가 중 지하상가

2. 설치기준

　　시각경보장치의 성능인증 및 제품검사의 기술기준에 적합한 것으로 다음 기준에 따라 설치

　　1) 복도, 통로, 청각장애인용 객실, 공용 거실(로비, 회의실, 강의실, 식당, 휴게실 등)에 설치

　　2) 각 부분으로부터 유효하게 경보를 발할 수 있는 위치에 설치

　　3) 공연장, 집회장, 관람장 등에 설치하는 경우 : 시선이 집중되는 무대부 부분 등에 설치

　　4) 설치높이 : 바닥에서 2~2.5 [m] 높이에 설치

　　　　　　(2 [m] 이하인 천장 : 천장에서 0.15 [m] 이내에 설치)

문제

발신기의 종류 및 설치기준에 대하여 설명하시오.

1. 개요

발신기는 거주자가 화재를 발견한 경우, 감지기의 동작 이전에 화재신호를 수동으로 수신기에 보내는 장치로서, P형 · M형 · T형의 3종류가 있다.

2. 발신기의 종류

1) P형 발신기

(1) 각 발신기의 공통신호를 수동으로 수신기 및 중계기로 발신하는 가장 일반적인 형태의 발신기이다.

(2) 전화 Jack 및 응답램프 유무에 따라 P−1급, P−2급으로 구분된다.

① P형 1급 발신기 : 누름스위치, 전화 잭, 응답램프

→ P형1급, R형 수신기에 사용

② P형 2급 발신기 : 누름스위치만 있음

→ P형 2급 스위치에 사용

(3) 최근 전화 잭 의무규정은 삭제됨

2) T형 발신기

 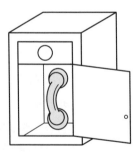

(1) 발신기별 공통 신호를 수동으로 수신기에 발신하는 발신기이다.

(2) 송 · 수화기를 이용하여 수화기를 드는 순간 발신되며, 동시에 통화도 가능하다.

(3) 2회선 이상에서 동시에 발신하는 경우, 수신기에서 발신기의 임의 선택이 가능하고 미 선택된 발신기에는 통화 중을 표시하는 대기음이 울리게 된다.

3) M형 발신기

(1) 소방관서에 설치된 M형 수신기에 고유 신호를 발신하는 공공용 발신기

(2) 100개 이하를 직렬로 연결하며, 발신기에서의 발신에서 수신완료까지의 시간은 10~20초 정도이다.

3. 발신기의 설치기준

1) 국내기준

(1) 조작이 쉬운 장소에 설치하고, 누름 스위치는 바닥에서 0.8~1.5 [m] 높이에 설치할 것

(2) 소방대상물의 층마다 설치하되, 당해 소방대상물의 각 부분으로부터 하나의 발신기까지의 수평거리가 25 [m] 이내(터널 : 주행방향 거리 50 [m] 이내)가 되도록 할 것
(단, 복도 또는 별도 구획된 실로서 보행거리 40 [m] 이상일 경우에는 추가로 설치할 것)

(3) (2)의 기준을 초과하는 경우로서 기둥 또는 벽이 설치되지 않은 대형공간의 경우 발신기는 설치 대상 장소의 가장 가까운 장소의 벽 또는 기둥 등에 설치할 것

(4) 위치표시등
　① 표시등은 함 상부에 적색등으로 표시
　② 15° 이상 범위 내에서 10 [m] 이내의 어느 곳에서도 식별이 가능할 것

2) NFPA 72 기준

(1) 화재경보 발신목적으로만 사용될 것
(소화설비 기동장치로 사용하지 않아야 함 → 별도 설치)

(2) 눈에 잘 보이고, 장애물이 없는 장소에 접근 가능하게 설치할 것

(3) 붉은색 사용이 금지되는 환경이 아닐 경우, 수동발신기는 적색으로 할 것

(4) 각 층 비상구 출입문(Exit Doorway)에서 1.5 [m] 이내에 위치시킬 것
　① 피난 시 거주자가 사용하는 보행로와 일치시켜야 한다.
　② 계단의 옥외출구는 수동발신기 설치를 요구하지 않는다.

(5) 층마다 보행거리 61 [m](200 [ft]) 이내마다 수동발신기를 추가하여 설치할 것

(6) 수동 발신기는 폭 12.2 [m](40 [ft])를 초과하는 Grouped Opening의 경우 양쪽에 설치하되 그 양쪽면 1.5 [m](15 [ft]) 내에 설치할 것
　→ 폭이 넓은 여러 개의 문인 경우, 발신기를 피난로 양쪽에 설치하라는 규정이다.

(7) 단단히 고정시킬 것

(8) 설치장소 배경과 대비되는 색상으로 적용할 것

(9) 작동부 높이 : 바닥에서 1.0~1.2 [m] 사이에 위치시킬 것

(10) 작동방식 : Single Action 또는 Double Action이 허용됨

(11) 인증된 보호 커버를 싱글액션 또는 더블액션 수동 발신기 위에 설치하는 것이 허용됨

3) 차이점

(1) 비교

항목	NFSC 203	NFPA 72
용도	소화설비용과 겸용 가능	화재경보 목적 전용
설치 간격	수평거리 위주	보행거리 위주
설치 위치	별도 기준 없음	피난로 중심 배치
표시등	적색등	없음
색상	없음	적색
작동방식	버튼 누름식	싱글 또는 더블액션

(2) NFPA 72 발신기 설치 기준의 특징

① 화재경보용과 소화설비 작동용 발신기를 구분하여 별도 설치하도록 규정하고 있다.

② 거주인의 조작성을 감안하여 보행거리 기준, 피난경로에 배치하도록 규정하고 있다.

③ 오조작의 가능성이 있을 경우 더블 액션 방식을 허용하고 있으며, 옥외 환경에 노출될 경우 손상 방지를 위해 인증된 보호커버를 설치할 수 있도록 규정하고 있다.

4. 결론

발신기는 수동으로 화재신호를 수신기로 보내는 장치로서, 감지기와 함께 Fail-safe의 개념으로 사용되는 장치이다.

NFPA 72에 따른 음향경보장치의 설치방법을 설명하시오.

1. 개요

1) NFPA 72에서의 음향장치 설계의 주된 개념은 주위 소음보다 경보장치의 음압이 커야 이를 거주인이 들을 수 있다는 것이다.
2) 음압의 단위
   SPL(음압레벨, Sound Pressure Level)로서, 단위는 [dBA]이다.

2. NFPA 72의 요구기준

1) Public Mode

   일반 거주인을 위한 경보는 해당 지역 내에서 다음 2가지 중 큰 음압을 유지하도록 요구함
   (1) 주변 60초간의 최대소음보다 5 [dB] 이상
   (2) 주변 24시간 평균소음보다 15 [dB] 이상

2) Private Mode

   해당 건물의 관리자에게만 알리는 경보는 해당 지역 내에서 다음 2가지 중 큰 음압을 유지하도록 요구함
   (1) 주변 60초간의 최대소음보다 5 [dB] 이상 큰 음압[dBA] 유지
   (2) 주변 24시간 평균소음보다 10 [dB] 이상 큰 음압[dBA] 유지

3) 취침지역

   최소 75 [dBA]
   (1) 주변 최대소음보다 5 [dB] 이상 큰 음압[dBA] 유지
   (2) 주변 평균소음보다 15 [dB] 이상 큰 음압[dBA] 유지

4) 최대 음압

   110 [dBA] 이하로 제한

3. 주변지역의 평균 소음도

원칙적으로는 음압을 측정해야 하지만, 설계단계에서는 불가능하므로 NFPA 72에서는 다음 표와 같은 일반적인 용도별 평균 소음도를 제시하고 있다.

교육시설	공장	공공시설	주거시설	차량
45 [dBA]	80 [dBA]	40 [dBA]	35 [dBA]	50 [dBA]

4. 음향장치의 설치간격 결정

1) 음향장치의 정격 음압(Rating)

모든 음향장치는 음원에서 1 [m] 또는 10 [ft] 등의 일정거리에서의 음압(SPL, [dBA])이 표시되어 있다.

2) 거리에 따른 음압 감소(6 [dB] Rule)

Rating을 기준으로 거리가 2배 멀어질수록 약 6 [dB]씩 감소하는 원리를 활용함
(이 원리는 이는 넓은 공간에서는 잘 맞고, 밀폐 공간에서는 음 반사 또는 감쇠로 인해 약간의 차이가 있다.)

3) 실내에서의 음향경보설비 설계

SFPE 핸드북에서는 음향장치의 Rating, 음향의 확산방향, 복도 벽체의 마감재료, 칸막이 설치 등에 대해 감안하여 음향장치의 배치 간격을 계산하는 방법이 제시되어 있다.

5. 결론

1) 국내기준에서는 음향장치를 일률적으로 수평거리 기준에 따라 배치하도록 규정하여 실제 거주인이 유효한 경보를 듣지 못하는 사례가 많다.
2) 따라서 NFPA 72 등에서와 같이 주변 소음을 감안한 성능위주설계가 요구된다.

> **문제**
>
> ## 시각경보기(Strobe)에 대하여 설명하시오.

1. 개요

1) 시각경보기는 소음이 심하거나 많은 인원이 모이는 장소에 설치하는 통보장치로서 국내에는 청각장애인을 위해 도입된 것이다.
2) 시각경보기의 무작위적인 점멸은 착란을 유발하므로, 점멸을 동기화해야 한다.

2. 시각경보기의 설치대상

1) 근린생활시설, 문화 및 집회시설, 종교시설, 판매시설, 운수시설, 의료시설, 노유자시설 중 물류터미널
2) 운동시설, 업무시설, 숙박시설, 위락시설, 물류터미널, 발전시설 및 장례시설

3) 교육연구시설 중 도서관, 방송통신시설 중 방송국

4) 지하가 중 지하상가

3. 설치장소

1) 공용 거실(로비, 회의실, 강의실, 식당, 휴게실 등)

2) 복도, 통로

3) 청각장애인용 객실

4. 설치기준

1) 국내기준

(1) 설치위치

설치 장소의 각 부분으로부터 유효하게 경보를 발할 수 있는 위치에 설치할 것

(2) 공연장, 집회장, 관람장 또는 이와 유사한 장소에 설치하는 경우

시선이 집중되는 무대부 등에 설치

(3) 설치높이

① 바닥으로부터 2~2.5 [m]의 높이에 설치

② 천장높이가 2 [m] 이하인 경우 : 천장에서 0.15 [m] 이내의 장소에 설치

2) NFPA 및 ADA(미국 장애인법, 괄호 안의 수치)의 기준

(1) 기구의 사양

① 섬광률 : 1~2 [Hz]　　　　　(ADA : 1~3 [Hz])

② 섬광지속시간 : 40 [%] 효율로 0.2초 이내

③ 광도 : 1,000 [cd] 이하　　　(ADA : 75 [cd] 이상)

④ 램프 색상 : 투명 또는 백색　(ADA : 투명 또는 백색)

(2) 설치높이

① 바닥에서 2~2.4 [m] 높이에 설치할 것

② 반자높이가 낮아 2 [m] 이상에 설치 불가능한 경우, 반자 15 [cm] 이내에 설치하고, 그 설치간격을 줄여야 함

(3) 배치기준

① 거실 : 실의 크기에 따른 Table에 의해 결정　　(ADA : 15×15 [m]마다 1개씩 설치)

② 복도 · 통로

• 폭 6.1 [m] 이하인 경우

– 복도 끝에서 4.5 [m] 이내에 설치

– 30 [m] 이내마다 1개씩 설치

– 최소한 15 [cd] 이상의 광도가 되도록 설치

• 폭 6.1 [m] 이상

거실 기준에 의함　(ADA : 수평거리 15 [m] 이하가 되도록 배치)

③ 수면 · 침실 지역

• 천장에서 램프까지 거리 24 [in] 이상 → 110 [cd] 이상

• 천장에서 램프까지 거리 24 [in] 미만 → 177 [cd] 이상

• 베개로부터 16 [ft](5 [m]) 이내에　　　(ADA : 110 [cd] 이상인

설치할 것　　　　　　　　　　　　　시각경보기를 설치할 것)

→ 취침 중이므로 상대적으로 더 높은 광도를 요구하는 것임

5. 시각경보기의 일반적인 설계방법

1) 기구의 선정

(1) 사양 : NFPA, ADA를 모두 만족시키는 75 [cd], 1 [Hz]의 것으로 선정한다.

　　　 수면지역의 경우, 110 [cd] 이상으로 선정

(2) 동조기형 설치

① 하나의 거실에서의 섬광률이 5 [Hz]를 초과하면 빛에 민감한 사람이나 어린이는 착란 · 발작 등을 일으킬 수 있으므로, 동조기형을 사용하여 섬광 횟수가 5 [Hz] 이하로 되도록 한다.

② 복도 · 통로에 2개 이상의 시각경보기를 설치할 경우에도 동조기형을 설치한다.

2) 시각경보기의 설치

(1) 설치높이(바닥~시각경보기 하단) : 2~2.4 [m]

(2) 반자 높이가 낮을 경우, 반자에서 15 [cm] 이내에 설치하고 그 간격을 좁힌다.

(3) 공급전압은 DC 24 [V]로, 전압 강하가 20 [%](4.8 [V])를 넘지 않도록 함

(4) 하나의 전원회로에는 부하전류가 2 [A]를 넘지 않도록 구성한다.

(75 [cd]의 경우, 0.17 [A/개] 이므로 11개 이하)

(5) 복도 · 통로에의 설치

① 수평거리 15 [m] 이내마다 설치하되, 굴곡개소마다 설치한다.

② 복도 끝 피난구에서 4.5 [m] 이내마다 설치한다.

(6) 거실 설치

① 1개의 경보범위 : 15×15 [m] 이내

② 하나의 거실에 천장까지 Partition으로 구획된 장소에는 별도의 시각경보기를 설치한다.

(7) 동조기 설치

① 하나의 거실에 6개 이상의 시각경보기(5 [Hz] 초과) : 동조기형

② 동조기는 DC 24 [V]로 부하전류가 2 [A]를 넘지 않도록 할 것

자동화재탐지설비의 전원 및 배선 기준

1 전원 기준

1. 상용전원

1) 전기가 정상 공급되는 축전지, 전기저장장치 또는 교류전압의 옥내간선으로 함
2) 전원까지의 배선은 전용으로 함
3) 개폐기 : "자동화재탐지설비용"이라는 표지

2. 비상전원

1) 60분간 감시상태 지속 후, 유효하게 10분 이상 경보할 수 있는 축전지 설비(수신기에 내장하는 경우를 포함) 또는 전기저장장치(외부 전기에너지를 저장해 두었다가 필요한 때 전기를 공급하는 장치)
2) 고층건축물인 경우 60분간 감시상태 지속 후, 유효하게 30분 이상 경보할 수 있는 축전지설비 또는 전기저장장치를 설치할 것
3) 상용전원이 축전지설비인 경우 또는 건전지를 주전원으로 사용하는 무선식 설비인 경우 상기 기준 적용 제외

2 배선 기준

1. 감지기회로의 도통시험을 위한 종단저항

1) 점검 및 관리가 쉬운 장소에 설치
2) 전용함에 설치하는 경우 : 설치높이는 바닥에서 1.5 [m] 이내일 것
3) 감지기 회로의 끝부분에 설치하고, 종단감지기를 설치한 경우 구별이 쉽도록 해당 감지기의 기판 및 감지기 외부 등에 별도의 표시를 할 것

2. 감지기 사이 회로배선

송배선식

3. 절연저항

1) 전원회로의 전로와 대지 사이 / 배선 상호 간
   전기사업법에 따른 기술기준에 따름
2) 감지기 회로 및 부속회로의 전로와 대지 사이 / 배선 상호 간
   1경계구역마다 직류 250 [V]의 절연저항측정기를 사용하여 측정한 절연저항이 0.1 [MΩ] 이상일 것

4. 전선관

자탐설비의 배선은 다른 전선과 별도의 관, 덕트, 몰드 또는 풀박스 등에 설치
[예외] 60 [V] 미만의 약전으로서, 각각의 전압이 같을 경우 혼용 가능

5. 공통선

P형 및 GP형 수신기의 감지기회로 배선에서 1개의 공통선에 접속할 수 있는 경계구역은 7개 이하로 할 것

6. 전로저항

1) 감지기 회로의 전로저항 : 50 [Ω] 이하
2) 회로별 종단 감지기 전압 : 정격전압의 80 [%] 이상

7. 배선기준

자탐설비의 배선		배선의 종류	비고
전원회로 배선		내화배선	
감지기회로 배선	아날로그, 다신호 감지기 R형 수신기	쉴드선 등을 사용	• 전자파 방해를 받지 않고 내열성능이 있는 광케이블을 적용할 수 있음 • 전자파 방해를 받지 않는 방식인 경우 쉴드선 사용하지 않아도 됨
	감지기 상호 간	내화 또는 내열배선	
	기타	내화 또는 내열배선	
그 밖의 회로		내화 또는 내열배선	

❸ 내화 및 내열 배선 기준

1. 공사방법에 따라 내화 또는 내열 배선이 되는 전선의 종류

1) 450/750 [V] 저독성 난연 가교 폴리올레핀 절연 전선
2) 0.6/1 [kV] 가교 폴리에틸렌 절연 저독성 난연 폴리올레핀 시스 전력 케이블
3) 6/10 [kV] 가교 폴리에틸렌 절연 저독성 난연 폴리올레핀 시스 전력용 케이블
4) 가교 폴리에틸렌 절연 비닐시스 트레이용 난연 전력 케이블
5) 0.6/1 [kV] EP 고무절연 클로로프렌 시스 케이블
6) 300/500 [V] 내열성 실리콘 고무 절연전선(180 [℃])
7) 내열성 에틸렌-비닐아세테이트 고무 절연케이블
8) 버스덕트(Bus Duct)

9) 기타 전기용품안전관리법 및 전기설비기술기준에 따라 동등 이상의 내화성능이 있다고 주무부
　장관이 인정하는 것

2. 내화배선

1) 상기 1의 전선을 사용한 경우의 공사방법

(1) 공사방법

　① 전선 수납 : 금속관 · 2종 금속제 가요전선관 또는 합성 수지관 내

　② 내화구조에 매설 : 내화구조로 된 벽 또는 바닥 등에 벽 또는 바닥의 표면으로부터 25
　　[mm] 이상의 깊이로 매설해야 한다.

(2) 전선을 노출 설치해도 내화배선이 되는 경우

　① 배선을 내화성능을 갖는 배선전용실 또는 배선용 샤프트 · 피트 · 덕트 등에 설치하는
　　경우

　② 배선전용실 또는 배선용 샤프트 · 피트 · 덕트 등에 다른 설비의 배선이 있는 경우

　　• 이로부터 15 [cm] 이상 떨어지게 하거나

　　• 소화설비의 배선과 이웃하는 다른 설비의 배선 사이에 배선지름(배선의 지름이 다른
　　　경우에는 가장 큰 것을 기준으로 한다)의 1.5배 이상 높이의 불연성 격벽을 설치하는
　　　경우

2) 내화전선을 사용하는 경우

(1) 공사방법 : 케이블공사의 방법에 따라 설치할 것

(2) 내화전선의 성능

　① 내화성능 : KS C IEC 60331 − 1과 2(온도 830 [℃], 가열시간 120분 기준) 표준 이상
　　을 충족할 것

　② 난연성능 : KS C IEC 60332 − 3 − 24의 성능 이상을 충족할 것

3. 내열배선

1) 상기 1의 전선을 사용한 경우의 공사방법

(1) 공사방법

　금속관 · 금속제 가요전선관 · 금속덕트 또는 케이블(불연성 덕트에 설치하는 경우에 한
　함) 공사방법에 따라야 한다.

(2) 전선을 노출 설치해도 내화배선이 되는 경우

　① 배선을 내화성능을 갖는 배선전용실 또는 배선용 샤프트 · 피트 · 덕트 등에 설치하는
　　경우

　② 배선전용실 또는 배선용 샤프트 · 피트 · 덕트 등에 다른 설비의 배선이 있는 경우

　　• 이로부터 15 [cm] 이상 떨어지게 하거나

- 소화설비의 배선과 이웃하는 다른 설비의 배선 사이에 배선지름(배선의 지름이 다른 경우에는 가장 큰 것을 기준으로 한다)의 1.5배 이상 높이의 불연성 격벽을 설치하는 경우

2) 내화전선을 사용하는 경우

　공사방법 : 케이블공사의 방법에 따라 설치할 것

내화배선에 금속제 가요전선관을 사용할 경우 2종만 허용되는 이유를 설명하시오.

1. 개요

1) 1종 금속제 가요전선관

   철판을 나선모양으로 감아 제작한 가요성이 있는 전선관

2) 2종 금속제 가요전선관

   테이프(Tape) 모양의 금속편과 화이버(Fiber)를 조합하여 가요성에 추가하여 내수성도 가지
   도록 제작한 전선관

2. 내화배선에 금속제 가요전선관으로 2종만 사용할 수 있는 이유

1) 내화배선은 내화구조의 벽 또는 바닥에 일정 깊이 이상 매설하거나, 그와 동등 이상의 내화효
   과가 있는 방법으로 시공해야 한다.

2) 1종 금속제 가요전선관은 내수성을 갖지 못하므로, 전기설비기술기준 및 내선규정에서 전개된
   장소 또는 점검할 수 있는 은폐된 장소로서 건조한 장소에 한하여 사용할 수 있도록 규정하고
   있다. 즉, 내수성이 없어 내화구조의 벽 또는 바닥에 매설할 수 없다.

3) 이에 비해 2종은 내수성을 가지고 있으므로, 내화구조의 벽 또는 바닥에 매설할 수 있다.

NOTE

• 내화배선 시 전선관을 내화구조 표면으로부터 25 [mm] 이상 매설하여야 하는 이유

  1. 콘크리트 재질에 사용되는 굵은 골재의 최대 치수는 25 [mm]이므로, 콘크리트를 균일
     하게 타설하기 위해서는 철근을 덮는 콘크리트의 두께가 최소 25 [mm]이상 유지되어야
     한다.

  2. 따라서, 벽체의 내화성능을 유지하기 위해 내화배선 전선관의 매설깊이는 25 [mm] 이
     상 유지해야 한다.

• 내화전선 : 전선관 내에 배선하는 것이 불가한 이유

  1. 내화전선은 노출공사에 적합하게 제조된 것이며, 절연물의 절연내력은 온도가 높아질
     수록 급격히 저하하는 성질이 있다.

  2. 관로 내부는 통풍이 잘 되지 않으므로 화재로 인해 전선관 내부의 공기가 일단 가열되면
     가열된 공기온도가 다시 낮아지기는 매우 어렵다.

3. 따라서, 내화전선을 전선관 내부에 배선할 경우는 외부의 충격으로부터 보호될 수 있겠지만, 관로 내의 온도가 케이블의 허용온도보다 상승할 경우 절연내력이 급격하게 저하될 위험이 있기 때문에 전선관 내에 배선하지 않는다.

• 배선용 전용실 등에 소방용 배선과 다른 설비용 배선이 함께 시설되는 경우에 이로부터 15 [cm] 이상 간격을 유지하거나 배선 지름의 1.5배 이상 높이의 불연성 격벽을 설치하여야 하는 이유

1. 다른 설비용 배선에서 단락 등이 발생하여 아크 또는 스파크가 발생할 경우에 소방용 배선에 영향을 주지 않도록 이격 또는 차단하는 것이다.

2. 따라서, 소방용 배선과 이웃한 다른 설비용 배선의 간격을 15 [cm] 이상 유지하지 못하거나 또는 배선 지름의 1.5배 이상 높이의 불연성 격벽을 설치하지 못할 경우에 소방용 배선이나 이웃한 배선의 둘 중 하나 이상을 불연성 관로 내부에 배선하면 이 기준을 충족한 것으로 간주할 수도 있다.

• 내화배선에는 합성수지관이 허용되지만 내열배선에서는 허용되지 아니하는 이유

1. 플라스틱 재질은 가연성이고 연소시 다량의 독성 가스가 발생하므로, 개방된 장소나 천장속 같은 은폐장소의 배관재료로 사용하기 어렵다.

2. 내화배선의 경우, 내화구조부에 매설하거나 동등 이상의 내화효과를 가지는 방법으로 시공하므로 합성수지를 사용해도 화재 시에 연소하거나 유독성 가스를 방출할 우려가 없기 때문에 허용된다.

3. 내열배선의 경우, 노출 설치할 수 있으므로 합성수지관 사용을 허용하지 않는다.

• 내열배선 : 1종 금속제 가요전선관이 사용 가능한 이유

1. 내화배선과 달리 내열배선은 노출공사도 가능하다.

2. 배선을 노출공사에 의할 경우에는 내수성이 없는 1종 금속제 가요 전선관을 사용해도 전기설비 기술기준 및 내선규정에 위배되지 않는다.

NOTE

차폐선(Shield Wire) 시공방법

1. **차폐선의 개념**

    1) 오동작, 미작동 및 고장 등을 유발시키는 노이즈를 감소시키기 위해 R형 통신선로에는 차폐선을 적용한다.

        (1) 노이즈 : 신호 송수신에 방해가 되는 원치 않는 전류 또는 전압

(2) 노이즈의 종류별 저감대책

　① 정전유도 노이즈 : 금속 차폐층과 접지를 통해 저감시킨다.

　② 전자유도 노이즈 : 꼬인 케이블(Twisted Pair)을 적용하여 발생한 자기장을 상쇄시킨다.

2) 차폐선의 종류

(1) 호일 차폐(SF) : 알루미늄 호일로 통신 케이블 위에 감은 방식

(2) 편조 차폐(SB) : 가는 동선 여러 가닥을 직조한 방식

2. 차폐선의 시공방법

1) 적절한 차폐선 적용

(1) 꼬임 횟수 15 [회/m] 이상인 꼬인 선(Twisted Pair) 적용

(2) 전류가 흐름에 따라 발생하는 자기장에 의한 전자유도 노이즈를 완화시키기 위함

2) 전선관 내 수납

(1) 내열온도

　① FR−CVV−SB : 케이블의 시스, 절연 모두 비닐(PVC)이어서 내열온도가 70 [℃]로 낮다.

　② H−CVV−SB : 가교폴리에틸렌(XLPE) 절연이어서 내열온도가 90 [℃]로 높은 편이다.

　③ STP : 대부분 UL 2095 기준에 따라 제작되어 내열온도가 80 [℃]로 낮다. (UL 2095는 삭제된 기준이며, UL 1424는 내열온도 기준이 105 [℃]임)

　④ 비상방송설비 확성기 배선은 HFIX(내열온도 90 [℃])임에도 전선관에 매립하고 있는 데 비하여 내열온도가 더 낮은 차폐선을 전선관 내에 매립하지 않는 것은 화재안전상 바람직하지 않다.

(2) 많은 현장에서 차폐선의 경우 NFSC에 명시된 기준이 없어 노출 시공하고 있는 실정이지만, 화열에 영향이 없도록 내열성능을 갖춰야 한다.

　① 차폐전선(HF−STP) : 내열배선의 시공방법으로 설치해야 함(호일 차폐, SF)

　② 편조차폐 케이블 : H−CVV−SB로 선정하고 트레이나 덕트에 케이블 시공방법으로 적용해야 함 (편조 차폐 케이블은 유연성이 없어 전선관에 입선하는 것은 바람직하지 않음)

3) 차폐선 전용접지

(1) 1개의 SLC(신호선로 회로)상의 차폐선을 모두 연결하여 시공한 후 편단 접지할 것

(2) 정전유도 노이즈를 감소시키기 위한 호일 또는 편조 차폐층을 접지하는 것

4) 접속부 절연

중계기, 감지기 등 차폐선 접속부분에서 벗겨진 통신선이 상호 간 또는 금속부분 등과 접촉하지 않도록 절연할 것(벗겨낸 차폐막과 절연테이프 이용)

NFPA 72 −기동장치 설치기준

1 Ceiling Jet 이해

1. 화재플룸(Fire Plume)의 구성

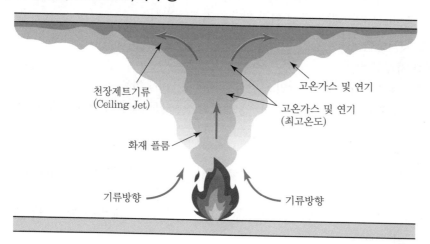

천장제트기류
(Ceiling Jet)

고온가스 및 연기

고온가스 및 연기
(최고온도)

화재 플룸

기류방향

기류방향

2. Ceiling Jet에 대한 보의 영향

[보 영향 적음]
- 보 깊이(D) : 100 [mm] 이하

[보 영향 큼 : Joist 또는 Beam]
- 보 깊이(D) : 100 [mm] 초과
- 보 중심 간 거리(W)
  − Joist : 0.9 [m] 이하
  − Beam : 0.9 [m] 초과

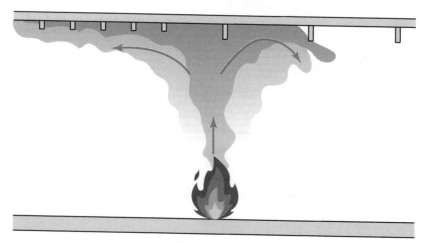

3. Fill and Spill 과정 : Ceiling Jet의 이동이 지연되는 현상

(보 중심 간 거리 8 [ft](2.4 [m]) 초과 + 보 깊이 18 [in.](460 [mm]) 초과하는 경우)

1) 그림과 같이 화재 부근 보 포켓을 열기류로 채운 뒤에 인접 보 포켓으로 확대되는 과정(Fill and Spill)으로 인해 Ceiling Jet Flow 확산이 지연된다.

2) 보 사이 공간(Bay 또는 보 포켓) : 각각의 Bay마다 열감지기를 적용

· 보 깊이 460 [mm] 및 간격 2.4 [m] 초과

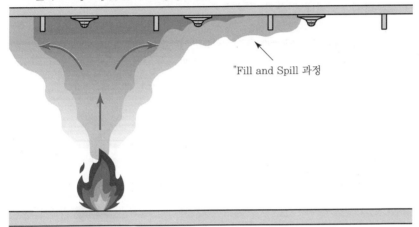

"Fill and Spill 과정

4. 선대칭 플룸의 Ceiling Jet Flow 크기

1) Ceiling Jet Flow의 두께 : $0.1H$
2) Ceiling Jet Flow의 폭 : $0.4H$

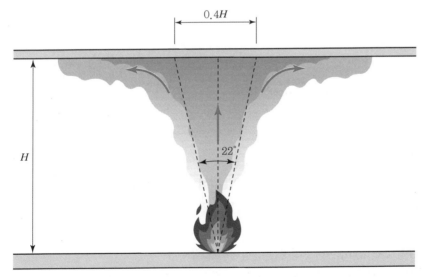

❷ NFPA 72에 따른 감지기 및 발신기 설치기준

1. 열감지기 설치기준

1) 평평한 천장인 경우

(1) 열감지기 간격

① 감지기 사이의 거리(S) : 등록된 간격 이내

② 천장 상부의 높이 15 [%] 이내에 이르는 모든 벽체, 칸막이로부터 $S/2$ 이내

③ 모서리로부터 $0.7S$ 이내에 감지기 설치

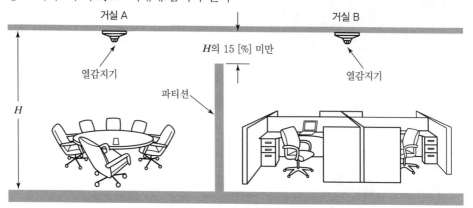

┃ 거실 높이의 85 [%]를 넘는 파티션이 설치된 경우 ┃

(2) 열감지기의 설치 위치

① 원칙

Dead Air Space 외부에 열감지기 설치

• 천장 설치 : 벽에서 100 [mm] 이상 이격

• 측벽 설치 : 천장에서 100~300 [mm] 사이의 범위

② 최적의 위치

• 벽에 근접하면서 Ceiling Jet의 속도가 감소하고, 그에 따라 감지기로의 열 전달이 느려짐

• 따라서 최소간격 기준보다 벽에서 더 멀리 감지기를 이격시켜 설치하는 것이 바람직함

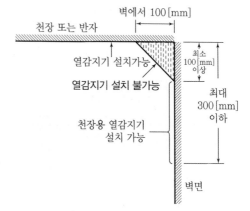

┃ 열감지기의 모서리 설치 위치 ┃

2) Beam 구조 천장인 경우

(1) 열감지기 간격(Beam 구조)

① 보 깊이 100 [mm] 이하 : 평평한 천장처럼 열감지기 배치

② 보 깊이 100 [mm] 초과 : 보 배열방향과 직각인 열감지기 간격의 등록된 S의 2/3 이하일 것

③ 보 깊이 460 [mm] 초과, 중심간 거리 2.4 [m] 초과 : 각각의 베이마다 감지기를 설치해야 한다.(Bay 공간 넓음)

④ 보 깊이 300 [mm] 미만, 중심간 거리 2.4 [m] 미만 : 보의 하단에 설치되는 것이 허용된다.

(2) 열감지기 설치 위치(Beam 구조)

① $D > 0.1H$ 및 $W > 0.4H$

열감지기를 각각의 빔 포켓 내부 설치 권장

② $D < 0.1H$ 또는 $W < 0.4H$

열감지기를 보의 하단 설치 권장

③ $D < 300$ [mm] 및 $W < 2.4$ [m]

열감지기를 보 하단에 설치하는 것이 허용됨

여기서, D : 보의 깊이

H : 천장 높이

W : 보 중심 간 거리

3) 높은 천장

천장높이가 3 [m]를 초과하는 경우, 그 높이에 따라 열감지기의 설치 간격을 단축함

∥ 천장 높이에 따른 열감지기 간격 단축 ∥

천장 높이[m]	간격에 곱하는 계수	천장 높이[m]	간격에 곱하는 계수
0 ~ 3.0	1.00	6.1 ~ 6.7	0.58
3.0 ~ 3.7	0.91	6.7 ~ 7.3	0.52
3.7 ~ 4.3	0.84	7.3 ~ 7.9	0.46
4.3 ~ 4.9	0.77	7.9 ~ 8.5	0.40
4.9 ~ 5.5	0.71	8.5 ~ 9.1	0.34
5.5 ~ 6.1	0.64		

4) 열감지기의 최소 간격

$0.4H$ 이상(화재플룸의 폭으로부터 도출된 기준임)

2. 스포트형 연기감지기 설치기준

1) 평평한 천장인 경우

(1) 연기감지기 간격(평평한 천장)

① 감지기 사이의 거리(S) : 9.1 [m](30 [ft]) 이내

⇒ 9.1 [m]는 어떤 실험에 의한 수치가 아니라 경험에 따른 것임

② 천장 상부의 높이 15 [%] 이내에 이르는 모든 벽체, 칸막이로부터 $S/2$ 이내

③ 모서리로부터 $0.7S$ 이내에 감지기 설치

(이에 따라 실내 각 부분에서 0.7×9.1 [m] 이내에 연기감지기가 배치되어 있게 된다.)

(2) 연기감지기의 설치 위치

① Dead Air Space 형성되지 않음
- 천장 설치 : 벽에서의 이격거리 기준 없음
- 측벽 설치 : 천장에서 300 [mm]까지의 범위

② 실험과 CFD 시뮬레이션을 통해 Dead Air Space로 연기가 흘러들어감을 입증하였고, 이에 따라 벽과의 이격거리 기준이 없어졌다.(그러나, 벽에 가까이 설치되는 것은 좋지 않음)

③ Raised Floor 하부공간의 연기감지기 등록된 방향으로만 설치(먼지 오염 방지)

2) Beam구조 천장인 경우 연기감지기 설치간격

(1) 보 깊이 0.1H 미만인 경우
평평한 천장에 설치하듯이 배치

(2) 보 깊이 0.1H 이상인 경우

① 보 간격 0.4H 이상 : 각각의 보 포켓마다 연기감지기 설치

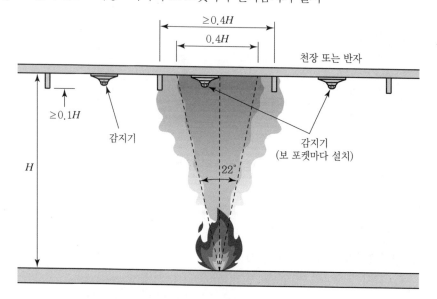

② 보 간격 0.4H 이하

- 보와 평행인 방향 : 평평한 천장의 연기감지기 간격 적용
- 보와 수직인 방향 : 평평한 천장의 연기감지기 간격의 1/2
- 연기감지기 설치위치 : 천장면 또는 빔 하단 모두 가능함

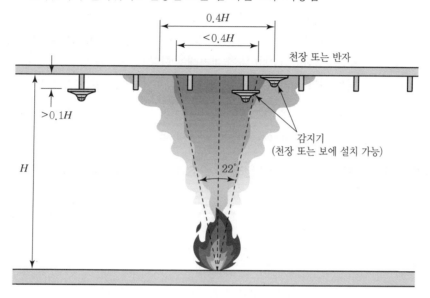

3. 수동경보 발신장치(Manually Actuated Alarm-Initiating Devices)

1) 색상

→ 화재신호를 발신하는 수동 발신장치 : 적색

2) 타 용도와의 겸용 제한

→ 경비원 순찰 신호 외의 다른 설비와 겸용 금지

3) 단단히 고정시킬 것

4) 설치장소 배경과 대비되는 색상으로 적용할 것

5) 작동부 높이 : 바닥에서 1.0 ~ 1.2 [m] 사이에 위치시킬 것

6) 작동 방식 : Single Action 또는 Double Action이 허용됨

7) 인증된 보호 커버를 싱글액션 또는 더블액션 수동 발신기 위에 설치하는 것이 허용됨

   (1) Pull Station Protector(당김식 발신기 보호장치) 보호 커버는 발신기를 기계적 · 환경적
       으로 보호하고, 우발적 · 악의적 작동을 방지함

   (2) 더블액션 발신기 위에 보호커버를 설치하면 사실상 Triple Action 장치가 됨

8) 수동발신기(Manual Fire Alarm Box) 설치기준

   (1) 화재경보 발신목적으로만 사용될 것
       (소화설비 기동장치로 사용하지 않아야 함 - 별도 설치)

   (2) 눈에 잘 보이고, 장애물이 없는 장소에 접근 가능하게 설치할 것

(3) 붉은 색 사용이 금지되는 환경이 아닐 경우, 수동발신기는 적색으로 할 것

(4) 각 층 비상구 출입문(Exit Doorway)에서 1.5 [m] 이내에 위치시킬 것

　① 피난 시 거주자가 사용하는 보행로와 일치시킴

　② 계단의 옥외출구는 수동발신기 설치 요구하지 않음

(5) 층마다 보행거리 61 [m](200 [ft]) 이내마다 수동발신기를 추가하여 설치할 것

(6) 수동 발신기는 폭 12.2 [m](40 [ft])를 초과하는 Grouped Opening의 경우 양쪽에 설치하되 그 양쪽면 1.5 [m](5 [ft]) 내에 설치해야 한다.

　→ 폭이 넓은 여러 개의 문인 경우, 발신기를 피난로 양쪽에 설치하라는 규정임

> **문제**
>
> 시퀀스회로를 구성하는 릴레이의 원리 및 구조와 a, b, c 접점 릴레이의 작동원리를 설명하시오.

1. 개요

1) 전자계전기 : 전자석 원리를 이용해서 접점을 변경하는 장치

2) 종류 : 전자접촉기, 릴레이

2. 접점의 종류

1) a 접점

　(1) NO(Normally Open)

　(2) 열린 회로

　(3) 평상시 전기가 흐르지 못함

2) b 접점

　(1) NC(Normally Closed)

　(2) 닫힌 회로

　(3) 평상시 전기가 흐를 수 있음

3) c 접점

　(1) a 접점과 b 접점을 합한 것

　(2) 평상시 b 접점 측으로 전기가 흐르며, 작동 시 a 접점 측으로 전기가 흐르게 됨

　(3) 릴레이에 적용되는 방식

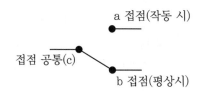

3. 릴레이의 원리 및 구조

1) 릴레이의 구조

   (1) 릴레이 부

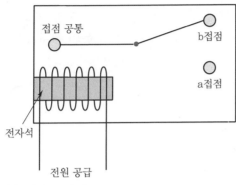

   (2) 베이스 부의 구조

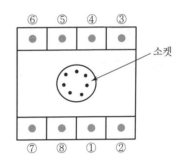

     ① 코일전원 : ②, ⑦

     ② 접점공통 : ①, ⑧

     ③ a 접점 : ③, ⑥

     ④ b 접점 : ④, ⑤

     ⑤ 소켓 : 릴레이 접속

2) 릴레이의 원리

   (1) 평상시 : b 접점에 연결

   (2) 전자석으로 전원 공급 시 : a 접점으로 변경

3) 소방에서의 활용 예시

다중이용업소 화재 시 DC 24 [V] 경종 출력을 이용하여 릴레이를 작동시킨다.

   (1) 자동문 개방

   (2) 영상차단 등

4) 종류

SPST	DPST	SPDT	DPDT
○—/ ○	⌐○—/○⌐ ○—/○	○—/ ○	⌐○—/○⌐ ○—/○

CHAPTER 18 | 소방전기설비

▣ 단원 개요

이 단원은 화재경보설비 외의 소방전기설비인 가스누설경보설비, 누전경보기, 비상방송설비, 유도등 및 유도표지, 비상조명등, 비상콘센트, 무선통신보조설비 등의 설치기준과 주요 실무적 이슈를 다루고 있다.

▣ 단원 구성

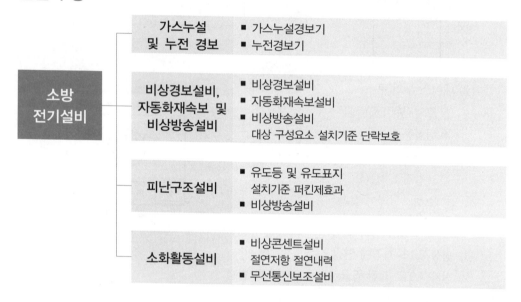

▣ 단원 학습방법

소방전기설비는 대부분 화재안전기준을 중심으로 출제되며, 특히 개정된 기준이나 최신 이슈가 많이 출제된다. 따라서 최근 제·개정된 화재안전기준의 개정 배경 및 주요 개정 사항에 대한 공학적·실무적 이해와 정리가 고득점 전략을 위해 반드시 필요하므로, 법령의 제·개정 이유와 최신 이슈를 주기적으로 확인해 두어야 한다. 또한, 각 설비의 화재안전기준 외에 고층건축물, 도로터널 등 개별 시설의 화재안전기준 내의 관련소방전기설비에 대한 기준들도 함께 정리해두어야 한다.

간혹 기술적 원리도 출제되는데, 유도등의 퍼킨제 효과, 비상조명등의 조도기준의 문제, 비상방송설비의 단락보호기능 등이 그 예시이다.

가스누설경보기의 화재안전기준

1 종류

1. 가연성가스 경보기

보일러 등 가스연소기에서 액화석유가스(LPG), 액화천연가스(LNG) 등의 가연성가스가 새는 것을 탐지하여 관계자나 이용자에게 경보하여 주는 것
(탐지소자 외의 방법에 의하여 가스가 새는 것을 탐지하는 것, 점검용으로 만들어진 휴대용 탐지기 또는 연동기기에 의하여 경보를 발하는 것은 제외)

2. 일산화탄소 경보기

일산화탄소가 새는 것을 탐지하여 관계자나 이용자에게 경보하여 주는 것
(탐지소자 외의 방법에 의하여 가스가 새는 것을 탐지하는 것, 점검용으로 만들어진 휴대용 탐지기 또는 연동기기에 의하여 경보를 발하는 것은 제외)

2 가연성가스 경보기

1. 설치대상

가연성가스를 사용하는 가스연소기가 있는 경우
1) 문화 및 집회시설, 종교시설, 판매시설, 운수시설, 의료시설, 노유자시설
2) 수련시설, 운동시설, 숙박시설, 물류터미널, 장례시설

2. 분리형 경보기

1) 수신부

경보기 중 탐지부에서 발하여진 가스누설신호를 직접 또는 중계기를 통하여 수신하고 이를 관계자에게 음향으로서 경보하여 주는 것

(1) 가스연소기 주위의 경보기의 상태 확인 및 유지 관리에 용이한 위치에 설치할 것

(2) 가스누설 음향의 음량과 음색이 다른 기기의 소음 등과 명확히 구별될 것

(3) 가스누설 음향은 수신부로부터 1 [m] 떨어진 위치에서 음압이 70 [dB] 이상일 것

(4) 수신부의 조작 스위치 : 0.8~1.5 [m] 이하

(5) 수신부가 설치된 장소에는 관계자 등에게 신속히 연락할 수 있도록 비상연락 번호를 기재한 표를 비치할 것

2) 탐지부

가스누설경보기(이하 "경보기") 중 가스누설을 탐지하여 중계기 또는 수신부에 가스누설의 신호를 발신하는 부분 또는 가스누설을 탐지하여 수신부 등에 가스누설의 신호를 발신하는 부분

(1) 가스연소기의 중심으로부터 직선거리 8 [m](공기보다 무거운 가스를 사용하는 경우에는 4 [m]) 이내에 1개 이상 설치할 것

(2) 탐지부 위치 : 천장~탐지부 하단까지의 거리 0.3 [m] 이하

(공기보다 무거운 가스의 경우 : 바닥면~탐지부 상단 0.3 [m] 이하)

3. 단독형 경보기

1) 경보기의 상태 확인 및 유지 관리에 용이한 위치에 설치할 것

2) 가스누설 음향의 음량과 음색이 다른 기기의 소음 등과 명확히 구별될 것

3) 수신부로부터 1 [m] 떨어진 위치에서 음압이 70 [dB] 이상일 것

4) 가스연소기의 중심으로부터 직선거리 8 [m](공기보다 무거운 가스를 사용하는 경우에는 4 [m]) 이내에 1개 이상 설치

5) 단독형 경보기 위치 : 천장~경보기 하단까지의 거리 0.3 [m] 이하

(공기보다 무거운 가스의 경우 : 바닥면~경보기 상단 0.3 [m] 이하)

6) 경보기가 설치된 장소 : 비상연락 번호를 기재한 표를 비치

❸ 일산화탄소 경보기

일산화탄소 경보기를 설치하는 경우에는 가스연소기 주변에 설치할 수 있다.

1. 분리형 경보기

1) 수신부

(1) 가스누설 음향의 음량과 음색이 다른 기기의 소음 등과 명확히 구별될 것

(2) 가스누설 음향은 수신부로부터 1 [m] 떨어진 위치에서 음압이 70 [dB] 이상일 것

(3) 수신부의 조작 스위치 : 0.8~1.5 [m] 이하

(4) 수신부가 설치된 장소에는 관계자 등에게 신속히 연락할 수 있도록 비상연락 번호를 기재한 표를 비치할 것

2) 탐지부

천장으로부터 탐지부 하단까지의 거리가 0.3 [m] 이하

2. 단독형 경보기

1) 가스누설 음향의 음량과 음색이 다른 기기의 소음 등과 명확히 구별될 것
2) 수신부로부터 1 [m] 떨어진 위치에서 음압이 70 [dB] 이상일 것
3) 단독형 경보기 위치 : 천장~경보기 하단까지의 거리 0.3 [m] 이하
4) 경보기가 설치된 장소 : 비상연락 번호를 기재한 표를 비치

4 설치장소

분리형 경보기의 탐지부 및 단독형 경보기는 다음 장소 외의 장소에 설치한다.

1. 출입구 부근 등으로서 외부의 기류가 통하는 곳
2. 환기구 등 공기가 들어오는 곳으로부터 1.5 [m] 이내인 곳
3. 연소기의 폐가스에 접촉하기 쉬운 곳
4. 가구 · 보 · 설비 등에 가려져 누설가스의 유통이 원활하지 못한 곳
5. 수증기, 기름 섞인 연기 등이 직접 접촉될 우려가 있는 곳

5 전원

건전지 또는 교류전압의 옥내간선을 사용하여 상시 전원이 공급되도록 할 것

문제

가스누설경보설비의 대상, 종류, 구성 및 설치기준에 대하여 설명하시오.

---

1. 개요

가스누설경보기는 연료용 가스 또는 자연적으로 발생되는 가연성 가스의 누설을 탐지하여 이를 관계인 및 거주자에게 경보하기 위한 설비로서, 폭발이나 가스 중독 등을 방지하기 위한 것이다.

2. 설치대상

가스시설이 설치된 아래의 소방대상물에 가스누설경보기를 설치한다.
1) 숙박시설, 노유자시설, 판매시설 및 영업시설
2) 교육연구시설 중 청소년시설, 의료시설, 문화집회 및 운동시설

3. 가스누설경보설비의 분류

1) **구조별 분류**

(1) **단독형**

① 하나의 본체에 감지부 및 경보부가 함께 있는 것으로 설치가 간편하다.

② 대형 저장소, 가스를 다량으로 사용하는 장소 또는 소음지역에는 부적합하다.

③ 일반 가정이나 음식점 주방에 주로 사용한다.

(2) **분리형**

① 탐지부와 수신부가 분리되어 탐지부는 가스저장실, 수신부는 사람이 상주하는 장소에 설치하여 원거리에서 가스누설을 감지한다.

② LPG 저장소, 보일러실 등에 주로 사용한다.

2) **경보방식에 따른 분류**

(1) **즉시 경보형** : 가스농도가 설정치에 도달하면, 즉시 경보하는 방식

(2) **경보 지연형** : 가스농도가 설정치에 도달하면 일정한 지연시간(20~60초) 후에 계속해서 설정치 이상일 경우에 경보하는 방식

(3) **반한시 경보형** : 가스가 설정치에 도달하면 그 농도 이상으로 존재하는 경우에 경보하며, 가스농도가 높을수록 경보지연시간이 짧은 특성을 가진 방식

4. 가스누설경보설비의 구성

1) 탐지부(화재가스 감지기를 참고할 것)

(1) 반도체식

(2) 접촉연소식

(3) 기체 열전도식

2) 수신기

(1) G형 수신기

(2) GP형 수신기

(3) GR형 수신기

3) 중계기

4) 경보장치

(1) 음성경보장치

(2) 가스누설표시등

(3) 탐지구역 경보장치

5. 설치기준

1) 탐지부는 가스가 체류하기 쉬운 장소에 설치

2) 주위 온도가 40 [℃] 이상이 될 우려가 없는 위치에 설치

3) 분리형의 수신부는 사람이 상주하는 곳에 설치

4) 설치위치

  (1) LPG 등 무거운 가스

    검지기를 연소기로부터 4 [m] 이내, 바닥으로부터 0.3 [m] 정도에 설치

  (2) LNG 등 가벼운 가스

    ① 연소기로부터 8 [m] 이내, 천장에서 0.3 [m] 이내에 설치

    ② 천장에 흡기구가 있으면 그 부근에 설치

    ③ 0.6 [m] 이상 돌출된 보가 있으면, 보보다 안쪽에 설치

5) 작동농도(vol.%)

  일반적으로 LFL의 1/25~1/10 정도의 농도에서 작동되도록 설치한다.

비상경보설비의 설치기준

1 비상경보설비

1. 설치대상

지하구, 모래 · 석재 등 불연재료 창고 및 위험물 저장 · 처리 시설 중 가스시설은 제외

1) 연면적 400 [m²] 이상 : 모든 층

   (지하가 중 터널 또는 사람이 거주하지 않거나 벽이 없는 축사 등 동식물 관련시설 제외)

2) 지하층 또는 무창층 : 바닥면적 150 [m²] 이상(공연장 : 100 [m²]) → 모든 층

3) 지하가 중 터널 : 500 [m] 이상

4) 50인 이상의 옥내 작업장

2. 정의

1) 비상벨설비 : 화재발생 상황을 경종으로 경보하는 설비

2) 자동식사이렌설비 : 화재발생 상황을 사이렌으로 경보하는 설비

3) 단독경보형 감지기 : 화재발생 상황를 단독으로 감지하여 자체에 내장된 음향장치로 경보하는 감지기

3. 비상벨 또는 자동식사이렌 설치기준

1) 설치위치

   부식성 가스 또는 습기 등으로 인한 부식의 우려가 없는 장소

2) 음향장치 기준

   (1) 층마다 설치

   (2) 수평거리 25 [m] 이하+각 부분에 유효하게 경보를 발하게 설치할 것

   (3) 지구음향장치 제외 : 비상방송설비 기준에 적합한 방송설비를 비상벨 설비 또는 자동식사이렌설비와 연동하여 작동하도록 설치한 경우

   (4) 정격전압의 80 [%] 전압에서 음향을 발할 것

   (5) 음량 : 음향장치 중심에서 1 [m] 떨어진 위치에서 90 [dB] 이상일 것

3) 발신기 기준

   (1) 조작이 쉬운 장소+조작스위치 : 0.8~1.5 [m] 높이

   (2) 층마다 설치

   (3) 수평거리 25 [m] 이하(보행거리 40 [m] 이상인 복도 및 별도 구획거실 : 추가 설치)

   (4) 위치표시등

① 함의 상부 + 적색등

② 부착면에서 15° 이상의 범위 내 + 10 [m] 이내에서 쉽게 식별 가능

4) 전원 기준

(1) 상용전원

① 전기가 정상 공급되는 축전지, 전기저장장치 또는 교류전압의 옥내간선으로 함

② 전원까지의 배선은 전용으로 함

③ 개폐기 : 비상벨설비 또는 자동식 사이렌설비용이라는 표지

(2) 비상전원

60분간 감시상태 지속 후, 유효하게 10분 이상 경보할 수 있는 축전지 설비(수신기에 내장하는 경우를 포함함) 또는 전기저장장치

5) 배선 기준

(1) 전원회로 배선 : 내화배선

(2) 그 밖의 배선 : 내화 또는 내열배선

(3) 절연저항

① 전원회로의 전로와 대지 사이 / 배선 상호 간 : 전기사업법에 따른 기술기준에 따름

② 부속회로의 전로와 대지 사이 / 배선 상호 간 : 1경계구역마다 직류 250 [V]의 절연저항측정기를 사용하여 측정한 절연저항이 0.1 [MΩ] 이상일 것

(4) 전선관

다른 전선과 별도의 관, 덕트, 몰드 또는 풀박스 등에 설치

[예외] 60V 미만의 약전으로서, 각각의 전압이 같을 경우 혼용 가능

2 단독경보형 감지기

1. 설치대상

1) 교육연구시설 또는 수련시설 내의 합숙소, 기숙사 : 연면적 2,000 [m²] 미만

2) 자탐설비 대상에서 제외된 수련시설(숙박시설이 있는 것만 해당)

3) 연면적 400 [m²] 미만의 유치원

4) 공동주택 중 연립주택 및 다세대주택(연동형으로 설치할 것)

2. 단독경보형 감지기의 설치기준

1) 설치수량 및 설치위치

(1) 각 실마다 설치

(이웃하는 실내 바닥면적이 각각 30 [m²] 미만이고 벽체 상부의 전부 또는 일부가 개방되어 공기가 상호 유통되는 경우 1개의 실로 간주함)

　　(2) 바닥면적 150 [m²] 초과하는 경우 : 150 [m²]마다 1개 이상 설치

　　(3) 최상층 계단실 천장에 설치할 것(외기가 상통하는 계단실은 제외함)

2) 전원기준

　　(1) 건전지를 주전원으로 사용하는 것 : 정상적인 작동상태에서 건전지 교환 가능할 것

　　(2) 상용전원을 주전원으로 사용하는 것 : 2차 전지는 제품검사에 합격한 것을 사용할 것

자동화재속보설비의 설치기준

1 정의

1. 속보기 : 화재신호를 통신망을 통해 음성등의 방법으로 소방관서에 통보하는 장치
2. 통신망 : 유선이나 무선 또는 유무선 겸용 방식을 구성하여 음성 또는 데이터 등을 전송할 수 있는 집합체

2 설치기준

1. 자동전달성능

자탐설비와 연동으로 작동해서 자동적으로 화재발생상황이 소방관서에 전달되는 것으로 할 것 (부가적으로 관계인에게 화재발생상황이 전달되도록 할 수 있음)

2. 스위치

1) 바닥에서 0.8~1.5 [m]
2) 보기 쉬운 곳에 스위치임을 표시한 표지

3. 속보기

1) 소방관서에 통신망으로 통보할 것
2) 데이터 또는 코드전송방식을 부가 설치 가능
　　→ 데이터 및 코드전송방식의 기준 : 속보기의 성능인증 및 제품검사의 기술기준에 따를 것

4. 문화재에 설치하는 것

위 1이 아닌 속보기에 감지기를 직접 연결하는 방식(자탐 경계구역 1개에 한함)으로 설치 가능함

5. 속보기

속보기의 성능인증 및 제품검사의 기술기준에 적합한 것으로 설치할 것

비상방송설비의 설치기준

1 비상방송설비 설치대상

1. 연면적 3,500 [m²] 이상인 것
2. 지하층을 제외한 층수가 11층 이상인 것 ┐→ 모든 층
3. 지하층의 층수가 3층 이상인 것 ┘
4. 예외 : 가스시설, 사람이 거주하지 않는 동물 및 식물 관련 시설, 터널, 축사, 지하구는 제외

2 비상방송설비 설치기준

1. 확성기 설치기준

1) 정의 : 소리를 크게 하여 멀리까지 전달될 수 있도록 하는 장치(＝스피커)
2) 음성입력 : 3 [W] 이상(실내 설치 : 1 [W] 이상)
3) 각 층마다 설치
4) 수평거리 25 [m] 이하＋각 부분에 유효하게 경보 발하도록 설치

2. 음량조정기 설치기준

1) 정의 : 가변저항을 이용하여 전류를 변화시켜 음량을 크게 또는 작게 조절할 수 있는 장치
2) 음량조정기를 설치하는 경우 : 음량조정기 배선을 3선식으로 할 것

3. 조작부 설치기준

1) 조작스위치 : 0.8~1.5 [m] 높이
2) 조작부는 기동장치 작동과 연동하여 기동장치가 작동된 층 또는 구역을 표시
3) 증폭기 및 조작부 : 수위실 등 상시 근무장소＋점검 편리＋방화상 유효 장소 설치
4) 하나의 특성소방대상물에 2 이상의 조작부가 있는 경우
  (1) 조작부 상호 간에 동시 통화가 가능한 설비를 설치
  (2) 어느 조작부에서도 전 구역에 방송을 할 수 있을 것

4. 경보방식

1) 직상층 · 발화층 우선 경보방식

(1) 5층(지하층 제외)이상+연면적 3,000 [m²] 초과(자탐설비 음향장치와 동일)

(2) 경보방법

화재가 발생한 층		화재감지 시 즉시 경보되는 층	비고
2층 이상의 층		발화층 및 그 직상층	
1층		1층(발화층), 2층(직상층), 지하 전층	음향장치가 최대 작동되는 경우임
지하층	지하 1층	지하 전층 및 1층(직상층)	
	기타 지하층	지하 전층	

2) 경보의 우선

다른 방송설비와 공용하는 경우 화재 시 비상경보 외의 방송을 차단할 수 있는 구조일 것

5. 기타 음향장치 기준

1) 다른 전기회로에 따라 유도장애가 생기지 않도록 할 것

2) 기동장치에 따른 화재신고를 수신한 후, 필요한 음량으로 방송이 자동으로 개시될 때까지의 소요시간은 10초 이하로 할 것

6. 음향장치의 구조 · 성능기준

1) 정격전압의 80 [%]에서 음향을 발할 수 있을 것

2) 자탐설비의 작동과 연동하여 작동할 수 있을 것

7. 배선 기준

1) 화재로 인해 1개 층의 확성기 또는 배선이 단락 또는 단선되어도 다른 층의 화재 통보에 지장이 없을 것 → 공통선 사용 금지

2) 전원회로 배선 : 내화배선

3) 그 밖의 배선 : 내화 또는 내열배선

4) 절연저항

(1) 전원회로의 전로와 대지 사이 / 배선 상호 간 : 전기사업법에 따른 기술기준에 따름

(2) 부속회로의 전로와 대지 사이 / 배선 상호 간 : 1경계구역마다 직류 250 [V]의 절연저항측정기를 사용하여 측정한 절연저항이 0.1 [MΩ] 이상일 것

5) 전선관

다른 전선과 별도의 관, 덕트, 몰드 또는 풀박스 등에 설치

→ [예외] : 60 [V] 미만의 약전으로서, 각각의 전압이 같을 경우 혼용 가능

8. 전원 기준

1) 상용전원

(1) 전기가 정상 공급되는 축전지, 전기저장장치 또는 교류전압의 옥내간선으로 함
(2) 전원까지의 배선은 전용으로 함
(3) 개폐기 : "비상방송설비용"이라는 표지

2) 비상전원

60분간 감시상태 지속 후, 유효하게 10분 이상 경보할 수 있는 축전지 설비(상용전원이 축전지 설비인 경우를 포함) 또는 전기저장장치

문제

비상방송설비에 대하여 설명하시오.

---

1. 개요

1) 비상방송설비는 감지기 또는 발신기 등에 의한 화재신호를 수신기에서 수신할 경우, 자동으로 증폭기의 전원이 투입되어 마이크로폰이나 미리 녹음된 녹음기를 작동시켜 스피커를 통해 비상방송을 하는 설비이다.
2) 비상방송설비는 초기 피난의 유도 및 소화작업의 지휘를 위하여 설치되는 설비이다.

2. 설치대상

1) 연면적 3,500 [m²] 이상인 것
2) 지하층을 제외한 층수가 11층 이상인 것
3) 지하층의 층수가 3층 이상인 것

3. 비상방송설비의 구성

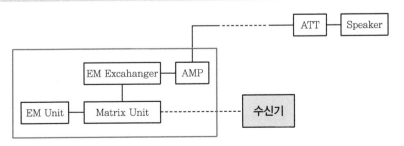

1) EM Unit

비상방송을 송출하는 장치

2) Matrix Unit

비상방송이 송출되도록 제어한다.

3) EM Exchanger

비상 또는 일반 방송의 제어

(1) 평상시 : 일반 방송을 송출한다.

(2) 화재 시 : 수신기와 연동되어 일반방송은 차단하고, 비상방송을 송출한다.

4) AMP(증폭기)

(1) 이동형

① 휴대형 : 5~15 [W]

• 경량의 휴대 목적의 증폭기로서, 소화활동 시 안내방송 등에 이용된다.

• 마이크, 증폭기, 확성기가 일체형인 것

② 탁상형 : 10~60 [W]

소규모 방송설비로서 라디오, 카세트 테이프, 마이크 등으로 입력

(2) 고정형

① Desk형 : 30~180 [W]

책상식의 형태로서, 입력장치는 Rack형과 유사하다.

② Rack형 : 200 [W] 이상

• 데스크형과 외형은 유사하지만, Unit화되어 교체 · 철거 · 신설이 용이하다.

• 용량의 제한이 없다.

5) ATT(음량조정기)

(1) 가변저항에 의해 음량을 조절하는 장치이다.

(2) ATT를 사용하는 장소에서는 그림과 같이 3선식 배선으로 하여 음량을 줄인 경우에도 비상 방송은 최대 음량으로 방송되어야 한다.

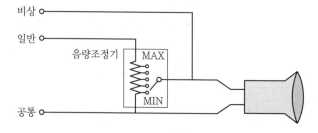

6) 스피커

플래밍의 왼손 법칙에 따라 입력신호에 대한 전기에너지가 운동에너지로 변환되면, 스피커의 앞부분이 운동에너지에 의해 진동하고 공기라는 매질을 통해 전파된다.

(1) Cone형

① 3 [W]의 출력

② 천장매립형 등 옥내용으로 사용

③ 주파수 특성이 좋고, 음질이 우수함

(2) Horn형

① 5 [W]의 출력

② 주차장 등의 벽이나 기둥에 설치하는 등 옥외용으로 사용

③ 주파수 특성이 나쁘고, 음질이 불량함

문제

비상방송설비의 단락보호기능 관련 문제점 및 성능개선방안에 대하여 설명하시오.

---

1. 문제점

비상방송설비 배선 단락 → 과도한 전류 발생 → 앰프(증폭기) 손상방지 위해 보호차단기 작동 → 증폭기 음성출력 차단

2. 개선방안

1) 각 층 배선상에 배선용 차단기(퓨즈) 설치

(1) 설치방법 : 각 층 중계기함의 스피커 단자대에 출력전압에 맞는 퓨즈 설치

(2) 장점 : 저렴, 단순, 인터넷 구입 가능

(3) 단점

① 퓨즈 이상 발생 시 : 각 층 중계기함 전수 확인 필요

② 단선 확인 LED가 없는 경우 : 퓨즈 단선 여부 확인 곤란

→ 유지관리 어려움

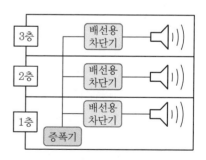

2) 각 층별 증폭기(앰프) 또는 다채널 앰프 적용

(1) 설치방법 : 방재실(관리실)의 방송랙에 설치
(다채널의 경우 2~4회로)

(2) 장점

① 단락 시 고장회로 차단

② 별도의 로컬장치 불필요

③ 상가, 업무시설 등에 적합

(3) 단점

① 증폭기(앰프) 추가 설치에 따른 비용 증가

② 여러 동의 공동주택에 적용 어려움(비용 및 설치공간)

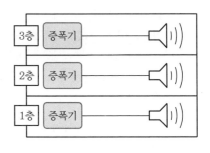

3) 단락신호 검출장치(특허 제품) 설치

(1) 설치방법 : 각 층 소방중계기함에 설치

(2) 장점

① R형 수신기에 동작상태 표시됨

② 동작표시등(정상, 방송, 단선, 단락)으로 쉽
게 상태 확인 가능

③ 공동주택 등에 용이한 방식

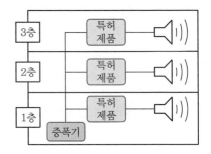

4) 폴리스위치를 이용한 시스템(특허 제품) 설치

(1) 설치방법 : 각 층 소방중계기함 또는 통신단자
함에 설치

(2) 장점

① 4~32채널에 대한 단락, 단선 시 확인 및 조
치 가능

② 동작표시등으로 상태 확인 가능

③ R형 수신기에 동작상태 표시됨

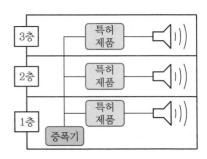

5) 이상부하 컨트롤러 또는 RX방식 리시버 설치

(1) 설치방법 : 관리실 또는 각 동 통신단자함에 설치

(2) 장점

① 관리실에서 운영하는 PC 프로그램에 표시

② 메인방송장비의 LED 창에 상태 표시

③ 주차장, 옥외스피커용으로 가능

④ 전관 방송용 장애 감시 및 차단 제어 가능

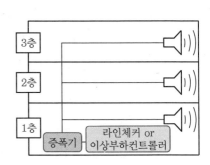

비상방송설비의 작동원리

1. **화재감지**
   감지기 또는 발신기에 의해 화재 발생을 수신기로 통보

2. **기동장치**
   1) 자동기동
      비상방송설비를 수신기의 신호에 의해 자동으로 기동
   2) 수동기동
      (1) 비상전화와 연동되는 방법
      (2) 발신기와 연동되는 방법
      (3) 기동 누름스위치와의 연동기동

3. **증폭기**
   비상방송설비 입력 측에 가해진 비상방송 신호를 확대하여 출력 측에 큰 신호로 전송

4. **조작부**
   1) 비상방송설비를 제어하고 조작하기 위한 각종 장치
   2) 일반방송의 송출을 제어하고, 비상방송이 화재층 등에 출력되도록 한다.

5. **확성기**
   ATT(음량조정기)가 있을 경우, 3선식 배선으로 구성되어 비상방송은 항상 최대 음량으로 출력된다.

경보변환의 원리

1. 마이크 : 소리를 전기신호로 변환
2. 증폭기 : 전기신호를 증폭
3. 확성기 : 전기신호를 소리신호로 변환

문제

누전경보기에 대하여 설명하시오.

1. 개요

1) 누전경보기는 사용전압이 600 [V] 이하인 경계전로의 누설전류 또는 지락전류를 검출하여 관계인에게 경보를 발하는 설비이다.

2) 전기배선과 전기기기의 부하 측에서의 절연파괴나 단락 등에 의해 전류가 누설되어 발생되는 전기화재 등을 방지하기 위한 설비이다.

3) 용어의 정의

  (1) 누전경보기

   내화구조가 아닌 건축물로서 벽, 바닥 또는 천장의 전부나 일부를 불연재료 또는 준불연재료가 아닌 재료에 철망을 넣어 만든 건물의 전기설비로부터 누설전류를 탐지하여 경보를 발하며 변류기와 수신부로 구성된 것

  (2) 수신부

   변류기로부터 검출된 신호를 수신하여 누전의 발생을 해당 특정소방대상물의 관계인에게 경보하여 주는 것(차단기구를 갖는 것을 포함)

  (3) 변류기

   경계전로의 누설전류를 자동적으로 검출하여 이를 누전경보기의 수신부에 송신하는 것

2. 설치대상 및 기준

1) 설치대상

  (1) 계약 전류 용량이 100 [A]를 초과하는 장소(가스시설, 지하구 또는 지하가중 터널 제외)

  (2) 아크경보기 또는 지락차단장치를 설치한 경우에는 설치가 면제된다.

2) 설치기준

  (1) 누전경보기 선정

   ① 정격전류 60 [A] 초과 : 1급 누전 경보기

   ② 정격전류 60 [A] 이하 : 1급 또는 2급 누전 경보기

   ③ 정격전류가 60 [A]를 초과하는 경계전로가 분기되어 각 분기회로의 정격전류가 60 [A] 이하로 되는 경우 : 2급 누전경보기를 설치하면 당해 경계전로에 1급 누전경보기를 설치한 것으로 간주함

(2) 변류기

　① 설치위치

　　• 특정소방대상물의 형태, 인입선의 시설방법 등에 따라 옥외 인입선의 제1지점의 부하 측 또는 제2종 접지선 측의 점검이 쉬운 위치에 설치할 것

　　• 부득이한 경우에는 인입구에 근접한 옥내에 설치할 수 있음

　② 변류기를 옥외의 전로에 설치한 경우 : 옥외형의 것으로 설치할 것

(3) 수신부

　① 옥내의 점검이 편리한 장소에 설치하되 가연성 증기, 먼지 등이 체류할 우려가 있는 장소의 전기회로에는 차단기구를 가진 수신부를 설치할 것

　② 수신부 설치 제외 장소

　　• 가연성의 증기 · 먼지 · 가스 등이나 부식성의 증기 · 가스 등이 다량으로 체류하는 장소

　　• 화약류를 제조하거나 저장 또는 취급하는 장소

　　• 습도가 높은 장소

　　• 온도의 변화가 급격한 장소

　　• 대전류 회로 · 고주파 발생회로 등에 따른 영향을 받을 우려가 있는 장소

(4) 음향장치

　수위실 등 상시 사람이 근무하는 장소에 설치하고, 그 음량 및 음색은 다른 기기의 소음 등과 명확히 구분될 수 있을 것

(5) 전원

　전기사업법 제67조의 규정 외에 다음의 기준을 따를 것

　① 전원은 전용회로로 하고, 각 극에 개폐기 및 15 [A] 이하의 과전류 차단기를 설치할 것

　② 전원의 분기 시에는 다른 차단기에 의해 전원이 차단되지 않도록 할 것

　③ 전원의 개폐기 : 누전경보기 용도임을 표시한 표지를 할 것

3. 누전 경보기의 구성

1) 변류기(CT)

(1) 누설 전류를 자동적으로 검출하여 수신기에 송신하는 장치

(2) 환상의 철심에 검출용 코일을 감은 것

2) 수신기

    (1) 변류기로부터의 전류를 수신하여 증폭시켜서 음향장치를 울리게 하는 장치

    (2) 차단기구를 포함한다.

3) 음향장치

    (1) 수위실 등 사람이 상주하는 장소에 설치하여 누전을 알리는 장치

    (2) 음량 · 음색은 다른 기기의 경보와 구분될 것

4. 작동원리

1) 단상식 누전경보기

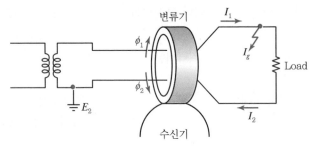

    (1) 평상시

        $I_1 = I_2$이므로 변류기에서의 합성자계는 0이 된다. ($\phi_1 = \phi_2$)

    (2) 전류 누설 시

        ① 누전 또는 지락 등이 발생되면 공급전류(I_1)보다 귀로전류가 작아진다.

          $(I_2 = I_1 - I_g)$

        ② 따라서 $\phi_2 = \phi_1 - \phi_g$가 되어 변류기에 자속이 발생되며(ϕ_g),

        이를 수신기에서 증폭하여 경보를 발하게 된다.

2) 3상식 누전경보기

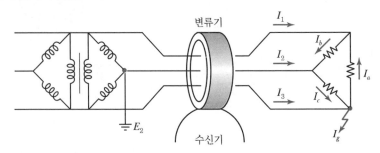

(1) 평상시

① $I_1 = I_b - I_a$, $I_2 = I_c - I_b$, $I_3 = I_a - I_c$ 이므로,

② $I_1 + I_2 + I_3 = 0$이 되어 각 선의 전류가 평형을 이루게 되어 변류기에 출력이 나타나지 않는다.

(2) 전류 누설 시

① $I_1 = I_b - I_a$, $I_2 = I_c - I_b$, $I_3 = I_a - I_c + I_g$ 이므로,

$I_1 + I_2 + I_3 = I_g$가 된다.

② 따라서 이러한 누설전류(I_g)에 의한 자속(ϕ_g)이 발생하며, 영상변류기 2차 측에 유기전압을 발생시켜 수신기에 신호를 보내게 된다.

5. 누전경보기 작동 성능 기준

1) 전류 특성 시험

(1) 공칭 동작 전류치의 50 [%]에서 30초 이내에 동작하지 않을 것

(2) 차단기구 있는 것 : 공칭 동작 전류치에서 0.2초 이내에 동작할 것

(3) 그 밖의 것 : 공칭 동작 전류치의 120 [%]에서 1초 이내에 동작할 것

2) 전압 특성 시험

정격 전압의 80~100 [%]로 변화될 때

(1) 공칭 동작 전류의 70 [%]에서 30초 이내에 동작하지 않을 것

(2) 차단기구 있는 것 : 100 [%]에서 0.2초 이내에 동작할 것

(3) 그 밖의 것 : 120 [%]에서 1초 이내에 동작할 것

유도등 및 유도표지 설치기준

1 정의

1. 유도등

1) 화재 시에 피난을 위한 등

2) 정상상태 : 상용전원에 의해 점등

3) 정전상태 : 비상전원으로 자동전환되어 점등

2. 피난구유도등

피난구 또는 피난경로로 사용되는 출입구를 표시하여 피난을 유도하는 등

3. 통로유도등

1) 피난통로를 안내하기 위한 유도등

2) 종류

   (1) 복도통로유도등

      ① 피난통로가 되는 복도에 설치하는 통로유도등

      ② 피난구의 방향을 명시함

   (2) 거실통로유도등

      ① 거주, 집무, 작업, 집회, 오락 및 기타 유사 목적으로 계속적으로 사용하는 거실이나 주차장 등 개방된 통로에 설치하는 유도등

      ② 피난의 방향을 명시함

   (3) 계단통로유도등

      ① 피난통로가 되는 계단이나 경사로에 설치하는 통로유도등

      ② 바닥면 및 디딤 바닥면을 비추는 것

4. 객석유도등

객석의 통로, 바닥 또는 벽에 설치하는 유도등

5. 피난구유도표지

피난구 또는 피난경로로 사용되는 출입구를 표시하여 피난을 유도하는 표지

6. 통로유도표지

피난통로가 되는 복도, 계단 등에 설치하는 것으로서, 피난구의 방향을 표시하는 유도표지

7. 피난유도선

1) 햇빛이나 전등불에 따라 축광하거나 전류에 의해 빛을 발하는 유도체
2) 종류 : 축광방식, 광원점등방식
3) 어두운 상태에서 피난을 유도할 수 있도록 띠 형태로 설치되는 피난유도시설

8. 입체형

유도등 표시면을 2면 이상으로 하고 각 면마다 피난유도표시가 있는 것

2 대형·중형·소형 유도등

1. 유도등의 종류

1) 피난구유도등의 크기

크기	정사각형 한 변(mm)	직사각형	
		짧은 변(mm)	최소면적(m²)
대형	250 이상	200 이상	0.1 이상
중형	200 이상	140 이상	0.07 이상
소형	100 이상	110 이상	0.036 이상

2) 평균휘도

크기	평균휘도(cd/m²)	
	상용점등 시	비상점등 시
대형	320 이상 800 미만	
중형	250 이상 800 미만	100 이상
소형	150 이상 800 미만	

2. 적용기준

설치장소	적용되는 유도등	비고
공연장, 집회장(종교집회장 포함), 관람장, 운동시설	대형 피난구유도등 통로유도등 객석유도등	객석유도등 필요
유흥주점영업시설 (춤을 출 수 있는 무대가 설치된 것)		
위락시설, 판매시설, 운수시설, 관광숙박업, 의료시설, 장례식장, 방송통신시설, 전시장, 지하상가, 지하철역사 등	대형 피난구유도등 통로유도등	객석유도등 없음

설치장소	적용되는 유도등	비고
일반숙박시설, 오피스텔	중형 피난구유도등 통로유도등	중형유도등 설치
지하층, 무창층 또는 층수가 11층 이상인 특정소방대상물		
근린생활시설, 노유자시설, 업무시설, 발전시설, 종교시설, 교육연구시설, 수련시설, 공장, 창고시 설, 교정 및 군사시설, 기숙사, 자동차정비공장, 운전학원 및 정비학원, 다중이용업소, 복합건축물, 아파트	소형 피난구유도등 통로유도등	소형 설치
그 밖의 것	피난구유도표지 통로유도표지	유도표지 적용

❸ 피난구유도등

1. 설치위치

1) 옥내로부터 직접 지상으로 통하는 출입구 및 그 부속실의 출입구
2) 직통계단, 직통계단의 계단실 및 그 부속실의 출입구
3) 위의 1), 2)의 출입구에 이르는 복도 또는 통로로 통하는 출입구
4) 안전구획된 거실로 통하는 출입구

2. 설치기준

1) 피난구의 바닥에서 높이 1.5 [m] 이상
2) 추가 설치
   (1) 대상
      상기 설치대상의 1)과 2)의 경우
   (2) 추가 기준
      ① 출입구 상단에 설치된 피난구유도등의 면과 수직이 되도록 피난구유도등을 추가 설치
        할 것
      ② 출입구 상단에 설치된 피난구유도등이 입체형인 경우 제외

❹ 통로유도등

1. 설치기준

통로유도등은 특정소방대상물의 각 거실과 그로부터 지상에 이르는 복도 또는 계단의 통로에 다
음 기준에 따라 설치

1) 복도 통로유도등

피난통로가 되는 복도에 설치하는 통로유도등으로서, 피난구의 방향을 명시하는 것을 말한다.

(1) 복도에 설치하되 상기 피난구유도등 설치대상 1)과 2)의 피난구유도등이 설치된 출입구의 맞은편 복도에는 입체형으로 설치하거나, 바닥에 설치할 것

(2) 구부러진 모퉁이 및 가목에 따라 설치된 통로유도등을 기점으로 보행거리 20 [m] 마다 설치할 것

(3) 바닥으로부터 높이 1 [m] 이하의 위치에 설치할 것

(4) 바닥매립형 설치대상 : 지하층, 무창층의 용도가 도소매시장, 여객자동차터미널, 지하역사, 지하상가인 경우 복도, 통로 중앙 바닥에 설치

(5) 바닥매립형 : 하중에 의해 파괴되지 않는 강도일 것

NOTE

피난구유도등 및 복도통로유도등의 추가 설치방법

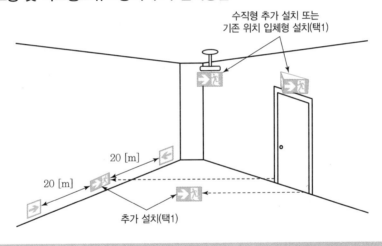

2) 거실 통로유도등

거실이나 주차장 등 개방된 통로에 설치하는 유도등으로 피난의 방향을 명시하는 것

(1) 거실의 통로에 설치(벽체로 구획한 경우 : 복도 통로유도등으로 설치)

(2) 구부러진 모퉁이 및 보행거리 20 [m]마다 설치

(3) 바닥에서 1.5 [m] 이상의 위치에 설치

(4) 거실통로에 기둥이 설치된 경우 : 기둥부분의 바닥에서 높이 1.5 [m] 이하의 위치에 설치 가능

3) 계단 통로유도등

피난통로가 되는 계단이나 경사로에 설치하는 통로유도등으로서, 바닥면 및 디딤 바닥면을 비추는 것

(1) 각 층의 경사로 참, 계단참마다 설치

(1개 층에 경사로 참 또는 계단참이 2 이상 있는 경우 : 2개의 계단참마다 설치)

(2) 바닥에서 1 [m] 이하의 위치에 설치

4) 공통기준

(1) 통행에 지장이 없도록 설치

(2) 주위에 이와 유사한 등화 광고물, 게시물 등을 설치하지 않을 것

5 객석유도등

1. 설치위치

1) 객석의 통로, 바닥 또는 벽에 설치

2) 객석 내의 통로가 경사로 또는 수평로로 되어 있는 부분

아래 식에 의해 산출한 수(소수점 이하는 올림)의 유도등 설치

$$설치개수 \geq \frac{객석의\ 통로의\ 직선부분의\ 길이\ [m]}{4} - 1$$

2. 조도

객석 내 통로가 옥외 또는 이와 유사한 부분에 있는 경우에는 해당 통로 전체에 미칠 수 있는 수의 유도등을 설치

참고

복도통로유도등과 거실통로유도등의 차이점

1. 용도별 차이점

1) 복도통로유도등

(1) 화재 시 어두워진 좁은 복도나 통로를 통과하면서 이 유도등을 이용하여 피난구를 식별하기 위함

(2) 따라서 복도에서는 연기층 아래로 몸을 낮춰 피난하게 되므로, 통로의 낮은 부분이나 바닥에 설치함

(3) 또한 근접거리에서 확인하게 되므로, 상대적으로 낮은 식별도로도 적용 가능함

2) 거실통로유도등

(1) 넓은 거실에서 장애물(칸막이, 자동차, 기둥 등)이 있는 상태에서 원거리에서 피난구의 위치를 확인하는 데 이용됨

(2) 따라서 높은 위치에 설치해야 하며, 상대적으로 높은 식별도가 요구됨

2. 설치상 차이점

1) 설치높이

(1) 복도통로 유도등

① 바닥에서 1 [m] 이하의 위치에 설치

② 바닥매립 : 지하층, 무창층의 용도가 도소매시장, 여객자동차터미널, 지하역사, 지하상가인 경우

(2) 거실통로 유도등

    ① 바닥에서 1.5 [m] 이상의 위치에 설치

    ② 기둥에 설치하는 경우, 바닥에서 1 [m] 이하의 위치에 설치 가능

2) 식별도 및 조도

구분		복도 통로유도등	거실 통로유도등
식별도	상용전원	직선거리 20 [m] 위치에서 표시면이 식별될 것	직선거리 30 [m] 위치에서 표시면이 식별될 것
	비상전원	직선거리 15 [m] 위치에서 표시면이 식별될 것	직선거리 20 [m] 위치에서 표시면이 식별될 것
조도		1 [m] 높이에 설치하고, 바닥에서 측정 시 1 [lx] 이상	2 [m] 높이에 설치하고, 바닥에서 측정 시 1 [lx] 이상

6 유도표지

1. 설치위치

1) 계단에 설치하는 것을 제외하고 각 층마다 복도, 통로의 각 부분에서 보행거리 15 [m] 이하가 되는 곳과 구부러진 모퉁이의 벽에 설치

2) 피난구 유도표지 : 출입문 상단에 설치

3) 통로 유도표지 : 바닥에서 1 [m] 이하의 위치에 설치

4) 피난방향을 표시하는 통로 유도등을 설치한 부분 : 유도표지 설치하지 않을 수 있음

5) 주위에는 이와 유사한 등화, 광고물, 게시물 등을 설치하지 않을 것

2. 설치방법

1) 유도표지는 부착판 등을 사용하여 쉽게 떨어지지 않게 설치할 것

2) 축광방식의 유도표지

    (1) 외광 또는 조명장치에 의해 상시 조명이 제공되거나,

    (2) 비상조명등에 의한 조명이 제공되도록 설치할 것

3) 유도표지는 축광표지의 성능인증 및 제품검사의 기술기준에 적합할 것

    (단, 방사선물질을 사용하는 것 : 쉽게 파괴되지 않는 재질로 처리할 것)

7 전원 및 배선기준

1. 전원

1) 상용전원

    (1) 축전지, 전기저장장치 또는 교류전압의 옥내간선으로 함

    (2) 전원까지의 배선은 전용으로 함

2) 비상전원

(1) 축전지로 할 것

(2) 비상전원 용량

① 60분 이상

- 지하층을 제외한 층수가 11층 이상의 층에서 피난층에 이르는 부분
- 지하층, 무창층의 용도가 도소매시장, 여객자동차터미널, 지하역사, 지하상가로부터 피난층에 이르는 부분

② 20분 이상 : 기타의 경우

2. 배선 기준

1) 유도등의 인입선과 옥내배선은 직접 연결할 것

개폐기 설치 금지

2) 유도등 회로

점멸기를 설치하지 않고 항상 점등상태를 유지할 것(2선식)

3) 3선식 배선

(1) 3선식 배선을 적용할 수 있는 경우

① 그 부분에 사람이 없는 경우 **예** 무인 변전실 등

② 외부광에 따라 피난구, 피난방향을 쉽게 식별 가능한 장소

③ 공연장, 암실 등 어두워야 하는 장소

④ 특정소방대상물의 관계인 또는 종사원이 주로 사용하는 장소

(2) 3선식 배선 유도등의 점등기준

① 자동화재탐지설비의 감지기 또는 발신기가 작동되는 때

② 비상경보설비의 발신기가 작동되는 때

③ 상용전원이 정전되거나 전원선이 단선되는 때

④ 방재업무를 통제하는 곳 또는 전기실의 배전반에서 수동으로 점등하는 때

⑤ 자동소화설비가 작동되는 때

(3) 3선식 배선은 내화 또는 내열배선으로 사용할 것

8 피난유도선

1. 개념

1) 정의

축광방식(햇빛이나 전등불에 의해 축광) 또는 광원점등방식(전류에 의해 빛을 발하는 것)의 유도체로서, 어두운 상태에서 피난을 유도할 수 있도록 띠 형태로 설치되는 피난유도시설

2) 설치대상

다중이용업소 영업장에 통로 또는 복도가 있는 경우

→ 이 경우, 광원점등방식의 피난유도선일 것

2. 설치기준

1) 축광방식

(1) 설치구간 : 구획된 각 실에서 주출입구 또는 비상구까지 설치

(2) 높이 : 바닥에서 50 [cm] 이하 또는 바닥면에 설치

(3) 피난유도 표시부 간격 : 50 [cm] 이내 간격으로 연속되게 설치

(4) 견고 : 부착대에 의해 견고히 설치할 것

(5) 외광 또는 조명장치에 의해 상시 조명이 제공되거나, 비상조명등에 의한 조명이 제공되도록 설치할 것

2) 광원점등방식

(1) 설치구간 : 구획된 각 실에서 주출입구 또는 비상구까지 설치

(2) 높이 : 바닥에서 1 [m] 이하 또는 바닥면에 설치

(3) 피난유도 표시부 간격 : 50 [cm] 이내 간격으로 연속되게 설치

(+실내장식물로 설치 곤란한 경우 : 1 [m] 이내 설치)

(4) 수신기의 화재신호 및 수동조작에 의해 광원이 점등되게 설치

(5) 비상전원 : 상시 충전상태를 유지하도록 설치할 것

(6) 바닥에 설치되는 피난유도 표시부 : 매립방식을 사용할 것

(7) 피난유도 제어부 : 조작 및 관리가 용이하도록 0.8~1.5 [m] 높이에 설치할 것

3) 피난유도선

피난유도선의 성능인증 및 제품검사의 기술기준에 적합한 것으로 설치할 것

⑨ 유도등 및 유도표지의 제외

1. 피난구유도등의 설치 제외

1) 바닥면적 1,000 [m²] 미만인 층으로서 옥내로부터 직접 지상으로 통하는 출입구

(외부의 식별이 용이한 경우에 한함)

2) 대각선 길이가 15 [m] 이내인 구획된 실의 출입구

3) 거실 각 부분으로부터 하나의 출입구에 이르는 보행거리가 20 [m] 이하이고 비상조명등과 유도표지가 설치된 거실의 출입구

4) 출입구가 3개소 이상 있는 거실로서 그 거실 각 부분으로부터 하나의 출입구에 이르는 보행거리가 30 [m] 이하인 경우에는 주된 출입구 2개소 외의 출입구(유도표지가 부착된 출입구를 말함)

(공연장 · 집회장 · 관람장 · 전시장 · 판매시설 · 운수시설 · 숙박시설 · 노유자시설 · 의료시설 · 장례식장의 경우 제외 불가)

2. 통로유도등의 설치 제외

1) 구부러지지 아니한 복도 또는 통로로서 길이가 30 [m] 미만인 복도 또는 통로
2) 상기 1)에 해당하지 않는 복도 또는 통로로서 보행거리가 20 [m] 미만이고 그 복도 또는 통로와 연결된 출입구 또는 그 부속실의 출입구에 피난구유도등이 설치된 복도 또는 통로

3. 객석유도등의 설치 제외

1) 주간에만 사용하는 장소로서 채광이 충분한 객석
2) 거실 등의 각 부분으로부터 하나의 거실출입구에 이르는 보행거리가 20 [m] 이하인 객석의 통로로서 그 통로에 통로유도등이 설치된 객석

4. 유도표지의 설치 제외

1) 유도등이 적합하게 설치된 출입구 · 복도 · 계단 및 통로
2) 다음에 해당하는 출입구 · 복도 · 계단 및 통로
   (1) 바닥면적 1,000 [m²] 미만인 층으로서 옥내로부터 직접 지상으로 통하는 출입구 (외부의 식별이 용이한 경우에 한함)
   (2) 대각선 길이가 15 [m] 이내인 구획된 실의 출입구
   (3) 구부러지지 아니한 복도 또는 통로로서 길이가 30 [m] 미만인 복도 또는 통로
   (4) 상기 3)에 해당하지 않는 복도 또는 통로로서 보행거리가 20 [m] 미만이고 그 복도 또는 통로와 연결된 출입구 또는 그 부속실의 출입구에 피난구유도등이 설치된 복도 또는 통로

고휘도 유도등에 대하여 설명하시오.

1. 개요

휘도는 관측자의 입장에서 본 물체의 겉보기 단위 면적당 광도로서, 검정기술기준의 개정(조도기준 → 휘도기준) 이후 고휘도 유도등의 설치가 크게 늘어나고 있다.

2. 유도등의 휘도 기준

1) 피난구유도등의 휘도기준

(1) 상용전원으로 점등 시

직선거리 30 [m]에서 시력 1.0~1.2로 문자 · 색채 식별이 가능할 것

(2) 비상전원으로 점등 시

직선거리 20 [m]에서 시력 1.0~1.2로 문자 · 색채 식별이 가능할 것

2) 복도통로 유도등의 휘도기준

(1) 상용전원으로 점등 시

직선거리 20 [m]에서 시력 1.0~1.2로 문자 · 색채 식별이 가능할 것

(2) 비상전원으로 점등 시

직선거리 15 [m]에서 시력 1.0~1.2로 문자 · 색채 식별이 가능할 것

3. 고휘도 유도등의 특징

1) 일반 기존 유도등에 비해 휘도가 높다.
2) 소형이며 디자인이 우수하다.
3) 에너지 절감 효과가 크다.
4) 수명이 기존 유도등에 비해 5~6배 더 길다.
5) 축전지 용량이 60분까지 가능하다.
6) 변색이 적다.
7) 초기 투자비는 다소 비싸지만, 유지 · 관리비가 적게 들어 경제적이다.

4. 종류

1) CCFL   2) LED   3) T5 형광등

문제

유도등에서의 Purkinje 효과를 설명하시오.

1. 개요

유도등이 녹색인 이유는 사람의 시각적 식별도의 특징인 Purkinje Effect를 이용한 것이다.

2. 퍼킨제 현상

1) 주위장소의 밝기에 따라 색상에 대한 식별도가 변하는 현상
2) 눈의 색상 구분
   (1) 간상체(Rod Cell)
       색상 구분은 못하지만, 매우 약한 빛도 볼 수 있다.
   (2) 추상체(Cone Cell)
       천연색에 민감하나 약한 빛에 둔감하다.
3) 화재 시의 주위 밝기
   (1) 정전 시 또는 연기가 체류할 경우 주위는 어두워진다.
   (2) 이러한 경우 간상체에 의해 물체를 식별하게 된다.
   (3) 간상체는 적색광은 흡수하여 잘 보이지 않고 오히려 녹색광에 대한 식별도가 높다.

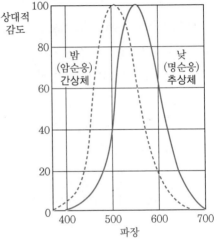

3. 유도등이 녹색인 이유

1) 화재 시에는 정전이 발생되기 쉽고, 연기로 인해 조도가 낮아진다.
2) 따라서 어두운 공간에서는 녹색의 식별도가 높기 때문에 이를 사용한다.
3) 적색 유도등을 사용하는 경우
   NFPA 101 기준에 따르면
   (1) 미국에서는 교통신호등의 녹색은 안전, 적색은 정지임을 감안하여 피난유도등의 색상을 녹색으로 정했었으나
   (2) 주변의 높은 조도의 표지판보다 잘 보이는 적색 유도등을 많이 사용해왔기 때문에 녹색 표지판 규정의 시행이 어려워졌다.
   (3) 이로 인해 1949년에 적색 유도등 사용으로 복귀하였다.

(4) 경우에 따라 녹색이나 적색보다 더 잘 보이는 색이 있다는 가정을 근거로 현행 NFPA 101에서는 색상을 규정하지 않고 있다.

4. 유도등에서의 적용

1) 피난구 유도등

(1) 녹색 바탕에 흰색 문자
(2) 피난구 위치 확인이 그 문자보다 중요하기 때문이다.

2) 통로 유도등

(1) 흰색 바탕에 녹색 문자
(2) 피난구의 방향을 표시하는 문자 식별이 중요하기 때문이다.

5. 결론

최근 화재소방학회 논문에 따르면 반응시간은 녹색과 백색으로 조합된 유도등 색상일 때 가장 빠른 것으로 발표된 바 있다.

유도등의 2선식 및 3선식 배선방식에 대하여 설명하시오.

1. 개요

1) 2선식 배선 : 유도등을 상시 점등상태로 유지하도록 하는 배선방식
2) 3선식 배선 : 평소 유도등을 소등상태로 비상전원을 충전하고 화재 등 비상시 점등신호를 받아 유도등을 자동으로 점등되도록 하는 배선방식

2. 2선식 배선방식

1) 배선 회로를 전용회로로 하여 점멸기에 의해 소등 시 자동적으로 축전지에 의해 점등이 20분 이상 지속된다.

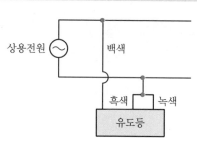

2) 구조
   (1) 백색선 : 공통선
   (2) 흑색선 : 충전선
   (3) 녹색선 : 점등선

3) 상용전원이 차단되면, 흑색선~녹색선으로 축전지 전원이 공급되어 점등이 유지된다.

3. 3선식 배선방식

1) 배선구조
   (1) 평상시 : 소등 상태로 축전지가 충전되는 상태임
   (2) 정전이나 자탐 작동 시 : 자동적으로 충전된 축전지 설비에 의해 20분 이상 점등 유지
      ① 화재 시 : 스위치가 접점 형성 → 점등
      ② 정전 시 : 축전지에 의해 → 점등

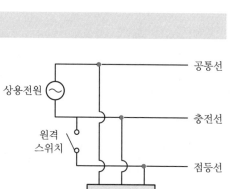

2) 3선식 배선의 점등 조건
   (1) 자동화재탐지설비의 감지기 또는 발신기가 작동되는 때
   (2) 비상경보설비의 발신기가 작동되는 때
   (3) 상용전원이 정전되거나 전원선이 단선되는 때
   (4) 방재업무를 통제하는 곳 또는 전기실의 배전반에서 수동으로 점등하는 때

(5) 자동소화설비가 작동되는 때

3) 3선식 배선의 장단점

(1) 장점

① 소등 상태로 에너지 절감

② 등기구의 수명 연장

(2) 단점

① 평상시 유도등의 이상 여부를 확인하기 어렵다.

② 관리가 제대로 이루어지지 않을 경우 유사시 점등되지 않을 우려가 있다.

4) 3선식 배선의 사용이 가능한 경우

(1) 대상

① 그 부분에 사람이 없는 경우   예 무인 변전실 등

② 외부광에 따라 피난구, 피난방향을 쉽게 식별 가능한 장소

③ 공연장, 암실 등 어두워야 하는 장소

④ 특정소방대상물의 관계인 또는 종사원이 주로 사용하는 장소

(2) 대상의 검토

① 위의 규정 중에서 ①과 ③은 유지관리 부족으로 인한 미점등 시에도 피난이 가능한 경우에만 3선식 배선이 가능하도록 규정한 것이라 판단된다.

② 그런데, 유도등이 점등되지 않을 경우를 가정한다면,

• 위 대상 중 ②는 야간 화재 시 피난에 장애를 발생시킬 수 있으며,

• 위 대상 중 ④는 정전 및 연기 발생 시, 해당 종업원도 대피하지 못할 수 있다.

4. 결론

유도등은 화재 시 거주자의 피난을 위해 매우 중요한 시설이며, 항상 사용이 가능하도록 유지해야 한다. 따라서 3선식 배선의 경우에도 주기적인 점검을 통해 사용이 가능하도록 해야 한다.

문제

피난유도선 관련 다음 사항에 대하여 설명하시오.
1) 설치 대상
2) 설치 기준
3) 구성요소 및 작동원리
4) 광원점등식 피난유도선의 성능시험기술기준 중 휘도 및 식별도 시험기준

---

1. 설치대상

1) 다중이용업소

영업장 내부 피난통로 또는 복도가 있는 다음의 영업장

(1) 단란주점, 유흥주점

(2) 영화상영관, 비디오물감상실업 및 복합영상물 제공업

(3) 노래연습장, 산후조리원, 고시원

2) 고층건축물

피난안전구역이 설치된 층의 계단실 출입구에서 피난안전구역 주출입구 또는 비상구까지 설치

3) 공사현장

간이피난유도선 설치

참고

- 피난유도선
  햇빛이나 전등불에 따라 축광(축광방식)하거나 전류에 따라 빛을 발하는(광원점등방식) 유도체로서 어두운 상태에서 피난을 유도할 수 있도록 띠 형태로 설치되는 피난유도시설
- 간이피난유도선
  화재위험작업 시 작업자의 피난을 유도할 수 있는 케이블 형태의 장치

---

2. 설치기준

1) 유도등 및 유도표지의 화재안전기준

(1) 축광방식 피난유도선

① 구획된 각 실로부터 주출입구 또는 비상구까지 설치할 것

② 바닥으로부터 높이 50 [cm] 이하의 위치 또는 바닥 면에 설치할 것

③ 피난유도 표시부는 50 [cm] 이내의 간격으로 연속되도록 설치

④ 부착대에 의하여 견고하게 설치할 것

⑤ 외광 또는 조명장치에 의하여 상시 조명이 제공되거나 비상조명등에 의한 조명이 제공되도록 설치할 것

(2) 광원점등방식 피난유도선

① 구획된 각 실로부터 주출입구 또는 비상구까지 설치할 것

② 피난유도 표시부는 바닥으로부터 높이 1 [m] 이하의 위치 또는 바닥면에 설치할 것

③ 피난유도 표시부는 50 [cm] 이내의 간격으로 연속되도록 설치하되, 실내장식물 등으로 설치가 곤란할 경우 1 [m] 이내로 설치할 것

④ 수신기로부터의 화재신호 및 수동조작에 의하여 광원이 점등되도록 설치할 것

⑤ 비상전원이 상시 충전상태를 유지하도록 설치할 것

⑥ 바닥에 설치되는 피난유도 표시부는 매립하는 방식을 사용할 것

⑦ 피난유도 제어부는 조작 및 관리가 용이하도록 바닥으로부터 0.8 [m] 이상 1.5 [m] 이하의 높이에 설치할 것

(3) 제품 인증

피난유도선은 「피난유도선의 성능인증 및 제품검사의 기술기준」에 적합한 것으로 설치할 것

2) 고층건축물 피난안전구역

(1) 피난안전구역이 설치된 층의 계단실 출입구에서 피난안전구역 주 출입구 또는 비상구까지 설치할 것

(2) 계단실에 설치하는 경우 계단 및 계단참에 설치할 것

(3) 피난유도 표시부의 너비는 최소 25 [mm] 이상으로 설치할 것

(4) 광원점등방식(전류에 의해 빛을 내는 방식)으로 설치하되, 60분 이상 유효하게 작동할 것

3) 간이 피난유도선

(1) 광원점등방식으로 공사장의 출입구까지 설치하고 공사의 작업 중에는 상시 점등되어야 한다.

(2) 설치위치는 바닥으로부터 높이 1 [m] 이하로 하며, 작업장의 어느 위치에서도 출입구로의 피난방향을 알 수 있는 표시를 할 것

3. 구성요소 및 작동원리

구분	축광식 피난유도선	광원점등식 피난유도선	간이 피난유도선
구성요소	• 축광식 피난유도선 (AL 프레임, PET 축광시트, PVC 방염시트)	• 제어부 • 출력선(2가닥) • 표시부(LED, AL 프레임, PC, 인테리어용 방염시트)	• 제어부 • LED 케이블

구분	축광식 피난유도선	광원점등식 피난유도선	간이 피난유도선
작동원리	• 평상시 축광상태 유지 • 정전 시 빛을 발함	• 평상시 소등 상태 • 화재 시 수신기와 연동하여 피난유도선 점등 • 정전 시 제어부에 내장된 비상전원으로 점등 유지	• 작업 시 점등상태 유지 • 정전 시 제어부에 내장된 비상전원으로 점등 유지

4. 광원점등식 피난유도선의 성능시험기술기준 중 휘도 및 식별도 시험기준

1) 식별도 시험

  (1) 상용전원으로 표시부의 광원을 점등하는 경우

       : 직선거리 20 [m]의 위치에서 각기 보통시력에 의하여 표시면의 방향표시가 명확히 식별될 것(보통 시력 : 시력 1.0~1.2의 범위)

  (2) 비상전원으로 표시부의 광원을 점등하는 경우

       : 직선거리 15 [m]의 위치에서 각기 보통시력에 의하여 표시면의 방향표시가 명확히 식별될 것

2) 휘도 시험

  상용전원 및 비상전원 점등상태에서 표시부에 대하여 휘도시험을 실시하는 경우 방향표시 부분의 휘도가 20 [cd/m²] 이상일 것

> **참고**
>
> **축광식 피난유도선의 시험 기준**
>
> 제7조(식별도시험)
>
> 축광식피난유도선은 표시면에 200 [lx]밝기의 광원으로 20분간 조사시킨 상태에서 다시 주위 조도를 0 [lx]로 하여 유효발광시간 동안 발광시킨 후 직선거리 10 [m] 떨어진 위치에서 피난유도선이 있다는 것이 식별되어야 하고, 직선거리 3 [m]의 거리에서 표시면의 방향표시가 명확히 식별되어야 한다. 이 경우 측정자는 보통 시력(시력 1.0에서 1.2의 범위를 말한다)을 가진 자로서 시험실시 20분 전까지 암실에 들어가 있어야 한다.
>
> 제8조(휘도시험)
>
> 축광식피난유도선을 0 [lx] 상태에서 유효발광시간이상 방치한 후 표시면에 200 [lx] 밝기의 광원으로 20분간 조사시킨 상태에서 다시 주위 조도를 0 [lx]로 하여 발광시간에 따라 휘도시험을 실시하는 경우 방향표시부분의 휘도는 다음 각호에 적합하여야 한다.
>
> 1. (유효점등시간−55분)간 발광시킨 직후의 휘도는 1 [m²]당 110 [mcd] 이상이어야 한다.
> 2. (유효점등시간−50분)간 발광시킨 직후의 휘도는 1 [m²]당 50 [mcd] 이상이어야 한다.
> 3. (유효점등시간−40분)간 발광시킨 직후의 휘도는 1 [m²]당 24 [mcd] 이상이어야 한다.
> 4. 유효발광시간 동안 발광시킨 직후의 휘도는 1 [m²]당 7 [mcd] 이상이어야 한다.

비상조명등의 설치기준

1 비상조명등

1. 설치대상

1) 지하층을 포함하는 층수가 5층 이상인 건축물로서 연면적 3,000 [m²] 이상인 경우 모든 층
2) 지하층, 무창층의 바닥면적이 450 [m²] 이상인 경우 그 해당 층
3) 길이 500 [m] 이상인 터널
4) 예외 : 창고 및 하역장, 가스시설 등은 제외함

2. 비상조명등의 정의

화재발생 등에 따른 정전 시에 안전하고 원활한 피난활동을 할 수 있도록 거실 및 피난통로 등에 설치되어 자동 점등되는 조명등

3. 설치기준

1) 설치장소

각 거실과 그로부터 지상에 이르는 복도, 계단, 기타 통로(유도등의 조도가 바닥에서 1 [lx] 이상이 되는 유도등의 유효범위 안의 부분에는 비상조명등설치를 면제할 수 있음)

2) 조도

비상조명등이 설치된 장소의 각 부분의 바닥에서 1 [lx] 이상

3) 비상전원

(1) 예비전원 내장형

① 평상시 점등 여부 확인용 점검스위치를 설치할 것
② 해당 조명등을 유효하게 자동시킬 수 있는 용량의 축전지와 예비전원 충전 장치를 내장할 것

(2) 예비전원 비내장형

비상발전설비, 축전지설비 또는 전기저장장치를 다음과 같이 설치함

① 점검 편리＋화재, 침수 등 재해 피해 우려가 없는 장소에 설치
② 상용전원 차단 시, 자동으로 비상전원으로부터 전력을 공급받을 수 있도록 할 것
③ 비상전원 설치장소를 방화구획
④ 비상전원을 실내 설치 시 : 비상조명등 설치

4) 비상전원 용량

(1) 60분 이상

① 지하층 제외 11층 이상의 층에서 피난층에 이르는 부분

② 지하층, 무창층의 용도가 도소매시장, 여객자동차터미널, 지하역사, 지하상가로부터
피난층에 이르는 부분

(2) 20분 이상

기타의 경우

2 휴대용 비상조명등

1. 정의

화재발생 등으로 정전 시 안전하고 원활한 피난을 위하여 피난자가 휴대할 수 있는 조명등

2. 설치대상

1) 숙박시설

2) 수용인원 100명 이상의 영화상영관, 판매시설 중 대규모점포, 지하역사, 지하상가

3) 다중이용업소의 구획된 실

3. 휴대용 비상조명등의 정의

화재발생 등으로 정전 시 안전하고 원활한 피난을 위하여 피난자가 휴대할 수 있는 조명등

4. 설치기준

1) 설치위치 및 수량

(1) 숙박시설 또는 다중이용업소

① 객실 또는 영업장 안의 구획된 실마다 1개 이상 설치

② 잘 보이는 곳에 설치(외부에 설치 시 출입문 손잡이 1 [m] 이내 부분)

(2) 대규모 점포(백화점, 대형점, 쇼핑센터) 및 영화상영관

보행거리 50 [m] 이내마다 3개 이상

(3) 지하상가, 지하역사

보행거리 25 [m] 이내마다 3개 이상

2) 설치기준

(1) 설치높이 : 0.8~1.5 [m]

(2) 어둠 속에서 위치가 확인될 것

(3) 사용 시 자동 점등될 것

(4) 난연성능의 외함

(5) 건전지를 사용하는 경우에는 방전방지 조치를 하고 충전식 배터리의 경우 상시 충전되도록 할 것

(6) 건전지, 충전 배터리 용량 : 20분 이상

문제

비상조명등설비의 성능기준 및 설계 시 고려사항에 대하여 설명하시오.

1. 개요

1) 비상조명설비는 화재 등으로 인한 상용전원 차단 시, 피난을 위한 최소한의 조도 유지를 위해 설치하는 것이다.

2) 비상조명은 전용형과 겸용형의 2가지 종류가 있다.

2. 비상조명설비의 성능기준

1) 광학 성능

(1) 일반기준(NFSC 304)

① 특정소방대상물의 각 거실과 그로부터 지상에 이르는 복도, 계단 및 그 밖의 통로에 설치할 것

② 비상조명등이 설치된 장소의 각 부분의 바닥에서 1 [lx] 이상

(2) 초고층 건축물의 설치기준(NFSC 604)

피난안전구역의 상시 조명이 소등된 상태에서 비상조명등 점등 시, 각 부분의 바닥에서 조도 10 [lx] 이상이 될 수 있도록 설치할 것

(3) 도로터널의 설치 기준(NFSC 603)

상시 조명이 소등된 상태에서 비상조명등이 점등되는 경우,

① 터널 안의 차도 및 보도의 바닥면의 조도 : 10 [lx] 이상

② 그 외 모든 지점의 조도 : 1 [lx] 이상

(4) NFPA 101(7.9 Emergency Lighting)

① 상시점등의 고장 시에 최소 1.5시간 동안 제공될 것

② 바닥면에서 피난 경로를 따라 측정 : 평균 10.8 [lx] 이상이고 어떤 지점에서도 최소 1.1 [lx] 이상이어야 함

③ 조도는 1.5시간 경과 시에 평균 6.5 [lx], 어떤 지점에서도 최소 0.65 [lx] 이하로 낮아지지 않아야 함

④ 최대 · 최소 조도비율은 40 : 1 이하일 것

2) 내열성

(1) 비상조명설비는 화재 시에 사용하므로 내열성이 있을 것

(2) 전선은 내열배선으로 설치하고, 등기구는 불연성 재료일 것

3) 즉시 점등성

고효율 LED를 사용

(과거 : 백열등을 주로 이용했으며, 형광등은 Start 전구 없이 점등 가능한 Rapid Start Type으로 인버터회로(직류 → 교류 변환)를 내장)

4) 전원의 자동 절환성

상용전원이 차단되면 자동으로 비상전원으로 절환되고, 상용전원이 복구되면 상용전원으로 자동 복귀하는 구조일 것

3. 비상조명등의 설계 시 고려사항

1) 등기구의 형상

설치 장소의 용도 등을 적절히 고려하여 등기구의 형상, 조명도, 광원의 형태 등을 결정한다.

2) 등기구의 배치

비상시 피난을 유도하는 데 있어서 최적인 위치 및 배치방법을 결정한다.

→ 피난경로를 따라 설치하는 것이 바람직하다.

3) 적정한 조도

(1) 상기 기준에 따른 적절한 조도 유지해야 한다.

(2) 경년에 따른 광도 감소를 고려한 여유치를 감안하여 기존 조도 이상을 유지할 수 있도록 초기 조도를 결정한다.

4) 점등방식

상용전원 및 예비전원의 겸용 또는 예비전원 전용 여부를 결정한다.

5) 비상전원의 방식

비상전원을 내장할지, 별도로 설치할지를 결정한다.

화재안전기준에서 명시한 비상조명등의 조도 기준을 KS표준 및 NFPA와 비교하여 설명하시오.

1. 화재안전기준의 조도기준

1) 일반 특정소방대상물

(1) 특정소방대상물의 각 거실과 그로부터 지상에 이르는 복도, 계단 및 그 밖의 통로에 설치할 것

(2) 비상조명등 설치장소의 각 부분 바닥에서 1 [lx] 이상

2) 초고층건축물

피난안전구역의 상시 조명이 소등된 상태에서 비상조명등 점등 시, 각 부분의 바닥에서 조도 10 [lx] 이상이 될 수 있도록 설치할 것

3) 도로터널

상시 조명이 소등된 상태에서 비상조명등이 점등되는 경우,

(1) 터널 안의 차도 및 보도의 바닥면의 조도 : 10 [lx] 이상

(2) 그 외 모든 지점의 조도 : 1 [lx] 이상

2. KS표준

활동유형	조도 분류	조도범위(lx)			비고
		최저	표준	최고	
어두운 분위기 중의 시식별 작업장	A	3	4	6	공간의 전반 조명
어두운 분위기의 이용이 빈번하지 않은 장소	B	6	10	15	
어두운 분위기의 공공 장소	C	15	20	30	
잠시 동안의 단순 작업장	D	30	40	60	
시작업이 빈번하지 않은 작업장	E	60	100	150	

3. NFPA 101의 조도기준

1) 상시 점등의 고장 시에 최소 1.5시간 동안 점등될 것

2) 조도는 바닥면에서 피난 경로를 따라 측정하여 평균 10.8 [lx] 이상이고 어떤 지점에서도 최소 1.1 [lx] 이상이어야 한다.

3) 조도는 1.5시간 경과 시에 평균 6.5 [lx], 어떤 지점에서도 최소 0.65 [lx] 이하로 낮아지지 않아야 한다.

4) 최대 · 최소 조도비율은 40 : 1 이하일 것

4. 화재안전기준에 따른 조도기준의 문제점

1) 조도기준 중 1 [lx]의 기준은 너무 낮음

(1) NFPA 101 : 피난경로상 평균 6.5~10.8 [lx]

(2) KS 기준

① 가장 낮은 A등급의 경우에도 4 [lx]

② 어두운 분위기의 이용이 빈번하지 않은 장소는 10 [lx]

(3) 평상시 조도가 300~400 [lx]인 상시조명이 정전되어 비상조명등이 점등되어 1 [lx]로 낮아지면 피난자의 암순응 시간이 필요하게 되어 시력과 인식능력이 저하될 수 있다.

2) 비상조명등 설치간격 기준이 없음

(1) 형식 승인받은 예비전원 내장형 비상조명등의 설치높이에 따른 배광번호(1 [lx]가 되는 수평거리)가 제품마다 상이하다.

(2) 그에 따라 각 현장마다 비상조명등 설치간격을 상이하게 적용해야 한다.

3) 조도측정 위치

일반 특정소방대상물에서 조도 측정 위치가 비상조명등이 설치된 장소의 각 부분의 바닥으로 규정되어 있다.

5. 결론

1) 비상조명등을 적용함에 있어, 비상조명등의 설치간격, 설치높이, 조도확보의 정도가 현장마다 다르게 되고 있다.

2) 따라서 비상조명등의 배광번호를 확인하여 피난경로에 대한 조도 확보가 이루어질 수 있도록 충분히 검토해야 한다.

3) 1 [lx]의 조도기준이 암순응 및 피난에 적합한 조도인지 검증 필요하며, 비상조명등의 조도 측정 부분은 전체 피난경로로 하는 것이 바람직하다.

비상콘센트설비

1 설치대상

1. 11층 이상인 특정소방대상물의 경우 11층 이상의 층
2. 지하층의 층수가 3층 이상이고 지하층 바닥면적 합계 1,000 [m²] 이상인 것은 지하층의 모든 층
3. 500 [m] 이상인 터널
4. 예외 : 가스시설 또는 지하구는 제외함

2 전원기준

1. 상용전원

1) 저압수전

(1) 인입 개폐기 직후에서 분기

(2) 분기 후, 전용배선

2) 고압, 특고압 수전

(1) 전력용 변압기 2차 측의 주차단기 1차 측 또는 2차 측에서 분기

(2) 분기 후, 전용배선

2. 비상전원

1) 대상

(1) 지상 7층 이상으로 연면적 2,000 [m²] 이상

(2) 지하층의 바닥면적 합계 3,000 [m²] 이상

2) 자가발전설비, 비상전원 수전설비 또는 전기저장장치로 설치함

3) 예외

(1) 2 이상의 변전소에서 전력을 동시에 공급받을 수 있거나

(2) 하나의 변전소로부터 전력 공급 중단 시, 다른 변전소로부터 전력을 공급받을 수 있도록 상용전원을 설치한 경우

4) 비상전원의 설치기준

(1) 비상전원수전설비

NFSC 602에 따라 설치할 것

(2) 자가발전설비

① 점검에 편리하고 화재 및 침수 등의 재해 피해를 받을 우려가 없는 장소에 설치

② 비상콘센트설비를 유효하게 20분 이상 작동시킬 수 있는 용량으로 할 것

③ 상용전원으로부터 전력 공급이 중단되면, 자동으로 비상전원으로부터 전력을 공급받을 수 있도록 할 것

④ 비상전원 설치장소 : 다른 장소와 방화구획할 것(비상전원 공급에 필요한 기구, 설비 외의 것을 두지 말 것)

⑤ 실내에 설치한 경우 : 그 실내에 비상조명등을 설치할 것

❸ 전원회로 기준

1. 전원회로의 전압 및 용량

1) 전원회로 : 비상콘센트에 전력을 공급하는 회로를 의미함

2) 단상교류 220 [V] 로서, 그 공급용량은 1.5 [kVA] 이상인 것으로 할 것

구분	전압	공급용량
단상교류	220 [V]	1.5 [kVA] 이상

2. 전원회로 설치기준

1) 전원회로 수 : 각 층당 2회로 이상(해당 층의 비상콘센트 1개인 경우 : 1개 회로)

2) 주배전반에서 전용회로로 할 것(단, 타 설비의 회로의 사고에 영향을 받지 않도록 되어 있는 경우는 전용이 아니어도 됨)

3) 전용회로당 비상콘센트 10개 이하일 것

4) 전선의 용량 : 각 비상콘센트(최대 3개) 공급용량의 합 이상

3. 배선용 차단기

1) 전원으로부터 각 층의 비상콘센트에 분기되는 경우 : 분기 배선용 차단기를 보호함 내 설치

2) 콘센트마다 배선용 차단기 설치하고, 충전부가 노출되지 않도록 할 것

3) 개폐기 : 비상콘센트라고 표시한 표지

4) 비상콘센트의 풀박스 등 : 방청도장+두께 1.6 [mm] 이상의 철판

4. 플러그 접속기

1) 접지형 2극 플러그 접속기를 사용할 것

2) 칼받이의 접지극 : 접지공사할 것

4 비상콘센트의 설치기준

1. 비상콘센트의 설치높이

$0.8 \sim 1.5\,[\text{m}]$

2. 비상콘센트의 설치수량

1) 아파트 또는 바닥면적 $1,000\,[\text{m}^2]$ 미만인 층

    (1) 계단 출입구 $5\,[\text{m}]$ 이내에 설치

    (2) 계단이 2 이상인 경우 : 1개의 계단에 설치

2) 바닥면적 $1,000\,[\text{m}^2]$ 이상인 층

    (1) 계단 출입구 $5\,[\text{m}]$ 이내에 설치

    (2) 계단이 3 이상인 경우 : 2개의 계단에 설치

3) 추가 설치기준

수평거리가 아래 기준 초과 시, 그 기준 이하가 되도록 추가

    (1) 지하상가나 지하층 중에서 바닥면적 $3,000\,[\text{m}^2]$ 이상 : 수평거리 $25\,[\text{m}]$ 이내

    (2) 기타 : 수평거리 $50\,[\text{m}]$ 이내

3. 전원부와 외함 사이의 절연저항, 절연내력

1) 절연저항

전원부와 외함 사이를 $500\,[\text{V}]$ 절연저항계로 측정할 경우, $20\,[\text{M}\Omega]$ 이상일 것

2) 절연내력

전원부와 외함 사이의 정격전압이

    ① $150\,[\text{V}]$ 이하 : $1,000\,[\text{V}]$의 실효전압을 가하는 시험에서 1분 이상 견디는 것

    ② $150\,[\text{V}]$ 이상 : (정격전압$\times2$)$+1,000\,[\text{V}]$의 실효전압을 가하는 시험에서 1분 이상 견디는 것

5 비상콘센트 보호함 기준

1. 쉽게 개폐할 수 있는 문을 설치
2. 표면에 "비상콘센트"라고 표지
3. 보호함 상부 : 적색 표시등 설치(옥내소화전 표시등과 겸용 가능함)

6 배선 기준

1. 전원 회로

내화배선

2. 기타 회로

내화 또는 내열배선

문제

소방시설에서 절연저항 측정방법을 기술하고, 국가화재안전기준(NFSC)에서 정한 절연
내력과 절연저항을 적용하는 소방시설에 대하여 설명하시오.

---

1. 개요

1) 절연저항

전류가 도체에서 절연물을 통해 다른 충전부 또는 기기 케이스 등에서 누설되는 경로의 저항

2) 저압전로의 절연성능

전로의 사용전압(V)	DC 시험전압(V)	절연저항(MΩ)
SELV 및 PELV	250	0.5
FELV, 500V 이하	500	1.0
500V 초과	1,000	1.0

[비고] 특별저압(Extra Low Voltage : 2차 전압이 AC 50 [V], DC 120 [V] 이하)으로 SELV(비접지회로 구
성) 및 PELV(접지회로 구성)는 1차와 2차가 전기적으로 절연된 회로, FELV는 1차와 2차가 전기적
으로 절연되지 않은 회로

2. 절연저항 측정방법

1) 측정 대상물에 전압(V)을 인가하여 측정대상에 흐르는 누설전류(I)와 인가전압(V)을
측정하여 다음과 같이 산출한다.

$$절연저항(MΩ) = \frac{인가전압(V)}{누설전류(I)} \times 10^{-6}$$

2) 절연저항계 측정

(1) 전압이 인가되지 않은 것 확인
(2) 측정전압 위치로 로터리 스위치 전환
(3) 흑색 측정 리드를 접지 측에 연결
(4) 적색 리드를 피측정물체에 연결
(5) 측정(Measure) 버튼 누름
(6) 측정된 표시값을 읽음

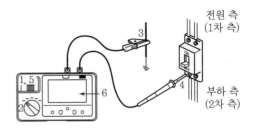

3. 절연내력과 절연저항을 적용하는 소방시설

1) 절연저항을 적용하는 소방시설

(1) 비상벨설비, 자동식사이렌설비, 비상방송설비, 비상콘센트설비 및 자동화재탐지설비(시각경보기 포함)의 배선
(2) 절연저항 기준(비상콘센트 제외)
　① 전원회로의 전로와 대지 사이 및 배선 상호 간의 절연저항은 전기사업법 제67조에 따른 기술기준이 정하는 바에 의함
　② 부속회로의 전로와 대지 사이 및 배선 상호 간의 절연저항은 1경계구역마다 직류 250 [V]의 절연저항측정기를 사용하여 측정한 절연저항이 0.1 [MΩ] 이상이 되도록 할 것
(3) 비상콘센트설비의 절연저항
　절연저항은 전원부와 외함 사이를 500 [V] 절연저항계로 측정할 때 20 [MΩ] 이상일 것

2) 절연내력을 적용하는 소방시설

(1) 비상콘센트설비
(2) 적용기준
　① 전원부와 외함 사이에 정격전압이 150 [V] 이하인 경우 : 1,000 [V]의 실효전압을 가하는 시험에서 1분 이상 견디는 것으로 할 것
　② 정격전압이 150 [V] 이상인 경우 : (정격전압×2) + 1,000의 실효전압을 가하는 시험에서 1분 이상 견디는 것으로 할 것 → 150 [V] 초과로 개정 필요함

4. 결론

1) 최근 강화된 전기설비기술기준(2021년 시행)에 따르면 DC 24 [V]를 이용하는 소방시설의 절연저항은 0.5 또는 1.0 [MΩ] 이상이어야 한다.
2) 현행 화재안전기준에서는 비상콘센트설비를 제외한 설비는 예전 전기설비 규정인 0.1 [MΩ] 이상으로 되어 있다. 따라서 이에 대한 개정이 필요하다.

> **참고**
>
> **절연저항과 절연내력**
>
> 1. 절연저항
>   절연된 두 물체 사이에 전압을 가하면, 절연물의 표면과 내부에 약간의 누설전류가 흐르게 된다. 이 경우에서의 전압과 전류의 비를 절연저항이라 한다.
>
> 2. 절연내력
>   1) 절연이 파괴되지 않고 견딜 수 있는 전압의 크기를 말한다.
>   2) 절연내력의 시험방법
>   (1) 파괴시험
>   어떤 전압을 가하여 점차 전압을 상승시켜 실제로 절연이 파괴되는 전압을 구하는 시험
>   (2) 내전압시험
>   어떤 일정한 전압을 규정시간 동안 가하여 이상 유무를 확인하는 시험

무선통신보조설비의 설치기준

[개정 이유]
• 소방관의 무전기는 디지털인데 기존 일부 건물의 무선통신보조설비는 이와 호환되지 않았던 점을 보완
• 건물 내부에서의 소방대원 간의 통화가 불가능하였던 점을 보완

1 설치대상

1. 지하가(터널 제외) : 연면적 1,000 [m²] 이상
2. 지하층의 바닥면적 합계 : 3,000 [m²] 이상 → 지하층의 모든 층
3. 지하층의 층수가 3층 이상이고 지하층 바닥면적 합계 : 1,000 [m²] 이상 → 지하 전 층
4. 500 [m] 이상인 터널
5. 공동구
6. 층수가 30층 이상인 것으로서 16층 이상 부분의 모든 층
7. [예외]
    1) 가스시설은 제외

2) 지하층으로서 특정소방대상물의 바닥부분 2면 이상이 지표면과 동일하거나 지표면으로부터
의 깊이가 1 [m] 이하인 경우에는 해당층

2 용어의 정의

1. 누설동축케이블

동축케이블의 외부 도체에 가느다란 홈을 만들어서 전파가 외부로 새어나갈 수 있도록 한 케이블

2. 분배기

1) 신호의 전송로가 분기되는 장소에 설치하는 것
2) 임피던스 매칭과 신호 균등분배를 위해 사용되는 장치

3. 분파기

서로 다른 주파수의 합성된 신호를 분리하기 위해 사용하는 장치

4. 혼합기

2 이상의 입력신호를 원하는 비율로 조합한 출력이 발생하도록 하는 장치

5. 증폭기

전압·전류의 진폭을 늘려 감도 등을 개선하는 장치

6. 무선중계기

안테나를 통하여 수신된 무전기 신호를 증폭한 후 음영지역에 재방사하여 무전기 상호 간 송수신
이 가능하도록 하는 장치

7. 옥외안테나

감시제어반 등에 설치된 무선중계기의 입력과 출력포트에 연결되어 송수신 신호를 원활하게 방
사·수신하기 위해 옥외에 설치하는 장치

3 누설동축케이블의 설치기준

1. 소방전용 주파수대에서 전파의 전송 또는 복사에 적합한 것으로서, 소방 전용의 것으로 할 것
   (단, 소방대 상호 간의 무선연락에 지장이 없을 경우에는 타 용도와 겸용 가능)
2. 누설동축케이블과 이에 접속하는 안테나 또는 동축케이블과 이에 접속하는 안테나로 구성
   할 것

3. 누설동축케이블 및 동축케이블은 불연 또는 난연성의 것으로서 습기에 따라 전기의 특성이 변질되지 아니하는 것으로 하고, 노출하여 설치한 경우에는 피난 및 통행에 장애가 없도록 할 것

4. 누설동축케이블 및 동축케이블은 화재에 따라 해당 케이블의 피복이 소실된 경우에 케이블 본체가 떨어지지 아니하도록 4 [m] 이내마다 금속제 또는 자기제 등의 지지금구로 벽 · 천장 · 기둥 등에 견고하게 고정시킬 것(불연재료로 구획된 반자 안에 설치하는 경우 제외)

5. 누설동축케이블 및 안테나는 금속판 등에 따라 전파의 복사 또는 특성이 현저하게 저하되지 아니하는 위치에 설치할 것

6. 누설동축케이블 및 안테나는 고압의 전로로부터 1.5 [m] 이상 떨어진 위치에 설치할 것
(해당 전로에 정전기 차폐장치를 유효하게 설치한 경우 제외)

7. 누설동축케이블의 끝부분에는 무반사 종단저항을 견고하게 설치할 것

8. 누설동축 케이블 또는 동축케이블의 임피던스는 50 [Ω]으로 하고, 이에 접속하는 안테나, 분배기 및 기타 장치는 당해 임피던스에 적합한 것으로 할 것

◢ 무선통신보조설비의 설치기준

1. 누설동축케이블 또는 동축케이블과 이에 접속하는 안테나가 설치된 층
   모든 부분(계단실, 승강기, 별도 구획된 실 포함)에서 유효하게 통신이 가능할 것

2. 다음의 상호 통신이 가능할 것
   1) 옥외 안테나와 연결된 무전기와 건축물 내부에 존재하는 무전기 간의 상호통신
   2) 건축물 내부에 존재하는 무전기 간의 상호통신
   3) 옥외 안테나와 연결된 무전기와 방재실 또는 건축물 내부에 존재하는 무전기와 방재실 간의 상호통신

◢ 옥외안테나의 설치기준

1. 건축물, 지하가, 터널 또는 공동구의 출입구 및 출입구 인근에서 통신이 가능한 장소에 설치할 것

2. 다른 용도로 사용되는 안테나로 인한 통신장애가 발생하지 않도록 설치할 것

3. 옥외안테나는 견고하게 설치하며 파손의 우려가 없는 곳에 설치하고 그 가까운 곳의 보기 쉬운 곳에 "무선통신보조설비 안테나"라는 표시와 함께 통신 가능거리를 표시한 표지를 설치할 것

4. 수신기가 설치된 장소 등 사람이 상시 근무하는 장소에는 옥외 안테나의 위치가 모두 표시된 옥외안테나 위치표시도를 비치할 것

◢ 분배기, 분파기, 혼합기 등의 설치기준

1. 먼지, 습기 및 부식에 의해 기능 이상을 가져오지 않도록 할 것

2. 임피던스는 50 [Ω]

3. 점검 편리＋화재 등 재해 피해의 우려 없는 장소에 설치

⑦ 증폭기 및 무선중계기의 설치기준

1. 전원은 전기가 정상적으로 공급되는 축전지, 전기저장장치 또는 교류전압 옥내간선으로 할 것
2. 전원까지의 배선은 전용으로 할 것
3. 증폭기의 전면에는 주 회로의 전원이 정상인지의 여부를 표시할 수 있는 표시등 및 전압계를 설치할 것
4. 증폭기에는 비상전원이 부착된 것으로 하고 해당 비상전원 용량은 무선통신보조설비를 유효하게 30분 이상 작동시킬 수 있는 것으로 할 것
5. 증폭기 및 무선중계기를 설치하는 경우에는 「전파법」에 따른 적합성평가를 받은 제품으로 설치하고 임의로 변경하지 않도록 할 것
6. 디지털 방식의 무전기를 사용하는 데 지장이 없도록 설치할 것

문제

무선통신보조설비의 종류 및 구성요소에 대하여 설명하시오.

---

1. 개요

무선통신보조설비는 소방대의 진압활동 중의 원활한 무선통신을 위해 지하가 또는 지하층 등에 설치하는 소화활동설비이다.

2. 무선통신보조설비의 종류

1) 누설동축 케이블(LCX) 방식

(1) 특징

① 동축 케이블과 누설동축 케이블을 조합한 형태이다.
② 케이블에서 전파가 발생되는 폭이 좁고 긴 지하층에 적합한 방식이다.
③ 전파가 균일하게 방사된다.
④ 케이블이 외부에 노출되어 유지·보수는 용이하지만, 화재에 약하다.

(2) 구성

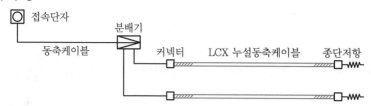

2) 동축케이블 및 안테나 방식

(1) 특징

　　① 동축 테이블과 안테나가 조합된 방식이다.

　　② 장애물이 적은 대강당, 극장 등에 적합하다.

　　③ 말단에서는 전파 강도가 낮아 통신이 어렵다.

　　④ 케이블을 은폐하므로, 화재 영향이 적고 미관을 해치지 않는다.

(2) 구성

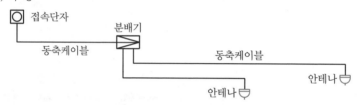

3) 누설동축 케이블 및 안테나 방식

위의 2가지 방식이 조합된 방식이다.

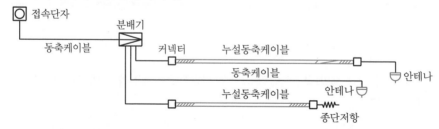

3. 무선통신보조설비의 구성요소

1) 전송장치

(1) 동축케이블

　　① 일반 케이블과 달리 동심원 상에서 내부 도체와 외부 도체를 배열한 것이다.

　　② 일반 케이블에 비해 외부 잡음의 영향이 적은 고주파 전송용 케이블이다.

　　③ 동축케이블의 신호는 거리에 따라 점점 약해지고, 외부로의 누설 전계도 그에 따라 약해지므로 이에 대한 손실보상이 필요하다.

　　④ 따라서 중계기나 증폭기를 설치한다.

(2) 누설동축케이블

① 동축케이블과 달리 외부 도체상에 전자파를 방사할 수 있도록 케이블 길이의 방향으로 일정하게 Slot을 만들어 놓은 것이다.

② Slot의 기울기와 길이에 따라 자유로이 주파수 선택이 가능하다.

③ 누설동축케이블의 외부에 내열층을 두고 최외층에 난연성의 2차 Sheath를 감은 것으로 내열누설동축 케이블이라 한다.

④ 중계기나 증폭기를 설치하는 대신에 결합손실이 큰 케이블부터 순차적으로 접속하는 Grading에 의해 전송거리를 늘게 된다.

(3) 안테나(공중선)

① 전파를 효율적으로 송·수신하기 위해서는 주파수에 적합한 길이로 해야 한다.

② 안테나의 길이는 파장의 1/2, 1/4, 3/4인 길이를 일반적으로 사용한다.

150 [MHz]의 주파수에서 안테나의 길이

$$\frac{3 \times 10^8}{150 \times 10^6} = 2 \, [m]$$

공중선의 길이는
- 파장의 1/2일 때 : $2\,[m] \times 1/2 = 1\,[m]$
- 파장의 1/4일 때 : $2\,[m] \times 1/4 = 0.5\,[m]$
- 파장의 3/4일 때 : $2\,[m] \times 3/4 = 1.5\,[m]$

2) 분배기

(1) 신호 전송구간의 분기점에 설치한다.

(2) 임피던스 정합과 부하 측으로의 신호전력 균등분배를 위해 사용된다.

3) 분파기

합성된 신호들을 분리하는 장치

4) 혼합기

2개 이상의 입력신호를 조합한 출력의 발생

5) 접속단자

(1) 상호 교신을 위해 무전기를 접속하는 단자

(2) 설치기준

① 지상에서 유효하게 소화활동을 할 수 있는 장소 또는 수위실 등 상시 사람이 근무하는 장소에 설치할 것

소방
전기
설비

② 단자는 한국산업규격에 적합한 것으로 하고, 바닥으로부터 0.8~1.5 [m]의 높이에 설치할 것

③ 지상에 설치하는 접속단자는 보행거리 300 [m] 이내마다 설치하고, 다른 용도로 사용되는 접속단자에서 5 [m] 이상의 거리를 둘 것

④ 지상에 설치하는 단자를 보호하기 위하여 견고하고 함부로 개폐할 수 없는 구조의 보호함을 설치하고 먼지, 습기 및 부식 등에 영향을 받지 않도록 조치할 것

⑤ 단자보호함의 표면에 "무선기 접속단자"라고 표시한 표지를 설치할 것

6) 증폭기

(1) 케이블의 손실을 보상하기 위해서 설치한다.

(2) 설치기준

① 전원은 전기가 정상적으로 공급되는 축전지 또는 교류저압 옥내간선으로 하고, 전원까지의 배선은 전용으로 할 것

② 증폭기의 전면에는 주 회로의 전원이 정상인지의 여부를 표시할 수 있는 표시등 및 전압계를 설치할 것

③ 증폭기에는 비상전원이 부착된 것으로 하고, 당해 비상전원의 용량은 무선통신보조설비를 유효하게 30분 이상 작동시킬 수 있는 것으로 할 것

문제

임피던스에 대하여 설명하시오.

---

1. 임피던스

1) 교류회로에 전압이 가해졌을 때 전류의 흐름을 방해하는 값으로서 교류회로에서의 전류에 대한 전압의 비를 말한다.

2) 무선통신의 수신회로에서는 신호전력이 매우 약하므로, 이러한 신호전력을 최대한 수신부로 보내야 한다.

2. 임피던스 Matching(정합)

1) 그림과 같이 내부 임피던스가 각각 Z_S, Z_L인 전원과 부하가 연결된 회로에서 $Z_S = Z_L$일 때, 전원의 전력이 최대로 부하에 전달된다.

2) 이와 같이 회로에서 전원 측과 부하 측의 임피던스를 같게 하는 것을 **임피던스 Matching**이라 한다.

소방
전기
설비

3. 분배기와 임피던스 Matching

1) 만일 그림과 같이 특성 임피던스가 300 [Ω]인 부하를 특성 임피던스가 75 [Ω]인 신호전원에 접속하였다면, 부하의 합성 임피던스는

$$\frac{1}{Z_T} = \frac{1}{Z_1} + \frac{1}{Z_2} = \frac{1}{300} + \frac{1}{300} = \frac{1}{150}$$

$Z_T = 150$ [Ω]이 된다.

→ 즉 전원과 부하의 임피던스 정합이 이루어지지 못하여 전원의 신호전력이 부하 측으로 최대한 전달되지 못한다.

2) 오른쪽 그림과 같이 특성 임피던스가 75 [Ω], 300 [Ω], 300 [Ω]인 2분배기를 사용하여 접속한다면 임피던스 매칭이 이루어져 신호전력이 최대로 부하 측으로 전달된다.

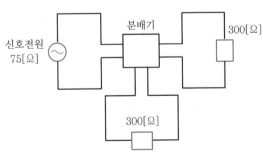

3) 분배기는 신호전원의 전력을 각 부하에 균등하게 배분하기 위하여 설치하는 것으로서, 분배 수에 따라 2분배기, 4분배기, 6분배기 등이 있다.

4) 소방용 기기의 임피던스는 50 [Ω]으로 정해져 있으며, 이에 따라 무선통신보조설비의 모든 구성요소(접속기, 분배기, 누설동축 케이블, 안테나, 무반사종단 저항 등)들은 임피던스가 50 [Ω]이 되도록 정합시켜야 한다.

NOTE

무선통신보조설비에서 전력을 최대로 전달하기 위한 조치

무선통신보조설비는 소방대의 진압활동 중의 원활한 무선통신을 위해 설치하는 소화활동
설비로서, 송·수신을 원활하게 하기 위해 다음과 같은 조치를 하고 있다.

1. 동축 케이블 : 증폭기 설치
2. 임피던스 정합 : 분배기를 통해 전체 부분에 적용
3. 누설동축 케이블 : Grading, 무반사 종단저항

문제

무선통신보조설비에서 누설동축케이블의 손실과 동축케이블의 Grading에 대해 설명하시오.

1. 개요

1) 무선통신보조설비는 지하가, 지하층 또는 초고층건물에서의 화재 시, 소방대의 소화활동상 필요한
무선통신을 원활히 하기 위해 설치하는 것으로서, 누설동축케이블 방식과 안테나 방식이 있다.

2) 누설동축케이블 방식의 경우에는 케이블 길이에 따라 수신율이 저하될 수 있어서 이를 보완
하기 위해 결합손실이 큰 케이블부터 순차적으로 접속하는 Grading을 실시한다.

2. 누설동축케이블의 손실

1) 전송손실

(1) 도체에 전류가 흐르면, 그 도체의 임피던스에 의해 도체 내에서 전력 손실이 발생된다.

(2) 통신 신호전송회로에서 생기는 이러한 전력 손실을 전송손실이라고 한다.

(3) 누설동축케이블에서의 전송손실은 도체손실, 절연체손실, 복사손실의 합이다.

(4) 결합손실이 작은 케이블일수록 복사손실과 전송손실이 커지며, 취급하는 주파수가 높을수
록 전송손실이 크다.

2) 결합손실

(1) 케이블 내부의 전송전력과 일정거리 떨어진 지점에서 수신되는 수신전력의 비율로서, 다음과 같이 표시된다.

$$L_C = -10\log\left(\frac{P_R}{P_T}\right)$$

여기서, L_C : 결합손실, P_R : 입력된 전력, P_T : 수신된 전력

(2) 이러한 결합손실은 무선통신에서 회로에 어떤 기기 등을 추가하여 발생되는 손실이다.

(3) 결합손실은 Slot의 형상, 길이, 각도에 따라 달라지며, 길이가 길수록 축에 대한 각도가 커질수록 작아진다.

3) 전송손실과 결합손실 간의 관계

(1) 결합손실이 큰 것 : 전송손실이 적다.

(2) 결합손실이 작은 것 : 복사손실이 커져 전송손실이 크다.

3. Grading

1) Grading은 전송손실에 의한 수신레벨의 저하폭을 적게 하기 위하여 결합손실이 큰 케이블부터 단계적으로 접속하는 것을 말한다.

2) Grading의 원리

케이블의 결합손실과 전송손실 간의 관계를 이용하여 결합손실이 큰 케이블부터 단계적으로 접속하여 수신 Level의 급감을 방지한다.

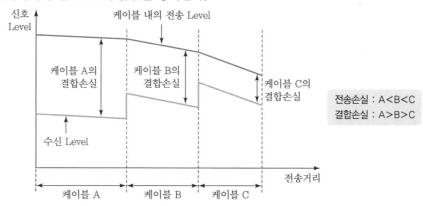

4. 결론

누설동축케이블의 가장 큰 특징은 Grading을 할 수 있다는 점이다. 케이블을 포설하게 되면 System Loss(전송손실＋결합손실)가 발생하므로 이를 보상하기 위해서는 결합손실을 줄여줌으로써 유효 통신거리는 상당히 늘릴 수 있다.

> **문제**
>
> 무선통신보조설비에서의 전압 정재파 비(VSWR)에 대하여 설명하시오.

1. 개요

    1) 무선통신보조설비에서의 누설동축 케이블에 신호를 보내면 그 말단에서 전파가 반사되어 되돌아온다.

    2) 이러한 경우, 반사된 파에 의해 간섭이 일어나 송신 효율이 저하된다.

2. 전압 정재파 비

    1) 전압 정재파 비

        반사된 전파의 간섭에 의한 전압파의 최대치와 최소치의 진폭비이다.

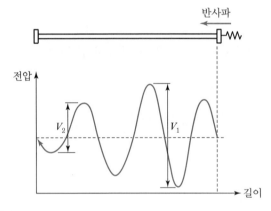

$$\text{전압 정재파비} : \frac{V_1}{V_2}$$

    2) 대책

        (1) 누설동축 케이블에서의 전압 정재파 비는 1.5 이하이어야 한다.

        (2) 따라서 누설동축 케이블의 말단에 무반사 종단저항(Dummy load, VSWR : 1.2 이하)을 설치하여 전자파의 반사를 줄이게 된다.

3. 결론

    전압 정재파 비는 전자파의 간섭에 의한 전압파의 최대 · 최소치의 비이며, 무반사 종단저항을 LCX 말단에 설치하여 1.5 이하로 유지되도록 해야 한다.

내열 누설동축 케이블의 한 종류인 LCX-FR-SS-20D-146의 각 기호의 의미를 설명하시오.

1. 기호의 의미

1) LCX

　'Leaky Coaxial Cable'로 누설동축 케이블을 말한다.

2) FR

　'Flame Resistance'로 난연성(내열성)

3) SS

　'Self Supporting'(자기 지지)

4) 20

　절연체 외경이 20 [mm]

5) D

　특성 임피던스가 50 [Ω]

6) 14

　사용주파수

　(1) 1 : 150 [MHz]대 전용

　(2) 4 : 400 [MHz]대 전용

　(3) 14 : 150, 400 [MHz]대 전용

　(4) 48 : 400, 800 [MHz]대 전용

7) 6

　결합손실

CHAPTER 19 | 비상전원, 일반전기 및 전기화재

▣ 단원 개요

비상전원인 비상전원수전설비, 비상발전설비, 축전지설비 외에 최근 비상전원의 대체 방안으로 고려되고 있는 무정전전원설비(UPS), 연료전지 및 전기저장장치(ESS) 등에 대해 다루고 있다. 또한 전동기 및 발전기의 종류 및 특성, 소방배선 설계의 고려사항인 전압강하와 허용전류의 개념, 그리고 전기화재의 주요 원인별 대책도 포함되어 있다.

▣ 단원 구성

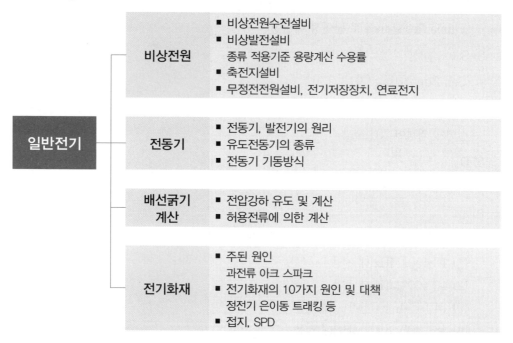

일반전기	비상전원	■ 비상전원수전설비 ■ 비상발전설비 　종류 적용기준 용량계산 수용률 ■ 축전지설비 ■ 무정전전원설비, 전기저장장치, 연료전지
	전동기	■ 전동기, 발전기의 원리 ■ 유도전동기의 종류 ■ 전동기 기동방식
	배선굵기 계산	■ 전압강하 유도 및 계산 ■ 허용전류에 의한 계산
	전기화재	■ 주된 원인 　과전류 아크 스파크 ■ 전기화재의 10가지 원인 및 대책 　정전기 은이동 트래킹 등 ■ 접지, SPD

▣ 단원 학습방법

비상전원수전설비는 화재안전기준을 중심으로 출제되며, 비상발전기는 용량 계산방법(부하의 종류, 수용률 등)이 많이 출제된다. 특히, 최근 들어 비상발전기 용량계산방법이 개정되었으므로 이에 대해 공부해두어야 한다. 축전지설비는 축전지의 종류 비교, 용량계산절차 등이 자주 출제되며, UPS설비는 전기안전기술사 등 전기관련 분야 기출문제와 연계해서 학습하면 효과적이다.

전동기 기동방식, 전압강하 및 허용전류의 개념이나 계산문제도 주기적으로 출제되고 있으며, 전기화재의 경우 거의 1~2회마다 출제되는 빈출 사항이므로 반복 학습이 필수적이다.

전기회로의 기본 개념

① 직류와 교류

1. 직류(DC)

1) 시간적으로 크기가 변하지 않고 항상 일정한 값을 갖는 전압이나 전류

2) 크기가 일정한 안정적인 전원이므로, 전자제품처럼 정밀한 분야에서 유용하다.

3) 또한 주파수가 없어서 전자기파가 발생하지 않으므로 통신장애가 발생하지 않는 장점이 있지만, 송전 거리가 멀어질 경우 전압강하가 발생하는 문제가 있고, 3상 회전 자기장을 얻을 수 없어서 회전기기를 사용하기 위해서는 변환장치가 필요하다.

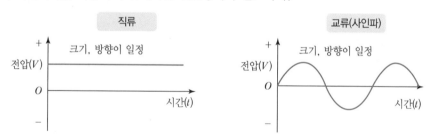

(a) 좁은 의미에서의 직류와 교류

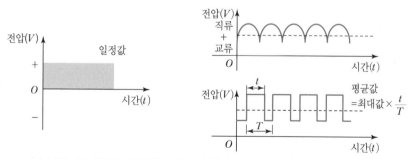

(b) 넓은 의미에서의 직류(크기는 변하나 극성이 일정하면 직류로 간주)

┃ 직류와 교류의 차이 ┃

2. 교류(AC)

1) 교류는 자체 값 뿐만 아니라, (+), (−)의 극성까지도 시간에 따라 변화하는 전압, 전류를 말한다.

2) 대표적인 교류 파형으로는 다음 그림과 같은 정현파(＝사인파)가 있다.

3) 정현파의 표현

$$v = V_m \sin wt$$
$$= V_m \sin 2\pi ft \,[\text{V}]$$

여기서, V_m : 파형의 최대값

w : 각주파수

f : 주파수

t : 시간

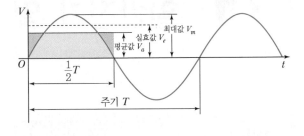

(주파수 : 1초 동안에 동일한 모양의 파양이 반복되는 횟수, 주파수의 역수가 주기(T)이다.)

4) 현재 우리나라에서 사용하고 있는 교류 전기의 주파수는 60 [Hz]로 통일되어 있다.

5) 이처럼 교류는 시간에 따라 그 값이 변하기 때문에 그 크기는 일반적으로 최대값보다는 실효값이나 평균값으로 나타내는 경우가 많다.

2 교류 파형

1. 정의

1) 파형 : 입력되는 전원의 종류에 따라서 전압과 전류의 크기가 시간에 따라 변하는 것

2) 교류 : 시간 변화에 따라 일정한 크기와 방향으로(주기적으로) 변화하는 전압 또는 전류 파형

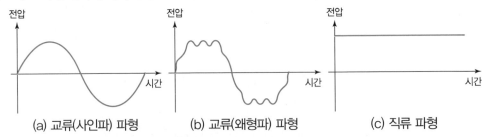

(a) 교류(사인파) 파형　　(b) 교류(왜형파) 파형　　(c) 직류 파형

3) 교류 파형은 일반적으로 사인파(정현파)이며, 사인파 이외의 형태를 나타내는 파형도 있음
(비사인형 교류 파형 : 사각파, 삼각파, 펄스파, 계단파 등)

2. 사인파 교류의 표현방법

1) 각도 표시법 : 호도법(180°를 π로 표시하는 방법)으로 표시

자기장, 도체의 길이, 코일의 속도가 동일할 경우, 발전기 출력 전압은 회전자의 회전 각도 변화, 즉 sin 값에 따라 변화한다.

회전자 각도	0°	30°	45°	60°	90°
$\sin \theta$	0	$\dfrac{1}{2}$	$\dfrac{1}{\sqrt{2}}$	$\dfrac{\sqrt{3}}{2}$	1
출력 전압	0	Blv	$\sqrt{2}\,Blv$	$\sqrt{3}\,Blv$	$2Blv$

2) 주파수와 주기

$$v(t) = V_m \sin(2\pi f t)\,[\mathrm{V}]$$

3) 위상

$$v(t) = V_m \sin(wt \pm \theta)$$

3. 사인파 교류의 크기

1) 순시값 : 특정 시간에 해당하는 전압 또는 전류의 크기를 나타내는 것

$$v(t) = V_m \sin(wt \pm \theta)$$

2) 평균값 : 순시값의 1주기 동안의 평균 크기를 나타낸 것

$$V_{av} = V_m \times \frac{2}{\pi} = 0.637\,V_m$$

3) 실효값 : 일반적인 교류의 크기를 나타낼 때 사용하는 값으로, 직류와 동일한 소비전력을 갖는 교류값(교류 220 [V], 380 [V])

$$V_e = V_m \times \frac{1}{\sqrt{2}} = 0.707\,V_m$$

4. 교류의 특징

1) 회전하는 발전기로부터 자연적으로 교류가 발생한다.
2) 변압기로 전압을 자유롭게 바꿀 수 있어서 장거리 송전에 적합하다.
3) 3상 전력으로 회전자기장을 얻을 수 있어서 유도전동기와 같은 회전기기를 편리하게 사용할 수 있다.
4) 전자기파가 발생하므로 통신선 유도 장애가 발생한다.
5) 커패시터나 코일(인덕터) 때문에 발생하는 리액턴스에 대한 대책이 필요하다.

5. 교류 전력의 구성

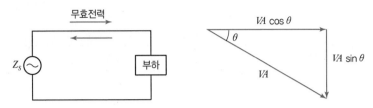

1) 피상전력(P_a, [VA])(a ; apparent)

(1) 전원에서 공급해야 할 전력

(2) $P_a = 3 V_p I_p = \sqrt{3} \, VI$

(3) Y 부하 : $3\left(\dfrac{V_l}{\sqrt{3}}\right)I_l = \sqrt{3} \, VI$ △ 부하 : $3 V_l\left(\dfrac{I_l}{\sqrt{3}}\right) = \sqrt{3} \, VI$

2) 유효전력(P, [W])

(1) 부하에서 실제 소비될 수 있는 전력

(2) $P = VA\cos\theta = (3 V_p I_p)\cos\theta = \sqrt{3} \, VI\cos\theta$

여기서, $\cos\theta$: 역률

3) 무효전력(P_r, [Var])   (Var : Volt–ampere reactive)

$P_r = VA\sin\theta = (3 V_p I_p)\sin\theta = \sqrt{3} \, VI\sin\theta$

> **참고**
>
> **역률(PF : Power Factor)**
>
> 교류에서의 전압과 전류의 위상차로 인한 것으로서, 전원에서 공급된 전력이 부하에서 유효하게 사용되는 비율
>
> → 역률 개선 : 콘덴서 등을 투입하여 저하된 역률을 1에 가깝게 끌어올리는 것

③ 회로 소자

1. 전기회로의 구성

1) 전원

2) 부하 : 회로소자(저항기, 코일, 커패시터)로 구성

2. 저항기

전기회로에서 전류의 흐름을 억제하는 기능을 가진 회로 소자

기호	단위
—⟋⟍⟋⟍⟋⟍—	$[\Omega]$ (옴, Ohm)

3. 코일(인덕터)

도선을 나선형으로 감아 놓은 것으로서 전기회로에서 전류의 변화량을 제어하는 기능을 가진 회로 소자

기호	단위
⟶◯◯◯⟶	[H] (헨리, Henry)

4. 커패시터

전기 회로에서 전하를 충전하거나 방전하면서 전압의 변화량을 제어하는 회로 소자이며, 콘덴서라는 용어와 혼용하고 있다. 일반적으로 전하를 축적하는 기능 이외에 직류 전류를 차단하고 교류 전류를 통과시키려는 목적에도 사용한다.

기호	단위
⟶┤├⟶	[F] (패럿, Farad)

4 회로 상수

1. 저항(Resistance)

저항기(Resistor)가 갖고 있는 회로상수(전기 회로에서 전류의 흐름을 방해함)

2. 인덕턴스(Inductance)

코일이 가지고 있는 회로상수 (전기 회로에서 코일에 흐르는 전류의 변화량을 제어함)
⇒ 코일에 교류 전류를 흘려주면 역 기전력이 발생하는 특성을 이용한 전기기기 : 변압기

3. 커패시턴스(Capacitance)

커패시터(Capacitor)가 갖고 있는 회로상수 (전기회로에서 커패시터 양단에 걸리는 전압의 변화량을 제어)

> 참고
>
> 콘덴서는 기체를 액체로 응축하는 응축기의 일본식 표기로 사용되던 용어이다. 전하를 저장하는 장치를 의미하는 용어로서 '콘덴서'는 부적절하며, '커패시터'가 올바른 용어이다.

NOTE

상전압 · 상전류 및 선간전압 · 선전류의 개념

용어	Y 결선	△ 결선
상전압	중성점과 각 단자 간의 전압	각 단자 간의 각 전압
상전류	각 상에 흐르는 전류	각 상에 흐르는 전류
선간전압	단자 상호 간의 전압	단자 상호 간의 전압
선전류	전원단자 ~ 부하 측 선로에 흐르는 전류	

Y−△ 회로

1. Y 결선

   1) 선전압 : 상전압의 $\sqrt{3}$ 배 (벡터적 차)

$$V_l = \sqrt{3}\, V_p \angle 30$$

   2) 상전압보다 위상 30° 앞섬

     (1) 선간전류＝상전류

$$I_l = I_p$$

     (2) 기동전압이 $1/\sqrt{3}$ 배 감소

$$V_p = \frac{1}{\sqrt{3}}\, V_l$$

     (3) 기동전류(선전류)는 전전압 기동에 비해 1/3배로 감소됨(△ 결선 선전류의 1/3)

     (4) 상전류 계산식

$$I_p = \frac{V_p}{Z}$$

2. △ 결선

   1) 선간전류＝상전류

$$V_l = V_p$$

   2) 선전류 : 상전압의 $\sqrt{3}$ 배

$$I_l = \sqrt{3}\, I_p \angle -30$$

   상전압보다 위상 30° 뒤짐

문제

소방펌프에 사용되는 농형 유도전동기에서 저항 R [ohm] 3개를 Y로 접속한 회로에 200 [V]의 3상 교류전압을 인가 시 선전류가 10 [A]라면 이 3개의 저항을 △로 접속하고 동일 전원을 인가 시 선전류는 몇 [A]인지 구하시오.

1. 개요

1) Y 결선에서의 관계

$$I_l = I_p , \quad V_l = \sqrt{3}\ V_p$$

여기서, V_l : 선간전압 V_p : 상전압
        I_l : 선전류 I_p : 상전류

2) △ 결선에서의 관계

$$I_l = \sqrt{3}\ I_p , \quad V_l = V_p$$

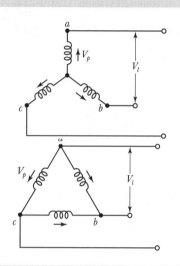

2. △ 결선의 선전류 계산

1) Y결선 기동

(1) 기동전압 : 직입 기동에 비해 $1/\sqrt{3}$ 배 감소

(2) 기동전류 : 직입 기동에 비해 1/3배 감소

(3) 문제조건 : $I_l = 10\,[\text{A}]$, $V_l = 200\,[\text{V}]$

$$V_p = \frac{V_l}{\sqrt{3}} = \frac{200}{\sqrt{3}}$$

$$I_l = I_p = \frac{V_p}{Z} = \frac{200}{\sqrt{3}\ Z} = 10\,[\text{A}]$$

2) △ 결선 운전 시의 선전류

$$I_l = \sqrt{3}\ I_p = \sqrt{3} \times \frac{V_p}{Z} = \sqrt{3} \times \left[\frac{200}{\left(\dfrac{200}{10\sqrt{3}}\right)} \right]$$

$$= \sqrt{3} \times (10\sqrt{3}) = 30\,[\text{A}]$$

문제

Y(Star)로 결선된 농형 유도전동기의 선간전압(Line Voltage)이 상전압(Phase Volta
−ge)에 $\sqrt{3}$ 배가 됨을 극좌표 형식으로 증명하시오.

1. Y로 접속한 회로

1) 평형 3상에서 각 상의 전압은 크기가 같지만, 120° 위상차가 있다.
2) 선간전압(V_{ab})는 a상 전압(E_a)과 b상 전압(E_b)인 두 벡터의 차이에 의해 발생된다.

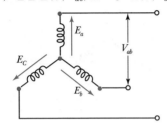

2. 극좌표 형태의 상전압

1) a상 전압 : $E \angle 0°$
2) b상 전압 : $E \angle 120°$

3. 선간전압

1) 선간전압(V_{ab})는 a상 전압(E_a)과 b상 전압(E_b)의 벡터적인 차이이므로,
   $$V_{ab} = (E \angle 0°) - (E \angle 120°)$$
2) 계산
   $$V_{ab} = E \angle (\cos 0° + j \sin 0°) - E \angle (\cos 120° - j \sin 120°)$$
   여기서,
   $\cos 0° = 1$, $\sin 0° = 0$, $\cos 120° = -\dfrac{1}{2}$, $\sin 120° = \dfrac{\sqrt{3}}{2}$ 이므로,
   $$V_{ab} = E - E\left(-\frac{1}{2} - j\frac{\sqrt{3}}{2}\right)$$
   $$= E\left(\frac{3}{2} + j\frac{\sqrt{3}}{2}\right) = \frac{E}{2}(3 + j\sqrt{3})$$
3) 극좌표 형태로 변환
   $$3 + j\sqrt{3} = \sqrt{3^2 + (\sqrt{3})^2} \angle \tan^{-1}\left(\frac{\sqrt{3}}{3}\right) = 2\sqrt{3} \angle 30°$$

$$V_{ab} = \frac{E}{2} \times (2\sqrt{3} \angle 30°) = \sqrt{3} \, E \angle 30°$$

4) 따라서 선간전압($\sqrt{3} \, E \angle 30°$)은 상전압 ($E \angle 0°$)보다 $\sqrt{3}$ 배 크다.

문제

3상 Y부하와 $\triangle$부하의 피상전력에 모두 $P_a = \sqrt{3} \, VI \, [\mathrm{VA}]$를 사용할 수 있음을 설명하시오.

1. Y부하의 피상전력

1) 전압

   V_l : 선간전압(단자 간에 걸리는 전압)

   V_p : 상전압(각 상에 걸리는 전압)

2) 전류

   I_l : 선전류

   I_p : 상전류

3) Y부하에서의 관계

   $$I_l = I_p \,, \quad V_l = \sqrt{3} \, V_p$$

4) 피상전력

   $$P_a = 3 V_p \times I_p = 3 \times \frac{V}{\sqrt{3}} \times I = \sqrt{3} \, VI$$

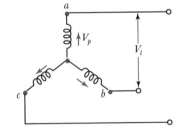

2. $\triangle$부하의 피상전력

1) $\triangle$부하에서의 관계

   $$V_l = V_p \,, \quad I_l = \sqrt{3} \, I_p$$

2) 피상전력

   $$P_a = 3 V_p \times I_p = 3 \times V \times \frac{I}{\sqrt{3}} = \sqrt{3} \, VI$$

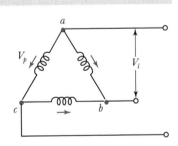

3. 결론

$\triangle$부하와 Y부하의 피상전력은 모두 $P_a = \sqrt{3} \, VI \, [\mathrm{VA}]$를 사용할 수 있다.

NOTE

스프링클러설비의 비상전원 기준

제12조(전원)

② 스프링클러설비에는 **자가발전설비, 축전지설비 또는 전기저장장치**에 따른 비상전원을 설치하여야 한다. 다만, 차고 · 주차장으로서 스프링클러설비가 설치된 부분의 바닥면적(「포소화설비의 화재안전기준(NFSC 105)」 제13조제2항제2호에 따른 차고 · 주차장의 바닥면적을 포함한다)의 합계가 1,000㎡ 미만인 경우에는 비상전원수전설비로 설치할 수 있으며, 2 이상의 변전소(「전기사업법」 제67조에 따른 변전소를 말한다. 이하 같다)에서 전력을 동시에 공급받을 수 있거나 하나의 변전소로부터 전력의 공급이 중단되는 때에는 자동으로 다른 변전소로부터 전력을 공급받을 수 있도록 상용전원을 설치한 경우와 가압수조방식에는 비상전원을 설치하지 아니할 수 있다.

③ 제2항에 따른 **비상전원 중 자가발전설비, 축전기설비**(내연기관에 따른 펌프를 설치한 경우에는 내연기관의 기동 및 제어용축전지를 말한다) 또는 **전기저장장치**(외부 전기에너지를 저장해 두었다가 필요한 때 전기를 공급하는 장치)는 다음 각 호의 기준을, 비상전원수전설비는 「소방시설용비상전원수전설비의 화재안전기준(NFSC 602)」에 따라 설치하여야 한다.

(제1호~제6호 생략)

7. 비상전원의 출력용량은 다음 각 목의 기준을 충족할 것

　가. 비상전원 설비에 설치되어 동시에 운전될 수 있는 모든 부하의 합계 입력용량을 기준으로 정격출력을 선정할 것. 다만, 소방전원 보존형발전기를 사용할 경우에는 그러하지 아니하다.

　나. 기동전류가 가장 큰 부하가 기동될 때에도 부하의 허용 최저입력전압 이상의 출력전압을 유지할 것

　다. 단시간 과전류에 견디는 내력은 입력용량이 가장 큰 부하가 최종 기동할 경우에도 견딜 수 있을 것

8. 자가발전설비는 부하의 용도와 조건에 따라 다음 각 목 중의 하나를 설치하고 그 부하용도별 표지를 부착하여야 한다.

　다만, **자가발전설비의 정격출력용량**은 하나의 건축물에 있어서 **소방부하의 설비용량을 기준**으로 하고, 나목의 경우 **비상부하는 국토해양부장관이 정한 건축전기설비설계기준의 수용률 범위 중 최대값 이상을 적용**한다.

　가. 소방전용 발전기 : 소방부하용량을 기준으로 정격출력용량을 산정하여 사용하는 발전기

　나. 소방부하 겸용 발전기 : 소방 및 비상부하 겸용으로서 소방부하와 비상부하의 전원용량을 합산하여 정격출력용량을 산정하여 사용하는 발전기

다. 소방전원 보존형 발전기 : 소방 및 비상부하 겸용으로서 소방부하의 전원용량을 기준으로 정격출력용량을 산정하여 사용하는 발전기

9. 비상전원실의 출입구 외부에는 실의 위치와 비상전원의 종류를 식별할 수 있도록 표지판을 부착할 것

일반
전기

문제

비상전원의 설치기준, 종류 및 구성방법을 설명하시오.

1. 개요

비상전원은 상용전원이 정전 등으로 인해 공급되지 않은 경우에도 소방설비 등 주요 시설이 정상적으로 작동될 수 있도록 하는 전원이다.

2. 설치기준

1) 점검이 편리하고 화재 및 침수 등의 재해로 인한 피해를 받을 우려가 없는 곳에 설치할 것

2) 상용전원으로부터 전력의 공급이 중단된 때에는 자동으로 비상전원으로부터 전력을 공급받을 수 있도록 할 것

(ATS : Auto Transfer Switch)

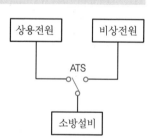

3) 비상전원의 설치장소

(1) 다른 장소와 방화 구획할 것

(2) 비상전원의 공급에 필요한 기구나 설비외의 것을 두지 않을 것

4) 비상전원을 실내에 설치할 때에는 그 실내에 비상조명등을 설치할 것

3. 비상전원의 종류

1) 비상전원전용 수전 설비

(1) 전력회사에서 공급하는 상용전원을 이용하는 것으로서, 다음과 같이 분류된다.

　① 고압 또는 특고압을 수전하는 방식

② 저압으로 수전하는 방식

(2) 화재 등에 의한 전기회로의 단락, 과부하 등에 의해 차단되지 않도록 한 구조이어야 한다.

(3) 비상전원 수전설비의 문제점

① 한전의 송·배전 선로에 이상이 발생되어 정전될 경우에는 비상전원으로서의 기능을 발휘할 수 없다.

② 또한, 소방대상물의 화재 시 소방대가 출동하면 보통 배전선로와 인입선 간에 설치된 구분 개폐기를 OFF시켜 비상전원이 차단된다.

③ 따라서 비상용 승강기나 기타 소화활동설비 등과 같은 소방대가 이용하는 설비의 비상 전원은 가급적 자가발전설비에 의해 작동하도록 설계, 시공함이 바람직하다.

2) 자가발전설비

(1) 소방대상물에 자체적으로 보유한 자가 발전기를 이용하여 비상전원을 공급하는 방식이다.

(2) 상용 전원 차단 시, 자동적으로 기동되어 40초 이내에 전력을 공급할 수 있어야 한다.

→ 발전기 기동에 시간이 소요되어 비상전원이 즉각적으로 공급되지 못한다. 따라서 즉각 적인 비상전원 공급이 필요한 경보설비 등에는 비상발전기를 적용하지 못한다.

3) 축전지 설비

(1) 순수 직류전원의 독립된 전력원인 축전지를 사용하여 비상전원을 공급하는 것이다.

(2) 즉각적인 전원 공급이 가능하고, 조용하고 안전하며, 보수가 용이하다.

(3) 용량에 한계가 있어 대용량의 설비에는 적용하기 어렵다.

비상용	• 사회보호 : 백화점, 점포, 은행 등의 조명 설비, 각종 교통신호기, 항공관제설비 등 정보 전달설비 • 공해방지 : 오수, 공장 배수 등의 처리설비 • 인명보호 : 병원의 수술실·분만실 등의 조명, 의료 기기, 공기조화·환기 등의 설비, 엘리베이터설비, 독가스 발생장소의 환기설비 • 설비보호 : 연구시설 및 설비 등 용융 전해로의 보온설 비 등, 합성수지 제조의 중합기 등의 고결방지	단시간정전 (수동 및 자동전환)	자가발전설비, 축전지설비, 자가발전설비 와 축전지 설비의 겸용
소방용	• 인명·재산보호 : 화재 재해시 안전확보를 위해 법 령으로 의무화되어 있는 부하설비		
제어용	• 정전시 프로세스정지용 계장설비	무정전 또는 순시전환	
특수 전원	• 제어용 및 온라인용 컴퓨터 설비		

4) 전기저장장치

(1) 외부 전기에너지를 저장해 두었다가 필요한 때 전기를 공급하는 장치

(2) ESS(Energy Storage System)라고도 하며, 최근 빈번한 화재 발생으로 인해 적용 기준이 엄격하다.

5) UPS(무정전 전원장치)

　(1) 상용전원의 장애 시 좋은 품질의 안정된 교류전력을 공급하는 장치

　(2) 소방용 비상전원으로는 아직 채택되지 않았으며, 다음과 같은 종류가 있다.

　　① Off-line

　　② On-line

　　③ Line Interactive

참고

비상전원의 분류

1. 일반 비상전원

　1) 상용전원이 정전되었을 때, 40초 이내에 자동으로 부하에 전력을 공급하는 전원

　2) 소방설비 적용

　　소화설비의 소방펌프 및 제연설비 송풍기

2. 특별 비상전원

　상용전원이 정전되었을 때, 10초 이내에 자동으로 부하에 전력을 공급하는 전원

3. 순간 특별 비상전원

　1) 상용전원이 정전되었을 때, 순간 또는 무정전으로 자동으로 부하에 전력을 공급하는 전원

　2) 소방설비 적용

　　경보설비의 수신기, 중계기, 소화설비의 제어반, 유도등설비, 비상방송설비 및 비상조명등

　　설비에 적용되는 전원

비상전원의 공급

1. 축전지설비에 의한 비상전원 공급(직류전원)

　1) 내연기관 기동용 축전지 : 발전기 및 소방펌프

　2) 수신기, 중계기, 제어반 : 축전지설비 및 자가발전설비 공용

　3) 비상조명등설비, 비상방송설비, 유도등 설비 : 축전지설비 및 자가발전설비 공용

2. 자가발전설비 또는 UPS 설비에 의한 비상전원 공급(교류전원)

　1) 수계소화설비의 소방펌프

　2) 제연설비의 송풍기

일반
전기

> **문제**
>
> 소방전원에서 비상전원과 예비전원을 구분하여 정의하고 설치대상과 설치기준에 대하여 설명하시오.

1. 비상전원과 예비전원의 차이

1) 일반건물이나 플랜트 등에서 상용전원이 정전될 경우, 최소한의 비상전력을 공급할 필요가 있다.

2) 따라서 비상시 예비전원(Stand-by Power Source) 설비를 확보하여 비상전원(Emergency Power Source)을 공급하는데, 비상전원과 예비전원은 동일한 의미를 가진 것으로 간주할 수 있다.

2. 국내 분야별 비상전원과 예비전원 분류

1) 소방분야

   (1) 화재안전기준에서는 비상전원으로 용어를 통일하여 사용하고 있다.

   (2) 제어반, 비상조명등 또는 성능인증 및 제품검사 기술기준에서는 예비전원이라는 용어가 사용되고 있다.

   (3) 즉 예비전원은 장비나 기기 등에 내장된 축전지라는 의미를 내포하고 있다.

2) 건축분야

   (1) 예비전원을 설치하도록 규정

   (2) 대상 장치 : 배연설비의 배연창 작동, 배연기, 조명설비의 예비전원

3) 전기분야

   (1) 전기설비 및 통신설비 기술기준에서는 예비전원을 설치하도록 규정함

   (2) 대상장치 : 조명, 엘리베이터, 급수 및 배수, 공조 및 통신장비 등

3. 일본소방법에서의 분류

1) 비상전원

   일반부하 전원이 사고 등으로 인해 정전될 경우에 대비하여 확보해야 할 전원으로서, 고정식 설비(고정식 축전지 설비 또는 자가발전기 등)를 의미함

2) 예비전원

   장비 내에 수납된 형식으로서, 정전 직후에는 내장된 축전지와 같은 예비전원을 사용하다가 비상발전기가 가동된 이후에는 비상전원으로 전력을 공급하는 개념

4. 화재안전기준의 설치기준

1) 옥내소화전설비의 비상전원

(1) 자가발전설비

(2) 축전지설비(내연기관에 따른 펌프를 사용하는 경우에는 내연기관의 기동 및 제어용 축전지를 말한다.)

(3) 전기저장장치

2) 비상조명등설비의 예비전원 및 비상전원

(1) 예비전원을 내장하는 비상조명등

① 평상시 점등 여부를 확인할 수 있는 점검스위치 설치할 것

② 해당 조명등을 유효하게 작동시킬 수 있는 용량의 축전지와 예비전원 충전장치를 내장할 것

(2) 예비전원을 내장하지 아니하는 비상조명등의 비상전원

① 자가발전설비

② 축전지설비

③ 전기저장장치

일반
전기

비상전원 수전설비의 설치기준

1 용어 정의

1. 인입선 : 가공인입선 및 수용장소의 조영물의 옆면 등에 시설하는 전선으로서 그 수용장소의 인입구에 이르는 부분의 전선

2. 인입구 배선 : 인입선 연결점에서 특정소방대상물 내에 시설하는 인입개폐기까지의 배선

3. 소방회로 : 소방부하에 전원을 공급하는 전기회로

4. 일반회로 : 소방회로 이외의 전기회로

5. 수전설비 : 전력수급용 계기용 변성기, 주차단장치 및 그 부속기기

6. 변전설비 : 전력용 변압기 및 그 부속장치

7. 전용큐비클식 : 소방회로용의 것으로, 수전설비, 변전설비, 기타 기기 및 배선을 금속제 외함에 수납한 것

8. 공용큐비클식 : 소방회로 및 일반회로용을 한꺼번에 수납한 것
9. 배전반 : 개폐기, 과전류차단기, 계기, 기타 배선용 기기 및 배선을 금속제 외함에 수납한 것
10. 분전반 : 분기 개폐기, 분기 과전류차단기, 기타 배선용 기기 및 배선을 금속제 외함에 수납한 것

② 인입구 부분

1. 인입선 : 해당 건물에 화재가 발생한 경우에도 화재에 의한 손상을 받지 않도록 설치할 것
   → 즉, 지중매입을 원칙으로 한다.
2. 인입구 배선 : 내화배선을 할 것

③ 특별고압 또는 고압으로 수전하는 경우의 기준

1. 공통기준

1) 일반회로에서의 연소 확대를 차단할 것
   (1) 일반회로 배선과 불연성의 격벽으로 구획 또는
   (2) 15 [cm] 이상 이격 설치

2) 일반회로의 고장에 영향을 받지 않을 것

일반회로의 과부하, 지락, 단락사고	⇒	영향 없이 계속해서 소방회로에 전원공급

3) 소방시설용 표지
   소방회로용 개폐기 및 과전류 차단기에 표시

4) 전기회로 결선법
   (1) 기호
      ① CB : 전력차단기
      ② PF : 전력퓨즈(고압 또는 특별고압용)
      ③ F : 퓨즈(저압용)
      ④ Tr : 전력용 변압기
   (2) 전용 변압기에서 소방부하 전원 공급
      ① 일반회로의 과부하, 단락의 경우
         CB_{10}(또는 PF_{10})이 CB_{12}(또는 PF_{12})
         및 CB_{22}(또는 F_{22})보다 먼저 차단되지 않을 것
      ② CB_{11}(또는 PF_{11})의 용량
         CB_{12}(또는 PF_{12})와 동등 이상의 차단용량일 것

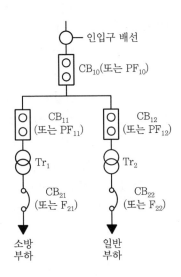

(3) 공용 변압기에서 소방부하 전원 공급

① 일반회로의 과부하, 단락의 경우 CB_{10}(또는 PF_{10})이 CB_{22}(또는 F_{22}) 및 CB(또는 F)보다 먼저 차단되지 않을 것

② CB_{21}(또는 F_{21})의 용량 CB_{22}(또는 F_{22})와 동등 이상의 차단용량일 것

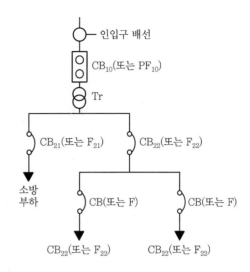

2. 설치방법

1) 방화구획형

전용의 방화구획 내에 설치할 것

2) 옥외개방형

(1) 건축물 옥상에 설치하는 경우 : 그 건물 화재 시에도 화재로 인해 손상되지 않도록 설치

(2) 공지에 설치하는 경우 : 인접건물 화재 시에도 화재로 인해 손상되지 않도록 설치

3) 큐비클형 비상전원 수전설비의 설치기준

(1) 전용 또는 공용 큐비클식으로 설치할 것

(2) 외함

① 두께 2.3 [mm] 이상의 강판 또는 동등 이상의 강도+내화성능 있는 것

② 개구부 : 60분+, 60분 또는 30분 방화문

③ 외함에 노출설치 가능한 것

- 표시등
  (불연성 또는 난연성 재료로 덮개를 설치한 것에 한함) → 3가지는 옥외에도 설치 가능
- 전선의 인입구 및 인출구
- 환기장치
- 전압계(퓨즈 등으로 보호한 것에 한함)
- 전류계(변류기의 2차 측에 접속된 것에 한함)
- 계기용 전환스위치(불연성 또는 난연성 재료로 제작된 것에 한함)

④ 외함은 건축물의 바닥 등에 견고하게 고정할 것

(3) 외함에 수납하는 수전설비, 변전설비 그 밖의 기기 및 배선의 설치기준

① 외함 또는 프레임(Frame) 등에 견고하게 고정할 것

② 외함 바닥에서 10 [cm](시험단자, 단자대 등의 충전부는 15 [cm]) 이상의 높이에 설치할 것

일반 전기

(4) 전선 인입구 및 인출구

　　금속관 또는 금속제 가요전선관을 쉽게 접속할 수 있도록 할 것

(5) 환기장치의 설치기준

　　① 내부의 온도가 상승하지 않도록 환기장치를 할 것

　　② 자연환기구의 개구부 면적의 합계는 외함의 한면에 대하여 당해 면적의 1/3 이하로 할 것(통기구 크기 : 직경 10 [mm] 이상의 둥근 막대가 들어가지 않을 것)

　　③ 자연환기구에 의해 충분히 환기할 수 없는 경우에는 환기설비를 설치할 것

　　④ 환기구

　　　• 금속망, 방화댐퍼 등으로 방화조치

　　　• 옥외에 설치하는 것은 빗물 등이 들어가지 않도록 할 것

(6) 공용큐비클의 배선 및 배선용 기기

　　소방 및 일반회로를 불연재료로 구획

(7) 기타 기준

　　한국산업규격 KS C4507(큐비클식 고압수전설비)의 규정에 적합할 것

④ 저압으로 수전하는 경우의 기준

1. 공통기준

1) 일반 회로에서 과부하, 지락사고 또는 단락사고가 발생한 경우에도 이에 영향을 받지 않고 계속해서 소방회로에 전원을 공급할 수 있을 것

2) 소방회로용 개폐기 및 과전류차단기에는 "소방시설용"이라는 표시를 할 것

3) 전기회로 결선법

　(1) 일반회로의 과부하, 단락의 경우 S_M이 S_N, S_{N1}, S_{N2}보다 먼저 차단되지 않을 것

　(2) S_F는 S_N과 동등 이상의 차단용량일 것

　　(S : 저압용개폐기 및 과전류차단기)

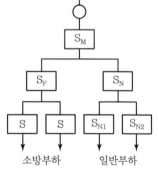

4) 저압수전의 경우에는 1 · 2종 전용배전반, 전용분전반 또는 공용분전반으로 함

2. 제1종 배전반 및 분전반의 설치기준

1) 외함

　(1) 두께 1.6 [mm](전면판 및 문은 2.3 [mm]) 이상의 강판 또는 동등 이상의 강도, 내화성능 있는 것

　(2) 외함 내부 : 내열성＋단열성 있는 재료 사용

(3) 외함은 금속관 또는 금속제 가요전선관을 쉽게 접속할 수 있도록 하고, 당해 접속부분은 단열조치를 할 것

2) 외함에 노출 설치할 수 있는 것

    (1) 표시등(불연성 또는 난연성 재료로 덮개를 설치한 것에 한함)

    (2) 전선의 인입구 및 입·출구

3) 공용배전판 및 공용분전판의 경우

    소방 및 일반 회로의 배선, 배선용 기기는 불연재료로 구획할 것

3. 제2종 배전반 및 분전반의 설치기준

1) 외함

    (1) 두께 1 [mm] 이상의 강판 또는 동등 이상의 강도와 내열성의 것으로 할 것

        (함 전면 면적 1,000~2,000 [cm^2] : 1.2 [mm] / 2,000 [cm^2] 초과 : 1.6 [mm])

    (2) 외함은 금속관 또는 금속제 가요전선관을 쉽게 접속할 수 있도록 하고, 당해 접속부분은 단열조치를 할 것

2) 외함에 노출 설치할 수 있는 것

    (1) 표시등(불연성 또는 난연성 재료로 덮개를 설치한 것에 한함)

    (2) 전선의 인입구 및 입·출구

    (3) 120 [℃]의 온도를 가했을 때 이상이 없는 전압계 및 전류계

3) 단열을 위해 배선용 불연전용실내에 설치할 것

4) 공용배전반 및 공용분전반의 경우

    소방 및 일반 회로의 배선, 배선용 기기는 불연재료로 구획할 것

4. 기타 배전반 및 분전반 설치기준

1) 일반 회로에서 과부하, 지락사고 또는 단락사고가 발생한 경우에도 이에 영향을 받지 않고 계속해서 소방회로에 전원을 공급할 수 있을 것

2) 소방회로용 개폐기 및 과전류차단기에는 "소방시설용"이라는 표시를 할 것

> **문제**
>
> 비상발전기의 용량 산출방식에 대하여 설명하시오.

---

1. 개요

1) 비상발전기의 용량 산출방식에는 PG 방식과 RG 방식이 있었으며, 국내에서는 주로 PG 방식에 의해 용량 산출을 해왔다. 최근 개정된 예비전원설비 설계기준에서는 GP 방식으로 발전기 용량을 산정하도록 규정하고 있다.

2) 계산방식별 비교

항목	GP 방식	PG 방식	RG 방식
특징	소방부하, 비상부하 및 정전 시 운전에 필요한 부하 특성을 고려하여 산정 (고조파 고려)	고조파를 발생시키지 않는 부하를 계산	VVVF와 같이 고조파를 발생시키는 부하 계산
용량 산정방법	1개 계산식에 의해 산정	$PG_1 \sim PG_4$의 계산값 중 $PG_1 \sim PG_3$까지만 계산하고 계산값 중 최대로 함	$RG_1 \sim RG_4$ 계산값 중 최대

2. GP 방식에 의한 용량 산정

$$GP \geq [\Sigma P + (\Sigma P_m - PL) \times a + (PL \times a \times c)] \times k$$

여기서, GP : 발전기 용량(kVA)

ΣP : 전동기 이외 부하의 입력용량 합계(kVA)

ΣP_m : 전동기 부하용량 합계(kW)

PL : 전동기 부하 중 기동용량이 가장 큰 전동기 부하용량(kW), 다만, 동시에 기동될 경우에는 이들을 더한 용량으로 한다.

a : 전동기의 kW당 입력용량 계수

c : 전동기의 기동계수

k : 발전기 허용전압강하 계수

3. PG 방식에 의한 용량 산정

1) PG_1

(1) 정상상태에서 부하 운용에 필요한 용량

(2) 계산식

$$PG_1 = \frac{\sum P_L}{\eta_L \cos\theta} \times \alpha \ [\text{kVA}]$$

여기서, $\sum P_L$: 부하의 출력 합계 [kW]

η_L : 부하의 총합 효율(불분명 시 0.85 적용)

α : 부하의 수용률(=[최대부하/설비용량]$\times 100$ [%]) → 1.0

$\cos\theta$: 부하의 총합역률(불분명 시 0.8 적용)

2) PG_2

(1) 부하 중 최대 기동 값을 갖는 전동기의 기동시 순시전압강하 대비 용량

(2) 계산식

$$PG_2 = (P_m \times \beta \times C \times X_d{}') \times \left(\frac{1 - \Delta V}{\Delta V}\right) \ [\text{kVA}]$$

여기서, P_m : 시동 시 출력이 최대인 전동기의 출력 [kW]

β : 전동기 기동 계수

C : 기동방식 계수(직입 : 1.0, Y$-\Delta$: 0.067, 리액터 : 0.6)

$X_d{}'$: 발전기 정수

ΔV : 허용 전압강하율(승강기 : 0.2, 일반 : 0.25)

3) PG_3

(1) 부하 사용 중 최대 기동 값을 갖는 전동기를 마지막으로 기동할 때 필요한 용량

(2) 계산식

$$PG_3 = \left(\frac{\sum P_L - P_m}{\eta_L} + (P_m \times \beta \times C \times PF_m)\right) \times \frac{1}{\cos\theta} \ [\text{kVA}]$$

여기서, PF_m : 발전기의 역률 (불분명시 0.4 적용)

4) PG_4

(1) 고조파를 고려한 부하 계산식의 발전기 용량

(2) 일반적으로 발전기 용량 계산 시, 국내에서는 고려하지 않고 있음

4. RG 방식에 의한 용량 산정

1) RG_1

(1) 정상부하의 출력계수(발전기에 연결된 정상부하 전류에 의해 정해짐)

(2) 계산식

$$RG_1 = 1.47 \times D \times S_F \qquad \text{여기서, } D : \text{수용률, } S_F : \text{등가계수}$$

2) RG_2

  (1) 허용전압강하 출력계수(최대 기동 전류 전동기 기동에 따라 발생하는 발전기 허용 전압강
      하에 의함)

  (2) 계산식

$$RG_2 = \left(\frac{1 - \Delta V}{\Delta V} \right) \times X_d{}'' \times \frac{K_S}{Z_m} \times \frac{M}{K}$$

3) RG_3

  기존 부하를 감안한 출력계수(발전기에 연결되는 과도 시 부하전류 최대값에 의함)

4) RG_4

  허용 역상 전류 출력계수(발전기 연결 부하에 서 발생하는 역상전류, 고조파 전류에 의해 정함)

5. 용량 산정 시 고려할 사항

1) 고조파 고려한 용량 산정

  (1) 지금까지 국내에서 일반적으로 적용한 발전기 용량 산정방식은 PG 방식으로, 고조파를 고
      려하지 않은 $PG_1 \sim PG_3$까지의 계산식만을 이용해왔다.

  (2) 그러나 최근 개정된 건설기준코드에 따르면 고조파를 포함한 GP 방식의 계산을 적용하도
      록 개정되었으며, 이에 따라 화재안전기준의 개정도 필요하다고 판단된다.

> **PG 방식에 근거한 스프링클러 화재안전기준에 따른 용량 산정방법**
> 7. 비상전원의 출력용량은 다음 각 목의 기준을 충족할 것
>   가. 비상전원 설비에 설치되어 동시에 운전될 수 있는 모든 부하의 합계 입력용량을 기준
>   으로 정격출력을 선정할 것. 다만, 소방전원 보존형발전기를 사용할 경우에는 그러하
>   지 아니하다.
>   나. 기동전류가 가장 큰 부하가 기동될 때에도 부하의 허용 최저입력전압 이상의 출력전
>   압을 유지할 것
>   다. 단시간 과전류에 견디는 내력은 입력용량이 가장 큰 부하가 최종 기동할 경우에도 견
>   딜 수 있을 것

2) 부하 산정

  (1) 국내 전기설계에서는 발전기 용량 산정을 위한 부하량으로 소방부하와 비상부하 중 큰 값
      을 채택하고 있는 경우가 있다.

  (2) 그러나 화재로 인한 정전 시에는 비상부하와 소방부하가 동시에 사용될 수 있으므로, 부하
      량은 반드시 합산하여야 한다.

  (3) 스프링클러 화재안전기준에 따르면 소방부하 겸용 발전기의 경우 소방부하와 비상부하의
      전원용량을 합산하도록 규정하고 있다.

3) 수용률 적용

(1) 현행 화재안전기준에서는 소방부하 겸용 발전기의 경우 비상부하는 건축전기설비설계기준의 수용률 범위 중 최대값 이상을 적용하도록 규정하여 수용률에 대한 고려를 허용하고 있다.

(2) 그러나 발전기는 약간의 과부하에도 작동이 정지되는 특성을 가지고 있으므로, 수용률을 적용하는 것은 불합리하다고 판단된다.

문제

소방부하와 비상부하에 대하여 설명하고, 자가발전설비 기종별 특징 및 용도별 기종 선정기준을 설명하시오.

1. 부하의 종류

1) 소방부하

(1) 화재 시의 인명 보호를 위한 전략 부하

(2) 대상

① 소방법령상의 소방시설(소화설비, 피난구조설비, 소화용수설비, 소화활동설비 등)

② 건축법령상의 피난, 방화시설(비상용 승강기, 피난용 승강기, 배연설비, 방화문, 방화셔터 등)

③ 의료법령에 의한 의료시설 및 소방시설 작동으로 침수 우려가 있는 지하기계실의 배수펌프도 포함된다.

2) 비상부하

(1) 소방부하 외의 비상용 전력부하

(2) 대상

항온항습시설, 비상급수펌프, 보안시설, 냉동시설, 승용 및 비상용 승강기, 정화조 동력, 급기팬, 배기팬, 공용전등, 기계식 주차장 동력 등

(3) 비상부하는 수용률이 적용되므로, 이의 적정성이 확보되지 않으면 소방전원 용량을 침해하여 과부하를 초래할 우려가 있다.

2. 자가발전설비의 기종 및 특징

자가발전설비는 부하 용도별로 다음과 같은 3가지 기종으로 구분된다.

1) 소방부하 전용 발전기

    (1) 정격출력용량 산정용 대상 부하 : 소방부하

    (2) 특징

        ① 소방 전용의 발전기를 적용하므로, 비상부하용과 함께 복수의 발전기를 설치해야 한다.

        ② 발전기의 분할 설치로 인해 건축면적 증대와 비용 증대가 수반된다.

        ③ 이 방식으로 채택된 사례가 거의 없다.

2) 소방부하 겸용 발전기

    (1) 정격출력용량 산정용 대상 부하 : 소방부하 및 비상부하의 합산

    (2) 특징

        ① 소방 및 비상 겸용 대형, 대용량의 발전기를 설치하는 방식

        ② 화재안전기준 개정 이전에 가장 많이 적용된 채택 가능한 방식

3) 소방전원 보존형 발전기

    (1) 정격출력용량 산정용 대상 부하 : 소방부하와 비상부하 중 큰 값

    (2) 특징

        ① 소방 및 비상부하 중 최대값을 적용하므로, 소용량 발전기로 설치 가능하다.

           (소방부하 겸용 발전기에 대비하여 약 30~40 [%] 비용 절감 효과)

        ② 비상부하의 경우 건축전기설비설계기준의 수용률 범위 중 최대값 이상을 적용하도록 규정하고 있다.

3. 자가발전기의 용도별 기종 선정기준

시스템 선정은 안전성과 경제성을 기준으로 한다.

1) 안전성 및 경제성 비교

    (1) 안전성 : 3가지 기종 모두 소방부하의 안정적 공급이 가능하다.

    (2) 경제성 : 소방전원 보존형 발전기

2) 용도별 경제성 비교

    (1) 일반건축물

        ① 소방부하와 비상부하의 비율이 비슷하다.

        ② 따라서 용량을 1/2 정도 절감할 수 있는 소방전원 보존형 발전기가 유리하다.

    (2) 공동주택 또는 초고층건축물

        ① 비상용 승강기나 피난용 승강기가 소방부하에 포함되므로, 소방부하의 비중이 적지 않다.

        ② 따라서 용량을 1/2 정도 절감할 수 있는 소방전원 보존형 발전기가 유리하다.

    (3) 플랜트

        ① 소방부하가 비상부하에 비해 매우 적다.(5 [%] 이하)

        ② 따라서 소방부하 겸용 발전기 적용이 타당하다.

소방전원 보존형 발전기의 2가지 종류인 일괄제어방식과 순차제어방식의 구성방법을
도시하고, 각각의 적용분야에 대하여 설명하시오.

1. 설계도면에 반영할 일괄제어방식의 구성방법

1) 일괄제어방식 단선결선도(탑재식, 별치식)

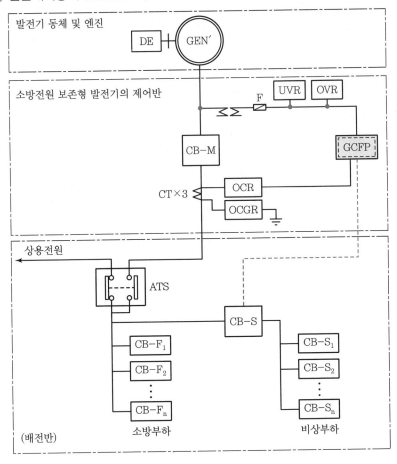

2) 기호 및 주기

(1) 기호

① GCFP : 소방전원 보존형 발전기 컨트롤러(Generator Controller for Fire Power)

② CB-M : 주 전원 차단기

③ CB-S : 비상용 주 차단기(Trip 장치 내장형)

④ ATS : 자동전력절환스위치

⑤ CB-F1~n : 소방용 차단기

⑥ CB-S1~n : 비상용 차단기

(2) 주기

① GCFP를 적용한 소방전원 보존형 발전기 적용

② 비상부하는 비상용 주 차단기(CB-S)에서 일괄 분기되도록 전력선로 구성

③ GCFP의 비상용 주 차단기 차단 설정값은 정격출력용량과 동일하게 설정

④ GCFP에서 CB-S 사이는 제어선로(F-FR3, 2C 1.5 [mm²], 점선부분)로 현장결선함

3) 특징

주문형으로서 소방용 및 비상용 주 차단기는 발전기 제어반에 내장할 수 있으며, 제어선로의 일괄제어방식은 내부 결선되어 출고되고 ATS는 부하 종류별로 각각 별도로 구성된다.

2. 설계도면에 반영되는 순차제어방식의 구성방법

1) 순차제어방식 단선결선도(별치식)

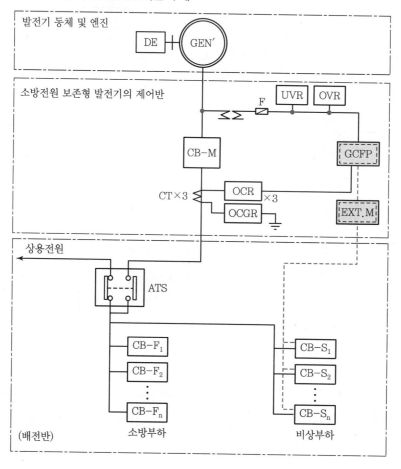

2) 기호 및 주기

(1) 기호

① GCFP : 소방전원 보존형 발전기 컨트롤러(Generator Controller for Fire Power)

② CB-M : 주 전원 차단기

③ CB-S : 비상용 주 차단기(Trip 장치 내장형)

④ EXT.M : 소방전원 보존형 발전기 컨트롤러 확장모듈

⑤ ATS : 자동전력전환스위치

⑥ CB-F$_1$~n : 소방용 차단기

⑦ CB-S$_1$~n : 비상용 차단기(Trip 장치 내장형)

(2) 주기

① GCFP 및 EXT.M이 설치된 소방전원 보존형 발전기 적용

② GCFP에서 CB-S 사이는 제어선로(F-FR3, 2C 1.5 [mm^2], 점선부분)로 현장결선

③ GCFP의 비상용 주 차단기 각 단계 차단 설정값은 정격출력용량과 동일하게 설정

④ EXT.M의 1번 단자부터 비상용 차단기는 긴급성이 가장 적은 것을 1번으로 시작하여 순차 표기된 CB-S$_1$~n의 번호 순서대로 EXT.M의 단자와 CB-S$_1$~n 사이에 제어선로(점선부분)로 순서대로 현장 결선

⑤ 긴급성이 적은 순서 지정의 일례

- 위생(정화조)동력
- 급탕순환펌프
- 급·배기 환기팬
- 급수펌프
- 기타 전등 전열
- 승용승강기
- 배수펌프

3) 특징

(1) 순차제어방식에서 비상용 차단기는 EXT.M 1대에 8개(단계) 이내로 지정한 번호순대로 제어선을 결선하고, 8개 초과 시에는 EXT.M 2대를 설치하여 16개(단계) 이내로 순차 결선

(2) 주문형으로서 소방용 및 비상용 주 차단기가 발전기 제어반에 내장될 수 있으며, 그 하단의 ATS는 각각 별도로 구성

NOTE

디젤 발전기와 가스터빈 발전기 비교

구분	디젤 발전기	가스터빈 발전기
사용 연료	경유	가스(LNG)
주 용도	• 중소형 용량에 적용 • 대부분의 비상전원 용도	• 중대형 용량에 적용 • 높은 신뢰성이 요구되는 경우에 적용함
장점	• 가격이 저렴 • 연료 소비율이 낮음 • 기동시간이 빠름	• 전기적 특성 우수 • 전원 안정도 높음 • 소음이 작음
단점	• 고장률이 높음 • 환경 문제 발생 • 전원의 안정성이 낮음 • 진동이 큼	• 장비가격이 고가임 • 연료 소비율이 큼 • 주위 온도에 영향을 많이 받음
활용	가격이 저렴하고, 효율이 높아서 소방용, 산업용으로 많이 사용됨	• 비상발전용으로 부적합 • 대형 건물의 여름철 피크전력 제어에 활용됨

비상전원에서의 수용률(Demand Factor)에 대하여 설명하시오.

1. 수용률(Demand Factor)

1) 개념

최대 수요전력을 구하기 위한 것으로서, 최대수요전력에 대한 총 부하용량에 대한 비율

$$수용률(\%) = \frac{최대\ 수요전력}{총\ 부하설비\ 용량} \times 100$$

2) 수용률 기준(KDS 31 60 10 수변전설비, 평균값 [%])

부하구분	사무실	백화점	종합병원	호텔
일반 전등전열부하	70	75	60	60
일반 동력부하	55	65	55	55
냉방동력부하	75	80	85	85

2. 수용률 적용의 문제점

1) 상기 수용률 기준은 변압기에 적용되는 기준으로서, 비상발전기 용량 산정에 임의 적용되고 있어 화재 시 과부하의 위험이 초래될 수 있다.

2) 변압기의 경우 저압전로의 과전류차단기 성능 기준

   (1) 정격전류의 1.1배의 전류에 견딜 것

   (2) 정격전류의 1.6배에서 240분 및 정격전류의 2배에서 20분 내에 차단될 것

3) 비상발전기는 상기와 같은 성능확보가 불가능하다.

   (1) 통상적으로 정격전류의 110 [%]에서 차단기로 보호하도록 구성되어 과전류에 취약한 편이다.

   (2) 특히, 소방부하 겸용 발전기는 화재 시 비상부하가 전부 가동될 수 있는 조건이므로 과부하가 초래되어 소방시설 작동 불능을 초래할 수 있다.

   (3) 비상부하 전용 발전기는 비상부하만 사용하므로, 일반 수용률 적용이 가능하다.

   (4) 소방전원 보존형 발전기는 과부하 발생 시 비상부하가 자동으로 제어되므로 일반 수용률 적용이 가능하다.

3. 개선방안

1) 소방부하 겸용 발전기는 과부하 위험을 방지하기 위해 수용률을 1로 적용해야 한다.

2) 비상부하 전용 발전기 및 소방전원 보존형 발전기는 KDS 또는 설계에서 정하는 수용률을 적용할 수 있다.

일반
전기

> **문제**
>
> 플레밍 법칙을 이용하여 전동기와 발전기의 원리를 설명하시오.

1. 플레밍 법칙

1) 플레밍의 왼손 법칙

    (1) 인지 : 자계(Field) 방향

    (2) 중지 : 전류(Current) 방향

    (3) 엄지 : 전자력(Motion)의 방향

    → 전동기의 원리

2) 플레밍의 오른손 법칙

    (1) 인지 : 자계(Field) 방향

    (2) 엄지 : 움직임(Motion)의 방향

    (3) 중지 : 기전력의 방향

    → 발전기의 원리

2. 전동기의 원리

1) 전동기의 구조

    (1) N극과 S극 사이에 코일을 둔다.

    (2) 코일에 전류를 흐르게 한다.

    (3) 플레밍의 왼손 법칙에 의해, N극 측은 상부, S극 측은 하부 방향으로 이동하려는 전자력이
       발생한다.

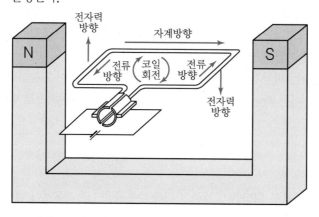

2) 전자력의 크기

코일과 자계의 각도(θ)에 의해 달라진다.

$F = (B \times I \times l) \times \sin\theta$ [N]

여기서, B : 자속밀도 [T], I : 전류 [A], l : 전기자(코일)의 길이 [m]

3) 실제 전동기는 이러한 코일을 회전자라 하는 원통형상에 감고 정류자의 수도 증가시켜 큰 회전력를 발생시키게 된다.

3. 발전기의 원리

1) 직류발전기의 구조

(1) N극과 S극 사이에 코일을 둔다.

(2) 코일을 그림과 같이 회전시킨다.

(3) 플레밍의 오른손 법칙(N극 측 : 힘의 방향↑, 자계방향 →)

: ↗ 방향으로 유도 기전력 발생

(4) 이에 따라 부하저항 측으로 일정한 전류가 흐르게 된다.

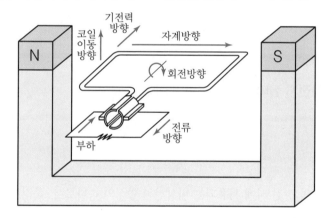

2) 기전력의 크기

$e = (B \times l \times v) \times \sin\theta$ [V]

여기서, B : 자속밀도 [T], l : 전기자(코일)의 길이 [m], v : 전기자 주변속도 [m/s]

3) 교류발전기

(1) 코일의 양 끝에 별도의 슬립링을 접속하고 발생된 기전력이 슬립링에 접촉된 브러시를 통해 외부로 인출되는 구조로 된 발전기

(2) 180°마다 역방향으로 기전력이 발생하여 시간에 따라 기전력은 Sine 곡선의 형태를 보이게 된다.

NOTE

아라고의 원판

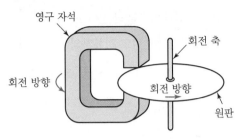

1. 그림에서와 같이 회전 가능한 도체 원판 위에서 영구자석을 회전시키면 원판이 함께 회전하게 된다.
2. 플레밍의 왼손 법칙에 따라 자석 이동에 의해 유도기전력이 생겨 회전하게 되는 것이다.

문제

비상전원으로 사용되는 축전지 설비에 대하여 설명하시오.

1. 개요

1) 축전지 설비는 상용 전원의 정전 시에 사용되는 비상전원 방식의 하나로서, 축전지 · 충전장치 · 부대설비로 구성된다.
2) 비상 발전기에 비해 용량이 적어 승강기, 펌프의 전동기, 비상 콘센트 설비에는 부적합하지만, 즉시 전원 공급이 가능하다는 장점으로 비상경보설비, 비상방송설비, 자동화재탐지설비, 무선통신 보조설비, 비상조명설비, 유도등 설비 등에는 축전지 설비만이 비상전원으로 채택 가능하다.

2. 축전지의 종류

1) 연축전지

(1) 클래드식(CS)
    저율방전특성 우수

(2) 페이스트식(HS, MSE)

    ① 고율방전특성이 우수하여, 60분 이하의 고율방전 부하에 적합하다.

    ② 고율방전특성이란 순간적으로 얼마나 많은 전류를 방전할 수 있는지를 나타내는 특성이다.

2) 알칼리축전지

(1) 포켓식(AM)

    저율방전특성이 우수하고, AH당 경제성이 우수하다.

(2) 소결식(AMH, AH-P, AH, AHH)

    고율방전특성이 우수하다.

3) 축전지 종류별 사용시간

구분	극판	형식	사용시간(분) 30	60	100	600
연축전지	클래드식	CS		수변전설비제어용(차단기조작, 표시등 계전기용) PBX용, 비상조명등용		
	페이스트식	HS	UPS(무정전 전원장치)용, 계장용, 엔진기동용, 건축법 · 소방법에 의한 비상전원용			
		MSE				
알칼리 축전지	포켓식	AM			비상조명등용, PBX용, 수변전설비 제어용	
	소결식	AMH		건축법, 소방법에 의한 비상전원용, 비상조명등용, 수변전설비 제어용		
		AH-P		UPS용, 수변전설비제어용, 비상조명등용, 계장용		
		AH	UPS용, 엔진기동용, 수변전설비제어용, 계장용			
		AHH				

3. 축전지별 특성

1) 연축전지

보통 4 [A] 이상에서는 연축전지를 사용한다.

(1) 구조

    ① (+)극 : 이산화 납 / (-)극 : 납

    ② 극판 : 페이스트식

    ③ 전해액 : 황산

    ④ 밀폐방법 : 음극흡수방식

(2) 특성

① 화학 반응 : PbO_2 + $2H_2SO_4$ + Pb

(방전)↓　↑(충전)

$PbSO_4$ + $2H_2O$ + $PbSO_4$

② 공칭 전압 : 2 [V/cell]

③ 방전 특성 : 고율 방전 특성이 우수하다.

(3) 특징

① 균등충전이 가능하고, 공칭전압이 알칼리 축전지에 비해 커서 경제적이다.

② 대부분의 산업용 축전지 설비로는 무보수 밀폐형의 연축전지가 주로 이용된다.

③ 가격이 저렴하고, 대용량으로 수명이 길다.

④ 수납성이 우수하다.

⑤ 방전시간과 효율이 낮고, 무겁다.

(4) 소방에서의 적용

① 비상발전기 및 내연기관 구동방식의 소방펌프의 기동

② UPS 설비, 수신반, 제어반, 조명설비 등

2) 알칼리 축전지

(1) 구조

① (+)극 : 수산화 니켈 / (−)극 : 카드뮴

② 극판형식 : 소결식

③ 전해액 : 수산화칼륨

④ 밀폐방법 : 촉매전 방식

(2) 특성

① 화학 반응 : $2NiOOH$ + Cd + $2H_2O$

(방전)↓　↑(충전)

$2Ni(OH)_2$ + $Cd(OH)_2$

② 공칭 전압 : 1.2 [V/cell]

③ 고율 방전 특성이 우수하다.

(3) 특징

① 고율 방전 특성, 저온 특성이 우수하다.

② 수명이 길고 견고하여 과충전·과방전에 양호하다.

③ 유지 보수가 필요하며, 비경제적이다.

④ 균등충전이 필요하다.

⑤ 충전시간이 짧다.

(4) 소방에서의 적용

① 니켈카드뮴전지, 리튬이온 2차 전지, 니켈메탈수소전지 등

② 수신반, 제어반, 유도등, 비상조명등 설비에 적용

③ 소용량의 비상전원이 필요한 소방기기에 내장하여 설치

4. 축전지의 용량 산출방법

1) 축전지 부하 결정

최대 부하가 예상되는 화재의 경우로 선정하므로, 지상 1층 화재로 결정하여 부하를 계산한다.

2) 방전전류(I) 계산

방전 전류 [A] = 부하용량 [VA] ÷ 정격전압 [V]

3) 방전시간(T) 결정

NFSC, NFPA 기준 등에서의 비상전원 규정을 참고하여 결정한다.

4) 부하특성 곡선 작성

최대부하가 예상되는 화재에서의 방전전류와 방전시간에 따라 그림과 같이 부하특성곡선을 작성한다.

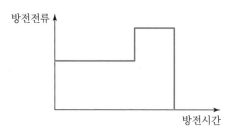

5) 축전지 종류 결정

방전특성(축전지 사용 시간), 가격, 성능 등을 고려하여 축전지 종류를 결정한다.

6) 축전지 수량 결정

$$N = \frac{V}{V_B}$$

여기서, N : 축전지 수량 (셀의 수)

V_B : 축전지 공칭전압 [V], (연축전지 2 [V/셀], 알칼리 축전지 1.2 [V/셀])

V : 부하 정격전압 [V]

7) 용량환산시간 계수(K)의 결정

(1) 축전지의 종류, 방전시간, 셀당 최저허용전압 및 축전지 최저온도 등을 고려하여 표를 통해 결정할 수 있다.

(2) 영향인자

영향요소	K값
온도	최저온도가 낮을수록 K값이 크다.
축전지 형식	AHH → AM로 갈수록 K값이 크다. (저율방전특성이 클수록 K값이 크다.)
셀당 최저허용전압	클수록 K값이 크다.
방전시간	방전시간이 길수록 K값이 크다.
축전지 용량	대용량 축전지의 K값이 더 크다. (200 [AH] 이상)

8) 용량 계산

$$C = \frac{1}{L}\left[K_1 I_1 + K_2(I_2 - I_1) + K_3(I_3 - I_2) + \cdots + K_n(I_n - I_{n-1})\right]$$

여기서, C : 축전지 용량[AH], L : 보수율, K : 용량환산시간, I : 방전전류

5. 결론

1) 최근 건물의 심층화·대형화로 인하여 비상시에 필요한 소방부하가 점차 증대되고 있어서, 소방 설계 및 감리 시에는 반드시 축전지 용량에 대한 검토가 필수적이라 할 수 있다.

2) 따라서 소방전기설비의 설계 시에는 반드시 축전지 용량계산서를 첨부하고 도면에 명기하여 비상전원이 실질적으로 이용될 수 있도록 해야 한다.

참고

축전지의 방전심도

1. 방전심도의 개념
    1) DOD = Depth of Discharge
    2) DOD가 50 [%]인 경우 축전지 보유용량의 50 [%]를 사용함을 의미한다.

2. 방전심도의 영향
    1) 연축전지의 방전심도가 클 경우 수명이 급격히 감소된다.
    2) 이유 : 방전 이후 충전 시 반응물질의 100 [%] 모두가 환원되지 않고, $PbSO_4$가 남는데 이러한 불변 $PbSO_4$의 발생량은 방전심도와 비례한다.

문제

할로겐화합물 및 불활성기체 소화설비가 설치되어 있는 건축물에 설치되는 복합형 수신기 (소화설비의 감시제어반 겸용)의 비상전원용 연축전지의 용량을 산정하시오.

〈조건〉

평상시 동작기기의 소비전류는 1.5 [A], 화재 시 동작기기의 소비전류는 4.5 [A], 축전지의 여유율(안전율)은 125 [%]를 적용하고 축전지의 용량은 정수로 선정한다. 기타 조건은 무시한다.

---

1. 연축전지의 용량

$$C = \left[(1.5\,[\text{A}] \times 1\,[\text{hour}]) + \left(4.5\,[\text{A}] \times \frac{20}{60}\,[\text{hour}] \right) \right] \times 1.25$$

$$= 3.75\,[\text{AH}] \fallingdotseq 4\,[\text{AH}]$$

문제

아래의 자동화재탐지설비가 설치될 때, 화재수신기의 배터리 용량을 국가화재안전기준과 NFPA72 기준으로 계산하시오.

기기	수량 [ea]	개당 감지전류 [A]	개당 경보전류 [A]
화재수신기	1	0.12	1.5
광전식 연기감지기	42	0.0005	0.001
이온화식 연기감지기	16	0.0005	0.001
시각경보기	32	–	0.095
사이렌	6	–	0.072
릴레이	4	0.007	–

---

1. 국가화재안전기준에 의한 축전지 용량

1) 용량 기준

경보설비의 경우에는 60분간 감시상태를 유지하고, 10분(감시상태 유지를 포함)간 유효하게 경보를 발할 수 있을 것

2) 축전지 용량의 계산

국내에서는 일반적으로 용량환산시간을 이용한 방법을 이용한다.

(1) 축전지 부하 결정

① 감시상태에서의 부하전류 : 0.177[A]

- 화재수신기 : $0.12[A] \times 1[ea] = 0.12[A]$
- 광전식 연기감지기 : $0.0005[A] \times 42[ea] = 0.021[A]$
- 이온화식 연기감지기 : $0.0005[A] \times 16[ea] = 0.008[A]$
- 시각경보기 : 없음
- 사이렌 : 없음
- 릴레이 : $0.007[A] \times 4[ea] = 0.028[A]$

② 경보상태에서의 부하전류 : 5.03[A]

- 화재수신기 : $1.5[A] \times 1[ea] = 1.5[A]$
- 광전식 연기감지기 : $0.001[A] \times 42[ea] = 0.042[A]$
- 이온화식 연기감지기 : $0.001[A] \times 16[ea] = 0.016[A]$
- 시각경보기 : $0.095[A] \times 32[ea] = 3.04[A]$
- 사이렌 : $0.072[A] \times 6[ea] = 0.432[A]$
- 릴레이 : 없음

(2) 축전지 용량 계산

$$C = \frac{1}{0.8} \times \left[(0.177A \times 1H) + \left(5.03A \times \frac{10}{60}H \right) \right] = 1.27[AH]$$

2. NFPA 기준에 의한 축전지 용량

1) 용량 기준

24시간 감시 후, 5분간 경보를 발할 것

2) 축전지용량 계산

(1) 부하전류의 계산 : 위의 국내 기준에 의한 계산결과에서,

① 감시전류 : 0.177[A]

② 경보전류 : 5.03[A]

(2) 각 부하전류와 방전시간을 곱한다.

① 감시상태 : $0.177[A] \times 24[H] = 4.248[AH]$

② 경보상태 : $5.03[A] \times 0.0833[H] = 0.419[AH]$

(3) 축전지용량

감시상태와 경보상태에서의 용량을 합하여 안전율(1.2)을 곱하여 산정

∴ $C = [4.248 + 0.419] \times 1.2 = 5.6004[AH]$

옥내소화전설비의 감시제어반과 겸용으로 사용되는 복합형 수신기의 비상전원으로 연축전지를 사용할 때 요구되는 용량(AH)을 아래 조건을 이용하여 산정하시오.

〈조건〉

평상시 또는 화재 시 동시에 작동하는 기기별 수량 및 소비전류는 다음과 같고 보수율은 0.8을 적용하며 기타 조건은 무시한다.

No.	기기명	작동수량 [개]	소비전류/개 [mA]
1	수신기	1	2,000
2	발신기 위치표시등	40	50
3	경종	40	80
4	옥내소화전 펌프기동표시등	40	50
5	시각경보기	20	140

1. 화재안전기준에 의한 축전지 용량

1) 용량 기준

(1) 경보설비의 경우에는 60분간 감시상태를 유지하고, 10분(감시상태 유지를 포함)간 유효하게 경보를 발할 수 있을 것

(2) 옥내소화전설비의 경우 옥내소화전설비를 유효하게 20분 이상 작동할 수 있어야 함

2) 축전지 용량의 계산

(1) 감시상태에서의 자탐설비 부하전류

　　① 화재수신기 : $2\,[\text{A}] \times 1\,[\text{개}] = 2\,[\text{A}]$

　　② 위치표시등 : $0.05\,[\text{A}] \times 40\,[\text{개}] = 2\,[\text{A}]$

　　③ 경종 : 미작동

　　④ 펌프기동표시등 : 미작동

　　⑤ 시각경보기 : 미작동

　　→ 감시상태의 부하전류 : $4.0\,[\text{A}]$

(2) 화재상태에서의 자탐설비 부하전류

　　① 화재수신기 : 옥내소화전설비 부하전류에 포함

　　② 위치표시등 : $0.05\,[\text{A}] \times 40\,[\text{개}] = 2\,[\text{A}]$

　　③ 경종 : $0.08\,[\text{A}] \times 40\,[\text{개}] = 3.2\,[\text{A}]$

　　④ 시각경보기 : $0.14\,[\text{A}] \times 20\,[\text{개}] = 2.8\,[\text{A}]$

　　→ 화재상태의 부하전류 : $8.0\,[\text{A}]$ (수신기 부하전류 제외)

(3) 화재상태에서의 옥내소화전설비 부하전류

① 화재수신기 : $2\,[\mathrm{A}]\times1\,[\text{개}]=2\,[\mathrm{A}]$

② 펌프기동표시등 : $0.05\,[\mathrm{A}]\times40\,[\text{개}]=2\,[\mathrm{A}]$

→ 화재상태의 부하전류 : 4.0 [A]

(4) 축전지 용량 계산

$$C=\frac{1}{0.8}\times\left[(4.0A\times1H)+\left(8.0A\times\frac{10}{60}H\right)+\left(4.0A\times\frac{20}{60}H\right)\right]$$

$$=8.33\,[\mathrm{AH}]$$

35층의 고층건축물에 설치하는 자동화재탐지설비 수신기의 부하특성이 다음과 같을 경우 수신기에 내장하는 축전지의 용량을 선정하시오.

1) 수신기가 담당하는 부하전류

① 평상시 수신기 감시전류 $I_1=2.5\,[\mathrm{A}]$

② 화재 시 수신기가 소비하는 전류의 합 $I_2=9.5\,[\mathrm{A}]$

2) 사용할 축전지의 사양과 환경조건

① 사용축전지 : HS형 연축전지

② 최저 전지온도 : 25 [℃]

③ 허용 최저전압 : 1.7 [V]

④ 보수율 : 0.8

3) 제조사에서 제공한 방전시간에 따른 용량환산시간계수는 다음과 같다.

방전시간(분)	10	20	30	40	50	60	70	80	90	100
용량환산시간계수	0.6	0.8	1.0	1.2	1.4	1.6	1.8	1.9	2.0	2.1

1. 축전지 부하에 따른 방전전류 결정

문제의 조건으로부터 방전전류를 산정

1) 평상시 : 2.5 [A]

2) 화재 시 : 9.5 [A]

2. 방전시간 결정

35층의 고층 건축물이므로, 화재안전기준에 의해 다음과 같이 적용
→ 60분간 감시 후, 30분간 경보

3. 부하특성곡선 작성

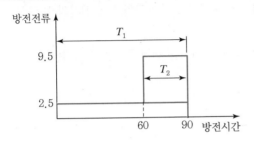

4. 용량환산시간계수 결정

1) 감시전류

　90분간 지속됨　→　2.0

2) 화재 시 작동전류($I_2 - I_1$)

　30분간 지속됨　→　1.0

5. 축전지 용량

$$C = \frac{1}{L}[K_1 I_1 + K_2(I_2 - I_1)]$$

$$= \frac{1}{0.8}[2.0 \times 2.5\,[\mathrm{A}] + 1.0 \times (9.5 - 2.5)\,[\mathrm{A}]]$$

$$= 15\,[\mathrm{AH}]$$

연료전지의 종류와 특성 및 장단점에 대하여 설명하시오.

1. 개요

1) 연료를 연소시키지 않고 연료의 화학반응에서 직접 전기를 얻는 장치로서, 전자의 이동을 통해 전기를 생산한다.

2) 일반적인 배터리가 전기를 저장하는 것에 비해 연료전지는 전기를 만들어 낼 수 있다.

2. 연료전지의 종류

온도	종류	주연료	전해질	용도
저온	고분자전해질형 (PEFC 또는 PEM)	수소, 에탄올	이온전도성 고분자 막	자동차
	인산형 (PAFC)	천연가스, 메탄올	인산	분산전원
	알칼리형 (AFC)	수소	없음	특수목적
고온	용융탄산염형 (MCFC)	천연가스, 석탄가스	혼합 용융 탄산염	발전소
	고체산화물형 (SOFC)	–	고체산화물	발전소

3. 연료전지 종류별 특성 및 장단점

1) 고분자 전해질형 연료전지(PEFC 또는 PEM)

   (1) 80 [℃] 이하의 저온에서 운전

   (2) 발전 원리

      ① 음극에서 H_2가 2개의 수소이온과 2개의 전자로 분해

      ② 전자는 도선을 통해 양극으로 이동

      ③ 양극에서 수소이온, 전자가 산소와 반응하여 물이 생성

      ④ 전해질은 이온 전도성 고분자 막

   (3) 자동차용으로 사용 가능(수소 연료전지 자동차)

(4) 장단점

　　① 구조가 간단하고, 빠른 시동과 응답 특성, 우수한 내구성을 가진다.

　　② 충전시간이 오래 필요하고, 주행 가능거리가 짧으며 CO가 발생한다.

2) 인산형 연료전지(PAFC)

(1) 200 [℃] 이하의 온도에서 운전

(2) 발전 원리

　　① 고분자전해질형과 동일하며, 전해질로 인산염을 이용

　　② 인산은 전도성이 낮지만, 연료전지에 적합한 수명을 가진 물질

(3) 분산형 전원(병원, 호텔 등)으로 이용

(4) 장단점

　　① 백금 촉매를 이용하므로, 제작단가가 높고, 액체 인산이 40 [℃]에서 응고되므로 시동이 어렵다.

　　② 전체 효율이 80 [%]에 이를 정도로 높다.

3) 용융 탄산염형 연료전지(MCFC)

(1) 600~700 [℃]의 고온에서 운전

(2) 발전 원리

　　① 전해질 : Li_2CO_3와 K_2CO_3의 혼합 용융 탄산염

　　② 전해질 이온은 탄산이온(CO_3^{2-})

　　③ 연료가스(H_2가 주성분)와 산화체($O_2 + CO_2$)가 각각 양극과 음극에 공급되면 고온에서 전기화학반응한다.

　　　• 양극 반응 : $H_2 + CO_3^{2-} \rightarrow H_2O + CO_2 + 2e^-$

　　　• 음극 반응 : $\frac{1}{2}O_2 + CO_2 + 2e^- \rightarrow CO_3^{2-}$

(3) 천연가스, 석탄가스 등의 다양한 연료를 이용

(4) 장단점

　　① 고온에서 운전되므로 전극재료인 촉매로 백금 대신 니켈 사용 가능

　　② 발생되는 일산화탄소도 연료로 사용 가능하므로, 다양한 연료를 이용 가능

　　③ 부식성 강한 용융탄산염에 대한 내식성 재료 사용에 따른 경제성 문제 발생

4) 고체 산화물형 연료전지(SOFC)

(1) 700 ~ 1,000 [℃]의 고온에서 운전

(2) 발전 원리

　　① 양극에서 산소가 산소이온과 전자로 분해

　　② 음극에서 산소이온, 수소, 전자가 반응하여 물 생성

③ 전해질인 고체산화물을 통해 전자와 산소이온 이동

(3) 장단점

① 모든 구성요소가 고체이므로, 구조가 간단하며 전해질의 손실, 부식 등의 문제가 없다.

② 고온가스를 배출하므로, 폐열을 이용한 열복합 발전도 가능하다.

③ 전기 생성반응을 위해 매우 높은 온도를 필요로 하며, 시간이 지날수록 전지 성능이 저하될 수 있다.

문제

소방설비에 사용하는 무정전 전원공급장치(UPS)에 대하여 다음 사항을 설명하시오.

1) UPS의 구성과 원리
2) 스위칭(Switching) 소자의 종류
3) UPS용 축전지 선정방법
4) UPS 선정 시 주의사항

---

1. UPS의 구성과 원리

1) 구성

(1) 컨버터

교류 입력전원을 직류로 변환시켜 축전지(Battery) 또는 인버터에 DC 전원을 공급하는 역할을 하며, Rectifier/Charger라고도 부른다.

(2) 축전지

교류 입력전원이 정전될 경우, 인버터에 직류전원을 공급해주는 역할

(3) 인버터

① 컨버터 또는 축전지로부터 공급받은 직류전원을 정전압, 정주파수의 교류전원으로 변환시켜 부하에 공급해주는 역할을 한다.

② 일반적으로 출력단에 변압기 및 필터와 조합하여 사용된다.

(4) Static Switch

인버터 고장 시에 부하의 오작동 및 가동 정지를 예방하기 위해 대체전원으로 부하를 절체해 주는 역할을 한다.

(5) Maintenance Bypass Switch

인버터 고장으로 인한 수리 또는 점검 작업동안 부하에 전원을 공급하기 위한 장치

2) 원리

(1) 정상운전

① 각 UPS에서 컨버터는 3상 480 [V] AC 입력전원을 받아 축전지 충전 및 인버터 운전에 필요한 DC 전원으로 변환시킨다.

② 인버터에 의해 변환되는 정전압, 정주파수의 AC 출력전원은 Static Switch와 Maintenance Bypass Switch를 통해 부하 측으로 공급된다.

③ 그림과 같이 정상운전 시에는 UPS-A를 통해 부하에 전원이 공급되며, UPS-B는 무부하 상태로 운전된다.

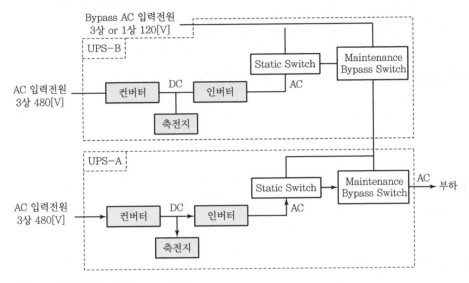

(2) AC 입력전원 정전

① 컨버터로 공급되는 AC 입력전원의 정전 또는 순간적인 전압강하 시에는 인버터의 전원을 배터리 방전 허용시간 동안 축전지로부터 공급받아 부하에 안정된 전원을 공급하게 된다.

② AC 입력전원이 다시 공급되면, 축전지로부터의 전력 공급은 중단되고 컨버터는 축전지를 재충전시킨다.

2. 스위칭 소자의 종류

1) 인버터의 주 변환 소자로 사용된다.

2) 종류

(1) IGBT(절연게이트 양극성 트랜지스터)

① 최대용량 : 수 [MW]

② 적정주파수 : 수십 [kHz]

③ 특징 : 박판가열, 증박막 열처리, 고효율, 고속 보호회로

(2) MOSFET(산화막 반도체 전기장 효과 트랜지스터)

① 최대용량 : 수십 [kW]

② 적정주파수 : 수백 [kHz]

③ 특징 : 극박판 가열, 극박판 열처리, 고효율, 고속 스위칭

(3) BGT(양극성 접합 트랜지스터)

(4) GTO(게이트 턴 오프 사이리스터)

(5) SCR(실리콘 제어 정류소자, 사이리스터)

① 최대용량 : 수십 [MW]

② 적정주파수 : 수 [kHz]

③ 특징 : OFF 불가, 소손위험성 높음, 고발열 저효율

3. UPS용 축전지 선정방법

1) UPS만으로 정전 시의 전력을 공급하는 경우

장시간 동안의 방전에 적합한 저율방전 특성이 우수한 축전지 선정

(1) 연축전지 : 클래드식

(2) 알칼리 축전지 : AM

2) 대용량 UPS과 비상발전기가 조합된 경우

(1) 대용량 UPS는 축전지 외에 비상발전기를 조합해서 정전 중에 사용하는 경우, 축전지에 의한 전력공급 요구시간은 짧다.

(2) 따라서 이러한 경우에는 고율방전 특성이 우수한 축전지로 선정한다.

→ 페이스트식 연축전지(HS형), AHH 알칼리 축전지

4. UPS 선정 시 주의사항

1) UPS 부하의 선정

(1) UPS에 접속하는 부하는 정전에 영향받는 기기들로 선정한다.

(2) 가급적 비상발전기에 의해 운용될 수 있는 기기는 제외하는 것이 경제적이다.

2) 용량에 따른 병렬대수의 선정

(1) UPS 용량이 피크전류를 허용할 수 있는 용량이 되도록 선정한다.

(2) 현재 필요한 설비용량과 미래의 증설을 고려하여 병렬대수를 결정한다.

(일반적으로 5~8대 이내의 병렬운전)

3) 축전지 선정

(1) 일반적으로 고율방전 특성의 HS형 납축전지가 많이 사용된다.

(2) 최근에는 무보수 밀폐형 축전지를 이용한다.

4) 부하 증설에 대한 고려

시스템 호환성, 용량, Layout 및 배선 경로 등에 대해 미리 고려해야 한다.

5) 부하시스템의 분산화

가급적 부하시스템이 여러 블록으로 나뉘어 운용, 관리될 수 있도록 해야 한다.

6) UPS 유지보수 고려

UPS의 유지보수 시에 비상전원의 공급방안 고려

문제

무정전전원설비의 다음 사항에 대하여 설명하시오.

1) 동작방식별 기본 구성도
2) 각각의 장 · 단점
3) 선정 시 고려사항

---

1. 개요

무정전 전원설비는 동작방식에 따라 On – line 방식, Off – line 방식 및 Line – interactive 방식
으로 구분할 수 있다.

2. 동작방식별 기본 구성도

1) Off – line UPS

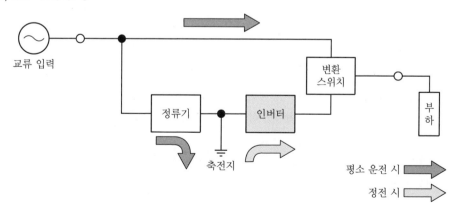

(1) 상용전원이 정상일 때에는 인버터를 경유하지 않고 그대로 출력되는 방식

(2) 정전 시에만 배터리로부터 직류전원을 공급받아 인버터를 통해 비상전원을 부하에 공급

2) On-line 방식(Double Conversion)

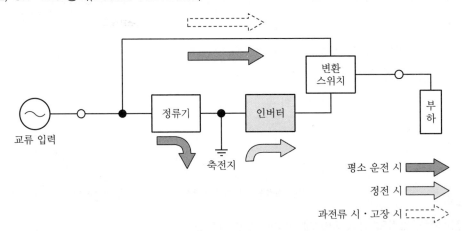

(1) 상용전원이 정상일 때에도 항상 인버터를 통해 전원을 부하에 공급

(2) 정전 시에는 배터리로부터 직류전원을 공급받아 인버터를 통해 비상전원을 부하에 공급

3) Line-interactive 방식

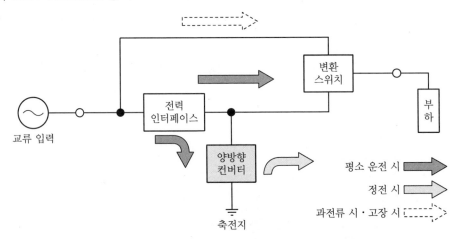

(1) Off-line과 On-line 방식의 장점을 취합한 장치

(2) 평상시 교류 입력을 전력 인터페이스에서 변환 스위치를 통해 부하로 전력 공급하고, 양방향 컨버터를 정류기로 운전하여 축전지를 충전

(3) 정전 시 양방향 컨버터는 인버터로 작동하고, 축전지의 직류를 교류 전력으로 변환해 변환 스위치를 통해 부하로 전력을 공급

(4) 과부하 또는 양방향 컨버터 고장 시 변환스위치를 교류 입력 측으로 바꾸고 부하에 계속 전력을 공급

3. 각각의 장단점

종류	장점	단점
Off – line	• 전력손실 적음(효율 90 [%] 이상) • 저렴한 가격 • 소형화 가능	• 입력에 따라 출력 변화 • 순간정전에 약함 • 정류부하 접속 시 교류 입력 측으로 고조파 유출 우려
On – line	• 이중변환에 의해 교류 입력 변동, 노이지, 서지에도 안정된 전력 공급 • 정전 시 무순단	• 전력손실 큼(효율 70~90 [%]) • 복잡한 회로 구성 • 높은 가격
Line – interactive	• On-line방식보다 저렴 • 전력손실 적음	• 과충전 우려 • 충전부 용량 제한

4. 선정 시 고려사항

1) 설치공간

On–line > Line–interactive > Off–line

2) 노이즈 영향

On–line 방식은 노이즈 필터 있음

3) 고조파 전류 제거

On–line 방식은 고조파를 5 [%] 이하로 저감

4) 순단시간 허용 여부

Off–line 방식은 정전 검출시간과 변환스위치의 변환시간이 부하의 순단시간이므로 전원 변동에 대해 민감한 부하에 영향

소방용 비상전원으로 활용할 수 있는 에너지 저장장치(ESS ; Energy Storage System)의 개요, 구성, 활용효과에 대한 설명과 에너지 저장장치를 적용할 경우 스프링클러설비의 화재안전기준(NFSC 103)에서 정한 비상전원의 출력용량에 대하여 설명하시오.

1. 개요

1) ESS(전기저장장치)는 남는 전력과 에너지를 필요한 시기와 장소에 공급하기 위해 전기 전력망에 저장해 두는 기술로서, 발전소에서 생산한 전력을 가정이나 공장 등에 곧바로 전달하지 않고 대형 2차 전지에 저장해 두었다가 전력이 가장 필요한 시기와 장소에 전송하여 에너지효율을 높이는 시스템이다. 최근 2차 전지인 리튬전지의 경제성 확보로 주목받고 있다.

2) 특히 정부에서는 ESS를 비상전원으로 활용하기 위한 가이드라인을 마련하여 2016년 초에 발표했는데, 이에 기존 비상전원이었던 비상용 발전기와 무정전전원장치(UPS)를 대체할 것으로 예상된다.

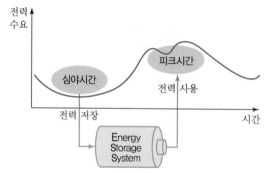

2. ESS의 구성

ESS는 배터리와 BMS, PCS, EMS 등 다양한 제품들을 목적에 따라 하나의 시스템으로 연동하며 통제, 제어하는 종합적인 시스템이다.

1) PMS(Power Management System)

전력망의 곳곳에 많은 수의 ESS를 설치하고, 통합관리를 통해 수요 및 분산 전원의 간헐성을 완충하는 장치

2) ESS

(1) PCS(Power Conversion System)

전력을 입력받아 배터리에 저장하거나 계통으로 방출하기 위해 전기의 특성을 변환하는 장치

(2) BMS(Battery Management System)

배터리의 충전상태 등을 외부 인터페이스를 통해 알려주고, 과충전 등의 보호기능을 수행

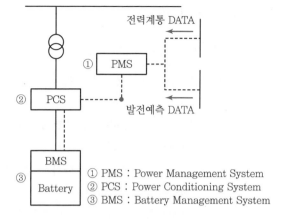

① PMS : Power Management System
② PCS : Power Conditioning System
③ BMS : Battery Management System

(3) EMS(Energy Management System, 에너지 관리 시스템)

제어실에서 배터리의 상태 감시와 PCS를 제어하는 등 ESS를 관리하는 운영시스템

(4) 배터리(Battery) 장치

리튬 전지, NaS(나트륨황) 전지, 리독스플로 전지, 슈퍼 커패시터 등

3. ESS의 활용효과

1) 효율적인 전력 활용

전력 공급 부족 사태를 예방할 수 있는 국가 차원의 전력 활용방안이 도입된다.

2) 고품질의 전력 확보

신재생 에너지 도입 확대에 따른 전력의 품질 안정화 대책이 필요한데, ESS는 양질의 전력을 저장해 두어 전력 품질 안정화에 기여한다.

3) 안정적인 전력 공급

정전 피해의 대규모화로 인한 순간 정전 방지의 중요성 인식이 커지고 있는데, 이에 대한 해결책이 될 수 있다.

4) 경제성 확보

2차 전지 가격 인하 및 전기요금 절감 정책으로 인해 기존 비상발전기 또는 축전지 설비보다 경제성이 우수하다.

5) 기존 비상발전기 및 UPS와의 연계시스템 개발

(1) 비상발전기와 ESS의 연계

비상발전기 가동과 전원의 투입시간 동안 ESS를 활용하고, 높은 부하를 감당하기 위해 ESS의 용량을 높이지 않고 비상발전기를 이용함으로써 비용 절감 및 무정전 효과를 동시에 충족시킬 수 있다.

(2) 하이브리드 시스템

ESS와 UPS 기능을 동시에 가지고 있는 시스템을 활용

4. 비상전원의 출력용량

1) 관련 기준(제12조 제3항 제7호)

> 7. 비상전원의 출력용량은 다음 각 목의 기준을 충족할 것
>   가. 비상전원 설비에 설치되어 동시에 운전될 수 있는 모든 부하의 합계 입력용량을 기준으로 정격출력을 선정할 것. 다만, 소방전원 보존형 발전기를 사용할 경우에는 그러하지 아니하다.(PG_1)
>   나. 기동전류가 가장 큰 부하가 기동될 때에도 부하의 허용 최저입력전압 이상의 출력전압을 유지할 것(PG_2)
>   다. 단시간 과전류에 견디는 내력은 입력용량이 가장 큰 부하가 최종 기동할 경우에도 견딜 수 있을 것(PG_3)

2) 상기 기준의 가목에 따라 아래의 소방부하와 비상부하의 합계용량으로 ESS 용량을 산정해야 한다.
   (1) 소방부하
       ① 소방법령상의 소방시설(소화설비, 피난설비, 소화용수설비, 소화활동설비 등)
       ② 건축법령상의 피난 · 방화시설(비상용 승강기, 피난용 승강기, 배연설비, 방화문, 방화셔터 등)
       ③ 의료법령에 의한 의료시설 및 소방시설 작동으로 침수 우려가 있는 지하기계실의 배수 펌프도 포함됨
   (2) 비상부하
       항온항습시설, 비상급수펌프, 보안시설, 냉동시설, 승용 및 비상용 승강기, 정화조 동력, 급기팬, 배기팬, 공용전등, 기계식 주차장 동력 등

소방용 펌프의 동력설비로 사용되는 농형 유도전동기와 권선형 유도전동기의 특성을 비교 설명하시오.

1. 유도전동기의 분류

유도전동기에는 3상 유도전동기와 단상 유도전동기가 있으며 그 분류는 다음과 같다.

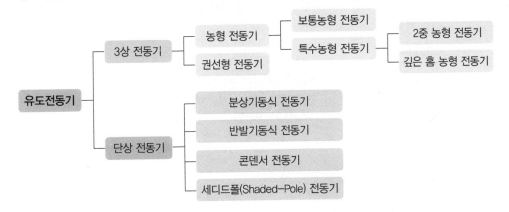

2. 농형 유도전동기의 특징

1) 농형 유도전동기는 여러 분야에서 가장 광범위하게 사용되며, 일반적으로 전동기라 부르는 것은 대부분 농형 유도전동기이다.

2) 특징
   (1) 구조가 간단하고 견고하여 고장이 적다.
   (2) 운전이 쉽다.
   (3) 보수 및 수리가 간단하다.
   (4) 가격이 저렴하다.

3) 농형 회전자의 구조 및 특성
   (1) 구조
       ① 고정자(Stator)
          고정자 슬롯에 권선(코일)을 삽입하고, 각 상의 권선은 120° 차이를 두고 회전 자기장을 발생시킨다.

일반
전기

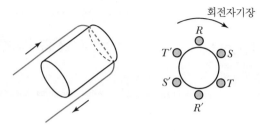

▎고정자의 구성▐

② 회전자(Rotor)

구리막대 또는 알루미늄 주물을 슬롯에 넣은 농형(쳇바퀴 형태)

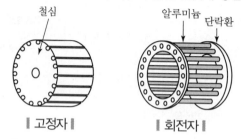

▎고정자▐   ▎회전자▐

(2) 특성

① 장점

- 구조가 간단하고, 고장이 적다.
- 운전이 쉽고, 수리가 간단하다.
- 권선형에 비해 가격이 저렴하다.

② 단점

- 기동전류가 정격전류의 5~8배 정도로 크다.
- 기동토크가 정격토크의 1.5~2배 정도로 작다.

4) 기동방식

다음과 같은 4가지 기동방식이 있다.

(1) 전전압 기동

(2) Y-Δ 기동

(3) 리액터 기동

(4) 기동변압기 기동

3. 권선형 유도전동기의 특징

1) 구조

권선형 유도전동기는 회전자 철심에 3상 권선을 감아 2차 권선으로 이용하고, 각 상권선의 3개 단자는 축에 설치되어 있는 슬립링을 통해 브러시로 2차 전류를 외부로 유도하는 구조로 되어 있다.

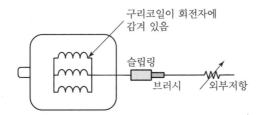

구리코일이 회전자에 감겨 있음

슬립링

브러시   외부저항

2) 특징

(1) 장점

① 2차 측에 2차 저항을 접속할 수 있으며, 이에 따라 기동전류를 제한(정격전류의 100~150 [%])하며 동시에 큰 기동토크(정격토크의 200~300 [%])를 발생시킬 수 있다.

② 농형보다 용량이 크다.

③ 속도제어가 가능하고, 기동전류 및 기동토크의 조정이 가능하다.

(2) 단점

① 농형보다 구조가 복잡하다.

② 2차 저항이 필요하며, 운전효율과 역률이 비교적 좋지 않다.

③ 농형에 비해 고가이며, 유지보수 비용이 많이 든다.

3) 권선형 유도전동기의 용도

다음과 같은 경우에는 농형 유도전동기 대신 권선형 유도전동기를 적용할 수 있다.

(1) 기동 시에 큰 토크가 필요한 경우

(2) 부하의 플라이휠 효과가 매우 커서 농형 유도전동기로는 기동이 불가능한 경우

(3) 빈번한 기동, 정지, 정역회전 운전이 필요하여 농형 유도전동기로는 감당할 수 없는 경우

(4) 속도제어가 필요한 경우

문제

유도전동기의 기동방식에 대하여 설명하시오.

---

1. 기동장치의 설치목적

1) 직입기동의 특징

(1) 큰 기동전류

기동전류는 정격전류(I_m)의 5~8배 정도 발생하게 되며, 이는 다음과 같은 영향을 미친다.

① 배전계통에 전압강하가 발생하여 UVR(저전압 릴레이) 또는 OCR(과전류 릴레이)이 작동할 수 있다.

② 따라서 감전압 기동이 요구된다.

(2) 큰 기동토크

정격토크의 100~200 [%]의 기동토크가 발생하여 기계적 손상이 발생할 수 있다.

2) 기동방식의 구분

(1) 감전압 기동방식

① 종류 : Y−Δ 기동, 리액터 기동, 단권변압기 기동

② 저렴하지만, 속도제어가 불가능하며 개폐서지가 발생할 수 있다.

(2) Soft Starter(VVCF)

① 전압을 점진적으로 증가시켜가는 방식이며, 사이리스터(SCR)를 전력전자소자로 사용한다.

② 중간 정도의 가격이며, 부드러운 기동 및 정지가 가능하다.

(3) VFD(인버터 방식)

① 인버터(IGBT)를 사용한다.

② 전압 외에 주파수도 변화시키므로, VVVF(가변전압 가변주파수 방식)라고도 한다.

③ 운전 중 다양한 속도제어가 가능하다.

2. 직입 기동방식

1) 특징

(1) 농형 유도전동기의 회로단자에 직접 정격전압을 인가하여 기동하는 방식

① 기동

• MC : ON

② 운전

• MC : ON

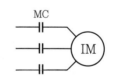

(2) 대체로 소용량에 이 방식을 채택하며, 대용량에서도 전원의 모선용량이 충분하고 큰 기동회전력이 요구되는 부하에 사용된다.

(3) 제어방법이 간단하지만, 기동 시 정격전류의 4.5~8배의 기동전류가 흐르므로 전원용량이 이를 감당할 수 있어야 한다. 또한 100 [%] 이상의 토크가 부하에 가해지므로, 그 기계적 충격에도 견뎌야 한다.

2) 장단점

(1) 전동기 자체의 큰 가속 토크가 얻어져서 기동시간이 짧다.

(2) 부하를 연결한 상태로 기동이 가능하며 가격이 저렴하다.

(3) 기동전류가 크고, 이상 전압강하가 발생될 수 있다.

3. Y-△ 기동

1) 기동방식

Y 결선으로 기동하여 △ 결선으로 운전하는 방식

(1) 기동전압 : 직입기동의 $1/\sqrt{3}$ 로 감소

(2) 기동토크 : 직입기동의 1/3로 감소

(3) 기동전류 : 직입기동의 1/3로 감소

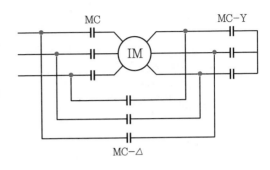

2) 특징

(1) 기동전류와 기동토크 모두 감소한다.

(2) 기동전류의 조정은 불가능하며, 정격전류의 약 2배 정도이므로 대용량 장치에는 부적합하다.

　　(직입기동 시 약 6배 ⇒ 6배/3＝2배)

(3) Y에서 △ 투입 전환 시에 개폐서지가 발생할 수 있다.

(4) 55 [kW] 이하의 전동기에 적용할 수 있다.

4. 리액터 기동

1) 기동방식

리액터를 삽입하여 기동(MC : OFF)시키고, 리액터를 단락(MC : ON)시킨 상태로 운전하는 방식

(1) 기동전압 : $V_{str} = \alpha \times V$

(2) 기동전류 : $I_{str} = \alpha \times I_{st}$

(3) 기동토크 : $T_{str} = \alpha^2 \times T_{st}$

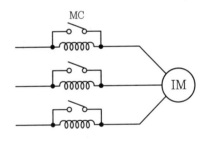

　　여기서, str : 리액터 기동, st : 직입 기동

2) 특징

(1) 기동전류의 크기는 리액터 탭(50, 65 또는 90 [%])에 의해 결정되므로, 기동전류의 조정이 가능하다.

(2) 기동전류 감소에 비해 기동토크 감소가 현저하여 큰 기동토크가 필요한 중대형 모터에는 부적합하다.

(3) 가장 간단한 기동법이면서도 부드러운 가속이 가능하다.

(4) 55 ~ 75 [kW]의 전동기에 적용한다.

일반
전기

5. 기동보상기 기동(콘돌퍼 기동)

1) 기동방식

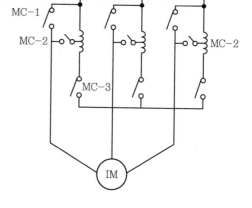

	MC-1	MC-2	MC-3
기동보상기 동작 (감전압 기동)	OFF	ON	ON
리액터 동작	OFF	ON	OFF
정격 전압	ON	OFF	OFF

(1) 기동전압 : $V_{str} = \alpha \times V$

(2) 기동전류 : $I_{str} = \alpha^2 \times I_{st}$

(3) 기동토크 : $T_{str} = \alpha^2 \times T_{st}$

2) 특징

(1) 1908년 콘돌퍼가 고안한 방식이다.

(2) 기동전류는 단권변압기 탭에 의해 결정된다.

(3) 리액터 기동에 비해 동일한 크기의 기동토크 조건에서 기동전류를 더 많이 낮출 수 있다.

(4) 중대형 기기에 적용 가능하다.

6. 결론

최근의 초고층화·대형화되는 소방대상물에 적용되는 대용량 소방펌프 등의 기동을 위한 유도전동기는 Y-Δ 기동방식 외에도 리액터, VVVF(인버터) 기동방식 등의 적합성 여부를 검토하여 합리적인 기동방식을 채택해야 한다.

소방설비에 사용하는 유도전동기의 속도제어 방식 중 인버터방식(VVVF)의 원리, 종류, 특징 및 선정 시 고려사항에 대하여 설명하시오.

1. 인버터 방식의 필요성

1) 가속시간을 제어하며 서서히 기동하여 기동전류 및 기동토크를 조절

  (1) 직입기동 및 감전압 기동의 큰 기동전류

    ① 전류 증가에 따른 큰 전압강하로 저전압 및 전압 변동의 피해 우려

    ② 높은 전류에 의한 열적 손상 발생

    ③ 불필요한 UVR, OCR 등의 차단기 작동

    ④ Y$-\Delta$ 기동의 경우 전환 시의 큰 과도 서지 발생 가능

  (2) 직입기동 및 감전압 기동의 기동토크

    ① 급격한 기동, 정지로 인한 기계적 충격 발생으로 전동기 손상의 우려

    ② 기동장치의 전전압 전환 시 기계적 충격 우려

2) 운전 중 속도제어

운전 중 속도제어로 에너지 손실을 감소시킬 수 있으며, 제연용 송풍기의 회전수 제어로 서징 방지의 효과도 있다.

2. 인버터 방식의 원리

1) 유도전동기에 공급할 가변주파수, 가변전압을 만들기 위해 전력용 반도체(다이오드, 트랜지스터, 사이리스터, IGBT 등)를 이용한다.

2) 그림과 같이 정류기부(컨버터부)에서 상용 교류전원을 직류로 변환하고, 직류 회로부(콘덴서부)에서 평활하게 만들며, 인버터부에서 직류를 다시 가변 주파수와 가변 전압의 교류로 변환한다.

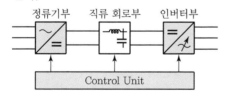

  (1) 정류기부 : 정류회로(다이오드 또는 사이리스터, AC 480 [V]를 DC 650 [V]로 변환)

  (2) 직류회로부 : 평활회로(커패시터, DC를 평활하게 함)

  (3) 인버터부 : 인버터 회로(IGBT : VVVF의 교류 전환)

3. 인버터 방식의 종류 및 특징

1) 전압형 인버터

(1) 종류

① PWM(펄스폭 변조방식)

인버터 부에서 펄스폭을 변화시켜 전압과 주파수를 변화시키는 방식

② PAM(펄스 진폭 변조방식)

정류기 부에서 전압을 변화시켜 가변의 직류전압을 만들고, 인버터 부에서 임의의 주파수로 변화시키는 방식

(2) 용도 및 적용모터

① 고정밀, 고속운전이 필요한 경우

② 여러 대의 모터가 1대의 인버터로 순차 기동되는 경우

③ 여러 대의 모터가 같은 속도로 운전되는 경우

④ 적용 모터 : 유도전동기, 동기전동기

2) 전류형 인버터

(1) 개념

① 전압형 인버터의 콘덴서 대신 리액터가 사용됨

② 전류의 주파수를 변화시켜 모터의 회전수를 변화시키는 방식

(2) 용도 및 적용모터

① 중용량 모터에서 여러 대가 1대의 인버터로 동시에 기동되는 경우

② 높은 정밀도를 필요로 하지 않는 경우

③ 회생제동이 가능한 용도

④ 적용 모터 : 고슬립 유도전동기

옥내소화전설비용 동력제어반에 사용하는 과전류차단기의 설치기준과 분기회로의 전선 굵기의 선정기준 및 과부하 보호장치에 대하여 설명하시오.

1. 개요

1) 전동기에 이른 배선은 과전류차단기와 전선의 굵기를 적절하게 선정하여 보호할 수 있다.
2) 또한 과전류차단기는 전로의 단락 보호장치로서, 기동전류에서는 동작하지 않는 여유를 가지기 때문에 전동기의 과부하, 결상 등은 보호하지 못한다. 따라서 전동기 보호를 위해 과부하 보호장치를 설치해야 한다.

2. 과전류차단기의 설치기준

1) 간선에서 동력제어반으로 저압간선을 분기하는 경우, 분기 지점에 분기간선 과전류차단기를 설치한다.
2) 과전류차단기의 정격전류
   (1) 과전류차단기에 직접 접속하는 부하 측 전선의 허용전류에 2.5배 한 값 이하의 정격전류이어야 한다.
   → 전동기의 기동전류에서는 과전류차단기가 동작하지 않음
   (2) 부하 측 전선의 허용전류가 100 [A]를 넘는 경우로서, 허용전류에 2.5배 한 값이 과전류차단기의 표준정격에 해당되지 않을 때에는 그 값의 바로 상위의 정격을 정격전류로 할 수 있다.

3. 분기회로의 전선 굵기의 선정기준

1) 연속운전하는 단독 전동기의 경우
   (1) 전동기 정격전류가 50 [A] 이하인 경우
      정격전류의 1.25배 이상의 허용전류를 갖는 전선으로 함
   (2) 전동기 정격전류가 50 [A]를 초과하는 경우
      정격전류의 1.1배 이상의 허용전류를 갖는 전선으로 함

2) 2대 이상의 전동기에 동시에 전력을 공급하는 분기회로의 경우
   (1) 간선에 접속하는 전동기의 정격전류 합계가 50 [A] 이하인 경우
      정격전류 합계의 1.25배 이상의 허용전류를 갖는 전선으로 함
   (2) 간선에 접속하는 전동기의 정격전류 합계가 50 [A]를 초과하는 경우
      정격전류 합계의 1.1배 이상의 허용전류를 갖는 전선으로 함

(3) 전동기의 정격전류는 규약전류를 기준으로 함

3) 연속 사용되지 않고, 단시간 사용 · 단속사용 · 주기적 사용 또는 변동부하 사용

전동기에 대한 전선의 굵기는 전동기의 정격전류에 의하지 않고, 배선의 온도 상승 허용값 이하로 하는 열적 등가전류값으로 함

4. 과부하 보호장치

1) 옥내에 설치하는 전동기에는 전동기가 소손될 우려가 있는 과전류를 만드는 경우, 자동적으로 이를 방지하고 경보하는 장치를 설계해야 한다.

2) 이러한 장치가 과부하 보호장치이며, 다음과 같이 분류한다.
   (1) 전자개폐기(전자접촉기와 보호계전기를 조합한 것)
   (2) 전동기용 퓨즈
   (3) 전동기 보호용 차단기

문제

소방용 가압송수장치인 펌프에 대해 다음 사항을 답하시오.
(단, 2)항과 3)항의 계산은 전기설비 기술기준 및 판단기준을 적용한다.)

1) 소방용 펌프의 유량이 6 [m³/min], 전양정이 15 [m], 효율이 0.85, 전달계수가 1.2일 때 다음 표를 참고하여 전동기의 용량[kW]을 선정하시오.

전동기 규격 [kW]	3.7	5.5	7.5	11	15	18.5	22	30	37

2) 위에서 선정된 전동기의 배선(3상 4선 380/220 [V])의 최소 전선굵기 [mm²]를 다음의 절연전선 허용전류표를 기준하여 선정하시오. (단, 전선의 굵기를 계산할 때 역률과 전압강하는 무시함)

전선굵기 [mm²]	2.5	4	6	10	16	25	35	50	70
허용전류 [A]	26	35	45	61	81	106	131	158	200

3) 위에서 선정된 허용전류를 기준으로 전동기 배선용 과전류 차단기의 최대표준정격 전류[A]를 구하시오.

1. 전동기의 용량 [kW]

1) 전동기 용량 계산

$$P[\text{kW}] = \frac{0.163\,QH}{\eta} \times K = \frac{0.163 \times 6 \times 15}{0.85} \times 1.2 = 20.71\,[\text{kW}]$$

2) 전동기 용량 산정

문제에서의 전동기 규격표로부터 22 [kW]를 선정함

2. 전동기 배선의 최소 굵기 [mm²]

1) 정격전류 계산 (3상 4선식)

$$P = \sqrt{3}\,V I \cos\theta$$

여기에서 문제 조건에 따라 역률을 무시하고, 전류에 대한 식으로 정리하면

$$I = \frac{P}{\sqrt{3} \times V} = \frac{22 \times 10^3}{\sqrt{3} \times 380} = 33.43\,[\text{A}]$$

2) 분기회로의 전선굵기 선정기준(전기설비기술기준의 판단기준 제175조)

(1) 전동기 정격전류가 50 [A] 이하인 경우
    정격전류의 1.25배 이상의 허용전류를 갖는 전선으로 함
(2) 전동기 정격전류가 50 [A]를 초과하는 경우
    정격전류의 1.1배 이상의 허용전류를 갖는 전선으로 함

3) 허용전류 산정

전동기 정격전류가 50 [A] 이하이므로,
허용전류 = 33.43 [A] × 1.25 = 41.8 [A] ≒ 45 [A]

4) 전선의 최소굵기 결정

문제의 표에서 6 [mm²]로 선정한다.

3. 전동기 배선용 과전류 차단기의 최대 표준 정격전류 [A]

1) 부하측의 허용전류 : 45 [A]
2) 과전류 차단기의 정격전류
   45 [A] × 2.5 = 112.5 [A] → 100 [A]로 결정한다.

일반
전기

참고

과전류차단기 용량 및 케이블 굵기 산정기준 개정

2021년 시행된 KEC 기준에 따라 전동기 간선보호를 위해 다음과 같이 설계기준이 변경되었다.
과부하에 대해 케이블을 보호하는 장치의 동작특성

$I_B \leq I_n \leq I_Z$

$I_2 \leq 1.45 \times I_Z$

따라서 p411의 문제는 상기 KEC 기준을 반영하여 공부해야 하며, p412의 문제는 그 조건상 현행 KEC기준으로 계산은 불가능하다. 과전류 차단기의 차단용량은 기존 기준보다 낮아졌고, 계산되는 간선 굵기 값은 기존보다 더 굵게 산출된다.

문제

전선의 굵기 선정에 영향을 미치는 요소를 적고 설명하시오.

1. 개요

1) 전선은 전류를 흐르게 하는 도선으로서, 영미에서는 AWG(American Wire Gage)로 표기하며 국내에서는 IEC 규격에 따라 도체의 공칭단면적[mm²]으로 표시한다.
2) 이러한 전선의 굵기는 해당 전류치 등에 적정한 굵기 이상을 사용해야 한다.

2. 전선의 굵기 선정에 영향을 미치는 요소

1) 전류

   (1) 허용전류

      ① 도체에 통전된 전류가 기계적 · 열적 손상 없이 절연체의 최고온도를 초과하지 않는 전류

      ② 전선의 허용전류 : 연속 허용전류, 단시간 허용전류, 단락 시 허용전류

   (2) 단락 시의 허용전류

      ① 전선의 굵기는 단락 시에 소손되지 않는 단면적 이상이어야 한다.

      ② 전선의 굵기 산정방법

        • 일반적으로 IEC 규격에 의한 표를 이용

        • 단락시의 허용전류 계산식

$$I = \frac{kA}{\sqrt{t}}\,[\mathrm{A}]$$

여기서, I : 단락시의 허용전류 k : 도체재료 저항률(CV 케이블 : 134)
　　　　A : 도면의 단면적 [mm²] t : 단락전류 지속시간 [초]

(3) 허용전류

① 절연물의 최대허용온도 등을 감안하여 복잡한 계산식에 의해 검토하여야 한다.

② 일반적으로는 표에 의하여 계산한다.

2) 전압강하

(1) 전선에 전류를 흐르게 하면, 전선의 임피던스(교류에서의 저항)로 인해 전원 측보다 부하 측 전압이 낮아지는 현상

(2) 전압강하가 발생하면 유도등이나 비상조명등의 광속이 감소하거나, 전동기의 rpm 저하로 소화펌프의 성능이 감소할 수 있다.

(3) 소방에서는 일반적으로 정격전압의 80 [%]까지 성능에 영향을 받지 않도록 규정하므로, 20 [%]를 넘는 전압강하가 발생해서는 안 된다.

(4) 전압강하 계산식

① 직류

$$\Delta e = 2 \times L \times I \times R$$

여기서, L : 선로의 길이 [m] I : 선로의 전류 [A] R : 선로의 저항 [Ω/m]

② 교류

• 단상 2선식 : $e = \dfrac{0.0356\,LI}{S}$

• 3상 3선식 : $e = \dfrac{0.0308\,LI}{S}$

3) 기타

(1) 통전 시의 열에 의한 신축

전류에 의해 발생하는 Joule열은 도체의 온도를 상승시키고 절연물을 통해 외부로 발산되는데, 이러한 가열, 냉각은 전선의 팽창, 수축을 발생시킨다.

(2) 고조파 발생

고조파는 기본파 외의 파형으로서, 고조파가 발생하면 선로 임피던스가 증가되므로, 전선의 굵기에 여유를 두어야 한다.

(3) 외부에서의 충격

(4) 동력부하의 특성

P형 수신기와 감지기 사이의 배선회로에서 종단저항 10 [kΩ], 릴레이저항 85 [Ω], 배선회로저항 50 [Ω]이며, 회로전압이 DC 24 [V]일 때 다음 각 전류를 구하시오.

가) 평상시 감지전류 [mA]
나) 감지기가 동작할 때의 전류 [mA]

1. 평상시 감지전류

1) 저항 R = 종단저항 + 릴레이저항 + 배선회로저항
   = $10,000 + 85 + 10,135$ [Ω]

2) $I = \dfrac{V}{R} = \dfrac{24 \, [\text{V}]}{10,135 \, [\Omega]} \times 1,000 = 2.37 \, [\text{mA}]$

2. 감지기가 동작할 때의 전류 [mA]

1) 감지기 동작 시에는 단락회로가 형성되어 종단저항은 제외
   저항 $R = 0 + 85 + 50 = 135$ [Ω]

2) $I = \dfrac{V}{R} = \dfrac{24 \, [\text{V}]}{135 \, [\Omega]} \times 1,000 = 177.78 \, [\text{mA}]$

NOTE

앰패시티

1. 정의
   1) 온도등급을 초과하지 않는 사용 조건에서 연속적으로 도선이 운반할 수 있는 최대전류(단위 : 암페어, [A])
   2) Ampere + Capacity의 합성어
   3) 과전류는 도선의 앰패시티 또는 장치의 정격전류(Rated Current)를 능가하는 전류를 의미함

2. 앰패시티의 영향인자
   1) 도선의 절연 온도 등급
   2) 도선 재료(동 또는 알루미늄)의 전기적 저항
   3) 교류인 경우, 전류의 주파수
   4) 도선의 기하학적 형태와 방열 능력
   5) 주변 온도

전압강하

1 전압강하 계산식

동일한 조건에서 단상 2선식의 전압 강하가 가장 크다.

전기방식	전압강하		전선 단면적
단상 3선식 직류 3선식 3상 4선식	$e_1 = IR$	$e_1 = \dfrac{17.8\,LI}{1{,}000\,A}$	$A = \dfrac{17.8\,LI}{1{,}000\,e_1}$
단상 2선식 직류 2선식	$e_2 = 2 \times IR = 2e_1$	$e_2 = \dfrac{35.6\,LI}{1{,}000\,A}$	$A = \dfrac{35.6LI}{1{,}000\,e_2}$
3상 3선식	$e_3 = \sqrt{3} \times IR = \sqrt{3}\,e_1$	$e_2 = \dfrac{30.8\,LI}{1{,}000\,A}$	$A = \dfrac{30.8\,LI}{1{,}000\,e_3}$

여기서, e : 전압강하 [V], L : 거리 [m], I : 전류 [A], A : 케이블의 단면적 [mm²]

[계산식의 유도]

1. 관계식

   $e\,[\text{V}] = I \cdot R$

2. 저항 계산식

   저항 R은 길이에 비례하고 전선 단면적에 반비례하므로,

   $R = \rho \cdot \dfrac{L}{S}$

   여기서, ρ : 고유저항

3. 고유저항 계산

   1) ρ는 전선 재질에 따라 다르며, 연동선은 약 1/58이다.

   2) 표준 연동의 도전율은 97 [%]이므로,

   $\rho = \dfrac{1}{58} \times \dfrac{1}{0.97} = 0.0178\,[\Omega \cdot \text{mm}^2/\text{m}]$

4. 배선방식 감안

   1상 2선식은 전선이 2가닥이므로,

   $\rho = 0.0178 \times 2 = 0.0356$

5. 계산식

   따라서 $e\,[\text{V}] = \dfrac{0.0356 \times L \times I}{S}$ 가 된다.

② 계산방법

1. 국내의 일반적인 방법

(1) 각 구간별 전압강하의 합계를 구하는 방법

(2) 부하의 중심거리를 구하여 산출하는 방법

2. NFPA 72에 의한 방법

3. 예제 풀이

> ⟨제81회 3교시 5번 문제⟩
>
> 시각경보기(소비전류 200 [mA]) 5개를 수신기로부터 각각 50 [m] 간격으로 직렬 설치했을 때, 마지막 시각경보기에 공급되는 전압이 얼마인지 계산하시오.(단, 전선은 2 [mm²], 사용전원은 DC 24 [V]이다. 기타 조건은 무시한다.)

1) 구간별 전압강하 계산방법

$$e_1 = \frac{0.0356\,LI}{S} = \frac{0.0356 \times 50 \times (0.2 \times 5)}{2} = 0.89\,[\text{V}]$$

$$e_2 = \frac{0.0356\,LI}{S} = \frac{0.0356 \times 50 \times (0.2 \times 4)}{2} = 0.712\,[\text{V}]$$

$$e_3 = \frac{0.0356\,LI}{S} = \frac{0.0356 \times 50 \times (0.2 \times 3)}{2} = 0.534\,[\text{V}]$$

$$e_4 = \frac{0.0356\,LI}{S} = \frac{0.0356 \times 50 \times (0.2 \times 2)}{2} = 0.356\,[\text{V}]$$

$$e_5 = \frac{0.0356\,LI}{S} = \frac{0.0356 \times 50 \times 0.2}{2} = 0.178\,[\text{V}]$$

(1) 전체 구간에서의 전압강하는

$0.89 + 0.712 + 0.534 + 0.356 + 0.178 = 2.67\,[\text{V}]$이다.

(2) 마지막 시각경보기에서의 전압

$24 - 2.67 = 21.33\,[\text{V}]$

2) 부하의 중심거리를 통한 계산방법

(1) 부하의 중심 계산

$$0.2\,[\text{A}] \times 50\,[\text{m}] = 10\,[\text{A} \cdot \text{m}]$$
$$0.2\,[\text{A}] \times 100\,[\text{m}] = 20\,[\text{A} \cdot \text{m}]$$
$$0.2\,[\text{A}] \times 150\,[\text{m}] = 30\,[\text{A} \cdot \text{m}]$$
$$0.2\,[\text{A}] \times 200\,[\text{m}] = 40\,[\text{A} \cdot \text{m}]$$
$$\underline{+)\ 0.2\,[\text{A}] \times 250\,[\text{m}] = 50\,[\text{A} \cdot \text{m}]}$$
$$150\,[\text{A} \cdot \text{m}]$$

$$150\,[\mathrm{A\cdot m}] \div (0.2\,[\mathrm{A}]\times 5\,[\text{개}]) = 150\,[\mathrm{m}]$$

→ 150 [m]의 거리에 1 [A]의 부하가 걸린 경우에 상당함

(2) 전압강하 계산

$$e_1 = \frac{0.0356\,L\,I}{S} = \frac{0.0356\times 150\times 1}{2} = 2.67\,[\mathrm{V}]$$

(3) 마지막 시각경보기에서의 전압

$$24 - 2.67 = 21.33\,[\mathrm{V}]$$

3) NFPA 72 Designer's Guide Book에서의 계산방법

(1) 해당 전선에 의해 공급되는 최대전류

$$A = 0.2\,[\mathrm{A}]\times 5\,[\text{개}] = 1.0\,[\mathrm{A}]$$

(2) 전선의 길이

$$L = 50\,[\mathrm{m}]\times 5\,[\text{개}] = 250\,[\mathrm{m}]$$

(3) 전압강하

$$e_1 = \frac{0.0356\,L\,I}{S} = \frac{0.0356\times 250\times 1}{2} = 4.45$$

(4) 마지막 시각경보기에서의 전압

$$24 - 4.45 = 19.55\,[\mathrm{V}]$$

4. 계산결과 비교

1) 국내기준의 2가지 방법은 전압강하 값이 동일하게 계산되며, NFPA 72에 의한 계산결과는 국내기준의 결과보다 크다.

2) 국내기준이 실제 기기들 간의 거리를 파악해서 계산한 정확한 값이며, NFPA 72는 기기들 간의 거리를 무시하고 보수적으로 전압강하를 계산한 결과이다.

3) 이론적으로는 국내에서의 계산방법이 타당하지만, 실제 설계에서는 수많은 장치들 사이의 거리를 모두 계산하는 것은 불가능하므로 NFPA 72의 계산방법이 많이 사용된다.

4) 지금까지의 소방기술사 기출문제는 모두 이론적인 계산을 요구하는 문제들이므로, 국내에서의 계산방식으로 전압강하를 계산하면 된다.

다음 조건의 회로에서 벨·표시등 공통선의 소요전류와 KS IEC 규격에 의한 전선의 단면적을 구하시오.

⟨조건⟩
- 수신기 : P형 25회로, 24 [V]
- 전압 강하 : 20 [%]
- 수신기와 선로의 길이는 500 [m]
- 벨의 소요전류 : 0.06 [A]
- 표시등의 소요전류 : 0.05 [A]

1. 벨, 표시등 공통선의 소요전류

$(0.06\,[A] + 0.05\,[A]) \times 25$회로 $= 2.75\,[A]$

2. 전선의 단면적 계산

1) 전압강하 허용치

$24\,[V] \times 0.2 = 4.8\,[V]$

2) 단면적 계산

$e\,[V] = \dfrac{0.0356\,LI}{S}$ 에서,

$S = \dfrac{0.0356\,LI}{e} = \dfrac{0.0356 \times 500\,[m] \times 2.75\,[A]}{4.8\,[V]} = 10.198\,[mm^2] \rightarrow 16\,[mm^2]$

참고

450/750 [V] 내열 PVC 절연전선 허용전류표(KS C IEC 60363-5-523)

적용재품 : HIV(단위 : A)

포설 조건 공칭단면적 [mm²]	단열이 된 벽 내의 전선관에 시공한 절연전선	목재 벽면의 전선관에 시공한 절연전선	포설 조건 공칭단면적 [mm²]	단열이 된 벽 내의 전선관에 시공한 절연전선	목재 벽면의 전선관에 시공한 절연전선
1.5	19	23	70	200	253
2.5	26	31	95	241	306
4	35	42	120	278	354
6	45	54	150	318	407
10	61	75	182	362	464
16	81	100	240	454	546
25	106	133	300	486	628
35	131	164	400	579	751
50	158	198			

소방간선 (3상 4선, 380/220 [V])의 전압강하에 의한 전선의 굵기 계산식을 쓰고, 허용 전압강하를 결정할 때 고려할 사항에 대하여 설명하시오.

1. KEC에 따른 전압강하 기준

1) 수용가 설비 인입구로부터 기기까지의 전압강하

설비유형	조명(%)	기타(%)
저압 수전	3 이하	5 이하
고압, 특고압 수전	6 이하	8 이하

2) 더 큰 전압강하를 허용하는 경우

(1) 기동시간 중의 전동기
(2) 기동돌입전류가 큰 기타 전동기

3) 다음과 같은 일시적 조건을 고려하지 않는다.

(1) 과도 과전압
(2) 비정상적 사용으로 인한 전압 변동

2. 전압강하 계산식

1) KEC의 계산식

도체의 표피효과, 근접효과 등에 의한 도체저항 증가와 리액터스를 고려한 식

$$e = b\left[\rho_1 \frac{L}{S}\cos\phi + \lambda L \sin\phi\right] \times I_B$$

여기서, b : 계수(단상 : 2, 3상 : 1)
ρ_1 : 도체저항률
$\cos\phi$: 역률
λ : 도체의 단위길이당 리액턴스
I_B : 설계전류

2) 옥내 배선의 경우에는 도체저항의 증가와 리액턴스를 무시 가능하여 p417에 따른 전압강하 계산식을 사용할 수 있다.

소방용 전동기의 간선으로 TFR – 8 단심(1–core)케이블을 사용한다. 간선은 3상 4선식 380/220 [V] 선로이며, 용량은 200 [kVA]이며 선로의 길이를 300 [m]로 하고 전압강하 는 7 [%]로 제한한다. 이때 아래 허용전류표를 참고하여 TFR – 8 케이블의 굵기를 계산 하시오.(단, 부하전류 계산 시에 역률은 무시한다.)

┃ TFR–8 케이블 허용전류표(0.6 [V]/1 [kV]) ┃　　　(단위 : A)

공칭단면적 [mm²]	1–core(3상 기준)	공칭단면적 [mm²]	1–core(3상 기준)
1.5	16	2.5	23
4	30	6	38
10	53	16	71
25	90	35	115
50	147	70	190
95	233	120	272
150	315	185	362
240	431	300	499
400	584	500	671
630	772		

1. 전압강하 계산식

문제 조건에 의해 3상 4선식이므로,

$$e = \frac{0.0178\,L\,I}{A}$$

2. 풀이

1) 선로의 길이

$300\,[\text{m}]$

2) 부하전류의 계산

$P = \sqrt{3} \times V \times I$　　(문제 조건에 따라 역률은 무시함)

$I = \dfrac{P}{\sqrt{3} \times V} = \dfrac{200 \times 10^3}{\sqrt{3} \times 380} = 303.9\,[\text{A}]$

3) 전압강하 제한

$e = 380\,[\text{V}] \times 0.07 = 26.6\,[\text{V}]$

4) 전선 단면적 계산

$$S = \frac{0.0178\,LI}{e}$$

$$= \frac{0.0178 \times 300\,[\mathrm{m}] \times 303.9\,[\mathrm{A}]}{26.6\,[\mathrm{V}]} = 61.01\,[\mathrm{mm}^2]$$

5) 전압강하에 의한 케이블 굵기

문제 조건의 표에서 70 [mm²]

6) 허용전류표에 의한 케이블 굵기

허용전류 = 303.9 [A] × 1.1 = 334.3 [A]

허용전류 표에서 185 [mm²]

7) 케이블 굵기 선정

계산 결과에 따라 큰 값인 185 [mm²]로 결정한다.

문제

수신기에 소비전류가 200 [mA]인 시각경보장치를 다음과 같은 거리로 배치할 때 화재안
전기준에서 허용하는 전압강하의 적합 여부를 판단하시오.(단, 수신기의 정격전압은 DC
24 [V]이며 전선의 단면적은 2 [mm²]이다. 접속저항 등 기타 조건은 무시한다.)

```
                      100m   50m      80m      100m
  ┌──────┐   ────────①◁────②◁────③◁────④◁
  │ 수신기 │
  │  0   │        100m
  └──────┘   ────────⑤◁────⑥◁────⑦◁────⑧◁
  DC24[V]            80m      100m     100m
```

---

1. 구간별 계산

1) #1~#4 구간에서의 전압강하

(1) #3~#4 구간

$$e_{34} = \frac{0.0356\,LI}{S} = \frac{0.0356 \times 100\,[\mathrm{m}] \times 0.2\,[\mathrm{A}]}{2\,[\mathrm{mm}^2]} = 0.356\,[\mathrm{V}]$$

(2) #2~#3 구간

$$e_{23} = \frac{0.0356\,LI}{S} = \frac{0.0356 \times 80\,[\mathrm{m}] \times 0.4\,[\mathrm{A}]}{2\,[\mathrm{mm}^2]} = 0.5696\,[\mathrm{V}]$$

(3) #1~#2 구간

$$e_{12} = \frac{0.0356LI}{S} = \frac{0.0356 \times 50\,[\text{m}] \times 0.6\,[\text{A}]}{2\,[\text{mm}^2]} = 0.534\,[\text{V}]$$

(4) 전압강하

$$e1 = 0.534 + 0.5696 + 0.356 = 1.4596\,[\text{V}]$$

2) #1~#8 구간에서의 전압강하

(1) #7~#8 구간

$$e_{78} = \frac{0.0356LI}{S} = \frac{0.0356 \times 100\,[\text{m}] \times 0.2\,[\text{A}]}{2\,[\text{mm}^2]} = 0.356\,[\text{V}]$$

(2) #6~#7 구간

$$e_{67} = \frac{0.0356LI}{S} = \frac{0.0356 \times 100\,[\text{m}] \times 0.4\,[\text{A}]}{2\,[\text{mm}^2]} = 0.712\,[\text{V}]$$

(3) #5~#6 구간

$$e_{56} = \frac{0.0356LI}{S} = \frac{0.0356 \times 80\,[\text{m}] \times 0.6\,[\text{A}]}{2\,[\text{mm}^2]} = 0.8544\,[\text{V}]$$

(4) #1~#5 구간

$$e_{15} = \frac{0.0356LI}{S} = \frac{0.0356 \times 100\,[\text{m}] \times 0.8\,[\text{A}]}{2\,[\text{mm}^2]} = 1.424\,[\text{V}]$$

(5) 전압강하

$$e2 = 0.356 + 0.712 + 0.8544 + 1.424 = 3.3464\,[\text{V}]$$

3) 수신기~#1 구간에서의 전압강하

$$e3 = \frac{0.0356LI}{S}$$

$$= \frac{0.0356 \times 100\,[\text{m}] \times 1.6\,[\text{A}]}{2\,[\text{mm}^2]} = 2.848\,[\text{V}]$$

2. 전압강하 검토

1) 전체 전압강하

$$e = e2 + e3 = 3.3464 + 2.848 = 6.194\,[\text{V}]$$

2) 적정성 검토

전압강하가 정격전압의 20 [%]를 초과하므로, 부적합하다.

참고

1. 하나의 통보장치 회로에 대한 전압강하 계산이므로, 전체 시각경보기가 동시에 작동한다.
2. 문제에서의 시각경보기 간의 거리가 지나치게 멀어 실무 설계와의 비교가 불가능하다.

(별해) NFPA 72의 계산방법

1. 경로별 소비전류
　　1) 수신기 ~ #1 ~ #4
　　　　$0.2\,[\mathrm{A}] \times 4개 = 0.8\,[\mathrm{A}]$
　　2) 수신기 ~ #1 ~ #8
　　　　$0.2\,[\mathrm{A}] \times 5개 = 1.0\,[\mathrm{A}]$

2. 경로별 길이
　　1) 수신기 ~ #1 ~ #4
　　　　$100\,[\mathrm{m}] + 50\,[\mathrm{m}] + 80\,[\mathrm{m}] + 100\,[\mathrm{m}] = 330\,[\mathrm{m}]$
　　2) 수신기 ~ #1 ~ #8
　　　　$100\,[\mathrm{m}] + 100\,[\mathrm{m}] + 80\,[\mathrm{m}] + 100\,[\mathrm{m}] + 100\,[\mathrm{m}] = 480\,[\mathrm{m}]$

3. 전압강하 계산
　　1) 수신기 ~ #1 ~ #4
$$e1 = \frac{0.0356\,L\,I}{S} = \frac{0.0356 \times 330\,[\mathrm{m}] \times 0.8\,[\mathrm{A}]}{2\,[\mathrm{mm}^2]} = 4.6992\,[\mathrm{V}]$$
　　2) 수신기 ~ #1 ~ #8
$$e2 = \frac{0.0356\,L\,I}{S} = \frac{0.0356 \times 480\,[\mathrm{m}] \times 1.0\,[\mathrm{A}]}{2\,[\mathrm{mm}^2]} = 8.544\,[\mathrm{V}]$$
　　3) 전압강하 : $e = e1 + e2 = 13.25\,[\mathrm{V}]$

4. 적합여부
　　전압강하로 인해 해당 전선단면적으로는 부적합하다.

참고

적합한 단면적 계산

$$e = 24\,[\mathrm{V}] \times 0.2 = 4.8\,[\mathrm{V}]$$
$$S = \frac{(0.0356 \times 330 \times 0.8) + (0.0356 \times 480 \times 1.0)}{4.8} = 5.518\,[\mathrm{mm}^2] \rightarrow 6\,[\mathrm{mm}^2]$$

다음 비상콘센트(A, B, C, D) 배선의 각 부분(①, ②, ③, ④) 전선의 굵기를 산정하시오.

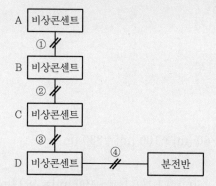

〈조건〉

배선 ①, ②, ③의 길이는 각각 3 [m], ④는 50 [m]이며, 비상콘센트 A, B, C, D의 부하는 각각 2 [kVA]로 단상 220 [V] 2가닥(접지선 제외)의 절연전선(HFIX)을 사용하고, 전압강하는 5 [%]이다. 전선의 최소 굵기는 HFIX 2.5 [mm²]로 한다. 다음은 HFIX 전선의 허용전류표이다.

전선굵기 [mm²]	2.5	4	6	10	16	25	35	50	70
허용전류 [A]	26	35	45	61	81	106	131	158	200

1. 계산식 및 풀이 조건

1) 각 부하의 소요전류

   (1) 단상 2선식이므로, $P = V \times I$

   (2) $I = \dfrac{P}{V} = \dfrac{2 \times 10^3 \,[\mathrm{VA}]}{220 \,[\mathrm{V}]} = 9.09 \,[\mathrm{A}]$

2) 전압강하

   (1) 허용 전압강하

     $e = 220 \,[\mathrm{V}] \times 0.05 = 11 \,[\mathrm{V}]$ 이하

   (2) 전압강하 계산식

     $e = \dfrac{35.6 \, L I}{1,000 \, A}$

3) 화재안전기준에 따른 전선의 용량

하나의 전용회로 설치하는 비상콘센트는 10개 이하로 할 것

이 경우 전선의 용량은 각 비상콘센트(비상콘센트가 3개 이상인 경우에는 3개)의 공급용량을 합한 용량 이상의 것으로 하여야 한다.

2. 허용전류에 따른 전선 굵기

1) ① 구간

   (1) $9.09\,[\text{A}] \times 1$개 $= 9.09\,[\text{A}]$

   (2) 허용전류 표에 따른 전선 굵기 : $2.5\,[\text{mm}^2]$ 이상

2) ② 구간

   (1) $9.09\,[\text{A}] \times 2$개 $= 18.18\,[\text{A}]$

   (2) 허용전류 표에 따른 전선 굵기 : $2.5\,[\text{mm}^2]$ 이상

3) ③ 구간

   (1) $9.09\,[\text{A}] \times 3$개 $= 27.27\,[\text{A}]$

   (2) 허용전류 표에 따른 전선 굵기 : $4\,[\text{mm}^2]$ 이상

4) ④ 구간

   (1) $9.09\,[\text{A}] \times 3$개 $= 27.27\,[\text{A}]$

   (2) 허용전류 표에 따른 전선 굵기 : $4\,[\text{mm}^2]$ 이상

3. 전압강하를 고려한 전선 굵기

1) NFPA 72에 따른 전선 굵기

   (1) 전체 길이

      $50\,[\text{m}] + (3\,[\text{m}] \times 3) = 59\,[\text{m}]$

   (2) 소요 전류

      $9.09\,[\text{A}] \times 3$개 $= 27.27\,[\text{A}]$

   (3) 전선 굵기

$$A = \frac{35.6 \times (59) \times (27.27)}{1,000 \times (11)} = 5.21\,[\text{mm}^2]\ \text{이상} \Rightarrow 6\,[\text{mm}^2]\ \text{이상}$$

2) 구간별 전선 굵기

   (1) ④ 구간

     • 전선 굵기

       $6\,[\text{mm}^2]$

- 전압 강하

$$e_4 = \frac{35.6 \times (50) \times (27.27)}{1,000 \times (6)} = 8.1\,[\mathrm{V}]$$

(2) ① ~ ③ 구간

- 전압 강하

$$11\,[\mathrm{V}] - 8.1\,[\mathrm{V}] = 2.9\,[\mathrm{V}]$$

- 전선 굵기

$$A = \frac{35.6 \times (3\,[\mathrm{m}]) \times (9.09 + 18.18 + 27.27)}{1,000 \times (2.9\,[\mathrm{V}])} = 2.00\,[\mathrm{mm^2}]\ 이상$$

⇒ 허용전류에 따른 전선 굵기보다 작으므로, 허용전류에 의한 전선 굵기 적용

4. 전선 굵기

① 구간 : 2.5 [mm²]
② 구간 : 2.5 [mm²]
③ 구간 : 4 [mm²]
④ 구간 : 6 [mm²]

전기화재의 원인

1 전기화재의 정의

1. 국내기준

1) KS 기준(KS B 6359)

통전 중인 상태에서 전기설비를 포함한 화재

2) 화재안전기준

전류가 흐르고 있는 전기기기, 배선과 관련된 화재

2. NFPA 기준

통전 중인 전기장치를 포함한 화재

→ 전기화재는 전기라는 점화에너지가 지속적으로 가해지고 있는 상태의 화재를 의미하며, 통전 상태가 제거되면 연소 중인 가연물에 따라 일반 고체화재, 유류화재, 가스화재 등으로 변할 수 있다.(전기화재는 주로 전기적 요인이 점화원이 되어 발생한 화재로 볼 수도 있다.)

2 전기화재 발생원인 사이의 관계

전기화재는 다음과 같은 근본원인(Root Cause), 직접적인 원인(Proximate Cause) 및 점화원(Heat Source) 사이의 복잡한 인과관계에 의해 발생된다.

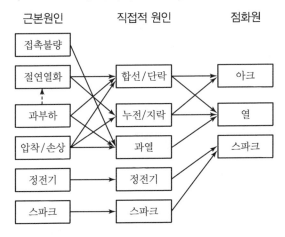

3 전기화재의 발화원

전기화재는 1차적인 원인(단락, 과부하, 누전, 접촉 불량 등)보다 이들 사고에 의해 동반되는 발열, 아크(Electric Arc), 스파크(Spark)에 의해 주변 가연물질로 확대되는 2차적 영향에 의한 화재가 대부분이다.

1. 열

1) 과전류에 의해 발생되는 줄열이 방열을 초과하면 주변 가연물의 온도를 상승시켜 화재가 발생할 수 있다.

2) 줄열

(1) 외부 힘인 전압에 의해 전자의 흐름인 전류가 발생할 때, 전자들의 흐름은 내부 저항(도체 내의 원자핵, 속박전자 및 불순물 등)에 의해 저지를 받게 된다. 이러한 저항을 극복하고 마찰열 및 원자핵의 열진동을 발생시킨다.

(2) 이와 같이 전류의 흐름에 의해 발생되는 열을 줄(Joule)열이라 한다.

3) 줄의 법칙

(1) 영국의 물리학자 줄에 의해 확인된 법칙으로서, t초 동안 도체에 전류 I [A]를 흘렸을 때, 발생하는 열량 Q는 전류의 제곱과 저항 R [Ω]에 비례한다는 것을 말한다.

(2) 관계식

$$Q = I^2 Rt = VIt = \frac{V^2}{R} t \text{ [J]}$$

(1 [J]은 1 [Ω]의 저항에 1 [A]의 전류가 1초간 흘렀을 때 발생하는 열량이다.)

2. 아크와 스파크

1) 정의

(1) 전도도체가 단선 또는 순간단락(Short)될 경우

(2) 절연된 두 전극 사이의 상승된 전계로 인한 절연파괴의 경우

(3) 도체의 접속이나 접촉 불량의 경우에 발생되는 불꽃방전(Spark Discharge) 현상을 의미

　① 아크 : 연속적인 불꽃방전

　② 스파크 : 일시적 또는 불연속적인 불꽃방전

2) 특징

(1) 아크나 스파크는 매우 짧은 시간에 매우 큰 전기에너지를 가지고 있으며, 대부분의 불꽃방전은 이 전기에너지를 열에너지로 소모하는 특징을 가진다.

(2) 아크가 발생한 경우, 아크전류가 가지는 온도는 최소 5,000 [K] 이상의 고온이다.

(3) 도체로 사용되는 물질인 동(Copper)의 용융온도가 1,085 [℃]이고, 알루미늄은 660 [℃] 정도이므로, 아크나 스파크가 발생하면 높은 온도의 열 발생으로 인해 도체를 통한 피복이나 주변 가연물질의 화재사고 발생 가능성이 높아지게 된다.

4 화재의 전기적 요인

국가화재분류체계 매뉴얼에 따르면, 다음과 같은 10가지로 발화요인 중 전기적 요인을 분류하고 있다.

전기적 요인 : 전기기기에서 발생한 누전, 단락, 접촉불량 등에 의해 일어난 전기적 스파크가 발화요인인 경우

1. 누전 · 지락

전류가 비정상적으로 흘러 누전경로를 형성하여 취약한 곳을 발열시키는 화재

(사례)

1) 건물 옥외배선의 피복이 벗겨져 간판에 접촉하여 전류가 비정규적인 회로로 흘러 발생한 화재
2) 건물 처마 끝에 설치된 전기배선이 모르타르 함석판에 접촉되어 배선부분에서 발열한 화재
3) 고전압의 전선에서 누설된 전류가 접지선을 통하여 금속물질에 접촉되어 발생한 화재

2. 접촉 불량에 의한 단락

전선과 전선, 전선과 접속단자의 전기적인 접촉상태가 불완전할 때 접속부의 저항 및 온도가 증가하여 화재가 발생하는 경우

(사례)

1) TV와 연결된 플러그가 불완전 상태로 콘센트 내 칼받이에 삽입되어 접촉 불량으로 화재 발생
2) 세탁기 전원기판에 접속된 리드선 단자의 납땜부분이 접촉 불량에 의하여 발열 후 화재 발생
3) 차단기 내에서 접촉 불량이 발생하여 접속부 저항이 증가함에 따라 과열되어 화재 발생

3. 절연열화에 의한 단락

절연재료의 절연성능 저하 및 탄화 진행으로 단락이 생겨 발생한 화재

(사례)

1) 콘덴서의 내부 알루미늄 전극이 절연성 저하로 탄화되면서 발생하는 절연파괴에 의해 화재 발생
2) 오랜 시간에 걸쳐 전선의 절연성능이 저하되어 절연피복의 손상 및 절연파괴가 진행되어 화재 발생
3) 노후한 전선의 접속함 내부에서 전선 케이블의 절연열화로 인해 단락이 발생하고 유출된 절연유에 착화되어 화재 발생

4. 과부하 · 과전류

정격용량을 초과하는 부하설비를 사용하거나, 정격전류를 초과하는 전류가 흐르는 현상

(사례)

1) 부하용량에 부적합한 전기배선을 사용하여 허용-전류를 초과하는 과전류가 통전되어 화재 발생
2) 전동기의 과부하 운전에 의하여 권선 허용온도(사용 절연등급에 따른 최대 허용농도) 이상의 과전류가 흘러 화재 발생
3) 멀티콘센트에 많은 전기기기를 사용하여 전선에 정해진 정격 이상의 전류가 흘러 콘센트 내부에서 발열되어 화재 발생

5. 압착 · 손상에 의한 단락

전선, 회로, 단자, 접속부의 과도한 압착이나 손상에 의하여 단락이 발생된 화재

(사례)

1) 멀티콘센트의 전원코드선이 책상다리에 눌려 단락되어 화재 발생
2) 전기밥솥의 전원코드가 자신의 받침대 부분에 눌리게 되어 절연피복 손상에 의한 단락으로 화재 발생
3) 샌드위치 패널 건물에 설치된 전기배선의 절연피복이 가동 중인 환풍기 진동에 의해 손상되어 단락, 화재 발생
4) 세탁기 내부 전기배선에 세탁조의 진동으로 인해 마찰 및 압축이 가해져 절연피복 손상으로 단락, 화재 발생

6. 층간 단락

변압기, 전동기 코일 및 콘덴서 권선층 간에서 절연이 파괴되어 단락되는 현상

(사례)

1) TV 플라이백 트랜스 권선의 절연피복이 열화되어 상하 및 좌우 권선이 단락되어 화재 발생
2) 모터의 회전자 슬롯 내의 개별 권선 사이에 접촉에 의해 마찰열이 발생하여 단락이 발생
3) 모터의 과부하 운전으로 인해 과전류가 흘러 에나멜선이 국부 발열 및 열화되어 단락으로 화재 발생

7. 트래킹(Tracking)에 의한 단락

전기제품 등의 절연체에 먼지나 습기 등의 영향으로 양극 사이에서 불티방전이 일어나 절연체 표면에 도전통로(Track)가 형성되어 발열, 단락되는 경우

(사례)

1) 콘센트에 장기간 플러그를 꽂아 두어 플러그 접속부 양단 사이에 먼지와 습기 부착으로 도전성 통로(Track)가 형성되어 접속부 양단에서 절연파괴를 거쳐 화재 발생

2) 누전차단기 전원 측 단자 사이에 먼지와 습기가 부착되어 절연체 표면에 소규모 방전이 지속되다가 트래킹(Tracking) 현상에 의한 화재 발생

3) 고등학교 특별활동실 내 전등단자 사이에 먼지, 습기 등으로 전기스파크가 발생하여 절연체가 도전체로 바뀌는 흑연화(Graphite) 현상에 의해 화재 발생

8. 반단선(Disconnected Wire)

전선이 절연피복 내에서 단선되어 그 부분에서 단선과 이어짐을 반복하는 상태가 되어 저항값이 집중적으로 높아져 발열하다가 화재가 발생하는 경우

(사례)

1) 전기청소기의 코드를 잡아당김에 의해 반단선이 발생한 부분에서 국부적인 접촉저항의 증가로 발생하는 화재

2) 주택 전기배선 공사시 전등배선의 과도한 비틀림으로 반단선이 발생하여 화재로 진행되는 경우

9. 미확인 단락

전기적인 단락인 것은 확인이 되었으나 어떠한 원인에 의해 단락이 형성되었는지 알 수 없는 경우

10. 기타

> **문제**
>
> 다음 용어에 대하여 간략히 설명하시오.
> 1) 도체저항   2) 접촉저항   3) 접지저항   4) 절연저항

1. 도체저항

1) 전기적 도체를 통해 전류가 흐를 때 발생하는 저항
2) 도체 물질 자체가 가지고 있는 고유저항에 따라 달라진다.
3) 계산식

$$R = \rho \times \frac{L}{S}$$

   여기서, R : 도체 저항 $[\Omega]$, ρ : 도체의 고유저항

2. 접촉저항

1) 전극이나 연결부 등 외부의 다른 물질과 접촉하여 발생하는 저항
2) 접촉 압력 증가 시 접촉저항은 감소된다.
   → 감지기, 발신기 등에 전기 배선을 단단히 고정해야 한다.

3. 접지저항

1) 접지전극에 접지전류가 유입되어 접지전극의 전위가 주변 대지보다 높아진다면, 이때의 전위차와 접지전류의 비
2) 계산식

$$R = \rho \times f$$

   여기서, R : 접지저항, ρ : 도체의 고유저항, f : 전극 형상과 크기에 의한 계수
3) 접지저항 저감방법
   (1) 접지전극을 길고 크게 제작
   (2) 접지전극을 깊게 매설

4. 절연저항

1) 절연된 두 물체 사이에 전압을 가하면 절연물의 표면과 내부에 약간의 누설전류가 흐르게 될 때, 전압과 전류의 비

2) 절연물체의 절연저항은 크게 유지되어야 한다.

  (1) 감지기 및 부속 회로의 전로와 대지 사이 및 배선 상호 간 : 0.1 [MΩ] 이상일 것

  (2) 비상콘센트 전원부와 외함 사이 : 20 [MΩ] 이상일 것

과전류에 의한 화재 발생 메커니즘을 설명하시오.

1. 개요

전기기기에서 안전하게 사용할 수 있는 정격전류보다 높은 전류가 흐르게 되는 현상을 과전류라 하며, 이러한 과전류가 발생되면 발열과 방열의 균형이 깨져 발화하게 된다.

2. 과전류에 의한 화재 발생 메커니즘

1) 전류 증가에 따른 발열량 증가

  (1) Joule의 법칙

    도체에 전류를 흘렸을 때 발생하는 열량은 전류의 제곱에 비례하고, 도체 저항의 곱에 비례한다.

$$Q = I^2 RT$$

      여기서, Q : 발열량, I : 전류, R : 저항, T : 시간

  (2) 발열량과 전류 간의 관계

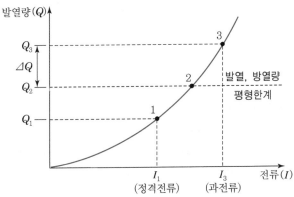

① 발열량(Q)과 전류(I)의 관계는 그림과 같이 표시된다.

② 정격전류(I_1)로 사용되던 기기에 어떠한 원인에 의해 과전류(I_2)가 흐르게 되면, 발열량은 전류의 제곱에 비례하여 $Q_1 \rightarrow Q_3$로 증가된다.

③ 발열량과 방열량의 평형한계가 2점이라면, 그 한계를 초과한 ΔQ만큼 지속적으로 열이 축적된다.

2) 열축적에 의한 화재 발생

(1) 발열량의 축적에 의해 기기가 과열되면, 절연 피복의 용융 연소 또는 주위 가연물에 대해 열면 역할을 하게 되어 발화한다.

(2) 일반적으로 정격전류의 200~300 [%] 정도 과전류되면 피복이 변질되고, 500~600 [%] 과전류가 발생되면 적열 후 용융된다.

3. 과전류 화재의 예방대책

1) 과전류 계전기, 과전류 차단기 등을 설치한다.
2) 과전류의 원인이 될 수 있는 단락, 누전 등을 방지한다.

문제

주울열에 대하여 설명하고, 주울열에 의한 온도 상승이 현저하여 발화의 원인이 될 수 있는 경우를 5가지 이상 기술하시오.

---

1. 주울열

1) 도체에 전류를 흘렸을 때, 열량은 전류의 제곱과 도체 저항의 곱에 비례한다.
   → 이것을 주울의 법칙이라 하고, 이때 발생하는 열이 주울열이다.

2) 저항 R의 도체에 I의 전류가 t초간 흐르면 도체 중에 발생하는 열(Q)은

   $$Q = I^2 R t$$

3) 저항 R은 도체의 길이에 비례하고 단면적에 반비례하므로, 동종의 도체라도 길이가 길고, 단면적이 작으면(가는 도체) 저항이 커져 발열량이 증가한다.

4) 전열기구 등에서는 이러한 주울열을 효율적으로 추출할 수 있는 저항체(발열체)가 있다.

5) 반면 일반적인 전로로 사용되는 도체의 고유저항은 매우 작으므로 일반적인 사용조건에서는 전로로부터의 발열량은 적고 온도가 크게 상승하지 않는다.

2. 주울열에 의해 온도가 급격히 상승하는 경우

1) 전선의 허용전류보다 큰 전류를 흘릴 경우(과부하)
2) 발생한 주울열의 방열이 불량한 경우(코드를 묶어서 사용, 이부자리 밑의 코드 배선, 전동기 권선에 자장의 축적 등)
3) 배선 접속부 접촉저항의 증가
4) 전선의 단락(아크방전 포함)
5) 전동기가 정격전압보다 낮은 전압에서 운전
6) 전동기의 장시간 사용으로 인한 권선의 절연 열화
7) 고조파의 영향으로 절연파괴된 변압기
8) 변압기 인입 및 인출 부분에서의 접촉 불량

일반
전기

문제

줄열에 의한 발열과 아크에 의한 발열에 대하여 각각 설명하시오.

---

1. 개요

전기화재의 직접적인 점화원은 크게 열, 아크, 스파크의 3가지로 구분된다.

2. 줄열에 의한 발열

1) 줄열
(1) 전압에 의해 전류가 발생할 때, 전류는 도체저항(도체 내의 원자핵, 속박전자 및 불순물 등에 의한 내부저항)에 의해 열이 발생된다.
(2) 이러한 전류 흐름에 의해 발생되는 열을 줄열이라 한다.

2) 줄의 법칙
(1) 관계식

$$Q = I^2 Rt$$

(2) 줄열은 흐르는 전류의 제곱에 비례하여 발생한다.

3. 아크에 의한 발열

1) 아크

다음과 같은 경우에 발생하는 연속적인 불꽃 방전
(1) 전도도체가 단선 또는 순간단락(Short)될 경우
(2) 절연파괴의 경우
(3) 도체의 접속이나 접촉 불량의 경우

2) 아크 발열의 특징

(1) 매우 짧은 시간에 매우 큰 전기에너지를 갖고 있으며, 아크 발생 시 이러한 전기에너지를 열에너지로 소모한다.
(2) 아크전류가 가지는 온도는 5,000 [K] 이상의 고온이다.
  ① 도체로 사용되는 물질인 동의 용융온도가 1,085 [℃]이고, 알루미늄은 660 [℃] 정도 이므로 아크에 의해 용융될 수 있다.
  ② 아크 발열 시 피복이나 주변 가연물질의 화재사고 발생 가능성이 높아진다.

문제

트래킹 화재에 대하여 설명하시오.

---

1. 트래킹 현상

절연물 표면에 습기, 먼지 등이 부착되어 소규모 방전이 반복되면서 도전로가 형성되는 현상을 말한다.

2. 트래킹 화재의 진행과정

1) 이물질 부착

(1) 스위치나 차단기의 각 극 사이에 외부 이물질이 축적된다.
(2) 이물질 : 철 가공 공장의 철분진이나 일반 가공작업장의 먼지, 솜 부스러기 등

2) 소규모 방전 발생

절연물과 이물질의 부착면 사이에 소규모 방전이 발생된다.

3) 도전로(Track) 형성

(1) 소규모 방전이 반복되어 절연물 표면에 도전로가 형성되는데, 이를 트래킹이라고 한다.

(2) 이러한 도전로로 전류가 흐르게 되어 유기 절연물의 경우 탄화되어 흑연(도전성 물질)이 생성되고 그에 따라 도전로가 확장된다.

(3) 그에 따라 점차적으로 전류가 증가되어 열이 발생하고 발화로 이어질 수 있다.

3. 트래킹에 의한 화재 발생 사례

1) 콘센트에 장기간 플러그를 꽂아 두면 접속부에 먼지, 습기 등이 부착되어 도전로가 형성된다.
→ 절연파괴를 거쳐 화재가 발생한다.

2) 누전차단기 전원 측 단자 사이에 먼지와 습기가 부착되어 절연체 표면에 소규모 방전이 지속되다가 트래킹 현상에 의한 화재가 발생한다.

4. 트래킹 화재의 방지대책

트래킹은 외부 환경적인 요소에 의해 발생되므로, 이를 제거해야 한다.

1) 외부 환경적 요인에 따른 대책

(1) 주위의 비산먼지나 작업 중에 발생하는 분진을 즉시 처리해야 한다.

(2) 정기적으로 차단기, 전기설비 위의 먼지를 청소한다.

(3) 트래킹을 전기안전 점검항목에 포함시켜 주기적으로 점검한다.

2) 트래킹 대책 수립 시 고려해야 할 3가지 요소

(1) 교육적 대책

① 작업자, 관리자에게 분진 등에 의한 화재발생 위험을 정기적으로 교육하여 경각심을 높여야 한다.

② 이러한 교육을 통하여 정기적인 분진 제거 작업이 이루어질 수 있도록 한다.

(2) 기술적 대책

청소가 필요 없는 Fool – Proof 개념의 전기설비 개발이 필요하다.

(3) 법규적 대책

전기안전공사의 정기점검 항목에 트래킹 발생요소에 대한 점검을 포함시켜야 한다.

NOTE

트래킹 현상과 흑연화 현상의 비교

1. 흑연화 현상 (=가네하라, 그래파이트 현상)

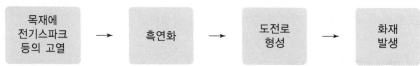

| 목재에 전기스파크 등의 고열 | → | 흑연화 | → | 도전로 형성 | → | 화재 발생 |

2. 트래킹 현상

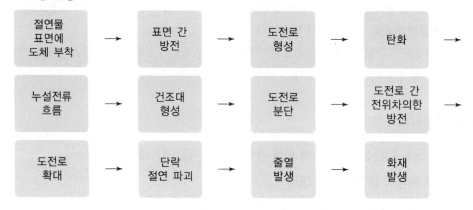

절연물 표면에 도체 부착	→	표면 간 방전	→	도전로 형성	→	탄화	→
누설전류 흐름	→	건조대 형성	→	도전로 분단	→	도전로 간 전위차의한 방전	→
도전로 확대	→	단락 절연 파괴	→	줄열 발생	→	화재 발생

3. 비교

1) 차이점 → 원인

   (1) 트래킹 : 표면 간의 방전

   (2) 흑연화 : 전기 스파크

2) 공통점

   유기절연물의 탄소가 흑연화되는 것

전기화재의 원인으로 볼 수 있는 은(Silver) 이동 현상의 위험성과 특징, 대책에 대하여
설명하시오.

1. 개요

1) 은(Ag)은 전기소자 부품을 접합할 때 은랍(Silver Solder)이 사용되며, 인쇄회로기판(PCB)의
배선회로 재료로 사용된다.

2) 은 이동(Silver Migration) 현상
직류전압이 인가된 은(도금 포함)의 이극 도체 사이에 절연물이 있을 때, 그 절연물 표면에 수
분이 부착되면 은의 양이온이 음극으로 이동하며 전류가 흘러 전기소자의 정상적 기능을 방해
하여 전기기기의 이상을 초래하는 현상

2. 위험성

1) 은 이동이 발생하면 은 코일이나 은 합금이 용융하며, 회로 간의 누설전류가 증가하여 발열하
게 된다.

2) 이로 인해 전극이 용융되고, 반도체가 파손되기도 한다.

3) 이러한 은 이동은 정밀 전자제품의 오작동의 주된 원인이 된다.

4) 이에 따라 전자제품의 과열ㆍ과부하 차단이 되지 않을 경우 화재가 발생할 수 있다.

3. 특징

1) 은이온의 발생은 점진적으로 진행된다.

2) 주변 온도가 높고, 열축적이 잘되는 기기에서 발생하기 쉽다.

3) 은 이동에 의한 누설전류는 대부분 매우 적어서 초기에 매우 작은 불씨가 발생한다.

4. 대책

1) 화재 초기에 적절한 점검 및 진단을 실시하여 대형화재로의 성장 방지

2) 은을 사용하는 전기적 요소 : 주변 습도 관리와 주변 가스와의 반응에 대한 철저한 관리 필요

기타 전기화재의 원인 및 대책

1 접촉저항 증가에 의한 발열

1. 개념

2개의 도체를 접속시켜 전류를 인가하면 전압강하가 일어나 저항이 발생하며, 이러한 접촉저항에 의해 발열, 발화될 수 있다.

2. 발생 원인

다음과 같은 부분에서의 접촉 불량에 의해 발생한다.
1) 스위치 접점 불량
2) 납땜 부분의 연결이 견고하지 않은 단자 사이
3) 전선의 연결부
4) 진동, 이완 및 이동 등에 의해 접속이 약해진 접속부

3. 대책

1) 접촉저항 증가에 따른 저항열은 화재를 유발할 수 있으므로 정기적인 점검이 필요하다.
2) 접촉부의 접촉저항을 감소시키기 위해 전선 등의 접속 후에는 반드시 납땜 또는 슬리브 접속을 수행하여 전기적 저항을 줄여야 한다.

2 아산화동 발열 현상

1. 개념

고온의 동 물체에서 아산화동이 증식되면서 발열하는 현상으로, 장시간 지속될 경우 그 부분에서의 열축적으로 화재가 발생할 수 있다.

2. 아산화동의 특성

1) 통전 중인 구리 도체 상호간의 접촉불량이나 전선의 단선에 따른 스위칭 작용에 따라 접촉저항이 변화한다.
2) 접속부에 아산화동 성분의 산화막이 형성되며, 고열을 발생시키게 된다.
3) 아산화동은 온도가 상승할수록 저항이 감소되는 특징을 가지고 있어 전류 집중으로 인해 국부적으로 1,000 [℃] 이상으로 온도가 상승할 수 있다.

3. 대책

1) 설비의 접촉저항 저감

    (1) 접촉압력 증가

    (2) 접촉면적 확대

    (3) 고유저항이 낮은 재료 사용

    (4) 접촉면을 청결하게 유지

2) 전기접속부의 열적 변화 확인

    전기설비 점검 시 열화상 카메라 등을 이용하여 열적 차이를 점검

③ 반단선에 의한 화재

1. 개념

전선이 절연 피복 내에서 끊어짐과 이어짐이 반복되는 상태를 반단선이라 하며, 이러한 현상이 반복되면 반단선 부분에서 불꽃이 발생하여 화재를 일으킬 수 있다.

2. 특징

1) 반단선 현상의 징후

    (1) 코드가 움직일 때마다 설비가 작동과 부작동을 반복된다.

    (2) 피복에서 열이 발생하며 이상한 냄새가 날 수도 있다.

2) 특징

    (1) 절연피복 내에서 물리적 단선과 접촉이 반복되는데, 그 간격이 짧기 때문에 코드를 움직일 때마다 끊어짐과 이어짐이 반복되어 아크가 연속적으로 발생한다.

    (2) 장시간 사용하면 절연피복 내의 탄화된 부분으로 전류가 흐르기 시작하여 선간 단락이 발생하게 된다.

3. 대책

반단선은 초기에 확인이 어렵지만, 계속적으로 반단선 현상이 발생한다.

1) 코드의 정상적인 사용 필요

2) 진동을 유발하는 전기기계기구의 경우 코드의 끝 부분에서의 사용을 주의해야 한다.

④ 지락

1. 개념

1상 단락전류가 대지로 통하는 것으로, 활선인 경우 화재와 감전사고를 일으킬 수 있다.

2. 특징

1) 지락에 의해 전기스파크가 발생하며, 이러한 스파크는 점화원으로 작용하여 화재를 일으킬 수 있다.

2) 국내 전기설비는 대부분 지락이 발생하면 지락전류가 흐르게 되는데, 주변에 가연성 가스나 가연물이 존재할 경우 화재가 발생한다.

3. 대책

1) 올바른 전기 사용법 숙지

2) 전선의 절연저항을 수시로 측정하고 전선의 단선에 주의

3) 주변의 다른 물체에 의한 단선에 대비하여 안전 펜스 설치

5 누전

1. 개념

1) 전선의 절연부분이 열화되거나 불량 또는 손상되어 일정량의 전류가 누설되는 것을 말한다.

2) 전류의 통로 외의 곳으로 전류가 흐르는 현상으로서, 다른 물체로 전류가 흐르고 이에 전류가 집중되어 발열하면서 화재가 발생할 수 있다.

2. 누전 화재

1) 저압누전

(1) 전선이 늘어진 상태로 장시간 경과되어 전선의 절연부가 벗겨지거나, 전선이 문틈 등에 끼여 손상되어 노출된 동선을 통해 누전된다.

(2) 저항 분포가 불균일한 도체에 전류가 집중되어 발열됨에 따라 화재가 발생한다.

(3) 발화에 이르는 누전 전류

① 누전전류가 300~500 [mA] 이상이면 발화된다.

② 허용누설전류 $\leq \dfrac{\text{최대 정격전류}}{2,000}$

2) 고압누전

(1) 변압기 2차 측 등과 같은 고압부의 누전에 의한 발화

(2) 전압이 높으므로 불량 도체인 목재 등에 전류가 흘러 발화하며, 특히 비에 젖은 목재는 발화 위험이 크다.

3. 누전의 3요소

누전화재에는 누전점, 출화점, 접지점의 3요소가 있으며, 이는 화재의 원인 조사에서도 중요한 부분이 된다.

1) 누전점

(1) 전선로의 절연파괴에 의해 금속조영재 등으로 전류가 흘러들어오는 지점

(2) 반드시 전선이 금속조영재에 직접 접촉하는 것이 아니라, 다른 금속재나 유기물의 흑연화 부분을 경유하여 누전되는 경우도 있다.

(3) 누전차단기를 설치한 경우에도 누전점이 누전차단기보다 전원 측에 위치할 경우에는 누전차단기가 작동하지 않으며 누전을 차단할 수 없다.

2) 출화점

(1) 누설전류에 의해 과열이 되어 화재가 발생되는 지점

(2) 누설전류가 비교적 집중할 수 있는 부분

   ① 모르타르의 이음매

   ② 금속관과 모르타르의 접촉부

   ③ 못으로 고정한 함석판의 맞닿는 부분

3) 접지점

(1) 접지물로 전기가 흘러들어오는 지점

(2) 누설전류가 이동한 경로를 확인하여 화재원인 등의 조사에 활용된다.

4. 누전화재 방지대책

1) 정기적인 점검 및 관리

2) 누전차단기와 누전경보기 설치

> **참고**
>
> **누전차단기**
>
> 1. 누전 발생 시 이를 감지하여 전원을 차단하는 장치
>
> 2. **구성**
>   1) 누전 검출부
>   2) 영상변류기
>   3) 차단기구
>
> 3. **누전차단기의 점검**
>   1) 정기적 작동시험
>   2) 외부상태 점검
>   (1) 경년에 따른 절연상태
>   (2) 외부 이물질 부착에 따른 탄화현상(그래파이트 현상)의 발생 유무

4. 누전차단기의 설치 환경조건

누전 차단기는 미소 전류를 검출하는 정교한 구조로 되어 있으므로, 설치장소를 잘못 선정하면 차단기 성능에 큰 영향을 미친다.

1) 주위 온도(-10~40 [℃]의 범위)를 고려할 것
2) 해발 1,000 [m] 이하의 장소
3) 비나 이슬에 젖지 않는 장소
4) 분진이 적은 장소
5) 진동 및 충격이 없는 장소
6) 습도(45~80 [%])가 낮은 장소
7) 불꽃 또는 아크에 의한 폭발위험이 없는 장소

6 경년열화

1. 개념

전기절연물이 장기간 사용으로 인해 성능이 저하되어 절연특성이 점점 불량해지는 변화를 말하며, 이러한 절연성능의 저하는 점화원으로 작용할 수 있다.

2. 경년열화의 사례

다음과 같은 현상으로 발열하면 절연열화된 권선의 층간 단락으로 발화될 수 있다.
1) 조명회로의 장기간 사용으로 안정기 및 전선의 경년열화로 인한 발화
2) 보일러실의 전동기 코일 부분에 습기로 인한 절연성능 저하
3) 환풍기의 먼지흡착에 의한 구속운전

3. 대책

1) 정기적 점검
2) 전기기기의 수명과 내구연한을 고려한 교체
3) 전기 사용자의 사용상 주의(습기, 먼지 등의 관리)

7 스파크에 의한 화재

1. 개념

1) 스위치 개폐 또는 콘센트에서 플러그를 꽂거나 뽑을 때 불꽃이 발생하는 현상으로, 주변에 가스나 분진 등이 존재할 경우 착화될 수 있다.
2) 전기기기의 정상적 사용에서도 스파크는 발생할 수 있다.

2. 대책

1) 목재, 벽, 천장으로부터 고압용 아크 발생 기구는 1 [m], 특고압용은 1.5 [m] 이상 이격시켜 설치한다.
2) 개폐기를 불연성 외함 내에 설치한다.
3) 일반 퓨즈는 단선 시 스파크가 발생하므로, 통형 퓨즈를 사용한다.
4) 위험장소에는 방폭형 개폐기를 적용한다.

문제

단락에 의한 화재 위험성을 설명하시오.

---

1. 개요

1) 전선의 절연이 파괴되면 부하가 접속되지 않은 상태로 전원만의 폐회로가 구성되는데, 이를 단락(합선)이라 한다.
2) 단락 시에는 부하가 없어 저항이 0이 되므로, 옴의 법칙에 따라 전류가 무한대로 되어 매우 위험해진다.

2. 단락의 발생원인

1) 전선에 외력이 가해져 절연피복이 파손

가구류 등의 중량물, 스테이프 고정, 전선을 밟거나 잡아당기는 등의 잘못된 취급 등에 의해 절연파괴되어 단락이 발생된다.

2) 접촉 불량 등 국부발열에 의한 절연열화 진행

비틀림 접속부 및 빈번한 굴곡에 의한 반단선 부분 등의 접촉 불량에 의해 전선이 국부적으로 발열하여 절연열화되어 단락이 발생된다.

3) 화재열 등 외부 열에 의한 절연파괴

화열이나 전열기 등의 열에 의해 피복이 녹아 절연파괴되어 단락이 발생된다.

3. 단락출화의 특징

1) 단락에 의한 스파크는 순간적인 에너지가 크지만, 국부적이면서 순간적이므로 가연물의 온도를 발화점까지 상승시키기 어려워 발화로 이어지는 가능성은 낮다.

2) 그러나 가연성 기체나 열용량이 적은 솜, 목분 등에는 충분히 착화할 수 있고, 연속적인 단락불꽃 등의 경우나 탄화가 진행되고 있는 피복류에는 충분히 착화될 수 있다.

3) 단락에 의한 출화는 출화부 부근이 국부적으로 깊게 타들어가고, 무염연소에 의한 출화의 형태가 많다.

4. 단락 시 소손되지 않는 케이블 단면적 계산

$$S = \frac{I_s \sqrt{t}}{134} \ [\mathrm{mm}^2]$$

여기서, S : 케이블 허용단면적, I_s : 단락 전류 [A], t : 단락 지속시간

> **참고**
>
> 단락전류가 26 [kA] 이고, 차단시간이 0.6 [s] 라면,
>
> $$S = \frac{I_s \sqrt{t}}{134} = \frac{(26 \times 10^3) \times \sqrt{0.6}}{134} = 150.3 \ [\mathrm{mm}^2]$$
>
> → 즉 단면적 150.3 [mm²] 이상의 케이블 필요

5. 단락에 의한 화재의 예방대책

1) 접지를 실시하고, 주기적으로 접지저항을 체크한다.

2) 단락 시 전류를 차단하는 차단기를 설치한다.

3) 충분한 굵기의 전선을 사용한다.

4) 전선이 손상되지 않도록 관리한다.

5) 오래된 전선을 일정주기마다 점검하고 교체한다.

정전기 화재

1 정전기의 개념

1. 정전기란 전하의 공간적 이동이 적고, 그것에 의한 자계의 효과가 전계에 비해 무시할 수 있을 만큼 작은 전기라 정의된다.
2. 그러나 이러한 정전기는 대전물체에서 발생된 과잉전하의 축적 및 방전에 의해 폭발성 혼합기체의 착화원 역할을 하여 연소나 폭발을 발생시킬 수 있다.
3. 정전기에 의한 발화과정
   전하의 발생 → 전하의 축적(대전) → 방전 → 발화

2 정전기 발생에 영향을 주는 요인

1. 물체의 특성
   접촉된 물체의 대전서열이 떨어져 있을수록 정전기의 발생이 크다.

2. 표면 상태
   거칠거나 오염 또는 부식된 경우에 더 크다.

3. 물체의 이력
   처음 접촉 · 분리가 일어날 때, 가장 크다.

4. 접촉면적 및 접촉압력
   접촉된 면적 · 압력이 증가하면 크다.

5. 분리속도
   빠르면 크다.

3 정전기 대전현상

1. 개념

1) 어떤 물체가 전기를 띠는 현상을 말한다.
   (전자 이동으로 다수의 전하가 겉으로 드러나는 현상)
2) 대전량이 크면 방전 스파크도 커져 발화되기 쉽다.

2. 대전현상의 종류

1) 마찰 대전 : 마찰 → 전하 분리 → 정전기 발생
2) 박리 대전 : 접촉된 물체가 벗겨질 때 → 전하 분리 → 정전기 발생

3) 유동 대전 : 액체의 파이프 내에서 유동될 때 발생되는 정전기

4) 충돌 대전 : 분체류의 입자 간 또는 입자 · 용기 간의 충돌 → 접촉 · 분리 → 정전기 발생

5) 분출 대전 : 분체, 액체, 기체가 작은 개구부(노출 · 균열)에서 분출될 때

6) 유도 대전 : 부근의 전열된 도체에 의해 정전 유도 → 전하분포 불균일 → 정전기

7) 비말 대전 : 공기 중에 비산된 액체가 새로운 방울로 되며 표면 형성

8) 적하 대전 : 고체면에서 액체가 모여 아래로 떨어지는 경우

9) 침강 대전

10) 부상 대전

11) 동결 대전

3. 고체, 액체 및 기체에서의 대전현상

1) 고체대전

(1) 일반 고체의 대전

① 섬유, 고무, 인쇄 공장 등에서 재료가 롤러의 사이를 통과할 때, 재료와 롤러 간의 마찰에 의해 생기는 대전 현상

② 벨트컨베이어 등에 쌓인 분체가 컨베이어의 선단에서 용기로 낙하할 때 벨트와 분체 간의 마찰에 의해 발생되는 대전 현상

③ 가장 문제가 되는 것은 고무, 비닐, 섬유방사제조 등과 같이 가연성 용제를 사용하는 경우에서 롤러와 재료 간의 대전에 의한 방전스파크에 의해 화재가 발생하는 것이다.

(2) 분체의 대전

① 분체를 Spout나 파이프 등을 사용해서 이송시킬 때, 분체와 Spout 간의 마찰로 인해 대전된다.(Spout : 중력을 이용해 분체를 높은 곳에서 하부로 이송시키는 덕트의 일종)

② 발생하는 전하의 양은 분체의 종류, 입자의 크기, 접촉면의 재질 등 각종 요인에 영향을 받는다.

③ 특히, Spout의 경사도가 클수록 낙하속도가 커져 대전량이 증가한다.

④ 이는 분진폭발의 위험을 높이므로, 주의해야 한다.

2) 액체의 대전

(1) 송유, 분출, 혼합, 교반, 여과 등에 의해 발생한다.

(2) 액체 대전의 분류

① 액체가 파이프나 탱크 벽체, 필터 등의 고체 표면 또는 다른 액체의 표면을 유동하여 발생하는 대전현상

② 정지된 액체 속에서 기포가 상승하거나, 슬러지 등이 침강하면서 발생하는 대전현상

(3) 액체대전의 전하 발생량에 대한 영향요소

① 액체의 종류, 유속, 전하분리면의 성질, 온도, 수분 등

② 등유, 경유, 가솔린 등은 고유저항이 커서 대전현상이 발생하기 쉽다.

③ 알코올류는 고유저항이 작아 대전현상이 거의 발생하지 않는다.

3) 기체의 대전

(1) 순수한 기체는 고체나 액체 표면과 접촉하여 유동해도 대전되지 않는다.

(2) 그러나 파이프나 설비 속의 스케일로부터의 불순물이 혼입되어 기체가 파이프 등에서 유동될 때 대전현상이 발생할 수 있다.

(3) 이때 파이프 등이 절연되어 있으면 전하가 축적되어 고전압이 되며, 근접한 접지체와 방전을 일으키게 된다.

4 역학현상과 정전유도현상

1. 역학현상

1) 대전체 근처의 먼지, 종이, 섬유, 분체 등을 흡인 또는 반발하는 현상

2) 쿨롱의 법칙에 의한 전기력

두 전하 사이에 작용하는 힘은 다음과 같이 구할 수 있다.

$$F = k \times \frac{q_1 q_2}{d^2}$$

3) 같은 전하 사이에서는 반발력이 작용하고, 다른 전하 간에는 인력이 작용하게 된다.

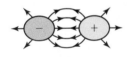

▌흡인력▌

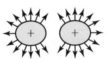

▌반발력▌

2. 정전유도현상

1) 대전물체와 절연물체 사이에서 발생하는 현상

2) 매질(물질)이 정전기장에 반응하는 현상으로 대전물체 가까이에 절연 도체가 있는 경우 절연된 도체 표면상에서 전하의 이동이 생기게 된다.

3) 정전유도 현상에 의한 불꽃방전으로 화재가 발생할 수 있다.

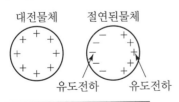

▌정전유도현상▌

5 정전기 방전 현상

1. 개념

1) 평상시에는 공기절연으로 대전물체로부터의 방전이 발생하지 않지만, 정전기가 공기의 절연 파괴강도(DC 30 [kV/cm], AC 21 [kV/cm])에 달한 경우 축적된 에너지가 외부로 방출될 수 있다.

2) 정전기 방전에 의한 방전에너지는 가연성 물질을 착화시키는 점화원으로 작용되어 연소나 폭발 등을 유발시킬 수 있다.

2. 종류

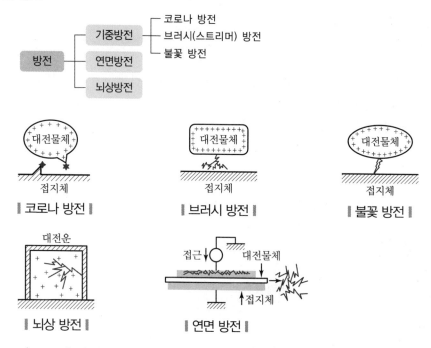

| 코로나 방전 | 브러시 방전 | 불꽃 방전 |

| 뇌상 방전 | 연면 방전 |

1) 코로나 방전

(1) 대전 물체나 방전 물체 부근의 돌기부에서 발생하는 방전현상
(2) 방전에너지가 작아 착화원이 될 가능성은 비교적 적다.

2) 스트리머 방전

(1) 대전량이 큰 부도체와 평평한 형상의 금속과의 기상에서 발생
(2) 코로나 방전에 비해 점화원이 될 가능성이 크다.

3) 불꽃(스파크) 방전

(1) 대전 물체와 접지도체 형태가 평평하고 간격이 좁은 경우 발생
(2) 강한 빛과 파괴음을 동반한다.

4) 연면 방전

(1) 정전기가 대전된 부도체에 접지체가 접근한 경우, 그 사이에서의 불꽃 방전과 거의 동시에 부도체의 표면에서 발생하는 방전

(2) 불꽃 방전과 더불어 착화원이 될 가능성이 매우 크다.

5) 뇌상 방전

공기 중의 뇌상으로 부유하는 대전입자 규모가 커진 경우, 대전운에서 발생되는 방전현상

3. 방전에너지와 발화한계

1) 방전에너지의 계산

(1) 도체로부터의 방전인 경우

$$W = \frac{1}{2}CV^2 = \frac{1}{2}QV = \frac{Q^2}{2C}$$

여기서, W : 방전에너지, C : 대전물체의 정전용량, V : 대전 전위, Q : 대전 전하

(2) 절연물로부터의 방전인 경우

$$W = \int IVdt = \int I^2 Rdt = \int \frac{V^2}{R}dt$$

여기서, W : 방전에너지, I : 방전전류, V : 방전전극 간의 전압, R : 방전공극의 저항

2) 정전기에 의한 화재 · 폭발의 발생한계

(1) MIE가 수십 $[\mu J]$인 가연성 물질 : 대전전위가 1 [kV] 이상이거나, 대전전하 밀도1×10^{-7} $[C/m^2]$ 이상인 대전 상태

(2) MIE가 수백 $[\mu J]$인 가연성 물질 : 대전전위 5 [kV] 이상이거나, 대전전하 밀도 1×10^{-6} $[C/m^2]$ 이상인 대전 상태

(3) 대전하고 있는 물체에 인체가 접근했을 때, 전격을 느낄 정도의 대전 상태

(4) 대전하고 있는 물체에 직경 30 [mm] 이상의 접지된 금속구를 접근시켰을 때, 파괴음 빛 발광을 동반하는 방전을 발생시키는 대전 상태

6 정전기 방지대책

1. 본딩과 접지

1) 본딩

(1) 접촉된 금속물체 사이를 도선으로 연결하여 양자의 전위차를 없애 방전을 방지하는 것이다.

(2) 본딩만으로는 정전기 대책이 되지 못하므로, 반드시 접지를 동시에 실시해야 한다.

2) 접지

(1) 물체에 발생한 정전기를 대지로 누설시켜 물체에서의 정전기 전하의 축적을 방지하는 것이다.

(2) 접지선은 충격이나 부식에 의해 단선되지 않도록 충분한 굵기와 낮은 접지저항이 요구된다.

2. 가연성 분위기의 불활성화

산소농도를 한계농도 미만으로 낮춤 → CO_2, N_2 등을 주입

3. 가습

1) 종이, 섬유 등은 상대습도 60~70 [%] 이상이 되면 정전기 축적이 방지된다.

2) 이는 습도가 높아지면 물체 표면에 얇은 수막이 생겨 이 막에 공기 중의 CO_2가 녹아 전이되고, 이를 통해 정전기가 누설되기 때문이다.

3) 실온 이상의 고온 물체나 유류 표면의 정전하에서는 효과가 적다.

4. 제전

1) 제전기

(1) 제전기는 완전제전이 아니라, 재해나 장애가 발생되지 않을 정도로 정전기를 제거하는 기기이다.

(2) 종류에는 전압인가식, 자기방전식, 방사선식 제전기가 있다.

2) 제전제

인화성 액체에 제전제를 주입하여 고유저항을 낮춘다.

5. 정전 유도에 의한 이온화

1) 공기 중에 이온을 만들어 대전체 표면의 전하를 중화시켜 공기 중으로 방전시키는 것

2) 정전유도(Static Induction)란, 대전체와 절연물 사이에 반대극성끼리 맞보게 되도록 전하의 이동을 발생시키는 것이라 할 수 있다.

6. 전도성 부여

1) 전기저항이 큰 물질 대신에 전도성 물질을 사용하여 전도성을 높이면, 전하 누설이 촉진되어 정전기가 방지된다.

2) 가죽·고무벨트 내면에 전도성 도료를 칠하거나, 페인트·시너 등에 오레인산 마그네슘 등을 첨가하는 방법 등이 그 예이다.

7. 마찰을 적게 함

1) Slip 방지를 위해 마찰계수가 큰 Belt를 사용한다.
2) 마찰되는 물질은 대전서열이 가까운 것으로 선택하거나 두 가지 물질 모두 도전성 물질로 한다.

8. 정전 차단

1) 접지된 도체로 대전물체를 덮거나 둘러싸는 방법
2) 대전물체의 전위를 내려 방전을 어렵게 하여 대전물체 근방에 있는 물체의 정전유도를 방지하고, 역학현상 발생을 방지한다.

9. 정치시간

1) 정치시간이란, 탱크로리 등에 위험물 주입 후 용기 내 유동이 정지하여 정전기 방전이 발생되지 않을 때까지의 시간을 말한다.
2) 접지된 대전물체의 도전율이 클수록 정치시간 부여의 효과가 크다.

참고

정전유도(Static Induction)

1. 그림과 같이 대전물체 가까이에 절연된 도체가 있는 경우에서 절연된 도체의 표면상에서 전하의 이동이 생기는 현상
2. 정전유도 현상에 의해, 대전물체 부근에 도체가 있으면 불꽃방전이 발생되어 화재가 발생될 수 있다.

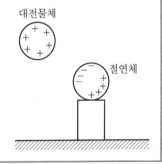

정전기 대전현상에 대하여 기술하고, 위험물을 고무 타이어가 있는 탱크로리, 탱크차 및 드럼 등에 주입하는 설비의 경우 "정전기 재해예방을 위한 기술상의 지침"에서 정한 정전기 완화조치에 대하여 설명하시오.

1. 정전기 대전현상

1) 대전

(1) 물체에 발생한 전하가 물질에 축적되는 것

(2) 영향인자 : 물질의 도전율, 습도, 온도

→ 대전량이 크면, 스파크도 커져 발화되기 쉬움

2) 정전기 대전현상의 종류

마찰대전, 박리대전, 유동대전, 충돌대전, 분출대전, 유도대전, 비말대전, 적하대전, 침강대전, 부상대전, 동결대전

3) 고체의 대전

(1) 일반 고체의 대전

① 섬유, 고무, 인쇄 공장 등에서 재료가 롤러 사이를 통과할 때, 재료와 롤러 간의 마찰에 의해 생기는 대전

② 벨트컨베이어 등에 쌓인 분체가 낙하할 때 벨트와 분체 간의 마찰에 의해 발생되는 대전 현상

(2) 분체의 대전

분체를 Spout나 파이프 등을 사용해서 이송시킬 때, 분체와 Spout 간의 마찰로 인해 대전됨

4) 액체의 대전

(1) 액체가 파이프나 탱크 벽체, 필터 등의 고체 표면 또는 다른 액체의 표면을 유동하여 발생하는 대전현상

(2) 영향요소

액체의 종류, 유속, 전하 분리면의 성질, 온도, 수분 등

5) 기체의 대전

(1) 순수 기체는 고체나 액체 표면과 접촉하여 유동해도 대전되지 않음

(2) 그러나 파이프나 설비 속의 스케일로부터의 불순물이 혼입되어 기체가 파이프 등에서 유동될 때 대전현상이 발생 가능

2. 위험물 주입 시의 정전기 완화조치

1) 운반체와 주입 파이프 간에 전위차가 없도록 상호 본딩접지를 할 것

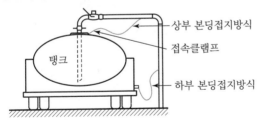

2) 하부 주입방식의 경우
   (1) 저속 유지 또는
   (2) 표면 와류생성을 최소화하기 위하여 위쪽으로 분출되는 현상을 완화시킬 수 있는 기구를 부착하여 사용할 것
3) 주입파이프의 모든 금속제 부분은 전기적으로 접속되어야 하며 플랜지 접속부분이 있을 경우 플랜지 좌우배관을 본딩시킨다.([예외] 하부 주입방식의 경우)
4) 본딩되지 않은 금속체가 탱크 중에 들어가지 않도록 하여야 하며, 주입 전에 탱크 내부를 점검하여 본딩되지 않은 금속체가 탱크 안에 있는지 확인할 것
5) 미크론 단위의 입자를 제거하는 필터를 통해 주입될 때에는 주입 후 30초 이상의 정전기 정치시간을 둘 것
6) 도전성 첨가제를 사용할 때에는 유속제한이나 정전기 등의 제한을 두지 않아도 좋으나 본딩 및 접지를 할 것

> **문제**
>
> 정전기의 대전을 방지하기 위한 전압인가식 제전기의 종류와 제전기 사용상의 유의 사항
> 에 대하여 설명하시오.

1. 개요

1) 제전기(이온 발생기)

대전된 전하를 중화시키기 위한 반대 극성의 이온을 제공하기 위하여 공기를 이온화시키는 장치

2) 제전기의 종류

(1) 전압인가식 제전기

고전압이 인가되어 제전에 필요한 이온을
만드는 제전기

(2) 자기방전식 제전기

제전하고자 하는 대전물체의 정전기에너지
를 이용하여 필요한 이온을 만드는 제전기

(3) 방사전식 제전기

방사선의 기체 전리작용을 이용하여 제전에 필요한 이온을 만드는 제전기

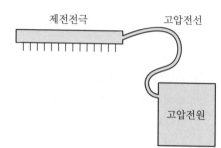

2. 전압인가식 제전기의 종류

1) 고압전원의 극성에 따른 분류

고압전원 \ 제전전극		결합방식	
		직접 결합	용량 결합
사용 전원	교류	교류, 직결형 제전기	교류, 용량결합형 제전기
	직류	직류, 직결형 제전기	–

2) 방폭성능에 따른 분류

(1) 방폭형 제전기

① 가스 및 분진폭발 위험장소에 적용하는 제전기

② 점화원으로 작용하지 않아야 하므로 제전성능 약함

(2) 비방폭형 제전기

① 현재 가장 널리 사용되는 전압인가형 제전기

② 대부분 교류, 용량결합형 제전기를 적용

3) 제전전극에 송풍장치, 압축공기의 분류장치 유무

  (1) 송풍형 제전기

    ① 표준형 제전기의 제전전극에 송풍장치를 설치하여 이온의 대전물체에 강제적으로 보내어 제전하는 것

    ② 제전전극 형상에 따라 노즐형, 플랜지형, 권총형 제전기가 있다.

  (2) 표준형 제전기

3. 제전기 사용상의 유의사항

1) 고전압에 대한 안전성

  (1) 침상전극의 코로나 방전 개시전압이 4 [kV] 정도이며, 실제 장치는 그 이상의 전압을 채용한 고전압 장치이다.

  (2) 반드시 전원을 끄고 점검, 보수를 수행해야 한다.

  (3) 완전한 접지를 수행해야 한다.

2) 오존에 대한 안전성

  (1) 방전침의 코로나 방전부에서 공기 중의 산소가 이온화되고 각종 화학반응에 의해 오존이 생성될 우려가 있다.

  (2) 오존은 건강, 환경상 유해하므로, 작업환경농도의 기준치를 초과하지 않아야 한다.

3) 방전침으로부터의 발진

  (1) 발진현상의 종류

    ① 스퍼터링 현상 : 방전침 소재가 방출되는 현상

    ② 방전침 선단에서의 전계집중에 의해 불순물이 침착되고 이것이 불규칙적으로 비산

  (2) 반도체 클린룸에서 이러한 발진 시 제품 불량 등의 발생 우려가 있다.

  (3) 대책

    ① 방전침을 침식되기 어려운 소재로 사용하고, 도전성 석영글라스로 피복

    ② 방천침 주변에 청정공기를 흘려 불순물 침착 예방

4) (+), (−) 이온의 밸런스

  (1) 정밀 전자장치의 경우 수십 V의 차이에도 문제가 될 수 있고 양·음 이온 밸런스가 크게 달라지면 대전전압이 증가되어 화재폭발 위험 증가

  (2) 주기적인 양·음 이온 밸런스의 측정 관리가 필요

5) 보수 관리

  방전침과 그 주변의 오염 관리

자동화재탐지설비의 수신기에 설치하는 SPD(Surge Protective Device)의 설치목적,
설치대상 건축물, 동작원리, 동작기능의 분류 및 설치기준에 대하여 설명하시오.

1. SPD의 목적

1) 수신기(Fire Alarm Control Panel, FACP)와 접속된 전원 선로, 신호 선로 및 통신 선로로 유
도되어 들어오는 낙뢰, 단락 또는 지락으로 인해 발생되는 서지(Surge, 과전압)를 안전 전압으
로 제한함으로써,

2) 서지로 인한 경보장치 오동작, 주요 부품의 손상 및 시스템 에러 등을 최소화하여 안정적인 화
재경보시스템 운영을 할 수 있도록 한다.

2. SPD 설치대상 건축물

1) 2동 이상의 건축물의 화재경보설비가 케이블로 상호 연결되는 경우

 (1) 대지는 완전한 전기 도체가 아니므로, 낙뢰전류가 흐를 때 지표면의 여러 지점 사이에 매우
 높은 전압이 유기된다.

 (2) 각 빌딩 별로 별도의 전기 시스템으로 구성되었다면 이 전위차가 아무런 문제도 발생시키
 지 않겠지만, LAN 케이블 등이 두 빌딩을 연결한다면 한 빌딩에 있는 장비는 다른 건물에
 있는 장비에 비해 상대적인 대지전위가 생기는데, 이 전위차는 LAN 장비의 절연을 파괴할
 수 있다.

 (3) 현대의 빌딩은 필연적으로 전기나 통신을 위해 여러 가지 케이블로 상호 연결될 수밖에 없
 다. 만일 케이블이 건물 상호 간에 연결되어 있으면 서지억제기를 설치해야 한다.

2) KS C IEC 60364-4-44

 (1) 연간 뇌우일수가 25일/Year를 초과하는 지역에서 전원이 가공선로로 공급되는 전기설비

 (2) 저압으로 인입되는 전기설비의 접지방식이 통합접지인 건물 내의 전기설비

3. SPD의 동작원리

1) SPD를 설치하는 목적은 서지전류가 부하를 통해 흐르지 않도록 하는 것이고, 이는 임피던스가
낮은 통로(즉 SPD)를 통해 서지 전류를 흘려줌으로써 달성할 수 있다.

2) MOV는 정상 상태에서 매우 큰 임피던스를 가진 부품으로서, 서지 전압을 감쇄시키는 역할을 한다.
 ⇒ 전압 서지(예를 들어 정격전압의 125 [%]가 넘는 전압)가 걸리면 MOV가 서지를 통과시키
 는 저임피던스 통로가 된다.

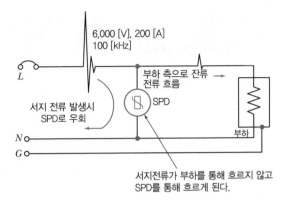

6,000 [V], 200 [A]
100 [kHz]

L

서지 전류 발생시
SPD로 우회

부하 측으로 잔류
전류 흐름 →

SPD

부하

N

G

서지전류가 부하를 통해 흐르지 않고
SPD를 통해 흐르게 된다.

4. 동작기능의 분류

서지보호기는 크게 두 가지로 나눌 수 있는데, 서지전압을 억제하는 특성에 따라 Limiting Type 과 Switching Type으로 나눈다. 각각의 원리는 다음과 같다.

1) Limiting Type

(1) 대표적인 것으로는 MOV(Metal Oxide Varistor)와 Zener Diode가 있으며, 전압에 대한 전류의 특성이 비선형을 나타낸다.

(2) 소자 양단에 걸리는 전압이 설정된 전압 이하일 때에는 커다란 임피던스로 작용하여 전류 를 거의 흐르지 못하게 하지만,

(3) 그 값을 초과하는 전압이 걸리면 임피던스가 급격하게 작아지면서 많은 전류를 흘려 전압 이 일정한도 이하를 유지하게 해준다.

2) Switching Type

(1) 대표적인 것으로는 GDT(Gas Discharge Tube)가 있으며, 전압에 대한 전류의 특성이 Limiting Type보다 심한 비선형을 나타낸다.

(2) GDT는 튜브 안에 가스를 넣고 가스를 통해 방전이 일어나게 하는 것으로써, 전극 양단에 걸리는 전압이 설정된 전압 이하일 때에는 커다란 임피던스로 작용하여 전류를 거의 흐르 지 못하게 하지만,

(3) 그 값을 초과하는 전압이 걸리면 전극 사이에서 방전이 일어나게 되고,

(4) 일단 방전이 계속되면 튜브 안에 있는 가스가 이온화되어 방전개시 전압보다 훨씬 낮은 전 압에서도 방전이 계속되면서 많은 전류를 흘려 전압이 일정한도 이하를 유지하게 해준다.

5. 설치기준

1) 전원용으로 설치되는 SPD인 MOV는 전기 분전반에 설치된다.

2) 전원용 SPD와는 별도로 데이터선 또는 통신선 용도의 SPD(GDT 방식)를 자탐설비 통신 배선 에 추가 설치해야 한다.

접지(Grounding, Earth)

① 접지의 필요성

1. 감전 방지

1) 전기적 이상 발생으로 전기기기 외함(노출도전부)에 전류가 흐르고 있을 때, 인명이 이에 접촉하면 전위차에 의해 신체를 통해 전류가 대지로 흐르게 된다. 이 전류가 심실세동전류(약 30 [mA]) 이상일 경우 사망할 위험이 있다.

2) 따라서 미리 전기기기 외함(노출도전부) 등을 대지에 연결하여 누설전류가 대부분 대지로 흐르게 해야 하므로, 인체의 외함 접촉 시의 전압을 안전전압(50 [V]) 이하로 설계한다.

3) 또한 노출도전부, 계통외도전부 등을 등전위본딩하여 감전방지, 뇌해방지, 통신설비의 안정적 동작을 위한 기준전위를 확보해야 한다.

2. 접지의 목적

1) 인체의 감전방지

2) 시설물 보호

3) 전기기기의 오작동 방지

4) 통신, 제어기기의 손상방지 및 노이즈 방지

5) 정전기 방지

6) 뇌해 방지

② 접지의 종류 및 방법

1. 접지시스템의 구분

계통접지	• 전력계통의 돌발적 이상현상(뇌격, 아크지락, 1선지락 등)에 대비하여 대지와 계통을 연결하는 것으로, 변압기 중성점을 대지에 접지 (지락사고 시 보호계전기의 동작을 확실히 하기 위함) • TN, TT 및 IT 계통으로 분류
보호접지	• 고장 시 감전 보호를 목적으로 기기의 한 점 또는 여러 점을 접지하는 것 (과거 제3종 접지공사에 해당하며, 접지 목적을 명확하게 함) • 도전성 외함(노출도전부)에 사람 접촉 시 감전 방지
피뢰시스템 접지	• 보호대상물에 근접하는 뇌격을 흡인하여 뇌격전류를 대지로 방류하여 건물을 보호하는 것 • 수뢰부, 인하도선, 접지극으로 구성

2. 접지시스템의 시설 종류

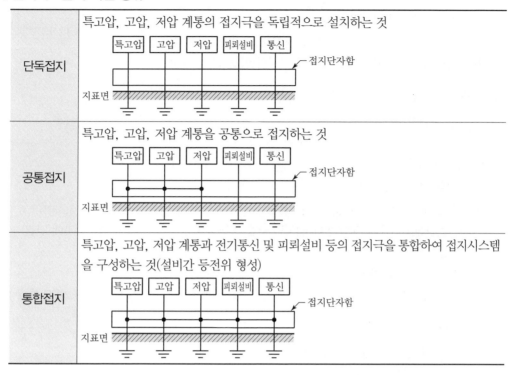

단독접지	특고압, 고압, 저압 계통의 접지극을 독립적으로 설치하는 것
공통접지	특고압, 고압, 저압 계통을 공통으로 접지하는 것
통합접지	특고압, 고압, 저압 계통과 전기통신 및 피뢰설비 등의 접지극을 통합하여 접지시스템을 구성하는 것(설비간 등전위 형성)

3. 접지시스템의 비교

항목	단독접지	공통접지, 통합접지
방법	각각 독립적인 접지전극 시공	같은 용도 시설의 접지 연결(공통접지) 전체 용도 시설의 접지 연결(통합접지)
장점	• 타 기기나 계통에 영향 적음 • 어떤 설비에 고장전류 발생 시 타설비에 영향 없음	• 장비 간 전위차 발생 방지 • 접지계통이 단순하여 보수점검 용이 • 접지극 중 1개가 불량이어도 타 접지극으로 보완(신뢰도 향상) • 접지극 병렬접속으로 접지저항 낮음 • 공사비 저렴
단점	• 시스템 간 충분한 이격거리 확보 및 절연이 필수적이나 현실적으로 어려움 • 실제 뇌전류 또는 서지 유입 시 시스템 사이 전위차 발생으로 기기손상 우려 • 접지계통 복잡, 보수점검 어려움 • 접지극 불량 시 교체 필요 • 공사비 많이 소요됨	• 공용설비 중 지락전류가 발생하면 접지저항으로 인한 전위 상승으로 타 기기에 영향 우려 있음 (접지저항이 매우 낮으면 문제 적음) • 그러나 등전위본딩을 제대로 실시하면 성능 충족 가능
설계기준	접지저항 기준	안전전압 기준(접촉전압, 보폭전압)

4. 접지시스템의 구성

1) 접지극 : 땅속에 설치되는 접지봉, 접지판 또는 접지 메시 등
2) 보호도체 : 각 외함(노출도전부)으로부터 접지단자함까지의 연결 선
3) 접지도체 : 접지단자함에서 접지극까지의 연결 선

5. 피뢰시스템 접지

1) 외부 피뢰시스템

   수뢰부, 인하도선, 접지극 시스템
2) 내부 피뢰시스템

   등전위본딩, SPD, 이격
3) 전원선과 통신선의 피뢰용 등전위 본딩

   (1) 전원선 중 L선 : SPD 통해 접지단자에 연결(중성선은 SPD 없이 접지단자에 연결)
   (2) 통신선

   ① 접지선 : 접지단자에 연결
   ② 통신선(2가닥) : 각각 SPD를 통해 접지단자에 연결하고, 통신선 간에도 SPD 통해 본딩

6. 기능용 접지

1) 목적 : 정보, 통신 설비의 기능확보

   (1) 약전설비의 기준전위 확보
   (2) 등전위 확보
   (3) 건축물 내부 피뢰시스템 접지
   (4) 서지, 노이즈의 방지
2) 접지 및 등전위본딩

   접지 외에 통신실 바닥 등에 메시 형태로 기준접지극(SRG)을 설치하여 등전위본딩까지 할 경우, 접지 임피던스가 낮게 안정되어 통신설비의 기능확보에 효과적이다.

❸ 접지시스템의 설계기준

1. 설계기준의 변경

예전 설계기준	개정된 KEC 기준
• 접지공사의 종별 접지저항 충족 • 단독접지에는 현재도 적용 가능	• 보호 요구사항 충족 • 안전전압 ≥ 위험전압(접촉전압, 보폭전압)

$\Rightarrow$

1) 안전전압

   회로에 인가된 정격전압이 일정수준 이하로 낮아 인체에 접촉해도 전기적 쇼크를 주지 않는 안전한 전압의 크기(50 [V]로 함)
2) 위험전압

   지락사고 시 전원과 인체가 접촉할 때 인체에 인가되는 전압으로 접촉전압과 보폭전압이 이에

해당되며, 사고전압이라고도 함

2. 접촉전압과 보폭전압

1) 낙뢰, 지락 등의 사고에 의해 전류가 접지전극에 유입되면 대지면 전위상승(GPR)으로 위험전압인 접촉전압, 보폭전압, 전이전압 및 메시전압이 발생한다.

→ 접지설계의 기준으로 허용 접촉전압, 허용 보폭전압을 이용함

2) 접촉전압과 보폭전압의 개념

접촉전압	보폭전압
지락전류가 흐르는 도전성 부분에 접촉했을 때, 그 접촉부와 발 사이에 나타나는 전위차 (구조물과 대지면 접촉 간의 거리 1 [m]의 전위차)	고장전류가 대지로 흘러 들어가면 접지전극 주위에 전위 분포가 발생하며, 이로 인해 사람의 양발 사이(1 [m])에 생기는 전위차

3) 최대 허용 접촉전압(E_{touch})

(1) $E_{touch} =$ 인체 허용전류 × [손과 외함 사이의 저항(무시) + 인체 저항 + 한쪽 발과 대지 사이의 저항]

(2) 최대 허용 접촉전압은 클수록 안전하며, 발과 대지 표면 사이의 접촉저항이 가장 큰 영향을 준다.

4) 최대 예상 접촉전압(E_m)

(1) $E_m = \dfrac{\rho\, K_m\, K_i\, I_g}{L_M}$

(2) 대지저항률, 지락전류, 접지시스템 설계에 따라 달라지며, 낮을수록 안전하다.

4 접지설계의 단계

1. 토양 특성 등 입력값의 조사

대지저항률을 실측하여 접지설계에 반영한다.

2. 1선 지락전류 계산 및 접지도체, 보호도체의 굵기 산정

3. 안전 한계전압 계산

최대허용 접촉전압 및 최대허용 보폭전압 계산

4. 접지 초기 설계 및 접지저항 계산

1) 접지극 포설간격, 도체길이, 매설 깊이, 접지봉 수량 결정
2) 접지저항(R_g) 계산

5. 최대 접지전류 계산

접지전극으로 흐르는 최대 접지전류 계산

6. 접지 안전성 평가

1) GPR 계산(Ground Potential Rise, 접지망의 최대 전위상승)

$GPR = I_g \times R_g$ (최대 고장전류 × 접지망 접지저항)

2) 안전성 평가
   (1) 최대허용 접촉전압 > GPR : 설계 적절
   (2) 최대허용 접촉전압 < GPR : 재설계

7. 재설계 및 설계완료

1) 발생 가능한 최대 예상 접촉전압 및 보폭전압 계산
2) 최대허용 접촉전압 > 최대예상 접촉전압(E_m)을 만족하도록 재설계
   → 접지설계를 개선하여 접촉전압 기준을 만족할 때까지 반복(접지저항 저감대책 등을 반영)

5 접지설계 대책

1. 전위경도 저감

1) 전위경도가 큰 장소에는 메시 간격을 좁게 설계한다.
2) 봉형 전극을 추가하여 접지메시와 전기적으로 병렬 연결한다,

2. GPR(대지 최대 전위상승) 저감

1) 접지망 유입전류 저감
   (1) 가공지선, 연접 등으로 지락전류를 분류시킨다.
   (2) 중성점에 NGR(중성점 접지저항기) 등을 설치하여 지락전류를 저감한다.
2) 접지저항 저감
   (1) 물리적 저감대책

수평공법 (접지면적을 넓게 설계)	• 메시 접지방식으로 하여 Mesh 간격을 좁게 함 • 접지봉을 추가하여 병렬 접속 • 접지극 치수를 증대
수직공법 (접지극을 깊게 매설)	• 보링 공법 • 접지극을 최대한 깊게 매설

(2) 화학적 저감대책

　① 접지극 주위에 반응형 또는 비반응형 저감재를 주입하는 방법

　② 효과가 일시적이며, 토양 오염의 문제를 고려해야 함

3) 허용 접촉전압이 높아지도록 발과 대지 표면의 저항률을 높임

　(1) 옥외 : 자갈 포설

　(2) 옥내 : 에폭시 페인트+고무패드 설치

⑥ 소방시설의 접지

항목	종류(접지방법)	접지 목적 및 보호등전위본딩	보조 보호등전위본딩
수신기 제어반 화재표시반 발신기함 비상콘센트함	저압용 전기기기 : 통합 또는 공통접지	• 노출도전부 – 접지 　(기능접지 및 보호접지) • 피뢰용/감전방지용 　등전위본딩	기능접지용 등전위본딩 추가 시설 (SRG에 연결)
모터	저압용 전기기기 : 통합 또는 공통접지	• 노출도전부 – 접지 　　　　(보호접지) • 피뢰용/감전방지용 　등전위본딩	• 주위 배관, 덕트와 　보조보호등전위본딩
배관 덕트	–	• 금속제 배관 덕트 : 　보호등전위본딩 • 건물 인입구 배관 : 　보호등전위본딩	• 주위 전기기기와 　보조보호등전위본딩
전원선	• 피뢰용 등전위본딩 　L : SPD 통해 본딩바 연결 　N : 노출도전부의 PE선과 연결 　PE : 본딩바 연결		
통신선	• 피뢰용 등전위본딩 　통신선 1 Pair : 각각 SPD 통해 등전위 본딩 　차폐층 접지선 : SPD 연결없이 등전위본딩(편단접지와 겸용)		

⑦ 대지저항률 및 접지저항의 측정

1. 대지저항률의 측정

1) 측정목적

　(1) 접지 시스템 설계 입력값 중에서 가장 중요하며, 현장이 위치한 지역, 계절, 온도에 따라 대지저항률이 다르다.

(2) 접지 설계 시, 사고전압 계산의 입력값인 땅 속 대지저항률은 현장에서 미리 실측해야 한다.

2) 측정방법(Wenner의 4전극법)

   (1) 전기실을 기준으로 동서남북 방향으로 측정

   (2) 4개의 금속탐침을 동일 간격(a)으로 매설

   (3) 도선으로 측정기 4개 단자에 탐침을 연결

   (4) Test 버튼을 눌러서 표시된 값을 읽음

   (5) 금속 탐침의 거리를 변경해서 측정 반복

   (6) 측정된 저항값을 대지저항률 계산식에 대입하여 계산

$$\rho = 2\pi a R \,[\Omega \cdot \mathrm{m}]$$

     여기서, a : 전극간격, R : 접지저항($= V/I$)

   (7) 측정 방향을 변경하여 측정하고, 그 값의 평균값을 대지저항률로 한다.

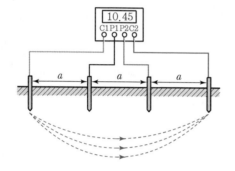

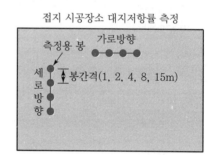

접지 시공장소 대지저항률 측정

2. 접지저항의 측정

1) 접지저항을 측정하려는 접지극(E)에서 충분히 이격하여 전류 보조전극(C)을 박는다.

2) 전위보조전극(P)의 위치는 전위가 일정한 EC 직선 상의 51.8, 61.8 및 71.8 [%] 위치에 설치하여 접지저항 측정한다.

3) 3개 측정 값의 차이가 5 [%] 이내일 경우 : 평균값을 접지저항으로 한다.

4) 5 [%]를 초과할 경우 C의 거리를 늘려가면서 반복 측정한다.

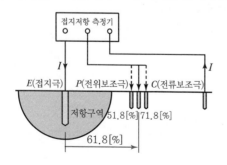

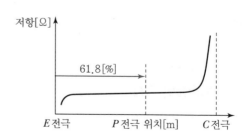

PART 07

FIRE PROTECTION PROFESSIONAL ENGINEER

위험물

CHAPTER 20 | 위험물

CHAPTER 20 | 위험물

▣ 단원 개요

위험물의 분류(위험물법, GHS, NFPA 등), 종류별 특징, 위험물 시험 및 판정기준, 개별 위험물의 특징 등의 위험물 분류와 관련된 내용과 위험물제조소등의 종류, 시설기준(안전거리, 보유공지 등) 및 소화난이도 등급 등에 따른 소방시설 설치기준을 다루고 있다.

▣ 단원 구성

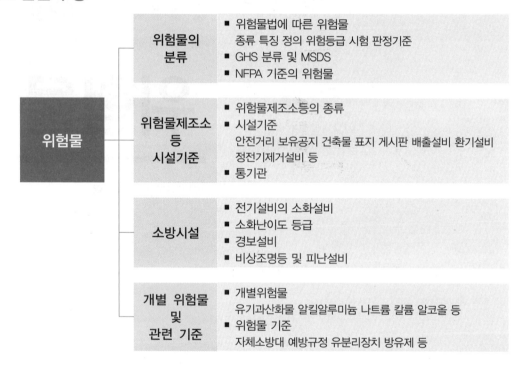

위험물의 분류	■ 위험물법에 따른 위험물 　종류 특징 정의 위험등급 시험 판정기준 ■ GHS 분류 및 MSDS ■ NFPA 기준의 위험물
위험물제조소등 시설기준	■ 위험물제조소등의 종류 ■ 시설기준 　안전거리 보유공지 건축물 표지 게시판 배출설비 환기설비 　정전기제거설비 등 ■ 통기관
소방시설	■ 전기설비의 소화설비 ■ 소화난이도 등급 ■ 경보설비 ■ 비상조명등 및 피난설비
개별 위험물 및 관련 기준	■ 개별위험물 　유기과산화물 알킬알루미늄 나트륨 칼륨 알코올 등 ■ 위험물 기준 　자체소방대 예방규정 유분리장치 방유제 등

위험물

▣ 단원 학습방법

위험물 단원은 그 범위가 방대하여 전체적으로 완벽하게 학습하는 것은 매우 어려우므로, 자주 출제되는 사항 위주로 집중적 학습하는 전략이 요구된다. 위험물제조소등의 시설기준, 위험물 관련 정의, MSDS 등의 출제 비중이 높은 사항을 중심으로 충실하게 학습해야 한다. 또한 최근 제·개정되는 위험물안전관리법 기준도 그 배경, 주요내용을 반드시 학습해야 한다.

위험물 관련 빈출 문제들은 거의 대부분의 소방기술사 시험에서 당락을 좌우하고 있지만, 완벽한 반복암기가 되지 않는다면 고득점을 받기 어렵다. 평소 충실하게 학습(이해, 정리, 암기)한 상태에서 시험에 가까운 시점에서의 막판 총정리가 필요한 단원이다.

CHAPTER 20 | 위험물

위험물의 종류

1 위험물안전관리법에 따른 분류

※위험물의 분류기준 : 일산 2가에 사는 삼자의 사인은 오자 육산

〈일산〉

1류 위험물	염무브질 요과중
(산화성 고체)	5 5 3 3 3 1 1
아염소산 염류	50 [kg]
염소산 염류	50 [kg]
과염소산 염류	50 [kg]
무기과산화물	50 [kg]
브롬산 염류	300 [kg]
질산 염류	300 [kg]
요오드산 염류	300 [kg]
과망간산 염류	1000 [kg]
중크롬산 염류	1000 [kg]

〈2가〉

2류 위험물	황적유 철마금 인
(가연성 고체)	100 500 1000
황화린	100 [kg]
적린	100 [kg]
유황	100 [kg]
철분	500 [kg]
마그네슘	500 [kg]
금속분	500 [kg]
인화성 고체	1000 [kg]

〈3자〉

3류 위험물(자연발화성/금수성 물질)	
칼나알알 황알유 수인탄	
1 2 5 5 3	
칼륨, 나트륨, 알킬알루미늄, 알킬리튬	10 [kg]
황린	20 [kg]
알칼리금속(K, Na 제외), 알칼리토금속	50 [kg]
유기금속화합물(알칼리금속, 알칼리토금속 제외)	50 [kg]
금속의 수소화물, 인화물	300 [kg]
칼슘 또는 알루미늄의 탄화물	

〈사인〉

4류 위험물	특1알 234동
(인화성 액체)	5 2 4 - 1 2 6 1
	(1·2·3의 수용성은 2배)
특수인화물	50 [l]
제1석유류	200 [l]
알코올류	400 [l]
제2석유류	1000 [l]
제3석유류	2000 [l]
제4석유류	6000 [l]
동식물유류	10000 [l]

〈오자〉

5류 위험물	뉴질히	니아디히
(자기반응성 물질)	십십백	이백
유기과산화물		10 [kg]
질산에스테르류		10 [kg]
히드록실아민		100 [kg]
히드록실아민염류		100 [kg]
니트로화합물		200 [kg]
니트로소화합물		200 [kg]
아조화합물		200 [kg]
디아조화합물		200 [kg]
히드라진유도체		200 [kg]

〈육산〉

6류 위험물	염산질
(산화성 액체)	300
과염소산	300 [kg]
과산화수소	300 [kg]
질산	300 [kg]

❷ 위험물별 일반적 특징

1. 제1류 위험물(산화성 고체)

1) 종류 및 지정수량(염무브질 요과중)

5 5 3 3 3 1 1

위험물	지정수량	위험물	지정수량
아염소산 염류	50 [kg]	브롬산 염류	300 [kg]
염소산 염류	50 [kg]	질산 염류	300 [kg]
과염소산 염류	50 [kg]	요오드산 염류	300 [kg]
무기과산화물	50 [kg]	과망간산 염류	1,000 [kg]
		중크롬산 염류	1,000 [kg]

2) 특징

특성	위험성	저장·취급 및 소화 방법
1. 산소 다량함유 +분해 시 산소방출 2. 가연물 연소 시 화염온도와 연소속도 증가시킴 3. 무기과산화물 : 물과 격렬히 발열 반응하며 산소방출	1. 스스로 불연성 : 가연성물질과 혼합되면 공기 중보다 강한 연소반응 2. 질산암모늄, 염소산암모늄 : 단독 분해폭발 가능 3. 가열, 충격, 이물질 접촉 시 분해 개시 : 가연물과 접촉, 혼합되어 폭발 가능	1. 가열, 직사광선, 충격, 마찰 방지(분해되지 않도록) 2. 습기 주의 : 용기 밀폐, 분해촉진물질 접촉방지(물, 공기 접촉 피함) 3. 다량의 물로 냉각소화 • 산화제의 분해속도 저하 • 무기과산화물은 건조사, 분말로 소화(물과 발열반응)

※ 제1류, 제6류 위험물이 탈 수 없는 이유
  : 이미 산화반응을 끝냈기 때문에 산소와 반응하지 않음

2. 제2류 위험물(가연성 고체)

1) 종류 및 지정수량(황적유 마금철   인)
       100   500   1000

위험물	지정수량	위험물	지정수량
황화린	100 [kg]	마그네슘	500 [kg]
적린	100 [kg]	철분	500 [kg]
유황	100 [kg]	금속분	500 [kg]
		인화성 고체	1,000 [kg]

2) 특징

특성	위험성	저장·취급 및 소화 방법
1. 저온에서 착화 쉬움 2. 연소속도 빠르고, 유독가스 발생하며 큰 연소열을 냄 3. 강환원제, 비중 1보다 큼 대부분 물에 잘 녹지 않음 4. 무기화합물(인화성고체 제외) 5. 철분, 마그네슘, 금속분 : 물, 산 접촉 시 발열	1. 착화온도 낮음 : 저온에서 발화 2. 연소 시 다량 유독가스 발생 : 소화 어려움 3. 산화성물질 혼합 시 발화, 폭발 위험 4. 금속의 경우 : 분말상태이면 연소위험성 증가	1. 점화원 피하고 가열방지 2. 산화성 물질 접촉 방지 3. 용기밀봉, 파손에 의한 유출 방지 4. 금속분 : 물, 산 접촉 방지 5. 폐기 시 소량씩 소각 6. 주수에 의한 냉각소화 (철분, 금속분, 마그네슘은 건조사에 의한 피복 소화)

3. 제3류 위험물(자연 발화성 물질 및 금수성 물질)

1) 종류 및 지정 수량(칼나알알 황알유 수인탄)
       1   255   3

종류	지정수량	종류	지정수량
칼륨	10 [kg]	알칼리금속(Na, K 제외),알칼리토금속	50 [kg]
나트륨	10 [kg]	유기금속 화합물(1·2족 제외)	50 [kg]
알킬 알루미늄	10 [kg]	금속의 수소화물	300 [kg]
알킬 리튬	10 [kg]	금속의 인화물	300 [kg]
황린	20 [kg]	칼슘·알루미늄의 탄화물	300 [kg]

위험물

2) 특징

특성	위험성	저장 · 취급 및 소화 방법
1. 대부분 무기물 고체 (알킬알루미늄 : 액체) 2. 공기 중 발화 위험 3. 물 접촉 시 발화, 발열 또는 가연성가스 발생	1. 황린 제외 모든 품목 : 물과 반응하며 → 가연성가스 발생 2. 일부 품목 • 공기 중 노출 : 자연발화 • 물과 반응 : 열 발생	1. 보호액 저장 • 황린 : 물속 • K, Na, 알칼리금속 : 석유 속 • 알킬알루미늄 : 질소 봉입 2. 저장용기 완전밀폐 구조 3. 소량씩 저장 4. 건조사, 금속화재용 소화약제 (주수 금지)

4. 제4류 위험물(인화성 액체)

1) 종류 및 지정수량(특1알 2 3 4 동)

5 2 4 1 2 6 1

종류		지정수량	종류		지정수량
특수인화물		50 [l]	제3석유류	비수용성	2,000 [l]
제1석유류	비수용성	200 [l]		수용성	4,000 [l]
	수용성	400 [l]	제4석유류		6,000 [l]
알코올류		400 [l]	동 · 식물 유류		10,000 [l]
제2석유류	비수용성	1,000 [l]			
	수용성	2,000 [l]			

2) 특징

특성	위험성	저장 · 취급 및 소화 방법
1. 물보다 가볍고, 녹지 않음 (수용성 제외) 2. 상온에서 액체, 인화 용이 3. 증기는 공기보다 무거움 4. LFL 낮아 공기와 약한 혼합 에도 연소가능 5. 저인화점 액체 : 겨울에도 쉽게 연소	1. 품목별로 위험성 다름 2. 인화점 낮고, 증기 무거움 3. 연소범위 넓음 4. 공기접촉 시, 가연성혼합기 형성 및 폭발 위험 상존	1. 밀폐용기 저장, 배관 이송 2. 증기부 : 환기장치 설치 3. 점화원 주의(정전기 등) 4. 포, CO_2, 가스계 사용 5. 수용성 액체 : 알코올형 포

5. 제5류 위험물(자기반응성 물질)

1) 종류 및 지정수량(뉴 질 히 니아디히)

10 10 100   200

종류	지정수량	종류	지정수량
유기과산화물	10 [kg]	니트로 화합물	200 [kg]
질산에스테르류	10 [kg]	니트로소 화합물	200 [kg]
히드록실 아민	100 [kg]	아조 화합물	200 [kg]
히드록실 아민염류	100 [kg]	디아조 화합물	200 [kg]
		히드라진 유도체	200 [kg]

2) 특징

특성	위험성	저장 · 취급 및 소화 방법

1. 외부 공기없이 스스로 연소
2. 연소속도 폭발적
3. 가열, 충격, 마찰 등에 의해 분해됨
4. 물과의 반응 위험 적음
	1. 연소생성물 많고 유독성
	2. 일부 액체인 것
	  : 약간 가열에도 인화되기 쉬움
	3. 유기과산화물
	  • 매우 불안정한 물질
	  • 농도 높은 것 : 가열, 충격, 직사광선 등 의해 폭발 가능
		1. 가열, 마찰, 충격 주의
		2. 관련시설 방폭화
		  (화재 시 사실상 폭발함)
		3. 다량의 물로 냉각소화
		4. 질식 소화효과 없음

6. 제6류 위험물(산화성 액체)

1) 종류 및 지정수량(과염산질 300)

종류	지정수량	종류	지정수량
과염소산	300 [kg]	질산	300 [kg]
과산화수소	300 [kg]		

2) 특징

특성	위험성	저장 · 취급 및 소화 방법
1. 물에 수용성 2. 부식성, 유독성 강한 산화성 3. 물과 만나면 발열	1. 상온 액체, 산화성 큼 2. 유독성 증기 발생 쉽고, 증기는 부식성 큼 3. 산소 함유하여 다른 가연물 착화 촉진 4. 대부분 강산(과산화수소 제외)	1. 저장용기 : 내산성 2. 물, 피부접촉 주의 3. 증기 흡입 주의 4. 가연물 제거 5. 보호장치 6. 소량 : 주수 희석소화 대량 : 건조사, CO_2, 분말

위험물

❸ 위험물의 혼재 기준

운반 시 위험물의 혼재 가능 기준

(단, 이 표는 지정수량의 1/10 이하의 위험물에 대해서는 적용하지 않음)

위험물구분	제1류	제2류	제3류	제4류	제5류	제6류
제1류		×	×	×	×	○
제2류	×		×	○	○	×
제3류	×	×		○	×	×
제4류	×	○	○		○	×
제5류	×	○	×	○		×
제6류	○	×	×	×	×	

❹ 주요 위험물의 특징

1. 금속 칼륨(K)

1) 특성

(1) 은백색의 경금속

(2) 고온에서 수소와 수소화물(KH) 형성

(3) 낮은 산소농도에서도 연소하며, 연소 시 용융상태로 비산할 위험

2) 반응

(1) 물과 반응하여 가연성 가스인 수소, 부식성인 KOH를 생성하며 발열

$$K + H_2O \ \rightarrow \ KOH + \frac{1}{2}H_2 + Q \ [\text{kcal}]$$

(2) 알코올, 산과 반응하여 수소 발생

(3) 부식성이 강하여 피부 접촉 시 위험

(4) CO_2, CCl_4와 격렬히 반응하여 폭발위험

(5) 모래와도 규소(Si) 성분과 격렬히 반응

3) 저장 · 취급

(1) 석유, 경유 등의 산소가 없는 보호액 속에 밀봉 저장

(2) 소량씩 나누어 저장

4) 소화 대책

(1) 적당한 소화 수단은 없다.

(2) G−1 분말(흑연 · 냉각), TEC 분말(용융염의 공기차단), Na−X 분말 등의 금속화재용 분말 소화약제로 연소확대 방지

2. 금속 나트륨(Na)

1) 특성

(1) 은백색의 경금속

(2) 고온에서 불안정한 수소화합물을 만든다.

2) 반응성

(1) 장기간 방치 시 자연 발화

(2) 금속 칼륨과 유사하다.(물·알코올과 반응)

(3) 부식성은 K보다 낮다.

(4) 할로겐·CO_2와도 반응

3) 저장·취급 : K와 같다.

4) 소화 대책

(1) 주수·포·CO_2·Halon 사용금지

(2) MET-L-X, G-1, TEC, Na-X 분말

3. 황린(P_4)

1) 특성

(1) 자연발화성 고체

(2) 물에 녹거나, 반응하지 않음(∴ 물속 저장)

(3) 공기를 차단하고 260 [℃]로 가열하면 적린으로 됨

(4) 발화점(34 [℃]) 낮아 대기 중에서 자연발화

2) 반응 위험성

(1) 할로겐 물질 접촉 시 발화

(2) 황린에 CS_2 + 염소산 염류 가하면 폭발

(3) 강알칼리 용액과 반응

3) 저장 및 소화

(1) 물속에 저장

(2) 물, 포, CO_2, 분말 소화약제(물은 봉상주수가 아닌, 분무주수한다.)

4. 알킬알루미늄($R_n AlX_{3n}$)

1) 정의

알킬기(Alkyl, R-)에 알루미늄이 치환된 것

2) 트리에틸알루미늄($(C_2H_5)_3Al$)

  (1) 무색투명한 가연성 액체로서, 자연발화성이 강하다. 공기 중에 노출되면 흰 연기를 발생시키며 연소한다.

$$2(C_2H_5)_3Al + 21O_2 \rightarrow 12CO_2 + Al_2O_3 + 15H_2O + 2 \times 735.4 \, [\text{kcal}]$$

  (2) 물, 산과 접촉하면 폭발적으로 반응하여 에탄올을 형성하며, 발열 및 폭발을 일으킨다.

$$(C_2H_5)_3Al + 3H_2O \rightarrow Al(OH)_3 + 3C_2H_6 + 발열$$

$$(C_2H_5)_3Al + HCl \rightarrow (C_2H_5)_2AlCl + C_2H_6 + 발열$$

  (3) 인화점 측정값은 없지만 녹는점($-46 \, [\text{℃}]$)보다 낮으므로 매우 위험하며, $200 \, [\text{℃}]$ 이상에서 폭발적으로 분해하여 가연성 가스를 발생시킨다.

$$(C_2H_5)_3Al \rightarrow (C_2H_5)_2AlH + C_2H_4$$

$$(C_2H_5)AlH \rightarrow 1.5H_2 + 2C_2H_4$$

  (4) 메탄올, 에탄올 등의 알코올류, 할로겐과 폭발적으로 반응하여 가연성 가스를 발생시킨다.

  (5) 할론이나 CO_2 소화약제와 반응하여 발열하므로 소화약제로 적응성이 없으며, 저장용기가 가열되면 심하게 용기가 파열된다.

  (6) 화기엄금, 저장용기는 밀봉하여 냉암소에 환기가 잘되게 보관한다.

  (7) 실제 사용 시에는 희석제(벤젠, 톨루엔 등 탄화수소 용제)로 20~30 [%]로 희석해서 사용한다.

  (8) 화재 시 주수하면 안 되고, 팽창질석, 팽창진주암, 흑연분말, 규조토, 소다회, $NaHCO_3$, $KHCO_3$를 주재료로 한 건조 분말로 질식소화하고 주변은 마른 모래로 차단하여 화재확대 방지에 주력해야 한다.

3) 트리이소부틸알루미늄($iso-C_4H_9)_3Al$)

  (1) 무색, 투명한 가연성 액체로 물과 쉽게 반응한다.

  (2) 공기 중에 노출되면 자연발화되며, 물, 산화제, 알코올류 및 강산과 반응한다.

  (3) 저장용기가 가열되면 심하게 용기가 파열된다.

  (4) 안전을 위해 사용된 희석제가 누출되어 증발되면 제4류 위험물의 석유류와 같은 유증기 화재, 폭발의 위험이 있다.

  (5) 저장 및 취급방법은 트리에틸알루미늄과 같다.

  (6) 화재 시 주수를 하면 안 되고, 팽창질석, 팽창진주암, 흑연분말, 규조토, 소다회, 건조한 소금 분말로 일시에 소화한다.

5. 제4류 위험물(인화성 액체)

1) 정의

(1) 액체로서 인화의 위험성이 있는 것(인화점 250 [℃] 미만)

(2) 제3, 4석유류와 동식물유류의 경우 1기압, 20 [℃]에서 액체인 것만 해당

NOTE

산업안전보건법에 따른 정의

1. 인화성 액체

1) 표준압력(101.3 [kPa])에서 인화점이 60 [℃] 이하이거나

2) 고온 · 고압의 공정운전조건으로 인해 화재 · 폭발위험이 있는 상태에서 취급되는 가연성 물질

2. 인화성 가스

1) 인화하한계(LFL)가 13 [%] 이하 또는 인화한계의 최고한도(UFL)와 최저한도(LFL)의 차이가 12 [%] 이상인 것으로서

2) 표준압력(101.3 [kPa])에서 가스 상태인 물질

고압가스안전관리법에 따른 정의

1. 가연성 가스

공기 중에서 연소하는 가스로서

1) 폭발하한계 : 10 [%] 이하

2) 폭발 상한계와 하한계 차이 : 20 [%] 이상인 것

※ 위와 같이 동일한 용어의 위험물질에 대한 정의가 각 법령에 존재하며 그 정의가 상이한데, 이에 대한 통일이 필요하다.

2) 종류

(1) 특수인화물

① 정의

- 1기압에서 발화점이 100 [℃] 이하인 물질
- 1기압에서 인화점이 −20 [℃] 이하 및 비점이 40 [℃] 이하인 물질

② 화기엄금, 가열 · 직사광선 금지, 환기 잘되는 냉암소 보관

③ 저장 시 불활성가스 · 수증기 등 봉입

④ 주요물질 : 이황화탄소(CS_2), 산화프로필렌, 디에틸에테르, 아세트알데히드

(2) 제1석유류

　① 아세톤 · 휘발유 및 인화점 : 21 [℃] 미만

　② 종류 : 아세톤, 휘발유, 원유, 가솔린, 톨루엔, 벤젠

(3) 제2석유류

　① 등유, 경유 등 인화점 21~70 [℃] 미만

　② 종류 : 등유, 경유, 초산

(4) 제3석유류

　① 중유, 클레오소트유 등 인화점 70~200 [℃] 미만

　② 종류 : 에틸렌글리콜, 글리세린, 중유

(5) 제4석유류

　① 기계유 · 실린더유 등 인화점 200~250 [℃] 미만

　② 종류 : 윤활유 등

(6) 알코올류

　① 정의

　　1분자를 구성하는 탄소원자의 수가 1개부터 3개까지인 포화1가 알코올(변성알코올 포함)

　② 제외기준

　　• 1분자를 구성하는 탄소원자의 수가 1개 내지 3개의 포화1가 알코올의 함유량이 60 [wt.%] 미만인 수용액

　　• 가연성 액체량이 60 [wt.%] 미만이고 인화점 및 연소점(태그개방식 인화점측정기에 의한 연소점)이 에틸알코올 60 [wt.%] 수용액의 인화점 및 연소점을 초과하는 것

　③ 종류 : 메틸알코올, 에틸알코올, 프로필알코올, 이소프로필알코올

(7) 동식물 유류

　인화점이 250 [℃] 미만인 동물 · 식물에서 추출된 유류

6. 유기과산화물

1) 개요

(1) 유기과산화물

　과산화수소의 수소를 유기화합물로 치환한 물질로 과산화기(-O-O-)를 가진 유기화합물

(2) 과산화물의 활성산소량(AO Content), 반감기(Half-life), 분해속도 및 활성화에너지 등에 대한 특성치는 유용한 정보로 활용된다.

2) 활성산소량

(1) 화학반응을 라디칼로 진행시키는 경우, 반응의 개시제 또는 가교제로서의 기능을 갖고 있는 과산화물의 결합수 또는 방출되는 라디칼 수를 표시하는 데 활성산소량 %를 이용한다.

(2) 계산식

$$\text{활성산소량(\%)} = \text{순도} \times \frac{-O-O- \text{ 결합의 수} \times 16}{\text{분자량}}$$

(3) 희석 제품의 활성산소량은 순수 제품의 활성산소량 %와 대비하여 그 순도를 나타낼 수 있다.

(4) 활성산소량은 과산화물로부터 생성되는 유리라디칼 양뿐만 아니라 제품의 농도 또는 순도를 표시한다.

3) 반감기

(1) 주어진 온도에서 유기과산화물의 분해속도를 나타낸다.

(2) 과산화물 중의 활성산소량이 분해에 의해 원래 수치의 1/2이 되는 데 필요한 시간으로 측정되며, 분해속도에 반비례하며 온도가 높을수록 작아진다.

(3) 시간에 따른 분해량

시간(반감기의 배수)	분해량(%)	시간(반감기의 배수)	분해량(%)
반감기 × 1	50	반감기 × 5	96.88
반감기 × 2	75	반감기 × 6	98.88
반감기 × 3	87.5	반감기 × 7	99.24
반감기 × 4	93.75		

→ 유기과산화물의 완전분해에는 반감기의 6~7배의 시간이 필요하다.

4) 분해온도

(1) 유기과산화물을 중합반응 개시제로 사용할 경우 어느 온도에서 어떤 속도로 라디칼을 방출하는지 알아야 한다.

(2) 유기과산화물의 분해속도는 다음과 같이 표시할 수 있다.

$$k = \alpha e^{-\frac{E_a}{RT}}$$

여기서, k : 분해속도
α : 빈도계수
E_a : 활성화 에너지
R : 기체상수
T : 분해온도

(3) 위의 식에서와 같이 분해온도가 높을수록 유기과산화물의 분해속도는 빨라진다.

위험물

5) 활성화에너지

(1) 유기과산화물을 분해시키기 위해 필요한 에너지

(2) 활성화에너지에 의해 과산화물이 분해되고, 자유라디칼이 생성된다.

(3) 계산식

$$\ln \tau = C^{-\frac{E}{RT}}$$

여기서, τ : 반감기

C : 상수

E : 활성화에너지

R : 기체상수

T : 절대온도

(4) 활성화에너지가 낮은 물질은 저온에서 분해되기 쉬워 불안정하므로 저장하기 어렵다.

(5) 일반적인 유기과산화물의 활성화에너지는 25~40 [kcal/mol]이며, 더 낮은 활성화 에너지를 가진 유기과산화물은 저장 시 특별한 조건이 필요하다.

(6) 촉매를 가하는 경우, 활성화에너지가 10~15 [kcal/mol] 정도까지 낮아지며 저온에서도 분해가 쉽게 일어난다.

6) 사용 시 주의사항

(1) 자기촉진분해온도(SADT) 이하로 유지되면 대부분의 위험을 피할 수 있으므로, 냉각 저장한다(저온창고).

(2) 희석제를 첨가하여 일정 농도 이하로 유지한다.

(3) 가열, 충격, 마찰에 주의하고, 화기를 엄금한다.

(4) 액체의 경우에는 용기 내 압력상승을 방지해야 한다.

(5) 화재 시에는 다량의 물로 냉각소화한다.

위험물의 위험등급 Ⅰ, Ⅱ, Ⅲ을 기술하시오.

1. 개요

위험물안전관리법에 의하면, 제1~6류 위험물을 위험 정도에 따라 각각 위험등급 Ⅰ, Ⅱ, Ⅲ으로 구분하며 이는 위험물의 운반 등의 기준에 영향을 미친다.

2. 위험 등급

1) 위험등급 Ⅰ

(1) 제1류 위험물
- 아염소산 염류
- 염소산 염류
- 과염소산염류
- 무기 과산화물
- 기타 지정수량이 50 [kg]인 물질

(2) 제3류 위험물
- 칼륨
- 나트륨
- 알킬알루미늄
- 알킬리튬
- 황린
- 기타 지정수량이 10 [kg]인 물질

(3) 제4류 위험물
- 특수 인화물

(4) 제5류 위험물
- 유기 과산화물
- 질산 에스테르
- 기타 지정수량이 10 [kg]인 물질

(5) 제6류 위험물 : 전체

2) 위험 등급 Ⅱ

(1) 제1류 위험물

- 브롬산 염류
- 질산 염류
- 요오드산 염류
- 지정수량 300 [kg] 이하

(2) 제2류 위험물
- 황화린
- 적린
- 유황
- 지정수량 100 [kg] 이하

(3) 제3류 위험물
- 알칼리금속
- 알칼리토금속
- 유기금속화합물
- 지정수량 50 [kg] 이하

(4) 제4류 위험물
- 제1석유류
- 알코올류

(5) 제5류
- 위험 등급 I 外 전체

3) 위험등급 Ⅲ

위험등급 I, Ⅱ에 해당되지 않은 나머지 위험물이 해당된다.

1. 물과의 반응식

1) 반응식

$$2Na + 2H_2O \rightarrow 2NaOH + H_2 + Q \, [kcal]$$

2) 물과 반응하여 가연성 가스인 수소, 부식성가스인 $NaOH$을 생성하며 발열

2. 보호액의 종류와 보호액 사용 이유

1) 보호액의 종류

석유, 경유 등의 산소가 없는 보호액 속에 밀봉 저장한다.

2) 보호액 사용 이유

공기접촉 방지(Na은 공기 중에서 산소와 반응하며, 부식성이 있음)

3. 사용할 수 없는 소화약제

1) 이산화탄소

(1) CO_2와 격렬히 반응하여 폭발위험이 있다.

(2) $4Na + CO_2 \rightarrow 2Na_2O + C$

2) Halon 1301

(1) 할로겐 원소와도 격렬히 반응

(2) $Na + CF_3Br \rightarrow NaBr + CF_3$

3) 강화액

(1) 강화액($K_2CO_3 + H_2SO_4$)과 반응하면 물을 발생시키므로, 연쇄적으로 물과 나트륨의 반응을 유발할 수 있다.

(2) 또한, 황산과 나트륨은 반응하여 수소를 발생시켜 폭발의 위험이 있다.

> **문제**
>
> 화학공장에서 촉매로 사용되는 알킬알루미늄(Alkylaluminium)에 대하여 다음 사항을
> 설명하시오.
> 1) 위험성
> 2) 소화약제(사용가능한 것과 사용 불가능으로 구분)
> 3) 위험물의 성질에 따른 제조소의 특례기준에 따라 설치해야 하는 설비
> 4) 물과 트라이에틸알루미늄(Triethylaluminium)의 화학반응식

1. 위험성

1) 알킬알루미늄

(1) 알루미늄에 알킬기가 결합한 유기 금속 화합물

(2) 상온에서는 무색투명한 액체이다.

(3) 공기 속에서는 자연 발화하며, 물에 민감하게 반응하는 위험성이 높은 화합물이다.

(4) 촉매나 환원제로 사용된다.

2) 알킬알루미늄등의 위험성

(1) 공기와 접촉 시 자연발화하며, 일단 발화하면 효과적인 소화약제가 없다.

  → 화재(누설 범위)를 국한화하기 위해 누설된 위험물을 안전한 장소에 설치한 저장실로
   유입시켜야 한다.

(2) 가압하에서는 폭발성의 과산화물을 생성하는 등 위험성이 매우 높다.

  ① 위험물 취급 시 사전에 당해 설비를 미리 불활성 가스로 치환해두고, 긴급 시에는 불연
   성 가스를 봉입할 수 있는 장치를 설치해야 한다.

  ② 물과 접촉하면 강한 반응을 일으키므로, 수증기 봉입설비는 적용할 수 없다.

  ③ 불연성 가스로 질소가스를 일반적으로 사용한다.

2. 소화약제

1) 사용 가능한 것

팽창질석, 팽창진주암, 흑연분말, 규조토, 소다회, $NaHCO_3$, $KHCO_3$를 주원료로 하는 분말소
화약제 및 불활성가스 소화약제

2) 사용 불가능한 것

물, 할론, 이산화탄소 및 할로겐화합물 소화약제

3. 위험물의 성질에 따른 제조소의 특례기준에 따라 설치해야 하는 설비

1) 알킬알루미늄등을 취급하는 설비의 주위에 누설범위를 국한하기 위한 설비
2) 누설된 알킬알루미늄등을 안전한 장소에 설치된 저장실에 유입시킬 수 있는 설비
3) 알킬알루미늄등을 취급하는 설비에 불활성기체를 봉입하는 장치

4. 물과 트라이에틸알루미늄의 화학반응식

$$(C_2H_5)_3Al + 3H_2O \rightarrow Al(OH)_3 + 3C_2H_6 + 발열$$

문제

위험물안전관리법상 운송책임자의 감독 · 지원을 받아 운송하는 위험물의 종류 · 성상 및 위험물 이동탱크의 설치기준을 쓰고, 운송책임자의 자격요건 및 해당 위험물의 유출 시 적응소화약제와 소화방법에 대하여 설명하시오.

위험물

1. 위험물의 종류

운송책임자의 감독 · 지원을 받아 운송하여야 하는 위험물은 다음과 같다.
1) 알킬알루미늄
2) 알킬리튬
3) 알킬알루미늄 또는 알킬리튬을 함유하는 위험물

2. 위험물의 성상

1) 알킬알루미늄

(1) 알루미늄에 알킬기가 결합한 유기 금속 화합물
(2) 상온에서는 무색투명한 액체이다.
(3) 공기 속에서는 자연 발화를 하며 물에 민감하게 반응하는 위험성이 높은 화합물이다.
(4) 촉매나 환원제로 사용된다.

2) 알킬리튬

알킬기(Alkyl, R−)에 리튬이 치환된 것으로 RLi로 표기한다.

3) 알킬알루미늄등의 위험성

(1) 공기와 접촉 시 자연발화하며, 일단 발화하면 효과적인 소화약제가 없다.

→ 화재(누설 범위)를 국한화하기 위해 누설된 위험물을 안전한 장소에 설치한 저장실로 이송시켜야 한다.

(2) 가압하에서는 폭발성의 과산화물을 생성하는 등 위험성이 매우 높다.

① 위험물 취급 시 사전에 당해 설비를 미리 불활성 가스로 치환해 두고, 긴급 시에는 불연성 가스를 봉입할 수 있는 장치를 설치해야 한다.

② 물과 접촉하면 강한 반응을 일으키므로, 수증기 봉입설비는 적용할 수 없다.

③ 불연성 가스로 질소가스를 일반적으로 사용한다.

3. 위험물 이동탱크의 설치기준

1) 이동저장탱크의 철판두께 및 기밀성

(1) 이동저장탱크는 두께 10 [mm] 이상의 강판 또는 이와 동등 이상의 기계적 성질이 있는 재료로 기밀하게 제작

(2) 1 [MPa] 이상의 압력으로 10분간 실시하는 수압시험에서 새거나 변형하지 않는 것일 것

2) 탱크 최대용량 제한

이동저장탱크의 용량은 1,900 [*l*] 미만일 것

3) 안전장치의 작동 압력

안전장치는 이동저장탱크의 수압시험 압력의 2/3를 초과하고 4/5를 넘지 아니하는 범위의 압력으로 작동할 것

4) 맨홀, 주입구 뚜껑의 철판두께, 재질 및 강도

이동저장탱크의 맨홀 및 주입구의 뚜껑은 두께 10 [mm] 이상의 강판 또는 이와 동등 이상의 기계적 성질이 있는 재료로 할 것

5) 배관 및 밸브 위치

이동저장탱크의 배관 및 밸브 등은 당해 탱크의 윗부분에 설치할 것

6) 걸고리 및 모서리 체결금속구의 강도

이동탱크저장소에는 이동저장탱크 하중의 4배의 전단하중에 견딜 수 있는 걸고리체결금속구 및 모서리체결금속구를 설치할 것

7) 질소 봉입 구조

이동저장탱크는 불활성의 기체를 봉입할 수 있는 구조로 할 것

8) 표시

(1) 이동저장탱크는 그 외면을 적색으로 도장할 것

(2) 백색문자로서 동판의 양측면 및 경판에 별표 4 Ⅲ제2호 라목의 규정에 의한 주의사항을 표시할 것

4. 운송책임자의 자격요건

1) 당해 위험물의 취급에 관한 국가기술자격을 취득하고 관련 업무에 1년 이상 종사한 경력이 있는 자

2) 위험물의 운송에 관한 안전교육을 수료하고 관련 업무에 2년 이상 종사한 경력이 있는 자

5. 유출 시 적응 소화약제와 소화방법

1) 소화약제

알킬알루미늄등을 저장 또는 취급하는 이동탱크저장소에 있어서는 자동차용소화기를 설치하는 외에 마른모래나 팽창질석 또는 팽창진주암을 추가로 설치하여야 한다.
(물, CO_2, 할론 등은 적용할 수 없음)

2) 소화방법

(1) 화재 시 팽창질석 또는 팽창진주암으로 질식소화하고, 마른 모래로 주변을 차단하며 화재 확대 방지에 주력한다.

(2) 또한, 누설된 알킬알루미늄 등을 안전한 장소에 설치된 저장실에 유입시키는 설비를 갖춰야 한다.

위험물 관련 용어 정의

1 위험물

인화성 또는 발화성 등의 성질을 가지는 것으로서 대통령령으로 정하는 물품

2 지정수량

위험물의 종류별로 위험성을 고려하여 대통령령이 정하는 수량으로서, 제조소등의 설치허가 등에 있어서 최저의 기준이 되는 수량

3 액체

1. 1기압 및 20 [℃]에서 액상인 것 또는 20 [℃] 초과 40 [℃] 이하에서 액상인 것
2. 제3석유류, 제4석유류 및 동식물유류에 있어서는 1기압과 20 [℃]에서 액상인 것

4 액상

수직으로 된 시험관(안지름 30 [mm], 높이 120 [mm]의 원통형 유리관을 말한다)에 시료를 55 [mm]까지 채운 다음 당해 시험관을 수평으로 하였을 때, 시료액면의 선단이 30 [mm]를 이동하는 데 걸리는 시간이 90초 이내에 있는 것

5 수용성 액체

온도 20 [℃], 기압 1기압에서 동일한 양의 증류수와 완만하게 혼합하여, 혼합액의 유동이 멈춘 후 당해 혼합액이 균일한 외관을 유지하는 것

NOTE

수용성의 다른 정의 – 유분리장치 설치여부

옥외에서 액체위험물을 취급하는 설비의 바닥의 경우 위험물(온도 20 [℃]의 물 100 [g]에 용해되는 양이 1 [g] 미만인 것에 한함)을 취급하는 설비에 있어서는 당해 위험물이 직접 배수구에 흘러들어가지 아니하도록 집유설비에 유분리장치를 설치해야 한다.

⇒ 수용성 : 온도 20 [℃]의 물 100 [g]에 용해되는 양이 1 [g] 이상인 것

⑥ 유황

순도가 60 [wt.%] 이상인 것
(이 경우 순도 측정에 있어서 불순물은 활석 등 불연성 물질과 수분에 한함)

⑦ 철분

철의 분말로서 53 [μm]의 표준체를 통과하는 것이 50 [wt.%] 미만인 것은 제외

⑧ 금속분

알칼리금속 · 알칼리토류금속 · 철 및 마그네슘 외의 금속의 분말을 말하고, 구리분 · 니켈분 및 150 [μm]의 체를 통과하는 것이 50 [wt.%] 미만인 것은 제외

⑨ 마그네슘 및 기타 마그네슘을 함유한 것

다음에 해당하는 것은 제외한다.

1. 2 [mm]의 체를 통과하지 아니하는 덩어리 상태의 것
2. 직경 2 [mm] 이상의 막대 모양의 것

⑩ 특수인화물

이황화탄소, 디에틸에테르 그 밖에 1기압에서 발화점이 섭씨 100 [℃] 이하인 것 또는 인화점이 영하 20 [℃] 이하이고 비점이 40 [℃] 이하인 것

⑪ 제1석유류

아세톤, 휘발유 그 밖에 1기압에서 인화점이 21 [℃] 미만인 것

⑫ 알코올류

1분자를 구성하는 탄소원자의 수가 1개부터 3개까지인 포화1가 알코올(변성알코올을 포함한다.)을 말한다. 다만, 다음에 해당하는 것은 제외한다.

1. 1분자를 구성하는 탄소원자의 수가 1개 내지 3개의 포화1가 알코올의 함유량이 60 [wt.%] 미만인 수용액
2. 가연성 액체량이 60 [wt.%] 미만이고 인화점 및 연소점(태그개방식 인화점측정기에 의한 연소점을 말한다.)이 에틸알코올 60 [wt.%] 수용액의 인화점 및 연소점을 초과하는 것

위험물

⑬ 제2석유류

등유, 경유 그 밖에 1기압에서 인화점이 21 [℃] 이상 70 [℃] 미만인 것
(다만, 도료류 그 밖의 물품에 있어서 가연성 액체량이 40 [wt.%] 이하이면서 인화점이 40 [℃]
이상인 동시에 연소점이 60 [℃] 이상인 것은 제외)

⑭ 제3석유류

중유, 클레오소트유 그 밖에 1기압에서 인화점이 70 [℃] 이상 200 [℃] 미만인 것
(다만, 도료류 그 밖의 물품은 가연성 액체량이 40 [wt.%] 이하인 것은 제외)

⑮ 제4석유류

기어유, 실린더유 그 밖에 1기압에서 인화점이 200 [℃] 이상 250 [℃] 미만의 것
(다만, 도료류 그 밖의 물품은 가연성 액체량이 40 [wt.%] 이하인 것은 제외)

⑯ 동식물유류

동물의 지육 등 또는 식물의 종자나 과육으로부터 추출한 것으로서 1기압에서 인화점이 250 [℃]
미만인 것
(다만, 행정안전부령으로 정하는 용기기준과 수납ㆍ저장기준에 따라 수납되어 저장ㆍ보관되고
용기의 외부에 물품의 통칭명, 수량 및 화기엄금(화기엄금과 동일한 의미를 갖는 표시를 포함한
다)의 표시가 있는 경우를 제외)

⑰ 분립상

매 분당 160회의 타진을 받으며 회전하는 2 [mm]의 체를 30분에 걸쳐 통과하는 양이 10 [wt.%]
이상인 것

위험물의 시험방법 및 판정기준

◪ 위험물류별 시험방법

위험물 분류	시험종류	시험항목	적용시험
제1류 산화성 고체	산화성시험	연소시험	연소시험기
		대량 연소시험	대량연소시험기
	충격민감성시험	낙구식 타격 감도시험	낙구식타격감도시험기
		철관시험	철관시험기
제2류 가연성 고체	착화성시험	작은불꽃 착화시험	작은불꽃착화시험기
	인화성시험	인화점 측정시험	세타밀폐식
제3류 자연발화성 및 금수성물질	자연발화성시험	자연발화성 시험	자연발화성시험대
	금수성시험	물과의 반응성 시험	물과의 반응성 시험기
제4류 인화성 액체	인화성시험	인화점 측정시험	태그밀폐식(자동, 수동)
			세타밀폐식(신속평형법)
			클리브랜드개방식 (자동, 수동)
		연소점 측정시험	태그밀폐식(수동)
		발화점 측정시험	발화점측정시험기
		비점 측정시험	비점측정시험기
제5류 자기반응성 물질	폭발성시험	열분석 시험	DSC(시차주사열량계)
	가열분해성시험	압력용기 시험	압력용기시험기
제6류 산화성 액체	산화성시험	연소시험	연소시험기

2 제1류 위험물(산화성 고체)

(시험) 산화성 시험+충격에 대한 민감성 시험

[산화성 시험]

1. 연소시험

표준물질	과염소산칼륨 + 목분 ⇒ 중량비 1 : 1로 섞은 혼합물 30 [g]
시험물품	직경 1.18 [mm] 미만으로 부순 시험물품 + 목분 ⇒ 1 : 1 및 4 : 1로 섞은 혼합물 각 30 [g]
시험	[시험방법] (1) 혼합물을 1(높이) : 1.75(바닥면 직경)의 원추형으로 무기질 단열판 위에 쌓음 (2) 직경 2 [mm] 원형 니크롬선에 통전하여 1,000 [℃]로 가열된 것을 점화원으로 함 (3) 점화원을 원추형 혼합물 아랫부분에 착화시까지 접촉 [측정] (1) 착화 ~ 불꽃이 없어질 때까지 시간 측정(짧을수록 산화성 큰 것임) (2) 평균 : 상기 시험을 5회 반복하여 평균연소시간 구함 (시험물품의 경우에는 2가지 혼합물 중 짧은 연소시간 선택)
판정	"시험물품 연소시간 ≤ 표준물질 연소시간" ⇒ 위험물

2. 대량연소시험

표준물질	과염소산칼륨+목분 ⇒ 중량비 4 : 6으로 섞은 혼합물 500 [g]
시험물품	시험물품+목분 ⇒ 1 : 1로 섞은 혼합물 각 500 [g]
시험	[시험방법] (1) 혼합물을 1(높이) : 2(바닥면 직경)인 원추형으로 무기질 단열판 위에 쌓음 (2) 점화원으로 원추형 혼합물 아랫부분에 착화시까지 접촉 [측정] (1) 착화 ~ 불꽃이 없어질 때까지 시간 측정(짧을수록 산화성 큰 것임) (2) 평균 : 상기 시험을 5회 반복하여 평균연소시간 구함
판정	"시험물품 연소시간 ≤ 표준물질 연소시간" ⇒ 위험물

[충격민감성 시험]

1. 낙구타격시험

표준물질	직경 및 높이 12 [mm]인 강제 원기둥 위 : 적린 5 [mg]+그 위 표준물질 질산칼륨 5 [mg]
시험물품	직경 1.18 [mm] 미만으로 부순 시험물품 ⇒ 직경 및 높이 12 [mm]인 강제 원기둥 위 : 　적린 5 [mg]+그 위 시험물품 부순 것 5 [mg]
시험	[표준물질 이용한 50 [%] 폭점 산출] (1) 직경 40 [mm] 쇠구슬을 10 [cm] 높이에서 혼합물 위로 직접 낙하 (2) 발화여부를 관찰 (3) 폭발음, 불꽃 또는 연기 발생 : 폭발로 간주 (4) 낙구 높이 조정 40회 반복하여 50 [%] 폭점 산출(Up-down법 의한 폭점 산출) [시험물품의 폭발확률 산출] (1) 50 [%] 폭점 높이에서 동일한 시험을 시험물품으로 10회 실시 (2) 폭발하는 경우와 폭발하지 않은 경우가 모두 발생한 경우 : 추가 30회 이상 시험 　실시 (3) 시험물품+적린 혼합물의 폭발 확률 산출
판정	"폭발확률이 50 [%] 이상" ⇒ 위험물

2. 철관시험

시험물품	시험물품을 적당 크기로 부순 것+셀룰로오스 분 ⇒ 중량비 3 : 1로 혼합
시험	[시험방법] (1) 아랫부분을 강제 마개로 용접한 이음매 없는 철관에 플라스틱제 포대 넣음 (2) 시험물품을 포대에 넣고, 전폭약 50 [g] 삽입 (3) 구멍이 있는 나사 플러그 뚜껑을 철관에 부착 (4) 뚜껑 구멍을 통해 전기뇌관을 삽입 (5) 철관을 모래 속에 매설하여 기폭 [측정] 시험 3회 반복 ⇒ 1회 이상 철관이 완전 파열하는지 확인
판정	"철관이 완전히 파열되는 경우" ⇒ 위험물

❸ 제2류 위험물(가연성 고체)

(시험) 착화위험성 시험(작은 불꽃 착화시험) + 인화의 위험성 시험(인화점 측정시험)

1. 작은 불꽃 착화시험

시험물품	두께 10 [mm] 이상의 무기질 단열판 위 – 시험물품 3 [cm³] 둠
시험	[불꽃 접촉] (1) 액화석유가스 불꽃을 시험물품에 10초간 접촉 (2) 불꽃 접촉을 10회 이상 반복 (3) 화염을 접촉해서 착화할 때까지 시간을 측정 (4) 시험물품이 1회 이상 연소를 계속하는지 관찰
판정	"다음 중 하나에 해당하는 경우" ⇒ 가연성 고체 (1) 불꽃 접촉 중 모두 연소 (2) 불꽃 격리 후 10초 이내에 모두 연소 (3) 불꽃 격리 후 10초 이상 계속해서 연소

2. 인화점 측정방법

시험방법	신속평형법 인화점 측정
시험	(1) 신속평형법 시료컵을 설정온도까지 가열 또는 냉각 (2) 시험물품 2 [g]을 시료컵에 넣고 뚜껑 및 개폐기 닫음 (3) 시료컵 온도 5분간 유지 (4) 시험불꽃 점화 + 직경 4 [mm] 되도록 화염 크기 조정 (5) 5분 경과 후, 개폐기 작동시켜 시험불꽃을 시료컵에 2.5초간 노출시키고 닫음
측정	(1) 인화 시 – 인화하지 않게 설정온도 낮춤 (2) 비인화 시 – 인화할 때까지 설정온도 높임 (3) 반복시험하여 인화점 측정

❹ 제3류 위험물(자연발화성 물질 및 금수성 물질)

(시험) 자연발화성 시험 + 금수성 시험

1. 자연발화성 시험

1) 고체의 공기중 발화위험성

공기노출	(1) 직경 70 [mm] 인 화학분석용 자기 위에 직경 90 [mm]인 여과지 설치 (2) 여과지 중앙에 시험물품 1 [cm³]를 두고 10분간 자연발화 여부 확인 (3) 자연발화되지 않은 경우 ⇒ 5회 이상 반복하여 1회 이상 자연발화 여부 확인
낙하	(1) 분말인 시험물품이 자연발화하지 않은 경우 실시 (2) 무기질 단열판 위에 1 [m] 높이에서 시험물품 2 [cm³]를 낙하시킴 (3) 낙하 중 또는 낙하 후 10분 이내에 자연발화 여부 관찰 (4) 자연발화되지 않은 경우 ⇒ 5회 이상 반복하여 1회 이상 자연발화 여부 확인
판정	"자연발화하는 경우" ⇒ 자연발화성 물질

2) 액체의 공기중 발화위험성

자기 위 낙하	(1) 직경 70 [mm] 인 화학분석용 자기 (2) 높이 20 [mm]에서 시험물품 0.5 [cm³]을 30초간 균일 속도로 주사기 또는 피펫으로 떨어뜨림 (3) 10분 이내에 자연발화 여부 확인 (4) 자연발화되지 않은 경우 ⇒ 5회 이상 반복하여 1회 이상 자연발화 여부 확인
여과지 위 낙하	(1) 자기 위 낙하에서 자연발화하지 않은 경우 실시 (2) 직경 70 [mm]인 자기 위에 직경 90 [mm]인 여과지 설치 (3) 높이 20 [mm]에서 시험물품 0.5 [cm³]을 30초간 균일 속도로 주사기 또는 피펫으로 떨어뜨림 (4) 10분 이내에 자연발화 또는 여과지 태우는지 관찰 (5) 자연발화되지 않은 경우 ⇒ 5회 이상 반복하여 1회 이상 자연발화 여부 확인
판정	"자연발화 또는 여과지를 태우는 경우" ⇒ 자연발화성 물질

2. 금수성 시험(물과의 반응성시험)

물 접촉 – 자연발화	(1) 용량 500 [cm³]인 비커 바닥에 여과지 침하방지대 설치 (2) 그 위에 직경 70 [mm]인 여과지를 놓고 여과지가 뜨도록 순수한 물을 주입 (3) 여과지 중앙에 시험물품 50 [mm³]을 여과지 중앙에 둔 상태에서 발생가스가 자연발화 하는지 관찰 (4) 자연발화되지 않은 경우 　⇒ 5회 이상 반복하여 1회 이상 자연발화 여부 확인
물 접촉 – 착화	(1) 물 접촉에 의해 자연발화되지 않은 경우 실시 (2) 당해 가스에 화염을 가까이 하여 착화하는지 여부 관찰
물 접촉 – 가연성가스 발생	(1) 물접촉 자연발화 또는 착화가 모두 이루어지지 않은 경우 실시 (2) 가스 발생량 측정 　① 용량 100 [cm³]인 원형바닥 플라스크에 시험물품 2 [g] 넣음 　② 이것을 40 [℃] 수조에 넣어 40 [℃]인 순수한 물 50 [cm³]를 가함 　③ 직경 12 [mm]의 구형 교반자 및 자기교반기를 써서 교반하여 가스발생량 측정 　　(1시간마다 5회 측정) 　④ 1시간마다 측정한 가스발생량의 최대치를 가스발생량으로 함 (3) 발생가스에 가연성가스 혼합여부를 검지관, 가스크로마토그래피 등으로 분석
판정	"다음 중 하나에 해당하는 경우" ⇒ 금수성 물질 (1) 물 접촉 – 자연발화 (2) 물 접촉 – 착화 (3) 가연성가스 함유한 가스 발생량 : 200 [L] 이상

5 제4류 위험물(인화성액체)

1. 인화점 시험방법

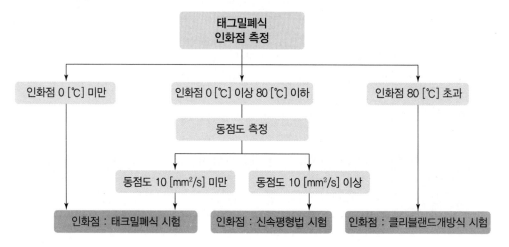

2. 태그밀폐식 인화점 측정

시료주입	측정기 시료컵에 시험물품 50 [cm³] 넣고, 표면 기포 제거 후 뚜껑 닫음
불꽃조정	시험불꽃을 점화하고, 직경 4 [mm] 되도록 화염 크기 조정
물품 가열	시험물품 온도가 1 [℃]/60초의 비율로 상승하도록 수조 가열
시험	(시험불꽃 노출 – 인화여부 확인) (1) 설정온도보다 5 [℃] 낮은 온도에 도달 　　⇒ 개폐기 작동시켜 시험불꽃을 시료컵에 1초간 노출 후 닫음 (2) 인화하지 않은 경우 　　⇒ 시험물품 온도가 0.5 [℃] 상승할 때마다 개폐기 작동–시험불꽃 1초간 노출 (3) 인화점 결정 　　인화한 온도가 60 [℃] 미만＋설정온도와의 차 2 [℃] 이내 : 당해온도를 인화점으로 함
재시험	[설정온도와의 차 2 [℃] 초과한 경우] 　위의 시험을 반복 [인화한 온도가 60 [℃] 이상] (1) (가열) 시험물품 온도가 3 [℃]/60초의 비율로 상승하도록 수조 가열 (2) (시험불꽃 노출) 　　① 설정온도보다 5 [℃] 낮은 온도에 도달 　　　　⇒ 개폐기 작동시켜 시험불꽃을 시료컵에 1초간 노출 후 닫음 　　② 인화하지 않은 경우 　　　　⇒ 시험물품 온도가 1 [℃] 상승할 때마다 개폐기 작동–시험불꽃 1초간 노출 (3) (인화점 결정) 　　• 설정온도와 차이 2 [℃] 이내 : 당해온도를 인화점으로 함 　　　(2 [℃] 초과 시 시험을 반복함)

3. 신속평형법 인화점 측정

시험방법	신속평형법 인화점 측정
시험	(1) 신속평형법 시료컵을 설정온도까지 가열 또는 냉각 (2) 시험물품 2 [mL]을 시료컵에 넣고 뚜껑 및 개폐기 닫음 (3) 시료컵 온도 1분간 유지 (4) 시험불꽃 점화＋직경 4 [mm] 되도록 화염 크기 조정 (5) 1분 경과 후, 개폐기 작동시켜 시험불꽃을 시료컵에 2.5초간 노출시키고 닫음
측정	(1) 인화시 – 인화하지 않게 설정온도 낮춤 (2) 비인화시 – 인화할 때까지 설정온도 높임 (3) 반복시험하여 인화점 측정

4. 클리블랜드 개방식 인화점 측정

시료주입	측정기 시료컵 표선까지 시험물품을 채우고 표면 기포 제거
불꽃조정	시험불꽃을 점화하고, 직경 4 [mm] 되도록 화염 크기 조정
물품 가열	(1) 시험물품 온도가 14 [℃]/60초의 비율로 상승하도록 가열 (2) 설정온도보다 55 [℃] 낮은 온도에 도달 　⇒ 가열을 조절하기 시작하여 설정온도보다 28 [℃] 낮은 온도에서 5.5 [℃]/60초의 비율로 온도상승되도록 함
시험	[시험불꽃 노출 – 인화여부 확인] (1) 설정온도보다 28 [℃] 낮은 온도에 도달 　⇒ 시험불꽃을 시료컵의 중심 횡단하며 일직선으로 통과시킴 (2) 인화하지 않은 경우 　⇒ 2 [℃] 상승할 때마다 시험불꽃 횡단을 인화할 때까지 반복 (3) 인화점 결정 　① 인화한 온도 – 설정온도 차이 : 4 [℃] 초과하지 않은 경우 인화점으로 함 　② 차이가 4 [℃] 초과한 경우 : 시험을 반복

⑥ 제5류 위험물(자기반응성 물질)

(시험) 폭발성 시험(열분석 시험) + 가열분해성 시험(압력용기 시험)

1. 열분석 시험

표준물질 1	2 · 4 – 디니트로톨루엔
표준물질 2	과산화벤조일
기준물질	산화알루미늄
시험물품	위험물 판정 대상 물품
표준물질 1 시험	[발열량, 발열온도 측정] (1) 표준물질 – 1 (1 [mg]) + 기준물질 (1 [mg]) : 　　　스테인레스 강재 내압성 쉘에 밀봉 주입 (2) 쉘을 DSC(시차열량측정장치) 또는 DTA(시차열분석장치)에 충전 (3) 10 [℃]/60초 비율로 가열시험 5회 이상 반복 　　　⇒ 발열개시온도 + 발열량 평균치 산출
표준물질 2 시험	[발열량, 발열온도 측정] 표준물질 – 2 (2 [mg]) + 기준물질 (2 [mg])으로 동일한 시험 실시
시험물품 시험	[발열량, 발열온도 측정] 시험물품 (2 [mg]) + 기준물질 (2 [mg])으로 동일한 시험 실시
판정	(1) 좌표도 작성 　① 가로축 : 보정온도(발열개시온도 – 25)의 상용대수 　② 세로축 : 발열량의 상용대수 (2) 좌표점 표시 　① 표준물질1 : (보정온도, 발열량×0.7) 　② 표준물질2 : (보정온도, 발열량×0.8) 　③ 시험물품 : (보정온도, 발열량) (3) 판정 　"시험물품 좌표점 → 표준물질 1, 2 좌표점 연결한 직선상 또는 그 위에 있는 경우" 　　　⇒ 자기반응성 물질

위험물

2. 압력용기 시험

용기	**[압력용기]** (1) 내용량 : 200 [cm³] (2) 스테인리스 강재 (3) 측면 　　구멍 직경 0.6 [mm], 1 [mm] 　　또는 9 [mm]인 오리피스판 부착 (4) 상부 : 파열판 부착 **[시료용기]** 바닥이 평면, 상부가 개방된 원통형인 알루미늄 용기
시험방법	**[파열여부 확인]** (1) 실리콘유 넣은 시료용기 : 압력용기 바닥에 놓고 가열 (2) 실리콘유 온도 100~200 [℃] 사이에서 40 [℃]/분의 비율로 상승되도록 설정 (3) 30분 이상 가열을 지속 (4) 파열판 상부에 물을 바르고, 압력용기를 가열기에 넣어 가열 (5) 파열여부 관찰 (6) 위의 시험을 10회 이상 반복
판정	(1) 위험물 판정 　　"1/2 이상 파열판이 파열" ⇒ 자기반응성물질 (2) 지정수량 　　① 오리피스 0.6 [mm] : 200 [kg] 　　② 오리피스　 1 [mm] : 100 [kg] 　　③ 오리피스　 9 [mm] :　10 [kg]

7 제6류 위험물(산화성 액체)

(시험) 산화성 시험(연소시간 측정시험)

1. 연소시간 측정시험

기준물질	목분＋질산 90 [%] 수용액
시험물질	목분＋시험물품
질산수용액 시험	[질산 수용액 – 연소시간 측정] (1) 원추형 목분 생성 　　외경 120 [mm] 평저증발접시 위 　　⇒ 목분 15 [g]을 1 : 1.75 되도록 원추형으로 1시간 둠 (2) 질산수용액 혼합 　　질산 90 [%] 수용액 15 [g]을 주사기로 균일하게 떨어뜨려 목분과 혼합 (3) 점화원 접촉 　　① 1,000 [℃]로 가열된 니크롬선 : 점화원 　　② 점화원을 위쪽에서 원추형 바닥 전둘레가 착화할 때까지 접촉 　　③ 접촉시간 : 10초 (4) 연소시간 측정 　　① 점화한 경우 : 바닥부 전둘레 착화 후 발염하지 않게 되는 시간 　　② 간헐적 발염하는 경우 : 최후 발염이 종료할 때까지의 시간 (5) 평균 연소시간 　　5회 이상 반복해서 연소시간 평균치를 연소시간으로 함
시험물질 시험	[시험물품 – 연소시간 측정] (1) 원추형 목분 　　① 외경 120 [mm] 평저증발접시 위 – 목분 15 [g] 　　② 외경 80 [mm] 평저증발접시 위 – 목분 6 [g] 　　⇒ 1 : 1.75 원추형으로 만들어 1시간 둠 (2) 시험물품 혼합 　　각각 15 [g], 24 [g]을 주사기로 균일하게 주사하여 목분과 혼합 (3) 점화원 접촉 (4) 연소시간 측정 (5) 평균 연소시간 결정
판정	"(시험물품＋목분) 연소시간 ≤ (표준물질(질산90 [%])＋목분) 연소시간" ⇒ 위험물

> **문제**
>
> NFPA 기준에 의한 위험물 분류방법에 대하여 논하시오.

1. 개요

위험물에 대한 NFPA에서의 정의는 누출될 경우 사람, 환경, 물품 등에 해로움을 일으킬 수 있는 물질(고체, 액체, 기체)이라고 되어 있다.(NFPA 471)

2. NFPA의 위험물 분류(NFPA 472)

1) Class 1(폭발물)

폭발물이란, 폭발에 의해서 사용되도록 설계되었거나, 그 자체의 화학반응에 의해 폭발과 유사한 방법으로 운영될 수 있는 물질이다.(다이너마이트, TNT 등)

(1) Division 1.1
   ① 대규모 폭발위험을 가진 폭발물
   ② 대규모 폭발이란, 거의 모든 부하에 즉각적으로 영향을 주는 폭발임
   ③ 다이너마이트, TNT 등

(2) Division 1.2
   ① 비산위험은 있으나, 대규모 폭발 위험은 없는 것
   ② 불꽃화약, Detonating Cord 등

(3) Division 1.3
   ① 화재위험, 소규모 폭발위험, 약한 비산 위험을 가지고 있지만, 대규모 폭발의 위험은 없는 것
   ② 로켓용 액체연료, 추진제 등

(4) Division 1.4
   ① 작은 폭발위험을 가진 폭발장치
   ② 25 [g] 미만의 폭발물질을 포함한 것으로, 외부 화재 등에 의해 즉각 폭발되지 않음
   ③ 연습용 탄약, 신호탄약통 등

(5) Division 1.5
   ① 매우 둔감하여 정상적 운반 시에는 연소에서 폭굉으로 전이될 가능성이 거의 없는 물질로 구성된 것
   ② 질산암모늄 비료 등

(6) Division 1.6
   대규모 폭발위험이 없는 매우 둔감한 물질

2) Class 2(가스)

   (1) Division 2.1

      ① 인화성 가스

      ② 종류

         ㉠ 인화점이 대기압에서 20 [℃] 이하인 모든 물질

         ㉡ 대기압하에서 비점이 20 [℃] 이하이면서 다음 특성을 갖춘 물질

            • 대기압에서 LFL이 13 [%] 이하

            • 연소상한계는 공기가 최소 12 [%]임

   (2) Division 2.2

      ① 압축가스, 액화가스, 고압 저온가스, 용해된 압축가스를 포함한 불연성, 무독성인 압축 가스 등

      ② 무수 암모니아, 이산화탄소, 질소 등

   (3) Division 2.3

      ① 독성가스

      ② 보통 LC_{50}이 5,000 [ppm] 이하인 것

3) Class 3(인화성 액체)

   (1) 인화점이 68 [℉] 이하인 모든 액체

   (2) 아세톤, 가솔린, 톨루엔 등

4) Class 4(인화성 고체)

   (1) Division 4.1(인화성 고체)

      ① 젖은 폭발물, 자기반응성 물질, 쉽게 연소되는 고체 등

      ② 마그네슘 분진, 니트로셀룰로오스 등

   (2) Division 4.2(자연발화물질)

      ① 자연발화물질 : 적은 양으로도 외부 점화원 없이 공기와 접촉 후 5분 이내에 발화될 수 있는 액체 또는 고체

      ② 자기가열물질 : 공기와 접촉하면 에너지의 공급이 없어도 가열될 수 있는 물질

      ③ 알킬 알루미늄, 인 등

   (3) Division 4.3(금수성 물질)

      ① 젖을 경우 위험한 물질(금수성 물질)

      ② 물과의 접촉에 의해 인화되거나 인화성 물질을 시간당 1 [l/kg] 이상 방출하는 물질

      ③ 칼륨, 나트륨, 마그네슘 가루 등

5) Class 5(산화성 물질 및 유기 과산화물)

(1) Division 5.1(산화제)

① 일반적으로 산소를 방출하여 다른 물질의 가연성을 높이는 물질

② 질산암모늄, 3불화 브롬 등

(2) Division 5.2(유기과산화물)

① 유기과산화물

② 종류

- Type A : 운반을 위해 포장되면, 폭굉이나 폭연을 일으킬 수 있는 유기과산화물로서 운반이 금지됨
- Type B : 폭연, 폭굉은 일으키지 않지만, 열폭발은 일으킬 수 있는 유기과산화물
- Type C : 폭연, 폭발, 열폭발을 일으키지 않는 유기과산화물
- 기타 Type D~G까지 있음

6) Class 6(독성물질)

(1) Division 6.1(독성물질)

① 인간에게 독성이 있거나 유독한 것으로 추정되는 자극성 물질

② 아닐린, 최루가스, 사염화탄소 등

(2) Division 6.2(전염성 물질)

① 인간이나 동물에게 병을 유발시키는 미생물이나 그 독성

② 탄저균, 파상풍균 등

7) Class 7(방사능 물질)

(1) 방사능 물질이란, $0.002\,[\mu Ci/g]$보다 큰 특정 활동력을 가진 모든 물질

> **참고**
>
> **Ci**
> 방사능의 단위로서, 핵분열의 수가 매초 3.7×10^{10}인 경우의 방사능을 1 [Ci]라 함

(2) 코발트, 우라늄 6가 불화물 등

8) Class 8(부식성 물질)

(1) 접촉 시, 사람 피부조직에 변형이나 눈에 보이는 파괴를 일으키는 액체, 고체 등

(2) 질산, 황산, 수산화나트륨 등

9) Class 9(기타 위험물질)

(1) 운반 시에 위험을 나타내는 물질로서, Class 1~8에 포함되지 않은 것

(2) 해양 오염물질, 포장된 상태로 인해 한정된 위험이 생기는 작은 탄약 등

3. 결론

1) 국내기준이 액체와 고체에 한정된 것과 달리, NFPA에 의한 위험물의 분류는 기체를 포함한 모든 상태의 물질에 대하여 분류되어 있다.
2) 국내에서는 가스에 대한 사항은 가스 관련 법규에 규정되고, 타 위험물과 달리 가스안전공사에서 관리한다.
3) 물질의 상태에 따라 설비, 보호장치 등이 다르므로 이에 대한 규정이나 관리 기관이 다를 수도 있겠으나, 위험물의 분류에는 가스 등 모든 물질이 포함되어야 할 것이다.

> **문제**
>
> **NFPA 기준에 의한 위험물의 위험도 평가방법을 설명하시오.**

1. 개요

1) 화학물질은 보통 단독의 성질을 가지지 않고, 복수의 특성을 가진다. 따라서 물질의 여러 가지 위험성을 평가하여 취급자에게 알리는 것이 중요하다.
2) NFPA에서는 물질의 위험성을 건강위험성(유독성, 청색), 연소위험성(가연성, 적색), 반응위험성(반응성, 황색)의 3가지로 나누고, 0~4등급까지 5단계로 분류한다.
3) NFPA의 이러한 위험도 표지는 물질의 위험성을 취급자가 한번에 파악할 수 있도록 한다.

2. 위험도의 표시방법

1) 그림과 같이 위치별로 위험성을 표시하며, 위치에 0~4의 숫자로 위험 정도를 표시한다.
2) 특수성질에는 다음과 같은 성질이 표시된다.
   (1) 금수성(W)
   (2) 산화성(OX)
   (3) 방사선 물질 등

3. 위험등급

등급	4	3	2	1	0
유독성 (청색)	단시간 노출에도 사망 또는 심한 상해를 유발	단시간 노출에도 일시적 상해를 남김	계속된 노출 시 상해 가능성	폭로에 의해 작은 상해	노출 시 위험 없음
가연성 (적색)	대기압, 상온에서 연소하기 쉬움	일반 온도조건에서도 발화가 용이	비교적 고온까지 가열 시 발화	예열해야만 발화	불연성
반응성 (황색)	상온·상압에서 폭발적 분해, 폭굉 유발	강한 기폭력 존재 시 폭발적 분해, 폭굉	상온에서 불안정하여 화학반응 용이(폭굉은 없음)	온도, 압력 상승 시 반응성	안정한 물질

4. 결론

국내의 산업안전보건법에 의한 위험성 표지는 매우 복잡하여 유사시 그 유해성 파악이 어려우므로, 이와 같은 방식의 도입이 필요하다.

> **문제**
>
> **화학물질의 분류 및 표지에 관한 세계조화시스템(GHS)에 대하여 설명하시오.**

1. 개요

1) GHS란, 전 세계적으로 통일된 분류기준에 의해 화학물질의 유해, 위험성을 분류하고, 공통된 형태의 경고표지 및 MSDS를 이용하여 정보를 전달하는 것이다.

2) GHS의 구성

2. GHS의 유해·위험성 분류기준

1) 물리적 위험성(17개)

(1) 폭발성 물질

(2) 인화성 가스

(3) 인화성 에어로졸

(4) 인화성 액체

(5) 인화성 고체

(6) 산화성 가스

(7) 산화성 액체

(8) 산화성 고체

(9) 자기반응성 물질 및 혼합물

(10) 자연발화성 액체

(11) 자연발화성 고체

(12) 자기발열성 물질 및 혼합물

(13) 물반응성 물질 및 혼합물

(14) 유기과산화물

(15) 금속 부식성 물질

(16) 고압가스

(17) 둔감화된 폭발성 물질

2) 건강유해성(10개)

(1) 급성독성 물질

(2) 피부 부식성/자극성 물질

(3) 눈 손상/눈 자극성 물질

(4) 호흡기 또는 피부 과민성 물질

(5) 생식세포 변이원성 물질

(6) 발암성 물질

(7) 생식독성 물질

(8) 특정 표적장기 독성물질 – 1회 노출

(9) 특정 표적장기 독성물질 – 반복 노출

(10) 흡인유해성 물질

3) 환경유해성(2개)

(1) 수생환경유해성 물질

(2) 오존층에 대한 유해성 물질

위험물

3. 경고표지의 구성

제품정보, 그림문자, 신호어, 유해 · 위험문구, 예방조치문구, 공급자 정보로 구성된다.

물질명 　　　제품정보

○신호어 :
○유해위험문구 : H코드 참조

○예방조치문구 : P코드 참조
○공급자 정보 :

1) 제품정보

물질명 또는 제품명, 함량 등에 관한 정보

2) 그림문자(유해성 심벌)

(1) 건강 유해성에서의 일부 심벌을 제외하고는 모두 유엔 위험물운송에 관한 규칙에서의 표준 심벌을 적용한다.

(2) 그림문자는 심벌, 테두리, 배경의 패턴, 색상, 구분번호 등으로 구성되며, 마름모 형태 이다.

3) 신호어(Signal Word)

(1) 유해성의 심각한 정도를 상대적으로 표현하는 것이다.

(2) 주로 사용하는 신호어는 위험과 경고이다.

　① 위험 : 주로 유해성 구분 1과 2의 심한 유해성을 말함

　② 경고 : 비교적 심각성이 낮은 유해성을 말함

4) 유해위험문구

유해성을 나타내는 유해성 분류와 이에 따른 문구

5) 예방조치문구

유해물질에 의해 발생되는 피해를 방지하거나, 최소화하기 위해 필요한 권고조치를 기술

6) 공급자정보

제조자 또는 공급자의 명칭, 연락처 등에 관한 정보

4. GHS 시행에 따른 기대효과

1) 국제적으로 통일된 유해정보전달이 가능하여 사람의 건강과 환경보호에 도움이 된다.
2) 기존에 위험관리 체계가 없는 국가에 대해서도 기본체계 수립을 가능하게 한다.
3) 국제적인 유해성 표기로 인해 국제 무역이 용이해진다.
4) 화학물질의 유해성 실험이나 평가의 양을 크게 줄일 수 있다.

> **문제**
>
> **물질안전보건자료(MSDS)에 기재되어야 하는 위험 유해성 정보에 대하여 설명하시오.**

1. 개요

1) MSDS의 기재사항에 대한 규정은 산업안전보건법의 '화학물질의 분류 · 표시 및 물질안전보건자료에 관한 기준' 제10조 및 별표 4에 규정되어 있다.
2) 이와 관련된 사항은 GHS에 따르도록 2008년 1월에 개정되었다.

2. MSDS의 작성항목

1) 화학제품과 회사에 관한 정보
2) 유해, 위험성
3) 구성성분의 명칭 및 함유량
4) 응급조치요령
5) 폭발, 화재 시 대처방법
6) 누출사고 시 대처방법
7) 취급 및 저장방법
8) 노출방지 및 개인보호구
9) 물리, 화학적 특성
10) 안정성 및 반응성
11) 독성에 관한 정보
12) 환경에 미치는 영향
13) 폐기 시 주의사항
14) 운송에 필요한 정보
15) 법적 규제 현황
16) 기타 참고사항

3. 유해, 위험성 정보

1) 유해, 위험성 분류
   (1) 물리적 위험성

- 폭발성 물질
- 인화성(가스, 액체, 고체)
- 에어로졸
- 산화성(가스, 액체, 고체)
- 자기반응성 물질, 자연발화성 액체, 자연발화성 고체, 자기발열성 물질
- 물반응성 물질
- 유기과산화물
- 금속부식성 물질
- 고압가스

(2) **건강유해성**
- 급성독성 물질
- 피부부식성/자극성 물질
- 심한 눈 손상/눈 자극성 물질
- 호흡기 과민성 물질
- 피부 과민성 물질
- 생식세포 돌연변이성 물질
- 발암성 물질
- 생식독성 물질
- 흡인유해성물질
- 표적기관, 전신 독성물질 – 1회 노출
- 표적기관, 전신 독성물질 – 반복 노출

(3) **환경유해성**
- 수생환경유해성 물질
- 오존층에 대한 유해성 물질

2) **예방조치문구를 포함한 경고표지 항목**

(1) **그림문자**
① 건강 유해성에서의 일부 심벌을 제외하고는 모두 UN 위험물운송에 관한 규칙에서의 표준 심벌을 적용한다.
② 그림문자는 심벌, 테두리, 배경의 패턴, 색상, 구분번호 등으로 구성되며, 마름모 형태이다.

(2) **신호어**
① 유해성의 심각한 정도를 상대적으로 표현하는 것이다.
② 주로 사용하는 신호어는 위험과 경고이다.
- 위험 : 주로 유해성 구분 1과 2인 심한 유해성을 말함

　　　　• 경고 : 비교적 심각성이 낮은 유해성을 말함

　(3) 유해위험문구

　　　유해성을 나타내는 유해성 분류와 이에 따른 문구를 말함

　(4) 예방조치문구

　　　유해물질에 의해 발생되는 피해를 방지하거나, 최소화하기 위해 필요한 권고조치를 기술함

3) 유해 · 위험성 분류기준에 포함되지 않는 기타 유해 · 위험성

　(예 분진폭발 위험성)

4. 결론

1) GHS란, 전 세계적으로 통일된 분류기준에 의해 화학물질의 유해, 위험성을 분류하고, 공통된 형태의 경고표지 및 MSDS를 이용하여 정보를 전달하는 것이다.

2) 이러한 GHS제도의 도입은 위험물에 대한 선진국에서의 MSDS 등을 활용할 수 있게 되어 국내의 위험물체계 관리에도 큰 도움을 줄 수 있을 것이다.

3) 분류기준의 불일치 개선 필요

　(1) 산업안전보건법에 따른 GHS 위험물 분류 기준과 달리 소방청 고시에 의한 분류는 아래와 같이 차이가 있다.

　　① 물리적 위험성에 둔감화된 폭발성 물질 포함

　　② 건강유해성의 호흡기 또는 피부 과민성 물질을 하나로 분류

　(2) GHS에 따른 분류기준은 UN의 통일된 기준을 도입하는 것으로 각 법령별로 상이하면 안 되므로, 각 개별 법령마다 분류 기준을 정하지 말고, 별도의 통합 기준에서 GHS 위험물 분류를 정의하고 이를 각 개별 법령에서 적용하는 방안이 바람직할 것으로 판단된다.

위험물

위험물제조소등의 기준

❶ 위험물제조소등의 종류

1. 위험물 제조소

위험물을 제조할 목적으로 지정수량 이상의 위험물을 취급하기 위하여 허가를 받은 장소

2. 위험물 저장소

지정수량 이상의 위험물을 저장하기 위한 대통령령이 정하는 장소로서 허가를 받은 장소

1) 옥내저장소

옥내(지붕과 기둥 또는 벽 등에 의하여 둘러싸인 곳)에 위험물을 저장하는 장소

2) 옥외저장소

옥외의 장소에서 제2류의 위험물 중 유황 또는 인화성 고체, 알코올류, 제2석유류, 제3석유류, 제4석유류, 동식물유류, 제6류 위험물 등을 저장하는 장소

3) 위험물탱크 저장소

(1) 옥내탱크저장소

옥내에 있는 탱크에 위험물을 저장하는 저장시설

(2) 옥외탱크저장소

옥외에 있는 탱크에 위험물을 저장하는 저장시설

(3) 지하탱크저장소

지하에 매설되어 있는 탱크에 위험물을 저장하는 저장시설

(4) 이동탱크저장소

차량에 고정된 탱크에 위험물을 저장하는 장소

(5) 간이탱크저장소

간이탱크에 위험물을 저장하는 장소

(6) 암반탱크저장소

암반 내의 공간을 이용한 탱크에 액체의 위험물을 저장하는 장소

3. 위험물 취급소

지정수량 이상의 위험물을 제조 외의 목적으로 취급하기 위한 대통령령이 정하는 장소로서 허가 받은 장소

1) 주유취급소

고정된 주유설비에 의하여 위험물을 자동차, 항공기, 선박 등의 연료 탱크에 직접 주유하기 위하여 위험물을 취급하는 장소

2) 판매취급소

점포에서 위험물을 용기에 담아 판매하기 위하여 지정수량의 40배 이하의 위험물을 취급하는 장소

3) 이송취급소

배관 및 이에 부속하는 설비에 의하여 위험물을 이송하는 취급소

4) 일반취급소

주유취급소, 판매취급소, 이송취급소 외의 장소

2 안전거리

1. 안전거리의 정의

건축물의 외벽 또는 공작물의 외측으로부터 당해 제조소의 외벽 또는 공작물의 외측 사이의 수평거리

2. 안전거리의 적용기준

1) 용도별 안전거리

용도	안전거리	비고
주거용	10 [m] 이상	
학교, 병원, 영화상영관, 아동복지시설, 장애인 복지시설 등	30 [m] 이상	• 영화상영관 : 300명 이상 • 아동시설 등 : 20명 이상 수용 가능한 것
유형문화재, 지정문화재	50 [m] 이상	
고압가스, LNG, LPG 저장 또는 취급시설	20 [m] 이상	
특고압가공전선(7,000~35,000 [V])	3 [m] 이상	
특고압가공전선(35,000 [V] 초과)	5 [m] 이상	

2) 안전거리의 단축기준

불연재료로 된 방화상 유효한 담 또는 벽을 기준에 맞게 설치한 경우에는 안전거리를 다음 표에 따라 단축할 수 있다.

구 분	취급 최대수량	안전거리([m] 이상)		
		주거시설	학교 등	문화재
위험물 제조소	10배 미만	6.5	20	35
	10배 이상	7.0	22	38

❚ 위험물 제조소의 단축거리 ❚

3) 방화상 유효한 담의 설치기준

(1) 방화상 유효한 담의 높이

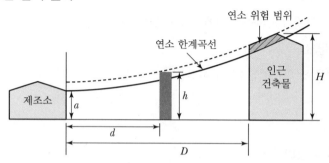

① $H \leq pD^2 + a$인 경우 : $h = 2[\mathrm{m}]$ 이상

② $H \geq pD^2 + a$일 때 : $h = H - p(D^2 - d^2)\,[\mathrm{m}]$ 이상

　　여기서 D : 제조소등과 인근 건축물 또는 공작물과의 거리 $[\mathrm{m}]$

　　　　　H : 인근 건축물 또는 공작물의 높이 $[\mathrm{m}]$

　　　　　a : 제조소등의 외벽의 높이 $[\mathrm{m}]$

　　　　　d : 제조소등과 방화상 유효한 담과의 거리 $[\mathrm{m}]$

　　　　　h : 방화상 유효한 담의 높이 $[\mathrm{m}]$

　　　　　p : 상수

❚ p의 값 산정 ❚

인근 건축물 또는 공작물	p의 값
• 목조인 경우 • 방화구조 또는 내화구조이고, 제조소등에 면한 부분의 개구부에 방화문이 설치되지 않은 경우	0.04
• 방화구조인 경우 • 방화구조 또는 내화구조이고, 제조소등에 면한 부분의 개구부에 을종방화문이 설치된 경우	0.15
• 내화구조이고, 제조소등에 면한 부분의 개구부에 갑종방화문이 설치된 경우	∞

(2) 방화상 유효한 담의 최대, 최소 높이

① 최소 높이

　산출된 수치가 2 미만일 경우, 2 [m] 이상

② 최대 높이

　산출된 수치가 4 이상일 경우, 4 [m]로 하고 다음의 소화설비로 보강

　• 소형소화기 설치대상 : 대형소화기를 1개 이상 증설할 것

　• 대형소화기 설치대상 : 대형소화기 대신 옥내·외 소화전, 고정식 소화설비 중 적응

　　소화설비를 설치할 것

　• 옥내·외 소화전, 고정식 소화설비 설치대상 : 반경 30 [m]마다 대형소화기 1개 이

　　상 증설할 것

(3) 방화상 유효한 담의 길이

① 제조소등의 외벽의 양단(a_1, a_2)을 중심으로
안전거리를 반지름으로 한 원을 그린다.

② 당해 원의 내부에 들어오는 인근 건축물등의
부분 중 최외측 양단(p_1, p_2)을 구한다.

③ a_1과 p_1을 연결한 선분(l_1)과 a_2와 p_2를 연결한
선분(l_2) 상호 간의 간격을 담의 길이(L)로 한다.

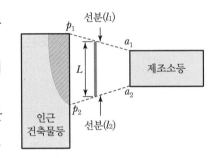

(4) 방화상 유효한 담의 재질

위험물제조소에서 담까지의 거리	담 또는 벽의 구조
5 [m] 미만	내화구조
5 [m] 이상	불연재료
제조소 벽을 높게 하여 방화상 유효한 담을 대체하는 경우	벽의 재질 : 내화구조 개구부 설치하지 않을 것

NOTE

히드록실아민의 특례기준

1. 안전거리 기준

$$D = 51.1 \sqrt[3]{N}$$

　여기서, D : 거리 [m], N : 지정수량의 배수

2. 특례기준의 이유

1) 히드록실아민 등은 상온에서도 스스로 열분해를 일으켜 폭발하는 위험성이 있고, 피
해 범위가 넓다.

2) 이 때문에 온도상승 등에 의하여 위험한 반응(열분해)이 일어나지 않도록 하는 장치를 적용하고 폭발 시의 피해를 줄이기 위하여 안전거리를 강화하며, 저장·취급시설의 주위에 담 또는 토제를 설치한다.

❸ 보유공지

1. 위험물제조소의 보유공지 기준

취급 위험물의 최대수량	공지의 너비
지정수량의 10배 이하	3 [m] 이상
지정수량의 10배 초과	5 [m] 이상

2. 공지를 보유하지 않아도 되는 경우

1) 제조소의 작업공정이 타 작업장 공정과 연속되어 공지를 두면 제조소의 작업에 현저한 지장이 생길 우려가 있는 경우

→ 방화상 유효한 격벽을 설치하면 보유공지 제외 가능

2) 방화상 유효한 격벽의 설치기준

(1) 방화벽 : 내화구조(제6류인 경우, 불연재료로 가능함)

(2) 방화벽의 출입구, 창 등의 개구부

① 최소 크기로 할 것

② 자동폐쇄식의 갑종방화문을 설치할 것

③ 방화벽의 양단 및 상단이 외벽, 지붕으로부터 50 [cm] 이상 돌출될 것

❹ 건축물의 구조

구조 부분	원칙	예외
지하층	지하층이 없도록 할 것	• 위험물을 취급하지 않는 지하층으로서 • 위험물의 취급장소에서 새어나온 위험물 또는 가연성의 증기가 흘러 들어갈 우려가 없는 구조로 된 경우
벽, 기둥, 바닥, 서까래, 계단	① 불연재료 ② 연소의 우려가 있는 외벽 → 출입구 외의 개구부가 없는 내화구조의 벽으로 할 것 ③ 6류 위험물 취급하는 건축물 → 위험물이 스며들 우려가 있는 부분에는 아스팔트 그 밖에 부식되지 않는 재료로 피복해야 함	

구조 부분	원칙	예외
지붕	폭발력이 위로 방출될 정도의 가벼운 불연재료로 덮어야 함	〈내화구조로 할 수 있는 경우〉 ① 제2류위험물(분상, 인화성 고체 제외), 제4류 위험물 중 제4석유류, 동식물유류 또는 제6류 위험물 제조소 ② 아래 기준에 적합한 밀폐형 구조의 건축물 　• 발생 가능한 내부의 과압 또는 부압에 견딜 수 있는 철근콘크리트조일 것 　• 외부화재에 90분 이상 견딜 수 있는 구조
출입구, 비상구	① 갑종 또는 을종 방화문 ② 연소할 우려가 있는 외벽의 출입구 　→ 수시로 열 수 있는 자동폐쇄식 갑종방화문	
유리	창 및 출입구의 유리 : 망입유리	
바닥	〈액체의 위험물을 취급하는 건축물의 바닥〉 ① 위험물이 스며들지 않는 재료 사용 ② 적당한 경사를 두어 그 최저부에 집유설비를 할 것	

위험물

NOTE

연소할 우려가 있는 외벽

다음에 정한 선을 기산점으로 하여 3 [m](제조소등이 2층 이상인 경우에는 5 [m]) 이내에 있는 제조소등의 외벽
1. 제조소등이 설치된 부지의 경계선
2. 제조소등에 인접한 도로의 중심선
3. 제조소등의 외벽과 동일부지 내의 다른 건축물의 외벽 간의 중심선

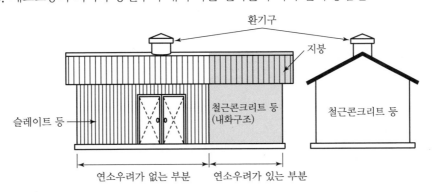

⑤ 표지 및 게시판

1. 표지

1) 위험물 제조소라는 표시

2) 크기 : 0.3×0.6 [m] 이상인 직사각형

3) 색상 : 바탕은 백색, 문자는 흑색으로 할 것

2. 게시판

1) 기재항목 : 방화에 필요한 사항을 게시

   저장, 취급하는 위험물의

   (1) 유별 품명

   (2) 저장 또는 취급 최대수량

   (3) 지정수량의 배수

   (4) 안전관리자의 성명 또는 직명

2) 크기 : 0.3×0.6 [m] 이상인 직사각형

3) 색상 : 바탕은 백색, 문자는 흑색으로 할 것

4) 위험물별 주의사항 표시

물기엄금	• 제1류 위험물 중 알칼리금속의 과산화물과 이를 함유한 것 • 제3류 위험물 중 금수성물질
화기주의	• 제2류 위험물(인화성고체 제외)
화기엄금	• 제2류 위험물 중 인화성고체 • 제3류 위험물 중 자연발화성물질 • 제4류 위험물 • 제5류 위험물

• 색상 : 물기엄금(청색바탕, 백색문자), 화기주의 · 화기엄금(적색바탕, 백색문자)

⑥ 채광 · 조명 및 환기설비

1. 채광설비

1) 불연재료

2) 연소의 우려가 없는 장소에 설치

3) 채광면적은 최소로 한다.

2. 조명설비

1) 가연성 가스 등이 체류할 우려가 있는 장소 : 방폭 조명등

2) 전선 : 내화, 내열전선

3) 점멸스위치 : 출입구 바깥부분에 설치

3. 환기설비

1) 개념

환기설비는 옥내의 공기를 바꾸는 설비이며, 환기구는 지붕 위 등 높은 장소에 설치하는 것이 바람직하다.

2) 자연배기방식

(1) 환기구는 지붕위 또는 지상 2 [m] 이상의 높이에 설치

(2) 회전식 고정 벤틸레이터 또는 Roof fan 방식

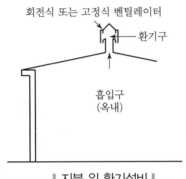

‖ 지붕 위 환기설비 ‖

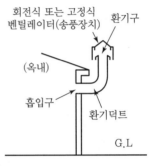

‖ 벽체상부 덕트방식 환기설비 ‖

3) 급기구 기준

(1) 수량 : 150 [m²]당 1개

(2) 크기

① 바닥면적 150 [m²] 이상 : 800 [cm²] 이상

② 바닥면적 150 [m²] 미만

바닥면적 [m²]	급기구 면적 [cm²]
60 미만	150 이상
60~90	300 이상
90~120	450 이상
120~150	600 이상

(3) 위치 : 낮은 곳에 설치

(4) 가는 눈의 구리망 등 인화방지망을 설치

4. 설치 제외

1) 환기설비 제외

배출설비가 설치되어 유효하게 환기가 되는 건축물

위험물

2) 채광설비 제외

조명설비가 설치되어 유효하게 조도가 확보되는 건축물

⑦ 배출설비

1. 개요

1) 대상

가연성의 증기 또는 미분이 체류할 우려가 있는 건축물에는 그 증기 또는 미분을 옥외의 높은 곳으로 배출할 수 있도록 배출설비를 설치

2) 환기설비와의 차이점

전동기 등을 이용한 강제배출방식(강제 배풍기 + 배출덕트 + 후드 등)

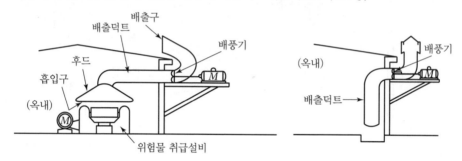

2. 배출방식

1) 국소배출방식으로 할 것

가연성증기 등이 집중적으로 발생되는 구역을 배출대상으로 하는 것

2) 전역배출방식을 적용할 수 있는 경우

(1) 위험물 취급설비가 배관이음 등으로만 된 경우

(2) 건축물의 구조 · 작업장소의 분포 등의 조건에 의하여 전역배출방식이 유효한 경우

3) 강제배출방식

배출설비는 배풍기 · 배출덕트 · 후드 등을 이용하여 강제적으로 배출하는 것으로 할 것 (배출덕트는 전용인 불연재료로 해야 함)

3. 배출능력

1) 1시간당 배출장소 용적의 20배 이상인 것으로 할 것

2) 전역방출방식은 바닥면적 1 [m²]당 18 [m³]으로 할 수 있다.

4. 급기구 및 배출구 기준

1) 급기구

　(1) 높은 곳에 설치할 것(처마 이상 또는 지상 4 [m] 이상 높이)

　(2) 가는 눈의 구리망 등으로 인화방지망을 설치할 것

2) 배출구

　(1) 지상 2 [m] 이상의 연소의 우려가 없는 장소에 설치할 것

　(2) 배출덕트가 관통하는 벽부분의 바로 가까이에 화재 시 자동으로 폐쇄되는 방화댐퍼를 설치할 것

5. 배풍기

1) 강제배기방식으로 할 것

2) 옥내덕트의 내압이 대기압 이상이 되지 않는 위치에 설치할 것

8 기타 시설

1. 옥외설비의 바닥

1) 바닥 둘레에 높이 0.15 [m] 이상의 턱을 설치하는 등 위험물이 외부로 흘러나가지 않도록 할 것

2) 바닥은 콘크리트 등 위험물이 스며들지 않는 재료로 하고, 턱이 있는 쪽이 낮게 경사지게 할 것

3) 바닥 최저부에 집유설비를 할 것

4) 위험물이 직접 배수구에 흘러들어가지 않도록 집유설비에 유분리장치를 설치할 것

2. 기타 설비

1) 위험물의 누출 · 비산방지

위험물이 새거나 넘치거나 비산하는 것을 방지할 수 있는 구조로 할 것

[예외] 누출재해 방지 가능한 부대설비(되돌림관 · 수막 등)를 한 경우

2) 가열 · 냉각설비 등의 온도측정장치

위험물을 가열, 냉각하거나 위험물 취급에 수반하여 온도변화가 생기는 설비에는 온도측정장치를 설치할 것

3) 가열건조설비

위험물의 가열, 건조설비는 직접 불을 사용하지 않는 구조로 할 것

[예외] 당해 설비가 방화상 안전한 장소에 설치되어 있거나 화재를 방지할 수 있는 부대설비를 한 경우

4) 압력계 및 안전장치

위험물을 가압하거나 위험물의 압력이 상승할 우려가 있을 경우, 압력계와 다음 장치 중에서 1가지를 설치할 것

(1) 자동적으로 압력의 상승을 정지시키는 장치

(2) 감압 측에 안전밸브를 부착한 감압밸브

(3) 안전밸브를 병용하는 경보장치

(4) 파괴판 : 위험물의 성질에 따라 안전밸브의 작동이 곤란한 가압설비에 한함

5) 전기설비

전기설비기술기준에 의할 것

6) 정전기 제거설비

아래의 방법 중 1가지 방법으로 정전기를 유효하게 제거할 수 있는 설비 설치

(1) 접지에 의한 방법

(2) 공기 중의 상대습도를 70 [%] 이상으로 하는 방법

(3) 공기를 이온화하는 방법

7) 피뢰설비

지정수량의 10배 이상의 위험물(제6류 제외)을 취급하는 제조소에는 피뢰침을 설치할 것

8) 전동기 등

전동기 및 위험물을 취급하는 설비의 펌프·밸브·스위치 등은 화재예방상 지장이 없는 위치에 부착할 것

3. 위험물제조소 내의 배관

1) 배관의 재질

(1) 강관 또는 이와 유사한 금속성으로 할 것

(2) [예외] 다음 기준에 모두 부합하는 지하매설배관

    ① 배관재질 : KS규격의 유리섬유강화플라스틱, 고밀도폴리에틸렌, 폴리우레탄

    ② 배관구조 : 이중 배관으로 하여 내관과 외관 사이에 틈새를 두어 누설 여부를 외부에서 쉽게 확인할 수 있도록 할 것

    ③ 국내, 국외 공인시험기관으로부터 안전성에 대한 시험 또는 인증을 받을 것

2) 내압성능

배관의 최대상용압력의 1.5배 이상의 압력으로 내압시험(불연성 액체 또는 기체를 이용한 시험 포함)을 실시하여 누설 및 기타 이상이 없을 것

3) 지지 및 부식방지

배관을 지상에 설치하는 경우에는

(1) 지진, 풍압, 지반침하 및 온도 변화에 안전한 구조의 지지물에 설치할 것

(2) 배관은 지면에 닿지 않을 것

(3) 배관 외면에 부식방지를 위한 도장을 할 것(예외 : 불변강관의 경우)

4) 지하매설배관

(1) 부식 방지 : 금속성 배관 외면에 도복장, 코팅 또는 전기방식 등의 조치를 할 것

(2) 누설 확인 : 배관접합부(용접부 제외)에 위험물 누설 여부 점검용 점검구 설치

(3) 지면에 미치는 중량이 당해 배관에 미치지 않도록 보호할 것

5) 배관에 가열, 보온을 위한 설비를 설치한 경우

화재예방상 안전한 구조로 할 것

위험물

문제

위험물제조소등의 소화설비 설치기준에 대하여 다음의 내용을 설명하시오.
- 전기설비의 소화설비
- 소요단위와 능력단위
- 소요단위 계산방법
- 소화설비의 능력단위

1. 전기설비의 소화설비

제조소등에 전기설비(전기배선, 조명기구 등 제외)가 설치된 경우
→ 당해 장소 $100\,[\text{m}^2]$마다 소형 수동식 소화기 1개 이상 설치

2. 소요단위와 능력단위

1) 소요단위

소화설비의 설치대상이 되는 건축물·공작물의 규모 또는 위험물 양의 기준단위

2) 능력단위

소요단위에 대응하는 소화설비의 소화능력 기준단위

3. 소요단위의 계산

분류	구조	소요단위 계산방법
제조소, 취급소	내화	연면적 100 [m²]당 1소요단위
	비내화	연면적 50 [m²]당 1소요단위
저장소	내화	연면적 150 [m²]당 1소요단위
	비내화	연면적 75 [m²]당 1소요단위
제조소등의 옥외에 설치된 공작물 외벽	내화로 간주	최대수평투영면적 기준 • 제조소, 취급소 : 100 [m²]당 1소요단위 • 저장소 : 150 [m²]당 1소요단위
위험물		지정수량의 10배 : 1소요단위

4. 소화설비의 능력단위

1) 소형 수동식 소화기 : 형식승인 받은 수치

2) 기타 소화설비

분류	용량	능력단위
소화 전용 물통	8 [l]	0.3
수조(소화 전용 물통 3개 포함)	80 [l]	1.5
수조(소화 전용 물통 6개 포함)	190 [l]	2.5
마른 모래(삽 1개 포함)	50 [l]	0.5
팽창질석, 팽창진주암(삽 1개 포함)	160 [l]	1.0

위험물제조소등의 소방시설

1 소화난이도등급

1. 소화난이도등급의 개념

위험물 안전관리법 시행규칙 별표 17에서는 위험물 제조소등을 그 장소의 규모, 위치 및 저장물질의 위험성, 저장량 등에 따라 소화난이도등급 Ⅰ, Ⅱ, Ⅲ으로 구분하고 있다.
→ 소화난이도 등급에 따라 설치해야 하는 소화설비가 달라진다.

2. 소화난이도등급 Ⅰ에 해당하는 제조소등

제조소등의 구분	제조소등의 규모, 저장 또는 취급하는 위험물의 품명 및 최대수량 등
제조소 · 일반 취급소	• 연면적 1,000 [m²] 이상인 것 • 지정수량의 100배 이상인 것 • 지반면으로부터 6 [m] 이상의 높이에 위험물 취급설비가 있는 것 • 일반취급소로 사용되는 부분 외의 부분을 갖는 건축물에 설치된 것
주유취급소	별표 13 V 제2호에 따른 면적의 합이 500 [m²]를 초과하는 것
옥내 저장소	• 지정수량의 150배 이상인 것 • 연면적 150 [m²]를 초과하는 것 • 처마높이가 6 [m] 이상인 단층건물의 것 • 옥내저장소로 사용되는 부분 외의 부분이 있는 건축물에 설치된 것
옥외 탱크 저장소	• 액표면적이 40 [m²] 이상인 것 • 지반면으로부터 탱크 옆판의 상단까지 높이가 6 [m] 이상인 것 • 지중탱크 또는 해상탱크로서 지정수량의 100배 이상인 것 • 고체위험물을 저장하는 것으로서 지정수량의 100배 이상인 것
옥내 탱크 저장소	• 액표면적이 40 [m²] 이상인 것 • 바닥면으로부터 탱크 옆판의 상단까지 높이가 6 [m] 이상인 것 • 탱크전용실이 단층건물 외의 건축물에 있는 것으로서 인화점 38 [℃] 이상 70 [℃] 미만의 위험물을 지정수량의 5배 이상 저장하는 것
옥외 저장소	• 덩어리 상태의 유황을 저장하는 것으로서 경계표시 내부의 면적(2 이상의 경계표시가 있는 경우에는 각 경계표시의 내부의 면적을 합한 면적)이 100 [m²] 이상인 것 • 별표 11 Ⅲ의 위험물(인화성고체, 제1석유류, 알코올류)을 저장하는 것으로서 지정수량의 100배 이상인 것

위험물

제조소등의 구분	제조소등의 규모, 저장 또는 취급하는 위험물의 품명 및 최대수량 등
암반 탱크 저장소	• 액표면적이 $40\,[m^2]$ 이상인 것 • 고체위험물만을 저장하는 것으로서 지정수량의 100배 이상인 것
이송 취급소	모든 대상

비고 : 제조소등의 구분별로 오른쪽란에 정한 제조소등의 규모, 저장 또는 취급하는 위험물의 수량 및 최대수량 등의 어느 하나에 해당하는 제조소등은 소화난이도등급 Ⅰ에 해당하는 것으로 한다.

3. 소화난이도등급 Ⅰ의 제조소등에 설치해야 하는 소화설비

제조소등의 구분			소화설비
제조소 및 일반취급소			옥내소화전설비, 옥외소화전설비, 스프링클러설비 또는 물분무등 소화설비(화재 발생 시 연기가 충만할 우려가 있는 장소에는 스프링클러설비 또는 이동식 외의 물분무등 소화설비에 한한다.)
주유취급소			스프링클러설비(건축물에 한정한다), 소형 수동식소화기 등(능력단위의 수치가 건축물 그 밖의 공작물 및 위험물의 소요단위의 수치에 이르도록 설치할 것)
옥내 저장소	처마높이가 $6\,[m]$ 이상인 단층건물 또는 다른 용도의 부분이 있는 건축물에 설치한 옥내저장소		스프링클러설비 또는 이동식 외의 물분무등 소화설비
	그 밖의 것		옥외소화전설비, 스프링클러설비, 이동식 외의 물분무등 소화설비 또는 이동식 포소화설비(포소화전을 옥외에 설치하는 것에 한한다.)
옥외 탱크 저장소	지중탱크 또는 해상탱크 외의 것	유황만을 저장취급하는 것	물분무 소화설비
		인화점 $70\,[\textcelsius]$ 이상의 제4류 위험물만을 저장취급하는 것	물분무 소화설비 또는 고정식 포소화설비
		그 밖의 것	고정식 포소화설비 (포소화설비가 적응성이 없는 경우에는 분말소화설비)
	지중탱크		고정식 포소화설비, 이동식 이외의 불활성가스소화설비 또는 이동식 이외의 할로겐화합물소화설비
	해상탱크		고정식 포소화설비, 물분무 소화설비, 이동식 이외의 불활성가스소화설비 또는 이동식 이외의 할로겐화합물소화설비

제조소등의 구분		소화설비
옥내 탱크 저장소	유황만을 저장취급하는 것	물분무 소화설비
	인화점 70 [℃] 이상의 제4류 위험물만을 저장취급하는 것	물분무 소화설비, 고정식 포소화설비, 이동식 이외의 불활성가스소화설비, 이동식 이외의 할로겐화합물소화설비 또는 이동식 이외의 분말소화설비
	그 밖의 것	고정식 포소화설비, 이동식 이외의 불활성가스소화설비, 이동식 이외의 할로겐화합물소화설비 또는 이동식 이외의 분말소화설비
옥외저장소 및 이송취급소		옥내소화전설비, 옥외소화전설비, 스프링클러설비 또는 물분무등 소화설비(화재 발생 시 연기가 충만할 우려가 있는 장소에는 스프링클러설비 또는 이동식 이외의 물분무등 소화설비에 한한다.)
암반 탱크 저장소	유황만을 저장 취급하는 것	물분무 소화설비
	인화점 70 [℃] 이상의 제4류 위험물만을 저장취급하는 것	물분무 소화설비 또는 고정식 포소화설비
	그 밖의 것	고정식 포소화설비 (포소화설비가 적응성이 없는 경우에는 분말소화설비)

4. 소화설비의 적응성

소화설비의 구분		대상물 구분	건축물·그 밖의 공작물	전기설비	제1류 위험물		제2류 위험물			제3류 위험물		제4류위험물	제5류위험물	제6류위험물
					알칼리금속과산화물등	그 밖의 것	철분·금속분·마그네슘 등	인화성 고체	그 밖의 것	금수성 물품	그 밖의 것			
옥내소화전 또는 옥외소화전설비			○			○		○	○			○		○	○
스프링클러설비			○			○		○	○			○	△	○	○
물분무등소화설비	물분무 소화설비		○	○		○		○	○			○	○	○	○
	포소화설비		○			○		○	○			○	○	○	○
	불활성가스소화설비			○					○				○		
	할로겐화합물소화설비			○					○				○		
	분말설비	인산염류 등	○	○		○			○				○		○
		탄산수소염류 등		○	○			○	○		○		○		
		그 밖의 것			○			○			○				

1) 표시기호

(1) "○"표시 : 소화설비가 적응성이 있음

(2) "△"표시 : 제4류 위험물을 저장 또는 취급하는 장소에 스프링클러설비를 살수 기준면적
에 따른 살수밀도 이상으로 설계하는 경우에 당해 스프링클러설비가 제4류 위험물에 대해
적응성이 있음

2) 제4류 위험물의 저장 또는 취급장소에 적용하는 스프링클러설비의 기준

살수기준면적 [m²]	방사밀도 [l/m^2분]	
	인화점 38 [℃] 미만	인화점 38 [℃] 이상
279 미만	16.3 이상	12.2 이상
279 이상 372 미만	15.5 이상	11.8 이상
372 이상 465 미만	13.9 이상	9.8 이상
465 이상	12.2 이상	8.1 이상

(1) 살수기준면적 : 내화구조의 벽 및 바닥으로 구획된 하나의 실의 바닥면적(최대 465 [m²])

(2) 위험물의 취급을 주된 작업내용으로 하지 않고, 소량의 위험물을 취급하는 설비나 부분이
넓게 분산된 경우 : 방사밀도 8.2 [$l/m^2 \cdot$ 분] 이상, 살수기준 면적은 279 [m²] 이상으로
할 수 있다.

② 소화설비의 설치기준

1. 옥내소화전설비의 설치기준

1) 설치간격

(1) 제조소등의 건축물의 층마다 당해 층의 각 부분에서 하나의 호스접속구까지의 수평거리가
25 [m] 이하가 되도록 설치할 것

(2) 이 경우 옥내소화전은 각 층의 출입구 부근에 1개 이상 설치할 것

2) 수원의 수량

N×7.8 [m³] 이상

(N : 층별 설치개수로서 최대 5개, 7.8 : 260 [Lpm]×30분)

3) 방사압력 및 방수량

N개 동시 사용할 경우

(1) 방사압력 : 350 [kPa] 이상

(2) 방수량 : 260 [Lpm] 이상

2. 옥외소화전설비의 설치기준

1) 설치간격

(1) 방호대상물의 각 부분(건축물의 경우 : 1층 및 2층)에서 하나의 호스접속구까지의 수평거리가 40 [m] 이하가 되도록 설치할 것

(2) 최소 2개 이상 설치해야 함

2) 수원의 수량

N×13.5 [m³] 이상

(N : 설치개수로서 최대 4개, 13.5 : 450 [Lpm]×30분)

3) 방사압력 및 방수량

N개 동시 사용할 경우

(1) 방사압력 : 350 [kPa] 이상

(2) 방수량 : 450 [Lpm] 이상

4) 옥외소화전설비에는 비상전원을 설치할 것

3. 스프링클러설비의 설치기준

1) 헤드의 설치간격

(1) 방호대상물의 각 부분(건축물의 경우 : 1층 및 2층)에서 하나의 스프링클러헤드까지의 수평거리가 1.7 [m](제4류 위험물에 적용하는 살수밀도 기준을 충족하는 경우 2.6 [m]) 이하가 되도록 설치할 것

(2) 방호대상물의 천장 또는 건축물의 최상부 부근(천장이 설치되지 않은 경우)에 설치할 것

2) 개방형 스프링클러헤드를 이용한 스프링클러설비의 방사구역

(1) 방사구역 : 하나의 일제개방밸브에 의하여 동시에 방사되는 구역

(2) 방사구역의 크기 : 150 [m²] 이상

(방호대상물의 바닥면적이 150 [m²] 미만인 경우에는 당해 바닥면적)

3) 수원의 수량

(1) 기준개수

① 폐쇄형 스프링클러헤드를 사용하는 것 : 30개

(헤드의 설치개수가 30 미만인 방호대상물인 경우에는 당해 설치개수)

② 개방형 스프링클러헤드를 사용하는 것 : 스프링클러헤드가 가장 많이 설치된 방사구역의 스프링클러헤드 설치개수

(2) 수원의 수량

N×2.4 [m³]   (80 [Lpm]×30분)

4) 가압송수장치(기준개수의 스프링클러헤드를 동시에 사용 기준)

　(1) 각 헤드 선단의 방사압력 : 100 [kPa] 이상

　　(4류 위험물 살수밀도기준을 만족하는 경우 : 50 [kPa] 이상)

　(2) 방수량이 1분당 80 [l](4류 위험물 : 56 [l]) 이상의 성능이 되도록 할 것

5) 스프링클러설비에는 비상전원을 설치할 것

4. 물분무 소화설비의 설치기준

1) 분무헤드의 개수 및 배치

　(1) 분무헤드의 물분무에 의해 방호대상물의 모든 표면을 유효하게 소화할 수 있도록 설치할 것

　(2) 방호대상물 표면적당 20 [Lpm/m^2]의 비율로 계산한 수량을 표준방사량으로 방사할 수 있도록 설치할 것(표준방사량 : 당해 소화설비의 헤드의 설계압력에 의한 방사량)

2) 물분무 소화설비의 방사구역

150 [m^2] 이상

(방호대상물의 바닥면적이 150 [m^2] 미만인 경우에는 당해 표면적)

3) 수원의 수량

분무헤드가 가장 많이 설치된 방사구역의 모든 분무헤드를 모두 사용할 경우에 당해 방사구역의 표면적 1 [m^2]당 20 [Lpm]의 비율로 계산한 양으로 30분간 방사할 수 있는 양 이상이 되도록 설치할 것

4) 가압송수장치

　(1) 각 분무헤드 끝부분의 방사압력

　　350 [kPa] 이상(4류 위험물 살수밀도기준을 만족하는 경우 : 50 [kPa] 이상)

　(2) 방수량

　　표준방사량을 방사할 수 있는 성능이 되도록 할 것

5) 물분무 소화설비에는 비상전원을 설치할 것

3 경보설비

1. 제조소등 별로 설치해야 하는 경보설비의 종류

제조소등의 구분	제조소등의 규모, 저장 또는 취급하는 위험물의 종류 및 최대수량 등	경보설비
제조소 및 일반취급소	• 연면적 500 [m^2] 이상인 것 • 옥내에서 지정수량의 100배 이상을 취급하는 것 • 일반취급소로 사용되는 부분 외의 부분이 있는 건축물에 설치된 일반취급소	자동화재 탐지설비

제조소등의 구분	제조소등의 규모, 저장 또는 취급하는 위험물의 종류 및 최대수량 등	경보설비
옥내저장소	• 지정수량의 100배 이상을 저장 또는 취급하는 것 • 저장창고의 연면적이 150 [m²]를 초과하는 것 • 처마높이가 6 [m] 이상인 단층건물의 것 • 옥내저장소로 사용되는 부분 외의 부분이 있는 건축물에 설치된 옥내저장소	자동화재 탐지설비
옥내탱크 저장소	• 단층 건물 외의 건축물에 설치된 옥내탱크저장소로서 소화난이도등급 I에 해당하는 것	
주유취급소	• 옥내주유취급소	
옥외탱크 저장소	• 특수인화물, 제1석유류 및 알코올류를 저장 또는 취급하는 탱크의 용량이 1,000만 [l] 이상인 것	자동화재 탐지설비, 자동화재 속보설비
위의 자동화재탐지설비 설치 대상에 해당하지 아니하는 제조소등	• 지정수량의 10배 이상을 저장 또는 취급하는 것	자동화재 탐지설비, 비상경보설비, 확성장치 또는 비상방송설비중 1종 이상

2. 경보설비의 설치기준

1) 경계구역

(1) 건축물 그 밖의 공작물의 2 이상의 층에 걸치지 않도록 할 것

[예외]

① 하나의 경계구역의 면적이 500 [m²] 이하이면서 당해 경계구역이 2개의 층에 걸치는 경우

② 계단·경사로·승강기의 승강로 그 밖에 이와 유사한 장소에 연기감지기를 설치하는 경우

(2) 하나의 경계구역의 면적은 600 [m²] 이하로 하고 그 한 변의 길이는 50 [m](광전식 분리형 감지기를 설치할 경우에는 100 [m]) 이하로 할 것

→ 다만, 당해 건축물 그 밖의 공작물의 주요한 출입구에서 그 내부의 전체를 볼 수 있는 경우에는 그 면적을 1,000 [m²] 이하로 할 수 있다.

2) 감지기

지붕 또는 벽의 옥내에 면한 부분에 유효하게 화재의 발생을 감지할 수 있도록 설치할 것

3) 옥외저장탱크의 감지기 설치기준

(1) 불꽃감지기를 설치할 것

다만, 불꽃을 감지하는 기능이 있는 지능형 CCTV를 설치한 경우 불꽃감지기를 설치한 것으로 본다.

(2) 옥외저장탱크 외측과 보유공지 내에서 발생하는 화재를 유효하게 감지할 수 있는 위치에 설치할 것

(3) 지지대를 설치하고 그곳에 감지기를 설치하는 경우 지지대는 벼락에 영향을 받지 않도록 설치할 것

4) 비상전원

자동화재탐지설비에는 비상전원을 설치할 것

5) 옥외저장탱크의 자동화재탐지설비 제외 가능한 경우

옥외탱크저장소가 다음의 어느 하나에 해당하는 경우에는 자동화재탐지설비를 설치하지 않을 수 있다.

(1) 옥외탱크저장소의 방유제와 옥외저장탱크 사이의 지표면을 불연성 및 불침윤성(수분에 젖지 않는 성질)이 있는 철근콘크리트 구조 등으로 한 경우

(2) 화학물질관리법에 따라 가스감지기를 설치한 경우

6) 옥외탱크저장소의 자동화재속보설비 제외 가능한 경우

(1) 상기 자탐설비 제외 가능한 경우에 해당하는 경우

(2) 자체소방대를 설치한 경우

(3) 안전관리자가 해당 사업소에 24시간 상주하는 경우

4 피난설비

1. 주유취급소 중 건축물의 2층 이상의 부분을 점포 · 휴게음식점 또는 전시장의 용도로 사용하는 것

당해 건축물의 2층 이상으로부터 주유취급소의 부지 밖으로 통하는 출입구와 당해 출입구로 통하는 통로 · 계단 및 출입구에 유도등을 설치할 것

2. 옥내주유취급소

당해 건축물의 2층 이상으로부터 주유취급소의 부지 밖으로 통하는 출입구와 당해 출입구로 통하는 통로 · 계단 및 출입구에 유도등을 설치할 것

3. 유도등에는 비상전원을 설치할 것

국내 위험물안전관리법상 규정된 "소화난이도 등급 I"에 해당되는 위험물 일반취급소의 시설규모 및 위험물 취급량 등의 기준을 열거하고, 제4류 위험물 취급시설인 경우에 적용 가능한 고정식 소화설비(Fixed Fire Fighting System)의 종류를 세부적으로 기술하시오.

1. 개요

1) 위험물 안전관리법 시행규칙 별표 17에서는 위험물 제조소등을 그 장소의 규모, 위치 및 저장 물질의 위험성, 저장량 등에 따라 소화난이도 등급 I, II, III으로 구분한다.
2) 또한 이러한 소화난이도 등급에 따라 설치하는 소화설비를 정하고 있다.

2. 소화난이도 등급 I 에 해당하는 위험물 일반취급소

1) 연면적 1,000 [m²] 이상
2) 지정수량의 100배 이상
   [예외] (1) 고인화점 위험물만을 100 [℃] 미만에서 취급하는 것
          (2) 제48조의 위험물을 취급하는 것
              (염소산염류, 과염소산염류, 질산염류, 유황 등 중에서 화약류 단속법의 화약류에 해당하는 위험물은 제외)
3) 지반면에서 6 [m] 이상의 높이에 위험물 취급설비가 있는 것
   [예외] 고인화점 위험물만을 100 [℃] 미만에서 취급하는 것
4) 일반취급소 외의 다른 용도의 부분을 가진 건축물에 설치되는 것
   [예외] (1) 내화구조로 개구부 없이 구획된 것
          (2) 고인화점 위험물만을 100 [℃] 미만에서 취급하는 것

3. 제4류 위험물 취급시설인 경우 적용 가능한 고정식 소화설비

1) 옥내외 소화전 : 적응성 없음
2) 스프링클러 소화설비
   제4류 위험물 취급 장소의 살수기준면적에 따라 스프링클러 설비의 살수밀도가 아래 표에 정하는 기준 이상인 경우에는 적응성이 있다.

살수기준면적 [m²]	방사밀도 [l/m²분]	
	인화점 38 [℃] 미만	인화점 38 [℃] 이상
279 미만	16.3 이상	12.2 이상
279 이상 372 미만	15.5 이상	11.8 이상
372 이상 465 미만	13.9 이상	9.8 이상
465 이상	12.2 이상	8.1 이상

- 살수기준면적 : 내화구조의 벽 및 바닥으로 구획된 하나의 실의 바닥면적(최대 465 [m²])
- 위험물의 취급을 주된 작업내용으로 하지 않고, 소량의 위험물을 취급하는 설비나 부분이 넓게 분산된 경우 : 방사밀도 $8.2 [l/m^2 \cdot 분]$ 이상, 살수기준 면적은 $279 [m^2]$ 이상으로 할 수 있다.

3) 물분무등 소화설비

(1) 물분무 소화설비

(2) 포 소화설비

(3) 이산화탄소 소화설비

(4) 할로겐화합물 소화설비

(5) 분말소화설비 중 인산염류 또는 탄산수소염류

문제

다음과 같은 소화난이도 등급 I 에 해당되는 위험물 일반취급소에 설치되는 스프링클러 설비의 아래 항목에 대하여 답하시오.

1) 상기 위험물시설에 적용되는 스프링클러설비의 세부 설치기준
- 취급유종 : 등유(Kerosene), 인화점 40 [℃]
- 건축구조 : 지상 1층, 내화구조의 벽/바닥으로 구획된 가로 20 [m] × 세로 15 [m]
- 스프링클러헤드 단위유량은 80 [L/min], 살수기준 면적은 실 전체면적으로 함

2) 상기 조건에 적합한 스프링클러 설치개수, 유량, 수원량 산정

---

1. 스프링클러의 세부 설치기준

1) 살수기준면적 및 방사밀도

제4류 위험물 저장 또는 취급하는 장소의 살수기준면적에 따라 스프링클러 설비의 살수밀도가 아래 표에 정하는 기준 이상인 경우에는 적응성이 있다.

실수기준면적 [m²]	방사밀도 [l/m²분]	
	인화점 38 [℃] 미만	인화점 38 [℃] 이상
279 미만	16.3 이상	12.2 이상
279 이상 372 미만	15.5 이상	11.8 이상
372 이상 465 미만	13.9 이상	9.8 이상
465 이상	12.2 이상	8.1 이상

(1) 살수기준면적 : 내화구조의 벽 및 바닥으로 구획된 하나의 실의 바닥면적(최대 465 [m²])

(2) 위험물의 취급을 주된 작업내용으로 하지 않고, 소량의 위험물을 취급하는 설비나 부분이 넓게 분산된 경우 : 방사밀도 8.2 [l/m² · 분] 이상, 살수기준면적은 279 [m²] 이상으로 할 수 있다.

2) 스프링클러설비 설치기준

  (1) 스프링클러헤드 설치기준

   ① 방호대상물의 천장 또는 건축물의 최상부 부근(천장이 설치되지 아니한 경우)에 설치할 것

   ② 방호대상물의 각 부분에서 하나의 스프링클러헤드까지의 수평거리

    • 1.7 [m](제4류 위험물을 제외한 장소에 적용하는 경우)

    • 2.6 [m](제4류 위험물의 살수밀도기준을 충족하는 경우)

  (2) 개방형 스프링클러헤드를 이용한 스프링클러설비의 방사구역

   ① 방사구역 : 하나의 일제개방밸브에 의하여 동시에 방사되는 구역

   ② 방사구역의 크기 : 150 [m²] 이상

        (방호대상물의 바닥면적이 150 [m²] 미만인 경우에는 당해 바닥면적)

  (3) 수원의 수량

   ① 기준개수

    • 폐쇄형 스프링클러헤드를 사용하는 것 : 30개

     (헤드의 설치개수가 30 미만인 방호대상물인 경우에는 당해 설치개수)

    • 개방형 스프링클러헤드를 사용하는 것 : 스프링클러헤드가 가장 많이 설치된 방사구역의 스프링클러헤드 설치개수

   ② 수원의 수량 : N×2.4 [m³](80 [Lpm]×30분)

  (4) 가압송수장치

   ① 기준개수의 스프링클러헤드를 동시에 사용할 경우 : 각 선단의 방사압력이 100 [kPa]

     (4류 위험물 살수밀도기준을 만족하는 경우 : 50 [kPa]) 이상이고

   ② 방수량이 1분당 80 [l](4류 위험물 : 56 [l]) 이상의 성능이 되도록 할 것

  (5) 스프링클러설비에는 비상전원을 설치할 것

2. 상기 조건에 적합한 스프링클러 설치개수, 유량, 수원량 산정

1) 스프링클러의 설치개수

(1) 수평거리 기준에 따른 헤드의 수량

① 헤드 수평거리(R) : 2.6 [m]

(4류 위험물 관련 시설에 스프링클러설비를 적용하려면, 상기 표의 살수 밀도를 만족해야 함)

② 헤드 간 거리(S)

$S = 2R\cos 45° = 3.68 [\text{m}]$

③ 가로 방향의 설치수량

$20 [\text{m}] \div 3.68 [\text{m}] = 5.4 ≒ 6$개

④ 세로 방향의 설치수량

$15 [\text{m}] \div 3.68 [\text{m}] = 4.07 ≒ 5$개

⑤ 스프링클러 설치개수는 $6 \times 5 = 30$개이다.

(2) 요구 살수밀도에 따른 필요 유량

① 조건에 의한 해당 시설의 면적 : $20 \times 15 = 300 [\text{m}^2]$

② 조건에 의한 인화점 : 등유(Kerosene), 인화점 40 [℃]

③ 표에서 살수밀도 산출 : $11.8 [\text{Lpm/m}^2]$

살수기준면적 [m²]	방사밀도 [l/m²분]	
	인화점 38 [℃] 미만	인화점 38 [℃] 이상
279 미만	16.3 이상	12.2 이상
279 이상 372 미만	15.5 이상	11.8 이상
372 이상 465 미만	13.9 이상	9.8 이상
465 이상	12.2 이상	8.1 이상

④ $\text{A} \times \text{D} = 300 [\text{m}^2] \times 11.8 [\text{Lpm/m}^2] = 3,540 [\text{Lpm}]$

(3) 헤드 수량 검토

① 헤드 수량에 따른 유량인 $2,400 [\text{Lpm}]$(30개$\times 80 [\text{Lpm}]$)은 필요한 유량($3,540 [\text{Lpm}]$)보다 적다.

② K-factor를 160으로 높여 적용함이 바람직하지만, 이 문제의 조건에서는 헤드 단위 유량을 80 [Lpm]으로 결정하였으므로 헤드 간 거리를 단축시켜 소요유량을 만족시켜야 한다.

③ 필요한 헤드 수량 산출

(필요유량) $\div$ (헤드당 유량) $= 3,540 [\text{Lpm}] \div 80 [\text{Lpm}] = 44.3 ≒ 45$개

④ 헤드배열

상기 계산에서의 가로, 세로별 최소 헤드 수 6개, 5개를 감안하여 9개×5개로 배열
한다.

(4) 스프링클러헤드의 설치개수 : 45개

2) 유량

  (1) 폐쇄형 스프링클러를 적용할 경우

    ① 기준개수 : 30개

    ② 유량 : $30 \times 80\,[\mathrm{Lpm}] = 2,400\,[\mathrm{Lpm}]$

      → 이는 필요유량인 $3,540\,[\mathrm{Lpm}]$보다 적으므로 폐쇄형 헤드로 설계할 수 없고, 개방형
헤드로 설계해야 함

  (2) 개방형 스프링클러의 경우

    $45개 \times 80\,[\mathrm{Lpm}] = 3,600\,[\mathrm{Lpm}]$

3) 수원량

  $45개 \times 2.4\,[\mathrm{m}^3] = 108\,[\mathrm{m}^3]$

위험물

> **문제**
>
> 요오드가 160인 동식물유류 500,000 [*l*]를 옥외저장소에 저장하고 있다. 다음 질문에 답하시오.
> 1) 위험물안전관리법령 상 지정수량 및 위험등급, 주의사항을 표시하는 게시판의 내용을 쓰시오.
> 2) 동식물유류를 요오드가에 따라 분류하고, 해당품목을 각각 2개씩 쓰시오.
> 3) 위험물안전관리법령 상 옥외저장소에 저장 가능한 4류 위험물의 품명을 쓰시오.
> 4) 상기 위험물이 자연발화가 발생하기 쉬운 이유를 설명하시오.
> 5) 인화점이 200 [℃]인 경우 위험물안전관리법령 상 경계표시 주위에 보유하여야 하는 공지의 너비를 쓰시오.

1. 지정수량 및 위험등급, 주의사항을 표시하는 게시판의 내용

1) 지정수량 : 10,000 [*l*]
2) 위험등급 : Ⅲ
3) 주의사항을 표시하는 게시판의 내용
 (1) 위험물 옥외저장소라는 표지(백색바탕에 흑색문자)
 (2) 방화에 관하여 필요한 사항을 게시한 게시판
  ① 저장하는 위험물의 유별, 품명 및 저장최대수량, 지정수량의 배수 및 안전관리자의 직명(백색바탕에 흑색문자)
  ② 화기엄금(적색 바탕에 백색문자)

2. 요오드가에 따른 동식물유류 분류

구분	요오드가	종류
건성유	130 이상	아마인유, 들기름
반건성유	100~130	면실유, 옥수수기름, 참기름
불건성유	100 이하	올리브유, 피마자유

3. 옥외저장소에 저장 가능한 4류 위험물의 품명

1) 제1석유류(인화점 0 [℃] 이상인 것), 알코올류, 제2석유류, 제3석유류, 제4석유류 및 동식물유류
2) 제1석유류 및 알코올류의 특례 규정
 다음의 특례규정에 따른 설비를 추가하여 옥외저장소에 저장 가능하다.

(1) 살수설비 등

당해 위험물을 적당한 온도로 유지하기 위한 살수설비 등을 설치

(2) 배수구 및 집유설비

제1석유류 또는 알코올류를 저장 또는 취급하는 장소의 주위에는 배수구 및 집유설비를 설치

(3) 유분리장치

제1석유류(온도 20 [℃]의 물 100 [g]에 용해되는 양이 1 [g] 미만인 것에 한함)를 저장 또는 취급하는 장소에 있어서는 집유설비에 유분리장치를 설치

4. 상기 위험물이 자연발화가 발생하기 쉬운 이유

1) 요오드가 값이 큰 동식물유류의 경우 산화되기 쉽고, 피막이 있어 자체 반응에 의해 발생한 열이 방출되지 않고 축적되어 자연발화가 발생되기 쉽다.

2) 일반적인 자연발화과정

(1) 동식물 유지가 기름걸레 등으로 침투

① 동식물 유지를 닦거나 접촉한 넝마조각, 걸레, 종이뭉치, 우레탄폼, 장갑, 톱밥 등을 방치함

② 불포화유가 많은 식물유를 이용한 튀김찌꺼기, 부스러기 등이 가열된 상태로 회수되어 방치됨

(2) 이에 따라 공기와의 접촉 면적이 증대되어 산화반응이 이루어져 발열량이 증대된다.

(3) 주위 환경조건(고온다습 등)에 의해 방열조건이 불량하여 열이 축적된다.

(4) 열축적에 의해 자연발화점 이상으로 온도가 상승하여 자연 발화된다.

5. 보유공지의 너비

1) 고인화점 위험물(인화점 100 [℃] 이상인 제4류위험물)의 특례기준 적용

저장 또는 취급하는 위험물의 최대수량	공지의 너비
지정수량의 50배 이하	3 [m] 이상
지정수량의 50배 초과 200배 이하	6 [m] 이상
지정수량의 200배 초과	10 [m] 이상

2) 보유공지의 너비

(1) 저장량

$\dfrac{500,000}{10,000} = 50$: 지정수량의 50배

(2) 보유공지 너비

3 [m] 이상

> **문제**
>
> 자체소방대를 설치하여야 하는 위험물을 취급하는 사업소의 종류, 화학소방자동차 및
> 자체소방대원 기준에 대하여 설명하시오.

1. 자체소방대를 설치해야 하는 사업소

1) 지정수량의 3천배 이상의 제4류위험물을 취급하는 제조소 또는 일반취급소
   (보일러로 위험물을 취급하는 일반취급소 등 제외)
2) 지정수량의 50만배 이상의 제4류위험물을 저장하는 옥외탱크저장소

2. 자체소방대에 두는 화학소방자동차 및 인원

사업소의 구분	화학소방자동차	자체소방대원의 수
제조소 또는 일반취급소에서 취급하는 제4류 위험물의 최대 수량의 합이 지정수량의 3천배 이상 12만배 미만인 사업소	1대	5인
제조소 또는 일반취급소에서 취급하는 제4류 위험물의 최대 수량의 합이 지정수량의 12만배 이상 24만배 미만인 사업소	2대	10인
제조소 또는 일반취급소에서 취급하는 제4류 위험물의 최대 수량의 합이 지정수량의 24만배 이상 48만배 미만인 사업소	3대	15인
제조소 또는 일반취급소에서 취급하는 제4류 위험물의 최대 수량의 합이 지정수량의 48만배 이상인 사업소	4대	20인
옥외탱크저장소에 저장하는 제4류 위험물의 최대수량이 지정 수량의 50만배 이상인 사업소	2대	10인

※ 비고 : 화학소방자동차에는 행정안전부령으로 정하는 소화능력 및 설비를 갖추어야 하고, 소화활동에 필요한 소화약제 및 기구(방열복 등 개인장구를 포함한다)를 비치하여야 한다.

> **문제**
>
> 「위험물안전관리법」에서 규정하고 있는 「수소충전설비를 설치한 주유취급소의 특례」
> 상의 기술기준 중 아래 내용을 설명하시오.
> 1) 개질장치(改質裝置)
> 2) 압축기(壓縮機)
> 3) 충전설비
> 4) 압축수소의 수입설비(受入設備)

1. 개질장치

1) 개념

인화성 액체를 원료로 하여 수소를 제조하는 장치

2) 원료탱크

(1) 주유취급소에 개질장치에 접속하는 50,000 [l] 이하의 원료탱크를 설치할 수 있다.

(2) 원료탱크는 지하에 매설하되, 그 위치, 구조 및 설비는 Ⅲ 제3호가목을 준용할 것

3) 개질장치의 설치 기준

(1) 특례 기준

① 개질장치는 자동차등이 충돌할 우려가 없는 옥외에 설치할 것

② 개질원료 및 수소가 누출된 경우에 개질장치의 운전을 자동으로 정지시키는 장치를 설치할 것

③ 펌프설비에는 개질원료의 토출압력이 최대상용압력을 초과하여 상승하는 것을 방지하기 위한 장치를 설치할 것

④ 개질장치의 위험물 취급량은 지정수량의 10배 미만일 것

(2) 옥외설비의 바닥

① 바닥 둘레에 0.15 [m] 이상 높이의 턱을 설치할 것

② 바닥은 콘크리트 등 위험물이 스며들지 아니하는 재료로 하고, 턱이 있는 쪽이 낮게 경사지게 할 것

③ 바닥의 최저부에 집유설비를 설치할 것

④ 비수용성 위험물을 취급하는 경우 집유설비에 유분리장치를 설치할 것

(3) 안전장치 설치

① 위험물의 누출ㆍ비산방지

② 가열ㆍ냉각설비 등의 온도측정장치

③ 가열건조설비

④ 압력계 및 안전장치

⑤ 정전기 발생 우려 설비에는 정전기 제거설비를 설치

⑥ 전동기 및 위험물을 취급하는 설비의 펌프ㆍ밸브ㆍ스위치 등은 화재예방상 지장이 없는 위치에 부착할 것

(4) 위험물제조소의 위험물 취급 배관 기준을 적용할 것

2. 압축기

1) 가스의 토출압력이 최대상용압력을 초과하여 상승하는 경우에 압축기의 운전을 자동으로 정지 시키는 장치를 설치할 것
2) 토출 측과 가장 가까운 배관에 역류방지밸브를 설치할 것
3) 자동차등의 충돌을 방지하는 조치를 마련할 것

3. 충전설비

1) 위치
   (1) 주유공지 또는 급유공지 외의 장소로 하되
   (2) 주유공지 또는 급유공지에서 압축수소를 충전하는 것이 불가능한 장소로 할 것
2) 충전호스
   (1) 자동차등의 가스충전구와 정상적으로 접속되지 않는 경우
      ① 가스가 공급되지 않는 구조로 할 것
      ② 200 [kgf] 이하의 하중에 의하여 파단 또는 이탈될 것
      ③ 파단 또는 이탈된 부분으로부터 가스 누출을 방지할 수 있는 구조일 것
3) 자동차등의 충돌을 방지하는 조치를 마련할 것
4) 자동차등의 충돌을 감지하여 운전을 자동으로 정지시키는 구조일 것

4. 압축수소의 수입설비

1) 위치
   (1) 주유공지 또는 급유공지 외의 장소로 하되
   (2) 주유공지 또는 급유공지에서 압축수소를 충전하는 것이 불가능한 장소로 할 것
2) 자동차등의 충돌을 방지하는 조치를 마련할 것

위험물안전관리법령에서 정한 예방규정 작성대상 및 예방규정에 포함되어야 할 내용에 대하여 설명하시오.

1. 개요

화재예방과 재해 발생 시의 비상조치를 위해 제조소등의 관계인이 당해 제조소등의 사용 시작 전에 예방규정을 작성하여 제출해야 한다.

2. 작성대상

구분	취급하는 위험물의 배수
제조소	10배 이상
옥외저장소	100배 이상
옥내저장소	150배 이상
옥외탱크저장소	200배 이상
암반탱크저장소	전체
이송취급소	전체
일반취급소	1) 10배 이상 2) 4류 위험물만을 50배 이하로 취급하는 다음 장소는 제외 　(1) 보일러, 버너 등 위험물을 소비하는 장치로 이루어진 일반취급소 　(2) 위험물을 용기에 옮겨 담거나 차량에 고정된 탱크에 주입하는 일반취급소

3. 예방규정에 포함할 사항

1) 위험물의 안전관리업무를 담당하는 자의 직무 및 조직에 관한 사항
2) 안전관리자가 여행·질병 등으로 인하여 그 직무를 수행할 수 없을 경우 그 직무의 대리자에 관한 사항
3) 자체소방대를 설치하여야 하는 경우에는 자체소방대의 편성과 화학소방자동차의 배치에 관한 사항
4) 위험물의 안전에 관계된 작업에 종사하는 자에 대한 안전교육 및 훈련에 관한 사항
5) 위험물시설 및 작업장에 대한 안전순찰에 관한 사항

6) 위험물시설·소방시설 그 밖의 관련 시설에 대한 점검 및 정비에 관한 사항

7) 위험물시설의 운전 또는 조작에 관한 사항

8) 위험물 취급작업의 기준에 관한 사항

9) 이송취급소에 있어서는 배관공사 현장책임자의 조건 등 배관공사 현장에 대한 감독체제에 관한 사항과 배관주위에 있는 이송취급소 시설 외의 공사를 하는 경우 배관의 안전확보에 관한 사항

10) 재난 그 밖의 비상시의 경우에 취하여야 하는 조치에 관한 사항

11) 위험물의 안전에 관한 기록에 관한 사항

12) 제조소등의 위치·구조 및 설비를 명시한 서류와 도면의 정비에 관한 사항

13) 그 밖에 위험물의 안전관리에 관하여 필요한 사항

문제

LPG(액화석유가스)에 대하여 설명하시오.

1. 개요

액화 석유가스는 공기 중에 누출 시 급격히 증발하며, 공기보다 무거우므로 가라앉아 가연성 혼합기체를 형성하여 화재·폭발 위험이 생기게 된다.

2. LPG의 특성

1) 프로판과 부탄으로 구성

2) 비점이 LNG에 비해 높아 가압에 의해 쉽게 액화된다.

3) 비중은 액상일 때에는 물보다 가볍지만, 기체상에서는 공기보다 무겁다.

4) 기화 시 체적이 약 250배 팽창된다.

5) 발열량이 휘발유의 2배 정도로 크다.

6) LFL이 낮고, 연소범위는 좁다.(약 2~9 [%])

3. LPG 화재의 메커니즘

1) 사고로 LPG가 누출되면, 주위의 열을 흡수하여 급격히 증발된다.
   (만일 누출 즉시 화재가 발생되면, Jet Fire 발생)
2) 기화된 가스는 공기보다 무거우므로, 웅덩이 · 지하실 · 지하터널 등으로 모인다. 보통 가스운
   이 지면을 따라 퍼져 누출 장소에서 멀리 떨어진 곳에서 발화하기도 한다.
3) LFL이 낮고, 발열량이 커서 화재 시 복사열에 의한 피해가 크다.

4. LPG에 대한 방호대책

1) 수동적 대응

   (1) LPG는 공기보다 무거우므로, 저장용기는 지표면에서 떨어진 상부에 설치하거나 지하에
       흙으로 완전히 덮어 설치한다. + 높은 방유제(LPG의 대량 확산 방지)
   (2) 충전 시 주위에 화원이 없도록 하며, 차가 움직이지 않도록 한다.
   (3) 유자격자에 의해 취급되도록 한다.
   (4) 화재 등에 대비하여 LPG 비상 이송배관을 설치한다.

2) 능동적 대응

   (1) 제거소화 : 화재 시 저장된 LPG를 안전한 장소로 이송한다.
   (2) 복사열 차단 : 탱크 외부에 물분무 소화설비를 설치하여 용기를 냉각시켜 BLEVE를 예방
   (3) 지면 화재의 소화 : 탱크 주변화재를 소화기 · 소화전 등으로 신속히 소화
   (4) 탱크 누출에 의한 화재 대응
       ① 300 : 1 정도의 고팽창포를 방사하여 발포층 아래에서 제어된 연소로 LPG를 태워 없
         앤다.
       ② 이러한 제어된 연소는 복사열의 70 [%] 이상을 감소시킬 수 있다.
       ③ LPG를 완전히 연소시키지 않으면 남은 가스가 저부에 모여 재발화를 일으킬 수 있다.

5. LPG 시설의 잠재사고

1) 작은 플랜지 누출 : 국소적 증기운을 형성하여 Flash Fire 또는 Jet Fire
2) 파이프의 파열 : 방유제 내 → Flash Fire, Jet Fire
   방유제 외부 점화원 → VCE
3) 탱크 주변 화재 : BLEVE, Fireball
4) 탱크 파손 : Flash Fire 또는 VCE

위험물

> **문제**
>
> ## LNG(액화천연가스)에 대하여 설명하시오.

---

1. 개요

LNG는 공기 중에 누출되면 급격히 증발하며, 공기보다 가벼워 넓게 확산되면서 화재, 폭발될 위험이 있다.

2. LNG의 특성

1) 메탄이 주성분(CH_4 : 89 [%] 정도)
2) 기체상은 공기보다 가볍다.(-100 [℃] 이하 저온에서는 공기보다 무겁다.)
3) 액상의 LNG는 기화되며 약 600배로 팽창한다.
4) 상온의 기체를 가압·저온으로 액화하여 주위온도보다 매우 낮다.(-162 [℃])
5) 화재 시 발열량이 휘발유의 2배 이상으로 크다.
6) 연소범위는 약 5~15 [%] 정도이다.

3. LNG의 화재 메커니즘

1) 기체의 배출(탱크 상부의 릴리프밸브), 액체의 누설, Roll over 등에 의해 화재가 발생된다.
2) 액체 누출에 의한 화재
   (1) 배관 등에서의 문제로 액상 LNG가 누출되면 주위의 열을 흡수하여 급속히 증발된다.
   (2) 초기에는 저온으로 인해 공기보다 무겁지만, 점차 공기보다 가벼워진다.
       (온도 상승에 따라 약 -110 [℃] 부근에서 공기와 비중이 같아지고, 상온에서는 공기비중의 1/2 정도로 가벼워진다.)
   (3) 공기보다 가벼워진 가스는 기류나 바람에 의해 이동하며, 발화원에 접촉되어 폭발이 일어나거나 기화되는 액체 LNG로 급속히 역화된다.
3) Roll over
   (1) LNG 탱크 내의 기존 저밀도 LNG에 고밀도의 LNG를 하부에서 주입하면 탱크 내의 LNG 밀도가 불균일하게 층상화를 이룬다.
   (2) 이러한 상태에서는 하층은 상층으로부터 가압되고 있으며, 측벽이나 탱크 하부에서 열이 전달되면 하부층의 밀도가 저하된다.
   (3) 하층부 밀도가 상층부보다 저하되면 급격한 혼합이 일어나며 열방출이 발생되는데, 이를 Roll over라 한다.

4. LNG에 대한 방호 대책

1) 예방 및 대책

(1) Roll over 방지

① Jet 노즐로 인입시켜 잔류 LNG와 혼합되도록 한다.

② 주기적 LNG 혼합순환

③ 탱크 내 상·하부 입구 분리(상층 : 중질 LNG, 하층 : 경질 LNG)

(2) 정전기 제거, 방폭기기 설치, 낙뢰 방지(점화원)

(3) 압력 방출 장치

(4) 부압 방지 장치

2) 수동적 대응

(1) Single Containment Tank(단일방호탱크)의 방유제

높은 방유제를 설치해서 누출된 LNG를 가둬 확산

(2) Double Containment Tank(이중방호탱크)

낮게 세부화된 방유제와 반매입형 탱크를 적용하는 방법

① LNG 증발 표면적 최소화

② 낮은 방유제로 인한 복사열 확산 방지를 위해 탱크를 일부 땅속에 매입

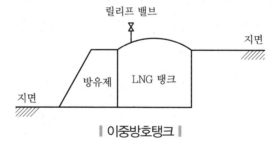

‖ 이중방호탱크 ‖

(3) Full Containment Tank(완전방호탱크)

① 내부의 1차 컨테이너(Inner Container 또는 Primary Container)에 LNG를 액상 저장하고, 1차 컨테이너에서의 누출사고 시에 LNG 대기누출을 방지하기 위한 2차 컨테이너(Secondary Container)로 둘러싼 탱크 설비

② 2차 컨테이너는 철재나 콘크리트로 된 지붕으로 덮여 있으며, 과도한 증기가 발생할 경우 상부에 설치된 릴리프밸브로 증기를 방출함

③ 방유제(Dike)는 설치되지 않음

3) 능동적 대응

(1) 가스 분산

① 증발되는 가스의 분산을 촉진하여 착화원이 존재할 가능성이 큰 지면 부근의 농도를 낮춘다.

② 고팽창포를 방유제 높이까지 방사하여 가스 발화를 방지하고 LNG에 따뜻한 수분을 공
급하여 공기 중으로의 확산을 촉진한다.

　(2) Single Containment Tank의 화재 제어

　　① 누출된 LNG의 발화시의 대응

　　② LNG Pool이 완전히 증발될 때까지 포를 살포하여 연소를 제한하고, 복사열을 차단한다.

　　③ 500 : 1 정도의 고팽창포가 적합하다.

NOTE

LNG 저장용 Full Containment Tank

1. 구성

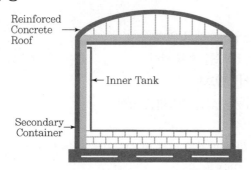

1) 내부의 1차 컨테이너(Inner Container 또는 Primary Container)

　(1) LNG를 액상 저장

　(2) 저온용 금속 또는 강철선을 넣은 콘크리트로 제작

2) 2차 컨테이너(Secondary Container)

　(1) 1차 컨테이너에서 액상 LNG가 누출되는 사고가 발생 시에 대기 중으로의 방출
을 방지하는 목적

　(2) LNG 누출 시의 증기화도 제어할 수 있어야 함

　(3) 누출된 초저온 상태의 LNG를 저장 가능해야 함

3) 지붕(Roof)

　(1) 철재나 콘크리트로 제작

　(2) 과도한 증기 발생 시 배출을 위한 릴리프 밸브 설치

2. 방호장치

1) 방유제가 없음 → 따라서 고팽창포 소화설비도 적용되지 않음

2) 릴리프 밸브에서 누출된 LNG가 착화에 대비하여 릴리프 밸브 주변에 분말 소화설
비를 적용함

문제

톨루엔(Toluene)을 저장하고 있는 고정지붕식 탱크(Fixed Roof Tank)는 유류의 주입
및 배출에 적합한 배기구(Normal & Emergency Vents)를 갖추어야 한다. 다음과 같은
조건을 기준으로 총비상배기용량(Total Emergency Relief Capacity)을 산출하시오.

[조건]
- 톨루엔 분자량(Molecular Weight) : 92.1 [g/mole]
- 톨루엔 증발잠열(Latent Heat of Vaporization) : 7.93 [kcal/mole]
- 자유대기량(Free Air per Hour) : 639,000 [ft³]
- 단위 환산 : 1 [kcal] = 3.968 [Btu], 1 [lb] = 454 [g]

1. 적용공식(NFPA 30 : 22.7.3.4)

$$\text{총 비상배기용량(CFH)} = V \times \frac{1,137}{L \times \sqrt{M}}$$

여기서, CFH : Venting Capacity Requirement(ft³ of Free Air per Hour)
V : 자유대기량 [ft³/hr]
L : 액체의 증발잠열 [Btu/lb]
M : 액체의 분자량 [lb]

2. 계산

1) 자유대기량 [V]

639,000 [ft³/hr]

2) 액체의 증발잠열 [L]

$$7.93\,[\text{kcal/mol}] = 7.93\,[\text{kcal/mol}] \times \frac{3.968\,[\text{Btu}]}{1\,[\text{kcal}]} \times \frac{1\,[\text{mol}]}{92.1\,[\text{g}]} \times \frac{454\,[\text{g}]}{1\,[\text{lb}]} = 155.1\,[\text{Btu/lb}]$$

3) 액체의 분자량(M)

$$92.1\,[\text{g/mole}] = 92.1\,[\text{g/mole}] \times \frac{1\,[\text{lb}]}{454\,[\text{g}]} = 0.203\,[\text{lb/mole}]$$

4) 총 비상배기용량

$$\text{총 비상배기용량} = \frac{V \times 1,137}{L \times \sqrt{M}} = \frac{639,000 \times 1,137}{155.1 \times \sqrt{0.203}} = 10,396,843.5\,[\text{ft}^3/\text{hr}]$$

옥외탱크저장소의 기준

1 안전거리

1. 옥외탱크저장소의 안전거리 기준

: 위험물 제조소 기준과 동일

용도	안전거리	비고
주거용	10 [m] 이상	
학교, 병원, 영화상영관, 아동복지시설, 장애인 복지시설 등	30 [m] 이상	• 영화상영관 : 300명 이상 • 아동시설 등 : 20명 이상 수용 가능한 것
유형문화재, 지정문화재	50 [m] 이상	
고압가스, LNG, LPG 저장 또는 취급시설	20 [m] 이상	
특고압가공전선(7,000~35,000 [V])	3 [m] 이상	
특고압가공전선(35,000 [V] 초과)	5 [m] 이상	

2. 안전거리의 단축기준

불연재료로 된 방화상 유효한 담 또는 벽을 기준에 맞게 설치한 경우에는 안전거리를 다음 표에 따라 단축할 수 있다.

구 분	취급 최대수량	안전거리([m] 이상)		
		주거시설	학교 등	문화재
옥외탱크저장소	500배 미만	6.0	18.0	32.0
	500배 이상 1,000배 미만	7.0	22.0	38.0

2 보유공지

1. 옥외탱크저장소의 보유공지 기준

저장 또는 취급하는 위험물의 최대수량	공지의 너비
지정수량의 500배 이하	3 [m] 이상
지정수량의 500배 초과 1,000배 이하	5 [m] 이상
지정수량의 1,000배 초과 2,000배 이하	9 [m] 이상
지정수량의 2,000배 초과 3,000배 이하	12 [m] 이상

저장 또는 취급하는 위험물의 최대수량	공지의 너비
지정수량의 3,000배 초과 4,000배 이하	15 [m] 이상
지정수량의 4,000배 초과	당해 탱크의 수평단면의 최대지름과 높이 중 큰 것과 같은 거리 이상 (최대 30 [m], 최소 15 [m])

2. 기타 보유공지 기준

1) 옥외저장탱크를 동일한 방유제 안에 2개 이상 인접하여 설치하는 경우

  (1) 제6류 위험물 외의 위험물을 저장 또는 취급하는 옥외저장탱크

    ① 인접하는 방향의 보유공지는 상기 기준의 1/3 이상의 너비로 할 수 있다.

    ② 보유공지의 최소 너비는 3 [m] 이상

    ③ 적용 제외 : 지정수량의 4,000배를 초과하여 저장 또는 취급하는 옥외저장탱크

  (2) 제6류 위험물을 저장 또는 취급하는 옥외저장탱크

    ① 인접하는 방향의 보유공지는 상기 (1)의 규정에 의해 산출된 너비의 1/3 이상의 너비로 할 수 있다.

    ② 보유공지의 최소 너비는 1.5 [m] 이상

2) 제6류 위험물을 저장 또는 취급하는 옥외저장탱크를 동일구내에 2개 이상 인접하여 설치하는 경우

  (1) 그 인접하는 방향의 보유공지는 상기 1)의 (2) 규정에 의해 산출된 너비의 1/3 이상의 너비로 할 수 있다.

  (2) 보유공지의 최소 너비는 1.5 [m] 이상

3) 물분무설비에 의한 단축

  (1) 다음 기준에 적합한 물분무 설비로 방호조치할 경우 상기 표에 의한 보유공지의 1/2 이상의 너비(최소 3 [m] 이상)로 할 수 있다.

    ① 탱크 표면 살수밀도 : 탱크의 원주길이 1 [m]에 대하여 37 [lpm]이상으로 할 것

    ② 수원의 양 : 20분 이상

    ③ 탱크에 보강링이 설치된 경우 : 보강링의 아래에 분무헤드를 설치하되, 분무헤드는 탱크의 높이 및 구조를 고려하여 분무가 적정하게 이루어질 수 있도록 배치

    ④ 물분무소화설비의 설치기준에 준할 것

  (2) 이 경우 공지단축 옥외저장탱크 화재시 20 [kW/m²] 이상의 복사열에 노출되는 표면을 갖는 인접 옥외저장탱크의 표면에도 상기 기준에 적합한 물분무설비로 방호조치해야 한다.

❸ 표지 및 게시판

1. 표지

1) 위험물 옥외탱크저장소라는 표시

2) 크기 : 0.3 × 0.6 [m] 이상

3) 색상 : 바탕은 백색, 문자는 흑색으로 할 것

2. 방화에 관한 게시판

1) 기재항목

저장, 취급하는 위험물의

(1) 유별 품명

(2) 저장 또는 취급 최대수량

(3) 지정수량의 배수

(4) 안전관리자의 성명 또는 직명

2) 크기 : 0.3 × 0.6 [m] 이상

3) 색상 : 바탕은 백색, 문자는 흑색으로 할 것

3. 위험물별 주의사항 표시

물기엄금	• 제1류 위험물 중 알칼리금속의 과산화물과 이를 함유한 것 • 제3류 위험물 중 금수성물질
화기주의	• 제2류 위험물(인화성고체 제외)
화기엄금	• 제2류 위험물 중 인화성고체 • 제3류 위험물 중 자연발화성물질 • 제4류 위험물 • 제5류 위험물

• 색상 : 물기엄금(청색바탕, 백색문자), 화기주의·화기엄금(적색바탕, 백색문자)

❹ 옥외저장탱크의 외부구조 및 설비

1. 탱크의 두께 등

1) 두께 : 3.2 [mm] 이상의 강철판 또는 소방청 고시에 의한 규격에 적합한 재료

(특정옥외저장탱크 및 준특정옥외저장탱크는 별도 기준)

2) 시험

다음 시험에서 각각 새거나 변형되지 않을 것

(1) 압력탱크 외의 탱크 : 충수시험

(2) 압력탱크 : 수압시험(최대 상용압력의 1.5배의 압력으로 10분간 실시)

2. 특정옥외저장탱크의 용접부

방사선투과시험, 진공시험 등의 비파괴시험에 적합한 것이어야 한다.

3. 외면의 도장

옥외저장탱크의 외면에는 녹을 방지하기 위한 도장을 할 것

4. 옥외저장탱크의 밑판

1) 에뉼러(Annular)판

(1) 설치 대상

특정옥외저장탱크(100만 리터 이상을 저장하는 탱크) 중에서 다음 중 하나에 해당하는 경우에 적용

① 탱크 옆판 최하단 두께가 15 [mm]를 초과하는 경우

② 탱크 내경이 30 [m]를 초과하는 경우

③ 옆판을 고장력 강으로 사용하는 경우

(2) 설치 목적

규모가 큰 탱크의 밑판 강도 및 탱크 안정성을 보강

(3) 설치 위치

옥외저장탱크의 옆판 직하에 설치

2) 밑판 외면의 부식방지조치

(1) 탱크의 밑판 아래에 밑판의 부식을 유효하게 방지할 수 있도록 아스팔트샌드·등의 방식재료를 댈 것

(2) 탱크의 밑판에 전기방식의 조치를 강구할 것

(3) (1) 또는 (2)와 동등 이상으로 밑판의 부식을 방지할 수 있는 조치를 강구할 것

5. 안전장치

1) 압력탱크

다음 중 적정한 안전장치를 설치할 것

(1) 자동적으로 압력의 상승을 정지시키는 장치

(2) 안전밸브를 병용하는 경보장치

(3) 감압 측에 안전밸브를 부착한 감압밸브

(4) 파괴판

2) 압력탱크 외의 탱크 중 제4류위험물의 옥외저장탱크

밸브없는 통기관 또는 대기밸브부착 통기관을 설치할 것

6. 계량장치

1) 설치대상

액체위험물의 옥외저장탱크에는 위험물의 양을 자동적으로 표시할 수 있는 계량장치를 설치해야 한다.

2) 계량장치의 종류

(1) 기밀부유식 계량장치

(2) 증기가 비산하지 않는 구조의 부유식 계량장치

(3) 전기압력자동방식

(4) 방사선 동위원소를 이용한 방식

(5) 유리게이지(금속관으로 보호된 경질유리 등으로 되어 있고 게이지가 파손되었을 때 위험물의 유출을 자동적으로 정지할 수 있는 장치가 되어 있는 것에 한함)

7. 액체위험물 옥외저장탱크의 주입구

1) 화재예방상 지장이 없는 장소에 설치할 것

2) 주입호스 또는 주입관과 결합할 수 있고, 결합하였을 때 위험물이 새지 아니할 것

3) 주입구에는 밸브 또는 뚜껑을 설치할 것

4) 휘발유, 벤젠 그 밖에 정전기에 의한 재해가 발생할 우려가 있는 액체위험물의 옥외저장탱크의 주입구 부근에는 정전기를 유효하게 제거하기 위한 접지전극을 설치할 것

5) 인화점이 21 [℃] 미만인 위험물의 옥외저장탱크의 주입구에는 보기 쉬운 곳에 다음의 기준에 의한 게시판을 설치할 것. 다만, 소방본부장 또는 소방서장이 화재예방상 당해 게시판을 설치할 필요가 없다고 인정하는 경우에는 그러하지 아니하다.

   (1) 게시판은 한변이 0.3 [m] 이상, 다른 한변이 0.6 [m] 이상인 직사각형으로 할 것

   (2) 게시판에는 "옥외저장탱크 주입구"라고 표시하는 것외에 취급하는 위험물의 유별, 품명 및 별표 4 Ⅲ제2호 라목의 규정에 준하여 주의사항을 표시할 것

   (3) 게시판은 백색바탕에 흑색문자(별표 4 Ⅲ제2호 라목의 주의사항은 적색문자)로 할 것

6) 주입구 주위에는 새어나온 기름 등 액체가 외부로 유출되지 아니하도록 방유턱을 설치하거나 집유설비 등의 장치를 설치할 것

8. 펌프설비(펌프, 부속 전동기 및 설치된 공작물 포함)

1) 보유공지

   (1) 펌프설비의 주위에는 너비 3 [m] 이상의 공지를 보유할 것

   (2) [예외]

     ① 방화상 유효한 격벽을 설치하는 경우

     ② 제6류 위험물 또는 지정수량의 10배 이하 위험물의 옥외저장탱크의 펌프설비

2) 펌프설비로부터 옥외저장탱크까지의 사이의 거리

당해 옥외저장탱크의 보유공지 너비의 1/3 이상의 거리를 유지할 것

3) 펌프설비는 견고한 기초 위에 고정할 것

4) 건축물 또는 공작실의 구조

(1) 벽·기둥·바닥 및 보 : 불연재료로 할 것

(2) 펌프실의 지붕 : 폭발력이 위로 방출될 정도의 가벼운 불연재료로 할 것

(3) 펌프실의 창 및 출입구 : 갑종방화문 또는 을종방화문을 설치할 것

(4) 펌프실의 창 및 출입구에 유리를 이용하는 경우 : 망입유리로 할 것

(5) 펌프실의 바닥

① 펌프실 바닥의 주위에는 높이 0.2 [m] 이상의 턱을 만들 것

② 바닥은 콘크리트 등 위험물이 스며들지 아니하는 재료로 적당히 경사지게 하여 그 최저
부에는 집유설비를 설치할 것

5) 채광, 조명 및 환기설비

펌프실에는 위험물을 취급하는데 필요한 채광, 조명 및 환기의 설비를 설치할 것

6) 배출설비

가연성 증기가 체류할 우려가 있는 펌프실에는 그 증기를 옥외의 높은 곳으로 배출하는 설비를
설치할 것

7) 펌프실 외의 장소에 설치하는 펌프설비

(1) 펌프설비 직하의 지반면 주위에 높이 0.15 [m] 이상의 턱을 만들 것

(2) 당해 지반면은 콘크리트 등 위험물이 스며들지 아니하는 재료로 적당히 경사지게 하여 그
최저부에는 집유설비를 할 것

(3) 비수용성(온도 20 [℃]의 물 100 [g]에 용해되는 양이 1 [g] 미만인 것) 제4류 위험물을 취
급하는 펌프설비에는 집유설비에 유분리장치를 설치할 것

8) 게시판

(1) 대상

인화점이 21 [℃] 미만인 위험물을 취급하는 펌프설비

(2) 게시판 종류

① 보기 쉬운 곳에 "옥외저장탱크 펌프설비"라는 표시를 한 게시판

② 방화에 관하여 필요한 사항을 게시한 게시판

9. 밸브

1) 재질 : 주강 또는 이와 동등 이상의 기계적 성질이 있는 재료

2) 위험물이 새지 않아야 한다.

10. 배수관

1) 탱크의 옆판에 설치할 것
2) 탱크의 밑판에 설치 가능한 경우
   탱크와 배수관과의 결합부분이 지진 등에 의하여 손상을 받을 우려가 없는 방법으로 배수관을 설치하는 경우

11. 부상지붕탱크

1) 옆판 또는 부상지붕에 설치하는 설비는 지진 등에 의하여 부상지붕 또는 옆판에 손상을 주지 아니하게 설치할 것
2) [예외]
   당해 옥외저장탱크에 저장하는 위험물의 안전관리에 필요한 가동사다리, 회전방지기구, 검척관, 샘플링(Sampling)설비 및 이에 부속하는 설비

12. 배관의 위치, 구조 및 설비

1) 위험물제조소의 배관 기준을 준용할 것
2) 액체위험물을 이송하기 위한 옥외저장탱크의 배관은 지진 등에 의하여 당해 배관과 탱크와의 결합부분에 손상을 주지 아니하게 설치할 것

13. 기타 기준

1) 전기설비
   옥외저장탱크에 설치하는 전기설비는 전기사업법에 의한 전기설비기술기준에 의할 것
2) 피뢰침
   (1) 대상 : 지정수량의 10배 이상인 옥외탱크저장소(제6류 위험물의 옥외탱크저장소 제외)
   (2) [예외]
      ① 탱크에 저항이 5 [Ω] 이하인 접지시설을 설치하는 경우
      ② 인근 피뢰설비의 보호범위 내에 들어가는 등 주위의 상황에 따라 안전상 지장이 없는 경우
3) 방유제
   액체위험물의 옥외저장탱크의 주위에는 위험물이 새었을 경우에 그 유출을 방지하기 위한 방유제를 설치할 것
4) 피복설비
   제3류 위험물 중 금수성물질(고체에 한한다)의 옥외저장탱크에는 방수성의 불연재료로 만든 피복설비를 설치할 것
5) 이황화탄소의 옥외저장탱크
   (1) 벽 및 바닥의 두께가 0.2 [m] 이상이고 누수가 되지 아니하는 철근콘크리트의 수조에 넣어 보관할 것

(2) 이 경우 보유공지 · 통기관 및 자동계량장치는 생략 가능함

6) 부속설비 인증

(1) 대상 : 옥외저장탱크에 부착되는 부속설비

　　　　(교반기, 밸브, 폼챔버, 화염방지장치, 통기관대기밸브, 비상압력배출장치)

(2) 국내 · 외 공인시험기관에서 시험 또는 인증 받은 제품을 사용할 것

위험물 옥외탱크 저장소의 방유제에 대하여 설명하시오.

1. 개요

방유제는 위험물의 누출 시 확산을 방지하기 위하여 위험물 옥외탱크저장소에 설치한다.

2. 인화성 액체위험물(이황화탄소 제외)의 옥외탱크 저장소 방유제

1) 방유제의 용량

(1) 방유제 내의 탱크가 1기일 경우

그 탱크용량의 110 [%] 이상(인화성 없는 액체위험물의 경우 100 [%])

(2) 방유제 내의 탱크가 2기 이상일 경우

① 탱크 중 최대용량 탱크의 110 [%] 이상

(인화성이 없는 액체위험물의 경우 100 [%])

② 방유제의 용량

> (당해 방유제 내용적) − (용량이 최대인 탱크 외 탱크의 방유제 높이 이하 부분의 내용적)
> 　　　　　　　 − (당해 방유제 내의 모든 탱크의 지반면 이상 부분의 기초부 체적)
> 　　　　　　　 − (간막이 둑의 체적)
> 　　　　　　　 − (당해 방유제 내에 있는 배관 등의 체적)

2) 방유제의 높이, 두께 및 지하매설깊이

(1) 높이 : 0.5 [m] 이상 3 [m] 이하

(2) 두께 : 0.2 [m] 이상

(3) 지하매설깊이 : 1 [m] 이상

CHAPTER 20 위험물 | **559**

(단, 방유제와 옥외저장탱크 사이의 지반면 아래에 불침윤성 구조물을 설치할 경우에는 지하매설깊이를 해당 불침윤성 구조물까지로 할 수 있다.)

3) 방유제 내의 면적

80,000 [m²] 이하로 할 것

4) 방유제 내에 설치하는 옥외저장탱크의 수

(1) 10개 이하

(2) 20개 이하

① 방유제 내에 설치하는 모든 옥외저장탱크 용량이 20만 [*l*] 이하

② 당해 옥외저장탱크에 저장 또는 취급하는 위험물의 인화점이 70 [℃] 이상 200 [℃] 미만인 경우

5) 방유제로의 접근로

(1) 방유제 외면의 1/2 이상

자동차 등이 통행할 수 있는 3 [m] 이상의 노면폭을 확보한 구내도로에 직접 접하도록 할 것

(2) 방유제 내 옥외저장탱크 용량 합계가 20만 [*l*] 이하인 경우

3 [m] 이상의 노면폭을 확보한 도로 또는 공지에 접하는 것으로 할 수 있음

6) 방유제와 탱크 옆판 사이의 거리

(1) 탱크 지름이 15 [m] 미만인 경우 : 탱크 높이의 1/3 이상

(2) 탱크 지름이 15 [m] 이상인 경우 : 탱크 높이의 1/2 이상

7) 방유제의 재료

(1) 방유제는 철근콘크리트로 할 것

(2) 방유제와 옥외저장탱크 사이의 지표면은 불연성과 불침윤성이 있는 구조(철근콘크리트 등)로 할 것

(단, 누출된 위험물을 수용할 수 있는 전용유조 및 펌프 등의 설비를 갖춘 경우

→ 지표면을 흙으로 할 수 있음)

8) 간막이 둑

용량 1,000만 [*l*] 이상인 옥외저장탱크 주위에 설치하는 방유제에는 당해 탱크마다 간막이 둑을 설치할 것

(1) 간막이 둑의 높이

① 0.3 [m] 이상 또는 1 [m] 이상(방유제 내 옥외저장탱크 용량 합계가 2억 [*l*] 초과)

② 방유제의 높이보다 0.2 [m] 이상 낮게 할 것

(2) 간막이 둑의 재질 : 흙 또는 철근콘크리트로 할 것

(3) 간막이 둑의 용량 : 간막이 둑안에 설치된 탱크 용량의 10 [%] 이상일 것

9) 방유제 내의 설비

(1) 불필요한 설비의 설치금지

① 설치 가능한 설비

당해 방유제 내에 설치하는 옥외저장탱크를 위한 배관(소화배관 포함), 조명설비 및 계기시스템과 이들에 부속하는 설비 그 밖의 안전확보에 지장이 없는 부속설비

② 상기 설비 이외에는 다른 설비를 설치하지 아니할 것

(2) 배관의 관통 금지

① 방유제 또는 간막이 둑에는 해당 방유제를 관통하는 배관을 설치하지 않을 것

② 관통 가능한 경우

위험물을 이송하는 배관의 경우에는 배관이 관통하는 지점의 좌우방향으로 각 1 [m] 이상까지의 방유제 또는 간막이 둑의 외면에 두께 0.1 [m] 이상, 지하매설깊이 0.1 [m] 이상의 구조물을 설치하여 방유제 또는 간막이 둑을 이중구조로 하고, 그 사이에 토사를 채운 후, 관통하는 부분을 완충재 등으로 마감하는 방식으로 설치할 수 있다.

(3) 배수구 및 개폐밸브 설치

① 방유제에는 그 내부에 고인 물을 외부로 배출하기 위한 배수구를 설치하고 이를 개폐하는 밸브 등을 방유제의 외부에 설치할 것

② 용량이 100만 [l] 이상인 위험물을 저장하는 옥외저장탱크에 있어서는 상기 개폐 밸브 등에 그 개폐상황을 쉽게 확인할 수 있는 장치를 설치할 것

(4) 방유제등의 계단 또는 경사로

높이가 1 [m]를 넘는 방유제 및 간막이 둑의 안팎에는 방유제 내에 출입하기 위한 계단 또는 경사로를 약 50 [m]마다 설치할 것

(5) 누출위험물 수용설비

① 적용대상 : 용량이 50만 [l] 이상인 옥외탱크저장소가 해안 또는 강변에 설치되어 방유제 외부로 누출된 위험물이 바다 또는 강으로 유입될 우려가 있는 경우

② 수용설비 : 해당 옥외탱크저장소가 설치된 부지 내에 전용유조 등 누출위험물 수용설비를 설치할 것

문제

옥외탱크저장소에 최대 저장수량이 100,000 [l]인 탱크 1기 만을 설치하는 경우 다음 사항을 설명하시오.(단, 저장 위험물은 휘발유이고, 지반면의 탱크 바닥으로부터 탱크 옆판 상단까지 높이는 6 [m]이며, 탱크 내의 최대 상용압력은 정압 4 [kPa]이다.)
1) 보유공지의 너비, 방유제의 용량 및 높이
2) 설치 가능한 통기관의 종류와 설치기준
3) 주입구 게시판의 표시내용
4) 설치하여야 하는 소화설비와 경보설비

1. 문제 조건 분석

1) 지정수량의 배수

(1) 지정수량 : 200 [l](휘발유 − 제4류 위험물중 제1석유류(비수용성액체))

(2) 최대저장수량 : 지정수량의 500배(100,000 [l] / 200 [l] = 500)

2) 소화난이도 등급

(1) 탱크 옆판 상단까지의 높이 : 6 [m]

(2) 소화난이도 등급 I에 해당한다.

2. 보유공지 및 방유제

1) 보유공지

(1) 법적 기준

저장 또는 취급하는 위험물의 최대수량	공지의 너비
지정수량의 500배 이하	3 [m] 이상
지정수량의 500배 초과 1,000배 이하	5 [m] 이상
지정수량의 1,000배 초과 2,000배 이하	9 [m] 이상
지정수량의 2,000배 초과 3,000배 이하	12 [m] 이상
지정수량의 3,000배 초과 4,000배 이하	15 [m] 이상
지정수량의 4,000배 초과	당해 탱크의 수평단면의 최대지름과 높이 중 큰 것과 같은 거리 이상 (최대 30 [m], 최소 15 [m])

(2) 보유공지

지정수량의 500배 이하에 해당하므로, 너비 3 [m] 이상의 보유공지를 확보해야 한다.

2) 방유제의 용량 및 높이

(1) 방유제 용량

① 저장탱크가 1기이므로 탱크용량의 110 [%] 이상으로 한다.

② $100,000\,[l] \times 1.1 = 110,000\,[l]$

(2) 방유제 높이 [h]

① 높이는 0.5 [m] 이상 3 [m] 이하의 범위로 하되,

② 방유제 면적 및 다음 계산식을 이용하여 방유제의 높이를 산출한다.

(방유제 용량)＝(방유제 총체적)－(탱크 기초부 체적)－(방유제 높이까지의 탱크 용량)

－(간막이 둑 체적)　－(방유제 내의 배관 등의 체적)

3. 설치가능한 통기관의 종류와 설치기준

1) 설치가능한 통기관의 종류

(1) 밸브없는 통기관

(2) 대기밸브부착 통기관

2) 설치기준

(1) 밸브없는 통기관

① 직경은 30 [mm] 이상일 것

② 선단은 수평면보다 45도 이상 구부려 빗물 등의 침투를 막는 구조로 할 것

③ 적용 기준

- 화염방지장치 : 인화점 38 [℃] 미만인 위험물을 저장 또는 취급하는 탱크의 통기관
- 인화방지장치(40메쉬 이상의 구리망 또는 동등 이상의 성능을 가진 것) : 그 밖의 탱크의 통기관
- 인화방지장치 설치 제외 : 인화점 70 [℃] 이상인 위험물을 저장 또는 취급하는 탱크의 통기관

④ 가연성의 증기를 회수하기 위한 밸브를 통기관에 설치하는 경우

→ 당해 통기관의 밸브는 저장탱크에 위험물을 주입하는 경우를 제외하고는 항상 개방되어 있는 구조로 하는 한편, 폐쇄하였을 경우에 있어서는 10 [kPa] 이하의 압력에서 개방되는 구조로 할 것. 이 경우 개방된 부분의 유효단면적은 777.15 [mm²] 이상이어야 한다.

(2) 대기밸브부착 통기관

① 5 [kPa] 이하의 압력차이로 작동할 수 있을 것

② 가는 눈의 구리망 등으로 인화방지장치를 할 것

4. 주입구 게시판의 표시 내용

인화점이 21 [℃] 미만인 위험물의 옥외저장탱크의 주입구에는 보기 쉬운 곳에 다음의 기준에 의한 게시판을 설치해야 한다.

1) 게시판은 한변이 0.3 [m] 이상, 다른 한변이 0.6 [m] 이상인 직사각형으로 할 것
2) 게시판에는 "옥외저장탱크 주입구"라고 표시하는 것 외에 취급하는 위험물의 유별, 품명 및 시행규칙 별표 4 Ⅲ제2호 라목의 규정에 준하여 주의사항을 표시할 것
   (1) 유별 : 제4류 위험물
   (2) 품명 : 제1석유류 비수용성액체
   (3) 저장최대수량 : 100,000 [L]
   (4) 지정수량의 배수 : 500배
   (5) 안전관리자 : 직명 및 성명
   (6) 화기엄금(적색 바탕에 백색문자)
3) 게시판은 백색바탕에 흑색문자로 할 것

5. 설치하여야 하는 소화설비와 경보설비

1) 소화설비

   소화난이도등급 I에 해당하는 제4류위험물을 저장하는 옥외탱크저장소이므로
   (1) 고정식 포 소화설비
   (2) 물분무 소화설비(인접 탱크와의 복사열 영향 고려)
   (3) 소형 수동식소화기 2개 이상

2) 경보설비

   지정수량의 10배 이상을 저장하는 제조소등에 해당하므로 자동화재탐지설비, 비상경보설비, 확성장치 또는 비상방송설비 중 1종 이상

옥외저장탱크 유분리장치의 설치목적 및 구조에 대하여 설명하시오.

1. 대상 및 설치목적

1) 대상

비수용성(온도 20 [℃]의 물 100 [g]에 용해되는 양이 1 [g] 미만인 것)인 제4류 위험물을 취급하는 펌프설비

2) 설치목적

당해 위험물이 직접 배수구에 유입되지 않도록 하기 위하여 집유설비에 유분리장치를 설치

2. 유분리장치의 구조

1) 유분리조

(1) 400×400×900인 콘크리트 또는 강철판 재질(모르타르 마감)이다.

(2) 3~4단의 유분리조를 통해 기름과 물을 분리한다.

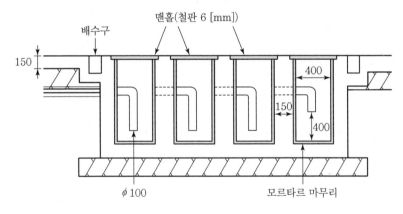

‖ 단면도 ‖

2) 배수관(엘보관)

(1) 100 [mm] 이상 내식성, 내유성이 있는 재질

(2) 유분리조로 유입된 혼합액 중에서 무거운 액체들은 엘보관을 통해 다음 단계 유분리조로 배수

> **문제**
>
> 위험물안전관리에 관한 세부기준 중 탱크안전성능검사에 대하여 발생할 수 있는 용접부
> 의 구조상 결함의 종류 및 비파괴 시험방법에 대하여 설명하시오.

1. 개요

특정옥외저장탱크의 용접부는 완공검사 신청 전 법령에서 정하는 용접부검사(비파괴검사)를 받
아야 한다.

2. 용접부 구조상 결함의 종류

종류	형상	형태
언더컷		용접의 지단을 따라 모재가 파이고 용착금속이 채워지지 않아 홈으로 남아 있는 부분
오버랩		용착금속이 지단에서 모재에 융합되지 않고 겹친 부분
용입부족		용착금속이 용접부에 녹아들어가지 않은 부분이 있는 것
융합불량		용접경계면에 충분히 용접되지 않은 것
기공		용접부에 작은 구멍들이 발생한 형태로 가장 취약적인 상황
슬래그 혼입		Slag가 용착금속 속에 섞여 있는 것
갈라짐		용착금속의 냉각 후 실모양의 균열이 발생한 상태

3. 비파괴 시험방법

1) 방사선투과시험

   (1) X선이나 γ선 등이 물체를 투과하는 성질을 이용한 것으로, 탱크 측판 사이의 용접이음부에
       대한 검사에 적용한다.

   (2) 필름에는 용접결함의 유무에 따라 X선 투과량이 달라지며, 이에 따라 진하고 옅음의 차이
       가 발생한다.

(3) 판정기준

    ① 균열, 용입부족, 융합부족이 없
      을 것

    ② 언더컷 깊이

      수직이음 0.4 [mm] 이하, 수평

      이음 0.8 [mm] 이하

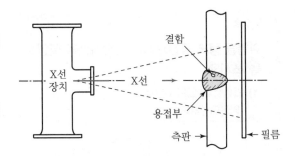

2) 자기탐상시험

  (1) 물체를 자화한 경우, 그 표면 근처에 용접결함 부분은 자기적 불연속부분으로 되어 누설자
     기가 발생한다.

  (2) 여기에 자분을 뿌리면 누설부분에 부착되어 자분 모양이 형성된다.

  (3) 측판, 애뉼러 판 및 밑판 사이의 용접이음 검사에 적용하는 시험이다.

  (4) 판정기준

    다음의 결함 발생 시 불합격 판정

    ① 균열 확인

    ② 4 [mm]를 초과한 선 또는 원형 모양의 결함 발생

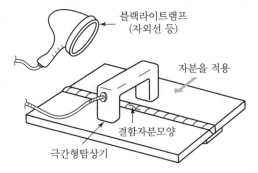

3) 침투탐상시험

  (1) 침투액을 발라 결함 내부까지 침투시킨 후 여분의 침투액을 제거한 후 개구결함 내부에 잔
     존하는 침투액이 스며들게 하여 결함을 검출하는 방법

  (2) 표면의 개구결함에 대해 자기탐상시험이 곤란한 경우에 사용

  (3) 판정기준

    다음의 결함 발생 시 불합격 판정

    ① 균열 확인

    ② 4 [mm]를 초과한 선 또는 원형 모양의 결함 발생

문제

위험물 탱크 공간용적의 산정기준을 설명하고, 다음 그림과 같은 탱크의 내용적 계산식을 쓰시오.

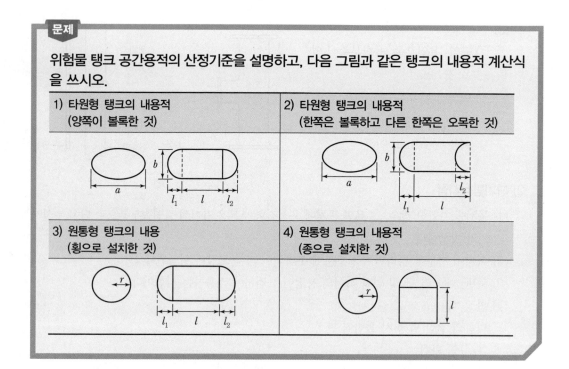

1) 타원형 탱크의 내용적 (양쪽이 볼록한 것)	2) 타원형 탱크의 내용적 (한쪽은 볼록하고 다른 한쪽은 오목한 것)
3) 원통형 탱크의 내용 (횡으로 설치한 것)	4) 원통형 탱크의 내용적 (종으로 설치한 것)

1. 위험물 탱크 공간용적의 산정기준

1) 탱크 용적의 산정기준

(1) 위험물 저장 또는 취급 탱크의 용량 : (탱크의 내용적) – (공간용적)

(2) 이동저장탱크의 용량 : 자동차 안전기준 규칙에 의한 최대적재량 이하

2) 공간용적의 계산방법

(1) 탱크 내용적의 5/100 이상~10/100 이하

(2) [예외]

소화설비(소화약제 방출구를 탱크 안의 윗부분에 설치하는 것에 한한다.)를 설치하는 탱크의 공간용적은 당해 소화설비의 소화약제 방출구 아래의 0.3 [m] 이상 1 [m] 미만 사이의 면으로부터 윗부분의 용적으로 한다.

(3) 암반탱크에 있어서는

① 당해 탱크 내에 용출하는 7일간의 지하수의 양에 상당하는 용적과

② 당해 탱크 내용적의 100분의 1인 용적 중에서 보다 큰 용적을 공간용적으로 한다.

2. 탱크의 내용적 계산식

1) 타원형 탱크의 내용적(양쪽이 볼록한 것)

 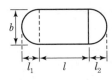

$$내용적 = \frac{\pi ab}{4}\left(l + \frac{l_1 + l_2}{3}\right)$$

2) 타원형 탱크의 내용적(한쪽은 볼록하고 다른 한쪽은 오목한 것)

 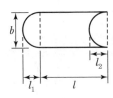

$$내용적 = \frac{\pi ab}{4}\left(l + \frac{l_1 - l_2}{3}\right)$$

3) 원통형 탱크의 내용적(횡으로 설치한 것)

 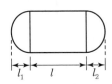

$$내용적 = \pi r^2\left(l + \frac{l_1 + l_2}{3}\right)$$

4) 원통형 탱크의 내용적(종으로 설치한 것)

$$내용적 = \pi r^2 l$$

3. 그 밖의 탱크

통상의 수학적 계산방법에 의할 것
다만, 쉽게 그 내용적을 계산하기 어려운 탱크는 당해 탱크 내용적의 근사계산으로 구할 수 있다.

위험물

문제

통기관(Vent Pipe)에 대하여 설명하시오.

---

1. 개요

1) 통기관은 탱크 내 저장물 주입 또는 배출 시 공기의 출입 통로로서, 기온 변화에 따른 내부 공기의 수축 · 팽창을 방지하기 위한 것이다.
2) 즉, 저장 탱크 내의 과압 또는 부압을 방지한다.

2. 통기관 설치기준

1) 설치대상

 (1) 압력탱크 외의 제4류위험물 옥외저장탱크
  밸브없는 통기관 또는 대기밸브부착 통기관을 설치할 것

 (2) 압력탱크(최대상용압력이 부압 또는 정압 5 [kPa]을 초과하는 탱크)
  다음 안전장치를 설치할 것
  ① 자동적으로 압력의 상승을 정지시키는 장치
  ② 감압측에 안전밸브를 부착한 감압밸브
  ③ 안전밸브를 병용하는 경보장치
  ④ 파괴판

2) 밸브없는 통기관

 (1) 직경은 30 [mm] 이상일 것
 (2) 선단은 수평면보다 45° 이상 구부려 빗물 등의 침투를 막는 구조로 할 것
 (3) 적용 기준
  ① 화염방지장치 : 인화점 38 [℃] 미만인 위험물을 저장 또는 취급하는 탱크의 통기관
  ② 인화방지장치(40메쉬 이상의 구리망 또는 동등 이상의 성능을 가진 것) : 그 밖의 탱크의 통기관
  ③ 인화방지장치 설치 제외 : 인화점 70 [℃] 이상인 위험물을 저장 또는 취급하는 탱크의 통기관
 (4) 가연성의 증기를 회수하기 위한 밸브를 통기관에 설치하는 경우
  ① 당해 통기관의 밸브는 저장탱크에 위험물을 주입하는 경우를 제외하고는 항상 개방되어 있는 구조로 할 것
  ② 통기관의 밸브를 폐쇄하였을 경우 10 [kPa] 이하의 압력에서 개방되는 구조로 할 것

③ 이 경우 개방된 부분의 유효단면적은 777.15 [mm²] 이상일 것

3) 대기밸브부착 통기관(대기변 통기관)

(1) 5 [kPa] 이하의 압력차이로 작동할 수 있을 것

(2) 적용 기준

① 화염방지장치 : 인화점 38 [℃] 미만인 위험물을 저장 또는 취급하는 탱크의 통기관

② 인화방지장치(40메쉬 이상의 구리망 또는 동등 이상의 성능을 가진 것) : 그 밖의 탱크의 통기관

③ 인화방지장치 설치 제외 : 인화점 70 [℃] 이상인 위험물을 저장 또는 취급하는 탱크의 통기관

3. 통기관 설치 시 주의사항

1) 통기공은 막히면 내압변화로 인한 탱크 변형을 유발하므로 주의해야 한다.

2) 통기공의 크기는 탱크 용량, 강도, 위험물의 비점 등에 따라 다르다.

3) 통기관 외부에서의 착화 시, 탱크 내부로 급속히 화염이 확산될 우려가 있으므로 화염방지기의 적용범위를 확대해야 한다.

(1) 인화방지망

① 구리 재질의 한 겹으로 된 얇은 금속망이며, 화염이 유입되면 열전도도가 높은 구리가 화열을 흡수하여 연소확대를 차단한다.

② 화염이 지속적으로 유입되면 인화방지망의 온도가 상승하여 탱크 내부로 화염이 유입될 위험이 있다.

③ 비교적 가격이 저렴하다.

(2) 화염방지기

① 철사를 꼬거나 금속 구슬을 여러 번 겹쳐서 제작한 두꺼운 금속망 형태이며, 화염이 유입되면 여러 겹의 금속망이 화열을 흡수하여 연소확대를 차단한다.

② 화염이 지속적으로 유입되더라도 인화방지망에 비해 연소확대 방지 효과가 오래 지속된다.

③ 가격이 비싼 편이다.

> **문제**
>
> 석유류 저장탱크의 종류별 화재특성과 화재진압방법을 논하시오.

1. 개요

석유류 저장 탱크는 저장되는 석유류의 비점 등 특성에 따라 CRT, FRT, IFRT 등으로 분류되며, 그 형태에 따라 화재특성이 다르게 나타난다.

2. 석유류 저장탱크의 종류

1) CRT(Cone Roof Tank)

   (1) 원추형의 고정 지붕을 가진 탱크
   (2) 설치비가 저렴하고, 석유류의 장기간 보관이 가능
   (3) 비점이 높은 중질유 저장용으로 사용(비점 높고, 증기압 낮음)
       → 즉, 휘발성이 적은 석유류(크면 증발 손실 증대)
   (4) 석유류의 입·출고 시 또는 저장 시 일교차에 의한 증발 손실이 커서 증기압이 높은 제품의 저장에는 부적합하다.

2) FRT(Floating Roof Tank)

   (1) 탱크 상부에 지붕이 없고, 액표면 위에 부유하는 지붕을 설치하여 저장 액체의 증발 손실을 줄일 수 있도록 한 탱크
   (2) 탱크 내 증기공간이 없어 화재 예방효과가 크다.
   (3) 경질유와 같이 비점이 낮고, 증기압이 높은 제품의 저장에 효과적
   (4) 설치비가 비싸며, 눈이 많이 내리는 지역에서는 적설로 인해 부유지붕이 가라앉을 수 있어서 부적합하다.

3) IFRT(Internal Floating Roof Tank = CFRT)

   (1) CRT 내부에 액면 위를 부유하는 지붕을 설치한 탱크
   (2) 기존 CRT의 저장제품을 증기압이 높은 것으로 바꾸거나, 빗물 유입이 되서는 안 되는 고증기압 제품 저장 시에 적용
   (3) 이상적으로 설치될 경우, 증발손실 감소 및 화재예방에 효과적
   (4) 부유지붕의 Seal이 불량할 경우, 증발 손실이 증대되고 가연성 혼합기 형성으로 인한 폭발 위험이 있다.

3. 저장 탱크별 화재특성

1) CRT

(1) CRT의 액면 상부에는 화재 이전에 가연성 증기가 다량 존재하므로, 화재 시 대부분 초기에 폭발이 동반된다.

(2) 지붕은 탱크 벽면과 약하게 접합되어 있어 초기 폭발 시 날아가 버린다.

(3) 폭발 후, 화재는 액표면 전체에서 진행되며(Pool Fire)

(4) 화재 진행에 따라 화열에 의해 탱크 벽면이 변형된다.

(5) Pool Fire 시 다비점 액체의 경우,(원유 등) 가벼운 성분이 먼저 증발 · 연소되고, 무거운 성분이 액표면에 남아 하부 액체와 이동하며 고온층(Hot Layer)이 탱크 저부로 확산된다. 이러한 고온층이 탱크 바닥의 물과 접하면서 물이 급격히 기화 팽창하여 유류가 흘러넘치는 Boil over가 발생시키게 된다.

(6) 또한 이러한 고온층 표면에 소화용수나 포가 주입되면 물이 급격히 증발하여 기름이 흘러넘치는 Slop over가 발생될 수 있다.

2) FRT

(1) FRT는 증기공간을 없앤 부유지붕으로 인해 화재는 증기 발생이 가능한 지붕과 벽면 사이의 환상 Seal 부분에서 발생되어 원형 띠 형태로 확산

(2) 진화 시 너무 많은 포를 살포하면 부유지붕이 가라앉아 화재가 확대될 수 있으므로 주의해야 한다.

3) IFRT

(1) 화재 초기에는 FRT와 같이 환형화재

(2) 화재가 지속되면 부유지붕이 변형되어 가라앉아 CRT 형태의 화재로 진행

4. 화재 시 대응방법

1) CRT 및 IFRT 화재

(1) 저장된 유류를 안전한 장소로 이송(← 제거소화)

(2) 지면 화재의 소화 : 소화기나 보조포 소화전으로 탱크 주위 화재를 진화

(3) 탱크 유면에 포 방출 : 설치된 고정포 소화설비로 포를 방사하여 소화 및 액면 보호

(4) 탱크 벽면에 물분무 설비로 물을 방사하여 냉각

(5) 인접된 탱크에 물분무 설비로 복사열 차단

(6) 화재탱크의 저부 파손 시

① 저인화점 액체 : 즉시 포를 방출하여 증발 억제

② 비중이 큰 물을 다량 주입하여 물이 대신 누설되도록 하여 유류 이송

(7) Hot Layer(고온층) 형성 시

    ① 유류를 고속으로 순환시켜 고온층 제거

    ② 포를 간헐적으로 주입하여 소규모로 Slop over시키며 열류층 냉각

2) FRT 화재

  (1) 화재 초기에는 소형 소화기로 진화

  (2) 환상부로 확대 시, 설치된 특형 소화설비로 진화

    +CRT와 같이 저장물을 안전한 장소로 이송, 복사열 차단

    (포 소화약제를 너무 많이 주입하지 말 것)

5. 결론

석유류 저장 탱크 화재는 그 탱크나 저장물에 따라 양상이 다르게 나타나며 대응방법도 각각 다르다. 따라서 산업현장에서는 해당 장소에 적합한 설비를 하고 관리자의 화재 대응 요령의 숙지가 필요하다.

PART 08

FIRE PROTECTION PROFESSIONAL ENGINEER

건축방재

CHAPTER 21 | 실내화재의 성상

▣ 단원 개요

내화구조로 된 건축물 실내에서의 화재는 대부분 몇 개 단계에 걸친 유사한 패턴으로 성장한다. 각 단계는 시간에 따른 HRR 변화에 의해 구분하는데, 각 과정에 대한 공학적 특성은 성능위주설계에서의 설계화재 분석에 이용된다. 이 단원은 각 단계별 특징 및 방화대책을 위주로 구성되어 있다.

▣ 단원 구성

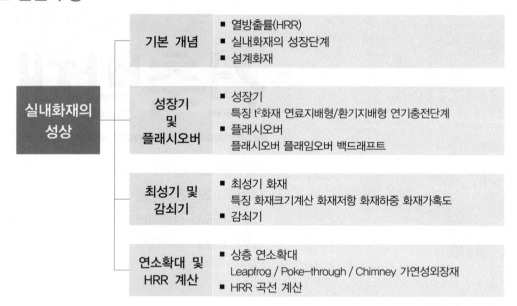

▣ 단원 학습방법

화재의 성장과 연기의 확산 과정에 대한 깊이 있는 이해가 필요하므로, 이를 위해 연소공학 및 연기 단원의 내용과 연계하여 학습해야 한다. 최근 기출문제 유형은 특정 단계와 관련하여 특정한 사항을 구체적으로 물어보는 형태가 많으므로, 각 단계의 항목 하나하나별로 꼼꼼하게 알아두어야 한다.

또한 답안 차별화와 심층적 이해를 위해 화재공학&방화응용, 화재공학원론, 화재공학개론 및 화재소방학회 발간도서 등의 참고서적을 함께 공부할 필요가 있다.

단순 암기 방식으로 공부하면 시간이 갈수록 더 어려워지므로, 화재 성장의 각 단계별 진행을 이미지로 설명하는 마스터 종합반 강의를 통해 각 과정을 이해한 후 답안에 설명을 써내려갈 수 있도록 반복해서 연상해야 한다.

실내
화재
성상

> **문제**
>
> 열방출속도(HRR)에 대하여 설명하시오.

1. 개요

1) HRR의 정의

(1) 가연물이 연소하면서 열에너지를 생성하여 방출하는 비율

(2) 단위 : [kW] = [kJ/s] → 단위시간당 방출되는 열량

2) 가연물의 HRR에 대한 영향요소

(1) 가연물의 물리, 화학적 형태

(2) 산소의 가용성

2. HRR의 특성

1) HRR의 성장 및 확대를 일으키는 요소

(1) **연소열(Heat of Combustion)**

단위 질량의 연료가 연소하여 발생되는 에너지의 양

① 연소에 의해 발생되는 열에너지는 대류 및 복사에 의해 주위로 전달된다.

② 복사에너지의 양은 가연물의 화학적 특성과 연소효율에 의해 약간 변화될 수 있다.

③ 일반적으로 복사분율은 30 [%] 정도이며, 나머지 70 [%]는 대류에너지로 방출된다고 본다.

(2) 질량손실률(Burning rate, 연소율)

단위시간당 소모되는 연료의 양

① 연료 자체의 화학적 특성 : 연료를 구성하는 성분에 따라 기화열이 달라 연소율이 달라진다.

② 연료의 기하학적 형상 : 비표면적이 넓을수록 연소율이 크다.

③ 연료의 밀도 : 다공성의 밀도가 낮고, 연질인 연료의 HRR이 크다.

④ 연소할 때 녹는지의 여부 : 연소 시 녹는 열가소성 수지에 비해 녹지 않는 열경화성 수지의 HRR이 낮다.

(3) **연소효율**

연료 중에서 에너지로 전환되는 연료량의 비율

2) HRR의 계산식

$$\dot{Q} = \dot{m}''_f \times \Delta H_c \times A$$

여기서, $\dot{Q}$: HRR [kW]

$\dot{m}''_f$: 비질량연소율

ΔH_c : 연소열 [kJ/kg]

A : 연소면적

3. HRR에 따른 실내화재의 단계 구분

1) 성장기

시간 경과에 따라 HRR이 증가하는 단계

2) 최성기

시간에 따라 HRR이 변하지 않고, 거의 일정한 단계

3) 감쇠기

가연물 소진으로 인해 시간 경과에 따라 HRR이 감소하는 단계

문제

실내화재의 성장단계를 설명하시오.

1. 개요

실내화재는 일반적으로 시간에 따른 열방출속도(HRR) 또는 온도의 변화에 따라 발화단계, 성장기, Flashover, 최성기, 감쇠기 등으로 분류할 수 있다.

2. 성장속도에 따른 연소의 진행과정

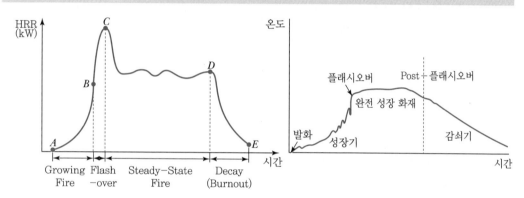

1) 발화 및 화재의 초기단계(A점 이전)

초기단계(Incipient Stage), 화재의 개시(Fire Initiation) 등으로 구성된다.

(1) 초기단계

① 발화를 위해 가연물에 대한 가열이 이루어지는 단계로서, 연기가 발생되기도 한다.

② 연소 부위가 매우 작아서 주변으로의 주된 열전달은 복사가 아니며, 연소부의 직경이 약 0.2 [m] 이하이면서 발열량도 20 [kW] 이하인 경우가 초기 단계에 해당된다.

③ 가연물의 종류, 화원의 위치, 발화방법 등에 따라 시간에 따른 변화가 크게 달라지므로, 이에 대한 모델링은 거의 불가능하다.

→ 따라서 화재모델링은 일반적으로 초기단계가 아닌 연소가 시작된 성장기부터의 화재(Established Fire)에서 시작하게 된다.

(2) 발화(화재의 개시)

① 점화원에 의한 발화(Pilot Ignition)

② 자연발화(Spontaneous Ignition)

2) 성장기(Fire Growth Stage)

(1) 실내에서 발생된 발화에서부터 플래시오버(Flashover)가 일어나기까지의 화재 단계로서, 시간에 따라 열방출속도가 증가한다.

(2) 성장기에서 발생되는 열·연기는 인명에 대한 주요 위험요소가 되므로, 성장기에 대한 특성을 이해하는 것은 화재공학적 측면에서 매우 중요하다.

(3) 연료지배형인 성장기의 연소는 마치 개방된 대기공간에서의 연소(Natural Fire)와 같은 양상을 보이게 된다.

(4) t−squared Fire

① 성장기의 화재에서는 열방출속도가 시간과 일정한 관계가 있으며, 시간의 제곱에 비례한다고 하여 t−squared Fire라고 표현한다.

② $\dot{Q}$ [kW] $= \alpha t^2$

여기서, $\dot{Q}$: 열방출속도

α : 화재성장상수

t : 시간

3) 플래시오버(Flashover)

(1) 정의

① 구획 내 가연성 재료의 전 표면이 불로 덮이는 현상

② 국부화재에서 대형 화재로의 전이과정

(2) Flashover의 특징

① 수초 또는 수분에 걸쳐 발생할 수 있는 천이과정이다.

② 실내에 사람이 거주할 수 없는 피난한계가 되는 시점이다.

③ 실내 온도가 약 800~900 [℃]로 상승하고, 많은 유독가스가 발생된다.

④ 플래시오버가 항상 일어나는 것은 아니며, 화재실이 매우 커서 온도 상승이 늦거나 밀폐도가 높아 산소가 부족한 경우에는 플래시오버가 발생되지 않을 수 있다.

⑤ 구획실에 축적되는 에너지가 개구부와 열전도(벽체)를 통해 유출되는 에너지보다 클 때 발생한다.

4) 최성기 화재(Fully−developed Fire)

(1) 열방출속도(HRR)가 대체적으로 변화가 거의 없는 상태이며, 이때의 화재를 Steady−state Fire라고도 한다.

(2) 공기가 충분할 경우, 화염은 구획실을 완전히 덮고 문이나 창문 밖으로 화염이 퍼져나갈 수 있다.

(3) 공기가 부족할 경우, 화재는 환기지배형 화재가 된다.

① 환기지배형 화재는 구획실에서 유출되는 연기 중 산소농도가 0 [%]인 화재로 정의된다.

② 구획 내의 열에 의해 내부에서 연소 가능한 양보다 더 많은 연료 가스가 생성된다.

③ 환기지배형 화재인 경우 구획의 에너지 방출률은 이용가능한 공기 공급률에 의해 결정된다.(즉 연소율(Burning Rate)이 거의 일정하며, 환기지배형 화재가 되어 개구율 ($A_o \sqrt{H_o}$)의 함수가 된다.)

$$R \,[\mathrm{kg/min}] = 5.5 A_o \sqrt{H_o}$$

(4) 최성기 화재에서는 건물 구조부재의 강도가 저하된다.
  ① 구획 내의 열유속은 270 $[\mathrm{kW/m^2}]$에 이를 수 있고, 이 경우 구획화재에서 발생하는 온도는 약 1,200 $[℃]$에 상응한다.
  ② 벽돌은 약 1,250 $[℃]$에서 녹고, 철로는 약 1,400~1,500 $[℃]$에서 녹는다.

5) 감쇠기(쇠퇴기, Decay Stage)

(1) 정의

최성기를 거치면서 가연물의 양이 급격히 줄어들어 화재강도(Fire Intensity)가 감소하기 시작하여 시간에 따라 열방출속도(HRR)가 감소되는 단계를 감쇠기라 한다.
(감쇠기의 시작은 가연물의 80 [%]가 소진된 시점이라 정의하기도 함)

(2) 감쇠기의 특징
  ① 최성기 단계에서 가연물이 다 소모되면서 결국 소화되는데, 이때 구획부 벽면이나 물체는 고온상태로 남아 있게 된다.
  ② 화재가 훈소형태로 지속되므로 여전히 가스가 발생하며, 독성이 큰 상태로 소방대원에게 매우 위험하다.
  ③ 감쇠기는 여전히 구조물을 가열하는 단계이므로, 감쇠기동안 구조부재의 강재가 취약한 상태에 이를 수도 있다.
  ④ 최성기의 환기지배형 화재에서 연료지배형 화재로 전환된다.
  ⑤ 이러한 감쇠기의 온도감소율은 일반적으로 7~10 $[℃/\mathrm{min}]$이며, 가연물의 종류에 따라 감쇠기 지속시간이 달라진다.(열가소성 수지는 감쇠기가 매우 짧으며, 탄화성 잔류물이 많이 남게 되는 섬유질 가연물의 경우에는 감쇠기가 훨씬 길다.)

3. 결론

건물 내에서 발생되는 구획화재는 시간에 따라 초기단계, 성장기, 플래시오버, 최성기, 감쇠기 등으로 구분된다. 각 단계별로 중요한 사항을 정리하면 아래와 같다.

1) 초기단계

(1) 가연물의 가열로부터 발화에 이르는 단계
(2) 이에 대한 대책으로는 불연화, 점화원 관리 등이 있다.

실내
화재
성상

2) 성장기

(1) 플래시오버 이전에 화재가 성장하는 단계

(2) 화재의 감지, 초기소화, 피난이 이루어져야 하는 단계이다.

3) 플래시오버

(1) 단시간 내에 급격히 열방출속도가 증가하여 전면연소가 일어나는 단계

(2) 플래시오버가 발생하면, 피난이 불가능하므로 이에 대한 발생방지 또는 지연이 필요하다.

4) 최성기

(1) 환기지배형 화재의 과정으로서, 열방출속도가 비교적 변화가 적으며 실의 온도가 매우 높다.

(2) 건물의 도괴방지와 관련하여 지속시간 및 최고온도의 파악이 중요하다.

5) 감쇠기

(1) 시간에 따라 열방출속도가 감소하는 단계

(2) 건물 구조재의 내화시간을 결정하는 데 관련성이 있다.

문제

성장기 화재에 대하여 설명하시오.

---

1. 개요

1) 플래시오버 이전의 화재(Pre−flashover Fire)는 발화에서부터 플래시오버가 일어나기 전까지의 화재이다.(초기 열분해 단계+성장기)

2) 성장기는 인명안전을 위한 설계의 기본이 되며, 열과 연기 생성 등과 같은 화재특성을 이해해야 한다.

2. 성장기 화재의 특성

1) 발화로부터 플래시오버까지의 단계

(1) 발화된 후 화재는 1개의 가연물에서 성장하며, 직접적인 접촉이나 복사열에 의한 인접 2번째 연료로의 화염확산 여부가 화재성장에 영향을 미친다.

(2) 초기 단계의 성장기를 제어하는 요인은 연소를 지속시킬 수 있는 상태로 존재하는 연료가 얼마나 있는지이다. (연료지배형 화재)

2) 연료지배형 화재

(1) 가연물의 연소특성, 기하학적 형상 및 배치 상태 등에 따라 질량손실률(Burning Rate)이 증가한다.

(2) 이러한 질량손실률(Burning Rate)에 의해 결정되는 화재성장속도(α)에 따라 HRR의 증가율이 달라진다.

(3) 질량손실률은 가연물에 따라 달라지므로, 성장기는 연료지배형 화재 양상을 보인다.

(4) Natural Fire(개방된 대기 중에서의 화재)의 양상과 유사하다.

3) 성장기 과정

(1) 화재플룸 발생

고온에 따른 밀도차 및 부력으로 인해 상승하는 연소가스와 열의 기류가 형성된다.

(2) 천장제트 기류(Ceiling Jet Flow) 형성

부력에 의한 상승기류가 천장에 의해 막혀 부력의 방향이 전환된다.

(3) 상부층 성장

① 상부층(Hot Upper Layer)이 화재실 상부에 형성되어 대류 열전달로 실내 내장재와 미연소된 연료에 열을 전달한다.

② 하부층(Cool Lower Layer)을 통해 공기가 화재플룸으로 유입된다.

(4) 개구부 유출

상부 연기층이 개구부에 도달하면 중성대 상부로 연기가 배출되고, 중성대 하부로 공기가 유입된다.

4) 열전달

(1) 초기 성장기에서는 대류가 주된 열전달이지만, 상부층 두께가 증가하면서 복사 열전달의 비율이 증가하게 된다.

(2) 플래시오버 직전에는 복사열전달이 주된 열전달 방법이 된다.

5) 성장기의 의미

피난이 가능한 시기이며, 능동적 방화시설(소화설비 등)의 화재제어 또는 화재진압 등의 대책이 적용되는 단계이다.

3. t-squared Fire

화재의 모델링을 위하여 가장 보편적으로 사용되는 방법이 t-squared Curve이며, Pre-flashover Fire의 HRR 증가율은 시간의 제곱(t^2)에 비례한다는 가정으로 표현한 것이다.

1) t – squared Fire

$$\dot{Q} = \alpha t^2 \ \text{or} \ \dot{Q} = \frac{1,055}{t_g^{\ 2}} t^2$$

여기서, $\dot{Q}$: 열방출속도 [kW]

α : 화재성장상수 [kW/s²]

t : 발화 후 지속된 시간 [sec]

t_g : 발화 후, 열방출률이 1,055 [kW]에 도달하는 데 걸린 시간

2) 화재의 분류

(1) 화재를 발열량이 1,055 [kW](=1,000 [Btu/s])에 도달하는 데 걸리는 시간에 따라 Slow, Medium, Fast, Ultra–fast 등으로 분류할 수 있다.

(2) 화재성장속도에 따른 t square 화재의 분류

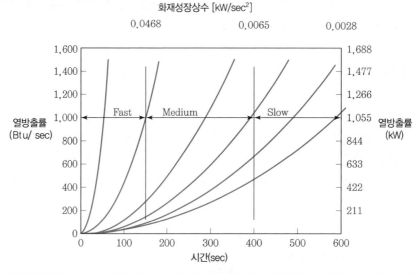

화재성장속도	성장시간(t_g)	α
Slow	$t_g \geq 400 \ [\text{sec}]$ ($t_c = 600 \ [\text{sec}]$)	$\alpha \leq 0.0066$
Medium	$150 \ [\text{sec}] \leq t_g < 400 \ [\text{sec}]$ ($t_c = 300 \ [\text{sec}]$)	$0.0066 < \alpha \leq 0.0469$
Fast	$75 \ [\text{sec}] \leq t_g < 150 \ [\text{sec}]$ ($t_c = 150 \ [\text{sec}]$)	$0.0469 < \alpha \leq 0.1876$
Ultra–fast	$t_g < 75 \ [\text{sec}]$ ($t_c = 75 \ [\text{sec}]$)	$\alpha > 0.1876$

여기서, t_c는 기준시간(Characteristic Time)임

3) t-squared Curve의 활용

(1) 화재모델링

① 일반적인 화재 모델링에서는 최대 발열량에 도달할 때까지는 t^2함수에 따라 화재가 성장하는 것으로 가정한다.

② 또한 최대 발열량에 도달한 이후에는 일정한 시간 동안 그 발열량을 유지하면서 연소되는 것으로 가정한다.

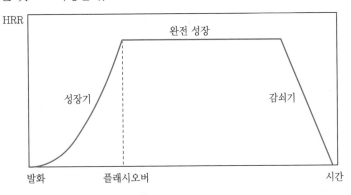

(2) 소방설비의 작동을 위한 발열량 결정

① 화재성장곡선은 감지기, 스프링클러, 제연설비 등의 설계를 위한 화재 시 발열량 산정에 이용된다.

4. 결론

1) 성장기 화재는 초기진화, 조기경보 및 피난을 위해 그 특성을 이해함이 중요하며, 가연물에 따라 비교적 일정한 형태를 보이게 된다.

2) 따라서 화재모델링을 위해 t-squared Fire의 개념을 도입하고, 화재성장속도에 따라 Slow, Medium, Fast, Ultra-Fast 등으로 화재를 분류하여 소화설비 등의 작동시간 등을 정할 수 있다. t^2 Fire 식을 통하여 설계화재의 크기를 정의하여 스프링클러의 작동시점의 발열량으로 활용하며, 설계화재의 발열량은 일반적으로 5,000 [Btu/s](5.28 [MW])로 정한다.

문제

연료지배형 화재와 환기지배형 화재에 대하여 설명하시오.

1. 개요

1) 점화 및 화재플룸의 형성과정 이후의 실내화재는 이용가능한 산소 및 연료의 양에 따라 그 양상이 크게 달라진다.
2) 즉, 화재는 다음과 같은 형태를 가질 수 있다.
   (1) 연료지배형 화재
      주위 공기 중에 산소량이 충분한 상태에서 이용 가능한 연료의 양에 의해 화재의 성장과 지속이 좌우되는 경우
   (2) 환기지배형 화재
      가연물의 열분해속도가 매우 빨라 분해가스의 연소속도를 능가하여 이용가능한 산소의 양(공기공급)이 화재의 성장과 지속을 결정하는 경우

2. 연료지배형 화재인 경우 화재양상

성장기가 연료지배형 화재로 되는 경우 다음과 같은 3가지 중 하나의 양상을 갖게 된다.

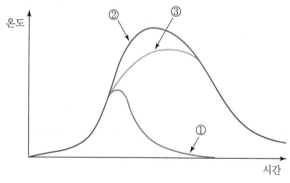

┃ 연료지배형 화재의 양상 ┃

1) 연료고갈로 자체 소화되는 경우(1번 곡선)
   (1) 급기가 충분한 경우 연소 가능한 상태로 존재하는 연료의 이용가능성에 따라 화재가 달라진다.
   (2) 이용가능한 연료가 소진되면 자연적으로 소화되는데, 보통 1개의 연료만 연소하고 있고, 다른 가연물들은 너무 이격되어 복사열류에 의한 착화가 되지 않을 경우의 화재양상이다.

2) 플래시오버 발생으로 인해 급속히 구획실 전체 화재로 발전하는 경우(2번 곡선)

(1) 플래시오버가 발생하여 급속히 구획실 전체가 화염에 휩싸이게 되는 화재 양상이다.

(2) 플래시오버 발생 가능성과 그 시기는 에너지 축적과 방열에 대한 구획실 특성에 따라 달라진다.

① 화재실에 축적되는 에너지의 양

총 연소열, 연료의 열방출률, 환기량 및 화재 발생위치 등이 좌우

② 화재실로부터 에너지 손실

개구부와 벽이나 천장을 통한 전도 열손실에 의해 발생

3) 플래시오버 없이 완만하게 구획실 전체화재에 도달하는 경우(3번 곡선)

(1) 화재실 내의 환기속도가 빠르고, 열축적이 감소하면 고온 상부층의 성장 및 플래시오버가 지연될 수 있다.

(2) 이러한 상태에서 화재가 지속적으로 확산되면 결국 구획실 전체 화재에 이르게 된다.

(3) 플래시오버 없이 구획실 전체화재로 발전하는 경우 거주인의 피난시간이 증가하므로 플래시오버가 발생하는 경우보다는 인명안전 측면에서 유리하다.

3. 환기지배형 화재인 경우 화재양상

성장기가 환기지배형 화재로 되는 경우 다음과 같은 3가지 중 하나의 양상을 갖게 된다.

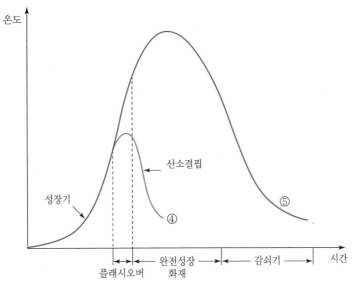

‖ 환기지배형 화재의 양상 – 1 ‖

1) 자체 소화되는 환기지배형 화재(4번 곡선)

연소를 지속시킬 산소가 부족하여 소화되는 경우

2) 플래시오버가 발생하는 환기지배형 화재(중간에 Flameover 발생)(5번 곡선)

 (1) 플래시오버가 발생하면서 전실화재로 발전할 수 있지만, 환기지배형 화재에서는 산소가 부족하므로 플래시오버가 발생하는 경우는 극히 드물다.

 (2) 플래임오버(Flameover)

  열분해된 미연소 가스가 천장 하부에 축적되어 층을 이루고 연소하한계(LFL) 농도에 도달했을 때 점화되면서 연소하는 상태

3) 백드래프트 발생(6번 곡선)

 (1) 화재가 산소부족으로 소화된다면 실내 온도가 낮아지면서, 내부 압력은 주위보다 낮아져서 공기를 끌어들인다.

 (2) 유입된 공기로 인해 화재가 다시 살아날 수 있고, 이 때 압력이 높아지게 되어 다시 가스를 밖으로 밀어낸다.

 (3) 이러한 과정은 반복될 수 있고, 마치 화재가 숨을 쉬는 것처럼 보일 수 있다.

 (4) 이러한 과정 중에 화재실은 미연소 연료로 가득 찰 수 있고, 갑작스런 공기유입은 역화(백드래프트)에 이를 수 있다.

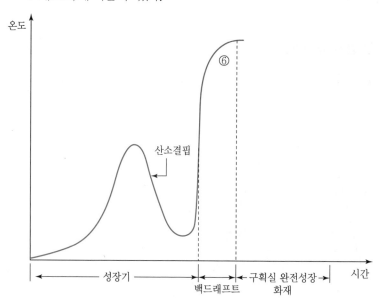

‖ 환기지배형 화재의 양상-2 ‖

Flameover, Flashover 및 Backdraft

1. Flameover(＝Rollover)
   1) 화재에서 미연소된 열분해 물질이 천장층에 모여 연소하한계 이상의 충분한 농도에 이르러 점화되는 것이다.
   2) 이것은 발화지점에서 떨어져 있는 다른 가연물이 점화되지 않거나 점화되기 이전에도 발생 가능하다.

2. Flashover(플래시오버)
   1) 구획실 화재의 성장 과정에서 열 방사에 노출된 표면이 발화점에 도달하면서 거의 동시에 착화되면서 화재가 공간 전체에 빠른 속도로 확대되는 전이 단계
   2) Flashover에 의해 화재가 구획실 전체 화재로 확대된다.

3. Backdraft(백드래프트＝Smoke Explosion)
   산소가 불충분한 상태의 불완전 연소생성물이 차 있는 밀폐된 공간으로 갑작스럽게 공기가 유입되어 발생하는 폭연

문제

환기구가 있는 구획실의 화재 시, 연기 충전(Smoke Filling) 과정과 중성대 형성에 따른 화재실의 공기 및 연기 흐름을 3단계로 구분하여 설명하시오.

---

1. 개요

1) 구획실이 밀폐되어 있거나 연기가 개구부를 통해 외부로 방출되기 전의 화재 초기단계에서는 화재실 내의 연기충전 과정 이해가 중요하다.

2) 이러한 연기 충전 과정은 욕조에 물을 채우는 것과 반대 현상이다. 연기층은 시간에 따라 하강하며 화재실을 채우게 되며, 화재실에 누설이 있더라도 화재 크기가 충분히 크면 화재실을 연기로 채우게 된다.(원자로 등 극히 일부를 제외하고 모든 빌딩은 누설이 있음)

2. 화재실의 공기 및 연기 흐름

1) 1단계 - 연기층 하강

(1) 화재가 발생되는 시점에 에너지방출로 인해 화재실의 압력이 상승한다.

(2) 이러한 압력은 주위 대기보다 훨씬 높게 되어 화재실 외부로의 흐름이 발생한다.

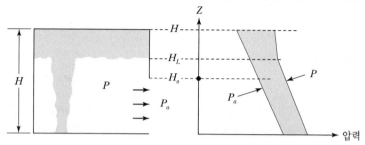

▎1단계 : 연기층 하강 및 저온층 배출 ▎

2) 2단계 - 고온 유동의 배출 시작

(1) 연기층의 높이가 개구부까지 하강하면 실내·외 압력차에 의해 고온연기층이 화재실 외부로 배출되기 시작한다.

(2) 연기 배출이 시작되면서 화재실 내부와 외부의 압력차는 점점 줄어든다.

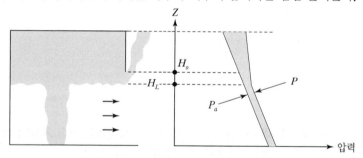

▎2단계 : 고온 유동의 배출 시작 ▎

3) 3단계 - 주위 저온 흐름의 인입

(1) 2단계에서 소화되지 않고 연기층 높이(H_L)가 개구부 아래로 내려오고 개구부에서는 2방향 유동이 발생된다.

(2) 즉, 중성대(H_N)가 형성되고 화재실 내 중성대 하부 공간에서는 주위 대기보다 압력이 더 낮아져 공기를 유입시키게 된다.

(3) 중성대에서의 압력차는 0이 되며, 중성대의 위치는 화재가 더 커짐에 따라 문 높이의 약 1/2에서 약 1/3 정도까지 변할 수 있다.

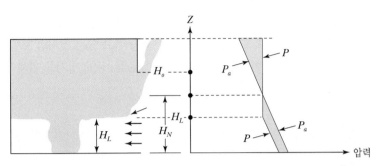

‖ 3단계 : 개구부에서 층간 접촉 및 저온공기층 인입 ‖

실내
화재
성상

---

3. 백드래프트

1) 바닥 제트(Floor Jet) 형성

  (1) 연기가 채워지며 누설되는 동안 화재실 내부에서는 연기가 순환하며, 수직방향의 온도가 거의 균일해진다.

  (2) 상기 연기충전과정 3단계에서 중성대 높이가 연기층 높이보다 높기 때문에 중성대 부근에서 유입되는 공기는 하강하게 된다. 이때 연기도 함께 끌어가며 혼합효과를 발생시킨다.

  (3) 유입된 공기는 화재를 찾아 움직이는 바닥 제트(Floor Jet)를 형성하여 이러한 연기와 공기의 혼합효과를 증대시킨다.

  (4) 유입공기와 연기의 혼합효과로 인해 산소농도가 낮은 공기가 화재로 공급되어 화재가 제어될 수 있다.

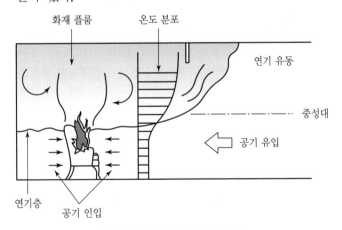

‖ 구획실 화재에 따른 유동 ‖

2) 백드래프트 발생 위험

  (1) 만약 산소부족으로 인해 소화된다면 내부 압력이 주위보다 낮게 되어 결국 공기를 화재실 내부로 끌어들이게 된다.

(2) 이러한 공기 유입으로 인해 화재는 다시 살아나고 다시 가스를 밖으로 밀어내게 된다.

(3) 이러한 과정은 반복될 수 있고, 그 때문에 화재가 숨을 쉬고 있는 것처럼 보일 수 있다.

(4) 소방대원은 이러한 기미가 보이게 되면 백드래프트(Backdraft) 방지를 위해 밀폐공간에 대한 환기를 피해야 한다.

4. 결론

이러한 연기충만 과정은 발생하는 데 수 분의 시간이 걸릴 수 있으며, 화재성장에 의미가 있다. 훈소의 경우에는 산소를 적게 필요로 하므로 연기 충만 후 훈소는 꽤 오랜 시간 지속될 수 있다. 이러한 연기 충전은 재실자에게 치명적이 된다.

문제

플래시오버(Flashover)에 대하여 설명하시오.

1. 개요

1) 열복사에 노출된 연료표면들이 거의 동시에 발화온도에 도달하며 화염이 공간 전체에 급속히 확산되고, 그에 따라 실 전체가 화염에 휩싸이는 과도적 단계이다.

2) 플래시오버는 산소가 모두 소모되거나, 화염이 구획 내에 있는 이용가능한 연료를 모두 덮을 때 끝나게 된다.

2. 플래시오버의 특징

1) 화재성장에서의 천이단계

플래시오버는 어떤 시점에서 발생하는 별개의 사건이 아닌 화재가 성장하고 확산되는 과도기이다.

2) 급속하게 발생

보통 몇 초 내에 급속하게 발생하면서 화재실 내의 모든 가연물을 착화시킨다.

3) 구획실에서 발생

플래시오버는 벽과 천장으로 구획된 실에서 발생한다.

4) 노출된 모든 연료표면에 착화

상부 고온 연기층의 복사열류에 노출된 하부층에 있는 대부분의 가연물 표면에 착화된다.

5) 화재가 실 전체로 확산

하부층 가연물들의 착화로 인해 화재가 구획실 전체로 확산된다.

6) 최성기 화재로 전이

플래시오버가 발생하면 구획실 내부의 화재는 최성기화재로 진전되며, 외부로 확산된다.

3. 플래시오버의 발생조건

1) 충분한 크기의 열방출속도(HRR)에 도달할 것
구획실에 축적되는 에너지가 개구부와 전도(벽면에서의 손실)를 통해 손실되는 에너지보다 커야 한다.

(1) Thomas 식

$$\dot{Q}_{F.O} = 7.8A_t + 378A_o\sqrt{H_o} \ [\text{kW}]$$

(2) McCaffrey식

$$\dot{Q}_{F.O} = 610(h_k\,A_t\,A_o\,\sqrt{H_o})^{\frac{1}{2}} \ [\text{kW}]$$

⇒ 위의 식에서 계산된 열방출속도보다 실제 화재에서의 열방출속도가 더 커야 플래시오버가 발생된다.

2) 바닥에서의 열류가 20 [kW/m²] 이상일 것
$$\dot{q}'' = \sigma\varepsilon T^4 = (5.67\times10^{-11})\times(1)\times(273+500)^4 = 20.24\ [\text{kW/m}^2]$$
→ 즉, 실내 복사열원의 온도가 500 [℃] 이상이 되어야 함

3) 연소속도가 40 [g/s] 이상일 것

4) 다양한 열 복사원이 있을 것(고온의 천장면, 연기층, 화염)

5) 산소농도가 10 [%], $CO_2/CO=150$ 정도일 것

4. 플래시오버에 대한 영향인자

1) 연료 높이
큰 가연물은 천장 수평 화염(Horizontal Plume)을 형성하거나, 큰 복사열류로 플래시오버 발생을 촉진한다.

2) 내부마감재
(1) 벽과 천장 마감재의 화재확산속도가 클수록 플래시오버가 촉진된다.

(2) 바닥 마감재는 상부 고온층으로부터의 복사열류에 쉽게 착화되는 재료일 경우 플래시오버가 촉진된다.

3) 화재발생 시 주위 온도

(1) 열전달은 온도차에 의해 발생하므로, 초기온도가 가연물로 전달되는 열의 강도와 양에 영향을 미치게 된다.

(2) 주위 온도는 부력과 화재플룸 성장에도 영향을 준다.

4) 천장제트

(1) 천장제트(Ceiling Jet Flow)는 화재플룸으로부터의 고온 가스로 이루어진다.

(2) 이는 복사를 통해 하부층 가연물로 열을 전달하며, 천장제트의 온도가 높고 두꺼워질수록 플래시오버가 촉진된다.

5) 열방출률

(1) 연소중인 가연물의 열방출률이 클수록 플래시오버 발생 가능성이 높아진다.

(2) 플래시오버 발생가능성 판정에 가장 중요한 요소이다.

6) 개구부의 특성

(1) 연료지배형 화재에서 환기지배형 화재로 전환됨에 따라 공기 유입경로가 중요하다.

(2) 개구율(개구부면적/벽면적)이 1/3 ~1/2 정도일 때, 플래시오버 발생이 가장 빠르다.

- 개구부가 너무 작은 경우 : 산소 부족으로 연소가 제대로 이루어지지 못함

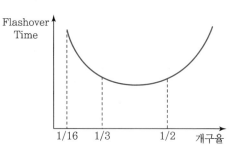

7) 구획실의 기하학적 구조

구획실의 크기 및 높이 등에 따라 상부층 형성에 영향을 받게 된다.

8) 화재성장속도(α)

화재성장속도가 빠를수록 시간에 따라 열방출률이 증가하며, 플래시오버 발생시간도 단축시킨다.

5. 플래시오버의 방지대책

1) 내부마감재료 불연화

(1) 벽, 천장 마감재 : 화염확산지수(FSI)가 낮은 재료 적용

(2) 바닥 마감재 : 임계복사열류가 높은 재료 적용

2) 개구부의 크기를 제한

(1) 환기계수($A_o\sqrt{H_o}$)가 작은 개구부를 적용하여 산소공급 제한

(2) 개구부를 너무 크게 하면 플래시오버는 지연되지만, 인접구역의 열, 연기 확산피해가 증대된다.

3) 제연설비 적용

열, 연기를 충분히 배출

4) 스프링클러 등 자동식 소화설비 적용

화재로부터의 열방출률을 제어

5) 실내의 화재하중을 감소

(1) 불연성 캐비닛 내에 가연물 보관

(2) 필요한 양 만큼으로 가연물 제한

(3) 가구 등의 소형화

NOTE

NFPA에서의 플래시오버 발생가능성 평가절차

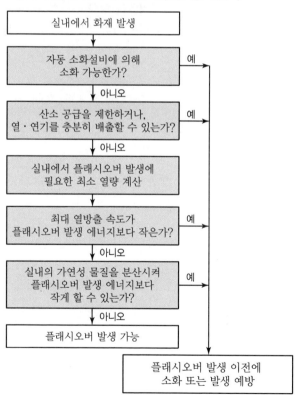

플래임오버(Flameover)에 대하여 설명하시오.

1. 개요

1) 미연소 열분해 생성물이 천장 하부에 축적되면서 층을 이루면서 그 농도가 연소하한계(LFL)에 도달했을 때, 점화되면서 연소하는 현상
2) 화염 선단이 천장 아래를 굴러가는 것처럼 보이므로 롤오버(Rollover)라고도 한다.

2. 발생 메커니즘

1) 실내 화재가 공기부족 상태로 된다.
2) 산소가 부족하여 미연소 열분해생성물이 상부층에 축적되기 시작한다.
3) 상부층에 미연소 연소생성물이 계속 쌓이면서 연소범위(LFL)의 농도에 도달한다.
4) 화염과 접촉하면서 착화된다.
5) 상부층의 아래쪽에서는 고농도의 산소가 존재하여 화염영역을 형성한다.
6) 미연소된 가연성 혼합기체가 있는 부분에서 착화되고, 가연성 가스 또는 산소가 소진될 때까지 화염이 확산된다.

3. 발생 조건

1) 상부층이 두꺼워지고 가시도 감소
2) 상부층에 불완전 연소생성물 증가
3) 상부층 온도가 증가하면서 미연소 가스의 온도가 AIT까지 상승
   (소방관은 상부층이 강하하며 방출하는 열을 느낄 수 있음)
4) 상부층에서 난류혼합이 발생

4. 플래시오버와의 차이점

1) 비교적 빠르게 발생했다가 사라지는 좀 더 국부적이고 과도적인 현상
2) 플래시오버만큼 위험하지는 않다.

백드래프트(Backdraft)에 대하여 설명하시오.

1. 개요

1) 실내화재가 성장하는 중 급기부족 상태에 도달하면 많은 양의 미연소 열분해생성물이 발생할 수 있다.
2) 개구부를 갑자기 개방하면 유입된 외부공기와 미연소 열분해생성물이 혼합되면서 개구부를 통해 분출되며 실외에서 Fireball을 형성할 수 있다.
3) NFPA에서는 백드래프트를 산소가 불충분한 상태의 불완전 연소생성물이 차 있는 밀폐된 공간으로 갑작스럽게 공기가 유입되어 발생하는 폭연으로 정의하고 있다.

2. 발생 메커니즘

1) 구획실 화재가 급기부족상태가 된다.
2) 미연소 열분해가스가 과도하게 생성된다.
3) 개구부를 통해 갑자기 공기가 유입된다.
4) 중력유동(밀도가 다른 2가지 유체가 상호작용을 하면서 생성되는 흐름)으로 인해 신선한 공기가 구획실 내부로 유입된다.
5) 공기가 미연소 열분해가스와 혼합되면서 경계면에 가연성 혼합기가 형성된다.
6) 가연성 혼합기가 있는 경계층에 점화원이 있을 경우 착화된다.
7) 착화되면서 공기와 가연성가스가 난류 혼합되며, 화염이 확산된다.
8) 화염이 구획실 전체로 전파되면서 폭연이 발생한다.
9) 구획실에 형성된 압력과 화염에서의 열로 인해 미연소 열분해생성물이 개구부 밖으로 유출된다.
10) 구획실 외부로 유출된 열분해생성물이 공기와 혼합하면서 가연성 혼합기를 형성하며, 뒤따르는 화염 선단에 의해 착화되면서 Fireball과 폭풍파가 형성된다.

3. 플래시오버와의 비교

항목	Flashover	Backdraft
발생 직전의 상태	성장기(연료지배형) • 고온가스층이 천장 부근으로부터 축적된 상태 • 고온가스층의 복사열에 의해 실내가연물이 가열된 상태	성장기(환기지배형) • 실내에 발화점 이상의 고온인 미연소 가스와 연기 충만 • 산소 부족으로 연소가 중단된 상태

발생조건	복합적인 내부원인
	• 충분한 크기의 열방출률
	• 실내온도 500~600 [℃]
	• 충분한 연소율
	• CO_2/CO가 150 정도(감소)
	• 다양한 열복사원
	→ 연료조건 만족
		단일 외부조건
		• 산소공급이 재개됨
		  (출입문개방, 창문 파손 등)
		  → 환기조건 만족

압력상승 여부 (폭발)	압력 상승이 거의 없음(연소) (연료지배 → 환기지배형화재)	과압 및 폭풍파가 발생됨 (폭연)
주요 피해	• 화재실 내의 인명 사망 • 내부 전면화재 형태로 발전	• 화재실 외의 인명피해 • 과압에 의한 벽체 파손
방지대책	화재성장의 억제 • 내장재 불연화 • 개구부 크기 제한 • 실내 화재하중 감소 • 스프링클러 작동	산소공급방지+냉각 • 폭발력 억제(조금만 개방) • 환기(창문 파괴) • 소화(방수) • 격리

실의 크기가 10×10×5 [m]인 구획실에서 2 [MW]의 화재가 발생하여 진행 중이다. 벽은 콘크리트로서, 두께 15 [cm]이고 열전도도는 7.6×10⁻³ [kW/m · ℃]이며, 개구부의 크기는 3.6×3 [m]이다. 이 화재가 플래시오버로 발전할지 여부를 평가하시오.

1. 개요

1) Thomas 식

$$\dot{Q}_{F.O} = 7.8A_t + 378\,A_o\,\sqrt{H_o}\ [\mathrm{kW}]$$

2) McCaffrey식

$$\dot{Q}_{F.O} = 610\,(h_k\,A_t\,A_o\,\sqrt{H_o}\,)^{\frac{1}{2}}\ [\mathrm{kW}]$$

여기서, A_t : 실내표면적, $A_o\sqrt{H_o}$: 환기인자, h_k : 열전달계수

3) 산출된 $\dot{Q}_{F.O}$보다 화재실의 실제 열방출속도가 더 커야 플래시오버가 발생된다.

2. 계산

1) Thomas식

(1) 실내표면적

$$A_t = (A_{ceiling} + A_{wall} + A_{floor}) - A_{open}$$
$$= (10\times10) + [4\times(10\times5)] + (10\times10) - (3.6\times3) = 389.2\ [\mathrm{m^2}]$$

(2) 환기인자

$$A_o\,\sqrt{H_o} = (3.6\times3)\times\sqrt{3} = 18.7$$

(3) 플래시오버 발생한계인 열방출속도

$$\dot{Q}_{F.O} = (7.8\times389.2) + (378\times18.7)$$
$$= 10,106\ [\mathrm{kW}] = 10.1\ [\mathrm{MW}]$$

2) McCaffrey식

(1) 열전달계수

$$h_k = \frac{k}{L} = \frac{7.6\times10^{-3}}{0.15} = 0.051\ [\mathrm{kW/m^2 \cdot ℃}]$$

(2) 플래시오버 발생한계

$$\dot{Q}_{F.O} = 610 \times [0.051 \times 389.2 \times 18.7]^{\frac{1}{2}}$$
$$= 11,754\,[\mathrm{kW}] = 11.75\,[\mathrm{MW}]$$

3. 평가

계산에 의하면 10.1 [MW] 또는 11.75 [MW] 이상의 열방출속도여야 플래시오버가 발생하는데, 이 화재의 열 방출률은 2 [MW]이므로 플래시오버가 발생되지 않을 것이다.

문제

가로, 세로, 높이가 10×10×5 [m]인 구획실에서 6 [MW]의 화재가 진행 중이다. 다음 조건을 이용하여 화재가 플래시오버(Flashover)로 발전할 가능 여부를 McCaffrey의 공식을 사용하여 판단하시오.(단, 개구부 크기는 폭 2 [m], 높이 3 [m]이다.)

---

1. $\dot{Q}_{F.O}$ 계산

1) 열전달계수

$$h_k = \frac{k}{L} = \frac{7.6 \times 10^{-3}}{0.2} = 0.038\,[\mathrm{kW/m^2 \cdot {}^{\circ}\!C}]$$

2) 표면적 계산

$$A_t = (10 \times 10) \times 2 + (10 \times 5) \times 4 - (3 \times 2) = 394\,[\mathrm{m^2}]$$

3) $\dot{Q}_{F.O}$ 계산

$$\dot{Q}_{F.O} = 610 \times \left(0.038 \times 394 \times 6\sqrt{3}\right)^{\frac{1}{2}} = 7,609\,[\mathrm{kW}] = 7.6\,[\mathrm{MW}]$$

2. 플래시오버 발생 여부 평가

발생한 화재의 열방출률이 6 [MW]로서, 플래시오버 발생한계인 7.6 [MW]보다 적으므로 플래시오버는 발생하지 않는다.

문제

최성기 화재(Fully-developed Fire)에 대하여 설명하시오.

1. 개요

1) 최성기 화재는 전실화재(구획실 전체 화재, Full-Room Involvement)라고도 하며, 구획실 전체 공간이 화재로 휩싸인 화재를 의미한다.

2) 연료와 산소가 적절하게 혼합된 가연성 혼합기체가 구획실 전체에 존재하면서 연소가 지속된다.

3) 고온 및 장시간 지속되는 화재로 인해 건물구조의 붕괴나 인접건물로의 연소확대 등이 발생할 수 있다.

2. 최성기 화재의 특성

1) 환기지배형 화재

(1) 화재실 내의 모든 가연물이 열분해되면서 대량으로 가연성 가스를 발생시키므로, 산소 공급이 최성기 화재에 영향을 미친다.

(2) 최성기 화재 동안 HRR은 최대(Peak HRR)가 되며, 에너지가 최대로 방출되므로 연소율도 최대치로 높아진다.

(3) 연소효율이 저하됨에 따라 산소부족 상태가 되고, 일산화탄소 및 불완전 연소 생성물이 많이 발생한다.

2) 정상상태 연소(Steady-State Fire)

(1) 개구부를 통한 공기유입속도는 거의 일정하다.

연기와 외부 공기의 온도 차이로 인해 발생된 차압이 개구부를 통한 유동을 발생시키며, 이로 인해 연기유출 유량과 공기 유입유량은 거의 일정하다.

$$\dot{m}_{a,\,\max} \ [\mathrm{kg/s}] = 0.52\,A_o\,\sqrt{H_o}$$

(2) 최성기 화재는 일반적으로 시간에 따른 열방출속도의 변동이 적으며, 이에 따라 Steady-State Fire라고도 한다.

(3) 연소율 계산식

$$R\,[\mathrm{kg/min}] = 5.5\,A_o\,\sqrt{H_o} \qquad \text{(거의 일정)}$$

3) 높은 실내온도(900~1,100 [℃])

(1) 밀폐된 실에서의 화재이므로, 상부층에 형성된 고온의 열·연기층이 충분히 확산되지 못

하여 실내온도가 높아진다.

(2) 구조부 등의 단열효과로 인해 외부로 열이 방출되지 못하고 축적되어 온도가 상승한다.

3. 화재의 지속시간과 최고온도

최성기 화재는 그 지속시간과 최고온도가 중요한 인자이며, 이에 따라 건물의 요구되는 내화도가 달라진다.

1) 지속시간

가연물의 양(화재하중)과 환기성능에 따라 달라진다.

(1) 일반적 계산식

$$T\,[\text{min}] = \frac{W\,[\text{kg}]}{R\,[\text{kg/min}]} = \frac{wA_f}{5.5A_o\sqrt{H_o}} = \alpha \times \frac{A_f}{A_o\sqrt{H_o}}$$

여기서, W : 단위면적당 가연물의 양 A_f : 실의 바닥면적

A_o : 개구부 면적 H_o : 개구부의 높이

(2) 시간인자

위의 식으로부터, $\dfrac{A_f}{A_o\sqrt{H_o}}$ 를 시간인자라 한다.

2) 화재실의 최고 온도

(1) 열수지에 의한 계산

$$T_g = T_0 + (T^* - T_0) \times \theta_1\,\theta_2\,\theta_3\,\theta_4\,\theta_5$$

여기서, T_g : 상층부 가스온도

T_0 : 초기온도

T^* : 실험에 의한 온도(1,725 [K])

θ_1 : 화학양론 연소속도에 대한 손실

θ_2 : 벽에서의 정상상태 손실(벽의 온도상승에 이용되는 열손실)

θ_3 : 벽에서의 전이손실(벽을 통한 외부로의 열손실)

θ_4 : 개구부 높이 효과

θ_5 : 연소효율

(2) 온도인자에 의한 계산식

$$t\,[\text{℃}] = \beta \times \frac{A_0\sqrt{H_o}}{A_T}$$

여기서, A_T : 실내 전표면적 $A_o\sqrt{H_o}$: 환기인자

여기에서의 $\dfrac{A_o\sqrt{H_o}}{A_T}$ 를 온도인자라 한다.

(3) ISO의 시간에 따른 온도 계산식

$$\theta = \theta_0 + 345\log(8t+1)$$

여기서, θ : 실내온도 [℃] θ_0 : 초기온도 [℃] t : 화재지속시간 [min]

4. 결론

1) Flashover 이후 단계에서의 연소는 전체 건물 또는 인접 건물로의 연소 확대, 구조부의 열적 손상과 밀접한 관계를 가지고 있다.
2) 따라서 연소속도, 화재실 온도, 화재지속시간이 중요한 요소가 된다.

> **문제**
>
> 크기가 4 [m] × 4 [m] × 3 [m]이며, 단일 개구부(폭 1 [m], 높이 2 [m])를 가진 구획실에서 화재가 발생하였다. 구조물은 매우 두꺼운 석고판이며, 화재는 500 [kW]로 일정하다. 다음을 계산하시오.(석고보드의 열관성 $k\rho c$ = 0.60 [(kW/m² · K)² · s]이다.)
> 1) 100초 후의 연기 온도상승치
> 2) 100초에서 플래시오버 발생여부

1. 계산식

1) 온도상승

$$\Delta T = C_T\left(\frac{\dot{Q}^2}{(hA)(A_o\sqrt{H_o})}\right)^{1/3}$$

여기서, C_T : 중앙위치 화재의 경우 6.85, 모서리 화재의 경우 12.4, 마감재 화재의 경우 16.5
$A_o\sqrt{H_o}$: 환기계수
A : 화재실 내부 표면적
h : 열손실계수 $\left(h=\sqrt{\dfrac{k\rho c}{t}}\right)$

2) 플래시오버 관계식

상기 온도상승 계산식에서 $\Delta T = 500\,[℃]$를 적용하면 다음과 같다.

$$\dot{Q}_{FO} = \left[\frac{500}{6.85}\right]^{3/2} \times \left[(hA)(A_o\sqrt{H_o})\right]^{1/2} \text{(중앙위치 화재인 경우)}$$

2. 풀이

1) 온도상승

$$A_o\sqrt{H_o} = 2\sqrt{2}\ [\text{m}^{5/2}]$$

$$A = 2(4 \times 4) + 4(4 \times 3) - 2 = 78\ [\text{m}^2]$$

$$h = \sqrt{\frac{0.60}{100\,s}} = 0.0775\ [\text{kW/m} \cdot \text{K}]$$

$$\Delta T = 6.85\left(\frac{\dot{Q}^2}{(hA)(A_o\sqrt{H_o})}\right)^{1/3} = 6.85\left[\frac{500^2}{(0.0775)(78)(2\sqrt{2})}\right]^{1/3} = 167\ [℃]$$

2) 플래시오버 발생에 필요한 온도 상승값은 약 $500\,[℃]$이므로, 플래시오버는 발생하지 않는다.

$$\dot{Q}_{FO} = \left[\frac{500}{6.85}\right]^{3/2} \times \left[(0.0775)(78)(2\sqrt{2})\right]^{1/2} = 2,580\ [\text{kW}]$$

화재의 열방출률($500\,[\text{kW}]$)이 플래시오버에 필요한 열방출률보다 낮다.

> **문제**
>
> 구획실 화재(환기구 크기, 1 [m] × 2 [m])에서 플래시오버 이후 환기지배형 화재의 에너지 방출과 최성기 화재(800 [℃]로 가정)의 크기를 비교하시오.
> (단, 연료 기화열 3 [kJ/g], 연료가 퍼진 바닥면적 12 [m²], 가연물의 기화열 2 [kJ/g], 평균 연소열 $\Delta H_c = 20\,[\text{kJ/g}]$, Stefan Boltzmann 상수($\sigma$) = 5.67 × 10⁻⁸ [W/m² · K]으로 한다.)

1. 환기지배형 화재의 에너지 방출

1) 유입공기량

환기지배형 화재에서 구획실로 유입되는 공기량은 다음과 같이 근사화된다.

$$\dot{m}_a = 0.52\,A_o\,\sqrt{H_o}\ [\mathrm{kg/s}]$$

2) 에너지 방출률 계산식

공기의 단위질량당 방출되는 열은 $3,000\,[\mathrm{kJ/kg}]$이므로,

$$\dot{Q} = 3,000\,[\mathrm{kJ/kg}] \times (0.52\,A_o\,\sqrt{H_o}\ [\mathrm{kg/s}])$$
$$= 1,560\,A_o\,\sqrt{H_o}\ [\mathrm{kW}]$$

3) 계산

$$\dot{Q} = 1,560 \times (1 \times 2) \times \sqrt{2} = 4,412.4\ [\mathrm{kW}] = 4.4\ [\mathrm{MW}]$$

2. 최성기 화재의 크기

1) 복사열 계산식

복사능을 1로 가정하면,

$$\dot{q}'' = \varepsilon\sigma(T_g^4 - T_\infty^4) = 1.0 \times (5.67 \times 10^{-8}) \times (800 + 273)^4 = 75.2\,[\mathrm{kW/m^2}]$$

2) 연료의 연소속도 계산식

$$\dot{m}_f = \frac{\dot{q}'' \times A}{L} = \frac{75.2\,[\mathrm{kW/m^2}] \times 12\,[\mathrm{m^2}]}{2\,[\mathrm{kJ/g}]} = 451.2\,[\mathrm{g/s}]$$

3) 에너지 방출률

$$\dot{Q} = \dot{m}_f \times \Delta H_c = 451.2\,[\mathrm{g/s}] \times 20\,[\mathrm{kJ/g}] = 9,024\ [\mathrm{kW}] = 9.0\ [\mathrm{MW}]$$

3. 결론

$4.6\,[\mathrm{MW}](9.0 - 4.4\,[\mathrm{MW}])$는 화재실 밖에서 연소되어야 하며, 이것이 플래시오버 이후의 결과를 보여준다.

참고

환기지배형 화재
- 실내 에너지 방출률이 이용 가능한 산소의 양에 의해 제한되는 화재
- 출입문이나 창문 등을 통해 화재실로 유입되는 공기나 산소의 질량유량은 다음 표현식으로 계산 가능하다.
  $$\dot{m}_a = 0.52\,A_o\,\sqrt{H_o}$$
- 대부분의 가연물의 경우, 소비되는 공기의 단위질량당 방출되는 열은 $3,000\,[\mathrm{kJ/kg}]$ 정도로 일정하게 유지된다.
- 따라서 화재의 에너지 방출률을 공기 유입속도로부터 근사적으로 구할 수 있다.

문제

화재저항에 대하여 설명하시오.

1. 정의

1) 화재 지속시간 동안 내화구조 또는 방화구획의 구성요소가 그 기능을 유지하는 시간
   (1) 내화구조 : 하중지지력, 차염성, 차열성
   (2) 방화구획 : 차염성, 차열성
2) 화재저항의 크기는 보통 표준화재에 노출된 이후부터 그 기능을 유지하는 시간으로 표시한다.

2. 표준화재에 대한 노출 시험

1) 화재저항은 원래 크기의 샘플 구조부재에 적절한 하중을 가한 상태에서 화재가스에 대한 온도
   -시간 변화로 표시되는 표준화재에 노출시켜 시험하여 측정한다.

2) 표준시간-가열온도곡선
   (1) 다음과 같은 식으로 표현된다.

   $$T = T_0 + 345\log(0.133t + 1)$$

   여기서, T_0 : 초기온도 [℃]
   T : 시간 t에서의 온도 [℃]
   t : 화재지속시간 [sec]
   (2) 표준시간-가열온도곡선의 비교

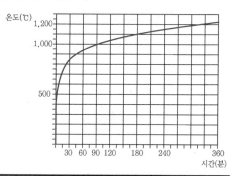

시간 [min]	온도 [℃] (ASTM E119)	온도 [℃] (BS 476 Part8)
5	538	583
10	704	683
30	843	846
60	927	950
120	1,010	1,054
240	1,093	1,157
≥480	1,260	1,261

3. 화재저항의 산정

1) 표준화재의 적용 제한

   (1) 상기 표준화재에 의해 정의되는 화재저항은 가연성 고체가 있는 구획실 화재에만 적용할
   수 있는 개념이다.

(2) 원유정제사업 및 석유화학산업에서와 같은 개방상태에서의 가연성액체 화재에서는 완전히 다른 특성을 나타낸다. 탄화수소의 누출화재에서는 공정지역이 수초 내에 화염에 휩싸이게 되고 따라서 구조물이 가열에 의해 매우 빨리 위험수준에 도달하게 된다.

(3) 이러한 상황에 대한 표준 화재저항 시험은 없으며, 해당 화재에 적합한 시험을 새롭게 개발해야 한다. 아래 그림에서는 표준화재와 NPD(Norwegian Petroleum Directorate)에서 제시하는 곡선을 제시되어 있다.

(4) 이 곡선은 표준화재보다 더 급격한 형태가 된다.

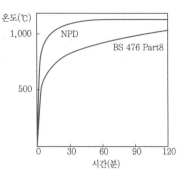

▌ 표준 온도시간 곡선 ▌

2) 화재저항의 한계

(1) 표준화재 시험에 의한 화재저항 산출은 대규모 시험과 관련하여 다음과 같은 문제점들이 도출되었다.

① 비용

② 실험실의 재현성

③ 실제 화재노출과의 차이

(2) 대규모 시험에서는 구조물의 화재방호에 대하여 더욱 이상적인 접근이 필요하며, 또한 구획부재 파괴의 범주를 적합하게 정의해야 한다.

① 철재류는 임계온도인 538 [℃](1,000 [℉]) 이상에서 강도를 잃기 시작하지만, 얼마나 빨리 구조물이 붕괴될 지에 대한 시간은 설계 여유도와 내화피복 등에 의한 열 노출 제한 정도에 따라 달라질 수 있다.

② 내화피복된 철재류도 피복이 벗겨진 상태로 높은 열류에 노출되면 화재저항보다 빨리 파괴될 수 있다.

③ 철근 콘크리트에서는 철근이 탈수에 의한 부식으로 그 자체가 강도를 잃은 상태에서 콘크리트에 의해 방호될 수도 있고, 화재에 의해 콘크리트 박리가 발생하여 철근이 노출되기도 한다.

(3) 만약 철재류 온도 538 [℃]를 파괴 시작의 범주로 결정하게 되면, 구조부재의 화재저항은 화재노출에 대한 온도−시간 곡선이 알려져 있으므로 기본적인 전열 계산에 의해 산출가능하다.

화재하중의 개념과 산정방법을 설명하시오.

1. 개념

1) 1928년에 Ingberg는 여러 번의 시험결과 화재하중(Fire Load)을 잠재적인 화재가혹도를 결정하는 중요한 요소로서 정의하였다.
2) 화재하중은 바닥의 단위면적당 목재로 환산된 등가 가연물의 중량으로 표현된다.

2. 산정방법

1) 계산식

$$q = \frac{\sum(G_t \times H_t)}{H_0 \times A} = \frac{\sum Q_t}{4,500 \times A}$$

여기서, q : 화재하중 $[\text{kg/m}^2]$

G_t : 가연물 중량 $[\text{kg}]$

H_t : 가연물의 단위발열량 $[\text{kcal/kg}]$

H_0 : 목재의 단위발열량 $[\text{kcal/kg}]$

A : 화재실의 바닥면적 $[\text{m}^2]$

$\sum Q_t$: 가연물의 전체발열량 $[\text{kcal}]$

2) 화재하중과 화재가혹도의 관계

화재하중(등가목재량, lb/ft²)	등가화재크기(MJ/m²)	표준화재 지속시간(hr)
10	0.90	1
15	1.34	1.5
20	1.80	2
30	2.69	3
40	3.59	4.5
50	4.49	6
60	5.39	7.5

화재단계별 화재하중 설정

1. 방화설계에서의 화재단계 분류

화재단계	화재안전설계 목표
화재 직후 극 초기화재	출화방지(감지, 통보, 조기소화)
국소화재 ~ 이동화재	피난안전
국소화재 ~ 이동화재 구획 내 전체화재	소화 활동(구조 진압) 소화 활동(구획 유지)
구획 내 전체화재	연소확대방지
구획 내 전체화재	구조물 내화

2. 화재단계별 화재하중 설정

1) 출화 직후의 극 초기화재의 화재하중

(1) 출화의 원인이 되기 쉬운 물품과 가구 등의 출화 전·후의 연소성상을 고려하여 설정한다.

(2) 일상적으로 사용하는 기구에서의 발화 또는 화기 부주의에 따른 출화 등이 포함된다.

　예 석유난로 전도에 의한 출화, 주방 조리기구에서의 출화 등

(3) 감지기 및 스프링클러 등의 설계와 초기소화 계획 수립에 이용된다.

2) 국소화재 및 이동화재 단계에서의 화재하중

(1) 공간 내의 불꽃연소의 확대속도와 연소규모을 고려하여 적절하게 설정한다.

(2) 이 단계에서의 화재하중 설정은 건물 이용자가 화재 인식 후 안전한 장소로 피난할 때까지 화재 영향이 어디까지 확대될지에 영향을 받는다.

(3) 착화 후 성장이 빠르고 연소 규모 자체가 큰 가연물을 화원으로 설정하는 경우가 많다.

　예 연질의 폴리우레탄으로 된 크기가 큰 가연물인 3인용 소파

(4) 피난에 시간이 걸리는 큰 거실, 비출화실 등에서의 피난의 경우에는 발화된 가연물로부터 주변 가연물로 연소확대가 피난 시간 중에 발생한다는 것을 고려해야 한다.

① 소파＋응접실 테이블

② 사무실 책상 4개(출화 책상＋인접 책상 3개)

3) 구획 내 전체화재 단계에서의 화재하중

(1) 실의 사용상황에 따라 실내 가연물 중 화재구획 범위 내의 연소에 기여하는 것 전체를 고려하여 설정한다.

(2) 내화구조 및 방화구획을 검토하여 대상 공간의 화재하중(적재물 및 내장재료 등 가연물의 총 발열량)을 파악해야 한다.

① 고정가연물 : 벽, 천장, 바닥 등의 마감재, 바탕재, 가연성 칸막이벽, 가구 등

② 적재가연물 : 건물 준공 후 이용자에 의해 반입되는 가구, 서류, 의류 등

(3) 계산식

$$W = W_{fix} + W_{load}$$

① 고정가연물(W_{fix}) : 마감재, 붙박이 가구, 고정설비 기기

$$W_{fix} = W_{마감} + W_{붙박이} + W_{설비} \ [\text{MJ}]$$

② 적재가연물(W_{load}) : 준공 후 반입되는 가구, 집기류, 서류 등

$$W_{load} = w_{load} \times A_f$$

여기서, w_{load} : 바닥면적당 적재가연물 발열량 밀도 $[\text{MJ/m}^2]$

문제

구획 내 전체화재에 사용하는 화재하중 설정에 대하여 설명하시오.

1. 개요

1) 구획 내 전체화재의 화재하중은 해당 화재실의 사용상황에 따라 실내가연물 중 연소에 기여하는 것을 모두 고려하여 산정해야 한다.

2) 공간 내 가연물의 발열량

$$W = W_{load} + W_{fix}$$

여기서, W_{load} : 구획 내 적재가연물의 총발열량(MJ)

W_{fix} : 구획 내 고정가연물의 총발열량(MJ)

2. 화재하중 설정

1) 화재하중의 산정방법

(1) 일반적으로는 바닥면적당 목재로 등가 환산된 가연물 중량으로 표현

(2) 계산식

$$q\,(\mathrm{kg/m^2}) = \frac{\sum (G_t \times H_t)}{H_0 \times A}$$

2) 고정가연물

(1) 실내마감재, 가연성 칸막이, 설비기기 및 가구류 등

(2) 계산식

$$W_{fix} = W_{마감} + W_{설비} + W_{가구} = \sum_i (G_i \times H_i)$$

3) 적재가연물

(1) 건물 준공 후 반입되는 가구, 서류, 의류 등

(2) 계산식

$$W_{load} = w \times A$$

여기서, w : 바닥면적당 적재가연물의 발열량 밀도(MJ/m²)

문제

화재 가혹도(Fire Severity)에 대하여 설명하시오.

1. 개요

1) 소방 대상물의 화재 위험성은 아래와 같이 표현할 수 있다.

화재위험도(Risk) = 화재 빈도 × 화재 심도(화재 가혹도)

2) 여기에서 화재 가혹도란, 발생된 화재가 건물 자체와 수용재산, 거주인에게 미칠 수 있는 피해를 예측하기 위해 화재의 규모를 표시하는 것이다. 즉, 화재 가혹도가 크면 화재로 인한 인명 및 재산 피해 가능성도 크다.

2. 화재 가혹도의 개념

1) 화재 가혹도의 크기

화재의 최고온도와 지속시간에 의해 표현되는 화재 의 규모를 표시하는 지표이며, 화재 가혹도는 화재의 시간온도 곡선의 하부면적으로 표현할 수 있다.

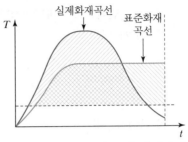

(1) 만일 150 [℃] 또는 300 [℃]의 기준선 이상에서 의 두 곡선의 하부 면적의 크기가 같다면 화재 가 혹도는 같다.

(2) 오른쪽 그림에서와 같이 1개의 곡선이 표준온도시간곡선이라면, 화재가혹도와 화재저항 은 같게 된다.

2) 최고온도와 지속시간

(1) 최고온도

실내의 열축적률이 크다는 것을 나타내며, 화재강도(Fire Intensity)와 관련된다.

(2) 지속시간

화재실 내의 가연물 양이 많다는 것을 의미하며, 화재하중(Fire Load)과 관련된다.

3) 화재가혹도의 한계

(1) 화재가혹도 개념 적용 시에는 구획 또는 건물의 용도가 변하지 않고, 화재하중이 건물의 수명동안 늘어나지 않아야 한다. 만약 화재하중이 증가하면 건물의 실제 화재가혹도가 그 설계값을 넘어 증가하게 된다.

(2) 화재가혹도 방식에 적용된 실험 데이터는 1920년대에 미국에서 건설된 구식 건물에 대한 실제크기 화재실험에 의해 산출된 값이며, 이는 현대적인 경량건축물에는 적합하지 않다.

(3) 시간−온도곡선의 하부 면적으로 표현한 Ingberg의 가정은 이론적으로 정립된 것이 아 니다. 예를 들면 900 [℃]에서 10분 동안 지속된 화재가 600 [℃]에서 20분 동안 지속되 는 화재와 같을 수 없다.

3. 화재 가혹도의 구성

1) 화재하중(Fire load)

(1) 화재하중의 계산

$$W \, [\text{kg/m}^2] = \frac{\sum (G_t \cdot H_t)}{H_o \cdot A_f} = \frac{\sum Q_t}{4,500 \cdot A_f}$$

여기서, W : 화재하중

$\quad\quad\quad G_t$: 가연물의 양 [kg]

$\quad\quad\quad H_t$: 가연물의 단위 발열량 [kcal/kg]

$\quad\quad\quad H_o$: 목재의 단위발열량(4,500 [kcal/kg])

$\quad\quad\quad A_f$: 화재실 바닥 면적 [m²]

(2) 특징

① 화재하중은 단위 면적당 가연물의 양으로 표시된다.

② 화재하중이 클수록 화재의 지속시간이 길어진다.

③ 가연성 내장재 · 구조체와 가연성 물품의 양이다.

④ 화재 하중은 건축물의 내화성능을 결정하는 주요소이다.

(3) 화재하중 감소대책

① 내장재, 수용물품 등을 불연화한다.

② 서류 등 가연물을 불연성 철제함 등에 수납한다.

③ 가연물을 최소 필요량만 보관한다.

2) 화재강도(Fire Intensity)

(1) 화재강도(단위시간당 열축적률)의 계산

$$\text{화재강도} = \frac{\text{열축적률}}{\text{시간}} = \frac{(\text{열방출률} - \text{열손실률})}{\text{시간}}$$

(2) 화재강도의 영향인자

① 연소열

가연물의 연소열이 클수록 화재 강도도 커진다.

② 가연물의 비표면적

비표면적이 클수록 화재강도도 크다.

③ 공기 공급량

• 공기 공급이 원활할수록 증가한다.

• 개구부의 크기, 형태, 위치 등에 따라 공기 공급량이 달라진다.

④ 실의 단열성

단열이 우수하면 열축적이 용이하여 화재강도가 커진다.

4. 내화성능 및 주수와의 상관성

1) 내화성능

(1) 화재하중 : 화재하중이 크면 화재 지속시간이 길어지므로, 요구되는 내화시간이 길어진다.

(2) 화재강도 : 화재강도가 클수록 화재 시의 최고온도가 높아져 내화구조의 두께가 두꺼워져야 한다.

2) 주수

(1) 화재강도 : 열 축적량이 커지면, 살수밀도(lpm/m²)가 높아야 한다.

(2) 화재하중 : 지속시간이 길어, 주수시간(min)이 길어야 한다.

(3) 따라서 화재 심도가 클수록 필요한 수원의 양이 증가하게 된다.

5. 결론

화재가혹도는 최고온도와 지속시간에 의해 표현되며, 화재의 규모를 나타내는 지표이다.

문제

상층으로의 연소확대 메커니즘과 대책을 설명하시오.

---

1. 개요

건물 화재 시 상층으로의 연소확대 경로는 다음과 같다.

1) 창문 : Leapfrog Effect 및 Coanda Effect

2) 바닥 틈새 : Poke Through Effect

3) 수직관통부 : Chimney Effect(굴뚝 효과)

4) 가연성 외벽 마감재료

2. 창문을 통한 연소확대

1) 발생 메커니즘

(1) 화재층에서의 옥외분출화염 발생

화재실에서 성장한 화재가 유리창을 깨고 외부로 분출되는 현상을 Leapfrog Effect라 하며, 이는 상층부로 화재가 확산되는 능력을 의미한다.

(2) 상층 벽면에 화염 부착

코안다 효과에 의해 옥외분출화염이 상층 벽면과 창문에 부착된다.

(3) 외벽면 및 창문에 충분한 열류 도달

부착 화염에 의해 온도가 상승하고, 상층 유리창의 온도가 80 [℃]가 되면 균열이 발생되기 시작하며, 파손 하한온도는 보통 290 ~ 380 [℃]이다.

(4) 유리창 파손에 의한 연소확대

상층 유리창의 온도가 500 [℃]가 되면 완전 파손되며, 유리창 인접 부분의 가연물에 착화되며 연소가 확대된다.

2) 대책

(1) 충분한 스팬드럴 확보

① SFPE 핸드북 등에서는 약 1.2 ~ 1.5 [m]의 수직 스팬드럴을 요구하고 있으나, 국내의 화재확산방지구조는 0.4 [m]에 불과하다.

② 따라서 국내 화재확산방지구조는 창문을 통한 연소확대 방지에 불충분하다.

(2) 연소확대방지용 스프링클러

① 성능위주설계 표준 가이드라인에서는 창문에서 0.6 [m] 이내에 헤드 간격을 1.8 [m] 이내로 좁힌 스프링클러 헤드 배치를 요구하고 있다.

② 그러나 이것은 에스컬레이터 등과 같은 수직개구부를 통한 연기 확산을 방지하기 위해 적용하는 것이라, 직접적인 화염 접촉에 의한 유리창 파손 방지에는 한계가 있고 유리창의 일부만을 적시는 방수 형태이므로 유리창 온도 불균형에 따른 파손 위험도 높아진다.

③ 따라서 그에 적합한 윈도우 전용 스프링클러(유리창 전체에 대해 균일한 방수)를 개발하여 적용해야 한다.

(3) 그 외의 대책

① 캔틸레버 : 바닥면(Slab)을 외벽면 밖으로 연장한 발코니가 이에 해당하며, 최근에는 대부분의 아파트에 발코니 확장을 하므로 캔틸레버 적용은 유명무실하다.

② 망입유리 또는 방화유리

유리창이 파손되어도 차염성을 유지할 수 있는 망입유리 또는 일정수준의 차염성을 가진 방화유리를 적용할 수 있다. 그러나 이러한 유리창의 경우 차열성은 가지고 있지 않아 상층 연소확대 방지에 한계가 있어 내화유리 도입이 필요하다.

③ 섀시 공법 개선

보통 500 [℃]에서의 유리창 파손으로 설계하지만, 섀시 고정이 불량할 경우에는 150 [℃] 정도에서도 파손될 수 있으며, 창틀 틈새로의 연소 확대도 우려된다.

3. 바닥 틈새를 통한 연소확대

1) Poke Through Effect

(1) Poke-through : 내화구조, 방화구획의 벽, 바닥에 존재하는 틈새

① 큰 개구부(Large Poke-throughs)

구획 붕괴, 출입문 개방, 대형유리창 파손 등

② 국부적 구획 상실

구획부의 작은 구멍이나 소형 유리창 등으로 층간 화재확산의 가장 일반적인 형태

(2) 이러한 내화구조나 방화구획의 틈새를 통해 화염과 고온가스가 관통하여 상층의 가연물에 착화되면 연소가 확대된다.

2) 대책

(1) 방화구획 틈새의 내화채움구조 시공

(2) 덕트 관통부의 방화댐퍼 시공

(3) 방화구획 부분의 자동문의 경우 화재 또는 정전 시 수동으로 개방할 수 있는데, 피난 후 자동문이 다시 닫히지 않으면 방화구획이 상실되므로 다시 닫히는 기능의 추가가 요구된다.

4. 수직관통부를 통한 연소확대

1) Chimney Effect

(1) PS, AD, EPS, TPS 등과 같은 수직관통부의 바닥 틈새에 대한 내화채움 시공이 부실할 경우 수직공간 내에 상승 기류가 형성되는데, 이를 굴뚝효과(연돌효과)라 한다.

(2) 이러한 공간은 이중유리로 외벽을 마감하는 더블 스킨 방식의 건축물이나 커트월과 바닥 사이에 틈새가 존재하는 경우에도 발생할 수 있다.

(3) 화재 시 이러한 상승기류는 고온가스와 화염을 빨아들일 수 있으며, 이로 인해 급격하게 상층으로 연소확대될 수 있다.

2) 대책

(1) 수직관통부의 경우 각 층 부분과 철저한 방화구획 시공 및 관리가 필요하다.

(2) 또한 PS, AD, EPS, TPS 등의 경우 벽 뿐만 아니라 바닥의 설비 관통부 틈새에 대한 내화채움 부재의 시공도 함께 수행해야 한다.

5. 외벽 마감재에 의한 연소확대

1) 가연성 물질을 사용하는 드라이비트(외단열 시공) 공법이나 알루미늄 복합패널 방식의 건축물 외벽의 경우 외벽 마감재가 연소하면서 급격하게 상층으로 연소확대될 수 있다.

2) 시공방법 개선 등으로 일정 부분 연소확대를 완화할 수는 있지만, 근본적인 대책이 될 수 없으므로 불연성 마감재료를 도입, 적용함이 바람직하다.

Leapfrog Effect (뛰어넘기 효과)

1. Leapfrog Effect(뛰어넘기 효과)

   1) 상층부로 확산되는 화재의 능력으로서, 화재실에서 성장한 화재가 유리창을 깨고 외부로 유출되는 현상

   2) Leapfrog Effect에 의해 고온가스와 화염이 건물 외부로 배출되고 화염의 온도가 충분히 높아 외부면에 충분한 열류가 도달하게 되면 상층의 유리창이 깨지고 그로 인해 상층으로 연소가 확대된다.

   3) Leapfrog Effect에 의한 연소확대를 방지하기 위해서는 약 1.2~1.5 [m] 정도의 수직 스팬드럴을 설치해야 한다.

2. Poke Through Effect

   화염과 고온가스가 내화구조의 벽, 바닥의 개구부를 통해 관통하여 다른 부분의 가연물을 발화시키는 현상

3. ASTM E 2307

   1) F-Rating

   (1) 상부로의 연소확대성 평가

   (2) UL의 Integrity Rating과 유사함

   (3) Leapfrog Effect에 대한 대책

   2) T-Rating

   (1) 화재에 노출되지 않은 면의 온도상승 평가

   (2) UL의 Integrity Rating과 유사함

   (3) Poke Through Effect에 대한 대책

실내
화재
성상

> **문제**
>
> 코안다 효과(Coanda Effect)에 대하여 설명하시오.

1. 정의

1) 코안다 효과란 유체가 만곡면을 따라 흐를 때, 표면(경계층)에 부착되려는 경향이다. 즉, 유체가 유동의 축방향인 수직방향으로 흐르지 않고 표면이나 곡면에 부착되어 흐르려는 경향을 말한다.(=Wall-attachment Effect, 벽 부착 효과)

2) 옥외분출화염이 벽면으로 부착되려는 경향은 이러한 코안다 효과에 의해 발생되는 것이다.

2. Coanda Effect의 해석

1) 유체가 어떤 표면 위로 유동할 때, 표면저항이 유체와 표면 사이에 발생되어 그 부분의 유속은 느려진다.

2) 이러한 저항으로 인해 유체와 표면 사이에는 서로 당기는 힘이 발생되어 상호 간에 부착된다.

3) 이러한 코안다 효과는 순환기류에 의한 청소기기, 후드 등에 활용된다.

3. 옥외분출화염의 Coanda Effect

1) 창을 통해 옥외로 분출된 화염은 부력에 의해 상승하게 되는데, 벽면 부근으로부터는 공기인입이 적어져 정압이 낮은 영역이 형성된다. 따라서 정압이 낮은 벽면 부근으로 향하는 플룸(Plume)이 형성되어 화염이 벽면에 부착되어 상승하게 된다.

2) Yokoi에 의한 개구부으로부터의 플룸 경로의 영향

$$n = \frac{W}{\left(\dfrac{H}{2}\right)} = \frac{2W}{H}$$

여기서, n : 기하학적 파라미터
W : 개구부의 폭
H : 개구부의 높이

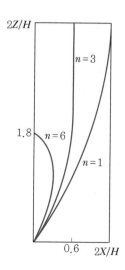

(1) 개구부에서 분출류의 깊이(D)는 개구부 높이(H)의 약 1/2 정도가 된다고 하며, 이에 따라 N은 근사적으로 W/D가 된다.

(2) 개구부에서의 분출기류의 경로

① 그림에서,

- Z : 창문 상단~상부로의 거리 [m]
- X : 창문면으로부터의 수직거리 [m]

② 개구부 상부의 벽에 대하여
- $n > 1$: 화염에 영향을 주기 시작
- $n > 3$: 화염의 중심축이 벽면 측으로 향하게 됨
  (벽면으로의 화염부착 한계)
- $n \geq 6$: 분출화염이 개구부의 높이 안에서 벽면 측으로 부착됨($Z < H$임)

즉, 가로길이가 긴 개구부일수록 n이 크며, 분출화염에 의한 상층으로의 연소확대 위험이 커진다.

4. 결론

1) 분출화염의 벽면 부착에 의한 상층으로의 연소확대 방지를 위해서는 스팬드럴을 비가연성 재료로 설치해야 한다.
2) 또한 분출화염의 상층부 벽에 대한 부착을 방지하기 위해서는 캔틸레버를 두거나 창을 내화유리 등으로 적용해야 한다.

문제

연소확대와 관련하여 Poke through 현상에 대하여 설명하시오.

---

1. 개념

건물 외곽 부분에서 발생하는 연소확대 방식에는 다음과 같은 3가지가 있다.

1) Leapfrog Effect
   (1) 상층부로 확산되는 화재의 능력으로서, 화재실에서 성장한 화재가 유리창을 깨고 외부로 유출되는 것
   (2) Leapfrog Effect에 의해 고온가스와 화염이 건물 외부로 배출되고 화염 온도가 충분히 높아 외부면에 충분한 열류가 도달하게 되면 상층의 유리창이 깨지고 그로 인해 상층으로 연소가 확대된다.
   (3) Leapfrog Effect에 의한 연소확대를 방지하기 위해서는 약 1.2~1.5 [m] 정도의 수직 스팬드럴을 설치해야 한다.

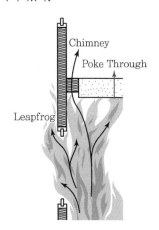

2) Chimney Effect

(1) 화염에 의해 샤프트 내부나 커튼월 틈새에는 상향 고온 기류가 형성된다.

(2) 이러한 상승기류는 고온의 가스와 화염을 그 방향으로 빨아들인다.

(3) 이러한 Chimney 효과는 주로 샤프트를 통한 상층으로의 연소확대 및 바닥 슬라브 끝단과 커튼월 사이의 개구부를 통한 상층으로의 연소확대를 일으킨다.

3) Poke Through Effect

(1) 화염과 고온가스가 내화구조의 벽, 바닥 또는 천장 틈새를 관통하여 다른 반대쪽 면(상층, 인접구역)에 있는 가연물을 발화시키는 효과이다.

(2) 내화구조 재질 상에 존재하는 작은 구멍을 통해 화염이 확산되는 현상을 말한다.

2. Poke through 효과

1) 방화구획의 기능상실

(1) 방화구획의 주된 기능은 열과 화염이 인접 거실 또는 직상, 직하층에서의 발화를 일으키는 것을 방지하는 것이다.

(2) 이러한 방화구획이 그 기능을 상실하는 것은 2가지 종류로 분류할 수 있다.

2) 방화구획 기능상실 종류

(1) 큰 개구부 발생(Large Poke-throughs)

구획의 한 부분이 붕괴되거나, 큰 관통부(출입문 또는 대형 유리창)가 개방되는 경우 발생한다. 거대한 상실이 발생하면 인접 공간은 단 시간 내에 전면 연소를 일으킬 수 있다.

(2) 국부적 구획기능 상실(Small Poke-throughs)

이것은 화염이나 열이 작은 Poke-through들이나 작은 유리창을 관통할 때 발생한다. 국부적인 구획 상실은 방화구획 반대부분의 가연물의 발화를 일으킬 수 있는 고온부를 발생시킨다. 이것은 층간 화재 확산의 가장 일반적인 형태이다.

인접건물로부터의 연소확대위험과 이에 대한 대책을 기술하시오.

1. 개요

1) 하나의 건물 화재에서 타 건물로의 연소 확대를 유소라 한다.
2) 유소의 원인은 화염 접촉, 복사열, 비화이며, 보통 목조 등 가연성의 외벽·지붕이나 개구부를 통해 연소 확대가 시작된다.

2. 유소의 발생

1) 화염 접촉·비화

   화재 발생 건물과 인접 건물이 매우 가깝게 위치하기 때문에 연소 확대될 수 있다.

2) 복사열에 의한 연소 확대

   대형 화재에서의 복사열은 매우 커서 상당히 떨어진 거리까지 영향을 미친다.

   (1) 복사열의 계산

   $$\dot{q}'' = \phi \cdot \sigma \cdot \varepsilon \cdot T^4$$

   (2) 연소확대 여부의 판단방법

   ① 창에서의 분출화염 : 100 [kW/m²]
   ② 건물의 타오름에 의한 염상 화염 : 50~80 [kW/m²]
   ③ 인접 건물과의 위치에 따른 형상계수를 고려하여, 인접 건물의 착화한계 이상의 열이 전달되는지 검토한다.(목재의 경우에는 10 [kW/m²] 이상 수열되면 착화된다.)

3. 유소의 방지대책

1) 건물 간 최소 거리를 제한한다.
   (1) 건축법상 연소할 우려가 있는 부분에 대한 조치
   (2) 안전 인동거리

   $$d = FN + 5$$

   여기서, d : 인동거리 [ft], F : 건물의 폭 또는 높이 [ft]
   N : 개구율(%) 또는 개구부 형상비(W/H or H/W)의해 산출된 수치

2) 건물 외부 부분을 불연화한다.

　건축법령에서 연면적 1,000 [m²] 이상인 목조 건축물은

　(1) 외벽·처마 밑의 연소할 우려가 있는 부분은 방화구조로 하고

　(2) 지붕은 불연 재료로 하도록 규정되어 있다.

3) 드렌처 설비를 설치한다.

4) 복사열 등을 차단할 수 있는 방화벽 등을 설치한다.

참고

연소할 우려가 있는 부분

1. 인접대지경계선, 도로중심선 또는 동일한 대지 안에 있는 2동 이상의 건축물(연면적 합계가 500 [m²] 이하인 건축물은 이를 하나의 건축물로 봄) 상호의 외벽 간의 중심선으로부터

　1) 1층 : 3 [m] 이내

　2) 2층 이상 : 5 [m] 이내의 거리에 있는 건축물의 각 부분을 말한다.

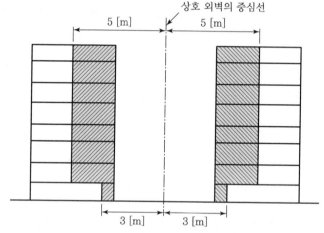

2. 다만, 공원, 광장, 하천의 공지나 수면 또는 내화구조의 벽 기타 이와 유사한 것에 접하는 부분은 제외한다.

화재모델링에 적용되는 설계화재에 대하여 설명하시오.

1. 개요

1) 설계화재의 개념

(1) 성능위주 소방설계에서는 소화설비 등에 의한 화재안전성 확보 여부에 대하여 화재 및 피난시뮬레이션을 통해 평가하게 된다.

(2) 이러한 화재 시뮬레이션은 건물에서의 가상의 화재를 설정하여 평가하게 되는데, 그 가상의 화재가 설계화재이다.

2) 설계화재 설정의 중요성

(1) 설계화재의 위험수준이 너무 낮게 설정될 경우, 실제 화재 시 설계된 방화시설이 충분하지 않아 인명과 재산에 큰 피해를 일으킬 것이다.

(2) 반대로 위험수준을 너무 높게 설정하면 과다한 비용손실과 공간의 비효율적 낭비를 초래하게 된다.

(3) 따라서 적절한 설계화재 설정은 성능위주 소방설계에서 매우 중요한 부분을 차지한다.

2. 설계화재에서의 표현항목

1) 열방출률(HRR)

(1) 열방출률 : 단위시간당 방출되는 열량

(2) 열방출률은 가연물의 연소속도와 유효연소열의 곱으로 표현된다.

$$\dot{Q} = \dot{m''_f} \times \Delta H_c \times A$$

(3) 설계화재 설정에서 플래시오버 발생과 최성기 화재에 대한 분석을 위해 HRR의 Peak치를 정하는 것도 중요하다.

2) 화재성장속도

(1) 성장기 화재의 화재성장속도는 일반적으로 $\dot{Q} = \alpha t^2$로 표현하며, 경우에 따라서는 전문가가 설정한 화재성장모델을 이용하거나 화재실험데이터를 이용하기도 함

(2) $\dot{Q} = \alpha t^2$에서의 성장기화재의 분류 : Slow, Medium, Fast, Ultra−fast Fire

3) 독성가스의 발생속도

(1) 설계화재는 가연물에 따라 발생되는 주요 독성가스의 발생속도를 표현해야 한다.

(2) 주요 독성가스 : CO, HCl, HCN 등

(3) 이산화탄소 발생에 따른 산소농도 저하속도도 포함되어야 한다.

4) 연기 발생속도

연기의 발생에 따른 가시거리 감소도 고려되어야 한다.

5) 화재의 크기

3. 설계화재의 표현방법

1) 그림과 같이 HRR이 성장하는 Growth Stage, HRR이 일정한 Steady Stage, HRR이 감소하는 Decay Stage로 구분하여 표현한다.

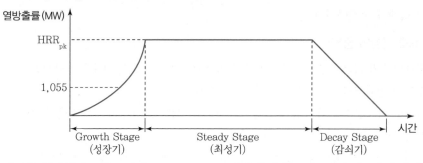

2) 이러한 설계화재 그래프에서 Growth Stage의 화재성장속도는 다음의 3가지 방식 중의 1가지로 설정한다.

(1) 화재실험데이터를 활용

(2) $\dot{Q} = \alpha t^2$에 의한 설정

(3) 전문가가 인정한 화재성장모델

3) ISO기준에서의 설계화재 설정

아래의 순서에 따라 화재시나리오를 설정하고, 설계화재를 표현한다.

(1) 1단계 : 화재의 위치

(2) 2단계 : 화재의 형태

(3) 3단계 : 잠재된 화재 위험요소

(4) 4단계 : 화재에 영향을 주는 요소

(5) 5단계 : 거주자 응답특성

(6) 6단계 : 사건 설정

(7) 7단계 : 설정된 사건의 빈도 분석

(8) 8단계 : 설정된 사건의 심도 분석

(9) 9단계 : Risk 순위 설정

(10) 10단계 : 최종 선정 및 문서화

다음 조건의 화재기를 가지는 화재에서 발화에서 화재 종료까지의 시간 [sec]과 총 방출 열량 [MJ]을 구하시오. 또한 화재 진행과 열방출 비율을 나타내는 그림을 그리시오.

[조건]
1. 성장기 : 화재 성장률$(a_1) = 0.08\,[\text{kW/s}^2]$
2. 지속기 : 지속시간 $= 800\,[\text{sec}]$
3. 화재 지속기 열방출 비율 : $2,500\,[\text{kW}]$
4. 화재 감쇠기 감소율(a_2) : $50\,[\text{kW/s}]$

1. 성장기

1) 화재 성장 속도식

$\dot{Q} = \alpha_1 t^2$ 이므로,

조건에 의하여 $\dot{Q} = 0.08 \cdot t^2$

2) 지속기 도달시간

$2,500\,[\text{kW}]$의 열방출속도가 될 때까지 화재가 성장하므로,

$2,500\,[\text{kW}] = 0.08 \times t_1^2$

$\therefore\ t_1 = 176.8 = 177\,[\text{sec}]$

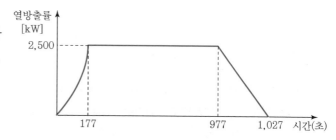

3) 성장기의 방출 열량

$$E_1 = \int_0^{t_1} 0.08t^2\,dt = \frac{0.08}{3}\left[t^3\right]_0^{177} = 147,872.9\,[\text{kW}\cdot\text{s}]$$
$$= 147.9\,[\text{MJ}]$$

2. 지속기

1) 지속시간

(1) $t_2 = 800\,[\text{sec}]$

(2) 열방출비율 : $2,500\,[\text{kW}]$

2) 방출열량

$$E_2 = \int_{t_1}^{t_2} 2,500\,dt = 2,500\,[\text{kW}] \times 800\,[\text{sec}] = 2,000\,[\text{MJ}]$$

3. 감쇠기

1) 감쇠기 시간

$$t_3 = \frac{HRR_{pk}}{a_2} = \frac{2,500\,[\text{kW}]}{50\,[\text{kW/s}]} = 50\,[\text{sec}]$$

2) 방출열량

$$E_3 = \frac{1}{2} \times 2,500\,[\text{kW}] \times 50\,[\text{sec}] = 62,500\,[\text{kW} \cdot \text{s}] = 62.5\,[\text{MJ}]$$

4. 결론

1) 지속시간 : $t = t_1 + t_2 + t_3 = 1,027\,[\text{sec}] = 17$분 7초
2) 방출열량 : $E = E_1 + E_2 + E_3 = 2,210.4\,[\text{MJ}]$

> **문제**
>
> 평균 발열량이 20 [MJ/kg]인 사무실 가구 160 [kg]의 화재에 대한 표준 곡선의 피크 열 발생량이 9.0 [MW]이다. 화재는 Fast t^2 fire서, $Q = (t/k)^2$으로 k는 화재 성장상수로 Fast fire에서는 150 $[s/\sqrt{MW}]$이다. 다음을 구하시오.
>
> 1. Peak에 도달하는 시간(t_1) 2. t_1까지의 발생열량(E_1)
> 3. 정상연소에서 방출된 열량(E_2) 4. 정상 상태의 지속시간(t_2)

1. Peak 도달시간(t_1)

1) 조건에서, $\dot{Q} = \left(\dfrac{t}{k}\right)^2$

2) $HRR_{pk} = 9.0\,[\text{MW}]$

3) Peak 도달시간

$$t_1 = K\sqrt{Q} = 150\sqrt{9.0} = 450\,[\text{sec}]$$

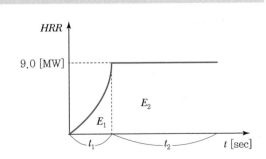

2. t_1까지의 발생열량(E_1)

1) E_1은 그림에서와 같이 표시된다.

2) $E_1 = \displaystyle\int_0^{t_1} \left(\frac{t}{k}\right)^2 dt = \frac{1}{k^2} \int_0^{t_1} t^2 \, dt$

$\quad = \frac{1}{k^2} \cdot \left[\frac{1}{3} t^3\right]_0^{t_1} = \frac{t_1^3}{3k^2} = \frac{450^3}{3 \times 150^2} = 1,350 \, [\text{MW} \cdot \text{s}]$

$\quad = 1,350 \, [\text{MJ}]$

3. 정상연소 시 방출열량(E_2)

1) 총 방출열량

조건에 의하여, $E = 20 \, [\text{MJ/kg}] \times 160 \, [\text{kg}] = 3,200 \, [\text{MJ}]$

2) 정상연소 시 방출열량

$\quad \therefore \; E_2 = E - E_1 = 3,200 - 1,350 = 1,850 \, [\text{MJ}]$

실내
화재
성상

4. 정상상태 지속시간(t_2)

그림으로부터

$t_2 = \dfrac{1,850 \, [\text{MJ}]}{9 \, [\text{MW}]} = \dfrac{1,850 \, [\text{MW} \cdot \text{s}]}{9 \, [\text{MW}]}$

$\quad = 206 \, [\sec]$

화재구역의 표준설계조건에서 화재성장속도의 관계식과 관련하여 아래의 내용을 설명하시오.

1. $\dot{Q} = \alpha t^n$에서 각 변수의 의미와 단위 및 온도−열량 그래프를 그리고 설명하시오.

2. $n = 2$인 경우, 화재성장속도별(Slow Fire, Medium Fire, Fast Fire, Ultra−fast Fire) α값을 제시하시오.(단, α값은 소수점 4째 자리에서 반올림한다.)

3. $n = 2$인 경우, Ultra−fast Fire 조건을 기준하여 화재발생 이후 30초가 경과할 때까지의 총 발생열량을 계산하고 그 과정을 온도−열량 그래프를 이용하여 설명하시오. (단, 계산 결과값은 소수점 4째 자리에서 반올림한다.)

1. $\dot{Q} = \alpha t^n$에서 각 변수의 의미와 단위 및 온도−열량 그래프

1) 변수들의 의미와 단위

    $\dot{Q}$: 열방출률(HRR, Heat Release Rate) [kW(kJ/s)]

    α : 화재성장속도 상수 [kW/s^n]

    t : 화재 지속시간 [sec]

2) 온도−열량 그래프

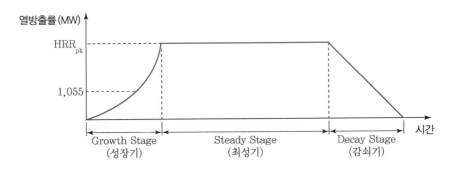

2. $n = 2$인 경우 화재 성장속도별 α값

1) 화재성장속도 계산식

$$\dot{Q} = \alpha t^2 \ \text{ or } \ \dot{Q} = \frac{1,055}{t_g^{\,2}} t^2$$

    여기서, t_g : 발화 후, 열방출률이 1,055 [kW]에 도달하는 데 걸린 시간

2) 화재의 분류

발열량이 1,055 [kW](=1,000 [Btu/s])에 도달하는 데 걸리는 시간에 따라 화재를 Slow, Medium, Fast, Ultra−fast 등으로 분류할 수 있다.

(1) Slow : 600 [sec]

(2) Medium : 300 [sec]

(3) Fast : 150 [sec]

(4) Ultra−Fast : 75 [sec]

화재성장속도	성장시간(t_g)	α
Slow	$t_g \geq 400\,[\text{sec}]$	$\alpha \leq 0.0066$
Medium	$150\,[\text{sec}] \leq t_g < 400\,[\text{sec}]$	$0.0066 < \alpha \leq 0.0469$
Fast	$75\,[\text{sec}] \leq t_g < 150\,[\text{sec}]$	$0.0469 < \alpha \leq 0.1876$
Ultra−fast	$t_g < 75\,[\text{sec}]$	$\alpha > 0.1876$

3. 화재발생 이후 30초가 경과할 때까지의 총 발생열량을 계산

1) Ultra−Fast Fire 기준이므로,

$$\alpha = \frac{1,055}{75^2} = 0.1876$$

2) 30초 경과 시까지의 총 발생열량

$$E = \int_0^{30} 0.1876\,t^2\,dt = 0.1876 \times \left[\frac{t^3}{3}\right]_0^{30} = 1,688.4\,[\text{kW} \cdot \text{s}] = 1.688\,[\text{MJ}]$$

3) 온도−열량 그래프

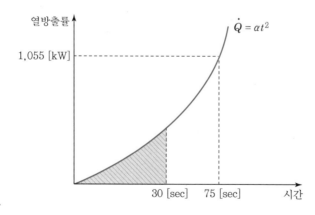

단일 구획에 설치된 스프링클러소화설비의 헤드 열적 반응과 살수 냉각 효과를 조사하기 위하여 Zone 모델(FAST) 화재프로그램을 사용하여 아래와 같이 5가지 화재시나리오에 대하여 화재시뮬레이션을 각각 수행할 경우 화재시뮬레이션 결과의 열방출률 – 시간 곡선의 그림을 도시하고 헤드의 소화성능을 반응시간지수(RTI) 값과 살수밀도 ρ 값을 고려하여 비교 · 설명하시오.

(단, 구획 크기는 4 [m]×4 [m]×3 [m], 화재성장계수 α = medium(= 0.012 [kW/s²]), 최대 열방출률 $\dot{Q}_{\max}$ = 1,055 [kW]이고, 쇠퇴기는 성장기와 같다. 화재시뮬레이션 결과 시나리오 2(S2)의 경우 헤드작동시간 t_a = 135 [s], 화재진압시간 t = 700 [s]이다.)

시나리오	반응시간지수 RTI [(m · s)¹ᐟ²]	살수밀도 ρ [m³/s · m²]	헤드작동온도 Ta [℃]
S1	No sprinkler	No sprinkler	No sprinkler
S2	100	0.0001017	74
S3	260	0.0001017	74
S4	50	0.0002033	74
S5	100	0.0002033	74

1. 관련 계산식

1) 성장기의 열방출률

$$\dot{Q} = \alpha t^2$$

2) RTI에 따른 헤드 작동시간

$$t = \frac{RTI}{\sqrt{u}} \times \ln\left(\frac{T_g - T_\infty}{T_g - T_a}\right)$$

⇒ 위 식에 따라 반응시간지수(RTI)와 헤드작동시간(t)은 비례한다.

3) 살수밀도에 따른 열방출률(CFAST 매뉴얼)

$$\dot{Q}_t = \dot{Q}_{t-act} \times e^{-\frac{t-t_a}{\tau}}$$

여기서, $\tau = 3\rho^{-1.8}$

2. 시나리오별 HRR 곡선

1) 시나리오 S1

(1) 문제 조건에서,

$$\alpha = 0.012 [\mathrm{kW/s^2}], \ HRR_{pk} = 1,055 [\mathrm{kW}]$$

(2) 성장기 시간

$\dot{Q} = \alpha t^2$ 로부터

$$t = \sqrt{\frac{\dot{Q}}{\alpha}} = \sqrt{\frac{1,055}{0.012}} = 300\,[\mathrm{s}]$$

(3) 열방출률$-$시간 곡선(S1)

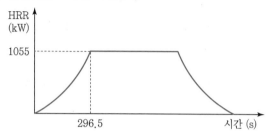

2) 시나리오 S2

(1) 헤드작동시간

문제 조건에서, $t_a = 135\,[\mathrm{s}]$

(2) 헤드작동시점의 HRR

$$\dot{Q} = \alpha t^2 = 0.012 \times 135^2 = 219\,[\mathrm{kW}]$$

(3) 700초 후, 스프링클러 방수에 따른 HRR

- 살수밀도$(\rho) = 0.1017\,[\mathrm{mm/s}]$

- $\tau = 3\rho^{-1.8} = 3 \times (0.1017)^{-1.8} = 183.6$

- $\dot{Q}_t = \dot{Q}_{t-act} \times e^{-\frac{t-t_a}{\tau}} = (219) \times e^{-\frac{700-135}{183.6}} = 10.1\,[\mathrm{kW}]$

(4) 열방출률$-$시간 곡선(S2)

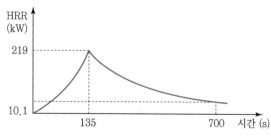

3) 시나리오 S3

(1) 헤드작동시간

시나리오 S2에 비하여 RTI가 $100 \rightarrow 260$으로 증가하므로,

$$t_a = 135 \times \frac{260}{100} = 351\,[\mathrm{s}]$$

(2) 헤드작동시점의 HRR

$$\dot{Q} = \alpha t^2 = 0.012 \times 351^2 = 1,478\,[\text{kW}] \rightarrow 1,055\,[\text{kW}]\ (지속기\ 유지)$$

(3) 700초 후, 스프링클러 방수에 따른 HRR

- 살수밀도$(\rho) = 0.1017\,[\text{mm/s}]$
- $\tau = 3\rho^{-1.8} = 3 \times (0.1017)^{-1.8} = 183.6$
- $\dot{Q}_t = \dot{Q}_{t-act} \times e^{-\frac{t-t_a}{\tau}} = (1,055) \times e^{-\frac{700-351}{183.6}} = 157.7\,[\text{kW}]$

(4) 열방출률−시간 곡선(S3)

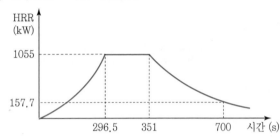

4) 시나리오 S4

(1) 헤드작동시간

시나리오 S2에 비하여 RTI 가 $100 \rightarrow 50$으로 감소하므로,

$$t_a = 135 \times \frac{50}{100} = 67.5\,[\text{s}]$$

(2) 헤드작동시점의 HRR

$$\dot{Q} = \alpha t^2 = 0.012 \times 67.5^2 = 54.7\,[\text{kW}]$$

(3) 700초 후, 스프링클러 방수에 따른 HRR

- 살수밀도$(\rho) = 0.2033\,[\text{mm/s}]$
- $\tau = 3\rho^{-1.8} = 3 \times (0.2033)^{-1.8} = 52.8$
- $\dot{Q}_t = \dot{Q}_{t-act} \times e^{-\frac{t-t_a}{\tau}} = (54.7) \times e^{-\frac{700-67.5}{52.8}} = 3.4 \times 10^{-4}\,[\text{kW}]$

(4) 열방출률−시간 곡선(S4)

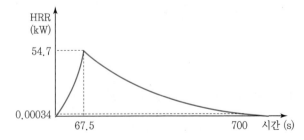

5) 시나리오 S5

(1) 헤드작동시간

시나리오 S2와 RTI가 동일하므로, $t_a = 135\,[\mathrm{s}]$

(2) 헤드작동시점의 HRR

$$\dot{Q} = \alpha\,t^2 = 0.012 \times 135^2 = 219\,[\mathrm{kW}]$$

(3) 700초 후, 스프링클러 방수에 따른 HRR

- 살수밀도$(\rho) = 0.2033\,[\mathrm{mm/s}]$

- $\tau = 3\rho^{-1.8} = 3 \times (0.2033)^{-1.8} = 52.8$

- $\dot{Q}_t = \dot{Q}_{t-act} \times e^{-\frac{t-t_a}{\tau}} = (219) \times e^{-\frac{700-135}{52.8}} = 0.005\,[\mathrm{kW}]$

(4) 열방출률–시간 곡선(S5)

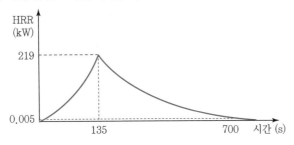

3. 반응시간지수와 살수밀도에 따른 헤드의 소화성능 비교

1) 요약표

시나리오	RTI	살수밀도	헤드작동시간	최대 HRR	700초에서 HRR	비고
S1	–	–	–	1055	1055	전소
S2	100	0.0001017	135	219	10.1	화재제어
S3	260	0.0001017	351	1055	157.7	실패
S4	50	0.0002033	67.5	54.7	0.0003	화재진압
S5	100	0.0002033	135	219	0.005	화재진압

2) 헤드의 소화성능

(1) RTI

① RTI가 낮을수록 헤드가 조기작동되어 최대 도달하는 HRR이 낮고, 그에 따라 화재진압이 빠르다.

② 시나리오 S4가 RTI를 제외하고 모든 조건이 동일한 S5에 비해 최대 HRR이 낮고, HRR이 현저하게 낮아진다.

③ 시나리오 S3는 S2에 비해 헤드의 RTI가 높은데, 작동이 지연되어 성장기에서의 화재 제어에 실패하게 된다.

(2) 살수밀도

시나리오 S2와 S5를 비교하면, 동일조건에서 살수밀도를 2배로 높이면 화재를 진압할 수 있음을 알 수 있다.

CHAPTER 22 | 건축방화

▣ 단원 개요

건축물 화재의 성장 단계별 수동적 방화대책을 다루는 단원으로서, 내화구조, 방화구조, 방화벽, 방화구획, 마감재료, 연소할 우려가 있는 부분, 지하층 방화대책 등을 포함한다. 주로 기본적 개념과 건축법령 내용 위주로 구성되어 있다.

▣ 단원 구성

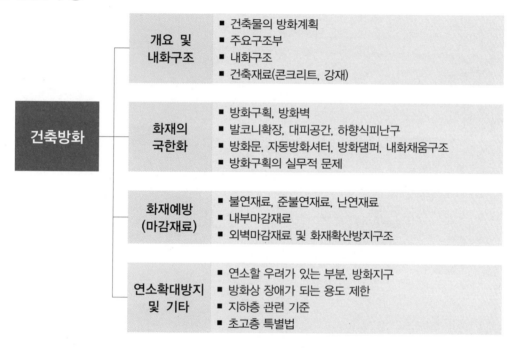

개요 및 내화구조	■ 건축물의 방화계획 ■ 주요구조부 ■ 내화구조 ■ 건축재료(콘크리트, 강재)
건축방화 — **화재의 국한화**	■ 방화구획, 방화벽 ■ 발코니확장, 대피공간, 하향식피난구 ■ 방화문, 자동방화셔터, 방화댐퍼, 내화채움구조 ■ 방화구획의 실무적 문제
화재예방 (마감재료)	■ 불연재료, 준불연재료, 난연재료 ■ 내부마감재료 ■ 외벽마감재료 및 화재확산방지구조
연소확대방지 및 기타	■ 연소할 우려가 있는 부분, 방화지구 ■ 방화상 장애가 되는 용도 제한 ■ 지하층 관련 기준 ■ 초고층 특별법

▣ 단원 학습방법

건축방화는 건축법령 기준 위주로 소방기술사 시험에서 출제비중이 매우 높은 단원이다. 많은 내용을 암기해야 하므로, 내용 이해 후 암기장 등에 정리하여 수시로 반복 학습해야 효과적이다.

방화구획, 샌드위치 패널을 포함한 마감재료 등의 기준이 가장 많이 출제된다. 최근에 개정되는 사항이 주요 이슈이며, 그런 내용의 출제 가능성이 높은 것을 감안하여 항상 최신 법령을 기준으로 학습 노트를 업데이트하는 습관을 가져야 한다.

각 기준이 매우 복잡한 체계로 되어 있으므로, 마스터 종합반 강의를 통해 각 기준을 충분히 이해한 상태에서 암기하는 것이 효율적이며 수험과정에서 법령이 개정되어도 그에 대한 이해가 쉬워진다.

문제

건축물의 방화계획에 대하여 설명하시오.

1. 개요

건축물의 방화계획은 건축물의 기획 · 설계 단계에서 매우 중요한 사항으로서, 일정기준 이상의 고층건물 또는 복잡하고 대규모인 특수건축물에 대해 방재계획서를 작성 · 제출하도록 규정하고 있다.

2. 방화계획의 필요성

1) 소방 안전에 대한 체계적 · 종합적 계획 수립
2) 건축물의 특성을 화재 역학적으로 검토 · 분석
3) 설계 단계에서의 안전계획은 시공 단계에 올바르게 전달

3. 건축 방화계획 작성 시 유의할 사항

1) 작성원칙

   (1) 원리성 : 법기준보다 방화의 실제 목적 · 원리에 입각할 것

   (2) 선행성 : 기획 · 설계의 초기부터 방화를 고려할 것

   (3) 고유성 : 건축물 고유 조건에 입각하여 계획할 것

   (4) 종합성 : 각 단계들의 유기적 · 종합적 고려로 방화성능을 향상시킬 것

2) 종합적인 방화계획

   (1) 건축 행위의 각 단계별 방화대책의 종합

      설계 · 시공 · 유지관리까지 방화대책을 일관적으로 유지

(2) 구성요소의 종합화

(3) 화재 단계별 방화대책 종합

출화예방, 연소확대 방지, 제연, 피난 등 단계별 대책의 종합

4. 건축 방화계획

대지, 평면 · 단면, 내장, 설비, 구조, 유지관리 계획

1) 대지계획

(1) 인접건물 사이의 연소확대 방지

① 안전 인동거리 확보

② 개구 면적의 제거 · 감소 : 방화문, 불연 · 내화구조의 벽

③ 연소할 우려가 있는 부분을 방화구조로 함

④ 드렌처 설비 설치

⑤ 창에 망입 유리 설치

(2) 옥외 피난의 안전 확보

① 도로 · 광장 등으로의 안전 피난경로 또는 부지 내 안전한 공터 확보

② 화재에 의한 낙하물 위험 방지

③ 과밀도 우려가 없는지 검토

(3) 소방대 진입 및 활동

① 소방차 · 헬기의 진입로 확보(소방도로, 헬리포트 등)

② 소방대의 활동 공간 확보

③ 소화활동설비의 배치 고려

2) 구조계획

(1) 요구 내화시간 선정

법규 검토 또는 화재하중 · 피난 시간 등을 고려한 계산

(2) 내화 설계

요구 내화기간 이상의 성능을 확보하도록 설계

3) 평면 및 단면 계획

(1) 구획

① 방화구획 : 연소의 확대 방지(차열성＋차염성)

② 방연구획 : 연기의 확대 방지(차연성)

③ 안전구획 : 피난시 안전 확보(특별피난계단, 피난안전구역 등)

④ 관리구획 : 방재 관리 · 정보전달의 적정성 확보(방재실 구획)

(2) 시설 배치와 편성

① 피난 시설 · 소방시설 등의 적절한 배치 및 순차적 안전성 향상

② Core(승강기 · 계단 · Shaft 등) 배치계획 수립

- Center Core 시스템 : 거실채광 · 자연배연구 확보 / 피난 경로의 집중
- Double Core 시스템 : 양방향 피난 / 피난 용량의 감소

(3) 공간 구성의 명확성

거주자가 건물 구성 원리를 쉽게 이해하여 대피가 용이하도록 할 것

4) 설비 계획

(1) 일반설비 계획

① 설비 고장 등에 의한 화재예방 및 경보설비

② 방화구획 관통부를 줄이고, 관통부 방화조치

(2) 방재설비 계획

① 신뢰도에 우선하여 선정

② 신뢰도 : 작동 신뢰성, 조작 신뢰성, 관리 신뢰성

5) 내장 계획

(1) 부위별 내장재 제한

① 출화 위험지역이나 피난 경로 등의 내장재를 불연화

② 천장 · 벽의 우선적 불연화

(2) 내장재의 종류

불연 · 준불연 · 난연 재료 등을 건물의 용도 특성에 적절하게 선정

6) 유지관리 계획

(1) 설비구조 관리

설비의 점검, 검사, 보수 등

(2) 공간이용 관리

위험 행위, 피난 밀도 · 화재하중 초과 방지, 설비의 기능 저해요인 제거

(3) 조직 체제 관리

방화 관리자 선임, 자체 소방대 운영

5. 결론

방화계획은 인명 · 재산을 보호하기 위한 구체적 계획으로 수동적으로 법 규정 검토에만 의존하지 말고, 해당 건축물 특성에 적합하게 성능 위주의 계획을 수립하는 것이 바람직하다.

문제

사무용 고층건물에 많이 적용하고 있는 코어형 평면의 종류와 피난계획 특성을 기술하시오.

1. 개요

1) Core(코어)란, 계단, 엘리베이터, 수직계통의 설비공간, 화장실, 탕비실 등이 포함되어 있는 수직관통부 공간을 말한다.

2) 이러한 Core는 피난로인 계단을 포함하고 있으므로, 화염과 연기 등으로부터 안전을 확보하기 위해 가급적 여러 방향의 피난로가 확보될 수 있도록 분산 배치하는 것이 바람직하다.

2. 코어형 평면의 종류별 특징

종류	형태	특징
센터코어 (외주복도)		• 고층건물 초기 형태 • 층 면적 3,000 [m²] 내외의 대규모 평면에 적용 • 적절한 간격의 계단, 복도를 통해 양방향 피난 가능 • 복도가 연기로 오염되지 않도록 해야 함
센터코어 (중복도)		• 코어 중앙에 복도를 직선형으로 배치 • 오피스 빌딩(1,500~4,000 [m²]) • 거실면적 증대, 거실 출입구 수 제한 • 매 층 동일 직선형 복도 : 피난로 확인 용이 • 엘리베이터 홀 연기오염 시 복도 사용 불가능
센터코어 (정방형)		• 기준면적 1,600~2,400 [m²] • 코어가 커짐＋4면에 개방된 균등공간 확보 가능 • 복도를 통해 2개 계단이 연결됨 • 계단 사이의 거리가 너무 가까워짐
더블코어		• 거실 양쪽에 코어를 분리 배치 • 확실한 양방향 피난로 확보 • 피난계단 사이 이동 시 안전구획되지 않은 공간을 통과해야 함
편 코어		• 한쪽에 치우친 코어 • 2개 피난계단을 가능한 한 분리해야 함

종류	형태	특징
분산 코어		• 코어가 없는 형태(백화점 등 넓은 바닥면적) • 2개를 넘는 피난경로 확보 • 복도가 없고, 거실 내 통로를 이용해야 함 　(복잡한 피난통로)
중간 코어		• 중간 코어와 연결된 복도 끝에 피난계단 설치 • 병원, 숙박시설 • 중복도 오염 시 피난 불가능(제연대책 필요)

3. 결론

각 Core의 형태별로 장단점을 가지고 있으며, 건축물의 용도 · 규모 · 입지조건 등에 따라 적절한 방식을 채택해야 한다. 또한 완벽한 형태는 없으므로 평면계획상 Core를 결정한 다음에는 반드시 그 단점을 파악하여 이를 보완해야 한다.

> **문제**
>
> **건축법 규정에서의 방재관련 규정을 열거하고, 간략히 설명하시오.**

1. 개요

1) 건축물의 화재예방대책은 크게 수동적 방화와 능동적 방화로 구분한다.
2) 수동적 방화대책은 불연화, 내화구조 등과 같이 건축물 자체에서의 화재에 대한 대응규정으로 건축법상에 주로 규정되어 있다.

2. 화재의 진행단계별 방재대책

1) 착화 단계 : 착화 억제

　(1) 내부마감재료의 제한 : 용도나 높이 등에 따른 불연 · 준불연 · 난연 재료의 적용

　(2) 굴뚝의 규제 : 옥상 돌출부의 높이 · 굴뚝과 가연물 간의 이격 거리 등을 규제하여 배연 및 방화에 대비함

2) 연소단계 : 연소 확대 방지

(1) 방화구획 : 주요구조부가 내화구조인 대규모 건축물에서의 연소확대 방지를 위해 면적별, 층별로 방화구획하여 화재를 국한화

(2) 방화벽 : 주요구조부가 내화구조가 아닌 대규모 건축물의 연소확대 방지
    (내화구조가 아니므로, 방화구획보다 좀 더 엄격한 기준을 적용하는 것)

(3) 경계벽 : 공동주택 · 객실 · 침실 · 병실 · 교실 등의 여러 개의 유사한 구조인 구획실 간의 연소확대 방지 및 차음 목적으로 설치

(4) 건축물 외벽의 마감재료

3) 최성기 : 건축물의 붕괴(도괴)방지

주요구조부의 내화구조화

4) 인접 건축물로의 연소확대 방지

연소할 우려가 있는 부분에 대하여 내화구조 · 방화구조 · 방화문 등을 구비하도록 규정함

5) 도시화재로의 확대 방지

방화지구로 지정된 구역의 건축물에 대한 제한규정

3. 피난에 대한 방재규정

1) 수평피난 규정

(1) 출구 기준, 복도기준 및 복도 · 통로 등 유효폭 기준
    용도 등에 따라 출구의 수, 복도의 유효폭 등을 규정함

(2) 보행 거리
    용도, 구조 등에 따라 거실의 각 부분으로부터 직통 계단까지의 보행거리를 제한하여 피난에 걸리는 시간을 단축시킬 수 있도록 규정함

(3) 건물 외부의 피난
    대지 안의 피난, 소화에 필요한 통로

2) 수직피난 규정

(1) 직통계단
    용도 및 규모에 따라 직통계단을 1~2개 이상 설치하도록 규정하여 피난이 원활히 이루어질 수 있도록 함

(2) 옥내피난계단
    지상 5층 이상, 지하 2층 이하인 건물에 대하여 구획된 형태의 직통 계단인 피난계단을 설치하도록 규정함

(3) 특별피난계단

11층 이상, 지하 3층 이하인 건물에 대하여 연기침입이 방지될 수 있는 전실이 설치된 특별
피난계단을 설치하도록 규정함

(4) 옥외피난계단

공연장, 주점 등의 경우에 별도의 옥외피난계단을 설치하도록 규정함

(5) 피난안전구역

(6) 경사로

(7) 옥상 광장, 헬리포트 또는 대피공간

(8) 출구 및 계단, 복도 기준

(9) 발코니 대피공간 또는 하향식 피난구

(10) 피난용 승강기

4. 설비 및 기타 방재규정

1) 배연 설비

용도 및 규모에 따라 화재 시 발생되는 연기 배출을 위한 배연창 등을 설치하도록 규정함

2) 비상용 승강기

소방대의 소화활동을 위해 연기 침입이 방지되는 비상용 승강기를 설치

3) 자동 방화셔터 및 방화댐퍼

방화구획의 벽이나 덕트관통부 등으로의 연소확대를 방지하도록 설치

4) 내화채움구조

파이프 등이 방화구획을 관통할 경우에 그 틈새를 내화재로 채워 연소확대를 방지하도록 규
정함

5) 방화문

피난계단, 방화구획의 개구부 등에 방화문을 설치하여 연소확대를 방지

6) 피뢰 설비

적절한 피뢰설비를 설치하여 낙뢰 등에 의한 화재발생을 방지

7) 방화상 용도의 제한

공동주택 등과 같은 인명밀집시설과 위험물시설, 숙박시설 등과 같은 화재 위험성이 높은 시설
을 하나의 건축물 내에 설치할 수 없도록 규정하여 화재로 인한 인명피해를 최소화한다.

NOTE

건축법상의 주요구조부

1. 주요구조부

   1) 방화를 위해 중요한 건축물의 부분을 일괄적으로 지칭하기 위하여 도입된 개념이 주요구조부이다.

   2) 주요구조부

   (1) 내력벽   (2) 기둥

   (3) 바닥   (4) 지붕틀

   (5) 보   (6) 주계단

   3) 기초부, 사이기둥, 최하층 바닥, 작은 보, 차양, 옥외계단은 주요구조부에 포함되지 않는다.(방화상 매우 중요한 부분은 아니기 때문)

2. 주요구조부에 대한 방재규정

   1) 방화지구 내의 건축물

   방화지구 내 건축물의 주요구조부, 지붕 및 외벽은 내화구조로 할 것

   2) 주요구조부 및 지붕을 내화구조로 해야 하는 건축물

   (1) 3층 이상의 건축물 또는 지하층이 있는 건축물(2층 이하 건물은 지하층만)

   (2) 용도별로 일정규모 이상의 면적인 경우에도 내화구조로 하도록 규정함

문제

내화구조에 대하여 설명하시오.

---

1. 개요

1) 내화구조의 개념

   (1) 건축물에 화재가 발생된 경우, 화열에 의해 주요구조부의 강도가 저하되고 인접 실·지역으로 연소확대가 우려된다.

   (2) 건축법에서는 방화상 중요한 구조부를 주요구조부라 하여 일정 기준의 건축물의 주요구조부는 내화구조로 하여 일정 시간 동안 화열에 견딜 수 있도록 규정하고 있다.

   (3) 주요구조부 : 내력벽, 기둥, 바닥, 보, 지붕틀 및 주계단

2) 내화구조의 요구기능

(1) 내력 기능(하중지지력)

구조 부재가 일정 시간 동안 화열에 의한 강도 저하로 파괴되지 않고 견딜 것

(2) 구획 기능

① 차열성 : 화재실 벽·바닥 등의 이면으로의 열전달에 의한 연소확대 방지

② 차염성 : 부재에 개구부 등이 생겨 화염이 통과하여 연소가 확대되는 것을 방지

2. 내화구조의 대상

1) 방화지구 내의 건축물의 주요구조부, 지붕 및 외벽

2) 3층 이상의 건축물 또는 지하층이 있는 건축물의 주요구조부와 지붕

3) 아래의 표에 해당되는 건축물의 주요구조부와 지붕

(막구조의 건축물은 주요구조부에만 내화구조로 할 수 있음)

용도	해당 용도의 바닥면적 합계	비고
• 공연장, 종교집회장 • 문화 및 집회시설(전시장·동식물원 제외) • 종교시설 • 주점영업 • 장례시설	200 [m^2] 이상 (관람실 또는 집회실의 바닥면적 합계)	• 공연장, 종교집회장 의 경우 300 [m^2] 이상 • 옥외관람석의 경우 1,000 [m^2] 이상
• 전시장 및 동식물원 • 판매시설 • 운수시설 • 교육연구시설에 설치하는 체육관, 강당 • 수련시설 • 체육관, 운동장 • 위락시설(주점영업 제외)	500 [m^2] 이상	
• 창고 시설 • 위험물 저장 및 처리시설 • 자동차 관련 시설 • 방송국·전신전화국·촬영소 • 묘지 관련 시설 중 화장시설·동물화장시설 • 관광휴게시설	500 [m^2] 이상	
• 공장	2,000 [m^2] 이상	화재위험성이 낮은 공 장으로서 국토교통부 령으로 정한 것 제외

용도	해당 용도의 바닥면적 합계	비고
건축물의 2층이 다음 용도로 사용되는 것 • 다중주택 및 다가구주택, 공동주택 • 제1종 근린생활시설중 의료시설 • 제2종 근린생활시설 중 다중생활시설, 의료시설, 아동 관련 시설, 노인복지시설, 유스호스텔, 오피스텔, 숙박시설, 장례시설	400 [m²] 이상	
• 3층 이상 건축물 • 지하층이 있는 건축물	모든 건축물	[제외] 단독주택, 동물 및 식물 관련 시설, 발전시설 등

[예외] 연면적 50 [m²] 이하인 단층의 부속건축물로서 외벽 및 처마 밑면을 방화구조로 한 것과 무대의 바닥

3. 내화구조의 구조 및 성능 기준

1) 법령기준에 따라 내화구조가 되는 구조

(1) 건축물의 피난·방화기준에 관한 규칙에 따른 구조의 경우에는 요구되는 내화시간에 관계없이 내화구조로 할 수 있다.

(2) 내화구조 기준(피난 – 방화에 관한 규칙 제3조)

① 벽

- 철근콘크리트 또는 철골철근콘크리트조 : 두께 10 [cm] 이상
- 골구를 철골조로 하고 그 양면에 두께 4 [cm] 이상의 철망모르타르 또는 두께 5 [cm] 이상의 콘크리트블록, 벽돌, 석재로 덮은 것
- 철재로 보강된 콘크리트블록조, 벽돌조, 석조로서, 철재에 덮은 콘크리트 블록 등의 두께 : 5 [cm] 이상
- 벽돌조 : 두께 19 [cm] 이상
- 고온, 고압의 증기로 양생된 경량기포 콘크리트패널 또는 경량기포 콘크리트블록조 : 두께 10 [cm] 이상

② 외벽 중 비내력벽

- 철근콘크리트 또는 철골철근콘크리트조 : 두께 7 [cm] 이상
- 골구를 철골조로 하고 그 양면에 두께 3 [cm] 이상의 철망모르타르 또는 두께 4 [cm] 이상의 콘크리트블록, 벽돌, 석재로 덮은 것
- 철재로 보강된 콘크리트블록조, 벽돌조, 석조로서, 철재에 덮은 콘크리트 블록 등의 두께 : 4 [cm] 이상
- 무근콘크리트조, 콘크리트블록조, 벽돌조, 석조 : 두께 7 [cm] 이상

③ 기둥 : 작은 지름이 25 [cm] 이상인 것으로서,
- 철근콘크리트조 또는 철골철근콘크리트조
- 철골을 두께 6 [cm](경량골재 : 5 [cm]) 이상의 철망모르타르 또는 두께 7 [cm] 이상의 콘크리트블록, 벽돌, 석재로 덮은 것
- 철골을 두께 5 [cm] 이상의 콘크리트로 덮은 것
- 단, 고강도 콘크리트(설계기준강도가 50 [MPa] 이상인 콘크리트)를 사용하는 경우에는 고강도 콘크리트 내화성능 관리기준에 적합해야 함

④ 바닥
- 철근콘크리트 또는 철골철근콘크리트조 : 두께 10 [cm] 이상
- 철재로 보강된 콘크리트블록조, 벽돌조, 석조로서 철재에 덮은 콘크리트블록 등의 두께가 5 [cm] 이상
- 철재의 양면을 두께 5 [cm] 이상의 철망모르타르 또는 콘크리트로 덮은 것

⑤ 보(지붕틀 포함)
- 철근콘크리트조 또는 철골철근콘크리트조
- 철골을 두께 6 [cm](경량골재 : 5 [cm]) 이상의 철망모르타르 또는 두께 5 [cm] 이상의 콘크리트로 덮은 것
- 철골조의 지붕틀(바닥에서 하단까지 높이가 4 [m] 이상인 것만 해당)로 바로 아래에 반자가 없거나 불연재료로 된 반자가 있는 것
- 단, 고강도 콘크리트(설계기준강도가 50 [MPa] 이상인 콘크리트)를 사용하는 경우에는 고강도 콘크리트 내화성능 관리기준에 적합해야 함

⑥ 지붕
- 철근콘크리트 또는 철골철근콘크리트조
- 철재로 보강된 콘크리트블록조, 벽돌조, 석조
- 철재로 보강된 유리블록 또는 망입유리로 된 것

⑦ 계단
- 철근콘크리트 또는 철골철근콘크리트조
- 무근콘크리트조, 콘크리트블록조, 벽돌조, 석조
- 철재로 보강된 콘크리트블록조, 벽돌조, 석조
- 철골조

이러한 구조의 경우에 현행 기준에서는 요구되는 내화성능시간에 관계없이 적용가능한데, 이는 화재공학상 불합리한 기준이라 할 수 있다.(과대 또는 과소 설계)

2) 한국건설기술원장이 해당 내화구조에 대해 다음 사항을 모두 인정
(1) 생산공장의 품질관리상태 확인결과, 고시기준에 적합할 것
(2) 품질시험(내화시험 및 부가시험)을 실시한 결과 성능기준(별표1 내화구조의 성능기준)에 적합할 것

┃ 내화구조의 성능기준 ┃ (단위 : 시간)

용도			벽						보기둥	바닥	지붕·지붕틀
			외벽			내벽					
용도 구분(1)	규모(2) (층수/최고높이)		내력	비내력		내력	비내력				
				연소우려	연소우려X		간막이벽	샤프트구획			
일반시설	12/50	초과	3	1	$\frac{1}{2}$	3	2	2	3	2	1
업무, 판매 및 영업, 군사시설, 방송국, 발전소, 관광휴게시설, 문화집회, 근린생활시설 등		이하	2	1	$\frac{1}{2}$	2	$1\frac{1}{2}$	$1\frac{1}{2}$	2	2	$\frac{1}{2}$
	4/20	이하	1	1	$\frac{1}{2}$	1	1	1	1	1	$\frac{1}{2}$
주거시설	12/50	초과	2	1	$\frac{1}{2}$	2	2	2	3	2	1
다중주택, 다가구주택, 공관, 공동주택, 숙박시설, 의료시설		이하	2	1	$\frac{1}{2}$	2	1	1	2	2	$\frac{1}{2}$
	4/20	이하	1	1	$\frac{1}{2}$	1	1	1	1	1	$\frac{1}{2}$
산업시설	12/50	초과	2	$1\frac{1}{2}$	$\frac{1}{2}$	2	$1\frac{1}{2}$	$1\frac{1}{2}$	3	2	1
공장, 창고, 분뇨/쓰레기시설, 자동차정비공장, 위험물시설		이하	2	1	$\frac{1}{2}$	2	1	1	2	2	$\frac{1}{2}$
	4/20	이하	1	1	$\frac{1}{2}$	1	1	1	1	1	$\frac{1}{2}$

[비고 1]
① 건축물이 하나 이상의 용도로 사용될 경우, 가장 높은 내화시간의 용도를 적용
② 건축물의 부분별 높이 또는 층수가 상이할 경우, 최고 높이 또는 최고 층수로서 상기 표에서 제시한 부위별 내화시간을 건축물 전체에 동일하게 적용

[비고 2]
① 건축물의 피난·방화구조 등의 기준에 관한 규칙 제22조제2항에 따른 부분
② 건축물의 피난·방화구조 등의 기준에 관한 규칙 제22조제2항에 따른 부분을 제외한 부분
③ 건축법령에 의하여 내화구조로 하여야 하는 벽을 말한다.
④ 승강기·계단실의 수직벽

[비고 3]
① 화재의 위험이 적은 제철·제강공장 등으로서 품질확보를 위하여 불가피할 경우에는 지방건축위원회의 심의를 받아 주요구조부의 내화시간을 완화하여 적용할 수 있다.
② 외벽의 내화성능 시험은 건축물 내부면을 가열하는 것으로 한다.

3) 다음 중 어느 하나에 해당하는 것으로서 한국건설기술원장이 국토교통부장관으로부터 승인받은 기준에 적합

   (1) 한국건설기술원장이 인정한 내화구조 표준으로 된 것
   (2) 한국건설기술원장이 인정한 성능설계에 따라 내화구조의 성능을 검증할 수 있는 구조로 된 것

4) 한국건설기술원장이 정한 인정기준에 따라 인정

4. 결론

1) 현행 건축법에 의하면, 구조 공법에 따른 내화구조의 포괄적인 인정으로 부위별 성능 기준의 시간 개념이 적용되지 않는다.

   → 세부적인 구조 · 성능 기준의 도입이 필요하다.

2) 현행 규정 위주의 내화설계는 건축물 고유의 화재 심도 등이 고려되지 않으며, 화재 시 도괴 방지의 개념만이 적용된다.

   → 충분한 시험 연구를 통한 성능 기준의 설계 도입이 필요하다.

건축
방화

내화구조의 성능시험기준

1 부재별 내화시험 요구기준

시험		내화구조	비차열 방화문	차열성 방화문	디지털 도어록	방화댐퍼	내화채움성능 인정구조
하중지지력		△	×	×	×	×	×
차 염 성	면패드	○	×	○	×	×	○
	균열게이지	○	○	○	○	○	×
	이면화염	○	○	○	○	○	○
차 열 성	최고온도 (180 [K])	○	×	○	×	×	○
	평균온도 (140 [K])	○	×	○	×	×	×

- 내화구조 중에서 내력부재에 한해 하중지지력 시험을 포함한다.
- 고강도 콘크리트 기둥, 보는 비재하 가열시험을 통해 주철근 온도 기준(평균 : 538 [℃] 이하, 최고 649 [℃] 이하)을 초과할 때까지 시험
- 화재확산방지구조
  수직 비내력부재의 내화성능시험 : 15분의 차염성능 및 이면 온도가 120 [K] 이상 상승하지 않는 재료

2 시험근거

과거 KS F 2257이 삭제되고, KS F 2257-1, 4, 5, 6으로 개정됨

1. KS F 2257-1 : 건축부재의 내화시험방법(일반요구사항)
2. KS F 2257-4 : (수직내력 구획부재의 성능조건)
3. KS F 2257-5 : (수평내력 구획부재의 성능조건)
4. KS F 2257-6 : (보의 성능조건)
5. KS F 2257-7 : (기둥의 성능조건)
6. KS F 2257-8 : (수직 비내력 구획부재의 성능조건)
7. KS F 2257-9 : (비내력 천장의 성능조건)

3 시험절차

1. 내화구조의 시험기준

1) 내화구조 : 품질시험의 결과로부터 한국건설기술연구원장(이하 "원장"이라 한다)이 내화성능을 확인하여 인정한 구조

2) 품질시험 : 내화구조의 인정에 필요한 내화시험 및 부가시험

2. 가열시험의 방법

1) 표준시간-가열온도곡선

　표준화재시험에 의하여 그림과 같이 작성되는 시간에 따른 온도곡선을 표준시간-가열온도곡
선이라 한다.

2) 노 내부의 평균온도는 다음 관계식에 따르도록 조절되어야 한다.

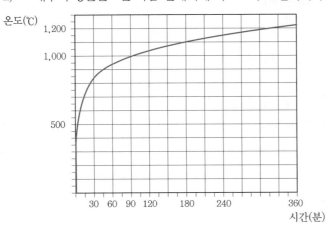

$$T = T_0 + 345 \log(8t + 1)$$

여기서, T : 시간 t에서의 온도

T_0 : 초기온도($20\,[℃]$)

t : 화재지속시간 $[\min]$

3. 시험절차

1) 구속의 적용 : 시험체 틀에 시험체를 설치
2) 재하 적용
3) 시험의 시작
4) 측정 및 관찰 : 온도, 가열로 내 압력, 변형, 차염성 등을 확인

4 성능기준

1. 하중 지지력

　하중을 받는 것에 따라 각각 2가지(변형량 및 변형률)를 모두 초과할 때까지의 시간으로 내화성능
을 결정한다.

1) 휨부재

→ 수평내력 구조부재 및 보에 적용된다.

(1) 변형량 : $D = \dfrac{L^2}{400\,d}$ [mm]

여기서, l : 스팬의 길이 [mm]

d : 구조단면 상단~설계인장영역 하단까지의 거리 [mm]

(2) 변형률 : $\dfrac{dD}{dt} = \dfrac{L^2}{9,000d}$ [mm/min]

2) 축방향 재하부재

→ 수직내력 구조부재 및 기둥에 적용된다.

(1) 수축량 : $C = \dfrac{h}{100}$ [mm]

여기서, h : 초기높이 [mm]

(2) 변형률 : $\dfrac{dC}{dt} = \dfrac{3h}{1,000}$ [mm/min]

2. 차염성

시험 중 다음의 상황이 발생되지 않고, 시험체가 구획 기능을 유지하는 경과시간

1) 면 패드 적용 시 착화

시험 중 시험체 표면에 발생한 구멍이나 화염 가까이에서 30초 동안 또는 면 패드가 착화할 때까지 대어 확인함

2) 균열 게이지의 관통

(1) 6 [mm] 균열 게이지가 시험체를 관통하여 가열로 내부로 삽입되고, 그 틈을 따라 길이 150 [mm]를 이동하거나

(2) 25 [mm] 균열 게이지가 시험체를 관통하여 가열로 내부로 삽입되는지 확인함

3) 10초 이상 지속되는 시험체 비가열면에서의 화염 발생

3. 차열성

시험 중 시험체의 비가열면 온도가 다음과 같이 상승하지 않고 시험체가 구획기능을 유지하는 경과시간

1) 평균온도

초기 온도보다 140 [K]를 초과하여 상승하는 것

2) 최고온도

이동 열전대를 포함한 모든 부분에서 초기온도보다 180 [K]를 초과하여 상승하는 것

4. 각 시험의 우선순위

1) 하중지지력이 상실된 경우, 차염성, 차열성은 없어진 것으로 간주한다.
2) 차염성이 확보되지 않으면 차열성도 없어진 것으로 간주한다.

5 추가시험의 삭제 이유

1. 주수시험

1) 화재 시 화재진압을 위한 소화용수의 방수압력에 의한 내화구조의 파손 방지를 위한 시험
2) ISO에서는 주수에 의한 화재진압이 개시된 시점 이후에는 화재의 전파가 감소되는 것으로 해석하여 주수시험을 하지 않는 것을 준용한 것이다.

2. 충격시험

1) 화재 후 건축물의 재사용 및 보수, 보강에 대한 시험
2) 내화시험의 본래 목적은 화재 시 부재의 내화안정성을 평가하기 위해 규정된 제어온도에서 일정시간 견디는지 판단하는 것이다.
3) 따라서 실제화재 형태와 화재유지시간에 따라 내화부재의 손상 정도는 매우 달라진다.
4) 그러므로 이러한 재사용 등의 결정은 사후 안전점검 등을 통해 판단해야 하는 것이어서 충격시험은 현실성이 없는 기준으로 간주하여 삭제한 것이다.

6 부가시험

부재	내화 품목	내용	시험
보·기둥	도료피복 철골	도료 가열 시, 다음 효과가 있는 도료를 철골부재에 도장한 구조 ① 발포하여 단열층 형성하는 것 ② 도막을 두껍게 하여 단열효과가 있는 것	• 내화시험(도료피복두께 포함) • 부착강도 • 가스유해성 • 성분분석

건축
방화

부재	내화 품목	내용	시험
보·기둥	뿜칠피복 철골	① 재질 : 미네랄울, 석고, 질석, 시멘트, 퍼라이트 등 ② 도막을 두껍게 하여 단열효과가 있는 뿜칠을 철골부재에 도장	• 내화시험(뿜칠두께 포함) • 부착강도 • 밀도 • 성분분석
	보드피복 철골	강성을 가진 판(석고보드, 시멘트판 등)으로 피복된 구조	• 보드류 휨 • 가스유해성

	구조용 집성목재	① 재질
		  • 특별한 강도등급에 기준하여 선정된 제재
		  • 목재층재를 섬유방향이 평행하게 집성접착
		② 공학적으로 특정 응력에 적합하도록 제조된 구조
			• 접착강도
			• 휨강도
			• 목재 수종감정

	목재	건축구조물에 사용되는 구조용 목재	• 강도 • 함수율 • 목재 수종감정
벽체	스터드 벽체	① 스터드 : 경량형강이나 목재 ② 강성을 가진 판 : 석고보드, 석고시멘트판 등 ③ 스터드에 강성을 가진 판을 부착시킨 벽체	• 보드류 휨파괴 하중 or 휨강도 • 가스유해성
	콘크리트 패널	콘크리트 패널 ① 발포폴리스티렌 경량콘크리트 복합패널 ② 압출성형 콘크리트 패널 ③ 압출성형 경량콘크리트 패널	• 휨강도 또는 충격강도
	건축용 철강재	양면에 철강재료 사용+내부에 단열재를 사용한 벽판으로 구성(샌드위치 패널)	• 벽판 분포압강도 • 가스유해성 • 단위면적당 중량
	건축용 보드류	양면에 강성을 가진 판 사용+ 내부에 단열재	• 벽판 분포압강도 • 가스유해성 • 단위면적당 중량
지붕·천장·바닥	건축용 철강재 지붕	양면 철강재료+내부 단열재인 지붕판	• 지붕판 분포압강도 • 가스유해성
	경골목구조 바닥/천장	목재에 강성을 가진 판 부착시킨 바닥	• 재하시험(KS F 2257 – 5)
	데크 바닥	데크가 콘크리트와 철근을 지지하는 영구적 거푸집 역할을 하는 구조	• 재하시험(KS F 2257 – 5)

시방위주 내화설계와 성능위주 내화설계 방법에 대하여 비교, 설명하시오.

1. 개요

1) 내화구조

건축물의 주요구조부가 예상되는 화재에 대하여 일정한 요구시간 이상 동안 견디는 내화성능을 가지고, 화재 이후에도 간단한 수리로 재사용이 가능한 구조를 말한다.

2) 내화 설계의 개념

(1) 내화성능 : 표준적인 화재에 노출된 부재가 화열로 인해 만족해야 할 요구 기능을 다하지 못하게 될 때까지의 시간

(2) 내화설계 : 건축 부재에 대하여 화재 시의 내력기능을 일정 시간 이상 확보하기 위한 설계로서, 일반적으로 다음과 같은 방법이 있음

① 건축법규 및 표준화재에 의한 내화설계(시방위주 내화설계)

② 실제화재에 의한 내화설계(성능위주 내화설계)

2. 건축법규 및 표준화재에 의한 내화설계

1) 개념

(1) 건축법규에 의해 규정된 건축물의 용도, 높이 등의 기준에 따른 요구 내화시간을 산정한다.

(2) ISO의 표준화재에 의한 표준시간 – 가열온도곡선에 의해 해당 구조부재의 내화성능을 산정한다.

① 구조부재에 대하여 가열시험을 실시한다.

② 하중지지력, 차열성, 차염성의 요구기능을 상실할 때까지의 시간을 측정한다.

(3) 이에 따라 요구내화시간 이상의 내화성능을 가지는 구조부재를 사용하도록 한다.

(현행 건축법에서는 건축법에 명시된 일부 구조들은 요구내화시간에 관계없이 내화구조에 모두 적용할 수 있다.)

2) 장점

(1) 건축법 검토와 선정 재료의 시험결과 데이터만을 이용하여 설계하므로, 내화설계가 비교적 쉽다.

(2) 건축법규에 대한 적법성이 확실히 보증된다.

3) 단점

(1) 실제 건물의 화재가혹도(화재하중, 환기의 정도 등)가 고려되지 않으므로, 요구되는 내화
시간보다 빨리 건물이 손상될 수 있다.

(2) 너무 높은 여유율로 인하여 과대하게 설계되어 비경제적일 수도 있다.

4) 설계절차도

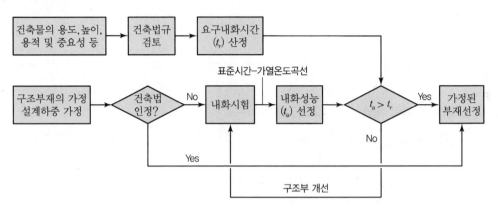

3. 성능위주 내화설계

1) 개념

(1) 필요한 내화설계 목표에 따라 요구 내화시간을 결정하고, 건물 고유의 특성을 고려하여 화
재의 최고온도와 지속시간을 예측하여 필요한 부재의 내화성능을 결정하는 설계방식이다.

(2) 건축물 화재 시 최고온도에 영향을 주는 인자

① 실내의 가연물 : 실내 가연물의 종류, 양, 형상, 상태, 분포 등

② 화재실 : 화재실의 규모 · 형태 및 구조부재의 열적 특성, 개구부의 크기 및 형상

→ 따라서 건축물에 따라 화재 시의 특성이 크게 달라진다.

(3) 단계별 수행과정

① 피난완료, 건물붕괴방지, 건물의 재사용 등 다양한 내화설계 목표에 따라 요구 내화시
간을 결정한다.

② 최성기의 최고온도와 지속시간을 건물 고유 특성에 입각한 화재모델링에 의해 산출하
게 된다.

③ 사용하는 부재의 열적 특성과 건물 구조에 따른 열전달을 해석하고 시간에 따른 부재의
온도변화와 역학적 성상을 예측하여 내화성능 상실 시간을 결정하게 된다.

• 하중지지력 : 가해지는 하중에 따른 변형량, 변형률

• 차염성 : 화염을 차단하는 성능

• 차열성 : 화열을 차단하는 성능

2) 장점

(1) 건축물의 실질적인 내화성능을 확보할 수 있다.

(2) 경제적이며 설계의 자유도가 증가된다.

3) 단점

(1) 충분한 기술적 바탕이 필요하다.

(2) 법규정을 준수하는지의 여부를 확인하기 어렵다.

4) 설계절차

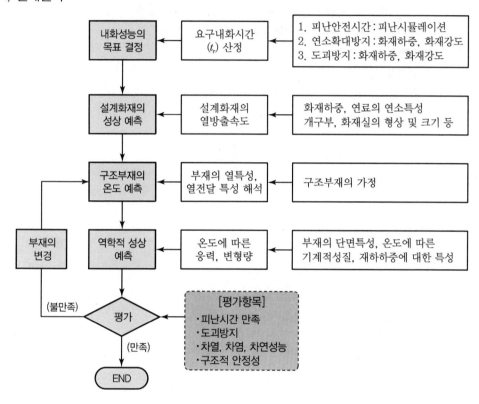

4. 결론

1) 최근 30층 이상의 고층건축물이 많이 건설되고 있으며, 이에 따라 소방에서는 성능위주설계를 수행하고 있다.

2) 그러나 건축의 경우 여전히 시방위주 내화설계를 적용하여 장시간 대규모 건축물 화재 시 건축물의 내화성능 상실이 우려되므로 성능위주 내화설계가 도입되어야 한다.

건축
방화

참고

건축재료의 고온특성

1. 기계적 특성

    1) 응력-변형률 곡선 : 온도상승 시 기울기 감소

    2) 탄성계수, 항복강도, 극한강도

        (1) 콘크리트 : 압축강도가 중요(←고온에서는 인장강도가 매우 작아지기 때문)

        (2) Steel : 인장, 압축강도가 모두 중요함

    3) Creep(소성변형)

        (1) 온도상승 시 절대온도 기준으로 녹는점의 1/3 이상에서 Creep가 현저해짐

        (2) 콘크리트의 크리프 : 수분으로 인해 발생함(폭렬)

2. 열적 특성

    1) 열팽창 : 1 [℃] 상승 시 단위길이당 팽창하는 길이

    2) 질량손실 : 일반 콘크리트는 약 600~800 [℃]에서 급격히 질량 감소됨

    3) 밀도, 공극비

        (1) 밀도 : 기공이 없을 때의 밀도

        (2) 공극비 : 기공의 유무 시 밀도차의 비율

$$P = \frac{\rho_t - \rho}{\rho_t}$$

    4) 열전도도

        (1) 결정성 고체 : 열전도도가 높으며, 온도상승 시 서서히 감소됨

        (2) 비결정성 고체 : 열전도도가 낮고, 온도상승 시 약간 상승

    5) 열확산율

$$\alpha = \frac{k}{\rho c_p}$$

3. 재료 고유의 물성

    1) 임계온도 : 해당 재료가 자체강도를 잃고 하중에 견디지 못하는 온도

               (구조용 강재 : 538 [℃])

    2) 폭렬 : 내부증기압 상승에 의한 파손

    3) 탄화 : 탄화층의 강도는 거의 0에 가까움

콘크리트 화재 시 물리 · 화학적 특성변화에 대하여 설명하시오.

1. 개요

1) 철근콘크리트 구조는 현재 내화구조로서 건축물에 가장 많이 사용된다.

2) 고온에 노출되는 내화구조는 예상되는 화재에 대해 일정시간 이상 화열에 견뎌야 한다. 따라서 이러한 콘크리트의 화재 시 물성변화를 파악하여 그 타당성을 검토하는 것은 매우 중요하다.

2. 화재 시 콘크리트의 물리, 화학적 특성 변화

1) 색상변화

(1) 300~600 [℃] : 분홍색

(2) 600~900 [℃] : 밝은 회색

(3) 900 [℃] 이상 : 담황색

2) 강도저하

압축 및 인장강도, 부착강도 등도 온도 상승에 의해 저하된다.

3) 수화생성물의 분해

(1) 250~350 [℃] : Al_2O_3와 Fe_2O_3를 함유한 수화생성물이 탈수되어 수축하여 미세한 균열이 발생

(2) 400~700 [℃] : $Ca(OH)_2$도 탈수되어 CaO로 변화되므로 이후에 주수 시 팽창하여 붕괴될 수 있음

4) 열팽창

(1) 콘크리트의 열팽창률 : 6.16×10^{-6} [m · m^{-1} · K^{-1}]

(2) 따라서 화열에 의해 콘크리트는 팽창하지만, 내부 골재인 Steel의 열팽창률이 더 높기 때문에 열팽창량의 차이로 파손될 수 있다.

5) 밀도

콘크리트의 밀도는 600~900 [℃]의 범위에서 탄산화로 인해 감소되어 결국 다공 상태로 된다.

건축
방화

6) 열전도도

(1) 300~400 [℃] : 열전도도는 수분함량이 많을수록 높은데, 화열에 의해 가열되면 수분이 증발되어 열전도도가 크게 저하된다.

(2) 400~600 [℃] : 열전도도가 다소 상승한다.

3. 결론

1) 콘크리트가 화열에 의해 강도 등이 저하되고 열팽창으로 인해 폭렬이 발생되면 내화구조로서의 기능을 발휘하지 못할 가능성이 커진다.

2) 따라서 이러한 콘크리트의 특성을 이해하여 내화구조로서의 기능을 발휘할 수 있도록 적절한 보완조치가 필요하다.

문제

화재에 노출된 고강도 콘크리트의 폭렬현상 기구(機構 ; Mechanism)와 대책에 대하여 설명하시오.

---

1. 개요

1) 최근 건물의 초고층화에 따라 철근콘크리트 구조에 있어서 큰 압축강도를 가진 고강도 콘크리트의 사용이 증대되고 있다.

2) 이러한 고강도 콘크리트는 내부조직의 치밀화에 따른 폭렬(Spalling) 발생의 가능성이 증대되어 화재 시 내화성능 저하로 인한 붕괴위험을 가지고 있다.

2. 폭렬의 정의

1) 폭렬이란 화재로 인한 급격한 가열에 따라 부재 표면의 콘크리트가 탈락하거나 박리되는 현상으로서, 고강도 콘크리트의 내화성능 저하는 주로 폭렬현상으로 인해 발생된다.

2) 폭렬현상은 화열에 의해 콘크리트 내부의 수증기 압력이 증가하여 발생되는 것으로서, 콘크리트 표면의 박리, 탈락으로 인해 단면감소 및 철근 노출 등을 발생시켜 콘크리트 구조물의 내력 저하를 일으킨다.

3) 고강도 콘크리트 폭렬현상의 주요 원인은 압축강도, 내부수분량 등이 있다.

3. 폭렬의 발생 메커니즘

폭렬은 크게 골재의 폭렬, 폭발성 폭렬, 콘크리트 표층의 박락으로 구분된다.

1) 골재(자갈 또는 모래)의 폭렬

(1) 고온 시 콘크리트의 물리, 화학적 변화에 의해 골재가 파열, 분쇄되는 현상이다.

(2) 골재 폭렬은 일반적으로 부재 표면에 국한되어 부재의 내화성능에는 영향을 미치지 않는다.

2) 폭발성 폭렬

화재발생 이후 30분 이내에 갑자기 발생하는 폭렬로서 부재의 내화성능에 큰 영향을 미친다.

[주요 원인]

(1) 고온 시 콘크리트 내부의 수증기가 생성됨에 따라 발생하는 인장응력

(2) 화재 시 열응력으로 생기는 압축응력

위와 같은 응력으로 인해 부재의 얇은 부분에서 갑자기 표면이 균열되어 폭발적으로 폭렬이 생긴다.

→ 이러한 폭렬은 얇은 부재나 단면 내의 압축력이 큰 부분에서 더욱 현저히 발생된다.

3) 콘크리트 표층의 박락

화재가 오래 지속된 후에 콘크리트 층이 벗겨지는 것으로서, 화재 시의 응력에 의한 피로, 균열로 인해 증대된 변형에 의해 발생된다.

[피로, 균열을 일으키는 화재 시의 응력]

(1) 단면 내의 불균일한 온도분포와 이에 따른 불균일한 팽창에 의한 열응력

(2) 콘크리트와 철근의 팽창률 차이로 인해 생기는 구속응력

→ 이러한 응력으로 인해 콘크리트에 균열이 발생하고 콘크리트 층이 벗겨진다.

4. 폭렬의 방지대책

1) 표면에 내화재 도포, 피복

(1) 부재에 내화도료 도포 또는 내화모르타르 · 내화보드를 피복하는 방법

(2) 이를 통해 콘크리트 표층부의 온도상승 및 온도상승률을 저하시킬 수 있다.

2) 가연성 합성섬유 혼입

(1) 폴리프로필렌이나 폴리비닐알코올 섬유 등을 혼입한 고인성 내화모르타르를 이용하는 방법

(2) 온도상승 시, 가연성 섬유의 용융으로 열응력 완화 및 내부 수분의 배출을 통한 폭렬 방지

3) 콘크리트 비산방지

　　(1) 콘크리트 외부에 강판 부착 또는 표층부에 메쉬근 및 메탈라스를 설치하는 방법

　　(2) 폭렬에 의한 콘크리트 비산을 방지하여 내부 Steel의 보호

4) 표층부의 재료 치환

　　(1) 콘크리트의 심재 부분에만 폭렬위험이 큰 고강도 콘크리트를 사용하고, 피복부분은 폭렬이 발생하지 않는 동일 강도 이상의 재료로 치환하는 방법

　　(2) 이를 통해 콘크리트의 온도 상승을 방지한다.

고강도 콘크리트의 내화성능

❶ 콘크리트의 종류

1. 콘크리트

시멘트의 수화(水和)에 의해 형성되는 재료로서, 사용된 골재에 따라 콘크리트의 특성이 변함

2. 종류

1) NSC

　　(1) 표준강도 콘크리트(Normal−Strength Concrete)

　　(2) 압축강도가 20~50 [MPa]

　　(3) 압축강도가 낮은 편이어서 초고층 건축물에 적용할 경우, 구조부재의 두께가 두꺼워져야 함

2) HSC

　　(1) 고강도 콘크리트(High−Strength Concrete)

　　(2) 압축강도 50~100 [MPa]

　　(3) 압축강도가 커서 초고층 건축물 등에 적용할 경우, 구조부재의 두께를 NSC보다 얇게 할 수 있어서 경제적

　　(4) 낮은 공극비로 인해 폭렬에 취약하며, 온도상승에 따른 압축강도의 저하로 인해 화재에 대한 취약성이 큰 것이 단점

3) FRC

    (1) 섬유강화 콘크리트(Fiber – Reinforced Concrete)

    (2) 고강도 콘크리트의 화재취약성을 보완하기 위해 폴리프로필렌 섬유 등을 혼입한 콘크리트

    (3) 폴리프로필렌 섬유 : 약 170 [℃] 정도에서 녹으며, 혼입량은 보통 0.1 ~ 0.25 [%] 정도임

2 고강도 콘크리트의 내화구조 인정기준

1. 내화구조 인정기준

1) 관련근거

    고강도 콘크리트 기둥 · 보의 내화성능 관리기준

2) 세부사항

    (1) 대상 : 설계기준강도 50 [MPa] 이상의 콘크리트

        ① 국내 콘크리트 표준시방서의 고강도 콘크리트는 40 [MPa] 이상으로 규정되어 있지만, 이렇게 하면 관리대상 범위가 너무 넓어지게 된다.

        ② 일본의 경우, 60 [MPa] 이상으로 규정하고 있으나, 국내 콘크리트는 일본과 달리 고온에 약한 화강암 골재를 이용하므로 미국 기준을 준용한 것이다.

    (2) 대상부재 : 관리대상 콘크리트를 사용한 기둥 · 보

        ① 콘크리트 사용 부재는 기둥, 보, 벽, 바닥 등이 있지만, 내화성능 인정대상은 기둥 및 보로 한정하고, 내화시험은 기둥에 대해서만 실시한다.

          (즉, 벽이나 바닥 등은 기존 피난 – 방화규칙의 두께 기준을 적용)

        ② 폭렬현상이 주로 기둥에서 발생하며, 국내 시험기관의 장비로는 보의 시험이 어려워 시험체는 기둥으로만 한정한 것이다.

    (3) 내화성능 시험기준

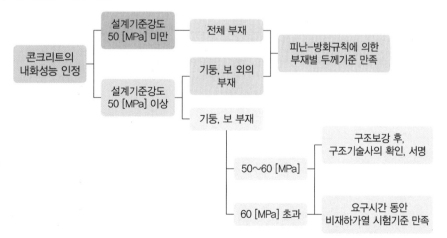

① 시험체
- 콘크리트, 철근, 철골 및 내화성능 확보를 위한 재료 및 공법 포함
- 즉, 폭렬 방지를 위한 일반적 방법인 섬유혼입이나 콘크리트 외면의 내화 피복재(도료, 뿜칠재, 보드류 등)을 포함하여 시험

② 시험방법
- 비재하가열시험에 의한 온도판정법 : KS F 2257 – 1에 의한 표준시간 – 가열온도곡선에 의한 가열시험을 통해 내화성능요구시간까지 시험체의 주철근 온도가 평균 538 [℃], 최고 649 [℃] 이하일 것
- ISO기준에 의하면 재하가열시험을 실시해야 하지만, 고강도 콘크리트의 국제 표준 재하량이 1,000 [ton]인데 비하여 국내 시험장비의 경우 최대 300 [ton]까지만 재하가열시험이 가능
- 이에 의해 비재하가열시험으로 대체 실시

③ 설계기준강도 60 [MPa] 이하 : 내화성능기준에 적합하도록 구조보강하여 구조기술사가 이를 확인, 서명한 경우 내화시험을 면제 가능함

구조용 강재(Steel Structure)의 화열에 의한 영향과 그에 대한 내화대책에 대하여 논하시오.

1. 개요

보통 Steel은 온도 상승에 따라 그 강도 및 탄성 계수가 저하되어 건물의 붕괴 등을 초래할 수 있다. 따라서 철골재의 내화성능을 높이기 위한 다양한 조치를 실시하고 있다.

2. 화열이 구조용 강재에 미치는 영향

1) 온도에 따른 탄성계수 변화

온도	Steel의 탄성계수(E)
350 [℃]	1/3 감소
500 [℃]	1/2 감소
650 [℃]	2/3 감소

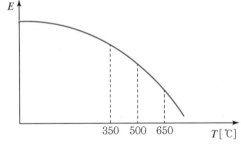

2) 온도에 따른 인장강도 변화

일정온도(약 350~400 [℃]) 이상이 되면 강도가 급격히 감소하게 된다.

3) 화열의 영향

즉, 화열에 의하여 Steel의 온도가 상승하면 탄성계수 및 강도가 저하되어 구조부가 파손될 우려가 커진다.

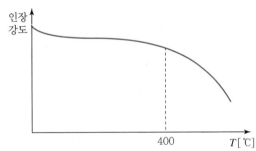

4) Steel과 콘크리트의 화열에 의한 변화

(1) 화열이 콘크리트 내부로 침투하여 온도가 상승되면, Steel의 열전도도가 콘크리트의 경우보다 크기 때문에 Steel의 팽창이 콘크리트보다 커진다.

(2) 내부 Steel의 팽창과 온도 상승에 따른 콘크리트 내부 수분의 급격한 증발에 의한 콘크리트 폭렬에 의해 콘크리트 파괴가 일어난다.

(3) 이에 따라 Steel이 화열에 직접 노출되어 온도가 상승, 강도가 저하되어 건물의 붕괴를 초래하게 된다.

건축
방화

> 참고

콘크리트와 Steel의 열전도도 · 열팽창률(SFPE 1 – 177)

종류	열전도도 [W/m · K]	열팽창률 [m · m^{-1} · K^{-1}]
콘크리트	1.0	6.16×10^{-6}
Steel	45.8	$10.8 \sim 18 \times 10^{-6}$

즉 열팽창률의 차이가 적어 두 가지 재료를 혼용하고 있으나, 화재 시에는 열전도도 차이로 인해 열팽창량이 달라져 파손될 수 있다.

3. Steel에 대한 내화대책

1) 내화대책의 개념

(1) Steel의 온도상승을 지연

　내화피복 등을 통하여 요구되는 내화시간 이상 온도 상승을 지연시키는 것

(2) Steel의 강도 저하 온도를 높임

　내화강 등을 사용하는 것

2) 내화피복의 종류

(1) 습식공법

① 콘크리트 타설공법

콘크리트

- 그림과 같이 철골 주위에 거푸집을 설치하고 콘크리트를 타설하는 공법이다.
- 즉, 열전도도가 낮은 콘크리트를 이용하여 Steel의 온도 상승을 지연시킨다.
- 장점 : 기후 · 충격 · 부식 등에 대한 내구성이 강하다.
- 단점 : 비용이 많이 들고, 시공이 오래 걸린다. 또한 건물 하중이 증대된다.

‖ 콘크리트 타설 공법 ‖

② 미장공법

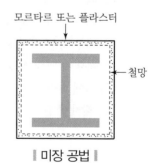

모르타르 또는 플라스터

철망

- 철골 주위에 설치된 철망 위에 모르타르나 플라스터를 바르는 공법
- 건물 하중에 대한 영향이 적다.
- 인력이 많이 소모된다.

‖ 미장 공법 ‖

③ 뿜칠 공법
- 암면 등을 철골 또는 철망에 깔고, 그 위에 뿜칠 (Spray)하는 공법
- 비용이 적게 들고, 복잡한 부분에도 시공이 가능하다.
- 시각적으로 불량하며, 필요한 내화성능만큼의 두께로 시공되었는지 확인하기 어렵다.

④ 도장 공법 : 철골 위에 내화도료를 바르는 방법

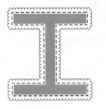

‖ 뿜칠 공법 ‖

(2) 건식공법(경량판 붙임 공법)
① 석고보드 등의 경량 내화피복판을 철골 주위에 내화접착제 등으로 붙이는 공법
② 장점
- 외관이 깔끔하여 보이는 장소에 시공이 가능하다.
- 두께에 따라 제조사에서 그 내화성능을 보증한다.
- 건식 시공이어서 타 작업이나 설비 등에 대한 영향이 적다.
③ 단점
- 비용이 많이 든다.
- 복잡한 부분에 시공하기 어렵다.

경량 내화피복판

‖ 건식 공법 ‖

(3) 복합공법
습식＋건식공법을 조합하여 시공하는 공법이다.

3) 내화강
강도가 급격히 저하되는 온도를 1,000 [℉] 정도로 높인 내화강을 이용할 수 있다.

4. 결론

구조용 강재는 온도상승에 의해 탄성이나 강도가 저하되므로, 이에 대한 대책으로 내화피복이나 내화강 등을 적용한다.

문제

공장건축물 중 주요구조부를 내화구조로 설치하지 않아도 되는 공장업종(5개)을 기술하시오.

1. 개요

1) 건축법에서 공장 건축물은 해당 용도의 바닥면적의 합계가 2,000 [m²] 이상인 경우에 주요구조부를 내화구조로 설치해야 하는 것으로 규정하고 있다.
2) 다만, 화재의 위험이 적은 공장으로서 피난 방화규칙 제20조의 2 별표2의 업종의 공장으로서 주요구조부가 불연재료로 되어 있는 2층 이하의 공장은 제외한다고 규정되어 있다.

2. 주요구조부를 내화구조로 하지 않아도 되는 공장업종

분류번호	업종	비고
10301	과실 및 채소 절임식품 제조업	음료, 김치 제조업
10309	기타 과일 · 채소 가공 및 저장처리업	
11201	얼음제조업	
11202	생수 제조업	
11209	기타 비알코올음료 제조업	
23110	판유리 제조업	유리 제조업
23122	판유리 가공품 제조업	
23221	구조용 정형내화제품 제조업	요업 제조업, 석재가공 제조업
23229	기타 내화요업제품 제조업	
23231	점토벽돌, 블록 및 유사 비내화 요업제품 제조업	
23232	타일 및 유사 비내화 요업제품 제조업	
23239	기타 구조용 비내화 요업제품 제조업	
23919	기타 석제품 제조업	
24111	제철업	제철 및 주조업
24112	제강업	
24113	합금철 제조업	
24119	기타 제철 및 제강업	
24211	동 제련, 정련 및 합금 제조업	
24212	알루미늄 제련, 정련 및 합금제조업	

분류번호	업종	비고
24213	연 및 아연 제련, 정련 및 합금제조업	제철 및 주조업
24219	기타 비철금속 제련, 정련 및 합금제조업	
24311	선철주물 주조업	
24312	강주물 주조업	
24321	알루미늄주물 주조업	
24322	동 주물 주조업	
24329	기타 비철금속 주조업	
28421	운송장비용 조명장치 제조업	자동차 및 공기조화
29172	공기조화장치 제조업	
30310	자동차 엔진용 부품 제조업	
31320	자동차 차체용 부품 제조업	
30391	자동차용 동력전달장치 제조업	
30392	자동차용 전기장치 제조업	

NOTE

산업안전보건기준의 위험장소에 대한 내화구조 적용

제270조(내화기준)

① 사업주는 제230조 제1항에 따른 가스폭발 위험장소 또는 분진폭발 위험장소에 설치되는 건축물 등에 대해서는 **다음 각 호에 해당하는 부분을** 내화구조로 하여야 하며, 그 성능이 항상 유지될 수 있도록 점검·보수 등 적절한 조치를 하여야 한다. 다만, 건축물 등의 주변에 화재에 대비하여 물 분무시설 또는 폼 헤드(Foam Head)설비 등의 **자동소화설비를 설치하여** 건축물 등이 화재 시에 2시간 이상 그 안전성을 유지할 수 있도록 한 경우에는 내화구조로 하지 아니할 수 있다.

1. **건축물의 기둥 및 보** : 지상 1층(지상 1층의 높이가 6 [m]를 초과하는 경우에는 6 [m]) 까지

2. **위험물 저장·취급용기의 지지대**(높이가 30 [cm] 이하인 것은 제외한다) : 지상으로부터 지지대의 끝부분까지

3. **배관·전선관 등의 지지대** : 지상으로부터 1단(1단의 높이가 6 [m]를 초과하는 경우에는 6 [m])까지

② 내화재료는 「산업표준화법」에 따른 한국산업표준으로 정하는 기준에 적합하거나 그 이상의 성능을 가지는 것이어야 한다.

> **문제**
>
> 방화구조의 기준을 기술하고, 내화구조와의 개념상 차이점을 설명하시오.

1. 개요

1) 정의 : 화염의 확산을 막을 수 있는 성능을 가진 구조
2) 방화구조의 설치목적 : 인접 지역으로부터의 연소확대 방지

> 참고
>
> **내화구조의 목적**
> 피난시간 연장, 연소확대 방지, 건축물의 도괴방지

2. 방화구조의 설치대상

1) 연면적 1,000 [m²] 이상인 목조건축물은 그 구조를 방화구조로 하거나, 불연재료로 설치할 것
   (1) 외벽 및 처마 밑의 연소할 우려가 있는 부분 : 방화구조
   (2) 지붕 : 불연재료
2) 내화구조의 예외 : 연면적 50 [m²] 이하인 단층 부속건축물로서, 외벽 및 처마 밑면을 방화구조로 한 것

3. 방화구조의 기준

1) 철망모르타르로서 그 바름 두께가 2 [cm] 이상인 것
2) 석고판 위에 시멘트모르타르 또는 회반죽을 바른 것으로서 그 두께의 합계가 2.5 [cm] 이상인 것
3) 시멘트모르타르 위에 타일을 붙인 것 : 그 두께의 합계가 2.5 [cm] 이상인 것
4) 심벽에 흙으로 맞벽치기한 것
5) KS규격에 의한 시험결과, 방화 2급 이상에 해당하는 것

4. 방화구조의 특징

1) 인접건물이나 지역으로의 연소확대 방지 용도
2) 화재 진화 이후, 재사용이 불가능하다.
3) 초기 화재 대응 목적이다.
4) 화재에 대한 내력은 없다.

문제

경계벽에 대하여 설명하시오.

1. 개요

경계벽 및 바닥은 가구, 세대 간 소음 방지를 위해 각 실별로 구획하는 규정이다.

2. 경계벽 설치대상

1) 단독주택 중 다가구주택의 각 가구 간 경계벽
2) 공동주택(기숙사 제외)의 각 세대 간 경계벽
   (거실, 침실 등 용도로 사용되지 않는 발코니 부분은 제외함)
3) 공동주택 중 기숙사의 침실, 의료시설의 병실, 학교의 교실 또는 숙박시설의 객실 간 경계벽
4) 산후조리원의 다음 중 하나에 해당하는 경계벽
   (1) 임산부실 간 경계벽
   (2) 신생아실 간 경계벽
   (3) 임산부실과 신생아실 간 경계벽
5) 다중생활시설의 호실 간 경계벽
6) 노인요양시설의 호실 간 경계벽
7) 노인복지주택의 각 세대간 경계벽

3. 설치기준

1) 경계벽은 내화구조로 하고 지붕밑 또는 바로 위층의 바닥판까지 닿게 설치한다.
2) 경계벽의 구조
   경계벽은 소리를 차단하는 데 장애가 되는 부분이 없도록 다음에 해당하는 구조로 해야 함(공동주택의 세대 간 경계벽 : 주택건설기준 등에 관한 규정에 의해 설치)
   (1) 철근콘크리트조 · 철골철근콘크리트조 : 두께 10 [cm] 이상
   (2) 무근콘크리트조, 석조 : 두께 10 [cm] 이상(시메트모르타르, 회반죽, 석고플라스터의 바름 두께를 포함함)
   (3) 콘크리트블록조, 벽돌조 : 두께 19 [cm] 이상
   (4) 기타 국토교통부 고시 또는 품질시험 등에서 그 성능이 확인된 것
   (5) 한국건설기술연구원장이 정한 인정기준에 따라 인정하는 것
      → 이 구조는 차음효과를 위해 규정한 것이다.

건축법상 내화구조와 방화구획의 기준을 비교하고, 차이점을 설명하시오.

1. 개요

1) 내화구조는 화재 시 주요구조부의 성능을 유지하기 위한 것으로서, 해당 부재는 내력 기능(하중지지력)과 구획 기능(차염성 및 차열성)을 갖춰야 한다.

2) 방화구획은 화재를 국한화하는 것으로서, 해당 부재는 구획 기능(차염성 및 차열성)을 가져야 한다.

2. 내화구조와 방화구획 기준의 비교

구분	내화구조	방화구획
대상	• 방화지구 내 건축물 • 3층 이상, 지하층 있는 건축물 • 2,000 [m²] 이상의 공장 등	• 주요구조부가 내화구조 또는 불연재료인 건축물로서, 연면적 1,000 [m²] 넘는 건축물
적용	• 주요구조부, 지붕 • 방화지구 내 건축물은 외벽 포함	• 바닥면적 1,000 [m²] 이내마다 구획(자동식 소화설비 적용 시 3배) • 층마다 구획 • 공동주택 대피공간 • 내화구조 대상과 비대상 • 방화구획 완화부와 타 부분 • 필로티 주차장
부재 기준	• 법령에 명시된 재질인 경우 일정 두께 이상 • 품질시험(내화, 부가시험)에 의해 성능기준에 적합 • 성능설계에 따라 내화구조의 성능을 검증 • 건설기술원 인정기준에 인정	• 내화구조의 벽, 바닥, 방화문 및 자동방화셔터로 구획 • 관통부 틈새 : 내화채움 구조 • 풍도 관통부 : 방화댐퍼
시험	• 표준시간-가열온도곡선에 의한 시험을 수행 ① 하중지지력 : 변형량, 변형률 기준 초과여부 ② 차염성 : 면패드 착화, 균열게이지 관통 및 이면에서의 10초 이상 지속화염 발생 여부 ③ 차열성 : 비가열면의 온도가 평균온도 140 [K], 최고온도 180 [K] 초과 상승하는지 여부	• 표준시간-가열온도곡선에 의한 시험을 수행 ① 차염성 : 면패드 착화, 균열게이지 관통 및 이면에서의 10초 이상 지속화염 발생 여부 ② 차열성 : 비가열면의 온도가 평균온도 140 [K], 최고온도 180 [K] 초과 상승하는지 여부 • 하중지지력 요구 없음

3. 차이점

1) 요구성능

  (1) 내화구조
    ① 내력 기능 : 하중지지력
    ② 구획 기능 : 차염성, 차열성

  (2) 방화구획
    ① 구획 기능 : 차염성, 차열성
    ② 방화문 및 자동방화셔터 적용 가능
    ③ 설비(배관, 배선 및 덕트)의 부재 관통 허용
    ④ 내화구조가 적용된 주요구조부로 대체 가능

2) 목적

  (1) 내화구조 : 화재 시 건물의 붕괴 방지
  (2) 방화구획 : 연소확대 방지

3) 공장의 경우

  (1) 내화구조 : 주요구조부가 불연재료이고, 2층 이하인 화재 위험이 낮은 용도의 공장의 경우에는 내화구조 적용을 제외할 수 있다.
  (2) 방화구획 : 주요구조부의 내화구조가 면제되더라도 연면적 1,000 [m²]를 넘는 경우에는 방화구획을 해야 한다.

문제

방화구획(Fire Barrier)에 대하여 설명하시오.

---

1. 개요

1) 연소확대 방지는 발화, 성장기 및 플래시오버를 거쳐 최성기에 도달한 화재를 한정된 공간 내로 국한시키는 것이다.
2) 이는 건축물을 방화구획으로 분할하여 화재를 차단하는 구조재로 막음으로써 가능하다.

2. 방화구획의 목적 및 요구성능

1) 정의

방화구획은 내화구조로 된 바닥 · 벽, 60분+ 또는 60분 방화문, 자동방화셔터, 방화댐퍼 및 내화채움구조로 구획된 것

2) 목적

(1) 연소확대 방지

(2) 열, 연기의 영향 차단

(3) 피난경로의 안전 확보

3) 요구 성능

(1) 화염을 통과시키지 않는 차염성

(2) 과도한 열이 전달되지 않도록 하는 차열성

(주요구조부의 내화구조와 달리 하중지지력은 요구되지 않음)

3. 방화구획의 대상

1) 면적별 · 층별 · 수직 관통부 방화구획

주요 구조부가 내화구조 또는 불연재료로 된 건축물로서 연면적 1,000 [m²]을 넘는 건축물은 방화구획할 것(원자로 및 관련시설은 원자력법에 의함)

2) 용도별 방화구획

문화 · 집회시설, 의료시설, 공동주택 등 주요구조부를 내화구조로 해야 하는 부분은 그 부분과 다른 부분을 방화구획할 것

3) 공동주택의 대피공간

4층 이상의 층의 각 세대가 2개 이상의 직통계단을 사용할 수 없는 아파트에는 다른 부분과 방화구획된 대피공간을 1개 이상 설치할 것

(이 경우 인접 세대와 공공으로 설치하는 대피공간은 인접 세대를 통해 2개 이상의 직통계단을 쓸 수 있는 위치에 우선 설치해야 함)

4) 방화구획 부분

방화구획된 부분과 방화구획이 완화된 부분 사이에는 방화구획할 것

5) 필로티 주차장

필로티 또는 이와 비슷한 구조의 부분을 주차장으로 하는 경우 건축물의 다른 부분과 방화구획할 것

6) 요양병원 등의 피난시설

(1) 적용대상

요양병원, 정신병원, 노인요양시설, 장애인 거주시설, 장애인 의료재활시설의 피난층 외의 층

(2) 다음 시설 중 하나의 시설을 설치할 것

① 각 층마다 별도로 방화구획된 대피공간

② 거실에 접하여 설치된 노대등

③ 계단을 이용하지 않고 건물 외부의 지상으로 통하는 경사로

또는 인접 건축물로 피난할 수 있도록 설치하는 연결복도 또는 연결통로

7) 소방법상의 방화구획

(1) 소화설비의 감시제어반

(2) 비상전원 설치장소

(3) 가스계 소화설비의 저장용기실

4. 방화구획의 범위

구분		대상	기준	자동식 소화설비 설치
면적별 구획	저층부	10층 이하의 층	• 바닥면적 1,000 [m²] 이내마다 구획	3배 (3,000 [m²] 이내마다 구획)
	고층부	11층 이상의 층	• 바닥면적 200 [m²] 이내마다 구획 • 벽 및 반자의 실내마감이 불연재료인 경우 500 [m²] 이내마다 구획	3배 (600 [m²] 또는 1,500 [m²] 이내마다 구획)
층간 구획		전 층	• 매 층마다 구획	지하 1층에서 지상으로 직접 연결하는 경사로 부위는 제외
수직관통부 구획		수직관통부	• 수직관통부를 건축물의 다른 부분과 별도로 구획	계단실, 승강로, 샤프트, 에스 컬레이터, 린넨슈트, 파이프 덕트 등
필로티 주차장 구획			• 필로티주차장 부분은 건축물의 다른 부분과 구획	벽면적의 1/2 이상이 그 층 의 바닥면에서 위층 바닥 아 랫면까지 공간으로 된 것만 해당
용도별 구획		내화구조 대상 및 비대상	• 주요구조부의 내화구조 대상 부분은 다른 부분과 방화구획	
		방화구획 완화	• 방화구획 완화기준을 적용한 부분은 그 밖의 부분과 방화구획	

5. 방화구획의 방법

1) 내화구조로 된 바닥 및 벽

2) 60분+ 또는 60분 방화문

(1) 언제나 닫힌 상태를 유지하거나 화재로 인한 연기 또는 불꽃을 감지하여 자동적으로 닫히는 구조로 할 것

(2) 다만, 연기 또는 불꽃을 감지하여 자동적으로 닫히는 구조로 할 수 없는 경우에는 온도를 감지하여 자동적으로 닫히는 구조로 할 수 있다.

3) 자동방화셔터

(1) 넓은 공간에 부득이하게 내화구조의 벽을 설치하지 못하는 경우에 적용

(2) 자동방화셔터는 피난이 가능한 60분+ 또는 60분 방화문으로부터 3 [m] 이내에 별도로 설치할 것

4) 방화구획 관통부

(1) 적용 대상
  ① 외벽과 바닥 사이에 틈이 생긴 때
  ② 급수관, 배전관, 그 밖의 관이 방화구획으로 되어 있는 부분을 관통하여 방화구획에 틈이 생긴 때

(2) 적용방법
  그 틈을 한국건설기술연구원장이 국토교통부장관이 정하여 고시하는 기준에 따라 내화채움성능을 인정한 구조로 메울 것

5) 덕트 관통부

(1) 적용 대상
  ① 환기 · 난방 또는 냉방시설의 풍도가 방화구획을 관통하는 경우 기준에 적합한 댐퍼를 설치할 것
  ② 반도체공장 건축물로서 방화구획을 관통하는 풍도의 주위에 스프링클러헤드를 설치하는 경우에는 댐퍼 설치 제외 가능

(2) 방화댐퍼의 기준
  ① 화재로 인한 연기 또는 불꽃을 감지하여 자동적으로 닫히는 구조로 할 것. 다만, 주방 등 연기가 항상 발생하는 부분에는 온도를 감지하여 자동적으로 닫히는 구조로 할 수 있다.
  ② 국토교통부장관이 정하여 고시하는 비차열 성능 및 방연성능 등의 기준에 적합할 것

6. 방화구획의 완화요건

1) 문화 및 집회시설(동·식물원은 제외한다), 종교시설, 운동시설 또는 장례시설의 용도로 쓰는 거실로서 **시선 및 활동공간의 확보를** 위하여 **불가피한 부분**

2) 물품의 제조·가공·보관 및 운반 등에 필요한 **고정식 대형기기 설비의 설치를 위하여 불가피한 부분.** 다만, 지하층인 경우에는 지하층의 외벽 한쪽 면(지하층의 바닥면에서 지상층 바닥 아래면까지의 외벽 면적 중 4분의 1 이상이 되는 면을 말한다) 전체가 건물 밖으로 개방되어 보행과 자동차의 진입·출입이 가능한 경우에 한정한다.

3) **계단실부분·복도** 또는 승강기의 **승강로 부분**(해당 승강기의 승강을 위한 승강로비 부분을 포함)으로서 그 건축물의 **다른 부분과 방화구획으로 구획된 부분**
   (단, 해당 부분에 위치하는 설비배관 등이 바닥을 관통하는 부분은 제외함)

4) 건축물의 **최상층** 또는 **피난층**으로서 대규모 회의장·강당·스카이라운지·로비 또는 피난안전구역 등의 용도로 쓰는 부분으로서 그 **용도로 사용하기 위하여 불가피한 부분**

5) 복층형 공동주택의 **세대별 층간 바닥 부분**

6) 주요구조부가 내화구조 또는 불연재료로 된 **주차장**

7) **단독주택, 동물 및 식물** 관련 시설 또는 **교정 및 군사시설** 중 군사시설(집회, 체육, 창고 등의 용도로 사용되는 시설만 해당한다)로 쓰는 건축물

8) 건축물의 1층과 2층의 일부를 동일한 용도로 사용하며 그 건축물의 다른 부분과 방화구획으로 구획된 부분(바닥면적의 합계가 500 [m²] 이하인 경우로 한정)

아파트 발코니에서의 피난관련 기준

1 대피공간

1. 설치기준

구분	대피공간 설치기준	대피공간의 구조 (발코니 등의 구조변경절차 및 설치기준 제3조)

인접세대와
공동설치
	1. 대피공간은 바깥의 공기와 접할 것
	2. 대피공간은 실내의 다른 부분과 방화구획으로 구획할 것
	3. 바닥면적 3 [m²] 이상
	(각 세대당 1.5 [m²] 이상)
		1. 위치 및 출입문 구조
		  1) 대피공간은 채광방향과 관계없이 거실 각 부분에서 **접근이 용이**하고, 외부에서 신속하고 **원활한 구조활동**을 할 수 있는 장소에 설치할 것
		  2) 출입구에 설치하는 방화문은 거실 쪽에서만 열 수 있는 구조(대피공간임을 알 수 있는 표지판을 설치할 것)로서 대피공간을 향해 열리는 밖여닫이로 할 것(60분+ 방화문)
		2. 구획 및 내부마감
		  1) 대피공간은 1시간 이상의 내화성능을 갖는 **내화구조의 벽**으로 구획될 것
		  2) 벽, 천장 및 바닥의 내부마감재료는 **준불연재료 또는 불연재료**를 사용

각 세대별로
설치
	1. 위 1, 2의 요건을 만족할 것
	2. 바닥면적 2 [m²] 이상
		3. 외기 개방
		  1) 대피공간은 **외기**에 개방될 것
		  2) **창호**를 설치하는 경우
		    (1) 폭 0.7 [m] 이상, 높이 1.0 [m] 이상 (구조체에 고정되는 창틀 부분은 제외한다)은 반드시 외기에 개방될 수 있어야 하고
		    (2) 비상 시 외부의 도움을 받는 경우 피난에 장애가 없는 구조로 설치할 것
		4. 정전 대비
		  대피공간에는 **정전**에 대비해 휴대용 손전등을 비치하거나 비상전원이 연결된 조명설비

구분	대피공간 설치기준	대피공간의 구조 (발코니 등의 구조변경절차 및 설치기준 제3조)
각 세대별로 설치		5. 대피공간 유지관리 및 타용도 금지 　1) 대피공간은 대피에 지장이 없도록 시공, 유지관리되어야 함 　2) 대피공간을 보일러실 또는 창고 등 대피에 장애가 되는 공간으로 사용하지 않을 것 　3) 예외 : 에어컨 실외기 등 냉방설비의 배기장치를 대피공간에 설치하는 경우 　　• 냉방설비의 배기장치를 불연재료로 구획할 것 　　• 구획된 면적은 대피공간 바닥면적 산정 시 제외할 것

2. 대피공간의 설치 제외

1) 인접세대와의 경계벽이 파괴하기 쉬운 경량구조 등인 경우
2) 경계벽에 피난구를 설치한 경우
3) 발코니의 바닥에 하향식 피난구를 설치한 경우
4) 중앙건축위원회 심의를 거쳐 대피공간과 동등 이상의 성능이 있다고 인정하여 고시하는 대체시설을 설치한 경우

❷ 하향식 피난구와 하향식 피난구용 내림식 사다리의 기준

1. 설치기준

항목	건축법 (하향식 피난구)	화재안전기준 (하향식 피난구용 내림식 사다리)
정의	발코니 바닥에 설치하는 수직 피난설비	하향식 피난구 해치에 격납하여 보관하고 사용 시에는 사다리 등이 소방대상물과 접촉되지 아니하는 내림식 사다리
설치대상	아파트의 4층 이상인 층에서 발코니에 대피공간을 설치하지 않기 위해 발코니 바닥에 설치할 수 있음	소방시설법 시행령 별표에 따른 피난기구 설치 대상기준에 따른 대상

항목	건축법 (하향식 피난구)	화재안전기준 (하향식 피난구용 내림식 사다리)
설치기준	하향식 피난구(덮개, 사다리, 경보시스템 포함)의 설치기준 1. 피난구의 덮개 　1) 비차열 1시간 이상의 내화성능 　2) 피난구의 유효개구부 규격 : 직경 60 [cm] 이상 2. 상층 · 하층 간 피난구의 설치위치 　수직방향 간격을 15 [cm] 이상 띄어서 설치 3. 아래층에서는 바로 윗층의 피난구를 열 수 없는 구조일 것 4. 사다리는 바로 아래층의 바닥면으로부터 50 [cm] 이하까지 내려오는 길이로 할 것 5. 덮개가 개방될 경우에는 건축물관리시스템 등을 통하여 경보음이 울리는 구조일 것 6. 피난구가 있는 곳에는 예비전원에 의한 조명설비를 설치할 것	1. 설치경로가 설치층에서 피난층까지 연계될 수 있는 구조로 설치할 것 　(예외 : 건축물의 구조 및 설치 여건상 불가피한 경우) 2. 크기 　1) 대피실 면적 : 2 [m²](2세대 이상인 경우 3 [m²]) 이상 　2) 건축법 시행령 제46조제4항에 적합할 것 　3) 개구부(하강구) 규격 : 직경 60 [cm] 이상(예외 : 외기에 개방된 장소) 3. 하강구(개구부) 기준 　1) 하강구 내측에는 기구의 연결 금속구 등이 없을 것 　2) 전개된 피난기구는 하강구 수평투영 면적 공간 내의 범위를 침범하지 않는 구조 　3) 예외 　　(1) 직경 60 [cm] 크기의 범위를 벗어난 경우 　　(2) 직하층의 바닥면으로부터 높이 50 [cm] 이하의 범위 4. 대피실의 출입문 　1) 갑종방화문으로 설치 　2) 피난방향에서 식별할 수 있는 위치에 "대피실" 표지판을 부착할 것 　　(예외 : 외기와 개방된 장소) 5. 간격 　착지점과 하강구는 상호 수평거리 15 [cm] 이상의 간격을 둘 것 6. 대피실 내 　비상조명등을 설치할 것 7. 대피실 표지 　1) 층의 위치표시 　2) 피난기구 사용설명서 및 주의사항 표지판을 부착

항목	건축법 (하향식 피난구)	화재안전기준 (하향식 피난구용 내림식 사다리)

설치기준		8. 경보
		  1) 대피실 출입문 개방 또는 피난기구 작동 시 경보
		  2) 기준
		    (1) 해당층 및 직하층 거실에 설치된 표시등 및 경보장치가 작동될 것
		    (2) 감시 제어반에서는 피난기구의 작동을 확인할 수 있어야 할 것
		9. 사용 시 기울거나 흔들리지 않도록 설치할 것

2. 차이점

1) 적용 기준상의 차이점

(1) 하향식 피난구 : 공동주택 발코니의 대피공간 대체 시설

(2) 하향식 피난구용 내림식 사다리 : 화재안전기준에 따른 피난기구

2) 설치기준상의 차이점

(1) 하향식 피난구

① 별도의 실에 설치하지 않음

② 4층 바닥까지만 설치(1층 ~ 3층 바닥에는 설치되지 않고, 11층 이상 부분에도 설치)

(2) 하향식 피난구용 내림식 사다리

① 전용 대피실 내에 설치

② 피난층을 제외한 2층 ~ 10층에 설치하고, 11층 이상에는 적용 제외됨

3) 겸용 방안

(1) 아파트에서는 유사시설인 하향식 피난구와 하향식 피난구용 내림식 사다리를 겸용할 수 있는데, 이는 다음과 같은 규정에 의거한 것이다.

(2) 피난기구의 화재안전기준에 따른 피난기구 제외 기준
편복도형 아파트 또는 발코니 등을 통하여 인접세대로 피난할 수 있는 구조로 되어 있는 계단실형 아파트

참고

하향식 피난구의 성능시험

1. 비차열 내화성능

　　1) KS F 2257-1(건축부재의 내화시험방법-일반요구사항)에 적합한 수평가열로에서 시험한 결과 KS F 2268-1(방화문의 내화시험방법)에서 정한 **비차열 1시간 이상의 내화성능**이 있을 것

　　2) 하향식 피난구로서 사다리가 피난구에 포함된 **일체형인 경우에는 모두를 하나로 보아 성능**을 확보할 것

2. 사다리 시험

　　사다리는 '피난사다리의 형식승인 및 검정기술기준'의 **재료기준 및 작동시험기준에 적합**할 것

3. 덮개의 강도

　　덮개는 장변 중앙부에 637/0.2 [N/m²]의 등분포하중을 가했을 때 **중앙부 처짐량이 15 [mm] 이하**일 것

3 발코니 구조변경 시의 적용 기준

1. 방화판 또는 방화유리창

1) 대상

아파트 2층 이상의 층에서 발코니를 확장하는 경우로서 스프링클러의 살수범위에 포함되지 않는 경우

2) 구조

　(1) 발코니 끝부분에서 높이 90 [cm] 이상(바닥판 두께 포함)의 방화판 또는 방화유리창을 설치할 것

　(2) 방화판과 방화유리창은 창호와 일체 또는 분리하여 설치 가능함(난간은 별도 설치)

　(3) 방화판은 불연재료를 사용할 수 있으며, 방화판으로 유리를 사용하는 경우 KS규격에 따른 비차열 30분 이상의 성능을 가진 방화유리를 사용해야 한다.

　(4) 방화판은 화재 시 아래층에서의 화염을 차단할 수 있도록 발코니 바닥과 틈새가 없이 고정되어야 하며, 틈새가 있는 경우 내화채움구조로 메워야 한다.

　(5) 입주자 및 사용자는 관리규약을 통해 방화판 또는 방화유리창 중 하나를 선택할 수 있다.

2. 발코니 내부마감재료 등

1) 스프링클러의 살수범위에 포함되지 않은 발코니 구조변경 시

발코니에 자동화재탐지기 설치 및 내부마감재료 기준에 적합할 것

2) 내부마감재료 기준

벽 및 반자에는 불연, 준불연 또는 난연 재료를 적용할 것

방화벽에 대하여 설명하시오.

1. 개요

1) 주요구조부가 내화구조 또는 불연재료로 된 대형 건축물은 방화구획에 의해 화재 확산을 최소화하고 있다.

2) 방화벽은 주요구조부가 내화구조 또는 불연재료가 아닌 대규모 건축물에서의 연소확대 방지를 위한 규정이다.

2. 방화벽의 적용

설치대상	연면적 1,000 [m²] 이상인 건축물 [설치제외] 1. 주요구조부가 내화구조 또는 불연재료인 건축물 2. 영 제56조제1항 제5호의 단서에 해당하는 건축물(단독주택, 동식물 시설 등) 3. 내부설비의 구조상 방화벽으로 구획할 수 없는 창고시설	
설치기준	방화벽으로 구획할 것 ⇒ 각 구획된 바닥면적의 합계는 1,000 [m²] 미만	
구조기준	구조	내화구조로서 홀로 설 수 있는 구조일 것
	방화벽 돌출	방화벽의 양쪽 끝과 위쪽 끝을 건축물의 외벽면 및 지붕면으로부터 0.5 [m] 이상 튀어나오게 할 것
	방화벽에 설치하는 출입문	출입문의 너비 및 높이는 각각 2.5 [m] 이하로 하고, 당해 출입문은 60분+ 또는 60분 방화문을 설치할 것 ⇒ 자동방화셔터는 적용할 수 없음
	기타 설치기준(방화구획의 설치기준, 방화문, 관통부, 댐퍼 설치)은 방화구획 기준을 준용함	

건축
방화

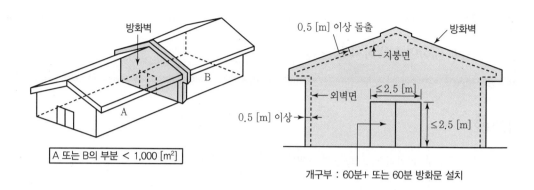

3. 결론

방화벽은 주요구조부가 내화구조나 불연재료가 아닌 대규모 건축물의 연소확대 방지를 위해 1,000 [m²] 미만으로 구획하는 것이다. 또한 방화구획에 비하여 연소확대의 가능성이 높은 장소에 적용하므로, 좀 더 엄격한 제한 규정으로 되어 있다.

문제

방화문에 대하여 설명하시오.

1. 개요

1) 방화문이란 화재의 확대, 연소를 방지하기 위해 건축물의 개구부에 설치하는 문으로 성능을 확보하여 한국건설기술원장이 성능을 인정한 구조인 출입문을 말한다.

2) 성능 인정은 품질시험(내화시험 및 부가시험)에 의하며, 국내에서는 성능에 따라 60분+, 60분 및 30분 방화문으로 구분한다.

2. 방화문의 성능

1) 방화문의 성능

(1) 비차열성 방화문

화재 시 문 뒤쪽으로의 화염을 차단하는 차염성(Integrity) 및 연기를 차단하는 차연성만을 요구하는 방화문

(2) 차열성 방화문

　차염성 및 차연성 뿐만 아니라 문 뒤쪽으로의 열전달도 차단하는 성능인 차열성(Thermal Insulation)도 요구되는 방화문

2) 국내기준에 따른 방화문의 종류

(1) 60분+ 방화문

　① 연기 및 불꽃을 차단할 수 있는 시간이 60분 이상(차연성 및 차염성)

　② 열을 차단할 수 있는 시간이 30분 이상인 방화문(차열성)

　③ 차열성 방화문으로 현행 기준에서는 아파트 발코니에 설치하는 대피공간의 출입문에만 적용하고 있다.

(2) 60분 방화문

　연기 및 불꽃을 차단할 수 있는 시간이 60분 이상인 방화문(차연성 및 차염성)

(3) 30분 방화문

　연기 및 불꽃을 차단할 수 있는 시간이 30분 이상 60분 미만인 방화문(차연성 및 차염성)

(4) 기존 갑종 및 을종 방화문에서 분류기준이 개정되었으며, 연기를 차단하는 성능(차연성능)을 필수적으로 요구하게 되었다.

3. 방화문의 기준

1) 건축물 방화구획에 설치하는 방화문은 건축물의 용도 등 구분에 따라 화재 시의 가열에 대해 피난방화 규칙에서 정하는 시간에 견딜 수 있어야 한다.

2) 화재감지기가 설치되는 경우에는 자동화재탐지설비 및 시각경보장치의 화재안전기준 제7조(감지기)의 기준에 적합해야 한다.

3) 방화문의 성능기준

(1) 요구 성능

　① 건축물의 용도 등 구분에 따라 화재 시의 가열에 대해 규칙 제14조제3항 또는 제26조에서 정하는 시간 이상을 견딜 수 있어야 한다.

　② 차연성능, 개폐성능 등 방화문 또는 셔터가 갖추어야 하는 성능에 대해서는 세부운영지침에서 정하는 바에 따른다.

(2) 내화성능이 규정보다 우수한 방화문 또는 셔터에 대해 30분 단위로 추가로 인정할 수 있다.

(3) 방화문은 항상 닫혀 있는 구조 또는 화재발생 시 불꽃, 연기 및 열에 의하여 자동으로 닫힐 수 있는 구조여야 한다.

4) 방화문의 사용 범위

(1) 60분+ 방화문

① 아파트 발코니에 설치하는 대피공간의 출입문

② 소방법상 별개의 특정소방대상물로 보기 위한 연결통로 구획부

(2) 60분+ 또는 60분 방화문

① 특별피난계단 : 건축물 내부에서 노대 또는 부속실로 통하는 출입구

② 피난계단 : 건축물 내부에서 계단실로 통하는 출입구

③ 옥외피난계단 : 건축물 내부에서 계단실로 통하는 출입구

④ 방화구획상의 개구부 : 면적단위, 층단위, 용도단위 방화구획

⑤ 방화벽에 설치하는 개구부

⑥ 비상용 승강장에서 각 층으로 통하는 출입구

⑦ 경사지붕 아래에 설치하는 대피공간의 출입문

⑧ 피난용 승강기 승강장의 출입문

(3) 60분+, 60분 또는 30분 방화문

특별피난계단 : 노대 또는 부속실로부터 계단실로 통하는 출입구

4. 방화문의 시험방법

국토교통부 고시에 따른 세부운영지침에서 규정한 바에 따른 품질시험을 실시한다.

1) 품질시험

(1) 내화시험

KS F 2268 – 1(방화문의 내화시험방법)에 따른 내화시험 수행

(2) 부가시험

① 차연성 시험

• 내화시험 실시 전 KS F 2846에 따라 작동시험 및 공기누설 측정시험을 실시

• KS F 2846(방화문의 차연성시험방법)에 따른 차연성시험 결과 KS F 3109(문세트)에서 규정하는 차연성능

(25 [Pa]의 차압에서의 공기누설량 0.9 [m³/min·m²] 이하일 것)

② KS F 3109(문세트)에 따른 필수 시험항목

연직하중강도, 비틀림강도, 개폐력, 개폐반복성, 내충격성 시험

③ 가열 후 충격시험(KS L 2006)

• 철강제 이외의 방화문의 경우

• 가열시험 후 5분 이내에 KS L 2006의 내충격성시험 기준에 따라 비가열면에서 낙하높이 50 [cm] 이상에서 모래주머니를 낙하시키는 내충격성 시험을 실시

④ 도어클로저 부착 상태에서의 개폐력 시험
  • 문을 열 때 : 133 [N] 이하
  • 완전 개방한 때 : 67 [N] 이하
⑤ 디지털도어록의 화재 시 대비방법 시험
⑥ 방화문의 상부 또는 측면으로부터 50 [cm] 이내에 설치되는 방화문의 인접창은 KS F 2845(유리 구획부분의 내화시험법)에 따른 비차열성능 시험
⑦ 그 외에 재료 및 구조 특성에 따라 접착력, 주수시험, 재료분석, 재료 강도 등에 대한 부가시험을 추가 실시할 수 있다.

2) 내화시험 성능기준

(1) 차열성 방화문

① 차염성
  • 면패드에 착화되지 않을 것
  • 시험 중 문지방 부위를 제외한 비가열면에 발생되는 모든 개구부에 6 [mm] 균열게이지를 적용하고, 게이지가 시험체를 관통하여 길이 150 [mm] 이상 이동하지 않을 것
  • 시험 중 비가열면에 발생되는 모든 개구부에 25 [mm] 균열게이지를 적용하고, 게이지가 시험체를 관통하지 않을 것
  • 시험 중 비가열면에 10초 이상 지속되는 화염 발생이 없을 것
② 차열성
  시험 중 시험체의 비가열면 온도가 다음과 같이 상승하지 않을 것
  • 평균 온도 : 초기 온도보다 140 [K] 초과하여 상승하지 않을 것
  • 최고 온도 (a) 문틀을 제외한 모든 열전대 : 초기 온도보다 180 [K] 초과 상승하지 않을 것
            (b) 문틀에 설치한 열전대 : 초기 온도보다 360 [K] 초과 상승하지 않을 것

(2) 비차열성 방화문

다음과 같이 차염성 성능기준 중 일부만을 적용함(면패드 제외)
① 시험 중 문지방 부위를 제외한 비가열면에 발생되는 모든 개구부에 6 [mm] 균열게이지를 적용하고, 게이지가 시험체를 관통하여 길이 150 [mm] 이상 이동하지 않을 것
② 시험 중 비가열면에 발생되는 모든 개구부에 25 [mm] 균열게이지를 적용하고, 게이지가 시험체를 관통하지 않을 것
③ 시험 중 비가열면에 10초 이상 지속되는 화염 발생이 없을 것

3) 차연성능 기준

(1) 방화문을 시험체 틀에 설치하고, 그림과 같은 시험 Chamber에 결합시킨 후 10번 개폐시켜서 정상작동 여부를 확인한다.

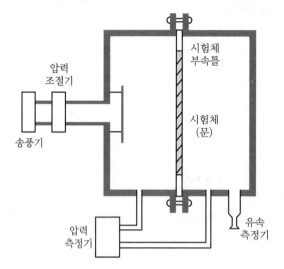

(2) 누설측정

① 잠근 상태에서 문 양쪽에서 모두 측정한다.

② 5, 10, 25, 50, 70, 100, 5 [Pa]의 차압으로 공기누설량을 측정한다.
그리고, 최대 차압(100 [Pa])에서 한번 더 공기누설량을 측정한다.

③ 문세트에서의 요구 차연성능을 만족할 것

25 [Pa]에서의 공기 누설량이 0.9 [m³/min · m²] 이하일 것

→ 이는 미국의 IBC(International Building Code) 기준을 준용한 것임

방화문 및 자동방화셔터가 갖추어야 할 성능기준

구분	분류		성능	성능평가 기준
방화문	내화성능	비차열	30분	• KS F 2268-1(방화문의 내화시험방법)에 따른 내화시험 결과 30분 이상의 비차열 성능
			60분 이상	• KS F 2268-1(방화문의 내화시험방법)에 따른 내화시험 결과 60분 이상의 비차열 성능
		차열	30분	• KS F 2268-1(방화문의 내화시험방법)에 따른 내화시험 결과 30분 이상의 차열 성능
			60분 이상	• KS F 2268-1(방화문의 내화시험방법)에 따른 내화시험 결과 60분 이상의 차열 성능
	부가성능			• KS F 2846(방화문의 차연성시험방법)에 따른 차연성시험 결과 KS F 3109(문세트)에서 규정한 차연성능 • KS F 3109(문세트)에 따른 방화문 필수 시험항목 • 철강제 이외의 방화문 KS L 2006(망판유리 및 선판유리)에 따른 가열 후 충격시험 • 도어클로저가 부착된 상태에서 방화문을 작동하는 데 필요한 힘은 문을 열 때 133 [N] 이하, 완전 개방한 때 67 [N] 이하 • 현관 등에 설치하는 디지털 도어록은 KS C 9806(디지털도어록)에 적합한 화재 시 대비방법에 적합한 내화형 디지털 도어록 • 방화문의 상부 또는 측면으로부터 50 [cm] 이내에 설치되는 방화문 붙박이창은 KS F 2268-1(방화문의 내화시험방법)에 따라 시험한 결과 해당 비차열 성능
자동방화셔터 (수직)	내화성능	수직 비차열	60분 이상	• KS F 2268-1(방화문의 내화시험방법)에 따른 내화시험 결과 60분 이상의 비차열 성능
		수직 차열	30분 이상	• KS F 2268-1(방화문의 내화시험방법)에 따른 내화시험 결과 30분 이상의 차열 성능
	부가성능			• KS F 4510(중량셔터)에서 규정한 차연성능 • KS F 4510(중량셔터)에서 규정한 개폐성능 • 철강재 이외의 셔터는 KS L 2006(망판유리 및 선판유리)에 따른 가열 후 충격시험
자동방화셔터 (수평)	내화성능	수평 비차열	60분 이상	• KS F 2257-5-1(방화문의 내화시험방법)에 따른 내화시험 결과 60분 이상의 비차열 성능
		수평 차열	30분 이상	• KS F 2268-1(방화문의 내화시험방법)에 따른 내화시험 결과 30분 이상의 차열 성능

건축 방화

구분	분류	성능	성능평가 기준
자동방화셔터 (수평)	부가성능		• KS F 4510(중량셔터)에서 규정한 차연성능 • KS F 4510(중량셔터)에서 규정한 개폐성능 • 철강재 이외의 셔터는 KS L 2006(망판유리 및 선판유리)에 따른 가열 후 충격시험
승강기문	내화성능 비차열	60분 이상	• KS F 2268-1(방화문의 내화시험방법)에 따른 내화시험 결과 60분 이상의 비차열 성능
	차열	30분	• KS F 2268-1(방화문의 내화시험방법)에 따른 내화시험 결과 30분 이상의 차열 성능
		60분 이상	• KS F 2268-1(방화문의 내화시험방법)에 따른 내화시험 결과 60분 이상의 차열 성능
기타 기준			• 방화문(셔터)의 구조 및 재료 특성, 부속품은 별도 운영위원회에서 규정하는 평가기준 예 유리방화문(슬라이딩 포함), 목재방화문, 스크린셔터, 도어클로저 등 각종 부속품

문제

자동방화셔터에 대하여 설명하시오.

1. 정의

1) 자동방화셔터란 공항·체육관 등 넓은 공간에 부득이하게 수직 또는 수평 구획 벽을 설치하지 못하는 경우에 사용하는 셔터를 말한다.
2) 피난방화기준에 관한 규칙 제14조제3항의 규정에 따른 성능을 확보하여 원장이 성능을 인정한 구조를 말한다.

2. 자동방화셔터의 설치기준

1) 요구 성능
   (1) 건축물의 용도 등 구분에 따라 화재 시의 가열에 규칙 제14조제3항 또는 제26조에서 정하는 시간 이상을 견딜 수 있어야 한다.
   (2) 차연성능, 개폐성능 등 방화문 또는 셔터가 갖추어야 하는 성능에 대해서는 세부운영지침에서 정하는 바에 따른다.

2) 내화성능이 규정보다 우수한 방화문 또는 셔터에 대해 30분 단위로 추가로 내화성능을 인정할 수 있다.

3) 셔터의 구성

    (1) 전동 및 수동으로 개폐할 수 있는 장치

    (2) 화재발생 시 불꽃, 연기 및 열에 의하여 자동 폐쇄되는 장치 일체

        ① 연기 또는 불꽃 감지기

        ② 열감지기(정온식 또는 보상식일 것)

        ③ 셔터 본체 및 모터 등

4) 작동기준

    (1) 수직방향 폐쇄 구조 : 2단 작동

        ① 화재발생 시 불꽃 또는 연기감지기에 의한 일부폐쇄 : 제연경계 기능

        ② 열감지기에 의한 완전폐쇄 : 방화구획 기능

    (2) 수직방향으로 폐쇄되는 구조가 아닌 경우

        불꽃, 연기 및 열감지에 의해 완전폐쇄가 될 수 있는 구조

5) 완전폐쇄 시의 기준

    (1) 셔터의 상부는 상층 바닥에 직접 닿도록 하여야 할 것

    (2) 그렇지 않은 경우 방화구획 처리를 하여 연기와 화염의 이동통로가 되지 않도록 할 것

3. 자동방화셔터의 성능시험

1) 내화시험

    (1) 차열성 자동방화셔터(건축법상 국내에 적용되는 경우 없음)

        ① 차염성

          • 면패드에 착화되지 않을 것

          • 시험 중 문지방 부위를 제외한 비가열면에 발생되는 모든 개구부에 6 [mm] 균열게이지를 적용하고, 게이지가 시험체를 관통하여 길이 150 [mm] 이상 이동하지 않을 것

          • 시험 중 비가열면에 발생되는 모든 개구부에 25 [mm] 균열게이지를 적용하고, 게이지가 시험체를 관통하지 않을 것

          • 시험 중 비가열면에 10초 이상 지속되는 화염 발생이 없을 것

        ② 차열성

          시험 중 시험체의 비가열면 온도가 다음과 같이 상승하지 않을 것

          • 평균 온도 : 초기 온도보다 140 [K] 초과하여 상승하지 않을 것

          • 최고 온도 (a) 문틀 제외한 모든 열전대 : 초기 온도보다 180 [K] 초과 상승하지 않을 것

                    (b) 문틀에 설치한 열전대 : 초기 온도보다 360 [K] 초과 상승하지 않을 것

(2) 비차열성 자동방화셔터

다음과 같이 차염성 성능기준 중 일부를 적용함(면패드 제외)

① 시험 중 문지방 부위를 제외한 비가열면에 발생되는 모든 개구부에 6 [mm] 균열게이지를 적용하고, 게이지가 시험체를 관통하여 길이 150 [mm] 이상 이동하지 않을 것

② 시험 중 비가열면에 발생되는 모든 개구부에 25 [mm] 균열게이지를 적용하고, 게이지가 시험체를 관통하지 않을 것

③ 시험 중 비가열면에 10초 이상 지속되는 화염 발생이 없을 것

2) 부가시험

(1) 차연시험

① 내화시험 실시 전 KS F 2846에 따라 작동시험 및 공기누설 측정시험을 실시함

② KS F 2846(방화문의 차연성시험방법)에 따른 차연성시험 결과 KS F 3109(문세트)에서 규정하는 차연성능(25 [Pa]의 차압에서의 공기누설량 0.9 [m³/min · m²] 이하일 것)

(2) 개폐성능시험

KS F 4510(중량셔터) 기준에 따른 수동식 및 전동식 셔터의 개폐성능 확인

(3) 충격시험

① 철판두께 1.5 [mm] 이상인 중량셔터 외의 자동방화셔터

② 가열시험 후 5분 이내에 KS L 2006의 내충격성시험 기준에 따라 비가열면에서 낙하높이 50 [cm] 이상에서 모래주머니를 낙하시키는 내충격성 시험을 실시

(4) 기타 부가시험

구조 및 재료의 특성(스크린, 단열 등)에 따라 부가시험을 추가할 수 있다.(주수시험, 재료분석, 재료강도, 슬랫 강도 등)

4. 결론

1) 최근 건축법령의 개정에 따라 출입문이 포함된 일체형 자동방화셔터가 삭제되었다.

2) 또한 정의를 통해 자동방화셔터는 방화문이 아닌 내화구조의 벽을 대체하는 시설임을 명시하였다.

3) 따라서 위와 같은 설치기준과 성능기준에 적합하게 자동방화셔터를 설치하도록 해야 한다.

방화 스크린셔터

1. 철재가 아닌 내화천으로 된 자동방화셔터를 말한다.

2. 방화 스크린셔터의 장단점
    1) 장점
        (1) 철재중량셔터와 달리, 오동작 등에 의한 인명피해 가능성이 낮음
        (2) 구동부의 크기가 비교적 작음
    2) 단점
        (1) 가열시험 시, 셔터 자체로부터 이면으로 연기를 발생시킴
        (2) 곡선 형태의 구획부에 스크린 천을 절개하여 설치하는 사례가 있다.(구획성능 상실)

방화구획 부적합 사례

1 건축물의 방화구획 시 사전 확인사항

1. 연면적 확인

2. 층별 방화구획 확인

3. 방화구획의 면적 확인 : 방화구획 도면 참조

4. 방화구획의 재료 확인 : 내화구조에 적합한 재료

5. 자동방화셔터 설치위치 및 구조 확인

6. 방화문 종류 및 구조 확인

7. 층간 방화구획 대상 확인

   1) 승강기 승강로 구획

   2) PS, EPS, TPS의 벽 또는 바닥 구획

   3) 층을 관통하는 덕트 및 배관 등

8. 방화구획선에 위치한 관통부의 내화채움구조 재료 및 방법 확인

9. 커튼월 마감재료 확인 : 내화구조 여부

10. 관통부별 재료 확인

2 내화채움 미사용

1. 벽체 틈새를 부적합 재질로 마감

블록 또는 조적 구조 벽체에 크랙 형성을 방지하기 위해 신축이음을 하거나 또는 콘크리트 구조에 조적 또는 경량구조로 벽을 구성하면 그 이음 부분에 틈새가 발생하는데, 이 틈새는 내화채움구조로 마감하는 것이 원칙이지만 우레탄폼이나 스티로폼 등을 채워 마감하는 경우

2. 틈새를 마감하지 않음

조적에 모르타르를 채우지 않아 틈새가 발생하거나, 상부 및 측면 연결 부분에 내화채움재를 채우지 않는 경우

3. 방화문 문틀과 벽체 사이의 마감

방화문 문틀과 벽체 사이를 모르타르가 아닌 우레탄폼으로 충전한 후, 그 위에 모르타르로 마감하는 경우

4. 내화채움구조의 미시공

1) 설계도서에서의 누락
2) 발주자의 설계변경에 대한 부정적 반응
3) 시공자의 내화채움구조에 대한 이해 부족
4) 고가로 인한 시공비용 부담 가중
5) 제품의 다양성 부족
6) 관리감독 소홀

③ 내화구조가 아닌 벽체로 설계

1. 조적구조로서 10 [cm]로 설계한 경우

2. 방화구획 부분에 방화유리를 적용한 경우

3. 건식벽체 구조로 구성하면서 내화구조성능에 부적합한 경우

4. 출입문 문틀 사이를 우레탄폼 등으로 채우는 경우

5. 방화구획 틈새에 내화채움 구조를 반영하지 않은 경우

④ 방화구획 관통부 부적합

1. 배관 관통부

1) 관통부에 슬리브 미설치
2) 관통부에 보온재 설치
3) 1겹 석고보드 시공
4) 내화구조 외의 방식 시공
5) 틈새에 우레탄폼 등을 적용

2. 케이블 트레이 관통부

1) 우레탄 폼으로 마감한 경우
2) 모르타르를 이용한 마감한 경우
3) 트레이 관통부분 마감을 하지 않은 경우
4) 슬리브를 미설치

3. 덕트 관통부

1) 설계도면에 방화댐퍼 누락
2) 방화댐퍼 미시공 또는 KS 제품 미사용
3) 덕트관통부의 내화채움구조 시공 불량

건축
방화

4) 슬리브 미설치 및 마감 불량

5) 방화댐퍼 인근에 점검구 미설치

6) 방화댐퍼를 벽체에서 이격하여 설치

5 방화문 및 자동방화셔터 부적합

1. 방화문

1) 도어스토퍼 설치

2) 퓨즈형 도어클로저 적용(72 [℃] 이상의 고온에서만 닫힘)

2. 자동방화셔터

1) 자동방화셔터 박스 미설치

2) 자동방화셔터 상부 관통부에 대한 조치 미비(방화댐퍼 미설치, 케이블 트레이 및 배관 관통부 마감 불량)

3) 자동방화셔터 상부 방화구획 불량(철판 시공 또는 석고보드 1겹 시공 등)

4) 피난계단 또는 특별피난계단에 방화셔터 설치

5) 일체형 자동방화셔터 출입문 들뜸(기존 시설)

6) 출입구에 설치되는 힌지와 슬랫 연결부의 과도한 틈새(기존 시설)

7) 일체형 자동방화셔터 적용

8) 시험성적서 명시된 제품인지 확인 어려움

방화구획 관통부의 풍도에 설치하는 방화댐퍼에 대하여 설명하시오.

---

1. 개요

1) 방화댐퍼는 방화구획을 관통하는 공조, 환기 및 제연설비 등의 덕트 내부에 설치하는 방화구획 보조 설비로서, 최근 건축법령 개정에 따라 화재 감지기와 연동하는 모터 구동 방식의 댐퍼만 적용할 수 있다.

2) 정의

「건축물의 피난 · 방화구조 등의 기준에 관한 규칙」 제14조 제2항 제3호 나목에 따른 국토교통부 고시 기준에서 정하는 성능을 확보한 댐퍼를 말한다.

2. 방화댐퍼의 기준

1) 작동기준

(1) 화재로 인한 연기 또는 불꽃을 감지하여 자동적으로 닫히는 구조로 할 것

(2) 다만, 주방 등 연기가 항상 발생하는 부분에는 온도를 감지하여 자동적으로 닫히는 구조로 할 수 있다.

2) 설치기준

(1) 미끄럼부는 열팽창, 녹, 먼지 등에 의해 작동이 저해받지 않는 구조일 것

(2) 방화댐퍼의 주기적인 작동상태, 점검, 청소 및 수리 등 유지 · 관리를 위하여 검사구 · 점검구는 방화댐퍼에 인접하여 설치할 것

(3) 부착 방법은 구조체에 견고하게 부착시키는 공법으로 화재 시 덕트가 탈락, 낙하해도 손상되지 않을 것

(4) 배연기의 압력에 의해 방재상 해로운 진동 및 간격이 생기지 않는 구조일 것

3) 성능기준

국토교통부장관이 정하여 고시하는 비차열 성능 및 방연성능 등의 기준에 적합할 것

(1) 별표 6에 따른 내화성능시험 결과 비차열 1시간 이상의 성능

① KS F 2257-1(건축부재의 내화시험 방법 – 일반 요구사항)에 따른 내화시험 실시

② 면패드 착화시험을 제외한 차염성 성능기준에 따라 내화성능을 결정함

- 시험 중 비가열면에 발생되는 모든 개구부에 6 [mm] 균열게이지를 적용하고, 게이지가 시험체를 관통하여 길이 150 [mm] 이상 이동하지 않을 것
- 시험 중 비가열면에 발생되는 모든 개구부에 25 [mm] 균열게이지를 적용하고, 게이지가 시험체를 관통하지 않을 것
- 시험 중 비가열면에 10초 이상 지속되는 화염 발생이 없을 것

(2) KS F 2822(방화댐퍼의 방연시험방법)에서 규정한 방연성능

20 [℃]의 온도, 20 [Pa]의 압력에서 통기량은 매분 5 [m³] 이하일 것

3. 결론

1) 건축법령 개정으로 화재 감지기와 연동하여 작동하는 방식인 모터 구동 방식의 댐퍼만을 방화댐퍼로 적용할 수 있게 되었다.

2) 제연설비 덕트에 설치되는 방화댐퍼의 경우에는 화재 초기에 닫히면 안 되므로, 이에 대한 적절한 대책 마련이 요구된다.

문제

건축법령상의 내화채움방법에 대하여 설명하시오.

---

1. 개요

1) 내화채움 또는 내화충전 구조는 방화구획의 수평·수직 설비관통부의 틈새 및 조인트 및 커튼월과 바닥 사이 등의 틈새를 통한 화재 확산 방지를 위한 것으로 시험 결과 성능이 확인된 재료 또는 시스템을 말한다.

2) 기존 내화충전구조는 현행 건축법령에서는 다음과 같은 규정에 따라 "내화채움성능을 인정한 구조" 또는 "내화채움방법"이라는 용어로 변경되었다.

   (1) 외벽과 바닥 사이에 틈이 생긴 때나 급수관·배전관 그 밖의 관이 방화구획으로 되어 있는 부분을 관통하는 경우 그로 인하여 방화구획에 틈이 생긴 때에는 그 틈을 한국건설기술연구원장이 국토교통부장관이 정하여 고시하는 기준에 따라 내화채움성능을 인정한 구조로 메울 것

   (2) 상기 규정에 따른 건축물의 외벽과 바닥 사이의 내화채움방법에 필요한 사항은 국토교통부장관이 정하여 고시한다.

3) 그러나 국토교통부 고시 및 세부운영지침 등에서는 여전히 내화충전구조라는 용어가 혼용되고 있으며, 추후 용어가 통일될 것으로 예상된다.

2. 필요성

1) 배관·배선 등이 관통하는 벽, 바닥의 틈새로의 연소 확대

2) 가연성 배관·배선 사용 시 화열로 인한 가연성 설비의 변형, 탈락 등으로 벽이나 바닥에 구멍이 생겨 연소가 확대됨

3) PVC배관이나 케이블트레이의 케이블 등의 연소로 인한 화재확대

4) 틈새를 통한 구획부재 내부로의 화열 침투에 의한 구획부재 자체의 변형

5) 구획부재 간 조인트나 커튼월과 바닥 사이 틈새를 통한 연소확대

3. 성능기준 및 시험방법

1) 성능기준

   내화채움구조는 규칙 [별표1] 내화구조의 성능기준 이상 견딜 수 있는 것으로서, 한국건설기술원장이 국토교통부장관의 승인을 득한 "내화충전구조 세부운영지침"에서 정하는 절차와 방법, 기준에 따라 시험한 결과 성능이 확보된 것이어야 한다.

2) 내화채움구조의 종류 및 성능요건

(1) 내화채움구조의 종류

① 설비관통부 충전시스템

② 선형조인트 충전시스템 : 일반 선형조인트 충전시스템, 커튼월 선형조인트 충전시스템

(2) 성능요건

설비관통부 충전시스템	일반 선형조인트 충전시스템		커튼월 선형조인트 충전시스템
	선형조인트 너비 30 [mm] 이하	선형조인트 너비 30 [mm] 초과	
T급	F급	T급	F급

• T급 : 차열성 및 차염성   • F급 : 차염성

3) 내화시험방법

(1) 내화채움구조의 등급

부재구분 ＼ 내화성능	1시간	1.5시간	2시간
스터드구조 경량부재 (건축용 철강재, 보드류 벽체 포함)	A−1	A−1.5	A−2
콘크리트패널부재	B−1	B−1.5	B−2
콘크리트부재	C−1	C−1.5	C−2

① A등급 : B, C등급의 구획부재에 사용가능

② B등급 : C등급의 구획부재에 사용가능

(2) 내화시험의 방법

① 설비관통부 충전시스템 : KS F ISO 10295−1에 따라 시험

② 선형조인트 충전시스템 : KS F 2257−1에 따라 시험

(3) 요구 성능기준

① 차염성능

• 면패드에 착화되지 않을 것

• 시험 중 비가열면에 10초 이상 지속되는 화염 발생이 없을 것

② 차열성

열전대의 온도가 어느 1개라도 초기온도보다 180 [K]을 초과하지 않을 것

참고

KSF ISO 10295 – 1시험의 특징

1. 특징

1) 주수시험이 없음

(1) ASTM기준을 준용한 기존의 KSF 2842에서는 주수시험을 요구하였으나, 이는 과도한 기준이라 평가되고 있음

(2) "소화작업이 개시되면 건물 내의 화재 및 연소확대 위험성이 경감된다."는 가정에 의한 ISO기준을 준용하여 주수시험을 실시하지 않음

2) 가열시험에서 하중지지력 시험이 요구되지 않음

내화구조의 재하가열시험과 달리, 틈새 부분은 내력성능이 요구되지 않기 때문

3) 차열성 시험

(1) KSF 2842에서는 F급에는 차열성이 요구되지 않고, T급에서만 요구됨

(2) KSF ISO 10295 – 1에서는 이면으로의 연소확대 방지를 위해 구분없이 모두 차열성 시험을 요구함

(3) 관통부가 기하학적으로 동일한 위치에 시공되는 것이 아니므로, 내화구조 시험에서의 이면의 평균온도 기준은 적용하지 않음

4) 유체이송배관의 경우, 표준시험은 유체의 유동 없이 실시함

(1) 유체의 유동이 있을 경우, 가열시험의 열이 유체에 전달되어 성능이 높게 평가될 수 있음

(2) 최악의 조건에 대한 시험이 될 수 있도록 유체 없이 시험을 실시하는 것임

2. KSF 2842와의 비교

기준		KSF 2842	KSF ISO 10295 – 1
참고 외국기준		ASTM E814	ISO 10295 – 1
가열시험	하중지지력	요구하지 않음	요구되지 않음
	차염성	요구	요구
	차열성	T급에서만 요구	요구
주수시험		있음	없음
적용		현행 기준에서 적용 안함	현행 기준에 적용

방화구획 관통부위 FIRESTOP의 종류별 적용용도와 특성에 대하여 설명하시오.

1. 개요

1) Firestop은 건축물 방화구획의 수평·수직 설비관통부, 조인트 및 커튼월과 바닥 사이 등의 틈새를 통한 화재 확산을 방지하기 위해 설치하는 재료 또는 시스템을 의미한다.
2) Firestop 제품은 크게 팽창과 비팽창 방식으로 분류된다.

2. FIRESTOP의 종류별 적용용도 및 특성

종류	설치장소	주요특성
방화 로드	• 커튼월 관통부 • 전기(EPS) 관통부 • 기계설비(AD, PD) 관통부 • 기타 Open 구간	• 제품 규격화 및 균일한 도포면 유지 • 커튼월 변형 시에도 밀폐성능 유지 • 막대를 끼워넣는 방식으로 작업 간편
방화 코트	• 커튼월 관통부 • 전기(EPS) 관통부 • 기계설비(AD, PD) 관통부	• 열팽창에 의한 탄소도막이 내열성 향상 • 진동 및 충격 흡수(설비 보호) • 환경친화적
방화 실란트	• 방화구획벽, 경계벽의 선형조인트 • 전기(EPS) 관통부 • 기계설비(AD, PD) 관통부 • 기타 Open 구간	• 화재 시 내열성 및 우수한 밀폐효과 • 진동 및 충력 흡수(설비 보호) • 이물질 많은 장소에 적합
방화 퍼티	• 전기(EPS) 관통부 • 기계설비(AD, PD) 관통부 • 기타 Open 구간	• 협소한 관통부 밀폐에 적합 (케이블 트레이 등) • 배선관 절연 및 부식방지에 적합
아크릴 실란트	• 창틀 틈새 • 선형조인트의 밀폐 • 틈새의 균열 보수 • 석고보드 밀폐	• 부착력이 우수하여 밀폐성능 향상 • 부피손실을 최소화하고 탄력성 향상 • 수용성으로 작업 편리하고 환경친화적

건축
방화

건축물의 마감재료

1 마감재료

1. 건축물의 내부마감재료

대통령령으로 정하는 용도 및 규모의 건축물의 벽, 반자, 지붕(반자가 없는 경우에 한정) 등 내부의 마감재료(복합자재의 경우 심재를 포함)는 방화에 지장이 없는 재료로 해야 한다.

2. 건축물의 외벽 마감재료 및 창호

1) 대통령령으로 정하는 건축물의 외벽에 사용하는 마감재료(2 가지 이상의 재료로 제작된 자재의 경우 각 재료를 포함)는 방화에 지장이 없는 재료로 하여야 한다. 이 경우 마감재료의 기준은 국토교통부령으로 정한다.
2) 대통령령으로 정하는 용도 및 규모에 해당하는 건축물 외벽에 설치되는 창호는 방화에 지장이 없도록 인접 대지와의 이격거리를 고려하여 방화성능 등이 국토교통부령으로 정하는 기준에 적합하여야 한다.

2 내부마감재료

1. 내부마감재료 제한의 대상

다음에 해당하는 건축물
1) 단독주택 중 다중주택·다가구주택, 공동주택
2) 제2종 근린생활시설 중 공연장·종교집회장·인터넷컴퓨터게임시설제공업소·학원·독서실·당구장·다중생활시설의 용도로 쓰는 건축물
3) 발전시설, 방송통신시설(방송국·촬영소의 용도로 쓰는 건축물로 한정한다)
4) 공장, 창고시설, 위험물 저장 및 처리 시설(자가난방과 자가발전 등의 용도로 쓰는 시설을 포함), 자동차 관련 시설의 용도로 쓰는 건축물
5) 5층 이상인 층 거실의 바닥면적의 합계가 500 [m²] 이상인 건축물
6) 문화 및 집회시설, 종교시설, 판매시설, 운수시설, 의료시설, 교육연구시설 중 학교·학원, 노유자시설, 수련시설, 업무시설 중 오피스텔, 숙박시설, 위락시설, 장례시설
7) 다중이용업의 용도로 쓰는 건축물

2. 내부마감재료 제한 대상의 제외기준

주요구조부가 내화구조 또는 불연재료로 되어 있고 그 거실의 바닥면적(스프링클러나 그 밖에 이와 비슷한 자동식 소화설비를 설치한 바닥면적을 뺀 면적으로 함) 200 [m²] 이내마다 방화구획이 되어 있는 건축물은 제외한다.

3. 내부마감재료의 적용기준

1) 내부마감재료의 정의

(1) 건축물 내부의 천장 · 반자 · 벽(경계벽 포함) · 기둥 등에 부착되는 마감재료
(2) 다중이용업 특별법에 따른 실내장식물은 제외

2) 적용범위

(1) 거실의 벽 및 반자의 실내에 접하는 부분(반자돌림대 · 창대, 기타 이와 유사한 것은 제외)의 마감재료
(2) 공장, 창고시설, 위험물 저장 및 처리 시설, 자동차 관련 시설의 용도로 쓰는 건축물의 경우에는 단열재 포함

3) 적용기준

(1) 마감기준
 ① 거실의 벽 및 반자의 실내에 접하는 부분 : 불연, 준불연 또는 난연재료를 사용할 것
 ② 다음과 같은 부분의 거실 마감재료는 불연 또는 준불연재료를 사용할 것
   • 거실에서 지상으로 통하는 주된 복도 · 계단, 그 밖의 벽 및 반자의 실내에 접하는 부분
   • 강판과 심재로 이루어진 복합자재를 마감재료로 사용하는 부분

(2) 강화기준
 다음에 해당하는 거실의 벽 및 반자의 실내에 접하는 부분의 마감은 불연재료 또는 준불연재료를 사용해야 한다.
 ① 거실 등을 지하층 또는 지하의 공작물에 설치한 경우의 그 거실(출입문 및 문틀 포함)
 ② 문화 및 집회시설, 종교시설, 판매시설, 운수시설, 의료시설, 교육연구시설 중 학교 · 학원, 노유자시설, 수련시설, 업무시설 중 오피스텔, 숙박시설, 위락시설, 장례시설의 용도에 쓰이는 거실

(3) 단열재 완화기준
 ① 대상 : 공장, 창고시설, 위험물 저장 및 처리 시설, 자동차 관련 시설의 용도로 쓰는 건축물에서 단열재를 사용하는 경우
 ② 해당 건축물의 구조, 설계 또는 시공방법 등을 고려할 때 단열재로 불연재료 · 준불연재료 또는 난연재료를 사용하는 것이 곤란하여 건축위원회의 심의를 거친 경우
   → 단열재를 불연재료 · 준불연재료 또는 난연재료가 아닌 것으로 사용할 수 있다.

4. 마감재료 설치공사 감리

1) 적용대상

공장, 창고시설, 위험물 저장 및 처리 시설(자가난방과 자가발전 등의 용도로 쓰는 시설을 포함), 자동차 관련 시설의 용도로 쓰는 건축물의 마감재료 설치공사를 감리하는 경우

2) 적용기준

(1) 건축 또는 안전관리 분야의 건축사보 한 명 이상이 마감재료 설치공사 기간 동안 그 공사현장에서 감리업무를 수행하게 할 것

(2) 건축사보는 건축공사의 설계·시공·시험·검사·공사감독 또는 감리업무 등에 2년 이상 종사한 경력이 있는 사람일 것

❸ 외벽마감재료 및 외벽에 설치되는 창호

1. 마감재료 등의 제한의 대상

1) 상업지역(근린상업지역은 제외)의 건축물로서 다음 중 어느 하나에 해당하는 것

(1) 제1종 근린생활시설, 제2종 근린생활시설, 문화 및 집회시설, 종교시설, 판매시설, 운동시설 및 위락시설의 용도로 쓰는 건축물로서 그 용도로 쓰는 바닥면적의 합계가 2,000 [m²] 이상인 건축물

(2) 공장(국토교통부령으로 정하는 화재 위험이 적은 공장은 제외)의 용도로 쓰는 건축물로부터 6 [m] 이내에 위치한 건축물

2) 의료시설, 교육연구시설, 노유자시설 및 수련시설의 용도로 쓰는 건축물

3) 3층 이상 또는 높이 9 [m] 이상인 건축물

4) 1층의 전부 또는 일부를 필로티 구조로 설치하여 주차장으로 쓰는 건축물

5) 공장, 창고시설, 위험물 저장 및 처리 시설(자가난방과 자가발전 등의 용도로 쓰는 시설을 포함), 자동차 관련 시설의 용도로 쓰는 건축물

2. 외벽마감재료의 제한 기준

1) 원칙(필로티 주차장 제외)

(1) 건축물의 외벽

불연재료 또는 준불연재료를 마감재료(단열재, 도장 등 코팅재료 등 마감재료를 구성하는 모든 재료를 포함)로 사용할 것

(2) [예외]

마감재료를 화재확산방지구조 기준에 적합하게 설치하는 경우	⇨	난연재료(강판과 심재로 이루어진 복합자재에 아닌 것으로 한정)를 사용 가능

2) 완화기준

(1) 적용대상

· 상업지역 내 건축물 중 외벽마감제한 대상 · 3층 이상 또는 높이 9 [m] 이상인 건축물 · 공장, 창고시설, 위험물 저장 및 처리 시설, 자동차 관련 시설의 용도로 쓰는 건축물	중에서	⇨	5층 이하이면서 높이 22 [m] 미만인 경우

(2) 적용기준

① 난연재료(강판과 심재로 이루어진 복합자재가 아닌 것으로 한정)를 마감재료로 사용 가능

② 완화기준

건축물 외벽을 화재확산방지구조 기준에 적합하게 설치하는 경우	⇨	난연성능이 없는 재료(강판과 심재로 이루어진 복합자재에 아닌 것으로 한정)를 마감재료로 사용 가능

3) 2 이상의 재료로 제작된 마감재료의 경우

(1) 대상

외벽마감재료 제한 대상 건축물(필로티 주차장 제외)

(2) 마감재료

다음 요건을 모두 갖춘 마감재료를 적용할 것

① 마감재료를 구성하는 재료 전체를 하나로 보아 국토교통부 고시 기준에 따라 실물모형 시험을 한 결과 기준을 충족할 것

(실물모형시험 : 실제 시공될 건축물의 구조와 유사한 모형으로 시험하는 것)

② 마감재료를 구성하는 각각의 재료에 대한 난연성능 시험 결과 국토교통부 고시를 충족 할 것

4) 필로티주차장의 외벽

(1) 외벽 중 1층과 2층 부분(필로티 구조의 외기에 면하는 천장 및 벽체 포함)을 불연재료 또는 준불연재료로 마감할 것

(2) 필로티 주차장의 경우 다른 외벽마감재료 대상 건축물과 달리 상기 2)와 같은 완화 규정이 없다.

5) 용도 변경 시의 적용기준

(1) 적용대상

목욕장, 의원, 산후조리원, 공연장(500 [m²] 이상), PC방(500 [m²] 이상), 학원(500 [m²] 이상), 골프연습장, 놀이형시설, 단란주점(150 [m²] 이상), 안마시술소, 노래연습장, 유흥 주점 등으로 용도 변경되는 경우

(2) 적용기준

스프링클러 또는 간이 스프링클러의 헤드가 창문등으로부터 60 [cm] 이내에 설치되어 건축물 내부가 화재로부터 방호되는 경우에는 외벽마감재료 제한 기준을 적용하지 않을 수 있다.

3. 건축물 외벽에 설치하는 창호 기준

1) 대상

외벽마감재료 제한 대상 건축물의 인접대지경계선에 접하는 외벽에 설치하는 창호와 인접대지경계선 간의 거리가 1.5 [m] 이내인 경우

2) 적용기준

(1) 해당 창호는 방화유리창(비차열 20분 이상의 성능)으로 설치할 것

(2) 스프링클러 또는 간이스프링클러 헤드가 창호로부터 60 [cm] 이내에 설치되어 건축물 내부가 화재로부터 방호되는 경우 방화유리창으로 설치하지 않아도 됨

3) 방화유리창의 성능시험 기준

차연성능, 개폐성능 등에 대한 세부운영지침에 따름

4. 화재확산방지구조

1) 정의

(1) 수직 화재확산 방지를 위하여 외벽마감재와 외벽마감재 지지구조 사이의 공간을 다음 중 하나에 해당하는 재료로 매 층마다 최소 높이 400 [mm] 이상 밀실하게 채운 것

(2) 상업지역 내 건축물 중 외벽마감제한 대상 및 3층 이상 또는 높이 9 [m] 이상인 건축물로서 5층 이하이면서 높이 22 [m] 미만인 건축물의 경우에는 화재확산방지구조를 매 2개 층마다 설치 가능

2) 적용재료

(1) 한국산업표준에서 정하는 12.5 [mm] 이상의 방화 석고보드

(2) 한국산업표준에서 정하는 6 [mm] 이상의 석고 시멘트판 또는 섬유강화 평형 시멘트판

(3) 한국산업표준에서 정하는 미네랄울 보온판 2호 이상인 것

(4) 한국산업표준에서 정하는 수직 비내력 구획부재의 내화성능 시험한 결과, 15분의 차염성능 및 이면온도가 120 [K] 이상 상승하지 않는 재료

3) 화재확산방지구조의 예

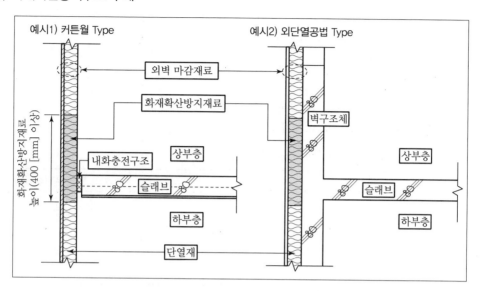

④ 불연, 준불연, 난연재료의 난연성능기준

1. 불연재료

1) 불에 타지 아니하는 성질을 가진 재료로서 국토교통부령으로 정하는 기준에 적합한 재료
2) 종류
   (1) 콘크리트 · 석재 · 벽돌 · 기와 · 철강 · 알루미늄 · 유리 · 시멘트모르타르 및 회
      (시멘트모르타르 또는 회 등 미장재료를 사용하는 경우 : 건축공사표준시방서에서 정한 두
      께 이상인 것에 한함)
   (2) 한국산업표준에 따라 시험한 결과 질량감소율 등이 국토교통부장관이 정하여 고시하는 불
      연재료의 성능기준을 충족하는 것
   (3) 그 밖에 (1)과 유사한 불연성의 재료로서 국토교통부장관이 인정하는 재료
      (단, (1)의 재료와 불연성재료가 아닌 재료가 복합으로 구성된 경우를 제외)
3) 불연재료의 성능기준
   (1) KS F ISO 1182(건축 재료의 불연성 시험 방법)에 따른 시험결과, 다음 기준을 만족할 것
      ① 가열시험 개시 후 20분간 가열로 내의 최고온도가 최종평형온도를 20 [K] 초과 상승하
         지 않을 것(단, 20분 동안 평형에 도달하지 않으면 최종 1분간 평균온도를 최종평형온
         도로 한다)
      ② 가열종료 후 시험체의 질량 감소율이 30 [%] 이하일 것
   (2) KS F 2271(건축물의 내장 재료 및 구조의 난연성 시험방법) 중 가스유해성 시험 결과, 실
      험용 쥐의 평균행동정지 시간이 9분 이상일 것

(3) 강판과 심재로 이루어진 복합자재의 경우

　① 강판과 심재 전체를 하나로 보아 『복합자재의 실물모형시험』을 실시한 결과가 국토교통부 고시 기준을 충족할 것

　② 강판과 강판을 제거한 심재 :

　　㉠ 강판

　　　• 강판의 두께 : 도금 후 도장 전 0.5 [mm] 이상

　　　• 앞면 도장 횟수 : 2회 이상

　　　• 도금 종류에 따른 도금의 부착량

종류	도금부착량 (g/m²)
용융 아연 도금강판	180 이상
용융 55 [%] 알루미늄아연합금 도금강판	90 이상
용융 55 [%] 알루미늄아연마그네슘 합금 도금강판	
용융 아연마그네슘알루미늄합금 도금강판	

　　㉡ 심재

　　　강판을 제거한 심재가 다음 중 하나에 해당할 것

　　　• 한국산업표준에 따른 글라스울 보온판 또는 미네랄울 보온판으로서 국토교통부장관이 정하여 고시하는 기준에 적합한 것

　　　• 불연재료 또는 준불연재료인 것

(4) 외벽마감재료 또는 단열재가 2가지 이상의 재료로 제작된 경우

　① 각각의 재료 : 상기 불연성 시험 및 가스유해성 시험의 기준을 만족할 것

　② 마감재료를 구성하는 재료 전체를 하나로 보아 『외벽 복합 마감재료의 실물모형시험』을 실시한 결과가 국토교통부 고시 기준을 충족할 것

2. 준불연재료

1) 불연재료에 준하는 성질을 가진 재료로서 국토교통부령으로 정하는 기준에 적합한 재료

2) 종류

　한국산업표준에 따라 시험한 결과 가스 유해성, 열방출량 등이 국토교통부장관이 정하여 고시하는 준불연재료의 성능기준을 충족하는 것

3) 준불연재료의 성능기준

(1) KS F ISO 5660-1[연소성능시험 – 제1부 콘칼로리미터법]에 따른 가열시험 결과, 다음 기준을 모두 만족할 것

　① 가열 개시 후 10분간 총방출열량이 8 [MJ/m²] 이하일 것

　② 10분간 최대 열방출률이 10초 이상 연속으로 200 [kW/m²]를 초과하지 않을 것

　③ 10분간 가열 후 시험체를 관통하는 방화상 유해한 균열, 구멍 및 용융 등이 없어야 하

며, 시험체 두께의 20 [%]를 초과하는 일부 용용 및 수축이 없을 것

→ 시험체의 준불연재료, 난연재료 성능을 정량적으로 평가할 수 있도록 시험체의 수축률 평가기준이 추가됨

(2) KS F 2271(건축물의 내장 재료 및 구조의 난연성 시험방법) 중 가스유해성 시험 결과, 실험용 쥐의 평균행동정지 시간이 9분 이상일 것

(3) 강판과 심재로 이루어진 복합자재의 경우

불연재료의 기준과 동일하되, 글라스울 보온판, 미네랄울 보온판의 경우 (1)의 시험을 하지 않을 수 있다.

(4) 외벽마감재료 또는 단열재가 2가지 이상의 재료로 제작된 경우

① 각각의 재료 : 상기 콘칼로리미터 시험 및 가스유해성 시험의 기준을 만족할 것

② 마감재료를 구성하는 재료 전체를 하나로 보아 『**외벽 복합 마감재료의 실물모형시험**』을 실시한 결과가 국토교통부 고시 기준을 충족할 것

3. 난연재료

1) 불에 잘 타지 아니하는 성능을 가진 재료로서 국토교통부령으로 정하는 기준에 적합한 재료

2) 종류

한국산업표준에 따라 시험한 결과 가스 유해성, 열방출량 등이 국토교통부장관이 정하여 고시하는 난연재료의 성능기준을 충족하는 것

3) 난연재료의 성능기준

(1) KS F ISO 5660-1[연소성능시험 – 제1부 콘칼로리미터법]에 따른 가열시험 결과, 다음 기준을 모두 만족할 것

① 가열 개시 후 5분간 총방출열량이 8 [MJ/m²] 이하일 것

② 5분간 최대 열방출률이 10초 이상 연속으로 200 [kW/m²]를 초과하지 않을 것

③ 5분간 가열 후 시험체를 관통하는 방화상 유해한 균열, 구멍 및 용용 등이 없어야 하며, 시험체 두께의 20 [%]를 초과하는 일부 용용 및 수축이 없을 것

(2) KS F 2271(건축물의 내장 재료 및 구조의 난연성 시험방법) 중 가스유해성 시험 결과, 실험용 쥐의 평균행동정지 시간이 9분 이상일 것

(3) 외벽마감재료 또는 단열재가 2가지 이상의 재료로 제작된 경우

① 각각의 재료 : 상기 콘칼로리미터 시험 및 가스유해성 시험의 기준을 만족할 것

② 마감재료를 구성하는 재료 전체를 하나로 보아 『**외벽 복합 마감재료의 실물모형시험**』을 실시한 결과가 국토교통부 고시 기준을 충족할 것

5 실물모형 화재시험의 도입

1. 국내 마감재료 성능시험 기준의 변화

1) KS F 2271(건축물 내장재료 및 구조의 난연성 시험방법)

(1) 1973년에 일본 표준인 JIS A 1321을 근간으로 한 KS F 2271을 제정하여 건축물 마감재료의 난연성능을 평가했다.(난연 1급~3급)

(2) 이 시험방법은 정성적인 부분이 많아 시험결과의 신뢰성 부족이 문제되어 폐지되었다.

2) KS F ISO 1182 및 KS F ISO 5660-1의 적용

(1) 2004년 KS F ISO 1182(건축재료의 불연성시험방법) 및 KS F ISO 5660-1(연소성능시험-열방출률 시험방법)이 제정되었고,

(2) 2009년 이 KS기준에 의한 국토해양부 고시(건축물 내부마감재료의 난연성능 기준)를 제정하여 현재까지 적용하고 있다.

3) 실물모형 화재시험의 도입

(1) 현행 불연성시험 및 열방출률시험은 소형 시편(약 10 [cm] × 10 [cm] × 5 [cm])에 대한 시험으로 건축자재의 시험에는 부적합하다.

(2) 이에 따라 복합자재(샌드위치 패널)와 2가지 이상의 재료로 제작된 외벽 마감재료에 대하여 실물모형시험을 적용하게 되었다.

2. 실물모형시험 방법

적용 대상	시험명 및 적용 규격	성능기준
샌드위치 패널 (강판과 심재로 이루어진 복합자재)	복합자재의 실물모형시험 KS F ISO 13784-1 건축용 샌드위치패널 구조에 대한 화재 연소 시험방법	1) 시험체 개구부 외 결합부 등에서 외부로 불꽃이 발생하지 않을 것 2) 시험체 상부 천장의 평균 온도가 650 [℃]를 초과하지 않을 것 3) 시험체 바닥에 복사 열량계의 열량이 25 [kW/m²]를 초과하지 않을 것 4) 시험체 바닥의 신문지 뭉치가 발화하지 않을 것 5) 화재 성장 단계에서 개구부로 화염이 분출되지 않을 것 (복합자재를 구성하는 강판과 심재가 모두 불연재료인 경우 시험 제외)

적용 대상	시험명 및 적용 규격	성능기준
외벽마감재료 또는 단열재가 2개 이상의 재료로 제작된 마감재료	외벽 복합 마감재료의 실물모형시험 KS F 8414 건축물 외부 마감 시스템의 화재 안전 성능 시험 방법	1) 외부 화재 확산 성능 평가 시험체 온도는 시작 시간을 기준으로 15분 이내에 레벨 2의 외부 열전대 어느 한 지점에서 30초 동안 600 [℃]를 초과하지 않을 것 2) 내부 화재 확산 성능 평가 시험체 온도는 시작 시간을 기준으로 15분 이내에 레벨 2의 내부 열전대 어느 한 지점에서 30초 동안 600 [℃]를 초과하지 않을 것 (외벽마감재료 또는 단열재를 구성하는 재료가 모두 불연재료인 경우 시험 제외)

• 레벨 2 : 시험체 개구부 상부로부터 위로 5 [m] 떨어진 위치

3. KS F ISO 13784-1(건축용 샌드위치패널 구조에 대한 화재 연소 시험방법- 소규모실 시험)

1) 개념

플래시오버(Flashover) 발생 여부에 따른 "화재연소성능"으로 평가하는 기준

2) 시험 장치의 구성

(1) 시험체

① 실제 시공법 및 재료로 되어야 함

② 시험실 크기 : $3.6 \times 2.4 \times 2.4$ [m]

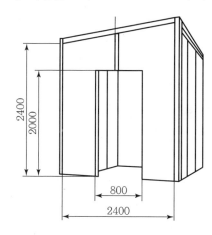

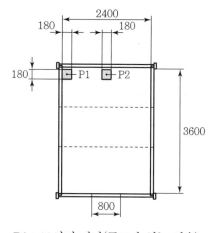

• P1 : 모서리 버너(골조가 없는 경우)
• P2 : 연결부 버너(골조가 있는 경우)

(2) 시험기기

① 열전대 : 각 샌드위치 패널 외부표면과 코어 내부에 설치

② 프로판 가스 버너 설치

③ 열류계(Heat Flux Meter)

3) 시험방법

(1) 시험체 내부의 개구부 반대 벽면 모서리에 착화원을 접하게 두고 점화시킨다.

(2) 초기 10분 동안 100 [kW]를 유지한 후, 이후 10분 동안 300 [kW]로 증가시켜 유지하며, 이후 열출력 없이 10분간 더 관찰한다.

(3) 시험체가 내부 화염에 노출되었을 때, 시험체의 화재 연소성능을 평가한다.

(4) 화재 성장 단계에서 개구부로 화염이 분출되지 않아야 한다.

4) 개선할 사항

(1) 샌드위치 패널에 대한 판정기준이 정성적이며, 국제 기준에는 미달된다.

(2) 따라서 열방출률 측정에 의한 정량적 등급 분류기준의 도입이 필요하다.

4. KS F 8414(건축물 외부 마감 시스템의 화재 안전 성능 시험방법)

1) 개념

수직 화재확산 시간을 평가하는 "화재확산 지연시간"으로 합격 여부를 결정하는 기준이다.

2) 시험장치의 구성

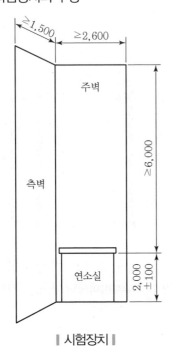

‖ 시험장치 ‖

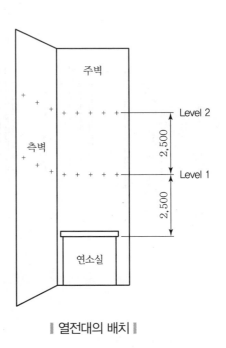

‖ 열전대의 배치 ‖

(1) 주벽과 측벽을 "ㄱ"자 형태로 설치

(2) 연소실 내부에는 목재 Crib을 설치

① 총 열방출률 : 4,500 [MJ](30분)

② 최대 열방출률 : 3±0.5 [MW]

③ 점화 후 30분간 외벽마감재를 가열하는 역할 수행

(3) 주벽 및 측벽에 열전대 설치

① Level 1과 Level 2의 높이에 설치

② 각 Level별로 8개의 열전대 설치

3) 시험방법

(1) 점화 전 Level 1에서 5분 동안 평균온도를 측정한다.

(2) 연소실 내의 목재 Crib을 헵탄으로 점화시킨다.

(3) 점화 후 Level 1에서 200 [℃]의 온도를 30초 동안 유지한 시점부터 시험을 시작한다.

(4) 시험 시작 후 Level 2에서 온도를 측정하여 성능을 평가한다.

4) 개선할 사항

(1) 상기 시험 도입은 시편 위주의 재료 시험에서 실대형 시험을 통한 외벽마감재의 화재안전 성 평가로의 전환의 의미가 있는 개정이라 할 수 있다.

(2) 다만 국내 기준에서의 화재안전성 판정기준은 화재확산을 온도로만 평가하고 있는 반면, 해외의 경우 외벽마감시스템에서 발생할 수 있는 화재확산 시나리오를 반영한 평가항목으로 더욱 강화된 화재안전 성능기준을 운영하고 있다.

(3) 그러므로 향후 국내에서도 이러한 시나리오 설정을 추가하여 보다 면밀한 판정기준 도입이 필요할 것이다.

6 NFPA 기준에 따른 내부마감재료 기준

1. 내장재(Interior Finish)

1) 내장재

(1) 건물 내의 벽, 천장 및 바닥에 노출된 표면

(2) 일반적으로 고정, 부착된 건물 내부의 표면으로서, 치장재 등도 포함

2) 은폐되거나 접근할 수 없는 공간의 표면이나 기능상 한 위치에 고정된 비품은 내장재로 간주되지 않는다.

2. 분류기준

1) 벽·천장 내장재의 분류기준

NFPA 255의 시험기준에 따른 화염확산지수(FSI)에 따라 Class A, B, C로 구분하며, 이 등급과 관계없이 연기성장지수(SDI)가 450을 초과하지 않도록 한다.

구분	FSI(화염확산지수)	SDI(연기성장지수)
Class A	0~25 이하	
Class B	26 이상~ 75 이하	0~450
Class C	76 이상~200 이하	

2) 바닥 내장재의 분류기준

NPPA 253의 시험결과에 의한 임계 복사열류에 따라 Class Ⅰ, Ⅱ로 구분한다.

(1) Class Ⅰ : 임계 복사열류가 0.45 [W/cm²] 이상

(2) Class Ⅱ : 임계 복사열류가 0.22 [W/cm²] 이상 0.45 [W/cm²] 미만

3. 화염확산지수(FSI)와 연기성장지수(SDI)

1) 화염확산지수(Flame Spread Index)

(1) NFPA 255 등에 따라 시험한 재료에 대해 시간에 따른 화염확산을 측정해서 무차원수로 표현한 것이다.

(2) 이 값은 NFPA 255에서의 실험에 의해 측정된 시간−화염확산 거리 곡선에 의해 산출한다.

(3) 화염확산 거리−시간 곡선

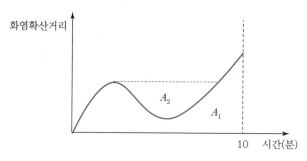

여기서, A_T : 화염의 일시적 후퇴는 무시하고

산정된 화염확산 거리−시간곡선의 하부면적($A_1 + A_2$)

t : 기준시간(10 [min])

(4) FSI의 산정

① $A_T \leq 97.5 \,[\mathrm{min-ft}]\,(=29.7\,[\mathrm{min-m}])$인 경우

$FSI = 0.515 A_T$

② $A_T > 97.5 \,[\mathrm{min-ft}]\,(=29.7\,[\mathrm{min-m}])$인 경우

$$FSI = \frac{4,900}{(195 - A_T)}$$

2) 연기성장지수(Smoke Developed Index)

(1) 시간에 따른 연기에 의한 감광정도(Smoke Obscuration)를 측정해서 무차원수로 표현한 것으로서, 강화 시멘트판과 Red Oak판을 각각 0과 100으로 하여 비교한 상대적 값이다.

(2) 연기성장지수 한계인 450은 UL에서의 연구결과에 따른 것으로서, 시간과 연기 농도를 함께 고려했을 때 적정한 연기등급의 한계 값이다.

7 샌드위치 패널의 종류별 특징

1. 발포폴리스티렌 패널

1) 심재로 발포폴리스티렌을 사용하고, 외부 표면재는 도장용융아연도금강판을 특수 열중합방식으로 일체화시킨 패널

2) 단열성능이 뛰어나고 경량이며, 자체강도와 내구성 우수

3) 화재 시 심재가 쉽게 용융되며 연소가스가 발생되고, 화염전파가 용이하여 위험

2. 우레탄폼 패널

1) 우레탄을 사용한 심재와 표면재인 도장용융아연도금강판을 연속적으로 발포시킴과 동시에 접착시키는 자기 접착방식을 통해 만들어진 패널

2) 단열성능, 구조성능, 난연성, 내열성, 절연성 등의 성능이 우수

3) 유기질 단열심재이므로 화재에 의해 내부 심재가 용융하면서 연소하여 유독가스가 발생

3. 글라스울 패널

1) 심재로 무기질계 재료인 유리섬유를 사용하고, 표면재로는 도장용융아연도금강판을 특수 열중합방식에 의해 일체화시킨 패널

2) 단열효과가 높고 화재 시 불에 타지 않으며 유독가스의 발생이 없다.

3) 방화구획과 내화구조에 시공이 가능한 내화구조로 지정된 구조이다.
    (1) 두께 50 [mm] 이상 : 30분 내화성능
    (2) 두께 100 [mm] 이상 : 1시간 내화성능

4. 미네랄울 패널

1) 규산칼슘계의 광석을 1,500~1,700 [℃]의 고열로 용융 액화시켜 고속회전 원심공법으로 만든 순수한 무기질 섬유를 단열재로 사용한 것

2) 사용온도가 650 [℃]로 내화성이 매우 뛰어나다.

3) 글라스울 패널과 마찬가지로 내화구조 지정 패널이다.

건축
방화

참고

난연화

1. 난연화의 원리

   1) 열전달 억제

     (1) 열전달을 억제하면, 재료의 가열에 의한 온도상승을 억제시킬 수 있다.

     (2) 고체 표면에 열전달을 억제하는 피막을 형성시킨다.

   2) 열분해 속도의 제어

     (1) 열분해 속도를 감소시켜 가연성 가스의 발생을 억제시킨다.

     (2) 또는 열분해 속도를 높여 온도가 연소점에 도달되기 전에 가연성 가스를 모두 배출시켜 버린다.

   3) 기상반응의 제어

     기상 중에서의 연쇄반응을 억제하는 물질을 방출시켜 발염을 억제한다.

   4) 열분해 생성물의 제어

     열분해에 의해 생성되는 물질 중에서 가연성 가스의 함량을 줄여 연소범위 내로 들어가지 않도록 제어한다.

2. 난연화의 문제점

   1) 유기물의 열분해 저지 불가능

     유기물에 난연제를 첨가하면, 훈소 형태로 화재가 진행되어 오히려 유독가스와 연기를 더 많이 배출하게 된다.

   2) 실제 화재 시 연소됨

     난연화된 물질도 실제화재의 강도가 커지면 연소되어 버리는 경우가 많다.

   3) 난연화는 화재 시 고체 연소를 어렵게 하여 연소확대를 방지하기 위해 실시하는 것이다. 그러나 실제 화재에서 오히려 유독가스를 더 많이 배출하며, 연소도 이루어질 가능성이 높다.

   4) 따라서 가급적 난연재를 사용하기보다는 불연재를 사용하는 것이 바람직하다.

콘 칼로리미터를 이용한 에너지(열) 방출속도 측정원리를 설명하시오.

1. 개요

1) 콘 칼로리미터(Cone Calorimeter)는 연소 시의 산소 소모량으로부터 HRR을 측정하는 장치이다.

2) 이것은 가연성 재료의 연소 시에 소모되는 산소량과 열방출률 간에 일정한 관계가 있음을 이용한 것이다.

2. 콘 칼로리미터의 측정원리

1) 연소 시의 열방출률(HRR)과 공기로부터 소모되는 산소의 양 사이에는 일정한 상관관계가 있음을 이용한다.

2) 순연소열은 연소하는 데 필요한 산소의 양에 비례한다는 원리를 이용한 것이다.

즉, 대부분의 가연성물질은 연소 시 산소 1 [kg]이 소비될 경우에 13.1×10^3 [kJ]의 열이 방출된다. (에너지 방출량 $E = 13.1$ [MJ/kg(O_2)])

3) 연소 시 산소의 소비원리

(1) 연소로 인해 열량이 발생되기 위해서는 배출흐름 속으로부터 제거되는 일정한 수의 산소분자들이 있어야 한다.

(2) 실제로 산소의 몰수를 셀 수는 없으나, 산소의 농도와 유량 측정은 가능하므로

① 유입과 유출 흐름 사이의 몰 변화

② 가스분석기로부터 어떤 가스의 포착 등으로부터 산소소비 방정식을 유도하며, 이를 이용한 것이 산소소비열량계(콘 칼로리미터)이다.

4) 에너지 방출속도의 측정방법

(1) 점화장치를 부착한 상태로 미리 결정된 $0.1 \sim 100$ [kW/m^2] 범위의 복사열에 시험편을 노출시킨다.

(2) 연소생성물 흐름 속의 산소농도와 유속으로부터 유도된 산소소비량을 측정하여 열방출률을 평가하여 결정한다.

건축
방화

외벽 마감재료의 종류

1 알루미늄 복합패널

1. 구성

1) MCM Panel

알루미늄 금속판 사이에 폴리우레탄 같은 가연성 물질
이 끼워져 있는 얇은 패널

2) 내부 공기층

3) 발포 단열재

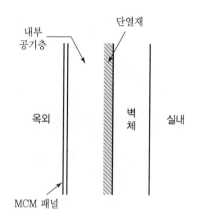

(1) 건물외벽에 직접 접착된 단열재 층

(2) 고분자물질(플라스틱) 사용이 일반적이며, 런던
그렌펠 타워의 경우에는 폴리이소시아뉴레이트를
사용하였다.

(3) 광물 또는 유리 섬유가 바람직하다.

2. 연소확대

1) 가연성 단열재가 착화되어 연소하게 된다.

2) 내부에 공기층이 있어서 화염 및 연기의 이동통로가 될 우려가 높다.

3) 알루미늄 복합패널은 화재 시 알루미늄이 녹으면서 연소 가능하다.

2 드라이비트(외단열 미장마감공법)

1. 특징

1) 알루미늄 복합패널과 달리 내부 공기층 없이 단열재에 직
접 미장마감하는 공법

2) 외단열재를 벽체에 접착제를 이용하여 부착

3) 외단열재 위에 철망을 씌우고 모르타르로 미장 마감

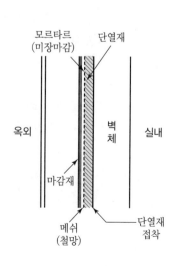

2. 연소확대

1) 주로 가연성 단열재를 사용하므로 화염확산 위험이 존재
한다.

2) 단열재 접착 불량이나 미장 부실로 인해 단열재가 화염에
노출될 경우 급속한 화재확산이 발생하게 된다.

3 더블스킨[이중 외피공법, 더블스킨 파사드(Facade) 공법]

1. 특징

1) 기존 외창(Facade)에 추가 외창을 설치한
   Multi−layer 개념
2) 구성
   (1) 외부 Layer(외창)
      ① 외부 환경에 노출됨
      ② 안전을 고려하여 강화유리 또는 접합유리 사용
      ③ 자연환기를 위한 환기구 설치
         • 개방식 환기구(영구적)
         • 개폐식 환기구(일시 개방)
   (2) 중간층
      ① 블라인드가 설치되는 공간이다.
      ② 너비 200~800 [mm] 정도이며, 일반적으로는 유지보수를 위해 약 600 [mm] 이상으로 적용한다.
3) 중간층의 높이, 너비에 따라 화재 시 화염 및 연기 확대의 양상이 달라진다.

2. 종류

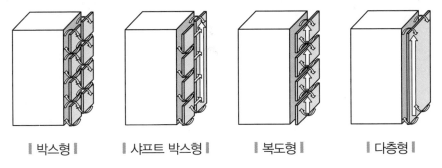

| 박스형 | 샤프트 박스형 | 복도형 | 다층형 |

1) 박스형
   (1) 중간층이 각 층별 및 수평으로 구분된다.
   (2) 화재전파의 위험이 가장 낮은 형태이다.
2) 샤프트 박스형
   (1) 수직으로만 중간층이 구분된다.
   (2) 화재전파의 위험이 낮은 편이다.

건축
방화

3) 복도형

(1) 중간층이 층별로 구분된다.

(2) 화재전파의 위험은 중간 정도이다.

4) 다층형

(1) 중간층 전체가 하나의 공간으로 이루어진 형태이다.

(2) 화재전파의 위험이 높다.

3. 화재확산의 양상

1) 화재실 화염에 의한 내측면 유리 파손

(1) 강화유리는 약 290~380 [℃]에서 균열이 발생하기 시작한다.

(2) 유리면 온도가 300 [℃] 이상으로 가열되면 스프링클러 방수 시 급랭에 의한 파열 위험이 생긴다.

2) 중간층을 통해 상층으로 열, 연기 이동

3) 상층 유리 파손으로 연소확대

4. 연소확대 방지대책

1) 중간층 너비가 800 [mm] 미만일 경우 상층으로의 연소확대 위험이 크고, 중간층 너비가 800 [mm]를 넘을 경우에는 단일 외피 방식과 차이가 거의 없다.

2) 따라서 중간층 너비가 800 [mm] 이상일 경우에는 스팬드럴을 설치하고, 중간층이 그 이하의 너비일 경우에는 스팬드럴 외에 윈도우 스프링클러 설치가 필요하다.

드라이비트(외단열미장마감공법)의 화재확산에 영향을 미치는 시공 상의 문제점을 설명하시오.

1. 드라이비트

1) 특징

(1) 알루미늄 복합패널과 달리 내부 공기층 없이 단열재에 직접 미장마감하는 공법

(2) 외 단열재를 벽체에 접착제를 이용하여 부착

(3) 외 단열재 위에 철망을 씌우고 모르타르로 미장 마감

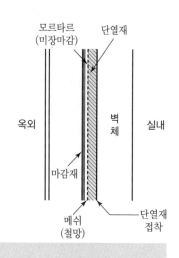

2) 연소확대

(1) 주로 가연성 단열재 사용하므로 화염확산 위험이 존재한다.

(2) 단열재 접착 불량이나 미장 부실로 인해 단열재가 화염에 노출될 경우 급속한 화재확산이 발생하게 된다.

2. 화재확산에 영향을 미치는 시공상의 문제점

1) 단열재 접착방식 불량

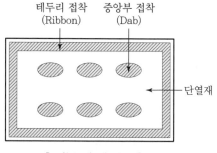

‖ 리본 앤 댑 방식 ‖

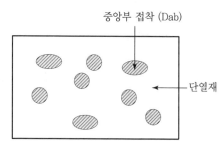

‖ 닷 앤 댑 방식 ‖

(1) Ribbon & Dab 방식

① 단열재의 테두리와 중앙 부위를 접착하는 방식

② 배면 연돌효과를 방지하기 위해 외단열재 부착 시 반드시 적용해야 한다.

(2) Dot & Dab 방식

단열재 중앙 부분에 접착제를 점(Dot) 형태로 소량 도포하는 방식

(3) 배면 연돌효과

　① Dot & Dab 방식으로 단열재를 접착한 경우, 건물 벽체와 단열재 사이에 틈새가 생겨 공기층을 형성하고 있게 된다.

　② 단열재 하부에서 화재가 발생할 경우 공기층을 통해 고온의 상승기류가 단열재의 배면을 타고 상승하게 된다.

　③ 단열재의 외측면은 모르타르 미장으로 밀착되어 화재확산이 느리지만, 가연성인 단열재와 접착제가 공기층에 노출된 단열재의 배면을 통해 화염이 급속하게 확산될 수 있다.

　④ 이러한 상승기류 속도는 매우 빠르기 때문에 건물 최상부까지 급속하게 화염이 확산되며, 단열재가 부풀어오른 형태를 보이며 녹게 된다.

2) 미장 시공 부실

(1) 드라이비트 방식은 단열재 외부면에 메쉬와 모르타르로 미장 면을 형성하게 된다.

(2) 이 방식에서 메쉬는 모르타르 속에 충분히 묻혀 적절한 모르타르 피복 두께를 유지해야만 떨어지지 않고 그 성능을 유지할 수 있다.

(3) 따라서, 바탕 모르타르를 바르고 약 3~4시간 내에 메쉬를 설치하고, 다시 모르타르를 바르는 작업을 해야 한다.

(4) 그러나 실제 현장에서는 이러한 시공 방법에 대한 규정이나 시방서가 없으므로, 단열재 위에 메쉬를 대고 1회 모르타르 작업만 수행하는 경우가 많다.

(5) 이로 인해 화재 시 단열재가 녹을 경우 모르타르가 탈락하며 연소 중인 단열재를 외기에 노출시켜 연소를 촉진시키게 된다.

3. 외벽을 통한 연소확대 방지대책

1) 드라이비트 시공방법 개선

(1) 단열재 접착 및 미장 방법의 표준화

(2) 관련 시공방식에 대한 법제화 및 시방서 명기

2) 가연성 단열재 사용 지양

가연성 단열재인 우레탄폼, 스티로폼 등을 대신하여 미네랄울, 글라스울 등의 불연재 적용

건축물관리법에 따른 기존 건축물의 화재안전성능 보강 기준

1 개요

관리자는 화재로부터 공공의 안전을 확보하기 위하여 건축물의 화재안전성능이 지속적으로 유지될 수 있도록 노력하여야 한다.

→ 대상 기존 건축물 : 화재안전성능을 보강해야 한다.

2 대상

3층 이상의 건축물 중 다음 4가지 요건을 모두 해당하는 건축물

1. 용도

1) 목욕장, 산후조리원, 지역아동센터(제1종 근린생활시설 중 대상)

2) 학원, 다중생활시설(제2종 근린생활시설 중 대상)

3) 종합병원, 병원, 치과병원, 한방병원, 정신병원, 격리병원(의료시설 중 대상)

4) 학원(교육연구시설 중 대상)

5) 아동 관련 시설, 노인복지시설, 사회복지시설(노유자시설 중 대상)

6) 청소년수련원(수련시설 중 대상)

7) 다중생활시설(숙박시설 중 대상)

2. 마감재료

외단열 공법으로서 건축물의 단열재 및 외벽마감재를 난연재료 기준 미만의 재료로 건축한 건축물일 것

3. 스프링클러 유무

스프링클러 또는 간이스프링클러가 설치되지 않은 건축물일 것

4. 규모(목욕장, 학원, 다중생활시설의 경우에만 해당)

1층의 전부 또는 일부를 필로티 구조로 설치하여 주차장으로 쓰는 건축물로서 해당 건축물의 연면적이 1천 $[m^2]$ 미만인 건축물일 것

3 화재안전성능보강의 시행(절차)

1. 건축물 관리자 : 화재안전성능보강 계획 수립

(제출서류)

1) 화재안전성능보강 계획 승인 신청서

2) 건축물 현황도서

3) 화재안전성능보강 예정 공사 설명서

4) 화재안전성능보강 예정 공사비 명세서

2. 시 · 도 · 군 · 구 : 건축심의위원회의 심의를 통해 계획을 승인

3. 건축물 관리자 : 2022년 12월 31일까지 보강 후 보고

(제출서류)

1) 화재안전성능보강 결과 보고서

2) 화재안전성능보강 전후 도면

3) 화재안전성능보강 공사 설명서

4) 화재안전성능보강 공사비 명세서

4. 시 · 도 · 군 · 구 : 결과 보고에 대한 검사 실시 ⇨ 건축물 생애이력 정보체계에 등록

5. 검사 결과 필요한 경우 보완 명령

6. 건축물 관리자 : 정해진 기간 내 보완하고 그 결과 보고

4 국토교통부고시 : 건축물의 화재안전성능보강 방법 등에 관한 기준

1. 용어의 정의

1) 필로티 건축물 : 1층의 전부 또는 일부를 필로티 구조로 설치하여 주차장으로 쓰는 건축물

2) 가연성 외부 마감재 : 외단열 공법을 적용한 건축물의 단열재 및 외벽마감재가 난연재료의 기준에 적합하지 않은 재료

3) 차양식 캔틸레버 : 필로티 주차장에서 발생한 화재가 외벽을 통해 수직으로 확산되는 것을 방지하고자 필로티 기둥 최상단에 설치되는 돌출식 켄틸레버 구조체

4) 불연재료 띠 : 불연재료를 사용하여 건축물의 횡방향으로 연속 시공하여 띠를 형성하도록 한 것

5) 드렌처 : 스프링클러 화재안전기준에 따라 창, 벽, 처마, 지붕에 물을 뿌려 수막을 형성함으로써 화재확산방지를 위한 소화설비

2. 품질기준

1) 화재안전성능보강에 적용되는 재료 : 불연, 준불연, 난연재료 적용

2) 설비에 적용되는 제품 : KS 표시 제품, 형식승인제품 또는 성능인증제품을 사용

(KS 표시 제품 없을 경우 : KS규격에 준한 제품 사용)

3. 보강공법의 적용범위

1) 해당 건축물의 구조형식 등을 고려하여 별표에 따른 보강방법 적용

2) 별표 규정의 보강공법 외의 공법 적용 : 건축위원회의 심의를 거쳐야 한다.

(1) 필수 적용

건축물 구조형식	적용	보강공법
필로티 건축물	필수	1층 필로티 천장 보강 공법
	다음 5가지 중 택 1 필수	(1층 상부) 차양식 캔틸레버 수평구조 적용 공법
		(1층 상부) 화재확산방지구조 적용 공법
		(전층) 외벽 준불연재료 적용 공법
		(전층) 화재확산방지구조 적용 공법
		옥상 드렌처설비 적용 공법
일반 건축물	다음 3가지 중 택 1 필수	스프링클러 또는 간이스프링클러 설치 공법
		(전층) 외벽 준불연재료 적용 공법
		(전층) 화재확산방지구조 적용 공법

(2) 선택 적용

건축물 구조형식	적용	보강공법
선택 적용	일반건축물 필수	스프링클러 또는 간이스프링클러 설치 공법
	모든 층	옥외피난계단 설치 공법
	–	방화문 설치 공법
	–	하향식 피난구 설치 공법

5 보강공법별 시공기준

1. 1층 필로티 천장 보강 공법

1) 외기에 노출된 천장면의 가연성 외부 마감재료 : 완전히 제거
2) 마감재료
   (1) 준불연 또는 난연재료
   (2) 화재, 지진 및 강풍 등으로 인한 탈락 방지 : 고정 철물로 고정

2. 1층 상부 차양식 캔틸레버 수평구조 적용 공법

1) 설치 위치

차양식 캔틸레버 구조물은 1층 필로티 기둥 최상단 기준으로 높이 400 [mm] 이내에서 200 [mm] 이상의 마감재료를 제거한 부위에 설치한다.

2) 차양식 캔틸레버 시공

(1) 금속재질의 브래킷을 외벽 구조체 표면에서 800 [mm] 이상 돌출

(2) 두께 : 200 [mm] 이상 확보

(3) 기존 외부 마감 재료와의 틈 : 내화성능 확보 가능한 재료로 밀실하게 채울 것

(4) 불연속 구간이 없도록 할 것(현장 여건상 불가능한 경우 : 다른 화재안전보강공법 적용)

3. 1층 상부 화재확산방지구조 적용 공법

1) 기존 제거 : 1층 필로티 기둥 최상단 기준으로 2,500 [mm] 이내에 적용된 단열재를 포함한 외부 마감재료를 완전히 제거

2) 제거 부위의 마감 : 두께 155 [mm] 이상의 불연재료로 마감

4. 전층 외벽 준불연재료 적용 공법

1) 기존 제거 : 외벽 전체에 적용된 가연성 외부 마감재료를 완전히 제거(단열재 없음)

2) 제거 부위의 마감 : 두께 90 [mm] 이상의 준불연재료로 마감

5. 전층 화재확산방지구조 적용 공법

1) 기존 제거 : 외벽 전체에 적용된 단열재 포함한 가연성 외부 마감재료 완전히 제거

2) 불연재료 띠 : 1층 필로티 기둥 최상단을 기준으로 높이 400 [mm]의 연속된 띠를 형성하도록 시공하되, 최대 2,900 [mm] 이내의 간격으로 반복 시공

3) 불연재료 띠 이외의 외벽 : 두께 155 [mm] 이상의 난연재료로 마감

6. 옥상 드렌처 설비 적용 공법

1) 소화펌프

(1) 설계도서의 토출압, 토출량을 충족할 것

(2) 콘크리트 등 바닥면에 고정시켜 진동에 대한 안전성을 확보할 것

2) 배관

(1) 설계도서의 규격 사이즈

(2) 소화펌프에서 건축물 최상층 부의 스프링클러 헤드까지 연결

(3) 동파방지 조치

3) 배선

소화펌프에 전원을 공급하기 위한 전기배관 및 전기배선 : 내화배선으로 시공

4) 드렌처 헤드

(1) 각각의 드렌처 헤드 선단 : 방수압 0.05 [MPa] 이상

(2) 헤드와 신속히 개방가능한 전동밸브 적용

(3) 드렌처 헤드는 설계도서에 따라 고르게 분배하여 시공

5) 그 외의 기준

스프링클러 화재안전기준에 따라 설치할 것

7. 기타 시설의 시공기준

1) 스프링클러/간이스프링클러 : 화재안전기준을 적용할 것

2) 하향식 피난구 : 건축물의 피난, 방화구조 등의 기준에 관한 규칙에 따라 설치할 것

3) 방화문 : 건축물의 피난, 방화구조 등의 기준에 관한 규칙에 따라 설치할 것

4) 옥외피난계단 : 건축공사 표준시방서에 따라 설치할 것

건축자재의 품질관리 제도

1 도입 배경

1. 품질관리서 작성제도가 도입되지 않은 건축자재 중에서 다음과 같은 사례가 발생하여 화재안전성
능에 악영향을 미치는 경우가 다수 발생해 왔다.
   1) 건축자재 자체 화재안전성능 미달(불량 단열재, 불량 방화문 등)
   2) 화재안전 관련 자재의 미시공 또는 잘못된 시공(내화채움 인정 구조의 오시공, 미시공 등)

2. 그에 따라 주요 건축자재에 대하여 품질관리서 제도를 도입함으로써, 자재의 성능 및 시공 정보에
대하여 시공자, 감리자 및 인허가권자에게 전달하여 양질의 품질을 가진 건축자재가 도입되어 적
합하게 시공되도록 한 것이다.

2 적용대상

1. 복합자재

2. 건축물 외벽에 사용하는 마감재료로서 단열재

3. 방화문

4. 자동방화셔터

5. 내화채움성능 인정 구조

6. 방화댐퍼

3 건축자재 별 품질관리서 기입정보

건축자재	분류	품질관리서 기입정보
복합자재	품질관리서 기입정보	• 자재 성능 : 난연성능, 성적서 정보, 강판 정보 • 자재 시공 : 공급 물량
	첨부 서류	• 난연성능 표시된 시험성적서 사본 • 강판 두께, 도금종류, 도금부착량 표시된 품질검사증명서 • 실물모형시험 결과가 표시된 복합자재 시험성적서 사본
단열재	품질관리서 기입정보	• 자재 성능 : 난연성능, 성적서 정보, 겉면 정보 표기 • 자재 시공 : 공급물량, 설치용도, 단열재 밀도
	첨부 서류	• 난연성능이 표시된 단열재 시험성적서 사본

건축자재	분류	품질관리서 기입정보
방화문	품질관리서 기입정보	• 자재 성능 : 화재안전성능(60분+, 60분, 30분), 성적서 정보 • 자재 시공 : 공급물량, 설치용도, 문짝 규격
	첨부 서류	• 연기, 불꽃 및 열을 차단할 수 있는 성능이 표시된 방화문 방화문 시험성적서 사본
자동방화셔터	품질관리서 기입정보	• 자재 성능 : 화재안전성능(연기 및 불꽃 차단시간), 성적서 정보 • 자재 시공 : 공급물량, 셔터 규격
	첨부 서류	• 연기 및 불꽃을 차단할 수 있는 성능이 표시된 자동방화셔터 시험성적서 사본
내화채움성능이 인정된 구조	품질관리서 기입정보	• 자재 성능 : 화재안전성능(차열, 차염), 성적서 정보 • 자재 시공 : 공급물량, 설치용도(설비관통부, 선형조인트)
	첨부 서류	• 연기, 불꽃 및 열을 차단할 수 있는 성능이 표시된 내화채움구조 시험성적서 사본
방화댐퍼	품질관리서 기입정보	• 자재 성능 : 화재안전성능(방연성능, 철판두께), 성적서 정보 • 자재 시공 : 공급물량
	첨부 서류	• 방연시험 시험성적서

4 외벽마감재료에 사용하는 단열재 표면의 정보표시

1. 표기항목

단열재 제조·유통업자는 단열재의 성능과 관련된 정보를 일반인이 쉽게 식별할 수 있도록 단열재 표면에 표시하여야 한다.

1) 제조업자 : 한글 또는 영문
2) 제품명, 단 제품명이 없는 경우에는 단열재의 종류
3) 밀도 : 단위 K
4) 난연성능 : 불연, 준불연, 난연
5) 로트번호 : 생산일자 등 포함

2. 표기 방법

1) 상기 정보는 시공현장에 공급하는 최소 포장 단위별로 1회 이상 표기하되, 단열재의 성능에 영향을 미치지 않는 표면에 표기하여야 한다.
2) 표기하는 글자의 크기는 2.0 [cm] 이상이어야 한다.
3) 단열재의 성능정보는 반영구적으로 표기될 수 있도록 인쇄, 등사, 낙인, 날인의 방법으로 표기하여야 한다.(라벨, 스티커, 꼬리표, 박음질 등 외부 환경에 영향을 받아 지워지거나, 떨어질 수 있는 표기방식은 제외)

> **문제**
>
> 방화지구의 건축물에 대한 방재규정을 설명하시오.

1. 개요

1) 방화지구란, 도시계획법에 의해 토지의 경제적 · 효율적 이용과 공공의 복리 증진을 도모하고, 화재 및 기타 재해의 위험을 예방하기 위해 필요시 지정된 지역을 말한다.

2) 따라서 방화지구 내 건축물은 건축법상 화재 예방을 위한 특별한 규제가 행하여진다.

2. 방화지구 내 건축물의 구조

1) 주요구조부, 지붕 및 외벽

(1) 내화구조로 할 것

(2) [예외]

① 연면적 30 [m²] 미만의 단층 부속건축물로서, 외벽 및 처마면이 내화구조 또는 불연재료로 된 것

② 주요구조부가 불연재료로 된 도매시장의 용도에 쓰이는 건축물

③ 지붕은 불연재료로 함

2) 주요부를 불연재료로 해야 하는 공작물

간판 · 광고탑 기타 대통령령이 정하는 공작물 중에서

(1) 지붕 위에 설치하는 공작물

(2) 높이 3 [m] 이상의 공작물

3) 연소할 우려가 있는 부분에 대한 조치

(1) 방화지구 내 건축물의 인접대지경계선에 접하는 외벽에 설치하는 창문등으로서 연소할 우려가 있는 부분에는 다음 방화설비를 설치할 것

(2) 방화설비

① 60분+ 또는 60분 방화문

② 소방법령이 정하는 기준에 적합하게 창문등에 설치하는 드렌처

③ 당해 창문등과 연소할 우려가 있는 다른 건축물의 부분을 차단하는 내화구조나 불연재료로 된 벽, 담장 또는 기타 이와 유사한 방화설비

④ 환기구멍에 설치하는 불연재료로 된 방화커버 또는 그물눈 2 [mm] 이하인 금속망

문제

건축법상 연소할 우려가 있는 부분에 대하여 설명하시오.

1. 연소할 우려가 있는 부분

1) 인접대지경계선, 도로중심선 또는 동일한 대지 안에 있는 2동 이상의 건축물(연면적 합계가 500 [m²] 이하인 건축물은 이를 하나의 건축물로 봄) 상호의 외벽 간의 중심선으로부터
   (1) 1층 : 3 [m] 이내
   (2) 2층 이상 : 5 [m] 이내　　의 거리에 있는 건축물의 각 부분을 말한다.

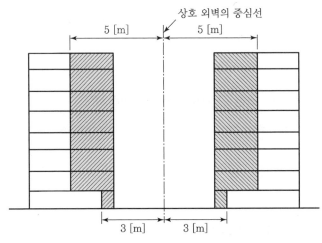

2) 다만, 공원, 광장, 하천의 공지나 수면 또는 내화구조의 벽 기타 이와 유사한 것에 접하는 부분은 제외한다.
   → 이는 소방법상의 연소할 우려가 있는 구조와 동일한 개념임

2. 연소할 우려가 있는 부분의 위험성

다른 건축물로부터 상대적으로 매우 근접하게 위치하고 있으므로 화염 접촉에 의한 연소 확대, 비화에 의한 연소 확대, 복사열에 의한 연소 확대 등의 위험성이 비교적 크다.

3. 연소할 우려가 있는 부분에 대한 방화조치 규정

1) 연면적 1,000 [m²] 이상인 목조 건축물
   (1) 외벽 · 처마 밑의 연소 우려 부분은 방화구조로 할 것
   (2) 지붕은 불연재료로 할 것

2) 방화지구 내의 창문등 연소할 우려가 있는 부분에 대한 조치

   (1) 방화지구 내 건축물의 인접대지경계선에 접하는 외벽에 설치하는 창문등으로서 연소할 우려가 있는 부분에는 다음 방화설비를 설치할 것

   (2) 방화설비

      ① 60분+ 또는 60분 방화문

      ② 소방법령이 정하는 기준에 적합하게 창문등에 설치하는 드렌처

      ③ 당해 창문등과 연소할 우려가 있는 다른 건축물의 부분을 차단하는 내화구조나 불연재료로 된 벽, 담장 또는 기타 이와 유사한 방화설비

      ④ 환기구멍에 설치하는 불연재료로 된 방화커버 또는 그물눈 2 [mm] 이하인 금속망

건축법상 방화상 장애가 되는 용도의 제한 규정에 대하여 설명하시오.

1. 개요

방화상 장애가 되는 용도의 제한규정은

   1) 화재 시 인명피해가 클 것으로 예상되는 용도의 시설과

   2) 위락시설, 위험물 시설 등과 같이 화재발생 위험이 높은 용도의 시설을

함께 설치하지 않도록 제한하여 화재 시의 인명피해를 최소화하려는 것이다.

2. 방화상 하나의 건축물에 함께 설치할 수 없는 시설

1) 용도 제한의 원칙

다음 용도의 시설은 같은 건축물 내에 설치할 수 없다.

공동주택등	위락시설등
• 의료시설 • 노유자시설 (아동관련시설 및 노인복지시설만 해당) • 공동주택 • 장례시설 • 산후조리원	• 위락시설 • 위험물 저장 및 처리시설 • 공장 • 자동차관련시설(정비공장에 한함)

2) 용도 제한의 혼재가 가능한 경우

예외 대상	복합건축물의 피난시설 등의 기준
1. 기숙사와 공장이 같은 건축물 안에 있는 경우 2. 중심상업지역, 일반상업지역 또는 근린상업지역 안에서 도시 및 주거환경 정비법에 의한 재개발사업을 시행하는 경우 3. 공동주택과 위락시설이 같은 초고층 건축물에 있는 경우(단, 사생활 보호, 주거안전 보장, 소음·악취로부터 주거환경을 보호할 수 있도록 주택의 출입구, 계단 및 승강기 등을 주택 외의 시설과 분리된 구조로 해야 함) 4. 지식산업센터와 직장어린이집이 같은 건축물에 있는 경우	1. 출입구 간 보행거리 : 30[m] 이상 되도록 설치 2. 내화구조 바닥 및 벽으로 구획하여 서로 차단할 것(출입통로 포함) 3. 서로 이웃하지 않게 배치할 것 4. 주요구조부 : 내화구조로 할 것 5. 내부마감재료 1) 거실의 벽 및 반자 : 불연재료, 준불연재료, 난연재료 2) 그 거실에서 지상으로 통하는 주된 복도, 계단, 통로의 벽 및 반자 : 불연재료, 준불연재료

3) 용도제한의 강화

다음 A 용도와 B 용도의 시설은 예외 없이 같은 건축물에 함께 설치할 수 없다.

A 용도	B 용도
노유자 시설 중 아동관련시설, 노인복지시설	판매시설 중 도매시장, 소매시장
단독주택 중 다중주택, 다가구주택 공동주택 조산원, 산후조리원	다중생활시설

문제

건축법상 지하층의 개념과 구조기준 및 비상탈출구의 구조기준을 설명하시오.

1. 지하층의 정의

건축법에서 지하층이라 함은 그림에서와 같이 건축물의 바닥이 지표면 아래 있는 층으로서, 그 바닥에서 지표면까지의 평균높이가 당해 층높이의 1/2 이상인 것을 말한다.

$$h \geq \frac{1}{2}H$$

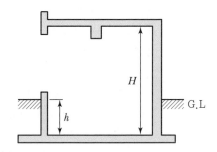

2. 지하층의 구조기준

	지하층 바닥면적	설치사항
1	거실 바닥면적 50 [m²] 이상인 층	• 직통계단 외에 ① 피난층 또는 지상으로 통하는 비상탈출구 설치 ② 환기통 설치 • 예외 ① 직통계단 2개소 이상 설치된 경우 ② 주택인 경우
2	다음 용도로 사용되는 층의 거실 바닥면적의 합이 50 [m²] 이상인 건축물	• 직통계단을 2개소 이상 설치 • 해당 용도 : 공연장, 단란주점, 유흥주점, 생활권 수련시설, 자연권 수련시설, 예식장, 여관, 여인숙, 다중이용업소 등
3	바닥면적 1,000 [m²] 이상인 층	• 방화구획마다 피난계단 또는 특별피난계단을 1개소 이상 설치
4	거실 바닥면적 합계 1,000 [m²] 이상인 층	• 환기설비를 설치
5	바닥면적 300 [m²] 이상인 층	• 식수공급을 위한 급수전 1개소 이상 설치

3. 비상탈출구의 기준

비상탈출구의 구조		설치기준
	1	• 비상탈출구 크기 : 0.75[m] × 1.5 [m] 이상
	2	• 비상탈출구의 문 ① 피난방향으로 개방 ② 실내에서 항상 열 수 있는 구조 ③ 내부 및 외부에는 비상탈출구의 표시
	3	• 출입구로부터 3 [m] 이상 떨어진 곳에 설치
	4	• 사다리 ① 지하층 바닥 ~ 탈출구 아랫부분 높이 : 1.2 [m] 이상 ⇒ 벽체에 사다리를 설치 ② 사다리 발판 너비 : 20 [cm] 이상
	5	• 피난층 또는 지상으로 통하는 복도나 직통계단에 ① 직접 접하거나 ② 피난통로 등으로 연결될 수 있도록 설치할 것 • 피난통로 ① 유효너비 : 0.75 [m] 이상 ② 실내에 접하는 부분의 마감과 그 바탕 : 불연재료

6. 비상탈출구 진입부분 및 피난통로에는 통행에 지장이 있는 물건을 방치하거나 시설물을 설치하지 않을 것
7. 비상탈출구의 유도등과 피난통로의 비상조명등 설치는 소방법령이 정하는 바에 의할 것

> **문제**
>
> **건축물의 구조안전확인 대상과 적용기준을 설명하시오.**

1. 구조안전의 확인

건축물을 건축 또는 대수선하는 경우 설계자는 구조 안전을 확인해야 하며, 지방자치단체의 장은 구조확인 대상 건축물에 대한 허가 등을 하는 경우 내진성능 확보 여부를 확인해야 한다.

2. 구조안전 확인 대상 건축물

층수	2층 이상	주요구조부인 기둥과 보를 설치하는 건축물로서, 목구조 건축물인 경우 : 3층
연면적	200 [m²] 이상	• 목구조 건축물 500 [m²] 이상 • 창고, 축사, 작물 재배사 및 표준설계도서에 따라 건축하는 건축물은 제외
높이	13 [m] 이상	
처마높이	9 [m] 이상	
기둥과 기둥 사이의 거리	10 [m] 이상	기둥의 중심선 사이의 거리(기둥이 없는 경우 내력벽 사이의 거리)
중요도가 높은 건축물	중요도가 특, 1에 해당 건축물	건축물의 용도 및 규모를 고려한 중요도 특, 중요도 1에 해당하는 건축물
국가적 문화유산	연면적 합계 5,000 [m²] 이상	국가적 문화유산으로 보존가치가 있는 박물관, 기념관, 그 밖에 이와 유사한 것으로서 연면적의 합계 5,000 [m²] 이상인 건축물
특수구조 건축물	3 [m] 이상 돌출차양 등	• 한쪽 끝은 고정되고, 다른 끝은 지지되지 않은 구조로 된 보, 차양 등이 외벽의 중심선으로부터 3 [m] 이상 돌출된 건축물 • 특수한 설계, 시공, 공법 등이 필요한 건축물로서 국토교통부장관이 정하여 고시하는 구조로 된 건축물
주택	단독주택, 공동주택	

3. 구조안전 확인자의 자격

1) 설계 단계

(1) 건축구조기술사

6층 이상 건축물, 특수구조 건축물, 다중이용건축물, 준다중이용건축물, 3층 이상인 필로티 형식의 건축물, 지진구역 Ⅰ에 건축하는 중요도 특인 건축물

(2) 해당 건축물의 설계자(건축사)

그 외의 건축물

2) 공사 단계

공사감리자

4. 적용기준

    1) 구조설계도서의 작성
    2) 구조안전확인서 제출
    3) 공사단계의 구조안전 확인
    4) 내진성능 확보 여부 확인

건축 용어

① 건축

건축물을 신축 · 증축 · 개축 · 재축하거나 건축물을 이전하는 것

1. 신축

    1) 건물이 없는 대지에 새로운 건축물을 축조하는 것
    2) 기존 건축물의 철거 또는 멸실된 대지에 새로운 건물을 축조하는 것
    3) 부속건축물만 있는 대지에 새로 주된 건축물을 축조하는 것

2. 증축

기존 건축물이 있는 대지 내 건축물의 건축 면적 · 연면적 · 층수 · 높이를 증가시키는 것

3. 개축

기존 건축물의 전부 또는 일부(내력벽 · 기둥 · 보 · 지붕틀 중 3 이상 포함)를 철거하고, 당해 대지 안에 종전과 동일 규모의 범위 안에서 건축물을 다시 축조하는 것
(동일 규모 : 건축면적, 연면적, 층수, 높이가 같은 것을 말함)

4. 재축

건축물의 천재지변 등으로 멸실된 경우, 그 대지 안에 종전과 동일한 규모의 범위 안에서 다시 축조하는 것

5. 이전

건축물의 주요구조부를 해치지 않고, 동일 대지 안에서 다른 위치로 옮기는 행위

☑ 대수선

1. 대수선의 정의

1) 건축물의 주요구조부에 대한 수선이나 변경

2) 건축물의 외부형태 변경

2. 대수선의 범위

다음에 해당하는 것으로 증축 · 개축 · 재축에 해당하지 않는 것

1) 내력벽을 증설 또는 해체하거나 그 벽면적을 30 [m²] 이상 해체하여 수선 또는 변경하는 것

2) 기둥 · 보 · 지붕틀을 증설 또는 해체하거나 각각 3개 이상 해체하여 수선 또는 변경하는 것
   → 만일 1), 2)의 3가지를 포함하는 것은 개축임

3) 방화벽 · 방화구획을 위한 바닥 또는 벽을 증설 또는 해체하거나 수선 또는 변경하는 것

4) 주계단, 피난계단, 특별피난계단을 증설 또는 해체하거나 수선 또는 변경하는 것

5) 다가구주택의 가구 간 경계벽 또는 다세대주택의 세대 간 경계벽을 증설 또는 해체하거나 수선 또는 변경하는 것

6) 건축물의 외벽에 사용하는 마감재료를 증설 또는 해체하거나 벽면적 30 [m²] 이상 해체하여 수선, 변경하는 것

☑ 면적 관련 용어

1. 대지면적

대지의 수평투영면적

2. 건축면적

건축물의 외벽(외벽이 없는 경우에는 외곽 부분의 기둥을 말한다)의 중심선으로 둘러싸인 부분의 수평투영면적

3. 바닥면적

건축물의 각 층 또는 그 일부로서 벽, 기둥, 그 밖에 이와 비슷한 구획의 중심선으로 둘러싸인 부분의 수평투영면적

4. 연면적

하나의 건축물 각 층의 바닥면적의 합계로 하되, 용적률을 산정할 때에는 다음에 해당하는 면적은 제외

1) 지하층의 면적

2) 지상층의 주차면적(해당건물의 부속용도인 경우만 해당)

3) 초고층 건축물과 준초고층 건축물에 설치하는 피난안전구역의 면적

4) 건축물의 경사지붕 아래에 설치하는 대피공간의 면적

5. 층수

1) 지상층만으로 산정(지하층은 제외)

2) 부분에 따라 그 층수를 달리하는 경우 : 가장 많은 층수로 산정

3) 옥상부분 : 건축면적의 1/8을 넘는 경우 층수에 산입 (공동주택중 세대별 전용면적이 85 [m²] 이하인 경우 1/6)

4) 층의 구분이 명확하지 않은 경우 : 4 [m]마다 1개 층으로 산정

4 부속건축물, 부속용도

1. 부속건축물

같은 대지에서 주된 건축물과 분리된 부속용도의 건축물로서 주된 건축물을 이용 또는 관리하는 데에 필요한 건축물

2. 부속용도

건축물의 주된 용도의 기능에 필수적인 용도로서 다음 어느 하나에 해당하는 용도

1) 건축물의 설비, 대피, 위생, 그 밖에 이와 비슷한 시설의 용도

2) 사무, 작업, 집회, 물품저장, 주차, 그 밖에 이와 비슷한 시설의 용도

3) 구내식당 · 직장어린이집 · 구내운동시설 등 종업원 후생복리시설, 구내소각시설, 그 밖에 이와 비슷한 시설의 용도

4) 관계 법령에서 주된 용도의 부수시설로 설치할 수 있게 규정하고 있는 시설, 그 밖에 국토교통부장관이 이와 유사하다고 인정하여 고시하는 시설의 용도

건축
방화

초고층 및 지하연계 복합건축물 재난관리에 관한 특별법

1 정의

1. 초고층 건축물

층수가 50층 이상 또는 높이가 200 [m] 이상인 건축물

2. 지하연계 복합건축물

다음의 요건을 모두 갖춘 것

1) 층수가 11층 이상이거나 1일 수용인원이 5천 명 이상인 건축물로서 지하부분이 지하역사 또는 지하도상가와 연결된 건축물

2) 건축물 안에 문화 및 집회시설, 판매시설, 운수시설, 업무시설, 숙박시설, 유원시설업의 시설 또는 대통령령으로 정하는 용도(종합병원, 요양병원)의 시설이 하나 이상 있는 건축물

2 초고층 특별법의 적용대상

1. 초고층 건축물
2. 지하연계 복합건축물
3. 대통령령으로 정하는 건축물 및 시설물

3 종합방재실

1. 종합방재실의 설치, 운영

1) 초고층 건축물등의 관리주체는 그 건축물등의 건축 · 소방 · 전기 · 가스 등 안전관리 및 방범 · 보안 · 테러 등을 포함한 통합적 재난관리를 효율적으로 시행하기 위하여 종합방재실을 설치 · 운영하여야 하며, 관리주체 간 종합방재실을 통합하여 운영할 수 있다.

2) 종합방재실은 소방기본법에 따른 종합상황실과 연계되어야 한다.

3) 관계지역 내 관리주체는 종합방재실 간 재난 및 안전정보 등을 공유할 수 있는 정보망을 구축하여야 하며, 유사시 서로 긴급연락이 가능한 경보 및 통신설비를 설치하여야 한다.

2. 종합방재실의 종합재난관리체제 구축

1) 초고층 건축물등의 관리주체는 관계지역 안에서 재난의 신속한 대응 및 재난정보 공유 · 전파를 위한 종합재난관리체제를 종합방재실에 구축 · 운영하여야 한다.

2) 종합재난관리체제 구축 시 포함할 사항

(1) 재난대응체제

　① 재난상황 감지 및 전파체제

　② 방재의사결정 지원 및 재난 유형별 대응체제

　③ 피난유도 및 상호응원체제

(2) 재난 · 테러 및 안전 정보관리체제

　① 취약지역 안전점검 및 순찰정보 관리

　② 유해 · 위험물질 반출 · 반입 관리

　③ 소방 시설 · 설비 및 방화관리 정보

　④ 방범 · 보안 및 테러대비 시설관리

(3) 그 밖에 관리주체가 필요로 하는 사항

2. 종합방재실의 설치기준

초고층 건축물등의 관리주체는 다음 기준에 맞는 종합방재실을 설치 · 운영하여야 한다.

1) 종합방재실의 개수

1개

2) 종합방재실의 위치

(1) 1층 또는 피난층. 다만, 초고층 건축물등에 특별피난계단이 설치되어 있고, 특별피난계단 출입구로부터 5 [m] 이내에 종합방재실을 설치하려는 경우에는 2층 또는 지하 1층에 설치 할 수 있으며, 공동주택의 경우에는 관리사무소 내에 설치할 수 있다.

(2) 비상용 승강장, 피난 전용 승강장 및 특별피난계단으로 이동하기 쉬운 곳

(3) 재난정보 수집 및 제공, 방재 활동의 거점 역할을 할 수 있는 곳

(4) 소방대가 쉽게 도달할 수 있는 곳

(5) 화재 및 침수 등으로 인하여 피해를 입을 우려가 적은 곳

3) 종합방재실의 구조 및 면적

(1) 다른 부분과 방화구획으로 설치할 것

다만, 다른 제어실 등의 감시를 위하여 두께 7 [mm] 이상의 망유리(두께 16.3 [mm] 이상 의 접합유리 또는 두께 28 [mm] 이상의 복층유리를 포함한다)로 된 4 [m²] 미만의 붙박이 창을 설치할 수 있다.

(2) 상주인력의 대기 및 휴식 등을 위하여 종합방재실과 방화구획된 부속실을 설치할 것

(3) 면적은 20 [m²] 이상으로 할 것

(4) 재난 및 안전관리, 방범 및 보안, 테러 예방을 위하여 필요한 시설 · 장비의 설치와 근무 인력 의 재난 및 안전관리 활동, 재난 발생 시 소방대원의 지휘 활동에 지장이 없도록 설치할 것

(5) 출입문에는 출입제한 및 통제장치를 갖출 것

4) 종합방재실의 설비 등

    (1) 조명설비(예비전원을 포함한다) 및 급수 · 배수설비

    (2) 상용전원과 예비전원의 공급을 자동 또는 수동으로 전환하는 설비

    (3) 급기 · 배기 설비 및 냉방 · 난방 설비

    (4) 전력공급상황 확인 시스템

    (5) 공기조화 · 냉난방 · 소방 · 승강기 설비의 감시 및 제어시스템

    (6) 자료 저장 시스템

    (7) 지진계 및 풍향 · 풍속계

    (8) 소화 장비 보관함 및 무정전 전원공급장치

    (9) 피난안전구역, 피난용 승강기 승강장 및 테러 등의 감시와 방범 · 보안을 위한 폐쇄 회로텔레비전(CCTV)

3. 종합방재실의 상주인력

초고층 건축물등의 관리주체는 종합방재실에 재난 및 안전관리에 필요한 인력을 3명 이상 상주하도록 하여야 한다.

4. 종합방재실의 점검

초고층 건축물등의 관리주체는 종합방재실의 기능이 항상 정상적으로 작동되도록 종합방재실의 시설 및 장비 등을 수시로 점검하고, 그 결과를 보관하여야 한다.

4 사전재난영향성 검토 협의

1. 대상

1) 초고층 건축물등의 설치에 대한 허가 · 승인 · 인가 · 협의 · 계획수립 등의 신청을 받은 경우

2) 초고층 건축물등의 건축에 대한 사전결정 신청을 받은 경우

3) 용도변경 허가신청을 받은 경우로서 다음 중 어느 하나에 해당하는 경우

    (1) 건축물 또는 시설물이 용도변경 또는 용도변경에 따른 수용인원 증가로 초고층 건축물등이 되는 경우

    (2) 초고층 건축물등이 문화 및 집회시설로 용도변경되어 별표1에 따라 산정한 거주밀도가 증가하는 경우

4) 그 밖에 시 · 도본부장이 사전재난영향성검토협의가 필요하다고 인정하여 고시하는 경우

2. 협의 절차

1) 협의기관 검토

재난영향에 관한 협의요청을 받은 소방본부에서 협의대상에 해당하는지와 협의요청서의 내용

의 적정 여부 등 기본요건을 검토한다.

(1) 협의대상이 아닌 경우 반려할 수 있다.

(2) 협의요청 서류가 부실하거나, 내용이 미비한 경우 담당자의 사전검토 또는 사전재난영향성검토위원회 검토회의를 통해 시장·군수·구청장에게 보완 또는 재작성을 요구할 수 있다.

(3) 시·도 본부장은 협의도서에 대해 검토항목 List를 참조하여 담당부서 공무원과 사전재난영향성검토위원회에서 검토하도록 한다.

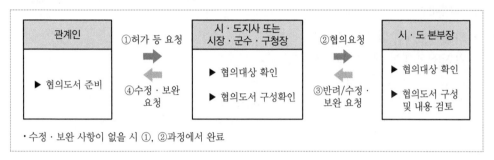

· 수정 · 보완 사항이 없을 시 ①, ②과정에서 완료

2) 위원 검토

(1) 협의에 필요한 준비도서(서류) 등 제반자료에 대한 확인 후 이상이 없으면, 이를 회의개최일로부터 최소 15일 전 위원들에게 사전 배포하여 검토의견 작성 요청

(2) 검토위원별 사전 검토의견 취합 후 회의개최일로부터 7일 전까지 관계인 에게 통보하고, 필요한 사항에 대하여 회의 당일까지 수정 · 보완하여 제출하도록 요청

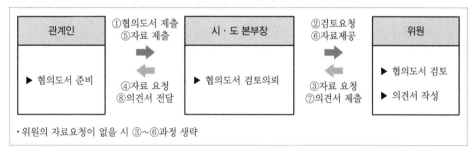

· 위원의 자료요청이 없을 시 ③～⑥과정 생략

3) 회의 개최

(1) 회의 당일 건축주(관리주체)와 설계관계자가 출석하여 건축개요 및 검토 위원의 사전검토 의견에 대한 보완자료 설명 및 질의사항 답변

(2) 검토결과 협의 수용여부를 의결서에 작성 : 협의결과를 수용, 조건부수용, 부분수용, 불수용으로 구분

4) 검토협의 방법

(1) 부록을 참고하여 재난영향성에 대한 세부내용 검토

① 세부 내용 중 외국기준 등은 참고

② 참고기준의 적용은 위원별 토의를 통해 결정

③ 항목별 검토내용은 건축물의 규모, 층수, 용도, 특성 등을 종합적으로 고려

(2) 「소방시설공사업법」 제11조제4항에 따른 성능위주설계 심의를 득한 건축물인 경우, 관련 사항에 대한 재검토 여부는 위원회에서 판단하여 결정

(3) 별도의 검토기준이 마련되지 않은 사항에 대해서는 개별법과 검토위원의 전문 식견에 따라 검토

3. 협의내용

1) 종합방재실 설치 및 종합재난관리체제 구축 계획

2) 내진설계 및 계측설비 설치계획

3) 공간 구조 및 배치계획

4) 피난안전구역 설치 및 피난시설, 피난유도계획

5) 소방설비 · 방화구획, 방연 · 배연 및 제연계획, 발화 및 연소확대 방지계획

6) 관계지역에 영향을 주는 재난 및 안전관리 계획

7) 방범 · 보안, 테러대비 시설설치 및 관리계획

8) 지하공간 침수방지계획

9) 그 밖에 대통령령으로 정하는 사항

(1) 해일(지진해일을 포함한다) 대비 · 대응계획(초고층 건축물등이 해안으로부터 1 [km] 이내에 건축되는 경우만 해당)

(2) 건축물 대테러 설계 계획[CCTV 등 대테러 시설 및 장비 설치계획을 포함]

(3) 관계지역 대지 경사 및 주변 현황

(4) 관계지역 전기, 통신, 가스 및 상하수도 시설 등의 매설 현황

4. 제출 서류

1) 상기 협의내용에 따른 계획서 및 관련 서류

2) 건축계획서 및 건축물의 용도, 규모 및 형태가 표시된 기본설계도서

3) 그 밖에 시 · 도본부장이 사전재난영향성검토협의에 필요하다고 인정하여 제출을 요구한 자료

⑤ 재난예방 및 피해경감계획

1. 개요

1) 초고층 건축물등의 관리주체는 그 건축물등에 대한 재난예방 및 피해경감계획을 수립 · 시행하여야 한다.

2) 재난예방 및 피해경감계획을 수립한 때에는 소방계획서 및 비상대처계획을 작성 또는 수립한 것으로 본다.

2. 포함항목

1) 재난 유형별 대응 · 상호응원 및 비상전파 계획

2) 피난시설 및 피난유도계획

3) 재난 및 테러 등 대비 교육 · 훈련 계획

4) 재난 및 안전관리 조직의 구성 · 운영

5) 어린이 · 노인 · 장애인 등 재난에 취약한 사람의 안전관리대책

6) 시설물의 유지관리계획

7) 소방시설 설치 · 유지 및 피난계획

8) 전기 · 가스 · 기계 · 위험물 등 다른 법령에 따른 안전관리계획

9) 건축물의 기본현황 및 이용계획

10) 그 밖에 대통령령으로 정하는 필요한 사항

    (1) 초고층 건축물등의 층별 · 용도별 거주밀도 및 거주인원

    (2) 재난 및 안전관리협의회 구성 · 운영계획

    (3) 종합방재실 설치 · 운영계획

    (4) 종합재난관리체제 구축 · 운영계획

    (5) 재난예방 및 재난발생 시 안전한 대피를 위한 홍보계획

6 재난 및 안전관리협의회 구성 · 운영

1. 관계지역 안에 관리주체가 2 이상인 경우 이들 관리주체는 재난 및 안전관리협의회(이하 "협의회"라 한다)를 구성 · 운영하여야 한다. 이 경우 각 관리주체는 소속 임원 중에서 대리인을 선임할 수 있다.

2. 협의사항

1) 종합방재실(일반건축물등의 방재실 등 포함) 간 정보망 구축, 경보 및 통신설비 설치에 관한 사항

2) 공동방화관리, 종합재난관리체제 구축 등 안전 및 재난관리에 관한 사항

3) 실무협의회를 대표하는 대표총괄재난관리자의 선임 · 해임에 관한 사항

4) 재난예방 및 피해경감계획의 수립 · 시행 및 제출에 관한 사항

5) 재난발생 시 유관기관과 협조할 사항

6) 재난 및 테러 등 대비 교육 · 훈련 및 홍보에 관한 사항

7) 관계지역 안의 재난관리를 위하여 시 · 도본부장 또는 시 · 군 · 구본부장이 협의를 요청한 사항

8) 협의회 운영 및 실무협의회의 구성 · 운영에 관한 사항

9) 통합안전점검의 실시 및 요청에 관한 사항

10) 그 밖에 협의회에서 필요하다고 인정한 사항

7 교육 및 훈련

1. 초고층 건축물등의 관리주체는 관계인, 상시근무자 및 거주자에게 재난 및 테러 등에 대한 교육·훈련(입점자의 피난유도와 이용자의 대피에 관한 훈련을 포함한다)을 매년 1회 이상 실시하여야 한다.

2. 교육 및 훈련 항목

　1) 관계인 및 상시근무자에 대한 교육 및 훈련

　　(1) 재난 발생 상황 보고·신고 및 전파에 관한 사항

　　(2) 입점자, 이용자 및 거주자 등(장애인 및 노약자 포함)의 대피 유도에 관한 사항

　　(3) 현장 통제와 재난의 대응 및 수습에 관한 사항

　　(4) 재난 발생 시 임무, 재난 유형별 대처 및 행동 요령에 관한 사항

　　(5) 2차 피해 방지 및 저감에 관한 사항

　　(6) 외부기관 출동 관련 상황 인계에 관한 사항

　　(7) 테러 예방 및 대응 활동에 관한 사항

　2) 거주자 등에 대한 교육 및 훈련

　　(1) 피난안전구역의 위치에 관한 사항

　　(2) 피난층(직접 지상으로 통하는 출입구가 있는 층 및 피난안전구역)으로의 대피요령 등에 관한 사항

　　(3) 피해 저감을 위한 사항

　　(4) 테러 예방 및 대응 활동에 관한 사항(입점자의 경우만 해당)

건축
방화

CHAPTER 23 | 건축피난

▣ 단원 개요

화재 시 인명피해를 줄이기 위해 건축물의 기획 단계에서부터 피난계획을 수립하여 각종 피난시설을 배치해야 한다. 이러한 피난시설의 설계방법은 기준(주로 건축법이며, 해외의 경우 NFPA 101)에 따른 설계와 건축물 고유의 특성을 고려하는 성능위주 피난설계가 있다. 이 단원에서는 건축법령 상의 피난시설의 설치기준, NFPA 101의 피난관련 기본이론과 성능위주 피난설계 방법에 대해 다룬다.

▣ 단원 구성

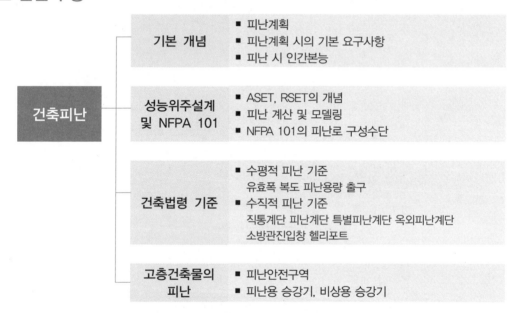

건축피난	기본 개념	■ 피난계획 ■ 피난계획 시의 기본 요구사항 ■ 피난 시 인간본능
	성능위주설계 및 NFPA 101	■ ASET, RSET의 개념 ■ 피난 계산 및 모델링 ■ NFPA 101의 피난로 구성수단
	건축법령 기준	■ 수평적 피난 기준 　유효폭 복도 피난용량 출구 ■ 수직적 피난 기준 　직통계단 피난계단 특별피난계단 옥외피난계단 　소방관진입창 헬리포트
	고층건축물의 피난	■ 피난안전구역 ■ 피난용 승강기, 비상용 승강기

▣ 단원 학습방법

건축피난 단원의 빈출 사항인 직통계단(피난계단, 특별피난계단, 옥외피난계단 등)의 기준, 비상용 및 피난용 승강기의 기준, 피난안전구역 및 선큰의 기준 등은 매우 유사하고 약간 다른 내용들로 되어 있다. 따라서 마스터 종합반 강의를 통해 이러한 기준들 간의 차이점을 명확하게 비교, 분석하여 이해한 상태에서 반복해서 암기해야 한다.

또한 성능위주 피난설계, 피난계획, NFPA 101(인명안전기준)의 기준 등도 충실히 학습해야 한다. 최근 소방계에서는 한국형 인명안전기준 제정을 추진 중이므로 이러한 기술적 배경이 출제되고 있고, 제정 시에는 관련 주요 기준들도 출제될 것으로 예상된다.

CHAPTER 23 건축피난

문제

피난계획에 대하여 설명하시오.

1. 개요

피난은 화재 등의 비상시에 보다 안전한 장소로 대피하는 것으로, 유사시 원활한 피난을 위해서는 사전에 적절한 피난 계획을 수립하여 안전성을 검토해야 한다.

2. 피난계획 시의 일반적인 원칙

1) 2방향 이상의 피난로를 확보할 것

   (1) 복도

   ① 복도의 끝부분은 피난 계단과 연결되도록 할 것

   ② 막다른 공간에는 발코니와 트랩을 설치할 것

   (2) 거실 : 일정면적 이상의 거실에는 2개 이상의 출입구를 설치할 것

2) 피난의 수단은 원시적 방법에 의할 것

   (1) 복잡한 조작을 요하는 장치는 부적합하다.

   (2) 피난 수단은 보행에 의한 피난을 기본으로 하고, 피난 시의 인간 본능을 고려하여 설계한다.

3) 피난 경로는 간단 · 명료할 것

   (1) 굴곡부가 많거나 갈림길이 생기지 않도록 할 것

   (2) 길이가 매우 긴 통로는 부적합하다.

4) 피난시설은 고정설비에 의할 것

   피난수단은 평상시에 이용하는 고정시설인 직통계단, 경사로 등에 의하고, 피난기구인 피난사다리, 완강기 등은 탈출이 늦은 경우에 사용하는 보조적인 수단으로만 간주한다.

5) 피난 대책은 Fool – Proof와 Fail – Safe 원칙에 의할 것

  (1) Fool – Proof

    ① 저지능인 자도 식별 가능하도록 간단 명료하게 설치할 것

    ② 피난 시 인간행동 특성에 부합하도록 설계하는 것

    ③ Fool – Proof의 예

      • 간단 명료한 피난 통로, 유도등 · 유도 표지 등

      • 소화설비, 경보설비에 위치 표시, 사용법부착

      • 피난 방향으로 개방되는 Panic Bar 타입의 피난구 출입문

  (2) Fail – Safe

    ① 1가지가 고장으로 실패하더라도 다른 수단에 의해 안전이 확보되도록 하는 것을 말한다.

    ② 2방향 이상의 피난 경로

    ③ Fail – Safe의 예

      • 2방향 이상의 피난로 확보

      • 피난 실패자를 위한 보조적 피난기구 설치

      • 소화설비의 자동+수동 기동 장치

      • 경보설비의 감지기 · 발신기 설치 등

6) 피난경로의 Zone 설정

  피난경로에 따라 일정하게 Zone을 나누고, 최종 대피장소로 접근함에 따라 각 Zone의 안전성을 점차적으로 높일 것

  (1) 복도 : 제1차 안전구획

  (2) 계단 : 제2차 안전구획

3. 피난계획의 기본방안

1) 피난경로

  피난계획은 "화재실 → 피난로(비 화재실) → 피난계단 → 피난층 → 옥외"로의 피난 순서에 따라 화염이나 연기 등으로부터 안전하게 피난할 수 있도록 방화 및 방연대책을 수립해야 한다.

  (1) 화재실에서의 피난 : 거실에서 발화된 경우, 연기가 충만되기 전에 실내 재실자 전원이 출입구를 통해 화재실 밖으로 피난할 수 있도록 계획한다.

  (2) 발화층에서의 피난 : 피난 경로의 오염 전에 부속실 등 안전한 부분까지 피난하도록 계획

  (3) 상층에서의 피난 : 고층건물에서는 계단에서의 혼란 방지를 위해 발화층 · 직상층부터 우선 피난시키고, 이후 최상층부터 위험한 순으로 순차적 피난이 되도록 계획

(4) 중간거점 피난 : 초고층 건물 등 피난 동선이 긴 경우, 중간에 안전한 피난거점을 확보

(5) 피난층에서 옥외로의 피난 : 재실자가 옥외까지 피난해야 하는 경우, 피난층에서 최종 피난장소까지 일관된 피난동선 계획 수립

2) 재실자에 대한 배려

피난대상인원수, 피난능력에 맞는 피난계획의 수립이 필요하다.

(1) 피난대상자의 수 : 최대 재실자의 수

(2) 재실자의 특정 · 불특정 구분 및 피난능력 고려

① 불특정 이용자 : 피난로나 건물구조에 대한 지식 없음(유도계획 수립이 필요)

② 시각 · 청각 장애인, 노유자 등 재해약자 고려

3) 건물 용도에 따른 배려

용도(이용시간, 배치 등)에 맞는 피난계획을 수립한다.

(1) 임차인 입주 시 칸막이 설치, 실의 가구 배치, 용도 등 고려

(2) 여관 · 호텔 등 취침시설 → 조기경보, 거주시간 연장

(3) 복합용도 : 시간별 이용자수, 성격 다름

4) 방화시설의 신뢰성 확보

중요도, 영향을 고려하여 방화구획 등이 확실하도록 계획한다.

4. 피난계획 포함항목

1) 화재경보의 수단 및 방식
2) 층별, 구획별 피난 대상 인원의 현황
3) 재해약자의 현황
4) 각 거실에서 옥외에 이르는 피난 경로
5) 피난시설, 방화구획, 그 밖에 피난에 영향을 줄 수 있는 제반사항

5. 피난 계획의 검증방법(시뮬레이션 등)

1) 대피해야 할 피난 인원수 추정

2) 건물 내 가상 출화점 선정

(1) 피난상 가장 위험한 장소

(2) 화재 발생 가능성이 가장 높은 장소

3) 피난자의 피난 경로 결정

가상 출화점에서 조금이라도 떨어진 방향으로 피난하게 됨을 고려

4) 피난경로별 피난 군집의 유동 상황 해석

시간 경과에 따른 체류 인원수 검토

5) 피난 경로별 연기 · 유해가스 유동 해석

(1) 시간 경과에 따른 연기 · 유해가스 농도 변화

(2) 거주가능조건 검토

6) 조합을 통한 안전성 검토

최종 피난자의 체류 지점별 거주가능조건 부합 여부 검토

7) 피난안전성 개선

위험하다고 판단될 경우, 피난시간 단축 또는 체류가능시간 연장을 통해 개선한다.

(1) 피난소요시간(RSET)의 단축방안

① 거주 밀도의 하향 조정

② 비상구 수 증가

③ 비상구, 피난계단 통로 폭 증가

④ 피난거리 단축

⑤ 화재감지 · 비상경보시간 단축

⑥ 주기적인 비상대피훈련

(2) 체류가능시간(ASET)의 연장방안

① 급 · 배기 등의 제연설비 설치

② 가연성 물질의 제한

③ 자동식 소화설비 설치

④ 실의 구조 개선(불연화, 방화구획)

피난계획 수립 시 고려해야 할 인간 본능에 대해 설명하시오.

1. 개요

피난설계에서 인간 본능의 고려가 중요한 이유는 비상시의 패닉현상에 빠지기 쉬운 인간의 행동 반응 경향을 예측하여 이를 반영한 피난계획을 수립하기 위함이다.

2. 피난 시 인간 본능

1) 귀소본능

(1) 인간은 비상시 자신의 신체를 보호하기 위해 원래 들어온 경로 또는 늘 사용하던 경로를 따라 대피하려고 한다.

(2) 따라서 일상적으로 사용되는 주 통로의 단순화 · 안전성 확보가 추가적인 피난 경로의 구비보다 중요하다.

→ 『Life Safety Handbook』에서는 "비상훈련 등이 정기적으로 실시되지 않는다면, 평소 출입하지 않는 비상구는 피난경로로 간주될 수 없다."고 규정하고 있다.

2) 퇴피본능

(1) 인간은 이상상황이 발생되면 우선 확인하려고 하며, 긴급한 사태임이 확인되면 반사적으로 그 지점에서 멀어지려고 한다.

(2) 건물 중심부에서 화재가 발생되면 외주 방향으로, 외주부가 위험하면 중앙방향으로 퇴피하고자 한다.

(3) 따라서 건물 중앙부와 건물 외주부분에 각각 비상계단실을 분산 배치함이 바람직하다.

3) 추종본능

(1) 비상시에는 많은 사람들이 한 사람의 리더를 추종하려는 경향을 보인다.

(2) 따라서 불특정 다수가 모이는 장소에는 피난 유도를 위한 요원의 육성 및 배치가 필요하다.

4) 좌회본능

(1) 일반적으로 오른손잡이는 오른발이 발달하여 어둠 속에서 보행하면 자연히 왼쪽으로 돌게 된다.

(2) 따라서 계단은 좌측으로 돌며 내려가 피난층으로 갈 수 있도록 설계한다.

5) 지광 본능

(1) 화재 시 정전 또는 연기로 인해 주위가 어두워지면 사람들은 밝은 쪽으로 피난하려고 한다.

(2) 따라서 피난경로를 집중적으로 밝게 하고, 이와 혼동되기 쉬운 장식용 조명 등은 소등되도록 한다. 또한 유도등·유도표지를 설치하거나 출입구·계단 등은 가급적 외부와 접하여 채광이 되도록 하는 것이 좋다.

문제

Fail Safe와 Fool Proof의 개념과 소방에서 적용 예를 들어 설명하시오.

---

1. Fail-Safe

1) 1가지가 고장으로 실패하더라도 다른 수단에 의해 안전이 확보되도록 하는 것
2) Fail-Safe의 예
   (1) 2방향 이상의 피난로 확보
   (2) 피난 실패자를 위한 보조적 피난기구 설치
   (3) 소화설비의 자동 + 수동 기동 장치
   (4) 경보설비의 감지기·발신기 설치

2. Fool-Proof

1) 저지능인 자도 식별 가능하도록 간단명료하게 설치할 것
2) 피난 시 인간행동 특성에 부합하도록 설계하는 것
3) Fool-Proof의 예
   (1) 간단명료한 피난 통로, 유도등·유도표지 등
   (2) 소화설비, 경보설비에 위치 표시, 사용법 부착
   (3) 피난 방향으로 개방되는 Panic Bar 타입의 출입문

피난상의 거점설계에서 일시 농성(籠城)방식을 설명하시오.

1. 피난상의 거점설계

1) 특별피난계단 부속실
2) 부속실 등의 방화문 개폐방식
3) 일시 농성 방식
4) 피난거점의 계획

2. 일시 농성 방식

1) 병원 등의 건축물에서는 수술실이나 ICU(집중치료시설) 등 즉각적인 피난이 곤란한 부분이나 실이 있다.
2) 이러한 장소들은 방화구획에 의해 다른 부분에서의 화재로부터 장시간 보호되는 이른바 농성도 할 수 있게 하는 것이 기본적인 원칙이다.
3) 이러한 설계에서는 설비도 별도의 계통으로 구분해서 다른 부분과 철저히 구획시켜야 한다.
4) 그러나 최후까지 농성할 수 있도록 설계하는 것은 현실적으로 어렵고 해당 지역에서 발화할 가능성도 부정할 수 없으므로, 이 구획에서도 피난이 가능한 경로, 즉 피난계단이나 옥상광장 또는 2개의 다른 방화구획된 Zone으로의 대피경로를 만들 필요가 있다.

성능위주의 피난설계

1 개념

1. 해당 건축물의 고유 특성(화재 특성, 피난경로, 거주인 특성 등)을 반영하여 실질적인 피난안전성을 확보하도록 피난 관련 사항들을 설계하는 것
2. 성능위주 피난설계란, 실제 피난에 걸리는 시간(RSET ; Required Safe Egress Time)에 적절한 여유율(Margin of Safety)을 포함한 적절한 요구피난시간(ASET ; Available Safe Egress Time)을 확보하는 것이다.

$$ASET = RSET + Margin \ \ 또는 \ \ ASET > RSET$$

② ASET과 RSET의 개념

1. ASET

1) 개념

사람이 치명적인 위험에 빠지지 않고 안전하게 피난할 수 있는 시간, 즉 거주가능조건 (Tenability)을 유지하는 시간을 말한다.

2) 고려요소

(1) 열적 영향(Thermal Effects)

① 복사열 [kW/m²]

- 일반적으로 인명에 화상을 일으키는 한계치를 기준으로 한다.
- 4 [kW/m²] 이상에서는 비교적 단시간 내에 화상을 발생시킬 수 있으며, 1 [kW/m²] 일 때는 태양열 정도의 복사열로 장시간 노출에도 비교적 안전하다.
- 이러한 수치와 거주인 특성(노유자 등)을 고려하여 적절한 복사열 수치를 성능기준으로 결정한다.

② 연기층 및 그 하부층의 온도 [℃]

- 이는 열응력과 관련이 있는 요소이다.
- 체온이 보통 41 [℃] 이상으로 상승하면 땀·호흡 등에 의한 방열량보다 열 흡수가 커져서 열응력이 발생된다.
- 이러한 열응력이 누적되면 재실자가 의식을 잃고 사망할 수 있으므로, 적절한 범위 이내로 그 성능기준을 결정한다.

(2) 독성(Toxicity)

① 마취성 가스(허용농도치)

- 단순질식가스 : 독성은 적지만, 다량 발생하는 CO_2 가스의 농도 또는 실내 산소농도를 성능기준으로 한다.
- 화학질식가스 : 체내 산소호흡에 장애를 일으키는 CO, HCN, H_2S 등의 허용농도를 성능기준으로 채택한다.

② 자극성 가스

- 눈, 피부 등의 감각기관을 자극하여 피난 등에 장애를 일으키는 자극성 가스의 농도

해당 건축물 내의 가연물의 특성을 분석하여 발생 가능한 독성 가스들의 농도를 중심으로 거주가능조건 초과시간을 추정한다.

(3) 가시도(Visibility)

① 연기에 의한 가시도 저하는 피난에 장애를 일으키게 된다.

② 따라서 가시거리를 화재실, 대공간 등에 따라 구분하여 한계치를 성능기준으로 채택하고, 연기층 강하높이의 한계치도 성능기준으로 채택해야 한다.

③ 실무에서는 그을음(Soot) 농도에 의한 가시거리 저하에 의해 거주가능조건을 초과하는 것이 일반적이다.

3) ASET의 산정

(1) 해당 건축물의 특성에 따른 고려요소 선정

(2) 고려요소에 대한 성능기준 결정

(3) 해당 건축물 고유의 화재 특성에 따른 화재모델링

(4) 거주가능조건 초과까지의 시간을 산출

2. RSET

1) 개념

해당 건물 내에서 거주인들이 모두 피난하는 데 걸리는 시간

2) 구성요소

$$\text{RSET} = T_d + (T_a + T_o + T_i) + T_e$$

여기서, $(T_a + T_o + T_i)$를 지연시간이라고 한다.

(1) 감지시간(T_d)

① 발화 후, 화재감지까지 걸리는 시간

② 보통 감지기의 감도에 좌우되며, 육안확인 등으로 감지되는 경우도 있다.

(2) 통보시간(T_a)

① 화재감지로부터 재실자에게 화재경보가 통보되는 시간

② 만일 비화재보 등으로 인해 화재경보장치를 꺼 둔 상태라면 매우 길어진다.

(3) 반응시간(T_o)

① 화재경보 이후, 거주자가 화재임을 인식하여 행동을 결정하는 데 걸리는 시간

② 일반적으로 업무시설 등에서는 매우 짧지만, 숙박시설이나 아파트 등에서는 매우 길다.

③ 또한 잦은 비화재보가 있는 장소에서는 반응시간이 매우 길어질 수 있다.

(4) 피난전 행동시간(T_i)

① 거주자가 피난을 하기 전 준비를 하는 데 걸리는 시간

② 귀중품을 챙기거나 짐꾸리기, 중요서류나 파일을 챙기는 데 걸리는 시간

③ 이것은 비상대피훈련 등의 연습을 통해 크게 줄일 수 있다.

(5) 피난행동시간(T_e)

① 피난행동시간은 피난경로에 대한 이동시간, 출구 등 병목구간의 통과시간 등의 합으로 산출할 수 있다.

② 일반적으로는 이동모델 가정을 통해 산술적으로 계산하지만, 실제로는 여러 영향인자로 인해 달라질 수 있다.

3) RSET의 산정

(1) 계산 또는 화재감지 프로그램 등을 통한 감지시간의 추정

(2) 지연시간(통보＋반응＋피난전 행동 시간)의 추정

(3) 피난소요시간 추정 : SFPE 핸드북의 계산방법 또는 피난시뮬레이션 프로그램 등을 활용

❸ 성능위주 피난설계의 절차

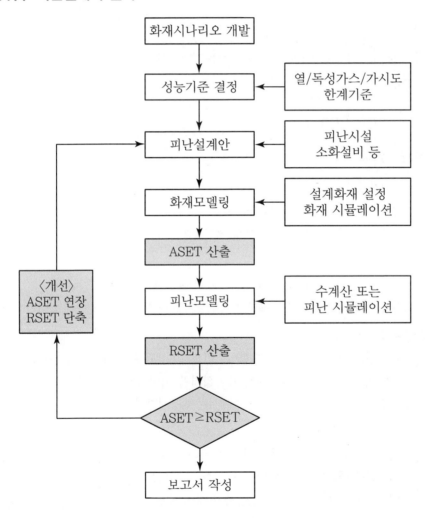

4 피난안전을 위한 설계대책

ASET가 RSET보다 충분히 크게 하기 위해서는 ASET를 연장시키고, RSET를 단축시켜야 한다.

1. ASET의 연장방안

1) 제연설비
2) 가연성 물질의 제한
3) 자동식 소화설비 설치
4) 실의 구조 불연화, 구획화

2. RSET의 단축방안

1) 감지시간 및 통보시간 단축

(1) 감도가 우수한 감지기 선정
(2) 비화재보 방지를 통한 감지기 및 경보장치의 실제 작동상태 유지
(3) 자동화재탐지설비에 대한 평상시 철저한 유지관리

2) 반응시간 단축

(1) 사전 홍보 및 교육 실시 등을 통한 실제 화재경보에 대한 반응능력 향상
(2) 비화재보 방지

3) 피난전 행동시간 단축

비상대피훈련 및 주기적 교육으로 단축 가능

4) 피난행동시간 단축

(1) 거주밀도의 하향조정
(2) 비상구의 수 증대
(3) 비상구, 계단 및 통로의 폭 확대
(4) 피난거리의 단축
(5) 비상대피훈련을 통한 연습

건축
피난

피난시뮬레이션 프로그램인 Simulex와 Exodus의 특징을 비교 분석하시오.

1. 개요

1) 건축물의 방재계획에서 가장 중요한 요소는 인명안전이며, 화재 시 인명안전을 위해 ASET이 RSET보다 충분히 길 수 있도록 피난시설을 설계해야 한다.

2) 이러한 피난 안전을 위해 피난에 소요되는 시간(RSET)의 예측은 매우 중요한 문제라 할 수 있으며, 이를 예측하는 피난시뮬레이션 프로그램으로는 Simulex와 Exodus 등이 있다.

2. Simulex와 Exodus의 비교

1) 장애물에 대한 반응

(1) Simulex : 피난자가 셔터 등과 같은 장애물을 만날 경우 대응반응이 반영되지 않는다.

(2) Exodus : 장애물에 대하여 되돌아가거나, 다른 통로로 이동한다.

2) 개인별 특성

(1) Simulex : 건물에 대한 친숙도나 개인별 특성이 피난시간에 반영되지 않는다.

(2) Exodus : 개인별 피난 특성이 피난시간에 반영된다.

3) 계단실에서의 이동속도

(1) Simulex : 계단실에서의 이동속도는 평지에서의 보행속도에 대한 비율(%)로 동일하게 가정하여 적용된다.

(2) Exodus : 개인별 특성에 맞게 이동속도가 변경된다.

4) 유독가스 등 거주가능조건에 대한 반영

(1) Simulex : 유독성 가스 등에 의한 피난자의 행동 제약이 반영되지 않는다.

(2) Exodus : 유독성 가스, 복사열 등이 피난자의 피난에 반영된다.

5) 그래픽 구현

(1) Simulex : 2차원이며, CAD 파일의 도면을 이용할 수 있다.

(2) Exodus : 3차원으로 그래픽 구현이 가능하다.

6) 처리속도

Simulex에 비해 Exodus의 결과처리 시간이 오래 걸린다.

문제

건축물 화재 시 안전한 피난을 위한 피난시간을 계산하고자 한다. 아래 사항에 대하여
답하시오.
 1) 피난계산의 필요성, 절차, 평가방법
 2) 피난계산의 대상층 선정 방법

1. 피난계산의 필요성

1) 건축물 기획 및 설계단계에서는 재실자의 안전한 피난을 위한 피난계획을 수립하게 된다.
2) 이 피난계획이 충분하게 이루어졌는지 평가하기 위해 피난모델을 수행하여 화재 시 안전한 장
   소까지 피난하는 데 걸리는 시간을 추정하게 된다.
3) 피난계산은 피난허용시간(ASET)과 총 피난시간(RSET)을 계산하여 비교하며, 병목 현상에
   따른 체류인원수를 계산하여 최대 체류인원이 공간의 용량을 초과하는지 확인하여 피난계획의
   적정성을 평가하는 데 이용된다.

2. 피난계산의 절차

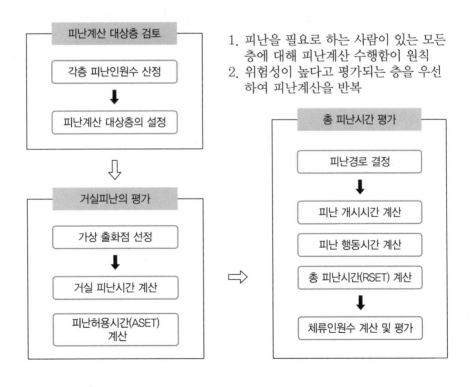

1. 피난을 필요로 하는 사람이 있는 모든
   층에 대해 피난계산 수행함이 원칙
2. 위험성이 높다고 평가되는 층을 우선
   하여 피난계산을 반복

건축
피난

3. 피난계산의 평가방법(간략 계산)

1) 피난 경로 설정(＝피난의 Zoning)

(1) 화점에서 멀어지는 방향으로 피난(퇴피 본능)

(2) 피난시간이 가장 짧아지도록 피난

2) 피난개시시간 계산

(1) 화재 발생에 따라 인지 가능한 연기 두께(천장 높이의 10 [%])가 된 시간으로 할 수 있다.

(2) 간략 계산방법

① 화재실 : $T_{a0} = 2\sqrt{A}$ (초)

② 비화재실 : $T_{b0} = 2\,T_{a0} = 4\sqrt{A}$

여기서, A : 화재실의 면적 [m²]

3) 피난행동시간 계산

(1) 거실 피난시간

① 거실 출입구까지 이동에 필요한 시간(t_{1a})

$$t_{1a} = \frac{L}{V} = \frac{L_1 + L_2}{V}$$

여기서, L : 거실 보행거리

V : 보행속도

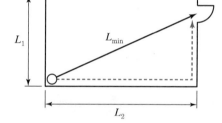

② 거실 출입구를 통과하는 데 필요한 시간(t_{2a})

$$t_{2a} = \max\left(t_{1a}, \frac{Q}{N \times B_a}\right) = \max\left(\frac{L}{V}, \frac{Q}{N \times B_a}\right)$$

여기서, Q : 거실 재실자 수 (인)

N : 유출계수 (인/m 초)

B_a : 출입구 a의 폭 [m]

③ 거실 피난행동시간

$$T_1 = t_{2a}$$

(2) 복도 피난시간

① 1번 피난자가 계단으로의 출입구(b)에 도달하는 시간(t_c)

$$t_c = \frac{L}{V} = \frac{L_3}{V}$$

여기서, L_3 : 복도 보행거리

V : 보행속도

② 계단 출입구 b를 통과하는 데 필요한 시간(t_{2b})

$$t_{2b} = \max\left(t_{1b}, \frac{Q}{N \times B_b}\right)$$

여기서, t_{1b} : 거실출입구 a에서 L_3만큼 떨어진 계단 출입구 b까지 이동시간

$\quad\quad\quad Q$: 거실 재실자 수 [인]

$\quad\quad\quad N$: 유출계수 [인/m 초]

$\quad\quad\quad B_b$: 출입구 b의 폭 [m]

③ 복도 피난행동시간

$$T_2 = t_c + t_{2b} = \frac{L_3}{V} + \max\left(t_{1b}, \frac{Q}{N \times B_b}\right)$$

4) 총 피난시간(RSET) 계산

총 피난시간 = 피난 개시시간 + 피난 행동시간

$\quad\quad\quad\quad\quad$ = 피난 개시시간 + (거실 피난시간 + 복도 피난시간)

5) 피난 허용시간(ASET) 계산

(1) 거실 피난허용시간

① 일반적인 경우 : $2\sqrt{A}$

② 천장높이 6 [m] 이상인 경우 : $3\sqrt{A}$

$\quad\quad$ 여기서, A : 각 거실의 면적 [m²]

(2) 복도 피난 허용시간 : $4\sqrt{A_1 + A_2}$

(3) 각 층 피난 허용시간 : $8\sqrt{A_1 + A_2}$

$\quad\quad\quad$ 여기서, A_1 : 거실 면적의 합 [m²]

$\quad\quad\quad\quad\quad\quad A_2$: 층의 복도 면적의 합 [m²]

6) 체류인원 계산

(1) t초 후 체류인원$(M_t$ [인])

$$M_t = \min\left(Q, \ Q \times \frac{t}{t_{1b}}\right) - \min\left(Q, \ Q \times \frac{t}{t_{2b}}\right)$$

(2) 최대 체류인원

$$M_{\max} = \left(Q - Q \times \frac{t_{1b}}{t_{2b}}\right) = Q\left(1 - \frac{t_{1b}}{t_{2b}}\right)$$

4. 피난계산의 대상층 선정 방법

1) 원칙

　(1) 피난계산은 피난을 요하는 사람이 있는 모든 층에 대해 수행하는 것이 원칙이다.

　(2) 위험성이 높은 층에 대하여 우선적으로 수행한다.

　　① 재실자가 많은 층

　　② 노약자 또는 환자 등이 이용하는 층

　　③ 지하부분에 있는 층

2) 대상 층 선정 기준

　각 층의 피난인원수를 계산하고, 다음에 해당하는 층을 피난계산의 대상 층으로 한다.

　(1) 재실자가 가장 많은 층

　(2) 바닥면적 및 재실자 수가 동일한 층이 복수일 경우 : 그 대표적인 층

　(3) 불특정 다수가 모이는 층(연회장, 대회의실 등)

　(4) 피난인원수는 많지만 피난계단이 적은 층

　(5) 피난로의 위치에 편중되어 피난안전성의 검증이 필요한 층

문제

다음 평면도에 Dead-End와 Common Path를 표시하고, 그 개념을 설명하시오.

---

1. Dead-End와 Common Path의 표시

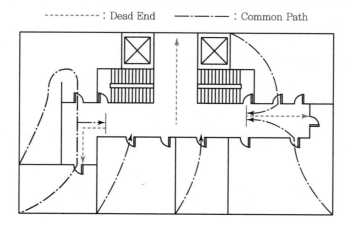

2. Dead-End와 Common Path의 개념

1) Dead-End(막다른 부분)

(1) 피난자가 비상구가 있을 것이라 여기고 복도로 들어가지만, 출구가 없어서 다시 되돌아 나오게 되는 부분을 말한다.

(2) Dead-End는 연기가 가득 차 있거나 거주밀도가 높은 상태에서의 피난 시, 출구를 지나쳐 막다른 부분에 갇히게 될 위험이 있는 부분이다.

(3) NFPA 기준에서는 용도에 따라 Dead-End를 어느 정도 허용하지만, 50인 이상의 Assembly Occupancy에서는 Dead-End가 없도록 규정한다.

2) Common Path

(1) 2개의 비상구로 피난 가능한 구획된 통로상의 지점에 도달하기 전에 반드시 거쳐야 하는 Exit Access 부분을 말한다.

(2) 피난자가 2개 이상의 피난통로로 갈라지는 두 갈래의 분기점을 만날 때까지 한 방향으로만 도달할 수 있는 공간이다.

(3) 이는 선택할 여지없이 한 방향으로만 이동되는 부분이다.

(4) 이러한 Common Path는 양방향 피난이 아니므로, 이러한 부분도 짧아야 한다.

문제

피난에서의 피난(Exit), 피난접근(Exit Access), 피난배출(Exit Discharge)에 대하여 설명하시오.

---

1. 개요

1) Exit(피난통로)

피난경로로 이용되는 시설로서 비상구 문, 피난계단, 경사로, 통로, 옥외 발코니 등을 말한다.

2) Exit Access(피난 접근로)

거실에서 비상구까지의 피난경로 중에서 안전 구획되지 않은 장소

3) Exit Discharge(피난 배출로)

피난층에서의 비상구로부터 공공도로까지의 경로

2. Exit

1) 피난계단, 특별피난계단, 경사로, 전실, 피난통로, 옥외발코니 등
2) 화재로부터 안전 구획된 장소로서, 내화구조 및 불연재로 내부 마감되는 등의 조건을 만족한 장소이다.

3. Exit Access

(피난층이 아닌 층에서의) 안전 구획된 Exit까지의 경로(복도, 통로, 거실 출입문 등)이다.

1) 국내기준

층의 구분			일반층 (거실 → 직통계단)	
주요구조부 재질			내화구조 또는 불연재료	기타재료 (원칙)
용도	일반 용도		50 [m] 이하	30 [m] 이하
	공동주택	15층 이하	50 [m] 이하	
		16층 이상	40 [m] 이하	
자동식 소화설비 여부			자동식 소화설비	기타 (원칙)
용도	반도체 및 LCD 제조공장		75 [m] 이하	30 [m] 이하
	위 공장이 무인화된 경우		100 [m] 이하	30 [m] 이하

2) NFPA 기준

(1) 수용인원에 대한 기준

① 500~1,000명 : 3개 이상의 Exit

② 1,000명 초과 : 4개 이상의 Exit

(2) 보행거리 기준

① APT, 호텔 : 175 [ft](스프링클러 설치 시 325 [ft])

② 업무시설 : 100 [ft](스프링클러 설치 시 400 [ft])

4. Exit Discharge

피난층에서 공공도로까지의 통로로서, Life Safety Code에서는 충분한 폭과 크기의 통로를 요구한다. (최소 비상구의 폭 이상)

1) 국내기준(← 피난층에서의 보행거리)

대상 (건축물 용도)		피난층에서의 보행거리			
		계단 → 옥외출구		거실 → 옥외출구	
		내화구조 또는 불연재료	기타	내화구조 또는 불연재료	기타
① 공연장, 종교집회장(해당용도 바닥면적 합계 300 [㎡] 이상) ② 문화 및 집회시설 ③ 종교시설 ④ 판매시설 ⑤ 국가 또는 지방자치단체의 청사 ⑥ 위락시설 ⑦ 연면적 5,000 [㎡] 이상 창고 시설 ⑧ 학교 ⑨ 장례시설 ⑩ 승강기 설치대상 건축물		50 [m] 이하	30 [m] 이하	100 [m] 이하	60 [m] 이하
공동주택	15층 이하	50 [m] 이하	30 [m] 이하	100 [m] 이하	60 [m] 이하
	16층 이상	40 [m] 이하	30 [m] 이하	80 [m] 이하	60 [m] 이하

- 문화 및 집회시설, 종교시설, 위락시설 및 장례시설 : 바깥쪽으로 출구로 쓰이는 문은 안여닫이 금지
- 관람석 바닥면적의 합계 300 [㎡] 이상인 집회장, 공연장 : 주된 출구 외에 보조출구 또는 비상구를 2개 이상 설치해야 함
- 판매시설의 용도로 쓰이는 피난층에 설치하는 건축물 바깥쪽으로의 출구의 유효너비 합계

$$\text{유효너비의 합계 [m]} \geq \frac{\text{해당 용도로 쓰이는 바닥면적이 최대인 층의 면적 [㎡]}}{100 \text{ [㎡]}} \times 0.6$$

- 위 용도의 건축물 바깥쪽으로의 출구에 유리를 사용하는 경우 : 안전유리를 사용할 것

2) NFPA 기준

Exit Discharge 중 50 [%] 이하만 피난층을 경유하여 옥외로 피난 가능
(즉, 50 [%] 이상의 Exit는 직접 옥외로 연결되거나, Exit Passageway를 통해 옥외로 연결되어야 한다.)

NOTE

Exit, Exit Access 및 Exit Discharge의 개념

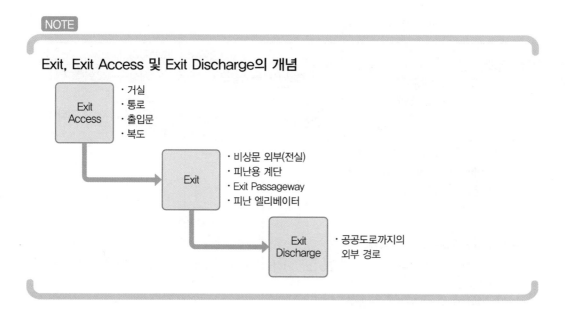

NFPA 101의 피난 기준

① NFPA 101의 피난계획 시 인명안전을 위한 기본 요구사항

1. 하나의 안전장치에만 의존하지 않고 적당한 안전을 제공할 것
2. 용도의 크기, 형태 및 특성을 고려하여 적합한 수준의 인명안전을 제공할 것
3. 예비 또는 이중 피난설비를 제공할 것
4. 피난경로가 명확하고, 장애물이 없고 잠기지 않을 것
5. 혼동이 생기지 않도록 피난구 및 피난로를 명확하게 표시하고, 효과적인 사용을 위해 필요한 신호를 제공할 것
6. 적절한 조명시설을 제공할 것
7. 화재를 조기 경보하여 거주자가 즉각적으로 대응할 수 있도록 할 것
8. 요구 시스템은 상황 인식이 가능하고 향상시킬 수 있을 것
9. 수직개구부를 적절히 밀폐시킬 것
10. 적용되는 설치기준을 따를 것
11. 모든 요구 특성들이 적절히 작동할 수 있도록 유지될 것

❷ NFPA 101(인명안전코드)에 규정된 피난로(Means of Egress)의 구성수단

1. 피난로의 개념

1) 피난로(Means of Egress)

피난로는 다음과 같은 3개의 상호 방화구획된 부분으로 구성되며, 『한 건물이나 구조물의 어떤 지점에서 계속 방해받지 않고 공공도로까지 피난할 수 있는 경로』이다.

(1) Exit Access(비상구 접근로)

(2) Exit(피난통로)

(3) Exit Discharge(건축물 바깥쪽으로의 출구)

2) 피난로의 구성요소

(1) 문

(2) 계단

(3) 방연 계단실

(4) 수평 비상구

(5) 경사로

(6) 비상구 통로(Exit Passageway)

(7) 에스컬레이터 및 무빙워크

(8) 옥외 피난계단

(9) 피난 사다리

(10) 구조대

(11) 엇갈림 디딤판 장치

(12) 피난안전구역

(13) 피난용 승강기

2. 문(Door Opening)

1) 종류

일반 출입문, 방화문, 연기 차단문(셔터 미포함)

2) 문의 폭

(1) 문을 90° 개방한 상태에서 유효폭 계산

(2) 휠체어 통과가 가능한 폭 이상(최소 : 32 [in.] (81 [cm]) 이상)

3) 바닥 수평면

문 양쪽의 수평면 차이는 1/2 [in.] (1.3 [cm]) 초과하지 않아야 한다.

4) 문의 개방방향 및 여는 힘

(1) 피난방향으로 열리는 여닫이 문을 원칙으로 한다.

(2) 완전 개방시, 통로, 복도 또는 계단참 폭의 1/2 이상을 가로막지 않아야 한다.

(3) 걸쇠를 푸는데 67 [N], 문을 움직이는데 133 [N], 필요한 폭까지 여는데 67 [N]을 초과하지 않아야 한다.

5) 자물쇠, 걸쇠 및 경보장치

(1) 자물쇠가 사용되는 경우, 문을 열기 위해 열쇠나 도구 또는 특별한 지식이나 노력을 사용할 필요가 없어야 한다.

(2) 5개층 이상이 사용하는 피난계단실의 문은 피난계단에서 건물 내부 진입이 가능한 문을 사용하거나, 재진입이 가능하도록 자동식 해제장치를 설치해야 한다.

6) 특수 잠금장치

(1) Delayed Egress Locks(지효성 출구 자물쇠)

(2) Access Controlled Egress Door(접근 통제 출입문)

7) 비상구 철물(Fire Exit Hardware) 및 패닉방지 철물(Panic Hardware)

(1) 방화문 용도로 인증된 것 : 비상구 철물

(2) 일반 출입문 용도 : 패닉방지 철물

(3) 집회, 교육 및 Day Care 용도에는 반드시 적용해야 한다.

8) 자동폐쇄장치(Self-Closing Device)

(1) 개방상태로 유지되는 피난로의 문에는 자동폐쇄장치를 적용해야 한다.

(2) 연기감지기 연동, 전원 차단 시 또는 수동으로도 출입문을 폐쇄할 수 있어야 한다.

9) 전동문(Powered Door Leaf Operation)

(1) 사람의 접근을 감지하는 장치에 의한 문 또는 동력보조식 수동조작 자동문 등

(2) 전력 공급이 중단될 경우 수동으로 열려야 하며, 피난로 방호를 위해 필요한 경우 닫힐 수 있어야 한다.

10) 회전문(Revolving Door Assembly)

(1) 문짝이 책처럼 접혀야 하며, 문짝이 접혔을 때 피난통로의 합계 유효폭이 91 [cm] 이상이어야 한다.

(2) 계단 또는 에스컬레이터와 최소 3 [m] 이상 이격되어야 한다.

(3) 회전문 3 [m] 이내에 여닫이 문을 설치할 것

11) 십자회전문(Turnstile and Similar Device)

(1) 한 방향으로의 보행을 제한하거나 요금이나 입장료를 받기 위한 십자회전문 및 유사 장치는 요구되는 피난로를 방해하는 위치에 설치되면 안 된다.

(2) [예외] 다음 기준을 만족하는 경우 각 50명의 피난인원 할당

　① 외부전원 차단 시 피난방향으로 자유 회전되고, 직원에 의해 수동 해제 시 피난방향으로 자유 회전될 것

　② 이 십자회전문에 의한 비상구 폭이 전체 요구되는 비상구 폭의 50 [%]를 초과하지 않을 것

　③ 높이 39 [in.](99 [cm])를 초과하지 않아야 하며, 유효 폭이 $16-1/2$ [in.] (41.9 [cm]) 이상일 것

12) 접이식 칸막이에 설치된 문(Door Opening in Folding Partition)

(1) 접이식 칸막이에는 비상구 접근로 역할을 하는 여닫이 문이나 개방된 출입구를 갖출 것

(2) [예외] 다음 기준을 만족하는 경우 출입구가 없어도 됨

　① 구획분할된 공간을 사용하는 인원 수 : 20명 이하

　② 공간 사용의 감독자 : 성인

　③ 칸막이가 비상구 접근로로 사용되는 통로나 복도를 가로지르지 않음

　④ 칸막이 재질은 내장재와 일치하며, NFPA 101의 기준을 충족함

　⑤ 칸막이는 승인된 것으로 쉽게 해체될 수 있고, 비상시 숙련된 사용자에 의해 빠르고 쉽게 해체 가능함

13) 균형문(Balanced Door Assembly)

(1) 균형문에 설치하는 패닉바는 누름판 형일 것

(2) 누름판의 길이는 걸쇠 측으로부터 문 폭의 1/2을 초과하지 않을 것

14) 수평 미닫이문(Special - Purpose Horizontally Sliding Accordion or Folding Door Assemblies)

(1) 특별한 지식이나 노력 없이도 양쪽에서 쉽게 문을 개방할 수 있어야 한다.

(2) 피난방향으로의 작동장치 작동에 필요한 힘은 67 [N] 이하일 것

(3) 문을 움직이는 데 필요한 힘은 133 [N] 이하, 문을 닫거나 필요한 최소 폭만큼 여는 데 필요한 힘은 67 [N] 이하일 것

(4) 문 작동장치 인접 부분에 1,110 [N]의 힘을 직각 방향으로 작용시킨 상태에서 222 [N] 이하의 힘으로 문이 열려야 한다.

(5) 문 부재는 방화문 성능에 적합하고, 연기감지기에 따른 자동폐쇄식이어야 한다.

(6) 호텔이나 기숙사의 복도 등에는 적용이 금지된다.

3. 계단(Stair)

1) 계단의 중요성

계단은 Exit Access, Exit 또는 Exit Discharge의 어떤 부분에서도 사용될 수 있으며, 피난 중에 가장 많이 사용되기 때문에 사고가 많이 발생되는 장소이기도 하다.

2) 일반사항

(1) 옥내 계단이 피난로가 되기 위해서는 해당 층의 다른 공간과 구획되어야 한다.

(2) 구획되지 않은 계단은 Exit Access로 간주되며, 피난통로(Exit)가 아니다.

(2개층 이상을 연결하는 옥내계단은 수직개구부에 요구되는 기준을 충족해야 함)

(3) 옥외계단이 피난통로가 되기 위해서는 내화구조에 의해 건물 내부와 구획되어야 한다.

(4) 치수 : 단(Riser) 높이, 디딤판(Tread) 너비 및 폭 등의 기준이 제시되어 있음

3) 계단 세부기준

(1) 구조　　　　　　　　　　　(2) 계단참

(3) 디딤판 및 계단참의 표면　　　(4) 디딤판 경사도

(5) 단 높이와 디딤판 너비　　　　(6) 각 부분의 치수 일관성 유지

4) 방호대 및 손잡이 난간(Guard and Handrail)

(1) 바닥에서 30 [in.](76 [cm]) 이상 높은 피난로는 개방된 쪽으로의 추락사고 방지를 위해 방호대를 설치해야 한다.

(2) 계단과 경사로의 양 끝에는 난간을 설치하도록 규정함

5) 계단 식별용 표지(Stairway Identification)

5개층 이상이 사용하는 계단은 계단실 내의 각 층 계단참마다 각 층, 계단실 상 · 하단층, 계단실 식별내용 및 피난층과 그 방향 등이 표시된 표지판을 부착해야 한다.

6) 피난경로 표시(Exit Stair Path Marking)

피난층까지 올라가는 계단실 부분에는 각 층의 계단참에 피난층 방향을 알려주는 표지를 부착해야 한다.

7) 옥외계단에 대한 특수 규정

접근로, 시각적 방호(고소공포증에 대한 보호), 구획, 개구부 방호 등

4. 방연 계단실(Smokeproof Enclosure, 특별피난계단)

1) 성능설계

다음 3가지 방법 중에서 적절한 방식으로 설계한다.

(1) 자연환기

1.5 [m²] 이상의 개구부 확보

(2) 전실을 포함한 기계식 환기

분당 1회 이상의 환기(배기량은 급기량의 150 [%])

(3) 계단실 가압방식

① 스프링클러 설치시 12.5 [Pa]

② 스프링클러 미설치 25 [Pa] 이상

2) 방화구획

내화 2시간 벽체로 가장 높은 지점에서 가장 낮은 지점까지 구획해야 한다.

3) 전실

(1) 전실로 통하는 출입구는 1.5시간 성능의 방화문으로 되어야 하며, 전실과 계단실 사이의 출입문은 20분 이상 성능의 방화문이어야 한다.

(2) 출입문은 3 [m] 이내에 설치된 연기감지기 작동에 의해 자동폐쇄되어야 한다.

4) 옥외로의 연결

계단실에서 공공도로, 옥외 또는 공공도로로 직접 접근할 수 있는 옥외 또는 비상구 통로로 연결되어야 한다.

5) 계단실로의 접근

전실이나 외부 발코니를 통해 접근할 수 있어야 한다.

6) 자연환기, 기계적환기, 계단실 가압 방식에 대한 요구기준

7) 문 폐쇄장치

방연 계단실의 어떤 문에 설치된 자동폐쇄장치가 작동되더라도 계단실의 나머지 모든 문의 자동폐쇄장치도 함께 작동되어야 한다.

8) 비상전원

기계식 제연설비의 비상전원은 자가발전기에 의해 2시간 이상 공급

9) 시험

6개월마다 운전상태의 적합성 확인 시험 수행

5. 기타 피난로의 구성요소

1) 수평 비상구(Horizontal Exit)

(1) 건물의 하나의 방화구획에서 다른 구획으로 통로를 제공하는 방화벽과 방화문의 조합체를 말한다.

(2) 육교나 발코니 등으로 연결될 수도 있다.

(3) 방화구획실, 비내력 방화벽, 피난교, 발코니 등의 기준을 제시하고 있다.

2) 경사로(Ramp)

경사도, 구조, 계단참, 급경사면, 방호대 및 난간, 시각적 방호, 물 고임에 대한 기준

3) 비상구 통로(Exit Passageway)

(1) 건물의 다른 부분과 구획

(2) 계단실 탈출로 역할을 하는 경우 계단실과 동일한 수준의 내화 성능

(3) 해당 비상구 통로를 통과하는 피난통로에 요구되는 총 피난용량을 수용할 수 있는 폭일 것

4) 에스컬레이터 및 무빙워크(Escalator and Moving Walk)

(1) 화재시 계속 작동될 수 있을 것(정지 시에는 일반계단으로 사용 가능)

(2) 피난 방향으로만 작동될 것

5) 옥외 피난계단(Fire Escape Stair)

(1) 계단실에 연기가 차서 피난이 불가능할 경우, 많은 인명이 피난 가능한 시설이다.

(2) 개구부 방호, 접근로, 미끄럼 방지, 방호대, 재료 및 강도, 스윙계단, 중간 공간 등의 기준

6) 피난 사다리(Fire Escape Ladder)

(1) 옥상 광장으로의 접근로, 화물용 엘리베이터에서의 피난로, 3명 이하의 보일러 실 등에만 제한적으로 적용 가능

(2) ANSI A14.3 기준에 적합할 것

7) 구조대(Slide Escape)

(1) 거주인이 주기적으로 사용한 경우에만 인정

(2) 전체 피난용량의 25 [%] 이하일 것

8) 엇갈림 디딤판 장치(Alternating Tread Device)

(1) 계단과 사다리의 중간 형태인 승강도구를 말하며, 좌측과 우측에 디딤판이 교차되는 구조로 되어 있다.

(2) 어린이, 노인 또는 장애인이 사용하는 경우에는 특별한 고려가 필요하다.

(3) 옥상 접근로, 화물용 엘리베이터에서의 제2의 피난로, 3명 이하의 인원이 이용하는 타워 또는 기계장치 주위의 플랫폼, 보일러 실 등의 제2피난로 등으로만 적용가능하다.

9) Area of Refuge(대피 장소)

(1) 정의

① 대피장소(Area of Refuge)

- 건물 내에 있는 층으로서, 감시되는 자동식 스프링클러설비에 의해 철저하게 방호되고 제연경계에 의해 다른 공간과 구획된 최소 2개의 접근 가능한 방이나 공간이 있는 것

- 동일 건물의 다른 공간과 구획하는 방법이나 위치상의 이점 덕분에 화재로부터 방호되고, 그로 인해 어떤 층으로부터 피난시간을 추가 확보할 수 있게 하며 공공도로로 가는 이동통로 상에 있는 공간

② 접근가능한 피난로(Means of Egress, Accessible)

: 심한 신체장애자가 이용할 수 있는 공공도로 또는 대피장소로 연결되는 보행로

(2) 적용기준

① 중증 신체 장애인이 접근하는 지역에는 용도에 관계없이 모든 건물에 접근 가능한 피난로를 요구함

② 이러한 접근 가능한 피난로는 중증 신체장애인이 사용할 수 있어야 하므로, 일반적으로 경사로나 대피장소가 구성요소에 포함됨

③ 고층건축물의 고층부에는 경사로 설치가 어려우므로, 대피장소가 많이 적용됨

(3) 접근성, 최소 면적, 내화성능, 표지판 등의 기준이 제시되어 있다.(체류형 금지)

10) Elevator in Tower(피난용 승강기)

피난용량, 승강장, 승강기 문, 문 작동, 수손 방호, 전력선 및 제어선, 운전, 유지관리, 통신설비, 지진방호 등의 기준이 규정되어 있다.

문제

피난 계산에서의 피난로의 유효폭에 대하여 설명하시오.

---

1. 개요

1) 피난로에서 거주인이 피난할 때에는 벽이나 기타 고정 장애물에 대한 경계층을 고려해야 한다.

2) 이러한 경계층은 신체의 균형 유지 및 장애물에 의한 피난속도 감소 방지 등을 위해 감안해야 하며, 유효폭이란 자유통로의 폭에서 경계층의 폭을 뺀 값이다.

2. 유효폭의 계산

Effective Width = Clear Width − Boundary Layer

1) 자유 통로 폭(Clear Width)

(1) 복도의 벽과 벽 사이

(2) 계단 통로의 발판 폭

(3) 문 개방 시 실제 통과가 가능한 폭

(4) 내측 의자 사이의 공간

(5) 극장 등에서의 의자 열에서 가장 돌출된 부분의 폭

2) 경계층(Boundary Layer)의 크기

   (1) 계단 통로의 벽 : 6 [in.]

   (2) 핸드 레일 : 3.5 [in.]

   (3) 복도의 벽 : 8 [in.]

   (4) 장애물 : 4 [in.]

3) 유효폭(Effective Width)의 계산 예 (피난계단의 경우)

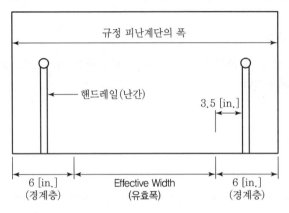

참고

계단실의 설계 개념

1. 계단실 출입구의 사양

   1) 상시 폐쇄 방식의 방화문 설치가 원칙이다.

   2) 상시 개방된 상태로 유지되는 경우, 화재 초기에 닫힐 수 있어야 한다.

   3) 거주인 피난에 의해 개방된 출입문은 반드시 다시 닫힐 수 있어야 한다.

2. 출입구와 계단의 폭 사이의 관계

   1) 계단실 입구의 폭은 계단의 유효폭보다 약간 작게(약 10 [%] 정도) 할 필요가 있다.

   2) 그러나 계단 입구의 폭이 너무 작으면, 계단 폭을 유효하게 사용할 수 없다.

   3) 따라서 적절하게 분산된 계단실 배치와 그에 따른 피난 유도 계획 수립이 중요하다.

3. 계단실의 구조

   1) 덕트 등이 관통하지 않아야 하며, 부득이하게 관통하게 될 경우에는 이중 슬리브 또는 내
      화 덕트 등으로 구성해야 한다.

   2) PS, EPS, TPS 등의 점검구가 계단실에 설치되면 안 된다.

   3) 계단을 환승하게 되는 방식으로 할 경우, 유도등 및 유도표지를 설치하고 피난층을 명시
      해야 한다.

   4) 초고층건물의 경우 강한 연돌효과가 발생하므로, 일정 층수마다 계단실 내에 문을 설치
      하거나 계단실을 분할 설치해야 한다.

   5) 옥외 피난계단은 하층부에서의 화재 시 분출화염이나 연기에 의해 피난에 지장이 발생하
      지 않도록 위치를 선정하여야 한다.

   6) 계단실 내부에는 방화구획이 되더라도 창고를 절대 설치해서는 안 된다.

건축법령에서 직통계단등의 설치기준

1 수직적 피난시설의 개념

1. 직통계단

1) 건축물의 피난층 외의 층에서 피난층이나 지상으로 통하는 계단(경사로 포함)
2) 직통계단은 계단, 계단참 등이 연속적으로 설치되어 피난 경로가 명확히 구분되어야 한다.

2. 피난계단

1) 직통계단의 구조에 피난상의 안전(차염성능)을 고려한 계단
2) 내화구조, 불연재 마감, 조명 등의 안전기준을 포함한다.

3. 특별피난계단

피난계단에 연기 침입을 방지하는 전실(노대 또는 제연설비가 설치된 부속실)을 설치하여 피난계단보다 피난상의 안전도를 더욱 높인 계단

4. 옥외피난계단

공연장, 주점 등과 같이 좁은 공간에 많은 인원이 집중되는 시설에서의 피난을 위해 추가로 설치하는 옥외의 피난계단

5. 선큰

지하층에서 피난 시, 건물 밖으로 피난하여 옥외계단 등을 통해 피난층으로 대피할 수 있는 천장이 개방된 외부공간을 말함

건축
피난

2 설치대상

1. 직통계단

1) 건축물 피난층 외의 층에서 가장 가까운 1개소의 직통계단까지의 보행거리 기준

층의 구분			일반층 (거실 → 직통계단)	
주요구조부 재질			내화구조 또는 불연재료	기타재료 (원칙)
용도	일반 용도		50 [m] 이하	30 [m] 이하
	공동주택	15층 이하	50 [m] 이하	
		16층 이상	40 [m] 이하	

층의 구분		일반층 (거실 → 직통계단)	
자동식 소화설비 여부		자동식 소화설비	기타 (원칙)
용도	반도체 및 LCD 제조공장	75 [m] 이하	30 [m] 이하
	위 공장이 무인화된 경우	100 [m] 이하	30 [m] 이하

→ 위의 표에서의 보행거리를 초과하지 않는 범위에서 직통계단의 수를 결정한다.

[완화 및 강화 기준]

(1) 자동화 생산시설에 스프링클러 등 자동식 소화설비를 설치한 공장

(2) 지하층에 설치하는 바닥면적 합계가 300 [m²] 이상인 공연장, 집회장, 관람장 및 전시장은 주요구조부가 내화구조 또는 불연재료이어도 보행거리 30 [m] 이하이어야 한다.

2) 2개 이상의 직통계단 설치대상

	적용 용도	사용층	바닥면적의 합계	실 구분
1	① 공연장, 종교집회장 ② 문화 및 집회시설 ③ 종교시설 ④ 주점영업 ⑤ 장례시설	해당 용도로 쓰는 층	200 [m²] 이상 (①의 경우 300 [m²] 이상)	그 층에서 해당용도로 쓰는 부분
2	① 다중주택, 다가구주택 ② 입원실있는 정신과의원 ③ PC방, 학원, 독서실 ④ 판매시설 ⑤ 운수시설 ⑥ 의료시설 ⑦ 학원 ⑧ 아동관련시설, 노인복지시설 ⑨ 유스호스텔 ⑩ 숙박시설	해당 용도로 쓰는 3층 이상의 층	200 [m²] 이상	그 층의 해당용도로 쓰는 거실(이하 "거실"이라 함)
3	① 공동주택(층당 4세대 초과) ② 오피스텔	해당 용도로 쓰는 층	300 [m²] 이상	거실
4	1~3 이외의 용도	3층 이상의 층	400 [m²] 이상	거실
5	용도와 무관	지하층	200 [m²] 이상	거실

- 2개 이상의 직통계단 설치 규정에서의 직통계단은 건축물의 모든 층에 걸친 직통계단을 말함
- 직통계단의 출입구는 피난에 지장이 없도록 일정한 간격을 두어 설치하고, 각 직통계단 상호 간에는 각각 거실과 연결된 복도등 통로를 설치하여야 함
- PC방의 경우 해당 용도로 쓰는 바닥면적의 합계 300 [m²] 이상인 경우만 해당

3) 직통계단 간의 이격 및 연결

(1) 가장 멀리 위치한 직통계단 2개소의 가장 가까운 직선거리

    ① 건축물 평면의 최대 대각선 거리의 1/2(자동식 소화설비를 설치한 경우 1/3) 이상일 것

    ② 직통계단을 연결하는 복도가 건축물의 다른 부분과 방화구획된 경우에는 직선거리가 아닌 보행거리로 적용한다.

(2) 각 직통계단 간에는 각각 거실과 연결된 복도등 통로를 설치할 것

2. 피난계단

1) 설치대상

5층 이상 또는 지하 2층 이하의 층에 설치하는 직통계단

2) [예외]

건축물의 주요구조부가 내화구조 또는 불연재료로 된 경우로서,

(1) 5층 이상의 층의 바닥면적 합계 : 200 [m²] 이하이거나,

(2) 5층 이상의 층의 바닥면적 200 [m²] 이내마다 방화구획된 경우

3. 특별피난계단

1) 설치대상

(1) 건축물의 11층 이상의 층(공동주택은 16층 이상) 또는 지하 3층 이하인 층으로부터 피난층 또는 지상으로 통하는 직통계단

(2) 판매시설의 용도로 사용되는 층으로부터의 직통계단 중 1개소 이상

2) [예외]

(1) 갓복도식 공동주택 : 각 층의 계단실 및 승강기에서 각 세대로 통하는 복도의 한쪽 면이 외기에 개방된 구조의 공동주택

(2) 바닥면적 400 [m²] 미만인 층

3) 강화기준

(1) 대상

    ① 5층 이상의 층으로서,

    ② 전시장, 동식물원, 판매시설, 운수시설(여객용 시설만 해당), 운동시설, 위락시설, 관광휴게시설(다중 이용시설만 해당), 생활권수련시설 용도로 쓰이는 바닥면적이 2,000 [m²]을 넘는 층

(2) 기준

    ① 직통계단 외에 추가적으로

    ② 매 2,000 [m²]마다 1개소의 피난계단 또는 특별피난계단을 설치할 것

      (4층 이하의 층에는 쓰지 않는 피난계단 또는 특별피난계단으로 설치)

4. 옥외피난계단

1) 설치대상

건축물의 3층 이상인 층으로서 다음중 하나에 해당하는 용도로 쓰는 층에 설치

(1) 공연장, 주점영업 용도로 쓰는 층 : 그 층 거실 바닥면적 합계 300 [m²] 이상
(2) 집회장 용도로 쓰는 층 : 그 층 거실 바닥면적 합계 1,000 [m²] 이상

2) 설치방법

직통계단 외에 해당 층에서 지상으로 통하는 옥외피난계단을 따로 설치한다.

5. 선큰(지하층과 피난층 사이의 개방공간)

바닥면적의 합계가 3,000 [m²] 이상인 공연장, 집회장, 관람장, 전시장을 지하층에 설치한 경우

❸ 직통계단 등의 구조

1. 직통계단

1) 직통계단의 출입구는 피난에 지장이 없도록 일정한 간격을 두어 설치할 것
2) 각 직통계단의 상호 간에는 각각 거실과 연결된 복도 등 통로를 설치할 것
(즉, 거실과 직통계단이 직접 연결되어서는 안 됨)

2. 피난계단의 구조

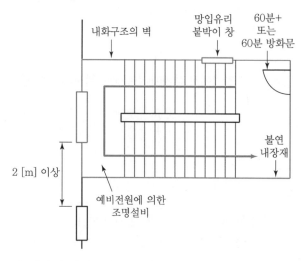

1) 계단실 실내마감

계단실의 실내에 접하는 부분(바닥 및 반자 등 실내에 면한 모든 부분)의 마감은 불연재료로 할 것

2) 계단실의 벽

계단실은 당해 건축물의 다른 부분과 내화구조의 벽으로 구획할 것

(창문, 출입구, 기타 개구부 제외)

3) 계단실 채광

계단실에는 예비전원에 의한 조명설비를 할 것

4) 내부와 접하는 계단실의 창

건축물의 내부와 접하는 계단실의 창문등(출입구 제외)은 망이 들어있는 유리의 붙박이창으로서 그 면적을 각각 1 [m²] 이하로 할 것

5) 옥외에 접하는 창문등

당해 건축물의 다른 부분에 설치하는 창문등으로부터 2 [m] 이상의 거리를 두고 설치할 것 (예외 : 망이 들어 있는 유리의 붙박이창으로서 그 면적이 각각 1 [m²] 이하인 것)

6) 계단의 구조

(1) 내화구조로 할 것
(2) 피난층 또는 지상까지 직접 연결되도록 할 것

7) 계단실 출입구

(1) 유효너비 : 0.9 [m] 이상
(2) 60분+ 또는 60분 방화문
  ① 피난방향으로 열 수 있을 것
  ② 언제나 닫힌 상태를 유지하거나, 화재로 인한 연기 또는 불꽃을 감지하여 자동적으로 닫히는 구조
  ③ 연기 또는 불꽃을 감지하여 자동적으로 닫히는 구조로 할 수 없는 경우에는 온도를 감지하여 자동적으로 닫히는 구조

건축
피난

3. 특별피난계단의 구조

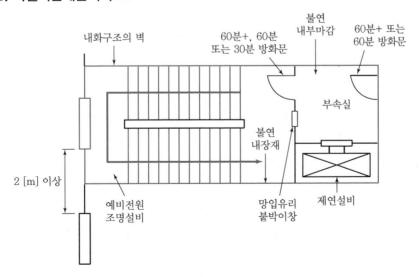

1) 계단실 및 부속실의 내부 마감

계단실, 부속실의 실내에 접하는 부분의 마감 : 불연재료

2) 계단실, 노대 및 부속실의 벽

계단실, 노대 및 부속실(비상용 승강기의 승강장 겸용부속실 포함)은 창문등을 제외하고는 내화구조의 벽으로 각각 구획할 것

3) 계단실의 채광

계단실에는 예비전원에 의한 조명설비를 할 것(전실은 규정 없음)

[옥내측으로 창문등]

4) 계단실 : 노대, 부속실에 접하는 부분 외에는 건축물 내부와 접하는 창문등을 설치하지 않을 것

5) 전실(노대, 부속실) : 계단실에 접하는 부분 외에는 건축물 내부와 접하는 창문등을 설치하지 않을 것

6) 계단실과 전실 사이의 창 : 망입유리로 된 1 [m²] 이하의 붙박이창을 설치 가능

[바깥쪽으로의 창문등]

7) 계단실, 전실에 설치하는 건축물의 바깥쪽에 접하는 창문등

당해 건축물의 다른 부분에 설치하는 창문등과 2 [m] 이상 이격시킬 것

(예외 : 망이 들어 있는 유리의 붙박이 창으로서 그 면적이 각각 1 [m²] 이하인 것)

8) 계단의 구조

(1) 내화구조로 할 것

(2) 피난층 또는 지상까지 직접 연결되도록 할 것

9) 출입구

(1) 건물 내부 ~ 전실(노대 또는 부속실) : 60분+ 또는 60분 방화문

(2) 전실 ~ 계단실 : 60분+, 60분 또는 30분 방화문

(3) 유효너비 : 0.9 [m] 이상

(4) 출입구 구조

① 피난방향으로 열 수 있을 것

② 언제나 닫힌 상태를 유지하거나, 화재로 인한 연기 또는 불꽃을 감지하여 자동적으로 닫히는 구조

③ 연기 또는 불꽃을 감지하여 자동적으로 닫히는 구조로 할 수 없는 경우에는 온도를 감지하여 자동적으로 닫히는 구조

10) 부속실 설치

건축물 내부와 계단실은 노대를 통해 연결하거나 부속실을 통해 연결할 것

[부속실의 구조]
(1) 외부를 향해 열 수 있는 바닥에서 1 [m] 이상 높이에 위치한 면적 1 [m²] 이상의 창문이 있거나
(2) 배연설비가 설치되어 있을 것

참고

피난계단 및 특별피난계단의 공통 기준

1. 돌음계단으로 하지 않을 것
2. 옥상광장을 설치하는 건축물의 피난계단 또는 특별피난계단
   1) 해당 건축물의 옥상으로 통하도록 설치할 것
   2) 옥상으로 통하는 출입문 : 피난방향으로 열리는 구조로서, 피난 시 이용에 장애가 없을 것

4. 옥외피난계단의 구조

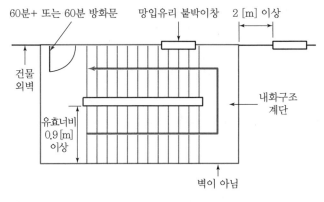

1) 계단의 위치

계단실의 출입구 이외의 창문등(1 [m²] 이하의 망입유리 붙박이창은 제외)으로부터 2 [m] 이상의 거리를 두고 설치할 것

2) 계단실의 출입구

60분+ 또는 60분 방화문을 설치할 것

3) 계단의 유효너비

0.9 [m] 이상으로 할 것

4) 계단의 구조

내화구조로 지상까지 직접 연결되도록 할 것

건축
피난

참고

특별피난계단의 피난안전성 확보

성능위주설계 표준 가이드라인에서는 계단의 배치, 출입문 구조 등 설치기준을 명확히 규정하여 재실자의 피난 안전을 확보하도록 요구하고 있다.

1. 출입문 구조
   1) 특별피난계단 출입문에는 가급적 개방이 쉬운 패닉바 설치를 권고함
      (공동주택(아파트) 및 그와 사용 형태가 유사한 주거용 오피스텔 제외)
   2) 매립형 출입문 등에 고리형 손잡이 설치를 금지

2. 특별피난계단 계단실에는 화재 위험성이 있는 시설물(도시가스 배관, 전기배선용 케이블 등)의 설치 금지

3. 출입문 표시
   1) 특별피난계단 계단실 출입문에는 피난 용도로 사용되는 것임을 표시할 것
   2) 특히 백화점, 대형 판매시설, 숙박시설 등 다중이용시설에 설치되는 특별피난계단에 피난용도로 사용되는 표시를 할 경우 픽토그램(그림문자)으로 적용할 것

4. 옥상 피난으로의 연결
   특별피난계단은 옥상광장(헬리포트, 인명구조공간)까지 연결되도록 할 것

5. 계단실은 승강기 권상기실 등 다른 용도의 실로 직접 연결되지 않도록 할 것

6. 특별피난계단 부속실은 4 [m²] 이상의 유효면적으로 계획할 것

피난안전구역

• 고층 건축물등의 관리주체는 그 건축물등에 재난발생 시 상시근무자, 거주자 및 이용자가 대피할 수 있는 피난안전구역을 설치·운영하여야 한다.
• 피난안전구역의 기능과 성능에 지장을 초래하는 폐쇄·차단 등의 행위를 하여서는 아니 된다.

1 정의

1. 고층건축물

층수 30층 이상 또는 높이 120 [m] 이상인 건축물

2. 초고층 건축물

층수 50층 이상 또는 높이 200 [m] 이상인 건축물

3. 준초고층 건축물

고층건축물 중 초고층 건축물이 아닌 건축물

4. 피난안전구역

건축물의 피난, 안전을 위하여 건축물 중간층에 설치하는 대피공간

5. 지하연계 복합건축물

1) 층수가 11층 이상이거나 1일 수용인원이 5천 명 이상인 건축물로서 지하부분이 지하역사 또는 지하도상가와 연결된 건축물
2) 건축물 안에 문화 및 집회시설, 판매시설, 운수시설, 업무시설, 숙박시설, 위락시설 중 유원시설업의 시설 또는 대통령령으로 정하는 용도(종합병원, 요양병원)의 시설이 하나 이상 있는 건축물

2 피난안전구역 설치 대상

1. 건축법령에 따른 대상

1) 고층건축물에는 피난안전구역을 설치하거나 대피공간을 확보한 계단을 설치하고 피난 용도로 사용되는 것임을 표시해야 한다.
2) 피난층 또는 지상으로 통하는 직통계단과 직접 연결되는 피난안전구역을 다음과 같이 설치해야 한다.
   (1) 초고층 건축물
      지상층에서 최대 30개 층마다 1개소 이상 설치할 것

(2) 준초고층 건축물

① 해당 건축물 전체 층수의 1/2에 해당하는 층으로부터 상하 5개층 이내에 1개소 이상 설치할 것

② 계단 및 계단참의 유효너비가 다음 기준을 충족하는 피난층 또는 지상으로 통하는 직통계단을 설치하는 경우 피난안전구역 제외 가능함

- 공동주택 : 120 [cm] 이상
- 공동주택이 아닌 건축물 : 150 [cm] 이상

2. 초고층특별법에 따른 대상

1) 초고층 건축물

건축법령에 따른 피난안전구역을 설치할 것

2) 30층 이상 49층 이하인 지하연계 복합건축물

건축법령에 따른 피난안전구역을 설치할 것

3) 16층 이상 29층 이하인 지하연계 복합건축물

(1) 지상층별 거주밀도 1.5 [명/m²]을 초과하는 층

(2) 해당 층에 해당 층의 사용형태별 면적의 합의 1/10에 해당하는 면적을 피난안전구역으로 설치할 것

4) 초고층 건축물등의 지하층이 다음 용도로 사용되는 경우

(1) 대상 용도 : 문화 및 집회시설, 판매시설, 운수시설, 업무시설, 숙박시설, 유원시설업, 종합병원, 요양병원

(2) 적용 방법

① 면적 산정기준에 따라 피난안전구역을 설치하거나

② 선큰을 설치할 것

❸ 피난안전구역의 면적 산정기준

1. 초고층 건축물 및 준초고층 건축물

1) 피난안전구역 면적(m²) = (피난안전구역 위층의 재실자 수 × 0.5) × 0.28

2) 위층 재실자 수의 산정방법

(1) 해당 피난안전구역과 다음 피난안전구역 사이의 용도별 바닥면적을 사용형태별 재실자 밀도로 나눈 값의 합계로 한다.

(2) 위층 재실자 수 = $\sum \dfrac{\text{용도별 바닥면적(m}^2)}{\text{사용형태별 재실자 밀도(m}^2/\text{인})}$

2. 16층 이상 29층 이하인 지하연계 복합건축물

해당 층의 사용형태별 면적의 합의 1/10에 해당하는 면적

3. 초고층 건축물등의 지하층

1) 지하층이 하나의 용도로 사용되는 경우

피난안전구역 면적$(m^2) = ($수용인원 $\times 0.1) \times 0.28$

2) 지하층이 2 이상의 용도로 사용되는 경우

피난안전구역 면적$(m^2) = ($사용형태별 수용인원의 합 $\times 0.1) \times 0.28$

4 피난안전구역의 설치기준

1. 건축법에 따른 피난안전구역 설치기준

1) 해당 건축물의 1개 층을 대피공간으로 할 것

(1) 대피에 장애가 되지 않는 범위에서 기계실, 보일러실, 전기실 등 건축설비를 설치하기 위한 공간과 같은 층에 설치할 수 있음

(2) 피난안전구역과 건축설비가 설치된 공간은 내화구조로 구획할 것

2) 피난안전구역에 연결되는 특별피난계단

피난안전구역을 거쳐서 상·하층으로 갈 수 있는 구조로 설치할 것

→ 특별피난계단의 높이 제한으로 연돌효과에 의한 연기 확산을 줄이기 위함

3) 피난안전구역의 구조 및 설비

(1) 피난안전구역의 바로 아래층 및 위층은 「녹색건축물 조성 지원법」에 따른 고시기준에 적합한 단열재를 설치할 것(아래층은 최상층에 있는 거실의 반자 또는 지붕 기준을 준용하고, 위층은 최하층에 있는 거실의 바닥 기준을 준용할 것)

(2) 피난안전구역의 내부마감재료 : 불연재료로 설치

(3) 건축물 내부에서 피난안전구역으로 통하는 계단 : 특별피난계단의 구조로 설치

(4) 비상용 승강기 : 피난안전구역에서 승하차 할 수 있는 구조로 할 것

(5) 식수공급을 위한 급수전을 1개소 이상 설치하고, 예비전원에 의한 조명설비를 설치

(6) 관리사무소 또는 방재센터 등과 긴급연락이 가능한 경보 및 통신시설 설치

(7) 피난안전구역의 높이 : 2.1 [m] 이상

(8) 배연설비를 설치할 것

(9) 기타 소방 기준에서 정하는 소방 등 재난관리를 위한 설비를 갖출 것

2. 초고층특별법에 따른 피난안전구역 설치기준

1) 피난안전구역에 갖추어야 할 소방시설

(1) 소화설비 중 소화기구(소화기 및 간이소화용구만 해당), 옥내소화전설비 및 스프링클러설비

(2) 경보설비 중 자동화재탐지설비

(3) 피난설비 중 방열복, 공기호흡기(보조마스크를 포함한다), 인공소생기, 피난유도선(피난 안전구역으로 통하는 직통계단 및 특별피난계단을 포함한다), 피난안전구역으로 피난을 유도하기 위한 유도등·유도표지, 비상조명등 및 휴대용 비상조명등

(4) 소화활동설비 중 제연설비, 무선통신보조설비

2) 피난안전구역에 갖추어야 할 안전설비

(1) 자동심장충격기 등 심폐소생술을 할 수 있는 응급장비

(2) 다음 구분 기준에 따른 수량의 방독면

① 초고층 건축물에 설치된 피난안전구역
- 피난안전구역 위층의 재실자 수의 1/10 이상
- 재실자 수 산정은 건축법령에 의하며, 피난안전구역 위 전층의 재실자 수를 말함

② 지하연계 복합건축물에 설치된 피난안전구역
- 피난안전구역이 설치된 층의 수용인원의 1/10 이상
- 수용인원 산정은 초고층특별법에 의함

3. 피난안전구역의 용도 표시

1) 출입구 상부 벽 또는 측벽의 눈에 잘 띄는 곳에 "피난안전구역" 문자를 적은 표시판을 설치할 것

2) 출입구 측벽의 눈에 잘 띄는 곳에 해당 공간의 목적과 용도, 다른 용도로 사용하지 아니할 것을 안내하는 내용을 적은 표시판을 설치할 것

5 피난안전구역의 화재안전성 확보 방안(성능위주설계 가이드라인)

1. 피난안전구역을 건축설비가 설치된 공간(기계실 등)과 같은 층에 설치하는 경우

1) 출입문을 각각 별도로 구성할 것

2) 구조상 불가피하여 공간을 서로 경유할 경우에는 이중 방화문으로 구획할 것

2. 피난안전구역 외벽

1) 아래층 화재로부터 영향을 받지 않도록 소방관 진입창 및 제연 외기취입구 등 최소한의 개구부를 제외하고는 다른 부분과 완전구획할 것

2) 외벽 마감은 다른 층과 구별되도록 할 것

3. 소방자동차 접근성 확보

최하부 피난안전구역은 특수소방자동차(52 [m] 또는 70 [m])가 접근 가능한 층에 설치하여 화재 시 신속한 인명구조가 이루어질 수 있도록 할 것

4. 피난안전구역 표시 및 유도

1) 비상용 및 피난용 승강기의 층 선택 버튼에 피난안전구역 설치 층을 별도 표기하여 재실자 등이 그 위치를 평소 인지할 수 있도록 할 것
2) 피난안전구역에 피난용도의 표시를 할 경우 픽토그램(그림문자)으로 적용할 것
3) 하향식피난구 착지 지점에서 피난안전구역으로 연결되는 경로에는 광원점등식 피난유도선을 설치할 것

6 선큰의 설치기준(초고층건축물등의 지하층)

1. 면적

다음 기준에 따라 용도별로 산정한 면적을 합산한 면적 이상으로 설치할 것
1) 문화 및 집회시설 중 공연장, 집회장 및 관람장 : 해당 면적의 7 [%] 이상
2) 판매시설 중 소매시장 : 해당 면적의 7 [%] 이상
3) 그 밖의 용도 : 해당 면적의 3 [%] 이상

2. 설치기준

1) 지상 또는 피난층(직접 지상으로 통하는 출입구가 있는 층 및 피난안전구역)으로 통하는 너비 1.8 [m] 이상의 직통계단을 설치하거나, 너비 1.8 [m] 이상 및 경사도 12.5 [%] 이하의 경사로를 설치할 것
2) 거실 바닥면적 100 [m²]마다 0.6 [m] 이상을 거실에 접하도록 하고, 선큰과 거실을 연결하는 출입문의 너비는 거실 바닥면적 100 [m²]마다 0.3 [m]로 산정한 값 이상으로 할 것

3. 선큰에 갖춰야 할 설비

1) 빗물에 의한 침수 방지를 위하여 차수판, 집수정(물저장고), 역류 방지기를 설치할 것
2) 선큰과 거실이 접하는 부분에 제연설비(드렌처(수막) 설비 또는 공기조화설비와 별도로 운용하는 제연설비를 말함)를 설치할 것
다만, 선큰과 거실이 접하는 부분에 설치된 공기조화설비가 화재안전기준에 맞게 설치되어 있고, 화재 발생 시 제연설비 기능으로 자동 전환되는 경우에는 제연설비를 설치하지 않을 수 있다.

NOTE

고층건축물 피난안전구역 등의 피난용도 표시

1. 대상

고층건축물에 설치된 피난안전구역, 피난시설 또는 대피공간에는 화재 등의 경우에 피난 용도로 사용되는 것임을 표시해야 한다.

2. 표시기준

1) 피난안전구역

(1) 출입구 상부 벽 또는 측벽의 눈에 잘 띄는 곳에 "피난안전구역" 문자를 적은 표시판을 설치할 것

(2) 출입구 측벽의 눈에 잘 띄는 곳에 해당 공간의 목적과 용도, 다른 용도로 사용하지 아니할 것을 안내하는 내용을 적은 표시판을 설치할 것

2) 특별피난계단의 계단실 및 그 부속실, 피난계단의 계단실 및 피난용 승강기 승강장

(1) 출입구 측벽의 눈에 잘 띄는 곳에 해당 공간의 목적과 용도, 다른 용도로 사용하지 아니할 것을 안내하는 내용을 적은 표시판을 설치할 것

(2) 해당 건축물에 피난안전구역이 있는 경우 (1)에 따른 표시판에 피난안전구역이 있는 층을 적을 것

3) 대피공간

출입문에 해당 공간이 화재 등의 경우 대피장소이므로 물건적치 등 다른 용도로 사용하지 아니할 것을 안내하는 내용을 적은 표시판을 설치할 것

소방관 진입창의 설치기준

1. 설치 대상

11층 이하의 층

(제외 : 대피공간 등 또는 비상용 승강기를 설치한 아파트)

2. 설치기준

1) 설치개수

(1) 2층 ~ 11층 : 각각 1개소 이상

(2) 진입창 가운데에서 벽면 끝까지의 수평거리가 40 [m] 이상인 경우 40 [m] 이내마다 소방관이 진입할 수 있는 창을 추가 설치

2) 설치 위치

소방차 진입로 또는 소방차 진입이 가능한 공터에 면할 것

3) 표식 형태

(1) 위치 표시(적색 역삼각형)

① 창문의 가운데에 지름 20 [cm] 이상의 역삼각형을 표시

② 야간에도 알아볼 수 있도록 빛 반사 등으로 붉은색으로 표시

(2) 타격지점 표시

창문의 한쪽 모서리에 타격지점을 지름 3 [cm] 이상의 원형으로 표시할 것

4) 진입창의 구조

(1) 창문 크기 : 폭 90 [cm] 이상, 높이 1.2 [m] 이상

(2) 설치높이(실내 바닥면에서 창의 하단) : 80 [cm] 이내로 할 것

5) 유리의 종류

다음 중 어느 하나에 해당하는 유리를 사용할 것

(1) 플로트판유리로서 그 두께가 6 [mm] 이하인 것

(2) 강화유리 또는 배강도유리로서 그 두께가 5 [mm] 이하인 것

(3) (1) 또는 (2)에 해당하는 유리로 구성된 이중유리로서 그 두께가 24 [mm] 이하
인 것

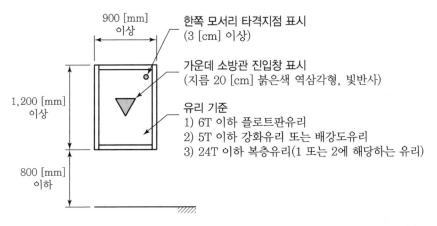

3. 성능위주설계 가이드라인에 따른 규정

1) 시·도별로 보유한 특수소방차의 제원(52 [m], 70 [m] 등)에 따라 12층 이상의 층에도
설치할 것

(70 [m] 소방자동차의 경우 약 20층까지 접안 가능함)

2) 소방관 진입창은 배연창과 겸용하는 것을 지양하고, 최소 1∼ 2 [m] 이격하여 설치할 것

(구조상 불가피할 경우에는 배연창은 상단에 설치하고, 소방관 진입창은 하단에 설
치할 것)

3) 소방관 진입창은 가급적 공용 복도와 직접 연결되는 위치에 설치하는 것을 권고함

문제

보행거리(Travel Distance)의 개념 및 적용기준을 설명하시오.

1. 개요

1) 보행거리는 피난자가 장애물 벽면 등을 우회하여 피난을 위해 실제로 이동하는 거리를 말한다.

2) 피난 시에는 화재·연기로부터 방호된 특별피난계단까지의 거리를 의미하며, 일부 소방시설의 설치기준에서도 보행거리의 개념이 적용된다.

2. 보행거리 결정에의 영향인자

1) 피난자 특성

건물내 거주밀도, 거주인의 평균연령, 신체조건, 예상 보행속도 등

2) 장애물

피난 또는 접근 시 우회해야 할 장애물의 형태 및 수

3) 거실내 인원수와 거실 출입구까지 가장 먼 위치까지의 거리

4) 예상화재의 특성

(1) 건물 내의 가연성 물질의 양, 연소특성

(2) 건물의 구조, 구획 및 소방시설 등에 따른 예상 화재성장속도

3. 보행거리의 측정방법

1) 점유지점의 가장 먼 위치에서 시작할 것

2) 바닥 또는 기타 보행면 상에서 측정할 것

3) 자연 보행로의 중심선을 따라 측정할 것

4) 모퉁이나 장애물은 30 [cm](1 [ft])의 간격을 두고 우회하여 측정

5) 개방된 비상구 접근을 위한 경사로나 계단의 디딤판 끝부분의 평면에서 측정할 것

 → 즉, 화재 방호가 되지 않은 계단이나 경사로도 보행거리에 포함됨

6) 방호된 피난 통로가 시작되는 끝부분에서 측정 완료

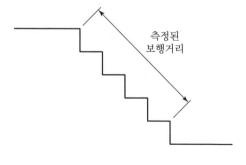

4. NFPA기준에서의 허용 보행거리

거실의 각 부분에서 직통계단까지의 보행거리를 아래의 값 이내로 제한하며, 이를 초과하게 되면 Exit Passageway를 설치하여 보행거리 이내가 되도록 한다.

1) 아파트 · 호텔 등

(1) 스프링클러 미설치 시 : 175 [ft]

(Common Path : 35 [ft], Dead−End : 30 [ft] 이내)

(2) 스프링클러 설치 시 : 325 [ft]

(Common Path : 50 [ft], Dead−End : 50 [ft] 이내)

2) 업무시설

(1) 스프링클러 미설치 시 : 100 [ft]

(Common Path : 75 [ft], Dead−End : 20 [ft])

(2) 스프링클러 설치 시 : 400 [ft]

(Common Path : 100 [ft], Dead End : 20 [ft] − 기존은 50 [ft])

→ 즉, 스프링클러 소화설비를 설치할 경우에는 허용 보행거리기준을 완화하고 있음

5. 보행거리의 산정방법

1) 칸막이구획 이전

(1) 그림의 표시부분에서 출구까지의 최단거리는 L_{min}이다.

(2) 그러나 설계할 때에는 칸막이나 장애물의 배치를 미리 고려하여 보행거리를 $L_1 + L_2$로 하는 것이 합리적이다.

2) 칸막이구획 이후

(1) 그림과 같이 구획이 결정된 상태에서는 칸막이를 우회하여 피난이 이루어진다.

(2) 따라서 최대 보행거리는

$L_1 + L_2 + L_3 + L_4$가 된다.

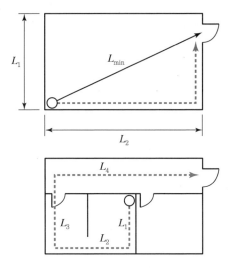

6. 보행거리에 대한 국내기준

대상 (건축물 용도)	피난층에서의 보행거리			
	계단 → 옥외출구		거실 → 옥외출구	
	내화구조 또는 불연재료	기타	내화구조 또는 불연재료	기타
① 공연장, 종교집회장(해당용도 바닥면적 합계 300 [m²] 이상) ② 문화 및 집회시설 ③ 종교시설 ④ 판매시설 ⑤ 국가 또는 지방자치단체의 청사 ⑥ 위락시설 ⑦ 연면적 5,000 [m²] 이상 창고 시설 ⑧ 학교 ⑨ 장례시설 ⑩ 승강기 설치대상 건축물	50 [m] 이하	30 [m] 이하	100 [m] 이하	60 [m] 이하
공동주택 15층 이하	50 [m] 이하	30 [m] 이하	100 [m] 이하	60 [m] 이하
공동주택 16층 이상	40 [m] 이하	30 [m] 이하	80 [m] 이하	60 [m] 이하

7. 결론

1) 보행거리는 실제 피난이나 접근을 위해 거주인이 이동해야 할 거리를 말하며, 칸막이 등의 설치를 미리 예상하여 산정함이 바람직하다.

2) 또한 NFPA에서와 같이 스프링클러를 설치할 경우 이에 따른 완화기준을 적용하여 스프링클러 설치를 활성화시킬 필요가 있다고 판단된다. 아울러 국내 소방시설의 설치기준에서 수동으로 사용하는 설비(소화전 등)는 수평거리가 아닌 보행거리 기준으로 변경함이 바람직하다고 생각된다.

문제

NFPA 기준에서의 피난용량 산정에 대해 설명하시오.

1. 개요

피난 용량은 해당 건물의 수용인원을 피난시키기에 충분한 크기 이상이어야 한다.

2. 피난용량의 계산방법

1) 복도 · 출입문 : 0.5 [cm/인] 이상

예를 들어, 유효폭이 90 [cm]인 출입문의 피난용량은

$$\frac{90 \, [cm]}{0.5 \, [cm/인]} = 180명$$

2) 계단 : 0.76 [cm/인] 이상

예를 들어, 유효폭이 120 [cm]인 계단의 피난용량은

$$\frac{120 \, [cm]}{0.76 \, [cm/인]} = 157명$$

3) 위험도가 높거나 스프링클러 설비가 설치되지 않은 의료시설 등은 기준치가 더 크다.

3. 소요 피난인원의 산정

1) 각 층별 피난인원 수

실제 거주인원수나 기준에 의해 산정된 수용인원 중에서 큰 값 이상일 것

2) 만일 해당 층의 중층에 인원이 있는 경우

해당 층의 피난인원에 합산

3) 위층과 아래층의 피난로 교차

그림과 같이 지하층과 2층 이상에서의 피난인원이 만나는
위치는 지하 1층+2층 피난인원을 합산한다.

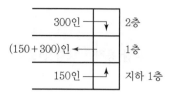

4. 결론

1) 국내에서는 통로 및 계단의 폭을 용도에 따라 구분하고 있는 것에 비하여, NFPA 기준에서는
   용도 및 수용인원별 기준을 함께 적용함을 알 수 있다. 수용인원 기준을 통로 등의 폭에 적용함
   은 매우 당연한 것이라 판단된다.
2) 국내에서도 수용인원 산정의 개념이 적용되고 있으므로, 앞으로 이와 같이 통로 등의 폭 기준
   산정에 이 개념을 도입하는 것이 바람직하다고 판단된다.

> **문제**
>
> **국내에서의 수용인원 산정기준과 수용인원에 따른 소방시설의 설치기준을 설명하시오.**

1. 개요

1) 거주밀도는 어떠한 특정 용도의 장소에 거주하는 인원수를 예측하여 피난 계획을 수립하기 위
   해 이용된다. 즉, NFPA 기준에서의 건축물 피난로의 총 피난용량은 그 건물의 수용인원을 피
   난시키기에 충분하도록 규정한다.
2) 국내에서의 수용인원 기준은 소방시설의 설치대상 기준에 용도 · 규모뿐만 아니라, 거주밀도
   가 높은 장소도 포함시키기 위하여 도입되었다.

2. 수용인원 산정기준

1) 국내기준(소방시설의 설치유지 및 안전관리법 시행령 별표3)
   (1) 숙박시설
       ① 침대가 있는 경우 : 해당 시설의 종사자수+침대수 (인)
       ② 침대가 없는 경우 : 해당 시설의 종사자수+해당용도 바닥 면적 / 3 [m²/인] (인)

(2) 그 외의 시설

　① 강의실 : 해당 용도의 바닥면적 / 1.9 [m²/인] (인)

　② 강당 · 집회 · 운동시설 : 해당 용도의 바닥면적 / 4.6 [m²/인] (인)

　　　　　　　　　　　　(관람석은 의자수 또는 의자너비/0.45)

　③ 나머지 : 해당 용도 바닥면적 / 3 [m²/인] (인)

(3) 면적 산정 시 복도 · 계단 · 화장실 등은 제외한다.

(4) 계산 결과 소수점 이하의 수는 반올림한다.

2) NFPA 기준

바닥면적[m²]을 거주밀도[m²/인]로 나누어 수용인원을 산출한다.

〈거주밀도〉

(1) 교실 : 1.9 [m²/인]

(2) 호텔, 아파트 등 : 18.6 [m²/인]

(3) 관람석 : 의자수 또는 의자너비 / 45.7 [cm]

(4) 업무시설 : 9.3 [m²/인]

3. 수용인원에 따른 소방시설 기준

1) 스프링클러 소화설비

(1) 문화 및 집회시설, 종교시설(목조 제외), 운동시설 : 수용인원 100인 이상

(2) 판매시설, 운수시설, 물류터미널 : 수용인원 500인 이상

2) 자동화재탐지설비

숙박시설이 있는 수련시설로서 수용인원 100인 이상

3) 공기호흡기

수용인원 100인 이상인 영화상영관

4) 휴대용 비상조명등

수용인원 100인 이상인 영화상영관, 대규모 점포, 지하역사, 지하상가

5) 제연설비

수용인원 100인 이상인 영화상영관

문제

Delayed Egress Locks가 언제 개방되는지 설명하시오.

1. 개요

1) 아파트의 옥상 출입문이나 다중이용업소의 비상문이 잠긴 상태로 유지되어 화재 시 인명 피해가 증가되는 경우가 많다. 이러한 출입문들은 화재 방호상 개념으로는 개방상태로 유지해야 하지만, 자살 · 탈선 방지 및 도난 등의 방지를 위해서는 폐쇄가 필요하다.

2) NFPA 기준에서는 스프링클러설비나 자동화재탐지설비가 설치된 건물에서는 Delayed Egress Locks의 출입문 잠금 상태가 허용된다.

2. Delayed Egress Locks가 개방되는 경우

1) 자동식 스프링클러설비의 동작

2) 열 감지기나 2개 이하의 연기 감지기의 작동

3) 67 [N] 이상의 힘으로 3초 이상 문을 민 경우에 15초 이내에 잠금 해제
   (이 경우에는 음향 경보가 울릴 것)

4) 잠금장치 · 해제장치 등의 제어용 전원이 차단되면 해제될 것
   → 문의 해제장치를 0.8~1.2 [m] 정도 높이에 설치하고, "경보가 울릴 때까지 미시오. 15초 이내에 문이 열림."이란 표시를 할 것

문제

NFPA 101에 규정된 Exit Passageway(비상구 통로)에 대하여 설명하시오.

1. 정의

옥외피난계단의 수준으로 방호(내화구조, 제연 등)되는 수평 피난통로(거실통로, 복도, 경사로 및 터널 등)를 말한다.

2. 목적

1) 주로 거실에서 피난계단 등으로의 보행거리가 규정을 초과할 경우, 비상구 통로를 설치하여 보완한다.
2) Exit Discharge의 50 [%] 이상이 직접 옥외로 연결되도록 해야 한다.

3. 용도

1) 피난계단을 건물 외부로 직접 연결(그림 a)

   (1) NFPA 101에서는 Exit Discharge가 50 [%] 이상이 직접 옥외로 연결되도록 규정하고 있는데, 이를 위해 적용하는 것이다.
   (2) 국내에는 이러한 기준이 없어 피난층에서 화재 발생 시 화재층을 경유하여 피난해야 하는 문제가 있다.

2) 직통계단까지의 보행거리 기준 충족(그림 b)

   직통계단까지의 보행거리 기준(Exit Access)을 초과하는 층에서 직통계단을 추가하지 않고, 기준을 충족하기 위해 적용하는 것이다.

3) Mall 건물 등에서 다목적으로 사용되는 비상구 통로(그림 c)

   여러 개의 비상구에서 Exit Passageway를 통해 보행거리를 단축할 수 있다.

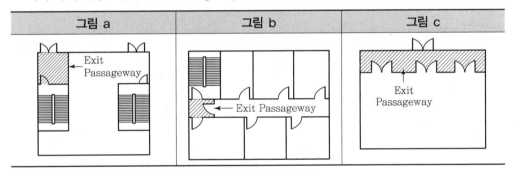

| 그림 a | 그림 b | 그림 c |

4. 비상구 통로의 설치기준

1) 폭

   (1) 피난계단 폭의 2/3 이상일 것
   (2) 계단의 피난용량을 계산한 경우에는 계단과 동일한 피난용량 이상일 것

2) 바닥

   구멍없이 속이 꼭 찬 재질을 적용하여 아래층으로부터의 연소확대가 방지될 것

3) 계단실과 동일한 내화등급 이상일 것

4) 출구 목적 외 산업설비 등의 통행로로 사용하지 않을 것

5) 비상구 통로에 덕트, 배관 또는 배선 등이 관통하지 않을 것

6) 출입문은 항상 닫혀 있는 구조로 관리될 것

5. 결론

Exit Passageway는 피난자가 화재 및 연기에 대한 노출시간을 줄여 피난안전성을 높이기 위한 것으로 피난계단실과 같은 수준의 방호가 필요하다.

문제

건축법령상에서의 옥상광장 및 헬리포트의 설치기준을 설명하시오.

1. 개요

1) 화재 시에 건축물의 상층부에서는 경우에 따라 피난층으로 대피하기 어려운 경우가 발생할 수 있다.

2) 이러한 경우에 대비하여 특정 용도의 건축물에는 옥상광장을 두어 대피할 수 있도록 하고, 대형건축물에는 헬리포트를 설치하도록 규정하고 있다. 또한 옥상으로의 대피 시 인명안전을 위해 난간의 높이 등을 규정한다.

2. 옥상광장의 설치기준

1) 옥상광장이나 2층 이상의 층에 있는 노대등(노대나 이와 비슷한 것)의 주위에는 높이 1.2 [m] 이상의 난간을 설치할 것(단, 그 노대등에 출입할 수 없는 구조인 경우 난간 제외 가능)

2) 피난용도의 옥상광장을 설치해야 하는 경우

5층 이상의 층이 공연장, 종교집회장, 인터넷컴퓨터게임시설 제공업(해당 용도 바닥면적 합계가 각각 300 [m²] 이상인 경우만 해당), 문화 및 집회시설, 종교시설, 판매시설, 주점영업 또는 장례시설의 용도로 쓰는 경우

3) 비상문자동개폐장치

(1) 화재 등 비상시에 소방시스템과 연동되어 잠김 상태가 자동으로 풀리는 장치

(2) 적용대상

다음 건축물의 옥상으로 통하는 출입문

① 상기 2)번에 따라 피난용도로 쓸 수 있는 광장을 옥상에 설치해야 하는 건축물

② 피난 용도로 쓸 수 있는 광장을 옥상에 설치하는 다음 건축물

- 다중이용 건축물
- 연면적 1,000 [m²] 이상인 공동주택

(3) 성능인증 및 제품검사를 받은 비상문자동개폐장치를 옥상으로 통하는 출입문에 설치할 것

3. 헬리포트 또는 구조공간의 설치기준

1) 설치대상

층수가 11층 이상인 건축물로서, 11층 이상의 층의 바닥면적 합계가 10,000 [m²] 이상인 건축물의 옥상

(1) 평지붕 : 헬리포트를 설치하거나, 헬리콥터를 통해 인명 등을 구조할 수 있는 공간

(2) 경사지붕 : 경사지붕 아래에 설치하는 대피공간

2) 설치기준

(1) 헬리포트 및 인명구조공간

구분	헬리포트	인명구조공간
길이와 너비	각 22 [m] 이상(15 [m]까지 감축 가능)	직경 10 [m] 이상
장애물	반경 12 [m] 이내 이착륙에 방해되는 건축물, 공작물, 조경시설, 난간 설치 금지	구조활동에 방해되는 건축물, 공작물, 난간 설치 금지
표시	• 중앙에 지름 8 [m]의 Ⓗ표지(백색) • H : 선 너비 38 [cm] • ◎ : 선 너비 60 [cm]	• 중앙에 지름 8 [m]의 Ⓗ표지(백색) • ◎ : 선 너비 60 [cm]
주위한계선	백색으로 선 너비 38 [cm] 이상	

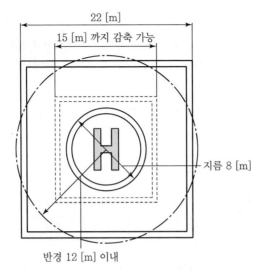

(2) 경사지붕 아래에 설치하는 대피공간

    ① 대피공간의 면적 : 지붕 수평투영면적의 1/10 이상

    ② 특별피난계단 또는 피난계단과 연결될 것

    ③ 출입구, 창문을 제외한 부분 : 해당 건축물의 다른 부분과 내화구조의 바닥 및 벽으로
       구획할 것

    ④ 출입구 : 유효너비 0.9 [m] 이상으로 하고, 60분+ 또는 60분 방화문을 설치할 것

    ⑤ 내부마감재료 : 불연재료

    ⑥ 예비전원으로 작동하는 조명설비를 설치할 것

    ⑦ 관리사무소 등과 긴급 연락이 가능한 통신시설을 갖출 것

옥상 대피공간의 안전성 확보

성능위주설계 표준 가이드라인에서는 다음과 같이 설치기준을 강화하여 화재 시 원활한 피난과 안전한 공간을 확보하도록 규정하고 있다.

1. 헬리포트와 인명구조공간 선정

1) 건축물의 규모 및 주변 환경 여건 등을 파악하여 헬리포트 또는 인명구조공간의 장단점을 비교한 후 선택 적용할 것

2) 30층 이상인 건축물은 헬리포트를 적용하고, 50층 이상인 건축물에는 헬리포트 또는 인명구조공간 적용을 권고함

2. 옥상 피난시설의 마감

1) 옥상에 설치되는 피난시설(옥상광장, 대피공간, 헬리포트 등)의 마감은 불연재료로 할 것

2) 옥상광장 바닥 마감을 목재 · 합판으로 장식하여 휴게공간으로 사용하는 사례가 있어 이를 제한하는 것이다.

3. 별도의 피난 대기공간 설치

1) 헬리포트 또는 인명구조공간 설치 대상인 경우, 그 아래층 또는 인근에 별도의 피난대기 공간의 설치를 권고함

2) 이는 아래층 화재로부터 열 · 연기의 영향을 덜 받을 수 있으며, 구조 시간이 장시간 소요될 경우 대기할 수 있는 공간을 제공하기 위한 것이다.

3) 대기공간의 구조는 천장이 없는 구조로서 3면 또는 4면의 벽이 높이 최소 1.5 [m] 이상인 불연재료로 구획되도록 할 것

4. 옥상 화재 방지

1) 옥상에 태양광집열판 등 화재에 노출될 수 있는 설비의 설치는 지양하고, 불가피하게 설치할 경우 화재예방대책을 제출할 것

2) 옥상에 냉각탑 등 각종 설비가 설치될 경우

   (1) 해당 장소는 옥상의 다른 부분(광장 등)과 불연재료로 칸막이 구획할 것

   (2) 피난에 지장이 없도록 특별피난계단, 비상용(피난용)승강장 출입문과 최대한 이격시켜 설치하고, 적응성 있는 소화설비를 추가 설치할 것

5. 옥상으로의 피난유도

옥상으로 통하는 출입문에는 피난 용도로 사용되는 것임을 표시(픽토그램 등)할 것

대지 안의 피난 및 소화에 필요한 통로 설치기준을 설명하시오.

1. 대지 안의 피난 및 소화에 필요한 통로

1) 설치범위

(1) 건축물의 대지 안에 설치

(2) 그 건축물 바깥쪽으로 통하는 주된 출구와 지상으로 통하는 피난계단 및 특별피난계단으로 부터 도로 또는 공지로 통하는 통로를 설치할 것

2) 통로의 너비 기준

(1) 단독주택 : 유효 너비 0.9 [m] 이상

(2) 바닥면적의 합계가 500 [m²] 이상인 문화 및 집회시설, 종교시설, 의료시설, 위락시설 또는 장례식장 : 유효 너비 3 [m] 이상

(3) 그 밖의 용도로 쓰는 건축물 : 유효 너비 1.5 [m] 이상

3) 통로의 보호

(1) 대상 : 통로의 길이가 2 [m] 이상인 경우

(2) 피난 및 소화활동에 장애가 발생하지 아니하도록 자동차 진입억제용 말뚝 등 통로 보호시 설을 설치하거나 통로에 단차를 둘 것

2. 소방자동차 접근 통로

1) 대상

다중이용 건축물, 준다중이용 건축물 또는 층수가 11층 이상인 건축물이 건축되는 대지

2) 적용기준

(1) 대지 안의 모든 다중이용 건축물, 준다중이용 건축물 또는 층수가 11층 이상인 건축물에 소방자동차의 접근이 가능한 통로를 설치할 것

(2) [예외]

모든 다중이용 건축물, 준다중이용 건축물 또는 층수가 11층 이상인 건축물이 소방자동차 의 접근이 가능한 도로 또는 공지에 직접 접하여 건축되는 경우로서 소방자동차가 도로 또 는 공지에서 직접 소방활동이 가능한 경우

피난용 승강기

1 설치대상

1. 고층건축물에 설치하는 승용승강기 중 1대 이상
2. 건축물 규모와 상관없이 1대로 규정되어 있으며, 공동주택에는 비상용승강기 외 피난용승강기를 별도 설치해야 한다.

2 피난용승강기의 설치기준

1. 건축법 시행령에 따른 설치기준

1) 승강장의 바닥면적 : 승강기 1대당 6 [m²] 이상
2) 각 층으로부터 피난층까지 이르는 승강로를 단일구조로 연결하여 설치할 것
   → 단일구조로 설치하도록 규정되어 연돌효과 완화 등에 어려움이 발생하고 있다.
3) 예비전원으로 작동하는 조명설비를 설치할 것
   → 채광용 창문 등을 허용하지 않는다.
4) 승강장의 출입구 부근의 잘 보이는 곳에 해당 승강기가 피난용승강기임을 알리는 표지를 설치할 것
5) 그 밖에 화재예방 및 피해경감을 위하여 국토교통부령으로 정하는 구조 및 설비 등의 기준에 맞을 것

2. 피난, 방화기준에 관한 규칙에 따른 설치기준

1) 피난용승강기 승강장의 구조

   (1) 승강장의 출입구를 제외한 부분은 해당 건축물의 다른 부분과 내화구조의 바닥 및 벽으로 구획할 것
      → 출입구 외 창문등 개구부를 설치할 수 없음
   (2) 실내에 접하는 부분(바닥 및 반자 등 실내에 면한 모든 부분)의 마감(마감을 위한 바탕을 포함)은 불연재료로 할 것
      → 불연재료 사용범위에 바닥도 포함됨
   (3) 승강장은 각 층의 내부와 연결될 수 있도록 하되, 그 출입구에는 60분+ 또는 60분 방화문을 설치하고, 방화문은 언제나 닫힌 상태를 유지할 수 있는 구조일 것
      → 평상시 방화문을 개방상태로 유지할 수 없음
   (4) 건축물의 설비기준 등에 관한 규칙에 따른 배연설비를 설치하되, 소방법령에 따른 제연설비를 설치할 경우 배연설비를 설치하지 않을 수 있음

2) 피난용승강기 승강로의 구조

   (1) 승강로는 해당 건축물의 다른 부분과 내화구조로 구획할 것

   (2) 승강로 상부에 건축물의 설비기준 등에 관한 규칙에 따른 배연설비를 설치할 것

     → 제연설비 대체를 허용하지 않고 있음

3) 피난용승강기 기계실의 구조

   (1) 출입구를 제외한 부분은 해당 건축물의 다른 부분과 내화구조의 바닥 및 벽으로 구획할 것

   (2) 출입구에는 60분+ 또는 60분 방화문을 설치할 것

4) 피난용승강기 전용 예비전원

   (1) 정전 시 피난용승강기, 기계실, 승강장 및 CCTV 등의 설비를 작동할 수 있는 별도의 예비전원 설비를 설치할 것

   (2) 예비전원은 초고층 건축물의 경우에는 2시간 이상, 준초고층 건축물의 경우에는 1시간 이상 작동이 가능한 용량일 것

   (3) 상용전원과 예비전원의 공급을 자동 또는 수동으로 전환이 가능한 설비를 갖출 것

   (4) 전선관 및 배선은 고온에 견딜 수 있는 내열성 자재를 사용하고, 방수조치를 할 것

② 피난용승강기 설계안 검증(성능위주설계 가이드라인)

성능위주설계 시 피난용승강기의 설치대수, 운행속도, 수용인원, 탑승우선자, 승하차계획을 포함한 운용 계획 등에 대해 피난시뮬레이션을 통해 검증하도록 요구하고 있다.

1. 다음 사항에 대하여 시뮬레이션을 통해 검증할 것

   1) 탑승 대상자

   2) 운행속도

   3) 수용인원

   4) 운행구간(정차층 및 통과층)

   5) 설치대수

   6) 화재 경보 시 사전 설정되어 위치하는 정차층의 위치

   7) 피난안전구역 운행 및 정차 방식

2. 피난시뮬레이션 프로그램(Pathfinder, building EXODUS 등)에서 승강기를 이용한 피난 반영 가능함

3. 전층 피난시뮬레이션도 함께 수행할 것

4. 피난시뮬레이션 상에서의 최종 출구는 건축물 외부와 연결된 지상층의 집결 장소(Assembly Point)로 설정할 것

5. 건축물 내부에 설치되는 피난안전구역은 최종 피난층으로 설정하지 않을 것

6. 장애인, 노약자 등 신체적 약자의 거주와 이동을 고려한 피난시뮬레이션을 수행해야 하는데, 이때 신체 약자의 수, 보행속도 등은 인구통계자료 등을 참고하고, 보호자(조력자)의 수도 설정할 것

NOTE

피난 시 승강기(엘리베이터) 이용의 문제점

1. 승강기가 올 때까지 기다려야 한다.
   1) 기다리는 동안 연기 · 가스에 노출될 우려가 있다.
   2) 기다리면서 패닉 상태에 빠질 수 있다.

2. Door가 닫히지 않으면 운행되지 않는다.
   1) 승강기는 안전을 위해 Door가 닫히지 않거나, 수용 인원이 초과되면 운행되지 않는다.
   2) 피난 시에는 많은 사람들이 서로 타려고 모여들 것이므로 정상적 운행이 불가능해진다.

3. 화재층에 정지할 위험이 있고, 층마다 정지하여 피난이 지연될 수 있다.
   1) 화재층에서 버튼이 눌러져 있는 경우, 화재층에서 정지하여 화염 · 연기 등에 노출될 수 있다.
   2) 층별로 승강기 이용을 위해 정지버튼을 눌러 피난시간이 지연될 수 있다.

4. 정전
   1) 화재로 인한 전기 케이블이 소실될 경우, 정전되어 엘리베이터가 정지하게 된다.
   2) 중간에서 정지된 경우, 갇힌 인원들을 구조하는 데 시간이 매우 오래 걸린다.

5. 승강기 샤프트의 연돌 효과
   1) 샤프트 내부의 압력이 충분히 높지 않은 경우, 샤프트 내로 연기가 침입하게 된다.
   2) 엘리베이터가 정지하지 않고 운행되더라도, 탑승자들은 유독가스에 중독될 수 있다.

6. 적은 수송능력
   엘리베이터의 탑승인원 제한으로 전체 인원의 피난에는 큰 도움이 되기 어렵다.
   (비상시 30분~1시간 소요)

피난용 승강기의 필요성

1. 초고층 빌딩
   1) 초고층 빌딩에서의 계단을 이용한 피난의 문제점
      (1) 장시간동안 매우 긴 피난 경로를 이동해야 함(체력적＋심리적 부담 가중)
      (2) 각 층에서의 피난 인원의 추가 유입으로 혼란이 발생될 우려
      (3) 재해약자(노약자 · 장애인 등)의 피난상 문제

건축
피난

2) 초고층 피난에서 엘리베이터의 활용

화재 발생층의 1~2개 층 아래 지역에서는 화재의 영향이 초기에는 매우 적으므로, 이 장소까지 보행으로 피난한 후 엘리베이터를 이용하는 방법으로 적용할 수 있다.

2. 심층 지하 공간

1) 문제점

(1) 지상층과 달리 계단을 올라가야 피난이 가능하다.(체력 + 시간문제)

(2) 지하 4층 이상의 지하층의 심층화 개발이 증가하는 추세이다.

(3) 연기이동 방향과 피난 방향이 같다.

2) 지하층 피난에서의 엘리베이터의 활용

NFPA 기준에서는 층 깊이가 피난층 아래로 9 [m] 이상인 층에서는 최소 2개의 제연 구획실로 분할하여 각 구획실에서 사람을 에스컬레이터나 엘리베이터로 이송시키도록 하고 있다.

3. 재해약자의 피난대책

1) 고령 노인 · 영아 · 어린이

2) 환자

3) 중증 장애인

→ 미국 Life Safety Code : 4층 이상에는 1개 이상의 장애인 피난용 엘리베이터 설치를 의무화하고 있음

문제

건축법상 비상용승강기의 설치기준을 기술하시오.

1. 개요

비상용승강기는 고층 건물에서의 화재 시 소방대의 소화활동을 위해 설치하는 것으로서, 승강장이 내화구조로 구획되고 제연설비가 설치된다.

2. 설치기준

1) 설치대상

(1) 높이 31 [m]를 넘는 건축물 : 승용승강기 외에 비상용 승강기를 추가로 설치
   (승용승강기를 비상용 승강기의 구조로 할 경우 겸용 가능)
   [예외]
   ① 높이 31 [m]를 넘는 각 층을 거실 외의 용도로 쓰는 건축물
   ② 높이 31 [m]를 넘는 각 층의 바닥면적의 합계가 500 [m²] 이하인 건축물
   ③ 높이 31 [m]를 넘는 층수가 4개 층 이하로서, 당해 각 층의 바닥면적의 합계 200 [m²]
      이내마다 방화구획한 건축물
      (벽 및 반자의 실내마감을 불연재료로 한 경우 500 [m²] 이하)

(2) 10층 이상인 공동주택에서는 승용승강기를 비상용 승강기의 구조로 해야 한다.
   (주택건설기준 등에 관한 규정)

2) 설치기준

(1) 일반 건축물
   높이 31 [m]를 넘는 각 층의 바닥면적중 최대 바닥면적이
   ① 1,500 [m²] 이하 : 1대 이상
   ② 1,500 [m²] 초과 : 1대+1,500 [m²]를 넘는 3,000 [m²]마다 1대씩 가산
   예 4,500 [m²]인 경우, 2대
      7,500 [m²]인 경우, 3대

(2) 공동주택
   ① 계단실형 공동주택 : 계단실마다 1대 이상
   ② 복도형 공동주택
      • 100세대 이하 : 1대 이상
      • 100세대 초과 : 100세대마다 1대 이상 추가

3) 비상용 승강기의 구조

(1) 승강장
   ① 승강장의 창문, 출입구, 기타 개구부를 제외한 부분은 건축물의 다른 부분과 내화구
      조로 구획할 것(공동주택의 특별피난계단 부속실과는 겸용할 수 있다.)
   ② 피난층을 제외한 각 층의 내부와 연결되며, 그 출입구에는 갑종방화문을 설치할 것
      (단, 피난층에는 갑종방화문을 설치하지 않을 수 있다.)
      → 갑종방화문이라는 용어는 60분+ 또는 60분 방화문으로 개정될 것이다.
   ③ 노대 또는 외부로 열 수 있는 창문이나 배연설비를 설치할 것
   ④ 벽 및 반자가 실내에 접하는 부분의 마감 : 불연재료

⑤ 채광이 되는 창문이 있거나, 예비 전원에 의한 조명설비를 할 것

⑥ 승강장 바닥 면적 : $6\,[\text{m}^2] \times N$ 이상(N : 승강기의 수)

⑦ 피난층의 승강장 출입구에서 도로 또는 공지까지의 거리 : 30 [m] 이하

⑧ 승강장 출입구에 비상용 승강기임을 알 수 있는 표지를 할 것

(2) 승강로

① 타 부분과 내화구조로 구획할 것

② 승강로는 전 층을 단일 구조로 연결하여 설치할 것

NOTE

비상용(피난용)승강기 승강장의 안전성능 확보 방안

성능위주설계 표준 가이드라인에서는 비상용 및 피난용 승강기의 승강장 크기 확대와 화재 시 운영방안 마련을 통해 원활한 소화활동과 신속한 피난이 가능하도록 요구하고 있다.

1. 비상용승강기 내부공간

1) 원활한 구급대 들것의 이동을 위해 길이 220 [cm] 이상, 폭 110 [cm] 이상 크기로 할 것

2) 승강장으로 이어지는 통로는 환자용 들것의 원활한 이동을 위해 여유폭(회전반경) 확보할 것

2. 피난용승강기 운영 매뉴얼 작성

1) 비상시 피난용승강기의 운영방식 및 관제계획 초기 매뉴얼을 제출할 것

2) 1차 피난 : 화재 층에서 피난안전구역

3) 2차 피난 : 피난안전구역에서 지상 1층 또는 피난층

3. 비상용 및 피난용승강기의 이격

1) 비상용승강기 승강장과 피난용승강기 승장장은 일정 거리를 이격하여 설치하고, 사용 목적을 감안하여 서로 경유되지 않는 구조로 설치할 것

2) 다만, 공동주택(아파트)의 경우 부속실 제연설비의 성능이 확보된다면 피난용승강기 승강장까지 비상용승강기 승강장을 경유하도록 설치할 수 있다.

3) 여러 대의 비상용승강기 및 피난용승강기는 각각 이격하여 설치할 것

(다만, 구조상 불가피한 공동주택(아파트)의 경우 제외)

4. 용도 표시

1) 비상용(피난용)승강기 승강장 출입문에는 사용 용도를 알리는 표시를 할 것

2) 백화점, 대형 판매시설, 숙박시설 등 다중이용시설에 설치되는 비상용(피난용)승강기 승장장 출입문에 사용 용도를 알리는 표시를 할 경우 픽토그램(그림문자)으로 적용할 것

비상용승강기 승강장 구조와 피난용승강기 승강장 구조를 비교 설명하시오.

1. 승강장

항목	피난용승강기	비상용승강기
구획	• 대상 : 승강장의 출입구를 제외한 부분 • 방법 : 해당 건축물의 다른 부분과 내화구조의 바닥 및 벽으로 구획	• 대상 : 승강장의 창문·출입구 기타 개구부를 제외한 부분 • 방법 : 해당 건축물의 다른 부분과 내화구조의 바닥 및 벽으로 구획할 것 • 예외 : 승강장과 특피 부속실 겸용 가능 (공동주택)
층 연결 (방화문)	승강장은 각 층의 내부와 연결될 수 있도록 하되, 그 출입구에는 60분+ 또는 60분 방화문을 설치할 것. 이 경우 방화문은 언제나 닫힌 상태를 유지할 수 있는 구조이어야 한다.	승강장은 각층의 내부와 연결될 수 있도록 하되, 그 출입구(승강로의 출입구를 제외한다)에는 60분+ 또는 60분 방화문을 설치할 것. 다만, 피난층에는 60분+ 또는 60분 방화문을 설치하지 아니할 수 있다.
내부마감	실내에 접하는 부분(바닥 및 반자 등 실내에 면한 모든 부분을 말한다)의 마감(마감을 위한 바탕을 포함한다)은 불연재료로 할 것	벽 및 반자가 실내에 접하는 부분의 마감재료(마감을 위한 바탕을 포함한다)는 불연재료로 할 것
조명	예비전원으로 작동하는 조명설비를 설치할 것	채광이 되는 창문이 있거나 예비전원에 의한 조명설비를 할 것
면적	승강장의 바닥면적은 피난용승강기 1대에 대하여 6 [m²] 이상으로 할 것	승강장의 바닥면적은 비상용승강기 1대에 대하여 6 [m²] 이상으로 할 것. 다만, 옥외에 승강장을 설치하는 경우에는 그러하지 아니하다.
표지	승강장의 출입구 부근에는 피난용승강기임을 알리는 표지를 설치할 것	승강장 출입구 부근의 잘 보이는 곳에 당해 승강기가 비상용승강기임을 알 수 있는 표지를 할 것
연기배출	건축물의 설비기준 등에 관한 규칙」 제14조에 따른 배연설비를 설치할 것. 다만, 「소방시설 설치·유지 및 안전관리에 법률 시행령」 별표 5 제5호가목에 따른 제연설비를 설치한 경우에는 배연설비를 설치하지 아니할 수 있다.	노대 또는 외부를 향하여 열 수 있는 창문이나 제14조제2항의 규정에 의한 배연설비를 설치할 것

항목	피난용승강기	비상용승강기
도로까지 거리	없음	피난층이 있는 승강장의 출입구(승강장이 없는 경우에는 승강로의 출입구)로부터 도로 또는 공지(공원·광장 기타 이와 유사한 것으로서 피난 및 소화를 위한 당해 대지에의 출입에 지장이 없는 것을 말한다)에 이르는 거리가 30 [m] 이하일 것

2. 승강로

항목	피난용승강기	비상용승강기
구획	승강로는 해당 건축물의 다른 부분과 내화구조로 구획할 것	승강로는 당해 건축물의 다른 부분과 내화구조로 구획할 것
구조	각 층으로부터 피난층까지 이르는 승강로를 단일구조로 연결하여 설치할 것	각층으로부터 피난층까지 이르는 승강로를 단일구조로 연결하여 설치할 것
연기배출	승강로 상부에 「건축물의 설비기준 등에 관한 규칙」 제14조에 따른 배연설비를 설치할 것	없음

3. 피난용승강기의 추가 요구기준

1) 피난용승강기 기계실의 구조

(1) 출입구를 제외한 부분은 해당 건축물의 다른 부분과 내화구조의 바닥 및 벽으로 구획할 것
(2) 출입구에는 60분+ 또는 60분 방화문을 설치할 것

2) 피난용승강기 전용 예비전원

(1) 정전 시 피난용승강기, 기계실, 승강장 및 폐쇄회로 텔레비전 등의 설비를 작동할 수 있는 별도의 예비전원 설비를 설치할 것
(2) 예비전원은 초고층 건축물의 경우에는 2시간 이상, 준초고층 건축물의 경우에는 1시간 이상 작동이 가능한 용량일 것
(3) 상용전원과 예비전원의 공급을 자동 또는 수동으로 전환이 가능한 설비를 갖출 것
(4) 전선관 및 배선은 고온에 견딜 수 있는 내열성 자재를 사용하고, 방수조치를 할 것

4. 차이점

1) 승강장 구획

(1) 피난용승강기 : 출입구 외의 부분 모두 구획(창문, 허용 안 함)

(2) 피난용승강기 : 특피 부속실과 겸용 불가

2) 방화문

(1) 60분+ 또는 60분 방화문

① 피난용승강기는 승강로 출입구를 포함한 모든 출입구를 60분+ 또는 60분 방화문으로 적용

② 비상용승강기의 경우, 승강로 출입구는 방화문 제외 가능

(2) 피난층의 방화문

비상용승강기는 제외 가능

3) 내부마감 불연재

(1) 피난용승강기 : 바닥 포함한 전체 부분에 불연재 적용

(2) 비상용승강기 : 벽 및 반자의 실내에 접하는 부분에만 불연재 적용

4) 예비전원 조명설비

(1) 피난용승강기 : 예비전원 조명설비만 허용

(2) 비상용승강기 : 예비전원 조명설비 또는 채광이 되는 창문

5) 연기배출

(1) 피난용승강기 : 배연설비

(2) 비상용승강기 : 배연설비, 노대, 외부를 향해 열 수 있는 창문

6) 도로까지의 거리 규정

(1) 피난용승강기 : 없음

(2) 비상용승강기 : 도로 또는 공지까지 30 [m] 이하

7) 승강로 연기배출

(1) 피난용승강기 : 승강로 상부에 배연설비 설치

(2) 비상용승강기 : 규정 없음

8) 기타 – 피난용승강기만의 기준

(1) 기계실(구획)

(2) 별도 예비전원

건축
피난

NOTE

국내 피난관련 법령의 문제점 및 개선방안

항목	문제점	개선방안
단일방향 피난	제한적인 양방향 피난로 기준	특수한 경우에만 단일방향 피난 허용
피난기구	• 피난로로 허용(완강기) • 11층 이상 미적용	완강기 등 사용하기 어려운 피난기구를 제외하고 재해약자도 사용 가능한 피난방법만을 허용
성능위주설계	• 성능위주피난설계 제한적 적용 • 시뮬레이션 검증방법 부재	• 전면적 성능위주피난설계 도입 • 검증절차 마련
방화문	차열성능 미적용 (대피공간 출입문 외)	차열성 방화문 적용 확대
피난안전구역	획일적인 수량, 면적 기준 (수용인원, 용도 무관)	수용인원, 용도 등을 고려한 기준 마련
피난경로의 수	용도, 바닥면적에 따른 산출	수용인원에 따른 피난용량 개념 도입
피난용승강기	승용승강기 중 1대	수용인원, 피난자 특성에 따른 대수 기준 도입
대피공간	안방 등을 통한 대피공간 설치 및 불법 전용	대피공간에 양방향 피난기준 도입 (NFPA 101에서는 체류형 피난시설을 허용하지 않음)
막다른 부분	Dead-End 제한규정 부재	막다른 부분 제한 도입

건축법과 소방관계법령 이원화에 따른 문제점 및 개선방안

1. 유사 기준의 이원화에 따른 혼란

   1) 하향식 피난구 및 대피공간

      (1) 건축법 : 아파트 대피공간 또는 하향식 피난구를 적용

      (2) 소방법 : 피난기구로 하향식피난구용 내림식사다리(대피실 포함)를 인정

      → 이로 인해 아파트에 하향식 피난구를 설치하고, **별도로 사용성이 낮은 완강기를** 설치하고 있으며 **적용 층수가 상이**하여 현장에서 혼란이 야기됨

      (3) 개선방안

      2층 이상에 모두 적용하고, 대피공간 등의 세부 기준을 일원화

   2) 직통계단 간 이격거리

      (1) 건축법 : 직통계단을 2개소 이상 설치해야 하는 건축물을 규정

      (2) 소방법 : 복도 어느 부분에서도 2방향 이상에서 다른 계단에 도달할 수 있을 경우 피난기구 면제

      → 2개소 이상 직통계단이 설치되는 경우에도 직통계단 간의 명확한 기준이 부재하여 **피난기구의 면제 기준 적용이 되지 않음**

      (3) 개선방안

      직통계단 간의 적용 기준을 일치시켜 2방향 피난 안전성 확보

   3) 비상탈출구와 비상구

      (1) 건축법 : 거실 바닥면적 50 $[m^2]$ 이상인 지하층에 직통계단 외 비상탈출구를 설치하도록 규정

      (2) 다중이용업특별법 : 비상구 설치기준 규정

      → 건축법에는 거실 바닥면적 50 $[m^2]$ 미만인 지하층에 대한 규정이 없고, 다중이용업특별법에는 대부분의 경우 **비상구를 설치하도록 규정**되어 상이함

      (3) 개선방안

      설치대상 및 설치 기준의 일원화 필요

   4) 배연설비와 제연설비

      (1) 건축법 : 화재 시 연기를 배출하는 배연설비를 규정하고, 특별피난계단에 노대를 허용함

      (2) 소방법 : 화재 시 연기를 제어하는 제연설비 규정

      → **설치대상이 상이**하고, **설치 기준이 별도로** 규정되어 있으며 건축법의 배연설비는 소방기준에 따라 설계하도록 규정되어 있음

      (3) 개선방안

      제연설비로의 일원화 필요

5) 비상용승강기 승강장의 구조

(1) 건축법 : 특별피난계단 부속실과 겸용을 허용하고, 피난층의 부속실 출입문 면제

→ 피난동선과 소방대 진입동선이 겹치는 문제와 피난층 화재 시 비상용 승강기를 통한 연기 확산 우려

(2) 개선방안

피난동선과 진입동선이 중복되지 않도록 겸용 가능한 공동주택에 대한 명확한 정의 필요

6) 피난용승강기 승강장의 출입문

(1) 건축법 : 언제나 닫힌 상태 유지하도록 규정

(2) 소방법 : 제연구역의 출입문은 언제나 닫힌 상태 또는 자동폐쇄장치에 의한 폐쇄 허용

(3) 개선방안

자동폐쇄장치를 포함하여 소방법으로 일원화 필요

2. 설계시점 차이

1) 소방설계가 최초 건축계획 및 설계 단계에 참여하지 못하여 화재안전성이 결여된 건축설계가 이루어짐

2) 개선방안

건축과 소방이 대등한 위치에서 설계 초기부터 함께 협업할 수 있도록 제도 개선이 필요함

문제

건축법령 상의 피뢰설비에 대하여 설명하시오.

---

1. 설치대상

1) 낙뢰의 우려가 있는 건축물

2) 높이 20 [m] 이상의 건축물

3) 높이 20 [m] 이상의 공작물

2. 피뢰설비의 설치기준

1) 보호등급

(1) 한국산업표준이 정하는 보호등급의 피뢰설비일 것

(2) 위험물 저장 및 처리시설 : 한국산업표준이 정하는 피뢰시스템 레벨Ⅱ 이상일 것

2) 돌침

(1) 건축물 맨 윗부분으로부터 25 [cm] 이상 돌출시켜 설치할 것

(2) 건축물 구조기준에 의한 설계하중에 견딜 수 있는 구조일 것

3) 피뢰설비의 재료

최소 단면적이 피복이 없는 동선을 기준으로 수뢰부, 인하도선 및 접지극은 50 [mm²] 이상이거나 이와 동등 이상의 성능을 갖출 것

4) 인하도선의 대체

(1) 피뢰설비의 인하도선을 대신하여 철골조의 철골구조물과 철근콘크리트조의 철근구조체 등을 사용하는 경우에는 전기적 연속성이 보장될 것

(2) 이 경우 전기적 연속성이 있다고 판단하기 위해서는 건축물 금속 구조체의 최상단부와 지표레벨 사이의 전기저항이 0.2 [Ω] 이하이어야 한다.

5) 측면 낙뢰 방지

(1) 높이 60 [m]를 초과하는 건축물 등
지면에서 건축물 높이의 4/5인 지점 ~ 상단부분까지의 측면에 수뢰부를 설치할 것

(2) 지표레벨에서 최상단부의 높이가 150 [m]를 초과하는 건축물
120 [m] 지점부터 최상단부분까지의 측면에 수뢰부를 설치할 것

(3) 예외
① 건축물의 외벽이 금속부재로 마감되고
② 금속부재 상호 간에 전기적 연속성이 보장되며
③ 피뢰시스템레벨 등급에 적합하게 설치하여 인하도선에 연결한 경우
→ 측면 수뢰부가 설치된 것으로 간주함

6) 환경보호

접지는 환경오염을 일으킬 수 있는 시공방법이나 화학 첨가물 등을 사용하지 않을 것

7) 금속재의 접속

급수 · 급탕 · 난방 · 가스 등을 공급하기 위하여 건축물에 설치하는 금속배관 및 금속재 설비는 전위가 균등하게 이루어지도록 전기적으로 접속할 것

8) 서지보호장치(SPD)

　(1) 대상 : 전기설비의 접지계통과 건축물의 피뢰설비 및 통신설비 등의 접지극을 공용하는 통합접지공사를 하는 경우

　(2) 낙뢰 등으로 인한 과전압으로부터 전기설비 등을 보호하기 위하여 한국산업표준에 적합한 서지보호장치(SPD)를 설치할 것

9) 기타

　그 밖에 피뢰설비와 관련된 사항은 한국산업표준에 적합하게 설치할 것

CHAPTER 24 | 방재대책

▣ 단원 개요

건축물, 시설의 종류에 따라 연소 과정의 특성이나 효과적인 소방시설이 다르고, 일부 특수시설(고층, 지하심층, 도서지역 등)은 외부 소방대 접근이 불가능한 경우도 있다. 이 단원에서는 다양한 시설 별로 발생하는 화재의 특징과 확산과정을 이해하고, 적절한 방재대책을 수립할 수 있도록 그에 대한 기본적 개념을 제시하고 있다.

▣ 단원 구성

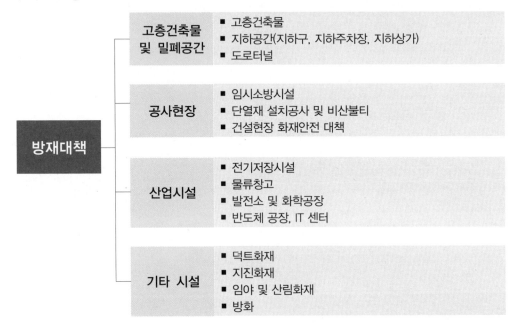

▣ 단원 학습방법

각 시설의 직접적인 관계자가 아닐 경우 소방기술사 시험에서 요구하는 수준의 답안을 작성하기는 매우 어렵고, 그에 따라 방재대책 유형 문제에 대한 단순 암기를 통해 작성된 답안의 경우 보통 실전에서 매우 높은 점수가 나오지 않는 단원이다.

최근에는 소방계 이슈, 구체적 항목을 물어보는 문제 유형이 많아지면서 수험생 간 변별력이 점점 높아지고 있다. 따라서 지하구, 지하주차장, 공사현장, 전기저장시설, 물류창고, 원전, 반도체 공장 및 임야 화재 등 출제 확률이 높은 사항들은 마스터 종합반 강의를 통해 각 시설별로 구체적인 화재 대응 방안에 대해 학습해 두어야 한다.

방재대책에 대해 많은 수험생이 이해위주 단원이라고 생각하지만, 실제로는 착실하게 정리한 자료를 만들어 반복적으로 암기해야 한다.

고층건축물의 화재특성 및 방재대책

1 정의

1. 고층건축물

층수 30층 이상 또는 높이 120 [m] 이상인 건축물

1) 초고층 건축물

층수 50층 이상 또는 높이 200 [m] 이상인 건축물

2) 준초고층 건축물

고층건축물 중 초고층 건축물이 아닌 건축물

2. 초고층 건축물등

초고층 및 지하연계 복합건축물 재난관리에 관한 특별법의 적용대상이 되는 건축물로서, 다음과 같이 구분한다.

1) 초고층 건축물

2) 지하연계 복합건축물

다음 요건을 모두 갖춘 복합건축물을 말한다.

(1) 층수가 11층 이상이거나 1일 수용인원이 5천 명 이상인 건축물로서 지하부분이 지하역사 또는 지하도상가와 연결된 건축물

(2) 건축물 안에 문화 및 집회시설, 판매시설, 운수시설, 업무시설, 숙박시설, 위락시설 중 유원시설업의 시설 또는 대통령령으로 정하는 용도(요양병원, 종합병원)의 시설이 하나 이상 있는 건축물

3) 그 밖에 재난관리가 필요한 것으로 대통령령으로 정하는 건축물 및 시설물

❷ 화재특성 및 방재대책

1. 고층건축물 화재 특성

1) 매우 강한 연돌효과(Stack Effect)의 발생

(1) 연돌효과

① 연돌효과란, 수직공간의 내·외부 온도차에 의한 압력차이로 상승기류가 발생하는 현상을 말한다.

② 연돌효과에 의한 압력차 계산식

$$\Delta P = 3,460 \left(\frac{1}{T_o} - \frac{1}{T_i} \right) H \text{ [Pa]}$$

여기서, T_o : 외부의 온도 [K]

T_i : 내부의 온도 [K]

H : 중성대로부터 건물 상부까지의 높이

(2) 위의 식에서와 같이, 초고층 건물은 중성대에서 건물 상부까지의 **높이**(H)가 매우 커서 연돌효과의 압력차가 커진다. 따라서 상층으로의 연기확대의 위험성이 크다.

2) 저층부 화재의 상층으로의 연소확대

(1) 고층건물의 화재발생빈도를 분석하면, **대부분의 화재는 1~4층의 저층부에서** 발생된다.

(2) 저층부 화재는 옥외분출화염의 형태로 상층으로 확대되거나, 바닥이나 수직관통부로의 틈새를 통하여 **연기가 확산**될 위험이 크다.

(3) **가연성 외부마감재**를 적용할 경우 단시간 내에 전체 건축물이 화염에 휩싸일 위험이 있다.

3) 콘크리트 폭렬 등에 의한 건물 붕괴 위험

(1) 초고층 건물은 고강도 콘크리트나 경량 철골재 등으로 시공하는 경우가 많다.

(2) 고강도 콘크리트는 조직이 치밀해서 화재 시 수분 증발에 따른 **폭렬 가능성**이 크고, 경량 철골재에 대한 내화피복 불량으로 철골의 강도저하도 우려된다.

(3) 이러한 폭렬이나 철골의 강도저하는 건물의 붕괴를 초래할 수 있다.

2. 화재 시 문제점

1) 피난상의 문제점

(1) 매우 긴 수직피난거리

고층부에서 피난층까지의 수직 피난거리가 너무 길어서, 노약자뿐만 아니라 일반 거주자의 피난도 매우 어렵고 시간이 오래 걸린다.

(2) 지하심층에서의 피난

초고층 건물은 지하로도 매우 깊게 건설하게 되는데, 이러한 지하 피난은 위로 올라오는 형태여서 지상층 피난보다 어렵다.

(3) 많은 인원의 동시피난

화재 시 화재층, 직상층 우선경보방식이더라도 재실 인원이 워낙 많아 피난에 혼란이 초래될 수 있다.

(4) 피난계단의 오염 위험

강한 연돌효과 등으로 인해 피난계단실이 연기에 오염되어 피난이 불가능해질 수 있다.

2) 소화활동상 문제점

(1) 외부에서의 화재 진압이 곤란

초고층부에 소방력이 미치지 못하여 건물외부에서의 화재진압이 곤란하다.

(2) 피난로와의 중첩으로 소방대원 진입이 지연

초고층 건물 내의 수많은 인원 대피로 인해 피난층, 피난계단 등에서 피난자와 소방대원의 혼잡이 발생되어 소방대 진입이 지연된다.

(3) 소방대원용 무전기의 통신거리 제한

높은 층고로 인해 소방대원 간의 무전기 통신이 원활하지 못할 우려가 높다.

(4) 소방활동 지휘 어려움

대규모 장소이므로, 전체적인 소방대 지휘체계 유지가 어렵다.

3. 주요 고층물의 용도별 화재특성

용도	특성
아파트	〈문제점〉 • 단열성으로 인해 플래시오버 발생이 빠름 • 세대 간 구획으로 주로 상층으로의 연소확대가 많음 • 화재감지가 늦고, 경보음이 작아 인명피해가 발생함 • 단일 방향의 피난로만 확보됨 〈대책〉 • 조기감지 및 경보(연기감지기 및 세대 내 경보설비 설치 필요) • 플래시오버 방지를 위해 스프링클러설비 적용 • 발코니 확장에 대한 규제 필요 • 기존 피난로의 안전성 확보(제연설비) 및 발코니 피난기구 도입 필요
아트리움	〈중요 포인트〉 화재의 국한화를 통한 화재 및 연기 확산 방지가 중요함
병원	〈문제점〉 피난이 불가능한 인원이 존재할 수 있음(중환자, 수술) 〈대책〉 피난거점설계에서의 일시농성방식 적용

용도	특성
호텔	〈문제점〉 • 객실 출입문이 많아 피난로 파악이 어려움 • 통로를 통한 연기오염이 쉬움 • 피난층 및 지하층 레스토랑 화재에 따른 화재 및 연기 확대 〈대책〉 • 객실별 방화, 방연 구획(객실 출입문 상부 루버 금지 등) • 피난동선을 확실하게 표시(비상구 근처에 거울 등 설치 금지) • 레스토랑 화재 대응 설비(Wet Chemical System 적용)
영화관	〈문제점〉 • 설치 위치가 최상층이나 지하층과 같이 피난이 어려운 경우가 많음 • 많은 재실자로 인해 피난에 시간이 오래 걸리고, 다수의 상영관으로 인해 피난경로가 복잡 • 높은 층고로 인해 플래시오버가 빠르지는 않지만, 스프링클러 작동도 늦은 편임 〈대책〉 • 스프링클러 설비 설치 • 다수의 피난로 확보 • 상영관별 방화구획
대규모 점포 (백화점, 할인마트 등)	〈문제점〉 • 식당 조리기구, 많은 전기장치들로 인한 화재 위험성이 있음 • 이용객들이 에스컬레이터 이외의 피난계단 위치를 알지 못함 • 지하층, 무창층인 경우가 많아 연기에 의한 피해 가능성이 높음 • 방화구획 불량인 경우가 많고, 피난로가 좁음(상품 판매) 〈대책〉 • 철저한 직원 교육을 통해 유사시 신속한 피난 안내 • 피난로 확보 및 방화구획 유지 • 창고에 대한 소화설비 및 감지설비 적용

❸ 고층건축물의 방재대책

1. 수동적 방화대책

1) 대항성

  (1) 내화구조(중요성 : WTC 붕괴, 스페인 윈저빌딩 화재 사례)

  (2) 고강도 콘크리트에 대한 폭렬 방지

2) 회피성

  (1) 건축물 내부 마감재료의 불연화

(2) 상층 연소확대 방지대책(외벽 마감재료)

3) 도피성

(1) 피난용 엘리베이터(건축법령)

(2) 피난안전구역(건축법령)

(3) 별도 소방대 진입계단

2. 능동적 방화대책(고층건축물 화재안전기준)

1) Fail Safe의 설계 개념

(1) 소화배관 Loop화

(2) 다수의 가압송수장치(펌프 및 고가수조 방식 겸용)

(3) 이중 통신신호배선

2) 소화설비(자체 소방력에 의한 소화가 필요함)

(1) 스프링클러 소화설비 적용

(2) 소화설비의 설계목표 달성을 위해 충분한 방수 지속시간 확보

3) 화재경보설비

(1) 조기감지를 위해 고감도 감지기(Multi Criteria 감지기 등) 도입

(2) 비상방송설비와 같은 음성 위주의 통보장치 확보

4) 제연설비

(1) 급기가압제연설비

(2) 샌드위치 가압방식(Zoned Smoke Control)의 거실제연설비

5) 기타 설비

(1) 무선통신보조설비

(2) 종합방재실 운용(초고층 특별법)

4 고층건축물의 화재안전기준

1. 옥내소화전설비

1) 수원의 양

$N \times 5.2 \, [\mathrm{m^3}]$ 이상 (층수 50층 이상 : $7.8 \, [\mathrm{m^3}]$)

여기서, N : 옥내소화전 최대 설치층의 수량(최대 5개)

2) 옥상수조

(1) 산출된 유효수량의 1/3 이상을 옥상에 설치할 것

(2) [예외]

① 고가수조를 가압송수장치로 설치한 경우

② 수원이 건축물의 지붕보다 높은 위치에 설치된 경우

3) 펌프방식의 가압송수장치

(1) 옥내소화전설비 전용으로 설치할 것

(2) 주펌프 이외에 동등 이상인 별도의 예비펌프를 설치할 것

4) 급수배관

(1) 전용으로 할 것

(2) 옥내소화전설비의 성능에 지장이 없는 경우 : 연결송수관설비의 배관과 겸용 가능

(3) 50층 이상인 건축물

① 옥내소화전 주배관 중 수직배관은 2개 이상으로 설치할 것

② 1개의 수직배관의 파손 등 작동 불능 시에도 다른 수직배관으로부터 소화용수가 공급되도록 구성할 것

5) 비상전원

(1) 자가발전설비, 축전지 설비 또는 전기저장장치로서 옥내소화전설비를 40분 이상 작동할 수 있을 것

(2) 50층 이상인 건축물의 경우 : 60분 이상

2. 스프링클러설비

1) 수원의 양

헤드의 기준 개수×3.2 [m³] (50층 이상 : 4.8 [m³])

2) 옥상수조

(1) 산출된 유효수량의 1/3 이상을 옥상에 설치할 것

(2) [예외]

① 고가수조를 가압송수장치로 설치한 경우

② 수원이 건축물의 지붕보다 높은 위치에 설치된 경우

3) 펌프방식의 가압송수장치

(1) 스프링클러설비 전용으로 설치할 것

(2) 주펌프 이외에 동등 이상인 별도의 예비펌프를 설치할 것

4) 급수배관

(1) 전용으로 할 것

(2) 50층 이상인 건축물

① 스프링클러설비 주배관 중 수직배관은 2개 이상으로 설치할 것

② 1개의 수직배관의 파손 등 작동 불능 시에도 다른 수직배관으로부터 소화용수가 공급되 도록 구성할 것

③ 각각의 수직배관에 유수검지장치를 설치할 것

④ 스프링클러헤드에는 2개 이상의 가지배관 양방향에서 소화용수가 공급되도록 하고, 수 리계산에 의해 설계할 것

5) 음향장치

다음 기준에 따라 경보를 발할 것

(1) 2층 이상의 층에서 발화 : 발화층＋그 직상 4개 층에 경보할 것

(2) 1층에서 발화 : 발화층＋그 직상 4개 층＋지하층에 경보할 것

(3) 지하층에서 발화 : 발화층＋그 직상층＋기타 지하층에 경보할 것

6) 비상전원

(1) 자가발전설비, 축전지 설비 또는 전기저장장치로서 스프링클러설비를 40분 이상 작동할 수 있을 것

(2) 50층 이상인 건축물의 경우 : 60분 이상

3. 비상방송설비

1) 경보의 방식

다음 기준에 따라 경보를 발할 것

(1) 2층 이상의 층에서 발화 : 발화층＋그 직상 4개 층에 경보할 것

(2) 1층에서 발화 : 발화층＋그 직상 4개 층＋지하층에 경보할 것

(3) 지하층에서 발화 : 발화층＋그 직상층＋기타 지하층에 경보할 것

2) 축전지설비 또는 전기저장장치

비상방송설비에 대한 감시상태를 60분간 지속한 후, 유효하게 30분 이상 경보할 수 있는 축전 지설비(수신기에 내장하는 경우를 포함) 또는 전기저장장치를 설치할 것

4. 자동화재탐지설비

1) 감지기

(1) 아날로그 방식의 감지기

(2) 감지기의 작동 및 설치지점을 수신기에서 확인할 수 있는 것으로 설치

(3) 공동주택의 경우 : 감지기별로 작동 및 설치 지점을 수신기에서 확인할 수 있는 아날로그 방식 외의 감지기로 설치 가능하다.

2) 음향장치의 경보방식

다음 기준에 따라 경보를 발할 것

(1) 2층 이상의 층에서 발화 : 발화층＋그 직상 4개 층에 경보할 것

(2) 1층에서 발화 : 발화층＋그 직상 4개 층＋지하층에 경보할 것

(3) 지하층에서 발화 : 발화층＋그 직상층＋기타 지하층에 경보할 것

3) 배선 구성

(1) 적용 대상

50층 이상인 건축물에서의

① 수신기와 수신기 사이의 통신배선

② 수신기와 중계기 사이의 신호배선

③ 수신기와 감지기 사이의 신호배선

(2) 설치기준

① 통신신호배선은 이중배선으로 설치

② 단선 시에도 고장표시가 되며 정상 작동할 수 있는 성능을 갖도록 설비할 것

4) 축전지설비 또는 전기저장장치

자동화재탐지설비에 대한 감시상태를 60분간 지속한 후, 유효하게 30분 이상 경보할 수 있는
축전지설비(수신기에 내장하는 경우를 포함) 또는 전기저장장치를 설치할 것

5. 기타 소방시설

1) 특별피난계단의 계단실 및 부속실 제연설비

(1) NFSC 501A에 따라 설치할 것

(2) 비상전원

① 자가발전설비 등으로 할 것

② 제연설비를 유효하게 40분 이상 작동할 수 있도록 할 것(50층 이상 : 60분 이상)

2) 연결송수관 설비

(1) 연결송수관설비의 배관은 전용으로 할 것

(주배관의 구경이 100 [mm] 이상인 옥내소화전설비와 겸용 가능)

(2) 비상전원

① 자가발전설비, 축전지설비 또는 전기저장장치

② 연결송수관설비를 유효하게 40분 이상 작동할 수 있을 것(50층 이상 : 60분 이상)

6. 피난안전구역의 소방시설 설치기준

1) 제연설비

(1) 피난안전구역과 비 제연구역 간의 차압 : 50 [Pa] 이상

(옥내에 스프링클러설비가 설치된 경우 : 12.5 [Pa])

(2) 피난안전구역의 한쪽 면 이상이 외기에 개방된 구조는 설치 제외 가능함

2) 피난유도선

(1) 피난안전구역이 설치된 층의 계단실 출입구에서 피난안전구역 주 출입구 또는 비상구까지 설치할 것

(2) 계단실에 설치하는 경우, 계단 및 계단참에 설치할 것

(3) 피난유도 표시부의 너비 : 최소 25 [mm] 이상

(4) 광원점등방식으로 설치하되, 60분 이상 유효하게 작동할 것

3) 비상조명등

피난안전구역의 상시 조명이 소등된 상태에서 비상조명등 점등 시, 각 부분의 바닥에서 조도 10 [lx] 이상이 될 수 있도록 설치할 것

4) 휴대용 비상조명등

(1) 설치수량

① 초고층 건축물에 설치된 피난안전구역

피난안전구역 위층의 재실자 수(건축 피난방화규칙에 의해 산정)의 1/10 이상

② 지하연계 복합건축물에 설치된 피난안전구역

피난안전구역이 설치된 층의 수용인원(소방 설치유지법에 의해 산정)의 1/10 이상

(2) 건전지 및 충전식 건전지의 용량

40분 이상(50층 이상에 설치된 피난안전구역 : 60분 이상)

5) 인명구조기구

(1) 설치수량

① 방열복, 인공소생기를 각 2개 이상 비치할 것

② 45분 이상 사용 가능한 성능의 공기호흡기(보조마스크 포함)를 2개 이상 비치할 것

(50층 이상에 설치된 피난안전구역 : 동일 성능의 예비용기를 10개 이상 비치할 것)

(2) 설치기준

① 화재 시 쉽게 반출할 수 있는 곳에 비치할 것

② 인명구조기구가 설치된 장소의 보기 쉬운 곳에 "인명구조기구"라는 표지판 등을 설치할 것

NOTE

필로티구조로 된 건축물의 화재 위험성

1. 개요

   1) 정의

   필로티는 거주인의 통행 및 주차장으로 활용되는 건축물 1층의 기둥만 세워진 개방
   공간을 말한다.

   2) 필로티 구조의 장점

   (1) 지반면보다 높게 건물을 위치시켜 지면에서의 수분 유입을 방지

   (2) 반지하 및 1층 세대의 침수 피해 방지 및 프라이버시 개선

   (3) 건물의 개방감 향상

   (4) 주차공간 확보

2. 필로티의 화재 위험성

   1) **가연성 천장 마감재** 사용

   2) 차량화재 시 **고강도 화재**에 의해 상부 주거공간으로의 열, 연기 확산

   3) **주 출입구 차단**

   4) 화재 위험성 외에도 포항 지진 사례에서와 같이 **기둥이 파손**되는 등 구조적 문제점도
   도출

3. 대책

   1) 불연성 천장 마감재 적용

   2) 건식 스프링클러 설비 및 감지기 적용

   3) 주 출입구를 필로티 부분과 별도의 위치에 설치

   4) 구조적 안전성 개선

지하 또는 밀폐 공간의 화재특성 및 방재대책

1 지하 및 밀폐 공간의 형태

1. 지하연계 복합건축물의 지하 시설(상가 등)
2. 지하주차장
3. 지하구
4. 피트층, 피트공간

2 화재특성 및 방재대책

1. 화재특성 및 문제점

1) 환기지배형 화재
→ 공기 부족으로 CO가 많이 발생하고, 열축적이 용이하다.
2) 연기의 확산경로와 피난경로가 일치하여 연기 중독의 위험이 크다.
3) 상층으로의 피난이므로, 재해약자의 대피에 어려움이 많다.
4) 최근 지하상가 발달로 인해 많은 재실자의 피난이 지연된다.
5) 정전이 발생할 경우, 암흑화될 수 있다.
6) 외부에서의 소화활동이 미치지 않는 범위이다.

2. 방재대책

1) 수동적 방화대책
(1) 대항성 : 내화구조
(2) 회피성 : 철저한 방화구획
(3) 도피성
① 선큰 및 피난안전구역(건축법령)
② 방화구획을 통해 수평 피난 이후, 수직적 피난을 할 수 있도록 해야 한다.
③ 비상조명등설비의 조도를 높게 적용(10 [lx] 이상)

2) 능동적 방화대책
(1) 제연설비
① 연기 배출을 위한 거실 제연설비 적용
② 피난로 안전을 위한 급기가압 제연설비
(2) 스프링클러 설비
① 지하주차장의 경우, 차량화재이므로 높은 살수밀도 적용이 필요하다.

② 지하층은 높은 열축적으로 인한 피해가 우려되므로, 지상층과 달리 스프링클러헤드 제외장소가 가급적 없도록 해야 한다.

3. 주요 밀폐공간의 용도별 화재특성

용도	특성
지하구	〈문제점〉 • 전력, 통신, 가스, 상하수도 등 주요 공급시설이 밀집하여 화재 시 큰 피해가 예상됨 (산업체의 조업중단 등) • 케이블 화재의 위험성이 높음 • 화재 진압을 위한 진입이 불가능하며, 높은 열축적으로 전소화재로 이어지는 경우가 많음 • 국내기준은 화재의 국한화(연소방지설비)인 소극적 대책만 존재 • 관리주체가 많아 유지관리 및 책임소재 불분명 〈대책〉 • 적극적인 화재제어 및 화재진압 필요(스프링클러 설비 적용) • 유효한 화재감지(연기감지기 및 케이블트레이별 정온식 감지선형 감지기) • 케이블의 난연화 • 지하구의 통합감시체제 운영
도로 터널	〈문제점〉 • 높은 열방출률을 가진 차량화재 발생 위험성이 높음 • 밀폐된 공간이므로, 열축적으로 인접 차량으로의 연소확대 위험이 큼 • 빠른 열기류로 인해 일반 감지기로는 정확한 화재지점 파악이 어려움 • 많은 연기가 발생하며, 연기 배출통로가 부족하여 피난의 어려움 예상 〈대책〉 • 화점 파악을 위해 광센서형 또는 정온식 감지선형 감지기 적용 • 터널 특성에 따라 적절한 연기배출설비를 적용 • 현재 소화기 → 소화전 → 물분무 → 연결송수관설비로 구성된 단계별 소화대책의 보완이 필요함(초기화재에 대한 적극적인 대응으로 스프링클러 적용 검토가 필요함)

❸ 지하주차장의 연기배출설비(성능위주설계 가이드라인)

1. 적용 기준

1) 지하 주차장은 환기설비를 이용하여 연기배출을 하고, 필요 환기량은 27 $[\text{CMH/m}^2]$ 이상으로 할 것
2) 환기설비에는 비상전원 및 배기팬의 내열성을 확보하고, DA에 층간 연기 전파를 막을 수 있는 댐퍼를 설치할 것
3) 환기팬에 대한 원격제어가 가능한 수동기동스위치를 종합방재실 내에 설치할 것
4) 환기설비는 화재발생 시 감지기에 의해 연동되는 구조로 설치할 것

5) 주차장 팬룸에 연기배출용으로 설치된 급기 루버는 하부에, 배기 루버는 상부에 설치할 것

6) 주차장 유인팬의 가동 여부를 결정하기 위하여 시뮬레이션 또는 Hot Smoke Test를 통하여 성능을 검증할 것

2. 작동방법

1) 자동화재탐지설비와 연동하여 제연모드로 자동 전환

2) 정전 시에도 사용에 지장이 없도록 비상전원 연결하고, 비상발전기 용량 산정에 반영할 것

3) 작동 순서

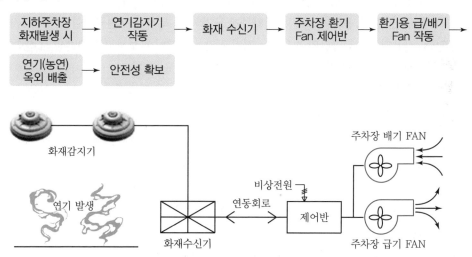

┃ 지하 주차장 급기/배기 FAN의 화재감지기 연동회로 ┃
(주차장 환기설비 활용)

3. 화재 시뮬레이션 수행

지하주차장 내 급·배기설비는 피난의 성패를 좌우하므로, 컴퓨터 시뮬레이션을 통한 정확한 용량산정과 엔지니어링 계산이 뒤따라야 하며, 전기자동차 화재시나리오까지 고려해야 한다.

1) 전기자동차 전용 **충전시설은 지상층에 설치**하는 것을 원칙으로 하되, 지하주차장에 설치할 경우 피난층과 가까운 층에 설치하고 전기자동차 배터리 화재실험 데이터를 바탕으로 시뮬레이션에 반영하여 인명안전성을 평가할 것

2) 1면 이상 외기에 접하지 않는 지하주차장 화재를 가정한 **시뮬레이션 수행 시**, 급·배기(환기)설비 작동 여부에 따른 **연기 배출 상황을 비교할 것**

3) 지하주차장 바닥면적이 20,000 [m²] 이상일 경우, 급·배기 설비의 용량, 설치위치, 설치수량, 설치방향 등을 컴퓨터 시뮬레이션을 통해 검증할 것

4) 2021년 8월 발생한 지하주차장 출장세차차량 화재사고에서처럼 밀폐된 공간에서 열방출률이 높은 차량화재는 고온의 복사열로 인해 언제든 인접차량으로 연소가 확대될 수 있으므로, **스프링클러의 냉각효과 등을 컴퓨터 시뮬레이션으로 검증할 것**

④ 피트층(공간) 화재예방 대책(성능위주설계 가이드라인)

화재예방의 사각지대인 피트층(공간)에 대한 소방시설 적용으로 건축물 수직·수평으로의 연소 확대를 방지하기 위해 다음과 같은 기준을 요구하고 있다.

1. 설치기준

1) 피트층(공간)에 유효한 소방시설(헤드, 감지기 등)을 적용할 것
2) 피트층(공간 EPS, TPS 등)은 스프링클러설비 화재안전기준에 따른 파이프덕트, 덕트피트에 해당하지 않으므로 소방시설 적용 제외 장소에 해당되지 않는다.
3) 피트층(공간)은 그 용도를 도면에 명확하게 표기하고, 특히 스프링클러설비 유수검지장치실 등으로 사용되는 피트공간의 경우에는 점검 공간을 충분히 확보하고 화재발생 시 신속한 대응이 가능하도록 출입구(점검구)를 개방할 수 있는 구조로 할 것
4) 유수검지장치실은 화재발생 시 신속하게 접근할 수 있도록 특별피난계단 및 비상용 승강기 승강장과 인접하게 설치할 것

2. 용어 정의

1) **피트층**

   건축법령상 연면적에 포함되지 않고, 거실 용도로 사용할 수 없는 수평적 공간

2) **피트공간**

   건축설비 등을 설치 또는 통과시키기 위하여 설치된 구획된 공간

3) **유로(수직관통부)**

   급·배수관, 배전·통신용 케이블 등을 설치하기 위해 건축물 내의 바닥을 관통하여 수직방향으로 연속된 공간

⑤ 지하구의 화재안전기준

1. 지하구의 정의

1) 전력·통신용의 전선이나 가스·냉난방용의 배관 또는 이와 비슷한 것을 집합수용하기 위하여 설치한 지하 인공구조물로서 사람이 점검 또는 보수를 하기 위하여 출입이 가능한 것 중 다음 어느 하나에 해당하는 것
   (1) 전력 또는 통신 사업용 지하 인공 구조물로서 전력구(케이블 접속부가 없는 경우에는 제외) 또는 통신구 방식으로 설치된 것
   (2) (1) 외의 지하 인공구조물로서 폭이 1.8 [m] 이상, 높이 2 [m] 이상이며 길이가 50 [m] 이상인 것

2) 국토의 계획 및 이용에 관한 법률에 따른 공동구

전기·가스·수도 등의 공급설비, 통신시설, 하수도시설 등 지하매설물을 공동 수용함으로써 미관의 개선, 도로구조의 보전 및 교통의 원활한 소통을 위하여 지하에 설치하는 시설물

2. 소화기구 및 자동소화장치

1) 소화기구의 설치기준

(1) 소화기의 능력단위

① A급 화재 : 개당 3단위 이상

② B급 화재 : 개당 5단위 이상

③ C급 화재 : 적응성이 있는 것

(2) 소화기 1대의 총중량

사용 및 운반의 편리성을 고려하여 7 [kg] 이하로 할 것

(3) 설치 위치

사람이 출입할 수 있는 출입구(환기구, 작업구를 포함) 부근에 5개 이상 설치

(4) 설치 높이

바닥면으로부터 1.5 [m] 이하의 높이에 설치

(5) 표지

소화기 상부에 "소화기"라고 표시한 조명식 또는 반사식의 표지판을 부착할 것

2) 자동소화장치의 설치기준

(1) 바닥면적 300 [m²] 미만인 전기시설(발전실, 변전실, 변압기실, 통신기기실 등)

유효설치 방호체적 이내의 가스·분말·고체에어로졸·캐비닛형 자동소화장치를 설치할 것 (해당 장소에 물분무등 소화설비를 설치한 경우 제외 가능)

(2) 제어반, 분전반

제어반 또는 분전반마다 가스·분말·고체에어로졸 자동소화장치 또는 유효설치 방호체적 이내의 소공간용 소화용구를 설치

(3) 절연유를 포함한 케이블 접속부

다음 중 하나에 해당하는 자동소화장치를 설치하되 소화성능이 확보될 수 있도록 방호공간을 구획하는 등 유효한 조치를 할 것

① 가스·분말·고체에어로졸 자동소화장치

② 중앙소방기술심의위원회의 심의를 거쳐 소방청장이 인정하는 자동소화장치

3. 자동화재탐지설비 및 유도등

1) 감지기의 설치기준

(1) 감지기의 종류

다음 감지기 중 먼지·습기 등의 영향을 받지 않고 발화지점(1 [m] 단위)과 온도를 확인할
수 있는 것을 설치할 것

① 축적형, 복합형, 다신호식, 광전식분리형, 불꽃, 정온식감지선형, 차동식분포형, 아날
로그 방식의 감지기

② 발화지점을 1 [m] 단위로 확인 가능하려면 정온식감지선형 중 광케이블 선형 감지기를
설치해야 함

(2) 설치위치

① 지하구 천장의 중심부에 설치하되 감지기와 천장 중심부 하단과의 수직거리는 30 [cm]
이내로 할 것

→ 열감지를 고려하여 Ceiling Jet 내에 감지기를 위치시키기 위한 규정이지만, 선진국
의 경우 각 케이블 트레이 위에 Sine 곡선 형태로 정온식 감지선을 배치하고 천장면
에 연기감지기를 추가하는 것에 비하면 감지가 늦어질 것이 우려되는 규정이다.

② 형식승인 내용에 설치방법이 규정되어 있거나, 중앙기술심의위원회의 심의를 거쳐 제
조사 시방서에 따른 설치방법이 지하구 화재에 적합하다고 인정되는 경우에는 형식승
인 내용 또는 심의결과에 의한 제조사 시방서에 따라 설치할 수 있다.

(3) 발화지점

발화지점이 지하구의 실제거리와 일치하도록 수신기 등에 표시할 것

(4) 설치제외

공동구 내부에 상수도용 또는 냉·난방용 설비만 존재하는 부분

2) 발신기 및 지구음향장치 및 시각경보기

사람이 평상시 거주하지 않으므로, 설치 제외할 수 있다.

3) 유도등

사람이 출입할 수 있는 출입구(환기구, 작업구를 포함)에는 해당 지하구 환경에 적합한 크기의
피난구유도등을 설치할 것

4. 연소방지설비

1) 송수구 설치기준

(1) 소방차가 쉽게 접근할 수 있는 노출된 장소에 설치하되, 눈에 띄기 쉬운 보도 또는 차도에
설치할 것

(2) 구경 65 [mm]의 쌍구형으로 설치할 것

(3) 송수구로부터 1 [m] 이내에 살수구역 안내표지를 설치할 것

2) 살수구역 배치

(1) 소방대원의 출입이 가능한 환기구·작업구마다 지하구의 양쪽방향으로 살수헤드를 설치
하되, 한쪽 방향의 살수구역 길이는 3 [m] 이상으로 할 것

(2) 환기구 사이의 간격이 700 [m]를 초과할 경우에는 700 [m] 이내마다 살수구역을 설정하되 지하구의 구조를 고려하여 방화벽을 설치한 경우에는 그렇지 않다.

3) 살수헤드

(1) 설치기준

① 천장 또는 벽면에 설치할 것

② 헤드 간 수평거리

- 연소방지설비 전용헤드의 경우 : 2 [m] 이하
- 스프링클러헤드의 경우 : 1.5 [m] 이하

③ 연소방지설비 전용헤드를 설치할 경우
『소화설비용헤드의 성능인증 및 제품검사의 기술기준』에 적합한 '살수헤드'를 설치할 것

(2) 연결살수헤드의 내화시험

① 살수헤드는 $(1,000 \pm 5)$ [℃]인 시험로 속에서 10분간 가열한 다음 물속에 넣은 경우 기능에 영향을 미치는 변형·손상 또는 뒤틀림이 생기지 않아야 한다.

② 이 규정은 성능인증 및 제품검사에 기술기준이며, 소화활동설비인 연소방지설비는 화재 성장기 이후의 최성기 단계에서 사용할 수 있기 때문에 요구되는 성능이다.

5. 연소방지재

기존에 적용하던 연소방지도료의 경우 약 10년 정도의 시간이 경과하면 그 성능이 상실되는 문제점이 발견되어 연소방지재를 적용하는 것으로 개정되었다.

1) 적용 대상

(1) 지하구 내에 설치하는 케이블·전선 등

(2) 케이블·전선 등을 한국산업표준(KS C IEC 60332-3-24)에서 정한 난연성능을 충족하는 것으로 설치한 경우에는 연소방지재를 제외 가능하다.

2) 연소방지재의 기준

(1) 성능기준
한국산업표준(KS C IEC 60332-3-24)에서 정한 난연성능 이상의 제품을 사용하되 다음 기준을 충족할 것

① 시험에 사용되는 연소방지재는 시료(케이블 등)의 아래쪽(점화원으로부터 가까운 쪽)으로부터 30 [cm] 지점부터 부착 또는 설치되어야 한다.

② 시험에 사용되는 시료(케이블 등)의 단면적은 325 [mm²]로 한다.

③ 시험성적서의 유효기간은 발급 후 3년으로 한다.

(2) 설치방법

① 시험성적서에 명시된 방식으로 시험성적서에 명시된 길이 이상으로 설치할 것

② 연소방지재 간의 설치 간격은 350 [m]를 넘지 않을 것

(3) 설치위치

① 분기구

② 지하구의 인입부 또는 인출부

③ 절연유 순환펌프 등이 설치된 부분

④ 기타 화재발생 위험이 우려되는 부분

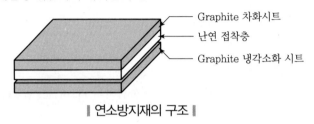

Graphite 차화시트
난연 접착층
Graphite 냉각소화 시트

‖ 연소방지재의 구조 ‖

6. 방화벽

1) 항상 닫힌 상태를 유지하거나 자동폐쇄장치에 의하여 화재 신호를 받으면 자동으로 닫히는 구조로 할 것

2) 내화구조로서 홀로 설 수 있는 구조일 것

3) 방화벽의 출입문은 갑종방화문(60분+ 또는 60분 방화문으로 용어 개정 필요)으로 설치할 것

4) 방화벽을 관통하는 케이블·전선 등에는 국토교통부 고시(내화구조의 인정 및 관리기준)에 따라 내화충전 구조(내화채움 구조로 용어 개정 필요)로 마감할 것

5) 방화벽은 분기구 및 국사·변전소 등의 건축물과 지하구가 연결되는 부위(건축물로부터 20 [m] 이내)에 설치할 것

6) 자동폐쇄장치를 사용하는 경우에는 「자동폐쇄장치의 성능인증 및 제품검사의 기술기준」에 적합한 것으로 설치할 것

7. 무선통신보조설비 및 통합감시시설

1) 무선통신보조설비

무전기접속단자는 방재실과 공동구의 입구 및 연소방지설비 송수구가 설치된 장소(지상)에 설치할 것

2) 통합감시시설

(1) 소방관서와 지하구의 통제실 간에 화재 등 소방활동과 관련된 정보를 상시 교환할 수 있는 정보통신망을 구축할 것

(2) 정보통신망(무선통신망을 포함)은 광케이블 또는 이와 유사한 성능을 가진 선로일 것

(3) 수신기는 지하구의 통제실에 설치하되 화재신호, 경보, 발화지점 등 수신기에 표시되는 정보가 별표 1에 적합한 방식으로 119상황실이 있는 관할 소방관서의 정보통신장치에 표시되도록 할 것

지하공간의 화재 특성 및 방재대책에 대하여 기술하시오.

1. 개요

1) 현대에는 도시의 고밀도화로 인해 지하공간에 대한 활용도가 높아져 지하 심층화, 지하공간의 대형화가 이루어지고 있다.

2) 지하공간에는 지하가 · 지하철 · 지하공동구 등 다양한 형태가 있으며, 지상에서의 화재와는 다른 화재특성을 가지고 있다.

2. 지하공간에서의 화재 특성

1) 연소 특성

(1) 화재의 진전에 따라 공기공급의 부족으로 불완전 연소가 된다.

  (다량의 유독가스 발생, 산소결핍)

(2) 폐쇄 공간으로 연소열이 축적된다.

2) 연기 특성

(1) 연기의 배출이 곤란하여 농연이 축적된다.

(2) CO 등 많은 유독가스가 포함된다.

3. 지하공간 화재 시의 문제점

1) 자연 채광이 없다.

(1) 정전 시 비상조명설비가 없다면 암흑화된다.

(2) 어두운 상태이므로 피난 인원들의 심리적 불안이 초래된다.

2) 바닥면이 낮다.

(1) 지상으로의 피난방향과 연기의 유동방향이 같다.

(2) 지상의 피난장소로 올라오는 방식이므로, 연기 · 가스를 흡입하기 쉽고 체력소모가 크다.

(3) 적절한 배수시설이 어려워 스프링클러 살수 등에 의한 수손 피해도 크다.

3) 외부로의 개구부가 없다.

(1) 외부에서의 구조활동이 불가능하다.

(2) 폐쇄성으로 인해 공포감을 유발시킨다.

(3) 방향성 상실의 우려가 크다.

(4) 불완전 연소 및 열·연기의 축적이 크다. → 발화지점 파악이 어려움

(5) 소방대의 진입로가 피난 경로와 같아서 소화활동 개시가 늦어진다.

4) 기타

(1) 내부구조가 복잡하고, 익숙한 지역이 아니어서 피난 시 혼란이 발생되기 쉽다.

(2) 의류 점포가 많아 화재하중이 크다.

4. 방재대책

1) 예방대책

(1) 물질조건

수용 가연물의 제한 및 내장재의 불연화

(2) 에너지조건

① 화기사용 제한 및 안전도 향상

② 환경 정비

③ 가스누설 경보 및 차단기

④ 지상에서의 담배 투척 차단

(3) 화재 시에 대비한 비상대응계획 수립 및 정기적인 대피훈련 실시

(4) 거주자에 대한 안전교육, 위험활동 규제

2) 피난·제연대책

(1) 비상조명설비

(2) 피난유도설비, 고휘도 유도등

(3) 피난경로의 단순화

(4) 비상방송설비

(5) 수평적 구획으로 수평 피난 이후, 피난용 승강기 등을 이용한 순차적 피난

(6) 공조시스템의 블록화

(7) 접속 빌딩과의 중앙천장을 높게 설치하여 연기 차단

3) 소화·경보·구조적 대책

(1) 조기 경보를 위한 감지기의 적절한 선정

(2) 스프링클러, 연결살수 설비, 소화기 등의 설치 및 유지관리

(3) 방화구획 철저(층별, 면적별 → 1개층을 최소 2개 이상으로 구획)

건축물이 대형화·고층화·심층화 되면서 주차장 역시 지하화 되고 있다. 주차장에서 화재 발생 시 문제점과 화재 안전성 확보를 위한 대책을 설명하시오.

1. 지하주차장 화재 시 문제점

1) 고강도 화재

(1) 최근 차량 경량화를 통한 연비 향상을 위해 철재 대신 알루미늄, 플라스틱 재질이 많이 사용되고 있다.

(2) 차량화재는 저장연료, 플라스틱 재질로 인해 매우 빠르게 성장하는 고강도 화재로 발전할 위험이 있다.

2) 연쇄적인 차량 화재

가깝게 주차되어 주변 차량으로의 연소확대가 용이하다.

3) 밀폐공간

(1) 밀폐된 지하주차장의 특성으로 인해 고강도 화재의 열축적이 용이하다.

(2) 고온에 따른 여러 대의 차량이 동시에 연소하는 대형 화재로 성장할 위험성이 높다.

4) 화재 확산

(1) 지하주차장에 대한 방화구획 완화기준 적용으로 인해 인접구역으로의 화재 확산될 수 있다.

(2) 넓은 지역에 대한 대형화재가 지속될 경우, 강도 저하에 따른 건축물 붕괴 위험이 높아진다.

5) 불완전한 소방시설

(1) 준비작동식 스프링클러 설비

① 고층건축물의 경우 하중 지지를 위해 보의 깊이가 깊어진다.

② 보 bay가 깊어짐에 따라 준비작동식 스프링클러의 감지기 작동이 지연될 우려가 높다.

(2) 낮은 살수밀도

고강도 화재 발생이 우려됨에도 불구하고, 7.56 [Lpm/m²]의 낮은 살수밀도를 적용하고 있다.(주차장의 물분무 소화설비 적용기준 : 20 [Lpm/m²])

(3) 열감지기 적용

① 연기감지기 오작동을 우려하여 열감지기를 적용하는 실정이다.

② 아날로그 방식인 차동식 열감지기를 적용할 경우, 화재 특성에 따라 스프링클러 헤드보다도 늦게 작동할 수도 있다.(NFPA 13에서는 준비작동식 스프링클러 설비에는 차동식 열감지기 적용을 금지하고 있음)

2. 화재안전성 확보 대책

1) 연기 배출

지하주차장은 현재 제연설비 적용대상이 아니므로, 성능위주설계에서는 지하주차장 환기시스템을 화재 시 제연모드로 전환하여 연기를 배출할 수 있도록 요구하고 있다.

(1) 급 · 배기팬의 용량

① 일반적으로 시간당 6회의 배출용량으로 적용하고 있으며, 최소 27 [CMH/m²] 이상의 환기량을 요구한다.

② NFPA 88A에서는 1 [m³]당 300 [lpm] 이상의 용량을 요구하고 있다.

(2) 급 · 배기팬의 설치위치

① 원활한 연기배출을 위해 급 · 배기팬의 위치를 상호 반대방향에 배치해야 하며, 연기배출용으로 설치된 급기 루버는 하부에, 배기 루버는 상부에 설치한다.

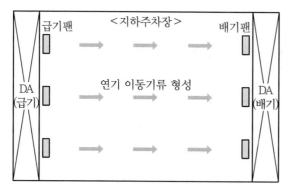

② 유인팬은 연기층을 교란시켜 오히려 연기확산을 유발하므로 이러한 방식은 적용하지 않아야 하며, 대규모 공간인 경우 다음과 같이 중간 연기 배출구 설치가 바람직하다. 만약 유인팬을 적용한다면 시뮬레이션 또는 Hot Smoke Test를 통하여 성능을 검증하도록 성능위주설계 가이드라인에서 규정하고 있지만 실제 유인팬은 악영향이 크다.

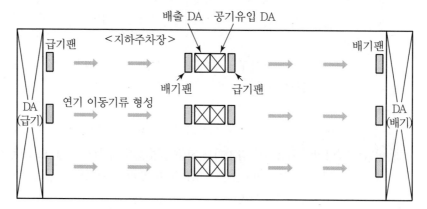

2) 스프링클러 설비

(1) 시스템 작동방식 개선

① 감지기와 연동하는 준비작동식 스프링클러는 부적합

② 동파 우려가 없는 지하 심층에는 습식 스프링클러 설비를 적용

③ 동파 우려가 있는 지하 1~2층에는 건식 스프링클러 설비를 적용

(2) 살수밀도 개선

① 차량의 고강도화재를 제어할 수 있도록 높은 살수밀도 적용

② 높은 살수밀도에 적용할 수 있는 K-factor가 높은 스프링클러 헤드 생산 및 적용

3) 감지기 개선

(1) 열감지기 지양

① 열감지기가 작동할 시점까지 화재가 성장할 경우, 차량화재는 급속도로 확산될 것이다.

② 주차장의 유지관리를 통해 연기감지기 오작동 위험을 낮춰야 한다.

(2) 아날로그 방식의 감지기

감지 환경이 열악하므로, 자기보상기능을 갖춘 아날로그 방식의 감지기를 적용해야 한다.

4) 방화구획

(1) 방화구획되지 않은 지하주차장은 화재 시 매우 넓은 범위로 화재가 확산될 위험이 있다.

(2) 따라서 적절한 구간마다 방화구획을 적용해야 하도록 법령 개정이 필요하다.

5) 주차구획 개선

(1) 선진국에 비해 국내의 주차구획 간격이 좁아 차량화재 시 인접 차량으로의 연소확대 위험이 높은 편이다.

(2) 차량에 대한 화재강도 실험 결과 등을 반영하여 주차장법을 개선해야 한다.

6) 전기차 충전소 위치

점화원이 될 가능성이 높은 전기차 충전소는 가급적 지상 주차장이나 옥외에 별도로 설치함이 바람직하다.

> **문제**
>
> ## 지하구의 화재특성 및 방재대책에 대하여 논하시오.

1. 개요

1) 각종 설비의 지하설치는 부지의 효율적 이용과 환경 개선에 큰 도움을 주기 때문에 최근 전력, 통신, 난방, 상수도 등과 같은 각종 부대설비의 수용 및 관통을 위한 지하구의 설치가 늘고 있다.

2) 이러한 지하구는 지하공간에 위치하여 화재 시 접근이 어렵고, 화재발생지점의 파악과 진압의 어려움을 가지고 있으며, 이러한 지하구는 전력 및 통신케이블 등이 집중 설치되어 화재 시 공장의 가동 중단, 사회기반시설의 마비 등의 큰 손실이 발생될 가능성이 높다.

2. 지하구의 정의

1) 전력 · 통신용의 전선이나 가스 · 냉난방용의 배관 또는 이와 비슷한 것을 집합수용하기 위하여 설치한 지하 인공구조물로서 사람이 점검 또는 보수를 하기 위하여 출입이 가능한 것 중 다음 어느 하나에 해당하는 것

   (1) 전력 또는 통신 사업용 지하 인공 구조물로서 전력구(케이블 접속부가 없는 경우에는 제외) 또는 통신구 방식으로 설치된 것

   (2) (1) 외의 지하 인공구조물로서 폭이 1.8 [m] 이상, 높이 2 [m] 이상이며 길이가 50 [m] 이상인 것

2) 국토의 계획 및 이용에 관한 법률에 따른 공동구

   전기 · 가스 · 수도 등의 공급설비, 통신시설, 하수도시설 등 지하매설물을 공동 수용함으로써 미관의 개선, 도로구조의 보전 및 교통의 원활한 소통을 위하여 지하에 설치하는 시설물

3. 지하구의 화재 특성

1) 지하구 내의 Cable bundle

   (1) 화재 시 주변 Cable로의 계속적으로 연소확대되기 쉽다.

   (2) 고분자물질 화재로 인해 유해가스가 다량 발생된다.

2) 지하의 밀폐공간

   (1) 산소부족으로 인한 불완전 연소로 CO가 많이 발생된다.

   (2) 가시도가 낮아 발화지점의 조기발견이 어렵다.

(3) 공간이 좁아 소화작업이 어렵다.

3) 주된 피해

사람이 상주하지 않으므로 인명피해는 거의 없지만, 사회에 근간이 되는 전력 및 통신 등의 공급원 차단으로 인한 많은 피해가 발생된다.

4. 지하구의 방재대책

1) 화재예방대책

(1) 케이블 및 보온재 등의 불연화, 난연화
   ① 난연성 케이블 및 보온재로 시공한다.
   ② 기 설치된 케이블은 연소방지 도료ㆍ테이프ㆍ시트 등으로 보완한다.
(2) 용량에 적합한 케이블 적용
   케이블의 종류 및 규격을 소요 용량에 적합하게 적용한다.
(3) 점검 및 보수 실시
   ① 주기적으로 케이블 손상 등을 점검하여 보수한다.
   ② 주변 위험작업(용접 등)을 엄격히 관리한다.
(4) 외부 침입방지
   ① 외부인의 침입 및 담배 투척 등을 방지한다.
   ② 동물의 침입을 방지한다.

2) 지하구의 소방시설

(1) 소화기
(2) 자동소화장치
(3) 자동화재탐지설비
(4) 피난구유도등
(5) 연소방지재
(6) 연소방지설비 : 전력 또는 통신사업용인 것만 해당
(7) 방화벽
(8) 무선통신보조설비 : 공동구만 해당
(9) 통합감시시설

3) NFPA 기준의 소방시설

(1) 케이블 터널은 인접지역과 3시간 내화구조로 방화구획될 것
(2) 케이블 터널에는 연기감지기를 설치할 것(케이블 트레이를 3단 이상 높이거나, 폭이 457.2 [mm] 이상일 경우에는 감지선형 감지기가 권장됨)
(3) 화재진압설비

① 자동식 고정진압설비를 설치할 것

(자동식 스프링클러의 경우, 가장 먼 방호구역의 가장 먼 30 [m] 길이에서 살수밀도가 12.2 [lpm/m²] 이상이 되도록 할 것)

② 헤드는 케이블 트레이 배열과 가연물 위치를 고려하여 적절한 살수효과를 낼 수 있도록 할 것

③ 일제살수식은 배수설비를 고려하여 방호면적이 제한되도록 구획화할 것

(4) 케이블은 물에 의해 손상을 받지 않도록 설계할 것

(5) 15 [m] 이상인 케이블 터널에는 다음 사항을 갖출 것

① 소방대 접근이 가능한 최소 2개 이상의 이격된 출입구

② 케이블 트레이 사이에는 최소 폭 0.9 [m], 높이 2.4 [m] 이상의 통로를 갖출 것

③ 터널 외부 인근에는 소화전과 소화기를 갖출 것(잔화 진압의 목적)

4) 국내기준의 개선방안

(1) 감지기의 신속한 감지성능 확보

① 케이블 트레이에 정온식 감지선형 감지기를 Sine곡선 형태로 포설

② 천장부에 아날로그 방식의 연기감지기 설치

(2) 자동식 소화설비 적용

현재 연소방지설비에 의한 화재 국한화 개념에서 직접적인 화재진압대책 수립으로 개선 필요하다.

① 주요 부분에 대한 일제살수식 스프링클러설비 적용

② 기존 지하구에는 연결살수설비를 적용하여 전체적으로 지하구 내 화점에 직접 방수할 수 있도록 시스템을 개선할 필요가 있다.

(3) 내화케이블 적용

부분적인 연소방지재 적용보다 내화성능을 갖춘 케이블을 적용하여 근본적인 화재예방이 필요하다.

5. 결론

1) 지하구는 산업기반 시설인 전력, 통신 등을 집합 수용하는 시설로서, 화재 시 직접적 피해 외에 복구지연으로 인한 간접피해도 매우 크다.

2) 따라서 지하구의 화재에 의한 피해를 최소화할 수 있도록 기존 지하구시설에는 연결살수설비를 적용하고, 신설되는 지하구는 화재의 국한화가 아닌 화재제어 또는 화재진압의 개념으로 소화설비를 적용하도록 하는 관련 법령을 강화해야 한다.

도로터널의 화재특성과 방재대책

1 도로터널의 화재특성

1. 화재특성

산악지역 등의 고속도로망 구축을 위해 건설되고 있는 장대 도로터널에서의 화재는 다음과 같은 특성으로 인해 화염, 열·연기의 축적에 의한 피해 위험성이 크다.

1) 차량화재

(1) 자동차는 연료탱크와 많은 플라스틱 내장품으로 인해 화재 시 열방출률이 매우 높다.

┃ 차종별 화재강도 및 연기발생량(국토교통부 예규) ┃

차종	승용차	버스	트럭	탱크로리
화재강도(MW)	5 이하	20	30	100
연기발생량(m^3/s)	20	60~80	80	200

(2) 그에 따라 차량 화재 시 최대 화재강도에 도달하는 시간은 일반적으로 10분 정도로 비교적 짧다.

(3) 엔진에서 연소가 시작되면 약 5분 이내에 차량 내부로 연소 확대되며, 차량 내부에서 화재가 시작되면, 약 3분 이내에 독성가스로 충만될 수 있다.

(4) 연료가 누설되어 고인 부분에 화재가 발생되면, 약 30~60초 만에 전면연소가 발생된다.

(5) 최근 증가 추세인 전기자동차의 경우 전기배터리 화재 발생 위험성이 높다.

2) 밀폐공간

(1) 터널은 밀폐공간이므로, 열축적이 용이하여 인접 차량으로의 연소확대 가능성이 높다.

(2) 화재 시 어두워져 피난이 매우 어렵고, 화점 파악도 곤란해진다.

3) 빠른 기류

(1) 터널 내 기류는 화재 확산에 매우 큰 영향을 미치며, 최대 10 [m/s]까지 증대된다고 한다. (제연설비의 방연풍속이 0.7~2 [m/s] 정도임을 감안하면 매우 강한 기류임)

(2) 일반적인 열, 연기감지기는 대류 열전달에 의해 화재를 감지하며, 복사에는 반응하지 않는다. 따라서 빠른 기류로 인하여 도로터널에 일반적인 감지기나 스프링클러헤드를 적용하는 것은 효과가 매우 낮다고 할 수 있다.

2. 도로터널 화재 시 문제점

1) 화재 시 연기확산이 매우 빠르므로, 질식 우려가 높고 피난에 장애가 발생되기 쉽다.

2) 터널 내부가 어두우므로, 심리적 공포가 유발된다.

3) 자동차 매연에 따른 유지관리 불량으로 인해 소방시설이 미작동될 우려가 크다.

4) 차량 정체 시 연쇄적인 화재 확대 가능성이 크다.

5) 장대 터널의 경우, 피난동선이 매우 길어 노약자 등의 피난이 어렵다.

6) 열축적으로 인한 터널 붕괴의 위험이 있다.

→ 실제 유럽의 몽블랑 터널 화재 등 대형 화재 참사의 경험에서 보면 도로터널의 방재대책은 그 설계단계에서부터 철저히 이루어져야 한다.

❷ 도로터널의 방재대책

1. 터널 방재설계의 목적

1) 인명보호

2) 터널 구조 및 시설물에 대한 보호

3) 통제가 불가능한 대형 화재로의 확대 방지

→ 선진국에서는 초기 소화설비 작동에 의해 다중 차량화재로의 발전을 방지하는 것을 방재설계의 기본방향으로 변경

2. 방재설계의 기본 개념

1) 설계화재의 진행과정

엔진과열 → 차량화재 발생 → 기름누설 → 화재확산

2) 화재의 감지

차량 전소화재 이전에 화재감지기가 작동될 것

3) 화재의 제어

물분무 설비가 작동되어 화재확대 및 온도상승을 억제한다.

4) 화재의 진압

소방대의 소화활동에 의해 화재를 진압한다.

3. 예방대책

1) 고장 · 과열 차량을 위한 차량대피소 설치

2) 터널 진입 · 통과 시 과속 방지를 위한 CCTV 설치

3) 대형 위험물 탱크로리 등의 통행 제한

4) 조명 등의 조도 유지 및 시설물 관리 철저

4. 도로터널의 방재시설 종류

방재시설	종류
소화설비	소화기, 옥내소화전, 물분무소화설비(미분무소화설비 포함), 원격제어살수설비
경보설비	비상경보설비, 자동화재탐지설비, 비상방송설비, 긴급전화, CCTV, 자동사고감지설비, 재방송설비, 정보표지판, 터널진입차단설비
피난대피설비	비상조명등, 유도등, 피난·대피시설(피난연결통로, 피난대피터널, 격벽분리형 피난대피통로, 비상주차대)
소화활동설비	제연설비, 무선통신보조설비, 연결송수관설비, 비상콘센트설비, 제연보조설비
비상전원설비	무정전전원설비, 비상발전설비
소형차 전용터널의 소화·구조활동 시설	간이소방서, 비상차로

5. 방재시설 기준

1) 도로터널의 화재안전기준
2) 도로터널 방재·환기시설 설치 및 관리지침(국토교통부 예규)

❸ 도로터널의 화재안전기준

1. 용어 정의

1) 설계화재강도(MW)

터널 화재 시, 소화설비 및 제연설비 등의 용량산정을 위해 적용하는 차종별 최대 열방출률

2) 환기방식

(1) 종류 환기방식

터널 안의 배기가스와 연기 등을 배출하는 환기설비로서, 기류를 종방향(출입구 방향)으로 흐르게 하여 환기하는 방식

(2) 횡류 환기방식

터널 안의 배기가스와 연기 등을 배출하는 환기설비로서, 기류를 횡방향(바닥에서 천장)으로 흐르게 하여 환기하는 방식

(3) 반횡류 환기방식

터널 안의 배기가스와 연기 등을 배출하는 환기설비로서, 터널에 수직배기구를 설치해서 횡방향과 종방향으로 기류를 흐르게 하여 환기하는 방식

3) 연기발생률

일정한 설계화재강도의 차량에서 단위시간당 발생하는 연기량

4) 피난연결통로

본선터널과 병설된 상대터널이나 본선터널과 평행한 피난통로를 연결하기 위한 연결통로

2. 소화기 설치기준

1) 능력단위

(1) A급 화재 : 3단위 이상

(2) B급 화재 : 5단위 이상

(3) C급 화재 : 적응성이 있는 것

2) 총 중량

사용 및 운반의 편리성을 고려하여 7 [kg] 이하로 할 것

3) 설치기준

(1) 설치간격

① 주행차로의 우측 측벽에 50 [m] 이내의 간격으로 2개 이상 설치

② 편도 2차선 이상의 양방향 터널 및 4차로 이상의 일방향 터널의 경우에는 양쪽 측벽에 각각 50 [m] 이내의 간격으로 엇갈리게 2개 이상을 설치할 것

(2) 설치높이

바닥면에서 1.5 [m] 이하의 높이에 설치할 것

(3) 표지

소화기구함 상부에 "소화기"라고 조명식 또는 반사식의 표지판을 부착하여 사용자가 쉽게 인지할 수 있도록 할 것

3. 옥내소화전설비 설치기준

1) 소화전함과 방수구의 설치간격

(1) 주행차로의 우측 측벽에 50 [m] 이내의 간격으로 설치

(2) 편도 2차선 이상의 양방향 터널 및 4차로 이상의 일방향 터널의 경우에는 양쪽 측벽에 각각 50 [m] 이내의 간격으로 엇갈리게 설치할 것

2) 수원의 양

소화전 설치개수 2개(4차로 이상 터널 : 3개)를 동시에 40분 이상 사용할 수 있는 양

3) 가압송수장치

  (1) 옥내소화전 2개(4차로 이상 터널 : 3개)를 동시에 사용할 경우, 각 옥내소화전 노즐에서의 방수압력은 0.35 [MPa] 이상, 방수량은 190 [l/min] 이상이 되도록 할 것

  (2) 노즐 선단에서의 방수압력이 0.7 [MPa]을 초과할 경우, 호스 접결구 인입 측에 감압장치를 설치할 것

  (3) 압력수조나 고가수조가 아닌, 전동기 및 내연기관에 의한 펌프를 이용하는 가압송수장치는 주펌프와 동등 이상인 별도의 예비펌프를 설치할 것

4) 옥내소화전 설치기준

  (1) 방수구

    ① 40 [mm] 구경의 단구형

    ② 설치된 벽면의 바닥면으로부터 1.5 [m] 이하의 높이에 설치할 것

  (2) 수용품

    소화전함에는 옥내소화전 방수구 1개, 15 [m] 이상의 소방호스 3본 이상, 방수 노즐을 비치할 것

  (3) 비상전원

    옥내소화전설비를 40분 이상 작동할 수 있을 것

4. 물분무설비 설치기준

1) 물분무 헤드

  도로면에 1 [m²]당 6 [lpm] 이상의 수량을 균일하게 방수할 수 있을 것

2) 방수구역

  (1) 하나의 방수구역은 25 [m] 이상으로 할 것

  (2) 3개 방수구역을 동시에 40분 이상 방수할 수 있는 수량을 확보할 것

3) 비상전원

  물분무소화설비를 40분 이상 기능 유지할 수 있도록 할 것

5. 비상경보설비 설치기준

1) 발신기

  (1) 설치간격

    ① 주행차로 한쪽 측벽에 50 [m] 이내의 간격으로 설치

    ② 편도 2차선 이상의 양방향 터널이나 4차로 이상의 일방향 터널의 경우 양쪽의 측벽에 각각 50 [m] 이내의 간격으로 엇갈리게 설치할 것

(2) 설치높이

바닥면으로부터 0.8~1.5 [m] 높이에 설치할 것

2) 음향장치

(1) 발신기 설치위치와 동일하게 설치할 것

(2) 비상방송설비를 비상경보설비와 연동하여 작동하도록 설치한 경우

지구음향장치 제외 가능

(3) 음량

부착된 음향장치의 중심으로부터 1 [m] 떨어진 위치에서 90 [dB] 이상이 되도록 할 것

(4) 터널 내부 전체에 경보를 발하도록 설치할 것

3) 시각경보기

(1) 주행차로 한쪽 측벽에 50 [m] 이내의 간격으로 비상경보설비 상부 직근에 설치할 것

(2) 전체 시각경보기는 동기방식에 의해 작동될 수 있도록 할 것

6. 자동화재탐지설비 설치기준

1) 터널에 설치할 수 있는 감지기

(1) 차동식 분포형 감지기

(2) 정온식 감지선형 감지기(아날로그 방식에 한함)

(3) 중앙기술심의위원회의 심의를 거쳐 터널화재에 적응성이 있다고 인정된 감지기

2) 경계구역

(1) 하나의 경계구역의 길이는 100 [m] 이하로 할 것

(2) 감지기 작동과 다른 소방시설 등이 연동되는 경우

해당 소방시설 등의 작동을 위한 정확한 발화위치 확인이 필요한 경우에는 경계구역의 길이가 해당 설비의 방호구역 등에 포함되도록 설치할 것

3) 감지기의 설치기준

(1) 감지기의 감열부 간의 이격거리 : 10 [m] 이하

(2) 감지기와 터널 좌, 우측 벽면과의 이격거리 : 6.5 [m] 이하

(3) 아치형 천장구조의 터널에 감지기를 터널 진행방향으로 설치하는 경우

① 감열부 간의 이격거리를 10 [m] 이하로 하여 아치형 천장의 중앙 최상부에 1열로 감지기를 설치할 것

② 감지기를 2열 이상으로 설치하는 경우에는 감열부 간의 이격거리는 10 [m] 이하로 감지기 간의 이격거리는 6.5 [m] 이하로 설치할 것

(4) 감지기를 천장면에 설치하는 경우 : 감지기가 천장면에 밀착되지 않도록 고정금구 등을 사용하여 설치할 것

(5) 형식승인 내용에 설치방법이 규정된 경우 : 형식승인 내용에 따라 설치할 것

(6) 제조사 시방서에 따른 설치방법이 적합하다고 인정되는 경우 : 시방서에 따라 설치할 수 있음

4) 발신기 및 지구음향장치

비상경보설비 기준을 준용

7. 비상조명등 설치기준

1) 조도기준

상시 조명이 소등된 상태에서 비상조명등이 점등되는 경우

(1) 터널 안의 차도 및 보도의 바닥면 조도 : 10 [lx] 이상

(2) 그 외 모든 지점의 조도 : 1 [lx] 이상

2) 비상전원

(1) 상용전원이 차단되는 경우, 자동으로 비상전원에 의해 60분 이상 점등되도록 설치

(2) 비상조명등에 내장된 예비전원이나 축전지설비는 상용전원 공급에 의하여 상시 충전상태를 유지할 수 있도록 설치할 것

8. 제연설비 설치기준

1) 설계기준

(1) 설계화재강도 : 20 [MW], 연기발생률 : 80 [m³/s]로 하고, 배출량은 발생된 연기와 혼합된 공기를 충분히 배출할 수 있는 용량 이상을 확보할 것

(2) 화재강도가 상기 설계화재강도보다 높을 것으로 예상될 경우 위험도분석을 통하여 설계화재강도를 설정할 것

2) 설치기준

(1) 종류 환기방식

제트팬의 소손을 고려하여 예비용 제트팬을 설치할 것

(2) 횡류 또는 반횡류 환기방식 및 대배기구방식의 배연용 팬

덕트의 길이에 따라서 노출온도가 달라질 수 있으므로, 수치해석 등을 통해서 내열온도 등을 검토한 후에 적용할 것

(3) 대배기구의 개폐용 전동모터

정전 등 전원이 차단되는 경우에도 조작상태를 유지할 수 있을 것

(4) 화재에 노출이 우려되는 제연설비와 전원공급선 및 제트팬 사이의 전원공급장치 등 250 [℃]의 온도에서 60분 이상 운전상태를 유지할 수 있을 것

(5) 제연설비의 기동

다음의 경우에 자동 또는 수동으로 기동될 수 있도록 할 것

① 화재감지기가 동작되는 경우

② 발신기의 스위치 조작 또는 자동소화설비의 기동장치를 동작시키는 경우

③ 화재수신기 또는 감시제어반의 수동 조작스위치를 동작시키는 경우

(6) 비상전원

제연설비를 60분 이상 작동할 수 있을 것

9. 연결송수관설비 설치기준

1) 방수압력 : 0.35 [MPa] 이상

2) 방수량 : 400 [lpm] 이상

3) 방수구

(1) 50 [m] 이내의 간격으로 설치

(2) 옥내소화전함에 병설하거나, 독립적으로 터널출입구 부근과 피난연결통로에 설치할 것

4) 방수기구함

(1) 50 [m] 이내의 간격으로 옥내소화전함 안에 설치하거나 독립적으로 설치

(2) 65 [mm] 방수노즐 1개와 15 [m] 이상의 호스 3본을 설치할 것

10. 무선통신보조설비 설치기준

1) 무전기접속단자

방재실과 터널의 입구 및 출구, 피난연결통로에 설치할 것

2) 라디오 재방송설비가 설치되는 터널

무선통신보조설비와 겸용으로 설치할 수 있다.

11. 비상콘센트설비 설치기준

1) 비상콘센트의 전원회로

(1) 단상교류 220 [V]인 것으로서, 그 공급용량은 1.5 [kVA] 이상인 것으로 할 것

(2) 전원회로는 주배전반에서 전용회로로 할 것(단, 타 설비 회로의 사고에 따른 영향을 받지 않도록 되어 있는 것은 제외)

2) 콘센트마다 배선용 차단기를 설치하고, 충전부가 노출되지 않도록 할 것

3) 설치위치

(1) 주행차로의 우측 측벽에 50 [m] 이내의 간격으로 설치

(2) 바닥으로부터 0.8~1.5 [m] 높이에 설치할 것

④ 도로터널 방재·환기시설 설치 및 관리지침

1. 개요

1) 터널방재시설의 설치 목적

사고예방, 초기대응, 피난대피, 소화 및 구조 활동, 사고확대방지

2) 터널화재의 발전단계

방재시설을 계획·설치하거나 운영계획을 수립할 때에는 다음과 같은 발전단계를 고려하여 화재의 시간적 경과에 따른 대응책을 마련하여야 한다.

(1) 자기구조 단계

① 화재초기 도로 이용자가 스스로 상황을 판단하여 피난대피나 소화 등 대응조치를 취해야 하는 단계

② 초기대응 수단

비상경보설비 및 감시체계, 대피유도 및 피난·대피시설, 초기소화설비, 제연설비 등

(2) 소화 및 구조 단계

도로 관리자와 경찰, 소방대원 등의 관계기관의 관련자가 현장에 도착하여 본격적으로 소화나 구조 활동을 수행하는 단계

2. 방재시설 설치계획

1) 터널의 등급구분

(1) 연장등급 및 방재등급별 기준

방재등급	터널 연장(L) 기준	위험도지수(X) 기준
1	$L \geq 3,000 \,[\mathrm{m}]$	$X > 29$
2	$1,000\,[\mathrm{m}] \leq L < 3,000\,[\mathrm{m}]$	$19 < X \leq 29$
3	$500\,[\mathrm{m}] \leq L < 1,000\,[[\mathrm{m}]$	$14 < X \leq 19$
4	$L < 500\,[\mathrm{m}]$	$X \leq 14$

(2) 터널위험도지수

주행거리계(터널연장×교통량), 터널제원(종단경사, 터널높이, 곡선반경), 대형차혼입률, 위험물의 수송에 대한 법적규제, 정체정도, 통행방식(대면통행, 일방통행)을 잠재적인 위험인자로 하여 산정한다.

2) 방재시설의 설치대상

종류	설치대상
수동식 소화기	50 [m] 이상의 터널
무정전전원설비	터널연장 200 [m] 이상인 터널
비상경보설비 피난연결통로 격벽분리형 피난대피통로 무선통신보조설비 비상콘센트설비	연장등급 3등급 이상인 터널
긴급전화 비상조명등 유도등	방재등급 3등급 이상인 터널
비상방송설비	방재등급 3등급 이상으로 제연설비나 피난·대피시설이 설치되는 터널내부 및 터널입구 전방
CCTV	방재등급 3등급 이상인 터널 및 200 [m] 이상인 터널
자동사고감지설비	방재등급 3등급 이상인 터널에 설치 권장
재방송설비	방재등급 3등급 이상인 터널, 200 [m] 이상의 4등급 터널
자동화재탐지설비	연장등급 2등급 이상인 터널
정보 표지판 터널진입차단설비 비상주차대	방재등급 2등급 이상인 터널
제연설비	방재등급 2등급 이상의 터널의 본선과 분기터널 (200 [m] 이하의 분기터널에는 제외 가능)
연결송수관설비	연장등급 2등급 이상인 터널 (200 [m] 이하의 분기터널에는 제외 가능)
옥내소화전	연장등급 또는 방재등급 2등급 이상인 터널
원격제어살수설비	방재등급 2등급 이상이며, 터널 길이 3,000 [m] 이상인 소형차 전용터널에 설치 권장
비상발전기설비	연장등급 및 방재등급 2등급 이상인 터널 (방재등급 3등급 터널은 설치 권장)
물분무소화설비 (미분무소화설비 포함)	방재등급 1등급 이상인 터널
피난대피터널	연장등급 1등급으로 피난연결통로 설치가 불가능한 터널

3. 주요 방재시설의 설치기준

1) 수동식 소화기

(1) 적용 개념
① 소규모 화재의 초기소화를 목적
② 사용대상이 터널 이용자라는 점을 고려하여 운반 및 취급이 용이하도록 선정하고 접근성이 용이한 위치에 설치
③ 50 [m] 이상의 터널에 설치

(2) 설치기준
① 4차로 미만의 일방통행터널 : 주행차로의 우측 측벽에 설치
② 4차로 이상의 터널 또는 대면통행터널 : 양측 벽에 설치하되 지그재그로 설치할 것
③ 소화기구 함에 2개 1조로 비치할 것
④ 설치간격 : 50 [m] 이내

(3) 기기 사양
① 분말 소화기로서, 능력단위 A급 3단위, B급 5단위 이상, C급 화재에 적응성이 있는 것
② 격납, 운반, 소화 조작이 용이한 것으로 할 것

2) 옥내소화전설비

(1) 적용 개념
화재에 대한 주체적인 소화설비로서, 화재 발생 초기에 터널 이용자 및 관리자에 의해 신속하게 화재를 진압하기 위한 설비이다.

(2) 설치기준
① 4차로 미만의 일방통행터널 : 주행차로의 우측 측벽에 설치
② 4차로 이상의 터널 또는 대면통행터널 : 양측 벽에 설치하되 지그재그로 설치할 것
③ 설치간격 : 50 [m] 이내

(3) 기기 사양
① 40 [mm] 단구형 방수구
② 방수압력 : 0.35 [MPa] 이상
③ 방수량 : 190 [lpm] 이상

3) 물분무소화설비(미분무소화설비 포함)

(1) 적용 개념
화재 시 소화용수를 노즐 또는 헤드를 통해 분사하여 화재를 진압함과 동시에 화재 시 발생하는 열에 의해서 터널 시설이 손상되지 않도록 냉각 보호하고 복사열을 차단하여 화재의 확산을 방지하는 자동소화설비

(2) 설치기준

① 측벽에 설치하여 도로면 전체에 1 [m²]당 6 [lpm] 이상이 방수될 수 있도록 설치할 것

② 방수구역은 25 ~ 50 [m]로 하며, 2~3개 구역(75 [m] 이상)을 동시에 40분 이상 방수하도록 해야 한다.

③ 관리자가 CCTV에 의해서 방수구역에 대피자가 없는 것을 확인하고 방수함을 원칙으로 한다. 다만, 급격한 화재의 확산으로 조기에 방수하는 경우에는 3회 경고방송을 시행한 후에 방수할 수 있다.

4) 자동화재탐지설비

(1) 적용 개념

① 화재 시 발생하는 열, 연기, 불꽃 또는 연소생성물을 화재 발생 초기에 자동적으로 감지하여 화재사실을 관리자에게 자동 통보하는 설비

② 최적 성능을 확보할 수 있는 위치에 설치하되, 환기방식별로 필요한 인식 범위 내로 화재를 감지할 수 있게 설치해야 한다.

(2) 설치기준

① 감지기의 요구 성능

자동화재탐지기 성능은 화재강도가 1.5 [MW]의 화재 시 터널 내 종방향의 풍속이 3 [m/s]인 상황에서 화재 발생 후 1분 이내에 화재를 탐지할 수 있는 능력의 것을 표준으로 한다.

② 제연설비 작동을 고려한 화재지점에 대한 인지능력

종류환기방식	화재 부근의 제트팬의 가동은 연기의 성층화를 교란하여 대피에 악영향을 주게 되므로 **제트팬의 가동에 필요한 범위 내에서 화재지점을 인지할 수 있는 능력을 갖출 것**
(반)횡류 환기방식	배연을 위한 구역을 구분하는 경우에는 **구역제어를 위해서 필요한 범위에서 화재지점을 인지할 수 있을 것**
대배기구방식을 적용하는 경우	화재지점의 원격제어 댐퍼의 개폐 조작을 위해서 **댐퍼의 설치간격 이내로 화재지점을 인지할 수 있는 감지능력이 있을 것**

③ 자동화재탐지설비는 자동차의 배기가스에 의한 열기류 및 입·출구부의 태양광에 의한 온도상승에 따라 영향을 받지 않아야 한다.

5) 제연설비

(1) 화재단계별 제연 요구사항

① 제1단계

• 화재발생 초기(약 10~15분)로 대피환경 확보를 목표로 운영하는 단계

• 제연설비를 수동조작하여 대피자가 존재하지 않는 방향으로 연기류를 형성시키며, 이때의 제연풍속은 임계풍속으로 한다.

② 제2단계
  • 화재진압을 지원하기 위해 제연이 작동되어야 하는 단계
  • 제연설비는 소화활동을 지원하기 위한 운전을 수행하며, 가동 또는 정지시킬 때 현장 소방대와 긴밀하게 연락하도록 한다.

(2) 제연방식의 종류

종류	특징
종류환기방식	터널입구 또는 수직갱, 사갱 등으로부터 신선공기를 유입하여 종방향 기류를 형성하여 터널 출구 또는 수직갱, 사갱 등으로 오염된 공기 또는 화재 연기를 배출하는 방식
반횡류방식	터널에 급기 또는 배기덕트를 시설하여 급기 또는 배기만을 수행하는 횡류환기방식
횡류환기방식	터널에 설치된 급·배기 덕트를 통해서 급기와 배기를 동시에 수행하는 방식으로 평상시에는 신선공기를 급기하고 차량에서 배출되는 오염된 공기를 배기하며, 화재 시에는 화재로 인해 발생하는 연기를 배기하는 방식

(3) 제연방식의 선정

지역 및 통행방식	터널 길이	제연방식 및 방법
대면통행 및 도시지역	500 [m] 이하	• 자연환기에 의한 제연
	500~1,000 [m] 미만	• 기계환기에 의한 제연
	1,000 [m] 이상	• 횡류 또는 반횡류식 • 약 800 [m] 이내의 간격으로 집중배기 또는 구간 배연이 가능한 시설을 설치하여 배연능력을 향상시킬 수 있는 조치를 강구할 것을 권장함 • 2,000 [m] 이상의 터널은 배연능력을 향상하기 위해서 대배기구 방식을 권장함
지방지역의 일방통행	500 [m] 이하	• 자연환기에 의한 제연
	500~3,000 [m] 미만	• 위험도지수 기준등급이 3등급 이하인 터널 : 자연환기방식 • 위험도지수 기준등급이 2등급 이상인 터널 : 기계환기방식
	3,000 [m] 이상	• 집중배기방식이나 대배기구방식 등 구간배연시스템에 의해 배연능력을 향상하기 위한 조치를 강구할 것을 권장함

6) 제연보조설비

  (1) 터널 화재 발생 시 화재연기의 확산을 제어, 차단, 지연함으로써 피난환경 및 피난시간 확보를 위한 설비로 터널 본선이나 피난연결통로 등에 설치할 수 있다.

  (2) (반)횡류 환기방식 혹은 대배기구 방식에서 배연효율의 증대를 목적으로 배기구 주변에 설치하여 화재연기의 원활한 배출을 보조할 수 있다.

  (3) 제연보조설비 설치로 인한 평상시 환기류의 저항증대를 고려하여 환기시스템을 계획하여야 한다.

7) 연결송수관설비

  (1) 소방대의 본격적인 소화 작업 수행을 위한 소화용수의 공급을 목적으로 하는 설비이다.

  (2) 터널의 외부에서 화재장소 부근의 옥내소화전이나 소방차의 소방용수를 공급할 수 있도록 설치하는 설비로 배관, 송수구, 방수구 등으로 구성된다.

  (3) 송수구는 터널 입출구부에 설치하고, 방수구는 옥내소화전설비(50 [m] 이내의 설치간격)함에 병설한다.

8) 자동사고감지설비

  (1) 터널에 설치된 CCTV의 영상정보 또는 주파수 등을 이용하여 수신된 검지데이터를 실시간으로 분석하여 설정된 긴급상황 발생 시 자동으로 관리시스템으로 알리기 위한 설비이다.

  (2) 터널 내 CCTV와 연동이 가능하며, 터널통합관리시스템과 연동할 수 있어야 한다.

  (3) 터널 전구간에 대하여 감시 가능하도록 설치하되, 영상 사고감지는 100 [m] 내외의 설치간격으로 적용한다.

9) 비상조명등 및 유도등

  (1) 비상조명등설비

    ① 조도 기준

      • 무정전 전원설비에 의해 점등 : 차도 및 보도의 바닥면 기준 10 [lx] 이상

      • 비상발전기에 의해 점등 : 기본부 조명의 최저 1/2 이상

    ② 배선 기준

      • 전원공급은 내화, 난연 전선 또는 동급 이상을 사용할 것

      • 노출간선 구간은 트레이 내 배선 또는 내화, 난연 전선을 선심으로 한 금속관 배선, 가요성 금속피 케이블을 사용할 것

  (2) 유도등

    ① 피난구유도등 : 대피시설 부근에 설치(갱문형, 벽부형, 천장형)

    ② 통로유도등 : 약 50 [m] 간격으로 설치

    ③ 비상전원 : 60분 이상

10) 무정전 전원설비

(1) 정전 직후부터 비상발전기의 전원공급 개시 전 및 비상발전기 가동 정지 후 일정시간 동안 비상조명등, 유도등 등 방재시설의 기능을 유지하기 위한 비상전원 설비이다.

(2) 적용 기준

① 인버터 및 컨버터에 IGBT 반도체를 채용한 On-Line Type일 것

② UPS용 축전지는 2 [V] 또는 12 [V]의 무보수 밀폐형을 사용하여 큐비클 내부에 내장하여 설치할 수 있어야 한다.

③ 무정전 전원설비는 침수의 위험이 없는 곳에 설치하여야 하며, 옥외설치 시에는 단열 및 냉난방 시설을 갖춘 큐비클 내부에 설치하여야 한다.

④ 도로터널은 일반적으로 소방서와 원거리에 위치한다는 점에서 접근성 등을 고려하여 60분 이상 비상전원을 공급할 수 있도록 시설한다.

11) 비상발전설비

(1) 원동기에 의해서 발전기를 구동하여 발전하는 설비로 장시간 동안 방재시설의 기능을 유지하기 위하여 비상전원을 공급하는 것을 목적으로 한다.

(2) 비상발전기는 디젤발전기의 사용을 표준으로 하며, 운전은 정전 시 자동으로 가동하여야 한다.

(3) 옥외에 설치하는 비상발전기는 소음을 최대로 줄일 수 있는 형식을 사용한다.

(4) 비상발전설비는 터널 내 설치되는 방재시설을 충분히 가동할 수 있는 용량으로서 화재안전기준에서 요구하는 비상전원 공급시간을 고려한 비상출력용량으로 시설하여야 한다.

5 도로터널의 자동식 소화설비

1. 설계 개념

1) 물분무 또는 미분무 소화설비 적용

(1) 국내에서는 차량화재의 특성상 화원에 직접 물을 분사하기 어렵고, 주로 B급 화재가 발생하므로 스프링클러설비를 적용하지 않고 물분무 소화설비를 적용하는 것을 원칙으로 하고 있다.

(2) NFPA 502에 의하면, 공설소방대의 진압작업 이전에 통제 불가능한 다중차량 화재로의 발전을 방지하기 위해 스프링클러 설비를 적용하도록 규정하고 있다.

2) 설계기준

기준	설계 기준
도로터널의 화재안전기준	• 방수량 : 도로면 1 [m²]당 6 [lpm] 이상의 수량을 균일하게 방수 • 방수구역 : 25 [m] 이상 • 3개 방수구역을 동시에 40분 이상 방수

기준	설계 기준
도로터널 방재 · 환기시설 설치 및 관리지침	• 측벽에 설치 • 도로면 전체에 1 [m²]당 6 [lpm] 이상이 방수될 수 있도록 설치 • 방수구역 : 25 ~ 50 [m] • 2~3개 구역(75 [m] 이상)을 동시에 40분 이상 방수

(1) 국내 기준에 따른 살수밀도는 6 [lpm/m²] 이상을 요구하고 있는데, 차량화재가 고강도 화재임을 감안하면 살수밀도가 너무 낮다.

(2) 독일 Vds 기준에서는 15 [lpm/m²]로 적용하고 있으며, 감지기의 화원 위치 파악을 감안하여 방수구역은 30 [m] 이내로 규정하고 있다.

3) 작동기준

(1) 대피자가 완전히 대피한 것을 CCTV에 의해 확인한 이후에 방사함을 원칙으로 하고 있는데, 이는 물분무 방사가 스모크-로깅 현상 등으로 대피에 장애를 일으킬 수 있기 때문이다.

(2) 그러나 해외의 경우 이러한 물분무 방사의 대피장애가 근거가 부족한 것으로 간주하여, 가급적 조기작동시키는 것이 바람직한 것으로 판단하는 쪽으로 변경되어 가고 있다.

> 참고
>
> **독일 Vds에서의 물분무 소화설비 설계기준**
> • 용량 : 15 [mm/min]
> • 3 [%]의 AFFF 혼합
> • 하나의 구획은 30 [m] 이내로 하며, 3개 구역을 동시 방사함
> • 지속시간 : 최소 30분(소방대 소화활동 예상소요시간+15분)

6 도로터널의 제연설비

1. 개요

1) 적용 목적

연기 이동방향 제어 또는 연기 배출(배연)	⇨	· 대피환경 확보 · 피난 및 소화활동 용이 · 진압 후 잔류 연기 배출

2) 설계 개념

(1) 터널에 설치되는 제연설비는 화재 시 환기방식의 특성상 제연(Smoke Control)을 목적으로 하는 경우와 배연(Smoke Exhaust)을 목적으로 하는 경우로 구분할 수 있다.

(2) 제연은 종류환기방식의 화재 시 대응 개념으로 화재지점으로부터 대피자가 없는 지역으로 기류를 형성하여, 연기류의 방향을 대피 반대방향으로 제어함으로써 대피자의 안전을 확

보할 수 있도록 한다.

(3) 배연은 횡류 또는 반횡류 환기방식의 화재 시 대응개념으로 덕트를 통해서 연기를 화재지역으로부터 배기하여 안전을 확보할 수 있도록 한다.

2. 제연방식

종류	특징
종류환기방식	• 종방향 기류를 형성시켜 연기를 이동, 배출하는 방식이다. • 상대터널의 환기시설은 연기유입을 방지하기 위해 **가압운전모드**로 운전된다. • 역류(Back-Layering) 현상을 방지하기 위한 **임계풍속 이상**이 되도록 **제트팬 설치 대수**를 결정해야 한다. • **화재 부근의 제트팬** 작동 시 **연기층 교란**으로 피난에 방해가 될 수 있으므로, 감지기는 가동이 필요한 제트팬 범위를 파악할 수 있는 정밀도를 가져야 한다. • 터널길이가 매우 긴 장대 터널의 경우 연기의 확산을 방지하기 위해 **일정간격**마다 **수직갱** 또는 **제연덕트**를 설치하여 배연을 함께 적용함이 바람직하다.
반횡류방식	• 급기 또는 배기덕트를 시설하여 **급기 또는 배기만을** 수행하는 횡류환기방식이다.
횡류환기방식	• 급 · 배기 덕트를 통해서 **급기와 배기를 동시에** 수행하는 방식이다. • 평상시에는 신선공기를 급기하고 차량에서 배출되는 오염된 공기를 배기하며, 화재 시에는 화재로 인해 발생하는 연기를 배기한다. • **균일배기방식**과 **대배기구방식**으로 구분되며, 장대터널에서는 화점 부근의 배기구에서 집중적으로 배기하는 **대배기구방식**이 **권장**된다. • 감지기는 **제연구역 제어 범위 이내**에서 화재를 감지할 수 있어야 한다. • 배연량은 **연기발생량**과 연기확산 방지를 위한 **최소 풍속**을 **기준**으로 산정한다.

문제

도로터널의 종류환기방식에서의 백레이어링 현상과 임계풍속에 대하여 설명하시오.

---

1. 정의

1) 성층화

화재연기가 온도차에 의한 부력에 의해 터널 상층부에서 연기층을 형성하는 현상

2) 역류(Back-layering) 현상

열기류가 부력에 의해서 차량흐름의 반대방향이나 화재 직전에 형성된 주기류의 반대방향으로 흐르는 현상

3) 임계풍속

화재 시 성층화를 유지하면서 열(연)기류의 역류현상을 억제하기 위한 최소한의 풍속

2. 백레이어링 현상의 발생 메커니즘

1) 터널화재 시의 연기는 부력에 의해 상승하여 성층화되고, 천장면을 따라 터널의 길이 방향으로 전파된다.
2) 종류환기방식의 제연설비는 피난방향으로 연기가 전파되지 못하도록 피난 측에서 화점 방향으로 기류를 형성시키게 되는데, 임계풍속 이상의 충분한 풍속이어야 한다.
3) 제연설비의 풍속이 임계풍속보다 낮을 경우, 연기기류가 이러한 환기기류를 이기고 피난방향으로 연기가 전파될 수 있는데, 이 현상을 Back-layering(역기류)이라고 한다.
4) 이러한 역류가 형성되면 피난경로의 가시도가 저하되고, 피난하는 사람들이 연기의 독성가스에 의해 질식하여 인명 피해가 발생할 우려가 있다.

3. 임계풍속

1) 개념

(1) 터널화재에서 백레이어링(역기류) 현상이 발생되지 않도록 하는 환기기류의 최소유속을 말한다.
(2) 즉, 제트 Fan으로부터의 기류속도가 임계풍속 이상이어야 역기류가 발생하지 않는다.

2) 임계풍속의 영향인자

　(1) 터널의 조건

　　터널의 높이가 높고, 면적이 작을수록 임계풍속이 커진다.

　(2) 화재하중

　　화재하중이 많을수록 임계풍속이 커진다.

　(3) HRR

　　① 화재에서의 HRR이 클수록 임계풍속은 커진다.

　　② 예상되는 설계화재에서의 HRR 설정이 임계풍속 산정에 매우 중요하며, NFPA기준에서의 차량별 HRR은 아래와 같다.(국내기준의 HRR과 다름)

　　　• 승용차 화재 : 5~10 [MW]

　　　• 다중차량 화재 : 10~20 [MW]

　　　• 버스 화재 : 20~34 [MW]

　　　• 화물트럭 화재 : 20~200 [MW]

　　　• 위험물 탱크로리 화재 : 200~300 [MW]

3) 국가화재안전기준에서의 설계기준

　(1) 설계 화재강도 20 [MW], 연기발생률 80 [m³/s]로 하여 배출량은 발생된 연기와 혼합된 공기를 충분히 배출할 수 있는 용량 이상으로 할 것

　(2) 화재강도가 설계 화재강도보다 높을 것으로 예상되는 경우에는 위험도분석을 통해 설계 화재강도를 설정할 것

> **문제**
>
> 도로터널에 화재위험성평가를 적용하는 경우 이벤트 트리(Event Tree)와 F－N곡선에 대하여 설명하시오.

1. 개요

1) 터널의 위험성 평가

　Risk = 빈도 × 심도

2) 사고 빈도

    (1) 터널을 운행하는 차량의 수량과 운행거리에 비례하여 증가한다.

       ① 차량 수 : 차선 수 및 예상 통행량에 의해 결정

       ② 운행 거리 : 터널의 길이에 영향

    (2) 터널의 기울기가 클수록 엔진 과열, 브레이크 계통 파손을 일으킬 수 있다.

3) 사고 심도

    (1) 운행하는 차량의 종류와 차량의 적재물에 따른 화재 크기

    (2) 터널의 단면적과 높이에 따른 연기 유동

       ① 터널 단면적 : 클수록 연기강하시간 지연

       ② 터널 높이 : 연기층 하강에 영향

2. 이벤트 트리(Event Tree)

1) 개념

    (1) 위험도를 평가하기 위해 사고의 발생과 전개에 대한 Event Tree를 작성해야 한다.

    (2) Event Tree에는 가능한 사고의 종류와 이와 관련된 제연 및 소화 설비의 작동상황이 고려되어야 한다.

    (3) 제연 또는 소화 설비의 작동에는 시스템 고장 확률도 고려되어야 한다.

2) 사고

    (1) 일반적인 사고와 화재사고로 분류

    (2) 화재사고의 유형을 소형차, 버스, 화물차량으로 구분

    (3) 제연설비 및 소화설비의 작동 상황을 고려

    (4) 각 분기점에는 적용되는 확률을 표시하고, 각 사건에는 사고 발생 확률을 명시

3) 터널화재 시나리오 작성 시 고려사항

    (1) 교통상황

       정상 소통과 정체로 구분하여 터널 내의 차량 수 및 피난자 수를 결정하고 제연방식을 선정

(2) 교통량

연평균 일일 교통량이 크면 화재사고가 발생하는 터널을 통과하는 차량도 증가

(3) 차량 종류와 분포

승용차, 버스, 트럭 및 위험물 탱크로리의 분포는 화재 크기 및 탑승인원에 영향을 줌

(4) 터널 내 풍속 분포

정지, 역풍, 순풍, 임계풍속 운전은 화재, 연기 전파 및 피난에 큰 영향을 줌

(5) 사고 빈도

차종별 주행거리계를 통해 산출하는 사고 비율로서, 보통 차량이 1억 [km]를 운행하는 경우에 발생하는 사고의 빈도를 적용

3. F-N 곡선

1) 개념

(1) 위험성 평가는 사고 시나리오가 발생할 확률과 사망자 수가 몇 명인지 F-N 곡선으로 표현하여 수행할 수 있다.

(2) F는 사망자(Fatality), N은 수(Number)를 의미한다.

(3) 여기서 확률은 누적된 확률로 1인 이상이 사망할 여러 개의 사건의 확률들을 모두 합한 것이다.

(4) F-N 곡선은 사회적 위험도에 대한 기준을 토대로 하여 다음과 같은 영역으로 구분한다.

① 수용 가능한 영역(Acceptable Region)

② ALARP(As Low As Reasonably Practical) 영역

③ 수용 불가능한 영역(Unacceptable Region)

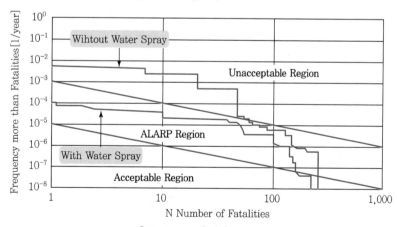

┃ F-N 곡선(예) ┃

임시소방시설의 설치기준

1 소방시설법 기준

1. 임시소방시설의 설치 및 유지관리

1) 대상

특정소방대상물의 건축 · 대수선 · 용도변경 또는 설치 등을 위한 공사

2) 설치기준

공사 현장에서 인화성 물품을 취급하는 작업 등 대통령령으로 정하는 작업(이하 "화재위험작업"이라 한다)을 하기 전에 설치 및 철거가 쉬운 화재대비시설(이하 "임시소방시설"이라 한다)을 설치하고 유지 · 관리하여야 한다.

3) 임시소방시설의 설치 제외

시공자가 화재위험작업 현장에 소방시설 중 임시소방시설과 기능 및 성능이 유사한 것으로서 대통령령으로 정하는 소방시설을 화재안전기준에 맞게 설치하고 유지 · 관리하고 있는 경우에는 임시소방시설을 설치하고 유지 · 관리한 것으로 본다.

2. 화재위험작업의 종류

1) 인화성 · 가연성 · 폭발성 물질을 취급하거나 가연성 가스를 발생시키는 작업
2) 용접 · 용단 등 불꽃을 발생시키거나 화기를 취급하는 작업
3) 전열기구, 가열전선 등 열을 발생시키는 기구를 취급하는 작업
4) 소방청장이 정하여 고시하는 폭발성 부유분진을 발생시킬 수 있는 작업
5) 그 밖에 제1호부터 제4호까지와 비슷한 작업으로 소방청장이 정하여 고시하는 작업

3. 임시소방시설의 종류 및 적용 기준

1) 종류

종류	정의
소화기	소화기의 화재안전기준에서 정의하는 소화기
간이소화장치	물을 방사하여 화재를 진화할 수 있는 장치로서 소방청장이 정하는 성능을 갖추고 있을 것
비상경보장치	화재가 발생한 경우 주변에 있는 작업자에게 화재 사실을 알릴 수 있는 장치로서 소방청장이 정하는 성능을 갖추고 있을 것
간이피난유도선	화재가 발생한 경우 피난구 방향을 안내할 수 있는 장치로서 소방청장이 정하는 성능을 갖추고 있을 것

2) 임시소방시설을 설치해야 할 공사의 종류와 규모

종류	공사의 종류와 규모
소화기	건축허가등의 동의 대상 특정소방대상물의 건축 · 대수선 · 용도변경 또는 설치 등을 위한 공사 중 화재위험작업을 하는 현장
간이소화장치	다음의 어느 하나에 해당하는 공사의 화재위험작업을 하는 현장 • 연면적 3,000 $[m^2]$ 이상 • 바닥면적이 600 $[m^2]$ 이상인 지하층, 무창층 또는 4층 이상의 층
비상경보장치	다음의 어느 하나에 해당하는 공사의 화재위험작업을 하는 현장 • 연면적 400 $[m^2]$ 이상 • 바닥면적이 150 $[m^2]$ 이상인 지하층, 무창층
간이피난유도선	바닥면적 150 $[m^2]$ 이상인 지하층, 무창층의 화재위험작업을 하는 현장

4. 임시소방시설과 기능 및 성능이 유사한 소방시설로서 임시소방시설을 설치한 것으로 보는 소방시설

분류	소방시설
간이소화장치를 설치한 것으로 보는 소방시설	옥내소화전 또는 소방청장이 정하여 고시하는 기준에 맞는 소화기
비상경보장치를 설치한 것으로 보는 소방시설	비상방송설비 또는 자동화재탐지설비
간이피난유도선을 설치한 것으로 보는 소방시설	피난유도선, 피난구유도등, 통로유도등 또는 비상조명등

2 임시소방시설의 화재안전기준

1. 제정 이유

공사장에서의 화재로 인한 인명과 재산피해가 지속적으로 발생하여 화재예방을 위한 근본적 안전대책을 강구하고자 화재위험이 높은 공사장에 대한 임시소방시설의 화재안전기준을 정하려는 것이다.

2. 종류

1) 소화기

소화기구의 화재안전기준에서 정의하는 소화기

2) 간이소화장치

공사현장에서 화재위험작업 시 신속한 화재진압이 가능하도록 물을 방수하는 이동식 또는 고정식 형태의 소화장치

3) 비상경보장치

화재위험작업 공간 등에서 수동조작에 의해서 화재경보 상황을 알려줄 수 있는 설비
(비상벨, 사이렌, 휴대용 확성기 등)

4) 간이피난유도선

화재위험작업 시 작업자의 피난을 유도할 수 있는 케이블 형태의 장치

3. 소화기의 성능 및 설치기준

1) 소화기의 소화약제

소화기구의 화재안전기준 별표 1에 따른 적응성이 있는 것을 설치할 것

2) 설치기준

(1) 각 층마다 능력단위 3단위 이상인 소화기를 2개 이상 설치할 것
(2) 인화성 물품을 취급하는 작업 등의 종료 시까지 작업 지점으로부터 5 [m] 이내 쉽게 보이는
장소에 능력단위 3단위 이상의 소화기 2개 이상, 대형소화기 1개를 추가 배치할 것

4. 간이소화장치의 성능 및 설치기준

1) 성능

(1) 수원 : 20분 이상의 소화수를 공급할 수 있는 양
(2) 방수압력 : 0.1 [MPa] 이상
(3) 방수량 : 65 [Lpm] 이상

2) 설치기준

(1) 인화성 물품을 취급하는 작업 등의 종료 시까지 작업 지점으로부터 25 [m] 이내에 설치 또
는 배치하여 상시 사용이 가능해야 하며, 동결방지조치를 할 것
(2) 넘어질 우려가 없고 손쉽게 사용할 수 있어야 하며, 식별이 용이하도록 "간이소화장치" 표
시를 할 것
(3) 설치 제외 : 대형소화기를 작업지점으로부터 25 [m] 이내 쉽게 보이는 장소에 6개 이상을
배치한 경우

5. 비상경보장치의 성능 및 설치기준

1) 성능

화재사실 통보 및 대피를 해당 작업장의 모든 사람이 알 수 있을 정도의 음량을 확보할 것

2) 설치기준

인화성 물품을 취급하는 작업 등의 종료 시까지 작업 지점으로부터 5 [m] 이내에 설치 또는 배
치하여 상시 사용이 가능해야 한다.

6. 간이피난유도선의 성능 및 설치기준

1) 성능

작업장의 어느 위치에서도 출입구로의 피난방향을 알 수 있는 표시를 할 것

2) 설치기준

(1) 광원점등방식으로 공사장의 출입구까지 설치하고 공사의 작업 중에는 상시 점등될 것

(2) 설치위치는 바닥으로부터 높이 1 [m] 이하로 할 것

문제

고층건축물(30층 이상) 공사현장에서 공정별 화재위험요인을 설명하시오.(공정 : 기초 및 지하골조공사, Core Wall공사, 철골 · Deck · 슬라브공사, 커튼월공사, 소방설비공사, 마감 및 실내장식공사, 시운전 및 준공시)

구분	화재위험요인
기초공 및 지하골조공	• 용접/절단 작업시 불티 발생 • 목재 거푸집 및 가설재 관리 미흡 • 부유분진 발생 • 현장 내 전선관리 미흡 • 복공설치 시 조도확보 미흡(피난에 어려움) • 집수정, 기계실 등 폐쇄공간 발생 • 지장물(가스, 전력 등) 관리 미흡
Core Wall	• 철근설치 및 기타 작업 간 용접/절단 불티 발생 • 작업공간 협소/작업자 부주의 • 전기배선 관리 미흡 • 작업자 출입/피난로 확보 어려움 • 습식 환경에서의 전기 사용

구분	화재위험요인
지상 골조공	• 철골작업중 용접/절단 불티 발생 • 동시작업으로 작업구간 확대 • 부유분진 발생 • 자재 적치 불량 • 위험물(LPG, 산소, 유류 등) 관리 미흡 • 화재발생 시 계단, 엘리베이터 실로 연기확대 우려
커튼월	• 커튼월 설치로 인한 내부 밀폐 • 고정철물 설치 중 용접/절단 불티 • 층간 방화구획 불량, 내화구조 확보 어려움 • 가연성 포장재 사용 • 화재발생 시 계단, 엘리베이터 실로 연기확대 우려
설비공사 (소방포함)	• 용접/그라인더/절단작업 불티 발생 • 임시 발전기 사용/전선관리 미흡 • 엘리베이터 설치 전 샤프트 관리 미흡 • 다공종 동시 작업 진행 • 소방시설 조기설치 불가 • 수신기/소화펌프/제연팬 완공시점 설치
마감 및 인테리어 공사	• 우레탄폼 등 단열재 설치 공정중 폭발, 화재 위험 증가 • 대량 가연성 자재(도배지, 가구, 접착제 등)의 반입 및 사용 • 지상 다공종 작업 진행 및 조경공 진행으로 인한 지하공간 자재 적치 • 대량의 분진 발생 • 소방시설 및 방재시스템 미비
시운전 및 준공	• 소방시설 및 방재시스템 가동 중 조작 미숙/오작동 발생 • 형식적인 준공검사/완성검사 관행 • 시설 및 시스템 인수인계 지체 • 하자보수 및 일부 미설치 마감 작업 중 부주의에 의한 실화 위험

최근 정부에서는 지난 4월 발생한 이천 물류센터 공사현장 화재사고 이후 동일한 사고가 다시는 재발하지 않도록 건설현장의 화재사고 발생위험 요인들을 분석하여 건설현장 화재안전대책을 마련하였다. 다음 각 사항에 대하여 설명하시오.

가. 건설현장 화재안전 대책의 중점 추진방향

나. 건설현장 화재안전 대책의 세부 내용을 건축자재 화재안전기준 강화 측면과 화재위험작업 안전조치 이행 측면 중심으로 각각 설명

1. 건설현장 화재안전 대책의 중점 추진방향

1) 기업의 비용절감보다 근로자의 안전을 우선 고려

지금까지 비용증가에 대한 우려로 가연성 건축자재 사용 제한 등에 대한 조치가 미흡하였음

2) 건설공사의 단계별 위험요인을 파악하여 지속 관리

(1) 계획단계에서의 적정공기 보장

(2) 화재 시 인명피해 최소화 대응체계 구축

3) 안전 관련 규정이 현장에서 실제로 작동되도록 개선

(1) 화재 등 사망사고 위험요인 중심을 제도 개편

(2) 위험현장에 대한 관리감독 강화를 통한 기업의 안전경각심 제고

2. 건설현장 화재안전 대책의 세부내용

1) 건축자재 화재안전기준 강화 측면

(1) 마감재료 기준 강화

① 내부마감재료 제한 : 모든 공장, 창고로 확대

② 샌드위치 패널 : 준불연 이상의 성능 확보

③ 심재 : 가연성이 아닌 무기질 전환을 단계적 추진

(2) 내단열재 난연성능 확보

① 난연성능 미만 단열재 사용이 불가피한 경우에는 건축심의 및 단열재 공사 중 전담감리 배치

② 인접건축물과의 이격거리에 따라 방화유리창 설치

③ 창호에 대한 화재안전 성능기준 도입

(3) 품질인정제도 도입

① 건축자재의 화재안전 성능과 생산업체의 관리능력 등을 종합적으로 평가

② 화재에 안전한 건축자재가 사용되도록 모니터링 확대 및 불시점검 추진

2) 화재위험작업 안전조치 이행 측면

(1) 가연성 물질 취급 및 화기취급작업의 동시 작업 금지

　→ 위반 시 감리에게 공사중지 권한 부여

(2) 인화성 물질 취급작업

① 가스경보기, 강제 환기장치 등 안전설비 설치를 의무화

② 필요한 비용 지원

(3) 위험작업에 대한 현장 감시기능 강화

① 안전 전담감리 도입

- 공공공사 : 모든 규모 공사에 배치
- 민간공사 : 상주감리대상 공사에 배치

② 원청에 사전 위험작업의 정보(일시, 내용, 기간 등)를 파악하여 하청업체들의 작업조정 의무 부과

③ 시공 중 건축물에도 화재안전관리자 선임을 의무화하여 선임대상을 단계적으로 확대

문제

단열재 설치 공사 중 경질 폴리 우레탄폼 발포 시(작업 전, 중, 후) 화재예방 대책에 대하여 설명하시오.

1. 개요

1) 최근 이천 물류창고 공사장에서 산소용접 작업 중에 발생한 비산불티가 우레탄폼에 튀어 화재가 발생하여 38명이 사망하였다.

2) 이는 KOSHA Guide에 따른 화재예방수칙을 무시한 결과로 인해 발생한 화재로서 우레탄폼을 사용하는 현장에서는 이러한 안전기준을 준수해야 한다.

2. 발포 시 화재예방 대책

1) 작업 전

(1) 발포전 용접 등 화기작업 중지 및 타 공종의 작업자와 안전회의 실시

(2) 필요시 발포현장과 동일한 장소에서의 배관, 전기 공사 등의 병행 금지

(3) 발포현장 주변

　① "화기취급 주의 또는 경고" 등의 안내표시

　② 소화기구 비치

　③ 발포현장이 지하공간 또는 냉동창고 등과 같은 실내인 경우 정전대비 유도등 및 비상조명기구를 설치

(4) 사전 안전교육 실시

　① 발포작업 시의 화재 위험성

　② 작업 전 비상구 확인 및 비상시 대피 요령

　③ 여러 업체가 동시에 작업 시 타 작업자와 의사소통

(5) 밀폐공간에서 발포작업 시 발생하는 유해가스 제거를 위한 강제 급·배기장치 설치

(6) 사이클로펜탄 등 고인화성 발포제를 사용하는 경우 방폭형 전기기계·기구를 사용할 것

(7) 우레탄폼을 화학공정 장치·설비 등의 외부단열용으로 사용할 경우 다음 보호대책 수립

　① 햇빛의 자외선과 악천후로부터 보호대책

　② 물리적 충격으로부터 보호대책

　③ 점화원으로부터 보호대책

2) 작업 중

(1) 시공자는 6단계 화재예방 안전수칙을 준수할 것

① 안전회의	② 경고표지
③ 화기작업 시 가연물 이동	④ 가연물에 대한 방화덮개 등 보호
⑤ 화재감시원 배치	⑥ 발포면의 불연재 보호

(2) 시공자는 시방서, 설계도서 및 건축 코드 등에 따라 엄격하게 시공할 것

(3) 안전보건정보의 준수 및 고온·저온일 때는 시공을 피할 것

(4) 지하공간 또는 냉동창고 등 발포작업이 수행되는 장소

　① 인화성 증기 또는 가연성 가스농도 측정 및 경보장치를 설치하고 작업 전, 이상 발견, 가스 정체 위험 시, 장시간 작업 지속 시에 가스농도를 측정할 것

　② 폭발하한계의 25 [%] 이상일 경우에는

　　• 근로자 대피

　　• 점화원 가능성 있는 기계·기구 등의 사용 중지

　　• 통풍·환기를 수행할 것

(5) 발포 시 ①흡연 또는 용접 등의 화기작업 금지, ②지속적으로 화재 감시원이 감시할 것

3) 작업 후

(1) 시공자는 발포작업 후에도 화재예방 안전수칙을 준수할 것

(2) 우레탄폼 표면의 상부 또는 표면 등과 11 [m] 이내에서 화기작업을 수행해야 할 경우에는 방화덮개 또는 방염포로 표면을 차단하고, 화재 감시원을 배치할 것

(3) 우레탄폼 적재 또는 시공된 장소에서 화기작업을 할 경우 화기작업허가서 발행 등 사전 안전조치를 수행한 후 실시할 것

(4) 발포된 우레탄폼은 용접 또는 용단 중인 고열물체 등과 접촉되지 않도록 주의하고, 우레탄폼으로 내부 마감할 경우 그 표면 위에 12.5 [mm] 이상의 석고보드 등의 불연재로 덮어 점화원에서 격리시킬 것

(5) 액상원료를 혼합 발포한 후 혼합헤더 내의 경화방지를 위해 인화성 물질로 청소할 경우에는 고인화성 유증기가 발생할 수 있으므로 주변 점화원을 제거할 것

> **문제**
>
> **최근 건설현장에서 용접 · 용단작업 시 화재 및 폭발사고가 증가하고 있다. 아래 내용을 설명하시오.**
> 1) 용접 · 용단작업 시 발생되는 비산불티의 특징
> 2) 발화원인물질별 주요 사고발생 형태
> 3) 용접 · 용단작업 시 화재 및 폭발 재해예방 안전대책

1. 용접 · 용단작업 시 발생되는 비산불티의 특징

1) 용접 · 용단작업 시 수천 개의 불티가 발생하고 비산된다.
2) 풍향, 풍속에 따라 비산거리가 달라진다.
3) 용접 비산불티는 1,600 [℃] 이상의 고온물질이다.
4) 점화원이 될 수 있는 비산불티의 크기는 0.3~3 [mm] 정도 된다.
5) 가스 용단에서는 산소압력, 절단속도 및 절단 방향에 따라 비산불티의 양과 크기가 달라질 수 있다.
6) 비산된 후 상당시간이 경과한 뒤에도 열축적에 의해 화재가 발생할 수 있다.

2. 발화 원인물질별 주요 사고 발생 형태

1) 인화성 가스, 인화성 물질

인화성 유증기 및 인화성 액체 등이 체류할 수 있는 용기, 배관 또는 밀폐공간 인근에서 용접 · 용단작업 중 불티가 유증기에 착화

2) 발포 우레탄

　(1) 스프레이 뿜칠 발포우레탄 인근에서 용접·용단 중 불꽃이 튀어 우레탄에 축열되어 발화

　(2) 샌드위치 패널 또는 우레탄 단열판 내부로 용접·용단 불꽃이 튀어 축열되어 발화

3) 기타 가연물

　(1) 용접·용단 불꽃이 비산하여 가연물(자재, 유류 묻은 작업복 등)에 착화

　(2) 밀폐공간 환기를 위해 산소를 사용하여 발화

3. 용접·용단작업 시 화재 및 폭발 재해 예방 안전대책

1) 위험성 평가 및 근로자 안전교육

　(1) 원청, 하청업체 간 작업지시체계를 확립하고 화기작업 지역의 모든 공사참여 업체별 관리 감독자가 함께 위험성 평가를 실시하고 그 결과를 공유해야 한다.

　(2) 용접·용단작업 시 인화성 물질 착화화재의 특징, 대처 방법 등에 대한 근로자 안전보건교 육을 실시해야 한다.

2) 철저한 관리감독 및 점검활동

　(1) 인화성 물질 또는 가스가 잔류하는 배관, 용기 등에 직접 또는 인근에서 용접·용단작업 시 위험물질 사전제거 조치

　(2) 용기 및 배관에 인화성 가스나 액체의 체류 또는 누출 여부에 대한 상시 점검 및 위험요인 제거

　(3) 전기케이블은 절연 조치하고, 피복 손상부는 교체하며, 단자부 이완 등에 의해 발열되지 않 도록 조임

　(4) 작업에 사용되는 모든 전기기계·기구는 누전차단기를 통해 전원 인출

　(5) 가스용기의 압력조정기와 호스 등의 접속부에서 가스 누출 여부를 항상 점검

　(6) 착화 위험이 있는 인화성 물질 및 인화성 가스가 체류할 수 있는 배관, 용기, 우레탄폼 단열 재 등의 인근에서 용접·용단작업 시에는 화재감시인 배치

3) 안전작업 방법 준수

　(1) 인화성 물질은 용접·용단 등 화기작업으로부터 10 [m] 이상 떨어진 안전한 곳으로 이동 조치하거나, 방화덮개나 방화포로 도포

　(2) 용접·용단작업 실시 장소에는 "경고, 주의" 표지판을 설치하고, 인근에 적응성 있는 소화 기 비치

　(3) 지하층 및 밀폐공간은 강제 환기시설을 설치하여 급·배기 실시

　(4) 화재로 인한 정전에 대비하여 비상경보설비와 외부와의 연락장치, 유도등, 비상조명설비 등을 설치하여 비상 대피로 확보

(5) 용접 · 용단작업을 우레탄폼 시공보다 선행하는 등 작업 공정계획 수립 시 화재 예방을 면밀하게 고려

대형 물류창고 화재의 특성과 방재대책에 대하여 설명하시오.

1. 개요

1) 최근 국내에서 발생한 대형 물류창고 화재는 자체 소방시설에 의한 화재제어가 이루어지지 않고 매우 큰 화재로 성장하여 큰 피해가 발생하고 있다.

2) 이에 따라 인명안전 및 재산보호를 위해 현실적인 방화대책 수립이 매우 절실하다.

3) 물류창고는 수용 물품의 종류와 양에 따라 화재양상이 달라지며, 창고의 형태(천장높이, 저장높이, 랙 배치 형태 및 통로 폭 등)에 따라 화재위험성이 결정된다.

4) 대형 물류창고 화재는 고강도 화재이므로, 스프링클러 설비 및 감지기 설치기준의 근본적인 개선이 필요하다.

2. 물류창고의 화재 특성

1) 수용물품(Commodity) 종류에 따른 위험도

(1) 물류창고의 수용물품은 화재시의 연소율, HRR, 발화시간, 기화온도 등을 기준으로 상대적인 위험도를 분류하여 소화대책을 수립해야 한다.

(2) NFPA 13의 수용물품 등급

① 저장물품, 포장재 및 팰릿의 재질에 따라 분류

② Class I ~ IV 및 Group A 플라스틱(포장/노출, 팽창/비팽창)의 8가지 등급으로 분류

③ 목재, 종이보다 플라스틱 재질의 위험도가 더 높음

2) 수용물품의 저장 방식

동일한 수용물품이더라도 창고에서의 적재 방식에 따라 연소 특성이 크게 달라진다.

(1) 적재방식

① Solid – Piled(고체 가연물 쌓아둔 형태), Palletized(팰릿 위에 적재), Rack Storage(래크식 창고), Bin Box(드럼형 상자 내에 보관), Shelf Storage(선반 위 보관)

② 래크식 창고는 물질 표면적이 넓고 공기가 충분히 공급되도록 물품이 적재되어 일반 창고보다 연소가 빠르고 격렬하다.

(2) 천장 높이와 저장 높이

천장 높이와 저장 물품 높이의 차이가 적을수록 화재가 빠르게 성장하게 된다.

(3) 랙 저장형태 및 통로 폭

① Multiple – 또는 Double – Row Rack의 저장형태가 Single – Row Rack보다 Flue Gas 상승을 촉진한다.

② 랙 사이의 통로 폭이 1.2 [m] 미만일 경우, 상부로의 화염확산이 매우 촉진된다.

3) 화재하중

(1) 랙(Rack), 팰릿(Pallet) 등을 이용한 대량 집중 저장으로 화재하중이 크다.

(2) 최근 많은 창고들이 대공간, 고 천장화되어 초기 화재에 실패할 경우 장시간 심부화재로 발전하게 된다.

4) 화재의 확산 및 소화

(1) 화재 확산

① 물류창고는 상주 인원이 적어 화재를 직접 발견할 확률이 낮아 초기소화가 곤란하다.

② 고천장화 및 고밀도 물품 적재로 시야 확보가 어려워 화재가 어느 정도 진행된 후에 발견되는 경우가 많다.

③ 물품 포장 등의 작업, 이송 컨베이어 등으로 방화구획을 설정하기 어렵고, 방화문을 개방 상태로 유지하여 방화구획의 효율성이 낮다.

(2) 소화의 어려움

① 스프링클러 설비가 작동해도 랙 또는 더미 상태의 조밀한 형태로 저장된 물품의 좁은 수직 공간으로 인해 물입자가 침투하기 어렵다.

② 고강도 화재로 인해 소화수 입자가 증발하거나, 열기류를 따라 비산하므로 소화가 어렵다.

5) 재실자 피난

(1) 상주인원이 적다는 인식으로 인해 건축물 설계단계에서부터 물품 저장을 우선시하고, 피난계획을 소홀하게 다루는 경향이 있다.(계단실까지 매우 길고 복잡)

(2) 무창층 구조가 많고, 사람이 통행하기 위한 통로가 적은 경우가 많아 원활한 피난이 어렵다.

3. 물류창고의 방재대책

1) 물품 저장 및 관리

(1) 점화원과 저장물품을 이격하고, 위험물은 별도로 분리하여 저장한다.

(2) 위험물을 저장할 경우 MSDS 및 위험물질 명세서를 비치하고 관리해야 한다.

(3) 팰릿은 목재 또는 불연성 제품을 사용하고, 플라스틱 사용은 지양한다.

2) 점화원 관리

(1) 용접, 절단 등 불꽃 발생 작업은 철저하게 관리

(2) 공조설비, 전기설비 등 열원은 가연성 저장물품과 접촉하지 않도록 안전거리 확보
(조명등과 물품은 최소 0.3 [m] 이상 이격)

(3) 전등에는 파손방지 보호망을 설치

(4) 지게차 등 이송장비를 정기적으로 점검

(5) 방화에 대비하여 CCTV, 출입통제 시스템 유지

3) 화재감지 및 경보

(1) 창고화재는 통계적으로 저녁 ~ 아침 사이에 많이 발생하므로, 자탐설비의 조기 감지가 중요하다.

(2) 천장고가 20 [m] 미만인 경우 스포트형 연기감지기, 20 [m] 이상인 경우 불꽃감지기, 광전식 분리형 감지기, 공기흡입형 감지기가 적용된다.

4) 소화설비

(1) 자동식 소화설비

① 화재제어

• 래크식 창고 : 천장 및 인랙 스프링클러 헤드 적용(CMSA 또는 일반 CMDA 헤드)

• 래크식 외의 창고 : CMSA 또는 일반형 스프링클러를 천장에 적용

② 화재진압

• 천장에 ESFR 스프링클러 적용

• 래크식 또는 일반 창고에 적용 가능

• 창고가 설치장소 기준을 만족할 경우에만 적용

(2) 수동식 소화설비

잔화 제거를 위해 옥내소화전 설치가 필수적임

5) 피난시설

충분한 피난로와 피난구 확보

4. 결론

1) 대형 물류창고 화재는 초기에 제어하지 못할 경우 급속 확산되어 스프링클러 설비와 소방대의 진압이 불가능하게 성장한다.

2) 따라서, 선진국의 창고화재 실험 결과 등을 참고하여 국내의 물류창고 건축 및 화재 특성을 감안한 소방시설 규정을 시급히 도입해야 한다.

높게 물품을 적재한 창고에 대한 스프링클러 적용

1. High-piled Storage의 화재 특성

  1) High-piled storage

  적재 높이가 12 [ft](3.7 [m])를 초과(Group A 플라스틱의 경우 1.5 [m] 초과)하는 Solid-piled, Palletized, Rack Storage, Bin box, Shelf Storage

  2) 이러한 물품을 높게 쌓아 보관하는 창고에서는 매우 제어하기 어려운 화재 위험(High Challenge Fire Hazard)이 존재하게 된다.

  3) 이러한 High Challenge Fire Hazard에 대한 스프링클러 설계는 위험용도가 아닌 수용물품(Commodity)을 기준으로 수행하게 된다.

2. High Challenge Fire Hazard에 대한 스프링클러 적용방법

  1) 설계에서 고려해야 할 요소

  (1) 수용물품에 따른 등급 : Class Ⅰ, Ⅱ, Ⅲ, Ⅳ 및 Group A 플라스틱(포장/노출, 팽창/비팽창)

  (2) Rack의 배열형태 : Single-, Double-, Multiple-Row Rack

  (3) 통로의 폭 : 1.2 [m] 이상 또는 2.4 [m] 이상

  (4) Pallet의 재질 : 나무 또는 플라스틱

  2) 스프링클러 적용방식

  (1) 천장 및 인랙 스프링클러 설치 : 화재제어

  (2) 천장에 ESFR 스프링클러 설치 : 화재진압

문제

래크식 창고의 화재 특성 및 방재대책에 대하여 논하시오.

1. 개요

1) 래크식 창고는 Rack을 입체적으로 배치하여 이송크레인 등을 이용하여 물품을 자동으로 입·출고하는 창고를 말한다.

  (1) 층고가 높은 대공간

  (2) 창고 내에 운송장치가 운행된다.

(3) 많은 물량을 취급해야 하므로 팔레트화되어 고밀도로 적재되고, 운반관리에 필요한 공간이 있다.

2) 미국 FM의 화재 통계에 의하면, 창고화재의 비중은 14.2 [%]에 불과하지만, 피해액은 전체의 38 [%]에 달한다. 특히, 적재하중·화재하중이 큰 래크식 창고의 화재는 엄청난 재산피해를 초래할 수 있다.

2. 래크식 창고의 화재 특성

1) 연소되기 쉬운 보관 형태

Rack 사이나 크레인의 통로에 공기가 있으며, 수용품의 공기접촉면적이 커서 연소되기 쉽다. (상부로 화염이 확산되며, 열에 녹은 수용품이 떨어져 하부로도 확대)

2) 가연물의 집적

(1) 래크식 창고는 층고가 매우 높아 수용품이 높게 쌓여 있다.
(2) 저장공간에 비해 통로공간은 매우 좁다.

3) 방화구획이 없는 대공간

(1) Car Crane 의 운행을 위해 내부 구획이 이루어지지 않는다.
(2) 따라서 초기화재진압이 실패하면 전소 가능성이 크다.

4) 연돌효과에 의한 연소확대

수용물품이 높게 쌓여 있고, 물품이나 Rack 간 틈새로 인해 연소 확대가 빠르다.

5) 불연성 물품 보관창고에도 화재 가능

포장재, 팔레트 등 많은 가연물로 인해 대화재로 진전된다.

3. 래크식 창고의 화재위험요소

1) 취급위험물의 특성을 모르는 경우가 많아, 혼촉이나 불안전한 보관
2) 자동 이송장치에서의 불꽃, 전기적 단락, 충격 등에 의한 발화
3) 배선, 모터, 램프, 조명, 전열기 등에서의 과열, 단락

4. 래크식 창고 화재 시의 문제점

1) 인력소화가 곤란

(1) 무창구조로 정전 시 암흑화

(2) 통로가 협소

(3) 유효한 제연설비의 설치 곤란

(4) 나철골의 붕괴 위험성

2) 고부가가치 상품의 집적에 따른 재산손실

(1) 대량으로 물품을 저장하여 손실이 크다.

(2) 방화구획이 불가능하여 전소될 가능성이 높다.

3) 외부에서의 주수 불가능

방범상, 보관상 이유로 개구부가 거의 없어 옥외소화전, 소방펌프차에 의한 주수가 불가능하다.

4) 화재의 조기 발견 곤란

(1) 자동화된 창고이므로, 상주인원이 거의 없다.

(2) 고밀도 적재로 창고 감시도 어려우며, 천장이 높아 감지기 응답시간이 길다.

5) Rack 자체의 붕괴

랙은 내화피복이 안 된 나철골이 대부분이므로, 화재 시 고열로 인해 붕괴될 수 있다.

6) 화원으로의 유효한 주수 곤란

좁은 통로, 적재물품 등으로 인해 화원 접근이 어렵다.

5. 방재대책

1) 건축설계 시 고려사항

(1) 자동화 시설의 안전성 및 화재하중 검토

(2) 건축물의 내화구조 및 불연화

(3) 방화구획에 대한 검토

(4) 다층 창고의 상층으로의 연소확대 방지 : 층간 구획, 스팬드럴

(5) 컴퓨터 시뮬레이션에 의한 안전성 검토

2) 예방대책

(1) 취급 물품의 위험성 검토 및 그에 따른 적절한 보관

(2) 이송 크레인 설비 및 기타 점화원이 될 우려가 있는 장치의 유지 보수 철저

(3) 빈 팰릿 등을 따로 보관하여 화재하중 경감

3) 소화대책

(1) 스프링클러 설비

① 천장과 랙에 각각 천장 스프링클러와 인랙 스프링클러를 적용한다.

② 특정한 설치장소 기준을 만족하는 경우에는 ESFR 스프링클러를 적용할 수도 있다.

(2) 경보설비

① 층고가 높으므로, 불꽃 감지기의 설치가 유효함

② 대공간의 경우, 불꽃 감지기 외에 광전식 분리형 감지기를 함께 설치할 수 있다.

(3) 옥내소화전

스프링클러에 의한 진화 이후, 잔화 처리를 위해 설치

6. 결론

래크식 창고는 자재관리상의 우수한 장점으로 인해 기업의 창고로 설치가 크게 확대되고 있다. 그러나 화재 시 기업의 막대한 재산 손실을 초래하게 될 것이므로, 철저한 화재안전대책을 설계단계에서부터 강구해야 한다.

문제

냉동물류창고의 화재위험성과 적응성을 갖는 소화설비 및 감지기에 대하여 설명하시오.

1. 개요

1) 냉동창고는 수산물이나 육류 제품 등의 식품류를 부패되지 않고 신선하게 보관하기 위한 창고로서, 냉동창고는 −18 [℃], 냉장창고는 10 [℃] 이하의 저온을 유지하는 창고를 의미한다.

2) 이러한 냉동창고는 일반 창고와 달리 냉동상태 유지를 위해 우레탄 폼이나 코르크 층의 가연성 단열재를 사용하여 화재시 대응이 매우 어렵다.

2. 냉동물류창고의 화재위험성

1) 밀폐 구조

(1) 냉동창고는 특성상 연면적의 85 [%] 이상의 면적이 밀폐된 냉장고로서, 출입구를 제외하고 창문이 없는 특징을 가진다.

(2) 밀폐 구조로 인해 화재 시 급속한 화염확산과 가연성 가스 폭발현상이 동반되는 경우가 많다.

2) 샌드위치 패널

(1) 가연성 폴리우레탄 폼 샌드위치 패널로 이루어져 화재시 열축적으로 인해 화재가 급속하게 성장한다.

(2) 또한, 화재실 인근 지역으로의 열전달이 용이하여 인접 공간으로의 연소확대가 촉진된다.

3) 샤프트

저온 유지를 위한 각종 설비의 샤프트를 통해 화염, 유독가스가 다른 지역으로 급속히 확대된다.

4) 방화 및 피난 특성

(1) 물품 운반 등 이동식 설비가 설치되는 창고에는 방화구획이 완화되어 적용되지 않아 화재 시 연소확대 위험이 높다.

(2) 창문이 없고 출입구까지의 거리가 길고, 복잡한 실내구조 및 저장물품으로 인해 재실자 피난에 장애가 많다.

5) 소화설비 부재

(1) 냉동창고는 화재안전기준에 따라 스프링클러 설비, 옥내소화전 및 감지기가 면제될 수 있다.

(2) 이로 인해 화재 시 화재확산의 위험을 높이게 된다.

3. 소화설비 및 감지기

1) 냉동물류창고의 스프링클러 소화설비

(1) 적용상 문제점

① 동파 우려가 높다.

② 건식 또는 준비작동식 설비의 경우에도 2차측 배관에 상온 공기를 주입하면 냉동창고의 저온으로 인해 공기 중의 수증기가 응축되어 동파 발생된다.

(2) 시스템 적용 방식

① 냉동창고 내부의 저온공기를 공기압축기로 인입하여 2차측 배관에 주입함으로써 응축위험을 해소할 수 있다.

② 건식 스프링클러설비는 헤드의 우발적인 파손 시 소화수가 유입되어 동파될 위험이 있으므로, 더블인터록 준비작동식 스프링클러 설비를 적용해야 한다.(건식 스프링클러에 비해 작동지연은 없음)

③ 감지기는 어떠한 화재에도 스프링클러 헤드보다 먼저 작동할 수 있도록 차동식 열감지기 외의 감지기로 설치해야 한다.

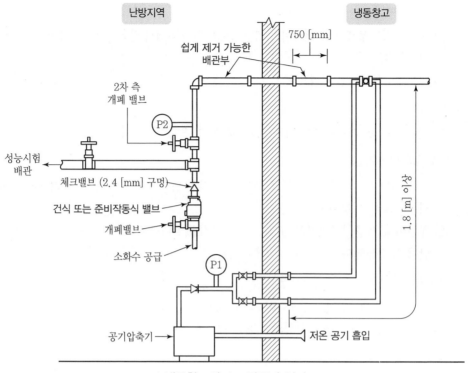

난방지역　　　　　　　　　　　　　　냉동창고

쉽게 제거 가능한 배관부

750 [mm]

2차 측 개폐 밸브

P2

성능시험 배관

체크밸브 (2.4 [mm] 구멍)

건식 또는 준비작동식 밸브

개폐밸브

소화수 공급

P1

1.8 [m] 이상

공기압축기

저온 공기 흡입

‖ 냉동창고의 스프링클러 설비 ‖

2) 감지기

(1) 냉동창고 내부의 감지기는 스포트형 보다는 저온으로 인한 기능 저하가 없는 감지기를 적용한다.

(2) 적용 가능한 감지기

　　① 불꽃 감지기

　　② 정온식 감지선형 감지기

　　③ 공기 흡입형 감지기

　　④ 광케이블 선형 감지기

전기저장장치(ESS)의 화재특성 및 방재대책

1 개요

1. 전기저장장치는 생상된 전기에너지를 리튬이온 배터리 등에 저장한 후 필요할 때 사용할 수 있도록 하는 시스템으로 최근 많이 설치되고 있다.

2. 전기저장장치의 구성

   배터리는 셀(Cell) – 모듈(Module) – 랙(Rack) – 실(Container)의 규모로 표현할 수 있다.

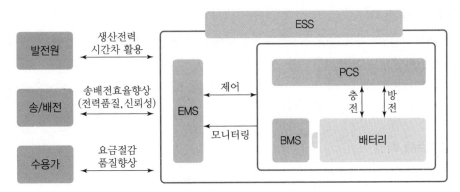

3. 그러나 최근 이러한 전기저장장치(ESS)에서 화재가 빈번하게 발생하고 있는데(2017년 8월 ~ 2019년 10월까지 국내에서 28건 발생), 배터리에서 발생한 Off-Gas에 착화되고 열폭주에 의해 고온 화염이 방출되면서, 폭발적으로 연소하여 파편이 비산하고 전소하게 된다.

4. 이에 따라 NFPA 855 기준이 2020년 제정되었으며, 국내에서도 전기저장장치의 화재안전기준이 제정되었다.

2 전기저장장치(ESS)의 화재특성

리튬이온 배터리의 화재 특성은 열폭주와 재발화이다.

1. 열폭주(Thermal Runaway)

   1) 열폭주의 정의

   배터리 셀(Cell)의 급격한 온도 상승

   2) 열폭주의 발생 메커니즘

   (1) 배터리의 양극재와 음극재 사이의 분리막이 손상되며 시작된다.

   (2) 양극과 음극이 단락되면서 내부에 충전된 에너지가 방출되며 유기용매인 전해액이 열분해되며 인화성 가스(Off-Gas)가 발생한다.

(3) 열폭주 등으로 인해 온도가 상승하면 이 가스가 팽창하며 배터리 외부로 유출되면서 발화한다.

(4) 화재 발생 후 주변의 셀들이 가열되며 화재가 걷잡을 수 없는 상태로 성장한다.

3) 주요 원인

(1) 물리적 충격으로 인한 분리막의 손상

(2) 과충전 및 과방전

(3) 배터리 자체의 결함

(4) 외부 화재

2. 재발화(Reignition)

1) 재발화는 배터리 화재 발생 후 소화활동에 의해 화재가 진압된 뒤에도 일정시간 경과 후 다시 불꽃을 내면서 연소하게 되는 현상이다.

2) 재발화가 발생하는 이유는 최초 화재로 인해 인접한 배터리 셀이 열적 손상되었으므로, 다시 열폭주가 발생할 수 있기 때문이다.

3. 급격한 화재 확산

4. 장시간 화재

1) 리튬이온 배터리 화재에 적응성이 있는 소화약제는 현재 개발되지 않은 상태이며, 스프링클러 등의 주수는 온도상승을 막아 화재의 규모가 확산되는 것을 방지하는 역할을 한다.

2) 대부분의 ESS 화재가 1시간 이상 지속되었으며, 30 [%] 이상의 경우에는 6시간 이상 화재가 지속되었다.

3 주요 방재대책

1. 산업통산자원부의 대책

2019년 산업통산자원부에서는 ESS 화재 사고원인 및 안전대책을 발표했는데, 주요 내용은 다음과 같다.

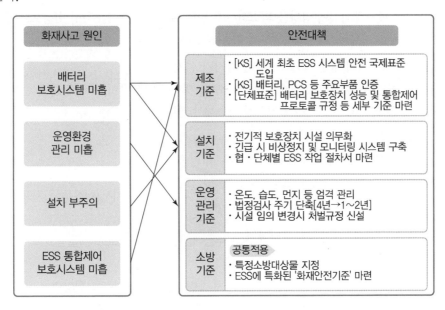

2. 전기저장시설의 화재안전기준(소방청)

1) 제정 이유

최근 에너지저장장치(ESS)를 활용한 전기저장시설의 화재가 빈발하고 있는바, 관련 화재사고 예방 및 피해 확산 방지를 위해 전기저장시설의 화재특성과 설치환경을 종합적으로 고려, 관련 소방시설과 안전기준을 규정한 전기저장시설 전용의 화재안전기준을 제정하려는 것이다.

2) 소화기

소화기구 화재안전기준에 따라 구획된 실마다 설치할 것

3) 스프링클러설비

(1) 설비 방식 : 습식 또는 준비작동식(더블인터록 제외)

→ 열폭주 현상에 의한 급격한 연소확대를 감안하여 즉각적 방수가 가능한 습식을 원칙으로 해야 한다.

방재
대책

(2) 설계 기준

설계면적 : 230 [m²] 살수밀도 : 12.2 [lpm/m²] 방수시간 : 30분 이상	→	높은 살수밀도에 적합한 K-factor가 큰 스프링클러 도입 및 적용 필요함

(3) 인접 헤드로의 방수영향을 최소화하기 위해 헤드 간격은 1.8 [m] 이상으로 할 것

→ 강한 기류와 높은 살수밀도에 따른 Skipping 방지

(4) 준비작동식의 경우 제7조에 따른 감지기 설치

→ 동파 우려가 있는 장소에는 건식보다 방수지연시간이 비교적 짧은 준비작동식을 적용하되, 감지기는 조기감지 가능해야 한다.

(5) 비상전원 : 30분 이상

→ 원거리 지역에 설치된 ESS의 경우 더 많은 용량 검토

(6) 준비작동식의 수동기동장치 : 전기저장장치 출입구 부근

→ 무인시설이므로 외부에 설치하는 것이 바람직

(7) 송수구 설치 : 소방차로부터 송수

(8) 설치 제외

중앙소방기술심의위원회의 심의를 거쳐 소방청장이 인정하는 시험방법에 따라 공인 시험기관에서 화재안전 성능을 인정받은 경우에는 성능인정 받은 범위 안에서 스프링클러설비 및 자동소화장치를 제외할 수 있다.

4) 배터리용 소화장치

다음의 경우 스프링클러 설비를 대신하여 배터리용 소화장치를 설치할 수 있다.

(1) 중앙소방기술심의위원회의 심의를 거쳐 소방청장이 인정하는 시험방법으로 공인 시험기관에서 전기저장장치에 대한 소화성능을 인정받은 배터리용 소화장치

(2) 설치 가능한 경우

① 옥외형 전기저장장치 설비가 컨테이너 내부에 설치된 경우

② 옥외형 전기저장장치 설비가 건축물, 주차장, 공용도로, 적재된 가연물, 위험물 등으로부터 30 [m] 이상 떨어진 지역에 설치된 경우

5) 자동화재탐지설비

(1) 적용 가능한 감지기(신호처리방식 : 유선식, 무선식 또는 유·무선식)

① 광전식 공기흡입형감지기

② 아날로그 방식의 광전식감지기

③ 중앙소방기술심의위원회의 심의를 통해 전기저장장치에 적응성이 있다고 인정된 감지기

(2) 설치 제외

옥외형 전기저장장치에는 자동화재탐지설비를 설치하지 않을 수 있다.

(3) 문제점

ESS 화재특성에 따르면 Off-Gas 발생 단계에서 스프링클러를 작동하여 냉각시키고 Off-Gas를 배출해야 하므로, Off-Gas 감지기 설치가 필요하다. 상기 화재감지기 작동 시점에는 이미 폭발이 발생한 상태가 된다.

6) 자동화재속보설비

(1) 자동화재속보설비의 화재안전기준에 따라 설치할 것

(2) 옥외형 전기저장장치 설비에는 속보기에 감지기를 직접 연결하는 방식으로 설치할 수 있다.

7) 배출설비

(1) 설치기준

① 배풍기, 배출덕트, 후드 등을 이용하여 강제적으로 배출할 것

② 배출용량 : 바닥면적 1 $[m^2]$당 18 $[m^3/hr]$ 이상

③ 화재감지기의 감지에 따라 작동할 것

④ 옥외와 면하는 벽체에 설치할 것

(2) 문제점

① ESS의 배출설비는 Off-Gas에 의한 폭발을 방지하기 위한 방식인 데 비해, 위 화재안 전기준 제정안은 화재에 의한 연소가스 배출 목적으로 되어 있다.

② 배출설비 기준은 KFS-410의 환기설비 등의 기준 등과 같이 개선되어야 한다.

8) 전기저장장치의 설치장소 및 방화구획

(1) 전기저장장치는 관할 소방대의 원활한 소방활동을 위해 지면으로부터 지상 22 [m], 지하 9 [m] 이내에 설치하여야 한다.

(2) 전기저장장치 설치장소의 벽체, 바닥 및 천장은 건축법령 기준에 따라 다른 장소와 방화구 획하여야 한다. 다만, 배터리실 외의 장소와 옥외형 전기저장장치 설비는 방화구획하지 않 을 수 있다.

3. 전기저장시설의 소방시설 특례 적용을 위한 표준시험 방법

1) 개요

전기저장시설의 화재안전기준에 따라 스프링클러설비와 자동소화장치를 전기저장시설에 적 용하지 않기 위한 표준시험 기준으로 열폭주 화재진압성능에 대해 평가하는 것이다.

2) 시험절차

셀 단위 시험	
보고서 주요 기재사항	**주요 확인 사항**
• 셀 디자인 • 열폭주 방법	• 가스 배출 시 셀 표면 온도 • 열폭주 발생 여부 • 열폭주 발생 시 셀 표면 온도
	셀 시험 3회 수행

모듈 단위 시험	
보고서 주요 기재사항	**주요 성능 요건**
• 모듈 디자인 • 외부화염 및 파편 위험 • 모듈 내 열폭주 전이 현황	• 인접 모듈로 열폭주 전이되지 않을 것 • 인접 모듈 내부 셀의 표면 온도는 셀 단위 시험에서 측정된 가스 배출 시 셀 표면 온도보다 낮아야 함
	성능 만족 시 랙 단위 또는 설치시험 불필요

랙 단위 또는 설치 시험	
보고서 주요 기재사항	**주요 성능 요건**
• 랙 디자인 • 화재 진압시스템 사양 • 폭연 및 파편 위험 • 인접 배터리 및 벽 표면 온도 • 재발화	• 인접 배터리 랙 내부 모듈의 표면 온도는 셀 단위 시험에서 측정된 가스 배출 시 셀 표면 온도보다 낮아야 함 • 인접 벽의 온도상승은 97 [℃]보다 낮을 것 • 배터리 랙의 외형 크기를 넘는 화염이 없을 것

4. 전기저장시설에 설치되는 자동소화장치의 성능평가 기준

1) 개요

전기저장시설의 화재안전기준에 따라 스프링클러설비를 대신하여 옥외형 전기저장시설에 적용할 자동소화장치의 열폭주 진압성능 등을 평가하는 기준이다.

2) 열폭주 진압성능

시험에 따라 다음 기준에 적합할 것

(1) 화재를 진압할 것

(2) 이벤트 모듈에 인접한 모듈에서 열폭주가 발생하지 아니하여야 한다.

(3) 이벤트 모듈에 인접한 모듈 내부의 셀 표면온도는 셀 단위 열폭주 시험에서 측정한 가스 배출 시작온도를 1분 이상 초과하지 아니하여야 한다.

(4) 소화약제의 방출이 종료된 후 240분 이내에 열폭주가 다시 발생하지 아니하여야 한다.

3) 시험방법

(1) 배터리 랙의 3개 단에 이벤트 모듈(100 [%] 충전된 배터리 모듈)을 설치한다.

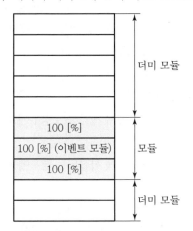

(2) 이벤트 모듈의 설치위치를 상, 중, 하로 구분하여 3회 이상 배터리를 가열하여 열폭주를 발생시키고, 열폭주 발생 시점에 수동으로 소화약제를 방출하는 시험을 실시한다. 이때 열폭주 발생시점은 셀 표면온도가 급격하게 증가하기 시작하는 순간으로 한다.

4) 문제점

(1) 실제 화재 시에는 감지기와 연동하여 자동소화장치가 작동하는데, 수동으로 조기에 작동시키는 시험이므로 감지기 또는 자동소화장치의 미작동, 작동지연 등을 확인하기 어렵다.

(2) 더미 모듈은 배터리가 들어있지 않은 모듈인데, 실제 전기저장시설에서는 발화되는 모듈 위, 아래에 모두 배터리가 설치될 것이므로 실제 상황과 상당히 다른 화재진압 양상이 될 것이다.

5. 전기설비기술기준의 판단기준

제298조(특정 기술을 이용한 전기저장장치의 추가 설치 요건)를 다음과 같이 신설하였다.

1) 대상

20 [kWh]를 초과하는 리튬 · 나트륨 · 레독스플로우 계열의 이차전지를 이용한 전기저장장치

2) 일반인이 출입하는 건물과 분리된 별도의 장소에 시설하는 경우

(1) 전기저장장치 시설장소의 바닥, 천장(지붕), 벽면 재료
불연재료(단열재는 준불연재료 또는 이와 동등 이상의 것)

(2) 높이 제한
① 지표면을 기준으로 높이 22 [m] 이내
② 해당 장소의 출구가 있는 바닥면을 기준으로 깊이 9 [m] 이내

(3) 이차전지실(전력변환장치(PCS) 등의 다른 전기설비와 분리된 격실)의 구조 기준

　① 벽면 재료 : 불연재료

　　단열재 : 준불연재료 또는 이와 동등 이상의 것

　② 이차전지는 벽면으로부터 1 [m] 이상 이격할 것

　　(단, 옥외의 전용 컨테이너에서 적정 거리를 이격한 경우에는 제외)

　③ 이차전지와 물리적으로 인접 시설해야 하는 제어장치 및 보조설비(공조설비 및 조명설비 등)는 이차전지실 내에 시설 가능함

　④ 이차전지실 내부에는 가연성 물질을 두지 않을 것

(4) 인화성 또는 유독성 가스가 축적되지 않는 근거를 제조사에서 제공하는 경우에는 이차전지실에 한하여 환기시설 생략 가능

(5) 전기저장장치가 차량에 의해 충격을 받을 우려가 있는 장소에 시설되는 경우에는 충돌방지장치 등을 시설할 것

(6) 전기저장장치 시설장소는 주변 시설(도로, 건물, 가연물질 등)로부터 1.5 [m] 이상 이격하고 다른 건물의 출입구나 피난계단 등 이와 유사한 장소로부터는 3 [m] 이상 이격할 것

3) 일반인이 출입하는 건물의 부속공간에 시설(옥상에는 설치할 수 없음)하는 경우

(1) 전기저장장치 시설장소는 내화구조로 할 것

(2) 용량 제한

　① 이차전지 랙의 용량 : 50 [kWh] 이하

　② 건물 내 시설 가능한 이차전지의 총 용량 : 600 [kWh] 이하

(3) 이차전지 랙과 랙 사이 및 랙과 벽 사이 : 각각 1 [m] 이상 이격할 것

(4) 이차전지실은 건물 내 다른 시설(수전설비, 가연물질 등)로부터 1.5 [m] 이상 이격하고 각 실의 출입구나 피난계단 등 이와 유사한 장소로부터 3 [m] 이상 이격할 것

(5) 배선설비가 이차전지실 벽면을 관통하는 경우 관통부는 내화 충전 구조로 할 것

4) 보호장치 및 제어장치

(1) 직류 전로에 직류서지보호장치(SPD) 시설

(2) 제조사가 정하는 정격 이상의 과충전, 과방전, 과전압, 과전류, 지락전류 및 온도 상승, 냉각장치 고장시의 비상정지장치

(3) 전기저장장치의 상시 운영정보 및 제2호의 긴급상황 관련 계측정보 등

(4) 제어장치를 포함한 주요 설비 사이의 통신장애를 방지하기 위한 보호대책

(5) 전기저장장치는 정격 이내의 최대 충전범위를 초과하여 충전하지 않고, 만충전 후 추가 충전이 되지 않도록 설정

문제

리튬이온배터리 에너지저장장치시스템(ESS)의 안전관리가이드에서 정한 다음의 내용을 설명하시오.
- ESS 구성
- 용량 및 이격거리 조건
- 환기설비 성능 조건
- 적용 소화설비

1. ESS 구성

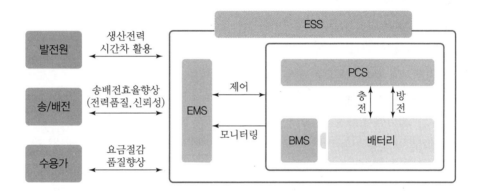

2. 용량 및 이격거리 조건

1) 각 랙의 최대 에너지 용량 : 250 [kWh] 이하

2) 각 랙과 벽체 간 이격거리 : 0.9 [m] 이상

3) 최대 정격에너지 : 600 [kWh] 이하

4) 실대규모 화재시험으로 안전성 입증된 경우 : 1) ~ 3) 기준 제외

5) ESS와 공정지역과 이격거리 : 15 [m] 이상

6) ESS를 옥외에 설치할 경우
   (1) 공동도로, 생산설비, 위험물 등과 3 [m] 이상 이격
   (2) 컨테이너 크기 : 16.2 [m] × 2.4 [m] × 2.9 [m] 초과 금지
   (3) 컨테이너 간 이격 : 6 [m] 이상 이격 또는 1시간 이상 내화벽체로 구획
   (4) 검사, 유지관리, 정비 등의 목적 외에는 출입 금지
   (5) ESS 반경 3 [m] 이내 : 초목이나 가연물 제거

    (6) 컨테이너 재질

       ① 열을 쉽게 외부로 방출할 수 있도록 철이나 금속류의 불연성 재질

       ② 방수기능

3. 환기설비 성능조건

1) 환기 성능

최악의 경우에도 구역 내 가연성 가스의 농도가 LFL의 25 [%]를 초과하지 않도록 설계할 것

2) 기계적인 환기설비 용량

공간의 바닥면적 기준 5.1 [L/s · m²] 이상

3) 환기설비 작동

(1) 환기설비는 연속적으로 작동되거나 가스감지기에 의해 작동될 것

(2) 수신기에서 감시할 수 있을 것

4) 가스감지기에 의해 작동되는 경우

(1) 환기설비 작동 농도

공간 내 가연성 가스 농도가 LFL의 25 [%]를 초과할 경우

(2) 환기설비 작동 지속

구역 내의 가연성 가스 농도가 연소하한계(LFL)의 25 [%] 밑으로 떨어질 때까지 작동할 것

(3) 예비전원

2시간 이상의 예비전원을 확보할 것

(4) 이상신호

가스설비가 고장 난 경우 중앙감시실 또는 상주자가 있는 장소로 이상신호를 발령할 것

4. 적용 소화설비

1) 수계 소화설비

(1) 스프링클러 소화설비

① 최소 방사밀도 : 12.2 [Lpm/m²] 이상

② 실대규모 화재시험에 의해 변경 가능

(2) 포 소화설비

실대규모 화재시험에 의해 소화성능이 입증된 경우에만 사용할 것

2) 가스계 소화설비

실대규모 화재시험에 의해 소화성능이 입증된 경우에만 사용할 것

에너지저장시스템(ESS : Energy Storage System)의 안전관리상 주요확인 사항과 리튬이온 ESS의 적응성 소화설비에 대하여 설명하시오.

1. 개요

1) 국내에 약 1,500여 개소에 설치되어 있는 ESS에서 2017년 10월 이후 약 21건의 화재가 발생하였다.

2) 이로 인해 2019년 ESS 가동이 수 년간 잠정 중단되었으며, 이로 인해 1일 평균 117억 원의 지속적 손실이 발생하였다.

3) 따라서 빠른 문제 해결과 화재 재발방지대책 수립이 필요하여, 화재보험협회에서는 ESS 안전관리가이드를 제정하였다.

2. ESS의 안전관리상 주요 확인사항

1) 방화구획

ESS가 설치된 공간의 바닥, 천장, 벽 등은 최소 1시간 이상의 내화성능 요구

2) 용량 및 이격거리

(1) ESS 각 랙의 최대 에너지 용량은 250 [kWh]가 넘지 않게 구성

(2) ESS는 각 랙 및 벽체로부터 0.9 [m] 이상 이격

3) 환기설비

(1) 환기설비는 공간의 바닥면적 기준 1 [m²]당 5.1 [L/s] 이상으로 할 것

(2) 가스감지설비는 2시간 이상의 예비전원 확보

4) 수계 소화설비

스프링클러를 설치하는 경우, 최소 방사밀도는 12.2 [Lpm/m²] 이상으로 할 것

5) 옥외 설치 시 추가 고려사항

공공도로, 건물, 가연물, 위험물 및 기타 이와 유사한 용도와는 3 [m] 이상 이격

6) 비상계획 수립 및 훈련

(1) ESS 대응 직원이 효과적으로 대응할 수 있도록 비상계획 수립 및 훈련

(2) 비상 운전계획은 다음 사항을 포함

① 안전정지

② 전원인출

3. 리튬이온 ESS의 적응성 소화설비

1) 리튬이온에 대한 물의 적응성

(1) 물은 원래 리튬이온에 적용할 수 없지만, 리튬이온 배터리에는 불순물이 많아 주수가 유효하다고 알려져 있다.

(2) 스프링클러는 소화의 목적이 아니라 화재확산 방지용으로 적용하는 것이며, 활성상태에서 주수하는 것은 위험하므로 소방대 화재진압 절차 수립과 위험성 숙지가 중요하다.

(3) 현재까지의 시험결과로는 주수가 수손을 감안해도 가장 유효한 것으로 판명되었다.

2) NFPA 855에 따른 스프링클러 설계 기준

(1) 살수밀도 : 12.2 [Lpm/m^2]

(2) 설계면적 : 230 [m^2]

3) ESS 안전관리가이드에서는 이러한 NFPA 855를 준용하여 살수밀도를 12.2 [Lpm/m^2]로 규정하고 있으나, 설계면적 기준이 없어 단순히 스프링클러 헤드의 간격만 좁혀서 시공할 문제점을 갖고 있다.

문제

원자력발전소의 화재방호 특성을 기술하고, 화재위험도 분석 절차를 설명하시오.

---

1. 개요

1) 원자력 발전은 우리나라 전체 전력의 50 [%] 이상을 담당하고 있는 주요 기간산업으로서, 화재의 발생 위험은 재래 화력발전소 등에 비해서 낮은 편이다.

2) 그러나 화재 발생은 과거 체르노빌 원자력발전소 참사에서 보았듯이, 그 영향 범위가 매우 크고 장기적인 영향을 미치는 심각성을 가지고 있다.

3) 따라서 이러한 원자력 발전소의 화재방호는 타 시설과 달리, 화재예방 및 방사능 완전 차단의 개념 아래에서 설계되어야 한다.

2. 원자력발전소의 화재위험요소

1) 가연물

(1) 경유

① 발전기용 지하탱크의 경유

② 옥외탱크의 보조보일러용 연료유

③ 보조 급수펌프 및 소방펌프 구동을 위한 연료유

(2) 펌프류

① 원자로 냉각수펌프, 주급수펌프, 복수 펌프, 일반냉각수 펌프 등이 존재

② 이러한 대형 펌프의 윤활유 및 유지보수용 세척제가 가연물이 될 수 있음

(3) 터빈

① 터빈 · 발전기의 구동계통의 윤활유, 윤활유 정제계통

② 냉각용 수소가스의 밀봉유, 유압유 등

(4) 변압기의 절연유

(5) 전동기, 축전지 등의 전기 · 전자기기 내부의 가연물과 전선류

(6) 전원 및 제어용 케이블

(7) 배관 보온재

(8) 필터류

(9) 냉각용 수소가스, 기타 고압가스, 용접용 아세틸렌가스 등의 가스류

(10) 일반 가연물(사무실)

2) 점화원

(1) 전기적 점화원 : 전선, 변압기, 배전반 등의 과부하, 단락, 누전 등

(2) 기계적 점화원 : 베어링 파손 등의 마찰, 충돌

(3) 터빈기기 또는 배관의 고온 표면

(4) 발전기 및 보조 증기발생기의 고온 표면

(5) 화학약품의 혼합, 혼촉에 의한 열에너지

(6) 용접, 절단 작업 등이나 실수와 같은 인위적 요인

3. 원자력발전소의 화재방호 개념

1) 원전 화재방호의 특징

(1) 일반 건축물의 화재방호 : 화재를 조기진압하여 인명피해를 최소화한다.

(2) 원전의 화재방호

① 원전 화재방호는 화재가 발생한 경우 화재진압 자체도 중요하지만

② 가장 최우선 고려사항은 원자로의 방호이다.

2) 원전 화재방호의 설계개념

(1) 방화구획

① 화재에 가능성 및 원자로 보호의 개념에서 방화구획 범위를 결정

② 일반적인 건축물보다 더 높은 내화성능을 가진 벽 및 바닥으로 구획

(2) 소방설비 설계기준 : 심층방어 개념을 적용

① 1단계(Prevention) : 화재가 발생하지 않도록 사전에 예방

② 2단계(Protection) : 화재가 발생하면 단시간 내에 화재를 감지하여 진압

③ 3단계(Mitigation) : 화재의 영향을 최소화

→ 심층방어(Defense-in-Depth)는 3단계로 설계목표를 달성하도록 하는 개념

(3) 방사선 안전관리기준 : 다중방호(Redundancy Protection) 개념을 적용

① 방사성 물질의 누출 방지를 위해 여러 겹의 방호벽을 설치하는 것으로서,

② 통상 원자로 형태에 따라 4~5겹의 방호벽을 설치하는 개념

4. 심층방어의 목적을 달성하기 위한 3가지 요구기준

1) 화재위험도분석(FHA ; Fire Hazard Analysis)

(1) 목적

① 원자로를 정지하고 잔열을 제거하기 위해 필요하거나 방사성 물질을 포함하고 있는 안전계통이 화재가 발생한 상황에서도 기능을 수행할 수 있음을 입증하는 분석

② 일반적으로 안전에 중요한 항목을 찾아 화재성상 및 화재에 의한 영향을 분석하여 적절한 방호시스템을 결정

(2) FHA에 고려해야 할 6가지 사항

① 화재 방호구역의 구분(Layout : 화재제한 또는 화재영향에 대한 평가)

② 가연성 물질의 종류 및 크기(가연물 및 점화원의 현황, 화재하중 분석)

③ 설계기준 화재

④ 화재감지설비 및 소화설비 : 성능이 적합함을 입증해야 함

⑤ 화재위험성 평가

⑥ 원자로 안전정지, 잔열 제거 및 방사성 물질 유출방지능력 검토

2) 안전정지능력 분석(SSA ; Safe Shutdown Analysis)

(1) 개념

발전소 내의 어느 한곳에서 화재가 발생하더라도 다른 구역에서는 안전정지조건을 유지하면서 충분히 운전 가능한 능력을 확보하는 것

(2) 안전정지를 위한 운전조건

　① 고온정지운전 : 주 제어실이나 보조제어실의 고온정지운전에 사용되는 다중방호 개념
　　의 설비 중에서 최소 1개는 화재에 영향을 받지 않도록 해야 한다.

　　→ 각 계열 사이에 내화벽 설치, 이격거리 유지 및 소화설비 적용

　② 저온정지운전 : 저온운전정지에 사용되는 계통 전체가 단일화재에 손상받은 경우 72시
　　간 이내에 수리 가능할 것

3) 확률론적 안전성 분석(PSA ; Probabilistic Safety Assessment)

원전의 설계, 운전, 정비 등을 종합적으로 고려하여 발생가능한 모든 화재사고에 대하여 Risk
를 종합적이고 체계적으로 평가하는 분석방법

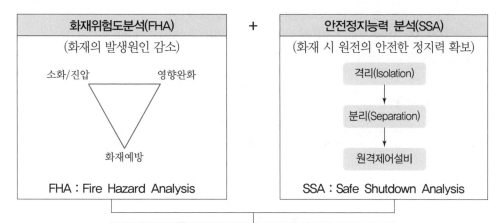

5. 결론

1) 원자력발전소의 화재는 그 자체의 손실뿐만 아니라, 방사성 물질 누출로 인한 심각한 2차적 피
　해 가능성으로 인해 철저하게 관리되어야 한다.

2) 이를 위해 심층방어와 다중방호의 개념이 적용되고 있으며, 이는 화재위험도 분석과 안전정지
　능력 분석 및 화재로 인한 확률론적 안전성 분석을 통한 화재방호시스템을 구축하고 있다.

석탄화력발전소에 적용되는 소방시설을 소방대상물별로 각각 구분하여 설명하시오.

1. 소방대상물별 소방시설

발전소 시설	적용 소방시설
석탄 저장소	• 옥외 : 살수설비 및 옥외소화전 • 옥내 : 물분무 또는 스프링클러 소화설비
컨베이어벨트 및 Transfer Tower	• 스프링클러 또는 물분무 소화설비 • 정온식 감지선형 감지기(일부 Spark – Ember 감지기)
Coal Silo 및 Pulverizer	• CO_2 소화설비(불활성화 목적)
보일러동	• 건물 자체 : 옥내소화전, 불꽃 또는 공기흡입형 감지기 • Burner 입구 : 물분무 소화설비 • Air Preheater : 물분무 소화설비
터빈 · 발전기	• 건물 자체 : 옥내소화전 • 터빈 케이싱 내부 : CO_2 소화설비(폭발방지용) • 베어링 덮개 : 물분무 소화설비 • 오일 관련 장치(오일탱크, 오일펌프, 배관) : 스프링클러 또는 포워터 스프링클러 • 수소실린더 저장지역 : 스프링클러 또는 물분무 설비
옥외 변압기	• 물분무 소화설비 및 불꽃감지기
제어동	• 스프링클러 및 할로겐화합물 및 불활성기체 소화약제 소화설비 • 연기감지기
케이블 실 및 케이블터널	• 스프링클러, 물분무 또는 CO_2 소화설비 • 연기감지기 및 정온식 감지선형 감지기
변전실	• CO_2 소화설비
경유저장 및 공급 시설 (보일러 예열용)	• 포 소화설비, 냉각용 물분무 소화설비 • 불꽃감지기 및 방폭형 열감지기
창고	• 스프링클러 소화설비 및 연기감지기
소방펌프실	• 스프링클러 소화설비 및 연기감지기
수처리 건물	• 스프링클러 소화설비 및 연기감지기
사무용 일반건물	• 스프링클러 소화설비 및 연기감지기

2. 소화설비의 적용 기준(NFPA 850)

1) 소화수 공급시설

(1) 소화수 공급시간 : 2시간 이상

(2) 최대 소화수 요구량 : ①+②+③

    ① 최악의 화재시나리오에서 필요한 고정식 소화시스템의 요구 유량

    ② Hose Stream(최소 500 [gpm])

    ③ 소방 이외의 목적으로 사용되는 물 사용량

(3) 소화수조 재충수 요구시간 : 8시간 이내

2) 지하매설배관 및 옥외 소화전

(1) 옥외 소화전 간격

    ① 플랜트 지역 : 최대 90 [m] 이내

    ② 원격 지역 : 150 [m] 이내　예 먼 곳의 석탄하역장 등

(2) 지하배관 : Loop 및 Grid 방식

(3) 구획밸브(PIV 등)

    ① 적절한 수량 설치

    ② 터빈 건물 내에는 내부 Loop배관 구성

3) 옥내소화전

건물 내에 피난 통로 위주로 배치

4) 소화기

NFPA 10 기준에 따라 설치

5) 고정식 소화설비

(1) 스프링클러, 물분무, 미분무, CO_2, 포, 할로겐화합물 및 불활성기체 소화약제, 분말 소화설비 등

(2) 선정기준

    ① 위험의 종류

    ② 소화약제의 효과

    ③ 건강 유해성

방재
대책

문제

정유 및 석유화학공장의 소방시설에 대하여 설명하시오.

1. 개요

1) 정유 및 석유화학공장의 주요 화재 및 폭발 형태

(1) 고압으로 분출되는 가스, 증기의 Jet Fire

(2) 유출유에 의한 Pool Fire

(3) 위험물 저장탱크의 Pool Fire 및 Boil Over

(4) 누출 가스에 의한 증기운폭발(VCE)

(5) 고압액화가스(LNG)의 BLEVE

2) 소방설비 설계 기본개념

(1) 주요 소방시설

옥내·외 소화전, 물분무 설비, 포 소화설비, 건물 내 소방설비, 소방차 및 대용량 포 방출설비

(2) 적용 소방시설의 선정방법

① 공정지역 내의 소방 설비를 설계할 때에는 공정 위험성 평가와 화재 위험성 평가(Fire Risk Assessment)를 통해 빈도 및 피해범위를 산정하여 사고를 방지하고 피해를 최소화할 수 있도록 소방설비를 결정한다.

② 유류화재에는 포 소화설비가 효과적이지만, 고압·고온의 공정지역에서의 Jet fire와 같은 3차원 화재에는 포 소화설비의 적용이 어렵다.

→ 고성능 화학소방차에 의한 분말 소화약제와 포 소화약제의 혼합 방출장치가 효과적이다.(Twin Agent System)

③ 점화되지 않은 인화성 액체 및 가스의 방출로 인한 증기운폭발(Vapor Cloud Explosion)의 발생방지를 위해 주변 및 해당 설비에 대해서는 냉각소화를 주 기능으로 하는 소방설비를 설치해야 한다.

2. 각 지역별 소방설비

1) 공정지역의 소방설비

(1) 수계 소화설비

① 모니터형 소화전 : 최소 30 [m], 최대 45 [m]로 방사거리가 중복되도록 배치

② 물분무 소화설비

• 연소제어 : 고압으로 인화성 액체나 가스를 취급하는 Pump 및 Compressor

- 노출부 방호 : 공정지역 내의 냉각용(주로 압력용기, 열교환기 등에 적용)

③ Elevated Monitor(고소 원격제어 모니터)

다음과 같은 고공 시설물 또는 소방대 접근이 어려운 장소에 설치함

- 지상 소화전모니터의 Stream이 도달하지 못하는 지역
- 고정식 물분무 설비가 설치되지 않은 지역
- 장치가 밀집하여 소방대 접근이 어려운 지역(Congested Area)

(2) 감지설비

불꽃감지기(UV/IR 감지기) 및 방폭형 연기감지기

2) 저장탱크 지역의 소방설비

(1) 수계 소화설비

① 물분무 소화설비

- 목적 : 화재탱크 냉각을 통한 탱크 벽면에서의 포 파괴 방지 및 복사열에 의한 인접탱크 손상 또는 파열 방지
- 적용기준 : 탱크 원주길이당 37 [Lpm/m]의 비율로 적용

② 포 소화설비

- 포 소화약제는 표면주입식은 수성막포 또는 불화단백포 등을 적용할 수 있지만, 표면하주입식에는 수성막포를 사용하지 않아야 한다.
(수성막포 적용을 권장하는 국내 위험물 세부기준 및 KOSHA Guide는 개정이 필요함)
- 대규모 저장탱크 지역에는 고정식 시설보다는 효율적인 설비 관리를 위해 반 고정식(Semi-fixed) 포소화설비를 적용하는 것이 합리적이지만, 국내 법령에 의해 국내 시설에는 고정식 설비로 설치해야 한다.

③ FRT의 Rim Seal Fire 방호장치

최근 Roof 위에 원주 둘레에 따라 FIC-13I1 저장탱크를 설치하여 배관 및 노즐을 이용하여 소화약제를 방사하는 장치도 해외에서는 적용한다.

(2) 감지설비

불꽃감지기(UV/IR 감지기, 방유제 부근) 및 방폭형 열감지기(탱크 내부)

3) 출하 설비 지역(Terminal)의 소방설비

(1) 트럭 출하장

① 소화전과 포 모니터를 트럭 출하장 주위에 설치
② 모든 경질 액체탄화수소용 트럭 출하장에는 포 소화전, 폼 스프링클러 설치
③ 액화석유가스(LPG) 출하장 : 최소 2개 이상의 소화전과 포 모니터 설치

(2) 철도 출하장

① 출하장마다 최소 2개의 소화전 설치
② 출하지점이 모니터 유효 방사거리 이내에 위치하도록 Elevated Monitor 설치

방재
대책

   (3) 부두 출하장

      ① 필요한 충분한 수량의 소화전을 부두 출하장을 따라 설치

      ② 포 소화전을 배치

      ③ 로딩암(Loading Arm)을 포함한 부두 출하시설(Pier area)에는 1,900 [Lpm]의 용량
         을 가진 Elevated Monitor를 최소 1개 이상 배치

> **참고**
>
> ### 부두출하장에서 중요한 소방 활동
> - 화재가 발생한 선박을 최대한 부두에서 벗어나도록 소방 방재선 및 기타 예인선을 이용해서 이격시키는 것이다.
> - 이는 부두는 지리적 여건상 충분한 소방설비 설치가 어렵고, 선박에 저장된 위험물의 용량이 상대적으로 크기 때문에 피해를 최소화하기 위함이다.

   (4) 드럼 출하장

      ① 출하장마다 최소 2개의 소화전 설치

      ② 모든 경질 탄화수소 출하장에는 포 소화설비를 설치할 것

4) 기타 건축물 및 설비에 대한 소화설비

   (1) 냉각탑(Cooling Tower)

      ① 스프링클러 및 소화전

      ② 불연재나 내화구조 재질로 설치할 경우에는 소화설비를 제외할 수 있음

   (2) 건물, 정비고 및 창고

      스프링클러 설비 및 소화전

   (3) 폐가스 소각지역(Flare Stack) 및 산불화재 가능지역

      소화전 및 살수설비

3. 이동식 소방설비

1) 소방차

   (1) 플랜트는 화재 · 폭발 특성상 화재 · 폭발로 인해 기존 고정식 소방설비가 손상되거나 근거리 접근이 어려울 가능성이 높으므로, 고정식 소방설비 설계 및 화재 방호 전략구축 시 이동식 소방설비 운영에 대해서도 반드시 고려하여야 한다.

   (2) 포 모니터가 탑재되고, 분말 소화약제 방출이 가능한 소방차

2) 대용량 포 방출설비

   (1) 대용량(최소 2,300 [m³/hr]) 포소화설비 장비를 설치하여 탱크 상부 전면화재에 대비(소화배관 500 [mm] 이상, 이동식 소방 펌프, 대용량 이동식 포 탱크 등)

   (2) 사용 중 포 소화약제 보충을 위해 소방펌프를 탑재한 차량도 함께 보유

반도체 공장의 방화상 특징과 방화대책에 대하여 기술하시오.

1. 개요

1) 반도체 공장은 제품을 생산하는 작업장인 클린룸, 이러한 제품 생산을 위한 각종 위험물질의 저장소 및 유틸리티 공급시설 등으로 구성되어 있다.
2) 이러한 반도체 공장은 고가의 장비와 제품 생산으로 화재 발생 시 재산상 막대한 피해가 우려된다.

2. 반도체 공장의 화재 특성

1) 화재에 대한 위험요소

(1) 공정 중에 많은 가연성 · 유독성 가스 및 부식성 액체 등을 사용한다.

(2) 클린룸은 내부 기류의 속도가 빠르고, 환기율이 높아 감지기와 스프링클러의 작동이 지연될 가능성이 매우 높다.

(3) 공조설비를 통하여 다른 부분으로의 열, 연기의 확산 위험이 크다.

(4) 클린룸 내에 전기, 배관시설, 위험물질이 집적된 상태이므로, 화재 시 큰 피해가 발생될 우려가 크다.

(5) 클린룸의 부대시설인 위험물 저장시설이나 유틸리티 공급시설 등에서의 화재 위험성도 매우 높다.

(6) 주된 화재원인

① 가연성 재질인 배기덕트에서의 화재

② 공정상에서 사용하는 위험물질의 유출(장비, 저장소, 공급배관 등)

③ 장비 과열 등에 의한 장비 내부 위험물질의 가열

④ 생산장비 과밀 배치로 인한 전력 과다사용

⑤ 신규 공정의 도입 등으로 인한 용접 등 위험작업

⑥ 유틸리티 장치(보일러 등)의 화재

2) 화재 시의 문제점

(1) 작업자가 복잡한 절차를 거쳐 출입하므로 주 출입구는 비상구의 역할을 할 수 없다.
(귀소본능에 반하는 형태)

(2) 생산 장비 및 제품이 고가여서, 화재에 의한 재산피해가 막대하다.

(3) 생산 장비 및 제품이 정밀을 요하므로, 연기나 스프링클러 작동에 의한 수손 등 2차적인 피해도 크다.

방재
대책

(4) 화재로 인한 피해 시 클린룸 복구에 많은 시간과 비용이 소요되므로, 생산 차질 등의 피해도 크다.

3. 반도체 공장의 방재대책

1) 예방대책

(1) 클린룸의 건물 구조상 요구되는 안전기준

① 건물의 다른 부분의 위험으로부터 격리

② 3시간 이상의 내화구조로 하며, 클린룸 인접 지역은 1시간 내화구조로 구획

③ 클린룸 내의 칸막이(Partition)는 불연재료로 제작하고, 부득이하게 난연성 플라스틱을 사용할 경우 그 면적을 최소화

④ 방화구획은 천장부터 클린룸 바닥 하부까지 적용하며, 모든 벽과 바닥 관통부는 내화채움 구조로 할 것

⑤ 난방 및 공조설비용 덕트 재질은 불연재료로 할 것

⑥ 산·알칼리 등 부식성 가스 배기용 덕트는 불연인증을 얻은 제품을 사용하고 지름 30 [cm] 이상의 가연성 재질 덕트(FRP, PVC 등)를 설치할 경우에는 덕트 내부에 스프링클러를 설치할 것

⑦ 클린룸을 관통하는 컨베이어 부분 등에는 방화셔터 또는 드렌처 설비를 적용

(2) 위험물 등의 가연물 관리

① 클린룸 내의 위험물 양은 최소한으로 제한

② 인화성·가연성·부식성 물질에 대한 각각 별도의 금속제 전용캐비닛 및 Safety Can 적용

③ 위험물 저장소는 클린룸과 방화구획하거나 이격된 장소에 위치

④ 위험물 저장소의 전기기기는 방폭용으로 적용

⑤ 위험물 캐비닛 부근에는 MSDS, 유출대응 Kit 등을 비치할 것

⑥ 위험물을 배관을 이송할 경우, 비상차단밸브를 설치하고 공급배관은 접지

⑦ 매우 위험한 물질을 이송하는 배관은 이중 배관으로 구성

(3) 가스류 관리

① 위험성 가스는 안전하게 구획된 지역에서 공급하는 방식을 적용하고, GMS(Gas Moni −toring System)을 통해 제어하고 모니터링해야 한다.

② 가스를 취급하는 시설은 연소, 폭발 및 분해, 반응성에 주의해야 한다.

(4) 점화원 관리

① 위험한 작업을 하는 장비 내부에는 자체 소방시스템을 설치

② 전기 접지, 누전차단기 등의 관리 철저

③ 장비의 고장 등의 경우에 작동되는 인터록 장치를 설치

(5) 방재계획의 수립 및 숙지

위험물에 대한 MSDS 관리, 위험물 유출대응절차, 전기안전, 장비의 안전장치 요건 등 화재안전에 관련된 절차서(Procedure)를 만들어 이를 사원들에게 숙지시키고, 엄격히 시행한다.

2) 피난 및 연기제어

(1) 주 출입구 외에 다수의 비상대피경로를 만든다.

(2) 귀소본능에 의한 대피가 어려우므로, 주기적인 비상대피훈련을 실시한다.

(3) 비상조명등, 유도표지 등을 설치하고, 복잡한 경로를 가진 작업장에는 바닥에 축광형 유도표지 등을 설치한다.

(4) 화재 시 공조설비가 정지되고, 제연설비로 전환되도록 한다.

(클린룸은 연기에 매우 민감하여 제연설비의 설계가 매우 중요하다. 그러나 NFPA기준에서도 적절한 규정이 마련되어 있지 못해 현장에 따른 성능위주설계가 필수적이다.)

(5) 방화구획을 철저히 한다.

3) 소화대책

(1) 소화설비

① 소화기
- 클린룸 공정지역에 7.6 [m], 기타 지역은 15.2 [m] 간격으로 배치
- 장비 등에 사용하기에는 분말보다는 가스 소화기가 적합

② 옥내소화전 : 수손 우려로 인해 가급적 클린룸 외부에 설치

③ 스프링클러
- 가연성 액체를 사용하는 Wet Bench, 대전력이 이용되는 Furnace 및 이온주입기 등의 장비를 제외한 장소에는 스프링클러 적용
- 설계면적 280 [m²], 살수밀도 8 [Lpm/m²]를 적용(NFPA 13 기준)
- 조기반응형 헤드로 작동지연이 없도록 해야 한다.
- 바닥에 적절한 배수조치를 하여 수손피해가 없도록 한다.

참고

덕트 스프링클러

1. 가연성 재질의 덕트에서의 화재가 클린룸 화재의 많은 비중을 차지함
2. 부식성 가스를 공급, 배출하는 덕트에 FRP 등을 사용하지만, 이러한 FRP도 가연성임
3. 따라서 가급적 코팅된 스테인리스강 덕트를 적용함이 바람직하며, 덕트 내 스프링클러 헤드의 설치도 권장됨
4. 스프링클러 헤드간격은 수직 3.7 [m] 및 수평 6.1 [m]으로 하며, 헤드의 부식 등을 점검하기 위해 전용의 덕트 스프링클러 헤드를 적용함이 바람직함

④ 포, 물분무, 가스, 분말소화설비는 기류로 인한 소화불능이나 2차 피해로 인해 클린룸에는 부적절하며, 부대시설에 적용함이 바람직하다.

(2) 경보설비

① 수신기 : 화재 초기에 적극적으로 대응할 수 있도록 주소형 기기를 사용할 수 있는 R형 수신기를 설치한다.

② 감지기

- 공조에 의해 열, 연기가 분산되기 쉽고, 화재 초기의 연기에도 장비 및 제품이 큰 피해를 받을 수 있으므로, Air Sampling Detector를 설치한다.
- 반도체 클린룸의 공기 기류로 인한 작동 지연을 우려하여 불꽃감지기 적용을 합리적 방안으로 제시하는 의견도 있다.

4. 결론

반도체 공장에서 화재가 발생되면 그 피해가 막대할 수 있으므로, 화재예방을 위한 적절한 조치가 필수적이며 또한 조기 진화를 위한 능동적 소화시스템의 구비도 매우 중요하다.

문제

반도체 제조과정에서 사용되는 가스/케미컬 중 실란(Silane)에 대하여 다음 물음에 답하시오.

1) 분자식
2) 위험성
3) 허용농도
4) 안전 확보를 위한 이송체계
5) 소화방법
6) GMS(Gas Monitoring System)

1. 분자식

SiH$_4$

2. 위험성

1) NFPA 기준에 의한 위험도

(1) 유독성 : 노출 시 작은 상해

(2) 가연성 : 대기압, 상온에서 연소 용이

(3) 반응성 : 강한 기폭력 존재 시 폭발적 분해 및 폭굉 발생

2) 화재 · 폭발 위험성

(1) 유출 시 자연발화

(2) 인화성 가스

① 400 [℃]에서 분해되면서 실리콘 가스와 수소 방출

② 가열 시 밀폐용기를 파열시킬 수 있다.

(3) 분해폭발성 가스

(4) 연소 범위 : 1.4 ~ 96 [%]

(5) 화재 시에는 폭발적인 분해 발생 가능

3. 허용농도

5 [ppm]

4. 안전 확보를 위한 이송체계

1) 저장 방법

(1) 저온 건조하며 환기가 잘되는 장소에 저장한다.

(2) 알칼리, 산화성, 할로겐 물질 및 공기로부터 격리시켜야 한다.

(3) 반도체 공장 외부의 별도 창고에 저장하는 것을 권장(실린더나 탱크에 저장)한다.

2) 누출 시 대응

(1) 누출 시 공급 차단

(2) 물분무를 이용해서 냉각하며 증기를 확산시킨다.

3) 이송 방법

(1) 이중 배관

질소 1.5 [bar] 가압   실란 공급배관

(2) 질소 압력이 저하 또는 상승(±0.35 [bar])할 경우 경보 및 실란 공급 차단

5. 소화방법

1) 열흡수 및 가스 확산 방지에 의해 화재를 제어
2) 물분무 또는 미분무 소화설비를 적용
   (1) 탱크 표면 전체에 방수
   (2) 12.2 [Lpm/m²], 2시간 이상
   (3) 불꽃감지기와 연동하여 실란의 화염 징후가 감지되면 자동으로 방수
3) 할로겐 물질과는 발화 시 폭발 가능하므로, 적용할 수 없다.
4) 가능한 한 먼 위치에서 소화활동

6. GMS(Gas Monitoring System)

1) 가스 및 화학물질을 안전하게 구획된 별도의 공간에서 중앙 공급하는 시스템
2) GMS에서 통제 및 모니터링 → 공급량을 조절하며, 누설을 감시하고 공급을 차단한다.
3) 실란을 옥외에 저장하며, 이중배관을 통해 공급하고 GMS로 가스 공급을 모니터링한다.

반도체 공정에서 사용하는 위험물

1. 인화성 · 산화성 액체

    1) 알코올류, 질산, 황산 등

    2) 배관공급방식의 경우 : 비상차단밸브를 설치해야 함

    3) 보관방식 : 인화성 또는 산화성 물질 전용 Cabinet(배기, 방폭 등)

    4) 취급 공정지역에 안전장구 및 MSDS 등을 비치함

2. 가스

    1) CVD(Chemical Vapor Deposition)용 가스

      (CVD : 화학반응을 통해 기판에 절연막을 형성하는 것)

      (1) 실란(SiH_4)

          ① 유출 시 자연발화 → 직접 소화보다는 공급원 차단이 효과적임

          ② 분해 폭발성 가스 → 아세틸렌 등보다는 발열량이 낮지만, 고온에서는 급격히 분해 폭발함

          ③ 폭발한계가 1.4~96 [%]임 → 안전한 공기 – 가스 혼합기 형성이 곤란

    2) Epitaxial growth용

      단결정에 $SiCl_4$와 H_2 가스를 혼합한 것을 고온의 Wafer로 보내 반응을 시켜 Si를 Wafer 위에 부착시키는 과정

      [H_2 가스의 위험성]

      ① 밀도가 낮아 쉽게 누설 및 확산되어 다른 기체와 혼합되기 쉬움

      ② 폭발범위가 4~75 [%]로 비교적 넓음

      ③ 연소속도가 매우 빠름

    3) Doping 및 Etching용 : 여러 종류의 인화성 가스 및 용액을 사용함

공조 및 배연덕트 내부를 통하여 화재가 확산되는 현상이 발생하는 바, 이에 대한 화재 특성과 방지대책에 대하여 기술하시오.

1. 개요

1) 덕트의 종류

공조덕트	제연덕트	환기덕트
건물 냉난방 목적	화재 시 연기배출, 차압유지	주방, 화장실, 주차장, 반도체 공정시설 등의 환기
• 급기계통 • 배기계통(Return 포함)	• 거실 급배기 • 부속실 등 급배기	• 주로 배기로만 구성 • 리턴부 없음
Zone 구획으로 연소확대 가능성을 줄여야 함	• 급기계통은 화재확대위험 낮으며, 외기취입구로의 연기유입에 주의해야 함 • 배기계통은 고온의 연기를 배출하므로, 덕트의 구획과 주변 가연물 관리가 필요함	• 주방 덕트에서의 화재와 연소확대 위험 높음 • 유기물질 배기의 경우 화재위험이 높아 덕트 스프링클러 적용

2) 덕트화재의 종류

(1) 덕트 내에서 출화한 화재

① 반도체 공장의 유기물질 배기 덕트 내의 가연성 가스에 의한 화재

② 주방 덕트 내의 기름찌꺼기(그리스), 섬유 진애 등의 연소

(2) 덕트 내부로 확대된 화재

화재실에서 열, 연기 기류가 유입되어 다른 구역으로 유출되면서 확대되는 화재

(3) 덕트 외부의 보온재 등이 연소되는 화재

① 가연성인 덕트 보온재가 연소되면서 덕트 경로를 따라 확대되는 화재

② 덕트화재는 방화구획이 되어 있는 건물에서 다른 층으로의 연소 확대를 일으키는 주된 원인 중 하나라고 볼 수 있다.

2. 덕트화재의 특성

1) 덕트별 화재위험성

(1) 공조 덕트

① 일반적으로 공조 Zone(층별 여러 개 구역~여러 개 층 단위)별로 공조기를 설치하여 독립적인 공조방식을 채택하고 있다.

② 따라서 이러한 공조 덕트를 통한 연소확대 범위는 넓지 않지만, 공조실에 열, 연기가 유입될 경우에는 여러 Zone으로 연기가 확대될 우려가 있다.

(특히, 옥상의 공조실로의 연기 유입 등)

(2) 제연 덕트

① 급기계 덕트

- 신선한 공기를 공급하는 제연설비의 급기계통은 일반적으로 화재를 확대시킬 우려가 적다.
- 단, 송풍기 외기취입구로 열, 연기가 유입되지 않도록 해야 한다.

② 배기계 덕트

- 화재의 열, 연기를 배출하거나, 화재실의 유입공기를 배출
- 적절한 덕트구획과 내·외부 가연물 관리가 되어 있지 않을 경우 덕트 자체의 화재나 타 구역으로의 연소확대 우려가 있다.

(3) 환기 덕트

① 환기덕트는 공조설비와 같은 리턴 부분이 없다.

② 주방 환기나 공정지역의 유기물질 덕트 등에서는 내부 화재의 위험이 크고, 열·연기 등의 타 지역으로의 확대 위험이 높다.

2) 덕트화재의 특징

(1) 매우 빠른 화염, 열, 연기 전파

① 덕트 내부에는 3~5 [m/s]의 기류가 있다.

② 고온의 화재기류의 부력까지 가해져 화염은 연료가 있는 경우 더욱 빠르게 전파된다.

③ 덕트가 외부 화재의 열을 받으면 그 재질이 철재인 경우, 복사열에 의해 덕트 내부의 연소속도는 더욱 가속화된다.

(2) 화원의 위치 파악이 어려움

빠른 전파속도와 여러 개구부로의 열, 연기 배출로 인해 화원의 위치 파악이 매우 어렵다.

(3) 소화가 곤란함

① 화원의 위치를 파악하기 어려우므로, 적절한 소화가 어렵다.

② 또한 덕트 내부로의 직접적인 주수가 어렵다.

3. 덕트화재의 방지대책

1) 예방대책

(1) 물질조건

① 덕트 내·외부에 대한 정기점검 및 청소

- 정기적으로 덕트 내·외부의 진애, 유지류를 청소(Water-Wash System 도입)
- 덕트 설계 시에 청소와 점검의 용이성을 점검구의 위치, 구조 선정에 고려

② 덕트 재료의 불연화

- PVC나 FRP 등의 재질은 화재에 의해 연소되므로 가급적 지양해야 한다.

- 부식성 증기의 배출 덕트의 경우에도 가급적 스테인리스 재질을 이용함이 바람직하다.
- 덕트 외부 보온재도 글라스울과 같은 불연재료를 사용하며, 덕트 지지부도 금속재의 불연재를 적용해야 한다.

(2) 에너지 조건

① 화기 투입 방지

- 덕트의 외기유입구나 배기구 등을 설계할 때, 담배꽁초 등이 들어가지 않는 구조로 설계해야 한다.
- 외기 취입구의 위치는 가급적 열, 연기가 유입되지 않을 장소로 하며, 방화구획 등을 통해 해당 실에 화재가 침투되지 않도록 해야 한다.

② 공사 중의 관리

용접이나 유기용제 등을 사용하는 작업이 있는 지역에서는 사전 승인을 받아 댐퍼를 닫아두는 등의 조치를 취해야 한다.

2) 연소확대 방지 및 소화 대책

(1) 덕트용 감지기 적용

① 덕트 기류에도 적절히 작동할 수 있는 구조의 감지기를 적용

② Spark – Ember 감지기 등의 설치를 검토

③ 점검구 설치

(2) 방연, 방화 댐퍼

덕트별 용도 및 화재 특성에 따라 연기, 열, 불꽃 등의 감지기와 연동하는 모터구동댐퍼(MD)를 적용

(3) 덕트 스프링클러

① 화재위험이 높은 덕트 내에는 코팅 및 점검이 용이한 구조의 덕트용 스프링클러를 적용하여 감지기와 연동하여 작동시키도록 한다.

(또는 감지기와 연동하는 일제살수식 스프링클러를 적용할 수도 있음)

② 화재위험의 형태에 따라 수계 외에도 적절한 소화약제를 적용한다.

(4) 덕트의 방화구획 관통부 틈새의 내화채움 구조 적용

4. 결론

1) 덕트화재 : 방화구획된 건물에서의 주된 연소확대경로 중의 하나이다.

2) 국내에는 이에 대한 적절한 방재규정이 없어 이를 통한 대형화재 발생이 빈번하므로 외국기준 등과 화재 특성을 고려한 방재규정의 도입이 필요하다.

IT(Information Technology) Center의 방호대책에 대하여 논하시오.

1. 개요

1) 많은 기업에서 공정관리, 주요 기술자료 및 고객정보 등의 데이터를 통합관리하기 위하여 IT Center를 운영하고 있다.

2) 이러한 IT Center에 화재가 발생할 경우, 고가 전산장비 손실·업무의 마비·기록의 손실 등으로 인한 막대한 피해가 우려된다.

3) 따라서 국내에서도 기업체의 업무연속성 유지를 위해 NFPA 75의 정보기술장비의 방호시스템 기준 등을 활용한 IT Center에 대한 철저한 방호대책 수립이 요구된다.

2. IT 시설의 화재위험요소

1) Access Floor 하부 공간

   (1) 이 공간은 IT 장비에 대한 전원 등의 유틸리티 공급과 IT Center의 온·습도 유지를 위한 공기순환을 위한 것이다.

   (2) 실제 현장에서는 이 공간에 각종 쓰레기와 가연물이 누적되며, 아예 근무자들의 물품 보관 장소가 되기도 한다.

   (3) 또한 사용하지 않는 케이블들이 방치되는 경우도 있는데, 이러한 미사용 케이블은 다음과 같은 문제를 일으킨다.
   ① 공기순환의 방해로 인한 IT 장비의 온도 상승
   ② 화재 시 케이블 피복에서의 부식성 매연 발생
   ③ 많은 양의 케이블이 집적되어 있어 심부화재로의 발전
   ④ 소화설비의 분사패턴 형성의 방해

2) IT Center 외부로부터의 연소확대

   화재통계에 의하면, 대부분의 화재가 IT Center 외부로부터 발생되어 확대된다.

3) 24시간 가동에 의한 장비 과열

   전산장비가 24시간 가동되어 장비 과열에 의한 화재위험성이 존재한다.

4) 강한 기류

   IT Center의 온·습도 유지를 위한 기류로 화재의 조기 감지와 소화설비 조기작동 실패로 화재가 확대될 위험성도 가지고 있다.

3. 화재 시의 주요 피해

1) 열 피해 : 열에 노출된 IT 장비는 복구가 불가능하여 막대한 피해를 일으킨다.

2) 연기 피해 : 화재에 의해 발생되는 연기에는 전자회로를 부식시킬 수 있는 염화물과 황 등이 포함되어 있어서 장시간 동안 막대한 피해를 일으킨다.

3) 물 피해 : 화재가 수계 소화설비로 진압된 경우, 물로 인한 공기 중의 습도가 영향을 미칠 수 있다.

4. IT Center의 방호대책

1) 비상절차 및 복구계획 수립

  (1) 업무의 연속성 유지를 위해 데이터의 백업관리, 화재예방 및 대응계획, 복구계획 등을 수립해야 한다.

  (2) 화재에 대한 이러한 사전 대비는 IT Center의 기능을 유사시에도 신속하게 복구하여 막대한 2차 피해를 방지할 수 있다.

2) 화재의 예방

  (1) 물질 조건

    ① Access Floor 하부의 정리정돈 및 케이블 정리

    ② 불필요한 가연물 제거

  (2) 에너지 조건

    ① 장비의 과부하 방지

    ② 전기시설 등의 주기적인 안전점검 실시

  (3) 수동적 방화대책

    ① 다른 부분과의 철저한 방화구획 실시

    ② 부대시설인 테이프저장실, 지원사무실 등도 내화구조의 벽체로 방호

    ③ 건축물 내장재를 불연화

3) 능동적 방화대책

  (1) 소화설비

    ① IT Center에는 일반적으로 가스계 소화설비가 적용되고 있으나, 방호구역의 기밀유지가 어려워 실질적으로 Retention Time을 유지하여 소화하기 어려운 경우가 많다.

    ② 따라서 준비작동식 스프링클러 소화설비를 가스계 소화설비와 함께 설치할 경우 가스계 설비의 소화 실패에도 막대한 피해를 줄일 수 있도록 소화설비의 신뢰성을 높일 수 있다.

    [가스계 + 준비작동식 스프링클러 조합방식의 개념]

    • 화재가 발생하면 IT Center 내의 화재감지기가 이를 감지함

- 화재감지에 의해 가스소화약제가 전역 방출되어 화재를 진압함

  이때, 스프링클러 배관에는 소화수가 유입되지만 헤드가 개방되지 않아 방수는 이루어지지 않음

- 만일 Retention time유지가 되지 못하는 등의 이유로 가스계 소화설비에 의한 화재 진압이 실패할 경우, 화재가 진전되며 발화원 부근의 헤드가 개방

- 개방된 1~2개의 헤드에서 방수가 이루어져 화재 확대 없이 화재 진압

③ Access Floor 하부 공간에도 적절한 소화설비가 설치되어야 한다.

> **참고**
>
> **NFPA 75에 따른 소화설비 기준**
>
> 1. 스프링클러가 설치된 건물 내의 IT Center
>   스프링클러를 설치할 것
>
> 2. 스프링클러가 없는 건물 내의 IT Center
>   스프링클러나 할로겐화합물 및 불활성기체 소화약제 소화설비 또는 2가지 모두 설치할 것
>
> 3. Access Floor 하부공간
>   1) 스프링클러, CO_2 또는 Clean Agent를 설치할 것
>   2) Access Floor 상부 공간에도 함께 적용하지 않는 한 할로겐계 소화약제는 적용할 수 없음
>   3) CO_2나 IG계 소화약제는 저속 분사(Soft Discharge)할 것

(2) 자동화재탐지설비

화재감지기는 IT 공간뿐만 아니라, 화재발생이 가능한 부분인 Access Floor 하부 공간과 반자 상부의 공간에도 설치되어야 한다.

문제

지진 발생 시 화재원인과 이에 대한 방재대책에 대해서 기술하시오.

1. 개요

1) 지진화재는 FFE(Fire Following Earthquake, 지진에 수반된 화재)라 하며, 1995년의 일본 고베지진이나 1906년의 샌프란시스코 지진에서는 지진 자체의 피해보다 폭발이나 화재 등의 2차적 피해가 더 컸다고 알려져 있다.

2) 국내에서도 최근 소규모의 지진이 자주 발생하고 있으므로, 이러한 지진화재에 대한 대책을 수립하고 있다. 특히, 지진 시에도 화재에 어느 정도 대응할 수 있도록 소방시설의 내진설계 개념이 도입되었다.

2. 지진화재의 메커니즘

1) 지진의 발생

(1) 지진이 발생되면 내화구조물의 구조가 손상되어 내화성능이 급격히 약화되고 방화구획 등이 그 기능을 발휘할 수 없게 된다.

(2) 또한 소화배관이나 화재감지시스템 등도 손상되어 그 기능을 상실하게 된다.

2) 화재 발생

(1) 지진에 의한 충격으로 가스배관 등이 손상되거나, 저장되어 있던 위험물이 유출된다.

(2) 이러한 상태에서 전선의 탈락이나 단락, 나화 발생 등과 같은 점화원에 의해 화재가 발생된다.

(3) 물론 점화원의 노출로 인해 일반 가구와 같은 가연물에 착화되어 화재가 발생되는 경우도 생기게 된다.

3) 화재의 확산

(1) 내화구조, 방화구획의 기능상실과 소화설비의 파손으로 인해 화재가 제어되지 못하고 급격히 확대된다.

　① 내화구조, 방화구획 등의 벽체, 바닥 파손

　② 소화배관의 파손

　③ 소방전기배선의 단선, 지락, 단락

(2) 도로 등의 붕괴로 인해 소방대의 진입이 불가능하므로 화재의 진화작업도 매우 어려워지게 된다.

3. 지진화재의 주요 원인

1) 전기 및 관련설비의 파손으로 인한 화재

2) LNG 등과 같은 가연성 가스의 누출로 인한 화재

3) 휘발유 등과 같은 가연성 액체의 누출로 인한 화재

4) 지진 발생 시의 정전기로 인한 화재

5) 자연발화

6) 방화

7) 지진에 따른 연쇄작용(이 과정은 분석이 매우 어려운 것으로 알려져 있음)

4. 지진화재에 대한 방재대책

1) 지진에 대한 조기경보시스템은 지진 발생 전에 인명 대피 등에는 대응할 수 있게 하지만, 지진 화재의 예방이나 진압에 효과를 발휘하는 것은 아니다.

2) 지진화재의 예방

    (1) 건축물의 내진성능 향상

        ① 신축되는 건축물에 대하여 내진설계 개념을 도입한다.

        ② 기존 건축물에 대하여 지진에 대한 보완조치 실시

        ③ 내진설계에는 강도증강법, 지진격리장치의 적용 등이 있다.

    (2) 전기시설, 가스시설 등에 대한 내진성능 향상

        ① 전기시설의 공진 방지

        ② 전선관은 가급적 가요성의 관을 사용하며, 전선은 길이에 여유를 두어 시공

        ③ 주요 장치(변압기, 보일러 등)에 대하여 내진 가대를 설치

        ④ 가스배관 등은 일정 구간마다 가요성 커플링 등을 적용하여 건물 진동 등에 견딜 수 있 도록 한다.

    (3) 지진화재 시에 대응하기 위한 비상대응계획의 수립

3) 소방시설의 내진설계

    (1) 소화수조

        기초, 본체 및 연결 부분의 구조안정성 확보

    (2) 가압송수장치

        앵커볼트로 고정하여 진동하지 않도록 조치

        (방진지지장치가 있는 경우에는 내진 스토퍼를 설치함)

    (3) 소화배관

        ① 유연성 부여 : 지진분리이음 또는 지진분리장치 설치

        ② 벽, 바닥 관통부에 대한 틈새

        ③ 배관 고정(Bracing) : 횡방향, 종방향 및 4방향 버팀대

        ④ 움직임 제한 : 가지배관의 횡방향 흔들림 제한(버팀대 또는 와이어 고정)

        ⑤ 행거 및 지지대 : 배관의 상하방향 움직임을 방지

    (4) 제어반

        고정용 볼트로 벽에 고정하거나, 앵커볼트로 바닥에 고정한다.

    (5) 가스계 소화설비 저장용기

        지진하중에 의해 전도되지 않도록 설치할 것

방재
대책

산림화재의 특성 및 방재대책에 대하여 기술하시오.

1. 개요

산림화재는 세계 각국에서 빈번하게 발생하고 있으며, 그 진화가 매우 어려워 수년간 지속되는 경우도 있다. 국내에서도 주기적으로 강원도 지역 등에 대형 산불이 발생하고 있으며, 많은 피해를 초래하였다.

2. 산림화재의 확산 형태

1) 표면화재(지표화, Surface Fire)

(1) 가장 발생빈도가 높은 산불로서 낙엽, 잡초 등에 불이 붙어서 확산되는 화재이다.

(2) 편면연소(바람방향의 반대쪽이 연기에 그을리는 현상)가 발생된다.

(3) 표면연료의 뭉쳐진 상태, 겉보기밀도, 나무 크기와 종류, 분포 등에 따라 달라진다.

(4) 크기가 작은 가연물이 연소되는 짧은 화염양상의 기간에는 에너지 방출률이 높고, 큰 연료가 소모되는 비교적 긴 작열, 훈소의 기간에는 에너지 방출률이 낮다.

(5) 사다리 역할 연료와 상부층 캐노피 연료로의 Stem Fire, Crown Fire로 전파될 가능성에 주의해야 한다.

2) 수간화(Stem Fire)

(1) 중간 높이 정도의 사다리 역할을 하는 수목들의 화재이다.

(2) 나무 표면이 건조하거나, 구멍이 있어서 줄기가 타는 현상이다.

(3) 나무 내부의 공동부분이 굴뚝역할을 하여 비화(Spot Fire)를 일으켜서 지표화(표면화재)를 일으키거나, 사다리연료를 통해 순식간에 상층부로 화재가 확산되는 현상인 토칭(Torching)에 의해 상부층 화재로 번지는 경우가 많다.

3) 상부층 화재(수관화, Crown fire)

(1) 상부층 연료(캐노피 내의 살아있는 물질 또는 죽은 물질)의 화재이다.

(2) 표면화재가 지면 위 상당한 높이에 위치한 캐노피 연료를 예열하고 연소시키기에 충분한 에너지를 방출할 수 있을 때 발생 가능하다.

(3) 상부층 화재의 확산은 캐노피 부분의 가연물 밀도와 화재확산속도에 따라 달라진다.

(4) 바람방향에 따라 V자형으로 연소하며, 그 폭은 20~40 [m] 정도된다.

(5) 중심부의 최고온도가 1,175 [℃]에 달한다.

(6) 이동속도가 시간당 2~4 [km] 정도이며, 바람이 강하면 시간당 15 [km]까지 확대된다.

(7) 비화가 발생하며, 수관화가 초대형 산불의 주요 원인이다.

4) 지중화(훈소화재, Ground Fire 또는 Smoldering Fire)

(1) 땅 속의 뿌리부분이 타는 현상으로, 산소공급이 적어 연기도 적고 불꽃도 없어 발견하기가 어렵다.

(2) 일반적으로 토양의 유기물 층, 썩은 낙엽더미의 함수율이 낮아진 상태에서 며칠에서 몇 달에 걸쳐 천천히 연소될 수 있다.

(3) 온도는 낮지만 수목의 뿌리를 태워 피해가 크다.

(4) 진화하기가 어렵고, 연소방향이 복잡하다.

(5) 훈소화재는 많은 양의 목재연료와 토양 유기물층을 연소시켜 대량의 연기를 생성한다.

3. 산불의 특성 및 피해

1) 산불의 특성

(1) 산불이 발생되면 주위온도가 급상승하여 상승기류가 형성된다.

(2) 이때 작은 불꽃이 하늘로 치솟아 화염을 발생시키며, 상승기류로 인한 화재플룸(Plume)이 주위로 연소확대시키게 된다.

(3) 즉, 불이 붙은 솔방울이나 나뭇가지 등이 상승기류에 의해 불티 역할을 하여 수백 미터 이상 떨어진 위치에까지 화재를 확대시킨다.(비화)

2) 산불의 피해

(1) 산림화재에서는 스프링클러, 감지기 등 현대의 소방시설 사용이 어렵고, 소방대의 현장 도착에까지 많은 시간이 걸린다.

(2) 또한 최근에는 지구온난화로 인한 가뭄으로 초대형 산불이 자주 발생되었다.

(3) 이러한 산불은 대규모로 생태계를 파괴하며, 대기를 오염시켜 지구 온난화를 촉진한다.

(4) 수십 년간 키워온 나무 · 목재가 모두 사용이 불가능해진다.

(5) 고온도로 인하여 주위 민가 및 각종 문화재 소실을 발생시킨다.

4. 산림화재의 주요 원인

1) 등산객의 담뱃불, 취사 · 장작불 잔화가 가장 큰 원인이다.

2) 산간도로 차량에서의 담배 투척이나 산악지역의 통신시설물 파손에 의해 발생될 수 있다.

3) 건조한 상태가 장기간 유지되는 겨울철~초봄에 많이 발생한다.

   (1) 낙뢰에 의한 발화

   (2) 나뭇가지의 바람에 의한 마찰열로 발화 (→ 일부에서의 가설)

4) 산림화재는 강우량, 지형, 수목의 종류에 따라 화재가 다르다.

방재
대책

5. 산림화재의 영향인자

1) 수목의 종류 및 밀도

(1) 수목의 종류

① 활엽수는 침엽수에 비해 불에 대한 저항력이 크다.

② 내화수 : 불에 타도 마르지 않아 고사하지 않는 수목

③ 방화수 : 불에 잘 타지 않고 복사선을 차단하며 화재(연소) 전파를 막는 힘이 있는 수목

(2) 낙엽이나 잡초

호주 등에서는 연소확대 방지를 위해 수년에 한번씩 풀을 태워버린다.

2) 지형

경사도가 클수록 화재 전파가 촉진되며, 진행 방향에도 영향을 미친다.

3) 기후

(1) 강우량 · 습도

① 강우량이 적고 습도가 낮으면 발생 가능성, 확대속도가 증가된다.

② 상대습도보다는 실효습도의 개념이 유용하다.

(2) 바람

연소속도, 연소확대 방향에 영향을 미친다.

6. 산림화재의 예방대책

1) 등산객들에게 가연물, 점화원 소지를 금지시키고, 흡연 · 취사 또한 금지시킨다.

2) 풀이나 잡초 제거, 초목을 태우는 등 환경적으로 문제가 없는 범위 내에서 화학약품 등을 이용한다.

3) 입산 금지 조치 : 산불 위험이 높은 늦가을~초봄에 등산객 출입 금지 조치

4) 식목일 · 한식 등 행락객이 많은 시점에서 방송 등을 통한 대국민 홍보

5) 산림지대 중간중간마다 방화수를 심어 연소확대를 지연시키도록 조치해 둔다.

6) 산봉우리에 감시초소를 설치하여 낙뢰 등에 의한 화재 조기 발견을 하도록 한다.

7. 산림화재의 진화

1) 방화선(Fire Break)이나 맞불

(1) 나무를 베어내고 흙으로 덮어 가연물을 제거하며, 깊은 도랑이나 호를 파서 방화선을 형성한다.

(2) 이러한 방화선에 마주치는 화염에 화염방사기로 맞불을 놓아 화염을 약화시킨다.

2) 소화약제의 살포

(1) 소화약제

① 증점제를 첨가한 물 소화약제
- 나무에 밀착되어 유실되지 않고 냉각 소화
- 방사거리가 길어져 멀리까지도 주수가 가능
- 두꺼운 층을 형성하여 질식소화 효과

② Class A Foam
- 목재화재시험에 의하면, Class A 포가 물보다 더 우수하다.
- 수동 호스라인을 이용하여 소화한다.
- 재발화 시간이 길어진다.

③ Fire Brake

(2) 적용방법

① Backpack Pump Tank 소화기를 이용
② 수동의 호스 · 노즐 이용
③ 헬기 등을 이용한 공중살포

3) 산불에 대한 대응계획의 수립

(1) 산불진화에 대한 통합지휘체계 구축
(2) 문화재 · 민가 화재 확대 방지를 위한 대책 수립

8. 결론

1) 산림화재는 대기 · 생태계를 파괴시켜 인간의 생존을 위협할 수 있으며, 수십 년간 키워온 많은 수목들을 한순간에 잃어버리게 한다.
2) 대국민 홍보와 조기 발견을 위한 감시체제 운영, 조기소화 시스템의 개발 등이 절실히 요구된다.

문제

산림화재 발생 시 피해를 최소화하는 예방대책 중 산림희박화의 구체적인 목적과 방법들에 관하여 설명하시오.

방재
대책

1. 산림희박화의 목적

1) 산림희박화는 상부층 및 사다리 연료를 감소시키는 것이며, 이를 통해 상부층 화재로 인한 산림화재의 피해(비화 등) 위험을 감소시키는 데에 그 목적이 있다.

2) 산림의 가연물 저감방법

　(1) 상부층 연료 제거

　(2) 사다리 연료 제거

　(3) 표면 연료 제거

2. 산림희박화의 방법

1) 상부층 희박화

　(1) 직경이 큰 나무를 제거하는 방법

　(2) 상부의 가연물의 밀도, 연속성은 감소하지만, 하부에는 영향이 거의 없다.

　(3) 상부층에서의 화재확산은 약간 감소되며, 토칭에는 영향이 없다.

2) 하부층 희박화

　(1) 주로 작은 나무들을 제거하는 방법

　(2) 전체적인 가연물의 높이는 오히려 높아질 수 있다.

　(3) 하부층의 가연물을 줄여 표면화재(지표화)를 크게 감소시킨다.

　(4) 상부층에서 화재가 개시되며, 토칭은 크게 감소된다.

3) 선택적 희박화

　(1) 높은 나무들을 제거하여 작은 나무들의 성장을 자극하는 방법

　(2) 상부의 가연물의 감소되며, 하부에서의 영향은 적다.

　(3) 나무를 많이 제거할 경우 상부층 확산은 약간 감소되지만, 토칭에는 영향이 없다.

4) 자유 희박화

　(1) 개별 종류의 나무를 선택적으로 제거하는 방법

　(2) 제거되는 나무의 종류에 따라 가연물이 감소되며, 토칭도 약간 감소한다.

5) 지리적 희박화

　(1) 정해진 간격이나 지리적 모양에 따라 나무를 제거하는 방법

　(2) 상부층의 화재확산과 토칭이 감소된다.

6) 다양한 밀도 희박화

여러 가지 희박화 방법을 조합하여 이용하는 방법

화재와 기류의 관계 중 불안정 기층에서의 선풍(Whirl Winds)과 화재폭풍(Fire Storm)에 대하여 설명하시오.

1. 개요

대기 중에서 대형 화재는 다음과 같은 현상을 발생시킬 수 있다.

1) 바람에 의해 화재 플룸이 기울어짐
2) 바람에 의해 플룸이 회전
3) 화구(Fire Ball)
4) 화재 폭풍(Fire Storm)

2. 선풍

1) 정의

회오리 화염(Fire Whirl)은 대규모 화재(도시화재 또는 울창한 산림화재)에서 발생하는 특이한 연소현상으로서 길이가 긴 화염이 회전하면서 높은 연소열을 발생시킨다.

(크기는 일반적으로는 직경 1 [m] 미만이고, 회전 속도는 10 [m/s] 정도)

2) 발생 과정

(1) 대기의 불안정성에 의해 화원 주위에 회전 유동 형성
(2) 이러한 회전유동이 화염의 상승기류 속으로 유입됨에 따라 화염 주위에 회전 유동 형성
(3) 그 회전유동의 모멘텀이 화염으로 전이되어 화염의 높이 및 회전속도를 증가시켜서 연소속도가 함께 증가
(4) 화재에서의 부력과 공기 회전의 조합으로 발생

3) 발생장소

(1) 산림화재

　보통 평평한 지면이나 장애물의 내리 바람 측면 또는 산 능선에서 발생

(2) 도시화재

① 도심의 고층, 밀집화로 인해 대형화재가 발생할 경우 주변 건물들이 공기 흐름을 방해하여 공기 유동장 형성
② 이에 따라 회오리 화염이 도심화재에서도 발생

4) 문제점

주위와의 압력차로 인해 큰 흡입력과 양력을 가지게 되어 일반적인 화재에 비해 매우 파괴적이며, 수직기류 및 화염길이 증가로 인해 비교적 큰 크기의 불티 등의 불씨가 먼 곳까지 전파되어 화재를 확대시킨다.

(1) 높은 연소속도

Fire Whirl 내부에서 열방출률과 연소율이 증가하면서 연소속도가 급증한다.

(2) 연소확대

① Fire Whirl이 직접 미연소지역으로 이동하거나, 큰 수직기류로 불티(Firebrand)를 인접지역으로 날아가게 하여 화재가 확산될 수 있다.

② 화재 회오리 내부의 수직기류의 강도가 커서 일반적 화재의 것보다 불티(Firebrand)의 크기가 크고, 이로 인해 발생하는 비화는 화재를 전방으로 갑자기 확대시킬 수 있고 기존 화재보다 훨씬 더 격렬한 화재를 발생시킬 수 있다.

5) 사례 및 연구 현황

(1) 샌프란시스코 대지진, 관동 대지진에서의 화염 회오리가 대규모 피해의 한 요인이었으며, 2003년 캔버라(Canberra) 화재에서는 화재 토네이도가 발생하였다.

(2) 선풍은 도시화재나 산불과 같이 광범위한 지형에서 발생하고 여러 기상조건과 자연환경 등과 같은 다양한 변수들을 고려해야 하므로, 그 특성과 발생 메커니즘을 명확하게 정의하기 어려운 실정이다.

3. 화재 폭풍

1) 화재 폭풍은 자체적으로 유도 공급되는 바람에 의한 강하고 격렬한 대류화재이다.

2) 발생 메커니즘

(1) 화재의 대류 기둥(플룸)에 의해 내부로 끌어당기는 힘이 발생

(2) 이에 따라 식물이나 작은 돌이 화재 플룸 내부로 유입되며 상승

(3) 착화된 불티 등을 먼 곳으로 이동시켜 화재를 확대시킴

3) 화재 폭풍은 토네이도 성의 화재 소용돌이를 가지고, 아주 강한 내부 드래프트를 수반한다.

임야화재의 대표적인 발화원인과 화재원인별 조사방법에 대하여 설명하시오.

1. 개요

1) 임야화재는 산림이나 초원에서 발생하는 화재를 말한다.
2) 임야화재의 발화성은 가연물의 크기 및 특성(밀도, 배열, 온도 등), 상대습도(수분함유량), 기름 및 미네랄 함유량, 기상조건, 지형 등에 영향을 받는다.

2. 발화원인별 화재조사

1) 자연적 원인

   (1) 낙뢰

   ① 나무기둥을 쪼갠 흔적

   ② 섬전암(뿌리부분에서의 모래 용융에 의한 유리 같은 덩어리)
      → GPS와 낙뢰정보를 활용하여 화재조사

   (2) 자연발화

   ① 생물학적, 화학적 반응에 의한 자연발화

   ② 건초, 곡물, 먹이, 나뭇조각 더미 등이 분해되며, 고온다습한 날씨에서 발생

2) 인적 원인

   (1) 캠핑

   ① 캠핑장은 완전연소해도 원형으로 놓인 돌, 재가 많은 구덩이, 나무가 쌓여 있는 흔적 등이 남게 된다.

   ② 버려진 음식용기, 텐트막대, 금속 밧줄고리 등이 발견되면 그 증거가 될 수 있다.

   (2) 흡연

   흡연에 의한 화재는 다음과 같은 상황이어야 발생할 수 있다.

   ① 습도 : 가연물 수분이 25 [%] 이하로 메마른 상태

   ② 가연물 : 썩은 나무같이 가늘거나 가루상태일 것

   ③ 담배꽁초 필터와 재 또는 성냥이 발견될 수도 있음

   (3) 잔해 연소

   ① 주거지의 쓰레기 소각, 폐기물 처리장에서 발생

   ② 바람이 부는 경우 소각장소로부터 먼 곳에서 발화 가능

   ③ 소각로, 연소통 등에 대한 목격자 조사와 소각규정 준수 여부 확인

방재
대책

(4) 햇빛과 유리의 굴절

① 특정 유리나 빛나는 물체에 의해 수렴화재가 발생할 수 있다.

② 금속 캔의 경우에는 화재원인이 될 가능성이 낮다.

(5) 방화

① 2곳 이상의 사람의 왕래가 많은 곳에서 발생한다.

② 담배, 밧줄, 고무줄, 테이프, 양초 및 전선 등 확인

(6) 소각작업

자원관리를 목적으로 승인된 계획에 따라 의도적으로 발생시킨 화재

(7) 기계류 및 차량

① 기계류 고장, 과열, 연료 누설, 마찰 등에 의한 발화

② 전력 또는 동력 장비를 가연성 식물 근처에서 사용할 경우에 발생

(8) 철로

① 철로의 잡초 제거를 위한 소각작업에 의한 화재

② 기관차 배기탄소, 브레이크 마찰 등에 의해 발생 가능

(9) 불장난

① 어린이의 호기심과 부주의에 의한 화재

② 성냥, 라이터 또는 기타 발화장치가 집, 학교, 운동장, 캠프장 및 나무가 많은 지역에서 발견

(10) 불꽃놀이

대부분 불꽃은 금속이나 나무로 된 심이 있는데, 이것이 발화지점 인근에서 발견될 수 있다.

3) 공공시설

(1) 전기시설

① 전선이 나무와 접촉하여 발화

② 전기 펜스가 가연성 물질의 발화를 일으킬 수 있다.

(2) 석유 및 가스 채굴

① 채굴을 위한 작업 중 담배, 장비, 전기에 의한 화재

② 유정 폭발 또는 송유관 누설에 의한 화재

방화(放火)의 실태 및 대책방안에 대하여 논하시오.

1. 개요

1) 화재라 함은 일반적으로 사람의 의도에 반하여 또는 방화에 의하여 발생하는 소화가 필요한 연소현상으로서, 이를 소화할 때에는 소화시설 또는 이와 동등의 효과가 있는 것의 이용이 필요한 것이라고 정의된다.

2) 방화는 사람이 의도적으로 화재를 발생시키는 것으로서, 일반적인 화재와는 다른 특성을 가지고 있다.

2. 방화의 특징 및 실태

1) 방화의 특징

(1) 방화의 원인은 매우 다양하다.
   (원한, 불화, 사회적 비관, 범죄 은폐, 경제적 이익 목적, 정신 이상 등)

(2) 인명에 대한 방화가 많고, 용도별로는 주택에 대한 방화가 많다.

(3) 휘발유, 시너 등을 사용하는 경우가 많아 화재확산이 매우 빠르다.

(4) 방화의 발생은 계절이나 주기와는 상관없이 발생된다.

(5) 소방시설의 설계는 방화를 고려하지 않는 개념이므로, 이에 대한 조기 진화가 매우 어렵다.

2) 방화의 실태

(1) 미국의 경우에는 전체 화재 중에서 방화가 가장 많다.

(2) 국내에서도 사회적 다양성이 증가되고, 화재조사기법의 발달로 인해 점차 방화의 비중이 높아지고 있는 추세이다.

3. 방화의 원인 분석

1) 방화의 주요 동기

(1) 파괴적 기질(Vandalism)
   ① 고의, 악의적인 장난
   ② 동료 또는 집단 행동

(2) 흥미

방재
대책

　　(3) 복수심

　　　　① 개인 또는 집단에 대한 복수심

　　　　② 제도 또는 기관에 대한 복수심

　　　　③ 사회에 대한 복수심

　　(4) 범죄 은폐

　　　　① 살인 은폐

　　　　② 강도 은폐

　　　　③ 기록 또는 서류 파기

　　(5) 경제적 이익

　　　　보험, 경쟁회사

　　(6) 과격주의(Extremism)

　　　　① 테러리즘

　　　　② 폭동, 사회혼란

2) 방화의 발생시간

　　00~04시 사이의 새벽이 가장 많다.

4. 방화의 단서

1) 다중화재

　　2 이상의 지점에서 서로 무관하게 동시에 발생한 화재

2) 트레일러 패턴의 존재

　　고의적으로 공급한 연료 또는 다른 지역으로의 연소확대를 촉진하기 위해 사용된 기존 가연물의 조작(**예** 가솔린과 같은 촉진제 사용)

3) 점화원의 부재 또는 가연물의 특이한 연소

　　발화지점에서의 화재 손상 흔적이

　　(1) 가연물의 화재하중

　　(2) 열방출률　　　　　　　등과 일치하지 않는 경우

　　(3) 잠재적 발화원

4) 특이한 촉진제

　　3, 4차 산화재와 가연물이 혼합되어 사용된 경우

5) 비정상적인 연료의 배치

　　(1) 발화지점에서 비정상적으로 큰 가연물이 발견되거나

　　(2) 일반적으로 발화지점이 될 수 없는 장소가 발화지점이 된 경우

(3) 현장의 가연물 배치로 볼 때 발화지점이 될 수 없는 곳이 발화지점이 된 경우

6) 화상

방화 화재를 일으키는 과정에서 화상을 입을 수 있으므로, 피해자의 화상에 대해 확인해야 한다.

7) 방화장치(Incendiary Device)

방화를 일으키기 위해 사용된 성냥, 담배, 양초, 전열기, 화염병, 지연장치 등의 발견

8) 발화지점 내 인화성 액체의 존재

인화성 액체가 사용되었거나 현장에 남겨져 있는 경우 액체 촉진제가 사용된 것으로 예상할 수 있다.

5. 방화에 대한 대책

1) 처벌 기준의 강화
2) 방화범죄에 대한 예방, 홍보, 자료 수집 및 화재조사를 위한 기관 설치
3) 방화사건에 대한 수사전담반을 구성하여 검거율을 높임
4) 방화 관련 전문기관의 설립
   방화에 대한 통계 마련 및 이론 정립, 화재원인조사 전문 인력 확보
5) 미국의 방화 관련 연방 프로그램과 같은 시스템 도입
   (1) 방화범죄에 대한 발견 기술 발전
   (2) 방화범죄에 대비한 지식의 제공
   (3) 방화범죄에 대한 데이터 수집 및 범 국가적 통계자료 마련
   (4) 방화 방지 및 방화범 검거를 위한 지침서 개발
   (5) 대중 교육 프로그램의 개발
6) 사회적 소외계층에 대한 지속적 관심 및 교육 프로그램 운영

6. 결론

사회가 다양화·복잡화되어 감에 따라 방화의 발생이 점점 늘고 있으며, 불특정 다수에 대한 동기가 없는 방화도 많이 발생되고 있다.

이에 대하여 국가적인 방재대책, 소외계층에 대한 배려, 방화전담 기관의 구성 등을 적극적으로 검토해야 한다고 판단된다.

PART 09

FIRE PROTECTION PROFESSIONAL ENGINEER

PBD 및 소방실무

CHAPTER 25 │ 성능위주설계

▣ 단원 개요

성능위주설계(PBD)는 건축물 등의 재료, 공간, 이용자, 화재 특성 등을 종합적으로 고려하여 공학적 방법으로 화재 위험성을 평가하고 그 결과에 따라 화재안전성능이 확보될 수 있도록 특정소방대상물을 설계하는 것이다.

이 단원에서는 성능위주설계 관련 법령 기준, 절차 및 화재 모델링의 고려사항 등을 설명하고 있다.

▣ 단원 구성

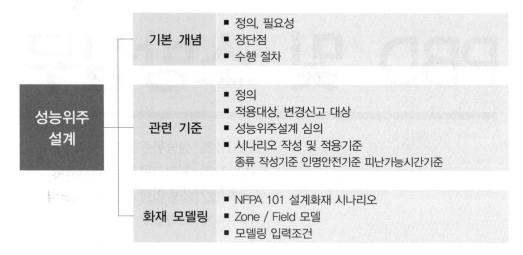

기본 개념	■ 정의, 필요성 ■ 장단점 ■ 수행 절차
관련 기준	■ 정의 ■ 적용대상, 변경신고 대상 ■ 성능위주설계 심의 ■ 시나리오 작성 및 적용기준 　종류 작성기준 인명안전기준 피난가능시간기준
화재 모델링	■ NFPA 101 설계화재 시나리오 ■ Zone / Field 모델 ■ 모델링 입력조건

성능위주
설계

▣ 단원 학습방법

성능위주설계 단원에서는 국내 소방법령 기준의 출제 비중이 매우 높다. 답안의 차별성을 높이기 위해 적용 대상부터 인명안전기준, 피난가능시간 기준 등에 대해서는 관련 기준뿐만 아니라, 마스터 종합반 강의에서 설명하고 있는 그에 대한 제정 배경이나 실무적 고려사항 등도 함께 알아두어야 한다.

국내 성능위주설계에서의 심의 과정에 활용되는 가이드라인과 평가단원의 주요 심의 의견 등에 대해서도 해당하는 각 단원에 포함시켜 두었으므로, 공학적 근거와 함께 철저히 학습해 두어야 한다.

문제

성능위주 소방설계(PBD ; Performance Based Design)의 필요성, 절차 및 장단점에
대하여 기술하시오.

1. 개요

1) 성능위주 소방설계(PBD)란, 기존의 법규기준을 적용하는 설계(CBD ; Code Based Design
   또는 Prescriptive Based Option)에 대비되는 개념으로서, 실제 화재안전 목표에 맞춰 공학
   적 분석기법을 활용하여 방재시스템을 구축하는 설계기법이다.

2) 즉, 규정이 아닌 실제 예상되는 화재에 대하여 성능기준에 입각하여 방재설비를 실제 현장에
   보다 적합하도록 설계하는 것이다.

2. PBD의 필요성

1) CBD에서는 특정 건물에서의 화재손실 가능성을 검토하지 않는다.
   → 용도 및 규모에 따라 획일적인 기준을 적용한다.
   (1) CBD에서 스프링클러를 설계할 경우, 헤드 설치간격, 내화시간, 최대 피난 거리 등을 고려
       하지만 화재 손실 영향은 고려하지 않는다.
   (2) 즉 CBD에서는 규정만을 고려하며, 특정 건물의 화재하중, 환기조건 등에 의한 스프링
       클러 작동 전의 화재 성장, 거주자의 안전한 대피를 위한 거주 가능조건 등은 고려하지
       않는다.

2) CBD는 설비가 과대해지거나, 실제 화재 시 필요한 요구조건을 충족시키지 못할 수도 있다.

3) 사양 중심의 규정 위주의 설계는 새로운 용도 · 건물 형태 등에 대하여 적용하기 어렵다.

성능
위주
설계

3. PBD의 장점

1) 고유 특성에 대한 정량적 검토 가능

현장의 건물 특성, 거주자 특성, 가연물 특성 등을 반영하고 관리자, 건축주 및 사회적 요구에 맞춘 건물 및 소방설비의 성능에 대한 정량적 평가 수행이 가능하다.

2) 요구에 따른 대안설계 가능

이해관계자의 요구에 따라 대안설계 및 선택 등이 가능하다.

3) 다양한 안전수준 설정

측정, 비교 및 분석된 대안설계를 통해 가능한 안전 수준을 선택할 수 있고, 이러한 안전수준의 선택은 비용, 효율성 및 유지관리 등에 유연성을 가질 수 있게 한다.

4) 엔지니어링 기술의 발전

성능위주설계는 엔지니어링의 엄격한 적용을 요구하므로, 이에 따라 화재 성능에 대한 많은 이해와 지식기반을 갖추게 한다.

5) 비용과 효율성간의 비교 가능

법규에 의해 요구되는 안전수준을 만족시키기 위한 비용 대비 효율성의 검토가 가능해진다.

6) 종합적 방재전략의 수립 가능

화재에 대비한 전략을 세우는 데 있어서 각 설비의 개별적 기능에 의존하지 않고, 전체 소방설비 시스템을 종합 평가한 전략을 세울 수 있다.

7) 손실 및 손해의 파악 가능

화재로 인해 발생되는 손실과 손해의 양을 이해하는 데 보다 나은 지식을 제공한다.

8) 신규 용도 등에 대한 대처 가능

법규적으로 해결할 수 없는 여러 현장상황이나 용도의 건물에 대한 해결이 가능하다.

4. PBD의 단점

1) 기초비용이 많이 든다.

법규에 의한 설계보다 많은 엔지니어링 기술과 높은 수준의 엔지니어가 요구되며, 기초 Data를 구축하는 데 많은 비용이 든다.

2) 설계자 능력에 많이 좌우된다.

화재시나리오의 설정에서부터 많은 가정과 선택이 필요하게 되는데, 이는 전적으로 설계자의 역량에 많이 좌우된다.

3) 많은 데이터나 시험이 필요하다.

화재성능 평가를 위한 마감재, 소방설비 등에 대한 성능데이터나 실제 테스트 결과치가 많이 있어야 한다.

4) 책임소재가 불분명하다.

설계 시공된 현장에 문제가 발생되면, 이에 대한 설계자와 감리, 시공자 및 소방서 등의 책임이 불분명하다.

5. 성능기준 소방설계의 절차

1) 프로젝트의 범위 설정

성능위주 소방설계의 첫 번째 단계로서, 아래와 같은 것들을 포함한 문서를 작성한다.
(1) 설계범위 및 프로젝트 스케줄
(2) 프로젝트와 관련된 이해관계자
(3) 건축주와 임대인에 의해 요구, 제안된 건물 시공방식 및 특성
(4) 거주자 및 건물의 특성
(5) 의도된 건물의 용도
(6) 적용된 법규 및 기준

2) 목표설정

(1) 이해당사자들의 화재안전 목표를 설정하는 단계이다.
(2) 화재안전목표는 이해관계자의 요구에 기반을 두고 다음을 포함시킨다.
　　① 인명안전 및 재산보호
　　② 영업의 연속성 확보
　　③ 문화재나 중요 재산의 보호
　　④ 환경 보호
(3) 이러한 화재안전목표 중에서 어떤 목표가 가장 중요한지도 결정한다.

3) 목적의 정의

(1) 설계목표를 구체적인 엔지니어링 용어로 정량화한 값으로 표현하는 과정이다.
(2) 화재전파나 열·연기 등에 의한 피해, 수용 가능한 최대피해 규모를 줄이는 것을 포함한다.

4) 성능기준의 개발 및 선택

(1) 성능평가를 위한 성능기준의 개발 및 선택이 이루어진다.
(2) 설계목적이 더 구체적인 형태로 나타나며, 이는 시험설계에서 예상되는 성능이 비교될 수 있는 항목의 구체적 숫자로 표시된다.
(3) 즉, 성능기준은 일반적으로 물질의 온도, 가스온도, 연기의 농도, 연기층의 높이, 복사열의 세기 등의 한계치로 표기된다.

(4) 예시

목표	목적	설계목적	성능기준
인명안전	화재실 외의 공간에서 인명사망이 없을 것	화재실 플래시오버 방지	COHb : 12 [%] 이하 가시거리 7 [m] 이상
재산보호	화재실 외의 공간에서 열에 의한 손실 없을 것	화재전파 가능성을 낮출 것	상층부 온도가 100 [℃] 이하일 것
업무의 연속성 유지	8시간 넘는 업무정지가 없을 것	심각한 결과를 초래하는 물품에 대한 연기의 노출이 없을 것	HCl 5 [ppm] 이하
환경피해 최소화	지하수로의 소화수 유입에 의한 오염 방지	적절한 소화용수 제공	설계 살수량의 1.2배 저장

5) 화재시나리오의 개발

(1) 발생 가능한 화재사고를 설명하고, 시나리오상에서 벌어지는 화재 특성, 건물 특성, 거주 인원들의 특성 등을 포함하는 화재시나리오를 개발한다.

(2) NFPA 5000에서는 8가지의 화재시나리오를 요구하고 있으며, 이것들은 순차적으로 시험 설계에 평가될 설계화재 시나리오로 합치거나 제외시켜 나가게 된다.
(8가지 화재시나리오의 패턴은 정해져 있음)

(3) 화재시나리오의 도출을 위한 Tools
FMEA, HAZOP, What-if, FTA, ETA 등의 위험분석 기법을 활용한다.

6) 시험설계 개발

(1) 설계 요구를 충족시키기 위한 시험설계 초안을 개발한다.

(2) 시험 설계는 제안된 화재방지시스템, 시공 특성, 운영 등을 고려하여 설계화재 시나리오를 사용하여 평가 시 성능기준을 만족시키는 설계를 도출해 내는 것이다.

7) 시험설계 평가

(1) 설계된 시험설계안에 대하여 성능기준을 만족시키는지 여부를 평가하는 것

(2) 시험설계의 평가방법

① 화재 시뮬레이션

- 화재시나리오의 설계화재에서의 성장속도와 소방설비 작동시간 등을 고려한다.
- FDS와 Smokeview 등을 사용하거나, CFAST 프로그램을 이용하여 화재 시뮬레이션을 수행한다.
- 성능기준에서의 거주한계와 비교하여 거주가능시간을 산출한다.

② 피난 시뮬레이션

- SFPE 핸드북에 제안된 피난시간 계산법이나 피난 모델링 프로그램 등을 이용하여 피난 이동시간을 산출한다.

- 총 피난시간은 산출된 (감지시간) + (지연시간) + (피난 이동시간)이 된다.
- 결정론적 방법에서는 만일 거주가능시간이 총 피난시간보다 크면 안전하다. 하지만 총 피난시간보다 거주가능시간이 짧은 경우에는 거주가능시간 이후에 피난하는 인원은 사망하는 것으로 간주된다.

8) 최종설계의 선택

(1) 시험설계가 평가에서 합격되면, 최종설계로 고려된다.
(2) 경제성, 소요시간, 유지관리성 등을 기준으로 수용 가능한 것이 최종 설계가 된다.

9) 설계문서화

(1) 화재방지 보고서
(2) 성능설계 보고서
(3) 도면, 그림 및 세부사항
(4) 유지관리 매뉴얼 포함

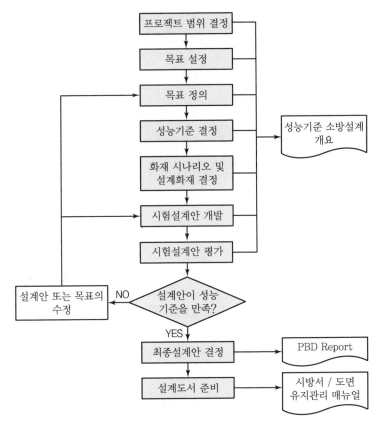

‖ SFPE 핸드북에 표현된 성능위주 소방설계의 절차도 ‖

NOTE

성능위주설계에서 평가해야 할 성능기준

SFPE 핸드북에서는 성능위주설계에서 확인해야 할 성능기준을 다음과 같은 4가지로 규정하고 있다.

1. 구성요소

• 건물의 구성요소 : 내화구조 성능, 마감재 평가
• 방호시스템 : 소방시설 평가

⇨

목표 성능을 달성할 수 있는 경우 허용 가능함

2. 환경적 성능기준

• 온도, 열류의 허용한계
• 가연성 물품의 양

⇨

화재 발생 시 견딜 수 있는 조건을 규정 (예 : 연기층의 높이, 연기층 온도 등)

3. 잠재 위험 성능

• FED
• 물체 표면온도 허용한계

⇨

방호되어야 할 물품의 허용 가능한 상태 (이 상태에 어떠한 방법으로 도달할지는 규정하거나 제한하지 않음 → 다양한 대안설계 가능)

4. 잠재 위험도 성능

Risk = 심도 × 빈도

예 화재로 인한 설비에서의 허용 가능한 손실(평균) : 연간 1만 달러 이하

성능위주설계 평가방법

1. 결정론적 방법

설계목적을 결정해 둔 상태에서

⇨

화재안전성능이 설계목적만 충족하면 됨

예 거주 불가능한 조건에 도달하기 전에 피난 완료(시뮬레이션)

2. 위험성평가 방법

좀 더 구체적으로 위험을 측정 (정량적 방법으로 위험을 표시)

⇨

수용가능한 범위 이내에 있는지 확인 $\dfrac{1}{1 \times 10^6}$ [명/Year] : 1년에 100만 명당 1명 사망

성능위주설계 관련 기준

1 성능위주설계의 정의

1. 성능위주설계란 건축물 등의 재료, 공간, 이용자, 화재 특성 등을 종합적으로 고려하여 공학적 방법으로 화재 위험성을 평가하고, 그 결과에 따라 화재안전성능이 확보될 수 있도록 특정소방대상물을 설계하는 것을 말한다.

2. 성능위주설계는 소방법령에 따라 제도화된 설계를 대체하여 설계하는 경우를 말하며, 성능위주설계 대상이 되는 건축물에 대하여는 화재안전기준 등 법규에 따라 설계된 화재안전성능보다 동등이상의 화재안전성능을 확보하도록 설계하여야 한다.

2 적용 대상

1. 성능위주설계의 대상

다음의 특정소방대상물(신축하는 것만 해당)에 소방시설을 설치하려는 경우

1) 연면적 20만 $[m^2]$ 이상인 특정소방대상물(아파트등 제외)

2) 다음에 해당하는 특정소방대상물

   (1) 아파트등 : 50층 이상(지하층 제외) 또는 지상으로부터 높이 200 [m] 이상

   (2) 아파트등 외의 경우 : 30층 이상(지하층 포함) 또는 지상으로부터 높이가 120 [m] 이상

3) 연면적 3만 $[m^2]$ 이상인 특정소방대상물로서 다음의 특정소방대상물

   (1) 철도 및 도시철도 시설

   (2) 공항시설

4) 창고시설 중 다음의 특정소방대상물

   (1) 연면적 10만 $[m^2]$ 이상인 것 (또는)

   (2) 지하층의 층수가 2개층 이상이고 지하층의 바닥면적의 합이 3만 $[m^2]$ 이상인 것

5) 하나의 건축물에 영화상영관이 10개 이상인 특정소방대상물

6) 지하연계 복합건축물에 해당하는 특정소방대상물

7) 터널 중 수저(水底)터널 또는 길이가 5천 m 이상인 것

2. 성능위주설계의 변경신고 대상

1) 해당 특정소방대상물의 연면적 · 높이 · 층수의 변경이 있는 경우

2) 변경신고 제외

   (1) 건축법에 따른 경미한 사항의 변경

      신축 · 증축 · 개축 · 재축 · 이전 · 대수선 또는 용도변경에 해당하지 아니하는 변경

(2) 건축법 제16조제2항에 따른 변경

① 건축물 동수나 층수 미변경

+

변경부분 바닥면적의 합계 ⇒
50 [m²] 범위 내 변경

[다음 요건을 모두 갖춘 경우]
① 변경부분 높이 : 1 [m] 이하 또는 H의 1/10 이하
② 위치 변경범위가 1 [m] 이내
③ 신고대상 규모에서 건축허가대상 규모로의 변경이 아닐 것

② 건축물 동수나 층수 미변경 + 변경부분 연면적 합계가 1/10 이하

③ 건축물의 층수를 미변경 + 변경되는 부분의 높이가 1 [m] 이하
또는 전체 높이의 1/10 이하인 경우

④ 허가 또는 신고 후 건축 중인 부분의 위치가 1 [m] 이내에서 변경되는 경우

⑤ 대수선에 해당하는 경우

❸ 성능위주설계의 심의

1. 심의의 종류

1) 성능위주설계의 사전검토

건축심의를 신청하기 전에 수행하는 성능위주설계 심의

2) 성능위주설계의 신고

건축허가를 신청하기 전에 수행하는 성능위주설계 심의

2. 제출서류

성능위주설계의 사전검토	성능위주설계의 신고
건축심의 신청 전	건축허가 신청 전
성능위주설계 사전검토 신청서	성능위주설계 신고서 (사전검토 결과 보완사항 반영)
1) 건축물의 개요(위치, 구조, 규모, 용도) 2) 부지 및 도로의 설치 계획 　(소방차량 진입 동선 포함) 3) 화재안전성능의 확보 계획	1) 건축물의 개요(위치, 구조, 규모, 용도) 2) 부지 및 도로의 설치 계획 　(소방차량 진입 동선 포함) 3) 화재안전성능의 확보 계획
4) 다음의 건축물 설계도면 　(1) 주단면도 및 입면도 　(2) 층별 평면도 및 창호도 　(3) 실내 · 실외 마감재료표	4) 다음의 건축물 설계도면 　(1) 주단면도 및 입면도 　(2) 층별 평면도 및 창호도 　(3) 실내 · 실외 마감재료표

성능위주설계의 사전검토	성능위주설계의 신고
(4) 방화구획도(화재 확대 방지계획 포함) (5) 건축물의 구조 설계에 따른 피난계획 및 피난 동선도	(4) 방화구획도(화재 확대 방지계획 포함) (5) 건축물의 구조 설계에 따른 피난계획 및 피난 동선도
5) 화재 및 피난 모의실험 결과	5) 성능위주설계 요소에 대한 성능평가 (화재 및 피난 모의실험 결과 포함)
6) 소방시설 설치계획 및 설계 설명서 (소방 기계 · 전기 분야 기본계통도 포함)	6) 소방시설의 설치계획 및 설계 설명서
	7) 성능위주설계 적용으로 인한 화재안전성능 비교표 8) 다음의 소방시설 설계도면 　　(1) 소방시설 계통도 및 층별 평면도 　　(2) 소화용수설비 및 연결송수구 설치 위치 평면도 　　(3) 종합방재실 설치 및 운영계획 　　(4) 상용전원 및 비상전원의 설치계획 　　(5) 소방시설의 내진설계 계통도 및 기준층 평면도(내진 시방서 및 계산서 등 세부 내용이 포함된 상세 설계도면은 제외) 　　(6) 소방시설에 대한 전기부하 및 소화펌프 등 용량계산서
7) 성능위주설계를 할 수 있는 자의 자격 · 기술인력을 확인할 수 있는 서류 8) 성능위주설계 계약서 사본	9) 성능위주설계를 할 수 있는 자의 자격 · 기술인력을 확인할 수 있는 서류 10) 성능위주설계 계약서 사본

❹ 화재 및 피난 시뮬레이션의 시나리오 작성 기준

1. 공통사항

1) 실제 건축물에서 발생 가능한 시나리오로 선정할 것
2) 건축물 특성에 따라 적용 가능한 모든 유형 중 가장 피해가 클 것으로 예상되는 최소 3개 이상의 시나리오에 대해 실시

2. 시나리오 유형

1) 시나리오 1

　　(1) 건물용도, 사용자 중심의 일반적인 화재를 가상함
　　(2) 필수 설명사항

① 건물사용자 특성

② 사용자의 수와 장소

③ 실 크기

④ 가구와 실내 내용물

⑤ 연소 가능한 물질들과 그 특성＋발화원

⑥ 환기조건

⑦ 최초 발화물과 발화물의 위치

2) 시나리오 2

(1) 내부 문들이 개방되어 있는 상황에서 피난로에 화재가 발생하여 급격한 화재연소가 이루어지는 상황을 가상

(2) 화재 시 가능한 피난방법의 수에 중심을 두고 작성

3) 시나리오 3

(1) 사람이 상주하지 않는 실에서 화재가 발생하지만, 잠재적으로 많은 재실자에게 위험이 되는 상황을 가상

(2) 재실자가 없는 곳에서 화재가 발생하여 많은 재실자가 있는 공간으로 연소 확대되는 상황에 중심을 두고 작성

4) 시나리오 4

(1) 많은 사람들이 있는 실에 인접한 벽이나 덕트 공간 등에서 화재가 발생한 상황을 가상

(2) 화재감지기가 없는 곳이나 자동으로 작동하는 소화설비가 없는 장소에서 화재가 발생하여 많은 재실자가 있는 곳으로의 연소 확대가 가능한 상황에 중심을 두고 작성

5) 시나리오 5

(1) 많은 거주자가 있는 아주 인접한 장소 중 소방시설의 작동범위에 들어가지 않은 장소에서 아주 천천히 성장하는 화재를 가상

(2) 작은 화재에서 시작하지만, 대형 화재를 일으킬 수 있는 화재에 중심을 두고 작성

6) 시나리오 6

(1) 건축물의 일반적인 사용 특성과 관련, 화재하중이 가장 큰 장소에서 발생한 아주 심각한 화재를 가상

(2) 재실자가 있는 공간에서 급격하게 연소 확대되는 화재를 중심으로 작성

7) 시나리오 7

(1) 외부에서 발생하여 본 건물로 화재가 확대되는 경우를 가상

(2) 본 건물에서 떨어진 장소에서 화재가 발생하여 본 건물로 화재가 확대되거나, 피난로를 막거나 거주가 불가능한 조건을 만드는 화재에 중심을 두고 작성

5 시나리오 적용 기준

1. 인명안전 기준

구분	성능기준		비고
호흡한계선	바닥으로부터 1.8 [m] 기준		
열에 의한 영향	60 [℃] 이하		
가시거리에 의한 영향	용도	허용가시거리 한계	① 고휘도유도등 ┐ 설치 시 집회시설 및
	기타시설	5 [m]	② 바닥유도등 ┤ 판매시설은 7 [m]를
	집회시설 판매시설	10 [m]	③ 축광유도표지 ┘ 적용 가능
독성에 의한 영향	성분	독성기준치	기타 독성가스는 실험결과에 따른 기준치를 적용 가능
	CO	1,400 [ppm]	
	O_2	15 [%] 이상	
	CO_2	5 [%] 이하	

[비고] 이 기준을 적용하지 않을 경우, 실험적 · 공학적 또는 국제적으로 검증된 명확한 근거 및 출처 또는 기술적인 검토자료를 제출하여야 한다.

2. 피난가능시간 기준

(단위 : 분)

용도	W1	W2	W3
사무실, 상업 및 산업건물, 학교, 대학교 (거주자는 건물의 내부, 경보, 탈출로에 익숙하고, 상시 깨어 있음)	<1	3	>4
상점, 박물관, 레저스포츠 센터, 그 밖의 문화집회시설 (거주자는 상시 깨어 있으나, 건물의 내부, 경보, 탈출로에 익숙하지 않음)	<2	3	>6
기숙사, 중/고층 주택 (거주자는 건물의 내부, 경보, 탈출로에 익숙하고, 수면상태일 가능성 있음)	<2	4	>5
호텔, 하숙용도 (거주자는 건물의 내부, 경보, 탈출로에 익숙하지도 않고, 수면상태일 가능성 있음)	<2	4	>6
병원, 요양소, 그 밖의 공공 숙소 (대부분의 거주자는 주변의 도움이 필요함)	<3	5	>8

1) W1

(1) 방재센터 등 CCTV 설비가 갖춰진 통제실의 방송을 통해 육성지침을 제공할 수 있는 경우

(2) 훈련된 직원에 의해 해당 공간 내의 모든 거주자들이 인지할 수 있는 육성지침을 제공할 수 있는 경우

2) W2

녹음된 음성 메시지 또는 훈련된 직원과 함께 경고방송을 제공할 수 있는 경우

3) W3

화재경보신호를 이용한 경보설비와 함께 비훈련 직원을 활용할 경우

3. 수용인원 산정기준

사용용도	[m²/인]	사용용도	[m²/인]
집회용도		상업용도	
고밀도지역(고정좌석 없음)	0.65	피난층 판매지역	2.8
저밀도지역(고정좌석 없음)	1.4	2층 이상 판매지역	3.7
벤치형 좌석	1인/좌석길이 45.7 [cm]	지하층 판매지역	2.8
고정좌석	고정좌석 수	보호용도	3.3
취사장	9.3	의료용도	
서가지역	9.3	입원치료구역	22.3
열람실	4.6	수면구역(구내숙소)	11.1
수영장	4.6(물 표면)	교정, 감호용도	11.1
수영장 데크	2.8	주거용도	
헬스장	4.6	호텔, 기숙사	18.6
운동실	1.4	아파트	18.6
무대	1.4	대형 숙식주거	18.6
접근출입구, 좁은 통로, 회랑	9.3	공업용도	
카지노 등	1	일반 및 고위험공업	9.3
스케이트장	4.6	특수공업	수용인원 이상
교육용도		업무용도	9.3
교실	1.9	창고용도(사업용도 외)	수용인원 이상
매점, 도서관, 작업실	4.6		

문제

NFPA 101에 따른 성능위주설계의 설계화재 시나리오 기준에 대하여 설명하시오.

1. 개요

1) 설계화재 시나리오는 건물이 견뎌야 할 화재위험 상황에 대하여 정의하는 것으로서, 수동적·능동적 방화설비가 대응해야 할 화재위험의 유형과 심도에 대하여 정량적으로 판단할 수 있도록 한다.

2) 성능위주 소방설계(PBD)에서는 이러한 설계화재 시나리오를 최소 8가지 이상 작성하여 조합 또는 선택에 의해 2~3가지 시나리오에 대한 시행설계를 수행하게 된다.

2. 설계화재 시나리오의 구성요소

화재 시나리오는 다음의 내용을 포함하여 구성되어야 한다.
(발화요소, 열방출속도곡선, 거주자 위치, 거주자 특성, 특수 상황)

1) 발화요소

(1) 발화원

① 설계화재의 발생 빈도를 고려할 때, 가장 중요한 요소가 된다.

② 종류 : 흡연, 나화, 전기, 방화, 복사열원 등

(2) 최초 착화물품 : 최초 착화물품은 다음의 이유로 중요하다.

① 그 자체의 열, 연기 등의 위험성

② 2번째 착화물품으로의 연소 확대를 발생시킴

(3) 2번째 착화 물품

① Flashover나 구조물의 구조 안전성이 고려되는 시나리오에서는 2번째 착화물품도 중요하다.

② 2번째 착화 물품이 열방출속도에 미치는 영향

• 최대 열방출속도가 증가될 수 있다.

• 화재의 성장기가 가속화된다.

2) 열방출속도(HRR) 곡선

3) 거주자의 위치

4) 거주자의 특성

수면, 음주, 노약자 또는 장애인 등의 특성

5) 특수상황

    (1) 발화 지점 : 은폐된 위치인 경우, 화재확대 이전에 발견이 어렵다.

    (2) 잠긴 출입문 또는 막힌 통로 : 피난을 방해하여 피난시간이 길어진다.

    (3) 설비의 유지관리 상태 불량

3. 설계화재 시나리오의 요건

1) 설계화재 시나리오는 다음의 3가지 중에서 최소한 1가지에 대해 현실성이 있어야 한다.

    (1) 초기 화재 위치

    (2) 화재의 초기성장속도

    (3) 연기의 발생

2) 시나리오의 상황이 건물에서 실제로 발생할 수 있는 위험상황이어야 한다.

4. 설계화재 시나리오의 종류

1) 시나리오 1

    (1) 건물의 용도와 관련한 전형적인 화재

    (2) 일반적으로 이 화재 시나리오가 발생가능성이 가장 높은 것으로 PBD에 반영된다.

2) 시나리오 2

    (1) 옥내로의 문이 개방된 상태의 피난로에서 발생되는 높은 성장속도의 화재

    (2) 이 시나리오는 피난경로에서 화재가 발생되어 피난로가 줄어드는 경우에서의 영향을 파악하기 위한 것이다.

    (3) 예를 들어 피난로에서 용접작업 중의 불티에 의해 발화되어 화재가 발생되는 경우

3) 시나리오 3

    (1) 비상주실에서 발생되어 큰 방의 많은 인원을 위협하게 되는 화재

    (2) 이 시나리오는 재실자가 없는 장소에서 발생된 화재가 잠재적으로 많은 재실자가 있는 공간으로 전파되는 경우에 대한 것이다.

    (3) 예를 들어 많은 재실자가 있는 큰 거실 옆의 창고(의류 창고 등)에서의 발화로 인한 연소확대

4) 시나리오 4

    (1) 많은 재실자가 있는 방 근처의 은폐된 벽이나 덕트 등에서 발생되는 화재

    (2) 화재감지설비가 없는 장소에서의 화재가 전파되어 미치는 영향을 판단하기 위한 것

    (3) 예를 들어 수직관통부 내의 전선에서 화재가 성장하여 인접된 실로 연소 확대되는 경우

5) 시나리오 5

(1) 많은 인원이 있는 방에 근접한 장소에서의 화재로서, 소방시설의 영향 범위를 벗어난 곳에서 매우 서서히 성장하는 화재

(2) 이 시나리오는 상대적으로 작게 발생된 화재이지만, 대형 화재로 발전할 수 있는 경우에 대한 영향을 파악하기 위한 것이다.

(3) 예를 들어 쓰레기통 내부의 담뱃불에서 시작되는 화재

6) 시나리오 6

(1) 건물의 용도상 매우 많은 화재하중에서 발생되는 화재

(2) 이 시나리오는 재실자가 있는 장소에서 빠르게 성장하는 화재에 대한 것이다.

(3) 예를 들어 제조 공정의 액체위험물 저장 랙(Rack)에서 발생된 화재

7) 시나리오 7

(1) 외부로부터의 화재

(2) 이 시나리오는 인접 지역에서의 화재가 해당 건물 내의 위험지역으로 확대되어 그 지역에서의 피난을 막거나, 그 지역을 거주 불가능 조건으로 만드는 화재에 대한 것이다.

(3) 예를 들어 산림지역에 있는 건물에서의 산림화재의 영향 등

(4) 일반적으로 시설 내의 가연물에 가장 인접해 있고, 가장 심각한 화재라고 표현되어 있다.

8) 시나리오 8

(1) 수동적 · 능동적 방화설비를 사용 불가능한 상황에서의 화재

(2) 이 시나리오는 소방시설의 작동 신뢰성이 낮거나, 사용할 수 없게 되는 상황을 고려하기 위한 것이다.

(3) 예를 들어 화재 발생 시 스프링클러나 경보장치, 제연설비 등이 미작동하거나 방화구획이 불량한 경우이다.

5. 결론

1) PBD에서는 위의 8가지 화재 시나리오를 작성하여 그중에서 발생확률이 높은 경우, 화재피해가 심각한 경우를 중심으로 2~3가지를 선정하여 시행설계안을 평가하게 된다.

2) NFPA 101의 경우 국내와 달리 시나리오 8(소방시설 등을 사용 불가능한 상황에서의 화재)이 시나리오에 포함되어 있다.

> **문제**
>
> 화재시뮬레이션에 이용되는 CFAST 모델과 FDS 모델의 특성과 각각 프로그램상의 제한
> 사항에 대하여 설명하시오.

1. 존 모델(Zone Model)을 이용한 CFAST

1) Zone Model

(1) 상부 층은 Fire Plume으로부터의 고온가스층으로 채워진 공간이고, 하부 층은 저온 상태
인 이상적인 실내화재 조건을 평면적으로 단순화한 이론

(2) 이상적인 실내화재 조건은 고온 상부층 온도와 실내 하부층 온도는 일정하며, 상부층과 하
부층은 온도 차이로 뚜렷한 경계로 나누어지는 것을 의미한다.

(3) 이러한 경계면을 연기층의 경계면이라고 한다.

2) CFAST의 특성

(1) 다수의 방을 가진 건축물에서 특정 화재에 의한 온도, 가스농도, 연기층 높이와 같은 영향
을 예측하는 Zone Model

(2) 미국의 NIST의 산하기관인 BFRL(Building and Fire Research Lab.)에서 제작

(3) 미소 시간에 대한 엔탈피와 질량유동에 기초하여 상태변수(온도, 압력)를 예측하는 방정식
을 풀어서 결과를 얻는다.

(4) 피난탈출시간, 아트리움의 연기층 온도, 스프링클러와 감지기의 작동, 부력가스의 압력차,
천장제트흐름의 온도, 천장 화재플룸의 온도 등이 예측 가능하다.

3) CFAST의 장점

(1) 다양한 화재 표현이 가능

(2) 다양한 상황에 대한 화재분석과 평가에 적용 가능

(3) 제연 시스템의 모델링이 가능

(4) 물질별 데이터베이스가 포함되어 있어서, 빠른 결과를 얻어낼 수 있다.

(5) 시간상의 출력값을 데이터 값뿐 아니라 그래프로도 볼 수 있다.

(6) 낮은 사양의 컴퓨터에서도 사용 가능하며, 사용하기 쉽다.

(7) 잘못된 입력에 대해 계산되지 않는다.

4) CFAST의 제한사항

(1) FAST 모델은 화재의 성장모델이 없다.

→ 연소물에 의해 방출되는 에너지와 물질의 연소시간에 관계된 비율로 표현된 화재를 사
용자가 정해 사용해야 한다.(FDS 모델링을 사용해서 성장모델을 우선 예측해야 함)

(2) Zone 모델이므로, 유동 해석에 대한 제한이 있다.

(3) 거주조건의 한계값으로 온도와 독성 간의 상호관계는 고려되지 않는다.

(4) 온도와 독성에 대한 인간의 반응은 동물과 비슷하다고 가정되었다.

(5) 모든 중요한 변수들이 결과로 나오지 않는다.

(6) 실의 구성은 사각형으로만 되고, 30개 실까지만 입력 가능하며, 스프링클러와 감지기의 최대 입력 개수는 20개이다.(3개의 실까지 신뢰할 만한 결과치를 보인다.)

2. CFD 모델인 FDS

1) Field Model – CFD(Computational Fluid Dynamics) 모델

(1) 화재시뮬레이션의 가장 발전된 단계의 모델

(2) 공간을 수많은 셀 형태로 쪼개어 각각의 셀에 대한 에너지 유동을 실시간으로 해석

(3) 계산시간은 많이 소요되지만, 각각의 공간에 대한 매우 자세하고 구체적인 정보를 결과치로 도출한다.

(4) 특정 건물 전체를 해석할 수도, 특정 공간만 분석할 수도 있다.

(5) 여러 CFD 모델 중에서 화재 전용으로 NIST에서 개발한 FDS가 국내에서는 가장 많이 사용된다.

2) FDS의 특성

(1) 시간별 특정 공간의 온도, 연기의 농도와 유동, 스프링클러 작동시간 예측 등의 거의 대부분을 해석할 수 있다.

(2) 연기의 강하시간, 피난통로에서의 연기 내 독성 분포, 제연설비 작동에 따른 영향 분석 등의 화재 시 위험요소들을 예측, 판단하여 설계에 반영 가능하다.

→ 예를 들어 연기 하강시간에 비해 피난가능시간이 짧은 경우에는 피난로를 확보하거나, 제연설비를 설치 또는 용량을 조절 가능하다.

(3) 화재로부터 나오는 열과 연기에 초점을 맞춘 열적 흐름에 대한 적절한 Navier – Stokes 방정식을 푸는 데 사용된다.

(4) CFD 모델과 FDS의 결과는 Smokeview를 통해 가시화할 수 있으며, 화재로 인해 발생된 연기의 흐름을 실험하고 시각화할 수 있다.

3) FDS의 제한사항

(1) FDS는 기본적으로 혼합분율 모델(Mixture Fraction Model)을 사용하므로, 산소농도가 충분할 때는 시험결과와 일치하나, 환기지배형 화재에서는 결과가 잘 맞지 않는다.

(2) 화재 전파는 격자의 간격에 많은 영향을 받고, 간격이 조밀할수록 결과가 정확하다.

→ 컴퓨터 사양을 고려하여 부분적으로 격자 간격을 조밀하게 하는 멀티 그리드법을 사용하는 것이 바람직하다.

> **문제**
>
> 화재모델의 사용 시 열과 연기에 대한 공학적 능력을 토대로 적절한 입력조건을 결정하기
> 위한 고려사항을 제시하시오.

1. 개요

1) 성능위주설계, 화재조사 및 소화설비 설계기준 등의 분야에서 화재모델링 적용 사례가 점점 증가하고 있다.

2) 이러한 모델링에서 다음과 같은 항목의 입력 데이터를 수집하는 것은 매우 중요하다.

2. 입력조건을 결정하기 위한 고려사항

1) 건축물의 공간 특성

   (1) 구조물의 크기

   ① 정확한 설계도면을 이용하여 작업해야 하며, 일반적인 2차원 평면도보다는 더 상세한 3차원 도면이어야 한다.

   ② 도면 표시항목 : 기하학적 형상, 개구부 상부, 개구부 하부, 높이와 폭, 실내의 가연성 물품의 위치 · 두께 및 높이

   (2) 내부마감재

   ① 벽, 천장, 바닥 내부 마감재는 열전달 및 화재확산에 큰 영향을 미친다.

   ② 실내 마감재의 종류(카펫, 석고보드 등), 두께 등을 정확하게 입력해야 한다.

2) 건축물의 화재 특성

   (1) 연료 및 화재성장

   ① 연료의 종류 및 해당 물질의 성질을 정확하게 입력해야 한다.

   ② 첫 번째 가연물과 2차 연료의 단위면적당 열방출률(HRR PUA)을 입력

   ③ 화재성장속도(α, 시간에 따른 HRR 변화율)도 입력

   ④ 위 사항의 정확한 입력을 위해 연료의 종류, 물성, 연료의 크기 및 배치방향, 실내의 연료 위치 등을 고려해야 한다.

   (2) 환기

   ① 모든 개구부를 파악하여 개구부의 높이, 폭, 개구부 상부 및 하부에 대한 사항을 확인해야 한다.

   ② 환기구의 종류 : 창문, 문, HVAC 및 과압배출구 등

③ 화재시점에서의 환기구의 개방 여부를 고려하고, HVAC의 경우 공기량과 온도도 고려해야 한다.

3) 화재감지 및 소화설비

(1) 헤드 및 감지기의 설치 높이, 설치 위치를 고려해야 한다.

(2) 소방시설이 성능을 발휘하지 못하는 원인은 올바른 위치에 설치하지 않기 때문이다.

4) HVAC 연동제어

(1) HVAC가 화재시 자탐설비와 연동하여 어떤 방식으로 제어되는지 고려해야 한다.

(2) 만약 자탐설비와 연동하여 정지하지 않고, MD(모터 댐퍼)가 작동되지 않는 방식일 경우 인접 구역으로의 연기 확산 위험이 크게 증가하게 된다.

5) 현장 조사

(1) 화재

① 화재조사의 목적으로 화재모델링을 수행 중이라면 화재가 진행되는 과정에서 언제, 어떠한 변화가 발생했는지 고려해야 한다.

② 또한 화재 기간 중에 환기조건이 변화했다면, 화재 거동이 언제, 어떻게 변동되었는지 파악하는 것도 중요하다.

(2) 사진 촬영

화재에 영향을 미치는 요소임에도 도면에 표시되지 않은 사항이 존재할 수 있으므로, 사진 촬영을 해 두어야 한다.

NOTE

화재 수치모델링의 적용분야

1. 소방공학 분야

1) 예상되는 위험으로부터 발생가능한 화재의 성장을 평가하기 위해 건축물의 성능위주설계 및 화재안전성 평가에서 화재모델링을 활용한다.

2) 성능위주설계

(1) 건물 내 연료와 용도에 따른 위험성을 고려하여 발생 가능한 화재 시나리오 예측

(2) 발생 가능성이 높고, 피해가 클 것으로 예상되는 시나리오를 선정

(3) 선정된 시나리오에 대처할 수 있는 소화설비를 설계하고, 설치위치를 결정

3) 화재안전성 평가

(1) 사용중인 건물의 화재안전성을 평가하여 시설을 보완하는 데 활용

(2) 건물의 용도 변화 시 소방시설의 적정성 평가에 활용

2. 화재조사 분야

1) 발생한 화재를 재구성하거나, 화재조사를 수행할 때 화재모델링을 활용하고 있다.

2) NFPA 921에 따라 화재조사는 과학적인 조사방법에 의해 수행되어야 하는데, 이러한 방법에서 중요한 단계 중 하나는 가설을 검증하는 것이다.

→ 화재 모델링은 과학적인 방법으로 가설을 검증하는 방법으로서, 어떤 가설이 타당한지 여부를 입증하는데 필요한 보충자료를 얻기 위해 사용된다.

3) 구체적인 활용 방법

(1) 화재 이해

① 환기조건을 달리 하면서 여러 번 모델링을 수행하여 화재가 어떻게 발생했는지 파악

② 수치 해석을 통해 플래시오버 발생시간 등을 계산 가능

(2) 타임라인 분석

① 화재모델링을 이용하여 타임라인 분석을 분석함으로써 화재 진행과정을 객관적으로 분석 가능

② 타임라인 분석은 (1)발생한 피해 분석 (2)소화설비의 작동 성능 이해 및 (3)점화시간을 파악하는 데 활용된다.

(3) 거주가능성 분석

화재모델링을 통해 특정 조건이 거주가능조건을 초과하는 과정을 분석하고, 이를 통해 피난의 문제점을 파악할 수 있다.

(4) 화재 증거 분석

화재모델링 결과를 화재조사에서 확인한 건물 손상 및 물증과 비교 분석 가능

(5) 화재현상의 시각화

화재에 대한 분석결과를 3차원 그래픽으로 표시

(6) 다중 가설의 검증

과학적 화재조사 과정에서 가설을 객관적으로 검증

3. 소화 분야

1) 필요 방수량 추정

(1) 사전 계획 단계에서 화재모델링을 활용하여 필요한 방수량(RFF, Required Fire Flow)를 결정할 수 있다.

(2) Iowa 식, NFA 식 및 ISO(Insurance Services Office) 식에 근거하여 적절한 시간 내에 화재를 제어하거나 진압할 수 있는 방수량을 추정할 수 있다.

2) 최상의 대책 수립

화재 모델링을 통해 건물 내의 화재 위험요인과 화재발생 가능성이 큰 부분을 분석할 수 있으므로, 이를 통해 소방시설 설계 대안을 검증하여 최상의 대책을 수립할 수 있다.

CHAPTER 26 | 위험성평가 및 화재조사

▣ 단원 개요

위험성 평가는 원전이나 화공 플랜트 등에서 수행하는 확률론적 성능위주설계 기법으로서, 이 단원에서는 평가 각 단계별 분석 기법의 특징을 다루고 있다.

화재조사는 화재 후 그에 대한 발생 및 확산 원인 등을 과학적 기법으로 조사하는 것으로서, 유사한 화재 재발방지를 위해 필요한 사항이다. 이 단원에서는 화재패턴, 각종 용어, 과학적 절차 등 기출문제 위주의 내용을 포함하고 있다.

▣ 단원 구성

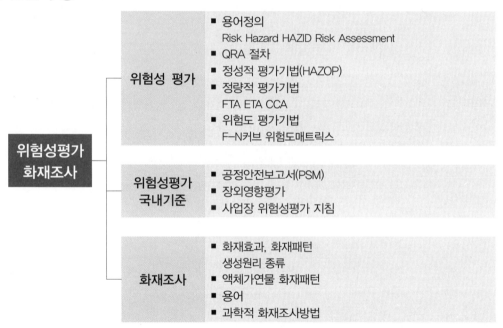

위험성평가 화재조사

위험성 평가
- 용어정의
  Risk Hazard HAZID Risk Assessment
- QRA 절차
- 정성적 평가기법(HAZOP)
- 정량적 평가기법
  FTA ETA CCA
- 위험도 평가기법
  F-N커브 위험도매트릭스

위험성평가 국내기준
- 공정안전보고서(PSM)
- 장외영향평가
- 사업장 위험성평가 지침

화재조사
- 화재효과, 화재패턴 생성원리 종류
- 액체가연물 화재패턴
- 용어
- 과학적 화재조사방법

▣ 단원 학습방법

위험성평가는 건축물과 플랜트에서의 적용 기법으로 분류하고, 화공플랜트의 경우 QRA를 중심으로 전체적인 운영 체계를 충분히 이해하는 것이 우선적으로 필요하다. 그 다음 자주 출제되는 개별 위험성평가기법에 대한 특징, 수행방법 등을 학습한다. 최근에는 국내 법령기준에 따른 위험성평가 기준이 자주 출제되고 있으므로, 그에 대한 비교표 형식의 정리가 요구된다.

화재조사의 경우 액체가연물 화재패턴, 전기적폭발 등이 자주 출제되는 경향을 보이고 있으며, 최근 제정된 소방의 화재조사에 관한 법률도 중요하다.

전반적으로 단순 암기가 아닌 이해를 바탕으로 한 정리를 우선해야 할 단원이다.

위험성평가 관련 용어

1. Hazard(위험, 위험요소)

사람, 재산 또는 환경에 손해를 끼칠 수 있는 가능성을 가진 화학적·물리적 상태 또는 상황
(반드시 피해를 일으키는 것은 아님)

예 고장, 부식, 화재, 누출 등

2. Risk(위험도)

- 생명, 재산, 환경에 원하지 않거나, 반하는 결과의 실현 가능성(the Chance of Loss)
- Risk의 추정은 보통 발생했다는 전제에서 사건의 결과와 시간의 조건적 확률에 대한 예상값에
  기초한다.

3. Risk/Hazard Identification(위험도 확인)

- 위험(Hazard)가 존재한다는 것을 인식한 상태에서, 해당 특성을 정의하는 과정
- 즉, 발생 가능한 Hazard를 검토하고 예상하는 계획적인 절차

4. Risk Analysis(위험도 분석)

- Risk Assessment, Risk Evaluation, Risk Management Alternative와 같이 생명, 건강, 자
  산 및 환경에 대한 원하지 않는 부정적인 결과를 이해하기 위해 수행하는 상세검토
- 바람직하지 않은 사건에 대한 정보를 제공하기 위한 분석적 과정
- 확인된 Risk에 대한 예상되는 결과와 확률의 정량화 과정

5. Risk Estimation(위험도 추정)

- Risk의 특성을 수치로 표현하는 과학적인 판단
- 이러한 수치로 표현되는 Risk의 특성에는 강도, 공간적 규모, 지속시간, 불리한 결과의 강도와
  확률뿐만 아니라, 원인과 결과 사이의 관계(Link)도 포함된다.

- 이러한 Risk의 측정방법은 완벽하게 객관적·과학적이지 않지만, 문제의 확인, 데이터 수집 및 감축, 정보의 통합은 모두 객관적인 평가를 통해 이루어져야 한다.

6. Risk Assessment(위험도 평가)

개인, 그룹, 사회 또는 환경에 대한 Risk 레벨 또는(and/or) 허용 가능한 Risk 레벨에 대한 정보를 구축하는 과정

7. Risk Evaluation(위험도 양적 평가)

Risk의 중요성과 허용 여부에 대한 판단을 하는 Risk Assessment의 구성요소

8. Acceptable Risk(허용 가능한 Risk)

- 화재위험도 분석에서 Zero Risk는 달성 불가능함(빈도나 심도 모두 0이 아님)
- 다만, 기술적으로 가능한 한 낮은 Risk에 도달하는 것이 필요하며, 이것이 허용 가능한 Risk임
- 또한 예외 없이 허용 가능한 Level의 화재 Risk는 존재하지 않는다.

9. HAZID(Hazard Identification)

- 기본설계에서 잠재적인 위험을 밝혀내 위험 원인을 적절히 제거하거나, 조절함에 의해 발생할 수 있는 사고의 위험을 설계기준 ALARP 이하로 유지하게 된다.
  (ALARP : As Low As Reasonably Practical로서, 실질적·합리적으로 실행될 수 있는 범위 내에서 가능하게 낮게 만든다는 의미)
- HAZID는 위험(Hazard)을 분석하기 위해 Checklist 등을 활용한다.

10. HAZOP(Hazard and Operability)

- HAZOP은 기본설계가 진행된 후, 상세설계에서 진행된다는 것이 HAZID와 다르며, 좀 더 구체적인 위험성평가 방법이다.
- 모든 분야의 전문가가 모여서 위험요소를 체계적으로 파악하는 검토방법이다.

11. RBI(Risk Based Inspection)

- 위험등급을 판정하여 RCM(예방정비)이 필요한 장치들을 선정하는 방법이다.
- 장치에 대한 Risk 평가가 필요하며, 수준에 따라 Level 1~3 수준의 RBI가 있다.

12. SIL(Safety Integrity Level)

- 화학 공정안전을 위한 Safety Function이 얼마나 신뢰할 수 있는지를 나타내는 척도로서, Safety Function의 신뢰도(Reliability) 값을 보여준다.
- IEC 61508/61511에서는 SIL Level을 4단계로 구분한다.

13. CA(Consequence Analysis)

- 정량적 위험성 평가방법의 하나로서, 대상 공정에서 화재, 폭발 또는 독성물질의 누출과 같은 사고 발생 시 발생한 사고의 크기와 사고로 인한 물적·인적 피해를 산정하는 방법이다.
- CA는 사고가 발생할 확률을 고려하고 있지 않으므로, 주로 최악의 시나리오를 선정할 때 이용된다.

14. QRA(Quantitative Risk Assessment)

공정에서의 설계, 시동, 운전, 정지 등의 일련의 과정에서 발생할 수 있는 중대 사고에 대한 잠재적 위험요소들을 찾아내고 그 위험원들을 발생 빈도와 사고 결과라는 정량적인 함수로 평가하는 분석방법이다.

15. RAM(Reliability, Availability and Maintainability)

RAM Study는 기기별로 고장 없이 운전 가능한 확률인 Reliability, 고장 시 보수의 용이성을 판단하는 Maintainability 등을 고려하여 실제 운전 시에 공장이 가동될 수 있는 확률인 Availability를 계산하는 것이다.

위험성
평가 및
화재조사

문제

석유화학공정과 일반건물에서의 화재 위험성평가 단계를 비교해서 설명하시오.

1. 화학공정에서의 위험성평가 단계

위험의 확인 → 빈도분석 → 사고결과 분석 → 위험도 평가

1) 위험의 확인(HAZID ; Hazard Identification)

거의 대부분 HAZOP을 활용하여 수행하며, 기타 정성적 위험성 평가 기법도 활용할 수 있다.

2) 빈도 분석

FTA, ETA, HEA 등의 정량적 위험성 평가 기법을 활용한다.

3) 사고결과 분석

CA(누출원 모델, 분산-화재-폭발 모델, 피해영향 모델, 피해완화 모델)을 이용하여 사고의 영향을 분석한다.

4) 위험도 평가(Risk Evaluation)

위험도 매트릭스, F-N 커브, 위험도 형태, 위험도 밀도커브 등의 기법을 이용

2. 건물에서의 화재 위험성평가

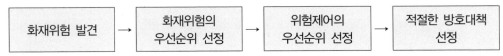

1) 화재위험의 발견

발화위험, 가연성 위험, 주변 조건, 연소확대 가능성 등을 검토한다.

2) 화재위험의 우선순위 선정

(1) 화재 발생 가능성의 평가(확률)

(2) 잠재 화재심도의 결정(컴퓨터 모델링)

3) 화재위험성 평가방법

다음 중에서 1가지 기법을 이용하여 평가한다.

(1) M. Gretener 방법(스위스 보험사의 기준)

(2) Fire Safety Concept Tree(NFPA)

건축물의 화재위험성 평가 중 FREM(Fire Risk Evaluation Method)에 대하여 설명하시오.

1. 정의

1) FREM은 유럽에서 건축허가 및 보험업무에서 위험도(Risk) 평가 도구로 널리 사용되는 Grete－ner Method를 컴퓨터 프로그램으로 제작한 것이다.
2) FREM은 위험평가에 이용되는 알려진 변수들을 미리 고려하여 구성한 수학적 모델이다.
3) 점수표의 구성과 배치는 전문가의 판단과 경험뿐 아니라 객관적인 판정결과에 의해 결정되므로, 다른 위험평가 방법보다 핵심적인 요소를 누락시킬 우려가 적다.

2. FREM의 화재위험도 산정

1) 건물 내의 잠재위험과 활성위험을 합산하여 화재위험을 정하고, 이를 기본대책, 특별대책, 내화대책 등과 같은 방호대책으로 상쇄하여 실제 화재위험도를 산출한다.

2) 화재위험도(R)

$$R = \frac{\text{화재위험}}{\text{방호대책}} = \frac{\text{잠재위험}(P) \times \text{활성위험}(A)}{\text{기본대책}(N) \times \text{특별대책}(S) \times \text{내화대책}(F)}$$

3) 평가항목

화재위험도 평가항목은 잠재위험 13개, 활성위험 6개, 기본대책 7개, 특별대책 7개, 내화대책 5개 등의 모두 38개 항목으로 구분된다.

4) 화재위험등급

화재위험도 값(R)	위험도 구분
$R < 1.2$	낮은 위험(Small Risk)
$1.2 \leq R \leq 1.4$	보통 위험(Normal Risk)
$1.4 < R \leq 3$	약간 높은 위험(Increased Risk)
$3 < R \leq 5$	높은 위험(Large Risk)
$R > 5$	매우 높은 위험(Very Large Risk)

위험성
평가 및
화재조사

3. FREM을 사용한 위험도 산정 단계

1) 1단계 : 방화구획(평가대상)의 결정
2) 2단계 : 자료 입력
3) 3단계 : 위험도 산출
4) 4단계 : 위험도 개선

문제

건축물의 화재위험성 평가 및 대책의 기본이 되는 Fire Safety Concept Tree에 대하여
설명하시오.

---

1. 개요

1) 건물구조의 특성, 수용물품의 연소성, 방호조치 및 용도 특성 등과 같은 화재안전에서의 영향
요소들은 독립적으로 서로 관련 없이 고려되어 왔다. 이는 불필요하게 중복된 대책을 만들 수
있으며, 이들 요소들이 적절한 조화를 이루지 못할 경우에는 방호조치에 허점이 생길 수 있다.
2) 화재안전 개념트리는 화재안전에서의 영향요소들을 별개로 고려하지 않고, 이들 요소 모두를
함께 조사하고, 화재안전의 목적을 성취할 수 있도록 하기 위해 어떻게 이들 요소가 작용하는
지를 나타내는 것이다.
3) 화재 방호전략을 분석하기 위해 어떤 것이 부족한지, 또한 과잉인지를 찾게 해준다.

2. 논리 게이트

종류	기호	의미
OR gate	⊕	게이트 아래 요소 중 어느 하나로도 목표달성에 충분
AND gate	⊙	게이트 아래 요소를 모두 충족해야 목표 달성

3. 화재안전목표

1) 아래 그림과 같이 2가지 범주로 분류된다.
   (1) 화재예방
   (2) 화재피해 경감

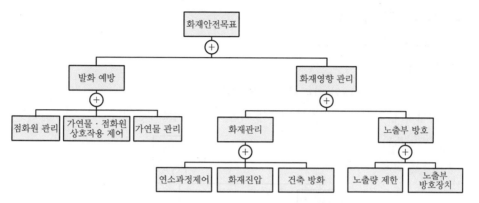

2) OR Gate이므로 이론적으로는 "화재예방"이나 "화재피해 경감" 중에서 1가지를 완전히 무시할 수 있지만, 완전한 예방이나 관리가 이루어질 수 없으므로 통상적으로는 2가지 모두를 관리한다.

4. 발화의 예방

1) 점화원 관리
2) 가연물 관리
3) 점화원 – 가연물 간의 상호작용 제어

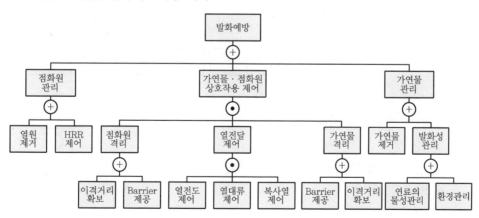

5. 화재영향관리

1) 화재관리 및 노출부 방호로 구분한다.

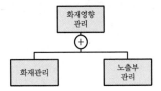

2) 화재 관리

(1) 화재의 성장, 확대와 관련된 위험을 감축하는 것

(2) 화재제어, 화재진압 및 건물 구조에 의한 화재 제어로 구분된다.

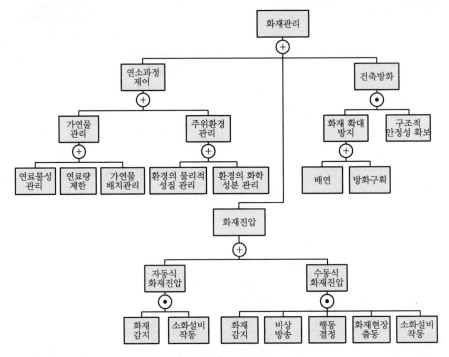

3) 노출부 방호

(1) 화재방호대상(사람, 재산 등)을 보호하기 위한 수단을 조절하는 것

(2) "노출물의 양적 제한"과 "노출물의 안전 방호"라는 전략에 의해 달성한다.

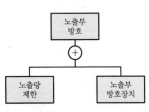

위험성 평가 절차를 설명하시오.

1. 개요

위험성 평가는 크게 위험성 확인(Hazard Identification), 위험도 분석(Risk Analysis), 위험도 평가(Risk Assessment)의 절차에 의해 실시된다.

2. 일반적인 위험성 평가절차의 알고리즘

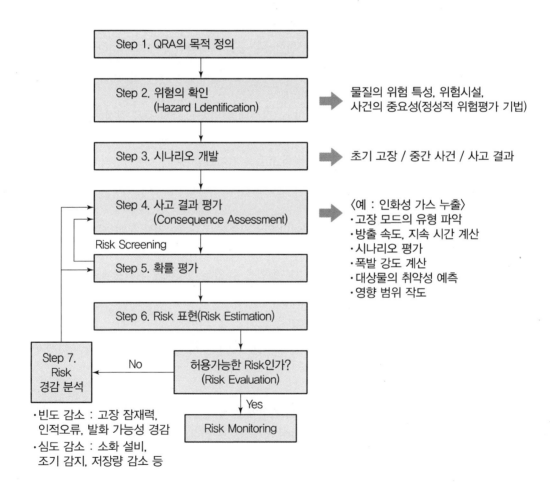

3. 위험성 확인(Hazard Identification)

1) 잠재적인 화재위험성을 파악하는 것으로 위험분석의 대상을 확인하는 과정이다.

2) 주로 발생 가능한 화재시나리오를 확인하는 과정으로서, 정성적 위험분석 기법이 사용된다.

3) 정성적 위험분석기법의 종류

(1) 사고예상질문 분석법(What-if)

① 질문표에 의한 위험성 평가기법

② 공정에 잠재하고 있는 위험요소에 의해 야기될 수 있는 사고를 사전에 예상·질문을 통하여 확인·예측하여 공정의 위험성 및 사고의 영향을 최소화하기 위한 대책을 제시하는 방법

(2) 체크리스트법

① 체크리스트에 의한 점수에 의한 평가

② 공정 및 설비의 오류, 결함상태, 위험상황 등을 목록화한 형태로 작성하여 경험적으로 비교함으로써 위험성을 파악하는 방법

(3) 이상위험도 분석법(FMECA)

공정 및 설비의 고장의 형태 및 영향, 고장형태별 위험도 순위 등을 결정하는 방법

(4) 위험과 운전성 분석(HAZOP)

공정에 존재하는 위험 요소들과 공정의 효율을 떨어뜨릴 수 있는 운전상의 문제점을 찾아내어 그 원인을 제거하는 방법

(5) 안전성 검토법(Safety Review)

운전 및 유지관리 절차가 설계목적이나 안전기준에 부합되는지를 분석하는 기법

(6) 예비위험 분석법(PHA)

공정 또는 설비 등에 관한 상세한 정보를 얻을 수 없는 상황에서 위험물질과 공정 요소에 초점을 맞추어 초기위험을 확인하는 방법

(7) 상대 위험순위 판정법(D&M Indices)

공정 및 설비에 존재하는 위험에 대하여 상대위험 순위를 수치로 지표화하여 그 피해정도를 나타내는 방법

(8) 작업자 실수 분석법(HEA)

설비의 운전원, 보수반원, 기술자 등의 실수에 의해 작업에 영향을 미칠 수 있는 요소를 평가하고 그 실수의 원인을 파악·추적하여 정량적으로 실수의 상대적 순위를 결정하는 방법

4. 위험도 분석(Risk Analysis)

1) 파악된 위험성이 얼마나 위험한지를 분석하여 그 위험을 정량화하는 과정이다.

2) 즉, 위험성의 발생확률(빈도)과 크기(심도)를 수치로 분석하는 것이다.

   (1) 사고빈도 분석 : FTA, ETA, HEA

   (2) 사고심도 분석 : CCA, Severity Analysis

3) 정량적 위험성 평가 기법

   (1) FTA(결함수 분석법)

     사고의 원인이 되는 장치의 이상이나 고장의 다양한 조합 및 작업자 실수 원인을 연역적으로 분석하는 방법

   (2) ETA(사건수 분석법)

     초기사건으로 알려진 특정한 장치의 이상 또는 운전자의 실수에 의해 발생되는 잠재적인 사고결과를 정량적으로 평가·분석하는 방법

   (3) HEA(작업자 실수 분석법)

     설비의 운전원, 보수반원, 기술자 등의 실수에 의해 작업에 영향을 미칠 수 있는 요소를 평가하고 그 실수의 원인을 파악·추적하여 정량적으로 실수의 상대적 순위를 결정하는 방법

   (4) CCA(사고 원인 및 결과 영향분석)

     잠재된 사고의 결과 및 사고의 근본적인 원인을 찾아내고 사고결과와 원인 사이의 상호 관계를 예측하여 위험성을 정량적으로 평가하는 방법

5. 위험도 평가(Risk Assessment)

1) Risk의 주관적 판단 및 평가의 과정으로서, Hazard의 크기와 빈도를 어떻게 조합하여 평가하는지를 결정하는 것이 포함된다.

2) 즉, 산출된 Risk를 어느 정도까지 수용할 것인지 주관적으로 판단하는 것으로 수용할 범위를 결정하기 위하여 실험적 방법, 수학적 방법, 상대순위방법 등이 이용된다.

3) 위험도 평가기법

   (1) 위험도 매트릭스

     빈도와 심도를 축으로 한 격자형 도표상의 점으로 표시하여 위험등급을 평가

   (2) F−N 커브

     사고의 빈도와 위험의 영향을 받을 수 있는 인원수를 그래프 상에 표시하여 위험등급을 평가

   (3) 위험도 형태(Risk Profile)

     위험지수, 개인별 위험성, 사회적 위험성 등의 가능성과 크기를 검토, 측정하는 것

   (4) 위험도 밀도커브

     위험설비 주변의 위치별 인원 밀도에 의한 위험성을 그래프로 그려서 위험성을 평가

6. 결론

1) 위험성 평가 단계는 일반적으로 위에 설명한 바와 같은 3가지 단계를 거치게 되며, 어떤 하나의 기법을 가지고 평가가 완료되지 않는다.

2) 따라서 이러한 평가기법을 이해하고, 장단점을 파악하여 적절한 기법을 활용하여 확률론적 성능위주 소방설계에 활용해야 할 것이다.

> **참고**
>
> QRA(Quantitative Risk Assessment)의 개념
>
>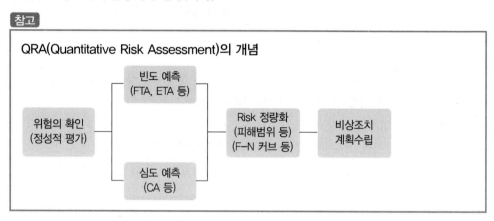

> **문제**
>
> ### 정성적 위험성 평가기법인 HAZOP에 대하여 설명하시오.

1. 개요

HAZOP(Hazard & Operability Review)은 공정상에 존재하는 위험요소와 기타 운전상의 문제점을 찾아내기 위해 개발된 정성적 위험평가기법으로 약 5~7명의 전문가로 구성된 팀(Team)의 토론 형태로 진행된다.

2. HAZOP의 관련용어

1) 위험(Hazard)

직 · 간접적으로 인적 · 물적 · 환경적 피해를 입히는 원인이 되는 실제 또는 잠재된 상태

2) 운전성(Operability)

　　운전자가 공정을 안전하게 운전할 수 있는 상태

3) 가이드 워드(Guide words)

　　공정의 조건을 나타내는 변수의 길이나 양을 표현하는 용어

　　(1) 없음(None) : 설계의도에 대하여 변수의 양이 없는 상태

　　(2) 증가(more) : 변수가 설계의도보다 증가되는 상태

　　(3) 감소(Less) : 변수가 설계의도보다 감소되는 상태

　　(4) 반대(Reverse) : 설계의도와 정반대의 현상이 나타나는 상태

　　(5) 추가(as well as) : 설계의도 외의 다른 변수가 부가되는 상태

　　(6) 부분(Parts of) : 설계의도만큼의 조성비율 등이 이루어지지 않는 상태

　　(7) 기타(Other than) : 설계의도대로 설치되지 않거나, 운전·유지되지 않는 상태

　　　　　　　　　　예 밸브의 잘못된 설치, 잘못된 원료 공급

3. 적용시기

1) 신규 공정의 설계단계, 기존 설비의 운전단계, 변경단계에 적용 가능하다.

2) 비용 측면에서 새로운 공정 적용 시의 설계도면이 거의 완성되는 시점에서 실시하는 것이 가장 효과적이다.

4. HAZOP의 수행절차

1) 위험성 평가의 목적 및 연구 범위 결정

2) HAZOP Team의 구성

3) Team 리더가 평가의 개요·목적 등을 구성원에게 충분히 설명

4) 공정 관련 도면에서의 모든 배관라인 등의 목적과 특성 설명

　　(공정의 특성 및 구성 설명)

5) 공정 효율에 따라 검토할 요소 및 검토 구간을 정한다.

6) 분야별 전문가의 토론에 의해 가이드워드·변수를 조합하여 공정이 비정상 상태로 벗어날 수 있게 하는 원인과 결과를 조사한다.

7) 검토결과, 설계에서 수정·변경이 필요한 사항을 표기하고(적색), 검토 완료된 구간은 녹색으로 표시한다.

8) 검토구간 결정

　　(1) 공정의 복잡성, 팀의 능력에 따라 크기를 결정

　　(2) 구분은 기능상의 구분 또는 복잡성 등에 따라 나누어진다.

위험성
평가 및
화재조사

(3) 검토구간 설정 기준 → 설계목적 변경

　　　　　　　　　　　　공정조건의 중요한 변경

　　　　　　　　　　　　주요 기기 앞

9) 보고서의 작성

　(1) 조치를 필요로 하는 결과들의 위험 정도와 발생빈도 등을 조합

　(2) 후속조치가 필요한 사항에 대한 개선대책 및 우선순위

　(3) 추가적인 검토가 필요한 사항에 대한 분석 범위와 목적 기술

5. HAZOP의 전제조건

1) 동일 기능을 가진 2개 기기의 고장 · 사고는 동시에 발생하지 않는다.

　→ Stand – by 설비를 설치하면 문제가 발생되지 않음

2) 안전장치는 필요시 정상 작동된다.

3) 장치 · 설비 자체의 오류는 없다.(← 설계조건에 적합하게 제작)

4) 작업자는 위험상황 시 적절한 조치를 취한다.

5) 위험도는 낮으나 고가 설비 필요시 → 안전 · 직무교육으로 대체

6. HAZOP의 장단점

1) 장점

　(1) 정보 결핍으로 인한 설계 단계에서의 예기치 못한 위험을 발견

　(2) 다양한 Failure에 대한 검토 및 대책 수립 가능

　(3) 정성적 평가이지만, 체계적 · 조직적 분석 가능

2) 단점

　(1) 많은 인원이 필요하며, 시간이 많이 걸린다.

　(2) 상황에 따라 다루어지지 않는 위험이 생길 가능성이 있다.

　(3) 인적 오류나 설비 자체 결함의 문제는 다루어지지 않는다.

7. 결론

HAZOP은 설계 단계에서 많이 사용되는 위험성 확인 기법으로서, 위험성을 도출시키는 데 매우 효과적이다.

결함수 분석법(FTA ; Fault Tree Analysis)에 대하여 설명하시오.

1. 개요

FTA는 하나의 특정사고에 대한 원인을 파악하는 연역적 기법으로서, 결함수로부터 장치 이상, 운전자 실수의 조합을 알아내는 방법이다.

2. FTA의 기호

AND Gate

OR Gate

정상사상

기본사상
(실수, 결함)

3. 수행절차

1) 정상사상(Top Event) 설정 : 최종적으로 발생될 하나의 특정 사고를 결정하는 것
2) 대상 Plant, Process의 특성 파악
3) FT 작성
   (1) 1차 원인 분석
   (2) Top Event와 1차 원인의 관계를 논리 Gate로 연결
   (3) 2차 원인 분석
   (4) 1 · 2차 원인 간의 관계를 논리 Gate로 연결
   (5) 기본사상까지 이를 반복
4) FT 구조 해석 : 단순화
5) FT 정량화 : 발생확률 계산
6) 결과 평가 : 위험 대책 수립

4. FTA의 장단점

1) 장점
   (1) 정성적 기법과 달리, 논리적이고 확률적 위험성 평가
   (2) 사고요소의 상호관계 규명

위험성
평가 및
화재조사

2) 단점

(1) 특정 사고에 대한 분석

(2) 소요시간이 과다하게 걸린다.

문제

어떤 빌딩이 스프링클러설비와 소방서에 자동으로 울리는 알람 시스템에 의해 화재에 대해 보호되고 있다. 다음 조건에 따라 화재진압 실패 확률을 결함수 분석에 의해 계산하고 스프링클러설비와 알람시스템을 설치하는 이유를 설명하시오.(단, 연간 화재발생 확률은 0.005회이고, 만약 화재가 발생한다면 스프링클러가 작동할 확률은 97 [%]이고, 소방서에서 알람이 울릴 확률은 98 [%]이며, 스프링클러에 의해 효과적으로 화재를 진압할 확률은 95 [%]이다. 또한 소방서에서 알람이 울리면 소방관은 성공적으로 99 [%]의 화재진압을 할 수 있다.)

---

1. 화재진압 실패 확률

1) 결함수 작성

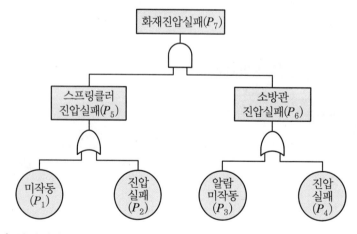

2) 화재진압 실패 확률 계산

(1) 스프링클러 진압실패(P_5)

$$P_5 = 1 - (1 - P_1)(1 - P_2) = 1 - (0.97 \times 0.95) = 0.0785$$

(2) 소방관 진압실패(P_6)

$$P_6 = 1 - (1 - P_3)(1 - P_4) = 1 - (0.99 \times 0.99) = 0.0298$$

(3) 화재진압 실패 확률(P_7)

$$P_7 = P_5 \times P_6 = 0.0785 \times 0.0298 = 0.00234 = 0.234\,[\%]$$

2. 스프링클러설비와 알람시스템 설치 이유

1) 스프링클러와 알람시스템 설치 시 연간 진압실패 횟수

$$\frac{0.005\,회}{\text{Yr}} \times (0.00234) = 1.17 \times 10^{-5}\,[회/\text{Yr}]$$

2) 스프링클러 미설치 시 진압실패

(1) $\dfrac{0.005\,회}{\text{Yr}} \times (0.0298) = 1.49 \times 10^{-4}\,[회/\text{Yr}]$

(2) 연간 화재 시 진압실패가 12.74배 증가한다.

3) 알람시스템 미설치 시 진압실패

(1) $\dfrac{0.005\,회}{\text{Yr}} \times (0.0785) = 3.93 \times 10^{-4}\,[회/\text{Yr}]$

(2) 연간 화재 시 진압 실패가 33.56배 증가한다.

4) 설치 이유

스프링클러 또는 알람시스템을 설치하지 않을 경우, 연간 화재발생에 따른 진압실패 횟수가 수십 배 증가하므로, 화재진압을 위해 조기소화를 위한 스프링클러와 소방대의 조기출동을 위한 알람시스템 구축은 필수적이라 할 수 있다.

문제

다음 FTA에서 G1의 발생확률을 구하시오.(단, ①~④의 발생확률은 모두 0.1임)

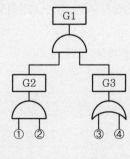

위험성
평가 및
화재조사

1. 계산방법

1) AND Gate의 확률 : $P_1 \times P_2$
2) OR Gate의 확률 : $1 - (1 - P_1) \times (1 - P_2)$

→ 전체 1(100 [%])에서 P_1, P_2가 발생되지 않는 것의 AND Gate를 뺀다.

2. 풀이

1) G2의 계산 : $0.1 \times 0.1 = 0.01$
2) G3의 계산 : $1 - (1 - 0.1) \times (1 - 0.1) = 0.19$
3) G1의 계산 : $0.01 \times 0.19 = 0.0019$ $(0.19 [\%])$

문제

사건수 분석법(ETA ; Event Tree Analysis)에 대하여 설명하시오.

---

1. 개요

ETA는 초기 사건에서부터 마지막 결과까지 발생경로를 추론하는 귀납적 분석으로서, 각 발생 경로별 확률을 계산하는 정량적 분석기법이다.

2. 분석 절차

1) 초기 사건의 선정(설비고장, 조작실수 등) 예 누출
2) 초기 사건에 대처하기 위한 안전장치 기능 검증(고장확률 산정)
3) Event Tree의 작성
4) 각 사고별 발생경로 및 발생확률 기술

3. ETA의 장단점

1) 장점

(1) 체계적 · 정량적 분석

(2) 발생경로를 통한 사고 유추(발생 가능한 사고 유추)

(3) 초기 오류에 대한 대처에 효과적

2) 단점

(1) 발생 확률을 정하기 어렵다.

(2) 자료 수집이 오래 걸린다.

문제

사고결과 영향분석법(Consequence Analysis)에 대하여 설명하시오.

1. 개요

1) 사고결과 영향분석(CA ; Consequence Analysis)은 공정상의 중대사고(화재, 폭발, 독성가스 누출)가 인명과 주변 시설물에 어떤 영향을 미치고, 그 피해와 손실이 어느 정도인지를 평가하는 기법

2) 누출, 분산 및 영향 모델의 경로는 독성가스 누출에 의한 영향을 평가하는 CA의 과정이다.

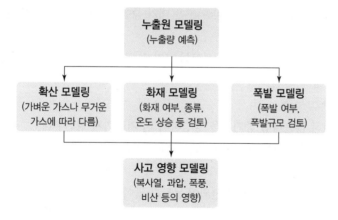

2. 사고영향분석 단계

1) 누출원 모델

(1) 누출용기의 상태, 누출 물질의 상(Phase), 누출시간 등을 고려하며, 주된 고려사항은 인화성 물질의 누출량이라 할 수 있다.

위험성
평가 및
화재조사

(2) 위험물질을 저장, 취급하는 용기 등에서 운전원 실수나 기계적 결함의 정도, 저장 또는 취급 온도 · 압력 조건 및 물질의 물리 · 화학적 조건에 따라 누출의 형태가 달라진다.

(3) 누출의 구분

① 순간누출 및 연속누출

- 순간 누출 : 저장용기나 파이프의 갑작스런 파열에 의한 누출을 말하며, 비교적 간단하게 누출량을 계산 가능
- 연속 누출 : 탱크, 파이프의 틈새나 누출 구멍에서의 누출로서, 전 과정을 수학적으로 표현하고 누출속도, 누출량 등을 예측

② 증기운 밀도에 따른 가벼운 가스와 무거운 가스

③ 증기 또는 가스 상태, 액체 상태 및 2상(액체 및 증기) 상태 누출

- 액상 누출 : 주로 Pool Fire 모델 또는 분산 모델을 적용
- 기상 누출 : 주로 Jet Fire 모델 또는 분산 모델을 적용

(4) 누출 결과

① 인화성 가스나 액체의 누출 결과는 최악의 경우 화재 또는 폭발로 나타날 수 있으며, 이러난 화재, 폭발의 결과는 누출되는 물질의 특성과 점화되는 시점에서 물질의 상태 등에 달려 있다.

② 독성물질의 누출은 누출시간, 누출지점으로부터의 거리 및 기상 조건 등에 따라 그 결과가 달라지므로, 인화성 물질의 누출결과보다 예측이 어렵다.

2) 확산 모델

(1) 누출 물질의 분산 정도를 산출하기 위한 기본 이론은 대기 중에서 바람의 영향을 받는다는 것이다.

(2) 누출사고가 발생한 경우, 누출 가스의 확산은 사고의 크기 및 영향에 매우 큰 영향을 미친다.

(3) 누출물질에 따른 확산 형태

① 인화성액체 또는 가스 누출

- 누출 즉시 점화되지 않는다면 증기운을 형성하여 먼 거리까지 확산된다.
- 이 증기운이 확산되며 공기에 희석되어 폭발하한계 미만으로 되면 화재위험이 없어지게 된다.

② 독성가스 누출 : 상당히 먼 거리까지 확산되어 농도가 많이 저하되어도 인명에 큰 영향을 미칠 수 있다.

(4) 분산(확산)의 종류

① Light Gas Dispersion

공기보다 가벼운 가스가 확산되는 경우를 의미하며, Gaussian Dispersion 계산을 통해 쉽게 예측 가능하다.

② Heavy Gas Dispersion
- 공기보다 무거운 가스가 확산되는 경우를 의미하며, Gaussian Dispersion 모델을 일부 수정한 모델이 사용된다.
- 확산 초기에 가스는 중력에 의해 아래로 가라앉아 지표면으로 확산되며 공기와의 혼합에 의해 공기와의 밀도가 비슷해지면서 Light Gas와 같이 Gaussian Dispersion 에 따라 확산된다.

3) 화재 모델

(1) 누출된 증기운이 점화되면, 누출원 측으로 화재가 전파된다.

(2) 만약 배관 또는 플랜지 부위에서 누출되는 물질이 즉시 점화될 경우, 고압분출 화재 또는 액면 화재를 형성한다.

(3) 증기운 화재 : 가연성 증기운의 크기를 측정하여 복사열을 예측할 수 있도록 대기확산모델을 활용

(4) 액면 화재 : TNO 모델 활용

(5) 고압분출화재 : API 또는 TNO 모델을 사용하여 복사열을 예측

4) 폭발 모델

- 화재 시 저장탱크의 순간적인 파열에 의해 BLEVE, Fire Ball 등이 발생할 수 있다.
- Fire Ball의 크기 또는 Fire Ball로부터의 복사열 등은 BLEVE 및 Fire Ball 모델에 의해 예측 가능하다.
- 이러한 모델로부터의 복사열 예측으로 주변 시설물 및 인명에 미치는 영향을 예측한다.
- BLEVE 및 Fire Ball 모델 : TNT 당량 또는 단열팽창 모델 이용

(1) 물리적 폭발
　① 압력용기의 물리적 폭발은 저장하고 있는 에너지를 방출시키는 것
　② 방출에너지 : 폭풍파, 용기 조각의 비산 등
　③ 가연성 가스나 액체를 취급할 경우, 그 물질이 2차적으로 폭발을 일으킬 수 있다.
　④ 예측모델 : TNT 당량 모델

(2) 증기운 폭발
　① 대량의 가연성 가스 또는 인화성 물질의 누출에 따른 증기운 폭발의 발생확률은 비교적 낮지만, 그 피해는 막대하다.
　② 증기운 폭발의 주된 위험 : 과압, 폭풍파의 크기
　③ 예측할 영향 : 거리에 따른 폭발압력이 인명 및 주변 시설물에 미치는 영향
　④ 예측 모델 : TNT 당량 모델, TNO 상관 모델, TNO 멀티에너지 모델 등

(3) 밀폐계 증기운 폭발
　① 밀폐된 공간에서의 증기운 폭발은 매우 높은 과압, 폭풍파 또는 비산 등으로 나타난다.
　② 손상의 크기 : 화학물질의 양, 폭발압력에 따라 달라진다.

③ 예측 모델 : TNT 당량 모델, TNO 상관 모델, TNO 멀티에너지 모델 등

5) 사고영향 모델

(1) 확산

① 독성물질 : KOSHA Guide의 화학물질 폭로 영향지수 산정에 관한 기술지침에서 규정한 ERPG-2 농도에 도달할 수 있는 거리로 한다.

② 가연성 가스 및 인화성 물질 : 그 물질의 폭발하한농도가 되는 최대거리로 한다.

(2) 화재(복사열)

① Fire Ball과 같은 단시간에 발생하는 강렬한 복사열의 위험이나 VCE, Jet Fire, Pool Fire 등과 같은 장시간 복사열에 의한 영향을 평가

② 복사열류와 노출시간에 좌우되며, 복사열이 미치는 범위를 표시

복사열	관찰되는 영향	강재 온도	의미
37.5 [kW/m²]	공정장치에 파손유발	강재의 임계온도에 빠르게 도달	시설물의 파손을 유발할 수 있는 범위
12.5 [kW/m²]	목재에 발화 플라스틱 튜브가 녹음	강재의 임계온도를 넘지 않음	2차 화재를 유발할 수 있는 범위
4.0 [kW/m²]	인명이 20초 이내에 통증 느낌		근로자에게 상해를 가할 수 있는 범위

(3) 폭발의 영향

① 폭발에 의한 과압, 비산, 구덩이 발생 등의 영향

② 일반적으로 과압(6.9 [kPa])이 도달하는 거리로 표현한다.

과압 [kPa]	영향
1	유리 파열 압력
7	주택의 일부 파손(복구 불가능)
16	구조물이 심하게 손상되기 시작

문제

화재위험 확률에 대한 등급을 6가지로 분류하여 설명하시오.

등급	구분	내용	확률
0	불가능 (Impossible)	물리적으로 발생 불가능함	$P=0.0$
1	발생할 가능성이 거의 없음 (Extremely Improbable)	발생확률이 0과 구별되지 않음	$P\approx0.0$
2	관계가 먼 (Remote)	있을 것 같지 않으며, 이러한 위험은 거의 경험할 수 없음	$P<10^{-6}$
3	때때로 (Occasional)	주어진 시스템의 작동 시 발생할 것 같지 않음	$P>10^{-6}$
4	꽤 (Reasonably Probable)	시스템의 일생 동안 여러 번 발생할 수 있음	$P>0.001$
5	자주 (Frequent)	흔히 발생하기 쉽고, 계속적으로 경험할 수 있음	$P>0.1$

NOTE

위험성의 분류

등급	구분	정의
0	안전한 (Safe)	• 아무런 결과가 없음
1	무시할 수 있는 (Negligible)	• 손실의 영향이 아주 적기 때문에 시설 등의 작동시 그 영향을 인식할 수 없음
2	최소한의 (Minimal)	• 손실이 조업단축의 원인이 되지 않으며, 원상복구하도록 재정적인 투자할 필요 없음 • 조업 중 직원에게 치료를 입힐 만큼 상해를 입히지도 않으며, 손실은 통상적인 임시 지출계획 내에서 보전될 수 있음
3	한계적인 (Marginal)	• 손실이 얼마간의 영향을 줌 • 몇 가지 단순한 조작이 일시적으로 정지할 수 있음 • 원상회복을 위해서는 어느 정도 재정적 투자가 필요 • 조업 중인 직원에게 사소한 상해를 입힐 수 있음
4	심각한 (Critical)	• 조업 중인 직원에게 상해를 입히거나 경제적 손실을 끼침 • 손실로 인해 파국적 상황에 이르지는 않지만, 적어도 일부 시설의 작동이 일시적 또는 즉각적으로 중지됨 • 시설의 재가동에는 상당한 경제적 투자가 필요함
5	파국적인 (Catastrophic)	• 다수의 사상자를 발생시킴 • 시설의 가동측면에서 장기간 가동중단되거나 시설을 영구적으로 폐쇄하게 됨 • 사고 후, 시설은 즉시 가동을 멈추게 됨

문제

위험성 평가기법 중 위험도 매트릭스(Risk Matrix)에 대하여 설명하시오.

1. 위험도 격자도표(Risk Matrix)

1) X축 : 사고의 크기
2) Y축 : 사고의 빈도 ⎤ → 각각 5단계로 나누어 표시
3) 개별 사고의 크기와 빈도를 예측하여 좌표 위에 표시하여 Risk를 등급으로 표시하는 방법

Risk Matrix		심도				
확률		파국적인	위험한	중대한	경미한	무시 가능
		E	D	C	B	A
자주	5	5E	5D	5C	5B	5A
가끔	4	4E	4D	4C	4B	4A
관계가 먼	3	3E	3D	3C	3B	3A
가능성 낮음	2	2E	2D	2C	2B	2A
가능성 거의 없음	1	1E	1D	1C	1B	1A

2. 사고 크기(Severity) 및 빈도(Frequency)의 분류

사고 크기	E등급	파국적 위험을 주는 대상 및 운전
	D등급	아주 심각한 위험을 주는 대상 및 운전
	C등급	심각한 위험을 주는 대상 및 운전
	B등급	제한적 영향을 미치는 위험을 주는 대상 및 운전
	A등급	중요하지 않은 위험을 주는 대상 및 운전

사고 빈도	5등급	매우 가능성 높음	1년에 1회 이상
	4등급	가능성 높음	1회/1~10년
	3등급	가능성 있음	1회/10~100년
	2등급	가능성 다소 있음	1회/100~1,000년
	1등급	가능성 거의 없음	1,000년에 1회 미만

3. 위험대상순위의 예

1) 5A : 확률은 높지만 결과는 다소 중요하지 않음
2) 4B : 제한적 결과이지만, 3년에 한 번씩 발생
3) 3C : 심각한 결과로서 매우 확률이 높음
4) 2D : 흔치는 않지만, 그 영향은 매우 심각
5) 1E : 확률은 매우 낮지만 그 영향은 매우 파국적임

문제

산업안전보건법에 의한 공정안전보고서의 제출대상 및 세부내용에 대하여 설명하시오.

---

1. 제출대상

1) 제출대상 사업장

다음 사업장에서 규정량 이상의 유해 · 위험물질을 제조, 취급, 저장하는 경우 공정안전보고서를 작성하여 고용노동부에 제출해야 한다.
(1) 원유 정제처리업
(2) 기타 석유정제물 재처리업
(3) 석유화학계 기초화학물질 제조업 또는 합성수지 및 기타 플라스틱물질 제조업
(4) 질소, 인산 및 칼리질 비료 제조업
(5) 복합비료 제조업
(6) 농약 제조업
(7) 화약 및 불꽃제품 제조업

2) 제출목적

위험물질 누출, 화재, 폭발 등으로 인하여 사업장 내 근로자에게 즉시 피해를 주거나, 사업장 인근지역에 피해를 줄 수 있는 중대산업사고를 예방하기 위함

2. 세부내용

1) 공정안전자료

(1) 유해 · 위험물질의 종류 및 수량

위험성
평가 및
화재조사

(2) 물질안전보건자료

(3) 유해 · 위험설비의 목록 및 사양

(4) 유해 · 위험설비의 운전방법을 알 수 있는 공정도면

(5) 각종 건물 · 설비의 배치도

(6) 폭발위험장소 구분도 및 전기단선도

(7) 위험설비의 안전설계 · 제작 및 설치 관련 지침서

2) 공정위험성 평가서 및 사고예방 · 피해 최소화 대책

공정위험성 평가서는 다음 위험성평가 기법 중 1가지 이상을 선정하여 위험성평가를 한 후 그 결과에 따라 작성한다.(사고예방 · 피해최소화 대책은 위험성평가 결과 잠재위험이 있다고 인정되는 경우만 작성)

(1) 체크리스트(Check List)

(2) 상대위험순위 결정(Dow and Mond Indices)

(3) 작업자 실수 분석(HEA)

(4) 사고 예상 질문 분석(What–if)

(5) 위험과 운전 분석(HAZOP)

(6) 이상위험도 분석(FMECA)

(7) 결함 수 분석(FTA)

(8) 사건 수 분석(ETA)

(9) 원인결과 분석(CCA)

3) 안전운전계획

(1) 안전운전지침서

(2) 설비점검 · 검사 및 보수계획, 유지계획 및 지침서

(3) 안전작업허가

(4) 도급업체 안전관리계획

(5) 근로자 등 교육계획

(6) 가동 전 점검지침

(7) 변경요소 관리계획

(8) 자체감사 및 사고조사계획

(9) 그 밖에 안전운전에 필요한 사항

4) 비상조치계획

(1) 비상조치를 위한 장비 · 인력보유현황

(2) 사고발생 시 각 부서 · 관련 기관과의 비상연락체계

(3) 사고발생 시 비상조치를 위한 조직의 임무 및 수행 절차

(4) 비상조치계획에 따른 교육계획

(5) 주민홍보계획

(6) 그 밖에 비상조치 관련 사항

> **문제**
>
> 장외영향평가서 작성 등에 관한 규정에서 장외영향평가의 정의, 업무절차 및 장외영향평가서의 작성방법에 대하여 설명하시오.

1. 정의

화학사고 발생으로 사업장 주변 지역의 사람이나 환경 등에 미치는 영향을 평가한 것

2. 업무절차

1) 유해화학물질 취급시설을 설치 · 운영하려는 경우 전문기관에 의뢰하여 장외영향평가서를 작성하여 환경부에 제출해야 한다.

2) 환경부에서 다음 사항에 관해 검토하여 위험도 및 적합 여부를 통보하게 된다.

    (1) 사람의 건강이나 주변 환경에 대해 영향을 미치는지 여부

    (2) 화학사고 발생으로 사업장 주변 유출 또는 누출 시 사람의 건강이나 주변 환경에 영향을 미치는 정도

    (3) 취급시설의 입지가 타 법에 저촉되는지 여부

3) 환경부에서는 검토 결과 필요한 경우 보완, 조정을 요청할 수 있다.

3. 작성방법

1) 기본 평가정보

    (1) 취급 화학물질의 목록, 취급량 및 유해성 정보

        ① 목록 : MSDS, 시설 및 장치별 최대 저장량 등 포함

        ② 취급량 : 설비별 1일 최대 취급 가능량

        ③ 유해성 정보 : 일반정보(물질명, CAS 번호, 조성농도), 물리 · 화학적 성질, 독성 정보 등을 포함

    (2) 취급시설의 목록, 명세, 공정정보, 운전절차 및 유의사항

① 목록 : 동력기계 목록, 장치 및 설비, 배관 및 개스킷 등 포함
② 취급시설의 명세는 다음 사항을 포함하여 작성

　　㉠ 동력기계 정보에 관한 사항

　　㉡ 장치 및 설비에 관한 사항

　　㉢ 배관 및 개스킷에 관한 사항

　　㉣ 공정정보, 운전절차 및 유의사항

　　　• 공정개요, 운전조건, 반응조건 및 비정상 운전조건에서의 연동시스템 등에 관한 사항
　　　• 공정흐름도(PFD)
　　　• 공정배관계장도(P&ID)

(3) 취급시설 및 주변지역의 입지정보

① 취급시설 입지정보는 다음 사항을 포함하여 작성

　• 전체 배치도(Overall Layout)
　• 설비배치도(Plot-Plan)

② 주변지역의 입지정보는 사업장 주변지역의 주거용, 상업용, 공공건물 등 시설물의 위치도 및 명세, 주민분포, 자연보호구역 등을 포함하여 작성

(4) 기상정보

기상정보는 월별 평균온도, 습도, 대기안정도, 풍향, 풍속과 지표면의 굴곡도 등을 포함하여 작성

2) 장외 평가정보

(1) 공정 위험성 분석

체크리스트 기법, 상대위험순위 결정 기법, HEA, What-if, HAZOP, FMECA, FTA, ETA, CCA, PHA 중 적정한 기법을 선정하여 작성

(2) 사고 시나리오, 가능성 및 위험도 분석

① 사고 시나리오 : 기본 평가정보, 공정 위험성 분석 등을 통해 도출된 사고 발생 시나리오를 분석하여 작성

② 사고 가능성 : 동일 또는 유사시설의 사고 발생빈도 등을 분석하여 작성

③ 위험도 : 사고 시나리오에 따른 영향과 사고 가능성을 모두 고려하여 분석

(3) 사업장 주변지역 영향 평가

① 사고로 인하여 영향을 받는 구역을 설정

② 해당 구역 내 인구수, 총 가구수 사업체, 농작지 등의 현황 작성

③ 보호대상 목록, 명세 및 위치도 작성

(4) 안전성 확보 방안

① 예상 영향을 최소화할 수 있도록

② 잠재적 위험이 있는 공정 또는 설비의 위험을 제거하거나 감소할 수 있는 일련의 대책을 작성

3) 타 법과의 관계 정보

유해화학물질 취급시설의 입지에 영향을 미치는 신고, 등록, 허가 관련 타 법령 및 규제 내용을 작성한다.

문제

고용노동부 고시의 「사업장 위험성평가에 관한 지침」에 따른 위험성 평가방법 및 위험성 평가 절차에 대하여 설명하시오.

---

1. 위험성평가방법

1) 위험성평가 수행체제 구축

안전보건관리 책임자	• 해당 사업장의 총괄관리자가 수행 • 위험성평가의 실시를 총괄 관리
안전관리자 보건관리자	• 위험성평가 실시에 관해 안전보건관리책임자를 보좌하고 지도 · 조언 • 안전 · 보건관리자 선임의무 없는 경우 : 이 업무를 수행할 사람을 별도로 지정
관리감독자	• 유해 · 위험요인을 파악 • 그 결과에 따른 개선조치 시행
위험성평가 참여	• 기계 · 기구, 설비 등과 관련된 위험성평가 • 해당 기기 등에 전문지식을 갖춘 사람을 참여시켜야 함

2) 위 참여자에 대한 위험성평가 실시를 위해 필요한 교육 실시

3) 산업안전 · 보건전문가 또는 전문기관의 컨설팅 의뢰

4) 다음의 경우 그 부분에 대한 위험성평가는 실시한 것으로 간주한다.

(1) 위험성평가방법을 적용한 안전 · 보건진단 수행

(2) 공정안전보고서 수행

(3) 근골격계부담작업 유해요인조사 이행

(4) 기타 법령에 따른 위험성평가 관련 제도 이행

2. 위험성평가의 절차

1) 평가대상의 선정 등 사전준비

2) 근로자의 작업과 관계되는 유해·위험요인의 파악

3) 파악된 유해·위험요인별 위험성의 추정

4) 추정한 위험성이 허용 가능한 위험성인지 여부의 결정

5) 위험성 감소대책의 수립 및 실행

6) 위험성평가 실시내용 및 결과에 관한 기록

SIL(Safety Integrity Level, 안전통합등급)

1 정의

1. 공장 내의 위험을 발생 가능한 확률 수준 밑으로 떨어뜨려 위험을 사전에 방지하는 것이 SIL의 기본개념이다.

　　→ 위험한 사고를 완화시키기 위해 발생 가능한 위험에 대하여 정확하게 판단하고, 정의된 위험의 방지를 위해 장치의 적절한 사양, 설계, 실행이 이루어져야 한다.

2. SIL(안전통합레벨)은 주어진 공정에 대한 안전수준을 평가하는 방법으로서, 공정에서의 PFD(막을 수 없는 사고의 가능성)를 결정하여 합산하고, 이 PFD를 목표 SIL과 비교하여 수용 여부를 결정하는 것이다.

3. SIL이란, 작동이 필요할 때 그 기능을 수행하는 데 실패한 안전계장기능(SIF)의 확률을 규정하는 안전계장기능에 대한 성능기준 등급을 말한다.

2 주요 용어

1. 안전계장 시스템(SIS ; Safety Instrumented System)

운전조건을 벗어난 상태가 발생했을 때, 공정을 안전하게 정지시킬 목적으로 운영되는 독립적인 시스템

1) 구성

　(1) Sensor : 공정 상태(Process Condition)를 측정하기 위한 장치

　　　　　예 Transmitter, Process Switch, Position Switch 등

(2) Logic Solver : 하나 이상의 Logic 기능을 수행하는 장치

　　　　　　　　예 전기시스템, 전자시스템, 유압시스템 등

(3) Final Element : 안전한 상태로 만들기 위해 필요한 물리적 작동을 하는 장치

　　　　　　　　예 밸브, 스위치 기어, 모터 등

2) SIS의 종류

(1) ESD(Emergency Shutdown System)

(2) PSD(Process Shutdown System) : 공정값이 Preset Acceptable Level을 초과했을 때 부분 공정을 안전한 상태로 Shutdown(정지)시키는 시스템

(3) F&G System(Fire & Gas System)

(4) BMS(Burner Management System) : 보일러 및 연소장치의 안전운전을 유지시켜 인터록을 구성하는 시스템

2. PFD$_{avg}$[Probability of Failure on Demand(Average over life time of SIS)]

1) Demand : Logic Solver가 Safe State(안전상태, Shutdown)로 가게 하는 Process의 요구, 즉 Trip을 의미한다.

2) Failure : SIS가 감지할 수 없는 Dangerous Unprotected Failure를 의미한다.

3) 즉, PFD란 계기나 시스템의 Fail Safe 기능으로도 도저히 막을 수 없는 사고발생의 가능성이다.

3 SIL(Safety Integrity Level)

1. 개념

1) 일정 기간 내에 SIS가 요구되는 SIF(Safety Integrity Function, 안전통합기능)를 만족스럽게 수행할 확률의 등급

2) SIL이 높을수록 요구된 SIF를 잘 수행할 확률이 더 높아진다.

3) SIL 등급은 SIS(안전통합시스템)의 불확실성 값 또는 PFD(사고 발생 가능성) 범위를 의미한다.

2. SIL Level

Safety Integrity Level	PFD$_{avg}$ (평균 작동 요구 시 고장확률)	Risk Reduction Factor(1/PFD$_{avg}$) 위험도 감소
4	$< 10^{-4}$	$>10,000$
3	$\geq 10^{-4}$ to $< 10^{-3}$	$1,000 \sim 10,000$
2	$\geq 10^{-3}$ to $< 10^{-2}$	$100 \sim 1,000$
1	$\geq 10^{-2}$ to $< 10^{-1}$	$10 \sim 100$

3. SIL Procedure

1) 정의

공정에서의 위험요소들을 평가하고 SIS(안전통합시스템)에 필요한 요구사항들을 정의하여 최종적으로 공정 위험에 맞는 SIS를 구성할 수 있도록 관련 업무를 순차적으로 설명한 것

2) 주요 절차

(1) 대상 공정 및 설비 선정

(2) 공정 Hazard 분석 및 평가

(3) 사고 발생 빈도 및 영향 평가

(4) Target SIL 설정(ALARP, Risk Graph, Risk Matrix, LOPA)

(5) 점검 주기 및 방법 입력, 설비 Data 입력

(6) 현재 SIL 평가

(7) 점검 주기 및 방법 개선 또는 설비 개선

❹ Target SIL 선정방법

1. LOPA(Layer of Protection Analysis)

1) SIF(안전계장기능) 선택 : Cause & Effect Chart 및 P&ID로부터 선정

2) 초기 위험 발생 원인 규명(HAZOP을 참고)

3) 시나리오 및 위험의 결과 수준을 결정(TMEL)

4) 알려진 IPL(Independent Protection Layer, 독립된 방호계층)에 의한 위험 감소를 결정
   (IPL의 예 : Rupture Disc, Relief Valve, Flame Arrestor 등)

5) IEL(Intermediate Event Likelihood) 결정

6) SIL Level 및 RRF 결정

(예시)

TMEL	IEL	PFD	RRF	Target SIL
3×10^{-5}(/year)	5×10^{-4}(/year)	$\dfrac{3 \times 10^{-5}}{5 \times 10^{-4}} = 0.06$	$\dfrac{1}{0.06} = 16.7$	SIL 1

• TMEL : Target Mitigated Event Likelihood(목표 사고가능성)

• PFD = TMEL / IEL

2. Risk Matrix

사고영향			Demand Rate (작동요구 사이의 기간)				
인명	경제적 손실	환경 영향	무시	20년 이상	4~20년	0.5~4년	0.5년 이하
경미한 부상	운전 미중단	무시가능	–	1	2	2	2
경상	간단한 중단	경미한 영향	–	2	1	1	2
중상	부분적 Shutdown	외부 영향	–	1	2	2	3
1~3명 사망	2주 Shutdown	심각한 영향	–	2	3	3	4
4명 이상 사망	상당 또는 전체 운전 상실	심각한 영향	–	3	4	4	불가

3. Risk Graph

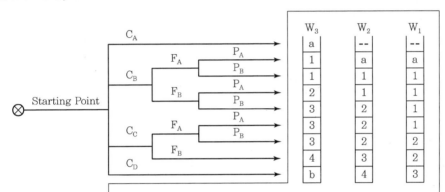

-- : No Safety Requirements   a : No Special Safety Requirments
b : A Single E/E/PES is not Sufficient   1, 2, 3, 4 : Safety Integrity Levels
E/E/PES : Electric / Electronic / Programmable Electronic System

1) 원하지 않는 사고의 가능성(W)

(1) W_1 : 원하지 않는 사고의 가능성이 매우 낮다.

 예 발생확률이 1/30년 미만

(2) W_2 : 원하지 않는 사고의 가능성은 낮지만, 일부 사고는 일어나기 쉽다.

 예 어떤 것은 1/30년 정도이지만, 일부는 매년 발생

(3) W_3 : 상대적으로 사고 발생확률이 높다.

2) 사고의 영향(C)

(1) C_A : 극소수 부상

(2) C_B : 1명 이상이 사망 또는 심각한 장애 발생

(3) C_C : 1명 이상이 사망

(4) C_D : 많은 인명이 사망

3) 위험에 대한 노출빈도(F)

(1) F_A : 위험구역에 노출되는 경우가 거의 없다.

(2) F_B : 위험구역에 노출되는 경우가 빈번하다.

4) 사고의 회피가능성(P)

(1) P_A : 사고 발생 이전에 대피 가능

(2) P_B : 사고 발생 이전에 대피 불가능

4 LOPA와 Risk Graph의 비교

LOPA	Risk Graph
• 반정량적	• 정성적
• 발생확률에 대한 값이 주어짐	• 빈도에 대한 값이 주어지지 않음
• 연대적인 고장률을 참고한 값이 사용됨	• 판단에 근거해서 결과가 도출됨
• 운전 중인 플랜트에 적합한 방법	• 프로젝트 및 설비의 설계를 위해 일반적으로
• 덜 보수적	사용됨
• 위험수용기준을 충족시키기 위해 사용됨	• 보수적

화재조사 관련 용어

1. Arcing through Char(탄화로 인한 아크 발생)

탄화된 물질 매트릭스와 관련된 아크 발생으로서, 반 도체성 매개체로 작용한다.

2. Area of Origin(발화지역)

화재가 시작된 방이나 영역

3. Point of Origin(발화지점)

열원과 연료가 합쳐져서 화재가 시작된 정확한 물리적 지점

4. Arson(방화)

악의적이고 의도적으로 또는 무모하게 화재나 폭발을 일으키는 범죄

5. Backdraft(백드래프트 = Smoke Explosion)

산소가 불충분한 상태의 불완전 연소생성물이 차 있는 밀폐된 공간으로 갑작스럽게 공기가 유입되어 발생하는 폭연

6. Bead(비드)

전기 도체의 잔류물 끝에 있는 둥근 모양의 재 고체화된 금속편으로서, 아크로 인해 생성되며 녹은 도체와 녹지 않은 도체의 표면 사이에 얇은 경계선의 형태로 나타난다.

7. Char(탄화물)

불에 타거나 열분해로 인해 검게 탄소화된 물질

8. Char Blisters(탄화 기포)

탄화물질의 볼록한 부분으로 탄화물 표면에 생긴 금이나 깊게 갈라진 틈에 의해 구분되며, 열분해나 연소로 인해 나무와 같은 물질 위에 형성된다.

9. Clean Burn(완전연소)

표면의 그을음까지 완전히 연소된 화재 패턴

10. Creep(파단)

물질이 응력을 완화하기 위해 움직이거나 영구적으로 변형되는 성질

11. Drop down(= Fall down)

불타고 있는 물체가 떨어지거나 무너지면서 화재가 확산되는 현상

위험성
평가 및
화재조사

12. Electric Spark(전기 스파크)

일종의 아크로 인해 생성되는 작은 강렬한(Incandescent) 입자

13. Fire Patterns(화재패턴)

화재로 인해 발생한 화재 효과로서, 눈으로 볼 수 있거나 측정 가능한 물리적 변화 또는 식별 가능한 모양 및 형태

14. Flameover(플레임오버 = Rollover)

- 화재에서 미연소된 열분해 물질이 천장층에 모여 연소하한계 이상의 충분한 농도에 이르러 점화될 수 있는 조건이 되는 것
- 이것은 발화지점에서 떨어져 있는 다른 가연물이 점화되지 않거나 점화되기 이전에도 발생 가능함

15. Flashover(플래시오버)

- 구획실 화재의 성장 과정에서 열 방사에 노출된 표면이 발화점에 도달하면서 거의 동시에 화재가 공간 전체에 빠른 속도로 확대되는 전이 단계
- Flashover에 의해 화재가 구획실 전체 화재로 확대된다.

16. Heat and Flame Vector(열 및 화염 벡터)

화재 현장에서 열, 연기 또는 화염 흐름의 방향을 표시하는 화재 현장 도면에 사용되는 화살표

17. Incendiary Fire Cause(방화 화재 원인)

화재가 발생하면 안 된다는 것을 알면서도 발화자에 의해 의도적으로 발생된 화재

18. Isochar(등탄화심도선)

동일한 탄화깊이를 가진 지점들을 연결한 도표 상의 선

19. Layering(층화)

화재 현장에서 인공물의 상대적 위치를 확인하며, 위에서부터 파편을 제거하는 체계적인 과정

20. Overcurrent(과전류)

- 장비의 정격전류 또는 도체의 전류용량을 초과하는 전류
- 과부하, 단락 또는 지락 사고로 인해 발생한다.

21 Overload(과부하)

- 장비의 작동이 정상상태 이상으로 부하를 받거나 도체가 정격전류용량을 초과한 상태를 일정시간 이상 지속하면 손상을 일으키거나 위험한 과열상태가 되는 것
- 과부하 전류는 도체 및 전기회로의 다른 전기 요소에 있는 정상적으로 의도된 도전로로 흐를 수

도 있다.
- 장비나 전선의 온도등급을 넘은 온도까지 상승할 수 있는 전류조건하에서 장비나 전선이 작동되는 것
- 단선이나 지락과 같은 장애는 과부하가 아니다.

22. Proximate Cause(근인)

다른 원인과 상관없이 어떤 효과를 직접적으로 일으키는 원인

23. Pyrolysate(열분해 물질)

열을 통해 분해되는 물질로서 열에 의해 화학적 변화가 발생되는 물질

24. Pyrolysis(열분해)

- 한 화합물이 오직 열을 통해서 하나 이상의 다른 물질로 변하는 화학적 분해
- 통상적으로 열분해는 연소보다 먼저 발생한다.

25. Rekindle(재발화)

거의 소화되다가 화염 연소가 다시 시작되는 것

26. Soot(그을음)

화염을 통해 만들어진 탄화 생성물의 검은 부분

27. Spalling(폭렬)

콘크리트나 조직 표면이 잘게 쪼개지거나 파이는 것

28. Spark(스파크)

온도 또는 표면의 연소과정에 의해 복사에너지를 방출하는 움직이는 고체 입자

29. Target Fuel(목표 가연물)

화염이나 고온가스층과 같은 것으로부터 열복사에 의해 발화하는 가연물

30. Time Line(시간선도)

사건에서 발생한 일들을 시간 순서에 따라 그림으로 표현하는 것

31. Total Burn(전소 화재)

대부분의 연소 가능한 물질들이 연소되고 가연물이 소진되거나, 화재 하중이 화재에 의해 줄어들어 화재가 자체적으로 중단될 때까지 계속된 화재현장

화재 패턴(Fire Patterns)

1 화재 패턴과 화재 효과

1. 화재 패턴(Fire Patterns)

눈으로 보거나 측정할 수 있는 물리적 변화나 1개 이상의 화재 효과에 의해 생성된 형상

2. 화재 효과(Fire Effects)

화재에 노출되어 물질의 내부나 표면에 생긴 관찰 가능하거나 측정할 수 있는 변화

3. 화재 현장 조사

1) 화재 현장에서의 데이터 수집을 통해 화재 효과와 패턴을 확인하고 인식할 수 있어야 한다.
2) 데이터는 화재 패턴 분석에도 이용될 수 있으며, 발화지점에 대한 가설을 검증하는 데에도 사용될 수 있다.

2 화재 효과

1. 개념

1) 화재 효과

   (1) 화재로 인해 물질에 발생한 변화
   (2) 물질의 내부나 표면에 발생
   (3) 육안으로 관찰 또는 측정 가능

2) 화재 효과에 의한 온도 예측

   (1) 화재조사관이 용융, 색상 변화, 물질 변형 등과 같은 화재 효과를 만드는 데 필요한 온도를 알고 있다면 화재 당시에 물질이 도달했던 온도를 예측할 수 있다.
   (2) 또한 화재강도(Fire Intensity), 열 유동의 정도, 가연물들의 상대적 열방출률 등을 확인하는 데 도움을 준다.

2. 화재 효과의 종류

1) 물질의 질량손실

   (1) 화재에 따른 연소과정에 의해 가연물 질량은 손실되며, 손실 정도는 견본물질과의 비교를 통해 확인할 수 있다.
   (2) 화재로 인한 질량손실은 화재 지속시간과 강도를 나타내는 지표로 활용될 수 있다.

2) 탄화

(1) 고온에 노출된 나무에서는 열분해(Pyrolysis)되며 여러 가지 열분해 생성물을 발생되며, 대부분 탄소인 고체잔존물이 남게 되는 탄화가 일어난다.

(2) 탄화물의 표면 효과

① 페인트 결합제가 탄화되어 페인트칠된 표면의 색상이 어두워진다.

② 석고보드 및 종이 표면이 열에 의해 탄화된다.

③ 벽, 바닥, 테이블 등의 비닐 및 플라스틱 표면도 색이 변하고 녹거나 탄화된다.

(3) 가장 많이 연소된 부분을 확인하기 위해 인접한 영역의 변색 및 탄화 정도를 비교할 수 있다.(탄화심도 비교)

(4) 지점 간 탄화된 부분의 깊이를 비교하여 화재 확산과정을 추정할 수 있다.

3) 폭렬

(1) 콘크리트, 석재, 돌 또는 벽돌의 표면이 갈라지고 떨어져 나가거나 구멍이 생기는 것으로서, 온도변화에 의한 물질의 표면장력 붕괴로 물질 내부에 기계적 힘을 발생시킨다.

(2) 폭렬을 발생시키는 요소

① 경화되지 않은 콘크리트 내의 수분

② 철근 또는 철망과 주변 콘크리트 사이의 불균일한 팽창

③ 콘크리트 혼합물과 골재 사이의 불균일한 팽창

④ 화재에 노출된 표면과 Slab 내장재 간의 불균일한 팽창

(3) 폭렬의 화재효과

폭렬은 표면 부위마다 팽창과 수축이 다른 속도로 일어나며, 폭렬이 일어난 영역은 인접부분보다 더 밝은 색이 된다.

4) 산화작용

(1) 연소에 의한 산화작용으로 가연물(주로 금속류)의 색상 및 질감의 변화가 발생됨

(2) 물질별 산화작용에 의한 화재효과

① 무피복 아연도금 Steel

아연도금이 산화되면서 색상이 변하고, 아연이 가진 부식보호 기능이 없어진다.

② 코팅되지 않은 Steel

• 처음에는 푸르스름하며 흐린 회색이 되며, 온도가 더 상승하면 철이 산소와 결합하여 흑색 산화물이 된다.

• 산화작용에 의해 떨어져 나갈 수 있는 두꺼운 산화물 층이 발생될 수도 있다.

③ 스테인리스강

표면이 약하게 산화되면 주위의 색상이 약간 변할 수 있고, 심하게 산화되면 흐린 회색으로 변한다.

④ 구리

열에 노출되면 산화작용으로 산화된 영역(어두운 적색 또는 흑색)과의 경계선이 만들어지며, 산화물의 두께는 열에 노출된 강도와 시간에 좌우된다.

⑤ 돌과 흙

고온에 의해 가열되면 산화작용에 의해 노란색에서 적색까지 변한다.

5) 색상 변화

색상 변화는 조명이나 보는 사람에 따라 달라질 수 있으므로 주의해야 하며, 화재가 아닌 다른 요인에 의해서도 변할 수 있음을 인식하고 있어야 한다.

6) 물질의 용융

(1) 열에 의한 물질의 녹은 부분과 녹지 않은 부분 사이에는 화재 패턴을 정의할 때 이용가능한 열과 온도의 경계선이 생성된다.

(2) 녹는 온도와 범위는 물질마다 다르며, 이를 통해 화재 온도를 판별할 수 있다.

① 열가소성 물질 : 75 ~ 400 [℃]의 비교적 낮은 온도에서 연화되고 녹음

② 금속 합금 : 합금 상태에서는 금속이 고유 녹는점 이하의 온도에서도 녹을 수 있음에 주의해야 함

7) 열팽창 및 변형

(1) 많은 물질들은 화재동안 일시적 또는 영구적으로 모양이 변형된다.

(2) 대부분의 물질은 가열에 의해 팽창되는데, 이 팽창의 차이로 인해 구조물이 붕괴될 수도 있다.

(3) Steel은 임계온도인 538 [℃] 이상이 되면 강철 빔 및 기둥의 구부러짐이나 뒤틀림(변형)이 발생하게 된다.

(4) 화재시에는 파이프나 배관 부속류의 변형이 발생할 수 있으며, 회벽에서도 열팽창에 의해 플라스터가 라스(Lath)로부터 분리될 수 있다.

8) 표면으로의 연기 침착

(1) 연기에 포함된 미립자와 액체 에어로졸이 물체 표면에 붙는 것

① 탄소기반 가연물 화재에서는 심한 그을음이 발생한다.

② 석유제품 및 플라스틱 연소에서는 더 심한 그을음이 발생한다.

(2) 연기 침착물은 방의 벽 위쪽이나 수용품의 온도가 낮은 부분이 집중되며 훈소 연기는 벽, 창문 또는 온도가 더 낮은 표면에 응집되는 경향을 가진다.

(3) 연기 침착물의 색상이나 질감이 가연물의 종류나 열방출률을 나타내지는 않지만, 연기 침착물의 성분 분석을 통해 가연물의 특성을 알 수도 있다.

예 촛불 연기 : 파라핀 왁스 성분, 담배 연기 : 니코틴 성분

9) 완전연소(Clean Burn)

(1) 불연성 물질 표면에 나타나는 현상으로서 표면에 붙어 있는 그을음과 연기 응축물이 완전히 타서 없어지는 것

(2) 완전연소는 어떤 부위에서 강한 열이 있었음을 알려주는 단서가 될 수 있다.

10) 하소

(1) 석고보드 표면에 발생하는 물리·화학적 변화로서, 열에 대한 노출 정도를 확인하는 데 이용된다.

(2) 하소된 석고보드는 일반 석고보다보다 덜 조밀하며, 하소가 심할수록 열에 더 많이 노출된 것이다.

(3) 하소 깊이를 측정하여 열에 많이 노출되었던 부위를 알아낼 수 있다.

11) 유리창

(1) 유리창의 화재 효과에는 파열, 거미줄 패턴(Cobweb, 직선 형태의 수많은 금), 그을음이나 얼룩의 정도 등이 있다.

(2) 창틀에 끼워진 경우

유리판 중심과 창틀에 의해 복사열로부터 보호된 모서리 부분 사이의 온도차로 인해 금이 가게 되고, 온도차가 더 커지면 유리가 깨진다.

(온도차가 약 70 [℃] 정도되면 금이 가기 시작함)

(3) 강화유리의 경우

열에 의해 입방체 모양의 작은 여러 개의 조각으로 부서진다.

(4) 유리의 얼룩

그을음이나 응축물이 없는 유리 파편은 급속하게 가열되어 화재 초기에 깨지거나, 화재 이전에 파열되었을 가능성이 높으며, 얼룩의 정도는 열원 및 환기구에 유리가 얼마나 근접해 위치했었는지를 보여줄 수 있다.

12) 가구의 철제 스프링 붕괴

(1) 고온에 단시간 노출되거나, 400 [℃] 이상의 온도에 장시간 노출되면 스프링 장력이 손실된다.

(2) 따라서 가구 스프링의 붕괴는 화재의 방향, 지속시간, 강도에 대한 단서를 제공한다.

13) 뒤틀린 전구

(1) 전구의 한쪽 면이 화열에 노출되면, 노출된 측의 유리가 연화되고 전구 내부의 가스가 팽창하여 열원 쪽으로 전구가 당겨진(Pulled) 모양으로 변형된다.

(2) 25 [W] 이하의 전구는 그 내부가 진공이므로 열원의 방향에서 안쪽으로 당겨질 수 있다.

위험성
평가 및
화재조사

14) 무지개 효과(Rainbow Effect)

유류 가연물이나 아스팔트, 플라스틱의 열분해에 의해 유성물질이 연소할 때 물과 혼합되지 않고 물 표면에 뜨면서 무지개 형태 또는 광채(Sheen) 형태를 보이게 된다.

15) 희생자 상해

열이나 화재에 노출된 희생자의 피부, 지방, 근육 및 뼈의 변화로서, 열원으로부터의 방향이나 열노출 정도 및 방호 여부에 대한 분석이 가능하다.

❸ 화재 패턴

1. 개념

1) 화재 패턴은 육안으로 확인하거나 측정가능한 물리적 변화 또는 화재 효과에 의해 형성된 모양이다.
2) 화재조사관은 화재 효과라는 기본 데이터를 이용하여 화재 패턴을 식별하게 된다.
3) 화재 패턴의 원인은 열, 침착(Deposition) 및 소모(Consumption) 등 3가지가 있다.

2. 화재 패턴의 원인

1) 플룸(Plume)에 의해 생성되는 화재 패턴

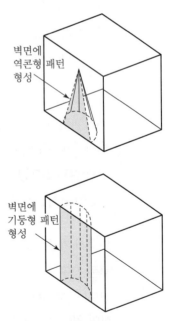

벽면에 역콘형 패턴 형성

벽면에 기둥형 패턴 형성

  (1) 초기 성장단계 : 역콘형 패턴
    ① 그림과 같이 초기 화재에서의 Fire Plume은 역콘형의 형태를 보인다.
    ② 역콘이 벽면에 닿으면, 삼각형 모양의 화재 패턴이 형성된다.
    ③ 이런 패턴은 조기소화가 이루어지거나, 커튼 등이 뒤늦게 연소될 경우에 발견된다.
  (2) 화재 진전에 따른 패턴 : 기둥형 → V 또는 U형 패턴
    ① 기둥형 패턴
      • 화재의 진전에 따라 플룸의 높이가 상승되면서 역콘 모양이 불분명해진다.
      • 이에 따라 그림과 같이 벽면에 기둥형태의 패턴이 형성된다.
    ② V형 또는 U형 패턴
      • 화재가 더욱 성장되면, 상승기류가 강해지고 상승 시 공기 유입이 많아지면서 V패턴을 형성하게 된다.(모래시계(Hourglass) 패턴이라고도 함)

- 이러한 V패턴의 Fire Plume은 화점이 벽면 부근일 경우에는 V자 형태, 벽면에서 이격된 경우에는 U자 형태의 화재패턴을 남긴다.

③ 천장의 원형 패턴
- 위와 같은 V패턴의 Plume이 천장에 닿으면, 천장에 원형의 화재패턴을 보이게 된다.

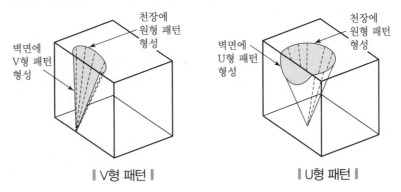

‖ V형 패턴 ‖   ‖ U형 패턴 ‖

④ 바늘 및 화살 패턴
- 표면의 Board가 화재로 인해 손상되어 목재 스터드가 노출된 경우와 같이 여러 개의 가연성 물품들이 있는 경우에 나타나는 패턴
- 스터드의 연소된 모양과 상대적 높이를 확인하면 열원 방향을 추적할 수 있다.

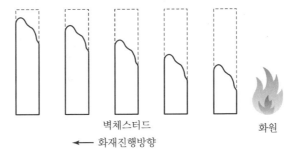

2) 환기에 의한 화재패턴

(1) 바닥의 구멍
① 환기지배형 화재에서 작열하는 가연물에 공기가 가해지면, 고온의 열이 발생하면서 불씨가 비산하게 된다.
② 이러한 불씨들이 바닥에 떨어지면서 바닥에 구멍을 만들 수 있다.

(2) 닫힌 출입문 부근의 탄화
① 닫힌 출입문의 상부는 고온가스에 의해 탄화흔적을 남기게 된다.
② 만일 화재가 충분히 성장한다면, 출입문 하부 문턱 부근에도 탄화가 형성된다.

3) 고온가스층에 의한 화재패턴

(1) 고온가스층의 화재패턴

① 바닥 손상

천장 부근에 고온가스층이 있을 경우, 바닥에는 부풀음, 탄화, 용융 등의 손상이 발생된다.

② 벽면의 경계선

벽면에 고온가스층과 일반 공기층의 경계선이 형성된다.

→ 이러한 패턴이 발견되면 해당 장소에서는 플래시오버가 발생되지 않은 것으로 추정 가능하다.

(2) 플래시오버 발생실의 주변

① 플래시오버가 발생한 실의 인접 외부공간의 바닥에는 고온가스에 의한 용융, 부풀음, 탄화 등의 흔적이 발견된다.

② 이러한 흔적을 통해 플래시오버가 발생한 실을 추정할 수도 있다.

4) 최성기화재실에서의 화재패턴

(1) 화재가 완전성장한 실에서는 바닥 부근에서 매우 심한 손상이 발견된다.

(2) 이러한 손상은 가구류 하부의 탄화, 카펫 연소, 문 하부의 연소흔적, 바닥의 걸레받이 부분의 연소 등이 있다.

(3) 심한 경우에는 바닥을 관통한 연소의 흔적도 발견되는데, 이는 장시간 연소 지속의 흔적일 수 있지만, 경우에 따라서는 단시간 내에도 발생할 수 있음에 유의해야 한다.

화재패턴의 생성 메커니즘에 대하여 설명하시오.

1. 화재패턴의 생성 메커니즘

1) 화재패턴이 만들어지는 원인은 열변형, 소실, 연소생성물의 퇴적 등이 있는데, 다음과 같은 원리에 의해 열원을 추적할 수 있는 독특한 형태를 생성하게 된다.
   (1) 열원으로부터 멀어질수록 약해지는 복사열
   (2) 고온가스가 열원으로부터 멀어질수록 낮아지는 온도
   (3) 화염 및 고온가스의 부력에 의한 상승
   (4) 연기나 화염이 물체에 의해 차단되는 원리

2) 위와 같은 원리에 의해 물질의 형상은 해당 물질의 성질에 따라 탄화, 소실되거나 용융, 변색 또는 부식 정도에 차이를 나타내며 손상부와 덜 손상된 부분, 손상을 입지 않은 부분들을 구분할 수 있는 선과 경계가 나타나게 된다.

3) 이러한 화재패턴을 통해 화재의 진행방향을 역추적할 수 있게 된다.

2. 화재패턴의 생성 메커니즘

1) 화재실

   (1) 화재 초기 : 화재플룸에 의한 화재패턴
      ① 화재 성장에 따라 역콘형, 기둥형, V형, U형, 원형 패턴으로 진전된다.
      ② 화재 진전에 따라 먼저 생긴 패턴은 뒤이은 패턴들에 의해 흐려지게 된다.

   (2) 화재가 진전된 성장기 : 증가된 환기효과에 의한 화재패턴
      ① 문이나 창의 주위에 개구부 상부 틈새의 탄화층 생성
      ② 고온가스층 발생
         • 벽면의 구분선(열, 연기 평행선) 형성
           → 이 패턴이 발생한 방은 플래시오버가 발생하지 않은 것임
         • 바닥 마감재 구멍

   (3) 플래시오버 발생 : 바닥재의 광범위한 손상

   (4) 최성기 화재 : 광범위하고 심한 바닥부재의 손상

2) 화재실 외부로의 확산

   (1) 출입문의 상부에서 아래쪽으로의 탄화 흔적 발생

   (2) 이는 패턴이 너무 작거나 커서, 플룸에 의한 패턴이나 환기에 의한 패턴으로 혼동되기도 한다.

> **문제**
>
> 액체가연물 연소에 의한 화재패턴을 설명하시오.

1. 개요

1) 유류가 사용되었다고 추정할 수 있는 화재패턴은 Pool-Shaped Burn 패턴, 스플래시 패턴, 고스트 마크, 틈새연소 패턴, 도넛 패턴, 트레일러 패턴 등이 있다.

2) 유류 연소에 의한 화재패턴은 다음과 같은 액체의 일반적인 특성을 이해하면 쉽게 구분할 수 있다.

   (1) 낮은 곳으로 흐르며 고인다는 점

   (2) 바닥재의 특성에 따라 광범위하게 퍼지거나 흡수될 수 있다는 점

   (3) 증발하면서 증발잠열에 의한 냉각효과가 있다는 점

   (4) 쏟아지거나 끓게 되면 주변으로 방울이 튈 수 있다는 점

   (5) 어떠한 액체가연물은 고분자물질을 침식시키거나 변형시키는 등 용매로서의 성질을 가지기도 한다는 점

2. Pool-Shaped Burn 패턴

1) 개념

   (1) 인화성 액체가연물이 바닥에 쏟아졌을 때, 액체가연물이 쏟아진 부분과 쏟아지지 않은 부분 사이의 탄화경계 흔적을 의미한다.

   (2) 이러한 형태는 화재가 진행되며, 액체가연물이 있는 곳은 다른 곳보다 연소가 강하기 때문에 탄화 정도의 강, 약에 의해서 구분된다.

2) 화재패턴의 형태

   때로는 액체가 자연스럽게 낮은 곳으로 흐른 부드러운 곡선 형태를 나타내기도 하고, 쏟아진 모양 그대로 불규칙한 형태를 나타내기도 하지만, 연소된 부분과 연소되지 않은 부분에서 뚜렷한 경계선을 나타난다.

3. 스플래시 패턴(Splash Pattern)

1) 개념

   액체가연물이 쏟아져 주변으로 튀거나 연소되면서 발생하는 열에 의해 스스로 가열되어 액면에서 끓으며 주변으로 튄 액체가 포어 패턴 부근의 미연소 부분에서 국부적으로 점처럼 연소된 흔적

2) 특징

(1) 이 패턴은 주변으로 튀어나간 가연성 물방울에 의해 생성되므로 약한 풍향에도 영향을 받게 된다.

(2) 바람이 부는 방향으로는 잘 생기지 않으며, 반대방향으로는 비교적 먼 지점에서도 생길 수 있다.

4. 고스트 마크(Ghost Mark)

1) 개념

(1) 타일 부착면 내부로 액체가연물 유입

콘크리트, 시멘트 바닥에 타일 등이 접착제로 부착되어 있는 상태에서 그 위로 석유류의 액체가연물이 쏟아지고 화재가 발생하면, 열과 솔벤트 성분이 타일의 가장자리 부분에서부터 타일을 박리시키고, 이때 액체 가연물이 타일 사이로 스며들어 부분적으로 접착제를 용해시킨다.

(2) 액체가연물과 접착제 화합물의 연소

실내가 화염에 의한 열기로 가득 차면 액체가연물과 접착제의 화합물은 타일의 틈새에서 더욱 격렬하게 연소하게 된다.

(3) 고스트 마크 형성

타일 하부의 연소로 인해 타일 아래의 바닥에는 타일 등 바닥재의 틈새모양으로 변색되고 종종 박리된다. 이러한 경우 바닥에서 보이는 흔적을 고스트 마크라고 한다.

2) 특징

이 패턴은 다른 패턴과 달리 플래시오버와 같은 강한 화재열기 속에서 발생한다.

5. 틈새연소 패턴(Seam Burn Pattern)

1) 개념

(1) 목재마루 및 타일 등의 틈새, 문지방 및 벽과 바닥의 틈새 또는 모서리에 가연성 액체가 흐르는 경우 틈새부를 따라서 더 많은 액체가 고이게 된다.

(2) 틈새부에서 고인 액체가 연소되면서 타 부위에 비하여 더 강하게 더 오래 연소하게 되므로, 진화 후에는 탄화 정도에 따라서 구별할 수 있는 패턴을 남기게 된다.

2) 고스트 마크와의 차이점

(1) 접착제와의 혼합물이 아닌 가연성 액체의 연소

(2) 콘크리트나 시멘트 바닥이 아니라 마감재 표면에서 보이는 패턴

(3) 주로 화재 초기에 나타나며 플래시오버와 같은 강한 화염 속에서 쉽게 사라질 수 있다.

3) 특징

틈새나 모서리를 따라 고인 액체가연물은 그곳을 다른 곳에 비하여 더 강하게, 더 오래 연소시킨다.

6. 도넛 패턴(Doughnut Pattern)

1) 화재패턴의 형태

더 많이 연소된 부분이 덜 연소된 부분을 둘러싸고 있는 도넛 모양의 형태는 가연성 액체가 웅덩이에서처럼 고여 있을 경우 발생

2) 발생원인

(1) 고리처럼 보이는 주변부나 얕은 곳에서는 화염이 바닥이나 바닥재를 탄화시킨다.

(2) 반면에 비교적 깊은 중심부는 액체가 증발하면서 기화열에 의해 식게 되므로 바닥재는 탄화되지 않는다.

3) 특징

(1) 현장에 뿌려진 액체가연물의 패턴은 도넛과 같은 동그란 형태를 가지고 있지 않겠지만, 대부분의 패턴은 유류가 쏟아진 곳의 가장자리 부분이 중심부에 비해 강한 연소 흔적을 보이는 것이 일반적이다.

(2) 실제 액체 가연물을 살포한 모든 현장에서 도넛패턴과 같이 둥근 모양이 나타나는 것은 아니지만, 가연물이 뿌려진 경계부분이 더 많이 연소된 것은 볼 수 있다.

7. 레인보우 효과(Rainbow Effect)

1) 개념

물 위로 뜨는 기름때의 모습이 광택을 내는 무지개처럼 보이기 때문에 붙여진 이름으로, 현장에서 방화 등의 목적으로 촉진제 등이 사용되었다고 의심할 수 있는 근거가 된다.

2) 특징

그러나 이러한 현상만으로 인화성 액체 가연물이 사용되었다고 볼 수는 없다.

참고

선형 패턴(Linear Patterns), 영역 패턴(Area Patterns) 및 받침대 화재(Saddle Burn)

1. 선형 패턴(Linear Patterns)

    전체적으로 선형이거나 길게 늘려진 모양과 같은 패턴으로서, 주로 수평 표면에 나타난다.

    1) 트레일러 패턴

       (1) 길게 늘어선 형태의 흔적이 남는 것을 말한다.

       (2) 트레일러 패턴이 발생되는 경우

          ① 방화

- 방화에서 가연물이 의도적으로 뿌려졌거나, 한 지역에서 다른 지역으로 이동한 흔적을 남겼을 때 길게 늘어난 패턴이 보일 수 있다.
- 트레일러 패턴에 사용되는 가연물은 가연성 액체 또는 고체이거나 2가지가 함께 사용될 수도 있다.
② 방호된 바닥 부분
- 가구, 저장물품, 창고 등으로 인해 손상이 적은 양쪽 면으로 막힌 길고 넓은 직선 형태의 트레일러 패턴이 발견될 수 있다.
- 이는 바닥 마감재의 통행으로 인한 마모, 바닥에 놓여 있던 가연물(의복이나 이불 등)으로 인해 생성될 수도 있다.

2) 가연성 가스 분출

LPG 또는 LNG 등의 가연성 가스의 분출에 의해 불연성 물질 표면 위에 선형 패턴이 만들어질 수 있다.

2. 영역 패턴(Area Patterns)

미리 확인할 수 있는 원인이 없는 상태에서 넓은 지역 또는 방 전체에 걸쳐 만들어진 패턴을 말하며, 이 패턴은 가연물이 연소범위 내에 있거나, 발화전 넓게 확산되거나, 또는 해당 영역 내에서 화재가 플래시 화재처럼 빠르게 이동했을 때 발생된다.

1) 플래시오버 및 구획실 전면 연소

(1) Flashover 발생으로부터 구획실 전면 연소로 화재가 발달하는 과정에서 모든 가연성 물질에 화재가 빠르게 확산된다.
(2) 이 과정에서는 비교적 균일한 탄화 깊이 및 하소 깊이가 만들어지며, 구획실 전체 화재로 발전하기 이전에 소화되면 실의 벽면 상부 측에 균일한 탄화 흔적이 남게 된다.
(3) 전면 연소로 발달한 경우, 그 지역의 화재 패턴은 균일하지 않을 수도 있고 바닥면까지 확대될 수도 있다.

2) 플래시 화재

(1) 가연성 가스 또는 인화성 액체 증기의 발화에 의해 폭발이 발생하지 않고 단시간에 연소되는 화재를 플래시 화재라 한다.
(2) 이러한 플래시 화재는 이어지는 화재가 없을 수도 있으며, 화재에 의해 많이 손상된 부분의 열원과 발화지역이 일치하지 않는 경우도 많다.
(플래시 화재의 순간적인 고온에 의해 착화되는 2번째 착화물품 부근이 가장 많이 화재 손상을 발생시키기 때문)
(3) 이와 같은 이유로 플래시 화재의 발화점 추적은 매우 어렵다.

3. 받침대 화재(Saddle Burn)

1) 바닥 들보(Joist, 마루를 받치는 장선)의 위쪽 모서리에서 발견되는 U자 또는 받침대(Saddle) 모양의 화재 패턴을 말한다.
2) 이는 바닥 들보 위의 바닥을 통해 아래로 내려가면서 연소되는 화재에 의해 발생된다.
3) 이 패턴은 깊게 탄화된 형태가 나타나며, 화재 패턴이 매우 국소부에서 발생되고 부드러운 곡면을 이룬다.
4) 바닥에서 용융되며 연소되는 폴리우레탄 폼과 같은 물질의 복사열에 의해서도 생성될 수 있다.

> **문제**
>
> **가연물 연소패턴 중 다음의 용어에 대하여 설명하시오.**
> 1) Pool-shaped burn pattern
> 2) Splash pattern

1. 액체가연물과 관련한 연소패턴

1) 석유류 액체가연물 관련 연소패턴은 NFPA 921에 나와 있으며, 국내에서도 화재조사에 활용되고 있다.
2) 이런 화재패턴은 화재현장에서 석유류 액체가연물의 사용 여부를 판단하는 근거로 활용될 수 있지만, 판단에 혼란을 줄 수 있는 간섭 현상에 대해서도 주의해야 한다.

2. Pool-Shaped Burn Pattern

1) Pool을 이루고 있는 석유류 액체가연물에 의해 발생하지만, 열가소성 플라스틱에 의해서도 발생할 수 있는 불규칙한 바닥재의 연소 흔적
2) 이 패턴은 부분적 가열이나 소락물에 의해서도 생성 가능하다.
3) 가연성 액체는 광범위한 영역에 균일한 연소 흔적을 남긴다.
4) 액체가 연소한 영역과 그 외부 사이에는 뚜렷한 연소 정도의 차이가 나타난다.
5) Pour Pattern
   (1) Pool-Shaped Burn Pattern과 동일한 형태이지만 석유류 액체가연물이 의도적으로 관여된 연소 흔적이다.
   (2) 이러한 의도가 형태적으로 독특하게 나타나는 것은 아니므로 연소형태를 묘사할 때 이 용어는 사용하지 않는다.(Irregularly Fire Pattern이라고 함)

3. Splash Pattern

1) 석유류 액체가연물이 바닥에 쏟아졌을 때, 낙하 충격에 의해서 작은 방울로 튀어 연소 흔적의 경계를 넘어 부착되고 이것이 연소된 국부적인 연소 흔적
2) 특징
   (1) 이 패턴은 주변으로 튀어나간 가연성 액체 방울에 의해 생성되므로 약한 풍향에도 영향을 받는다.
   (2) 바람이 부는 방향으로는 잘 생기지 않으며, 반대방향으로는 비교적 먼 지점에서도 생길 수 있다.

문제

다음 용어에 대하여 설명하시오.

1) Time Line(타임라인)
2) Arrow Pattern(화살형태)
3) Layering(층화)
4) Isochar(등탄화심도선)
5) Pyrolysis(열분해)

1. Time Line(타임라인)

1) 시간 순서대로 보이는 화재사고 과정에서의 사건들의 그래픽적인 표현
2) 타임라인은 화재와 관련된 사건들과 상태 사이의 관계들을 보여주는 화재조사 기법이다.
3) 이러한 사건이나 상황은 일반적으로 시간 의존적이며, 타임라인은 처음 세운 가설을 검증하는 데 사용된다.
4) 추가적인 가연물의 발화, 환기의 변화, 감지기 작동, 플래시오버, 창문의 파손, 인접지역으로의 화재 확산 등이 사건과 상황들이다.
5) 많은 정보들이 목격자의 증언에서 얻어진다.

2. Arrow Pattern(화살형태)

1) 연소된 목재 구조 부재의 교차 지점 위에 생기는 화재패턴
2) 화재에 의해 손상된 목재 벽체 스터드와 같은 가연성 구성품 위에 나타난다.
3) 열원에서 가까울수록 더 짧아지고, 심하게 탄 스터드가 있게 되며, 이러한 높이 차와 탄화 정도에 따라 화재진행방향을 추적할 수 있다.

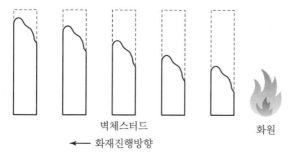

벽체스터드

◀── 화재진행방향

화원

3. Layering(층화)

1) 화재 현장에서 잔해들을 제거해 나가며 물품들의 상대적인 위치를 관찰하는 과정
2) 화재 또는 폭발의 사건과 사망 사고의 순서는 잔해들(천장재, 가구, 사람, 바닥재 등)이 쌓인 층의 순서에 의해 확인될 수 있다.

3) 예를 들어, 파손된 천장 아래에 있는 미연소 소파 위에 미연소된 사체가 발견된 경우와 파손된 천장 아래의 연소된 소파 위에서 탄 흔적의 사체가 발견된 것은 크게 다른 형태의 화재임을 보여준다.

4. Isochar(등탄화심도선)

1) 동등한 탄화깊이 점들을 연결한 다이어그램 위의 선
2) 탄화깊이 선도
   시각적으로 분명하지 않은 경계들의 동일한 탄화깊이 지점들을 연결한 선을 표시함으로 인해 경계선이 발견될 수 있다.

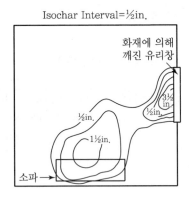

5. Pyrolysis(열분해)

1) 열에 의한 효과에 의해 더 단순한 분자 요소로 물질이 분해되거나 나누어지는 과정
2) 열분해는 보통 연소에 앞서 발생하게 된다.

참고

> **과학적인 검증 절차**
> 1. 과학 법칙들은 "가설의 설정(귀납적 추론으로 설정) → 실험, 관찰 등을 통한 가설의 검증 → 법칙으로의 인정"의 단계로 만들어진다.
> 2. 이러한 과학적인 절차에서는 개인의 선입견, 권위주의 등은 철저히 배제되어야 한다.
> 3. 증명되지 못한 가설들은 가설로 유지되거나, 폐기된다.

1. 개요

NFPA 921(Guide for Fire and Explosion Investigations)에서는 화재조사에서의 과학적인 방법을 다음과 같이 기술한다.

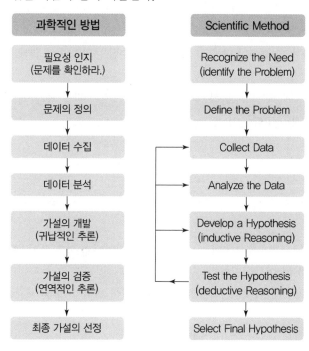

CHAPTER 26 위험성평가 및 화재조사 | **1011**

2. 필요성 인지

1) 먼저 존재하는 문제를 결정한다.
2) 이 경우에서 화재 또는 폭발은 이미 발생했지만, 그 재해의 원인은 미래에 발생될 수 있는 유사한 사고를 방지할 수 있도록 찾아내어 통계 목록에 정리해 두어야 한다.

3. 해당 문제의 정의

1) 존재한 문제가 정해지면, 조사관은 그 문제를 해결할 수 있는 적절한 방법을 정의해야 한다.
2) 이러한 해결방법 정의는 현장점검과 다른 데이터의 수집 등의 다음과 같은 방법을 조합하여 수행된다.
    (1) 예전에 수행된 사고조사 검토서 확인
    (2) 목격자 인터뷰
    (3) 다른 전문가의 조언
    (4) 과학적 검사 결과

4. 자료의 수집

1) 화재사고에 대한 사실(Fact)은 관찰, 실험이나 다른 직접적인 자료 수집 등의 방법에 의해 수집될 수 있다.
2) 수집된 데이터는 "실험에 근거한 데이터"라고 불리는데, 그 이유는 그것이 관찰, 실험에 기초하여 사실로 알려지거나 검증된 것이기 때문이다.

5. 자료의 분석

1) 최종 가설들을 세우기 전에 이루어져야 하는 과정으로서, 수집된 모든 자료들을 과학적으로 분석하는 과정이다.
2) 단순한 데이터의 식별, 수집, 분류는 데이터 분석이 아니며, 이러한 데이터 분석은 분석자의 지식, 훈련, 경험과 전문성에 기초하여 이루어진다.
3) 조사관은 적절하게 하나의 데이터가 내포하는 의미를 파악할 전문성이 부족할 경우, 전문가의 도움을 구해야 한다.
4) 조사관의 추측에 의해 가설을 만들어서는 안 되며, 데이터의 의미를 이해하고 증거에 기초한 가설을 만들어야 한다.

6. 가설의 개발(귀납적 추론)

1) 현상을 설명하기 위해 데이터 분석에 기초하여 조사관은 하나 또는 여러 개의 가설을 만들게 된다.

2) 가설에 포함되는 내용

화재패턴, 화재확산, 발화원의 증명, 발화단계, 화재원인 또는 손상의 원인, 화재 폭발 사고에 대한 책임 등의 여부

3) 이 과정은 귀납적인 추론 과정을 통해 가설을 도출하는 것이며, 이러한 가설들은 오직 경험에 의한 자료에 기초해야 한다.

4) 경험적인 자료란 조사관이 관찰을 통해 수집하고 사고에 대한 설명으로 발전시킨 것이며, 조사관의 지식, 훈련, 경험, 전문성에 기초한다.

7. 가설의 검증(연역적 추론)

1) 조사관들은 가설이 상세하고 면밀한 검증을 거치지 않는다면, 유효한 가설을 가진 것이 아니라고 판단해야 한다.

2) 가설의 검증은 조사관이 그의 가설을 특정 사고에 관련된 현상에 관한 과학적인 지식뿐만 아니라, 알려진 사실과 비교하면서 연역적인 추론에 의해 수행하게 된다.

3) 가설의 검증은 실험을 수행함으로써 이루어질 수 있고, "사고 실험(Thought Experiments)"의 과학적인 원리를 적용함으로써 분석적으로 수행될 수도 있다.

4) 다른 사고에서의 조사결과나 실험에 의존할 경우에는 조사관은 상태와 환경이 두 화재에서 충분히 유사하다는 것을 증명해야 한다.

5) 조사관은 이전에 수행된 조사에 의존할 경우에는 그 조사자료에 대한 참고문헌들을 기록해 두어야 한다.

6) 가설이 지지될 수 없다면, 그것은 폐기되어야 하며 대안으로서의 다른 가설들이 개발되고 검증되어야 한다.

7) 검증 과정은 모든 실현 가능한 가설들이 검증되고, 1가지가 유일하게 사실과 일치될 때까지 과학적인 원리를 통해 지속되어야 한다.

8) 연역적인 추론에 의한 검증이 이루어질 수 있는 가설이 없다면, 그 사건은 미제 상태로 간주되어야 한다.(가설에 억지로 끼워 맞추면 안 됨)

NOTE

소방의 화재조사에 관한 법률

2021년 6월 8일에 제정되었으며, 2022년 6월 9일부터 관련 시행령 및 시행규칙을 제정하여 시행할 예정이며, 주요 내용은 다음과 같다.

1. 화재조사

소방청장, 소방본부장 또는 소방서장이 화재원인, 피해상황, 대응활동 등을 파악하기 위하여 자료의 수집, 관계인 등에 대한 질문, 현장 확인, 감식, 감정 및 실험 등을 하는 일련의 행위를 말한다.

2. 화재조사의 조사항목

1) 화재원인에 관한 사항
2) 화재로 인한 인명·재산피해상황
3) 대응활동에 관한 사항
4) 소방시설등의 설치·관리 및 작동 여부에 관한 사항
5) 화재발생건축물과 구조물, 화재유형별 화재위험성 등에 관한 사항
6) 그 밖에 대통령령으로 정하는 사항

3. 화재조사 전담부서의 업무

1) 화재조사의 실시 및 조사결과 분석·관리
2) 화재조사 관련 기술개발과 화재조사관의 역량증진
3) 화재조사에 필요한 시설·장비의 관리·운영
4) 그 밖의 화재조사에 관하여 필요한 업무

위험성
평가 및
화재조사

CHAPTER 27 | 소방법령

▣ 단원 개요

소방법령은 위험물 단원에서 다루고 있는 『위험물 안전관리법』 외에 『소방기본법』, 『화재예방법』, 『소방시설법』, 『소방시설공사업법』, 『다중이용업 특별법』 등이 있다. 최근 『화재예방, 소방시설의 설치유지 및 안전관리에 관한 법률』이 2개의 법령(약칭 『화재예방법』과 『소방시설법』)으로 분할되며 많은 관련규정이 신설 또는 개정되었다. 이 단원에서는 관련 소방법령을 기출문제에 포함된 규정 위주로 다루고 있다.

▣ 단원 구성

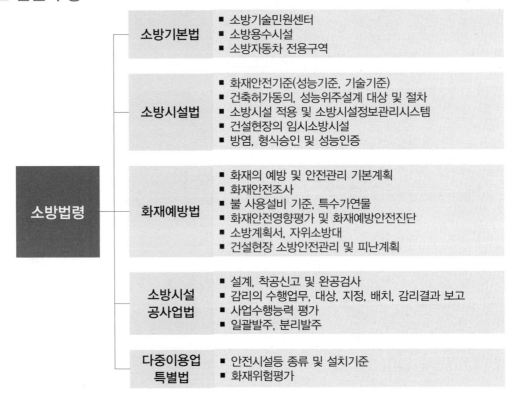

소방기본법	■ 소방기술민원센터 ■ 소방용수시설 ■ 소방자동차 전용구역
소방시설법	■ 화재안전기준(성능기준, 기술기준) ■ 건축허가동의, 성능위주설계 대상 및 절차 ■ 소방시설 적용 및 소방시설정보관리시스템 ■ 건설현장의 임시소방시설 ■ 방염, 형식승인 및 성능인증
화재예방법	■ 화재의 예방 및 안전관리 기본계획 ■ 화재안전조사 ■ 불 사용설비 기준, 특수가연물 ■ 화재안전영향평가 및 화재예방안전진단 ■ 소방계획서, 자위소방대 ■ 건설현장 소방안전관리 및 피난계획
소방시설 공사업법	■ 설계, 착공신고 및 완공검사 ■ 감리의 수행업무, 대상, 지정, 배치, 감리결과 보고 ■ 사업수행능력 평가 ■ 일괄발주, 분리발주
다중이용업 특별법	■ 안전시설등 종류 및 설치기준 ■ 화재위험평가

(소방법령)

▣ 단원 학습방법

소방법령은 소방기술사의 수행업무와 관련된 사항 위주로 그 출제범위가 제한적이다. 또한 자주 출제되는 사항들도 거의 결정되어 있으므로, 마스터 종합반 강의를 통한 기출문제 분석과 최근 제 · 개정 기준 및 최신 이슈 사항에 대한 검토가 필수적이다.

이 단원은 암기 위주의 학습이 요구되지만, 시험문제가 "~을 설명하시오."라는 형태임을 감안하면 주요한 사항 위주로 상세하게 설명하는 것도 고득점을 위해 필요하다. 따라서 반드시 주요 규정의 기술적 또는 실무적인 배경도 함께 알아두어야 한다.

CHAPTER 27 | 소방법령

소방기본법

<소방기본법 기출문제>

[126-1-4] 공동주택에서 소방차 소방활동 전용구역의 설치대상 및 설치방법을 설명하시오.

[118-1-8] 『소방기본법』에 명시된 법의 취지에 대하여 설명하시오.

1 소방기본법의 목적 [기출]

1. 화재를 예방 · 경계하거나 진압
2. 화재, 재난 · 재해, 그 밖의 위급한 상황에서의 구조 · 구급 활동 등을 통하여
→ 국민의 생명 · 신체 및 재산을 보호함으로써 공공의 안녕 및 질서 유지와 복리증진에 이바지함을 목적으로 한다.

2 소방기술민원센터 [신설]

목적	소방기술민원(소방시설, 소방공사 및 위험물 안전관리 등과 관련된 법령해석 등의 민원)을 접수하여 처리
설치	소방청 또는 소방본부에 각각 설치 및 운영 (센터장 포함 18명 이내로 구성)
수행 업무	1. 소방기술민원의 처리 2. 소방기술민원과 관련된 질의회신집 및 해설서 발간 3. 소방기술민원과 관련된 정보시스템의 운영 · 관리 4. 소방기술민원과 관련된 현장 확인 및 처리 5. 그 밖에 소방기술민원과 관련된 업무로서 소방청장 또는 소방본부장이 필요하다고 인정하여 지시하는 업무

소방
법령

❸ 소방용수시설 및 비상소화장치

1. 소방용수시설 [기출]

1) 정의

소방활동에 필요한 소화전 · 급수탑 · 저수조

2) 소방용수시설 설치기준

(1) 소방대상물과의 거리

① 국토계획 및 이용 법률에 따른 주거지역 · 상업지역 및 공업지역에 설치하는 경우 : 수평거리 100 [m] 이하가 되도록 설치

② 그 외의 지역에 설치하는 경우 : 수평거리 140 [m] 이하가 되도록 설치

(2) 소화전 설치기준

① 상수도와 연결하여 지하식 또는 지상식의 구조로 할 것

② 소방용 호스와 연결하는 소화전의 연결금속구의 구경은 65 [mm]로 할 것

(3) 급수탑 설치기준

① 급수배관의 구경은 100 [mm] 이상으로 할 것

② 개폐밸브는 지상에서 1.5 [m] 이상 1.7 [m] 이하의 위치에 설치할 것

(4) 저수조 설치기준

① 지면으로부터의 낙차가 4.5 [m] 이하일 것

② 흡수부분의 수심이 0.5 [m] 이상일 것

③ 소방펌프자동차가 쉽게 접근할 수 있도록 할 것

④ 흡수에 지장이 없도록 토사 및 쓰레기 등을 제거할 수 있는 설비를 갖출 것

⑤ 흡수관의 투입구가 사각형의 경우에는 한 변의 길이가 60 [cm] 이상, 원형의 경우에는 지름이 60 [cm] 이상일 것

⑥ 저수조에 물을 공급하는 방법은 상수도에 연결하여 자동으로 급수되는 구조일 것

3) 소방용수표지 설치기준

소방용수시설에 대해 다음과 같은 소방용수표지를 보기 쉬운 곳에 설치할 것

(1) 지하에 설치하는 소화전 또는 저수조

① 맨홀 뚜껑 크기

지름 648 [mm] 이상(승하강식은 제외)

② 맨홀 뚜껑 표시

"소화전 · 주차금지" 또는 "저수조 · 주차금지"의 표시

③ 맨홀 뚜껑 둘레

황색 반사도료로 폭 15 [cm]의 선을 그 둘레에 따라 칠할 것

(2) 급수탑 및 지상에 설치하는 소화전 또는 저수조
　　다음 그림과 같은 소방용수표지를 설치할 것

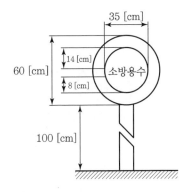

　　① 안쪽 문자 : 흰색, 바깥쪽 문자 : 노란색
　　② 안쪽 바탕 : 붉은색, 바깥쪽 바탕 : 파란색
　　③ 반사재료를 사용할 것
　　④ 위의 규격에 따른 표지를 세우는 것이 매우 어렵거
　　　나 부적당한 경우에는 그 규격 등을 다르게 할 수
　　　있다.

2. 비상소화장치

1) 정의
소방자동차의 진입이 곤란한 지역 등 화재발생 시에 초기 대응이 필요한 지역으로서 대통령령으로 정하는 지역에서 소방호스(소방용릴호스 포함) 등을 소방용수시설에 연결하여 화재를 진압하는 시설이나 장치

2) 설치대상
(1) 화재경계지구
(2) 시·도지사가 비상소화장치의 설치가 필요하다고 인정하는 지역

3) 비상소화장치 설치기준
(1) 구성
　　비상소화장치함, 소화전, 소방호스, 관창을 포함하여 구성할 것
(2) 소방호스 및 관창
　　형식승인 및 제품검사의 기술기준에 적합한 것으로 설치할 것
(3) 비상소화장치함
　　형식승인 및 제품검사의 기술기준에 적합한 것으로 설치할 것
(4) 기타 비상소화장치의 설치기준
　　별도 소방청 고시에 의함

❹ 소방자동차 전용구역

1. 대상
다음 공동주택의 건축주는 소방자동차 전용구역을 설치해야 한다.
1) 아파트 중 세대수가 100세대 이상인 아파트
2) 기숙사 중 3층 이상의 기숙사

소방
법령

2. 소방자동차 전용구역의 설치기준

1) 설치 위치

소방자동차가 접근하기 쉽고 소방활동이 원활하게 수행될 수 있도록

(1) 각 동별 전면 또는 후면에 소방자동차 전용구역을 1개소 이상 설치할 것

(2) 하나의 전용구역에서 여러 동에 접근하여 소방활동이 가능한 경우로서 소방청장이 정하는 경우에는 각 동별로 설치하지 않을 수 있음

2) 설치 방법

(1) 전용구역 노면표지의 외곽선

　① 빗금무늬로 표시

　② 빗금 두께는 30 [cm]로 하여 50 [cm] 간격으로 표시

(2) 색상

　① 노면표지 : 황색을 기본으로 함

　② 문자는 백색으로 표시

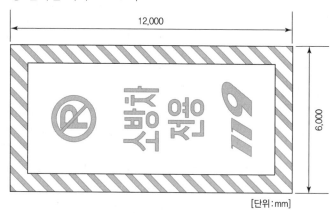

[단위:mm]

3. 주차 또는 방해행위 금지

누구든지 전용구역에 차를 주차하거나 전용구역에의 진입을 가로막는 등의 방해행위를 하여서는 아니 된다.

1) 전용구역에 물건 등을 쌓거나 주차하는 행위

2) 전용구역의 앞면, 뒷면 또는 양 측면에 물건 등을 쌓거나 주차하는 행위

3) 전용구역 진입로에 물건 등을 쌓거나 주차하여 전용구역으로의 진입을 가로막는 행위

4) 전용구역 노면표지를 지우거나 훼손하는 행위

5) 그 밖의 방법으로 소방자동차가 전용구역에 주차하는 것을 방해하거나 전용구역으로 진입하는 것을 방해하는 행위

소방자동차 진입로 및 전용구역 설치기준(성능위주설계 표준가이드라인)

1. 소방자동차 진입 동선(통로) 확보

1) **동별 최소 2개 면**에 소방자동차 접근이 가능한 진입로(통로)를 설치할 것
   (1) 소방자동차 진입로에는 경계석 등 **장애물 설치를 금지**하고, 구조상 불가피하여 경계석 등을 설치할 경우에는 경사로로 설치하거나 그 높이를 최소화할 것
   (2) **진입로 회전반경**은 차량 중심에서 최소 10 [m] 이상 고려하여 회차 가능하도록 할 것
2) 공동주택의 경우 단지 내 폭 1.5 [m] 이상의 보도를 포함한 **폭 7 [m] 이상**의 도로를 설치할 것(다만, 100세대 미만이고, 막다른 도로로서 길이 35 [m] 미만의 경우는 4 [m] 이상으로 가능)
3) **주차차단기** 등을 설치할 경우 소방자동차 진입로는 최소 3 [m] 이상의 폭을 확보할 것
4) 진입로에 설치되는 **문주 및 필로티 유효높이**는 5 [m] 이상 확보할 것
5) 공동주택의 경우 외벽 양쪽 측면 상단과 하단에 **동 번호**를 표시할 것(외부에서 주·야간에 식별이 가능하도록 동 번호 크기, 색상 구성할 것)
6) 진입로가 **경사 구간**의 경우 시작 각도는 3° 이하, 최대각도는 10° 이하로 권장

2. 소방자동차의 소방활동 전용 구역 확보

1) 특수소방자동차 전용 구역은 **동별 전면 또는 후면**에 1개소 이상 확보할 것
   (1) 건축물 외벽으로부터 차량 턴테이블 중심까지 6 [m]에서 15 [m] 이내(특수소방자동차 Working Diagram을 참고하여 현장 여건에 따라 범위 조정 가능) 구간에 시·도별 보유한 특수소방자동차 제원에 따라 「소방자동차 전용구역」 설치할 것
   (2) 소방자동차 전용구역은 폭 30 [cm] 이상의 선을 황색반사도료로 칠하고 주차구역 표기할 것
   (3) 특수소방자동차 전용 구역은 동별 소방관진입창 또는 피난시설(대피공간 등)이 설치된 장소와 동선이 일치하도록 할 것
   (4) 문화 및 집회시설, 판매시설 등 다중이용시설의 경우 동별 출입로에 구급차 전용 구역을 확보하고 위치를 확인할 수 있는 번호 표지판을 부착할 것
2) 소방자동차 전용 구역(활동공간)의 바닥은 시·도별 보유한 **특수소방자동차의 중량**을 고려하여 견딜 수 있는 구조로 할 것
   (1) 참고 : 52 [m] 사다리차 26.5 [t], 70 [m] 사다리차 35.2 [t]
   (2) 소방자동차 전용 구역이 일부 보도를 포함할 경우 그에 대한 하중도 고려할 것
3) 특수소방자동차 전용 구역 **경사도**는 아웃트리거 조정각도를 고려하여 5° 이하로 할 것
4) 소방자동차 전용 구역은 조경 및 볼라드 설치로 인해 **장애가 되지 않도록** 할 것
5) 소방자동차 전용 구역은 **공기안전매트** 전개 장소와 중첩되지 않도록 할 것

소방
법령

화재의 예방 및 안전관리에 관한 법률(화재예방법)

1 화재예방법의 목적

화재의 예방과 안전관리에 필요한 사항을 규정함으로써

→ 국민의 생명·신체 및 재산을 보호함으로써 공공의 안녕 및 질서 유지와 복리증진에 이바지함을 목적으로 한다.

1. 예방

화재의 위험으로부터 사람의 생명·신체 및 재산을 보호하기 위하여 화재발생을 사전에 제거하거나 방지하기 위한 모든 활동을 말한다.

2. 안전관리

화재로 인한 피해를 최소화하기 위한 예방, 대비, 대응 등의 활동을 말한다.

2 화재의 예방 및 안전관리 기본계획

목적	화재예방정책을 체계적, 효율적으로 추진하고, 이에 필요한 기반 확충을 위해 매 5년마다 기본계획을 수립, 시행
포함 사항	1. 화재예방정책의 기본목표 및 추진방향 2. 화재의 예방과 안전관리를 위한 법령·제도의 마련 등 기반 조성 3. 화재의 예방과 안전관리를 위한 대국민 교육·홍보

포함 사항	4. 화재의 예방과 안전관리 관련 기술의 개발·보급
	5. 화재의 예방과 안전관리 관련 전문인력의 육성·지원 및 관리
	6. 화재의 예방과 안전관리 관련 산업의 국제경쟁력 향상
	7. 그 밖에 대통령령으로 정하는 화재의 예방과 안전관리에 필요한 사항
	1) 화재발생 현황
	2) 소방대상물의 환경 및 화재위험특성 변화 추세 등 화재예방정책의 여건 변화에 관한 사항
	3) 소방시설의 설치·관리 및 화재안전기준의 개선에 관한 사항
	4) 계절별·시기별·소방대상물별 화재예방대책의 추진 및 평가 등에 관한 사항
	5) 그 밖에 화재의 예방 및 안전관리와 관련하여 소방청장이 필요하다고 인정하는 사항

3 화재예방조사(구 : 소방특별조사) 기출

1. 실시 대상

소방관서장이 소방대상물, 관계지역 또는 관계인에 대하여 소방시설등이 소방 관계 법령에 적합하게 설치·관리되고 있는지, 소방대상물에 화재의 발생 위험이 있는지 등을 확인하기 위하여 실시하는 현장조사·문서열람·보고요구 등을 하는 활동

2. 조사 시기

1) 자체점검이 불성실하거나 불완전하다고 인정되는 경우
2) 화재예방강화지구 등 법령에서 화재안전조사를 하도록 규정되어 있는 경우
3) 화재예방안전진단이 불성실하거나 불완전하다고 인정되는 경우
4) 국가적 행사 등 주요 행사가 개최되는 장소 및 그 주변의 관계 지역에 대하여 소방안전관리 실태를 조사할 필요가 있는 경우
5) 화재가 자주 발생하였거나 발생할 우려가 뚜렷한 곳에 대한 조사가 필요한 경우
6) 재난예측정보, 기상예보 등을 분석한 결과 소방대상물에 화재의 발생 위험이 크다고 판단되는 경우
7) 그 외에 화재, 그 밖의 긴급한 상황이 발생할 경우 인명 또는 재산 피해의 우려가 현저하다고 판단되는 경우

NOTE

화재예방강화지구

  1. 시·도지사는 다음에 해당하는 지역을 화재예방강화지구로 지정하여 관리할 수 있다.
     1) 시장지역
     2) 공장·창고가 밀집한 지역

소방
법령

3) 목조건물이 밀집한 지역

4) 노후 · 불량건축물이 밀집한 지역

5) 위험물의 저장 및 처리 시설이 밀집한 지역

6) 석유화학제품을 생산하는 공장이 있는 지역

7) 산업단지

8) 소방시설 · 소방용수시설 또는 소방출동로가 없는 지역

9) 그 밖에 1)~8)에 준하는 지역으로서 소방관서장이 화재예방강화지구로 지정할 필요가 있다고 인정하는 지역

2. 화재예방강화지구의 관리

1) 소방관서장은 화재예방강화지구 안의 소방대상물의 위치 · 구조 및 설비 등에 대한 화재안전조사를 연 1회 이상 실시해야 한다.

2) 소방관서장은 법 제18조제5항에 따라 화재예방강화지구 안의 관계인에 대하여 소방에 필요한 훈련 및 교육을 연 1회 이상 실시할 수 있다.

3. 시 · 도지사는 화재예방강화지구 관리대장에 작성하고 관리해야 한다.

3. 조사 항목

1) 화재의 예방조치 등에 관한 사항

2) 소방안전관리 업무 수행에 관한 사항

3) 피난계획의 수립 및 시행에 관한 사항

4) 소방훈련등(소화 · 통보 · 피난 등의 훈련 및 소방안전관리에 필요한 교육)에 관한 사항

5) 소방자동차 전용구역의 설치에 관한 사항

6) 소방기술자 배치, 감리 및 감리원 배치에 관한 사항

7) 소방시설의 설치 및 관리에 관한 사항

8) 건설현장 임시소방시설의 설치 및 관리에 관한 사항

9) 피난시설, 방화구획 및 방화시설의 관리에 관한 사항

10) 방염에 관한 사항

11) 소방시설등의 자체점검에 관한 사항

12) 다중이용업소의 안전관리에 관한 사항

13) 위험물 안전관리에 관한 사항

14) 초고층 및 지하연계 복합건축물의 안전관리에 관한 사항

15) 그 밖에 소방관서장이 화재안전조사가 필요하다고 인정하는 사항

4. 조사 방법

1) 소방관서장은 화재안전조사의 목적에 따라 다음 중 하나의 방법으로 화재안전조사를 실시할 수 있다.
   (1) 종합조사
      소방대상물 전체에 대해 제7조의 조사 항목 전부를 확인하는 조사
   (2) 부분조사
      종합조사 외에 소방대상물의 전체 또는 일부에 대해 조사 항목 중 전부 또는 일부를 확인하는 조사
2) 소방관서장은 화재안전조사를 위하여 필요하면 관계 공무원으로 하여금 다음의 행위를 하게 할 수 있다.
   (1) 관계인에게 보고 또는 자료의 제출을 요구
   (2) 소방대상물의 위치 · 구조 · 설비 또는 관리 상황을 조사 · 질문

4 화재의 예방조치

대상	1. 제조소등 2. 고압가스 저장소 3. 액화석유가스의 저장소 · 판매소 4. 수소연료공급시설 및 수소연료사용시설 5. 화약류를 저장하는 장소
금지행위	1. 모닥불, 흡연 등 화기의 취급 2. 풍등 등 소형열기구 날리기 3. 용접 · 용단 등 불꽃을 발생시키는 행위 4. 위험물을 방치하는 행위
화재예방 안전조치	상기 금지행위의 제외 1. 흡연실 등 법령에 따라 지정된 장소에서 화기 등을 취급하는 경우 2. 소화기 등 소방시설을 비치 또는 설치한 장소에서 화기 등을 취급하는 경우 3. 산업안전보건기준에 관한 규칙에 따른 화재감시자 등 안전요원이 배치된 장소에서 화기 등을 취급하는 경우 4. 그 밖에 소방관서장과 사전 협의하여 안전조치를 한 경우

5 보일러 등 불을 사용하는 설비의 관리 및 특수가연물

1. 불을 사용하는 설비 등의 관리

1) 대상

보일러, 난로, 건조설비, 가스 · 전기시설, 그 밖에 화재 발생 우려가 있는 설비 또는 기구

2) 불을 사용할 때 지켜야 하는 사항

종류	내용

보일러
 기출
	1. 가연성 벽·바닥 또는 천장과 접촉하는 증기기관 또는 연통의 부분은 규조토 등 난연성 또는 불연성 단열재로 덮어씌워야 한다.
	 2. 경유·등유 등 액체연료를 사용하는 경우에는 다음에 따른다.
	   1) 연료탱크는 보일러 본체로부터 수평거리 1 [m] 이상의 간격을 두어 설치할 것
	   2) 연료탱크에는 화재 등 긴급상황이 발생하는 경우 연료를 차단할 수 있는 개폐밸브를 연료탱크로부터 0.5 [m] 이내에 설치할 것
	   3) 연료탱크 또는 보일러 등에 연료를 공급하는 배관에는 여과장치를 설치할 것
	   4) 사용이 허용된 연료 외의 것을 사용하지 않을 것
	   5) 연료탱크가 넘어지지 않도록 받침대를 설치하고, 연료탱크 및 연료탱크 받침대는 「건축법 시행령」 제2조제10호에 따른 불연재료(이하 "불연재료"라 한다)로 할 것
	 3. 기체연료를 사용하는 경우에는 다음에 따른다.
	   1) 보일러를 설치하는 장소에는 환기구를 설치하는 등 가연성가스가 머무르지 않도록 할 것
	   2) 연료를 공급하는 배관은 금속관으로 할 것
	   3) 화재 등 긴급시 연료를 차단할 수 있는 개폐밸브를 연료용기 등으로부터 0.5 [m] 이내에 설치할 것
	   4) 보일러가 설치된 장소에는 가스누설경보기를 설치할 것
	 4. 화목 등 고체연료를 사용하는 경우에는 다음에 따른다.
	   1) 고체연료는 보일러 본체와 수평거리 2 [m] 이상 간격을 두어 보관하거나 불연재료로 된 별도의 구획된 공간에 보관할 것
	   2) 연통은 천장으로부터 0.6 [m] 떨어지고, 연통의 배출구는 건물 밖으로 0.6 [m] 이상 나오도록 설치할 것
	   3) 연통의 배출구는 보일러 본체보다 2 [m] 이상 높게 설치할 것
	   4) 연통이 관통하는 벽면, 지붕 등은 불연재료로 처리할 것
	   5) 연통재질은 불연재료로 사용하고 연결부에 청소구를 설치할 것

불꽃을 사용하는 용접·용단 기구	용접 또는 용단 작업장에서는 다음의 사항을 지켜야 한다. 다만, 「산업안전보건법」 제38조의 적용을 받는 사업장의 경우에는 적용하지 않는다. 1. 용접 또는 용단 작업자로부터 반경 5 [m] 이내에 소화기를 갖추어 둘 것 2. 용접 또는 용단 작업장 주변 반경 10 [m] 이내에는 가연물을 쌓아두거나 놓아두지 말 것. 다만, 가연물의 제거가 곤란하여 방화포 등으로 방호조치를 한 경우는 제외한다.

종류	내용
음식조리를 위하여 설치하는 설비 [기출]	「식품위생법 시행령」 제21조제8호에 따른 식품접객업 중 일반음식점 주방에서 조리를 위하여 불을 사용하는 설비를 설치하는 경우에는 다음의 사항을 지켜야 한다. 1. 주방설비에 부속된 배출덕트(공기 배출통로)는 0.5 [mm] 이상의 아연도금강판 또는 이와 동등 이상의 내식성 불연재료로 설치할 것 2. 주방시설에는 동물 또는 식물의 기름을 제거할 수 있는 필터 등을 설치할 것 3. 열을 발생하는 조리기구는 반자 또는 선반으로부터 0.6 [m] 이상 떨어지게 할 것 4. 열을 발생하는 조리기구로부터 0.15 [m] 이내의 거리에 있는 가연성 주요구조부는 단열성이 있는 불연재료로 덮어 씌울 것

2. 특수가연물 [기출]

1) 대상

품명		수량
면화류		200 [kg] 이상
나무껍질 및 대팻밥		400 [kg] 이상
넝마 및 종이부스러기		1,000 [kg] 이상
사류		1,000 [kg] 이상
볏짚류		1,000 [kg] 이상
가연성고체류		3,000 [kg] 이상
석탄·목탄류		10,000 [kg] 이상
가연성액체류		2 [m³] 이상
목재가공품 및 나무부스러기		10 [m³] 이상
고무류·플라스틱류	발포시킨 것	20 [m³] 이상
	그 밖의 것	3,000 [kg] 이상

2) 특수가연물의 저장 및 취급 기준

(1) 저장 기준

다음 기준에 따라 쌓아 저장할 것(발전용으로 저장하는 석탄·목탄류는 제외)

① 품명별로 구분하여 쌓을 것

② 다음 기준에 맞게 쌓을 것

구분	살수설비를 설치하거나 방사능력 범위에 해당 특수가연물이 포함되도록 대형수동식소화기를 설치하는 경우	그 밖의 경우
높이	15 [m] 이하	10 [m] 이하
쌓는 부분의 바닥면적	200 [m³] 이하 (석탄 · 목탄류의 경우 300 [m³] 이하)	50 [m³] 이하 (석탄 · 목탄류의 경우 200 [m³] 이하)

③ 실외에 쌓아 저장하는 경우
- 쌓는 부분과 대지경계선, 도로 및 인접 건축물과 최소 6 [m] 이상 간격을 두되
- 쌓는 높이보다 0.9 [m] 이상 높은 건축법에 따른 내화구조 벽체 설치 시 간격 두지 않아도 됨

④ 실내에 쌓아 저장하는 경우
- 주요구조부 : 내화구조이면서 불연재료일 것
- 다른 종류의 특수가연물과 동일 공간 내에서 보관하지 않을 것(내화구조의 벽으로 분리하는 경우 함께 보관 가능)

⑤ 쌓는 부분의 사이
- 실내의 경우 : 1.2 [m] 또는 쌓는 높이의 1/2 중 큰 값 이상으로 간격을 둘 것
- 실외의 경우 : 3 [m] 또는 쌓는 높이 중 큰 값 이상으로 간격을 둘 것

(2) 표지 기준

① 특수가연물을 저장 또는 취급하는 장소에는 품명, 최대저장수량, 단위부피당 질량 또는 단위체적당 질량, 관리책임자 성명 · 직책, 연락처 및 화기취급의 금지표시가 포함된 특수가연물 표지(이하 "표지"라 한다)를 설치할 것

② 표지의 규격

특수가연물	
화기엄금	
품 명	합성수지류
최대저장수량 (배수)	○○○톤(○○배)
단위부피당질량 (단위체적당 질량)	○○○kg/m³
관리책임자 (직 책)	홍길동 팀장
연락처	02-000-0000

- 표지 크기
  한 변의 길이 : 0.3 [m]×0.6 [m] 이상인 직사각형으로 할 것
- 표지의 바탕 : 백색으로
- 문자 : 흑색으로 할 것
- 표지 중 화기엄금 표시 부분
  - 바탕 : 붉은색
  - 문자 : 백색
- 표지는 특수가연물을 저장 또는 취급하는 장소 중 보기 쉬운 곳에 설치할 것

6 화재안전영향평가

1. 정의 및 목적

1) 정의

법령이나 정책에 대한 화재 위험성의 유발요인 및 완화 방안에 대한 평가

2) 목적

화재발생 원인 및 연소과정을 조사·분석하는 등의 과정에서 법령이나 정책의 개선이 필요하다고 인정되는 경우 화재안전영향평가를 통해 해당 법령(소방 외 타 법령 포함)이나 정책에 반영하도록 함

2. 방법 및 절차

1) 방법

화재현장 및 자료 조사 등을 기초로 화재·피난 모의실험 등 과학적인 예측·분석 방법으로 실시

2) 화재안전영향평가의 기준 결정

다음 사항이 포함된 화재안전영향평가의 기준을 화재영향평가 심의회의 심의를 거쳐 정함
(1) 법령이나 정책의 화재위험 유발요인
(2) 법령이나 정책이 소방대상물의 재료, 공간, 이용자 특성 및 화재 확산 경로에 미치는 영향
(3) 법령이나 정책이 화재피해에 미치는 영향 등 사회경제적 파급 효과
(4) 화재위험 유발요인을 제어 또는 관리할 수 있는 법령이나 정책의 개선 방안

7 소방안전관리자의 수행업무 및 소방계획서 작성 등

1. 소방안전관리자의 수행업무

1) 소방계획서의 작성 및 시행
2) 자위소방대 및 초기대응체계의 구성, 운영 및 교육
3) 피난시설, 방화구획 및 방화시설의 관리
4) 소방시설이나 그 밖의 소방 관련 시설의 관리
5) 소방훈련 및 교육
6) 화기 취급의 감독
7) 소방안전관리에 관한 업무수행에 관한 기록·유지
8) 화재발생 시 초기대응
9) 그 밖에 소방안전관리에 필요한 업무

2. 소방계획서의 포함 항목

1) 소방안전관리대상물의 위치 · 구조 · 연면적 · 용도 및 수용인원 등 일반 현황

2) 소방안전관리대상물에 설치한 소방시설 · 방화시설, 전기시설 · 가스시설 및 위험물시설의 현황

3) 화재 예방을 위한 자체점검계획 및 대응대책

4) 소방시설 · 피난시설 및 방화시설의 점검 · 정비계획

5) 피난층 및 피난시설의 위치와 피난경로의 설정, 화재안전취약자의 피난계획 등을 포함한 피난계획

6) 방화구획, 제연구획, 건축물의 내부 마감재료 및 방염물품의 사용현황과 그 밖의 방화구조 및 설비의 유지 · 관리계획

7) 관리의 권원이 분리된 특정소방대상물의 소방안전관리에 관한 사항

8) 소방훈련 · 교육에 관한 계획

9) 소방안전관리대상물의 근무자 및 거주자의 자위소방대 조직과 대원의 임무(화재안전취약자의 피난 보조 임무를 포함한다)에 관한 사항

10) 화기 취급 작업에 대한 사전 안전조치 및 감독 등 공사 중 소방안전관리에 관한 사항

11) 소화와 연소 방지에 관한 사항

12) 위험물의 저장 · 취급에 관한 사항(예방규정을 정하는 제조소등은 제외)

13) 소방안전관리에 대한 업무수행에 관한 기록 및 유지에 관한 사항

14) 화재발생 시 화재경보, 초기소화 및 피난유도 등 초기대응에 관한 사항

15) 그 밖에 소방안전관리를 위하여 소방본부장 또는 소방서장이 소방안전관리대상물의 위치 · 구조 · 설비 또는 관리 상황 등을 고려하여 소방안전관리에 필요하여 요청하는 사항

3. 피난계획의 수립, 시행

1) 개요

(1) 소방안전관리대상물의 관계인은 그 장소에 근무하거나 거주 또는 출입하는 사람들이 화재가 발생한 경우에 안전하게 피난할 수 있도록 피난계획을 수립 · 시행하여야 한다.

(2) 피난계획에는 그 소방안전관리대상물의 구조, 피난시설 등을 고려하여 설정한 피난경로가 포함되어야 한다.

(3) 소방안전관리대상물의 관계인은 피난시설의 위치, 피난경로 또는 대피요령이 포함된 피난유도 안내정보를 근무자 또는 거주자에게 정기적으로 제공하여야 한다.

2) 피난계획의 포함항목

(1) 화재경보의 수단 및 방식

(2) 층별, 구역별 피난대상 인원의 연령별 · 성별 현황

(3) 피난약자의 현황

(4) 각 거실에서 옥외(옥상 또는 피난안전구역 포함)로 이르는 피난경로

(5) 피난약자 및 피난약자를 동반한 사람의 피난동선과 피난방법

(6) 피난시설, 방화구획, 그 밖에 피난에 영향을 줄 수 있는 제반 사항

3) 피난계획의 수립 및 시행 방법

(1) 소방안전관리대상물의 관계인은 해당 소방안전관리대상물의 구조·위치, 소방시설 등을 고려하여 피난계획을 수립하여야 한다.

(2) 소방안전관리대상물의 관계인은 해당 소방안전관리대상물의 피난시설이 변경된 경우에는 그 변경사항을 반영하여 피난계획을 정비하여야 한다.

(3) 피난유도 안내정보 제공은 다음 중 어느 하나에 해당하는 방법으로 하여야 한다.

① 연 2회 피난안내 교육을 실시하는 방법

② 분기별 1회 이상 피난안내방송을 실시하는 방법

③ 피난안내도를 층마다 보기 쉬운 위치에 게시하는 방법

④ 엘리베이터, 출입구 등 시청이 용이한 지역에 피난안내영상을 제공하는 방법

4) 소방훈련

(1) 대상

① 특급 소방안전관리대상물

② 1급 소방안전관리대상물

(2) 불시 소방훈련 대상

① 의료시설

② 교육연구시설

③ 노유자 시설

④ 화재 발생 시 불특정 다수인에 대한 인명피해가 예상되어 소방본부장 또는 소방서장이 소방훈련등이 필요하다고 인정하는 특정소방대상물

8 건설현장 소방안전관리

1. 소방안전관리자 선임 대상

1) 대상

다음과 같은 건설현장 안전관리대상물의 건축, 용도변경 또는 대수선

(1) 신축·증축·개축·재축·이전·용도변경 또는 대수선을 하려는 부분의 연면적의 합계가 1만5천 [m²] 이상인 것

(2) 신축·증축·개축·재축·이전·용도변경 또는 대수선을 하려는 부분의 연면적이 5천 [m²] 이상인 것으로서 다음 중 어느 하나에 해당하는 것

① 지하층의 층수가 2개 층 이상인 것

② 지상층의 층수가 11층 이상인 것

③ 냉동창고, 냉장창고 또는 냉동·냉장창고

2) 선임 기한

소방시설공사 착공 신고일로부터 건축물 사용승인일까지

2. 건설현장 소방안전관리대상물의 소방안전관리자의 업무

1) 건설현장의 소방계획서의 작성
2) 임시소방시설의 설치 및 관리에 대한 감독
3) 공사진행 단계별 피난안전구역, 피난로 등의 확보와 관리
4) 건설현장의 작업자에 대한 소방안전 교육 및 훈련
5) 초기대응체계의 구성 · 운영 및 교육
6) 화기취급의 감독, 화재위험작업의 허가 및 관리
7) 그 밖에 건설현장의 소방안전관리와 관련하여 소방청장이 고시하는 업무

9 소방안전 특별관리 및 화재예방안전진단

1. 소방안전 특별관리

1) 대상

소방안전특별관리시설물
(화재 등 재난이 발생할 경우 사회 · 경제적으로 피해가 큰 다음의 시설)

교통 기간시설	공항시설, 철도시설, 도시철도시설, 항만시설
산업 기간시설	산업기술단지, 산업단지, 전력용 및 통신용 지하구, 석유비축시설, 천연가스 인수기지 및 공급망, 발전사업자가 가동 중인 발전소, 도시가스공급시설
중요 인명시설	초고층 건축물 및 지하연계 복합건축물, 수용인원 1천명 이상인 영화상영관, 점포가 500개 이상인 전통시장
문화재 시설	지정문화재시설(시설이 아닌 지정문화재를 보호하거나 소장하고 있는 시설을 포함)
고강도화재시설	연면적 10만 [m²] 이상인 물류창고

2) 소방안전 특별관리 기본계획, 시행계획

(1) 소방청장은 상기 시설의 특별관리를 체계적이고 효율적으로 하기 위하여 시 · 도지사와 협의하여 소방안전 특별관리기본계획을 기본계획에 포함하여 수립 및 시행하여야 한다.
(5년마다 수립하여 시 · 도에 통보)

(2) 특별관리 기본계획의 포함사항
① 화재예방을 위한 중기 · 장기 안전관리정책
② 화재예방을 위한 교육 · 홍보 및 점검 · 진단
③ 화재대응을 위한 훈련

④ 화재대응과 사후 조치에 관한 역할 및 공조체계

⑤ 그 밖에 화재 등의 안전관리를 위하여 필요한 사항

(성별, 연령별, 화재안전취약자별 화재 피해현황 및 실태 등에 관한 사항을 고려할 것)

(3) 시·도지사는 소방안전 특별관리기본계획에 저촉되지 아니하는 범위에서 관할 구역에 있는 소방안전 특별관리시설물의 안전관리에 적합한 소방안전 특별관리시행계획을 세부시행계획에 포함하여 수립 및 시행하여야 한다.

(매년 수립, 시행하고 그 시행결과를 다음 연도 1월 31일까지 소방청장에게 통보)

(4) 특별관리 시행계획의 포함사항

① 특별관리기본계획의 집행을 위하여 필요한 사항

② 시·도에서 화재 등의 안전관리를 위하여 필요한 사항

(성별, 연령별, 화재안전취약자별 화재 피해현황 및 실태 등에 관한 사항을 고려할 것)

2. 화재예방안전진단

1) 대상

소방안전특별관리시설물 중 다음에 해당하는 시설물

공항시설	공항시설 중 여객터미널의 연면적이 1천 $[m^2]$ 이상
철도시설	역 시설의 연면적이 5천 $[m^2]$ 이상
도시철도시설	역사 및 역 시설의 연면적이 5천 $[m^2]$ 이상
항만시설	여객이용시설 및 지원시설의 연면적이 5천 $[m^2]$ 이상
공동구	전력용 및 통신용 지하구 중 공동구
가스시설	천연가스 인수기지 및 공급망 중 소방시설법에 따른 가스시설
발전소	발전사업자가 가동 중인 발전소 중 연면적 5천 $[m^2]$ 이상
가스공급시설	가스공급시설 중 가연성가스 탱크의 저장용량 합계가 100톤 이상 또는 저장용량 30톤 이상인 탱크가 있는 시설

2) 실시방법

(1) 실시 주기

① 해당 소방안전 특별관리시설물을 건축한 경우에는 완공검사일로부터 5년이 경과한 날이 속한 해에 화재예방안전진단을 받을 것

② 이후 안전등급에 따라 정기적으로 화재예방안전진단을 받아야 함

안전등급	화재예방안전진단 기한
우수	6년이 경과한 날이 속하는 해
양호, 보통	5년이 경과한 날이 속하는 해
미흡, 불량	4년이 경과한 날이 속하는 해

(2) 안전등급

안전등급	화재예방안전진단 대상물의 상태
우수 (A)	진단 결과 문제점이 발견되지 않은 상태
양호 (B)	문제점이 일부 발견되었으나, • 화재안전에는 이상이 없으며 • 대상물 일부에 보수·보강 등의 조치명령이 필요한 상태
보통 (C)	문제점이 다수 발견되었으나, • 화재안전에는 이상이 없으며 • 다수의 조치명령이 필요한 상태
미흡 (D)	광범위한 문제점이 발견되어 • 화재안전을 위해 조치명령의 즉각적인 이행이 필요하고, • 대상물의 사용 제한을 권고할 필요가 있는 상태
불량 (E)	중대한 문제점이 발견되어 • 화재안전을 위해 조치명령의 즉각적인 이행이 필요하고, • 대상물의 사용 중단을 권고할 필요가 있는 상태

3) 화재예방안전진단의 범위

(1) 화재위험요인의 조사에 관한 사항

(2) 소방계획 및 피난계획 수립에 관한 사항

(3) 소방시설등의 유지·관리에 관한 사항

(4) 비상대응조직 및 교육훈련에 관한 사항

(5) 화재 위험성 평가에 관한 사항

(6) 화재 등의 재난 발생 후 재발방지 대책의 수립 및 그 이행에 관한 사항

(7) 지진 등 외부 환경 위험요인 등에 대한 예방·대비·대응에 관한 사항

(8) 화재예방안전진단 결과 보수·보강 등 개선요구 사항 등에 대한 이행 여부

4) 화재예방안전진단의 절차 및 방법

절차	조사 및 평가방법
(1) 위험요인 조사 (2) 위험성 평가 (3) 위험성 감소대책의 수립	(1) 준공도면, 시설현황, 소방계획서 등 자료수집 및 분석 (2) 화재위험요인조사 및 소방시설등의 성능점검 등 현장조사 및 점검 (3) 정성적, 정량적 방법을 통한 위험성 평가 (4) 불시·무각본 훈련에 의한 비상대응훈련 평가 (5) 그 밖에 지진 등 외부 환경 위험요인에 대한 예방·대비·대응태세 평가

5) 화재예방안전진단 결과 제출

(1) 결과의 제출

화재예방안전진단을 실시한 안전원 또는 진단기관은 화재예방안전진단이 완료된 날부터 60일 이내에 소방본부장 또는 소방서장, 관계인에게 다음 서류를 제출해야 한다.

① 화재예방안전진단 결과 보고서
② 화재예방안전진단 결과 세부 보고서
③ 화재예방안전진단기관 지정서

(2) 화재예방안전진단 결과보고서에 포함될 사항

① 해당 소방안전 특별관리시설물 현황
② 화재예방안전진단 실시 기관 및 참여인력
③ 화재예방안전진단 범위 및 내용
④ 화재위험요인의 조사 · 분석 및 평가 결과
⑤ 영 제44조제2항에 따른 안전등급 및 위험성 감소대책
⑥ 그 밖에 소방안전 특별관리시설물의 화재예방 강화를 위하여 소방청장이 정하는 사항

6) 화재예방안전진단기관의 지정기준

시설	전문인력
비영리법인 단체로서 (1) 사무실 (2) 장비 보관용 창고를 갖출 것	다음 전문인력을 모두 갖출 것 (1) 소방기술사 : 1명 이상 (2) 소방시설관리사 : 1명 이상 (3) 전기안전기술사, 화공안전기술사, 가스기술사, 위험물기능장 또는 건축사 : 1명 이상 (4) 다음 각 분야별 각 1명 이상 　　소방, 전기, 화공, 가스, 위험물 분야

소방시설의 설치 및 관리에 관한 법률(소방시설법)

〈소방시설법 기출문제〉

[127-1-1] 건축물의 무창층, 피난층 및 지하층에 대하여 설명하시오.

[125-3-6] 방염에 대한 다음 사항을 설명하시오.
1) 방염 의무 대상 장소
2) 방염대상 실내장식물과 물품
3) 방염성능기준

[124-1-5] 방염대상물품 중 얇은 포와 두꺼운 포에 대하여 아래 내용을 설명하시오.
1) 구분 기준   2) 방염성능 기준

[123-1-3] 소방시설 법령에서 규정하고 있는 특정소방대상물의 증축 또는 용도변경 시의 소방시설 기준 적용의 특례에 대하여 각각 설명하시오.

[122-4-2] 임시소방시설의 화재안전기준 제정이유와 임시소방시설의 종류별 성능 및 설치기준에 대하여 설명하시오.

[121-1-6] 소방시설법령상 "인화성 물품을 취급하는 작업 등 대통령령으로 정하는 작업"에 대하여 설명하시오.

[121-1-5] 소방시설법령상 건축허가등의 동의대상에 대하여 설명하시오.

[119-3-1] 방염에 대하여 아래 내용을 설명하시오.
1) 방염대상   2) 실내장식물   3) 방염성능기준

[119-3-3] 무창층의 기준해석에 대한 업무처리 지침 관련 아래 사항을 설명하시오.
1) 개구부 크기의 인정기준
2) 도로 폭의 기준
3) 쉽게 파괴할 수 있는 유리의 종류

[118-4-3] 아래와 같이 특정소방대상물에 주어진 조건으로 『화재예방, 소방시설 설치 · 유지 및 안전관리에 관한 법률』에 따라 적용하여야 할 소방시설(법적기준 포함)을 설명하시오.

[118-3-1] 건축물 실내 내장재의 방염의 원리 · 방염대상물품 · 방염성능 기준과 방염의 문제점 및 해결방안에 대하여 설명하시오.

[115-3-5] 방염에서 현장처리물품의 품질확보에 대한 문제점과 개선방안을 설명하시오.

[112-4-3] 화재예방, 소방시설 설치 · 유지 및 안전관리에 관한 법령에서 정하고 있는 내용연수가 경과한 소방용품의 사용기한 연장을 위한 성능확인 절차 및 방법에 대하여 설명하시오.

[111-1-12] 화재예방, 소방시설 설치 · 유지 및 안전관리에 관한 법률에 따른 중앙소방기술심의위원회의 심의사항을 설명하시오. (5가지)

〈소방시설법 기출문제〉

[110-3-3] 주택에 소방시설을 설치하고자 하는 경우 소방법령에서 규정하고 있는 내용과 시·도 조례로 위임한 "주택용 소방시설의 설치기준 및 자율적인 안전관리 등에 관한 사항"에 대하여 설명하시오.

[109-4-1] 방염성능기준 중 국민안전처장관이 정하여 고시한 방법으로 발연량을 측정하는 경우 최대연기밀도는 400 이하로 되어 있다. 이 값의 의미와 구하는 방법을 구체적으로 설명하시오.

[108-2-4] 소방시설 설치유지 및 안전관리에 관한 법률 시행령에 따라 관할 소방본부장 또는 소방서장에게 건축허가 동의를 받아야 할 대상과 동의 대상에서 제외할 수 있는 특정소방대상물을 설명하고, 건축허가를 받기 위하여 관할 소방서에 제출할 서류에 대해 설명하시오.

[107-1-4] 청각장애인용 시각경보장치의 설치대상과 설치 장소 및 기준에 대하여 설명하시오.

[107-1-9] 비상조명등의 설치대상 및 설치기준(장소, 면제대상, 조도 및 비상전원의 용량)에 대하여 설명하시오.

[106-1-10] 특정소방대상물의 관계인이 수용인원을 고려하여 갖추어야 하는 소방시설을 종류별로 구분하여 설명하시오.

[105-1-2] 특정소방대상물의 소방시설 중 제연설비의 설치 면제기준에 대하여 설명하시오.

[105-3-5] 각 층 바닥면적 4,800 [m²], 지하 3층, 지상 30층인 공동주택에 설치하여야 하는 소방시설 및 적용기준을 설명하시오.

[105-2-4] 특정소방대상물 공사현장에 설치되는 "임시 소방시설의 종류 중 인화성물품을 취급하는 작업 등 대통령령으로 정하는 작업"의 종류 5가지와 임시 소방시설의 종류, 성능 및 설치기준에 대하여 설명하시오.

[104-1-9] 방염대상 물품 중에서 소파와 의자의 방염성능기준을 설명하시오.

[101-1-12] 둘 이상의 특정소방대상물이 하나의 소방대상물로 되는 조건에 대하여 설명하시오.

1 소방시설법의 목적 및 정의

특정소방대상물 등에 설치하여야 하는 소방시설등의 설치·관리와 소방용품 성능관리에 필요한 사항을 규정함으로써

→ 국민의 생명·신체 및 재산을 보호하고 공공의 안전과 복리 증진에 이바지함을 목적으로 한다.

1. 소방시설

소화설비, 경보설비, 피난구조설비, 소화용수설비, 그 밖에 소화활동설비로서 대통령령(별표 1)으로 정하는 것

2. 소방시설등

소방시설과 비상구, 방화문 및 자동방화셔터

소방
법령

3. 특정소방대상물

건축물 등의 규모·용도 및 수용인원 등을 고려하여 소방시설을 설치하여야 하는 소방대상물로서 대통령령(별표 2)으로 정하는 것

4. 화재안전성능

화재를 예방하고 화재발생 시 피해를 최소화하기 위하여 소방대상물의 재료, 공간 및 설비 등에 요구되는 안전성능

5. 성능위주설계

건축물 등의 재료, 공간, 이용자, 화재특성 등을 종합적으로 고려하여 공학적 방법으로 화재위험성을 평가하고 그 결과에 따라 화재안전성능이 확보될 수 있도록 특정소방대상물을 설계하는 것

6. 화재안전기준

소방시설 설치 및 관리를 위한 다음의 기준

1) 성능기준

화재안전 확보를 위하여 재료, 공간 및 설비 등에 요구되는 안전성능으로서 소방청장이 고시로 정하는 기준

2) 기술기준

성능기준을 충족하는 상세한 규격, 특정한 수치 및 시험방법 등에 관한 기준으로서 행정안전부령으로 정하는 절차에 따라 소방청장의 승인을 받은 기준

7. 소방용품

소방시설등을 구성하거나 소방용으로 사용되는 제품 또는 기기로서 시행령 별표 3의 제품 또는 기기

8. 무창층 [기출]

1) 정의

지상층 중 다음 요건을 모두 갖춘 개구부의 면적의 합계가 해당 층의 바닥면적의 1/30 이하가 되는 층

2) 무창층에서의 개구부

건축물에서 채광·환기·통풍 또는 출입 등을 위하여 만든 창·출입구, 그 밖에 이와 비슷한 것으로서 다음 요건을 모두 갖춘 것

(1) 크기 : 지름 50 [cm] 이상의 원이 통과할 수 있는 것일 것

(2) 높이 : 해당 층의 바닥면으로부터 개구부 밑부분까지의 높이가 1.2 [m] 이내일 것

(3) 피난용이성 및 접근성

　① 도로 또는 차량이 진입할 수 있는 빈터를 향할 것

　② 화재 시 건축물로부터 쉽게 피난할 수 있도록 창살이나 그 밖의 장애물이 설치되지 않을 것

　③ 내부 또는 외부에서 쉽게 부수거나 열 수 있을 것

9. 피난층 [기출]

바로 지상으로 갈 수 있는 출입구가 있는 층

NOTE

무창층 기준해석에 대한 업무처리 지침 [기출]

1. '개구부의 크기가 지름 50 [cm] 이상의 원이 내접할 수 있을 것' 관련 개구부의 크기 기준

　1) 쉽게 파괴가 불가능한 개구부의 경우에는 문이 열리는 부분(공간)에 지름 50 [cm] 이상의 원이 내접할 수 있는 경우에만 개구부로 인정

　2) 쉽게 파괴가 가능한 개구부인 경우에는 유리를 일부 파괴하고 내·외부로부터 개방할 수 있는 부분에 지름 50 [cm] 이상의 원이 내접할 수 있는 경우에만 개구부로 인정
　　※ 지름산정 시 창틀은 포함하지 않으며 파괴 가능한 유리부분의 지름만을 인정

　3) 일반유리창의 경우 바닥으로부터 1.2 [m] 이내에 파괴가 가능하거나, 문이 열리는 부분(공간)에 지름 50 [cm] 이상의 원이 내접할 수 있는 경우에만 개구부로 인정

　4) 프로젝트창의 경우 하부창이 바닥으로부터 1.2 [m] 이내에 파괴가 가능하거나 문이 열리는 부분(공간)에 지름 50 [cm] 이상의 원이 내접할 수 있는 경우로서 상부창이 "4. 쉽게 파괴할 수 있는 유리의 종류"에 해당하고 지름 50 [cm] 이상의 원이 내접할 수 있는 경우에는 상·하부 창 모두를 인정

2. '바닥면으로부터 개구부 밑 부분까지의 높이가 1.2 [m] 이내일 것' 관련 개구부의 밑부분에 대한 해석

　→ 지름 50 [cm] 이상의 원이 내접할 수 있는 개구부의 하단이 바닥으로부터 1.2 [m] 이내에 있어야 함

3. 도로 폭에 대한 기준

　건축법 제2조제11호 및 제44조제1항 "도로" 준용

　→ 일반도로 4 [m], 막다른 도로 2 [m]

4. '쉽게 파괴할 수 있는 것'으로 볼 수 있는 유리의 종류

　1) 일반유리 : 두께 6 [mm] 이하

　2) 강화유리 : 두께 5 [mm] 이하

3) 복층유리 :

   (1) 일반유리 두께 6 [mm] 이하 + 공기층 + 일반유리 두께 6 [mm] 이하

   (2) 강화유리 두께 5 [mm] 이하 + 공기층 + 강화유리 두께 5 [mm] 이하

4) 기타 소방서장이 쉽게 파괴할 수 있다고 판단되는 것

2 화재안전기준 신설

1. 화재안전기준의 분류

소방시설 설치 및 관리를 위한 다음의 기준으로서, 성능기준(NFPC, National Fire Performance Code)과 기술기준(NFTC, National Fire Technical Code)으로 분류한다.

1) 성능기준

화재안전 확보를 위하여 재료, 공간 및 설비 등에 요구되는 안전성능으로서 소방청장이 고시로 정하는 기준

2) 기술기준

성능기준을 충족하는 상세한 규격, 특정한 수치 및 시험방법 등에 관한 기준으로서 행정안전부령으로 정하는 절차에 따라 소방청장의 승인을 받은 기준

2. 이원화 취지

1) 기존 화재안전기준은 성능과 기술의 세부 규정을 모두 하나의 행정규칙(고시)에 담아 운영되었다.

2) 이로 인해 국제기준의 반영과 같은 적시에 개정해야 할 기준의 경우에도 개정에 4~5개월의 기간이 소요되어 신기술이나 신제품 도입이 지연되는 등의 애로사항이 발생해왔다.

3) 이를 개선하기 위해 화재안전기준을 이원화하여

   (1) 기술이나 환경이 변화해도 반드시 유지될 필요가 있는 성능기준은 고시 형식으로 정하고

   (2) 성능기준을 충족하는 구체적인 방법, 수단, 사양 등을 정하는 기술기준은 공고 형식으로 하여 운영할 계획이다.

3. 화재안전기준의 관리, 운영

소방청장은 화재안전기준을 효율적으로 관리 · 운영하기 위하여 다음 업무를 수행하여야 한다.

화재안전기준의	1) 제정 · 개정 및 운영
	2) 연구 · 개발 및 보급
	3) 검증 및 평가
	4) 정보체계 구축

화재안전기준에 대한	5) 교육 및 홍보 6) 자문 7) 해설서 제작 및 보급 8) 국외 신기술 · 신제품의 조사 · 분석
국외 화재안전기준의	9) 제도 · 정책 동향 조사 · 분석
화재안전기준 발전을 위한	10) 국제협력
그 밖에 화재안전기준의 발전을 위하여	11) 소방청장이 필요하다고 인정하는 사항

4. 화재안전기준센터 및 화재안전기술기준위원회

1) 화재안전기준센터의 업무

위임받은 업무와 기준위원회 지원을 위해 다음 업무를 수행

(1) 기술기준의 제 · 개정안의 작성 및 연구

(2) 기준위원회에 회부하는 안건의 검토

(3) 기준위원회의 회의록 작성 및 운영

(4) 기준위원회에서 요청하는 기술기준 제 · 개정안 및 관련 근거자료의 작성

(5) 그 밖에 기술기준과 관련된 사항으로서 국립소방연구원장이 정하는 사항

2) 화재안전기술기준 위원회

(1) 화재안전기술기준은 민간 주도의 전문가 협의체인 화재안전기술기준위원회의 심의를 거쳐 소방청장의 승인을 받아야 한다.

(2) 기준위원회의 심의 사항

① 기술기준의 제 · 개정 및 폐지에 관한 사항

② 기술기준의 적용 및 운영에 관한 사항

③ 기술기준에 관한 국내외 기준 및 신기술 · 신제품 등의 채택에 관한 사항

④ 기준위원회의 관리 · 운영에 관한 사항

⑤ 그 밖에 기술기준과 관련된 사항으로서 소방청장이 의뢰하는 사항

5. 화재안전 기술기준의 제 · 개정 절차

1) 국립소방연구원 : 제정안 또는 개정안 작성

2) 중앙소방기술심의위원회의 심의 · 의결

(제정안 · 개정안의 작성을 위해 소방관련 기관 · 단체 및 개인 등의 의견을 수렴할 수 있음)

3) 중앙위원회의 심의 · 의결을 거쳐 다음 사항이 포함된 승인신청서를 소방청장에게 제출

(1) 기술기준의 제정안 또는 개정안

(2) 기술기준의 제정 또는 개정 이유

(3) 기술기준의 심의 경과 및 결과

4) 성능기준 충족 여부 확인 및 승인

소방청장은 제정안 또는 개정안이 화재안전기준 중 성능기준 등을 충족하는지를 검토하여 승인 여부를 결정하고 국립소방연구원장에게 통보

5) 기술기준 공지

승인 통보 시, 국립소방연구원장은 승인받은 기술기준을 관보에 게재하고, 국립소방연구원 인터넷 홈페이지를 통해 공개

❸ 소방시설 및 특정소방대상물

1. 소방시설등

소방시설과 비상구, 방화문 및 자동방화셔터

1. 소화설비	물 또는 그 밖의 소화약제를 사용하여 소화하는 기계·기구 또는 설비로서 다음 각 목의 것
가. 소화기구	1) 소화기 2) 간이소화용구(에어로졸식 소화용구, 투척용 소화용구, 소공간용 소화용구 및 소화약제 외의 것을 이용한 간이소화용구) 3) 자동확산소화기
나. 자동소화장치	1) 주거용 주방자동소화장치 2) 상업용 주방자동소화장치 3) 캐비닛형 자동소화장치 4) 가스자동소화장치 5) 분말자동소화장치 6) 고체에어로졸자동소화장치
다. 옥내소화전설비	호스릴(hose reel) 옥내소화전설비를 포함
라. 스프링클러설비등	1) 스프링클러설비 2) 간이스프링클러설비(캐비닛형 간이스프링클러설비를 포함) 3) 화재조기진압용 스프링클러설비
마. 물분무등소화설비	1) 물분무소화설비 2) 미분무소화설비 3) 포소화설비 4) 이산화탄소소화설비 5) 할론소화설비 6) 할로겐화합물 및 불활성기체(다른 원소와 화학 반응을 일으키기 어려운 기체) 소화설비 7) 분말소화설비 8) 강화액소화설비 9) 고체에어로졸 소화설비

2. 경보설비	화재발생 사실을 통보하는 기계·기구 또는 설비로서 다음 각 목의 것
가. 단독경보형 감지기	
나. 비상경보설비	1) 비상벨설비 2) 자동식사이렌설비
다. 자동화재탐지설비	
라. 시각경보기	
마. 화재알림설비	
바. 비상방송설비	
사. 자동화재속보설비	
아. 통합감시시설	
자. 누전경보기	
차. 가스누설경보기	
3. 피난구조설비	화재가 발생할 경우 피난하기 위하여 사용하는 기구 또는 설비로서 다음 각 목의 것
가. 피난기구	1) 피난사다리 2) 구조대 3) 완강기 4) 간이완강기 5) 그 밖에 화재안전기준으로 정하는 것
나. 인명구조기구	1) 방열복, 방화복(안전모, 보호장갑 및 안전화를 포함) 2) 공기호흡기 3) 인공소생기
다. 유도등	1) 피난유도선 2) 피난구유도등 3) 통로유도등 4) 객석유도등 5) 유도표지
라. 비상조명등 및 휴대용비상조명등	
4. 소화용수설비	화재를 진압하는 데 필요한 물을 공급하거나 저장하는 설비로서 다음 각 목의 것
가. 상수도소화용수설비	
나. 소화수조·저수조, 그 밖의 소화용수설비	
5. 소화활동설비	화재를 진압하거나 인명구조활동을 위하여 사용하는 설비로서 다음 각 목의 것
가. 제연설비	

나. 연결송수관설비	
다. 연결살수설비	
라. 비상콘센트설비	
마. 무선통신보조설비	
바. 연소방지설비	

2. 특정소방대상물

건축물 등의 규모 · 용도 및 수용인원 등을 고려하여 소방시설을 설치하여야 하는 소방대상물로서 대통령령(별표 2)으로 정하는 것

1. 공동주택 [개정]

가. 아파트등 : 주택으로 쓰는 층수가 5층 이상인 주택

나. 연립주택 : 주택으로 쓰는 1개 동의 바닥면적(2개 이상의 동을 지하주차장으로 연결하는 경우에는 각각의 동으로 본다) 합계가 660 [m²]를 초과하고, 층수가 4개 층 이하인 주택

다. 다세대주택 : 주택으로 쓰는 1개 동의 바닥면적(2개 이상의 동을 지하주차장으로 연결하는 경우에는 각각의 동으로 본다) 합계가 660 [m²] 이하이고, 층수가 4개 층 이하인 주택

라. 기숙사 : 학교 또는 공장 등의 학생 또는 종업원 등을 위하여 쓰는 것으로서 1개 동의 공동 취사시설 이용 세대 수가 전체의 50퍼센트 이상인 것(「교육기본법」 제27조제2항에 따른 학생복지주택 및 「공공주택 특별법」 제2조제1호의3에 따른 공공매입임대주택 중 독립된 주거의 형태를 갖추지 않은 것을 포함한다)

2. 근린생활시설

가. 슈퍼마켓과 일용품(식품, 잡화, 의류, 완구, 서적, 건축자재, 의약품, 의료기기 등) 등의 소매점으로서 같은 건축물(하나의 대지에 두 동 이상의 건축물이 있는 경우에는 이를 같은 건축물로 본다. 이하 같다)에 해당 용도로 쓰는 바닥면적의 합계가 1천 [m²] 미만인 것

나. 휴게음식점, 제과점, 일반음식점, 기원(棋院), 노래연습장 및 단란주점(단란주점은 같은 건축물에 해당 용도로 쓰는 바닥면적의 합계가 150 [m²] 미만인 것만 해당한다)

다. 이용원, 미용원, 목욕장 및 세탁소(공장에 부설된 것과 「대기환경보전법」, 「물환경보전법」 또는 「소음 · 진동관리법」에 따른 배출시설의 설치허가 또는 신고의 대상인 것은 제외한다)

라. 의원, 치과의원, 한의원, 침술원, 접골원(接骨院), 조산원, 산후조리원 및 안마원(「의료법」 제82조제4항에 따른 안마시술소를 포함한다)

마. 탁구장, 테니스장, 체육도장, 체력단련장, 에어로빅장, 볼링장, 당구장, 실내낚시터, 골프 연습장, 물놀이형 시설(「관광진흥법」 제33조에 따른 안전성검사의 대상이 되는 물놀이형 시설을 말한다. 이하 같다), 그 밖에 이와 비슷한 것으로서 같은 건축물에 해당 용도로 쓰는 바닥면적의 합계가 500 [m²] 미만인 것

바. 공연장(극장, 영화상영관, 연예장, 음악당, 서커스장, 「영화 및 비디오물의 진흥에 관한 법률」 제2조제16호가목에 따른 비디오물감상실업의 시설, 같은 호 나목에 따른 비디오물소극장업의 시설, 그 밖에 이와 비슷한 것을 말한다. 이하 같다) 또는 종교집회장[교회, 성당, 사찰, 기도원, 수도원, 수녀원, 제실(祭室), 사당, 그 밖에 이와 비슷한 것을 말한다. 이하 같다]으로서 같은 건축물에 해당 용도로 쓰는 바닥면적의 합계가 300 [m²] 미만인 것

사. 금융업소, 사무소, 부동산중개사무소, 결혼상담소 등 소개업소, 출판사, 서점, 그 밖에 이와 비슷한 것으로서 같은 건축물에 해당 용도로 쓰는 바닥면적의 합계가 500 [m²] 미만인 것

아. 제조업소, 수리점, 그 밖에 이와 비슷한 것으로서 같은 건축물에 해당 용도로 쓰는 바닥면적의 합계가 500 [m²] 미만인 것(「대기환경보전법」, 「물환경보전법」 또는 「소음·진동관리법」에 따른 배출시설의 설치허가 또는 신고의 대상인 것은 제외한다)

자. 「게임산업진흥에 관한 법률」 제2조제6호의2에 따른 청소년게임제공업 및 일반게임제공업의 시설, 같은 조 제7호에 따른 인터넷컴퓨터게임시설제공업의 시설 및 같은 조 제8호에 따른 복합유통게임제공업의 시설로서 같은 건축물에 해당 용도로 쓰는 바닥면적의 합계가 500 [m²] 미만인 것

차. 사진관, 표구점, 학원(같은 건축물에 해당 용도로 쓰는 바닥면적의 합계가 500 [m²] 미만인 것만 해당하며, 자동차학원 및 무도학원은 제외한다), 독서실, 고시원(「다중이용업소의 안전관리에 관한 특별법」에 따른 다중이용업 중 고시원업의 시설로서 독립된 주거의 형태를 갖추지 않은 것으로서 같은 건축물에 해당 용도로 쓰는 바닥면적의 합계가 500 [m²] 미만인 것을 말한다), 장의사, 동물병원, 총포판매사, 그 밖에 이와 비슷한 것

카. 의약품 판매소, 의료기기 판매소 및 자동차영업소로서 같은 건축물에 해당 용도로 쓰는 바닥면적의 합계가 1천 [m²] 미만인 것

3. 문화 및 집회시설

가. 공연장으로서 근린생활시설에 해당하지 않는 것

나. 집회장 : 예식장, 공회당, 회의장, 마권(馬券) 장외 발매소, 마권 전화투표소, 그 밖에 이와 비슷한 것으로서 근린생활시설에 해당하지 않는 것

다. 관람장 : 경마장, 경륜장, 경정장, 자동차 경기장, 그 밖에 이와 비슷한 것과 체육관 및 운동장으로서 관람석의 바닥면적의 합계가 1천 [m²] 이상인 것

라. 전시장 : 박물관, 미술관, 과학관, 문화관, 체험관, 기념관, 산업전시장, 박람회장, 견본주택, 그 밖에 이와 비슷한 것

마. 동·식물원 : 동물원, 식물원, 수족관, 그 밖에 이와 비슷한 것

4. 종교시설

가. 종교집회장으로서 근린생활시설에 해당하지 않는 것

나. 가목의 종교집회장에 설치하는 봉안당(奉安堂)

5. 판매시설

   가. 도매시장 : 「농수산물 유통 및 가격안정에 관한 법률」 제2조제2호에 따른 농수산물도매시장, 같은 조 제5호에 따른 농수산물공판장, 그 밖에 이와 비슷한 것(그 안에 있는 근린생활시설을 포함한다)

   나. 소매시장 : 시장, 「유통산업발전법」 제2조제3호에 따른 대규모점포, 그 밖에 이와 비슷한 것(그 안에 있는 근린생활시설을 포함한다)

   다. 전통시장 : 「전통시장 및 상점가 육성을 위한 특별법」 제2조제1호에 따른 전통시장(그 안에 있는 근린생활시설을 포함하며, 노점형시장은 제외한다) <u>신설</u>

   라. 상점 : 다음의 어느 하나에 해당하는 것(그 안에 있는 근린생활시설을 포함한다)

      1) 제2호가목에 해당하는 용도로서 같은 건축물에 해당 용도로 쓰는 바닥면적 합계가 1천[m²] 이상인 것

      2) 제2호자목에 해당하는 용도로서 같은 건축물에 해당 용도로 쓰는 바닥면적 합계가 500[m²] 이상인 것

6. 운수시설

   가. 여객자동차터미널

   나. 철도 및 도시철도 시설[정비창(整備廠) 등 관련 시설을 포함한다]

   다. 공항시설(항공관제탑을 포함한다)

   라. 항만시설 및 종합여객시설

7. 의료시설

   가. 병원 : 종합병원, 병원, 치과병원, 한방병원, 요양병원

   나. 격리병원 : 전염병원, 마약진료소, 그 밖에 이와 비슷한 것

   다. 정신의료기관

   라. 「장애인복지법」 제58조제1항제4호에 따른 장애인 의료재활시설

8. 교육연구시설

   가. 학교

      1) 초등학교, 중학교, 고등학교, 특수학교, 그 밖에 이에 준하는 학교 : 「학교시설사업 촉진법」 제2조제1호나목의 교사(校舍)(교실·도서실 등 교수·학습활동에 직접 또는 간접적으로 필요한 시설물을 말하되, 병설유치원으로 사용되는 부분은 제외한다. 이하 같다), 체육관, 「학교급식법」 제6조에 따른 급식시설, 합숙소(학교의 운동부, 기능선수 등이 집단으로 숙식하는 장소를 말한다. 이하 같다)

      2) 대학, 대학교, 그 밖에 이에 준하는 각종 학교 : 교사 및 합숙소

   나. 교육원(연수원, 그 밖에 이와 비슷한 것을 포함한다)

   다. 직업훈련소

라. 학원(근린생활시설에 해당하는 것과 자동차운전학원·정비학원 및 무도학원은 제외한다)

마. 연구소(연구소에 준하는 시험소와 계량계측소를 포함한다)

바. 도서관

9. 노유자 시설

가. 노인 관련 시설 : 「노인복지법」에 따른 노인주거복지시설, 노인의료복지시설, 노인여가복지시설, 주·야간보호서비스나 단기보호서비스를 제공하는 재가노인복지시설(「노인장기요양보험법」에 따른 장기요양기관을 포함한다), 노인보호전문기관, 노인일자리지원기관, 학대피해노인 전용쉼터, 그 밖에 이와 비슷한 것

나. 아동 관련 시설 : 「아동복지법」에 따른 아동복지시설, 「영유아보육법」에 따른 어린이집, 「유아교육법」에 따른 유치원[제8호가목1)에 따른 학교의 교사 중 병설유치원으로 사용되는 부분을 포함한다], 그 밖에 이와 비슷한 것

다. 장애인 관련 시설 : 「장애인복지법」에 따른 장애인 거주시설, 장애인 지역사회재활시설(장애인 심부름센터, 한국수어통역센터, 점자도서 및 녹음서 출판시설 등 장애인이 직접 그 시설 자체를 이용하는 것을 주된 목적으로 하지 않는 시설은 제외한다), 장애인 직업재활시설, 그 밖에 이와 비슷한 것

라. 정신질환자 관련 시설 : 「정신건강증진 및 정신질환자 복지서비스 지원에 관한 법률」에 따른 정신재활시설(생산품판매시설은 제외한다), 정신요양시설, 그 밖에 이와 비슷한 것

마. 노숙인 관련 시설 : 「노숙인 등의 복지 및 자립지원에 관한 법률」 제2조제2호에 따른 노숙인복지시설(노숙인일시보호시설, 노숙인자활시설, 노숙인재활시설, 노숙인요양시설 및 쪽방상담소만 해당한다), 노숙인종합지원센터 및 그 밖에 이와 비슷한 것

바. 가목부터 마목까지에서 규정한 것 외에 「사회복지사업법」에 따른 사회복지시설 중 결핵환자 또는 한센인 요양시설 등 다른 용도로 분류되지 않는 것

10. 수련시설

가. 생활권 수련시설 : 「청소년활동 진흥법」에 따른 청소년수련관, 청소년문화의집, 청소년특화시설, 그 밖에 이와 비슷한 것

나. 자연권 수련시설 : 「청소년활동 진흥법」에 따른 청소년수련원, 청소년야영장, 그 밖에 이와 비슷한 것

다. 「청소년활동 진흥법」에 따른 유스호스텔

11. 운동시설

가. 탁구장, 체육도장, 테니스장, 체력단련장, 에어로빅장, 볼링장, 당구장, 실내낚시터, 골프연습장, 물놀이형 시설, 그 밖에 이와 비슷한 것으로서 근린생활시설에 해당하지 않는 것

나. 체육관으로서 관람석이 없거나 관람석의 바닥면적이 1천 [m²] 미만인 것

다. 운동장 : 육상장, 구기장, 볼링장, 수영장, 스케이트장, 롤러스케이트장, 승마장, 사격장, 궁도장, 골프장 등과 이에 딸린 건축물로서 관람석이 없거나 관람석의 바닥면적이 1천

[m²] 미만인 것

12. 업무시설

가. 공공업무시설 : 국가 또는 지방자치단체의 청사와 외국공관의 건축물로서 근린생활시설에 해당하지 않는 것

나. 일반업무시설 : 금융업소, 사무소, 신문사, 오피스텔[업무를 주로 하며, 분양하거나 임대 하는 구획 중 일부의 구획에서 숙식을 할 수 있도록 한 건축물로서 「건축법 시행령」 별표 1 제14호나목2)에 따라 국토교통부장관이 고시하는 기준에 적합한 것을 말한다], 그 밖에 이와 비슷한 것으로서 근린생활시설에 해당하지 않는 것

다. 주민자치센터(동사무소), 경찰서, 지구대, 파출소, 소방서, 119안전센터, 우체국, 보건소, 공공도서관, 국민건강보험공단, 그 밖에 이와 비슷한 용도로 사용하는 것

라. 마을회관, 마을공동작업소, 마을공동구판장, 그 밖에 이와 유사한 용도로 사용되는 것

마. 변전소, 양수장, 정수장, 대피소, 공중화장실, 그 밖에 이와 유사한 용도로 사용되는 것

13. 숙박시설

가. 일반형 숙박시설 : 「공중위생관리법 시행령」 제4조제1호에 따른 숙박업의 시설

나. 생활형 숙박시설 : 「공중위생관리법 시행령」 제4조제2호에 따른 숙박업의 시설

다. 고시원(근린생활시설에 해당하지 않는 것을 말한다)

라. 그 밖에 가목부터 다목까지의 시설과 비슷한 것

14. 위락시설

가. 단란주점으로서 근린생활시설에 해당하지 않는 것

나. 유흥주점, 그 밖에 이와 비슷한 것

다. 「관광진흥법」에 따른 유원시설업(遊園施設業)의 시설, 그 밖에 이와 비슷한 시설(근린생 활시설에 해당하는 것은 제외한다)

라. 무도장 및 무도학원

마. 카지노영업소

15. 공장

물품의 제조 · 가공[세탁 · 염색 · 도장(塗裝) · 표백 · 재봉 · 건조 · 인쇄 등을 포함한다] 또는 수리에 계속적으로 이용되는 건축물로서 근린생활시설, 위험물 저장 및 처리 시설, 항공기 및 자동차 관련 시설, 자원순환 관련 시설, 묘지 관련 시설 등으로 따로 분류되지 않는 것

16. 창고시설(위험물 저장 및 처리 시설 또는 그 부속용도에 해당하는 것은 제외한다)

가. 창고(물품저장시설로서 냉장 · 냉동 창고를 포함한다)

나. 하역장

다. 「물류시설의 개발 및 운영에 관한 법률」에 따른 물류터미널

라. 「유통산업발전법」 제2조제15호에 따른 집배송시설

17. 위험물 저장 및 처리 시설

가. 제조소등 `개정`

나. 가스시설 : 산소 또는 가연성 가스를 제조·저장 또는 취급하는 시설 중 지상에 노출된 산소 또는 가연성 가스 탱크의 저장용량의 합계가 100톤 이상이거나 저장용량이 30톤 이상인 탱크가 있는 가스시설로서 다음의 어느 하나에 해당하는 것

   1) 가스 제조시설

      가)「고압가스 안전관리법」제4조제1항에 따른 고압가스의 제조허가를 받아야 하는 시설

      나)「도시가스사업법」제3조에 따른 도시가스사업허가를 받아야 하는 시설

   2) 가스 저장시설

      가)「고압가스 안전관리법」제4조제5항에 따른 고압가스 저장소의 설치허가를 받아야 하는 시설

      나)「액화석유가스의 안전관리 및 사업법」제8조제1항에 따른 액화석유가스 저장소의 설치 허가를 받아야 하는 시설

   3) 가스 취급시설

      「액화석유가스의 안전관리 및 사업법」제5조에 따른 액화석유가스 충전사업 또는 액화석유가스 집단공급사업의 허가를 받아야 하는 시설

18. 항공기 및 자동차 관련 시설(건설기계 관련 시설을 포함한다)

가. 항공기 격납고

나. 차고, 주차용 건축물, 철골 조립식 주차시설(바닥면이 조립식이 아닌 것을 포함한다) 및 기계장치에 의한 주차시설

다. 세차장

라. 폐차장

마. 자동차 검사장

바. 자동차 매매장

사. 자동차 정비공장

아. 운전학원·정비학원

자. 다음의 건축물을 제외한 건축물의 내부(「건축법 시행령」제119조제1항제3호다목에 따른 필로티와 건축물의 지하를 포함한다)에 설치된 주차장

   1)「건축법 시행령」별표 1 제1호에 따른 단독주택

   2)「건축법 시행령」별표 1 제2호에 따른 공동주택 중 50세대 미만인 연립주택 또는 50세대 미만인 다세대주택

차.「여객자동차 운수사업법」,「화물자동차 운수사업법」및「건설기계관리법」에 따른 차고 및 주기장(駐機場)

19. 동물 및 식물 관련 시설

　가. 축사[부화장(孵化場)을 포함한다]

　나. 가축시설 : 가축용 운동시설, 인공수정센터, 관리사(管理舍), 가축용 창고, 가축시장, 동물 검역소, 실험동물 사육시설, 그 밖에 이와 비슷한 것

　다. 도축장

　라. 도계장

　마. 작물 재배사(栽培舍)

　바. 종묘배양시설

　사. 화초 및 분재 등의 온실

　아. 식물과 관련된 마목부터 사목까지의 시설과 비슷한 것(동·식물원은 제외한다)

20. 자원순환 관련 시설

　가. 하수 등 처리시설

　나. 고물상

　다. 폐기물재활용시설

　라. 폐기물처분시설

　마. 폐기물감량화시설

21. 교정 및 군사시설

　가. 보호감호소, 교도소, 구치소 및 그 지소

　나. 보호관찰소, 갱생보호시설, 그 밖에 범죄자의 갱생·보호·교육·보건 등의 용도로 쓰는 시설

　다. 치료감호시설

　라. 소년원 및 소년분류심사원

　마. 「출입국관리법」 제52조제2항에 따른 보호시설

　바. 「경찰관 직무집행법」 제9조에 따른 유치장

　사. 국방·군사시설(「국방·군사시설 사업에 관한 법률」 제2조제1호가목부터 마목까지의 시설을 말한다)

22. 방송통신시설

　가. 방송국(방송프로그램 제작시설 및 송신·수신·중계시설을 포함한다)

　나. 전신전화국

　다. 촬영소

　라. 통신용 시설

　마. 그 밖에 가목부터 라목까지의 시설과 비슷한 것

23. 발전시설

가. 원자력발전소

나. 화력발전소

다. 수력발전소(조력발전소를 포함한다)

라. 풍력발전소

마. 전기저장시설[20킬로와트시(kWh)를 초과하는 리튬·나트륨·레독스플로우 계열의 2차 전지를 이용한 전기저장장치의 시설을 말한다. 이하 같다]

바. 그 밖에 가목부터 마목까지의 시설과 비슷한 것(집단에너지 공급시설을 포함한다)

24. 묘지 관련 시설

가. 화장시설

나. 봉안당(제4호나목의 봉안당은 제외한다)

다. 묘지와 자연장지에 부수되는 건축물

라. 동물화장시설, 동물건조장(乾燥葬)시설 및 동물 전용의 납골시설

25. 관광 휴게시설

가. 야외음악당

나. 야외극장

다. 어린이회관

라. 관망탑

마. 휴게소

바. 공원·유원지 또는 관광지에 부수되는 건축물

26. 장례시설

가. 장례식장[의료시설의 부수시설(「의료법」 제36조제1호에 따른 의료기관의 종류에 따른 시설을 말한다)은 제외한다]

나. 동물 전용의 장례식장

27. 지하가

지하의 인공구조물 안에 설치되어 있는 상점, 사무실, 그 밖에 이와 비슷한 시설이 연속하여 지하도에 면하여 설치된 것과 그 지하도를 합한 것

가. 지하상가

나. 터널 : 차량(궤도차량용은 제외한다) 등의 통행을 목적으로 지하, 수저 또는 산을 뚫어서 만든 것

28. 지하구 [기출]

가. 전력·통신용의 전선이나 가스·냉난방용의 배관 또는 이와 비슷한 것을 집합수용하기 위

하여 설치한 지하 인공구조물로서 사람이 점검 또는 보수를 하기 위하여 출입이 가능한 것 중 다음의 어느 하나에 해당하는 것

    1) 전력 또는 통신사업용 지하 인공구조물로서 전력구(케이블 접속부가 없는 경우는 제외한다) 또는 통신구 방식으로 설치된 것

    2) 1) 외의 지하 인공구조물로서 폭이 1.8 [m] 이상이고 높이가 2 [m] 이상이며 길이가 50 [m] 이상인 것

  나. 「국토의 계획 및 이용에 관한 법률」 제2조제9호에 따른 공동구

29. 문화재

「문화재보호법」 제2조제3항에 따른 지정문화재 중 건축물

30. 복합건축물 [기출]

  가. 하나의 건축물이 제1호부터 제27호까지의 것 중 둘 이상의 용도로 사용되는 것. 다만, 다음의 어느 하나에 해당하는 경우에는 복합건축물로 보지 않는다.

    1) 관계 법령에서 주된 용도의 부수시설로서 그 설치를 의무화하고 있는 용도 또는 시설

    2) 「주택법」 제35조제1항제3호 및 제4호에 따라 주택 안에 부대시설 또는 복리시설이 설치되는 특정소방대상물

    3) 건축물의 주된 용도의 기능에 필수적인 용도로서 다음의 어느 하나에 해당하는 용도

      가) 건축물의 설비(제23호마목의 전기저장시설을 포함한다), 대피 또는 위생을 위한 용도, 그 밖에 이와 비슷한 용도

      나) 사무, 작업, 집회, 물품저장 또는 주차를 위한 용도, 그 밖에 이와 비슷한 용도

      다) 구내식당, 구내세탁소, 구내운동시설 등 종업원후생복리시설(기숙사는 제외한다) 또는 구내소각시설의 용도, 그 밖에 이와 비슷한 용도

  나. 하나의 건축물이 근린생활시설, 판매시설, 업무시설, 숙박시설 또는 위락시설의 용도와 주택의 용도로 함께 사용되는 것

비고 [기출]

1. 내화구조로 된 하나의 특정소방대상물이 개구부 및 연소 확대 우려가 없는 내화구조의 바닥과 벽으로 구획되어 있는 경우에는 그 구획된 부분을 각각 별개의 특정소방대상물로 본다. 다만, 제9조에 따라 성능위주설계를 해야 하는 범위를 정할 때에는 하나의 특정소방대상물로 본다.

2. 둘 이상의 특정소방대상물이 다음 각 목의 어느 하나에 해당되는 구조의 복도 또는 통로(이하 이 표에서 "연결통로"라 한다)로 연결된 경우에는 이를 하나의 특정소방대상물로 본다.

  가. 내화구조로 된 연결통로가 다음의 어느 하나에 해당되는 경우

    1) 벽이 없는 구조로서 그 길이가 6 [m] 이하인 경우

    2) 벽이 있는 구조로서 그 길이가 10 [m] 이하인 경우. 다만, 벽 높이가 바닥에서 천장까지의 높이의 2분의 1 이상인 경우에는 벽이 있는 구조로 보고, 벽 높이가 바닥에서 천장까지의 높이의 2분의 1 미만인 경우에는 벽이 없는 구조로 본다.

나. 내화구조가 아닌 연결통로로 연결된 경우

　　　다. 컨베이어로 연결되거나 플랜트설비의 배관 등으로 연결되어 있는 경우

　　　라. 지하보도, 지하상가, 지하가로 연결된 경우

　　　마. 자동방화셔터 또는 60분+ 방화문이 설치되지 않은 피트(전기설비 또는 배관설비 등이 설치되는 공간을 말한다)로 연결된 경우

　　　바. 지하구로 연결된 경우

　3. 제2호에도 불구하고 연결통로 또는 지하구와 특정소방대상물의 양쪽에 다음 각 목의 어느 하나에 해당하는 시설이 적합하게 설치된 경우에는 각각 별개의 특정소방대상물로 본다.

　　　가. 화재 시 경보설비 또는 자동소화설비의 작동과 연동하여 자동으로 닫히는 자동방화셔터 또는 60분+ 방화문이 설치된 경우

　　　나. 화재 시 자동으로 방수되는 방식의 드렌처설비 또는 개방형 스프링클러헤드가 설치된 경우

　4. 위 제1호부터 제30호까지의 특정소방대상물의 지하층이 지하가와 연결되어 있는 경우 해당 지하층의 부분을 지하가로 본다. 다만, 다음 지하가와 연결되는 지하층에 지하층 또는 지하가에 설치된 자동방화셔터 또는 60분+ 방화문이 화재 시 경보설비 또는 자동소화설비의 작동과 연동하여 자동으로 닫히는 구조이거나 그 윗부분에 드렌처설비가 설치된 경우에는 지하가로 보지 않는다.

▲ 건축허가등의 동의 　기출

1. 개요

1) 건축허가등

　(1) 건축물 등의 신축 · 증축 · 개축 · 재축 · 이전 · 용도변경 또는 대수선의 허가 · 협의 및 사용승인

　(2) 주택법에 따른 사용검사, 학교시설사업 촉진법에 따른 사용승인을 포함

2) 건축허가등의 동의

　(1) 건축허가등의 권한이 있는 행정기관은 건축허가등을 할 때 미리 관할 소방서의 동의를 받아야 한다.

　(2) 건축물의 신고를 수리할 권한이 있는 행정기관은 그 신고를 수리하면 관할 소방서에 지체 없이 그 사실을 알려야 한다.

　(3) 사용승인에 대한 동의는 소방시설공사의 완공검사증명서를 교부하는 것으로 동의를 갈음할 수 있다.

　(4) 다른 법령에 따른 인가 · 허가 또는 신고 등의 시설기준에 소방시설등의 설치 · 관리 등에 관한 사항이 포함되어 있는 경우 해당 인허가등의 권한이 있는 행정기관은 인허가등을 할 때 미리 그 시설의 소재지를 관할하는 소방본부장이나 소방서장에게 그 시설이 이 법 또는 이 법에 따른 명령을 따르고 있는지를 확인하여 줄 것을 요청할 수 있다.

3) 소방의 검토사항

(1) 동의를 요구받은 경우 해당 건축물 등이 다음의 사항을 따르고 있는지를 검토하여 기간 내에 해당 행정기관에 동의 여부를 알려야 한다.

① 소방시설법 또는 소방시설법에 따른 명령

② 소방기본법에 따른 소방자동차 전용구역의 설치

(2) 검토자료 및 의견서 첨부

건축허가등의 동의 여부를 알릴 경우에는 원활한 소방활동 및 건축물 등의 화재안전성능을 확보하기 위하여 필요한 다음 사항에 대한 검토 자료 또는 의견서를 첨부할 수 있다.

① 건축법에 따른 피난시설, 방화구획

② 건축법에 따른 소방관 진입창

③ 건축법에 따른 방화시설(방화벽, 마감재료 등)

④ 소방자동차의 접근이 가능한 통로의 설치

⑤ 건축법 및 주택건설기준 등에 관한 규정에 따른 승강기의 설치

⑥ 주택건설기준 등에 관한 규정에 따른 주택단지 안 도로의 설치

⑦ 건축법 시행령에 따른 옥상광장, 비상문자동개폐장치 또는 헬리포트의 설치

⑧ 그 밖에 소방본부장 또는 소방서장이 소화활동 및 피난을 위해 필요하다고 인정하는 사항

2. 건축허가등의 동의대상물 범위

1) 연면적 : 400 [m²] 이상인 건축물이나 시설

(1) 학교시설 : 100 [m²] 이상

(2) 노유자 시설 및 수련시설 : 200 [m²] 이상

(3) 정신의료기관 : 300 [m²] 이상

(4) 의료재활시설 : 300 [m²] 이상

2) 지하층 또는 무창층이 있는 건축물로서 바닥면적이 150 [m²](공연장의 경우 : 100 [m²]) 이상인 층이 있는 것

3) 차고 · 주차장 또는 주차 용도로 사용되는 시설로서 다음 중 어느 하나에 해당하는 것

(1) 차고 · 주차장으로 사용되는 바닥면적이 200 [m²] 이상인 층이 있는 건축물이나 주차시설

(2) 승강기 등 기계장치에 의한 주차시설로서 자동차 20대 이상을 주차할 수 있는 시설

4) 층수가 6층 이상인 건축물

5) 항공기 격납고, 관망탑, 항공관제탑, 방송용 송수신탑

6) 의원(입원실이 있는 것으로 한정) · 조산원 · 산후조리원, 위험물 저장 및 처리 시설, 발전시설 중 풍력발전소 · 전기저장시설, 지하구

7) 1)의 (2)에 해당하지 않는 노유자 시설 중 다음 중 어느 하나에 해당하는 시설

(단독주택 또는 공동주택에 설치되는 시설은 제외)

(1) 노인 관련 시설 중 노인주거복지시설 · 노인의료복지시설 · 재가노인복지시설 및 학대피

해노인 전용쉼터

　　(2) 아동복지시설(아동상담소, 아동전용시설 및 지역아동센터는 제외)

　　(3) 장애인 거주시설

　　(4) 정신질환자 관련 시설

　　(5) 노숙인 관련 시설 중 노숙인자활시설, 노숙인재활시설 및 노숙인요양시설

　　(6) 결핵환자나 한센인이 24시간 생활하는 노유자 시설

　8) 요양병원(의료재활시설은 제외)

　9) 공장 또는 창고시설로서 지정 수량의 750배 이상의 특수가연물을 저장·취급하는 것

　10) 가스시설로서 지상에 노출된 탱크의 저장용량의 합계가 100톤 이상인 것

3. 동의대상의 제외

　1) 특정소방대상물에 설치되는 소화기구, 자동소화장치, 누전경보기, 단독경보형감지기, 가스누설경보기 및 피난구조설비(비상조명등은 제외한다)가 화재안전기준에 적합한 경우 해당 특정소방대상물

　2) 건축물의 증축 또는 용도변경으로 인하여 해당 특정소방대상물에 추가로 소방시설이 설치되지 않는 경우 해당 특정소방대상물

　3) 「소방시설공사업법 시행령」 제4조에 따른 소방시설공사의 착공신고 대상에 해당하지 않는 경우 해당 특정소방대상물

4. 제출 서류

　1) 건축허가등의 동의요구서

　2) 건축허가신청서 및 건축허가서 또는 건축·대수선·용도변경신고서 등 건축허가등을 확인할 수 있는 서류의 사본

　3) 설계도서

건축물 설계도서	(1) 건축물 개요 및 배치도
	(2) 주단면도 및 입면도
	(3) 층별 평면도(용도별 기준층 평면도를 포함)
	(4) 방화구획도(창호도를 포함)
	(5) 실내·실외 마감재료표
	(6) 소방자동차 진입 동선도 및 부서 공간 위치도(조경계획 포함)
소방시설 설계도서	(1) 소방시설(기계·전기분야의 시설을 말한다)의 계통도(시설별 계산서를 포함)
	(2) 소방시설별 층별 평면도
	(3) 실내장식물 방염대상물품 설치 계획(건축법에 따른 마감재료는 제외)
	(4) 소방시설의 내진설계 계통도 및 기준층 평면도(내진 시방서 및 계산서 등 세부 내용이 포함된 상세 설계도면은 제외)

4) 소방시설 설치계획표

5) 임시소방시설 설치계획서(설치시기 · 위치 · 종류 · 방법 등 임시소방시설의 설치와 관련한 세부사항을 포함)

6) 소방시설설계업등록증과 소방시설을 설계한 기술인력의 기술자격증 사본

7) 소방시설공사업법에 따라 체결한 소방시설설계 계약서 사본 1부

5 내진설계기준, 성능위주설계, 주택의 소방시설, 자동차용 소화기

1. 소방시설의 내진설계 기출

1) 구조안전 확인 대상 건축물

층수	2층 이상	주요구조부인 기둥과 보를 설치하는 건축물로서, 목구조 건축물인 경우 : 3층
연면적	200 [m²] 이상	• 목구조 건축물 500 [m²] 이상 • 창고, 축사, 작물 재배사 및 표준설계도서에 따라 건축하는 건축물은 제외
높이	13 [m] 이상	
처마높이	9 [m] 이상	
기둥과 기둥 사이의 거리	10 [m] 이상	기둥의 중심선 사이의 거리(기둥이 없는 경우 내력벽 사이의 거리)
중요도가 높은 건축물	중요도 특, 1 해당 건축물	건축물의 용도 및 규모를 고려한 중요도 특, 중요도 1에 해당하는 건축물
국가적 문화유산	연면적 합계 5,000 [m²] 이상	국가적 문화유산으로 보존가치가 있는 박물관, 기념관, 그 밖에 이와 유사한 것으로서 연면적의 합계 5,000 [m²] 이상인 건축물
특수구조 건축물	3 [m] 이상 돌출차양 등	• 한쪽 끝은 고정되고, 다른 끝은 지지되지 않은 구조로 된 보, 차양 등이 외벽의 중심선으로부터 3 [m] 이상 돌출된 건축물 • 특수한 설계, 시공, 공법 등이 필요한 건축물로서 국토교통부장관이 정하여 고시하는 구조로 된 건축물
주택	단독주택, 공동주택	

2) 내진설계 대상 소방시설

옥내소화전설비, 스프링클러설비, 물분무등소화설비

2. 성능위주설계 기출

1) 대상

연면적 · 높이 · 층수 등이 일정 규모 이상인 다음의 특정소방대상물(신축하는 것만 해당)에 소방시설을 설치하려는 경우

(1) 연면적 20만 [m²] 이상인 특정소방대상물(아파트등 제외)

(2) 50층 이상(지하층 제외)이거나 지상으로부터 높이가 200 [m] 이상인 아파트등

(3) 30층 이상(지하층 포함)이거나 지상으로부터 높이가 120 [m] 이상인 특정소방대상물(아파트등 제외)

(4) 연면적 3만 [m²] 이상인 특정소방대상물로서 다음 중 어느 하나에 해당하는 특정소방대상물
   ① 철도 및 도시철도 시설
   ② 공항시설

(5) 창고시설 중 연면적 10만 [m²] 이상인 것 또는 지하층의 층수가 2개 층 이상이고 지하층의 바닥면적의 합이 3만 [m²] 이상인 것

(6) 하나의 건축물에 영화상영관이 10개 이상인 특정소방대상물

(7) 지하연계 복합건축물에 해당하는 특정소방대상물

(8) 터널 중 수저(水底)터널 또는 길이가 5천 [m] 이상인 것

2) 변경신고 대상

(1) 해당 특정소방대상물의 연면적·높이·층수의 변경이 있는 경우

(2) 제외
   ① 건축법에 따른 경미한 사항의 변경(신축·증축·개축·재축·이전·대수선 또는 용도변경에 해당하지 아니하는 변경)
   ② 건축법 제16조제2항에 따른 변경

3) 성능위주설계의 사전검토

(1) 사전검토 신청
   성능위주설계를 한 자는 건축법에 따라 건축위원회의 심의를 받아야 하는 건축물인 경우 심의 신청 전에 관할 소방서장에게 신고해야 함

(2) 신고 서류
   성능위주설계 사전검토 신청서(첨부서류 포함)를 제출하여 사전검토를 신청

(3) 보완 요청
   소방서장은 성능위주설계 대상 및 자격 여부 등을 확인하고, 첨부서류의 보완이 필요한 경우 7일 이내의 기간을 정하여 보완을 요청할 수 있다.

(4) 사전검토 신청된 성능위주설계에 대한 검토·평가
   ① 관할 소방서는 관할 소방본부에 성능위주설계 평가단의 검토·평가를 요청
   ② 소방본부는 평가단의 심의·의결을 거쳐 해당 건축물의 성능위주설계를 검토·평가하고, 성능위주설계 사전검토 결과서를 작성하여 관할 소방서에 통보
   ③ 신기술·신공법 등 검토·평가에 고도의 기술이 필요한 경우 중앙위원회에 심의를 요청(20일 이내에 심의·의결을 거쳐 성능위주설계 사전검토 결과서를 작성하여 관할소방서에 통보)

④ 관할소방서는 성능위주설계 사전검토 결과서에 따라 그 결과를 통보

4) 성능위주설계의 신고

(1) 신고 시기

성능위주설계를 한 자는 건축허가 신청 전에 관할 소방서장에게 신고해야 함

(2) 신고 서류

성능위주설계 신고서(첨부서류 포함)를 제출하여 신고하되, 사전검토 결과에 따라 보완된 내용을 포함해야 함

(3) 보완 요청

소방서장은 성능위주설계 대상 및 자격 여부 등을 확인하고, 첨부서류의 보완이 필요한 경우 7일 이내의 기간을 정하여 보완을 요청할 수 있다.

(4) 신고된 성능위주설계에 대한 검토ㆍ평가

① 관할 소방서는 관할 소방본부에 성능위주설계 평가단의 검토ㆍ평가를 요청

② 소방본부는 20일 이내에 평가단의 심의ㆍ의결을 거쳐 해당 건축물의 성능위주설계를 검토ㆍ평가하고, 성능위주설계 검토ㆍ평가 결과서를 작성하여 관할 소방서에 통보

③ 신기술ㆍ신공법 등 검토ㆍ평가에 고도의 기술이 필요한 경우 중앙위원회에 심의를 요청(20일 이내에 심의ㆍ의결을 거쳐 성능위주설계 검토ㆍ평가 결과서를 작성하여 관할 소방서에 통보)

④ 관할소방서는 성능위주설계 검토ㆍ평가 결과서에 따라 성능위주설계 수리 여부를 통보

5) 성능위주설계의 제출서류

성능위주설계의 사전검토	성능위주설계의 신고
건축심의 신청 전	건축허가 신청 전
성능위주설계 사전검토 신청서	성능위주설계 신고서 (사전검토 결과 보완사항 반영)
1) 건축물의 개요(위치, 구조, 규모, 용도) 2) 부지 및 도로의 설치 계획 　(소방차량 진입 동선 포함) 3) 화재안전성능의 확보 계획	1) 건축물의 개요(위치, 구조, 규모, 용도) 2) 부지 및 도로의 설치 계획 　(소방차량 진입 동선 포함) 3) 화재안전성능의 확보 계획
4) 다음의 건축물 설계도면 　(1) 주단면도 및 입면도 　(2) 층별 평면도 및 창호도 　(3) 실내ㆍ실외 마감재료표 　(4) 방화구획도(화재 확대 방지계획 포함) 　(5) 건축물의 구조 설계에 따른 피난계획 및 　　 피난 동선도	4) 다음의 건축물 설계도면 　(1) 주단면도 및 입면도 　(2) 층별 평면도 및 창호도 　(3) 실내ㆍ실외 마감재료표 　(4) 방화구획도(화재 확대 방지계획 포함) 　(5) 건축물의 구조 설계에 따른 피난계획 및 　　 피난 동선도

성능위주설계의 사전검토	성능위주설계의 신고
5) 화재 및 피난 모의실험 결과	5) 성능위주설계 요소에 대한 성능평가 (화재 및 피난 모의실험 결과 포함)
6) 소방시설 설치계획 및 설계 설명서 (소방 기계·전기 분야 기본계통도 포함)	6) 소방시설의 설치계획 및 설계 설명서
	7) 다음의 소방시설 설계도면 (1) 소방시설 계통도 및 층별 평면도 (2) 소화용수설비 및 연결송수구 설치 위치 평면도 (3) 종합방재실 설치 및 운영계획 (4) 상용전원 및 비상전원의 설치계획 (5) 소방시설의 내진설계 계통도 및 기준층 평면도(내진 시방서 및 계산서 등 세부 내용이 포함된 상세 설계도면은 제외) (6) 소방시설에 대한 전기부하 및 소화펌프 등 용량계산서 8) 성능위주설계 적용으로 인한 화재안전성능 비교표
7) 성능위주설계를 할 수 있는 자의 자격·기술 인력을 확인할 수 있는 서류 8) 성능위주설계 계약서 사본	9) 성능위주설계를 할 수 있는 자의 자격·기술 인력을 확인할 수 있는 서류 10) 성능위주설계 계약서 사본

6) 성능위주설계의 기준
  (1) 소방자동차 진입(통로) 동선 및 소방관 진입 경로 확보
  (2) 화재·피난 모의실험을 통한 화재위험성 및 피난안전성 검증
  (3) 건축물의 규모와 특성을 고려한 최적의 소방시설 설치
  (4) 소화수 공급시스템 최적화를 통한 화재피해 최소화 방안 마련
  (5) 특별피난계단을 포함한 피난경로의 안전성 확보
  (6) 건축물의 용도별 방화구획의 적정성
  (7) 침수 등 재난상황을 포함한 지하층 안전확보 방안 마련
      ⇒ 상기 성능위주설계의 세부기준은 소방청장이 정함

7) 성능위주설계 평가단 및 중앙소방심의위원회의 검토·평가 구분 및 통보 시기

구분		성립요건	통보시기
수리	원안 채택	신고서(도면 등) 내용에 수정이 없거나 경미한 경우 원안대로 수리	지체 없이
	보완	평가단 또는 중앙위원회에서 검토·평가한 결과 보완이 요구되는 경우로서 보완이 완료되면 수리	보완완료 후 지체 없이 통보
불수리	재검토	평가단 또는 중앙위원회에서 검토·평가한 결과 보완이 요구되나 단기간에 보완될 수 없는 경우	지체 없이
	부결	평가단 또는 중앙위원회에서 검토·평가한 결과 소방 관련 법령 및 건축 법령에 위반되거나 평가 기준을 충족하지 못한 경우	지체 없이

[비고]
보완으로 결정된 경우 보완기간은 21일 이내로 부여하고 보완이 완료되면 지체없이 수리 여부를 통보해야 한다.

3. 주택에 설치하는 소방시설 [기출]

1) 대상

다음 주택의 소유자는 소화기 및 단독경보형 감지기를 설치해야 한다.

(1) 단독주택

(2) 공동주택(아파트 및 기숙사는 제외)

2) 설치기준

(1) 서울시 조례

① 소화기구

• 세대별, 층별 적응성 있는 능력단위 2단위 이상의 소화기를 1개 이상 설치

• 주택 각 부분으로부터 1개 소화기까지의 보행거리 20 [m] 이내가 되도록 배치

② 단독경보형 감지기

• 구획된 실마다 1개 이상 설치

• 구획된 실 : 침실, 거실, 주방 등 거주자가 사용할 수 있는 공간을 벽 또는 칸막이 등으로 구획한 것

(2) 대구시 조례

① 소화기구

• 세대별로 1개 이상 설치

• 한 세대가 2개 층 이상 사용할 경우 층별로 1개 이상 추가 설치

② 단독경보형 감지기

- 구획된 실마다 설치
- 구획된 실 : 침실, 거실, 주방 등 거주자가 사용할 수 있는 공간을 벽 또는 칸막이 등으로 구획한 것

4. 차량용 소화기 [신설]

1) 대상

다음 어느 하나에 해당하는 자동차를 제작·조립·수입·판매하려는 자 또는 해당 자동차의 소유자는 차량용 소화기를 설치하거나 비치하여야 한다.

(1) 5인승 이상의 승용자동차

(2) 승합자동차

(3) 화물자동차

(4) 특수자동차

2) 차량용 소화기의 설치 또는 비치 기준

자동차의 종류		능력단위 및 설치수량
승용자동차		능력단위 1 이상의 소화기 1개 이상을 사용하기 쉬운 곳에 설치 또는 비치
승합자동차	경형승합 자동차	능력단위 1 이상의 소화기 1개 이상을 사용하기 쉬운 곳에 설치 또는 비치
	승차정원 15인 이하	능력단위 2 이상인 소화기 1개 이상 또는 능력단위 1 이상인 소화기 2개 이상을 설치 (11인 이상 : 운전석과 옆으로 나란한 좌석 주위에 1개 이상 설치)
	승차정원 16인 이상 35인 이하	능력단위 2 이상인 소화기 2개 이상을 설치 (23인 초과 및 너비 2.3 [m] 초과하는 차량 : 운전자 좌석 부근에 가로 600 [mm], 세로 200 [mm] 이상의 공간을 확보하고 1개 이상의 소화기를 설치)
	승차정원 36인 이상	능력단위 3 이상인 소화기 1개 이상 및 능력단위 2 이상인 소화기 1개 이상(2층 대형승합자동차의 경우에는 위층 차실에 능력단위 3 이상인 소화기 1개 이상 추가 설치)
화물자동차(피견 인자동차 제외) 및 특수자동차	중형 이하	능력단위 1 이상인 소화기 1개 이상을 사용하기 쉬운 곳에 설치
	대형 이상	능력단위 2 이상인 소화기 1개 이상 또는 능력단위 1 이상인 소화기 2개 이상을 사용하기 쉬운 곳에 설치
지정수량 이상의 위험물 또는 고압가스를 운송하는 특수자동차		위험물안전관리법에 따른 이동탱크저장소 자동차용소화기의 설치기준란에 해당하는 능력단위와 수량 이상을 설치

6 소방시설정보관리시스템 [신설]

1. 개요

1) 개념

소방시설의 작동정보 등을 실시간으로 수집 · 분석할 수 있는 시스템

2) 구축 · 운영 대상

(1) 문화 및 집회시설, 종교시설, 판매시설, 업무시설

(2) 의료시설, 노유자 시설

(3) 숙박이 가능한 수련시설, 숙박시설

(4) 공장, 창고시설, 위험물 저장 및 처리 시설

(5) 지하가, 지하구

(6) 그 밖에 소방청장, 소방본부장 또는 소방서장이 소방안전관리의 취약성과 화재위험성을 고려하여 필요하다고 인정하는 특정소방대상물

2. 운영방법 및 통보절차

1) 소방청장, 소방본부장 또는 소방서장은 소방시설정보관리시스템의 구축 · 운영으로 수집되는 소방시설의 작동정보 등을 분석하여 해당 특정소방대상물의 관계인에게 해당 소방시설의 정상적인 작동에 필요한 조언과 관리 방법 등 개선사항에 관한 정보를 제공할 수 있다.

2) 소방청장, 소방본부장 또는 소방서장은 소방시설정보관리시스템을 통하여 소방시설의 고장 등 비정상적인 작동정보를 수집한 경우에는 해당 특정소방대상물의 관계인에게 그 사실을 알려주어야 한다.

3) 소방청장, 소방본부장 또는 소방서장은 소방시설정보관리시스템의 체계적 · 효율적 · 전문적인 운영을 위해 전담인력을 둘 수 있다.

4) 이 외에 소방시설정보관리시스템의 운영방법 및 통보 절차 등에 필요한 세부사항은 소방청장이 정한다.

7 소방시설의 적용 · 관리 기준 및 피난, 방화시설의 관리

1. 수용인원의 산정 [기출]

1) 숙박시설이 있는 특정소방대상물

(1) 침대가 있는 숙박시설

해당 특정소방물의 종사자 수에 침대 수(2인용 침대는 2개로 산정한다)를 합한 수

(2) 침대가 없는 숙박시설

해당 특정소방대상물의 종사자 수에 숙박시설 바닥면적의 합계를 3 [m²]로 나누어 얻은 수를 합한 수

2) 숙박시설 외의 특정소방대상물

　(1) 강의실 · 교무실 · 상담실 · 실습실 · 휴게실 용도

　　해당 용도로 사용하는 바닥면적의 합계를 1.9 [m²]로 나누어 얻은 수

　(2) 강당, 문화 및 집회시설, 운동시설, 종교시설

　　해당 용도로 사용하는 바닥면적의 합계를 4.6 [m²]로 나누어 얻은 수(관람석이 있는 경우 고정식 의자를 설치한 부분은 그 부분의 의자 수로 하고, 긴 의자의 경우에는 의자의 정면 너비를 0.45 [m]로 나누어 얻은 수로 한다)

　(3) 그 밖의 특정소방대상물

　　해당 용도로 사용하는 바닥면적의 합계를 3 [m²]로 나누어 얻은 수

3) 계산 방법

　(1) 복도(준불연재료 이상으로 바닥에서 천장까지 벽으로 구획한 것), 계단 및 화장실의 바닥 면적 제외

　(2) 계산 결과 소수점 이하의 수는 반올림

2. 수용인원에 따라 설치해야 할 소방시설 [기출]

1) 스프링클러 설비

　(1) 문화 및 집회시설, 종교시설, 운동시설로서 수용인원 100명 이상인 것

　(2) 판매시설, 운수시설 및 물류터미널로서 수용인원 500명 이상인 경우

　(3) 지붕 또는 외벽이 불연재료가 아니거나 내화구조가 아닌 창고시설 중 수용인원 250명 이상 인 경우 모든 층

2) 경보설비

　50명 이상의 근로자가 작업하는 옥내 작업장

3) 자동화재탐지설비

　연면적 400 [m²] 이상인 노유자시설 및 숙박시설이 있는 수련시설로서 수용인원 100명 이상 인 경우에는 모든 층

4) 공기호흡기

　수용인원 100명 이상인 문화 및 집회시설 중 영화상영관

5) 휴대용 비상조명등

　수용인원 100명 이상의 영화상영관, 판매시설 중 대규모점포, 철도 및 도시철도 시설 중 지하 역사, 지하가 중 지하상가

6) 제연설비

　문화 및 집회시설 중 영화상영관으로서 수용인원 100명 이상인 경우 해당 영화상영관

소방 법령

3. 소방시설 설치대상

- 특정소방대상물의 관계인이 특정소방대상물에 설치·관리해야 하는 소방시설의 종류는 시행령 별표 4와 같다.
- 장애인등이 사용하는 소방시설은 별표 4 제2호 및 제3호에 따라 장애인등에 적합하게 설치·관리해야 한다.

1. 소화설비

가. 화재안전기준에 따라 **소화기구**를 설치해야 하는 특정소방대상물은 다음의 어느 하나에 해당하는 것으로 한다.

1) 연면적 33 [m²] 이상인 것. 다만, 노유자 시설의 경우에는 투척용 소화용구 등을 화재안전기준에 따라 산정된 소화기 수량의 2분의 1 이상으로 설치할 수 있다.
2) 1)에 해당하지 않는 시설로서 가스시설, 발전시설 중 전기저장시설 및 문화재
3) 터널
4) 지하구

나. **자동소화장치**를 설치해야 하는 특정소방대상물은 다음의 어느 하나에 해당하는 특정소방대상물 중 후드 및 덕트가 설치되어 있는 주방이 있는 특정소방대상물로 한다. 이 경우 해당 주방에 자동소화장치를 설치해야 한다.

1) 주거용 주방자동소화장치를 설치해야 하는 것 : 아파트등 및 오피스텔의 모든 층
2) 상업용 주방자동소화장치를 설치해야 하는 것 신설
　　가) 판매시설 중 「유통산업발전법」 제2조제3호에 해당하는 대규모점포에 입점해 있는 일반음식점
　　나) 「식품위생법」 제2조제12호에 따른 집단급식소
3) 캐비닛형 자동소화장치, 가스자동소화장치, 분말자동소화장치 또는 고체에어로졸자동소화장치를 설치해야 하는 것 : 화재안전기준에서 정하는 장소

다. **옥내소화전설비**를 설치해야 하는 특정소방대상물은 다음의 어느 하나에 해당하는 것으로 한다. 다만, 위험물 저장 및 처리 시설 중 가스시설, 지하구 및 업무시설 중 무인변전소(방재실 등에서 스프링클러설비 또는 물분무등소화설비를 원격으로 조정할 수 있는 무인변전소로 한정한다)는 제외한다.

1) 다음의 어느 하나에 해당하는 경우에는 모든 층
　　가) 연면적 3천 [m²] 이상인 것(지하가 중 터널은 제외한다)
　　나) 지하층·무창층(축사는 제외한다)으로서 바닥면적이 600 [m²] 이상인 층이 있는 것
　　다) 층수가 4층 이상인 것 중 바닥면적이 600 [m²] 이상인 층이 있는 것
2) 1)에 해당하지 않는 근린생활시설, 판매시설, 운수시설, 의료시설, 노유자 시설, 업무시설, 숙박시설, 위락시설, 공장, 창고시설, 항공기 및 자동차 관련 시설, 교정 및 군사시설 중 국방·군사시설, 방송통신시설, 발전시설, 장례시설 또는 복합건축물로서 다음

의 어느 하나에 해당하는 경우에는 모든 층

가) 연면적 1천5백 [m²] 이상인 것

나) 지하층 · 무창층으로서 바닥면적이 300 [m²] 이상인 층이 있는 것

다) 층수가 4층 이상인 것 중 바닥면적이 300 [m²] 이상인 층이 있는 것

3) 건축물의 옥상에 설치된 차고 · 주차장으로서 사용되는 면적이 200 [m²] 이상인 경우 해당 부분

4) 지하가 중 터널로서 다음에 해당하는 터널

가) 길이가 1천 [m] 이상인 터널

나) 예상교통량, 경사도 등 터널의 특성을 고려하여 행정안전부령으로 정하는 터널

5) 1) 및 2)에 해당하지 않는 공장 또는 창고시설로서 「화재의 예방 및 안전관리에 관한 법률 시행령」 별표 2에서 정하는 수량의 750배 이상의 특수가연물을 저장 · 취급하는 것

라. **스프링클러설비**를 설치해야 하는 특정소방대상물(위험물 저장 및 처리 시설 중 가스시설 및 지하구는 제외한다)은 다음의 어느 하나에 해당하는 것으로 한다.

1) 층수가 6층 이상인 특정소방대상물의 경우에는 모든 층. 다만, 다음의 어느 하나에 해당하는 경우는 제외한다.

가) 주택 관련 법령에 따라 기존의 아파트등을 리모델링하는 경우로서 건축물의 연면적 및 층의 높이가 변경되지 않는 경우. 이 경우 해당 아파트등의 사용검사 당시의 소방시설의 설치에 관한 대통령령 또는 화재안전기준을 적용한다.

나) 스프링클러설비가 없는 기존의 특정소방대상물을 용도변경하는 경우. 다만, 2)부터 6)까지 및 9)부터 12)까지의 규정에 해당하는 특정소방대상물로 용도변경하는 경우에는 해당 규정에 따라 스프링클러설비를 설치한다.

2) 기숙사(교육연구시설 · 수련시설 내에 있는 학생 수용을 위한 것을 말한다) 또는 복합건축물로서 연면적 5천 [m²] 이상인 경우에는 모든 층

3) 문화 및 집회시설(동 · 식물원은 제외한다), 종교시설(주요구조부가 목조인 것은 제외한다), 운동시설(물놀이형 시설 및 바닥이 불연재료이고 관람석이 없는 운동시설은 제외한다)로서 다음의 어느 하나에 해당하는 경우에는 모든 층

가) 수용인원이 100명 이상인 것

나) 영화상영관의 용도로 쓰는 층의 바닥면적이 지하층 또는 무창층인 경우에는 500 [m²] 이상, 그 밖의 층의 경우에는 1천 [m²] 이상인 것

다) 무대부가 지하층 · 무창층 또는 4층 이상의 층에 있는 경우에는 무대부의 면적이 300 [m²] 이상인 것

라) 무대부가 다) 외의 층에 있는 경우에는 무대부의 면적이 500 [m²] 이상인 것

4) 판매시설, 운수시설 및 창고시설(물류터미널로 한정한다)로서 바닥면적의 합계가 5천 [m²] 이상이거나 수용인원이 500명 이상인 경우에는 모든 층

5) 다음의 어느 하나에 해당하는 용도로 사용되는 시설의 바닥면적의 합계가 600 [m²] 이

상인 것은 모든 층

가) 근린생활시설 중 조산원 및 산후조리원

나) 의료시설 중 정신의료기관

다) 의료시설 중 종합병원, 병원, 치과병원, 한방병원 및 요양병원

라) 노유자 시설

마) 숙박이 가능한 수련시설

바) 숙박시설 추가

6) 창고시설(물류터미널은 제외한다)로서 바닥면적 합계가 5천 [m²] 이상인 경우에는 모든 층

7) 특정소방대상물의 지하층 · 무창층(축사는 제외한다) 또는 층수가 4층 이상인 층으로서 바닥면적이 1천 [m²] 이상인 층이 있는 경우에는 해당 층

8) 랙식 창고(rack warehouse) : 랙(물건을 수납할 수 있는 선반이나 이와 비슷한 것을 말한다. 이하 같다)을 갖춘 것으로서 천장 또는 반자(반자가 없는 경우에는 지붕의 옥내에 면하는 부분을 말한다)의 높이가 10 [m]를 초과하고, 랙이 설치된 층의 바닥면적의 합계가 1천5백 [m²] 이상인 경우에는 모든 층

9) 공장 또는 창고시설로서 다음의 어느 하나에 해당하는 시설

가) 「화재의 예방 및 안전관리에 관한 법률 시행령」 별표 2에서 정하는 수량의 1천 배 이상의 특수가연물을 저장 · 취급하는 시설

나) 「원자력안전법 시행령」 제2조제1호에 따른 중 · 저준위방사성폐기물(이하 "중 · 저준위방사성폐기물"이라 한다)의 저장시설 중 소화수를 수집 · 처리하는 설비가 있는 저장시설

10) 지붕 또는 외벽이 불연재료가 아니거나 내화구조가 아닌 공장 또는 창고시설로서 다음의 어느 하나에 해당하는 것

가) 창고시설(물류터미널로 한정한다) 중 4)에 해당하지 않는 것으로서 바닥면적의 합계가 2천5백 [m²] 이상이거나 수용인원이 250명 이상인 경우에는 모든 층

나) 창고시설(물류터미널은 제외한다) 중 6)에 해당하지 않는 것으로서 바닥면적의 합계가 2천5백 [m²] 이상인 경우에는 모든 층

다) 공장 또는 창고시설 중 7)에 해당하지 않는 것으로서 지하층 · 무창층 또는 층수가 4층 이상인 것 중 바닥면적이 500 [m²] 이상인 경우에는 모든 층

라) 랙식 창고 중 8)에 해당하지 않는 것으로서 바닥면적의 합계가 750 [m²] 이상인 경우에는 모든 층

마) 공장 또는 창고시설 중 9)가)에 해당하지 않는 것으로서 「화재의 예방 및 안전관리에 관한 법률 시행령」 별표 2에서 정하는 수량의 500배 이상의 특수가연물을 저장 · 취급하는 시설

11) 교정 및 군사시설 중 다음의 어느 하나에 해당하는 경우에는 해당 장소

가) 보호감호소, 교도소, 구치소 및 그 지소, 보호관찰소, 갱생보호시설, 치료감호시설, 소년원 및 소년분류심사원의 수용거실

나) 「출입국관리법」 제52조제2항에 따른 보호시설(외국인보호소의 경우에는 보호대상자의 생활공간으로 한정한다. 이하 같다)로 사용하는 부분. 다만, 보호시설이 임차건물에 있는 경우는 제외한다.

다) 「경찰관 직무집행법」 제9조에 따른 유치장

12) 지하가(터널은 제외한다)로서 연면적 1천 [m^2] 이상인 것

13) 발전시설 중 전기저장시설

14) 1)부터 13)까지의 특정소방대상물에 부속된 보일러실 또는 연결통로 등

마. **간이스프링클러설비**를 설치해야 하는 특정소방대상물은 다음의 어느 하나에 해당하는 것으로 한다.

1) 공동주택 중 연립주택 및 다세대주택(연립주택 및 다세대주택에 설치하는 간이스프링클러설비는 화재안전기준에 따른 주택전용 간이스프링클러설비를 설치한다) `신설`

2) 근린생활시설 중 다음의 어느 하나에 해당하는 것

가) 근린생활시설로 사용하는 부분의 바닥면적 합계가 1천 [m^2] 이상인 것은 모든 층

나) 의원, 치과의원 및 한의원으로서 입원실이 있는 시설

다) 조산원 및 산후조리원으로서 연면적 600 [m^2] 미만인 시설

3) 의료시설 중 다음의 어느 하나에 해당하는 시설

가) 종합병원, 병원, 치과병원, 한방병원 및 요양병원(의료재활시설은 제외한다)으로 사용되는 바닥면적의 합계가 600 [m^2] 미만인 시설

나) 정신의료기관 또는 의료재활시설로 사용되는 바닥면적의 합계가 300 [m^2] 이상 600 [m^2] 미만인 시설

다) 정신의료기관 또는 의료재활시설로 사용되는 바닥면적의 합계가 300 [m^2] 미만이고, 창살(철재·플라스틱 또는 목재 등으로 사람의 탈출 등을 막기 위하여 설치한 것을 말하며, 화재 시 자동으로 열리는 구조로 되어 있는 창살은 제외한다)이 설치된 시설

4) 교육연구시설 내에 합숙소로서 연면적 100 [m^2] 이상인 경우에는 모든 층

5) 노유자 시설로서 다음의 어느 하나에 해당하는 시설

가) 제7조제1항제7호 각 목에 따른 시설[같은 호 가목2) 및 같은 호 나목부터 바목까지의 시설 중 단독주택 또는 공동주택에 설치되는 시설은 제외하며, 이하 "노유자 생활시설"이라 한다]

나) 가)에 해당하지 않는 노유자 시설로 해당 시설로 사용하는 바닥면적의 합계가 300 [m^2] 이상 600 [m^2] 미만인 시설

다) 가)에 해당하지 않는 노유자 시설로 해당 시설로 사용하는 바닥면적의 합계가 300 [m^2] 미만이고, 창살(철재·플라스틱 또는 목재 등으로 사람의 탈출 등을 막기

위하여 설치한 것을 말하며, 화재 시 자동으로 열리는 구조로 되어 있는 창살은 제외한다)이 설치된 시설

6) 숙박시설로 사용되는 바닥면적의 합계가 300 [m²] 이상 600 [m²] 미만인 시설 `추가`

7) 건물을 임차하여 「출입국관리법」 제52조제2항에 따른 보호시설로 사용하는 부분

8) 복합건축물(별표 2 제30호나목의 복합건축물만 해당한다)로서 연면적 1천 [m²] 이상인 것은 모든 층

바. **물분무등소화설비**를 설치해야 하는 특정소방대상물(위험물 저장 및 처리 시설 중 가스시설 및 지하구는 제외한다)은 다음의 어느 하나에 해당하는 것으로 한다.

1) 항공기 및 자동차 관련 시설 중 항공기 격납고

2) 차고, 주차용 건축물 또는 철골 조립식 주차시설. 이 경우 연면적 800 [m²] 이상인 것만 해당한다.

3) 건축물의 내부에 설치된 차고·주차장으로서 차고 또는 주차의 용도로 사용되는 면적이 200 [m²] 이상인 경우 해당 부분(50세대 미만 연립주택 및 다세대주택은 제외한다)

4) 기계장치에 의한 주차시설을 이용하여 20대 이상의 차량을 주차할 수 있는 시설

5) 특정소방대상물에 설치된 전기실·발전실·변전실(가연성 절연유를 사용하지 않는 변압기·전류차단기 등의 전기기기와 가연성 피복을 사용하지 않은 전선 및 케이블만을 설치한 전기실·발전실 및 변전실은 제외한다)·축전지실·통신기기실 또는 전산실, 그 밖에 이와 비슷한 것으로서 바닥면적이 300 [m²] 이상인 것[하나의 방화구획 내에 둘 이상의 실(室)이 설치되어 있는 경우에는 이를 하나의 실로 보아 바닥면적을 산정한다]. 다만, 내화구조로 된 공정제어실 내에 설치된 주조정실로서 양압시설(외부 오염 공기 침투를 차단하고 내부의 나쁜 공기가 자연스럽게 외부로 흐를 수 있도록 한 시설을 말한다)이 설치되고 전기기기에 220볼트 이하인 저전압이 사용되며 종업원이 24시간 상주하는 곳은 제외한다.

6) 소화수를 수집·처리하는 설비가 설치되어 있지 않은 중·저준위방사성폐기물의 저장시설. 이 시설에는 이산화탄소소화설비, 할론소화설비 또는 할로겐화합물 및 불활성기체 소화설비를 설치해야 한다.

7) 지하가 중 예상 교통량, 경사도 등 터널의 특성을 고려하여 행정안전부령으로 정하는 터널. 이 시설에는 물분무소화설비를 설치해야 한다.

8) 문화재 중 「문화재보호법」 제2조제3항제1호 또는 제2호에 따른 지정문화재로서 소방청장이 문화재청장과 협의하여 정하는 것

사. **옥외소화전설비**를 설치해야 하는 특정소방대상물(아파트등, 위험물 저장 및 처리 시설 중 가스시설, 지하구 및 지하가 중 터널은 제외한다)은 다음의 어느 하나에 해당하는 것으로 한다.

1) 지상 1층 및 2층의 바닥면적의 합계가 9천 [m²] 이상인 것. 이 경우 같은 구(區) 내의 둘 이상의 특정소방대상물이 행정안전부령으로 정하는 연소(延燒) 우려가 있는 구조인 경우에는 이를 하나의 특정소방대상물로 본다.

연소 우려가 있는 건축물의 구조

다음 기준에 모두 해당하는 구조를 말한다.

(1) 건축물대장의 건축물 현황도에 표시된 대지경계선 안에 2 이상의 건축물이 있는 경우

(2) 각각의 건축물이 다른 건축물의 외벽으로부터 수평거리가 1층의 경우에는 6 [m] 이하, 2층 이상의 층의 경우에는 10 [m] 이하

(3) 개구부가 다른 건축물을 향하여 설치되어 있는 경우

2) 문화재 중 「문화재보호법」 제23조에 따라 보물 또는 국보로 지정된 목조건축물

3) 1)에 해당하지 않는 공장 또는 창고시설로서 「화재의 예방 및 안전관리에 관한 법률 시행령」 별표 2에서 정하는 수량의 750배 이상의 특수가연물을 저장·취급하는 것

2. 경보설비

가. **단독경보형 감지기**를 설치해야 하는 특정소방대상물은 다음의 어느 하나에 해당하는 것으로 한다. 이 경우 5)의 연립주택 및 다세대주택에 설치하는 단독경보형 감지기는 연동형으로 설치해야 한다.

1) 교육연구시설 내에 있는 기숙사 또는 합숙소로서 연면적 2천 [m²] 미만인 것

2) 수련시설 내에 있는 기숙사 또는 합숙소로서 연면적 2천 [m²] 미만인 것

3) 다목7)에 해당하지 않는 수련시설(숙박시설이 있는 것만 해당한다)

4) 연면적 400 [m²] 미만의 유치원

5) 공동주택 중 연립주택 및 다세대주택 신설

나. **비상경보설비**를 설치해야 하는 특정소방대상물(모래·석재 등 불연재료 공장 및 창고시설, 위험물 저장 및 처리 시설 중 가스시설, 사람이 거주하지 않거나 벽이 없는 축사 등 동물 및 식물 관련 시설 및 지하구는 제외한다)은 다음의 어느 하나에 해당하는 것으로 한다.

1) 연면적 400 [m²] 이상인 것은 모든 층

2) 지하층 또는 무창층의 바닥면적이 150 [m²](공연장의 경우 100 [m²]) 이상인 것은 모든 층

3) 지하가 중 터널로서 길이가 500 [m] 이상인 것

4) 50명 이상의 근로자가 작업하는 옥내 작업장

다. **자동화재탐지설비**를 설치해야 하는 특정소방대상물은 다음의 어느 하나에 해당하는 것으로 한다.

1) 공동주택 중 아파트등·기숙사 및 숙박시설의 경우에는 모든 층 신설

2) 층수가 6층 이상인 건축물의 경우에는 모든 층 신설

3) 근린생활시설(목욕장은 제외한다), 의료시설(정신의료기관 및 요양병원은 제외한다), 위락시설, 장례시설 및 복합건축물로서 연면적 600 [m²] 이상인 경우에는 모든 층

4) 근린생활시설 중 목욕장, 문화 및 집회시설, 종교시설, 판매시설, 운수시설, 운동시설, 업무시설, 공장, 창고시설, 위험물 저장 및 처리 시설, 항공기 및 자동차 관련 시설, 교정 및 군사시설 중 국방·군사시설, 방송통신시설, 발전시설, 관광 휴게시설, 지하가(터널은 제외한다)로서 연면적 1천 [m²] 이상인 경우에는 모든 층

5) 교육연구시설(교육시설 내에 있는 기숙사 및 합숙소를 포함한다), 수련시설(수련시설 내에 있는 기숙사 및 합숙소를 포함하며, 숙박시설이 있는 수련시설은 제외한다), 동물 및 식물 관련 시설(기둥과 지붕만으로 구성되어 외부와 기류가 통하는 장소는 제외한다), 자원순환 관련 시설, 교정 및 군사시설(국방·군사시설은 제외한다) 또는 묘지 관련 시설로서 연면적 2천 [m²] 이상인 경우에는 모든 층

6) 노유자 생활시설의 경우에는 모든 층

7) 6)에 해당하지 않는 노유자 시설로서 연면적 400 [m²] 이상인 노유자 시설 및 숙박시설이 있는 수련시설로서 수용인원 100명 이상인 경우에는 모든 층

8) 의료시설 중 정신의료기관 또는 요양병원으로서 다음의 어느 하나에 해당하는 시설
   가) 요양병원(의료재활시설은 제외한다)
   나) 정신의료기관 또는 의료재활시설로 사용되는 바닥면적의 합계가 300 [m²] 이상인 시설
   다) 정신의료기관 또는 의료재활시설로 사용되는 바닥면적의 합계가 300 [m²] 미만이고, 창살(철재·플라스틱 또는 목재 등으로 사람의 탈출 등을 막기 위하여 설치한 것을 말하며, 화재 시 자동으로 열리는 구조로 되어 있는 창살은 제외한다)이 설치된 시설

9) 판매시설 중 전통시장

10) 지하가 중 터널로서 길이가 1천 [m] 이상인 것

11) 지하구

12) 3)에 해당하지 않는 근린생활시설 중 조산원 및 산후조리원

13) 4)에 해당하지 않는 공장 및 창고시설로서 「화재의 예방 및 안전관리에 관한 법률 시행령」 별표 2에서 정하는 수량의 500배 이상의 특수가연물을 저장·취급하는 것

14) 4)에 해당하지 않는 발전시설 중 전기저장시설

라. **시각경보기**를 설치해야 하는 특정소방대상물은 다목에 따라 자동화재탐지설비를 설치해야 하는 특정소방대상물 중 다음의 어느 하나에 해당하는 것으로 한다.

1) 근린생활시설, 문화 및 집회시설, 종교시설, 판매시설, 운수시설, 의료시설, 노유자 시설

2) 운동시설, 업무시설, 숙박시설, 위락시설, 창고시설 중 물류터미널, 발전시설 및 장례시설

3) 교육연구시설 중 도서관, 방송통신시설 중 방송국

4) 지하가 중 지하상가

마. **화재알림설비**를 설치해야 하는 특정소방대상물은 판매시설 중 전통시장으로 한다. 신설

바. **비상방송설비**를 설치해야 하는 특정소방대상물(위험물 저장 및 처리 시설 중 가스시설, 사람이 거주하지 않거나 벽이 없는 축사 등 동물 및 식물 관련 시설, 지하가 중 터널 및 지하구는 제외한다)은 다음의 어느 하나에 해당하는 것으로 한다. _{기출}

　1) 연면적 3천5백 [m²] 이상인 것은 모든 층

　2) 층수가 11층 이상인 것은 모든 층

　3) 지하층의 층수가 3층 이상인 것은 모든 층

사. **자동화재속보설비**를 설치해야 하는 특정소방대상물은 다음의 어느 하나에 해당하는 것으로 한다. 다만, 방재실 등 화재 수신기가 설치된 장소에 24시간 화재를 감시할 수 있는 사람이 근무하고 있는 경우에는 자동화재속보설비를 설치하지 않을 수 있다.

　1) 노유자 생활시설

　2) 노유자 시설로서 바닥면적이 500 [m²] 이상인 층이 있는 것

　3) 수련시설(숙박시설이 있는 것만 해당한다)로서 바닥면적이 500 [m²] 이상인 층이 있는 것

　4) 문화재 중 「문화재보호법」 제23조에 따라 보물 또는 국보로 지정된 목조건축물

　5) 근린생활시설 중 다음의 어느 하나에 해당하는 시설

　　가) 의원, 치과의원 및 한의원으로서 입원실이 있는 시설

　　나) 조산원 및 산후조리원

　6) 의료시설 중 다음의 어느 하나에 해당하는 것

　　가) 종합병원, 병원, 치과병원, 한방병원 및 요양병원(의료재활시설은 제외한다)

　　나) 정신병원 및 의료재활시설로 사용되는 바닥면적의 합계가 500 [m²] 이상인 층이 있는 것

　7) 판매시설 중 전통시장

아. **통합감시시설**을 설치해야 하는 특정소방대상물은 지하구로 한다. _{신설}

자. **누전경보기**는 계약전류용량(같은 건축물에 계약 종류가 다른 전기가 공급되는 경우에는 그중 최대계약전류용량을 말한다)이 100암페어를 초과하는 특정소방대상물(내화구조가 아닌 건축물로서 벽·바닥 또는 반자의 전부나 일부를 불연재료 또는 준불연재료가 아닌 재료에 철망을 넣어 만든 것만 해당한다)에 설치해야 한다. 다만, 위험물 저장 및 처리 시설 중 가스시설, 지하가 중 터널 및 지하구의 경우에는 그렇지 않다.

차. **가스누설경보기**를 설치해야 하는 특정소방대상물(가스시설이 설치된 경우만 해당한다)은 다음의 어느 하나에 해당하는 것으로 한다.

　1) 문화 및 집회시설, 종교시설, 판매시설, 운수시설, 의료시설, 노유자 시설

　2) 수련시설, 운동시설, 숙박시설, 창고시설 중 물류터미널, 장례시설

3. **피난구조설비**

가. **피난기구**는 특정소방대상물의 모든 층에 화재안전기준에 적합한 것으로 설치해야 한다. 다만, 피난층, 지상 1층, 지상 2층(노유자 시설 중 피난층이 아닌 지상 1층과 피난층이 아

닌 지상 2층은 제외한다), 층수가 11층 이상인 층과 위험물 저장 및 처리시설 중 가스시설, 지하가 중 터널 및 지하구의 경우에는 그렇지 않다.

나. **인명구조기구**를 설치해야 하는 특정소방대상물은 다음의 어느 하나에 해당하는 것으로 한다.

1) 방열복 또는 방화복(안전모, 보호장갑 및 안전화를 포함한다), 인공소생기 및 공기호흡기를 설치해야 하는 특정소방대상물 : 지하층을 포함하는 층수가 7층 이상인 것 중 관광호텔 용도로 사용하는 층

2) 방열복 또는 방화복(안전모, 보호장갑 및 안전화를 포함한다) 및 공기호흡기를 설치해야 하는 특정소방대상물 : 지하층을 포함하는 층수가 5층 이상인 것 중 병원 용도로 사용하는 층

3) 공기호흡기를 설치해야 하는 특정소방대상물은 다음의 어느 하나에 해당하는 것으로 한다.

가) 수용인원 100명 이상인 문화 및 집회시설 중 영화상영관

나) 판매시설 중 대규모점포

다) 운수시설 중 지하역사

라) 지하가 중 지하상가

마) 제1호바목 및 화재안전기준에 따라 이산화탄소소화설비(호스릴이산화탄소소화설비는 제외한다)를 설치해야 하는 특정소방대상물

다. **유도등**을 설치해야 하는 특정소방대상물은 다음의 어느 하나에 해당하는 것으로 한다.

1) 피난구유도등, 통로유도등 및 유도표지는 특정소방대상물에 설치한다. 다만, 다음의 어느 하나에 해당하는 경우는 제외한다.

가) 동물 및 식물 관련 시설 중 축사로서 가축을 직접 가두어 사육하는 부분

나) 지하가 중 터널

2) 객석유도등은 다음의 어느 하나에 해당하는 특정소방대상물에 설치한다.

가) 유흥주점영업시설(「식품위생법 시행령」 제21조제8호라목의 유흥주점영업 중 손님이 춤을 출 수 있는 무대가 설치된 카바레, 나이트클럽 또는 그 밖에 이와 비슷한 영업시설만 해당한다)

나) 문화 및 집회시설

다) 종교시설

라) 운동시설

3) 피난유도선은 화재안전기준에서 정하는 장소에 설치한다.

라. **비상조명등**을 설치해야 하는 특정소방대상물(창고시설 중 창고 및 하역장, 위험물 저장 및 처리 시설 중 가스시설 및 사람이 거주하지 않거나 벽이 없는 축사 등 동물 및 식물 관련 시설은 제외한다)은 다음의 어느 하나에 해당하는 것으로 한다. 기출

1) 지하층을 포함하는 층수가 5층 이상인 건축물로서 연면적 3천 [m²] 이상인 경우에는 모든 층

2) 1)에 해당하지 않는 특정소방대상물로서 그 지하층 또는 무창층의 바닥면적이 450 [m²] 이상인 경우에는 해당 층

3) 지하가 중 터널로서 그 길이가 500 [m] 이상인 것

마. **휴대용비상조명등**을 설치해야 하는 특정소방대상물은 다음의 어느 하나에 해당하는 것으로 한다.

1) 숙박시설

2) 수용인원 100명 이상의 영화상영관, 판매시설 중 대규모점포, 철도 및 도시철도 시설 중 지하역사, 지하가 중 지하상가

4. 소화용수설비

상수도소화용수설비를 설치해야 하는 특정소방대상물은 다음 각 목의 어느 하나에 해당하는 것으로 한다. 다만, 상수도소화용수설비를 설치해야 하는 특정소방대상물의 대지 경계선으로부터 180 [m] 이내에 지름 75 [mm] 이상인 상수도용 배수관이 설치되지 않은 지역의 경우에는 화재안전기준에 따른 **소화수조** 또는 **저수조**를 설치해야 한다.

가. 연면적 5천 [m²] 이상인 것. 다만, 위험물 저장 및 처리 시설 중 가스시설, 지하가 중 터널 또는 지하구의 경우에는 제외한다.

나. 가스시설로서 지상에 노출된 탱크의 저장용량의 합계가 100톤 이상인 것

다. 자원순환 관련 시설 중 폐기물재활용시설 및 폐기물처분시설　신설

5. 소화활동설비

가. **제연설비**를 설치해야 하는 특정소방대상물은 다음의 어느 하나에 해당하는 것으로 한다.
기출

1) 문화 및 집회시설, 종교시설, 운동시설 중 무대부의 바닥면적이 200 [m²] 이상인 경우에는 해당 무대부

2) 문화 및 집회시설 중 영화상영관으로서 수용인원 100명 이상인 경우에는 해당 영화상영관

3) 지하층이나 무창층에 설치된 근린생활시설, 판매시설, 운수시설, 숙박시설, 위락시설, 의료시설, 노유자 시설 또는 창고시설(물류터미널로 한정한다)로서 해당 용도로 사용되는 바닥면적의 합계가 1천 [m²] 이상인 경우 해당 부분

4) 운수시설 중 시외버스정류장, 철도 및 도시철도 시설, 공항시설 및 항만시설의 대기실 또는 휴게시설로서 지하층 또는 무창층의 바닥면적이 1천 [m²] 이상인 경우에는 모든 층

5) 지하가(터널은 제외한다)로서 연면적 1천 [m²] 이상인 것

6) 지하가 중 예상 교통량, 경사도 등 터널의 특성을 고려하여 행정안전부령으로 정하는 터널

7) 특정소방대상물(갓복도형 아파트등은 제외한다)에 부설된 특별피난계단, 비상용 승강기의 승강장 또는 피난용 승강기의 승강장

나. **연결송수관설비**를 설치해야 하는 특정소방대상물(위험물 저장 및 처리 시설 중 가스시설

및 지하구는 제외한다)은 다음의 어느 하나에 해당하는 것으로 한다.

    1) 층수가 5층 이상으로서 연면적 6천 [m²] 이상인 경우에는 모든 층

    2) 1)에 해당하지 않는 특정소방대상물로서 지하층을 포함하는 층수가 7층 이상인 경우에는 모든 층

    3) 1) 및 2)에 해당하지 않는 특정소방대상물로서 지하층의 층수가 3층 이상이고 지하층의 바닥면적의 합계가 1천 [m²] 이상인 경우에는 모든 층

    4) 지하가 중 터널로서 길이가 1천 [m] 이상인 것

다. **연결살수설비**를 설치해야 하는 특정소방대상물(지하구는 제외한다)은 다음의 어느 하나에 해당하는 것으로 한다.

    1) 판매시설, 운수시설, 창고시설 중 물류터미널로서 해당 용도로 사용되는 부분의 바닥면적의 합계가 1천 [m²] 이상인 경우에는 해당 시설

    2) 지하층(피난층으로 주된 출입구가 도로와 접한 경우는 제외한다)으로서 바닥면적의 합계가 150 [m²] 이상인 경우에는 지하층의 모든 층. 다만, 「주택법 시행령」 제46조제1항에 따른 국민주택규모 이하인 아파트등의 지하층(대피시설로 사용하는 것만 해당한다)과 교육연구시설 중 학교의 지하층의 경우에는 700 [m²] 이상인 것으로 한다.

    3) 가스시설 중 지상에 노출된 탱크의 용량이 30톤 이상인 탱크시설

    4) 1) 및 2)의 특정소방대상물에 부속된 연결통로

라. **비상콘센트설비**를 설치해야 하는 특정소방대상물(위험물 저장 및 처리 시설 중 가스시설 및 지하구는 제외한다)은 다음의 어느 하나에 해당하는 것으로 한다.

    1) 층수가 11층 이상인 특정소방대상물의 경우에는 11층 이상의 층

    2) 지하층의 층수가 3층 이상이고 지하층의 바닥면적의 합계가 1천 [m²] 이상인 것은 지하층의 모든 층

    3) 지하가 중 터널로서 길이가 500 [m] 이상인 것

마. **무선통신보조설비**를 설치해야 하는 특정소방대상물(위험물 저장 및 처리 시설 중 가스시설은 제외한다)은 다음의 어느 하나에 해당하는 것으로 한다.

    1) 지하가(터널은 제외한다)로서 연면적 1천 [m²] 이상인 것

    2) 지하층의 바닥면적의 합계가 3천 [m²] 이상인 것 또는 지하층의 층수가 3층 이상이고 지하층의 바닥면적의 합계가 1천 [m²] 이상인 것은 지하층의 모든 층

    3) 지하가 중 터널로서 길이가 500 [m] 이상인 것

    4) 지하구 중 공동구

    5) 층수가 30층 이상인 것으로서 16층 이상 부분의 모든 층

바. **연소방지설비**는 지하구(전력 또는 통신사업용인 것만 해당한다)에 설치해야 한다.   `기출`

비고

1. 별표 2 제1호부터 제27호까지 중 어느 하나에 해당하는 시설(이하 이 호에서 "근린생활시설등"이라 한다)의 소방시설 설치기준이 복합건축물의 소방시설 설치기준보다 강화된 경

우 복합건축물 안에 있는 해당 근린생활시설등에 대해서는 그 근린생활시설등의 소방시설 설치기준을 적용한다.

2. 원자력발전소 중「원자력안전법」제2조에 따른 원자로 및 관계시설에 설치하는 소방시설에 대해서는「원자력안전법」제11조 및 제21조에 따른 허가기준에 따라 설치한다. 〔신설〕

3. 특정소방대상물의 관계인은 제8조제1항에 따른 내진설계 대상 특정소방대상물 및 제9조에 따른 성능위주설계 대상 특정소방대상물에 설치·관리해야 하는 소방시설에 대해서는 법 제7조에 따른 소방시설의 내진설계기준 및 법 제8조에 따른 성능위주설계의 기준에 맞게 설치·관리해야 한다. 〔신설〕

〔참고〕

무창층에 설치해야 할 소방시설
1. 옥내소화전설비
2. 스프링클러설비
3. 경보설비
4. 비상조명등설비
5. 제연설비
6. 소화기구, 피난기구, 유도등 및 유도표지

4. 소방시설 적용의 특례

1) 강화된 기준을 적용할 수 있는 경우

(1) 다음 소방시설 중 대통령령 또는 화재안전기준으로 정하는 것
    ① 소화기구
    ② 비상경보설비
    ③ 자동화재탐지설비
    ④ 자동화재속보설비
    ⑤ 피난구조설비

(2) 다음 특정소방대상물에 설치하는 소방시설 중 대통령령 또는 화재안전기준으로 정하는 것

특정소방대상물	대통령령으로 정하는 소방시설
공동구	소화기, 자동소화장치, 자동화재탐지설비, 통합감시시설, 유도등 및 연소방지설비
전력 및 통신사업용 지하구	소화기, 자동소화장치, 자동화재탐지설비, 통합감시시설, 유도등 및 연소방지설비
노유자 시설	간이스프링클러설비, 자동화재탐지설비 및 단독경보형 감지기
의료시설	스프링클러설비, 간이스프링클러설비, 자동화재탐지설비 및 자동화재속보설비

소방
법령

2) 유사한 소방시설 적용에 따른 소방시설의 설치 면제

설치가 면제되는 소방시설	설치면제 기준
1. 자동소화장치	자동소화장치(주거용 주방자동소화장치 및 상업용 주방자동소화장치는 제외한다)를 설치해야 하는 특정소방대상물에 물분무등소화설비를 화재안전기준에 적합하게 설치한 경우에는 그 설비의 유효범위(해당 소방시설이 화재를 감지 · 소화 또는 경보할 수 있는 부분을 말한다. 이하 같다)에서 설치가 면제된다.
2. 옥내소화전설비	소방본부장 또는 소방서장이 옥내소화전설비의 설치가 곤란하다고 인정하는 경우로서 호스릴 방식의 미분무소화설비 또는 옥외소화전설비를 화재안전기준에 적합하게 설치한 경우에는 그 설비의 유효범위에서 설치가 면제된다.
3. 스프링클러설비	가. 스프링클러설비를 설치해야 하는 특정소방대상물(발전시설 중 전기저장시설은 제외한다)에 적응성 있는 자동소화장치 또는 물분무등소화설비를 화재안전기준에 적합하게 설치한 경우에는 그 설비의 유효범위에서 설치가 면제된다. 나. 스프링클러설비를 설치해야 하는 전기저장시설에 소화설비를 소방청장이 정하여 고시하는 방법에 따라 설치한 경우에는 그 설비의 유효범위에서 설치가 면제된다.
4. 간이스프링클러 설비	간이스프링클러설비를 설치해야 하는 특정소방대상물에 스프링클러설비, 물분무소화설비 또는 미분무소화설비를 화재안전기준에 적합하게 설치한 경우에는 그 설비의 유효범위에서 설치가 면제된다.
5. 물분무등소화설비	물분무등소화설비를 설치해야 하는 차고 · 주차장에 스프링클러설비를 화재안전기준에 적합하게 설치한 경우에는 그 설비의 유효범위에서 설치가 면제된다.
6. 옥외소화전설비	옥외소화전설비를 설치해야 하는 보물 또는 국보로 지정된 목조문화재에 상수도소화용수설비를 옥외소화전설비의 화재안전기준에서 정하는 방수압력 · 방수량 · 옥외소화전함 및 호스의 기준에 적합하게 설치한 경우에는 설치가 면제된다.
7. 비상경보설비	비상경보설비를 설치해야 할 특정소방대상물에 단독경보형 감지기를 2개 이상의 단독경보형 감지기와 연동하여 설치한 경우에는 그 설비의 유효범위에서 설치가 면제된다.
8. 비상경보설비 또는 단독경보형 감지기	비상경보설비 또는 단독경보형 감지기를 설치해야 하는 특정소방대상물에 자동화재탐지설비 또는 화재알림설비를 화재안전기준에 적합하게 설치한 경우에는 그 설비의 유효범위에서 설치가 면제된다.
9. 자동화재탐지설비	자동화재탐지설비의 기능(감지 · 수신 · 경보기능을 말한다)과 성능을 가진 화재알림설비, 스프링클러설비 또는 물분무등소화설비를 화재안전기준에 적합하게 설치한 경우에는 그 설비의 유효범위에서 설치가 면제된다.

설치가 면제되는 소방시설	설치면제 기준
10. 화재알림설비	화재알림설비를 설치해야 하는 특정소방대상물에 자동화재탐지설비를 화재안전기준에 적합하게 설치한 경우에는 그 설비의 유효범위에서 설치가 면제된다.
11. 비상방송설비	비상방송설비를 설치해야 하는 특정소방대상물에 자동화재탐지설비 또는 비상경보설비와 같은 수준 이상의 음향을 발하는 장치를 부설한 방송설비를 화재안전기준에 적합하게 설치한 경우에는 그 설비의 유효범위에서 설치가 면제된다.
12. 자동화재속보설비	자동화재속보설비를 설치해야 하는 특정소방대상물에 화재알림설비를 화재안전기준에 적합하게 설치한 경우에는 그 설비의 유효범위에서 설치가 면제된다.
13. 누전경보기	누전경보기를 설치해야 하는 특정소방대상물 또는 그 부분에 아크경보기(옥내 배전선로의 단선이나 선로 손상 등으로 인하여 발생하는 아크를 감지하고 경보하는 장치를 말한다) 또는 전기 관련 법령에 따른 지락차단장치를 설치한 경우에는 그 설비의 유효범위에서 설치가 면제된다.
14. 피난구조설비	피난구조설비를 설치해야 하는 특정소방대상물에 그 위치·구조 또는 설비의 상황에 따라 피난상 지장이 없다고 인정되는 경우에는 화재안전기준에서 정하는 바에 따라 설치가 면제된다.
15. 비상조명등	비상조명등을 설치해야 하는 특정소방대상물에 피난구유도등 또는 통로유도등을 화재안전기준에 적합하게 설치한 경우에는 그 유도등의 유효범위에서 설치가 면제된다.
16. 상수도소화용수 설비	가. 상수도소화용수설비를 설치해야 하는 특정소방대상물의 각 부분으로부터 수평거리 140 [m] 이내에 공공의 소방을 위한 소화전이 화재안전기준에 적합하게 설치되어 있는 경우에는 설치가 면제된다. 나. 소방본부장 또는 소방서장이 상수도소화용수설비의 설치가 곤란하다고 인정하는 경우로서 화재안전기준에 적합한 소화수조 또는 저수조가 설치되어 있거나 이를 설치하는 경우에는 그 설비의 유효범위에서 설치가 면제된다.

설치가 면제되는 소방시설	설치면제 기준
17. 제연설비 기출	가. 제연설비를 설치해야 하는 특정소방대상물(별표 5 제5호가목6)은 제외한다)에 다음의 어느 하나에 해당하는 설비를 설치한 경우에는 설치가 면제된다. 　1) 공기조화설비를 화재안전기준의 제연설비기준에 적합하게 설치하고 공기조화설비가 화재 시 제연설비기능으로 자동전환되는 구조로 설치되어 있는 경우 　2) 직접 외부 공기와 통하는 배출구의 면적의 합계가 해당 제연구역[제연경계(제연설비의 일부인 천장을 포함한다)에 의하여 구획된 건축물 내의 공간을 말한다] 바닥면적의 100분의 1 이상이고, 배출구부터 각 부분까지의 수평거리가 30m 이내이며, 공기유입구가 화재안전기준에 적합하게(외부 공기를 직접 자연 유입할 경우에 유입구의 크기는 배출구의 크기 이상이어야 한다) 설치되어 있는 경우 나. 별표 5 제5호가목6)에 따라 제연설비를 설치해야 하는 특정소방대상물 중 노대(露臺)와 연결된 특별피난계단, 노대가 설치된 비상용 승강기의 승강장 또는 「건축법 시행령」 제91조제5호의 기준에 따라 배연설비가 설치된 피난용 승강기의 승강장에는 설치가 면제된다.
18. 연결송수관설비	연결송수관설비를 설치해야 하는 소방대상물에 옥외에 연결송수구 및 옥내에 방수구가 부설된 옥내소화전설비, 스프링클러설비, 간이스프링클러설비 또는 연결살수설비를 화재안전기준에 적합하게 설치한 경우에는 그 설비의 유효범위에서 설치가 면제된다. 다만, 지표면에서 최상층 방수구의 높이가 70 [m] 이상인 경우에는 설치해야 한다.
19. 연결살수설비	가. 연결살수설비를 설치해야 하는 특정소방대상물에 송수구를 부설한 스프링클러설비, 간이스프링클러설비, 물분무소화설비 또는 미분무소화설비를 화재안전기준에 적합하게 설치한 경우에는 그 설비의 유효범위에서 설치가 면제된다. 나. 가스 관계 법령에 따라 설치되는 물분무장치 등에 소방대가 사용할 수 있는 연결송수구가 설치되거나 물분무장치 등에 6시간 이상 공급할 수 있는 수원(水源)이 확보된 경우에는 설치가 면제된다.
20. 무선통신보조설비	무선통신보조설비를 설치해야 하는 특정소방대상물에 이동통신 구내 중계기 선로설비 또는 무선이동중계기(「전파법」 제58조의2에 따른 적합성평가를 받은 제품만 해당한다) 등을 화재안전기준의 무선통신보조설비기준에 적합하게 설치한 경우에는 설치가 면제된다.
21. 연소방지설비	연소방지설비를 설치해야 하는 특정소방대상물에 스프링클러설비, 물분무소화설비 또는 미분무소화설비를 화재안전기준에 적합하게 설치한 경우에는 그 설비의 유효범위에서 설치가 면제된다.

3) 증축 또는 용도변경 시 법령 및 화재안전기준 적용 [기출]

(1) 법령 적용 원칙

증축	기존 부분 포함한 특정소방대상물 전체에 대하여 증축 시점의 기준을 적용
용도변경	용도변경되는 부분에 한하여 용도변경 시점의 기준을 적용

(2) 예외

증축	아래의 경우 증축 부분에만 증축시점의 법령 및 화재안전기준을 적용한다. ① 기존 부분과 증축 부분이 내화구조로 된 바닥과 벽으로 구획된 경우 ② 기존 부분과 증축 부분이 방화문 또는 자동방화셔터로 구획되어 있는 경우 ③ 자동차 생산공장 등 화재 위험이 낮은 특정소방대상물 내부에 연면적 33 [m²] 이하의 직원 휴게실을 증축하는 경우 ④ 자동차 생산공장 등 화재 위험이 낮은 특정소방대상물에 캐노피(기둥으로 받치거나 매달아 놓은 덮개를 말하며, 3면 이상에 벽이 없는 구조의 캐노피를 말한다)를 설치하는 경우
용도변경	아래의 경우 특정소방대상물 전체에 대하여 용도변경 전의 법령 및 화재안전기준을 적용한다. ① 특정소방대상물의 구조 · 설비가 화재연소 확대 요인이 적어지거나 피난 또는 화재진압활동이 쉬워지도록 변경되는 경우 ② 용도변경으로 인하여 천장 · 바닥 · 벽 등에 고정되어 있는 가연성 물질의 양이 줄어드는 경우

4) 소방시설의 면제 [기출]

구분	특정소방대상물	소방시설
1. 화재 위험도가 낮은 특정소방대상물	석재, 불연성금속, 불연성 건축재료 등의 가공공장 · 기계조립공장 또는 불연성 물품을저장하는 창고	옥외소화전 및 연결살수설비
2. 화재안전기준을 적용하기 어려운 특정소방대상물	펄프공장의 작업장, 음료수 공장의 세정 또는 충전을 하는 작업장, 그 밖에 이와 비슷한 용도로 사용하는 것	스프링클러설비, 상수도소화용수설비 및 연결살수설비
	정수장, 수영장, 목욕장, 농예 · 축산 · 어류양식용 시설, 그 밖에 이와 비슷한 용도로 사용되는 것	자동화재탐지설비, 상수도소화용수설비 및 연결살수설비
3. 화재안전기준을 달리 적용해야 하는 특수한 용도 또는 구조를 가진 특정소방대상물	원자력발전소, 중 · 저준위방사성 폐기물의 저장시설	연결송수관설비 및 연결살수설비
4. 「위험물 안전관리법」 제19조에 따른 자체소방대가 설치된 특정소방대상물	자체소방대가 설치된 위험물 제조소등에 부속된 사무실	옥내소화전설비, 소화용수설비, 연결살수설비 및 연결송수관설비

소방
법령

8 건설현장 임시소방시설의 설치 및 관리 [기출]

1. 개요

1) 공사시공자는 특정소방대상물의 신축·증축·개축·재축·이전·용도변경·대수선 또는 설비 설치 등을 위한 공사 현장에서 인화성 물품을 취급하는 작업 등 화재위험작업을 하기 전에 임시소방시설(설치 및 철거가 쉬운 화재대비시설)을 설치하고 관리하여야 한다.

2) 소방시설공사업자가 화재위험작업 현장에 소방시설 중 임시소방시설과 기능 및 성능이 유사한 것으로서 대통령령으로 정하는 소방시설을 화재안전기준에 맞게 설치 및 관리하고 있는 경우에는 공사시공자가 임시소방시설을 설치하고 관리한 것으로 본다.

2. 화재위험작업

1) 인화성·가연성·폭발성 물질을 취급하거나 가연성 가스를 발생시키는 작업

2) 용접·용단(금속·유리·플라스틱 따위를 녹여서 절단하는 일을 말한다) 등 불꽃을 발생시키거나 화기를 취급하는 작업

3) 전열기구, 가열전선 등 열을 발생시키는 기구를 취급하는 작업

4) 알루미늄, 마그네슘 등을 취급하여 폭발성 부유분진(공기 중에 떠다니는 미세한 입자를 말한다)을 발생시킬 수 있는 작업

5) 그 밖에 제1호부터 제4호까지와 비슷한 작업으로 소방청장이 정하여 고시하는 작업

3. 임시소방시설의 종류 및 적용대상

종류	정의 및 적용대상
소화기	소화기구 화재안전기준에 따른 소화기
	건축허가동의등의 대상 특정소방대상물의 건축, 대수선, 용도변경 설치 등을 위한 공사 중 → 화재위험작업을 하는 현장(이하 "화재위험작업현장")
간이소화장치	물을 방사하여 화재를 진화할 수 있는 장치로서 소방청장이 정하는 성능을 갖추고 있을 것
	1) 연면적 3,000 $[\text{m}^2]$ 이상 2) 지하층, 무창층, 4층 이상의 층 　(해당층 바닥면적 : 600 $[\text{m}^2]$ 이상) ⇨ 에 해당하는 공사의 화재위험작업현장
비상경보장치	화재발생 시 주변 작업자에게 화재사실을 알릴 수 있는 장치로서 소방청장이 정하는 성능을 갖추고 있을 것 (발신기, 경종, 표시등이 결합된 것)
	1) 연면적 400 $[\text{m}^2]$ 이상 2) 지하층, 무창층 　(해당층 바닥면적 : 150 $[\text{m}^2]$ 이상) ⇨ 에 해당하는 공사의 화재위험작업현장

종류	정의 및 적용대상
가스누설경보기	가연성가스가 누설 또는 발생된 경우 탐지하여 경보하는 장치로서 형식승인 및 제품검사를 받은 것
	바닥면적 150 [m²] 이상인 지하층, 무창층의 화재위험작업현장
간이피난유도선	화재발생 시 피난구 방향을 안내할 수 있는 장치로서 소방청장이 정하는 성능을 갖추고 있을 것
	바닥면적 150 [m²] 이상인 지하층, 무창층의 작업장
비상조명등	화재발생 시 안전하고 원활한 피난활동이 가능하도록 거실, 피난통로에 설치하여 자동 점등되는 조명장치로서 소방청장이 정하는 성능을 갖추고 있을 것
	바닥면적 150 [m²] 이상인 지하층, 무창층의 화재위험작업현장
방화포	용접, 용단 등 작업 시 발생하는 금속성 불티로부터 가연물이 점화되는 것을 방지해주는 천 또는 불연성물품으로서 소방청장이 정하는 성능을 갖추고 있을 것
	용접, 용단 작업이 진행되는 모든 작업장

※ 가스누설경보기, 비상조명등, 방화포 적용은 2023년 7월 1일부터 시행

4. 임시소방시설을 설치한 것으로 보는 소방시설

간이소화장치	• 옥내소화전설비 • 연결송수관설비 및 그 방수구 인근에 대형소화기 6개 이상 설치
비상경보장치	• 비상방송설비 • 자동화재탐지설비
간이피난유도선	• 피난유도선 • 피난구유도등 • 통로유도등 • 비상조명등

9 방염, 내용연수, 소방용품

1. 방염 [기출]

1) 정의

(1) 방염대상물품

특정소방대상물에 실내장식 등의 목적으로 설치 또는 부착하는 물품

(2) 방염 적용기준

대통령령으로 정하는 특정소방대상물에 설치 또는 부착하는 방염대상물품은 방염성능기준 이상의 것으로 설치해야 한다.

2) 방염대상 특정소방대상물

　(1) 근린생활시설 중 의원, 조산원, 산후조리원, 체력단련장, 공연장 및 종교집회장

　(2) 건축물의 옥내에 있는 다음 시설

　　　① 문화 및 집회시설

　　　② 종교시설

　　　③ 운동시설(수영장 제외)

　(3) 의료시설

　(4) 교육연구시설 중 합숙소

　(5) 노유자 시설

　(6) 숙박이 가능한 수련시설

　(7) 숙박시설

　(8) 방송통신시설 중 방송국 및 촬영소

　(9) 다중이용업소

　(10) 층수가 11층 이상인 것(아파트 제외)

3) 방염대상물품

　(1) 제조 또는 가공 공정에서 방염처리를 한 다음의 물품

　　　① 창문에 설치하는 커튼류(블라인드 포함)

　　　② 카펫

　　　③ 벽지류(두께 2 [mm] 미만인 종이벽지는 제외)

　　　④ 전시용 합판 · 목재 또는 섬유판, 무대용 합판 · 목재 또는 섬유판(합판 · 목재류의 경우 불가피하게 설치 현장에서 방염처리한 것을 포함)

　　　⑤ 암막 · 무대막(영화상영관에 설치하는 스크린과 가상체험 체육시설업에 설치하는 스크린을 포함)

　　　⑥ 섬유류 또는 합성수지류 등을 원료로 하여 제작된 소파 · 의자(단란주점영업, 유흥주점영업 및 노래연습장업의 영업장에 설치하는 것으로 한정)

　(2) 건축물 내부의 천장이나 벽에 부착하거나 설치하는 다음의 것

　　　① 종이류(두께 2 [mm] 이상인 것) · 합성수지류 또는 섬유류를 주원료로 한 물품

　　　② 합판이나 목재

　　　③ 공간을 구획하기 위하여 설치하는 간이 칸막이(접이식 등 이동 가능한 벽체나 천장 또는 반자가 실내에 접하는 부분까지 구획하지 않는 벽체를 말한다)

　　　④ 흡음이나 방음을 위하여 설치하는 흡음재(흡음용 커튼을 포함) 또는 방음재(방음용 커튼을 포함)

　　　⑤ 제외 : 가구류(옷장, 찬장, 식탁, 식탁용 의자, 사무용 책상, 사무용 의자, 계산대, 그 밖에 이와 비슷한 것을 말한다)와 너비 10 [cm] 이하인 반자돌림대 등과 건축법에 따른 내

부 마감재료는 제외한다.

(3) 소방본부장 또는 소방서장이 방염처리된 물품을 사용하도록 권장할 수 있는 경우

  ① 다중이용업소, 의료시설, 노유자 시설, 숙박시설 또는 장례식장에서 사용하는 침구류·소파 및 의자

  ② 건축물 내부의 천장 또는 벽에 부착하거나 설치하는 가구류

4) 방염성능기준

물품	잔염시간[초]	잔신시간[초]	탄화면적[cm²]	탄화길이[cm]	접염횟수
(소방시설법의 범위)	20	30	50	20	3
카페트	20	–	–	10	–
얇은 포	3	5	30	20	3
두꺼운 포	5	20	40	20	3
합성수지판	5	20	40	20	–
합판 등	10	30	50	20	–
소파·의자					
1) 버너법에 의한 시험	120	120	(+) 내부에서 발화 및 연기 발생하지 않을 것		
2) 45도 에어믹스버너 철망법에 의한 시험				최대 : 7.0 평균 : 5.0	
발연량 측정 (최대연기밀도)	1) 카페트, 합성수지판, 합판, 소파, 의자 : 400 이하 2) 얇은 포, 두꺼운 포 : 200 이하				

(1) 얇은 포 : 포지형태의 방염물품으로서 1 [m²]의 중량이 450 [g] 이하인 것

(2) 두꺼운 포 : 포지형태의 방염물품으로서 1 [m²]의 중량이 450 [g]을 초과하는 것

(3) 합판등 : 합판, 섬유판, 목재 및 기타물품

(4) 탄화면적 : 불꽃에 의하여 탄화된 면적

(5) 탄화길이 : 불꽃에 의하여 탄화된 길이

(6) 접염횟수 : 불꽃에 의하여 녹을 때까지 불꽃의 접촉횟수

(7) 잔염시간 : 버너의 불꽃을 제거한 때부터 불꽃을 올리며 연소하는 상태가 그칠 때까지의 시간

(8) 잔신시간 : 버너의 불꽃을 제거한 때부터 불꽃을 올리지 아니하고 연소하는 상태가 그칠 때까지의 시간(잔염이 생기는 동안의 시간은 제외)

(9) 발연량(최대연기밀도)

  ① 시험장치 및 절차

    • ASTM E 662(고체물질에서 발생하는 연기의 비광학밀도를 위한 표준시험방법)

    • 용융하는 물품 : KS M ISO 5659-2(플라스틱-연기발생 제2부 : 단일연소챔버시험에 의한 연기밀도)

② 계산식

$$D_s = 132 \log_{10} \frac{100}{T}$$

여기서, T : 광선투과율

5) 방염성능의 검사

(1) 방염대상물품 : 소방청장이 실시하는 방염성능검사를 받은 것일 것

(2) 현장처리물품(시·도지사가 실시하는 방염성능검사 대상)

설치현장에서 방염처리되는 목재 및 합판은 시·도지사에게 샘플을 제출하여 성능검사를 받는다.

① 상기 방염대상물품 3)의 (1)의 전시용 합판·목재 또는 무대용 합판·목재 중 설치 현장에서 방염처리를 하는 합판·목재류

② 상기 방염대상물품 3)의 (2) 중 설치 현장에서 방염처리를 하는 합판·목재류

2. 소방용품의 형식승인 및 성능인증

1) 형식승인 [기출]

소화설비를 구성하는 제품 또는 기기	• 소화기구(소화약제 외의 것을 이용한 간이소화용구 제외) • 자동소화장치(상업용주방자동소화장치 제외) • 소화설비를 구성하는 　① 기동용 수압개폐장치 　② 소화전, 관창, 소방호스 　③ 스프링클러헤드, 유수제어밸브 　④ 가스관선택밸브
경보설비를 구성하는 제품 또는 기기	• 누전경보기 및 가스누설경보기 • 경보설비를 구성하는 발신기, 수신기, 중계기, 감지기 및 경종
피난구조설비를 구성하는 제품 또는 기기	• 피난사다리, 구조대, 완강기(지지대 포함) 및 간이완강기(지지대 포함) • 공기호흡기(충전기 포함) • 피난구유도등, 통로유도등, 객석유도등 및 예비 전원이 내장된 비상조명등
소화용으로 사용하는 제품 또는 기기	• 소화약제(자동소화장치와 소화설비용만 해당) • 방염제(방염액·방염도료 및 방염성물질)

2) 성능인증

소화설비	제연, 피난, 소방전기설비
• 지시압력계 • 소화기가압용 가스용기 • 상업용주방자동소화장치 • 가압수조식가압송수장치 • 소방용 스트레이너 • 소방용흡수관 • 소방용밸브(개폐표시형 밸브, 릴리프 밸브, 푸트 밸브) • 소방용 합성수지배관 • 분기배관 • 스프링클러설비 신축배관(가지관과 스프링클러헤드를 연결하는 플렉시블 파이프) • 소화전함 • 표시등 • 캐비닛형 간이스프링클러설비 • 소화설비용 헤드(물분무헤드, 분말헤드, 포헤드, 살수헤드) • 방수구 • 미분무헤드 • 압축공기포헤드 • 포소화약제혼합장치 • 압축공기포혼합장치 • 소방용 압력스위치 • 가스계소화설비 설계프로그램	• 자동차압급기댐퍼 • 플랩댐퍼 • 자동폐쇄장치 • 비상문자동개폐장치 • 공기안전매트 • 승강식피난기 • 다수인피난장비 • 방열복 • 피난유도선 • 소방용전선(내화전선 및 내열전선) • 비상경보설비의 축전지 • 자동화재속보설비의 속보기 • 시각경보장치 • 탐지부 • 비상콘센트설비 • 예비전원 • 축광표지 • 방염제품

3. 내용연수 설정 대상 소방용품

1) 적용 기준

특정소방대상물의 관계인은 내용연수가 경과한 소방용품을 교체하여야 한다.

2) 내용연수 설정 기준

(1) 내용연수 설정 대상 소방용품

분말형태의 소화약제를 사용하는 소화기

(2) 소방용품의 내용연수 : 10년(제조년월일 기준)

(3) 사용기한 연장

① 행정안전부령으로 정하는 절차 및 방법 등에 따라 소방용품의 성능을 확인받은 경우에

　　　　　는 그 사용기한을 연장할 수 있음

　　② 성능확인 검사에 합격한 경우 다음의 기간동안 사용 가능

　　　• 내용연수 경과 후 10년 미만 : 3년

　　　• 내용연수 경과 후 10년 이상 : 1년

소방시설 공사업법

1 소방시설공사업법의 목적 및 소방시설업의 종류

소방시설공사 및 소방기술의 관리에 필요한 사항을 규정함으로써

→ 소방시설업을 건전하게 발전시키고 소방기술을 진흥시켜 화재로부터 공공의 안전을 확보하고 국
민경제에 이바지함을 목적으로 한다.

1. 소방시설업의 종류

1) 소방시설설계업 : 설계도서를 작성하는 영업

(설계도서 : 공사계획, 설계도면, 설계 설명서, 기술계산서 및 이와 관련된 서류)

2) 소방시설공사업 : 설계도서에 따라 소방시설을 시공하는 영업

(시공 : 신설, 증설, 개설, 이전 및 정비)

3) 소방시설감리업 : 소방시설공사에 관한 발주자의 권한을 대행하여 감리하는 영업

(감리 : 소방시설공사가 설계도서와 관계 법령에 따라 적법하게 시공되는지를 확인하고, 품질·시공 관리에 대한 기술지도를 하는 업무)

4) 방염처리업 : 소방법령에 따른 방염대상물품에 대하여 방염처리하는 영업

2. 소방시설공사등 관련 주체의 책무

관련주체	소방시설공사등에 대한 책무
소방청장	소방시설공사등의 품질과 안전이 확보되도록 소방시설공사등에 관한 기준 등을 정하여 보급
발주자	소방시설이 공공의 안전과 복리에 적합하게 시공되도록 공정한 기준과 절차에 따라 능력 있는 소방시설업자를 선정하여야 하고, 소방시설공사등이 적정하게 수행되도록 노력
소방시설업자	소방시설공사등의 품질과 안전이 확보되도록 소방시설공사등에 관한 법령을 준수하고, 설계도서·시방서 및 도급계약의 내용 등에 따라 성실하게 소방시설공사등을 수행

2 성능위주설계를 할 수 있는 자의 자격 [기출]

성능위주설계자의 자격	기술인력	설계범위
1. 법 제4조에 따라 전문 소방시설설계업을 등록한 자 2. 전문 소방시설설계업 등록기준에 따른 기술인력을 갖춘 자로서 소방청장이 정하여 고시하는 연구기관 또는 단체	소방기술사 2명 이상	소방시설법 시행령에 따라 성능위주설계를 하여야 하는 특정소방대상물

3 시공

1. 착공신고

1) 개요

(1) 공사업자는 소방시설공사를 하려면 공사의 내용, 시공장소, 그 밖에 필요한 사항을 관할 소방서에 신고해야 한다.

(2) 신고사항 중 중요한 사항을 변경한 경우에는 변경신고를 해야 한다. (중요하지 않은 변경사항은 공사감리 결과보고서에 포함하여 보고해야 함)

2) 착공신고 대상

(1) 소방시설 신설

특정소방대상물에 다음 중 하나에 해당하는 설비를 신설하는 공사

소방기계	소방전기
• 옥내소화전설비(호스릴 포함) • 옥외소화전설비 • 스프링클러설비등 • 물분무등소화설비 • 연결송수관설비 • 연결살수설비 • 제연설비 • 소화용수설비 • 연소방지설비	• 자동화재탐지설비 • 비상경보설비 • 비상방송설비 • 비상콘센트설비 • 무선통신보조설비

(2) 소방시설 증설

다음 중 하나에 해당하는 설비 또는 구역 등을 증설하는 공사

설비 증설	구역 증설
• 옥내소화전설비(호스릴 포함) • 옥외소화전설비	• (스프링클러, 물분무등의) 방호구역 • (자동화재탐지설비의) 경계구역 • (제연설비의) 제연구역 • (연결살수설비의) 살수구역 • (연결송수관설비의) 송수구역 • (비상콘센트설비의) 전용회로 • (연소방지설비의) 살수구역

(3) 중요 장치의 전부 또는 일부를 개설, 이전 또는 정비하는 공사

① 고장 또는 파손 등으로 인해 작동시킬 수 없는 소방시설을 긴급히 교체하거나 보수해야
   하는 경우에는 신고 제외 가능
   • 수신반
   • 소화펌프
   • 동력(감시)제어반

② 개설 중 다음에 해당하는 경우
   • 소방기계 분야의 전면적인 배관 교체
   • 소방전기 분야의 전면적인 배선(기계분야 소방시설에 부설되는 전기시설 중 비상전
     원·동력회로·제어회로·기계분야 소방시설을 작동하기 위하여 설치하는 화재감
     지기에 의한 화재감지장치 및 전기신호에 의한 소방시설의 작동장치를 포함) 교체
   • 스프링클러설비 유수검지장치의 작동방식 변경에 따른 교체

소방
법령

3) 착공신고 제출서류

(1) 제출 기한

해당 소방시설공사를 착공하기 전(소방시설용 전선관을 포함한 소방시설용 배관을 설치하거나 매립하는 시기)

(1) 소방시설공사 착공(변경)신고서

(2) 첨부서류

① 공사업자의 소방시설공사업 등록증 사본 1부 및 등록수첩 사본 1부

② 해당 소방시설공사의 책임시공 및 기술관리를 하는 기술인력의 기술등급을 증명하는 서류 사본

③ 소방시설공사 계약서 사본 1부

④ 설계도서 1부(수신반 등의 개설, 이전 또는 정비 공사 및 건축허가동의 후 미변경 시 제외 가능)

⑤ 소방시설공사 하도급통지서 사본 1부 및 하도급대금 지급 증빙서류

4) 변경신고 대상

(1) 시공자의 변경

(2) 설치되는 소방시설의 종류의 변경

(3) 책임시공 및 기술관리 소방기술자의 변경

2. 완공검사

소방시설공사를 완공하면 소방본부장 또는 소방서장의 완공검사를 받아야 하지만, 공사감리자가 지정되어 있는 경우에는 공사감리 결과보고서로 완공검사를 갈음한다.

3. 하자보수 등

하자보수 대상 소방시설	하자보수 보증기간
피난기구, 유도등, 유도표지, 비상경보설비, 비상조명등, 비상방송설비 및 무선통신보조설비	2년
자동소화장치, 옥내소화전설비, 스프링클러설비, 간이스프링클러설비, 물분무등소화설비, 옥외소화전설비, 자동화재탐지설비, 상수도소화용수설비 및 소화활동설비(무선통신보조설비 제외)	1년

4 감리

1. 감리업자의 수행업무

1) 감리업자가 수행해야 할 업무 [기출]

(1) 소방시설등의 설치계획표의 적법성 검토

(2) 소방시설등 설계도서의 적합성 검토

(3) 소방시설등 설계 변경 사항의 적합성 검토

(4) 소방용품의 위치·규격 및 사용 자재의 적합성 검토

(5) 공사업자가 한 소방시설등의 시공이 설계도서와 화재안전기준에 맞는지에 대한 지도·감독

(6) 완공된 소방시설등의 성능시험

(7) 공사업자가 작성한 시공 상세 도면의 적합성 검토

(8) 피난시설 및 방화시설의 적법성 검토

(9) 실내장식물의 불연화와 방염 물품의 적법성 검토

2) 용어 정의

(1) 소방시설등 : 소방시설, 비상구, 방화문, 방화셔터

(2) 적합성 : 적법성과 기술상의 합리성

3) 설계도서의 우선순위 [기출]

아래 표와 같이 각 기준 및 절차서에 따라 설계도서 해석의 우선순위가 상이하므로, 계약 단계에서 설계도서 해석의 우선순위에 대하여 미리 결정해야 한다.

소방공사감리 업무절차서 건축물의 설계도서 작성기준	주택의 설계도서 작성기준
① 공사시방서 ② 설계도면 ③ 전문시방서 ④ 표준시방서 ⑤ 산출내역서 ⑥ 승인된 상세시공도면 ⑦ 관계법규의 유권해석 ⑧ 감리자의 지시사항	① 특별시방서 ② 설계도면 ③ 일반시방서·표준시방서 ④ 수량산출서 ⑤ 승인된 시공도면

2. 소방공사 감리의 종류, 방법 및 대상

1) 소방공사감리의 종류 및 방법

종류	대상	방법
상주 공사 감리	1. 연면적 3만 [m²] 이상의 특정 소방대상물(아파트는 제외한다)에 대한 소방시설의 공사 2. 지하층을 포함한 층수가 16층 이상으로서 500세대 이상인 아파트에 대한 소방시설의 공사	1. 감리원은 행정안전부령으로 정하는 기간 동안 공사 현장에 상주하여 법 제16조제1항 각 호에 따른 업무를 수행하고 감리일지에 기록해야 한다. 다만, 법 제16조제1항제9호에 따른 업무는 행정안전부령으로 정하는 기간 동안 공사가 이루어지는 경우만 해당한다. 2. 감리원이 행정안전부령으로 정하는 기간 중 부득이한 사유로 1일 이상 현장을 이탈하는 경우에는 감리일지 등에 기록하여 발주청 또는 발주자의 확인을 받아야 한다. 이 경우 감리업자는 감리원의 업무를 대행할 사람을 감리현장에 배치하여 감리업무에 지장이 없도록 해야 한다. 3. 감리업자는 감리원이 행정안전부령으로 정하는 기간 중 법에 따른 교육이나 「민방위기본법」 또는 「예비군법」에 따른 교육을 받는 경우나 「근로기준법」에 따른 유급휴가로 현장을 이탈하게 되는 경우에는 감리업무에 지장이 없도록 감리원의 업무를 대행할 사람을 감리현장에 배치해야 한다. 이 경우 감리원은 새로 배치되는 업무대행자에게 업무 인수·인계 등의 필요한 조치를 해야 한다.
일반 공사 감리	상주 공사감리에 해당하지 않는 소방시설의 공사	1. 감리원은 공사 현장에 배치되어 법 제16조제1항 각 호에 따른 업무를 수행한다. 다만, 법 제16조제1항제9호에 따른 업무는 행정안전부령으로 정하는 기간 동안 공사가 이루어지는 경우만 해당한다. 2. 감리원은 행정안전부령으로 정하는 기간 중에는 주 1회 이상 공사 현장에 배치되어 제1호의 업무를 수행하고 감리일지에 기록해야 한다. 3. 감리업자는 감리원이 부득이한 사유로 14일 이내의 범위에서 제2호의 업무를 수행할 수 없는 경우에는 업무대행자를 지정하여 그 업무를 수행하게 해야 한다. 4. 제3호에 따라 지정된 업무대행자는 주 2회 이상 공사 현장에 배치되어 제1호의 업무를 수행하며, 그 업무수행 내용을 감리원에게 통보하고 감리일지에 기록해야 한다.

비고

감리업자는 제연설비 등 소방시설의 공사 감리를 위해 소방시설 성능시험(확인, 측정 및 조정을 포함한다)에 관한 전문성을 갖춘 기관·단체 또는 업체에 성능시험을 의뢰할 수 있다. 이 경우 해당 소방시설공사의 감리를 위해 별표 4에 따라 배치된 감리원(책임감리원을 배치해야 하는 소방시설공사의 경우에는 책임감리원을 말한다)은 성능시험 현장에 참석하여 성능시험이 적정하게 실시되는지 확인해야 한다.

2) 상주공사감리의 지정 및 업무대행

(1) 상주공사감리의 대상 중 "지하층을 포함한 층수가 16층 이상으로서 500세대 이상인 아파트"란 하나의 관리주체가 관리하는 아파트를 말한다.

(2) 업무대행자의 자격 [기출]

책임감리원이 부득이한 사유로 1일 이상 현장을 이탈하는 경우의 업무대행자는

① 책임감리원과 동급 이상의 자격자 또는 동일현장의 보조감리원(보조감리원이 2인 이상일 경우 최상위 등급자)으로 감리현장에 배치하여야 한다.

② 소방기술사는 특급 또는 고급 자격의 업무대행자를 감리현장에 배치할 수 있다.

⇒ 소방기술사의 업무대행자의 자격을 특급 또는 고급으로 제한하려면 소방법령상 소방기술사 감리현장의 보조감리원 자격도 이에 일치시키는 것이 합리적이다.

3. 공사감리자의 지정

1) 공사감리자의 지정 대상 [기출]

특정소방대상물에 다음 소방시설을 시공할 때에는 감리업자를 공사감리자로 지정해야 한다.

(1) 옥내소화전설비를 신설·개설 또는 증설할 때

(2) 스프링클러설비등(캐비닛형 간이스프링클러설비는 제외)을 신설·개설하거나 방호·방수 구역을 증설할 때

(3) 물분무등소화설비(호스릴 방식의 소화설비는 제외)를 신설·개설하거나 방호·방수 구역을 증설할 때

(4) 옥외소화전설비를 신설·개설 또는 증설할 때

(5) 자동화재탐지설비를 신설 또는 개설할 때

(6) 비상방송설비를 신설 또는 개설할 때

(7) 통합감시시설을 신설 또는 개설할 때

(8) 비상조명등을 신설 또는 개설할 때

(9) 소화용수설비를 신설 또는 개설할 때

(10) 다음 각 소화활동설비에 대하여 각 목에 따른 시공을 할 때

① 제연설비를 신설·개설하거나 제연구역을 증설할 때

② 연결송수관설비를 신설 또는 개설할 때

③ 연결살수설비를 신설 · 개설하거나 송수구역을 증설할 때

④ 비상콘센트설비를 신설 · 개설하거나 전용회로를 증설할 때

⑤ 무선통신보조설비를 신설 또는 개설할 때

⑥ 연소방지설비를 신설 · 개설하거나 살수구역을 증설할 때

2) 소방공사감리자의 지정 관련 세부사항

(1) 증축 · 용도변경 및 대수선 등의 경우 소방감리자의 지정

증축 · 용도변경 및 대수선 등을 하고자 하는 부분의 면적의 합을 기준하여 소방시설공사업 시행령의 영업범위, 소방기술자 배치기준, 상주공사감리대상, 소방공사감리원 배치기준 및 소방공사감리지정 대상 여부를 정한다.

(2) 소방공사감리자를 지정하지 않을 수 있는 경우

① 법정 소방시설 외에 자진하여 소방시설을 설치하는 경우

② 비상경보설비를 설치하여야 할 특정소방대상물에 자동화재탐지설비를 대신 설치하는 경우

3) 소방공사감리자의 지정신고 [기출]

해당 소방시설공사의 착공 전까지 소방공사감리자 지정신고서에 다음 서류를 첨부하여 제출해야 한다.

(1) 소방공사감리업 등록증 사본 1부 및 등록수첩 사본 1부

(2) 해당 소방시설공사를 감리하는 소속 감리원의 감리원 등급을 증명하는 서류 각 1부

(3) 소방공사감리계획서 1부

(4) 소방시설설계 계약서 사본(건축허가동의에 미첨부 또는 계약서가 변경된 경우에만 첨부) 1부

(5) 소방공사감리 계약서 사본 1부

4) 소방공사감리결과의 통보 [기출]

소방공사감리 결과보고서에 다음 서류를 첨부하여 공사가 완료된 날부터 7일 이내에 보고해야 한다.

(1) 소방시설 성능시험조사표 1부

(2) 착공신고 후 변경된 소방시설설계도면(변경사항이 있는 경우에만 첨부하되, 설계업자가 설계한 도면만 해당) 1부

(3) 소방공사 감리일지 1부

(4) 특정소방대상물의 사용승인 신청서 등 사용승인 신청을 증빙할 수 있는 서류 1부

소방시설 완공검사제도의 개선

상기와 같이 소방공사 감리결과보고서에 특정소방대상물의 사용승인 신청서 등을 첨부하도록 하는 규정이 신설되었는데 그 이유는 다음과 같다.

1. 문제점 및 운영실태

    1) 시공상의 문제

    사용승인일을 맞추기 위해 소방시설업체에 대한 무리한 공사 요구로 소방시설공사가 마무리되지 않은 상태로 완공신청

    2) 감리

    건축주로부터 감리결과보고서 제출을 강요받는 사례가 많고 그에 따라 소방시설의 성능 및 시공상태가 미흡한 상태로 감리결과 보고서를 제출해도 강요자에 대한 처벌규정이 부족한 실정

    3) 완공처리

    건축물 공정률과 관계없이, 소방시설만 설치하면 완공 신청이 가능하여 감지기 선로만 연결하고 감지기는 반자 등에 미부착 상태로 완공, 추후 감지기나 스프링클러 헤드에 페인트칠 등 성능장애가 발생함

    4) 사용승인 지연

    소방시설 완공검사 후 사용승인까지 장기간 소요되어 완공 후 소방기술자(감리자) 철수, 사용승인일까지 실내 인테리어 공사로 인해 소방시설이 훼손되고 책임소재 불분명

2. 법령개정의 기대효과

    1) 절차 개선

    건축물등의 사용승인 권한이 있는 행정기관에 사용승인 신청을 접수함을 증빙하는 서류 사본을 첨부하도록 함

    2) 감리기간 연장

    감리자 배치기간을 건축물 사용 승인일까지 연장하여 소방시설의 훼손 및 변경행위 등에 대해 관리 감독이 가능

소방
법령

4. 소방감리원의 배치

1) 소방공사 감리원의 배치기준 [기출]

감리원의 배치기준		소방시설공사 현장의 기준
책임감리원	**보조감리원**	
행정안전부령으로 정하는 특급감리원 중 소방기술사	행정안전부령으로 정하는 초급감리원 이상의 소방공사 감리원(기계분야 및 전기분야)	1) 연면적 20만 [m²] 이상인 특정소방대상물의 공사 현장 2) 지하층을 포함한 층수가 40층 이상인 특정소방대상물의 공사 현장
행정안전부령으로 정하는 특급감리원 이상의 소방공사 감리원(기계분야 및 전기분야)	행정안전부령으로 정하는 초급감리원 이상의 소방공사 감리원(기계분야 및 전기분야)	1) 연면적 3만 [m²] 이상 20만 [m²] 미만인 특정소방대상물(아파트는 제외한다)의 공사 현장 2) 지하층을 포함한 층수가 16층 이상 40층 미만인 특정소방대상물의 공사 현장
행정안전부령으로 정하는 고급감리원 이상의 소방공사 감리원(기계분야 및 전기분야)	행정안전부령으로 정하는 초급감리원 이상의 소방공사 감리원(기계분야 및 전기분야)	1) 물분무등소화설비(호스릴 방식의 소화설비는 제외한다) 또는 제연설비가 설치되는 특정소방대상물의 공사 현장 2) 연면적 3만 [m²] 이상 20만 [m²] 미만인 아파트의 공사 현장
라. 행정안전부령으로 정하는 중급감리원 이상의 소방공사 감리원(기계분야 및 전기분야)		연면적 5천 [m²] 이상 3만 [m²] 미만인 특정소방대상물의 공사 현장
마. 행정안전부령으로 정하는 초급감리원 이상의 소방공사 감리원(기계분야 및 전기분야)		1) 연면적 5천 [m²] 미만인 특정소방대상물의 공사 현장 2) 지하구의 공사 현장

비고
1. "책임감리원"이란 해당 공사 전반에 관한 감리업무를 총괄하는 사람을 말한다.
2. "보조감리원"이란 책임감리원을 보좌하고 책임감리원의 지시를 받아 감리업무를 수행하는 사람을 말한다.
3. 소방시설공사 현장의 연면적 합계가 20만 [m²] 이상인 경우에는 20만 [m²]를 초과하는 연면적에 대하여 10만 [m²](20만 [m²]를 초과하는 연면적이 10만 [m²]에 미달하는 경우에는 10만 [m²]로 본다)마다 보조감리원 1명 이상을 추가로 배치해야 한다.
4. 위 표에도 불구하고 상주 공사감리에 해당하지 않는 소방시설의 공사에는 보조감리원을 배치하지 않을 수 있다.
5. 특정 공사 현장이 2개 이상의 공사 현장 기준에 해당하는 경우에는 해당 공사 현장 기준에 따라 배치해야 하는 감리원을 각각 배치하지 않고 그 중 상위 등급 이상의 감리원을 배치할 수 있다.

2) 소방공사 감리원의 배치기간 [기출]

(1) 감리업자는 소방공사 감리원을 상주 공사감리 및 일반 공사감리로 구분하여 소방시설공사의 착공일부터 소방시설 완공검사증명서 발급일까지의 기간 중 행정안전부령으로 정하는

기간 동안 배치한다.

① 상주 공사감리
- 기계, 전기 분야의 감리원 자격을 취득한 사람 각 1명 이상 또는 함께 취득한 사람 1명 이상 배치
- 소방시설용 배관(전선관 포함)을 설치하거나 매립하는 때부터 소방시설 완공검사증 명서를 발급받을 때까지 배치할 것

② 일반 공사감리
- 기계, 전기 분야의 감리원 자격을 취득한 사람 각 1명 이상 또는 함께 취득한 사람 1명 이상 배치
- 시행규칙 별표 3에 따른 기간 동안 감리원을 배치할 것
- 감리원은 주 1회 이상 소방공사감리현장에 배치되어 감리할 것
- 1명의 감리원이 담당하는 현장
  - 5개 이하
  - 연면적의 총 합계 : 10만 [m²] 이하(아파트의 경우 연면적 무관)

(2) 감리업자는 (1)의 규정에도 불구하고 시공관리, 품질 및 안전에 지장이 없는 경우로서 다음의 어느 하나에 해당하여 발주자가 서면으로 승낙하는 경우에는 해당 공사가 중단된 기간 동안 감리원을 공사현장에 배치하지 않을 수 있다.

① 민원 또는 계절적 요인 등으로 해당 공정의 공사가 일정 기간 중단된 경우
② 예산의 부족 등 발주자(하도급의 경우에는 수급인을 포함)의 책임 있는 사유 또는 천재 지변 등 불가항력으로 공사가 일정기간 중단된 경우
③ 발주자가 공사의 중단을 요청하는 경우

5. 위반사항에 대한 조치 `기출`

1) 감리업자

감리를 할 때 소방시설공사가 설계도서나 화재안전기준에 맞지 않을 경우
(1) 관계인에게 알리고
(2) 공사업자에게 그 공사의 시정 또는 보완 등을 요구할 것

2) 공사업자

(1) 상기 요구를 받을 경우 그 요구에 따라야 함
(2) 상기 요구에 따르지 않을 경우 등록취소 또는 6개월 영업정지 조치

3) 감리업자의 위반사항 보고

공사업자가 요구를 미이행하고 공사를 계속할 경우
(1) 감리업자는 소방본부장이나 소방서장에게 그 사실을 보고해야 함
(2) 이를 위반하여 보고하지 않을 경우 등록 취소 또는 6개월 이내 영업정지 조치

4) 관계인

소방본부장이나 소방서장에게 보고한 것을 이유로 감리계약의 해지, 감리대가 지급 거부 또는 지연, 그 밖의 불이익을 주면 안 된다.

5 사업수행능력 평가(PQ) 신설

1. 적용대상

1) 국가, 지방자치단체 또는 공공기관이 발주하는 소방시설의 설계, 공사감리용역

소방청장이 정하여 고시하는 금액 이상의 사업에 대하여는 대통령령으로 정하는 바에 따라 집행 계획을 작성하여 공고하여야 한다. 이 경우 공고된 사업을 하려면 기술능력, 경영능력, 그 밖에 대통령령으로 정하는 사업수행능력 평가기준에 적합한 설계 · 감리업자를 선정하여야 한다.

2) 300세대 이상인 공동주택 소방시설공사의 감리

시 · 도지사는 「주택법」 제15조제1항에 따라 주택건설사업계획을 승인할 때에는 그 주택건설공사에서 소방시설공사의 감리를 할 감리업자를 제1항 후단에 따른 사업수행능력 평가기준에 따라 선정하여야 한다.

2. 사업수행능력 평가기준

1) 참여하는 소방기술자의 실적 및 경력
2) 입찰참가 제한, 영업정지 등의 처분 유무 또는 재정상태 건실도 등에 따라 평가한 신용도
3) 기술개발 및 투자 실적
4) 참여하는 소방기술자의 업무 중첩도
5) 그 밖에 행정안전부령으로 정하는 사항
  (1) 설계용역의 경우 : 시행규칙 별표 4의3의 사업수행능력 평가기준

평가항목	배점범위	평가방법
1. 참여소방기술자	50	참여한 소방기술자의 등급 · 실적 및 경력 등에 따라 평가
2. 유사용역 수행 실적	15	업체의 수행 실적에 따라 평가
3. 신용도	10	관계 법령에 따른 입찰참가 제한, 영업정지 등의 처분내용에 따라 평가 및 재정상태 건실도에 따라 평가
4. 기술개발 및 투자 실적 등	15	기술개발 실적, 투자 실적 및 교육 실적에 따라 평가
5. 업무 중첩도	10	참여소방기술자의 업무 중첩 정도에 따라 평가

(2) 공사감리용역의 경우 : 시행규칙 별표 4의4의 사업수행능력 평가기준

평가항목	배점범위	평가방법
1. 참여감리원	50	참여감리원의 등급 · 실적 및 경력 등에 따라 평가
2. 유사용역 수행 실적	10	참여업체의 공사감리용역 수행 실적에 따라 평가
3. 신용도	10	관계 법령에 따른 입찰참가 제한, 영업정지 등의 처분내용에 따라 평가 및 재정상태 건실도에 따라 평가
4. 기술개발 및 투자 실적 등	10	기술개발 실적, 투자 실적 및 교육 실적에 따라 평가
5. 업무 중첩도	10	참여감리원의 업무 중첩 정도에 따라 평가
6. 교체 빈도	5	감리원의 교체 빈도에 따라 평가
7. 작업계획 및 기법	5	공사감리 업무수행계획의 적정성 등에 따라 평가

3. 기술능력을 평가하여 선정하는 경우

1) 개요

국가등이 소방시설의 설계 · 공사감리 용역을 발주할 때 특별히 기술이 뛰어난 자를 낙찰자로 선정하려는 경우에는 선정된 입찰에 참가할 자에게 기술과 가격을 분리하여 입찰하게 하여 기술능력을 우선적으로 평가한 후 기술능력 평가점수가 높은 업체의 순서로 협상하여 낙찰자를 선정할 수 있다.

2) 설계용역의 경우

(1) 별표 4의3의 평가기준에 따른 평가 결과 국가등이 정하는 일정 점수 이상을 얻은 자를 입찰 참가자로 선정한 후

(2) 기술제안서(입찰금액이 적힌 것)를 제출하게 하고, 기술제안서를 제출한 자를 별표 4의5의 평가기준에 따라 평가한 결과

(3) 그 점수가 가장 높은 업체부터 순서대로 기술제안서에 기재된 입찰금액이 예정가격 이내인 경우 그 업체와 협상하여 낙찰자를 선정한다.

3) 공사감리용역의 경우

(1) 별표 4의4의 평가기준에 따른 평가 결과 국가등이 정하는 일정 점수 이상을 얻은 자를 입찰 참가자로 선정한 후

(2) 기술제안서(입찰금액이 적힌 것)를 제출하게 하고, 기술제안서를 제출한 자를 별표 4의6의 평가기준에 따라 평가한 결과

(3) 그 점수가 가장 높은 업체부터 순서대로 기술제안서에 기재된 입찰금액이 예정가격 이내인 경우 그 업체와 협상하여 낙찰자를 선정한다.

소방
법령

6 소방시설공사등의 도급(소방시설공사의 분리발주) 기출

1. 개요

1) 소방시설공사등의 도급

특정소방대상물의 관계인 또는 발주자는 소방시설공사등을 도급할 때에는 해당 소방시설업자에게 도급하여야 한다.

2) 소방시설공사의 분리발주

소방시설공사는 다른 업종의 공사와 분리하여 도급하여야 한다. 다만, 공사의 성질상 또는 기술관리상 분리하여 도급하는 것이 곤란한 경우로서 대통령령으로 정하는 경우에는 다른 업종의 공사와 분리하지 아니하고 도급할 수 있다.

2. 일괄발주와 분리발주

1) 개념

(1) 일괄발주

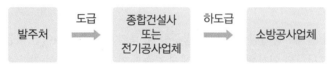

(2) 분리발주

2) 비교

일괄발주	분리발주
소방시설공사를 다른 공종의 공사와 함께 도급하는 방식	소방시설공사를 다른 공종의 공사와 분리하여 도급하는 방식
• 하도급에 따른 실제 공사업체의 낮은 공사금액으로 품질 저하 • 하도급 지위에서의 공사수행으로 소방공사의 공기 단축 등 문제 발생 우려	• 적정 공사금액 지급에 따른 시공품질 확보 • 전문성 향상 • 타 공종과 동등 지위에서 소방공사 수행

3. 분리도급의 예외

1) 재난 및 안전관리 기본법에 따른 재난의 발생으로 긴급하게 착공해야 하는 공사인 경우
2) 국방 및 국가안보 등과 관련하여 기밀을 유지해야 하는 공사인 경우
3) 소방시설공사에 해당하지 않는 공사인 경우

4) 연면적이 1천 [m²] 이하인 특정소방대상물에 비상경보설비를 설치하는 공사인 경우

5) 다음 중 어느 하나에 해당하는 입찰로 시행되는 공사인 경우

   (1) 국가를 당사자로 하는 계약에 관한 법률 및 지방자치단체를 당사자로 하는 계약에 관한 법률에 따른 대안입찰 또는 일괄입찰

   (2) 국가를 당사자로 하는 계약에 관한 법률 및 지방자치단체를 당사자로 하는 계약에 관한 법률에 따른 실시설계 기술제안입찰 또는 기본설계 기술제안입찰

6) 그 밖에 문화재수리 및 재개발·재건축 등의 공사로서 공사의 성질상 분리하여 도급하는 것이 곤란하다고 소방청장이 인정하는 경우

다중이용업소 안전관리에 관한 특별법

1 다중이용업의 범위

불특정 다수인이 이용하는 영업 중 화재 등 재난 발생 시 생명·신체·재산상의 피해가 발생할 우려가 높은 것으로서 대통령령으로 정하는 영업(영업을 옥외 시설 또는 옥외 장소에서 하는 경우 제외)

1. 식품접객업

1) 휴게음식점영업·제과점영업 또는 일반음식점영업

(1) 영업장으로 사용하는 바닥면적의 합계 : 100 [m²] 이상

(영업장이 지하층에 설치된 경우 : 영업장 바닥면적 합계 66 [m²]) 이상

(2) 예외

영업장이 다음중 하나에 해당하는 층에 설치되고, 그 영업장의 주된 출입구가 건축물 외부의 지면과 직접 연결되는 곳에서 하는 영업을 제외

① 지상 1층

② 지상과 직접 접하는 층

2) 단란주점영업과 유흥주점영업

3) 공유주방 운영업

휴게음식점영업·제과점영업 또는 일반음식점영업에 사용되는 공유주방을 운영하는 영업으로서 영업장 바닥면적의 합계가 100 [m²](영업장이 지하층에 설치된 경우 : 66 [m²]) 이상인 것

[예외] 영업장(내부계단으로 연결된 복층구조의 영업장은 제외)이 다음 중 하나에 해당하는 층에 설치되고, 그 영업장의 주된 출입구가 건축물 외부의 지면과 직접 연결되는 곳에서 하는 영업

(1) 지상 1층

(2) 지상과 직접 접하는 층

2. 영화상영관, 비디오물감상실업, 비디오소극장업 및 복합영상물제공업

3. 학원

1) 수용인원 300명 이상

2) 수용인원 100명 이상 300명 미만

(1) 하나의 건축물에 학원과 기숙사가 함께 있는 학원

(2) 하나의 건축물에 학원이 둘 이상 있는 경우로서 학원의 수용인원이 300명 이상인 학원

(3) 다중이용업 중 어느 하나 이상의 다중이용업과 학원이 함께 있는 경우

4. 목욕장업

    1) 목욕장업 중 맥반석·황토·옥 등을 직접 또는 간접 가열하여 발생하는 열기나 원적외선 등을 이용하여 땀을 배출하게 할 수 있는 시설을 갖춘 것으로서 수용인원이 100명 이상인 것

    2) 「공중위생관리법」 제2조제1항제3호나목의 시설을 갖춘 목욕장업

5. 게임제공업, 인터넷컴퓨터게임시설제공업 및 복합유통게임제공업

    [예외] 영업장이 다음 중 하나에 해당하는 층에 설치되고, 그 영업장의 주된 출입구가 건축물 외부의 지면과 직접 연결되는 곳에서 하는 영업을 제외

        1) 지상 1층

        2) 지상과 직접 접하는 층

6. 노래연습장업

7. 산후조리업, 고시원업, 권총사격장, 가상체험 체육시설업, 안마시술소

8. 화재위험평가결과 위험유발지수가 제11조제1항에 해당하거나 화재발생시 인명피해가 발생할 우려가 높은 불특정다수인이 출입하는 영업으로서 다음에 해당하는 영업

    1) 전화방업·화상대화방업

    2) 수면방업

    3) 콜라텍업

    4) 방탈출카페업

    5) 키즈카페업

    6) 만화카페업

2 안전시설등

1. 안전시설등의 종류 및 설치대상 　기출

    1) 소방시설

        (1) 소화설비

            ① 소화기 또는 자동확산소화기

            ② 간이스프링클러설비(캐비닛형 간이스프링클러설비 포함)

                • 지하층에 설치된 영업장

                • 숙박을 제공하는 형태의 다중이용업소의 영업장 중 다음에 해당하는 영업장

                  (지상 1층에 있거나 지상과 직접 맞닿아 있는 층에 설치된 영업장은 제외)

                  (가) 산후조리업의 영업장

                  (나) 고시원업의 영업장

                • 밀폐구조의 영업장

                • 권총사격장의 영업장

(2) 경보설비

① 비상벨설비 또는 자동화재탐지설비

노래반주기 등 영상음향장치를 사용하는 영업장에는 자동화재탐지설비 설치

② 가스누설경보기

가스시설을 사용하는 주방이나 난방시설이 있는 영업장에만 설치

(3) 피난설비

① 피난기구

미끄럼대, 피난사다리, 구조대, 완강기, 다수인 피난장비, 승강식 피난기

② 피난유도선

영업장 내부 피난통로 또는 복도가 있는 영업장에만 설치한다.

③ 유도등, 유도표지 또는 비상조명등

④ 휴대용비상조명등

2) 비상구

다음 중 어느 하나에 해당하는 영업장의 경우에 한해 비상구 설치 제외 가능하다.

(1) 주된 출입구 외에 해당 영업장 내부에서 피난층 또는 지상으로 통하는 직통계단이 주된 출입구 중심선으로부터 수평거리로 영업장의 긴 변 길이의 1/2 이상 떨어진 위치에 별도로 설치된 경우

(2) 피난층에 설치된 영업장[영업장으로 사용하는 바닥면적이 33 [m²] 이하인 경우로서 영업장 내부에 구획된 실이 없고, 영업장 전체가 개방된 구조의 영업장을 말한다]으로서 그 영업장의 각 부분으로부터 출입구까지의 수평거리가 10 [m] 이하인 경우

3) 영업장 내부 피난통로

구획된 실이 있는 영업장에만 설치

4) 그 밖의 안전시설

(1) 영상음향차단장치

노래반주기 등 영상음향장치를 사용하는 영업장에만 설치

(2) 누전차단기

(3) 창문

고시원업의 영업장에만 설치

2. 안전시설등의 설치기준

안전시설등 종류	설치 · 유지 기준
1. 소방시설	
가. 소화설비	
1) 소화기 또는 자동확산소화기	영업장 안의 구획된 실마다 설치할 것
2) 간이스프링클러설비	화재안전기준에 따라 설치할 것 (설치 제외 : 영업장의 구획된 실마다 간이스프링클러헤드 또는 스프링클러헤드가 설치된 경우)
나. 비상벨설비 또는 자동화재탐지설비	(1) 영업장의 구획된 실마다 비상벨설비 또는 자동화재탐지설비 중 하나 이상을 화재안전기준에 따라 설치할 것 (2) 자동화재탐지설비를 설치하는 경우 　감지기와 지구음향장치는 영업장의 구획된 실마다 설치 　(설치제외 : 영업장의 구획된 실에 비상방송설비의 음향장치가 설치 시 해당 실에는 지구음향장치 제외 가능) (3) 영상음향차단장치가 설치된 영업장 　자동화재탐지설비의 수신기를 별도로 설치할 것
다. 피난설비	
1) 피난기구	(1) 대상 : 4층 이하 영업장의 비상구(발코니 또는 부속실) (2) 화재안전기준에 따라 설치할 것
2) 피난유도선	(1) 영업장 내부 피난통로 또는 복도에 화재안전기준에 따라 설치할 것 (2) 전류에 의하여 빛을 내는 방식으로 할 것
3) 유도등, 유도표지 또는 비상조명등	영업장의 구획된 실마다 유도등, 유도표지 또는 비상조명등 중 하나 이상을 화재안전기준에 따라 설치할 것
4) 휴대용 비상조명등	영업장 안의 구획된 실마다 휴대용 비상조명등을 화재안전기준에 따라 설치할 것
2. 비상구 [기출]	1. 공통 기준 　1) 설치 위치 　　(1) 비상구는 층별 영업장 주된 출입구의 반대방향에 설치 　　(2) 주된 출입구로부터의 수평거리 　　　: 영업장의 가장 긴 대각선길이, 가로 또는 세로 길이 중 가장 긴 길이의 1/2 이상 떨어진 위치에 설치할 것 　　(3) 건물구조로 인하여 주된 출입구의 반대방향에 설치할 수 없는 경우 　　　: 영업장의 가장 긴 대각선길이, 가로 또는 세로 길이 중 가장 긴 길이의 1/2 이상 떨어진 위치에 설치 가능 　2) 비상구 규격 　　가로 75 [cm] 이상, 세로 150 [cm] 이상 　　(비상구 문틀을 제외한 길이)

안전시설등 종류	설치 · 유지 기준

2. 비상구 〔기출〕	**3) 비상구 구조**
	(1) 비상구는 구획된 실 또는 천장으로 통하는 구조가 아닌 것으로 할 것
	(예외 : 영업장 바닥 ~천장까지 불연재료로 구획된 부속실(전실))
	(2) 타 시설과 별도
	 • 다른 영업장 또는 다른 용도의 시설(주차장 제외)을 경유하는 구조가 아닐 것
	 • 층별 영업장은 다른 영업장 또는 다른 용도의 시설과 불연재료 · 준불연재료로 된 차단벽이나 칸막이로 분리
	 • 별도 차단벽, 칸막이 설치의 예외
	  ① 2 이상의 영업소가 주방 외에 객실부분을 공동으로 사용하는 등의 구조
	  ② 식품위생법 시행규칙 별표14 제8호가목5)다)에 해당되는 경우
	  ③ 다중이용업법에 따른 안전시설등을 갖춘 경우로서 실내에 설치한 유원시설업 허가 면적 내에 청소년게임제공업 또는 인터넷게임시설제공업이 설치된 경우
	4) 문이 열리는 방향
	(1) 피난방향으로 열리는 구조로 할 것
	(2) 예외
	  다음에 해당하는 경우 슬라이딩 자동문으로 설치 가능
	 • 주된 출입구의 문이 피난계단 또는 특별피난계단의 설치 기준에 따라 설치하여야 하는 문이 아닌 경우
	 • 방화구획이 아닌 곳에 위치한 주된 출입구가 다음의 기준을 충족하는 문인 경우
	  ① 화재감지기와 연동하여 개방되는 구조
	  ② 정전 시 자동으로 개방되는 구조
	  ③ 정전 시 수동으로 개방되는 구조
	5) 문의 재질
	(1) 주요구조부가 내화구조인 경우
	 • 비상구와 주된 출입구의 문은 방화문으로 설치
	 • 예외
	  다음 중 하나에 해당하는 경우에는 불연재료로 설치가능
	  ① 주요구조부가 내화구조가 아닌 경우
	  ② 건물의 구조상 비상구 또는 주된 출입구의 문이 지표면과 접하는 경우로서 화재의 연소 확대 우려가 없는 경우

안전시설등 종류	설치·유지 기준
2. 비상구 [기출]	③ 피난계단 또는 특별피난계단의 설치 기준에 따라 설치하여야 하는 문이 아닌 경우 ④ 방화구획이 아닌 곳에 위치한 경우 2. 복층구조 영업장의 기준 　1) 비상구 설치 　　각 층마다 외부 계단 등으로 피난 가능한 비상구를 설치할 것 　2) 비상구 문의 재질 　　상기 공통기준 5) 기준에 따른 재질로 설치할 것 　3) 문이 열리는 방향 　　실내에서 외부로 열리는 구조로 할 것 　4) 1개 층에만 비상구 설치 가능한 경우 　　영업장의 위치 및 구조가 다음 중 하나에 해당하는 경우 　　(1) 건축물 주요구조부를 훼손하는 경우 　　(2) 옹벽 또는 외벽이 유리로 설치된 경우 등 3. 영업장의 위치가 4층(지하층은 제외) 이하인 경우의 기준 　1) 발코니 또는 부속실 설치 　　(1) 피난 시에 유효한 발코니 또는 부속실을 설치하고, 그 장소에 적합한 피난기구를 설치할 것 　　(2) 피난 시에 유효한 발코니 　　　가로 75 [cm] 이상, 세로 150 [cm] 이상, 면적 1.12 [m²] 이상, 난간의 높이 100 [cm] 이상인 것 　　(3) 부속실 　　　• 불연재료로 바닥에서 천장까지 구획된 실로서 　　　• 가로 75 [cm] 이상, 세로 150 [cm] 이상, 면적 1.12 [m²] 이상인 것 　2) 부속실 문의 규격 　　(1) 부속실 입구의 문과 건물 외부로 나가는 문의 규격은 비상구 규격으로 할 것 　　(2) 120 [cm] 이상의 난간이 있는 경우 　　　발판 등을 설치하고, 건축물 외부로 나가는 문의 규격과 재질을 가로 75 [cm] 이상, 세로 100 [cm] 이상의 창호로 설치가능 　3) 추락방지 조치 　　(1) 발코니 및 부속실 입구의 문을 개방하면 경보음이 울리도록 경보음 발생 장치 설치 　　(2) 추락위험을 알리는 표지를 문(부속실의 경우 외부로 나가는 문도 포함)에 부착할 것

소방
법령

안전시설등 종류	설치 · 유지 기준
2. 비상구 기출	(3) 쇠사슬 또는 로프 　• 설치방법 : 부속실에서 건물 외부로 나가는 문 안쪽에는 기둥 · 바닥 · 벽 등의 견고한 부분에 탈착이 가능한 쇠사슬 또는 안전로프 등을 바닥에서부터 120 [cm] 이상의 높이에 가로로 설치할 것 　• 120 [cm] 이상의 난간이 설치된 경우 : 쇠사슬 또는 안전로프 등을 설치제외 가능
3. 영업장 내부 피난통로	1. **내부 피난통로의 폭** 　1) 120 [cm] 이상 　2) 150 [cm] 이상으로 설치해야 하는 경우 　　(1) 양 옆에 구획된 실이 있는 영업장으로서 　　(2) 구획된 실의 출입문 열리는 방향이 피난통로 방향인 경우 2. **내부 피난통로의 형태** 　구획된 실 ~ 주된 출입구 또는 비상구까지의 내부 피난통로는 3번 이상 구부러지는 형태로 설치하지 말 것
4. 창문	1. **창문 크기 및 수량** 　가로 50 [cm] 이상, 세로 50 [cm] 이상 열리는 창문을 영업장 층별로 1개 이상 설치 2. **설치 위치** 　영업장 내부 피난통로 또는 복도에 바깥 공기와 접하는 부분에 설치할 것 (구획된 실에 설치하는 것 제외)
5. 영상음향차단장치	1. **작동** 　1) 화재 시 자동화재탐지설비의 감지기에 의하여 자동으로 음향 및 영상이 정지될 수 있는 구조로 설치 　2) 수동으로도 조작할 수 있도록 설치 2. **수동차단스위치 설치위치** 　1) 관계인이 일정하게 거주하거나 일정하게 근무하는 장소에 설치 　2) 수동차단스위치와 가장 가까운 곳에 "영상음향차단스위치"라는 표지를 부착할 것 3. **누전차단기** 　1) 목적 : 전기로 인한 화재발생 위험을 예방하기 위함 　2) 부하용량에 알맞은 누전차단기(과전류차단기를 포함한다)를 설치할 것 4. **실내전원 차단 방지** 　영상음향차단장치의 작동으로 실내 등의 전원이 차단되지 않는 구조로 설치할 것

안전시설등 종류	설치 · 유지 기준
6. 보일러실과 영업장 사이의 방화구획	1. 출입문 보일러실과 영업장 사이의 출입문은 방화문으로 설치할 것 2. 방화댐퍼 개구부에는 방화댐퍼(화재 시 연기 등을 차단하는 장치)를 설치할 것

❷ 피난안내도 및 피난안내 상영물

1. 피난안내도

1) 비치 대상

  (1) 다중이용업의 영업장

  (2) 설치 제외

    ① 영업장으로 사용하는 바닥면적의 합계가 33 [m²] 이하인 경우

    ② 영업장내 구획된 실이 없고, 영업장 어느 부분에서도 출입구 및 비상구를 확인할 수 있는 경우

2) 비치 위치

  다음에 해당하는 위치에 모두 설치할 것

  (1) 영업장 주 출입구 부분의 손님이 쉽게 볼 수 있는 위치

  (2) 구획된 실의 벽, 탁자 등 손님이 쉽게 볼 수 있는 위치

  (3) PC방의 인터넷컴퓨터게임시설이 설치된 책상

3) 피난안내도 및 피난안내 영상물에 포함되어야 할 내용

  (1) 화재 시 대피할 수 있는 비상구 위치

  (2) 구획된 실 등에서 비상구 및 출입구까지의 피난 동선

  (3) 소화기, 옥내소화전 등 소방시설의 위치 및 사용방법

  (4) 피난 및 대처방법

4) 피난안내도의 크기 및 재질

  (1) 크기

    • B4 이상의 크기로 할 것

    • A3 이상의 크기로 해야 하는 경우 :

     각 층별 영업장의 면적 또는 영업장이 위치한 층의 바닥면적이 각각 400 [m²] 이상

  (2) 재질

    • 종이(코팅처리한 것), 아크릴, 강판 등 쉽게 훼손 또는 변형되지 않는 것

5) 피난안내도에 사용하는 언어

  한글 및 1개 이상의 외국어를 사용하여 작성할 것

소방
법령

2. 피난안내 상영물

1) 상영 대상

    (1) 영화상영관 및 비디오물소극장업의 영업장

    (2) 노래연습장업의 영업장

    (3) 단란주점영업 및 유흥주점영업의 영업장

    (4) 피난안내 영상물을 상영할 수 있는 시설을 갖춘 영업장

2) 피난안내 영상물에 포함되어야 할 내용

    (1) 화재 시 대피할 수 있는 비상구 위치

    (2) 구획된 실 등에서 비상구 및 출입구까지의 피난 동선

    (3) 소화기, 옥내소화전 등 소방시설의 위치 및 사용방법

    (4) 피난 및 대처방법

3) 피난안내 영상물 상영 시간

    영업장의 내부구조 등을 고려하여 정하되, 상영 시기는 다음과 같다.

    (1) 영화상영관 및 비디오물소극장업 : 매 회 영화상영 또는 비디오물 상영 시작 전

    (2) 노래연습장업 등 그 밖의 영업 : 매 회 새로운 이용객이 입장하여 노래방 기기 등을 작동

      할 때

4) 피난안내도에 사용하는 언어

    한글 및 1개 이상의 외국어를 사용하여 작성할 것

5) 장애인을 위한 피난안내 영상물 상영

    (1) 대상

      영화상영관 중 전체 객석 수의 합계가 300석 이상인 것

    (2) 방법

      피난안내 영상물은 장애인을 위한 한국수어 · 폐쇄자막 · 화면해설 등을 이용하여 상영할 것

3 실내장식물 기출

1. 정의

1) 건축물 내부의 천장 또는 벽에 설치하는 것으로서 건축물 내부의 천장이나 벽에 붙이는(설치하는) 것으로서 다음 중 어느 하나에 해당하는 것

    (1) 종이류(두께 2 [mm] 이상인 것) · 합성수지류 또는 섬유류를 주원료로 한 물품

    (2) 합판이나 목재

    (3) 간이 칸막이

    (4) 흡음재 또는 방음재

2) 제외

(1) 가구류(옷장, 찬장, 식탁, 식탁용 의자, 사무용 책상, 사무용 의자 및 계산대 등)

(2) 너비 10 [cm] 이하인 반자돌림대 등

(3) 내부마감재료

2. 적용기준

1) 불연재료 또는 준불연재료

다중이용업소에 설치하거나 교체하는 실내장식물은 불연 또는 준불연 재료로 설치할 것

2) 방염으로도 가능한 경우

(1) 대상

① 합판 또는 목재로 실내장식물을 설치하는 경우로서

② 그 면적이 영업장 천장과 벽을 합한 면적의 3/10(스프링클러설비 또는 간이스프링클러 설비가 설치된 경우에는 5/10) 이하인 부분

(2) 적용방법

소방시설 설치 · 유지 및 안전관리에 관한 법률」에 따른 방염성능기준 이상의 것으로 설치할 수 있음

4 화재위험평가 [기출]

1. 정의

다중이용업소가 밀집한 지역 또는 건축물에 대하여 화재 발생 가능성과 화재로 인한 불특정 다수인의 생명 · 신체 · 재산상의 피해 및 주변에 미치는 영향을 예측 · 분석하고 이에 대한 대책을 마련하는 것

2. 화재위험평가

1) 대상

다음 중 어느 하나에 해당하는 지역 또는 건축물에 대하여 화재를 예방하고 화재로 인한 생명 · 신체 · 재산상의 피해를 방지하기 위하여 필요하다고 인정하는 경우에는 화재위험평가를 할 수 있다.

(1) 2,000 [m²] 지역 안에 다중이용업소가 50개 이상 밀집하여 있는 경우

(2) 5층 이상인 건축물로서 다중이용업소가 10개 이상 있는 경우

(3) 하나의 건축물에 다중이용업소로 사용하는 영업장 바닥면적의 합계가 1,000 [m²] 이상인 경우

2) 화재위험유발지수

등급	평가점수	위험수준
A	80 이상	20 미만
B	60 이상 79 이하	20 이상 39 이하
C	40 이상 59 이하	40 이상 59 이하
D	20 이상 39 이하	60 이상 79 이하
E	20 미만	80 이상

(1) 평가점수

영업소 등에 사용되거나 설치된 가연물의 양, 소방시설의 화재진화를 위한 성능 등을 고려한 영업소의 화재안정성을 100점 만점 기준으로 환산한 점수

(2) 위험수준

영업소 등에 사용되거나 설치된 가연물의 양, 화기취급의 종류 등을 고려한 영업소의 화재발생 가능성을 100점 만점 기준으로 환산한 점수

3) 평가에 따른 조치

(1) 화재위험평가 결과 그 위험유발지수가 디(D) 등급 또는 이(E) 등급인 경우

① 소방특별조사 결과에 따른 조치명령과 동일한 조치를 명할 수 있음

② 조치명령으로 인하여 손실을 입은 자가 있으면 대통령령으로 정하는 바에 따라 이를 보상해야 함

(2) 화재위험평가 결과 그 위험유발지수가 에이(A) 등급인 경우

안전시설등의 일부를 설치하지 않게 할 수 있음

4) 화재위험평가 대행

화재위험평가를 화재위험평가 대행자로 하여금 대행하게 할 수 있다.

소방
법령

CHAPTER 28 | 소방실무 및 기타

▣ 단원 개요

소방기술사의 실무는 크게 설계, 공사감리 등으로 구분할 수 있으므로, 이 단원에서는 각 실무 분야에 대한 수행 업무에 대해 설명한다. 또한 소방청에서 발간한 설계 · 감리 관련 절차서의 내용 일부가 포함되어 있다.

▣ 단원 구성

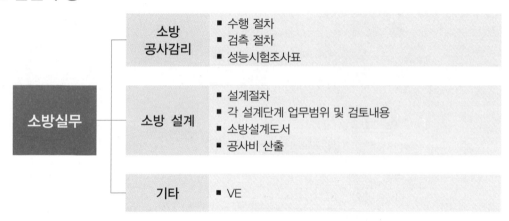

▣ 단원 학습방법

소방기술사의 주된 업무인 소방 공사감리의 경우 "소방시설공사업법"의 규정 위주로 많이 출제되고 있으며, 소방 설계의 실무 사항은 주로 "소방시설 설계절차서"의 내용들이 출제되고 있다. 따라서 이 단원에서는 소방 설계의 절차와 각 단계별 수행업무, 설계도서의 종류 및 우선 순위 등에 대해 충분히 공부해야 한다.

또한 공사비 산출에 필요한 적산, 품셈 등에 대한 개념 이해와 준공 시 필요한 성능시험 조사표의 점검항목도 간혹 출제되므로, 이에 대해 공부해 두는 것이 필요하다.

실무 기타 문제들은 매우 광범위한 분야에서 출제되고 있지만, 수험과정에서 이에 대한 실질적으로 모두 준비하는 것은 어렵다. 따라서 마스터소방기술사 강의에서 설명하는 소방계 이슈를 정리하는 것으로 일부 대비할 수 있다.

CHAPTER 28 | 소방실무 및 기타

소방 공사감리

1 소방 공사감리의 절차

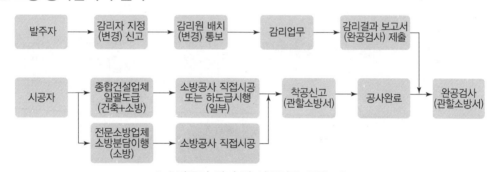

발주자 → 감리자 지정 (변경) 신고 → 감리원 배치 (변경) 통보 → 감리업무 → 감리결과 보고서 (완공검사) 제출

시공자 → 종합건설업체 일괄도급 (건축+소방) / 전문소방업체 소방분담이행 (소방) → 소방공사 직접시공 또는 하도급시행 (일부) / 소방공사 직접시공 → 착공신고 (관할소방서) → 공사완료 → 완공검사 (관할소방서)

‖ 소방공사 감리 및 시공업무 흐름도 ‖

1. 착수단계

1) 현장사무소 설치
2) 감리자 지정신고 및 감리원 배치통보
3) 착공신고(착공신고 서류 및 하도급 확인)
4) 설계도서의 검토

2. 공사시행단계

1) 감리일지의 기록관리
2) 시공계획서 검토
3) 주요자재의 승인 및 검수
4) 공정관리계획 검토 및 지도
5) 작업일보 검토
6) 검측업무

7) 기술검토

8) 기성관리

9) 안전관리

3. 준공단계

1) 예비 준공검사

2) 준공검사 및 성능시험조사표 작성

3) 감리결과보고서 작성 및 제출

4) 현장 문서의 인수인계

② 현장 검측 및 자재 검수

1. 소방감리 검측

1) 검측 절차

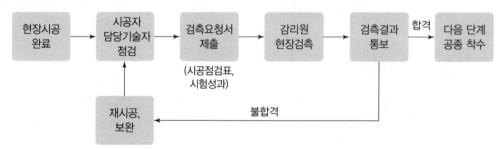

2) 현장 검측사항

연번		항목	검측 내용	검측 결과
1		검측부위 계획	검측대상 선정 – 검측부분도면, 검측요청서 준비	
2		샘플시공	공정 진행 전에 샘플시공을 하여 문제점을 찾아내고 수정보완(향후 본 작업이 진행될 때 불필요한 재시공 방지로 품질확보)	
3	현장검측	수시점검	시공과정에서 수시로 현장을 점검하여 부적합사항 최소화	
4		검측서류 제출	각 검측대상 작업이 완료된 때 제출	
5		검측	도면과 일치여부 확인, 체크리스트에 의한 점검, 타 공종과의 간섭사항 확인, 매립배관의 경우 BOX 위치 등 확인	
6		결과통보	적합한 시공이 이루어진 경우 승인통보, 부적합사항 발견 시 수정 후 재검측 통보	

2. 자재 검수

1) 자재 승인

(1) 자재 승인업무 절차

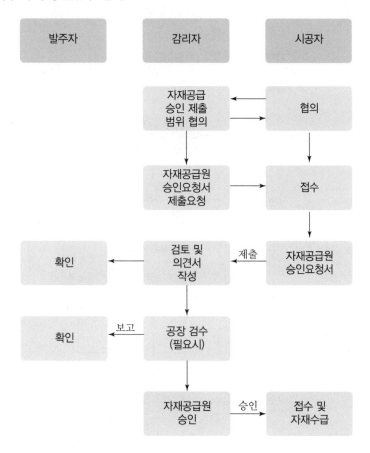

(2) 자재 승인요청서 검토항목
① 자재의 품목 및 수량
② 자재공급 계획(공급일정 및 공급량)
③ 공사 시방서 및 설계도면에서 요구하는 자재의 재료, 성능, 규격
④ 현장조건 대비 자재 성능의 적합성
⑤ 국가공인기관 또는 소방산업기술원 등에서 인증한 시험기준 및 시험성적서
⑥ 공급자별 제품특성 및 평가
⑦ 실적조회 및 사후평가 조회 등 납품실적 확인

2) 자재 검수

(1) 자재 검수업무 절차

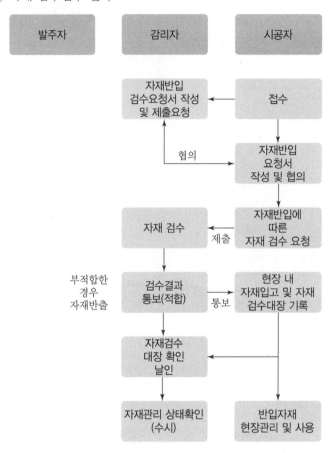

(2) 자재 검수사항

연번	항목		검수 내용	검수 결과
1	자재 검수	자재검수요청	자재 반입 시 제출 − 소정양식(사진첨부)	
2		검수	상차된 상태에서 검수, 승인된 자재여부 확인, 외관손상여부 확인	
3		결과통보	자재검수 내용 및 주의사항 등을 작성하여 결과통보	
4		검수서류정리	반입자재확인 − 외관점검을 위주로 확인	

(3) 지급자재 검수

연번	항목		검수 내용	검수 결과
1	자재 공급원	자재공급 계획	자재공급일정 등 계획 제시	
2		자재승인 계획	자재를 원활하게 공급하기 위한 계획수립	
3		제출	카탈로그 등 관련자료 제출	
4		제작도면 제출	펌프 및 수신기 등(주요장비)에 대한 자재는 제작도면을 첨부하여 제출	
5		검토	체크리스트를 만들어 필요한 요소를 확인	
6		승인통보	제출된 자재에 대하여 문제점 여부를 확인하여 승인 또는 불승인, 조건부승인 등을 결정하여 통보(필요한 경우 발주처와 협의)	

(4) 공장 검수

연번	항목		검수 내용	검수 결과
1	공장 검수	일정수립	펌프 또는 송풍기 등의 제작이 완료된 경우 또는 필요시 제작과정에 따라 일정 수립	
2		성능 시운전	제출된 성능곡선에 일치하는지, 제작도면에 일치여부, 요구하는 성능의 적합여부 등 확인	
3		결과통보	공장 검수 내용을 정리하여 그 결과를 통보	
4		공장 검수 결과보고	공장 검수 내용을 정리하여 발주처에 보고 (필요시)	

소방설계업무

❶ 소방설계 절차

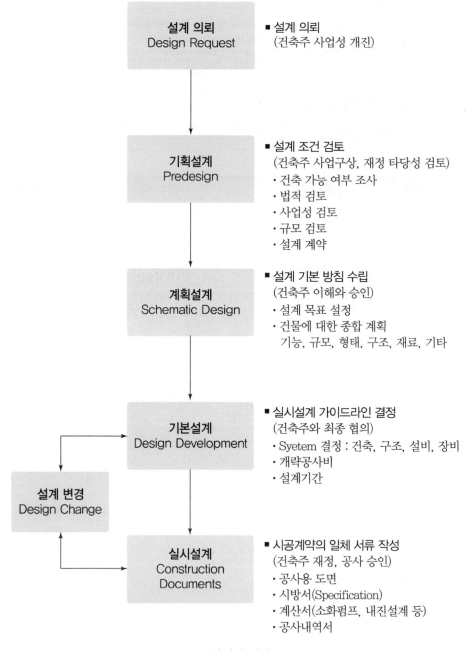

설계 의뢰
Design Request

- 설계 의뢰
  (건축주 사업성 개진)

기획설계
Predesign

- 설계 조건 검토
  (건축주 사업구상, 재정 타당성 검토)
  - 건축 가능 여부 조사
  - 법적 검토
  - 사업성 검토
  - 규모 검토
  - 설계 계약

계획설계
Schematic Design

- 설계 기본 방침 수립
  (건축주 이해와 승인)
  - 설계 목표 설정
  - 건물에 대한 종합 계획
    기능, 규모, 형태, 구조, 재료, 기타

기본설계
Design Development

- 실시설계 가이드라인 결정
  (건축주와 최종 협의)
  - Syetem 결정 : 건축, 구조, 설비, 장비
  - 개략공사비
  - 설계기간

설계 변경
Design Change

실시설계
Construction
Documents

- 시공계약의 일체 서류 작성
  (건축주 재정, 공사 승인)
  - 공사용 도면
  - 시방서(Specification)
  - 계산서(소화펌프, 내진설계 등)
  - 공사내역서

‖ 소방설계 절차 ‖

1. 설계도서 작성의 원칙

1) 관련 법규의 준수

특정소방대상물의 종류와 용도에 대한 관련 법규 및 지방 자치 단체별 조례, 행정 처리 지침 등을 검토하고 이를 준수하여야 한다.

2) 관련 관청과의 사전 협의

심의 일정, 제반 규제 사항 및 권장 사항 등을 관련 관청과 사전 협의하여 설계도서 작성에 반영한다.

3) 쉽고 간단명료한 작성

설계도서는 누구나 신속하고 용이하게 파악, 이해할 수 있도록 작성해야 한다.

4) 누락, 오류 등이 없도록 정확하게 작성

설계도서상의 누락, 오류, 불명확, 현장 조건과의 불일치, 과다 또는 과소 설계, 불합리한 시공 등이 없도록 작성해야 하며, 시공 순서까지 표현하여 설계 의도가 정확히 전달되도록 작성해야 한다.

5) 공종 상호 간의 조정 및 협력

설계 진행 주요 단계별로 건축, 구조, 기계, 전기, 통신, 인테리어 등 공종 상호 간의 철저한 조정 및 협력을 거치면서 시공 오차를 고려해야 한다.

6) 각종 도면 및 서류의 상호 일치

소방 설계도면, 설계 계산서 등이 상호 일치되도록 작성한다.

7) 타 설계 분야 기본 설계도서의 확인 적용

(1) 건축, 기계, 전기 등 각 분야에서 작성한 기본 설계도서를 확인하여 소방시설의 기본 설계도서에 적용한다.

(2) 건축 도면의 요구조건 내용과 소방 시설의 기본 설계도서가 일치하는지 여부를 확인한다.

2. 계획설계

계획설계는 소요 공간, 예산, 설계공정과 배치도, 평면도, 입면도를 준비하는 단계로서, 기획설계 단계에서 수행한 대지 분석 자료와 사업 방향을 토대로 건축물에 관한 설계의 기본 목표와 방향을 수립하는 설계 업무를 말한다.

1) 계획설계의 업무범위

(1) 설계 용역의 시작 단계 : 계약 및 담당자 지정

(2) 관련 공종별 담당자, 인허가 기관, 조직도, 연락망 및 일정 등 협의

(3) 주변 현황 조사

(4) 소방 관계 법규 검토

2) 계획설계 소방분야 검토내용

(1) 입찰 안내서, 현장 설명서 또는 발주처의 요구 사항 등을 분석한 후 불명확한 사항이 있거나 발주처의 결정이 필요한 경우 질의 · 회신 확인

(2) 소방 대상물의 규모, 용도 등을 고려하여 유사 건축물 사례 조사 확인

(3) 시상수, 전력 수전 등 주변 인프라 조사 여부 검토

(4) 개 · 보수 또는 증축인 경우 이설 · 보존 시설 및 장비 사양 확인

(5) 개 · 보수 또는 증축인 경우 기존 소방 시설 확인 및 자료 조사

(6) 기타 소방대상물에 대한 소방 시설 설계에 대한 필요한 자료 조사

3. 기본설계

기본설계는 계획설계에서 개략적으로 정리된 건축물의 개요를 바탕으로 하여 건축물의 구조, 규모, 형태, 치수, 사용 재료, 각 공정별 시스템 결정, 개략 공사비 산정 및 설계 기간을 결정하는 설계 업무를 말한다. 건축주의 요구와 설계자의 의도를 명확히 전달하기 위하여 기본 설계도서를 작성해야 한다.

기본설계의 업무범위	기본설계 검토내용
1. 건축 기본계획안 검토 2. 소방시설 설치공간 검토 3. 소화시스템 비교 검토 4. 기본설계도면 작성 5. 개략 공사비 산출서 작성 6. 소화장비 검토(개략계산서 작성) 7. 일반시방서 및 특기공사시방서(초안) 작성 8. 기본설계설명서 작성 9. 인허가도서 작성(실시설계 이후 작성할 수도 있음)	1. 소화 시스템 비교검토 • 소화 배관 이음 방식 • 스프링클러설비 • 가스계 소화설비 • 수신기 • 감지기 • 무선통신보조설비 • 기타 신기술, 신공법 2. 소방시설 기본설계 보고서 • 소방설계의 목표 및 기본 방향 • 소방 관계 법규 검토 • 소방시설 적용 계획 3. 기본설계 도면 • 도면목록표 • 범례 및 장비일람표 • 계통도 • 기준층 평면도 4. 개략 공사비 산출서 작성 5. 소화 장비 계산서 작성 6. 일반시방서 및 특기공사시방서(초안) 작성

4. 실시설계

실시설계는 기본설계 단계에서 결정한 설계 기준 등 제반 사항에 따라 기본설계를 구체화함으로써 실제 시공에 필요한 내용을 실시설계도서 형식으로 충분히 표현하여 제시하는 설계 업무를 말한다.

실시설계의 업무범위	실시설계 검토내용
1. 실시설계 설명서 작성 2. 소방시설 기계 분야 실시설계 도면 작성 3. 소방시설 전기 분야 실시설계 도면 작성 4. 공사비 산출서 작성 5. 소화 장비 계산서 작성 6. 일반시방서 및 특기공사시방서 작성	1. 실시설계 설명서 • 소방 설계의 목표 및 기본 방향 • 소방 관계법규 검토 • 소방시설 적용 세부 계획 • 소화 시스템 비교 검토에 따른 적용 계획안 2. 소방시설 기계분야 실시설계 도면 • 도면목록표 및 장비일람표 • 계통도 • 각 층별 수계 소화설비 평면도 • 각 층별 가스계 소화설비 평면도 • 해당층별 거실 제연설비 평면도 • 해당층별 특별피난계단 또는 비상용 및 피난용 승강기 승강장 제연설비 평면도 • 각종 기기 상세도 3. 소방시설 전기분야 실시설계 도면 • 도면 목록표 및 범례표 • 계통도 • 각 층별 자동화재탐지설비 평면도 • 각 층별 유도등 평면도 • 해당층별 무선통신보조설비 평면도 • 각종 기기상세도 4. 공사비 산출서 작성 5. 소화 장비 계산서 작성 6. 일반시방서 및 특기공사시방서

② 소방설계도서

1. 설계도서의 종류

1) 설계기준서

해당 프로젝트의 소방시설의 설치 근거, 적용하는 기준(화재안전기준, 위험물법령, NFPA 기준 등) 등을 정리하는 보고서

2) 소방시설 설치계획표

건축물의 개요와 시설별, 층별, 실별로 적용하는 소방시설의 종류와 수량 등을 정리

3) 설계도면

   (1) 계통도(P&IDs)

   (2) 평면도(Plan Drawings)

   (3) 입면도(Section Drawings)

   (4) 상세도(Detail Drawings)

4) 설계계산서

   (1) 수계 소화설비 수리계산서

   (2) 가스계 소화설비계산서

   (3) 제연설비계산서

   (4) 소방전기(전압강하, ASD 등) 계산서(필요 시)

5) 공사시방서

6) 자재 사양서 및 적산 서류

7) 기타 설계용역 계약서에 명시된 보고서

2. P&ID(계통도)

1) 정의

P&ID란 Piping & Instrumentation Diagram의 약자로서, 시스템의 배관 및 제어 기기들의 구성을 표시하는 도면

2) 배관(Piping)

   (1) P&ID의 가장 많은 부분을 차지하는 항목이다.

   (2) 사용될 배관의 재질, 배관경, Slope의 여부, 취급물질 등이 표시된다.

   (3) 배관에 설치되는 소방기기까지 모두 표시된다.

   (4) 통상적으로 지하배관은 점선, 지상배관은 실선으로 표기한다.

3) 계측기기(Instrument)

   (1) 배관을 통해 흐르는 유체의 유동 제어와 조건 변경을 위한 기기들이 표시된다.

(2) 압력계, 유량계 등의 계측기기 및 압력스위치, 수위계 등의 원격 제어 또는 표시기기들도 표현된다.

4) 종류

(1) 소화펌프 및 수조 P&ID

(2) 소화 급수배관 P&ID

(3) 스프링클러, 물분무, 포 및 가스계 소화설비 P&ID

5) 활용

(1) P&ID를 활용하여 관련 소화배관 평면도를 작성하게 된다.

(2) 성능시험 등에 활용될 수 있다.

(3) P&ID의 이해를 위해서는 사용하는 기호를 이해하여야 한다.

3. 시방서(Specification)

1) 정의

(1) 설계, 제조, 시공 등과 관련해서 도면에 표현할 수 없는 사항들을 문서에 규정한 것

(2) 사용 재료, 특정한 시공법 지정, 제품의 요구성능 및 외관상의 요구사항 등

2) 소방청에서 발간한 소방공사 표준시방서를 준용하되, 현장 여건에 따라 추가 또는 수정하여 작성해야 한다.

③ 공사비 산출

1. 적산

1) 정의

(1) 적산은 공사의 목적물을 생산하는 데 소요되는 비용, 즉 공사비를 산출하는 공사 원가 계산 과정의 일부이다.

(2) 공사설계도면과 시방서, 현장설명서 및 시공계획 등에 의거하여 시공해야 할 재료의 물량과 품을 산출하는 과정이다.

(3) 소방설비의 완성에 소요되는 물품의 수량과 품을 산출하는 것

2) 공사비 산출절차

(1) 적산에 의한 수량과 품 산출

(2) 견적 및 품셈에 의거한 각 물품과 인건비에 대한 단가 산출

(3) 위의 과정을 통한 재료비, 노무비 및 경비 산출

(4) 여기에 일반관리비와 이윤 등 기타 비용을 가산하여 총 공사비를 산출

2. 품셈

1) 정의

(1) 소방 공사에서의 단위당 자원 투입량

(2) 예를 들면 단위 면적당 표준 노무량, 표준자재량 또는 단위 자재량당의 표준 노무량

2) 표준품셈

(1) 정부 지방자치단체 등 공공기관이 발주하는 공사의 공사비는 자재비, 노무비, 장비비, 가설비, 일반경비 등 약 1,430여 개 항목으로 나뉘어져 정부고시가격이 산출된다.

(2) 이때 적용되는 정부고시가격이 표준품셈이며, 발주처는 이 표준품셈에 따라 낙찰예정가를 결정하게 된다.

(3) 이러한 표준품셈은 수시로 변하는 시장가격을 제대로 반영하지 못하며, 신기술이나 신공법 수용에도 한계가 있어 적정한 공사비를 산출하는 데 부적절하다는 의견도 있다.

(4) 표준품셈은 통상 1년마다 가격이 조정된다.

(5) 선진국의 경우에는 공사비 적산 업무를 민간에 이양하여 전문적인 자격을 갖춘 적산사가 적정공사비를 산출한다.

3) 일위대가

(1) 공사에 사용된 대금에 대한 명세를 표의 형식으로 정리한 것

(2) 일반적으로 한 개의 단위가 되는 공종의 재료와 인력품 등을 금액으로 기재함

(3) 공사견적 시에는 이러한 일위대가표가 함께 작성됨

❹ 소방시설 성능시험조사표

1. 개요

1) 소방시설 공사업법에 따른 감리결과보고서에 첨부하는 서류 중 소방시설성능시험조사표의 붙임서류인 소방시설의 항목별 성능시험표이다.

2) 이는 소방청 고시인 소방시설 자체점검사항 등에 관한 고시에 첨부 서식의 형태로 제공된다.

2. 구성

1) 각 소방시설별로 "설치상태개요", "성능 및 점검항목", "방호구역상세서(가스계)"가 제시됨

2) 주요 소방시설의 성능 및 점검항목을 숙지해야 한다.(아래 내용은 주요 장치의 점검항목 사례임)

3. 주요 성능 점검항목

1) 전동기 점검항목

○ 베이스에 고정 및 커플링 결합상태

○ 원활한 회전 여부(진동 및 소음 상태)

○ 본체의 방청상태

2) 수압시험

○ 가압송수장치 및 부속장치(밸브류 · 배관 · 배관부속류 · 압력챔버)의 수압시험(접속상태에서 실시) 결과

○ 옥외연결송수구 및 연결배관의 수압시험결과

○ 입상배관 및 가지배관의 수압시험결과

(수압시험은 1.4 [MPa]의 압력으로 2시간 이상 시험하고자 하는 장치의 가장 낮은 부분에서 가압하되, 배관과 배관 · 배관부속류 · 밸브류 · 각종 장치 및 기구의 접속부분에서 누수현상이 없어야 한다. 이 경우 상용수압이 10.5 [MPa] 이상인 부분에 있어서의 압력은 그 상용수압에 3.5 [MPa]을 더한 값으로 한다.)

3) 펌프성능시험 결과표

구분	체절운전	정격운전 (100%)	정격유량의 150% 운전	적정 여부
토출량 [*l*/min]	0			1. 체절운전 시 토출압은 정격토출압의 140 [%] 이하일 것( )
토출압 [MPa]				2. 정격운전 시 토출량과 토출압이 규정치 이상일 것( ) (펌프 명판 및 설계치 참조) 3. 정격토출량 150 [%]에서 토출압이 정격토출압의 65 [%] 이상일 것( )

※릴리프밸브 작동압력 :   MPa

○설정압력 :
○주펌프
  기동 :   MPa
○예비펌프
  기동 :   MPa
○충압펌프
  기동 :   MPa
  정지 :   MPa

4) 스프링클러의 제어반 점검항목

(1) 감시제어반

○ 각 펌프의 작동표시등 및 음향경보 기능

○ 각 펌프의 자동 또는 수동의 작동 및 중단기능

○ 비상전원 및 상용전원의 공급여부 확인

○ 수조 또는 물올림탱크의 저수위 표시 및 경보기능

○ 예비전원 확보상태 및 적합여부 시험기능

○ 전용실을 설치하는 경우 그 장소 · 위치 · 방화구획 · 조명 · 급배기설비 · 무선통신기기접속단자 · 최소면적 및 정리상태

○ 설치장소의 점검의 편의성 및 화재 · 침수등 재해방지환경

○ 유수검지장치 또는 일제개방밸브의 작동여부표시 및 경보기능

○ 화재감지기회로 사용의 경우 경계회로별 화재표시 기능

○ 모든 확인회로의 도통시험 · 작동시험 기능 및 결과

○ 감시제어반과 자동화재탐지설비 수신기의 별도장소 설치 시 상호 통화장치 기능

○ 다른 설비와 제어반을 겸용하는 경우 스프링클러설비의 사용 시 장애 발생여부

○ 각 배선의 절연저항

(2) 동력제어반

○ 소방용으로의 표시

○ 외함의 재료, 두께 및 강도 등

○ 설치장소 및 위치

○ 각 펌프의 작동표시등

○ 각 펌프의 자동 또는 수동의 작동 및 중단기능

○ 각 배선의 절연저항

5) 자동화재탐지설비 경계구역, 수신기 및 중계기 점검항목

(1) 경계구역

○ 경계구역의 동별 · 층별 구분 상태

○ 경계구역의 면적 · 길이 적합 여부

○ 자동화재탐지설비의 감지기와 자동소화설비의 화재감지기를 병용하는 경우 소화설비
방사구역과 경계구역의 적합 여부

(2) 수신기

○ 수신기의 종류 및 규격

○ 비화재보 방지기능

○ 음향기구의 음색 · 음량 및 소음과의 구별 여부

○ 감지기(또는 중계기) 또는 발신기 작동의 구분 및 경계구역 표시

○ 다른 방재설비반과의 연동기능

○ 경계구역당 하나의 표시등 배치상태

○ 조작스위치의 높이

○ 수신기가 2 이상 설치된 경우 상호 간 연동하여 화재발생 상황확인 가능

(3) 중계기

○ 설치장소 및 회로상의 설치위치

○ 과전류 차단장치 · 상용전원 및 예비전원의 확보 및 기능

○ 도통시험 및 예비전원 시험기능 및 그 결과

6) 특별피난계단의 계단실 및 부속실의 제연설비 점검항목

(1) 차압(제연구역과 옥내 사이, 비개방층) 및 평균 방연풍속 유입공기배출량

○ 제연구역과 옥내 사이의 최소차압 40 [Pa](스프링클러설비가 설치된 경우 12.5 [Pa])
이상의 적정 여부

○ 화재발생층 출입문 개방 시 다른 층 차압의 적정 여부

○ 평균방연풍속의 적정 여부

○ 유입공기배출량의 적정 여부

(2) 과압방지조치 및 유입공기의 배출

○ 자동차압급기댐퍼의 설치 또는 플랩댐퍼의 설치 상태 및 기능의 적정 여부

○ 수직풍도에 의한 배출방식의 경우 수직풍도의 구조 및 배출기능의 적정 여부

○ 배연설비에 의한 배출방식의 경우 배출기능 적정 여부

(3) 송풍기

○ 급기송풍기의 풍량 및 풍압의 적합 여부

○ 급기송풍기의 설치상태 및 기능의 적합 여부

○ 배출용송풍기의 풍량 및 풍압의 적합 여부

○ 배출용송풍기의 설치상태 및 기능의 적합 여부

○ 송풍기의 전류 및 전압의 적합 여부

7) 특별피난계단의 계단실 및 부속실의 제연설비의 성능시험 조사표

(1) 제연구역과 옥내 사이 차압, 방화문 개방력, 비개방층 차압, 평균 방연풍속, 유입공기배출량

제연구역	차압/개방력		비개방층 차압 Pa–방화문 1개층 개방	비개방층 차압 Pa–방화문 2개층 개방	평균방연풍속 [m/s]	유입공기 배출구 배출량 [m³/h] (기계배출식 등)	비고
	차압 Pa	개방력 N					
	~	~	~	~	/		

* 측정값은 최저값과 최고값, 평균값 등을 기록한다.

* 계측기 및 측정오차의 최대허용범위는 측정값의 ±10 [%]로 한다.

(2) 송풍기 검사

송풍기번호 또는 제연 구역	송풍기 규격	송풍기 검사			비고 (송풍기 설치층)
		풍량 [m³/h]	전류 [A]	전압 [V]	
	m³/h × Pa× kW				

(3) 계측기

계측기명	형식(MODEL) 및 기기 번호	교정일과 성적서 유효기간	기기편차 또는 평균측정편차 % 등	비고
			~	

성능시험실시자	업체명 :	인증번호 :	책임기술자 :

* 제연설비의 성능시험을 별도의 업체에서 실시한 경우 성능시험 조사결과를 첨부한다.

> **문제**
>
> 건축물 소방시설의 설계는 설계 전 준비를 포함한 ①기본계획 ②기본설계 ③실시설계
> 3단계로 구분된다. ②항의 기본설계 단계에서 수행되어야 할 주요 설계업무를 항목별로
> 설명하시오.

1. 개요

1) 기본 설계 업무

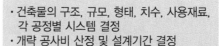

계획설계 단계에서
정리된
건축물의 개요

➡ · 건축물의 구조, 규모, 형태, 치수, 사용재료,
　각 공정별 시스템 결정
· 개략 공사비 산정 및 설계기간 결정

2) 기본설계도서 작성 목적

건축주의 요구와 설계자의 의도를 명확히 전달하기 위함이다.

2. 기본설계 단계에서의 주요 설계업무

1) 기본설계의 업무범위

(1) 건축 기본계획안 검토

(2) 소방시설 설치공간 검토

(3) 소화시스템 비교 검토

(4) 기본설계도면 작성

(5) 개략 공사비 산출서 작성

(6) 소화장비 검토(개략계산서 작성)

(7) 일반시방서 및 특기공사시방서(초안) 작성

(8) 기본설계설명서 작성

(9) 인허가도서 작성(실시설계 이후 작성할 수도 있음)

2) 기본설계 소방분야 검토내용

구분	내용
소화시스템 비교 검토	• 소화배관 이음방식 • 스프링클러설비 • 가스계 소화설비 • 자동화재탐지설비 수신기

구분	내용
소화시스템 비교 검토	• 감지기 • 무선통신보조설비 • 기타 신기술, 신공법
소방시설 기본설계 보고서	• 소방설계의 목표 및 기본 방향 • 소방 관계법규 검토 • 소방시설 적용 계획
기본 설계도면	• 도면목록표 • 범례 및 장비일람표 • 계통도 • 기준층 평면도
기타	• 개략공사비 산출서 작성 • 소화장비 계산서 작성 • 일반시방서 및 특기공사시방서(초안) 작성

문제

소방감리의 검토대상 중 설계도면, 설계시방서 · 내역서 및 설계계산서의 주요 검토 내용에 대하여 설명하시오.

1. 개요

1) 감리원은 설계 도서가 관련 법령, 기준 등에 적합한지 검토하고, 기술적 합리성에 따른 공법 개선의 여지가 있다면 이의 제안에 노력해야 한다.
2) 검토 항목 : 설계도면, 설치계획서, 수량산출서, 시방서, 각 설비별 계산서, 산출내역서, 공사계약서 등

2. 설계도면의 검토항목

1) 도면 작성의 날짜, 공사명, 계약번호, 도면번호 및 도면제목, 책임시공 및 기술관리 소방기술자의 서명, 개정번호 표기 등의 적정성 여부

2) 소방법령 및 화재안전기준에 적합하게 설계되었는지 여부

3) 소방시설의 성능확보 및 현장 조건에 부합되는지 여부

4) 실제 시공이 가능한지 여부

5) 타 사업이나 타 공정과의 상호 부합 여부

6) 누락, 오류 등 불명확한 부분의 존재 여부

7) 시공에 따른 예상 문제점

3. 설계시방서의 검토항목

1) 시방서가 사업주체의 지침 및 요구사항, 설계 기준 등과 일치하고 있는지 여부

2) 시방서 내용이 제반 법규 및 규정과 기준 등에 적합하게 적용되었는지 여부

3) 관련된 다른 시방서 내용과 일관성 및 일치성 여부

4) 시방서 내용 상호 조항 간에 일관성 및 일치성 적합 여부

5) 시공성, 운전성, 유지관리 편의성, 설치의 완성도 등의 적합 여부

6) 설계도면, 계산서, 공사내역서 등과 일치성 여부

7) 주요 자재 및 특수한 장비와 제작품 등의 경우 제작업체의 도면, 제품사양 및 견본품과의 일치 여부

8) 모든 정보 및 자료의 정확성, 완성도 및 일관성 여부

9) 시방서 작성의 상세 정도와 누락 또는 작성이 미흡한 부분이 있는지 여부

10) 일반 시방서, 기술 시방서, 특기 시방서 등으로 구분하여 명확하게 작성되었는지 여부

11) 철자, 오탈자, 문법 등의 적정성 여부

4. 내역서의 검토항목

1) 산출수량과 내역수량의 일치 여부

   → 발주자가 제공한 공종별 목적물의 물량내역서와 시공자가 제출한 산출내역서 수량과의 일치 여부

2) 설계도면, 시방서, 계산서의 내용에 대한 상호 일치 여부

3) 누락품목, 일위대가, 단위공량, 품목별 단가 등의 확인

5. 설계계산서의 검토항목

1) 설계도면, 시방서, 내역서의 내용에 대한 상호 일치 여부

2) 계산 방법, 입력 데이터 등의 적정성 확인

6. 문서 및 설계도서 해석의 우선순위

    1) 소방 관계법령 및 유권해석

    2) 성능심의 대상인 경우 조치계획 준수사항

    3) 사전재난영향평가 조치계획 준수사항

    4) 계약특수조건 및 일반조건

    5) 특별시방서

    6) 설계도면

    7) 일반시방서 또는 표준시방서

    8) 산출내역서

    9) 승인된 시공도면

    10) 감리원의 지시사항

문제

공정흐름도(PFD, Process Flow Diagram)와 공정배관계장도(P&ID, Process & Instrumentation Diagram)에 대하여 설명하시오.

---

1. PFD(공정흐름도)

    1) 정의

        (1) 공정계통과 장치 설계 기준을 나타내는 도면

        (2) 주요 장치, 장치 간 연관성, Operating Condition, Heat & Material Balance, 제어설비, 연동장치 등의 기술적 기본정보를 파악할 수 있는 도면

    2) PFD에 표시할 사항

        (1) Flow Scheme : 공정 처리 순서 및 흐름 방향

        (2) 주요 장치 : 명칭, 간단한 사양 및 배열

        (3) 기본 제어논리(Basic Control Logic)

        (4) 기본설계에 따른 온도, 압력, 유량 및 Heat & Material Balance

소방실무 및 기타

2. P&ID(배관 계장 계통도)

1) 정의

(1) 시스템을 구성하는 기기, 배관 및 제어용 계기의 설치 위치, 기능 및 계기 상호 간의 연계상태 등을 나타낸 도면

(2) 공정의 시운전, 정상운전, 운전정지 및 비상운전 시에 필요한 모든 장치, 배관, 제어 및 계기를 표시하고 이들 상호 간의 연관 관계를 표시하여 필요한 기술적 정보를 파악할 수 있는 도면

2) P&ID에 표시할 사항

(1) 장치 : 명칭, 고유번호, 용량, 재질, 구조 및 각종 부속품

(2) 배관 : 배관번호, 배관경, 재질, 플랜지 압력, 보온 등

(3) 밸브 : 모든 차단 밸브를 표시하며, 해당 밸브의 종류 및 개폐상태 명기

(4) 계측기기 : 종류, 형식, 기능, 고유번호 및 신호라인

문제

대형건축물의 소방설계 시 VE(Value Engineering)의 필요성이 대두되고 있다. VE의 1) 개요 2) 단계별 수행과정 3) 적용대상 및 추진절차 4) 5가지 형태에 대해서 기술하시오.

---

1. 개요

1) VE(가치공학, Value Engineering)란, 최소의 LCC(Life Cycle Cost)로 필요한 성능(Function)을 이루기 위하여 설계내용에 대한 경제성, 현장 적용상의 타당성 등을 기능별, 대안별로 검토하는 것을 말한다.

2) VE의 궁극적인 목표는 원가절감이나 기능향상을 통한 성능, 가치향상에 있다.

$$V(\text{가치, Value}) = \frac{\text{Function (기능, 성능)}}{\text{LCC (생애주기비용)}}$$

2. 단계별 수행과정 및 추진절차

1) 준비단계(Pre-Study)

(1) 이 단계는 VE 업무수행을 위해 관련기관의 협력체제를 구축하고, 공동의 목표를 설정하며 VE단계에서 요구되는 충분한 정보를 확보하는 것이다.

(2) 주요 수행사항

① VE의 대상 설정 : 소방 및 건축방재시설 중에서 VE의 대상을 결정

② 발주자 · 사용자 등의 요구사항 확인

　• 초기설치비용과 생애주기비용 간의 우선 요소

　• 소방시설의 목표 : 법규의 만족, 인명안전, 재산보호 중의 우선요소

③ 관련자료의 수집

　• 자재별 단가 · 특성, 유지관리비용 및 장 · 단점 등

2) 분석단계(VE Study)

(1) 이 단계는 준비단계에서 결정된 VE의 테마를 대상으로 실질적인 VE대안을 수립하는 과정이다.

(2) 주요 수행사항

① 기능분석

　• 해당 장치나 시설 등의 주된 기능과 부가적인 기능 확인

　• 불필요한 기능(가치지수가 낮은 기능)이나 제거 가능한 기능이 있는지 여부 확인

② 아이디어 창출

　• 해당 기능을 대신 수행할 수 있는 장치가 있는지 여부

　• 어떠한 방법으로 대리 수행할 수 있는지 여부

③ 아이디어 평가

　• 창출된 아이디어가 법적 기준 등에 위배되는지 여부

　• 아이디어 시행에 필요한 소요비용 확인

④ 대안의 구체화

　• 아이디어를 구체화하기 위해 필요한 자료 확인, 수집

　• 단점에 대한 극복방법 수립

　• 아이디어를 응용하여 더 나은 아이디어 수립

　• 총 공사비용과 LCC 검토

⑤ 제안서 작성

　• 누구를 납득시켜야 하는지 확인(정부기관, 발주처 등)

　• 어떻게 발표해야 할지(PT 등) 검토

　• 해당 대안의 장점, 절감액, 실행에 필요한 사항 등을 중심으로 제안서 작성

소방실무 및 기타

3) 실행단계(Post – Study)

    (1) 대안의 실행

        ① 실행 책임자 선정

        ② 설계도면, 계약내역, 관공서 신고 사항의 변경

        ③ 재검토 대상이나 누락사항 여부 확인

    (2) 결과에 대한 조사 및 후속조치

        ① 대안의 원활한 진행 여부 및 투자비용 확인

        ② 절감비용의 확인

        ③ 향후 유사한 사항에 대한 재반영 여부 검토

3. 적용대상

1) 법적 대상

    (1) 총공사비 100억 원 이상인 건설공사의 기본설계, 실시설계

    (2) 총공사비 100억 원 이상인 건설공사로서 실시설계 완료 후 3년 이상 지난 뒤 발주하는 건설공사

    (3) 총공사비 100억 원 이상인 건설공사로서 공사시행 중 총공사비 또는 공종별 공사비 증가가 10 [%] 이상 조정하여 설계를 변경하는 사항

    (4) 그 밖에 발주청이 설계단계 또는 시공단계에서 설계VE가 필요하다고 인정하는 건설공사

2) 소방시설에 대하여 VE를 적용해야 할 사항

    (1) 고비용의 소방시설 도입

    (2) 복잡하거나 선례가 없는 신기술을 활용하는 소방시설 공사

    (3) 엄격한 공사비 예산이 적용되는 공사

    (4) 반복적인 공사여서 추후 동일하게 반영할 수 있는 소방공사

4. VE의 형태

1) 원가절감형

    (1) 본래의 기능수준을 유지하면서 대상물에 포함된 불필요, 중복, 과잉 기능을 찾아서 제거하고, 설계착상의 변경으로 기능수준은 유지하면서도 저렴한 대체 자재를 활용하도록 하는 VE

    (2) 형태

$$\text{V(가치, Value)} = \frac{\text{Function (기능, 성능)}}{\text{LCC (생애주기비용)}}$$

        여기서, Function : 일정하게 유지

                LCC : 절감

(3) 예 고가인 자재를 동일 품질의 저가 자재로 변경

2) 기능향상형

(1) 대상의 기능분석을 통해 불필요, 중복, 과잉 기능을 찾아서 제거하고, 자재 변경이나 설계 착상의 변경을 통해 원가의 상승없이 기능만을 향상시켜 가치를 보증하는 VE

(2) 형태

$$V(\text{가치, Value}) = \frac{\text{Function (기능, 성능)}}{\text{LCC (생애주기비용)}}$$

여기서, Function : 향상
LCC : 일정하게 유지

(3) 예 동일 단가의 자재 중에서 더 성능이 우수한 것으로 변경

3) 혁신형

(1) 기능을 월등히 향상시키면서도 Cost는 오히려 획기적인 절감을 이루는 이상적인 VE

(2) 형태

$$V(\text{가치, Value}) = \frac{\text{Function (기능, 성능)}}{\text{LCC (생애주기비용)}}$$

여기서, Function : 월등히 향상,
LCC : 대폭 절감

(3) 예 소방시설의 종류를 변경하여 작동신뢰성 및 기능을 향상시키고, 비용은 대폭 절감하는 것

4) 기능강조형

(1) 가치결정요소인 Cost와 Function이 모두 변하지만, 분모인 Cost 상승에 비해 분자인 Function이 월등히 상승되어 가치를 보증하는 VE

(2) 형태

$$V(\text{가치, Value}) = \frac{\text{Function (기능, 성능)}}{\text{LCC (생애주기비용)}}$$

여기서, Function : 월등히 향상
LCC : 소폭 상승

(3) 예 소방시설의 변경을 통해 비용은 약간 상승하지만, 작동신뢰성이나 그 소화능력이 크게 향상되는 것

5) 원가강조형

(1) 가치결정요소인 Cost와 Function이 모두 변하지만, 분자인 Function의 저하에 비해 분모인 Cost 절감효과가 월등하여 가치를 보증하는 VE

(2) 형태

$$V(가치, \ Value) = \frac{Function \ (기능, \ 성능)}{LCC \ (생애주기비용)}$$

여기서, Function : 소폭 저하

LCC : 대폭 절감

(3) **예** 과대설계된 소방시설의 사양을 변경하여 기능은 약간 저하되지만, 비용은 매우 크게 절감되는 것

5. 결론

1) 소방에서의 VE를 인명안전의 관점을 중심으로 하여 수행하는 것이 바람직하며, 원가절감형 또는 원가강조형 VE는 확실히 화재공학적으로 위험성이 증대되지 않는 경우에서만 실시되어야 한다.

2) 또한, 이러한 VE를 소방에 적극적으로 도입하여 우수한 품질의 신제품 등을 적극적으로 도입할 수 있도록 엔지니어들이 발주처나 관할 관청에 의견을 개진할 수 있는 문화를 이루어야 한다.

건축물설계의 경제성 등 검토(VE : Value Engineering)에 대하여 다음 내용을 설명하시오.
(1) 실시대상
(2) 실시시기 및 횟수
(3) 수행자격
(4) 검토조직의 구성
(5) 설계자가 제시하여야 할 자료

1. 설계VE 실시대상

1) 총공사비 100억 원 이상인 건설공사의 기본설계, 실시설계

2) 총공사비 100억 원 이상인 건설공사로서 실시설계 완료 후 3년 이상 지난 뒤 발주하는 건설공사

3) 총공사비 100억 원 이상인 건설공사로서 공사시행 중 총공사비 또는 공종별 공사비 증가가 10 [%] 이상 조정하여 설계를 변경하는 사항

4) 그 밖에 발주청이 설계단계 또는 시공단계에서 설계VE가 필요하다고 인정하는 건설공사

2. 실시시기 및 횟수

구분	실시시기	실시횟수
일반	기술자문회의 또는 설계심의회의를 하기 전 적기로 판단하는 시점	기본설계, 실시설계 각각 1회 이상
일괄입찰공사	실시설계 적격자 선정 후	실시설계 단계 1회 이상
민간투자사업	우선협상자 선정 후	기본설계 1회 이상
	실시계획승인 이전	실시설계 1회 이상
기본설계기술제안 입찰공사	입찰 전	기본설계 1회 이상
	실시설계 적격자 선정 후	실시설계 1회 이상
실시설계 완료 후 3년 이상 경과한 후 발주하는 공사	공사 발주 전	설계VE 실시
시공단계	발주청, 시공자가 필요하다고 인정하는 시점	설계의 경제성 등 검토

3. 수행자격

1) 건설사업관리용역사업자
2) 발주청 소속직원(시공자가 수행할 경우 시공사 직원 및 설계VE 대상 공종의 하수급인 포함)
3) 설계VE 검토 업무의 수행경력이 있거나, 이와 유사한 업무(연구용역 등)를 수행한 자
4) VE 전문기관에서 인정한 최고수준의 VE 전문가 자격증 소지자
5) 기타 발주청이 필요하다고 인정하는 자

4. 검토조직의 구성

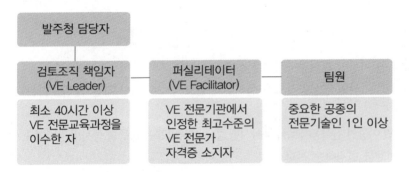

1) 발주청 소속직원으로만 구성하는 경우 : 외부전문가 1인 이상 포함
2) 설계VE는 발주청이 주관하여 실시

5. 설계자가 제시하여야 할 자료

1) 설계도(설계도 작성이 안 된 경우 스케치로 대체)
2) 지형도 및 지질자료
3) 주요 설계기준
4) 표준시방서, 전문시방서, 공사시방서 및 설계업무 지침서
5) 사업내역서, 공사비산출서
6) 관련 법규 등에 기초한 협의 및 허가수속 등의 진행상황
7) 기타 검토조직이 필요하다고 인정하여 요구하는 자료

NEW
마스터 소방기술사 II

발행일	2016. 8. 20	초판 발행
	2019. 2. 10	개정 1판1쇄
	2020. 1. 10	개정 2판1쇄
	2021. 1. 10	개정 2판2쇄
	2022. 4. 20	개정 3판1쇄
	2023. 1. 30	개정 3판2쇄

저　자 | 홍운성
발행인 | 정용수
발행처 | 예문사

주　소 | 경기도 파주시 직지길 460(출판도시) 도서출판 예문사
T E L | 031) 955 - 0550
F A X | 031) 955 - 0660
등록번호 | 11 - 76호

정가 : 65,000원

ISBN 978-89-274-4473-2　13530